普通高等教育农业部"十三五"规划教材
全国高等农林院校"十三五"规划教材
全国高等农业院校优秀教材

# 兽医生物制品学

## 第三版

姜 平 主编

中国农业出版社

## 内容简介

本书包括生物制品免疫学理论，菌毒种选育与构建技术，疫苗、诊断和治疗制品制造技术，生产用主要设备及污物处理，动物实验技术，生物制品管理与质量控制，多种畜禽和毛皮动物及鱼用生物制品和微生态制剂等内容，共14章。与第二版相比，本版内容和章节编排全面刷新，并增写了细胞悬浮培养、抗原分离与纯化技术和生物反应器等内容，充实了相关法律和法规，反映了兽医生物制品学最新实用研究成果和发展动向。每章均有内容提要和复习思考题。书末附有我国主要商品化兽医生物制品名录。本书既可供动物医学和药学专业教学使用，也可供相关专业的同行参考使用。

## 第三版编审人员

主　编　姜　平（南京农业大学）
副主编　（以姓名笔画为序）
　　　　王君伟（东北农业大学）
　　　　焦新安（扬州大学）
参　编　（以姓名笔画为序）
　　　　杨汉春（中国农业大学）
　　　　严若峰（南京农业大学）
　　　　何海蓉（江苏南农高科技股份有限公司）
　　　　陈光华（中国兽医药品监察所）
　　　　陈　祥（扬州大学）
　　　　罗满林（华南农业大学）
　　　　胡永浩（甘肃农业大学）
　　　　郭爱珍（华中农业大学）
　　　　程安春（四川农业大学）
主　审　张振兴（南京农业大学）

# 第一版编审人员

**主　编**　刘宝全（东北农业大学）
**副主编**　张振兴（南京农业大学）
　　　　　李昌仁（东北农业大学）
**参　编**　陈溥言（南京农业大学）
　　　　　师守信（东北农业大学）
　　　　　刘文周（东北农业大学）
　　　　　宣世纬（东北农业大学）
**主　审**　杜念兴（南京农业大学）
**审　稿**　胡嘉骥（中国兽医药品监察所）

## 第二版编审人员

主　编　姜　平（南京农业大学）
副主编　（以姓名笔画为序）
　　　　王君伟（东北农业大学）
　　　　焦新安（扬州大学）
参　编　（以姓名笔画为序）
　　　　李祥瑞（南京农业大学）
　　　　杨汉春（中国农业大学）
　　　　范伟兴（山东农业大学）
　　　　罗满林（华南农业大学）
　　　　胡永浩（甘肃农业大学）
　　　　程安春（四川农业大学）
　　　　蔡家利（西南农业大学）
主　审　张振兴（南京农业大学）
审　稿　刘宝全（东北农业大学）

# 第三版前言

改革开放以来，我国畜禽业得到迅猛发展，规模化、集约化和产业化畜禽业蓬勃兴起，一些重要疫病得到有效控制，猪和鸡年饲养量跃居世界第一，从而给兽医生物制品学的发展和应用带来巨大经济效益和社会效益。兽医生物制品学成为我国农业高等院校动物医学和动物药学专业的重要课程之一。我们编写的《兽医生物制品学》（第二版）于2003年出版发行，被国内高等院校广泛采用，受到一致好评，并在我国动物传染病防控、人才培养和学科发展中发挥了重要作用。

近年来，国内外动物疫病流行和防控形势发生变化，本学科得到快速发展，兽用生物制品研究成果显著，使我们迫切感到本教材内容需要更新、调整和充实。本编写组研究决定对本教材进行全面修订，以保持本教材的先进性和权威性，适应社会和学科发展需求。新版教材编写主导思路是继续保持原版"着重阐明本学科的基本理论和基本知识，既照顾全面系统性，又注意近年发展较快的内容"的特点，突出兽医生物制品学的共性技术，体现本学科特色，力求教材的系统性、科学性、先进性和实用性。主要修订内容包括：①各章节增补国内外最新科技研究成果，补充新产品，体现科学性和先进性。②第二章、第三章和第四章内容重新调整和编写，增设第四章兽医诊断与治疗用生物制品，新增细胞悬浮培养、抗原分离与纯化等内容，体现系统性。③第五章增补层流罩、生物反应器和多肽合成仪等多种生产工艺设备及相关图片；第七章进一步充实我国兽医生物制品管理相关法律和法规，增写了转基因生物安全评价内容，体现实用性和先进性；此外，增加了附录，列出了我国主要生物制品产品名录，方便查询。为了便于理解和掌握，每章都备有内容提要和复习思考题。因此，本教材与第二版相比，内容更加丰富。本书除供动物医学和动物药学本科专业教学使用外，也可供从事动物传染病防控和兽医生物制品相关的研究、生产和管理人员参考。

由于第二版教材部分编写人员工作单位的变动和编写工作的需要，本教材编写组人员作了部分调整，新增5名专家参加编写。编写过程中，我们得到了国内兽医学界很多专家和学者的热情支持和帮助，南京农业大学张振兴教授审阅了全部书稿，对本书编写内容提出了很多宝贵的意见；南京农业大学白娟讲师、曹晶晶和谈晨等同志做了大量文字输入、编排和校对工作。谨此一并致谢。

科学发展日新月异，限于我们水平有限和经验不足，书中的不足之处在所难免，恳请执教专家和读者批评指正。

编 者

2014年10月

# 第一版前言

畜牧业在国民经济中占有举足轻重的地位。畜禽传染病是对畜牧业发展的主要威胁。随着畜禽养殖业的日趋集约化，传染病的预防显得更加突出，而兽医生物制品则是预防畜禽传染病的有力武器。

中国曾创造出具有世界先进水平的预防猪瘟、牛瘟、牛传染性胸膜肺炎、布鲁氏菌病及马传染性贫血等的生物制品多种，为畜牧业的健康发展作出了重要贡献。但在制品种类、冻干制品的保存性能、新工艺、新技术在生物制品研制中的应用等方面还有一定差距。高等农业院校过去没有开设兽医生物制品学课程，为使学生更多地了解兽医生物制品事业及其重要性，提高知识水平，满足防治畜禽及野生动物疫病的迫切需要，国家决定开设本课，农业部、全国高等农业院校教材指导委员会决定组织编写《兽医生物制品学》统编教材，以解决教学之需。

本教材着重阐明本学科的基本理论和基本知识，既照顾全面系统性，又注意近年发展较快的内容，力求反映生物制品领域的新进展，当然尽量采用较为成熟的资料。兽医生物制品学为新设课程，国内外均无相应教材，参考书也寥寥无几，因之给编写工作带来一定困难。编者除广泛阅读国内外资料外，从生产实践中了解情况，吸收营养，以丰富教材之内容。审稿人胡嘉骥先生是长期从事兽医生物制品工作的专家，经验丰富，造诣颇深，为本书审稿把关，付出了艰辛的劳动；主审人杜念兴教授为我国知名学者，知识渊博，学风严谨，在兽医免疫学及生物制品学领域独具真知灼见，为保证本书质量作出了重要贡献。

尽管如此，由于编者水平有限，经验不足，书稿本底不高，不足之处在所难免，恳请执教同仁及广大读者惠予指正，以作进一步修订之借鉴。

编 者

1994 年 4 月

# 第二版前言

兽医生物制品学是一门具有悠久历史又与现代生物技术密切结合的新兴学科。国内外与此相关的研究和应用发展很快，并在动物传染性疫病的预防和控制方面日益显示其重要作用，开设本课程的高等院校也越来越多。为了适应新世纪教学的需要、加强本学科的建设和加速现代兽医生物技术的人才培养，全国高等农业院校教学指导委员会将本教材列入"全国高等农业院校十五规划教材项目"，教育部将本教材列入"面向21世纪课程教材"，迎接21世纪的挑战。作为参与《兽医生物制品学》教材的全体中青年编者备受鼓舞，深感责任重大。经过一年多的努力，全体编者完成初稿，主编对各章进行不同程度的增删和统稿，并根据主审和审稿人的意见进行修改，最后由主编完成定稿。

本教材是在第一版基础上进行重编的版本，保持了原版"着重阐明本学科的基本理论和基本知识，既照顾全面系统性，又注意近年发展较快的内容"的特点，力求教材的系统性、科学性、先进性和实用性。但与第一版相比，第二版在结构、层次、形式和内容等方面进行了全面更新，并注意到插图与表格的配合，还增加了兽医生物制品免疫学理论、生物制品制造新技术、生物制品生产的主要设备及废弃物处理设备、兽医生物制品质量管理规范（GMP）、新型免疫佐剂和微生态制剂等章节，增加了国内新出现的鸭疫里氏杆菌病、番鸭细小病毒感染、猪接触传染性胸膜肺炎及猪圆环病毒感染等多种传染病生物制品、寄生虫病生物制品与鱼病生物制品。在授课过程中，可根据具体情况和学时安排，对教材内容进行选择，突出重点讲授和学习。本教材也可供从事兽医生物制品相关的研究、生产和管理人员参考。

兽医生物制品技术涉及的知识领域宽广。在本书编写过程中，我们得到了国内兽医学界很多专家和学者的热情支持和鼓励。南京农业大学张振兴教授和东北农业大学刘宝全教授审阅了全部书稿，对本书的编写大纲和内容提出了很多宝贵的意见，谨此一并致谢。

由于我们水平有限，经验不足。书中不足之处，敬请同行和师生批评指正，以便进一步修订。

编　者
2003年4月

# 目 录

第三版前言
第一版前言
第二版前言

## 绪论 ............................................................... 1
　　一、兽医生物制品的作用 ........................................... 1
　　二、兽医生物制品的分类与命名原则 ................................. 2
　　三、我国兽医生物制品发展历史与主要成就 ........................... 7
　　四、兽医生物制品学的发展趋势 .................................... 10

## 第一章　生物制品的免疫学理论 ...................................... 15
### 第一节　免疫系统 ................................................. 15
　　一、抗原与抗体 .................................................. 15
　　二、免疫器官 .................................................... 20
　　三、免疫细胞 .................................................... 20
　　四、细胞因子 .................................................... 23
### 第二节　血清学反应与血清学技术 ................................... 24
　　一、凝聚性试验 .................................................. 24
　　二、标记抗体技术 ................................................ 26
　　三、补体结合试验 ................................................ 31
　　四、中和试验 .................................................... 32
### 第三节　疫苗与免疫反应 ........................................... 33
　　一、特异性免疫 .................................................. 34
　　二、免疫应答的基本过程 .......................................... 34
　　三、介导特异性免疫的因素及免疫功能 .............................. 38
### 第四节　疫苗有效免疫反应的基本要素 ............................... 40

## 第二章　兽医生物制品菌毒虫种的选育与构建 .......................... 44
### 第一节　菌种与毒种的常规选育技术 ................................. 44
　　一、兽医生物制品菌（毒）种标准 .................................. 44
　　二、强菌（毒）种选育 ............................................ 45
　　三、弱毒菌（毒）种选育 .......................................... 46

## 第二节 寄生虫疫苗虫种的选育 ·············· 48
一、寄生虫致弱疫苗 ·············· 48
二、寄生虫抗原疫苗 ·············· 49
## 第三节 基因工程疫苗菌（毒）种构建技术 ·············· 50
一、重组亚单位疫苗 ·············· 50
二、重组活载体疫苗 ·············· 56
三、重组活疫苗 ·············· 59
四、基因疫苗 ·············· 61
五、其他新型疫苗 ·············· 62

# 第三章 动物疫苗的制造技术 ·············· 64
## 第一节 疫苗制造流程 ·············· 64
一、细菌疫苗和类毒素的制造流程 ·············· 64
二、病毒疫苗的制造流程 ·············· 65
三、寄生虫疫苗的制造流程 ·············· 66
## 第二节 疫苗种子批的建立与鉴定 ·············· 67
一、种子批的建立 ·············· 67
二、种子批的鉴定 ·············· 68
## 第三节 细菌培养技术 ·············· 69
一、细菌繁殖规律与生长条件 ·············· 69
二、细菌培养的基本技术 ·············· 71
三、培养基 ·············· 74
## 第四节 病毒增殖技术 ·············· 77
一、病毒的复制、增殖与营养 ·············· 77
二、动物增殖病毒技术 ·············· 79
三、禽胚增殖病毒技术 ·············· 79
四、细胞培养与病毒增殖技术 ·············· 83
## 第五节 寄生虫培养技术 ·············· 93
一、寄生虫的发育特点 ·············· 93
二、寄生虫体外培养技术 ·············· 94
三、寄生虫细胞培养技术 ·············· 100
## 第六节 抗原分离与纯化技术 ·············· 101
一、抗原分离纯化原则 ·············· 101
二、常用处理液与要求 ·············· 102
三、分离纯化步骤与常用技术 ·············· 103
四、工艺设计与优化 ·············· 112
## 第七节 灭活剂与保护剂 ·············· 114
一、灭活剂 ·············· 114
二、保护剂 ·············· 118
## 第八节 免疫佐剂 ·············· 121
一、佐剂分类 ·············· 121
二、常规免疫佐剂 ·············· 122

三、新型免疫佐剂 ………………………………………………………… 126
第九节 生物制品的冷冻真空干燥技术 ……………………………………… 131
一、共熔点与测定方法 …………………………………………………… 132
二、冻干机组与冻干程序 ………………………………………………… 133

## 第四章 诊断与治疗用兽医生物制品制造技术 …………………………… 139

第一节 诊断抗原 ……………………………………………………………… 139
一、常规诊断抗原 ………………………………………………………… 139
二、诊断用重组抗原 ……………………………………………………… 143
第二节 诊断抗体 ……………………………………………………………… 146
一、多克隆抗体 …………………………………………………………… 146
二、单克隆抗体 …………………………………………………………… 149
第三节 分子诊断技术 ………………………………………………………… 154
一、PCR ………………………………………………………………… 154
二、实时定量 PCR ……………………………………………………… 155
三、核酸恒温扩增技术 …………………………………………………… 157
四、基因芯片 ……………………………………………………………… 159
第四节 动物疾病诊断试剂盒 ………………………………………………… 160
一、酶联免疫吸附试验试剂盒 …………………………………………… 161
二、胶体金检测试纸条 …………………………………………………… 163
三、PCR 检测试剂盒 …………………………………………………… 164
第五节 治疗用抗体 …………………………………………………………… 165
一、抗病血清 ……………………………………………………………… 165
二、卵黄抗体 ……………………………………………………………… 169
三、基因工程抗体 ………………………………………………………… 174
第六节 其他类生物制品 ……………………………………………………… 175
一、干扰素 ………………………………………………………………… 175
二、转移因子 ……………………………………………………………… 179
三、白细胞介素 …………………………………………………………… 180
四、免疫核糖核酸 ………………………………………………………… 181
五、分枝杆菌提取物 ……………………………………………………… 182
六、胸腺肽 ………………………………………………………………… 182

## 第五章 兽医生物制品生产使用的主要设备及污物处理设备 …………… 185

第一节 灭菌与净化设备 ……………………………………………………… 185
一、湿热蒸汽灭菌器 ……………………………………………………… 185
二、干热灭菌器 …………………………………………………………… 187
三、电离辐射灭菌 ………………………………………………………… 188
四、无菌室 ………………………………………………………………… 188
五、净化工作台 …………………………………………………………… 190
六、层流罩 ………………………………………………………………… 191
第二节 微生物培养装置 ……………………………………………………… 192

一、温室 ………………………………………………………………………… 192
　　二、细胞培养转瓶机 …………………………………………………………… 192
　　三、发酵培养罐 ………………………………………………………………… 193
　　四、生物反应器 ………………………………………………………………… 194
　　五、抗原浓缩设备 ……………………………………………………………… 195
　　六、孵化器 ……………………………………………………………………… 197
　　七、自动鸡胚接种机 …………………………………………………………… 198
　　八、自动尿囊液收获机 ………………………………………………………… 199
　第三节　多肽合成仪 ……………………………………………………………… 199
　第四节　乳化器 …………………………………………………………………… 201
　　一、乳化罐 ……………………………………………………………………… 201
　　二、罐内剪切机 ………………………………………………………………… 202
　　三、管线式高剪切分散机 ……………………………………………………… 203
　第五节　冻干机 …………………………………………………………………… 203
　第六节　冷冻干燥疫苗分装与包装设备 ………………………………………… 205
　　一、理瓶旋转工作台 …………………………………………………………… 205
　　二、多头自动分装机 …………………………………………………………… 206
　　三、胶塞定位机 ………………………………………………………………… 206
　　四、自动灌装半加塞联动机 …………………………………………………… 207
　第七节　冷藏设备 ………………………………………………………………… 207
　　一、冷库 ………………………………………………………………………… 207
　　二、冷藏运输设备 ……………………………………………………………… 207
　　三、液氮罐 ……………………………………………………………………… 208
　第八节　带毒污水与废弃物处理设备 …………………………………………… 209
　　一、污水处理 …………………………………………………………………… 209
　　二、带毒废弃物的处理 ………………………………………………………… 209
　　三、动物尸体与脏器的处理 …………………………………………………… 210
　　四、废弃蛋的处理 ……………………………………………………………… 210

## 第六章　实验动物与动物实验技术 ……………………………………………… 212

　第一节　常用实验动物生物学特性 ……………………………………………… 212
　　一、小鼠 ………………………………………………………………………… 212
　　二、大鼠 ………………………………………………………………………… 213
　　三、豚鼠 ………………………………………………………………………… 214
　　四、家兔 ………………………………………………………………………… 215
　　五、犬 …………………………………………………………………………… 216
　　六、猪 …………………………………………………………………………… 217
　第二节　实验动物的饲养管理与微生物控制 …………………………………… 219
　　一、实验动物的饲养管理 ……………………………………………………… 219
　　二、实验动物微生物质量控制 ………………………………………………… 222
　第三节　常用动物实验技术 ……………………………………………………… 228
　　一、实验动物捕捉与保定 ……………………………………………………… 229

二、实验动物分组编号和标记方法 …………………………………………… 231
　　三、被毛去除方法 …………………………………………………………… 232
　　四、麻醉方法 ………………………………………………………………… 233
　　五、采血和给药方法 ………………………………………………………… 235
　　六、体液采集方法 …………………………………………………………… 237
　　七、实验动物的处死方法 …………………………………………………… 239

## 第七章　兽医生物制品管理与质量控制 …………………………………………… 241

### 第一节　质量与质量管理的基本原理 ……………………………………………… 241
　　一、兽医生物制品质量的特殊性与重要性 ………………………………… 241
　　二、兽医生物制品质量的涵义 ……………………………………………… 242
　　三、质量形成与质量管理的理论模式 ……………………………………… 242

### 第二节　兽医生物制品监督管理 …………………………………………………… 242
　　一、兽医生物制品研究与开发管理 ………………………………………… 243
　　二、兽医生物制品生产管理 ………………………………………………… 244
　　三、兽医生物制品经营与使用管理 ………………………………………… 245
　　四、兽医生物制品进出口管理 ……………………………………………… 245
　　五、兽医生物制品市场监督管理 …………………………………………… 246
　　六、兽医生物制品生物安全管理 …………………………………………… 246

### 第三节　兽医生物制品生产质量管理规范 ………………………………………… 248
　　一、兽药 GMP 作用与特点 ………………………………………………… 248
　　二、兽药 GMP 内容和要求 ………………………………………………… 249
　　三、我国兽药 GMP 实施情况和要求 ……………………………………… 254

### 第四节　兽医生物制品物料质量控制 ……………………………………………… 257
　　一、水 ………………………………………………………………………… 258
　　二、菌（毒）种 ……………………………………………………………… 258
　　三、细胞和血清 ……………………………………………………………… 259
　　四、动物和动物组织 ………………………………………………………… 259
　　五、其他辅料 ………………………………………………………………… 260

### 第五节　兽医生物制品成品质量检验 ……………………………………………… 260
　　一、物理化学检验 …………………………………………………………… 261
　　二、生物学检验 ……………………………………………………………… 263

### 第六节　兽医生物制品国家批签发制度 …………………………………………… 271
　　一、批签发管理依据和意义 ………………………………………………… 271
　　二、批签发工作职责和程序 ………………………………………………… 272

### 第七节　兽医生物制品经营管理 …………………………………………………… 273
　　一、管理要求 ………………………………………………………………… 274
　　二、技术要求 ………………………………………………………………… 275

### 第八节　新兽医生物制品注册与审批 ……………………………………………… 277
　　一、注册审批机构及其职责 ………………………………………………… 277
　　二、注册审批程序 …………………………………………………………… 278
　　三、注册资料的形式审查要求 ……………………………………………… 278

四、兽医生物制品的评审要点 ……………………………………………… 279
　第九节　动物用转基因微生物产品生物安全评价 ……………………………… 289
　　一、动物用转基因微生物的种类 …………………………………………… 289
　　二、各类动物用转基因微生物安全评价的申报程序 ……………………… 290
　　三、各类动物用转基因微生物安全评价要求 ……………………………… 291

## 第八章　多种动物共患疫病生物制品 …………………………………………… 294

　第一节　细菌性生物制品 ………………………………………………………… 294
　　一、大肠杆菌病 ……………………………………………………………… 294
　　二、沙门菌病 ………………………………………………………………… 298
　　三、巴氏杆菌病 ……………………………………………………………… 305
　　四、链球菌病 ………………………………………………………………… 311
　　五、炭疽 ……………………………………………………………………… 315
　　六、鼻疽 ……………………………………………………………………… 320
　　七、结核病 …………………………………………………………………… 322
　　八、布鲁菌病 ………………………………………………………………… 324
　　九、肉毒梭菌毒素中毒症 …………………………………………………… 329
　　十、破伤风 …………………………………………………………………… 330
　　十一、钩端螺旋体病 ………………………………………………………… 332
　　十二、衣原体病 ……………………………………………………………… 334
　第二节　病毒性制品 ……………………………………………………………… 338
　　一、口蹄疫 …………………………………………………………………… 338
　　二、痘病 ……………………………………………………………………… 345
　　三、狂犬病 …………………………………………………………………… 351
　　四、流行性乙型脑炎 ………………………………………………………… 355
　　五、流行性感冒 ……………………………………………………………… 359
　　六、轮状病毒感染 …………………………………………………………… 365
　　七、传染性海绵状脑病 ……………………………………………………… 368
　第三节　寄生虫类制品 …………………………………………………………… 369
　　一、旋毛虫病 ………………………………………………………………… 369
　　二、猪囊虫病 ………………………………………………………………… 370
　　三、弓形虫病 ………………………………………………………………… 372

## 第九章　猪用生物制品 …………………………………………………………… 376

　第一节　细菌性制品 ……………………………………………………………… 376
　　一、猪丹毒 …………………………………………………………………… 376
　　二、猪支原体肺炎 …………………………………………………………… 381
　　三、猪传染性胸膜肺炎 ……………………………………………………… 385
　　四、副猪嗜血杆菌病 ………………………………………………………… 389
　　五、猪传染性萎缩性鼻炎 …………………………………………………… 391
　　六、猪梭菌性肠炎 …………………………………………………………… 394
　　七、猪增生性肠炎 …………………………………………………………… 397

### 第二节 病毒性制品 ·········· 398
一、猪瘟 ·········· 398
二、猪繁殖与呼吸综合征 ·········· 405
三、伪狂犬病 ·········· 410
四、猪圆环病毒病 ·········· 415
五、猪传染性胃肠炎 ·········· 419
六、猪流行性腹泻 ·········· 422
七、猪细小病毒感染 ·········· 424
八、猪水疱病 ·········· 427

## 第十章 牛、羊、马生物制品 ·········· 430

### 第一节 细菌性生物制品 ·········· 430
一、牛传染性胸膜肺炎 ·········· 430
二、气肿疽 ·········· 433
三、副结核病 ·········· 433
四、羊梭菌性疾病 ·········· 434
五、羊支原体性肺炎 ·········· 440

### 第二节 病毒性制品 ·········· 444
一、牛病毒性腹泻/黏膜病 ·········· 444
二、传染性鼻气管炎 ·········· 446
三、牛白血病 ·········· 449
四、牛瘟 ·········· 451
五、牛流行热 ·········· 453
六、牛副流行性感冒 ·········· 454
七、小反刍兽疫 ·········· 455
八、羊传染性脓疱皮炎 ·········· 457
九、蓝舌病 ·········· 459
十、马传染性贫血 ·········· 460

### 第三节 寄生虫类制品 ·········· 464
一、牛伊氏锥虫病 ·········· 464
二、肝片吸虫病 ·········· 465
三、日本分体吸虫病 ·········· 467
四、棘球蚴病 ·········· 468

## 第十一章 禽用生物制品 ·········· 470

### 第一节 细菌性生物制品 ·········· 470
一、鸡支原体病 ·········· 470
二、鸡传染性鼻炎 ·········· 473
三、鸭疫里默杆菌病 ·········· 476

### 第二节 病毒性生物制品 ·········· 477
一、鸡新城疫 ·········· 477
二、鸡马立克病 ·········· 484

三、鸡传染性支气管炎 ………………………………………………… 489
　　四、鸡传染性喉气管炎 ………………………………………………… 492
　　五、鸡传染性法氏囊病 ………………………………………………… 493
　　六、产蛋下降综合征 …………………………………………………… 497
　　七、禽脑脊髓炎 ………………………………………………………… 499
　　八、禽病毒性关节炎 …………………………………………………… 500
　　九、鸡传染性贫血 ……………………………………………………… 501
　　十、鸭瘟 ………………………………………………………………… 501
　　十一、鸭病毒性肝炎 …………………………………………………… 503
　　十二、番鸭细小病毒病 ………………………………………………… 506
　　十三、小鹅瘟 …………………………………………………………… 508
　第三节　寄生虫类制品 …………………………………………………… 511
　　鸡球虫病 ………………………………………………………………… 511

## 第十二章　兔、犬、猫、貂、狐用生物制品 ……………………………… 515
　　一、兔梭菌性下痢 ……………………………………………………… 515
　　二、兔出血症 …………………………………………………………… 517
　　三、犬瘟热 ……………………………………………………………… 521
　　四、犬细小病毒病 ……………………………………………………… 525
　　五、犬传染性肝炎 ……………………………………………………… 529
　　六、猫泛白细胞减少症 ………………………………………………… 531
　　七、貂病毒性肠炎 ……………………………………………………… 533
　　八、貂阿留申病 ………………………………………………………… 535
　　九、狐加德纳菌病 ……………………………………………………… 537

## 第十三章　鱼用生物制品 …………………………………………………… 540
　　一、运动性气单胞菌败血症 …………………………………………… 540
　　二、疖病 ………………………………………………………………… 543
　　三、弧菌病 ……………………………………………………………… 545
　　四、红嘴肠炎 …………………………………………………………… 547
　　五、鱼爱德华氏菌败血症 ……………………………………………… 549
　　六、传染性胰坏死症 …………………………………………………… 551
　　七、草鱼出血病 ………………………………………………………… 553
　　八、鱼虹彩病毒病 ……………………………………………………… 556

## 第十四章　微生态制剂 ……………………………………………………… 559
　第一节　我国批准生产的微生态制剂种类 ……………………………… 560
　　一、需氧芽胞杆菌制剂 ………………………………………………… 560
　　二、乳杆菌制剂 ………………………………………………………… 560
　　三、双歧杆菌制剂 ……………………………………………………… 561
　　四、拟杆菌制剂 ………………………………………………………… 561
　　五、其他微生态制剂 …………………………………………………… 561

## 目　录

**第二节　我国批准生产的微生态制剂质量标准** ……………………………………………… 562
　一、蜡样芽胞杆菌活菌制剂（Ⅰ） ……………………………………………………… 562
　二、蜡样芽胞杆菌活菌制剂（Ⅱ） ……………………………………………………… 563
　三、嗜酸乳杆菌、粪链球菌和枯草杆菌活菌制剂 ……………………………………… 563
　四、蜡样芽胞杆菌和粪链球菌活菌制剂 ………………………………………………… 564
　五、脆弱拟杆菌、粪链球菌和蜡样芽胞杆菌活菌制剂 ………………………………… 564

# 附录 ………………………………………………………………………………………… 566
　一、我国主要商品化动物用疫苗名称 …………………………………………………… 566
　二、我国主要商品化诊断制品名称 ……………………………………………………… 575
　三、我国主要动物用治疗生物制品与微生态制品名称 ………………………………… 579
　四、我国主要进口兽医生物制品名称 …………………………………………………… 580

# 参考文献 …………………………………………………………………………………… 585

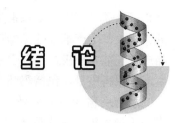

# 绪 论

兽医生物制品学（veterinary biologicology）是研究动物疫病预防、诊断和治疗用生物性制品的制造和使用方法及理论的一门综合性学科。它是生物制品学科的重要组成部分，研究内容包括两个方面：一是生物制品的生物学，即主要讨论如何根据动物疫病病原理化特性、培养特点、致病机理及免疫机理，获得合乎生物制品质量要求，适于防控动物疫病的疫苗、诊断液和生物治疗制剂；二是生物制品的工艺学，主要研究生物制品的生产制造工艺、保藏条件和使用方法等，并保证生产优良制品，不断提高制品的质量，防止可能存在的有害因素经生物制品对动物健康造成的危害和动物疫病的传播，促进养殖业的发展。

兽医生物制品（veterinary biologics）是根据免疫学原理，利用微生物、寄生虫及其代谢产物或免疫应答产物制备的一类物质，包括疫苗、免疫学和分子生物学诊断试剂、抗病血清和微生态制剂等，专供相应的疫病预防、诊断和治疗之用。由于兽医生物制品种类繁多，细菌和病毒培养周期长、环节多，并有细菌培养、细胞转瓶培养、冻干和乳化等多种生产形式，还涉及生物制品保藏和销售过程，从而使兽医生物制品学涉及多种学科，包括微生物学、病毒学、免疫学、实验动物学、生物化学、细胞学、遗传学、分子生物学、制冷学、生物工程学和管理科学等。

## 一、兽医生物制品的作用

应用兽医生物制品是防控动物疫病的主要手段之一，也是保障人兽健康的必要条件。许多国家借助生物制品控制或消灭了很多危害严重的动物传染性疾病。如牛瘟，18～19 世纪曾在法国和南美引起大量牛死亡。我国也曾流行该病，1938—1941 年，青海、甘肃和四川等省因此有 100 万头牛死亡。1941 年，我国从日本引进牛瘟兔化毒（355 代），经兔体连续传代，研制成功牛瘟兔化弱毒疫苗，用于预防该病。1952 年起全国各省依靠普遍注射牛瘟兔化弱毒疫苗，1956 年宣告扑灭了牛瘟。牛肺疫曾在亚非地区和我国 27 个省区广泛流行，并严重危害养牛业。20 世纪 60 年代，我国育成牛肺疫兔化弱毒株，后来逐渐推广应用牛肺疫兔化弱毒疫苗、牛肺疫兔化绵羊适应弱毒疫苗和牛肺疫兔化藏系绵羊化弱毒疫苗，1996 年宣布在全国消灭牛肺疫，而牛肺疫兔化弱毒疫苗为世界公认。猪瘟曾在世界各国均有发生，我国每年死猪达千万头以上。自 20 世纪 50 年代我国培育成功猪瘟兔化弱毒株以来，不仅在我国控制了猪瘟的流行，而且朝鲜和阿尔巴尼亚等国借此消灭了猪瘟。随着畜禽规模化养殖，免疫预防更成为畜禽生产必不可少的手段，如鸡马立克病、新城疫、传染性支气管炎和传染性法氏囊病等传染病的疫苗已被用于几乎所有鸡场。由于有些病原体在不同流行时期，其致病力和抗原性会发生变化，所以，有必要不断研究和开发新的有效疫苗。当然，疫苗一方面可用于有效防控动物疫病，但另一方面也可成为传播病原体的媒介，如某些病原微生物可以通过污染疫苗病毒生长的培养基（如鸡胚尿囊液和细胞培养液等），危害免疫动物健康。很多生产事故的深刻教训，促使我国日益重视兽医生物制品的管理工作，研究生物制品质量规范，积极寻找合乎生物制品要求的实验动物，改进生产工艺及保藏方法，严格规定生产用原料质量，包括鸡胚、细胞和血清等，研究消除并控制危害因子的对策。

动物疫病诊断水平是衡量一个国家兽医水平的主要标志之一。随着免疫学和生物技术的迅速发展，很多国家已研制成功相应疫病的血清学和分子生物学诊断试剂盒，如发达国家普遍使用猪瘟、猪伪狂犬病、鸡新城疫及传染性法氏囊病等ELISA抗体检测试剂盒，通过监测免疫动物的抗体水平，为制订免疫程序提供依据。猪伪狂犬病gE重组蛋白ELISA抗体检测试剂盒则可用于临床诊断。我国研制的鸡副伤寒玻片凝集抗原、布鲁氏菌病诊断抗原、牛结核菌素、鸡马立克病琼脂扩散试验抗原及鸡新城疫血凝抗原也已得到广泛使用。动物疫病保健预防和特异性治疗也是抑制或消除病原体致病作用和减少经济损失的重要手段。某些动物传染病的高免血清、痊愈血清和卵黄抗体等生物制品具有特异性高和疗效快等特点，一般在正确诊断的基础上，只要尽早使用该类制品，疗效较好，如小鹅瘟和鸡传染性法氏囊病等。

当然，一个国家在防控动物疾病、保护畜禽生产和增进人民健康上所采取的措施是多方面的，兽医生物制品只是在预防兽医学理论和实践上直接为畜牧业和人类健康事业服务的一个方面，无论是作为一门学科或具体实践，它的目的都是为了保证动物健康生长。兽医生物制品学的主要任务是研究制造安全高效的疫苗、诊断液和生物性治疗制剂，杜绝生物性和化学性有害因子的污染和扩散，预防控制动物疫病的发生和传播，保护和促进动物的健康生长，维护并提高国家的国际声誉。

## 二、兽医生物制品的分类与命名原则

### （一）生物制品的分类

生物制品由于微生物种类、制备方法、菌（毒）株性状及应用对象等不同而分类方法各异。因此，本书按生物制品性质、用途和制法等进行粗略的归类。

**1. 按生物制品性质分类**

（1）疫苗（vaccine）：凡在接种动物后能产生自动免疫，预防疾病的各种类型的生物制剂均称为疫苗，包含细菌性菌苗、病毒性疫苗和寄生虫性虫苗。现代意义上的疫苗除可用于预防和治疗传统的传染性疾病外，还可以预防非传染性疾病（如自身免疫性疾病和肿瘤等）。近年来，又出现了治疗性疫苗（如针对肿瘤、过敏和一些传染性疾病等）及生理调控疫苗（如促进生长和控制生殖等）。

根据疫苗抗原的性质和制备工艺，疫苗又分为活疫苗（live vaccine）、死疫苗（killed vaccine）和基因疫苗（genetic vaccine）三类。其特点为：

第一，活疫苗可以在免疫动物体内繁殖；能刺激机体产生全面的系统免疫反应和局部免疫反应；免疫力持久，有利于清除局部野毒；产量高、生产成本低。但是，该类疫苗残毒在自然界动物群体内持续传递后有毒力增强和返祖危险；有不同抗原的干扰现象；要求在低温、冷暗条件下运输和储存。它包括传统的弱毒疫苗及现代的基因缺失疫苗、基因工程活载体疫苗及病毒抗体复合疫苗等。

第二，死疫苗不能在免疫动物体内繁殖，比较安全，不发生全身性副作用，无毒力返祖现象；有利于制备多价或多联等混合疫苗；制品稳定，受外界环境影响小，有利于保存运输。但该类疫苗免疫剂量大，生产成本高，需多次免疫。而且，该类疫苗一般只能诱导机体产生体液免疫和免疫记忆，故常需要用佐剂或携带系统（deliver system）来增强其免疫效果。它包括完整病原体灭活疫苗、化学合成亚单位疫苗，基因工程亚单位疫苗及抗独特型抗体（Id）疫苗等。

第三，基因疫苗不能在机体增殖，但它可被细胞吸纳，并在细胞内指导合成疫苗抗原。它不仅可以诱导机体产生保护性抗体，而且可以同时激发机体产生细胞免疫反应，尤其是细胞毒T淋巴细胞（CTL）反应。

一种疫病以哪类疫苗最为有效可行，取决于该疫病特点，包括流行病学、病原理化特性、致病机理和免疫特点以及各种技术手段是否可行。

此外，按疫苗抗原种类和数量，疫苗又可分为单（价）疫苗、多价疫苗和多联（混合）疫苗。按疫苗病原菌（毒）株的来源，疫苗又有同源疫苗和异源疫苗之分。

① 弱毒疫苗（attenuated vaccine）：它是由微生物自然强毒株通过物理（温度、射线等）、化学（醋酸铊、吖啶黄等）或生物的（非敏感动物、细胞、鸡胚等）连续传代和筛选，而培养成的丧失或减弱对原宿主动物致病力，但仍保存良好免疫原性和遗传特性的毒株，或从自然界筛选的具有良好免疫原性的自然弱毒株，经培养增殖后制备的疫苗。目前，市场上大部分活疫苗是弱毒疫苗。如猪瘟兔化弱毒疫苗、牛肺疫兔化弱毒疫苗及鸡痘鹌鹑化弱毒疫苗等。

② 重组活疫苗（recombinant live vaccine）：通过基因工程技术，将病原微生物致病性基因进行修饰、突变或缺失，从而获得的弱毒株。由于这种基因变化，一般不是点突变（经典技术培育的弱毒株基因常为点突变），故其毒力更为稳定，返突变几率更小，如猪伪狂犬病基因缺失疫苗。

③ 基因工程活载体疫苗（genetic engineering live vector vaccine）：是指用基因工程技术将致病性微生物的免疫保护基因插入到载体病毒或细菌［通常为疫苗毒（菌）株］的非必需区，构建成重组病毒（或细菌），经培养后制备的疫苗。该类疫苗不仅具有活疫苗和死疫苗的优点，而且对载体病毒或细菌以及插入基因相关病原体的侵染均有保护力。同时，一个载体可表达多个免疫基因，可获得多价或多联疫苗。目前，常用的载体病毒或细菌有痘病毒、腺病毒、疱疹病毒、大肠杆菌和沙门菌等。

④ 病毒抗体复合物疫苗（virus-antibody complex vaccine）：该类疫苗由特异性高免血清或抗体与适当比例的相应病毒组成。其特点是可以延缓病毒释放，提高疫苗安全性和免疫效果；其制造关键是病毒与抗体的比例要适度。目前，已研制成功并被批准投放市场的有传染性法氏囊病毒—抗体复合物疫苗（美国）。

⑤ 灭活疫苗（inactived vaccine）：该类疫苗由完整病毒（或细菌）经灭活剂灭活后制成，其关键是病原体灭活。既要使病原体充分死亡，丧失感染性或毒性，又要保持病原体免疫原性。目前，常用的灭活剂有甲醛、乙酰乙烯亚胺（AEI）、乙烯亚胺（BEI）和β-丙酸内酯等。该类疫苗历史较久，制备工艺比较简单。目前我国已有很多商品化灭活疫苗，如猪口蹄疫、鸡减蛋综合征和兔出血症等灭活疫苗。

⑥ 亚单位疫苗（subunit vaccine）：是指病原体经物理或化学方法处理，除去其无效的

毒性物质，提取其有效抗原部分制备的一类疫苗。病原体的免疫原性结构成分包含细菌的荚膜和鞭毛、病毒的囊膜和衣壳蛋白，及有些寄生虫虫体的分泌和代谢产物，经提取纯化，或根据这些有效免疫成分分子组成，通过化学合成，制成不同的亚单位疫苗。该类疫苗具有明确的生物化学特性、免疫活性和无遗传性的物质。人工合成物纯度高，使用安全。如肺炎球菌囊膜多价多糖疫苗、流感血凝素疫苗及牛和犬的巴贝斯虫病疫苗等。

⑦ 基因工程亚单位疫苗（genetic engineering subunit vaccine）：将病原体免疫保护基因克隆于原核或真核表达系统，实现体外高效表达，获得重组免疫保护蛋白，所制造的一类疫苗。其关键是重组表达蛋白应颗粒化。目前，该类疫苗尚不多，人乙肝病毒重组蛋白疫苗、子宫颈癌乳头瘤状病毒亚单位疫苗和猪圆环病毒亚单位疫苗实现了大规模生产。此外，该类疫苗在非传染病领域有了较大应用，如胰β细胞自身抗原重组蛋白可用于治疗人Ⅰ型糖尿病，人精子表面特异重组蛋白可用于妇女恢复性生殖节育免疫等。

⑧ 抗独特型疫苗（ant-idiotypic vaccine）：根据免疫网络学说原理，利用第一抗体分子中的独特抗原决定簇（抗原表位）所制备的具有抗原的"内影像"（internal image）结构的第二抗体。该抗体具有模拟抗原的特性，故称之为抗独特型疫苗。它可诱导机体产生体液免疫和细胞免疫，主要适用于目前尚不能培养或很难培养的病毒，及直接用病原体制备疫苗有潜在危险的疫病。

⑨ 基因疫苗（genetic vaccine）：又称 DNA 疫苗或核酸疫苗，是将编码某种抗原蛋白的基因置于真核表达元件的控制之下，构成重组表达质粒 DNA，将其直接导入动物机体内，通过宿主细胞的转录翻译系统合成抗原蛋白，从而诱导宿主产生对该抗原蛋白的免疫应答，以达到预防和治疗疾病的目的。该类疫苗具有所有类型疫苗的优点，有很大应用前景。

⑩ 单价疫苗（univalent vaccine）：利用同一种微生物菌（毒）株或同一种微生物中的单一血清型菌（毒）株的增殖培养物制备的疫苗称为单价疫苗。单价疫苗对单一血清型微生物所致的疫病有免疫保护效力。但单价疫苗仅能对多血清型微生物所致疾病中的对应血清型有保护作用，而不能使免疫动物获得完全的免疫保护。前者如鸡新城疫疫苗（Ⅰ系苗、Ⅱ系苗、La Sota 系疫苗），都能使接种鸡获得完全的免疫保护；后者如猪肺疫氢氧化铝灭活疫苗，系由 6∶B 血清型猪源多杀性巴氏杆菌强毒株灭活后制造而成，对由 A 型多杀性巴氏杆菌引起的猪肺疫则无免疫保护作用。

⑪ 多价疫苗（polyvalent vaccine）：指用同一种微生物中若干血清型菌（毒）株的增殖培养物制备的疫苗。多价疫苗能使免疫动物获得完全的保护力，且可在不同地区使用。如钩端螺旋体二价及五价活疫苗、口蹄疫 A、O 型鼠化弱毒疫苗等。

⑫ 混合疫苗（mixed vaccine）：又称多联疫苗，指利用不同微生物增殖培养物，按免疫学原理和方法组合而成。接种动物后，能产生对相应疾病的免疫保护，具有减少接种次数和使用方便等优点，是一针防多病的生物制剂。混合疫苗又可根据实际疫病流行情况和组合的微生物多少，有三联疫苗和四联疫苗等之分，如猪瘟-猪丹毒-猪肺疫三联活疫苗等。

⑬ 同源疫苗（homologous vaccine）：指利用同种、同型或同源微生物株制备的，而又应用于同种类动物免疫预防的疫苗。如猪瘟兔化弱毒疫苗，用于各种品种的猪以预防猪瘟；牛肺疫兔化弱毒疫苗，能使各种品种的牛获得抵抗牛肺疫的免疫力。

⑭ 异源疫苗（heterlogous vaccine）：包含①用不同种微生物的菌（毒）株制备的疫苗，接种动物后能使其获得对疫苗中不含有病原体产生抵抗力。如犬在接种麻疹疫苗后，能产生

对犬瘟热的抵抗力；兔接种兔纤维瘤病毒疫苗后能使其抵抗兔黏液瘤病。②用同一种中一种型（生物型或动物源型）微生物的菌（毒）株制备的疫苗，接种动物后能使其获得对异型病原体的抵抗力。如接种猪布鲁菌弱毒菌苗后，能使牛获得对马耳他布鲁菌病的免疫力，也能使绵羊获得对羊布鲁菌病的免疫力。

（2）类毒素（toxoid）：又称脱毒毒素，是指细菌生长繁殖过程中产生的外毒素，经化学药品（甲醛）处理后，成为无毒性而保留免疫原性的生物制剂。接种动物后能产生自动免疫，也可用于注射动物制备抗毒素血清。于类毒素中加入适量磷酸铝或氢氧化铝等吸附剂吸附的类毒素即为吸附精制类毒素。吸附精制类毒素注入动物体后，能延缓吸收，长久地刺激机体产生抗体，增强免疫效果。如破伤风类毒素和明矾沉降破伤风类毒素等。

（3）诊断制品（diagnostic preparation）：利用微生物、寄生虫及其代谢代物，或动物血液、组织，根据免疫学和分子生物学原理制备，可用于诊断疾病、群体检疫、监测免疫状态和鉴定病原微生物等的一类生物制剂，包含诊断菌液、毒液或抗原、诊断血清和定型血清、标记抗体、诊断用毒素和菌素以及核酸探针和PCR诊断液等。多数诊断制品属于体外试验诊断用品，如布鲁氏菌补体结合试验抗原及其阴、阳性血清、猪瘟荧光抗体和炭疽沉淀素血清等；少数属于体内试验用品，如鼻疽菌素和布鲁氏菌水解素等。随着免疫化学和分子技术的发展，多数诊断制剂更加纯化并制成标记抗原、抗体和基因探针，从而大大地提高了特异性和敏感性，且可组合成诊断试剂盒，使用十分方便。

诊断液大体分为下列几类：①凝集试验用抗原与阴阳性血清；②补体结合试验用抗原与阴阳性血清；③沉淀试验用抗原与阴阳性血清；④琼脂扩散试验用抗原与阴阳性血清；⑤标记抗原与标记抗体，如荧光素标记、酶标记、同位素标记等及相应试剂盒；⑥定型血清及因子血清；⑦溶血素及补体、致敏血细胞；⑧分子诊断试剂盒。

（4）抗病血清（antiserum）：又称高免血清，为含有高效价特异性抗体的动物血清制剂，能用于治疗或紧急预防相应病原体所致的疾病，所以又称为被动免疫制品。通常通过给适当动物以反复多次注射特定的病原微生物或其代谢产物，促使动物不断产生免疫应答，在血清中含有大量对应的特异性抗体而制成。如抗猪瘟血清、破伤风抗毒素血清和传染性法氏囊病卵黄抗体等。在生产上，有同源动物抗病血清和异源动物抗病血清之别，但为了增加产量、降低成本，多选择马属动物以生产各种抗病血清。近年来，国外用奶牛研制成功了猪大肠杆菌牛乳抗体。

（5）微生态制剂（probiotics）：又称益生素、活菌制剂或生菌剂。是用非病原性微生物，如乳酸杆菌、蜡样芽胞杆菌、地衣芽胞杆菌或双歧杆菌等活菌制剂，口服治疗畜禽正常菌群失调引起的下痢。目前，该类制剂已在临床上应用和用作饲料添加剂。

（6）副免疫制品（paraimmunity preparations）：该类制剂可以刺激动物机体，提高特异性和非特异性免疫力的免疫制品，从而使动物机体产生针对其他抗原物质的特异性免疫力更强更持久。如脂多糖、多糖、免疫刺激复合物、缓释微球、细胞因子、重组细菌毒素（如霍乱菌毒素和大肠杆菌LT毒素等）及CpG寡核苷酸等。

**2. 按生物制品制造方法和物理性状分类**

（1）普通制品：指一般生产方法制备的、未经浓缩或纯化处理，或者仅按毒（效）价标准稀释的制品。如无毒炭疽芽胞疫苗、猪瘟兔化弱毒疫苗、普通结核菌素等。

（2）精制生物制品：将普通制品（原制品）利用物理的或化学的方法除去无效成分，进行浓缩和提纯处理制成的制品，其毒（效）价均高于普通制品，从而其效力更好。如精制破伤风类毒素和精制结核菌素等。

(3) 液状制品：与干燥制品相对而言的湿性生物制品。一些灭活疫苗（如猪肺疫氢氧化铝疫苗、猪瘟兔化弱毒组织湿苗等）、诊断制品（抗原、血清、溶血素、豚鼠血清补体等）为液状制品。液状制品多数既不耐高温和阳光，又不宜低温冻结或反复冻融，否则其效价会受到影响，故只能在低温冷暗处保存。

(4) 干燥制品：生物制品经冷冻真空干燥后能长时间保护活性和抗原效价，无论活疫苗、抗原、血清、补体、酶制剂和激素制剂均如此。将液状制品根据其性质加入适当冻干保护剂或稳定剂，经冷冻真空干燥处理，将96%以上的水分除去后剩余疏松、多孔呈海绵状的物质，即为干燥制品。冻干制品应在8℃下运输，在0~5℃保存。如猪瘟兔化弱毒冻干疫苗、鸡马立克病火鸡疱疹病毒冻干疫苗等。有些菌体生物制品经干燥处理后可制成粉状物，成为干粉制剂，十分有利于运输、保存，且可根据具体情况配制成混合制剂，例如羊梭菌病五联干粉活疫苗。

(5) 佐剂制品：为了增强疫苗制剂诱导动物机体免疫应答反应，以提高免疫效果，往往在疫苗制备过程中加入适量的佐剂（免疫增强剂或免疫佐剂），制成的生物制剂即为佐剂制品。若加入的佐剂是氢氧化铝胶，即制成氢氧化铝胶疫苗，如猪丹毒氢氧化铝胶灭活疫苗；若于疫苗中加入的是油佐剂，则称为油乳佐剂疫苗，如鸡新城疫油乳剂灭活疫苗。若于疫苗中加入水溶性佐剂，则疫苗呈水溶性，如猪圆环病毒2型杆状病毒重组亚单位疫苗。

## （二）生物制品命名原则

根据《中华人民共和国兽用新生物制品管理办法》规定，生物制品命名原则有10条。

(1) 生物制品的命名原则以明确、简练、科学为基本原则。

(2) 生物制品名称不采用商品名或代号。

(3) 生物制品名称一般采用通用名，即"病名+制品名称"的形式。诊断制剂则在制品种类前加诊断方法名称。例如牛巴氏杆菌病灭活疫苗、马传染性贫血活疫苗、猪支原体肺炎微量间接血凝抗原。特殊的制品命名可参此方法。病名应为国际公认的、普遍的称呼，译音汉字采用国内公认的习惯定法。

(4) 共患病一般可不列动物种名。如：气肿疽灭活疫苗、狂犬病灭活疫苗。

(5) 由特定细菌、病毒、立克次体、螺旋体、支原体等微生物以及寄生虫制成的主动免疫制品，一律称为疫苗。例如仔猪副伤寒活疫苗、牛瘟活疫苗、牛环形泰勒虫疫苗。

(6) 凡将特定细菌、病毒等微生物及寄生虫毒力致弱或采用异源毒制成的疫苗，称"活疫苗"；用物理或化学方法将其灭活后制成的疫苗，称"灭活疫苗"。

(7) 同一种类而不同毒（菌、虫）株（系）制成的疫苗，可在全称后加括号注明毒（菌、虫）株（系）。例如猪丹毒活疫苗（$GC_{42}$株）、猪丹毒活疫苗（$G_4T_{10}$株）。

(8) 通用名中涉及微生物的型（血清型、亚型、毒素型、生物型等）时，采用"病名（或微生物名）+×型（亚型）+制品种类"的形式命名。由属于相同种的两个或两个以上型（血清型、毒素型、生物型或亚型等）的微生物制成的一种制品，采用"病名（或微生物名）+若干型名+×价+制品种类"的形式命名。例如口蹄疫O型、A型双价活疫苗。

(9) 当制品中含有两种或两种以上微生物,其中一种或多种微生物含有两个或两个以上型(血清型或毒素型等)时,采用"病名1(或微生物名1)+病名2(或微生物名2)(型别1+型别2)+×联+制品种类"的形式命名。例如羊黑疫、快疫二联灭活疫苗,猪瘟、猪丹毒、猪肺疫三联活疫苗。

(10) 对用转基因微生物制备的制品,采用"病名(或微生物名,或毒素等抗原名)+修饰词+制品种类+(株名)"的形式命名。例如鸡传染性喉气管炎重组鸡痘病毒基因工程疫苗。

(11) 类毒素疫苗,采用"病名(或微生物名)+类毒素"的形式命名。当一种制品应用于两种或两种以上动物时,采用"动物+病名(微生物名等)+制品种类"的形式命名。例如破伤风类毒素。

(12) 制品的制造方法、剂型、灭活剂、佐剂一般不标明。但为区别已有的制品,可以标明。

## 三、我国兽医生物制品发展历史与主要成就

兽医生物制品学形成独立的学科虽然为时不久,但有关生物制品的知识的萌芽可以追溯到很久以前。我国早在宋真宗时代就有峨眉山人用天花病人的痂皮接种儿童鼻内或皮肤划痕预防天花的记载,此后又传到日本和美国等国家。18世纪末,英国医生爱德华琴纳(Edward Jenner)首次用牛痘痘液或痘痂接种儿童预防天花,创造了第一个生物制品—牛痘疫苗。其后,法国的巴斯德(Pasteur)相继发明了禽霍乱、猪丹毒、炭疽和狂犬病等减毒活疫苗,开辟了现代生物制品的新纪元。1889年,Yersin等从白喉杆菌培养物滤液中分离到白喉菌素,免疫小鼠和家禽后,在其血清中发现存在中和白喉菌素的物质,从而又创制了抗毒素血清。在诊断制品方面,1891年,R. Koch首次自结核杆菌菌体中提取到一种特异过敏素物质,后来被Aujnid命名为结核菌素。20世纪早期,Ramon(1925)、Freund(1935)及Schmidt(1939)先后使用明矾、氢氧化铝和矿物油作为佐剂,对兽医生物制品的发展起了重要促进作用。1931年Woodruff和Goodpasture用鸡胚增殖鸡痘病毒,1949年Enders用非神经组织增殖脊髓灰质炎病毒相继成功,为利用鸡胚和组织细胞培养技术研制生物制品开辟了新的道路。这段时期,疫苗产品逐渐扩大,质量不断改进,肉汤培养物逐渐被液体深层悬浮培养所取代,半合成及全合成培养基开始应用。微生物选育工作得到重视,动物免疫效力试验方法逐渐完善,疫苗检测逐渐走向规范化。20世纪60年代后,随着微生物和免疫学的发展,兽医生物制品生产得到迅速发展,并逐渐形成规模化生产。1975年Kohler和Milstein创建了淋巴细胞杂交瘤技术,从而单克隆抗体的研制得到蓬勃发展。20世纪80年代以来,分子生物学技术的发展,开创了研制重组疫苗的新方法。

我国近代兽医生物制品研制是伴随着我国畜禽疫病防治而开始的。1949年前,我国经济和科学文化落后,畜牧业和养殖业很不发达,正式有记载的疫苗制造所仅有1930年建立的实业部青岛商品检验局青岛血清制造所和1931年建立的上海商品检验局血清制造所。但是,1930—1949年,我国兽医人员都以防治畜禽疫病为己任,在四川、西北、西南、东北和台湾血清制造所或兽医研究所从事兽用疫苗的研究工作。研制的生物制品包括牛瘟脏器疫苗和血清、炭疽芽胞疫苗、猪肺疫活疫苗和血清、猪丹毒血清、猪瘟血清、羊痘疫苗和血清、马鼻疽菌素及狂犬病疫苗等。但生产设备简陋,制品品种少,生产数量低,无法对付众

多疫病的流行。1949年以后，我国兽医生物制品得到迅速发展。20世纪50年代初，在全国范围建立了9个兽医生物制品厂，组建了国家兽医药品监察所，制定多种兽医生物制品的制造和检验规程。牛瘟疫苗及其抗血清的广泛使用，在全国范围控制并消灭了该病。接着，猪瘟兔化弱毒疫苗、鸡新城疫Ⅰ系疫苗、炭疽芽胞疫苗及布鲁氏菌疫苗等生产逐渐扩大。弱毒菌毒株的选育成为当时兽医生物制品的研究热点。20世纪60~70年代，牛肺疫兔化弱毒疫苗研制成功，并广泛推广使用，为我国消灭牛肺疫起到重要作用。猪瘟兔化弱毒疫苗被改进为乳兔化弱毒疫苗，畜禽巴氏杆菌、猪丹毒和布鲁氏菌疫苗均为由培育成的弱毒菌种制造的多种新剂型。我国发明的马传贫驴白细胞活疫苗填补了国内外空白，为国际所公认。猪瘟、猪丹毒、猪肺疫三联活疫苗成为我国第一个病毒加细菌的猪用联合活疫苗。此外，还新研制了鸡新城疫Ⅱ系活疫苗、鸡马立克病火鸡疱疹病毒活疫苗、小鹅瘟、鸭瘟和口蹄疫疫苗及鸡白痢、鸡伤寒全血平板凝集抗原和布鲁氏菌补体结合试验抗原等多种诊断制剂。

20世纪80年代以来，我国畜牧业发展很快，但因疫病造成的经济损失巨大，兽医生物制品研究特别活跃。在禽用生物制品方面，鸡新城疫（ND）疫苗开始用SPF鸡胚制造，并增添了新城疫Ⅲ系（F株）、Ⅳ系（LaSota株）、$V_4$（耐热株）、克隆30和$N_{79}$株活疫苗。鸡马立克病火鸡疱疹病毒疫苗开始使用SPF鸡胚成纤维细胞生产，并研制成功鸡马立克病二价活疫苗（$Z_4$＋SB-1）和$CVI_{988}$活细胞疫苗。还研制成功了鸡传染性法氏囊病、传染性支气管炎、新城疫、传染性喉气管炎、小鹅瘟、鸭瘟、鸭病毒性肝炎和鸡毒支原体等多种疫病单联、二联和三联活疫苗及鸡产蛋下降综合征和传染性鼻炎等多种灭活疫苗。2000年，禽用疫苗生产达397亿羽（头）份，对我国养禽业的发展起到了积极作用。在其他动物疫苗方面取得积极研究进展和成果。猪瘟疫苗生产技术进一步得到改进，用犊牛、羔羊睾丸细胞或羊肾细胞转瓶培养技术代替了猪肾原代细胞培养技术，ST传代细胞疫苗得到广泛应用。研制了猪圆环病毒病、伪狂犬病、副猪嗜血杆菌、猪传染性胃肠炎、猪流行性腹泻、细小病毒感染、猪日本流行性乙型脑炎及兔出血症等疫病灭活疫苗，还出现了羊五联疫苗和六联疫苗及犬五联疫苗等多种多联疫苗，从而简化了免疫程序，方便了用户。以基因工程技术研制成功的猪大肠埃希菌病$K_{88}$和LTB双价基因工程疫苗、猪伪狂犬病基因缺失疫苗、禽流感基因重组灭活疫苗、禽流感重组新城疫活载体疫苗代表着第三代疫苗研究方向。在寄生虫病疫苗方面，研制成功了鸡球虫病三价和四价活疫苗等。以蜡样芽胞杆菌、枯草杆菌、嗜酸乳杆菌、双歧杆菌和酵母菌为代表的微生态制剂、猪用白细胞干扰素、羊胎盘转移因子注射液和口服液、鸡治疗用传染性法氏囊病抗体及鱼嗜水气单胞菌和草鱼出血热等灭活疫苗拓宽了兽医生物制品的领域。以免疫学和分子生物学为基础的诊断技术和制品，在我国动物疫病的流行病学调查、免疫监测、临床诊断及进出口检疫等方面逐渐发挥作用，如猪圆环病毒2型Cap-ELISA抗体检测试剂盒、新城疫病毒抗原和抗体ELISA检测试剂盒，鸡传染性法氏囊病ELISA抗体检测试剂盒、试纸条、猪旋毛虫病ELISA检测试剂盒、口蹄疫病毒3ABC ELISA抗体检测试剂盒、禽流感乳胶凝集试验检测试剂盒等。PCR等分子诊断技术逐渐被用于鸡MD、禽流感H5亚型、猪瘟及猪繁殖与呼吸综合征等病毒的强弱毒株的鉴定，并研究开发成功相应的PCR或荧光RT-PCR检测试剂盒。

2006年起，我国全面实施兽药GMP管理，我国兽医生物制品尤其是疫苗生产工艺研究和产业化方面取得长足进展。国产50 m²大型冷冻干燥机为高质量生物制品国产化创造了物质条件,并在分装、冻干、抽真空、压盖和贴标签等环节基本实现自动化,较好地解决了活疫苗的冻干问题。部分企业在活疫苗中已使用耐热冻干保护剂,有效地解决了冷链保藏系统的问题,如猪瘟、鸡传染性法氏囊病和传染性支气管炎耐热保护剂活疫苗。疫苗佐剂方面,氢氧化铝胶、矿物油、蜂胶等灭活疫苗佐剂的研究成功和推广使用,大大提供了灭活疫苗的免疫效力,也解决了疫苗的保存期问题。矿物油佐剂价格低廉,性能稳定,佐剂作用强,制作工艺简单。乳化工艺方面,各企业均购置了大容量、自动化的疫苗灭活和乳化设备,生产的疫苗不但灭活过程和效果容易控制,乳化效果好,产量大,乳化质量均一。细菌培养透析器改进了厌氧性细菌疫苗的制造工艺。钴-60用于血清和生物制品器皿消毒。细胞悬浮培养工艺方面,一些企业建成了生产线,部分产品实现了产业化生产,$BHK_{21}$细胞悬浮培养技术替代了口蹄疫疫苗细胞转瓶培养制造工艺。同时,抗原浓缩技术及产品质量检测技术等方面都有明显提高。一些企业采用生化合成手段,研制生产合成肽疫苗,取得较好效果,如猪口蹄疫疫苗,为我国高纯度疫苗及诊断制品抗原制备奠定了重要基础。疫苗生产用SPF鸡胚、血清、培养基、佐剂等辅助材料逐步实现标准化和规范化,所有生产企业建立了菌、毒种种子批制度,并对传代细胞系进行系统鉴定,严格控制种毒和细胞外源病原污染。疫苗检验方面,普遍采用标准化培养基、SPF鸡、清洁级兔、鼠等,实验动物实施设备得到全面升级,保证了检测结果的准确性。至2012年底,我国兽医生物制品GMP企业共有78家,比2005和2006年分别增加39家和18家,其中3家注销,2家停产,5家为新建企业,实际生产企业为68家。据不完全统计,2012年兽医生物制品生产批准文号1304个,实际使用了954个,生产品种262个,包括灭活疫苗135种,活疫苗103种,诊断制品12种,其他制品12种,活疫苗产量为1012.6亿羽/头份,灭活疫苗225.63亿mL,销售额共计88.88亿元。2013年,我国72家兽医生物制品企业生产总值104.56亿元,销售额99.33亿元,为我国动物疫病防控提供了重要物质保障。

60多年来,我国规范了兽医生物制品组织管理,建立并形成了独立的兽医生物制品产、供、销、监督检测体系,农业部统管。农业部授权中国兽医药品监察所主管全国兽医生物制品质量的监督检察工作,包括国家标准的制定和制品质量仲裁等。还建立了兽医微生物菌种保藏中心,负责微生物菌种和细胞株的收集、鉴定、编目、保藏、供应和交换。新兽医生物制品审批则由农业部兽医药典委员会和兽药审评委员会负责。在省市县各级兽医防疫机构设立了兽药监察所,专门负责市场监督。在兽药管理法规和技术标准方面,先后发布过一些政令性标准条例及国家标准,如国务院发布的《中华人民共和国动物防疫法》、《兽药管理条例》、《病原微生物实验室生物安全管理条例》,农业部发布的《新兽药研制管理办法》(农业部令第55号)、《兽医生物制品管理办法》(农业部令第2号)、《兽药注册办法》(农业部令第44号)、《兽药生产质量管理规范》(农业部令第11号)、《兽药产品批准文号管理办法》(农业部令第45号)、《兽药标签和说明书管理办法》(农业部令第22号)、《兽医实验室生物安全管理规范》、《高致病性动物病原微生物实验室生物安全管理审批办法》(农业部令第52号)及《动物防疫条件审核管理办法》(农业部令第15号)、《兽药经营质量管理规范》(农业部令第3号)和《兽医生物制品经营管理办法》(2007年3月颁布)等,其中,《兽药管理条例》是我国兽药管理的最重要的行政法规,《兽用生物制品管理办法》对我国有关生物制品生产、经营、新制品、进出口、使用及质量等作了详细规定。目前《兽用生物制品规程》是我国兽用生物制品制造及检验的国家标准,国家根据兽用生物制品规程,对兽用生物制品施行质量监督，严禁生产和销售不符合国家标准的生物制品。疫苗研究实行备案制，特别是用一类动物疫病病原进行疫苗研究时，必须报经农业部批准。疫苗生产与检验，严格按照制品生产操作规程进行生产和检验。中国兽医药品监察所对所有生产产品实行批签发制度，未经签发的产品一律不准上市，同时实行产品抽检制度，对不合格产品实行追回制度，并对此类有不良记录的企业实行产品跟踪检验监督，产品合格率逐年提高。2012年农业部组织对74家企业（63家国内生产企业、11家国外生产企业）实施监督抽检，抽检57个品种，总计333批，产品合格率96.4%，而2009、2010、2011年产品合格率分别为93.7%、94.6%和95.8%。2012年口蹄疫、猪瘟和高致病性猪蓝耳病疫苗合格率继续保持100%，与2011年相同。2012年抽检11家国外生产企业的8个进口产品共26批，合格率92.3%，而2010和2011年合格率为87.0%和80.8%。

### 四、兽医生物制品学的发展趋势

兽医生物制品学的发展和应用带来的经济效益和社会效益是显而易见的，特别是随着规模化、集约化和产业化畜禽业的兴起，兽用生物制品应用前景十分广阔。我国改革开放以来，畜禽业得到迅猛发展。猪和鸡年饲养跃居世界第一，但畜禽疫病依然十分严重。新的疫病不断出现，旧的疫病又不断以新的面目出现。近30年来，我国兽用生物制品呈现良好发展势头，尤其畜禽用疫苗的生产得到迅速发展，新制品研制也取得了显著成果，但供需矛盾仍十分突出，生物制品应用的潜力巨大。

#### （一）加强疫苗生产工艺研究，改进和提高疫苗质量

随着兽医学、生物技术、免疫学技术和分子生物学技术的发展，动物疫苗种类越来越多，但实际畜牧业生产中，用传统的经典的技术生产的疫苗发挥了积极作用，而且，未来5~10年，在通过技术革新研制的新型疫苗逐步投入实际应用之时，经常规方法制备的疫苗仍占据主导地位，疫苗的研制将朝着安全有效、成本低廉、易于接种、一针多防（联苗）、不受母源抗体干扰、免疫期长、易于保存运输和使用的方向发展。优良的免疫佐剂、免疫增强剂和耐热保护剂是提高疫苗安全性和免疫效力的重要措施。目前，国外动物用活疫苗均可在2~10℃下保存运输，而我国虽然对一些猪禽活疫苗进行了研究和开发，但实际保存时间与国外产品有一定差距。猪用灭活疫苗主要使用传统的矿物油佐剂，而且疫苗剂型大部分仍为油包水型，副作用较大，一些疫苗，如口蹄疫和猪圆环病毒病灭活疫苗，虽然为水包油或水包油包水等剂型，但采用的佐剂仍依赖进口。所以，应进一步加强细胞因子、细菌毒素及CpG核苷酸等新型免疫佐剂、活疫苗热稳定剂及高分子微球疫苗缓释系统研究和开发。

我国幅员辽阔，畜禽疫病分布和流行的毒株也不完全一致，一些病毒在流行过程中可能发生基因变异，引起毒力和抗原性变异，如鸡的马立克病病毒、传染性法氏囊病毒、猪繁殖与呼吸综合征病毒出现毒力明显增强，疫苗免疫效果减低。此外，临床上同一系统的疾病存在多种病原，如猪呼吸道复合体病病原有猪繁殖与呼吸综合征、猪圆环病毒2型、副猪嗜血杆菌等，猪传染性腹泻病原包括猪传染性胃肠炎、流行性腹泻病毒和猪轮状病毒等，病原十分复杂，而且经常出现混合感染。此外，由于细菌药物耐受性的产生，国际上非常重视细菌

性多价疫苗研制和使用。因此，我们必须在流行病学调查研究基础上，针对病原特性研制相应的疫苗，尤其对抗原性和致病力容易变化的传染病，应积极研究和开发多联多价动物疫苗，减少免疫接种次数，并减少抗细菌药物的使用。为了促进多联多价疫苗研究开发，抗原浓缩和纯化技术是必不可少的重要手段，包括病毒超滤技术、抗原亲和层析等，以提高疫苗单位体积中抗原含量。为了提高细胞类疫苗生产效率，减少细菌污染，提高疫苗抗原含量，国外已经普遍使用细胞悬浮培养工艺，但我国目前仅有两条细胞悬浮培养疫苗生产线，其中一条 $BHK_{21}$ 细胞悬浮培养生产线用于生产口蹄疫灭活疫苗，几乎所有细胞疫苗都在使用转瓶培养技术，细胞培养技术比较落后，生产劳动强度较大，容易出现细菌污染。国外大量新建反应器和产物表达量的提高已导致反应器容量过剩，发达国家市场已经出现饱和并有向发展中国家扩展的趋势，一些大生物制药巨头开始通过合作或并购等方式进入我国市场，如法国赛诺菲、瑞士诺华、德国勃林格-殷格翰和美国辉瑞（硕腾）等生物医药公司。此外，国外新型疫苗产业化技术日新月异，基因工程表达蛋白纯化工艺和 DNA 疫苗核酸提取工艺等日趋成熟。因此，加强疫苗生产工艺研究，改进和提高疫苗质量，势在必行。

### （二）以分子生物技术为基础，研制开发新型疫苗

随着分子生物学技术的发展，动物疫苗的研究及应用已经进入了一个崭新的时代。选育疫苗用弱毒菌（毒）株，不再仅仅依靠在组织细胞培养或在一种非天然宿主体内连续传代，用单克隆抗体和 DNA 重组技术有可能获得非常有效的疫苗毒株。例如，狂犬病疫苗 SAG2 株即通过单克隆抗体施以选择压力培育成功的。用 DNA 重组技术可直接除去（缺失）病毒或细菌的毒力相关基因，或除去在病原体复制中起重要作用的酶基因，从而获得基因缺失疫苗。而且，当基因缺失疫苗再缺失一个糖蛋白基因（该基因不是功能基因，但与病原的毒力有关）时，缺失的糖蛋白不再表达，因而可研制出标记疫苗，从而使区别疫苗免疫动物和野毒感染动物成为可能，因为野毒株可表达糖蛋白，感染动物可产生针对糖蛋白的抗体。该类疫苗配以适当的诊断试剂盒，可有效地用于相应疫病的扑灭和根除计划。如丹麦、英国和瑞典等国家应用猪伪狂犬病基因缺失疫苗免疫接种，通过血清学普查、剔除被感染种猪及扑杀等措施，已成功消灭了猪伪狂犬病。目前，美国还成功研制了牛传染性鼻炎病毒 TK 基因缺失苗，并投放市场。该疫苗比常规弱毒疫苗的毒力更弱，无副作用，潜伏感染能力弱，安全可靠，不返强。用疫苗病毒或细菌作为活载体研制基因工程疫苗一直很受关注。在欧美国家，以痘苗病毒为载体的口服重组伪狂犬病活疫苗，已被批准销售使用。该疫苗对家畜、野生动物和实验动物安全，比自然致弱的狂犬病活疫苗有更强的热稳定性，室温保存数月，疫苗仍保持很好的免疫力，所以，可以将该疫苗诱饵在全国范围内投放。目前，欧美国家采用该疫苗防控狂犬病已取得很好效果。在禽流感方面，美国禁止使用传统的疫苗预防该病，但用禽痘病毒载体构建的重组禽流感疫苗，作为标记疫苗可以使用。病毒样颗粒重组亚单位疫苗已取得突破性研究进展，一批重要疫病的疫苗获准投放市场，如杆状病毒表达的猪瘟、猪圆环病毒 2 型重组亚单位疫苗。此外，一些基因疫苗（DNA 疫苗）也被获准投放市场，如马西尼罗河病毒、犬黑色素瘤和鲑鱼传染性造血组织坏死病毒基因疫苗等，同时，大量的基因疫苗正在研究开发之中，如禽流感病毒 HA 基因质粒、牛疱疹病毒 I 型 gB 基因质粒及猪繁殖与呼吸综合征病毒基因疫苗等。这些新型疫苗必

将进一步推动我国新一代兽用生物制品的研究和开发进程，为我国重大动物疫病的控制和消灭提供有效的技术手段。

### （三）针对国内外动物疫病流行动向，积极研究开发新出现疫病的生物防控药物

我国畜牧业发展迅速，但饲养规模和管理水平差异很大，很多病原在畜禽群体长期存在，而且，随着全球气候的变化、人类活动领域拓宽和国际贸易频繁，一些新的疫病不断涌现，同时，一些老的疫病发生新的变化，如猪繁殖与呼吸障碍综合征、断奶仔猪多系统衰竭综合征、猪流行性腹泻、猪伪狂犬病、鸡淋巴细胞白血病和传染性脑脊髓炎等，造成我国畜牧业严重经济损失。因此，迫切需要研究安全有效的疫苗，预防和控制这些新疫病的发生和流行。目前，我国很多高校和科研院所也十分重视畜禽疫病流行动态，积极研究针对新发疫病防控措施，利用现代生物技术研究开发新的疫苗、诊断液和治疗用生物制剂。通过新发病原的分离鉴定和基因序列分析，研制成功多种疫苗，如猪链球菌2型灭活疫苗、猪蓝耳病活疫苗、猪圆环病毒2型灭活疫苗、副猪嗜血杆菌灭活疫苗、猪传染性胸膜肺炎放线杆菌、口蹄疫二价和三价灭活疫苗等，研究成果达到国际领先和先进水平，对我国猪病防控发挥着重要作用。当然，除了农场动物外，随着我国人民生活水平的提高，我国皮毛动物和伴侣动物饲养量明显增多，其疫病防控面临新的需求，疫苗、诊断液和生物防治制剂比较缺乏或者产业化程度较低，狂犬病、犬瘟热和细小病毒等常见疫苗和快速诊断液依赖进口。因此，关注动物疫病流行动向，研究开发新出现传染病预防和控制药物既是疫病防控现实需求，也是兽医生物制品研究领域的一个重要创新源头。

### （四）完善提高诊断试剂制备工艺，推动兽医诊断试剂盒国产化

免疫学诊断试剂关键成分是抗原和抗体，包括阴性和阳性对照样品，其制备工艺和产品标准化要求较高。长期以来，由于受到免疫抗原纯度制备要求和实验动物条件的影响，我国动物用诊断制剂局限于单一诊断成分的研究和开发，多种疫病的酶标记抗体、荧光素标记抗体、单克隆抗体、诊断抗原等制剂，试剂保存期短、稳定性不够、敏感性和特异性比较低。近年来，随着单克隆抗体和蛋白重组技术的发展，我国研制成功了多种病原和抗原的单克隆抗体及其免疫学诊断试剂盒，如口蹄疫病毒结构蛋白抗体单抗阻断ELISA抗体检测试剂盒、猪圆环病毒2型ELISA抗体检测试剂盒、鸡传染性法氏囊病ELISA抗体检测试剂盒、胶体金试纸条、乳胶凝集试剂盒、盐酸克伦特罗（瘦肉精）、莱克多巴胺金标检测卡、猪瘟正向间接血凝（IHA）抗体检测试剂盒、衣原体病间接血凝（IHA）抗原检测试剂盒、弓形虫间接血凝（IHA）抗体检测试剂盒等，但其产业化水平较低，能够在临床或生产上大量使用的尚不多。很多动物疫病实验室诊断和抗体监测仍然依赖国外进口诊断试剂，如美国IDEXX等生产的猪瘟阻断ELISA抗体检测试剂盒、伪狂犬病gB、gE-ELISA抗体检测试剂盒、猪繁殖与呼吸综合征ELISA抗体检测试剂盒，韩国金诺公司生产的猪瘟、口蹄疫、猪圆环病毒病抗体金标检测卡和ELISA抗体检测试剂盒、犬瘟热抗原、犬细小病毒抗原金标检测卡、新城疫、禽流感、鸡传染性法氏囊、鸡传染性支气管炎、牛病毒性腹泻病毒抗体ELISA检测试剂盒等。相反，以分子生物学为基础建立的聚合酶链式反应（PCR）技术和核酸探针技术等高度灵敏的检测方法已在我国很多有条件的实验室建立和应用，尤其PCR技术，因其具有简便、快速和特异等特点，已经逐步形成试剂盒，

并用于临床诊断,如猪瘟、口蹄疫、禽流感、高致病性猪蓝耳病 PCR 检测试剂盒等,这些新型诊断技术将进一步简单化、实用化和商品化,并在动物疫病的诊断和病原鉴定中发挥重要作用。研究开发适合国内使用、简便、快速、准确的诊断试剂盒是当前我国亟待解决的问题。

### (五)针对动物疫病防控需求,积极研发微生态制剂、寄生虫疫苗与鱼用疫苗

微生态制剂是近年来发展迅速的一类新制品。应用微生态制剂调节畜禽机体正常菌群,有利于畜禽健康,特别是对防治动物胃肠道疾病,可解决临床上一些抗生素和其他抗菌药物达不到治疗目的的难题。同时,应用微生态制剂作饲料添加剂,对畜禽可起到保健与促生长作用,并减少因滥用药物而产生的耐药菌株和药物残留,研制开发微生态制剂将成为新的热点。加强微生态制剂的研究,开发有生物安全的新型基因工程细菌微生态制剂,也是保证畜禽健康发展的又一新课题。寄生虫虫体抗原比较复杂,免疫原性多不及细菌和病毒制品稳定,如鸡球虫病疫苗虽然已有研制成功的报道,但真正达到大规模商品化的应用还需要进一步研究。因此,研制有效寄生虫病疫苗仍是很大的挑战。此外,我国鱼虾类等水生动物养殖规模发展很快,但病害问题也越来越严重,包括运动性气单胞菌败血症、爱德华氏菌败血症、草鱼出血病、对虾白斑病和鲤疱疹病毒等,成鱼死亡率达40%,已经造成严重经济损失。但至今,实际生产使用的鱼用疫苗仅有数种,数十种鱼用疫苗仍处于研究开发阶段。因此,寻找其免疫保护性抗原和改进疫苗使用途径及方法,仍是今后鱼用疫苗的主要研究方向。

### (六)加强兽医生物制品研究、生产和销售管理,提高产品国际竞争力

兽医生物制品的质量与畜牧业生产息息相关。我国十分重视兽医生物制品法制化管理,国务院和农业部先后出台了一系列法规、条例和文件,这些法规和条例是当前加强兽用生物制品研制、生产和销售管理的法律依据,但应进一步加强兽医生物制品法制化管理,加强执法力度,严厉打击兽用生物制品非法生产和非法销售。同时,应加强兽药普法宣传工作,教育群众和生产经营者,确保兽医生物制品研究、生产和流通等诸方面规范有序。近十多年来,国外很多生物公司相继进入中国合资办厂或销售进口疫苗,如德国勃林格-殷格翰、美国辉瑞(硕腾)、法国罗纳梅里亚和美国默沙东动物保健品公司等,2013年其生物制品销售总额达8.8亿元,而且,德国勃林格-殷格翰和美国辉瑞(硕腾)等公司开始在我国建立疫苗研发公司。与此同时,我国生物制品企业产品,除禽流感疫苗等有少量出口东南亚市场外,其他产品仅在国内市场使用。因此,我们必须进一步强化兽医生物制品企业 GMP 管理,进一步加强我国兽医生物制品研究、生产和流通领域从业人员的培训和知识更新,积极改进和提高生物制品研发、生产、检验和销售技术水平,加强科学研究,提高企业产能利用率,开展国际交流,参与国际市场竞争,提高产品研究开发和市场竞争实力,提升国际影响力。

兽医生物制品是动物疾病防控的重要工具。我国兽医生物制品学虽然已经取得重大进展和成果,但总体上与发达国家先进水平相比还有一定差距。随着现代生物学、免疫学、分子生物学、现代工艺学和新材料的不断发展和完善,我国兽医生物制品必将迈入一个新的时期,并为我国畜牧业稳定健康发展和人类健康做出更大贡献。

(姜 平)

 **复习思考题**

1. 兽医生物制品学与兽医生物制品有何区别？兽医生物制品有什么作用？
2. 兽医生物制品有什么作用？有哪些种类？
3. 简述生物制品的命名原则。
4. 概述我国近代兽医生物制品主要成就。
5. 结合我国兽医生物制品现状，试述我国兽医生物制品学的发展趋势。

# 第一章 生物制品的免疫学理论

**本章提要** 凡是能刺激机体产生抗体和效应性淋巴细胞并能与之结合引起特异性反应的物质称为抗原。抗原性包括免疫原性和反应原性。抗原的异源性、分子大小、化学组成与结构、状态与完整性都会影响其免疫原性。决定抗原分子活性与特异性的是抗原表位。细菌和病毒有不同的抗原组成。抗体的本质是免疫球蛋白（Ig），单体分子由两条重链和两条轻链组成，各类免疫球蛋白（IgG、IgM、IgA、IgE）有相应的特点及免疫学功能。免疫器官分中枢和外周免疫器官。免疫活性细胞主要是T细胞和B细胞，巨噬细胞、树突状细胞和B细胞是主要的抗原递呈细胞。T、B细胞抗原受体是识别抗原的物质基础。细胞因子种类与免疫生物学功能多样，但具有共同的一些特性。体外进行的抗原抗体反应称为血清学反应（技术），包括凝聚性试验、标记抗体技术、补体结合试验和中和试验等。动物机体可通过天然被动免疫、天然主动免疫、人工被动免疫和人工主动免疫等方式获得特异性免疫。抗原（疫苗）诱导的免疫反应是复杂的生物学过程，涉及抗原的加工和处理，免疫活性细胞对抗原的识别，T、B细胞的活化、增殖与分化等。动物经免疫应答获得的特异性免疫力包括细胞免疫和体液免疫两个方面。疫苗的质量、疫苗的使用、免疫动物的因素和病原微生物的变异是影响疫苗发挥免疫效力的主要因素。

## 第一节 免疫系统

### 一、抗原与抗体

#### （一）抗原

**1. 抗原与抗原性** 凡是能刺激机体产生抗体和效应性淋巴细胞并能与之结合引起特异性反应的物质称为抗原（antigen）。抗原具有抗原性（antigcnicity），包括免疫原性与反应原性两个方面的含义。免疫原性（immunogenicity）是指能刺激机体产生抗体和致敏淋巴细胞的特性，反应原性（reactinogenicity）是指抗原与相应的抗体或效应淋巴细胞发生反应的特性，又称为免疫反应性（immunoreactivity）。

抗原分为完全抗原与不完全抗原。既具有免疫原性又有反应原性的物质称为完全抗原（complete antigen），也可称为免疫原（immunogen）。只具有反应原性而缺乏免疫原性的物质称为不完全抗原（incomplete antigen），亦称为半抗原（hapten）。半抗原又分为简单半抗原和复合半抗原，前者的分子质量较小，只有一个抗原表位，虽然能相应的抗体结合，但不能与相应的抗体发生可见反应，如抗生素、酒石酸、苯甲酸等；后者的分子质量较大，有多个抗原表位，能与相应的抗体发生肉眼可见的反应，如细菌的荚膜多糖、类脂质、脂多糖等都为复合半抗原。

**2. 构成免疫原的条件** 抗原物质要有良好的免疫原性，需具备以下条件。

（1）异源性 通常动物之间的亲缘关系相距越远，生物种系差异越大，免疫原性越好，如异种动物之间的组织、细胞及蛋白质均是良好的抗原，此类抗原称为异种抗原。同种动物不同个体的某些成分也具有一定的抗原性，如血型抗原、组织移植抗原，此类抗原称为同种异体抗原。动物自身组织细胞通常情况下不具有免疫原性，但在某些情况下可显示抗原性成为自身抗原。

（2）分子大小 抗原物质的免疫原性与其分子大小直接相关。一般而言，分子质量越大，免疫原性越强。分子质量在 10 000 u 以上抗原物质都具有良好的免疫原性，小于 5 000 u 的物质其免疫原性较弱。

（3）化学组成、分子结构与立体构象的复杂性 一般而言，分子结构和空间构象越复杂的物质免疫原性越强。抗原物质的空间构象一旦被改变或破坏，其免疫原性也随之消失。

（4）物理状态与完整性 不同物理状态的抗原物质其免疫原性也有差异。颗粒性抗原的免疫原性通常比可溶性抗原强，可溶性抗原分子聚合后或吸附在颗粒表面可增强其免疫原性，免疫原性弱的蛋白质如果吸附在氢氧化铝胶、脂质体等大分子颗粒上可增强其抗原性。此外，蛋白质抗原被消化酶分解为小分子物质如肽或氨基酸后，便失去抗原性。所以抗原物质通常要通过非消化道途径以完整分子状态进入体内，才能保持抗原性。

**3. 抗原表位** 抗原的分子结构十分复杂，但抗原分子的活性和特异性只决定于其一小部分抗原区域。抗原分子表面具有特殊立体构型和免疫活性的化学基团称为抗原决定簇（antigenic determinant），由于抗原决定簇通常位于抗原分子表面，因而又称为抗原表位（epitope）。抗原表位决定着抗原的特异性，即决定着抗原与抗体发生特异性结合的能力。抗原分子中由分子基团间特定的空间构象形成的决定簇称为构象决定簇（conformational determinant），又称不连续决定簇（discontinuous determinant），一般是由位于伸展肽链上相距很远的几个残基或位于不同肽链上的几个残基，通过抗原分子内肽链盘绕折叠而在空间上彼此靠近而构成，其特异性依赖于抗原大分子整体和局部的空间构象，随抗原决定簇空间构象的改变而改变。抗原分子中直接由分子基团的一级结构序列（如氨基酸序列）决定的决定簇称为顺序决定簇（sequential determinant），又称为连续决定簇（continuous determinant）。抗原表位的大小是相当恒定的，一般而言蛋白质分子抗原的每个决定簇由 5~7 个氨基酸残基组成，多糖抗原由 5~6 个单糖残基组成，核酸抗原的决定簇由 5~8 个核苷酸残基组成。

**4. 抗原的交叉性** 自然界中存在着无数的抗原物质，不同抗原物质之间、不同种属的微生物间、微生物与其他抗原物质间，具有相同或相似的抗原组成或结构，可能存在共同的抗原表位，这种现象称为抗原的交叉性或类属性。这些共有的抗原组成或表位称为"共同抗原"或"交叉抗原"。种属相关的生物之间的共同抗原又称为"类属抗原"。

**5. 主要的微生物抗原**

（1）细菌抗原（bacterial antigen）：细菌是多种抗原成分的复合体，其抗原结构比较复杂。细菌的抗原组成有鞭毛抗原（H 抗原）、菌体抗原（O 抗原）、荚膜抗原（K 抗原）和菌毛抗原。

(2) 病毒抗原 (viral antigen)：各种病毒结构不一，因而其抗原成分也很复杂。一般有 V 抗原 (viral antigen)、VC 抗原 (viral capsid antigen)、S 抗原 (soluble antigen，可溶性抗原) 和 NP 抗原 (核蛋白抗原)。

V 抗原又称为囊膜抗原 (envelope antigen)，有囊膜的病毒均具有 V 抗原，其抗原特异性主要是囊膜上的纤突 (spikes) 所决定的，如流感病毒囊膜上的血凝素 (hemagglutinin, HA) 和神经氨酸酶 (neuraminidase, NA) 都是 V 抗原，V 抗原具有型和亚型的特异性。

VC 抗原又称衣壳抗原，无囊膜的病毒的抗原特异性决定于病毒颗粒表面的衣壳结构蛋白，如口蹄疫病毒的结构蛋白 VP1、VP2、VP3 和 VP4 即为此类抗原，其中 VP3 能使机体产生中和抗体，可使动物获得抗感染能力，为口蹄疫病毒的保护性抗原。口蹄疫病毒还可产生一种病毒感染相关抗原 (virus infection associated antigen)，简称 VIA 抗原，是具有酶活性的病毒特异性核糖核酸聚合酶，只有当病毒复制时才出现，并能刺激机体产生抗 VIA 抗体，但当病毒粒子装配完后，VIA 就不存在于病毒结构中。灭活疫苗免疫动物体内不产生抗 VIA 抗体，因此在临床诊断和进出口检疫中检测 VIA 抗体具有重要意义。

(3) 毒素抗原 (toxin antigen)：很多细菌 (如破伤风杆菌、白喉杆菌、肉毒梭菌) 能产生外毒素，其成分为糖蛋白或蛋白质，具有很强的抗原性，能刺激机体产生抗体 (即抗毒素)。外毒素经甲醛或其他方法处理后，毒力减弱或完全丧失，但仍保持其免疫原性，可制成类毒素 (toxoid) 疫苗。

(4) 保护性抗原 (protective antigen)：在微生物具有多种抗原成分中，一般只有 1～2 种抗原成分刺激机体产生的抗体具有免疫保护作用，这些抗原称为保护性抗原或功能抗原 (functional antigen)。

(5) 超级抗原 (superantigen, sAg)：存在于细菌和病毒中的一些抗原成分，如葡萄球菌肠毒素和小鼠乳腺瘤病毒 3′ 端 LTR 编码的抗原成分，具有强大的刺激能力，只需极低浓度 (1～10 ng/mL) 即可诱发最大的免疫效应。

## (二) 抗体

**1. 免疫球蛋白与抗体** 免疫球蛋白 (imunoglobulin, Ig) 是指存在于人和动物血液 (血清)、组织液及其他外分泌液中的一类具有相似结构的球蛋白，曾称为 γ 球蛋白。依据化学结构和抗原性差异，免疫球蛋白可分为 IgG、IgM、IgA、IgE 和 IgD。

抗体 (antibody, Ab) 是指动物机体受到抗原物质刺激后，由 B 淋巴细胞转化为浆细胞产生的，能与相应抗原发生特异性结合反应的免疫球蛋白。抗体的本质是免疫球蛋白，它是机体对抗原物质产生免疫应答的重要产物，具有各种免疫功能，主要存在于动物的血液 (血清)、淋巴液、组织液及其他外分泌液中。有的抗体可与细胞结合，如 IgG 可与 T 细胞、B 细胞和巨噬细胞等结合，IgE 可与肥大细胞和嗜碱性粒细胞结合，这类抗体称为亲细胞性抗体。此外，在成熟的 B 细胞表面具有抗原受体，其本质也是免疫球蛋白，称为膜免疫球蛋白 (membrane immunoglobulin, mIg)。

**2. 免疫球蛋白的分子结构**

(1) 单体分子结构：所有种类免疫球蛋白的单体分子结构相似，即是由两条相同的重链和两条相同的轻链四条肽链构成的 Y 形的分子 (图 1-1)。IgG、IgE、血清型 IgA、IgD 均是以单体分子形式存在的，IgM 是以五个单体分子构成的五聚体，分泌型的 IgA 是以二个单体构成的二聚体。

免疫球蛋白分子的重链（heavy chain，H链）由420～440个氨基酸组成，分子质量为50～77 ku，两条重链之间由一对或一对以上的二硫键（—S—S—）互相连接。重链从氨基端（N端）开始最初的110个氨基酸的排列顺序以及结构是随抗体分子的特异性不同而有所变化，这一区域称为重链的可变区（variable region，$V_H$），其余的氨基酸比较稳定，称为稳（恒）定区（constant region，$C_H$）。在重链的可变区内，有的区域的氨基酸变异度最大，称为高（超）变区（hypervariable region），其余的氨基酸变化较小，称为骨架区（framework region）。免疫球蛋白的重链有 γ、μ、α、ε、δ 五种类型，决定了免疫球蛋白的类型，即IgG、IgM、IgA、IgE和IgD。

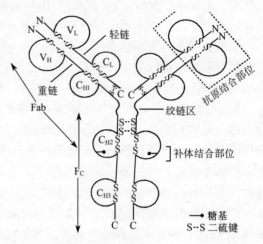

图1-1 免疫球蛋白单体（IgG）的基本结构

免疫球蛋白的轻链（light chain，L链）由213～214个氨基酸组成，分子质量约为22.5 ku。两条相同的轻链其羧基端（C端）靠二硫键分别与两条重链连接。轻链从氨基端开始最初的109个氨基酸的排列顺序及结构是随抗体分子的特异性变化而有差异，称为轻链的可变区（$V_L$），与重链的可变区共同构成抗体分子的抗原结合部位，其余的氨基酸比较稳定，称为恒定区（$C_L$）。轻链的可变区内也有高变区和骨架区。免疫球蛋白的轻链根据其结构和抗原性的不同可分为 κ（kappa）型和 λ（lambda）型，各类免疫球蛋白的轻链都是相同的，而各类免疫球蛋白都有κ型和λ型两型轻链分子。

免疫球蛋白的多肽链分子可折叠形成几个由链内二硫键连接成的环状球形结构，称为免疫球蛋白的功能区（domain）。IgG、IgA、IgD的重链有四个功能区，其中有一个功能区在可变区，其余的在恒定区，分别称为 $V_H$、$C_{H1}$、$C_{H2}$、$C_{H3}$；IgM和IgE有五个功能区，即多了一个 $C_{H4}$。轻链有两个功能区，即 $V_L$ 和 $C_L$，分别位于可变区和恒定区。此外，在两条重链之间二硫键连接处附近的重链恒定区，即 $C_{H1}$ 与 $C_{H2}$ 之间大约30个氨基酸残基的区域为免疫球蛋白的铰链区（hinge region），此部位含较多的脯氨酸，与抗体分子的构型变化有关。

用木瓜蛋白酶（papain）可将IgG抗体分子水解成大小相近的三个片段，其中两个相同的片段，可与抗原特异性结合，称为抗原结合片段（fragment antigen binding，Fab），分子质量为45 ku；另一个片段可形成蛋白结晶，称为Fc片段（fragment crystallizable，Fc），分子质量为55 ku。IgG抗体分子可被胃蛋白酶（pepsin）消化成两个大小不同的片段，一个是具有双价抗体活性的F（ab′）片段，小片段类似于Fc，称为pFc′，后者无任何生物学活性。Fab片段由一条完整的轻链和N端1/2重链所组成。由两个轻链同源区—$V_L$，$C_L$ 和两个重链同源区—$V_H$，$C_{H1}$ 在可变区和稳定区各组成一个功能区。由 $V_H$ 和 $V_L$ 所组成的抗原结合部位，除了结合抗原而外，还是决定抗体分子特异性的部位。Fc片段由重链C端的1/2组成，包含 $C_{H2}$ 和 $C_{H3}$ 两个功能区。该片段无结合抗原活性，但与抗体分子的生物学活性有密切关系，如选择性地通过胎盘，与补体结合活化补体，决定免疫球蛋白分子的亲细胞性（即与带 Fc 受体细胞的结合），免疫球蛋白通过黏膜进入外分泌液等都是 Fc 片段的功能。补体结合位点位于 $C_{H2}$ 上，而与细胞 Fc 受体的结合则决定于 $C_{H3}$。Fc 片段是免疫球蛋白分子中的重链稳定区，因此它是决定各类免疫球蛋白抗原特异性的部位。用免疫球蛋白免疫异种动物产生的抗抗体（第二抗体）即是针对免疫球蛋白 Fc 片段的。

（2）免疫球蛋白的特殊分子结构：免疫球蛋白还具有一些特殊分子结构，为个别免疫球蛋白所具有。

连接链（joining chain，J 链）在免疫球蛋白中，IgM 是由五个单体分子聚合而成的五聚体（pentamer），分泌型的 IgA 是由二个单体分子聚合而成的二聚体（dimer），单体之间的链接就是依靠 J 链连接起来的。J 链是一条分子质量约为 20 ku 的多肽链，富含半胱氨酸残基，它是由产生 IgM，IgA 和同一浆细胞所合成的，以二硫键的形式与 Ig 的 Fc 片段共价结合，起稳定多聚体的作用。

分泌成分（secretary component，SC）分泌成分是由局部黏膜的上皮细胞所合成的，是分泌型 IgA 所特有的一种特殊结构，分子质量为 60～70 ku 的多肽链。IgA 通过黏膜上皮细胞的过程中 SC 与之结合形成分泌型的二聚体。分泌成分的功能是促进上皮细胞积极地从组织中吸收分泌型 IgA，防止 IgA 在消化道内为蛋白酶所降解。

糖类（carbohydrate）免疫球蛋白是含糖量相当高的蛋白，特别是 IgM 和 IgA。糖类在 Ig 的分泌过程中起着重要作用，使免疫球蛋白分子易溶和具有防止其分解的作用。

**3. 免疫球蛋白的主要特性与免疫学功能**

（1）IgG：是动物血清中含量最高的免疫球蛋白，占血清免疫球蛋白总量的 75%～80%。IgG 是介导体液免疫的主要抗体，多以单体形式存在，分子质量为 16～18 ku，主要由脾脏和淋巴结中的浆细胞产生，大部分存在于血浆中，组织液和淋巴液中也有。IgG 是自然感染和疫苗免疫后动物机体所产生的主要抗体，不仅含量高，而且持续时间长，可发挥抗菌、抗病毒、抗毒素等免疫学活性。

（2）IgM：是动物机体初次体液免疫反应最早产生的免疫球蛋白，其含量仅占血清的 10% 左右，主要由脾脏和淋巴结中 B 细胞产生，分布于血液中。IgM 是由五个单体组成的五聚体，分子质量为 90 ku 左右。IgM 在体内产生最早，但持续时间短，在抗感染免疫的早期起着十分重要的作用，可通过检测 IgM 抗体进行疫病的血清学早期诊断。IgM 具有抗菌、抗病毒、中和毒素等免疫活性。

（3）IgA：以单体和二聚体两种分子形式存在，单体存在于血清中，称为血清型 IgA，约占血清免疫球蛋白的 10%～20%；二聚体为分泌型 IgA，是由呼吸道、消化道、泌尿生殖道等部位的黏膜固有层中的浆细胞所产生的。分泌型的 IgA 主要存在于呼吸道、消化道、生殖道的外分泌液中以及初乳、唾液、泪液，此外在脑脊液、羊水、腹水、胸膜液中也含有 IgA，对机体呼吸道、消化道等局部黏膜免疫起着相当重要的作用，是机体黏膜免疫的一道"屏障"，可抵御经黏膜感染的病原微生物。活疫苗经滴鼻、点眼、饮水及喷雾途径免疫，均可产生分泌型 IgA 而建立相应的黏膜免疫力。

（4）IgE：以单体分子形式存在。IgE 的产生部位与分泌型 IgA 相似，是由呼吸道和消化道黏膜固有层中的浆细胞所产生的，在血清中的含量甚微。IgE 是一种亲细胞性抗体，易与皮肤组织、肥大细胞、血液中的嗜碱性粒细胞和血管内皮细胞结合，可介导 I 型变态反应,在抗寄生虫、某些真菌感染方面也有重要作用。

**4. 单克隆抗体** 采用杂交瘤技术,用人工的方法将产生特异性抗体的 B(浆)细胞与骨髓瘤细胞融合,形成 B 细胞杂交瘤,这种杂交瘤细胞既具有骨髓瘤细胞无限繁殖的特性,又具有浆细胞分泌特异性抗体的能力,由克隆化的 B 细胞杂交瘤所分泌的抗体即为单克隆抗体(monoclonal antibody,McAb)。单克隆抗体已广泛应用于血清学技术,提高了方法的特异性、重复性、稳定性和敏感性,也可用作治疗制剂。

## 二、免疫器官

免疫器官(immune organ)是淋巴细胞和其他免疫细胞发生、分化成熟、定居和增殖以及产生免疫应答反应的场所。根据其功能的不同可分为中枢免疫器官和外周免疫器官。

### (一)中枢免疫器官

中枢免疫器官(central innune organ)又称初级免疫器官(prmary innune organ),是淋巴细胞等免疫细胞发生、分化和成熟的场所,包括骨髓、胸腺、法氏囊。它们的共同特点是:在胚胎早期出现,青春期后退化,为淋巴上皮结构,是诱导淋巴细胞增殖分化为免疫活性细胞的器官,在新生动物被切除后,可造成淋巴细胞缺乏,影响免疫功能。

### (二)外周免疫器官

外周免疫器官(peripheral immune organ)又称次级(二级)免疫器官(secondary immune organ),是成熟的 T 细胞和 B 细胞定居、增殖和对抗原刺激进行免疫应答的场所。它包括脾脏、淋巴结和消化道、呼吸道和泌尿生殖道的淋巴小结等。这类器官或组织富含捕捉和处理抗原的巨噬细胞(macrophage)、树突状细胞(dendrtic cell),它们能迅速捕获抗原,并为处理后的抗原与免疫活性细胞的接触以最大机会。

## 三、免疫细胞

凡参与免疫应答或与免疫应答有关的细胞统称为免疫细胞(immunocyte),其种类很多。在免疫细胞中,接受抗原物质刺激后能分化增殖,产生特异性免疫应答的细胞,称为免疫活性细胞(immunocompetent cell,ICC),也称为抗原特异性淋巴细胞,主要为 T 细胞和 B 细胞,在免疫应答过程中起核心作用。单核吞噬细胞和树突状细胞等抗原递呈细胞在免疫应答过程中起重要的辅佐作用,称为免疫辅佐细胞(accessory cell,A cell),能捕获和处理抗原以及能把抗原递呈给免疫活性细胞。

### (一)T 细胞和 B 细胞

**1. 来源与分布** T 细胞和 B 细胞均来源于骨髓多能干细胞。多能干细胞中的淋巴样细胞分化为前 T 细胞和前 B 细胞。前 T 细胞进入胸腺发育为成熟的 T 细胞。成熟的 T 细胞经血流分布到外周免疫器官的胸腺依赖区定居和增殖,并可经血液→组织→淋巴→血液再循环巡游全身各处。T 细胞接受抗原刺激后活化、增殖和分化为效应性 T 细胞,执行细胞免疫功能。效应性 T 细胞是短寿的，一般存活 4~6 d，其中一部分变为长寿的免疫记忆细胞，进入淋巴细胞再循环，可存活数月到数年。前 B 细胞在哺乳类动物的骨髓或在鸟类的法氏囊分化发育为成熟的 B 细胞。B 细胞分布在外周淋巴器官的非胸腺依赖区定居和增殖，受抗原刺激后，活化、增殖和分化为浆细胞。浆细胞产生特异性抗体，发挥体液免疫功能。浆细胞一般只能存活 2 d。一部分 B 细胞成为免疫记忆细胞，参与淋巴细胞再循环，它们是长寿 B 细胞，可存活 100 d 以上。

**2. 表面标志** 淋巴细胞表面存在着大量不同种类的蛋白质分子，在免疫应答过程中可发挥不同的功能，这些表面分子又称为表面标志（surface marker）。T 细胞和 B 细胞的表面标志包括表面受体和表面抗原，可用于鉴别 T 细胞和 B 细胞及其亚群。表面受体（surface receptor）是指淋巴细胞表面上能与相应配体（特异性抗原、绵羊红细胞、补体等）发生特异性结合的分子结构。表面抗原（surface antigen）是指在淋巴细胞或其亚群细胞表面上能被特异性抗体（如单克隆抗体）所识别的表面分子。由于表面抗原是在淋巴细胞分化过程中产生的，故又称为分化抗原。从 1983 年起，经国际会议商定以分化群（cluster of differentiation，CD）统一命名淋巴细胞表面抗原或分子。

（1）重要的 T 细胞表面标志：

① T 细胞抗原受体（TCR）：所有 T 细胞表面具有识别和结合特异性抗原的分子结构，称 T 细胞抗原受体（T cell antigen receptor，TCR）。95% T 细胞的 TCR 是由 α 链和 β 链经二硫键连接组成的异二聚体，每条链又可折叠形成可变区（V 区）和恒定区（C 区）两个功能区。C 区与细胞膜相连，并有 4~5 个氨基酸伸入胞浆，而 V 区则为与抗原结合部位。在 T 细胞发育过程中，各个幼稚 T 细胞克隆的 TCR 基因经过不同的重排列后可形成几百万种以上不同序列的基因，因而可编码相应数量的不同特异性的 TCR 分子，可识别各类抗原。每个成熟的 T 细胞克隆内各个细胞具有相同的 TCR，能识别同一种特异性抗原。TCR 与细胞膜上的 CD3 抗原通常紧密结合在一起形成复合体。少数 T 细胞（约 5%）的 TCR 是由 γ 链和 δ 链组成，称为 γδT 细胞，也在胸腺内分化发育，在外周血循环中少，主要存在于皮肤和肠道黏膜相关淋巴组织，在局部免疫方面起作用。

② CD2：曾称为红细胞（erthrocyte，E）受体，是 T 细胞的重要表面标志，B 细胞无此抗原。一些动物和人的 T 细胞在体外能与绵羊结合，形成红细胞花环。E 花环试验是鉴别 T 细胞及检测外周血中的 T 细胞的比例及数目的经典方法。

③ CD3：仅存在于 T 细胞表面，由 6 条肽链组成，常与 TCR 紧密结合形成含有 8 条肽链（αβγδεεξξ）的 TCR - CD3 复合体，其功能是把 TCR 与外来结合的抗原信息传递到细胞内，启动细胞内的活化过程，在 T 细胞接受抗原刺激后发生激活的早期过程中起重要作用。利用 CD3 分子的单克隆抗体，采用流式细胞术可检测外周血 T 细胞总数。

④ CD4 和 CD8：分别称为 MHC II 类分子和 I 类分子的受体，在免疫应答过程中可分别与抗原递呈细胞表面的 MHC II 类分子和 I 类分子结合。CD4 和 CD8 分别出现在不同功能亚群的 T 细胞表面，在成熟的 T 细胞表面只表达其中一种，因此，T 细胞可分成两大亚群：$CD4^+$ 的 T 细胞和 $CD8^+$ 的 T 细胞。CD4 与 CD8 的比值是一重要的评估机体免疫状态的依据。在正常情况下此比值应为 2∶1。利用 CD4、CD8 分子的单克隆抗体，采用流式细胞术可检测外周血 T 细胞亚群数量。

（2）重要的 B 细胞表面标志：

① B细胞抗原受体（B cell receptor，BCR）：B细胞表面的抗原受体是由细胞表面的膜免疫球蛋白（membrane immunoglobulin，mIg）和一个经二硫键连接，称为Ig-α/Ig-β的异二聚体分子构成的跨膜复合体。两个Ig-α/Ig-β异二聚体分子与一个mIg结合形成一个BCR。mIg是B细胞识别抗原的物质基础，每个B细胞表面约有$10^4 \sim 10^5$个免疫球蛋白分子，成熟的B细胞表面为mIgD和mIgM。Ig-α/Ig-β起信号传导作用，类似于T细胞的CD3分子。

② Fc受体（Fc receptor，FcR）：此受体能与免疫球蛋白的Fc片段结合，大多数B细胞有IgG的Fc受体称FcγR，能特异性地与IgG的Fc片段结合。B细胞表面的FcγR与抗原抗体复合物结合，有利于B细胞对抗原的捕获和结合以及B细胞的激活和抗体产生。

③ 补体受体（complement receptor，CR）：大多数B细胞表面存在能与C3b和C3d发生特异性结合的受体，分别称为CRⅠ和CRⅡ（即CD35和CD21）。CR有利于B细胞捕捉与补体结合的抗原抗体复合物，CR被结合后，可促使B细胞活化。

**3. T细胞亚群及功能** 基于CD抗原的不同，T细胞可分为$CD4^+$和$CD8^+$T细胞两大亚群。

(1) $CD4^+$T细胞：具有$CD2^+$、$CD3^+$、$CD4^+$、$CD8^-$表型的T细胞，简称为$CD4^+$T细胞，包括：①辅助性T细胞（helper T cell，$T_H$），其主要功能为协助其他细胞发挥免疫功能；②诱导性T细胞（inducer T cell，$T_I$），能诱导$T_H$和调节性T细胞（$T_R$）的成熟；③迟发型变态反应性T细胞（delayed type hypersensitivity T cell，$T_D$），在免疫应答的效应阶段和Ⅳ型超敏反应中能释放多种淋巴因子导致炎症反应，发挥清除抗原的功能。

(2) $CD8^+$细胞：具有$CD2^+$、$CD3^+$、$CD4^-$、$CD8^+$表型的T细胞，简称$CD8^+$T细胞，主要为细胞毒性或杀伤性T细胞（cytotoxic T cell，$T_C$；killer T cell，$T_K$，或称CTL），在免疫效应阶段，识别带有抗原的靶细胞，如被病毒感染的细胞或癌细胞等，通过释放穿孔素和通过其他机理使靶细胞溶解。

(3) 调节性T细胞（T regulatory cells，$T_R$）：具有$CD4^+$、$CD25^+$（白细胞介素2受体）表型的细胞，发挥抑制免疫应答而对免疫系统起负调节作用。一些具有持续性感染特性的病毒感染可诱导$T_R$细胞的产生。

**(二) NK细胞**

自然杀伤细胞（natural killer cell，NK cell）简称NK细胞，是一群既不依赖抗体参与，也不需要抗原刺激和致敏就能杀伤靶细胞的淋巴细胞，因而称为自然杀伤性细胞。NK细胞表面存在着识别靶细胞表面分子的受体结构，通过此受体与靶细胞结合而发挥杀伤作用。NK细胞表面有干扰素和IL-2受体。干扰素作用于NK细胞后，可使NK细胞增多识别靶细胞的结构和增强溶解杀伤活性。IL-2可刺激NK细胞不断增殖和产生干扰素，发挥更大的杀伤作用。NK细胞表面也有IgG的Fc受体，凡被IgG结合的靶细胞均可被NK细胞通过其Fc受体的结合而导致靶细胞溶解，即NK细胞具有ADCC作用。NK细胞的主要生物功能为非特异性地杀伤肿瘤细胞、抵抗多种微生物感染及排斥骨髓细胞的移植。

**(三) 抗原递呈细胞**

T细胞和B细胞是免疫应答的主要承担者，但这一反应的完成，尚需单核吞噬细胞和树突状细胞等的协助，对抗原进行捕捉、加工和处理，这类细胞称为抗原递呈细胞（antigen presenting cell，APC）。

**1. 单核吞噬细胞**（mononuclear phagocyte） 单核吞噬细胞包括血液中的单核细胞（monocyte）和组织中的巨噬细胞（macrophage），单核细胞在骨髓分化成熟进入血液，在血液中停留数小时至数月后，经血流随机分布到全身多种组织器官中，分化成熟为巨噬细胞。巨噬细胞寿命较长（数月以上），具有较强的吞噬功能。

单核细胞表面具有多种受体，例如 IgG 的 Fc 受体、补体 C3b 受体，均有助于吞噬功能的进一步发挥。巨噬细胞表面有较多的 MHC Ⅱ 类分子，与抗原递呈有关。单核吞噬细胞具有以下免疫功能：

（1）吞噬和杀伤作用：组织中的巨噬细胞可吞噬和杀灭多种病原微生物和处理衰老损伤的组织，是机体非特异性免疫的重要因素。特别是结合有抗体（IgG）和补体（C3b）的抗原性物质更易被巨噬细胞吞噬。巨噬细胞可在抗体存在下发挥 ADCC 作用。巨噬细胞也是细胞免疫的效应细胞，经细胞因子如 γ-干扰素（IFN-γ）激活的巨噬细胞更能有效地杀伤细胞内寄生菌和杀伤肿瘤细胞。

（2）抗原加工和递呈作用：在免疫应答中，巨噬细胞可吞噬、摄取抗原物质，经过胞内酶的消化降解处理，形成抗原肽，随后这些抗原肽与 MHC Ⅱ 类分子结合形成抗原肽-MHC Ⅱ 类分子复合物，并移向细胞表面，供免疫活性细胞识别。因此，巨噬细胞是免疫应答中不可缺少的免疫细胞。

（3）合成和分泌各种活性因子：巨噬细胞能合成和分泌 50 余种生物活性物质，如许多酶类（中性蛋白酶、酸性水解酶、溶菌酶）、白细胞介素 1（IL-1）、干扰素和前列腺素以及血浆蛋白和各种补体成分等。

**2. 树突状细胞**（dendritic cell，D cell） 简称 D 细胞，来源于骨髓和脾脏的红髓，成熟后主要分布在脾和淋巴结中，结缔组织中也广泛存在。树突状细胞可表达高水平的 MHC Ⅱ 类分子和共刺激 B7 分子，其递呈抗原的能力强于巨噬细胞和 B 细胞。少数 D 细胞表面有 Fc 受体和 C3b 受体，可通过结合抗原-抗体复合物将抗原递呈给淋巴细胞。具有递呈抗原能力的树突状细胞包括郎格罕氏（Langerhans）细胞、间质树突状细胞、单核细胞衍化树突状细胞、浆细胞衍化的树突状细胞等。

**3. B 细胞** 活化的 B 细胞是一类重要的抗原递呈细胞，可表达共刺激 B7 分子，具有较强的抗原递呈能力。

此外，免疫细胞还包括粒细胞和红细胞等。

## 四、细胞因子

细胞因子（cytokine）是一类由免疫细胞（淋巴细胞、单核巨噬细胞等）和相关细胞（成纤维细胞、内皮细胞等）受抗原或丝裂原刺激后产生的、具有调节细胞功能和机体免疫功能的高活性多功能蛋白质分子。产生细胞因子的细胞主要有三类：第一类是活化的免疫细胞；第二类是基质细胞类，包括血管内皮细胞、成纤维细胞、上皮细胞等；第三类是某些肿瘤细胞。抗原刺激、微生物感染、炎症反应等许多因素都可刺激细胞因子的产生，而且各细胞因子之间也可彼此促进合成和分泌。

### (一)细胞因子的特性 细胞因子的种类很多,具有以下共同特性

**1. 生物学效应强** 细胞因子属于低分子质量的分泌型蛋白质,大多数为分子质量小于 30 ku 的蛋白质或糖蛋白。细胞因子需与靶细胞上高亲和力受体特异性结合后才能发挥生物学效应,在 $10^{-10} \sim 10^{-13}$ mol/L 浓度下可发挥极强的生物学效应。

**2. 多效性** 一种细胞因子可以作用于不同的靶细胞,表现出不同的生物学效应。

**3. 冗余性** 两种或多种细胞因子可介导相似的生物学功能。

**4. 协同性** 两种细胞因子对细胞活性的联合作用要大于单个细胞因子效应的累加。

**5. 拮抗性** 一种细胞因子的效应抑制或抵消其他细胞因子的效应。

细胞因子主要参与免疫反应和炎症反应,影响反应的强度和持续时间的长短,以非特异性方式发挥生物学作用,且不受 MHC 限制。大多是在近距离发挥局部作用,通过自分泌方式(即作用于自身产生细胞)和旁分泌方式(即作用于邻近的靶细胞)短暂性的产生并在局部发挥作用,也有的可通过循环到远处发挥作用。

### (二)细胞因子的种类、主要生物学活性及应用

细胞因子种类多,免疫生物学活性广泛。可依据生物学活性分为:具有抗病毒活性的细胞因子,主要包括Ⅰ型、Ⅱ型和Ⅲ型干扰素;具有免疫调节活性的细胞因子,主要是白细胞介素(interleukin,IL)和转化生长因子 TGF-β,包括 IL-2、IL-4、IL-5、IL-7、IL-9、IL-10、IL-12、IL-13、IL-14、IL-15、IL-16、IL-17 等;具有炎症介导活性的细胞因子,包括肿瘤坏死因子(tumor necrosis factor,TNF)、IL-1、IL-6 和 IL-8;具有造血生长活性的细胞因子,主要有 IL-3、各类集落刺激因子(colony-stimulating factor,CSF)、促红细胞生成素(erythropoietin,EPO)、干细胞因子以及 IL-11。此外,依据细胞因子的结构可分为:造血生长因子家族、干扰素家族、趋化因子家族和肿瘤坏死因子家族。

近年来,细胞因子已得到广泛应用,特别是在医学领域,多种细胞因子可应用于临床疾病的诊断、预防及治疗。在兽医领域,可通过检测细胞因子评价动物机体的免疫功能状态,分析细胞因子在病原微生物感染中的生物学意义,一些细胞因子(如 IFN-γ、IL-2、IL-1、EPO、IL-4、IL-6、TNF-α、CSF)已开发成免疫增强剂和疫苗佐剂。

## 第二节 血清学反应与血清学技术

抗原与抗体在体内可发生特异反应,介导一系列免疫反应。在体外,抗原抗体也可发生特异性结合反应,因抗体主要来自血清,因此体外进行的抗原抗体反应称为血清学反应,可用于检测抗原或抗体,又称为(免疫)血清学技术。血清学技术有多种类型,已广泛应用于动物疫病的诊断、检疫与监测以及疫苗免疫效果的评价。

### 一、凝聚性试验

抗原与相应抗体结合形成复合物,在有电解质存在下,复合物相互凝聚形成肉眼可见的

凝聚小块或沉淀物，根据是否产生凝聚现象来判定相应抗体或抗原，称为凝聚性试验。根据参与反应的抗原性质不同，分为由颗粒性抗原参与的凝集试验和由可溶性抗原参与的沉淀试验二大类。

## （一）凝集试验

细菌、红细胞等颗粒性抗原，或吸附在胶乳、白陶土、离子交换树脂和红细胞的抗原，与相应抗体结合，在有适当电解质存在下，经过一定时间形成肉眼可见的凝集团块，称为凝集试验（agglutination test）。参与凝集试验的抗体主要为IgG、IgM。凝集试验可用于检测抗原或抗体。凝集试验可根据抗原的性质、反应的方式分为直接凝集试验（简称凝集试验）和间接凝集试验。

**1. 直接凝集试验** 颗粒性抗原与凝集素直接结合并出现凝集现象的试验称作直接凝集试验（direct agglutination test），可分玻片法和试管法两种。前者为一种定性试验。即将含有已知抗体的诊断血清与待检菌悬液各一滴在玻片上混合，数分钟后，如出现颗粒状或絮状凝集，即为阳性反应。此法简便快速，适用于新分得细菌的鉴定或分型。如沙门菌的鉴定、血型的鉴定等多采用此法。相反，也可用已知的诊断抗原检测待检血清中是否存在相应抗体，如布氏杆菌的玻板凝集反应和鸡白痢全血平板凝集试验等。后者则为一种定量试验，用以检测待测血清中是否存在相应抗体和测定该抗体的含量，可用于临床诊断和流行病学调查。

**2. 间接凝集试验** 将可溶性抗原（或抗体）先吸附于一种与免疫无关的，一定大小的不溶性颗粒（统称为载体颗粒）的表面，然后与相应抗体（或抗原）作用，在有电解质存在的适宜条件下，所出现的特异性凝集反应称为间接凝集反应。间接凝集试验的敏感性高，一般要比直接凝集反应敏感2~8倍，但特异性较差。常用的载体有红细胞（O型人红细胞，绵羊红细胞）、聚苯乙烯胶乳颗粒，其次为白陶土、离子交换树脂、火棉胶等。抗原多为可溶性蛋白质如细菌、立克次体及病毒的可溶性抗原；寄生虫的浸出液。吸附了可溶性抗原的载体称为致敏颗粒。

（1）间接血凝试验：将抗原致敏于红细胞表面，用以检测相应抗体，在与相应抗体反应时出现肉眼可见凝集，称为间接血凝试验（passive hemagglutination assay，PHA）；将抗体致敏于红细胞表面，用以检测样本中相应抗原，致敏红细胞在与相应抗原反应时发生凝集，称为反向间接血凝试验（reverse passive hemagglutination assay，RPHA）。

（2）乳胶凝集试验：利用聚苯乙烯乳胶的微球作载体，以吸附某些抗原（或抗体），即能用于检测相应的抗体（或抗原），称为乳胶凝集试验（latex agglutination test）。该法具有快速简便、比较准确、试剂保存方便等优点。

（3）协同凝集试验：葡萄球菌A蛋白（staphylococal protein A，SPA）是大多数金黄色葡萄球菌的特异性表面抗原，能与多种哺乳动物IgG分子的Fc片结合。SPA与IgG结合后，其Fab片暴露于外，并保持其抗体活性。当此被覆着特异性抗体的葡萄球菌与相应的抗原结合时，就可互相连接引起协同凝集反应，称为协同凝集试验，可用于细菌和病毒的快速检测。

## （二）沉淀试验

可溶性抗原，如细菌的外毒素、内毒素、菌体裂解液、病毒的可溶性抗原、血清、组织浸出液等，与相应抗体结合，在适量电解质存在下，形成肉眼可见的白色沉淀，称为沉淀试验（precipitation test）。沉淀试验的抗原可以是多糖、蛋白质、类脂等。

**1. 环状沉淀试验** 环状沉淀试验（ring precipitation test）是最简单、最古老的一种沉淀试验，主要用于抗原的定性检测，如用于炭疽诊断的 Ascoli 试验。在小口径试管内先加入已知抗血清，然后小心沿管壁加入待检抗原于血清表面，使之成为分界清晰的两层。数分钟后，两层液面交界处出现白色环状沉淀，即为阳性反应。

**2. 琼脂免疫扩散试验** 琼脂是一种含有硫酸基的多糖体，高温时能溶于水，冷却后凝固，形成凝胶。琼脂凝胶呈多孔结构，孔内充满水分，1%琼脂凝胶的孔径约为 85 nm，因此可允许各种抗原抗体在琼脂凝胶中自由扩散。抗原抗体在琼脂凝胶中扩散，当二者在比例适当处相遇，即发生沉淀反应，形成肉眼可见的沉淀带，此种反应称为琼脂免疫扩散，又简称琼脂扩散和免疫扩散。琼脂免疫扩散试验有多种类型，如单向单扩散、单向双扩散、双向单扩散、双向双扩散，其中以后两种最常用。

**3. 免疫电泳技术** 包括免疫电泳、对流免疫电泳、火箭免疫电泳等技术。其中，对流免疫电泳技术最为常用，可用于抗原或抗体的检测。

对流免疫电泳（counter immunoelectrophoresis）：大部分抗原在碱性溶液（pH 8.2 以上）中带负电荷，在电场中向正极移动，而抗体球蛋白带电荷弱，在琼脂电泳时，由于电渗作用，向相反的负极泳动。如将抗体置正极端，抗原置负极端，则电泳时抗原抗体相向泳动，在两孔之间形成沉淀带。该法较琼脂双向双扩散敏感 10～16 倍，并大大缩短了沉淀带出现的时间，简易快速，适于作快速诊断之用。

## 二、标记抗体技术

抗原与抗体能特异性结合，但抗体、抗原分子小，在含量低时形成的抗原抗体复合物是不可见的。有一些物质，即使在超微量时也能通过特殊的方法将其检查出来，如果将这些物质标记在抗体分子上，可以通过检测标记分子来显示抗原抗体复合物的存在，即根据抗原抗体结合的特异性和标记分子的敏感性建立的技术，称为标记抗体技术（labelled antibody technique）。

高敏感性的标记分子主要有荧光素、酶分子、放射性同位素、胶体金等，由此建立的荧光抗体技术、酶标抗体技术、同位素标记技术和胶体金标记技术，其特异性和敏感性都远远超过常规血清学方法，被广泛应用于病原微生物鉴定、传染病的诊断、分子生物学中的基因表达产物分析等各个领域。其中，以荧光抗体技术、酶标抗体技术、胶体金标记技术应用最广。

### （一）荧光抗体技术

荧光抗体技术（fluorescent-labelled antibody technique）是指用荧光素对抗体进行标记，然后用荧光显微镜观察所标记的荧光以分析示踪相应的抗原或抗体的方法。

**1. 原理** 荧光素在 $10^{-6}$ 的超低浓度时，仍可被专门的短波光源激发，在荧光显微镜下观察到荧光。荧光抗体技术就是将抗原抗体反应的特异性与荧光素物质的高敏感以及显微镜技术的精确相结合的一种免疫检测技术。荧光色素是能够产生明显荧光，并能作为染料使用的有机化学物称为荧光色素或荧光染料。可用于标记的荧光素有异硫氰酸荧光素（FITC）、四乙基罗丹明（RB 200）和四甲基异硫氰酸罗丹明（TRITC）。应用最广的是FITC，其最大吸收光谱为490～495 nm，最大发射光谱为520～600 nm，呈明亮的黄绿色荧光，其分子中含有异硫氰基，在碱性（pH 9.0～9.5）条件下能与IgG分子的自由基（主要是赖氨酸的ε氨基）结合，形成FITC-IgG结合物，从而制成荧光抗体。抗体经过荧光素标记后，并不影响其结合抗原的能力和特异性，因此当荧光抗体与相应的抗原结合时，就形成带有荧光性的抗原抗体复合物，从而可在荧光显微镜下检出抗原或抗体的存在。

**2. 荧光抗体染色**

（1）标本制备：标本制作的要求首先是保持抗原的完整性，并尽可能减少形态变化，抗原位置保持不变。同时还必须使抗原标记抗体复合物易于接受激发光源，以便良好地观察和记录。要求标本要相当薄，并要有适宜的固定处理方法。标本包括细菌培养物、病毒感染动物的组织或单层细胞等。最常用的固定剂为丙酮和95％乙醇。8％～10％福尔马林较适合于脂多糖抗原。

（2）染色方法：荧光抗体染色法有多种，常用直接法与间接法。直接法系直接滴加2～4个单位的标记抗体于标本区，漂洗、干燥、封载。间接法则将标本先滴加未标记的抗血清，漂洗，再用标记的抗抗体染色，漂洗、干燥、封载。对照除自发荧光、阳性和阴性对照外，间接法首次试验时应设无中间层对照（标本＋标记抗抗体）和阴性血清对照（中间层用阴性血清代替抗血清）。间接法的优点为制备一种标记的抗抗体即可用于多种抗原抗体系统的检测。将SPA标记FITC制成FLITC-SPA，性质稳定，可制成商品。用以代替标记的抗抗体，能用于多种动物的抗原抗体系统，应用面更广。

（3）镜检：标本滴加缓冲甘油（分析纯甘油9份加PBS 1份）后用盖玻片封载，即可在荧光显微镜下观察。

荧光激发细胞分拣器（fluorescein activated cell sorter，FACS）能快速、准确测定各荧光抗体标记的淋巴细胞亚群的数量、比例、细胞大小等，并将其分拣收集，是当前免疫学研究的极为重要的仪器之一。通过喷嘴形成连续的线状细胞液流，并以每秒1 000～5 000个细胞的速度通过激光束。标记有荧光抗体的细胞发出荧光，荧光色泽、亮度等信号由光电倍增管接收和控制，再结合细胞的形态、大小，产生光散射信号，其数据立即输入微电脑处理。根据细胞的荧光强度及大小的不同，细胞流在电声中发生偏离，最后分别收集于不同容器中。这种分离程序并不损害细胞活力，且可在无菌条件下进行。由此分出的淋巴细胞亚群能继续作功能测验。此法分离的细胞纯度可达90％～99％。这种方法还可用以分拣淋巴细胞杂交瘤的细胞克隆，方法简便而灵敏。

### （二）酶标抗体技术

**1. 原理** 酶标抗体技术是根据抗原抗体反应的特异性和酶催化反应的高敏感性而建立起来的免疫检测技术。酶是一种有机催化剂，酶在催化反应过程中不被消耗，能反复作用，微量的酶即可导致大量的催化过程，如果产物为有色可见产物，则极为敏感。将酶化学反应的敏感性和抗原抗体反应的特异性结合起来，用以在细胞或亚细胞水平上示踪抗原或抗体的所在部位，或在微克、纳克水平上进行定量。

酶标抗体技术的基本程序是：①将酶分子与抗原或抗体分子共价结合，此种结合既不改变抗体的免疫反应活性，也不影响酶的催化活性。②将此酶标抗体与存在于组织细胞或吸附于固相载体上的抗原或抗体发生特异性结合，并洗下未结合的物质。③滴加底物溶液后，底物在酶作用下水解呈色，或者底物不呈色，但在底物水解过程中由另外的供氢体提供氢离子，使供氢体由无色的还原型变为有色的氧化型，呈现颜色反应。因而可根据底物溶液的颜色反应来判定有无相应的免疫反应。颜色反应的深浅与标本中相应抗体或抗原的量呈正比。此种有色产物可用肉眼或在光学显微镜或电子显微镜下看到，或用分光光度计加以测定。

**2. 用于标记的酶** 用于标记的酶有辣根过氧化物酶（horseradish peroxidase，HRP）、葡萄糖氧化酶、碱性磷酸酶等，其中以 HRP 应用最广。HRP 可用戊二醛法或过碘酸钠氧化法将其标记于抗体分子上制成酶标抗体。HRP 的作用底物为过氧化氢，催化时可使供氢体产生一定颜色。过氧化物酶的供氢体很多，根据供氢体的产物可分为两类：①可溶性产物供氢体，产生有色的可溶性产物，可用比色法测定。常用邻苯二胺（O-phenylenylendiamine，OPD），为橙色，最大吸收值为 490 nm，可用肉眼判别；3，3′，5，5′四甲基联苯胺（tetramethylbenzidine，TMB），显色呈蓝色，加氢氟酸终止，在 650 nm 波长下测定，若用硫酸终止（变为黄色）则在 450 nm 波长下检测。②不溶性产物供氢体：最常用的是 3，3′二氨基联苯胺（3，3′-diaminobenzidine，DAB）。反应后的氧化型中间体迅速聚合，形成不溶性棕色吩嗪衍生物。适用于各种免疫组化法，还用于蛋白的免疫转印试验。

**3. 免疫酶组化染色技术**

（1）标本制备和处理：用于免疫酶染色的标本有组织切片（冷冻切片和低温石蜡切片）、组织压印片、涂片以及细胞培养的单层细胞盖片等。这些标本的制作和固定与荧光抗体技术相同，但需要进行一些特殊处理。

用酶结合物作细胞内抗原定位时，由于组织和细胞内含有内源性过氧化酶，可与标记的过氧化物酶在显色反应上发生混淆。因此，在滴加酶结合物之前通常将制片浸于 0.3% $H_2O_2$ 中室温处理 15～30 min，以消除内源酶。应用 1%～3% $H_2O_2$ 甲醇溶液处理单层细胞培养标本或组织涂片，低温条件下作用 10～15 min，可同时起到固定和消除内源酶的作用。

（2）染色方法：可采用直接法、间接法、抗抗体搭桥法、杂交抗体法、酶抗体法、增效抗体法等各种染色方法，但通常用直接法和间接酶标记抗体法。反应中每加一种抗体试剂，均需于 37 ℃作用 30 min，然后以 PBS 反复洗涤 3 次，以除去未结合物。

（3）显色反应：不同的酶所用的底物和供氢体不同。同一种酶和底物如用不同的供氢体（不溶性供氢体），则其反应物的颜色也不同。如辣根过氧化物酶，以 DAB 作为供氢体，呈深棕色；如用甲萘酚，则反应产物呈红色；用 4-氯-1-萘酚，则呈浅蓝色或蓝色。

（4）标本观察：显色后的标本可在普通显微镜下观察。亦可用常规染料作反衬染色，使细胞结构更为清晰，有利于抗原的定位。该法优于荧光抗体技术之处在于无需应用荧光显微镜，且标本可以长期保存。

**4. 酶联免疫吸附试验（ELISA）** ELISA 是应用最广、发展最快的一类新技术，目前已有许多商品化的诊断与检测试剂盒。其基本过程是将抗原（或抗体）吸附于固相载体，在载体上进行免疫酶染色反应，底物显色后用肉眼或分光光度计判定结果。

（1）固相载体：有聚苯乙烯微量滴定板、聚苯乙烯球珠、醋酸纤维膜等。用聚苯乙烯微量滴定板（40孔或96孔板）是最常用的载体，有利于大批样品的检查。用硝酸纤维素滤膜为支持相，将待检样本点加在膜上，然后在膜上进行 ELISA，该法又称 Dot-ELISA。

（2）包被：将抗原或抗体吸附于固相表面的过程，称载体的致敏或包被。用于包被的抗原或抗体，必须能牢固地吸附在固相载体的表面，并保持其免疫活性。各种蛋白质在固相载体表面的吸附能力不同，但大多数蛋白质可以吸附于载体表面。可溶性物质或蛋白质抗原，例如病毒糖蛋白、血型物质、细菌脂多糖、脂蛋白、糖脂、变性的DNA等，均较易包被上去。较大的病毒、细菌或寄生虫等难以吸附，需要将它们用超声波打碎或用化学方法提出抗原成分，方能供试验用。

用于包被的抗原或抗体需纯化，纯化抗原和抗体是提高酶联免疫吸附试验的敏感性与特异性的关键。抗体最好用亲和层析和DEAE纤维素层析柱提纯。有些抗原含有多种杂蛋白，需用密度梯度离心等方法除去，否则易出现非特异性反应。

蛋白质（抗原或抗体）很易吸附于未使用过的载体表面，但适宜的条件更有利于该包被过程。包被的蛋白质浓度通常为1~10 μg/mL。高pH和低离子强度缓冲液一般有利于蛋白质包被，通常用0.1 mol/L pH 9.6碳酸盐缓冲液作包被液。一般包被均在4℃过夜，也有经37℃ 2~3 h达到最大反应强度。包被后的滴定板储存于4℃冰箱，可储存3周。如果真空塑料封口，于-20℃冰箱可储存更长时间。用时充分洗涤。

（3）洗涤：在ELISA的整个过程中，需进行多次洗涤，目的是防止重叠反应，引起非特异现象。通常采用含助溶剂吐温-20（最终浓度为0.05%）的PBS作洗液，以免发生非特异性吸附。

（4）试验方法：ELISA的核心是利用抗原抗体的特异性结合，在固相载体上一层层地叠加。整个反应都必须在抗原抗体结合的最适条件下进行。每加一层均需充分洗涤。试验方法主要有以下几种（图1-2）：

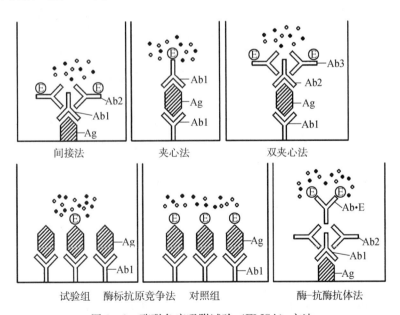

图1-2 酶联免疫吸附试验（ELISA）方法

① 间接法：用于测定抗体。用抗原将固相载体致敏，然后加入含有特异抗体的血清，经孵育一定时间后，固相载体表面的抗原和抗体形成复合物。洗涤除去其他成分，再加上酶标记的抗抗体，加入底物，在酶的催化作用下底物发生反应，产生有色物质。样品含抗体愈

多,出现颜色愈快愈深。可用HRP标记SPA代替间接法中的酶标抗抗体进行ELISA,称为PPA-ELISA。

②夹心法:又称双抗体法 用于测定大分子抗原。将纯化的特异性抗体致敏于固相载体,加入含待检抗原的溶液,孵育后,洗涤,再加入酶标记的特异性抗体,使之与固相载体表面的抗原结合,再洗涤除去多余的酶抗体结合物,最后加入酶的底物,经酶催化作用后产生有色产物的量与溶液中的抗原成正比。

③双夹心法:此法是采用酶标抗抗体检查多种大分子抗原,它不仅不必记每种抗体,还可提高试验的敏感性。将抗体(如豚鼠免疫血清Ab1)吸附在固相上,洗涤未吸附的抗体,加入待测抗原(Ag),使之与致敏固相载体作用,洗去未起反应的抗原,加入不同种动物制出的特异性相同的抗体(如兔免疫血清Ab2),使之与固相载体上的抗原结合,洗涤后加入酶标记的抗Ab2抗体(如羊抗兔球蛋白Ab3),使之结合在Ab2上。结果形成Ab1-Ag-Ab2-Ab3-HRP复合物。洗涤后加底物显色,呈色反应的深浅与标本中的抗原量呈正比。

④阻断ELISA:是用酶(HRP)标记单克隆抗体制备成酶标单克隆抗体,以抗原包被,加入待检血清,洗涤后加入酶标单克隆抗体,洗涤后加入底物显色,呈色反应的深浅与样本中的抗体含量呈反比。通过计算阻断率确定样本的阴、阳性。

此外,还有用于测定小分子抗原及半抗原的竞争ELISA,酶-抗酶抗体(PAP) ELISA,生物素(biotin)与亲和素(avidin)系统ELISA,以及与PCR结合的PCR-ELISA等。

(5)底物显色:与免疫酶组化染色法不同,ELISA必须选用反应后的产物为水溶性色素的供氢体。最常用的是邻苯二胺(OPD),产物呈棕色,可溶,敏感性高,但对光敏感,应避光进行显色反应。底物溶液(OPD-$H_2O_2$溶液)应在试前新鲜配制。底物显色以室温10~20 min为宜。反应结束,每孔加浓硫酸50 μL终止反应。也常用四甲基联苯胺(TMB)为供氢体,其产物为蓝色(加$H_2SO_4$后变黄色)。应用碱性磷酸酶时,常用对硝基苯磷酸盐(PNP)作底物,产物呈黄色。

(6)结果判定:ELISA试验结果可用肉眼观察,也可用分光光度计测定。每批试验都需要阳性和阴性对照,肉眼观察,如颜色反应超过阴性对照,即判为阳性,用酶联免疫测定仪测定光密度值。所用波长随底物而异。如以OPD为供氢体,测定波长为492 nm,TMB为650 nm(氢氟酸终止)或450 nm(硫酸终止)。

定性结果通常有两种方法:①以P/N比表示,求出该样本的OD吸收值与一组阴性样本吸收值的比值,即为P/N比值,若大于2或3倍,即判为阳性;②若样本的吸收值大于规定吸收值(即阴、阳性临界值)(阴性样本的平均吸收值+2标准差)为阳性。定量结果以终点滴度表示。将样本稀释,出现阳性(如P/N>2或3,或吸收值仍大于规定吸收值)的样本最高稀释度为该样本的ELISA滴度。

商品化的ELISA试剂盒均有相应的结果判定方法和阴、阳性的计算标准,可参照试剂盒说明书进行结果判定。

### (三)胶体金标记技术

胶体金标记技术(colloidal gold-labelled technique)是利用胶体金颗粒为示踪标记物

或显色剂,标记抗原或抗体,进行抗体或抗原的检测或定位分析。利用胶体金标记物,可进行胶体免疫凝集试验、斑点免疫金渗滤法、胶体金免疫光镜染色、胶体金免疫染色电镜染色和胶体金免疫层析法。其中,胶体金免疫层析法应用最广,已发展成为诊断试纸条,用于抗原或抗体的检测,使用十分方便。

### 三、补体结合试验

补体参与的试验可大致分为两类,一类是补体与细胞的免疫复合物结合后,直接引起溶细胞的可见反应,如溶血反应、溶菌反应、杀菌反应、免疫黏附反应、团集反应等。另一类是补体与抗原抗体复合物结合后不引起可见反应(可溶性抗原与抗体),但可用指示系统如溶血反应来测定补体是否被结合,从而间接地检测反应系统是否存在抗原抗体复合物,如补体结合试验、团集性补体吸收试验等。其中补体结合试验(complement fixation test)最为常用。该试验以溶血反应作为指示系统,检测抗原抗体反应系统中是否存在相应的抗原和抗体。参与补体结合反应的抗体称为补体结合抗体。补体结合抗体主要为 IgG 和 IgM。通常是利用已知抗原检测未知抗体。

**1. 待检血清** 试验前在温水浴中灭活 30 min,以破坏血清中的补体和抗补体物质。灭活温度视动物种类不同而异,牛、马和猪的血清一般用 56～57 ℃,马、羊血清为 58～59 ℃,驴、骡血清为 63～64 ℃,兔血清用 63 ℃,人血清 60 ℃。灭活温度高的血清应事先用稀释液稀释成 1∶5 或 1∶10,再行灭活,以免凝固。

**2. 补体** 采正常健康豚鼠血清作补体,为避免个体差异,一般将 3～4 只以上的豚鼠混合使用。有冻干补体作为商品出售。补体结合试验中补体的量是十分重要的影响因素,补体用前需滴定效价。

在 2 U 溶血素条件下能使标准量红细胞全部溶血的最小补体量为 100% 溶血单位($CH_{100}$),能使 50% 红细胞溶血的补体量称为 50% 溶血单位($CH_{50}$)。溶血的程度与补体的量呈 S 形曲线,在 20%～80% 溶血时,溶血率与补体量呈直线关系,超过 80% 时,虽补体量剧增,但溶血率递增平缓。因此以 $CH_{50}$ 作为补体单位更为精确,反应时用 4～5 $CH_{50}$ 的补体。

**3. 红细胞悬液** 通常用 2%～2.5% 悬液,用稀释液配制。

**4. 溶血素** 通常由绵羊红细胞免疫家兔制备,即抗红细胞的抗血清。抗血清经 56 ℃ 30 min 灭活后,加等量甘油 4 ℃保存,或不加甘油于 −20 ℃冻结保存。用前需测定溶血效价。在充足补体下,能使标准量红细胞悬液全部溶血的最小溶血素量,为该溶血素的效价。补体结合试验中用 2 个溶血单位。将每单位容积 2 U 的溶血素与红细胞悬液等量混合即成致敏红细胞。

**5. 致敏红细胞悬液** 按需要取 2% 红细胞悬液加入等量的溶血素(2 U/0.1 mL),室温或 37 ℃温箱 15 min,保存于 4 ℃备用。

**6. 正式试验** 补体结合试验主要用于检测抗体。试验分两步进行。

第一步为反应系作用阶段,由倍比稀释的待检血清(4～6 个稀释度)加最适浓度的抗原和 2 个 $CH_{100}$ 单位或 5 个 $CH_{50}$ 单位的补体。混合后 37 ℃水浴作用 30～90 min 或 4 ℃冰箱过夜。

第二步是溶血系作用阶段,在上述管中加入致敏红细胞,置 37 ℃水浴 30~60 min。反应结束时,观察溶血度,用数字记录结果,以 0、1、2、3、4 分别表示 0%、25%、50%、75%和 100%溶血。0、1 为阳性,大于 2 为阴性。

每次试验应设置对照:①补体对照,2、1、0.5 U 补体+致敏红细胞;②抗原抗补对照,2、1、0.5 U 补体+标准抗原+致敏红细胞;③正常抗原抗补对照,2、1、0.5 U 补体+正常组织抗原+致敏红细胞;④阳性血清对照,倍比稀释的血清(4~6 个稀释度)+标准抗原+2 U 补体+致敏红细胞;⑤阳性血清和正常抗原对照,最大浓度的血清+正常组织抗原+2 U 补体+致敏红细胞;⑥阳性血清抗补对照,最大浓度的血清+2 U 补体+致敏红细胞;⑦阴性血清的各组对照,同阳性血清;⑧稀释液对照,稀释液+致敏红细胞。

补体结合试验已有一些改进的方法,如微量补体结合试验、间接补体结合试验和改良补体结合试验。

## 四、中和试验

根据抗体能否中和病毒的感染性而建立的免疫学试验称为中和试验。中和试验极为特异和敏感,主要用于病毒感染的血清学诊断、病毒分离株的鉴定、不同病毒株的抗原关系研究、疫苗免疫原性的评价、免疫血清的质量评价和检测动物血清中的抗体等。根据测定的方法不同,中和试验可分为两种。

### (一) 终点法中和试验

终点法中和试验 (endpoint neutralization test) 是滴定使病毒感染力减少至 50%的血清中和效价或中和指数。有固定病毒稀释血清及固定血清稀释病毒两种滴定方法。

**1. 固定病毒稀释血清法** 将已知的病毒量固定而血清作倍比稀释,常用于测定抗血清的中和效价。

(1) 病毒毒价的滴定:毒力或毒价单位采用半数致死量 ($LD_{50}$) 表示。而以感染发病作为指标的,可用半数感染量 ($ID_{50}$),以体温反应作指标者,可用半数反应量 ($RD_{50}$)。用鸡胚测定时,可用鸡胚半数致死量 ($ELD_{50}$) 或鸡胚半数感染量 ($EID_{50}$);在细胞培养上测定时,则用组织培养半数感染量 ($TCID_{50}$)。半数剂量测定时,通常将病毒原液 10 倍递进稀释,选择 4~6 个稀释倍数接种一定体重的试验动物(或细胞培养、鸡胚),每组 3~6 只(管)。接种后,观察一定时间内的死亡(或出现细胞病变)数和生存数。根据累计死亡数和生存数计算致死百分率。按 Reed 和 Muench 法、内插法或 Karber 法计算半数剂量。其中以 Karber 法最为方便。以测定某种病毒的 $TCID_{50}$ 为例,病毒以 $10^{-7}$~$10^{-4}$ 稀释,记录其出现细胞病变 (CPE) 的情况。按 Karber 法计算,其公式为 $\lg TCID_{50} = L + d(S - 0.5)$。

$TCID_{50}$ 用对数计算,$L$ 为病毒最低稀释度的对数;$d$ 为组距,即稀释系数,10 倍递进稀释时,$d$ 为$-1$;$S$ 为死亡比值之和(计算固定病毒稀释血清法中和效价时,$S$ 应为保护比值之和),即各组死亡(感染)数/试验数相加。表 1-1 例子中,$S = 6/6 + 5/6 + 2/6 + 0/6 = 2.16$,代入上式:$\lg TCID_{50} = -4 + (-1)(2.16 - 0.5) = -5.66$。$TCID_{50} = 10^{-5.66}$,0.1 mL。

表 1-1 病毒毒价滴定（接种剂量为 0.1 mL）

| 病毒稀释 | CPE | | |
|---|---|---|---|
| | 阳性数 | 阴性数 | % |
| $10^{-4}$ | 6 | 0 | 100 |
| $10^{-5}$ | 5 | 1 | 83 |
| $10^{-6}$ | 2 | 4 | 33 |
| $10^{-7}$ | 0 | 6 | 0 |

$TCID_{50}$ 为毒价的单位，表示该病毒经稀释至 $10^{-5.66}$ 时，每孔细胞接种 0.1 mL，可使 50% 的细胞孔出现 CPE。而病毒的毒价通常以每毫升或每毫克含多少 $TCID_{50}$（或 $LD_{50}$ 等）表示。如上述病毒的毒价为 $10^{-5.66} TCID_{50}/0.1 mL$，即 $10^{6.66} TCID_{50}/mL$。

（2）正式试验：将病毒原液稀释成每一单位剂量含 100～200 $LD_{50}$（或 $EID_{50}$，$TCID_{50}$），与等量的递进稀释的待检血清混合，置 37℃ 1 h。每一稀释度接种 3～6 只试验动物（或鸡胚、细胞），记录每组动物的存活数和死亡数，同样按 Reed 和 Muench 法或 Karber 法计算其半数保护量（$PD_{50}$），即该血清的中和效价。

**2. 固定血清稀释病毒法** 将病毒原液作 10 倍递进稀释，分装两列无菌试管，第一列加等量正常血清（对照组）；第二列加待检血清（中和组），混合后置 37℃ 1 h，分别接种实验动物（或鸡胚、细胞培养），记录每组死亡数和累积死亡数和累积存活数，用上述 Reed 和 Muench 法或 Karber 法计算 $LD_{50}$，然后计算中和指数。中和指数＝中和组 $LD_{50}$/对照组 $LD_{50}$。通常待检血清的中和指数>50 者即为阳性，10～400 可疑，<10 为阴性。

### （二）空斑减少试验

空斑减少试验（plague reduction test）系应用空斑技术，以使空斑数减少 50% 的血清量作为中和滴度。试验时，将已知空斑单位的病毒稀释成每一接种剂量含 100 空斑单位（PFU），加等量递进稀释的血清，37℃ 1 h。每一稀释度接种 3 个已形成单层细胞的空斑瓶，每瓶 0.2～0.5 mL。置 37℃ 1 h，使病毒吸附，然后加入在 44℃ 水浴预温的营养琼脂（在 0.5% 水解乳蛋白或 Eagles 液中，加 2% 小牛血清、1.5% 琼脂及 0.1% 中性红 3.3 mL）10 mL，平放 1 h 凝固，将细胞面向上放无灯光照射的 37℃ 温箱。同时用稀释的病毒加等量 Hank's 液同样处理作为病毒对照。数天后分别计算空斑数，用 Reed 和 Muench 或 Karber 或内插法计算血清的中和滴度。

## 第三节　疫苗与免疫反应

动物机体的免疫力包括先天性（固有）免疫力和获得性（特异性）免疫力。动物获得特异性免疫力的方式主要通过人工被动免疫和主动免疫。通过给动物实施疫苗免疫接种，目的在于使其获得对传染病的特异性免疫力。动物经疫苗免疫接种建立这种免疫力的过程是一个复杂的生物学过程，疫苗中的抗原物质进入体内刺激免疫系统，激发动物机体的免疫反应，引起免疫应答。

## 一、特异性免疫

动物机体获得特异性免疫的方式包括：天然被动免疫、天然主动免疫、人工被动免疫和人工主动免疫。

**1. 天然被动免疫**（natural passive immunity） 新生动物通过母体胎盘、初乳或卵黄从母体获得某种特异性抗体，从而获得对某种病原体的免疫力。由于动物在生长发育的早期，免疫系统还不够健全，对病原体感染的抵抗力较弱，可通过获得母源抗体增强免疫力，以保证早期的生长发育。实际生产中，通过对母畜（禽）实施疫苗免疫接种，新生幼畜（禽）即可通过初乳、卵黄获得母源抗体，建立特异性免疫力。母源抗体的存在也有其不利的一面，可干扰弱毒疫苗对幼龄动物的免疫效果，是导致免疫失败的原因之一。

**2. 天然主动免疫**（natural active immunity） 动物在感染某种病原微生物耐过后产生的对该病原体再次侵入的不感染状态，或称为抵抗力。动物耐过发病过程而康复后即可建立对该病原体的再次入侵具有坚强的特异性抵抗力。

**3. 人工被动免疫**（artificial passive immunity） 将免疫血清或自然发病后康复动物的血清人工输入未免疫的动物，使其获得对某种病原的抵抗力。采用人工被动免疫注射免疫血清可使抗体立即发挥作用，无诱导期，免疫力出现快，但免疫力维持时间短，一般维持1～4周。

**4. 人工主动免疫**（artificial acquired immunity） 给动物接种疫苗等生物制品，刺激机体免疫系统发生应答反应，产生特异性免疫力。与人工被动免疫比较而言，所接种的物质不是现成的免疫血清或卵黄抗体，而是刺激免疫应答的各种抗原，包括各种疫苗和类毒素等，因而有一定的诱导期或潜伏期，出现免疫力的时间与抗原种类有关，例如病毒抗原需3～4 d，细菌抗原需5～7 d，毒素抗原需2～3周。人工主动免疫产生的免疫力持续时间长，免疫期可达数月甚至数年，而且有回忆反应，某些抗原免疫后，可产生终生免疫。由于人工主动免疫不能立即产生免疫力，需一定的诱导期，因而在免疫防治中应着重考虑到这一特点，动物机体对重复免疫接种可不断产生再次应答反应。

## 二、免疫应答的基本过程

免疫应答（immune response）是指动物机体免疫系统受到抗原物质（疫苗）刺激后，免疫细胞对抗原分子的识别并产生一系列复杂的免疫连锁反应和表现出一定的生物学效应的过程。这一过程包括抗原递呈细胞对抗原的处理、加工和递呈，抗原特异性淋巴细胞即T、B细胞淋巴细胞对抗原的识别、活化、增殖、分化，最后产生免疫效应分子（抗体与细胞因子）及免疫效应细胞（细胞毒性T细胞和迟发型变态反应性T细胞），并最终将抗原物质和对再次进入机体的抗原物质产生清除效应。

免疫应答的表现形式为体液免疫和细胞免疫，分别由B、T细胞介导。免疫应答具有三大特点：一是特异性，即只针对某种特异性抗原物质；二是具有一定的免疫期，这与抗原的性质、刺激强度、免疫次数和机体反应性有关，从数月至数年，甚至终身；三是具有免疫记忆。

## (一) 致敏阶段

致敏阶段（sensitization stage）又称感应阶段，是抗原物质进入体内，抗原递呈细胞对其识别、捕获、加工处理和递呈以及抗原特异性淋巴细胞（T 细胞和 B 细胞）对抗原的识别阶段。

**1. 抗原递呈细胞对抗原的加工与递呈**　抗原递呈细胞（APC）是一类能摄取和处理抗原，并把抗原信息传递给淋巴细胞而使淋巴细胞活化的细胞。按照细胞表面的主要组织相容性复合体（MHC）Ⅰ类和Ⅱ类分子，可把抗原递呈细胞分为两类，一类是带有 MHC Ⅱ类分子的细胞，包括单核/巨噬细胞、树突状细胞、B 淋巴细胞等，主要进行外源性抗原的递呈；另一类是带有 MHC Ⅰ类分子的抗原递呈细胞，包括所有的有核细胞，可作为内源性抗原的递呈细胞。

（1）外源性抗原的加工与递呈：进入体内的外源性抗原（如灭活的细菌、病毒、蛋白、存在于细胞间的活微生物），被巨噬细胞等 APC 通过各种方式（如吞噬、吞饮、吸附、特异性结合和调理等）摄取，经内化（internalization）形成吞噬体（phagosome），吞噬体与溶酶体融合形成吞噬溶酶体（phagolysosome）或称内体（endosome），外源性抗原在内体的酸性环境中被水解为 13～18 个氨基酸的抗原肽段，与在内质网中新合成的 MHC Ⅱ类分子结合，形成抗原肽-MHC Ⅱ类分子复合物，然后被高尔基运送至抗原递呈细胞的表面供 $CD4^+$ $T_H$ 细胞所识别（图 1-3）。

（2）内源性抗原的加工与递呈：内源性抗原（如细胞内增殖病毒产生的病毒抗原、胞内菌、肿瘤特异性抗原等）在有核细胞内被蛋白酶体酶解成 8～10 个氨基酸的抗原肽段，然后被抗原加工转运体（transporters associated with antigen processing，TAP）从细胞质运转运到粗面内质网，与粗面内质网中新合成的 MHC Ⅰ类分子结合，所形成的抗原肽-MHC Ⅰ类分子复合物被高尔基体运送至细胞表面供 $CD8^+$ 的细胞毒性 T 细胞（$T_C$/CTL）所识别（图 1-3）。

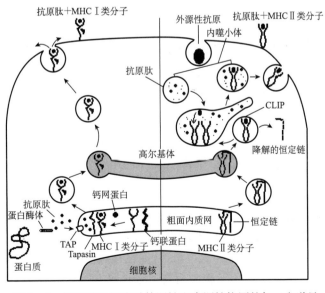

图 1-3　抗原递呈细胞对外源性和内源性抗原的加工和递呈

在抗原的加工和递呈过程中，还有许多相关分子的参与。除了上述加工和递呈途径外，抗原物质还有外源性抗原的交叉递呈途径以及非经典的 MHC 分子（CD1 分子）递呈途径（如糖脂或脂类抗原）。

**2. T、B 细胞对抗原的识别**

(1) T 细胞对抗原的识别：对外源性和内源性抗原的识别分别是由两类不同的 T 细胞执行的，即识别外源性抗原的细胞为 $CD4^+$ 的 $T_H$ 细胞，识别内源性抗原的细胞为 $CD8^+$ 的细胞毒性 T 细胞（$T_C$/CTL）。T 细胞识别抗原的分子基础是其抗原受体（TCR）和抗原递呈细胞的 MHC 分子，它不能识别游离的、未经抗原递呈细胞处理的抗原物质，只能识别经抗原递呈细胞处理并与 MHC I 类和 II 类分子结合了的抗原肽，因此细胞免疫只能由蛋白质抗原引起。T 细胞仅能识别肽类的线性决定簇，而能不识别构象决定簇。

$T_H$ 细胞依靠其细胞表面的 TCR 识别抗原肽- MHC II 类分子复合物，与此同时，还有多种细胞表面分子参与 $T_H$ 细胞的识别及活化。其中 CD3 是参与 $T_H$ 细胞识别的一个重要分子，在 TCR 识别抗原肽后，CD3 分子将抗原的信息传递到细胞内，启动细胞内的活化过程。此外，$T_H$ 细胞上的 CD4 分子作为 MHC II 类分子的受体，与 MHC II 类分子结合，对 TCR 与抗原肽的结合起到巩固作用。一些免疫黏附分子也参与抗原递呈、识别与信息传递过程，如 $T_H$ 细胞上的 CD2（LFA-2，淋巴细胞功能相关抗原-2）与 APC 上的 CD58（LFA-3）分子相互作用，以及淋巴细胞上的 CD11a（LFA-1）与 APC 上的 CD54（ICAM-1，免疫细胞黏附分子-1）分子相互作用，淋巴细胞上的 CD28 与 APC 上的 B7（CD80）间的相互作用等均可促进 $T_H$ 细胞与 APC 之间的直接接触，对于细胞内传递活化信号也是必需的。CD45 分子也对抗原刺激信号的传递起重要作用，这些分子间的相互作用又称为 T 细胞识别的共刺激信号（图 1-4）。

由内源性抗原递呈细胞递呈的抗原供细胞毒性 T 细胞识别，$T_C$/CTL 也是依靠其细胞表面的 TCR 识别靶细胞抗原肽- MHC I 类分子复合物，然后直接杀伤靶细胞。在 CTL 识别抗原的过程中也有一些免疫黏附分子参与。

T 细胞对超抗原的识别不需要经抗原递呈细胞的处理，超抗原直接与抗原递呈细胞的 MHC II 类分子的肽结合区以外的部位结合，并以完整蛋白分子形式被递呈给 T 细胞，而且 SAg-MHC II 类分子复合物仅与 T 细胞的 TCR 的 β 链结合，因此可激活多个 T 细胞克隆，其激活作用也不受 MHC 的限制。

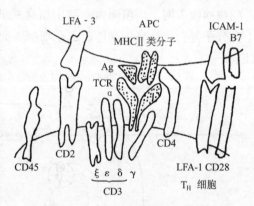

图 1-4 $T_H$ 细胞对外源性抗原的识别

(2) B 细胞对抗原的识别：B 细胞识别抗原的物质基础是 BCR 中的 mIg。B 细胞通过不同的机制识别非胸腺依赖性抗原（TI）和胸腺依赖性抗原（TD）抗原。TI 抗原又分为 1 型和 2 型抗原，前者有细菌的脂多糖（LPS）和多聚鞭毛素等，这类抗原在高浓度时可与 B 细胞上的有线分裂原受体结合（与 BCR 无关），从而活化大多数 B 细胞。TI-1 型抗原在低浓度下无多克隆激活作用，但可被 B 细胞表面抗原受体所识别，并将它们聚集在 B 细胞的表面而活化 B 细胞。TI-2 型抗原有肺炎球菌多糖和 D-氨基酸聚合物等，这类抗原具有适当间隔的、高度重复的决定簇，呈线状排列，在体内不易被降解，可长期地持续吸附于巨噬细胞表面，并能与具有高亲和力的特异性 B 细胞 BCR 交联，形成帽化（capping）而使 B 细胞活化。

大部分抗原物质均属于 TD 抗原，都需要巨噬细胞的处理后递呈给 $T_H$ 细胞，然后，B 细胞对其加以识别，因此 B 细胞对 TD 抗原的识别需要巨噬细胞等和 $T_H$ 细胞参加，经过巨噬细胞处理和递呈的抗原肽上含有两种表位，一是供 $T_H$ 细胞识别的 T 细胞表位，二是供 B 细胞识别的 B 细胞表位。$T_H$ 细胞与 B 细胞相互作用，将抗原的信息传递给 B 细胞，B 细胞对 B 细胞表位加以识别，形成所谓的连接识别。

### （二）反应阶段

反应阶段（reaction stage）又称增殖与分化阶段，此阶段是抗原特异性淋巴细胞活化，进行增殖与分化以及产生效应性淋巴细胞和效应分子的过程。T 淋巴细胞增殖分化为淋巴母细胞，最终成为效应性淋巴细胞，并产生多种细胞因子；B 细胞增殖分化为浆细胞，合成并分泌抗体。一部分 T、B 细胞淋巴细胞在分化过程中变为记忆性细胞（Tm 和 Bm）。该阶段有多种细胞间的协作和多种细胞因子的参加。

**1. T 细胞的活化、增殖与分化** 静止期（G0 期）的 $T_H$ 细胞通过识别 APC 递呈来的抗原后，细胞表面即表达白细胞介素-1 受体（IL-1R），并接受由巨噬细胞产生的 IL-1 刺激信号而活化，随之表达白细胞介素-2 受体（IL-2R），变成活化的 $T_H$ 细胞，进入 G1 期（DNA 合成前期）。当 IL-2R 与 IL-2（自身分泌的或其他 $T_H$ 细胞分泌的）作用后，进入 S 期（DNA 合成期），T 细胞即母细胞化，表现为胞体变大，胞浆增多，染色质疏松，出现明显的核仁，微管和多聚核糖体形成，生物合成与分泌增加，经过一个短暂的 G2 期（DNA 合成后期）后进入 M 期（有丝分裂期），然后增殖，分化为效应性 $T_H$ 细胞，并分泌一系列的细胞因子，如 IL-2、IL-4、IL-5、IL-6、IL-9 以及 IFN-γ 等，从而发挥 $T_H$ 细胞的辅助效应。其中一部分 T 细胞停留在分化中间阶段而不再往前分化，成为记忆性 T 细胞。

在 $T_H$ 细胞产生的细胞因子中，IL-2 的作用相当重要，它是促进各亚群的 T 细胞分化、增殖的重要介质。在 IL-2 的作用下，增殖的 T 细胞最终分化为效应性 T 细胞——CTL 和 $T_D$ 细胞，并发挥细胞免疫效应。T 细胞的活化机理十分复杂，主要是通过磷脂酰肌醇代谢途径，由蛋白激酶 C 和钙离子——钙调蛋白依赖性蛋白激酶协同作用而发生。酪氨酸蛋白激酶（TPK）参与的酪氨酸磷酸化途径在 T 细胞活化过程中也起着重要的作用。

**2. B 细胞的活化、增殖与分化** B 细胞的活化需要两个信号，一是 B 细胞与 $T_H$ 细胞之间的接触，即连接识别，B 细胞识别 B 细胞表位；二是由活化的 $T_H$ 细胞分泌的 IL-2 和 IL-4。在双信号的刺激下，B 细胞由 G0 期进入 G1 期，IL-4 可诱导静止的 B 细胞体积增大，并刺激其 DNA 和蛋白质的合成。活化的 B 细胞表面可依次表达 IL-2、IL-5、IL-6 等受体，分别与活化的 T 细胞所释放的 IL-2、IL-5、IL-6 结合，然后进入 S 期，并开始增殖分化成成熟的浆细胞，合成并分泌抗体球蛋白，一部分 B 细胞在分化过程中变为记忆性 B 细胞（Bm）。B 细胞活化的机制与 T 细胞大致相似。作为抗原递呈细胞的 B 细胞在递呈抗原的同时自身也活化。

由 TI 抗原活化的 B 细胞，最终分化成浆细胞，只产生 IgM 抗体，而不产生 IgG 抗体，不形成记忆细胞，因此无免疫记忆。由 TD 抗原刺激产生的浆细胞最初几代分泌 IgM 抗体，因此体内最早产生 IgM 抗体，以后分化的浆细胞可产生 IgG、IgA 和 IgE 抗体。

### （三）效应阶段

效应阶段（effect stage）是由活化的效应性细胞——细胞毒性 T 细胞（CTL）与迟发型变态反应 T 细胞（$T_D$）细胞和效应分子——抗体与细胞因子发挥细胞免疫效应和体液免疫效应的过程，这些效应细胞和效应分子共同作用清除抗原物质。

## 三、介导特异性免疫的因素及免疫功能

经疫苗免疫接种，动物机体产生免疫应答，建立特异性免疫力。介导特异性免疫的因素包括细胞免疫和体液免疫两大方面。

### （一）细胞免疫

**1. 细胞毒性 T 细胞与细胞毒作用** 细胞毒性 T 细胞（CTL）为 $CD8^+$ 的 T 细胞亚群，在动物机体内是以非活化的前体形式（$T_C$）存在的。其表面的抗原受体（TCR）识别由 APC 细胞（病毒感染细胞、肿瘤细胞、胞内菌感染细胞等靶细胞）递呈而来的内源性抗原，并与抗原肽特异性结合，并经活化的 $T_H$ 细胞产生的白细胞介素（IL-2、IL-4、IL-5、IL-6、IL-9 等）作用下，前体的 $T_C$ 细胞活化、增殖并分化为具有杀伤能力的效应性 CTL。CTL 与靶细胞的相互作用受到 MHC I 类分子的限制，即 CTL 在识别靶细胞抗原的同时，要识别靶细胞上的 MHC I 类分子。它只能杀伤携带有与自身相同的 MHC I 类分子的靶细胞。

CTL 可直接杀伤靶细胞（如病毒感染细胞、胞内菌感染细胞、肿瘤细胞），介导靶细胞溶解和破坏有两个途径：一是由 CTL 释放的细胞毒性蛋白（包括穿孔素和颗粒酶）被靶细胞摄取，造成靶细胞溶解；二是 CTL 上的膜结合 FASL 与靶细胞表面的 Fas 受体相互反应，从而引起靶细胞溶解。其机制均是导致细胞程序化死亡（apoptosis）。CTL 对靶细胞杀伤破坏后，可完整无缺地与裂解的靶细胞分离，又可继续攻击其他靶细胞，一般一个 TC 细胞可在数小时内连续杀伤数十个靶细胞，杀伤效率较高。

**2. $T_D$ 细胞与炎症反应** 迟发型变态反应性 T 细胞（$T_D$）属于 $CD4^+$ $T_H$ 细胞亚群，在体内也是以非活化前体形式存在，其表面抗原受体与靶细胞的抗原特异性结合，并在活化的 $T_H$ 细胞释放的 IL-2、IL-4、IL-5、IL-6、IL-9 等作用下，经活化、增殖、分化成具有免疫效应的 $T_D$ 细胞。其免疫效应是通过其释放多种可溶性的淋巴因子而发挥作用的，主要引起以局部的单核细胞浸润为主的炎症反应，即迟发型变态反应，最终可清除病原微生物。

**3. 细胞免疫效应** 机体的细胞免疫效应是由 CTL 和 $T_D$ 细胞以及细胞因子体现的，主要表现为抗感染作用和抗肿瘤效应，此外细胞免疫也可引起机体的免疫损伤。

### （二）体液免疫

特异性体液免疫是通过抗体来实现的，因此抗体是介导体液免疫效应的免疫分子。

**1. 抗体产生的动态** 动物机体初次和再次接触抗原后，引起体内抗体产生的种类以及

抗体的水平等都有差异（图 1-5）。

(1) 初次应答 (primary response)：动物机体初次接触抗原，即某种抗原首次进入体内引起的抗体产生过程称为初次应答。抗原首次进入体内后，B 细胞克隆被选择性活化，随之进行增殖分化，大约经过 10 次分裂，形成一群浆细胞克隆，导致特异性抗体的产生。初次应答有以下几个特点：

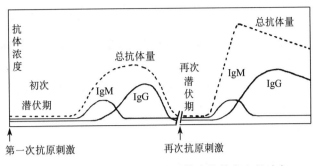

图 1-5　初次应答与再次应答体内抗体产生的动态

① 具有潜伏期。机体初次接触抗原后，在一定时期内体内查不到抗体或抗体产生很少，这一时期称为潜伏期，又称为诱导期。潜伏期的长短视抗原的种类而异，如细菌抗原一般经 5~7 d 血液中才出现抗体，病毒抗原为 3~4 d，而毒素则需 2~3 周才出现抗体。潜伏期之后为抗体的对数上升期，抗体含量直线上升，然后为高峰持续期，抗体产生和排出相对平衡，最后为下降期。

② 初次应答最早产生的抗体为 IgM，可在几天内达到高峰，然后开始下降；接着才产生 IgG，即 IgG 抗体产生的潜伏期比 IgM 长。如果抗原剂量少，可能仅产生 IgM。IgA 产生最迟，常在 IgG 产生后 2 周至 1~2 个月才能在血液中检出，而且含量少。

③ 初次应答产生的抗体总量较低，维持时间也较短。其中 IgM 的维持时间最短，IgG 可在较长时间内维持较高水平，其含量也比 IgM 高。

(2) 再次应答 (secondary response)：动物机体第二次接触相同的抗原时体内产生的抗体过程称为再次应答。再次应答有以下几个特点：

① 潜伏期显著缩短。机体再次接触与第一次相同的的抗原时，起初原有抗体水平略有降低，接着抗体水平很快上升 (2~3 d)。

② 抗体含量高，而且维持时间长。再次应答可产生高水平的抗体，可比初次应答多几倍到几十倍，而且维持很长时间。

③ 再次应答产生的抗体大部分为 IgG，而 IgM 很少，如果再次应答间隔的时间越长，机体越倾向于只产生 IgG。

(3) 回忆应答 (anamnestic response)：抗原刺激机体产生的抗体经一定时间后，在体内逐渐消失，此时若机体再次接触相同的抗原物质，可使已消失的抗体快速回升，称为抗体的回忆应答。再次应答和回忆应答取决于体内记忆性 T 细胞和 B 细胞的存在。

抗原物质经消化道和呼吸道等黏膜途径进入机体，可诱导产生分泌型 IgA，在黏膜发挥免疫效应。

**2. 抗体的免疫学功能**　抗体作为体液免疫的重要分子，在体内可发挥多种免疫功能。由抗体介导的免疫效应在大多数情况下对机体是有利的，但有时也会造成机体的免疫损伤。抗体的免疫学功能有以下几个方面：

(1) 中和作用：体内针对细菌毒素（外毒素或类毒素）的抗体，和针对病毒的抗体，可对相应的毒素和病毒产生中和效应。毒素的抗体一方面与相应的毒素结合可改变毒素分子的构型而使其失去毒性作用，另一方面毒素与相应的抗体形成的复合物容易被单核/巨噬细胞吞噬。对病毒的抗体可通过与病毒表面抗原结合，而使其失去对细胞的感染性，从而发挥中和作用。

（2）免疫溶解作用：一些革兰阴性菌（如霍乱弧菌）和某些原虫（如锥虫），体内相应的抗体与之结合后，在补体的参与下，可导致菌体或虫体溶解。

（3）免疫调理作用：对于一些毒力比较强的细菌，特别是有荚膜的细菌，相应的抗体（IgG 或 IgM）与之结合后，则容易受到单核/巨噬细胞的吞噬，若再活化补体形成细菌-抗体-补体复合物，则更容易被吞噬。这是由于单核/巨噬细胞表面具有抗体分子的 $F_c$ 片段和 C3b 的受体，体内形成的抗原-抗体或抗原-抗体-补体复合物容易受到它们的捕获。抗体的这种作用称为免疫调理作用。

（4）局部黏膜免疫作用：由黏膜固有层中浆细胞产生的分泌型 IgA 是机体抵抗从呼吸道、消化道及泌尿生殖道感染的病原微生物的主要防御力量，分泌型 IgA 可阻止病原微生物吸附黏膜上皮细胞。

（5）抗体依赖性细胞介导的细胞毒作用（antibody dependent cell-mediated cytotoxicity，ADCC）：一些免疫细胞（如 NK 细胞、巨噬细胞），其表面具有抗体分子（如 IgG）的 Fc 片段的受体，当抗体分子与相应的靶细胞（如肿瘤细胞）结合后，效应细胞就可借助于 Fc 受体与抗体分子的 Fc 片段结合，从而发挥其细胞毒作用，将靶细胞杀伤。

（6）对病原微生物生长的抑制作用：一般而言，细菌的抗体与之结合后，不会影响其生长和代谢，仅表现为凝集和制动现象。只有支原体和钩端螺旋体，其抗体与之结合后可表现出生长抑制作用。

## 第四节 疫苗有效免疫反应的基本要素

疫苗作为预防和控制动物疫病重要的生物制品，保证其接种后诱导有效而又充分的免疫反应十分重要。影响疫苗免疫效果的因素很多，包括疫苗本身、疫苗的使用方法与免疫程序、免疫动物的状态、病原微生物的变异等，任何一个环节均可影响疫苗发挥有效的免疫反应，甚至造成免疫失败。

### （一）疫苗的质量

疫苗的质量是影响其诱导有效免疫反应的根本要素，是疫苗免疫成败的关键因素。涉及疫苗质量的因素有以下几方面。

**1. 疫苗的抗原或疫苗毒（菌）含量** 疫苗中的抗原含量直接影响疫苗的免疫效力，足够量的抗原才能诱导动物机体产生充分的免疫反应。减（弱）毒活疫苗接种后在体内必须有疫苗毒（菌）的增殖过程，因此需保证接种的疫苗中含有足够量的有活力的疫苗毒（菌），否则会影响免疫效果或无效。灭活苗、亚单位疫苗接种后没有繁殖过程，因而必须有足够的抗原量才能刺激机体产生有效的免疫力。各类疫苗应在确定其最小免疫剂量的基础上制定疫苗中的抗原或疫苗毒（菌）含量标准。

**2. 佐剂** 佐剂也是影响疫苗免疫效果的重要因素。佐剂有不同的类型，不同的佐剂有不同的免疫增强效果，不同性质的疫苗应选择合适的佐剂。油佐剂灭活苗的性状必须稳定，良好的油佐剂灭活苗呈均匀的乳白色，黏稠度适中并符合规程标准，若出现油水分层现象时，应废弃，否则影响免疫效果。

**3. 疫苗的保存与运输** 疫苗的保存与运输是免疫预防工作中十分重要的环节。保存与运输不当会使疫苗质量下降、甚至失效。不同类型的疫苗应在相应条件下进行保存和运输。活疫苗通常需要冷藏，因此需要建立从疫苗生产厂家到用户的完整冷链（cold chain），这是保证疫苗制品质量的重要措施之一。

**4. 疫苗的安全性** 疫苗的安全性问题亦常会导致免疫失败。减毒活疫苗可能会出现微生物毒力返强现象，或引发免疫缺陷个体严重疾病，或产生对病原微生物抗原的超敏反应，或导致持续感染，也有可能受到其他病原微生物的污染。而灭活疫苗则可能会出现灭活不彻底、病原微生物污染、内毒素污染等。因此，在疫苗的研制与生产过程中，严格按生产与检验规程进行生产十分重要。此外，疫苗接种的副反应如过敏反应、接种动物减食和体温升高等，也会影响疫苗的免疫效果。因此，降低或杜绝疫苗的副反应，提高疫苗的质量是十分必要的。

### （二）疫苗的使用

疫苗使用不当也会影响疫苗的免疫效果。在疫苗的使用过程中，有很多因素会影响免疫效果，如疫苗稀释方法、水质、雾粒大小（气雾免疫）、免疫途径、免疫程序等都是影响免疫效果的重要因素，各环节都应给予足够的重视。

**1. 免疫途径** 疫苗免疫接种途径有滴鼻、点眼、刺种、注射、饮水和气雾等，应根据疫苗的类型、疫病特点及免疫程序来选择免疫的接种途径。灭活疫苗、类毒素和亚单位疫苗不能经消化道接种，一般用于肌肉或皮下注射。滴鼻与点眼免疫效果较好，仅用于接种减（弱）毒活疫苗。饮水免疫是最方便的疫苗接种方法，适用于大型鸡群，但饮水免疫的免疫效果较差，不适用于初次免疫。刺种也是常用的免疫方法。气雾免疫分为喷雾免疫和气溶胶免疫两种方式，喷雾免疫的雾粒大小为 $10\sim100~\mu m$，气溶胶为 $<1\sim50~\mu m$，在一些疫苗（如新城疫活疫苗）免疫中，气雾免疫效果较好，不仅可诱导产生循环抗体，而且也可产生局部免疫力，但气雾免疫会造成一定程度的应激反应，容易引起呼吸道感染。

**2. 免疫程序** 疫苗的免疫程序对疫苗产生有效免疫反应十分重要，各类疫苗均应制订科学和合理的免疫程序。大多数疫苗均需要进行二次免疫接种，才能诱导抗体的再次应答，产生高水平的特异性抗体。各种疫苗的免疫程序制订应综合考虑疫病流行特点和流行状况，疫苗的性质、类型与免疫特性，畜（禽）种类与日龄，畜（禽）场的饲养规模与管理水平，母源抗体水平，免疫途径等各方面的因素。免疫程序中，应重点考虑疫苗的首次免疫日龄、免疫次数与间隔时间。

### （三）免疫动物的因素

**1. 遗传因素** 动物机体对接种抗原的免疫应答在一定程度上是受遗传控制的，因此不同品种，甚至同一品种不同个体的动物，对同一种抗原的免疫反应强弱也有差异。

**2. 健康与营养状况** 有些疫病可引起免疫抑制，从而严重影响疫苗的免疫效果，如鸡群感染马立克病病毒（MDV），传染性法氏囊病病毒（IBDV）、鸡传染性贫血病毒（CIAV）、猪繁殖与呼吸综合征病毒（PRRSV）、猪圆环病毒2型（PCV2）等，可造成宿主的免疫抑制，从而影响其他疫苗的免疫效果，甚至导致免疫失败。另外，免疫缺陷病、中毒病、球虫病等对疫苗的免疫效果都有不同程度的影响。动物的营养状况也是影响免疫应答的因素之一。维生素、微量元素及氨基酸的缺乏都会使机体的免疫功能下降，如维生素 A 缺乏会导致淋巴器官的萎缩，影响淋巴细胞的分化、增殖、受体表达与活化，导致体内的 T 淋巴细胞、NK 细胞数量减少，吞噬细胞的吞噬能力下降，B 淋巴细胞的抗体产生能力下降。

**3. 环境因素与生物安全** 良好的环境条件和生物安全措施也是保障疫苗免疫效果的重要条件。环境因素包括动物生长环境的温度、湿度、通风状况、环境卫生及消毒等。动物机体的免疫功能受到神经、体液和内分泌的调节，如果环境过冷、过热、湿度过大、通风不良都会使动物出现不同程度的应激反应，导致动物对疫苗抗原的免疫应答能力下降，接种疫苗后不能产生预期的免疫效果，表现为抗体水平低，细胞免疫应答减弱。良好的环境卫生条件和生物安全措施可降低或杜绝强毒感染的机会，使动物安全度过接种疫苗后的诱导期。

**4. 母源抗体** 母源抗体的被动免疫对新生动物是十分重要的，然而对疫苗的接种也带来一定的影响，尤其是减（弱）毒活疫苗在免疫动物时，如果幼畜（禽）体内存在较高水平的母源抗体，会极大地影响疫苗的免疫效果。如鸡新城疫、传染性法氏囊病、猪瘟的疫苗免疫都存在母源抗体的干扰问题。在这些疫病的疫苗免疫接种工作中，通过测定母源抗体水平来确定首免日龄是十分必要的。

### (四) 病原微生物的变异

病原微生物的变异和流行毒株的多样性是影响疫苗免疫效力的因素之一。有不少动物疫病的病原具有多血清型特点，如流感病毒、口蹄疫病毒、传染性支气管炎病毒、致病性大肠杆菌等，不同血清型之间疫苗的交叉免疫保护弱或无，给免疫预防与控制造成困难。如果疫苗毒（菌）株的血清型与引发疫病病原的血清型不同，则会影响疫苗的免疫效力，难以取得良好的预防效果。因此，针对血清型多样的动物疫病，应考虑研发（或使用）多价苗或交叉免疫保护效果良好的广谱性疫苗。

有些病原具有易变异的特点，使现有疫苗诱导的免疫效果大打折扣，影响疫苗的免疫效力。如 H5N1 高致病性禽流感病毒、猪繁殖与呼吸综合征病毒等具有快速变异和毒株多样性的特点，造成疫苗对流行毒株的免疫效力下降或不能提供免疫保护。

（杨汉春）

**复习思考题**

1. 简述抗原、抗原性、抗原表位、抗体与免疫球蛋白的概念。
2. 构成免疫原的条件有哪些？
3. 细菌和病毒有哪些主要抗原成分？
4. 试述免疫球蛋白单体的分子结构和特殊结构。
5. 各类免疫球蛋白有哪些主要特性和免疫学功能？
6. T 细胞和 B 细胞有哪些主要表面标志？其功能是什么？

7. T淋巴细胞有哪些亚群？
8. 常用的血清学技术有哪些，其基本原理是什么？
9. 凝集试验、沉淀试验、病毒中和试验和ELISA试验的方法有哪些？
10. 动物获得特异性免疫力的方式有哪些？
11. 试述免疫应答的基本过程。
12. 初次应答和再次应答的抗体产生有何特点？
13. 抗体在动物体内可发挥哪些免疫学功能？
14. 疫苗发挥有效免疫反应的基本要素有哪些？

# 第二章 兽医生物制品菌毒虫种的选育与构建

**本章提要** 兽医生物制品菌毒虫种选育是生物制品制造的首要环节，也是制品知识产权的集中体现。本章重点介绍了目前商品化疫苗生产用菌种和毒种的一般标准、常用的选育方法和常用测定指标等，包括强毒和自然弱毒的分离鉴定、物理化学和生物学方法的人工致弱，细菌和病毒的常用测定指标包括生物学特性、理化特性、毒力、抗原性和稳定性等，并介绍了寄生虫弱毒疫苗虫种的选用和抗原疫苗种子的基本要求，对兽医生物制品研制和生产具有重要作用。基因工程技术发展，加快了疫苗种毒构建的研究速度和效率，本章比较详细介绍了基因工程亚单位疫苗、重组活疫苗和重组活载体等新型疫苗的菌毒种的构建方法和原理及国内外产业化现状，虽有一定难度，但代表了本学科的发展。

## 第一节 菌种与毒种的常规选育技术

兽医微生物菌种和毒种是国家的重要生物资源，在动物医学的教学、科研和生产实践中起着重要作用，是生物制品生产、检验与研究的必不可少的物质基础。尽管兽医生物制品（尤其兽用疫苗）种类很多，但它们多是由菌种和毒种发展而来。因此，生产用菌种和毒种是兽医生物制品生产的关键，也是生物制品质量的直接保证。自然界存在着多种多样的微生物，而且还在不断地出现新的毒株。由于生物制品用途的不同，所选择的菌种和毒种也各异，有的要求致病力强、抗原性好，有的则要求致病力弱或仅有感染性而无病害性、免疫原性高的菌（毒）种。所以，兽医生物制品菌种和毒种筛选的基本原则是：根据所生产的制品的用途、使用方法、使用方式、生产过程和条件等因素，从细菌和病毒的安全性、免疫原性、遗传稳定性及生产实用性等方面，进行评价和筛选。

### 一、兽医生物制品菌（毒）种标准

生物制品用强、弱菌（毒）种除毒力标准不同外，还需符合以下标准：

**1. 生物学特性明显、历史清楚** 菌种的形态、培养特征、生化特性及血清免疫学特性明显，易于鉴别。菌（毒）种人工感染动物引起稳定一致的临床症状和病理变化特征。原始细菌或病毒株的来源地区、动物品种和流行资料应清楚。分离鉴定资料完整。传代、保藏和生物学特性检查方法明确。

**2. 遗传学上相对纯一与稳定** 菌（毒）种是一个相对群体，在传代增殖过程中受不同因素的作用后会发生遗传性状的改变或分离。菌（毒）种遗传性状的改变主要表现在形态特征、毒力和反应原性、免疫原性等方面，因此要求生物制品用菌（毒）的这种改变或分离越小越好。为提高或保持菌（毒）种纯一性和稳定性，应经常进行挑选、纯化或克隆化，例如羊痘鸡胚化毒种在经过羊体传代2～4代复壮和纯化后方能用于制造疫苗。

**3. 反应原性与免疫原性优良**　优良的反应原性与免疫原性是生物制品菌（毒）种标准的重要指标。反应原性高，即使微量抗原物质进入机体即能产生强烈的免疫反应，在血清学上会出现很高的特异性。优良的免疫原性物质能使免疫动物产生完善的免疫应答，从而获得坚强的免疫力。通常也可通过浓缩、提纯或导入佐剂等方法提高制品的免疫效果。

**4. 毒力应在规定范围以内**　用于制造弱毒疫苗的菌（毒）种，在保持良好免疫原性前提下，其毒力尽可能弱些；用于制造抗血清、灭活疫苗和疫苗效力检测的菌毒种应为强毒力菌（毒）种，而且抗原性要尽量高。强毒力细菌的毒性物质一般为细菌毒素，在未处理前的毒力极强，对动物不安全，所以必须对其致病力进行测定。如果用于制造灭活疫苗，在生产过程中必须注意彻底灭活，并加强疫苗的安全性检验。

## 二、强菌（毒）种选育

强菌（毒）种广泛用于诊断制品、抗病血清、灭活疫苗和疫苗制品的效力检验，用作人工培育弱毒株的原始毒种及用于微生物学、免疫学及动物传染学等研究。强菌（毒）种常自疾病流行地区的典型患病动物体内分离。在疾病流行初中期，以临床症状和病理变化典型而又未经任何治疗的患病动物可分离到毒力强和抗原性良好的自然菌毒株，如石门系猪瘟病毒和多杀性巴氏杆菌C44-1等。然后，用从各地分离的自然强菌（毒）株中筛选出符合标准的菌（毒）株，供生物制品制造与检验。

图2-1概括了菌（毒）种的筛选程序和内容。

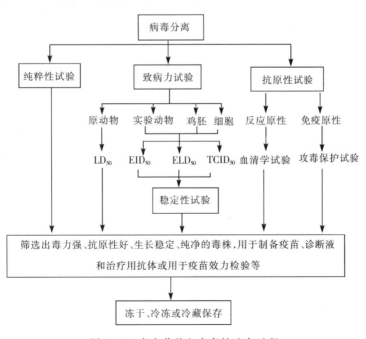

图2-1　毒力菌种和病毒的选育过程

**1. 毒力测定** 常用易感实验动物、本动物、鸡胚或易感细胞测定分离菌（毒）株 MLD（最小致死量）、$LD_{50}$（半数致死量）、$CELD_{50}$（鸡胚半数致死量）、$CEID_{50}$（鸡胚半数感染量）或 $TCID_{50}$（细胞半数感染量）。$LD_{50}$、$CELD_{50}$、$CEID_{50}$ 和 $TCID_{50}$ 测定方法相似，$TCID_{50}$ 和 $LD_{50}$ 测定方法方法见第一章第二节。

**2. 抗原性测定** 菌（毒）株的抗原性包含抗原与抗体结合发生特异性反应的反应原性和刺激机体产生抗体及致敏淋巴细胞的免疫原性。反应原性，多采用血清学方法测定，以抗体滴度或效价表示。免疫原性，多采用对免疫动物用定量原强菌（毒）株菌（毒）液攻击测定，以保护率表示。无论致病力测定或抗原性测定，均应设阴阳性对照，否则无效。

**3. 稳定性测定** 对适应于培养基、鸡胚或易感细胞上增殖培养和传代的菌（毒）株的毒力（致病力）和抗原性还要进行稳定性测定，以证明其后代特性不变，才有使用价值，并参与筛选择优。

**4. 综合判定，冻干保存** 根据致病力、抗原性和稳定性测定结果，筛选出毒力强、抗原性好、性状稳定的菌（毒）株，经增殖后进行冻干保存。冻干后的菌种于 4℃保存，冻干的病毒种保存于−20℃以下，可保存多年。通常经鉴定的菌（毒）种批，按需分装后冻干保存，可使用多年。冻干菌（毒）种一经动物传代，即应重新分离、鉴定和检测后方能供种子或种毒用。

### 三、弱毒菌（毒）种选育

弱毒菌（毒）种主要用于弱毒活疫苗、部分诊断制品和抗血清的制造。弱菌（毒）株的重要特征是致病力极微弱或无致病力，免疫原性优良，能使免疫动物获得坚强的免疫力。据此，就必须从自然界筛选，或以人工改变野生型强毒株的遗传特性进行培育获得。无论自然弱毒株或人工培育弱毒株，均由于 DNA 上核苷酸碱基的改变，而导致遗传性状突变及毒力降低的结果。图 2-2 概括了弱菌（毒）种的选育途径和常用方法。

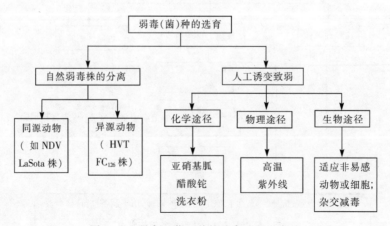

图 2-2 弱毒（菌）种的选育途径和方法

### （一）自然弱毒株的选育

自然弱毒株又称自发突变毒株，由自然强毒株在自然因素作用下因遗传基因突变形成了与祖代性状（特别是致病力和抗原性）不尽相同的生物株。这些自然因素，如异种非易感动物、温度、日光、干燥、紫外线等都可能是导致细菌和病毒自发突变的原因。因此，人们往往有意或无意地从自然中分离、筛选和育成一些弱毒菌（毒）株，作为兽医生物制品的种毒。例如，鸡新城疫 La Sota 弱毒株和 $D_{10}$ 弱毒株是从自然鸡群和鸭群中分离到的，然后再通过克隆、挑选等途径育成。鸡马立克病火鸡疱疹病毒 $FC_{126}$ 株即分离于火鸡，对鸡无致病性，其抗原性与鸡马立克病病毒一致。然而，微生物自发突变率往往很低，形成具有稳定遗传性状的过程比较长，因此获得的几率不高。

## （二）经典方法诱发突变弱毒株的选育

某些化学药物可引起微生物 DNA 核苷酸碱基发生改变，从而使该微生物遗传性状发生变化，这类物质为诱变剂。某些物理因素也能引起微生物突变，使其代谢类型发生变化，从而获得遗传性状不同于祖代的毒株。某些异种非易感动物，能使强迫进入的微生物经传代诱变、适应而发生遗传性状不同于祖代突变，也能育成弱毒株。此外，也可通过细胞或禽胚等传代发生突变而育成弱毒株。这些途径既可单独使用，也可交叉联合使用。

**1. 通过化学途径选育**　微生物在体外培养传代过程中，经诱变剂处理，可极大地提高其基因突变率，从而获得弱毒菌（毒）株。化学诱变剂在工业微生物突变株应用极广，在兽医微生物中成功的较少。亚硝基胍是一种烷化剂，具有强大的诱变作用，微量即引起微生物突变，诱变率达 1%，主要干扰 DNA 的复制。例如，通过亚硝酸基胍处理支原体育成了鸡支原体疫苗株和肺炎支原体突变株；猪副伤寒沙门菌强毒株则在含有 1/1 000～1/500 醋酸铊的肉汤培养基中培养传代 50 代次，可培育成弱毒株，用于制造疫苗。

**2. 通过物理途径选育**　热和干燥等物理因素可干扰 DNA 的复制，从而引起突变，导致遗传性状的改变。如，巴斯德在 1881 年即将炭疽强毒菌株在 42.5 ℃高温下长期传代培养，导致细菌的遗传性状变异，从而育成了炭疽弱毒菌株作为制造用菌种。1885 年巴斯德又将含有狂犬病病毒的脑脊髓置于干燥条件中处理，制成弱毒疫苗。日本乙型脑炎病毒强毒株则经紫外线照射后引起突变，从而出现遗传性状分离，再进行蚀斑挑选，育成了弱毒株，用于制造疫苗。

**3. 通过生物途径选育**　通过生物途径育成的弱毒株，其生物稳定性极佳，但育成过程比较长。迄今，大部分活疫苗的菌（毒）种由该途径选育成功。常用的育成路线有：

（1）适应非易感动物（非自然宿主）：通常用兔、小鼠、地鼠、豚鼠、鸡和鹌鹑等实验动物进行。其优点是动物来源广、饲养管理方便、成本低及操作简便。多采取大剂量腹腔、静脉或脑内接种。如我国的猪瘟兔化弱毒株，是将猪瘟病毒强毒株通过兔体传 400 余代后育成的；将口蹄疫 A 型及 O 型强毒通过乳鼠皮下或肌肉接种传代，取其肌肉含毒组织再适应于鸡胚，育成口蹄疫弱毒株；鸭瘟鸡胚化弱毒株则是将强毒株通过鸭胚 9 代和鸡胚 23 代后培育即成。

（2）适应细胞：通常多采用同源或异源动物组织的原代细胞，或者用一种细胞，或者用两种细胞。日本育成的猪瘟 GPE 弱毒株是将猪瘟 ALD 强毒株通过猪睾丸细胞 142 代和牛睾丸细胞 36 代后，再在豚鼠肾细胞传至 41 代后育成的。我国的马传染性贫血驴白细胞弱毒株，是将马传贫驴强毒株通过驴白细胞传代育成的。

（3）杂交减毒：即将两种遗传性状不同的菌（毒）株，在传代培养中进行自然杂交，以导致不同菌（毒）株间基因发生交换而育成有使用价值的弱毒株。如流行性感冒弱毒株的育成，是将温度敏感弱毒株（抗原性较低）与流行强毒株进行混合培养传代，使两者毒力基因发生交换，其后代即成为毒力低和抗原性强的毒株，再用于制造弱毒疫苗。

由于微生物变异的方向难以预测，所以只能在培育过程中对各个表现遗传性状的群体按照需要进行选择，以求筛选出目的变异株。这种选择首先从外表观察和检查开始，然后再作系统的检测筛选。初选依据包括：①细菌菌落特征的变异，如菌落大小、形状、色泽、粗糙或光滑和荧光等；②病毒蚀斑的变异；③对温度敏感性变异；④对药物敏感性变异；⑤对营养要求变异，如对氨基酸的特殊需要；⑥对宿主动物易感性变异。在我国经长期研究，育成了一些弱毒株（表2-1）作为疫苗种毒生产疫苗，在控制和消灭动物疫病中发挥了重要的作用。

表2-1 我国一些弱毒株的育成线路与方法

| 弱毒株 | 致弱线路与方法 |
| --- | --- |
| 猪丹毒弱毒菌株（$GC_{42}$） | 强毒株→豚鼠传370代→传鸡42代 |
| 猪丹毒弱毒菌株（$G_4T_{10}$） | 强毒株→豚鼠传370代→含有0.01%～0.04%吖啶黄血液琼脂培养基上传10代 |
| 猪肺疫弱毒菌株（EO630） | 强毒株→含海鸥牌洗衣粉培养基上传630代 |
| 羊链球菌弱毒菌株（F60） | 强毒株→鸡10代→培养基42~44℃传10代→鸽10代→培养基42~44℃传10代→鸡传10代→培养基42~44℃传10代→鸽传10代 |
| 马流产弱毒菌株（C355） | 强毒株→含醋酸铊培养基传代 |
| 禽霍乱弱毒菌株（G190E40） | 强毒株→豚鼠传190代→鸡胚传代 |
| 布鲁菌羊5号弱毒菌株 | 马耳他布鲁菌强毒株→鸡胚传代 |
| 牛肺疫兔化弱毒株 | 牛肺疫强毒株→兔传代 |
| 牛瘟兔化弱毒株 | 强毒株→兔传代 |
| 羊痘弱毒株、鸭瘟弱毒株 | 强毒株→鸡胚传代 |
| 马传贫驴白细胞弱毒株 | 马传贫驴强毒株→驴白细胞传代 |
| 中国系猪瘟兔化弱毒疫苗 | 强毒株→家兔传430代 |
| 猪繁殖与呼吸综合征病毒弱毒株 | 强毒株→Mar-145细胞传代 |
| 鸡痘弱毒株 | 强毒株→鹌鹑传代 |
| 口蹄疫A型鼠化弱毒株、O型鼠化弱毒株、ZB型弱毒株 | 牛源强毒株→乳鼠传代 |

（姜　平）

# 第二节　寄生虫疫苗虫种的选育

## 一、寄生虫致弱疫苗

寄生虫致弱疫苗是最早期寄生虫疫苗，又称第一代寄生虫疫苗。寄生虫多为带虫免疫，处于带虫免疫状态的动物对同种寄生虫的再感染均表现不同程度的抵抗力。因而可以将强毒虫体以各种方法致弱，再接种易感宿主，以提高宿主的抗感染能力。寄生虫毒力致弱的方法主要有以下几种：

**1. 筛选天然弱毒虫株** 每一种寄生虫种群的不同个体或不同株的致病力不同，但其基因组成可能相同。有些致病力很弱的个体是天然致弱虫株，是制备虫苗的好材料（图2-3）。

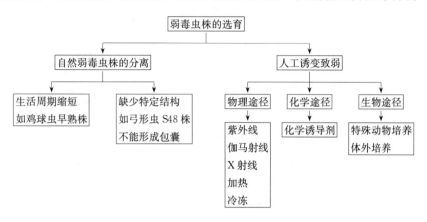

图 2-3 弱毒虫种的选育方法

**2. 人工传代致弱** 有些寄生虫，特别是那些需要中间宿主的寄生虫（如巴贝斯虫和锥虫）在易感动物或培养基上反复传代后，其致病力会不断下降，但仍保持抗原性（图2-3）。故可以通过传代致弱获得弱毒虫株，用于制备虫苗。

体内传代致弱：牛巴贝斯虫弱毒疫苗就是用牛巴贝斯虫在犊牛体内反复机械地传代15代以上，使虫体的毒力下降到不能使被接种牛发病的程度。鸡球虫的早熟株则是通过在鸡体内的反复传代，使球虫的生活史变短，在鸡体内的生存时间减少，从而达到减低毒力的目的。

体外传代致弱：即将虫体在培养基内反复传代培养，最后达到致弱虫体的目的。如艾美尔球虫的鸡胚传代致弱苗和牛泰勒虫的淋巴细胞传代致弱苗。此外，还有用放射线致弱和药物致弱，但已很少使用。

## 二、寄生虫抗原疫苗

由于致弱寄生虫疫苗存在诸多的缺陷，目前人们都将重点转移到寄生虫抗原疫苗。制备寄生虫抗原疫苗是先提取寄生虫的有效抗原成分，加入相应的佐剂，再免疫动物。该类虫苗制备关键是确定和大量提取寄生虫的有效保护性抗原。

**1. 传统寄生虫抗原苗** 一般认为寄生虫可溶性抗原（包括分泌抗原，即ES抗原）的免疫原性较好，制备方法简便。如制备蠕虫可溶性抗原常规方法是将其以机械方法粉碎，提取可溶性部分或虫体浸出物，再通过浓缩处理即可。该方法遇到的一个重要问题是虫体来源有限。此外，该类抗原中绝大部分为非功能抗原，因而免疫效果并不理想。随着寄生虫（尤其是原虫）体外培养技术建立，很多寄生虫（如巴贝斯虫、锥虫和疟原虫）可以在体外大量繁殖，从而为提取大量的虫体ES抗原奠定了基础，如巴贝斯虫培养上清疫苗。ES抗原获得的方法是将虫体在体外培养，然后收集培养液，浓缩后即可获得抗原。

**2. 分子水平寄生虫抗原苗** 制备有效寄生虫疫苗的关键是获得大量的功能抗原。功能抗原就是能刺激机体产生特异性免疫保护的抗原。随着分子生物学的发展，越来越多的生物技术引入寄生虫学研究，促进了寄生虫抗原的分离、纯化、鉴定及体外大量合成。运用分子克隆技术可以获得大量纯化的寄生虫功能抗原，从而可以制备出新一代寄生虫疫苗，包括亚单位疫苗、人工合成肽苗、抗独特型抗体疫苗及基因工程疫苗等。

（严若峰）

## 第三节 基因工程疫苗菌（毒）种构建技术

随着生物技术在生物制品领域应用的不断深化和发展，产生了基因工程疫苗和诊断制剂制造新技术，包括重组亚单位疫苗、重组活疫苗、活载体疫苗、转基因植物疫苗、DNA疫苗、基因工程诊断抗原和基因工程治疗抗体。另一方面，生物制品的内涵与外延得到了进一步发展，以疫苗为例，借助疫苗的分子设计原理，疫苗的概念已扩展到治疗性疫苗、肿瘤疫苗和生理调控疫苗等。借助基因组信息资源，应用反向遗传学手段，已开辟出一条更新的疫苗研制途径。目前世界上已注册并正式投放市场的基因工程疫苗和相关诊断试剂越来越多，并将越来越受到重视。

### 一、重组亚单位疫苗

基因工程重组亚单位疫苗（recombinant subunit vaccines）是用DNA重组技术，将编码病原微生物保护性抗原的基因导入原核或真核细胞，使其在受体细胞中高效表达，分泌保护性抗原肽链。提取保护性抗原肽链，加入佐剂即制成基因工程重组亚单位疫苗。该类疫苗的优点是：①疫苗中只含有产生保护性免疫应答所必需的免疫原成分，不含有免疫所不需要的成分，不含传染性材料，安全性好。接种后不会发生急性、持续或潜伏感染，可用于不宜使用活疫苗的一些情况，如妊娠动物。将高度危险和致病的病原体的免疫原性蛋白质编码基因转移到不致病而且无害的微生物，用于大量生产，更增加了安全性；②疫苗中减少或消除了常规活疫苗或死疫苗难以避免的热原、变应原、免疫抑制原和其他有害的反应原，副作用小；③稳定性好，便于保存和运输；④可用于外来病病原体和不能培养的病原体，扩大了用疫苗控制疫病的范围；⑤产生的免疫应答可以与感染产生的免疫应答相区别，因此更适合于疫病的控制和消灭计划。其缺点是：①价格昂贵，虽然产品生产本身的费用不一定高，但产品研究和开发的费用通常都较高。②免疫原性通常比复制性完整病原体差，需要多次免疫才能得到有效保护。该类疫苗稳定性好，便于保存和运输，产生的免疫应答可以与感染产生的免疫应答相区别，因此更适合于疫病的控制和消灭计划。

目前，已经获得批准商业化生产的疫苗有：口蹄疫基因工程亚单位疫苗、鸡传染性法氏囊病VP2基因亚单位疫苗、猪圆环病毒2型Cap蛋白亚单位疫苗、人类的乙型肝炎基因工程亚单位疫苗、仔猪和犊牛下痢的大肠杆菌菌毛基因工程重组亚单位疫苗等，大量疾病的重组亚单位疫苗已经取得较好研究进展。

应用重组 DNA 技术研制重组亚单位疫苗，必须有合适的表达系统用于生产目的基因产物。因此，这些表达系统的建立过程即为疫苗菌毒种的构建。其构建步骤大致相同，主要包括：①通过重组 DNA 技术将编码所需多肽（保护性抗原）的基因插入表达载体（质粒）；②将插入外源基因的重组表达质粒导入系统的宿主细胞；③鉴定和选择表达所需多肽的细胞，并作纯培养繁殖；④优化表达系统中基因表达和产物稳定性的调节和控制参数，实现所需基因产物的高水平表达。当然，由于病原体蛋白成分较多，免疫抗原的性质比较复杂，采用的基因工程表达系统应能有效地对多肽作复杂的修饰，保持其较好免疫原性。因此，研究设计疫苗免疫保护抗原分子、筛选各种表达系统中基因表达和产物稳定性的调节和控制参数是该类疫苗的关键工作。

### （一）目的基因的选择与分子设计

目的基因的选择是基因工程亚单位疫苗设计的关键之一，其基本方法和设计要求与其他基因工程疫苗相似。针对不同的病原体，可以选择不同的目的基因。因为疫苗是用于刺激免疫系统而清除病原的各种各样的产品，所以，研制安全高效疫苗的关键问题是必须明确病原的致病机理。疫苗阻止感染主要基于阻止病原侵入宿主细胞、中和病毒或细菌毒素，如霍乱毒素、肠产毒素大肠杆菌 k88、k99、987p 和 F41，即是这些细菌病原体基因工程疫苗的重要目的基因。在选定合适的免疫保护基因后，采用 DNA 点突变、插入、缺失、不同基因或部分结构域的人工组合和密码子优化等技术，形成新型的蛋白质或肽分子，以提高目的基因表达水平、增强重组蛋白免疫原性，或者去除有害作用或副反应。

### （二）表达载体及表达系统

目的基因必须与适当的载体（vector）相连接，并由其引入相应的宿主细胞，才能得到增殖和表达。理想的载体应该有以下特点：①分子质量小，拷贝数高，易于操作，插入目的基因的幅度较宽；②表达力强的启动子，能够自主稳定的复制，并使目的基因可在宿主细胞中得到增殖和表达；③有较多的限制性酶识别位点，以及一定的非必需区，便于插入目的基因；④具有一些容易检测的筛选标记（如抗药性、显色反应等），以便进入宿主细胞后有可辨认的表型特征；⑤比较安全。

对于不同的载体必须选用特定的宿主细胞，目前，用于该类疫苗生产的表达系统主要有原核表达系统和真核表达系统，前者包括大肠杆菌、枯草杆菌和芽胞杆菌等；后者主要有哺乳动物细胞、酵母细胞和昆虫细胞（杆状病毒表达系统）等。

**1. 大肠杆菌表达系统**　大肠杆菌遗传背景清楚，环保安全，容易培养，目的蛋白表达量高，成本低廉，被广泛应用。目前，大肠杆菌表达系统已日趋完善，已经被用于大规模工业生产，如干扰素、生长激素、鸡传染性法氏囊亚单位疫苗。

大肠杆菌表达载体很多，如 pGEX、pET－28a 和 pET－6p 等，这些载体大多按特定的基因产物而设计，但均有以下几部分组成：①启动子和适当的转录终止序列。适当的转录终止使被转录出的 mRNA 尽可能短，以减少不必要的能量消耗。启动子是影响外源基因表达效率的关键因素。有些外源基因对启动子有一定的选择性，增加启动子的数目可以提高表达效率。一般来说，在没有诱导物存在时，此启动子没有转录活性或只作基本水平的表达，但在诱导物存在时则可作强而有力的转录，因此这种质粒是可调控的。②"多克隆位点"

(MCS),有多个限制性酶切位点,以便外源基因插入。③具有筛选标记,以便选择目的基因之用。一般情况下,表达质粒拷贝数较高,假若外源基因对宿主有伤害,则要选用低拷贝数的质粒。图2-4显示了pGEX表达载体的几个关键组成部分:tac启动子和lacUV5启动子上的核糖体结合区,在lac 1$^q$宿主BL21等中,lac启动子的活性受lac 1$^q$抑制子的抑制,所以,tac启动子的活性必须要有IPTG的诱导才能表达;多克隆位点(MCS),以方便目的基因的选择,在polylinker区的下游有活性较强的转录终止子,以防止因tac启动子的通读表达而导致质粒的不稳定;氨苄青霉素(Amp$^r$)基因为质粒筛选标记,含该质粒的大肠杆菌BL21可以在含氨苄青霉素的营养液中繁殖。

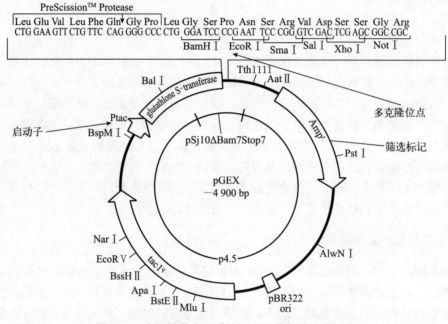

图2-4 大肠杆菌表达质粒pGEX的主要组成部分

大肠杆菌表达质粒构建方法简单,但容量有限,一般只能接受小于2 kb的外源基因片段的克隆与表达,插入片段过大,会导致重组子的扩增速度减慢,甚至外源基因的丢失。另外,大肠杆菌表达载体不宜过大,太大的载体既不利于自身复制,也会在表达较小的外源基因时,难以进行重组体的筛选。外源蛋白表达产量有多种因素影响,包括基因的转录和翻译的效率、mRNA和蛋白的稳定性和宿主细胞的生理状况等。

**2. 酵母表达系统** 酵母是一种低等的单细胞真核生物,它既具有原核生物易于培养、繁殖快、便于基因工程操作等特点,同时又具有真核生物蛋白质加工、折叠、翻译后修饰等的功能。巴斯德毕赤酵母表达系统是近十年发展起来的真核表达体系,是目前最为成功的外源蛋白表达系统之一,与现有的其他表达系统相比,巴斯德毕赤酵母在表达产物的加工、外分泌、翻译后修饰以及糖基化修饰等方面有明显的优势,而且具有遗传稳定、高密度发酵、表达量高和易于纯化等优点,已成为现代分子生物学研究最重要的工具,广泛用于外源蛋白的表达。

酵母有酿酒酵母、粟酒裂殖酵母和非常规酵母三类,巴斯德毕赤酵母属于非常规酵母中的一种。毕赤酵母以甲醇为唯一能源和碳源,可以在含有甲醇的培养基中生长。甲醇能够迅速诱导毕赤酵母合成大量乙醇氧化酶（AOX）。巴斯德毕赤酵母 AOX 有两个基因编码，即 AOX1 和 AOX2，约占全部可溶性蛋白质的 30% 以上，其基因序列同源性为 92%，其编码蛋白质同源性 97%。AOX1 基因的启动子受甲醇强烈诱导，而 AOX2 基因的启动子则弱。AOX1 基因转录受严格的双重调控，当以甘油、葡萄糖或乙醇作为碳时，AOX1 几乎不表达，当碳饥饿状态下，甲醇能强烈启动 AOX1 的信号转录、翻译。

巴斯德毕赤酵母表达系统常用载体有：pAO815、pPIC3.5、pPICZα（A、B、C）、pPIC9、pPIC9K 和 pPMETα（A、B、C）等，其中 pPIC9、pPIC9K、pPMETα（A、B、C）和 pPICZα（A、B、C）为带 α 因子的分泌型载体。这些载体一般含有乙醇氧化酶基因 5′AOX1 启动子、多克位点、组氨醇脱氢酶基因 His4、营养缺陷型筛选标志、3′AOX1 终止子、大肠杆菌 Ampr 和 ori 序列（图 2-5）。它们能大肠杆菌中复制、扩增和基因工程操作，但没有酵母复制起点。它依靠 AOX1 或 His4 基因位置的同源重组整合进入酵母染色体 DNA 中，并随酵母的生长传代稳定地存在（图 2-6）。毕赤酵母受体菌株较多，GS115 和 SMD1168 为组氨酸缺型；PMAD11 和 PMAD16 为腺嘌呤缺陷型；KM71、SMD1168 和 PMAD16 为蛋白水解缺陷型。美国 Invitrogen 公司有多种商品化新型毕赤酵母表达系统试剂盒。

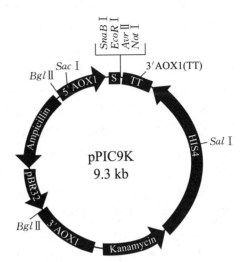

图 2-5 酵母表达质粒 pPIC9K 的主要组成部分
（引自酵母表达系统手册）

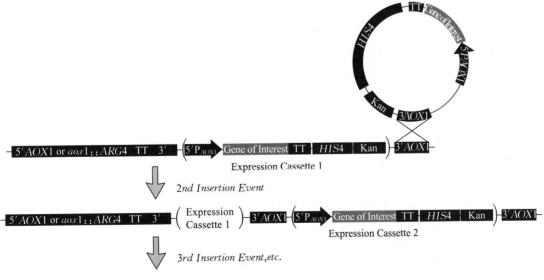

图 2-6 重组载体依靠 AOX1 基因位置的同源重组整合进入酵母染色体 DNA
（引自酵母表达系统手册）

**3. 杆状病毒表达载体系统**（baculovirus expression vector system，BEVS） 是以杆状病毒为外源基因载体，昆虫细胞或活体昆虫为受体的真核表达系统。相对于与细菌、酵母和哺乳动物细胞表达系统，它具有特殊的优势：表达产物可以进行翻译后加工修饰，其抗原性、免疫原性和功能与天然产物相似；含有病毒极晚期启动子能有效调控外源蛋白的表达；病毒基因组约 150 kb，作为表达载体可以容纳更多外源基因；该病毒通常只感染节肢动物，不会对人畜构成危害；可通过感染昆虫幼虫而实现大规模低成本生产；表达外源蛋白可以形成病毒样颗粒（VLPs），所以已被应用于亚单位疫苗的研发与生产。

一般来讲，杆状病毒表达载体系统本身存在外源基因重组效率低、重组病毒筛选困难、表达产物纯化较难等问题，但 Bac-to-Bac 表达系统（Invitrogen 公司）取得重要突破，表现为：一是该系统利用细菌转座子操作杆状病毒基因组，大大缩短了重组病毒构建所需的时间，由原先的 6～9 周甚至更长的时间缩短为 7～9 d；二是由于重组病毒 DNA 在细菌内产生，可根据菌斑颜色筛选（蓝白筛选），不存在野生型和非重组型病毒交叉污染的问题，无需进行空斑试验纯化重组病毒，而且转座率高，纯化率达 100%。目前，该系统又形成了 3 个子系统，即首蓿银纹夜蛾杆状病毒（AcMNPV）表达系统、家蚕杆状病毒（BmNPV）表达系统和棉铃虫杆状病毒（HaNPV）表达系统，其宿主范围逐渐扩大、外源蛋白表达水平不断提高、筛选和纯化更为简便高效。

Bacmid 是 AcMNPV 表达系统重要组成成分，它包含有 mini-F 复制子、卡那霉素抗性筛选标记、细菌转座子 Tn7 的靶位点（mini-attTn7）及编码 β-半乳糖苷酶 α 肽的部分 DNA 片段。Bacmid 既能像质粒一样在大肠杆菌中复制，又能像病毒一样感染昆虫细胞。常用供体载体有 pFastBacTM1、pFastBacTMHT、pFastBacTM Dual、pDE-STTM8、pDE-STTM10 和 pDESTTM20，其中，pFastBacTM1 以多角体启动子启动，含有一个多克隆位点。pFastBacTMHT 以多角体启动子启动，N 端有 6 个组氨酸为标记。pFastBacTM Dual 含有多角体启动子和 P10 启动子 2 个高效启动子，可以表达 2 个目的蛋白。pDE-STTM8、pDESTTM10 和 pDESTTM20 都具有利于高效重组的 attR 特殊位点，而且，pDESTTM10 的 N 端含有 6 个组氨酸的标记，pDESTTM20 的 N 端含有谷胱甘肽转移酶（GST）的标记，有利于快速纯化重组蛋白。供体质粒 pFastBac 含有庆大霉素抗性基因（Gen+）及 Tn7 的左右两臂序列，两臂序列之间是多角体蛋白的启动子，下游依次是多克隆位点、SV40 的 PolyA 位点。将含有外源基因的供体质粒转化 DH10Bac 感受态细胞（该细胞含有杆状病毒穿梭载体、Kanr 和复制子以及 LacZ 肽段编码基因），供体质粒中的外源基因在辅助质粒编码的转座酶作用下，通过转座插入到杆状病毒基因组中，破坏了 LacZ 的表达。通过含有卡那霉素、庆大霉素、四环素和 X-gal 的培养板筛选，重组的 Bacmid（即重组病毒基因组）转化体菌落呈白色，而非重组 Bacmid 转化菌落为蓝色。从白色菌落培养物提取 bacmid DNA，用脂质介导法转染昆虫细胞即可获得重组病毒。

宿主细胞：Sf 9 细胞主要适用于病毒的扩增和悬浮培养，用作规模化蛋白表达。Sf 21 细胞形态较大，适合某些蛋白的高水平表达。High FiveTM 细胞适合分泌性蛋白高水平表达，其表达效率是其他昆虫细胞的 25 倍，并且该细胞能快速适应无血清培养基和悬浮培养。AcMNPV 可在 TN-368、Sf 21 和 CLS-79 细胞系增殖，但不能在家蚕 BmN 细胞系增殖。BmNPV 宿主域比 Ac-MNPV 窄，只在家蚕 BmN 细胞系中复制。

重组杆状病毒构建主要步骤见图 2-7，包括：①PCR 扩增目的基因，克隆入 pFast-

BacTM 供体质粒；②用重组供体质粒转化感受态 DH10BacTM；③经两轮蓝白斑筛选和 PCR 鉴定后，得到含有重组 Bacmid 的大肠杆菌；④培养该大肠杆菌并提取重组 Bacmid；⑤用提取的重组 Bacmid 转染昆虫细胞，待细胞出现病变后收集上清，作为第一代重组毒；⑥以第一代重组毒感染昆虫细胞，得到第二代重组毒，依此类推；⑦收集病变的昆虫细胞，用 SDS-PAGE 和 Western blot 鉴定目的蛋白是否表达；⑧噬斑法测定重组杆状病毒的滴度。

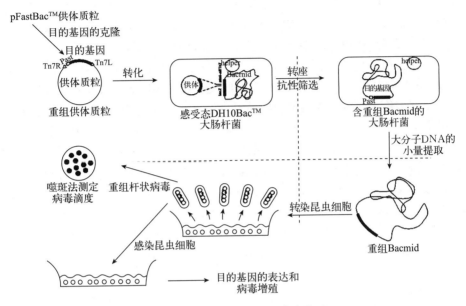

图 2-7 重组杆状病毒构建路线图
(引自杆状病毒表达系统手册)

至今，利用 AcMNPV 载体表达系统已有近千种外源基因得到表达，但该系统表达的目的蛋白在感染后期常被降解，甚至在感染后期家蚕等昆虫组织器官也受到降解，给目的蛋白的纯化带来不便，影响了产业化开发进程。利用家蚕表达外源重组蛋白不仅具有廉价、方便、高效的优点，翻译后加工也与天然蛋白相似，因此，产业化开发方面更具优势。

上述表达系统是目前国内外基因工程领域四个最重要的表达系统，它们各具特色，用于不同要求的外源目的基因的表达，但目的基因无论在哪一种系统中进行表达都必须处于表达载体的正确的阅读框架中，经过较强启动子等元件的调控以及稳定有效的翻译和翻译后加工处理，才能得到我们所需的基因产物。另外，重组质粒进入特定的表达系统后，宿主细胞在适当的条件下生长，在一定的生理状态下才能进行表达。目的基因是否有效地表达，必须通过一系列实验来检测。通用的检测方法有 SDS-PAGE 电泳、免疫印迹（Western-blot）、免疫沉淀、免疫荧光技术和 RNA 原位杂交等方法。

重组亚单位疫苗是否成功的关键是目的蛋白的免疫原性。一般来说，酵母表达系统具有容易表达、可以大量生产和成本低等优点而被广泛应用，但是，都应予首先考虑目的蛋白的糖基化、正确折叠和包装以及密码子的优化等问题。大肠杆菌表达系统不允许蛋白糖基化；酵母和杆状病毒表达系统对于甘露糖蛋白的修饰有限制作用。目前已经证明，有些蛋白基因采用这些表达系统获得表达产物可以形成病毒样颗粒（virus-like particles, VLPs），进而推动了该类基因工程疫苗的研究和开发。

病毒样颗粒疫苗具有全病毒疫苗和重组亚单位疫苗双重优点，主要包括：①VLPs形态结构上与天然的病毒颗粒相似，有其同源病毒的抗原构象，大小20～150 nm，颗粒结构高度有序，构成了其病原相关分子序列（PAMPs），可被宿主细胞的Toll样受体和其他模式识别受体所识别，能够引发宿主的先天性免疫。②VLPs性质是多价的微粒，能够被抗原递呈细胞高效摄取。病毒样颗粒能够改变自身大小，以利于树突状细胞（DCs）的摄取和加工，并通过MHC-Ⅱ类和MHC-Ⅰ类途径递呈（交叉递呈），因此病毒样颗粒又有"自我佐剂"功能，即在没有任何佐剂的情况下即可模拟病毒感染过程，激发体液免疫和细胞免疫，产生较好免疫保护作用。③不含其同源病毒的DNA和RNA基因组，无感染能力和复制能力，不存在任何与病毒复制、毒力返强、病毒重组或重配等方面相关的风险，较为安全。④VLPs在结构上可允许外源基因插入而形成嵌合型VLPs并将外源性抗原展示在其表面，从而为研制多价多联疫苗提供了更好前景，而且，多数病毒VLPs还具有包裹核酸或其他小分子的能力，可作为基因或药物的运载工具。⑤VLPs在极端环境中的稳定性高于可溶性抗原。⑥VLPs满足可鉴别免疫和感染动物（DIVA）疫苗的条件，因为病毒样颗粒不含病毒非结构蛋白，因此只要不将组成病毒样颗粒的结构蛋白作为标记物，即可满足该鉴别条件。目前，尽管哺乳动物细胞表达系统、杆状病毒/昆虫细胞表达系统、酵母表达系统和大肠杆菌原核表达系统都可产生VLPs，但其表达效率差异较大，其中，大肠杆菌和酵母表达系统表达形成的VLPs效率很低，而杆状病毒表达系统表达的蛋白形成VLPs效率较高，国内外采用杆状病毒表达系统已经获得了多种病毒蛋白VLPs，如人和动物的免疫缺陷病毒、人乳头状瘤病毒、麻疹病毒、乙型肝炎病毒、汉坦病毒、细小病毒和兔出血热病毒等。但是，杆状病毒表达系统表达包装形成VLPs，有时与杆状病毒的颗粒大小相似（80～120 nm），很难分离，虽然杆状病毒只感染昆虫细胞，但疫苗中存在过多的杆状病毒会影响VLPs的免疫作用，因此，还需要研究该病毒的去除方法。目前，动物疫苗中猪圆环病毒2型亚单位疫苗（Porcilis® Pesti）和猪瘟病毒亚单位疫苗（Bayonac® CSF）、人用疫苗领域已有3种乙肝病毒和2种乳头状瘤病毒VLPs疫苗问世，实现了商业化生产。

## 二、重组活载体疫苗

重组活载体疫苗（live, vectored vaccines）是用基因工程技术将病毒或细菌（常为疫苗弱毒株）构建成一个载体（或称外源基因携带者），把外源基因（包括重组多肽、肽链抗原位点等）插入其中使之表达的活疫苗。该类疫苗免疫动物向宿主免疫系统提交免疫原性蛋白的方式与自然感染时的真实情况很接近，可诱导产生的免疫比较广泛，包括体液免疫和细胞免疫，甚至黏膜免疫，所以可以避免重组亚单位疫苗的很多缺点。如果载体中同时插入多个外源基因，就可以达到一针防多病的目的。简言之，病毒活载体疫苗兼有常规活疫苗和灭活疫苗的优点。它具有活疫苗的免疫效力高、成本低及灭活疫苗的安全性好等优点。目前，国外已研制出以腺病毒为载体的乙肝疫苗、以疱疹病毒为载体的新城疫疫苗等。当然，这类疫苗有时因机体对活载体的免疫反应性质，可限制再次免疫的效果。

目前，主要的病毒活载体有牛痘病毒、禽痘病毒、金丝雀痘病毒、人2型和5型腺病毒、火鸡疱疹病毒、伪狂犬病病毒、微RNA病毒、黄病毒和脊髓灰质炎病毒等，主要的细菌活载体有卡介苗结核分枝杆菌、沙门菌、枯草杆菌、李斯特菌、大肠杆菌、乳酸杆菌和志贺菌等（表2-2）。

### （一）重组载体病毒活疫苗

病毒载体有两种：一种是复制缺陷性载体病毒，只有通过特定转化细胞的互补作用或通过辅助病毒叠加感染才能产生传染性后代，故无排毒的隐患，同时又可表达目的抗原，产生有效的免疫保护。如用金丝雀痘病毒为载体，表达新城疫病毒HF基因，用于预防鸡的新城疫。另一种是具有复制能力的病毒，如疱疹病毒、腺病毒和痘病毒都可作为外源基因的载体而保持其传染性。

**1. 痘病毒载体**　痘病毒是研究最早最成功的载体病毒之一，它具有宿主范围广、增殖滴度高、稳定性好、基因容量大及非必需区基因多的特点。因此，有利于进行基因工作操作，易于构建和分离重组病毒。它还可以插入多个外源基因，并对插入的外源基因有较高的表达水平。目前已有很多重组蛋白在该载体病毒中表达成功，攻毒保护效率良好。如HIV-1主要囊膜蛋白（gp120）重组痘病毒，已进入临床试验；应用鸡痘病毒载体国内外先后成功表达流感病毒、新城疫病毒、传染性法氏囊病毒、马立克病病毒、禽网状内皮组织增生症病毒、狂犬病病毒、传染性支气管炎病毒、麻疹病毒、猿猴免疫缺陷病毒、艾美尔球虫等的保护性抗原基因，其中部分产品已正式注册。图2-8概括了重组病毒活载体构建策略。

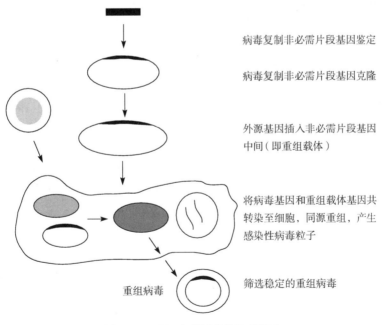

图2-8　重组病毒活载体构建策略

**2. 疱疹病毒载体**　随着疱疹病毒弱毒苗的问世及质量不断提高，以此为基础的活载体也逐渐成为研究目标。疱疹病毒的基因组较大，约150 kb左右，可容纳多个外源基因的插入。大多数疱疹病毒（伪狂犬病毒除外）的宿主范围很窄，其重组病毒的使用不会产生流行病学方面的不良后果。许多疱疹病毒经黏膜途径感染，构建的载体活疫苗可经黏膜途径提呈抗原，诱导特异性黏膜免疫。目前，疱疹病毒作为活载体表达外源基因作为疫苗的研究主要有：单纯疱疹病毒、伪狂犬病毒、火鸡疱疹病毒、牛疱疹病毒Ⅰ型、马疱疹病毒Ⅰ型和传染性喉气管炎病毒等。其中，火鸡疱疹病毒活载体，是禽病毒基因工程研究中比较活跃的领域。新城疫病毒的F和HN基因重组马立克病毒疫苗、马立克病HVT/MDV gB重组疫苗、传染性法氏囊病病毒VP2基因重组HVT活载体疫苗取得很好研究进展。利用口蹄疫病毒、猪瘟病毒重组伪狂犬病病毒活载体疫苗、表达FMDV VP1基因及PRV的gⅢ基因的重组牛Ⅰ型疱疹病毒活载体疫苗研究也取得明显进展。

**3. 腺病毒载体** 腺病毒作为活载体也是目前研究热点之一，包括人、禽和犬等腺病毒，其中人血清2型和5型腺病毒研究最多，而且已经有商品化的表达载体系统。虽然腺病毒载体对外源基因的容量较小（20 kb），但它具有独特的优点：①腺病毒比较安全。②腺病毒的靶细胞范围广，不仅能感染复制分裂细胞，而且能感染非复制分裂细胞。③腺病毒容易制备，对热不敏感，在适合的培养系统中呈高滴度增殖。④腺病毒可以在肠道及呼吸道繁殖，能诱导黏膜免疫，能制成药囊经口服途径接种以预防消化道及呼吸道感染。⑤Ad2、Ad5等启动子较强，能高水平表达外源基因，特别是换以更强的启动子如CMV早期启动子后，更可明显提高外源基因的表达水平。目前已有许多病毒的抗原基因用腺病毒载体表达成功，如伪狂犬病病毒gP50蛋白、狂犬病病毒G蛋白、HIV env/gag和gp160蛋白、轮状病毒VP4和VP7蛋白及鸡IBDV VP2蛋白等。

**4. RNA病毒载体** 近年来RNA病毒为活载体的研究令人鼓舞，如已证明脊髓灰质炎病毒疫苗株在实际应用中安全，可口服。病毒容易增殖，感染滴度高。该载体表达的外源蛋白以嵌合形式存在于载体病毒颗粒表面，故免疫效果较理想，如HIVgP$_{41}$重组脊髓灰质炎病毒可诱导兔产生中和抗体。新城疫病毒疫苗已经广泛使用，安全性较好，可口服，病毒容易增殖，感染滴度高。用该载体表达禽流感病毒HA基因，可以获得较好免疫保护效率，我国已经批准生产。

尽管上述病毒载体均为疫苗用弱毒株，但构建的重组活病毒载体也会带来一些问题，这些病毒对体内复制的复杂要求，毒力性质还不完美，宿主范围不尽如人意，例如腺病毒在淋巴组织和疱疹病毒在神经组织的持续感染，疫苗病毒感染的进行性过程等，这些都必须认真对待并进一步研究。我们必须更好地了解这些载体病毒发生具体缺失突变的后果，如在插入外源基因时所引起的突变，它们可能影响毒力，亲嗜性宿主范围以及免疫原性。所有活载体疫苗在投入大规模生产前，必须进行严格的生物安全性评价。

## （二）重组载体细菌活疫苗

以疫苗株沙门菌、李斯特菌和卡介苗作为外源基因的载体已越来越引起研究者们的兴趣，并具有巨大的应用潜力，它除了具有病毒活载体的优点外，还具有培养方便，外源基因容纳量大，刺激细胞免疫力强等优点。细菌载体本身就起佐剂作用，刺激产生强的B细胞和T细胞免疫应答。口服沙门菌疫苗还能刺激黏膜免疫，且不像其他疫苗需要注射，因此用它作载体更具有吸引力。把外源基因插入合适的载体质粒，转化进细菌，或导入细菌染色体。以细菌为载体的疫苗比重组载体病毒活疫苗的研究难度更大，但近年来在构建多价疫苗方面已取得相当大的进展，如把志贺菌、霍乱弧菌和大肠埃希菌的抗原基因导入沙门菌表达，猪繁殖与呼吸综合征病毒GP5和M蛋白重组结核分枝杆菌疫苗等（表2-2）。

表2-2 重组活疫苗的可能载体及其疫苗

| 载 体 | 实验性疫苗 | 商品化疫苗 |
| --- | --- | --- |
| 牛痘病毒 | 牛传染性鼻炎病毒、尼帕病毒、口蹄疫病毒、猪瘟病毒、禽流感病毒、牛瘟病毒、牛白血病病毒等 | 狂犬病病毒 |
| 禽痘病毒 | 鹅细小病毒、马流感病毒、鸡传染性喉气管炎病毒、传染性支气管炎病毒等 | 禽流感病毒、新城疫病毒 |
| 金丝雀痘病毒 | 狂犬病病毒、人免疫缺陷性病毒、禽流感病毒、尼帕病毒、蓝舌病病毒等 | 马流感病毒、西尼罗河病毒、狂犬病病毒、猫白血病病毒、犬瘟热病毒 |
| 火鸡疱疹病毒（HTV） | 禽流感病毒、鸡球虫、新城疫病毒等 | IBDV、MDV 1型 |
| 马立克病病毒CVI988 | 禽流感病毒、传染性支气管炎病毒等 | IBDV、HTV、鸡新城疫病毒 |
| 伪狂犬病病毒 | 猪细小病毒、猪流感病毒、猪瘟病毒、口蹄疫病毒、日本脑炎病毒等 | |
| 腺病毒 | 犬瘟热病毒、禽流感病毒、传染性支气管炎病毒、猪流感病毒、狂犬病病毒、猪瘟病毒、猪繁殖与呼吸综合征病毒等 | |
| 黄病毒 | 猪瘟病毒、乙型肝炎病毒、SARS病毒 | |
| 脊髓灰质炎病毒 | 人免疫缺陷性病毒、人乳头瘤病毒 | |
| BCG | 牛黏膜病病毒、猪繁殖与呼吸综合征病毒、弓形虫、细粒棘球绦虫、多房棘球绦虫等 | |
| 沙门菌 | 支气管败血波氏杆菌、猪流行性腹泻病毒、猪繁殖与呼吸综合征病毒 | |
| 枯草杆菌 | 禽流感病毒、肝吸虫、破伤风梭菌 | |
| 李斯特菌 | 人免疫缺陷性病毒、淋巴细胞脉络丛脑膜炎病毒 | |
| 大肠杆菌 | 猪乙型脑炎病毒、多杀性巴氏杆菌、副猪嗜血杆菌 | |
| 乳酸杆菌 | 鹅细小病毒、猪细小病毒、猪轮状病毒、猪流行性腹泻病毒 | |
| 志贺菌 | 肠毒素大肠杆菌 | |

## 三、重组活疫苗

重组活疫苗（recombinant live vaccine）是指通过基因工程技术，将病原微生物致病性基因进行修饰、突变或缺失，从而获得弱毒株。由于这种基因变化，一般不是点突变（经典技术培育的弱毒株基因常为点突变），故其毒力更为稳定，返突变几率更小。该类疫苗培育时间比用常规方法培育弱株更加省，减毒目标更为明确，而且构建的弱毒株均含有基因标记，因此，受到国内外广泛研究，并取得较大成果，如猪伪狂犬病基因缺失疫苗、禽流感重组基因工程灭活疫苗，已被大量生产应用。目前，该类疫苗毒株的构建途径有两条：利用

DNA 重组技术，构建基因缺失疫苗；或采用感染性 cDNA 克隆技术拯救病毒，获得毒力和免疫原性理想的毒株，用于疫苗生产。

## （一）采用 DNA 重组技术基因缺失疫苗

基因缺失疫苗（gene deleted vaccines）是用基因工程技术将强毒株毒力相关基因切除构建的活疫苗，该类疫苗安全性好、不易返祖；其免疫接种与强毒感染相似，机体可对病毒的多种抗原产生免疫应答；免疫力坚实，免疫期长，尤其是适于局部接种，诱导产生黏膜免疫力，因而是较理想的疫苗。目前已有多种基因缺失疫苗问世，例如霍乱弧菌 A 亚基基因中切除 94% 的 $A_1$ 基因，保留 $A_2$ 和全部 B 基因，再与野生菌株同源重组筛选出基因缺失变异株，获得无毒的活菌苗；将大肠杆菌 LT 基因的 A 亚基基因切除，将 B 亚基基因克隆到带有黏着菌毛（$K_{88}$、$K_{99}$、987P 等）大肠杆菌中，制成不产生肠毒素的活菌苗。

最成功的例子是伪狂犬病毒 TK 基因缺失苗。通过研制 $TK^-$ 缺失突变体使病毒致弱。该疫苗是得到美国 FDA 批准从实验室到市场的第一个基因工程苗。在 1986 年 1 月注册之前即已证明该疫苗无论是在环境中还是对动物都比野生型病毒和常规疫苗弱毒更安全。后来的伪狂犬病基因缺失苗所使用的缺失突变体，同时缺失 TK 基因和 gE、gI 和 gD 3 种糖蛋白基因中的一种或两种。此外，牛传染性鼻气管炎病毒、猪传染性胸膜肺炎、马链球菌和鸡肠道沙门菌基因缺失活疫苗也已经问世。近几年有关细菌病原毒力基因缺失疫苗研究逐渐增多，包括副猪嗜血杆菌基因缺失活疫苗和布鲁氏菌基因缺失活疫苗等。这种新一代的基因缺失苗产生的免疫应答很容易与自然感染的抗体反应区别开来，又称为"标记"疫苗，它有利于疫病的控制和消灭计划。

由于基因打靶等很多基因突变操作新方法的诞生，用基因突变、缺失和插入的方法使病原体致弱，研制新的基因工程苗的前景十分诱人。在微生物基因组插入或添加基因的方法制成的疫苗又称为基因添加疫苗。图 2-9 概括了重组病毒筛选技术策略。

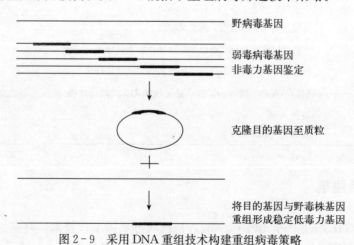

图 2-9　采用 DNA 重组技术构建重组病毒策略

## （二）感染性 cDNA 克隆技术

感染性 cDNA 克隆技术，是一种反向遗传操作技术（reverse genetics），通常被称为"病毒拯救（rescue of virus）"，是指通过构建 RNA 病毒的感染性分子克隆，在病毒 cDNA

分子水平上对其进行体外人工操作，如进行基因点突变、缺失、插入、颠换、转位和互补等改造，以此来研究 RNA 病毒的基因复制与表达调控机理、病毒与宿主间的相互作用关系、抗病毒策略及构建新型病毒载体来表达外源基因和进行疫苗的研制等。它与经典的从表型改变到进行基因特征研究的思路相反，开启了人们对病毒基因组进行人工操作和详细了解病毒基因及其产物功能的大门。该技术发展迅速，备受国内外研究者关注。

建立病毒拯救技术体系主要包括基因组全长片段的 cDNA 克隆及改造、辅助质粒的构建、序列测定、共转染拯救病毒粒子和新生病毒有关特性的鉴定与应用等内容。其建立过程就是要通过在体外进行人工基因操作，使所建立的系统满足病毒复制和包装所需要的各种必要条件。基因组全长片段的克隆常采用"分段克隆"策略，即将病毒基因组各片段顺次克隆，这是病毒拯救技术的关键环节。对基因组 3′末端和 5′末端的克隆大多采用 cDNA 末端快速扩增法（RACE），其克隆的准确性会直接影响拯救效率。在构建 cDNA 克隆时，一般均在一处或几处合适的位置上进行沉默突变，这样便于鉴定拯救出的病毒。克隆载体常采用低拷贝载体，其复制严谨性较高。当然，不同病毒的拯救技术体系并不完全相同，如流感病毒拯救技术体系常需要构建流感病毒核衣壳蛋白（NP）-聚合酶蛋白（PA、PB1、PB2）聚合体（RNPs）。新城疫病毒拯救技术体系需要构建微基因组，与新城疫病毒 NP、P 和 L 蛋白辅助重组质粒进行共转染，即四质粒转染系统。目前，采用该技术已经成功构建很多病毒，如禽流感病毒、猪瘟、水疱性口炎病毒、麻疹病毒、猪繁殖与呼吸综合征病毒、新城疫病毒、犬瘟热病毒和猪圆环病毒 2 型（PCV2）等，其中，禽流感重组病毒灭活疫苗、PCV1-PCV2 嵌合体灭活疫苗、表达禽流感 HA 基因的重组新城疫病毒活疫苗已经产业化生产。

此外，对于基因组很大的病毒，可以采用细菌人工染色体技术和 Foxmid 质粒转染技术。目前，国外已经采用细菌人工染色体技术成功构建重组猪伪狂犬病病毒、猪传染性胃肠炎病毒。我国采用 Foxmid 多质粒转染技术构建成功鸭瘟病毒表达载体，并构建成功表达禽流感 HA 重组鸭瘟病毒活疫苗，对这两种疾病均有较好免疫保护作用。

## 四、基因疫苗

基因疫苗（genetic vaccines）包括 DNA 疫苗和 RNA 疫苗，由编码能引起保护性免疫反应的病原体抗原的基因片段和载体构建而成。其被导入机体的方式主要是直接肌肉注射，或用基因枪将带有基因的金粒子注入。已有研究报道采用细菌载体等运送基因疫苗，包括试验口服的 DNA 疫苗，以期在黏膜局部免疫方面一展身手。进入机体的基因疫苗不与宿主染色体整合，但它能够表达蛋白，进而诱生各种免疫应答包括体液免疫应答和细胞免疫应答。目前，研究较多的是 DNA 疫苗。

核酸疫苗于 1989 年由美国 Wolff 及 Vical 偶然发现，是近年受到人们关注的一种新类型疫苗，具有以下明显优点：①基因疫苗被注入机体并吸收入宿主细胞后，病原体抗原的基因片段在宿主细胞内得到表达并合成抗原，这种细胞内合成的抗原经过加工、处理、修饰提呈给免疫系统，激发免疫应答，其刺激机体产生免疫应答的过程类似于病原微生物感染或减毒活疫苗接种，但基因疫苗克服了减毒活疫苗的可能毒力返祖现象；②外源基因在体内存在较长时间，不断表达外源蛋白，持续给免疫系统提供刺激，因此能够刺激产生较强和较持久的免疫应答；③核酸疫苗具有共同的理化特性，因此可以将含有不同抗原基因的质粒混合起来进行联合免疫；④质粒载体没有免疫原性，因此可以反复使用；⑤基因疫苗诱导的 CTL 细胞免疫也可能用于抗肿瘤免疫。因此，DNA 免疫的发现被视为疫苗业的一场革命，开辟了疫苗研究的新时代。

核酸疫苗的构建一般采用真核细胞表达载体。很多蛋白合成后需要经过修饰或处理才具有功能与活性，但其在原核细胞无法进行相同的修饰和处理。目前，常用的真核细胞表达载体有 pVAX、pCI 和 pcDNA3.1 等，它们都含有 MCS 区、原核细胞复制序列和抗药性基因筛选标记。为了能在真核细胞表达，在目的基因上游需要有很强的启动子来进行转录，增强子则可在目的基因的上游或下游来增强转录。目前，最常用的启动子、增强子有来自 SV40 病毒的 SV40 早期启动子、Rous 肉瘤病毒的长末端序列（LTR）及巨细胞病毒的立即早期基因启动子。很多宿主细胞都有转录因子，它们可以结合这些病毒的启动子和增强子，因此，这些启动子和增强子在各种不同组织细胞中皆有很强的转录能力，以表达目的基因蛋白。目的基因通常是完整或不完整的 cDNA，所以，目的基因的下游则需要翻译终止密码以及 polyA 来终止翻译。另外，目的基因 3′端如有非翻译区域，则可能含有会导致 mRNA 不稳定，所以，最好将目的基因 3′端非翻译区域切除掉，由载体来提供这些序列更为理想。

基因疫苗研制的基本步骤是：①目的基因的分析；②选择合适的表达载体；③测序确认编码序列；④体外转录/翻译验证试验；⑤动物试验；⑥结果评价等。基因疫苗的菌种是含有重组表达质粒的大肠杆菌，该重组菌标准：①符合大肠杆菌的形态和理化特性；②能稳定含有重组表达质粒；③重组表达质粒 DNA 在真核细胞中能有效表达目的蛋白。

目前，DNA 免疫已经成为世界瞩目的防治传染病、肿瘤以及移植免疫治疗的新的研究热点，并取得很好研究进展。国外已有多家公司，开通了介绍核酸疫苗的网站，如 WWW.DNAvaccine.com。有关核酸疫苗论文每年数以千计，足以看出核酸疫苗的广泛的应用前景。迄今，国外已有至少 4 种核酸疫苗被批准生产，如马西尼罗河病毒、犬黑色素瘤、鲑鱼传染性造血组织坏死病毒和猪生长激素基因疫苗等，但很多人对基因疫苗安全性仍然存在顾虑，包括重组质粒是否与细胞染色体组整合、是否存在抗 DNA 免疫反应、是否存在免疫耐受以及免疫效力如何进一步提高等。该类产品必须进行严格的生物安全性评价。但是，随着该领域研究的深化，基因疫苗一定会成为预防疾病的有效新武器。

## 五、其他新型疫苗

### （一）转基因植物疫苗

转基因植物疫苗（transgenic plant vaccine）是把植物基因工程技术与机体免疫机理相结合，生产出能使机体获得特异抗病能力的疫苗。动物试验已证实，转基因植物表达的抗原蛋白经纯化后仍保留了免疫学活性，注射入动物体内能产生特异性抗体；用转基因植物组织饲喂动物，转基因植物表达的抗原递呈到动物的肠道相关淋巴组织，被其表面特异受体特别是 M 细胞所识别，产生黏膜和体液免疫应答。目前用转基因植物生产基因工程疫苗主要有两种表达系统，一是稳定的整合表达系统，即把编码病原体保护性抗原基因导入植物细胞内，并整合到植物细胞染色体上，整合了外源基因的植物细胞在一定条件下生长成新的植株，这些植株在生长过程中可表达出疫苗抗原，并把这种性状遗传给子代，形成表达疫苗的植物品系；二是瞬时表达系统，即利用重组植物病毒为载体将编码疫苗抗原的基因插入植物病毒基因组中，再用此重组病毒感染植物，抗原基因随病毒在植物体内复制、装配而得以高效表达。由于每个寄主植株都要接种病毒载体，所以瞬时表达不易起始，但可获得高产量的外源蛋白质。理想的情况下，儿童或畜禽可按剂量食用这些表达疫苗的水果或蔬菜，达到免疫接种的目的，为此，这类疫苗又称为食用疫苗（edible vaccine）。

研究报道，用转基因植物已成功表达的疫苗抗原有：大肠杆菌热不稳定毒素 B 亚单位（LTB）、霍乱弧菌肠毒素 B 亚单位（CTB）、兔出血症病毒 VP60 蛋白、口蹄疫病毒 VP1 蛋白、传染性胃肠炎病毒 S 蛋白、狂犬病病毒 G 蛋白、诺沃克（norwalk）病毒衣壳蛋白、呼吸道合胞体病毒 G 蛋白、F 蛋白等。动物试验表明，表达的抗原均能刺激产生特异性抗体应答，并产生一定的保护作用。

### （二）多肽疫苗

多肽疫苗（peptide vaccines）是用化学合成法或基因工程手段合成病原微生物的保护性多肽或表位并将其连接到大分子载体上，再加入佐剂制成的疫苗。如果某些线性中和抗原在完整蛋白中呈弱免疫原性，不利于制备疫苗时，则可通过基因工程技术，将这些线性抗原表位进行体外表达，使其抗原结构充分暴露，便可增强其免疫原性。当然，这些抗原表位单独存在时，其免疫原性常常较低，需通过下列 3 个途径加以改进：①与其他颗粒抗原（如 HBsAg）进行融合蛋白表达；②将其与无毒力的结核菌素或霍乱毒素等细菌蛋白连接；③自身串联表达，形成复合肽。多肽疫苗的优点是可在同一载体上连接多种保护性肽链或多个血清型的保护性抗原肽链，这样只要一次免疫就可预防几种传染病。目前，口蹄疫合成肽疫苗已经研制成功，并实现商品化生产。该类疫苗纯度很高，免疫反应特异性强，副反应很小，但其缺点是制造成本较高。随着抗原表位作图技术研究进展，将抗原表位精确定位于某几个氨基酸残基成为可能，该类疫苗会越来越多，并在未来的生产实践中能发挥重要的作用。

此外，T 细胞受体（TCR）疫苗亦采用多肽疫苗形式。所谓 TCR 疫苗，是用 TCR 代替自身反应性 T 细胞进行接种，动物实验获得了较理想的免疫效应。TCR 疫苗是 T 细胞疫苗的深化，它在自身免疫性疾病治疗和抗移植排斥反应中有独到的优越性。

（姜　平）

1. 生物制品用强、弱菌（毒）种应具备哪些基本标准？
2. 概述生物制品菌（毒）种的筛选程序和内容。
3. 基因工程疫苗有哪些种类？有何特点？举例说明。
4. 基因工程疫苗毒种如何构建和选育？
5. 何谓病毒样颗粒？有何特点？
6. 寄生虫疫苗种虫如何选育？

# 第三章 动物疫苗的制造技术

**本章提要** 本章系统介绍细菌类、病毒类和寄生虫类各种疫苗制造的全过程，包括疫苗种子的制备、细菌、病毒和寄生虫的培养、抗原分离纯化、灭活疫苗的灭活方法和免疫佐剂、活疫苗的稳定剂和冷冻干燥技术等。第一节介绍常见的细菌疫苗、类毒素、病毒组织和细胞疫苗以及不同类型寄生虫疫苗制造的工艺流程，以便大致了解疫苗制造全过程。第二节围绕疫苗种子和生产用细胞的要求，介绍了疫苗生产用菌种和毒种的种子批的建立和鉴定要求、细胞库的建立方法和要求，这是保证兽医生物制品质量稳定的关键基础工作之一。第三至第六节具体介绍细菌、病毒和寄生虫培养技术及其影响因素，尤其是病毒细胞培养及其规模培养工艺技术，并介绍了抗原分离与纯化技术，对提高疫苗生产效率和改进疫苗质量有重要作用。第七和第八节重点介绍疫苗用灭活剂、稳定剂和免疫佐剂的种类、制造和使用方法。第九节主要讲述疫苗的冷冻真空干燥技术原理、操作方法及其重要影响因素。本章除介绍动物疫苗制造的常规技术外，也概述了相关领域最新研究进展及其应用现状，是本课程的重点内容之一。

## 第一节 疫苗制造流程

根据疫苗制备用微生物或寄生虫培养特性及疫苗制剂类型的不同，疫苗制备工艺有较大差异，但一般来讲，活疫苗制造大体包括种毒鉴定、种毒批制备，细菌、病毒或寄生虫培养与鉴定，抗原纯化或提取，配苗冻干及成品检验等多个过程。灭活疫苗制造则包括种毒鉴定、种毒纯制备，细菌、病毒或寄生虫培养与鉴定，抗原提取、灭活，配苗及成品检验等过程。由于疫苗制造环节多，生产周期长，应特别注意免受外源微生物污染。下面按细菌疫苗（类毒素）、病毒疫苗和寄生虫疫苗分别叙述。

### 一、细菌疫苗和类毒素的制造流程

菌苗类制品和类毒素的制备，均由细菌培养开始。前者由培养的混悬液或菌体液加工而成，后者则以细菌所分泌的外毒素加工而成。不同的菌苗制备工艺不尽相同，但其主要程序颇为相似，图3-1概括了一般菌苗和类毒素制备的工艺流程，流程中重要生产环节在其他章节中详细阐述。

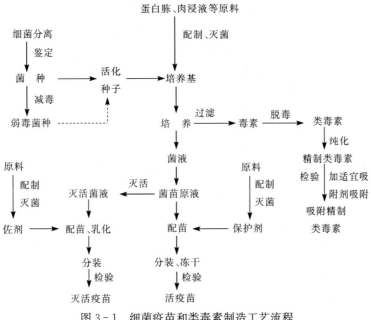

图 3-1 细菌疫苗和类毒素制造工艺流程

## 二、病毒疫苗的制造流程

不同病毒疫苗的制备工艺各异,但主要程序相似。图 3-2、图 3-3 概括了病毒性细胞疫苗和组织疫苗的制备工艺流程。流程中重要生产环节在其他章节中阐述。

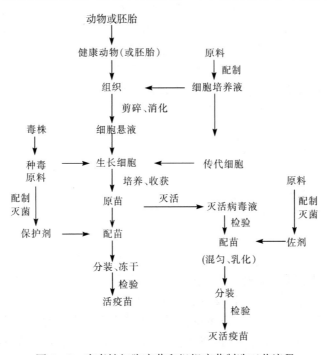

图 3-2 病毒性细胞疫苗和组织疫苗制造工艺流程

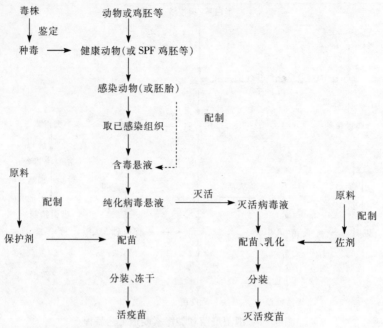

图 3-3 病毒性组织疫苗制造工艺流程

基因工程亚单位疫苗的制备一般由基因工程细菌或细胞培养开始。由于基因工程表达的目的抗原的量比较低，并且，表达蛋白自然结构可能受到影响，因此，目的蛋白抗原的分离纯化是疫苗制备的关键。分离纯化一般不应超过4～5个步骤，包括细胞破碎、固液分离、浓缩与初步纯化和高度纯化，得到纯化的目的抗原后，即可加入佐剂配置疫苗。不同的亚单位疫苗制备工艺不尽相同，但其主要程序相似。图3-4概括了一般基因工程亚单位疫苗制备的工艺流程，流程中重要生产环节在其他章节中详细阐述。

## 三、寄生虫疫苗的制造流程

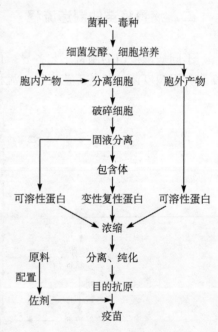

图 3-4 基因工程亚单位疫苗制备的工艺流程

由于寄生虫感染的特殊性，在寄生虫感染的免疫预防方面，国内外的研究进展都不大，尚未能像细菌和病毒那样，能够很好地利用疫苗进行预防接种。但随着各种生物学新技术，尤其是分子生物学技术在寄生虫研究领域的应用，寄生虫免疫学研究不断取得进展，各种虫体的抗原变异机理不断被揭示，保护性抗原分离及分子克隆不断取得突破，寄生虫基因工程苗亦已初露端倪。如羊抗细粒棘球蚴基因工程苗EG95已用于生产；牛巴贝斯虫基因工程苗在澳大利亚已开始进行田间试验；人用恶性疟原虫基因工程苗已在坦桑尼亚等非洲国家试用多年，取得了令人振奋的临床保护效果。

随着寄生虫免疫学研究的不断深入，相信会有更多的寄生虫疫苗问世。

寄生虫疫苗的制造流程跟细菌疫苗和病毒疫苗的制造流程大致相同，不同种类的疫苗有不同的制造流程。图3-5概括了3种寄生虫疫苗制备的工艺流程。

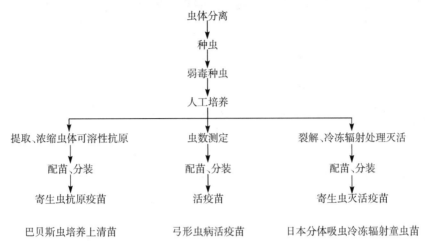

图3-5　寄生虫疫苗制备的工艺流程

（姜平，严若峰）

## 第二节　疫苗种子批的建立与鉴定

根据疫苗种类，疫苗种子包括细菌、病毒和寄生虫，是疫苗研发和生产的最核心内容之一。为了确保疫苗质量的稳定和均一，必须制备疫苗种子批制度。根据疫苗研发和生产需求，疫苗种子分为原始种子、基础种子和生产种子。研究开发和生产单位对疫苗种子必须经过严格鉴定，妥善保管。

### 一、种子批的建立

所有涉及微生物和寄生虫种子制备的生物制品都必须建立种子批。种子批通常包括原始种子、基础种子和生产种子。其中，原始种子和基础种子在制品研制之初就应完成，生产种子的制备和鉴定由生产企业承担。为了确保兽医生物制品终产品的质量，必须首先保证种子的质量。种子批制备过程中做好详细记录，包括传代方法、代次、数量、保存方法及各项检验指标。

原始种子是指具有一定数量、背景明确、组成均一、经系统鉴定证明免疫原性和繁殖特性良好、生物学特性和鉴别特征明确、纯净的病毒（或细菌、寄生虫）株。建立原始种子批的目的是确保在制品的持续生产期内，能充分供应质量均一的种子。原始种子批建立的基本原则为对选定的菌（毒、虫）株进行纯培养，并将培养物分成一定数量、装量和成分一致的小包装（如安瓿），于液氮或其他适宜条件下保存。

基础种子是指由原始种子制备、处于规定代次水平、一定数量、组成均一，经系统鉴定证明符合有关规定的活病毒（菌体、寄生虫）培养物。基础种子由原始种子经适当方式传代扩增而来，增殖到一定数量后，将相同代次的所有培养物均匀混合成一批，定量分装（如安瓿），保存于液氮中或其他适宜条件下备用。按照规定项目和方法进行系统鉴定合格后，方可作为基础种子使用。基础种子批要达到足够的规模，以便保证相当长时间内的生产需要。通常情况下，要对原始种子和基础种子的繁殖或培养特性、免疫原性、血清学特性、鉴别特征和纯净性进行系统鉴定。

生产种子是指用基础种子制备的、处于规定代次范围内的、经鉴定证明符合有关规定的活病毒（菌体、寄生虫）培养物。生产种子由基础种子经适当方式传代扩增而来，达到一定数量后，均匀混合，定量分装，保存于液氮或其他适宜条件下备用。根据特定生产种子批的检验标准逐项（一般应包括纯净性检验、特异性检验和含量测定等）进行检验，合格后方可用于下一步生产。同时，需确定生产种子在特定保存条件下的保存期。生产种子批应达到一定规模，并含有足量活病毒（或细菌、寄生虫或虫卵），以确保满足一批或一个亚批制品的生产。

通常情况下，将基础种子和生产种子必须传代足够高的代次，取不同代次种子培养物进行含量、毒力和免疫原性试验，考察其繁殖特性、毒力和免疫原性稳定性。必要时，还要考察基础种子的遗传稳定性，最终确定疫苗用基础种子和生产种子最高代次，其代次数一般比实验研究获得的稳定（生物学、免疫学和遗传学）的代次数低3代。

## 二、种子批的鉴定

种子的系统鉴定一般包括外源因子检测、鉴别检验、感染滴度、免疫原性、血清学特性或特异性、纯粹或纯净性、毒力稳定性、安全性、免疫抑制特性等。种子批建立过程中，应抽取不同代次的种子菌液或病毒液进行以上各项指标的测定，以判定疫苗用种子合适的代次。

**1. 纯净性检验** 按照《中华人民共和国兽药典》（以下简称《中国兽药典》）中规定的方法进行检验，必要时要自行建立方法并加以验证。基础种子中应无细菌、真菌、外源病毒污染，无杂菌污染，无支原体污染。这些外源因子检测中，应注意检测方法和检测对象的全面性。应通过采用不同的方法，利用其检出对象的互补性，最终排除各种外源因子污染的可能性。

**2. 鉴别检验** 应采用适宜方法，如荧光抗体试验、毒种的血清中和试验、菌种的试管凝集试验、菌种的玻片凝集试验或菌种的生长特性检验，鉴别疫苗株，并尽可能与相关菌毒株相区分。

**3. 血清学特性鉴定** 采用通行的分型方法。进行种特异性鉴定时，可用血清中和试验；若进一步进行血清型或亚型鉴定时，则用型或亚型特异性单克隆抗体进行中和试验、免疫荧光试验或用其他已知的具有型或亚型特异性的试验进行。

**4. 稳定性试验** 包括细菌数或病毒滴度、毒力、免疫原性和遗传性四个方面，判定基础种子合适的范围。同时，还需要测定种子特定保存条件下的保存期。

**5. 安全或毒力试验** 主要考察基础种子对靶动物的致病性，为制定相应标准提供依据，并为试验设施和生产设施的设计、培养物灭活前应采取的生物安全防范措施等提供依据。对人工构建的基因工程菌毒株,必须按照《农业转基因生物安全管理条例》和《农业转基因生物安全评价管理办法》有关规定进行安全或稳定性试验、免疫抑制试验和毒力返强试验。毒力返强试验,通常只适用于活疫苗的菌毒种试验,一般在疫苗使用对象动物体内连续传代观察5代以上,确定不同代次病毒对动物的致病作用。

**6. 免疫原性试验** 对于活疫苗,用不同剂量的菌毒种分别接种动物,对于灭活疫苗,用最高代次基础种子制备疫苗菌液或病毒液。取不同含量的细菌或病毒悬液,按成品生产工艺制备抗原含量不同的疫苗,或用固定含量的细菌或病毒液制备疫苗后,取不同稀释度的疫苗,分别接种不同组动物。在接种后的适宜时间进行攻毒或采用已经证明与免疫攻毒方法具有平行性关系的替代方法进行免疫效力检验,统计出使90%免疫动物获得保护的细菌或病毒量就是最小免疫量。如果疫苗使用对象包括多种动物或多种日龄动物,则应针对各种靶动物进行免疫原性试验。

(陈光华,姜平)

## 第三节 细菌培养技术

细菌种类繁多,代谢方式各异,营养需求不尽相同,但生长繁殖的基本条件相似。细菌培养技术是生物制品的基础。本节主要介绍细菌的生长繁殖规律、生长条件及细菌培养的基本技术。

### 一、细菌繁殖规律与生长条件

#### (一)细菌繁殖规律

细菌在一定的营养成分、适宜的温度和酸碱度、有氧或无氧等环境中才能生长繁殖。细菌靠扩散与吸附作用摄取营养,借助菌体酶系统分解营养物质产生能量以维持生长。

细菌在培养基和适宜的环境中以二分裂法进行繁殖,有一定的规律性。即细菌被接种入培养基后先膨大,然后分裂繁殖。整个过程分四个时期:①迟缓期,接种入的细菌处于静止适应状态,仅表现菌体缓慢地膨大,其时间长短随细菌的适应能力而异;②对数增殖期,当细菌适应环境后,即以恒定的速度增殖,且表现出培养时间与菌数的对数呈直线关系,细菌生长的速度决定于细菌的倍增时间(即繁殖一代所需的时间),一般细菌的倍增时间为15~20 min,但有些细菌的倍增时间较长,如结核菌需15~18 h;③稳定期,随着营养物质的消耗减少,代谢毒性物质积蓄,细菌生长速度逐渐缓慢,进入相对稳定期,即细菌的增加数与死亡数维持平衡状态,活菌数相对恒定;④衰退期,补增菌数减少,死亡菌数增加,活菌数逐渐下降。细菌生长曲线见图3-6。

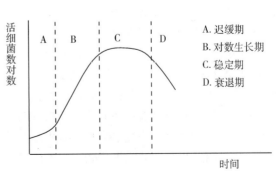

图3-6 细菌生长曲线

## （二）细菌的营养

水、碳、氮及无机盐类等是细菌生长繁殖的基本要素，但不同的细菌所必需的营养成分并不完全相同。

**1. 水** 水是细菌所需营养物质的良好的溶媒，也是细菌本身的重要组成成分（细菌含水 73.3%～98.3%）。细菌的营养渗透、吸收及代谢产物的分泌和排泄作用等也均需以水为媒介。

**2. 碳** 碳是所有细菌必需的，用以合成细菌的原浆成分。自养菌可自二氧化碳得到碳源；异养菌除从有机物得到碳源外，也需要少量二氧化碳。葡萄糖是组成细菌细胞多糖的基础，于培养液中加入一定量葡萄糖能促进多种细菌的代谢，增加菌数。戊糖是核酸组成成分。己糖和戊糖则是细菌细胞生长繁殖的能量来源。细菌一般不能利用有机酸作为碳源，但一些分解糖类能力低的细菌（如梭状芽胞杆菌）则以氨基酸作为碳和氮的能量来源。

**3. 氮** 细菌含氮约占干重的 10%。各种细菌利用氮源合成的能力有所不同。如：大肠杆菌可利用无机氮（硫酸铵）合成天门冬氨酸、谷氨酸、丙氨酸、氨基丁酸、缬氨酸和异亮氨酸；某些布鲁菌菌株则需要谷氨酸、丙氨酸、赖氨酸、组氨酸、蛋氨酸和胱氨酸；葡萄球菌生长需甘氨酸、缬氨酸和 L 脯氨酸等必需氨基酸；梭状芽胞杆菌生长必须要有亮氨酸、酪氨酸、精氨酸、色氨酸和苯丙氨酸，而蛋氨酸、组氨酸和胱氨酸对其生长有促进作用。

**4. 盐类** 培养基中加入钠、钾、铁、硫酸盐、磷酸盐和氯化物等对细菌生长繁殖非常有利。它们一方面是构成细菌细胞的成分，调节渗透压；另一方面，参与细菌生理代谢，维持细菌活性。如镁既可与细菌细胞核糖核酸结合，又与磷酸化酶作用密切相关；铁则是细菌细胞过氧化酶、细胞色素和细胞色素酶的组成成分。

**5. 生长因子** 是指一类细菌本身不能合成而在代谢过程中需要的和能促进细菌生长的一类有机物质，如维生素、氨基酸、嘌呤、嘧啶、脂肪酸和血液中的 X 因子等。它们多存在于血液、肝浸液、腹水及马铃薯汁和酵母浸出液中。血液中的 X 因子对细菌呼吸起着重要作用。维生素 $B_{12}$ 是细菌物质代谢过程中的重要因子。维生素 C 在代谢中具有传递氢的功能。

## （三）细菌生长的环境条件

细菌生长繁殖除需要一定的营养物质外，尚需有适宜的环境条件。环境条件既能保证和促进细菌生长繁殖，也能起到抑制甚至杀灭或改变原有的遗传性状的作用。

**1. 气体** 与细菌生长繁殖有关的气体主要是二氧化碳和氧气。根据细菌对氧气的需要可分为四类：①需氧菌：该类细菌在有氧的环境中才能生长繁殖，如炭疽杆菌、结核分枝杆菌等，能利用空气中的氧；②微需氧菌：如猪丹毒杆菌、牛布鲁菌等在含氧量低的环境中就能进行物质代谢，生长繁殖；③兼性厌氧菌：大肠杆菌、沙门杆菌、巴氏杆菌和马链球菌马亚种等具有加氧和脱氢氧化还原能力，故在有氧或无氧的条件下都能生长繁殖；④厌氧菌：梭状芽胞杆菌则在无氧环境中生长。细菌在生长中也需要少量二氧化碳以合成酶，但通常能利用自身代谢过程产生的二氧化碳。多数细菌在绝对无二氧化碳的环境中生长缓慢甚至不能生长，如马耳他布鲁菌，在初代培养时需要一定的二氧化碳。所以，在培养细菌时，应根据细菌特点，严格控制细菌培养环境的氧分压。培养需氧细菌时，需要高氧分压的环境，而培养厌氧细菌时，就要降低并严格控制环境中的氧分压。

**2. 温度** 微生物生存适应的温度范围相当宽，一般病原性细菌的适应范围为 10~-45 ℃，但在最适温度下生长繁殖最为旺盛。多数细菌的最适温度范围基本相似，多为 37 ℃左右。如炭疽杆菌的生长最适温度为 37 ℃，但在 30~32 ℃却能产生大量芽胞；真菌生长的最适温度为 22~28 ℃。温度过高，则由于酶系统被破坏而招致死亡；温度过低，则细菌细胞代谢活动降低而处于潜生状态。一旦温度和营养等条件适宜，细菌又会复苏。

**3. pH** 细菌对 pH 的适应范围较大，为 pH 2~8.5，但多数细菌的生长最适 pH 为 6~8，真菌为 pH 5~6。少数细菌具有耐酸或耐碱生长的能力。细菌生长过程中，随其代谢产物的增多往往引起 pH 的改变，且以 pH 下降为多，从而会妨碍细菌生长乃至引起死亡。

**4. 渗透压** 细菌的形态与代谢均受渗透压制约，各种细菌有各自的最适渗透压。细菌细胞具有半渗透性，即可使水通过而对其他物质的透过有选择性。多数致病性细菌只能在等渗环境下生长繁殖，在低渗溶液中引起膨胀、破裂而死亡，而在高渗溶液中导致细胞质与细胞膜脱离而死亡。然而多数细菌的细胞壁比较坚固，对渗透压有较强的适应能力，有的细菌细胞甚至可以耐受高渗溶液。

## 二、细菌培养的基本技术

细菌培养是指细菌在动物体外的人工培养基和人工控制的环境中生长繁殖的过程。细菌性生物制品都是利用细菌培养物制造的，广泛用于相应疾病的防治。制备该类制品首先应通过细菌分离培养，获得单个细菌菌落，制备细菌种子，然后，进行规模化细菌培养。

### （一）细菌分离与培养

**1. 需氧菌的分离培养** 需氧菌的分离培养常用营养琼脂平板分离。根据细菌生长特点，可选用以下两种方法。

（1）划线接种法：此法最为常用，即在不同培养基平板表面上，以多种方法划线接种细菌（图 3-7），使细菌生长成单个菌落。根据菌落特性进行鉴别和挑选单个菌落再进行纯培养，制备种子培养物。

（2）倾注培养法：该法适用于深层条件下生长良好的细菌的分离培养。即先将营养琼脂培养基加热溶解，冷至 45~50 ℃，加入适量细菌培养液，混匀后倾入灭菌培养皿内，制成平板，37 ℃培养 24~36 h 后，挑取典型菌落移植培养。

图 3-7 琼脂平板上各种划线培养法

为了能从污染的样品中分离获得所需要的细菌，有时需要对样品进行预处理。如分离培养芽胞细菌，可先将待检材料 80 ℃处理 15~20 min，以杀灭非芽胞菌，然后于 37 ℃做增菌培养，再按上述平板分离法分离培养芽胞菌。分离革兰阴性菌，可在培养基中加入结晶紫或青霉素，以抑制革兰阳性菌生长；有时，也可将待检材料接种易感动物，再从发病死亡动物体内分离目的细菌。

**2. 厌氧菌的分离培养**　厌氧菌的分离培养，多数在含二氧化碳条件下进行。最简便的培养方法是用有盖玻璃容器，放入接种的培养物后，点燃蜡烛，加盖密闭容器，由于燃烧耗氧产生二氧化碳，燃烛即刻熄灭。此时容器内含有较高浓度的二氧化碳，再将容器放入适宜温度培养即可。也可用二氧化碳培养箱，按需要调节箱内二氧化碳浓度。

### （二）细菌的规模化培养

细菌规模化培养的环境条件应与细菌自然生长繁殖的要求相同或相似，其必需营养要素在培养基中应具备，其必要的生长繁殖条件应在培养环境中符合。细菌培养的效果，还与种子接种量、培养时间和培养方法密切相关。

**1. 种子接种量**　细菌种子是生物制品术语，指菌体增殖培养物，简称菌种。细菌培养的活菌总数除与培养基和培养环境条件密切相关外，还与种子接种量和培养基比例相关。这种比例随细菌种类而异。接种量过少，会引起生长繁殖缓慢，影响活菌数，有时甚至出现无菌生长；接种量过多，就会将过多的代谢物带入新培养基内，造成有害物质的抑制生长；如接种物内含有防腐剂和抗生素等物质，其影响更为明显。种子接种量通常为1‰～2‰。

**2. 培养时间**　细菌培养过程中，生命力最强的最高活菌数与细菌本身生长规律、培养环境条件和培养时间有关。最佳培养时间通常依据细菌的生长曲线而定。多数在对数繁殖后期至稳定前期间活菌数量高，生命力最强，宜于收获。若收获过早，则活菌数少而幼嫩。反之，则细菌老化、死菌及代谢产物（尤其细菌毒素）增多，故在活菌苗生产中应注意避免。

**3. 培养方法**　根据生物制品的性质和要求，采取不同培养方法培养细菌。目前，规模化培养细菌方法有四种。

（1）固体表面培养法：即将溶化的灭菌肉汤琼脂培养基，制成大扁瓶（大型克氏瓶）平板，经无菌检验后，在无菌室接入种子液，使其均匀分布于琼脂表面，平放静置培养，收集菌苔，制成细菌悬浮液，用于制备诊断抗原或疫苗。例如炭疽芽胞苗、仔猪副伤寒冻干菌苗、鸡白痢抗原和布鲁菌抗原等。本法可根据需要调节细菌浓度，但产量低，劳动强度大。

（2）液体静置培养法：适于一般细菌性疫苗的生产。培养容器可用大玻璃瓶或培养罐（或称发酵罐），按容器的深度，装入1/2～2/3体积的培养基，高压蒸汽灭菌后，冷却至室温接入种子，保持适宜温度静置培养。如用于厌氧菌培养，装培养基的量约为培养容器的70%，并在灭菌后冷却至37℃，立即接种种子进行培养。有些厌氧细菌的培养基中需加入肝组织，以利于厌氧菌的生长。本法简便，细菌数量一般不高。

（3）液体深层通气培养法：本法可加速细菌分裂繁殖，缩短培养时间，提高细菌数量，于20世纪30年代即开始用于菌苗制造。我国于1960年开始采用该法制造细菌疫苗。培养细菌时，一般在接入种子液的同时，加入定量消泡剂（豆油等），先静置培养2～3 h，然后通入少量过滤无菌空气，每隔2～3 h逐渐加大通气量。较理想的细菌培养罐应有自动控制通气量、自动磁力搅拌、自动监测和记录pH或溶氧浓度及消泡装置等配套设备，可以密闭操作，减少污染、降低成本，使用方便。我国生物制品厂使用的培养罐多数尚无自动控制装置，称之为反应缸，有搅拌器和通气系统。培养基与氢氧化铝胶佐剂消毒，细菌培养及灭活、加佐剂配苗均可在缸内完成，实践证明也可大量生产出质量较好的细菌疫苗。需注意以下问题：

① 补充营养物质：根据细菌对营养的要求，在培养过程中补充一定营养物质，如葡萄

糖、蛋白胨和必需氨基酸等，可更好地发挥通气培养作用。

② 通气供氧：各种细菌繁殖过程中需氧量不一样。细菌对氧的需要，在不同生长发育阶段有所不同。空气中的氧分子以溶氧状态供给细菌生长。所以，供氧量多少除与通气量大小有关外，还与通气方式、搅拌速度及温度等因素有关。通气量过大，不能增加溶氧量，反而会增加消泡剂的用量，影响细菌的生长或产生毒素。因此，对所培养细菌的生长特性需通过预试验，掌握一定规律，再进行大量培养。通气培养过程中，应注意溶氧量的测定。

③ 控制培养基 pH：深层通气培养 pH 变化较快，故在培养过程中应保持培养基最适 pH。一般当细菌在生长对数期时 pH 下降，以后随通气量加大，pH 上升。所以，有时当培养基 pH 下降时，需加碱调整，使其 pH 维持稳定。如在培养猪丹毒菌液 pH 下降时，加入氢氧化钠或氨水，以保持其 pH 稳定，可提高活菌数 4~5 倍，达到 200 亿个/mL 以上。

④ 调节培养温度：大罐培养通入的空气对培养温度的影响不明显。但是，培养罐夹层直接用蒸汽加热往往不稳定，最好用自控调节的温水循环控制温度，使最适培养温度上下不超过 1 ℃。

⑤ 控制污染：通气培养造成污染的原因主要有：通入的空气滤过处理不当、搅拌轴密封不严或底盘与进出液阀门灭菌不彻底等。因此，培养罐的罐体与部件，应以不锈钢制造，垫圈用聚四氟乙烯制品，使之密封良好，易于灭菌。此外，对空气滤过装置，应先将压缩出来的空气通过油水分离，有气味的空气不能进入培养液内。空气经过棉花与活性炭滤器，再经过除菌过滤，可避免通气带进其他细菌，造成培养液污染。当然，培养过程中，培养罐的排气管口也应有消毒设备，以免污染环境。

(4) 透析培养法：透析培养是指培养物与培养基之间隔一层半透膜的培养方法。1963 年由 Gall 和 Gerhardt 创制，现在已发展成一种发酵器透析培养系统。该系统把培养基与培养物分开成为各自的循环系统，中间经透析器交换营养物。其优点是：①培养基或培养液可独立控制；②可以搅拌和通气；③可使用任何类型的透析膜片或滤膜；④液体在透析器中向上或向下流，慢流或快流均可随意掌握；⑤可以将每个部分按比例缩小或扩大，从而获得高浓度的纯菌和高效价的毒素，有利于制造高效力的生物制品。我国青海兽医生物药厂用本法生产 C 型肉毒梭菌菌苗，其免疫效果比常规法生产的高 200 多倍，安全性也相应提高。

### (三) 细菌计数技术

**1. 活菌计数法** 细菌性生物制品生产过程中，经常进行活菌计数。活菌计数是将待测样品精确地作一系列稀释，然后再吸取一定量的某稀释度的菌液样品，用不同的方法进行培养。经培养后，从长出的菌落数及其稀释倍数就可换算出样品的活菌数，通常用菌落形成单位（CFU）表示。活菌计数法有倾注平板培养法、平板表面散布法和微量点板计数法等常规方法及生物发光法和放射测量法等现代方法。

(1) 倾注平板培养法：根据标本中菌数的多少，在做倾注培养之前，用普通肉汤或生理盐水将被检标本进行 10 倍递进稀释。在稀释过程中分别取其 1 mL 加在灭菌平皿中，然后取预先加热溶化且冷至 45~50 ℃ 的琼脂培养基分别倾入上述平皿中，立即摇匀放平，待其充分凝固后，置 37 ℃ 恒温箱中培养一定时间。统计平皿上长出的菌落数，乘以稀释倍数，即为每毫升标本中含有的活菌数。

(2) 平板表面散布法：按常规方法制作琼脂培养基平板，分别取不同稀释度细菌液

0.1 mL滴加于平板上,并使其均匀散开,37 ℃温箱培养24~48 h,统计平皿上长出的菌落数,乘以稀释倍数,再乘以10,即为每毫升标本中含有的活菌数。

(3)微量点板计数法:本法中培养基的制备、处理及样品的稀释与平板表面散布法相同,只是每个稀释度的接种量为0.02 mL,使其自然扩散。所以一块平板可接种8个标本,从而大大节省了培养基。

用平板培养法进行细菌计数,要选择适于所测细菌生长的培养基,得到的结果常小于实际值。操作时要避免细菌污染,减少人为误差。

**2. 比浊计数法** 比浊计数法的原理是,菌液中含菌数多少与其浑浊度成正比。取一定稀释度的菌液与标准比浊管进行比浊,能概略计算出每毫升菌液中的菌数。计数方法是,先将菌液作适当稀释,放入与标准比浊管管径与质量一致的试管中,然后与标准比浊管比较。比较时,可在试管后面放一有字迹的纸片,对光观察,若通过两管所见字迹的清晰度相同,即按该标准比浊管指示的菌数,得出待检菌液中的细菌数。若两管浊度不一致,需用生理盐水适当稀释后再作比较。比浊计数时,应充分摇匀。

## 三、培养基

### (一)培养基的原料标准

培养基是人工制备的一种液体或固体营养物质。它是细菌培养和细菌保存的基础。培养基应含有相应培养细菌所需营养成分,包括水、氮源、碳源、无机盐类和生长因子等,有的还含有凝固剂、抑菌剂和指示剂等,并有适当的酸碱度,且没有任何细菌污染。培养基制造的基础材料为水、肉浸汁(肉汤)、蛋白胨、琼脂、明胶、酵母浸汁、盐类和化学试剂等,都应符合相应的质量标准。水要符合饮用水卫生标准。化学试剂原则上需用化学纯(CP)级以上。动物性原料应新鲜和无污染。

**1. 水** 水是培养基各种成分的溶剂,又是细菌借以进行物质代谢的媒介。水的质量对细菌培养影响很大。目前多用自来水,少数也有用泉水、江河流水的。水质标准以生活用水标准为准。

**2. 肉肝胃消化肉汤** 是当前生物制品生产中用量很大的基础培养基。培养基的基础原料是牛肉,少数也可用精瘦猪肉或鱼肉。牛肉应来源于健壮牛,新鲜未冻;外观淡红或红色、无异味、无病变、潮润而有弹性;pH 5.8~6.2;浸出液透明清亮,煮沸后有芳香味。如有臭味、表面黏腻和出血等病变;或切面无淡红色、弹性消失,煮沸后肉汤呈浑浊者,均不合格。短期冷冻保存不变质的牛肉也可使用。

牛、羊和猪肝应新鲜、无异味、无病变和有弹性,浸出液煮沸后呈半透明淡黄色或棕黄色液体,pH 6.0~6.5。猪胃更应新鲜,现宰则更好。胃黏膜要完整,无异味;有病变的绝对不用,冻结的可以选用。目的是要尽可能获得高活性的蛋白酶。

**3. 蛋白胨** 多数是包括鱼在内的动物蛋白质和蛋白酶(胃蛋白酶或胰蛋白酶)或水解后的产物。蛋白胨为淡黄色或棕黄色粉末,易溶于水,呈右旋性,1%水溶液pH为5.0~7.0,总氮含量13%~15%,氨基氮1%~3%,加热后无沉淀、不凝固。日本产复合蛋白胨适用于各种细菌培养。英国产蛋白胨和蛋白胨适用于制备产生毒素用的细菌培养。中国产蛋白胨色淡黄、有焦鲜味、颗粒状粉末,易溶于水,pH 5.6~7.0。

**4. 琼脂** 俗称洋菜。是一种胶体多糖,为半乳糖胶,在98 ℃可溶解,45 ℃凝固。常在肉汤中加入2.5%～3%琼脂制成固体培养基。中国制品含水量<18%,灰分量<4%,热水不溶物<0.5%,凝胶强度300 g/cm³以上,符合标准。

**5. 明胶** 由动物皮和骨等组织胶原经部分水解而得。它是一种溶于水的胶体蛋白质,冷却后呈半透明状固体,30 ℃以上溶化。产品达CP级以上,烧灼残渣$SO_4^{2-}$<3%、砷<0.000 3%和铅<0.01%,符合标准。

**6. 酵母浸液** 内含维生素和生长因子,是促进细菌生长繁殖的重要原料。产品为棕黄色黏稠膏状,有特殊气味,溶于水,溶液呈弱酸性、黄色至棕色,$Cl^-$含量<5%,酵母浸液浓度70%以上,炽灼残渣<15%。新鲜的啤酒酵母洗净后加蒸馏水制成的悬液也可替代酵母浸液。制备方法为:鲜酵母100 g加蒸馏水400 mL,修正pH为4.6,加热煮沸10 min,过滤或离心取上清液,调整pH为7.0,滤过除菌、分装、保存。

**7. 抑菌剂** 在进行病原性细菌分离培养鉴别时,需用选择培养基,以抑制某些细菌的生长,故要加入一定量的抑菌剂。常用的化学抑菌剂有胆盐、煌绿、亚硒酸盐、四碳酸盐、叠氮钠和一些抗生素。

**8. 指示剂** 在培养基中加入指示剂,以观察细菌生长繁殖过程中新陈代谢状况。常用的pH指示剂有中性红、酚红和溴甲酚紫等。

### (二) 培养基分类

培养基种类很多,其用途、性状和原料来源各异。因此培养基的系统分类比较困难,按习惯分类如下:

**1. 按原料来源分类**

(1) 天然培养基:即用天然的动物肉、肝、胃和心等原料,或以天然植物的籽粒(豌豆、黄豆)和块根(马铃薯)为原料制成基础培养基,然后根据需要再加入添加物制成。天然培养基原料来源方便,成本较低,应用广泛。适用于生物制品生产,但保存期短、极易变质。

(2) 人工合成培养基:即培养基成分明确,用化学物质(化学试剂、化学药品和生化试剂等)和生物试剂混合制成,也可根据需要加入少量天然物质。人工合成培养基制作简单、使用方便、临用现配,而且易于标准化和系列化,但成本高。

**2. 按理化性状分类**

(1) 液体培养基:是生物制品最常用的培养基,包括用于细菌分离、培养、鉴定和菌种制备等。

(2) 半固体培养基:呈半固体状,通常于液体培养基中加入0.3%～0.5%琼脂制成,多用于如钩端螺旋体等一些菌种保存。

(3) 固体培养基:于液体培养基中加入2.5%～3.0%琼脂或10%～15%明胶制成,前者多用于细菌分离培养、鉴定和部分生物制品;后者多用于细菌生化特性鉴定。

(4) 生化培养基:于液体培养基(蛋白胨水)中加入特定的生化试剂(糖类、指示剂、化学试剂)制成,多用于细菌的生化特性鉴定。

**3. 按用途分类**

(1) 基础培养基:是肉浸出液,可作为其他培养基的基础液,大多数细菌都能生长,在兽医生物制品上应用甚广。

(2) 营养培养基：指在基础培养基中加入血液（血清）、腹水和氨基酸等特殊成分制成的培养基，供一些细菌生长繁殖。

(3) 选择培养基：只供某些细菌生长而抑制另一些细菌生长用的培养基，多在基础培养基或蛋白胨水中加入抑菌剂制成。如SS培养基中含有枸橼酸钠、硫代硫酸钠及煌绿，以抑制除沙门菌和志贺菌外的革兰阳性菌的生长，而加入的胆盐则能促进沙门菌生长。

(4) 鉴别培养基：供细菌初步鉴别用的培养基。如麦康凯培养基中即含有胆盐可抑制大部分革兰阳性菌生长，含有乳糖和中性红指示剂能使发酵乳糖的细菌呈红色，用以鉴别大肠杆菌（菌落呈红色）。

(5) 增菌培养基：具有抑制杂菌促进本菌生长的作用，如四硫磺酸钠增菌培养基可抑制杂菌生长而促进沙门菌大量增殖。

(6) 厌气培养基：于等量肉肝汤中加入肝块和液状石蜡制成。供厌氧菌生长繁殖用。

(7) 生化培养基：通常于蛋白胨水中加入糖类、化学试剂、指示剂等制成。供细菌生化特性鉴定用。

## (三) 培养基制造

制造培养基用的肉、肝和大豆含有极丰富的营养物质。但这些蛋白质应降解处理后，才能被细菌所利用。目前，常用的蛋白质降解方法有水解法、蛋白酶水解法、培养基卵白澄清法及琼脂培养基凝固沉淀法。蛋白质降解产物的种类和含量与原料来源和降解方法等有关。常用培养基的制造、生产、检验和研究用的培养基种类很多，参见其他有关书籍。

**1. 水解法** 分为酸水解法和碱水解法两种。酸水解法，即通常用6 mol/L HCl 煮沸或高压1～2 h 将蛋白质水解，但此法几乎破坏全部色氨酸，且与醛基化合物作用生成黑色，还可破坏部分丝氨酸、苏氨酸和酪氨酸。碱水解法，将蛋白质用6 mol/L NaOH 煮沸6 h 即可完全水解成氨基酸，但氨基酸发生旋光异构作用，产生L型及D型氨基酸，从而降低营养价值，还可破坏部分丝氨酸、苏氨酸、精氨酸、赖氨酸和胱氨酸和放出 $H_2S$。因此本法很少使用。

**2. 蛋白酶水解法** 使用胃蛋白酶、胰蛋白酶或植物蛋白酶，在常温常压和pH 2～8 条件下，可将蛋白质完全降解。所得氨基酸均无破坏和消旋作用，中间产物较多，十分适于培养基制造，但水解时间较长，并需要阻断酶活力。常用蛋白酶的性质与水解方法如下：

(1) 胃蛋白酶水解：胃蛋白酶在胃黏膜中以胃蛋白酶肟存在，用盐酸处理后制成具有活性的胃蛋白酶，活力最适 pH 1.8～2.2，最适温度 38～40 ℃，降解产物大部分是蛋白肟，少量是氨基酸。制造培养基使用胃蛋白酶降解动物肉肝蛋白质时，一般使用 1∶3 000 U 的胃蛋白酶 3 g 溶于 1 000 mL 水中，消化 250 g 肉肝，制成肉肝胃蛋白酶消化汤。无病变、胃黏膜未脱落的新鲜胃组织可以代替胃蛋白酶使用。

(2) 胰蛋白酶水解：胰蛋白酶以胰肟酶状态存在于胰脏，在碱性溶液中活力最强，最适 pH 为 8.0～9.0，pH 4.0 时失去活性，最适温度 60 ℃，但易被破坏，在 37～38 ℃时抵抗力较强。制造培养基时，一般取 2.5 g 胰酶溶于 1 000 mL 水中，可消化 250 g 肌肉，也可用胰脏浸出液替代胰酶。即取去脂猪胰脏 500 g，加蒸馏水 1 500 mL 和 95％酒精 500 mL，密封瓶口后于室温下放 3 d，滤过后取滤液即可。12.5 mL 浸出液相当于 2.5 g 粗制胰蛋白酶。

(3) 植物蛋白酶水解：木瓜酶和微生物蛋白酶等均能降解植物蛋白质。我国用土褐曲霉菌在麦麸发酵提炼而成的粗制曲霉蛋白酶，可消化大豆蛋白。在制造豆蛋白培养基时，将冷榨大豆饼粉按常规法制成豆浆，过滤煮沸，用盐酸调 pH 4.6～4.8，沉淀。沉淀蛋白压干即为粗制豆蛋白。取粗制豆蛋白 100 g，曲霉 20 g 和水 1 000 mL，调 pH 为 6.6～7.0，加 8.5%氯仿，密封，45 ℃消化 22～24 h，经纱布滤过后加 0.5%氯化钠，煮沸 20 min，调 pH 为 7.6～7.8，用活性炭脱色后加 1%酵母浸液，高压灭菌制成。

**3. 培养基卵白澄清法** 培养基浑浊不清时，既影响细菌生长繁殖，也不利于观察，所以需要加以澄清。取鸡卵白 2 个，加蒸馏水 20 mL 后充分搅匀，加入 50 ℃左右 1 000 mL 培养基中，搅匀，然后置蒸汽釜内加热 1 h，使蛋白充分凝固，取出用脱脂棉或滤纸加温滤过，即呈透明的培养基。

**4. 琼脂培养基凝固沉淀法** 由于琼脂含有杂质，质次琼脂杂质含量更高，因而影响培养基的质量和观察检查，需要进行处理。通常将调整 pH 后的琼脂培养基在蒸汽釜内加热 1 h 熔化，取出自然冷却凝固，然后取上层部分加热熔化后分装，即为清净培养基。

（姜　平）

## 第四节　病毒增殖技术

### 一、病毒的复制、增殖与营养

#### （一）病毒的复制增殖

病毒是专性寄生物，自身无完整的酶系统，不能进行独立的物质代谢，必须在活的宿主细胞内才能存活、复制和增殖。病毒的复制增殖过程，大致包括吸附、进入、脱壳、生物合成、装配和释放六个步骤（图 3-8）。

**1. 吸附** 病毒与细胞首先以非特异性的静电引力相结合，然后以不可逆性地与动物细胞膜上存在的病毒受体结合。病毒受体决定特异动物病毒的感染范围，非易感细胞不存在这种受体，故不能吸附病毒。细胞膜受体有脂蛋白受体和黏蛋白受体两种，除具有病毒吸附部位外，尚有促进病毒感染的作用。当病毒和易感细胞存在于液体介质中时，病毒即被细胞吸附。吸附过程受多种因素影响。病毒在 37 ℃环境中吸附最佳，在 4 ℃环境中吸附较差；病毒吸附时间由数分钟到数十分钟不等；通常，阳离子存在下病毒吸附能正常进行；强阴离子存在下病毒吸附缓慢乃至受抑制。

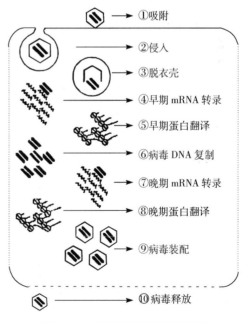

图 3-8　病毒的复制周期的特征

**2. 侵入** 侵入与吸附是一个连续的过程，但侵入需要能量。目前发现病毒侵入细胞有 3

种方式：①病毒直接转入胞浆；②细胞吞饮病毒；③病毒囊膜与细胞融合。无囊膜病毒以前两种方式侵入，有囊膜病毒常以第三种方式进入。病毒进入细胞的速度与温度有关，如用猪肾细胞培养口蹄疫病毒，37℃吸附3 min即有90%病毒进入细胞内，但在25℃则需20 min，15℃以下时就很少能进入细胞。

**3. 脱壳** 囊膜病毒的脱壳过程包括脱膜和脱衣壳、囊膜脂质与细胞膜融合、裸露的病毒体进入细胞质内及衣壳被溶酶体消化裂解并释放出核心中的核酸等。无囊膜病毒仅有脱壳过程。但如疱疹病毒则可能在细胞表面脱去囊膜，而痘病毒则在吞饮泡内脱去囊膜。病毒衣壳的脱落和核酸的逸出，主要在胞质或胞核内完成。病毒脱囊膜主要由细胞水解酶完成，脱衣壳由细胞脱壳酶完成，但酶的形成和特异性受病毒遗传信息制约。

**4. 生物合成** 进入细胞的病毒核酸在细胞质和细胞核内进行自身的复制并合成蛋白质，该过程依赖细胞提供的能量、病毒所需的前体成分和酶等。在此期间，细胞内尚无完整的病毒粒子。病毒的生物合成过程分早期和晚期两个阶段：①早期，主要是由核酸（DNA或RNA）通过mRNA合成酶类蛋白质代谢工具和核酸基因组需要的核苷酸原料；②晚期，主要是通过晚期mRNA合成病毒结构蛋白质。

**5. 装配** 合成的核酸和蛋白质在原部位或转移至胞质内盘卷和浓聚，然后由宿主细胞质释出的多肽移向病毒核酸聚集处，并互相联结形成包壳。有的病毒则将壳微粒亚单位在核酸分子表面构成特定的衣壳或核衣壳，从而组成完整的病毒粒子。囊膜病毒，则由细胞膜获得的脂质和糖类及病毒介导蛋白质在病毒衣壳或核衣壳外形成包膜。病毒核酸复制和蛋白质合成度甚快，但装配效率不高，常有一半核酸和蛋白质不能装配成病毒粒子，但仍可排出细胞外，或成为无感染性的空病毒（空衣壳）。多数DNA病毒在细胞核内合成装配，RNA病毒在细胞质内合成装配。

**6. 释放** 成熟的病毒粒子自细胞释放的方式不一。有的病毒先聚积在细胞空泡内，然后通过细胞通道向外溢出；有的依靠细胞膨胀破裂放出；有的则因细胞感染病毒后死亡裂解或自溶而释出。有囊膜的病毒多数借出芽而穿出细胞游离。然而，无论病毒进入或出芽离开细胞所造成的细胞膜损伤并不会引起细胞死亡。活的细胞易于修补，仍能继续增殖病毒，而细胞自身也能分裂繁殖。病毒在活细胞内复制增殖的速度随病毒种类、细胞种类、形成部位和平衡条件等因素而不同。痘病毒增殖全过程24~28 h，披膜病毒约12 h。动物病毒在1个细胞的增殖量约数千个到百万个。

通常，病毒吸附进入细胞后，有2~12 h的隐蔽期，该期内病毒感染相关病毒不能被检出。接着病毒粒子逐渐成熟，随着细胞膜破裂，无囊膜病毒被释放，有囊膜病毒则通过胞浆膜出芽成熟。其规律性变化如图3-9所示。掌握不同病毒增殖规律，获得高滴度病毒，对研制高质量生物制品十

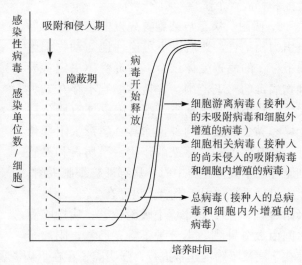

图3-9 病毒生长曲线

分重要。

### (二) 病毒的营养

病毒在复制增殖过程中，直接利用宿主细胞的成分合成自身的核酸和蛋白质，因此宿主细胞的营养就成为病毒自身合成所需的能量和组成成分的来源。目前，为病毒增殖提供营养的方法为动物接种、鸡胚和细胞培养等。其主要营养物质包括无机盐类、蛋白质、氨基酸、糖类和生长因子（维生素、激素和血清滤过因子）等。

## 二、动物增殖病毒技术

病毒性疫苗、抗病血清制造及病原学研究都需要大量病毒。有些病毒必须通过易感动物进行增殖。动物接种也是增殖病毒常采用的一种途径。

### (一) 动物的选择

动物的品质对所增殖病毒的生物学性状影响很大，从而直接或间接地干扰兽医生物制品的质量和实验研究结果。目前，选择动物的标准是：①大动物应来源于非疫区，最好是未接种过相应病毒疫苗、青壮年和健康（经临床检查、检疫）的动物；②对相应病毒易感，并十分敏感；③经隔离饲养和观察检查证明健康；④家兔、小鼠、大鼠等应符合普通级或清洁级实验动物标准；鸡应属非免疫鸡或 SPF 级标准；犬和猫应品种明确，并符合普通级实验动物标准；⑤体重、年龄要基本一致，个体差别不宜过大。

### (二) 接种方法

根据病毒性质和目的，可采取不同途径接种动物。接种方法包括皮下接种、皮内接种、肌肉接种、静脉接种、腹腔接种和脑内接种。

## 三、禽胚增殖病毒技术

1911 年 Rous 等首先应用鸡胚培养研究鸡肉瘤病毒的增殖，但直到 1938 年，该技术才得以应用。Cox 应用卵黄囊培养立克次体后，鸡胚培养技术又广泛用于病毒和立克次氏体的研究。近 20 多年来，虽然组织培养技术发展很快，但鸡胚培养技术仍被广泛地用于病毒的分离、鉴定、抗原制备及疫苗生产等方面。鸡胚来源充足，操作简单。所以，该技术已被广泛用于兽医生物制品制造。

### (一) 禽胚的选择

禽胚对于病毒增殖和生物制品质量极为重要，必须进行精心选择。目前理想的禽胚是 SPF 鸡胚。据国家标准，禽胚不应含有鸡的特定的 22 种病原体，可适用于各种禽疫苗的生产，如新城疫、马立克病、鸡痘、传染性法氏囊病和传染性支气管炎等疫苗。但由于 SPF 鸡饲养条件严格，价格昂贵，商品化种蛋供不应求，故常用非免疫鸡胚加以补充，这种蛋应无特定病原的母源抗体，如用于新城疫疫苗生产的鸡胚应无新城疫母源抗体，否则会影响新城疫病毒在胚内增殖。此外，不同病原对禽胚的适应性也不同，如狂犬病和减蛋综合征病毒在鸭胚中比鸡胚中更易增殖，鸡传染性喉气管炎病毒只能在鸡和火鸡胚内增殖，而不能在鸭胚和鸽胚内增殖等。因此，实际应用时应加以严格选择。普通鸡胚由于可能带有鸡的多种病原体，故不适用于疫苗生产。目前在尚无 SPF 鸭胚的情况下，某些异源性疫苗（如鸡减蛋综合征灭活疫苗等）生产时可选择无干扰抗体的健康鸭胚。

### （二）禽胚接种途径与收获

通常应用的禽胚接种途径和收获方法有四种，即绒毛尿囊膜接种法、尿囊腔接种法、羊膜腔接种法和卵黄囊接种法。有时可采用静脉接种法或脑内接种法。

**1. 绒毛尿囊膜接种法** 多用于嗜皮肤性病毒的增殖，如痘病毒、新城疫和疱疹病毒等。病毒在绒毛尿囊膜上可形成肉眼可见的痘斑。具体接种方法有两种：①选择 10~13 日龄鸡胚，照检后划出气室和胚位，用 5% 碘酊和 75% 酒精两次消毒后于气室部位的卵壳上钻一小孔，穿透壳膜，再于鸡胚面避开血管小心钻一小孔，勿穿透绒毛尿囊膜，然后用橡皮吸球紧贴气室孔轻轻一吸，在照蛋灯下便看到鸡胚面小孔处的绒毛膜下陷造成人工气室（图 3-10A）。随后用 6~7 号细针头慢慢插入人工气室孔，注入 0.1~0.2 mL 病毒液，轻摇鸡蛋使注入物均匀散布于绒毛尿囊膜上（图 3-10B），最后用石蜡封孔，置 35~37 ℃孵化。弃去 24 h 内死胚，每日照蛋 2 次，死亡胚及时置于 4 ℃ 12 h 后收获。②选用 10~13 日龄鸡胚，照检后划出气室，经两次消毒后于气室部位距气室分界线 3~5 mm 处打一小孔（比注射用针头略大，以便接种时减低正压），然后用细针头斜向蛋壳面插入约 5 mm，再退出于气室内注入 0.2 mL 病毒液，封口后将鸡胚直立（气室向上）于 37 ℃放置 2 h，不翻蛋。最后按常规孵化，每日照蛋 2 次，及时取出死亡胚放 4 ℃ 12 h 后收获。收获时用碘酒消毒人工气室或气室周围蛋壳，去除蛋壳和壳膜，用灭菌镊子轻轻夹起绒毛尿囊膜，并沿气室周围将绒毛尿囊膜全部剪下，取病变明显部位，经研磨制成病毒悬液。

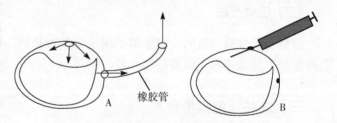

图 3-10 鸡胚绒毛尿囊膜接种法
A. 打孔、吸气、造气室　B. 进针位置

**2. 尿囊腔接种法** 一般用于新城疫病毒、鸭传染性肝炎病毒和传染性支气管炎病毒等。在生物制品上应用最广。接种方法见图 3-11。通常选 9~11 日龄鸡胚，照检后划出气室边界、在胚胎距气室边界上或/和下 2~3 mm 处避开血管作标记，用碘酒消毒后，在标记处用蛋钻打小孔，勿损伤壳膜，注入病毒 0.1~0.2 mL，石蜡封口后置 37 ℃培养，每日照检 1 次，24 h 内死胚弃去不用。然后根据不同病毒，收获不同时间内死亡或存活的鸡胚尿囊毒液和羊水。收获时，通常在收获前将鸡胚于 4 ℃放置 6 h 或过夜或 -20 ℃放置 0.5~1 h，使血液凝固以免收获时流出的红细胞与尿囊液或羊水中的病毒发生凝集，造成病毒滴度下降。然后用碘酒消毒气室部蛋壳，并去除蛋壳和壳膜，再用灭菌吸管通过绒毛尿囊膜插入尿囊腔，吸取尿囊液和羊水备用（图 3-12）。

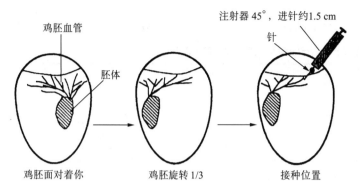

图 3-11 尿囊腔接种法

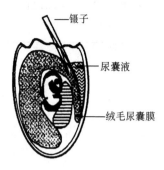

图 3-12 尿囊液收获方法

**3. 卵黄囊接种法** 主要用于立克次体、鹦鹉热亲衣原体及某些病毒的增殖。通常用 5~8 日龄鸡胚，经照检后划出气室和胎位，在气室中心壳上钻一小孔，接种的针头沿胚的纵轴插入约 30 mm，注入 0.1~0.2 mL 接种物后封口孵化（图 3-13）。收获时，无菌操作撕破绒毛尿囊膜和羊膜，夹起鸡胚切断卵黄带，置灭菌平皿中，如系收获鸡胚则将鸡胚低温保存备用；如系收获卵黄囊则将蛋内容物倒入平皿内，用镊子将卵黄囊及绒毛尿囊膜分开，用灭菌生理盐水冲去卵黄，取卵黄囊置低温中保存备用。

**4. 羊膜腔接种法** 操作时需在照蛋灯下进行，成功率约 80%。先将 10~12 日龄鸡胚直立于蛋盘上，气室朝上使胚胎上浮，划出气室和胚胎位置，在气室端靠近胚胎侧的蛋壳上钻孔（孔径略大于注射用针头），在照蛋灯下将注射器针头轻轻刺向胚体，当稍感抵抗时即可注入病毒液 0.1~0.2 mL。也可将注射器针头刺向胚体后，以针头拨动胚体下颚或腿，如胚体随针头的拨动而动，则说明针头已进入羊膜腔，然后再注射病毒液，最后封口孵化。本法可使病毒感染鸡胚全部组织，病毒且可通过胚体泄入尿囊腔，收获方法与尿囊腔接种方法相同。

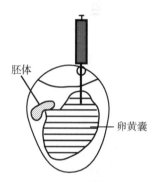

图 3-13 鸡胚卵黄囊接种法

**5. 脑内接种法** 常用于狂犬病病毒的增殖。选用 8~13 日龄鸡胚，划出气室和胎位，按羊膜腔接种法在接种部位钻一小孔，在绒毛尿囊膜上无大血管处切开一小口，用弯头镊子通过羊膜夹住鸡胚眼睑固定头部，用 0.25 mL 注射器插入鸡胚注入病毒液 0.01~0.02 mL，收获时无菌条件下取出鸡胚，低温保存备用。

**6. 胚体接种法** 接种方法与脑内接种法相同，但针头需要刺入胚体内接种。

**7. 静脉接种法** 用 11~14 日龄鸡胚，在照蛋灯下选一绒毛尿囊膜上大而较直的静脉（静脉位置应表浅、不动），并在蛋壳上划一长方形（5 mm×15 mm）记号，并划出血流方向。用蛋钻在注射部位开一长方形裂痕，除去蛋壳，于蛋窗内壳膜上滴一滴灭菌液状石蜡，使静脉透明可见，用注射器顺血流方向刺入血管注入 0.05~0.2 mL 病毒液后，缓慢拔出针头后可不封口，37 ℃ 孵化，每日照检 1~2 次，弃 24 h 内死胚。收获时按脑内接种法沿反血流方向静脉插入针头，吸收 0.05~0.5 mL 血液，鸡胚仍能存活。或者去除气室蛋壳，滴一滴液状石蜡于蛋膜，通过蛋膜用针头刺破内部大血管，使血液渗出壳膜之上，用吸管吸取，可得 0.5 mL 血液。

不同病毒在胚内增殖的特点有所不同，表 3-1 概括了几种重要病毒在胚内增殖的特征。

表 3-1 一些病毒在胚内的增殖变化

| 病毒 | 日龄 | 适宜接种途径 | 培养温度（℃） | 培养时间（d） | 表现 | 收获物 |
|---|---|---|---|---|---|---|
| 新城疫病毒 | 9～11 | 绒毛尿囊膜，尿囊腔或羊膜腔 | 32～37 | 4～5 | 出血，凝集红细胞 | 尿囊液、羊水、绒毛尿囊膜 |
| 禽流感病毒 | 9～12 | 尿囊腔、羊膜腔 | 33～35 | 1.5～2 | 凝集红细胞 | 尿囊液、羊水 |
| 传染性支气管炎病毒 | 11～13 | 绒毛尿囊膜 | 37 | 37 | 萎缩胚 | 绒毛尿囊膜，尿囊液、羊水、卵黄囊 |
| | 8～10 | 尿囊腔 | 30～36 | 2～3 | | |
| | 5～6 | 卵黄囊 | 37 | 3～4 | | |
| 鸡痘病毒 | 11～12 | 绒毛尿囊膜，尿囊腔 | 37 | 4～5 | 痘斑 | 绒毛尿囊膜 |
| 传染性喉气管炎病毒 | 11～12 | 绒毛尿囊膜 | 37 | 5 | 痘斑 | 绒毛尿囊膜，尿囊液、羊水、胚体 |
| | | 羊膜腔 | 37 | 5 | 包涵体 | |
| 传染性法氏囊病病毒 | 9～10 | 绒毛尿囊膜，卵黄囊、尿囊腔 | 37 | 3～6 | 出血、水肿 | 绒毛尿囊膜、胚体、卵黄囊 |
| 鸭病毒性肝炎病毒 | 9～11 | 尿囊腔 | 37 | 5～6 | 出血、水肿 | 尿囊液、胚体 |
| | 5～7 | 卵黄囊 | | | | |
| 鸭瘟病毒 | 9～12 | 绒毛尿囊膜 | 37 | 3～7 | 出血、水肿 | 绒毛尿囊膜、胚体 |
| 兔黏液瘤病毒 | 9～10 | 绒毛尿囊膜 | 37 | 3～5 | 痘斑 | 绒毛尿囊膜 |
| 羊痘病毒鸡胚化弱毒株 | 9～10 | 绒毛尿囊膜 | 37 | 4～5 | 痘斑 | 绒毛尿囊膜 |

### （三）影响禽胚增殖病毒的因素

**1. 种蛋质量** 种蛋质量直接与增殖病毒的质和量相关。当然，最理想的禽胚是 SPF 种蛋，其次是非免疫种蛋，而普通种蛋则不适合用于兽医生物制品制造。

（1）病原微生物：家禽有很多疫病可经垂直传递于鸡胚，如白血病、脑脊髓炎、腺病毒、支原体及传染性贫血病毒等。这些病原体既可污染制品本身，又可影响接种病毒在鸡胚内增殖，如新城疫病毒接种 SPF 鸡胚和非免疫鸡胚，在相同条件下增殖培养，前者鸡胚液毒价比后者至少高几个滴度。

（2）母源抗体：鸡在感染一些病原或接受一些抗原后，会使其种蛋带有母源抗体，从而影响病毒在鸡胚内增殖，如鸡传染性法氏囊病病毒强毒株接种 SPF 鸡胚，鸡胚死亡率达 100%，但接种非免疫鸡胚，死亡率仅约 30%。

（3）抗生素：家禽混合饲料中常含有一定的抗生素。这种微量的抗生素可在蛋中引起残留，从而影响病原体的增殖。如用四环素喂产蛋母鸡，则鸡胚对立克次体和鹦鹉热亲衣原体的感染产生抵抗。

**2. 孵化技术** 为获得高滴度病毒，需有适宜的孵化条件，并加以控制，这样才会使鸡胚发育良好，有利于病毒增殖。

（1）温度：温度是禽胚孵化技术成功的首要条件。通常禽胚发育的适宜温度为37～39.5 ℃。根据孵化设备及孵化室的不同，实际采用的温度可作适当调整，如用机械通风的主体孵化机孵化，其适宜温度应控制在37.8～38 ℃。鸭、鹅蛋大且壳厚，蛋内脂肪含量较高，故所用孵化温度比鸡蛋略高。此外，禽胚较能忍受低温，短期降温对鸡胚发育还有促进作用，故禽胚孵化温度应严格控制，宁低勿高。有些病毒对温度比较敏感，如鸡胚接种传染性支气管炎病毒后，应严格控制孵化温度，不应超过37 ℃。

（2）湿度：湿度可控制孵化过程中蛋内水分的蒸发。湿度增高，则空气含水量增加，鸡胚蒸发出的水分降低；反之，则孵化机内空气干燥，鸡胚水分蒸发增加。因此控制相对湿度是必要的。一般禽胚对湿度的适应范围较宽，且有一定的耐受能力。在孵化过程中，湿度偏差5%～10%对禽胚发育没有严重影响。鸡胚孵化湿度标准为53%～57%，水禽胚孵化湿度比鸡胚高5%～10%。

（3）通风：禽胚在发育过程中吸入氧气，排出二氧化碳。随胚龄增长需更换孵化机内空气。目前使用的孵化机，通常采用机械通风法吸入新鲜空气排出部分污浊气体。如采用普通恒温箱培养，则不应完全密闭，应定期开启以保持箱内空气新鲜。

（4）翻蛋：通常种蛋大头向上垂直放置入孵，在孵化过程中定期翻蛋，改变位置，既可使胚胎受热均匀，有利于发育；又可防止胚胎与蛋壳粘连。翻蛋在鸡胚孵化至第4～7 d尤为重要。翻蛋还可改变蛋内部压力，使胚胎组织受热均匀，强制胚胎定期活动，促进胚胎发育。

**3. 接种技术**　不同病毒的增殖有不同的接种途径，同一种病毒接种不同日龄禽胚获得的病毒量也不同。如通常鸡胚发育至13～14日龄、鸭胚发育至15～16日龄，尿囊液含量最高，平均约6～8 mL，羊水约1～2 mL。因此，由尿囊腔接种病毒时，应根据不同病毒培养所需要的时间选择最恰当的接种胚龄，以获得最高量病毒液。同时，接种操作应严格按照规定，不应伤及胚体和血管，以免影响其发育，使病毒增殖速度降低或停止。

此外，禽胚污染是危害病毒增殖最严重的因素之一，应严格防止。因此必须做到：①鸡胚接种时严格无菌操作；②定期清扫消毒孵化室，保持室内空气新鲜，无尘土飞扬；③种蛋入孵前先用温水清洗，再用0.1%来苏儿或新洁尔灭消毒，晾干。

## 四、细胞培养与病毒增殖技术

自20世纪40年代末首次发现脊髓灰质炎病毒在体外非神经组织生长复制以来，细胞培养已成为增殖病毒的主要方法。病毒细胞培养的原理主要是为病毒易感的组织细胞提供良好的生长环境，使细胞适应并繁殖，从而为病毒增殖提供宿主进行复制。细胞增殖病毒技术包括细胞培养技术和病毒增殖技术两个方面。

### （一）细胞培养技术

**1. 细胞培养的概念**　细胞培养（cell culture）是指利用机械、酶或化学方法使动物组织或传代细胞分散成单个乃至2～4个细胞团悬液进行培养。根据培养细胞的染色体和繁殖特性，细胞可分为三类，即原代细胞、细胞株和传代细胞。当然，广义上讲，细胞培养也包括器官培养和组织培养。组织培养（tissue culture）是指从体内取出组织，模拟体内生理环境，在无菌、适当温度和一定营养条件下，使之生存和生长，并维持其结构和功能的方法。由于组织培养和细胞培养无严格的区别，目前组织培养这一用语逐渐被细胞培养所取代。器官培养是指对未分散组织进行培养，可保留部分或全部组织在机体中的组织形态。器官培养技术有一定难度。

(1) 原代细胞（primary cell）：是指由新鲜组织经剪碎和胰酶消化制备的细胞，如鸡胚成纤维细胞。原代细胞对病毒的检测最为敏感，但制备和应用不方便。原代细胞传代1次后的细胞称为次代细胞。次代细胞形态和染色体与原代细胞基本相同。原代细胞一般仅可传3代左右。

(2) 细胞株（cell strain）：又称二倍体细胞，是指自继代培养的细胞中选育出具有特殊生物学性质和标记的细胞。这类细胞且能保持原来的二倍染色体数目，能连续传很多代（50～100代），但为有限生命，没有肿瘤原。如 $PK_{15}$（猪肾细胞株）、$BHK_{21}$（地鼠肾细胞株）和 Vero（非洲绿猴肾细胞株）等。细胞株广泛适用于病毒性生物制剂制备（如疫苗生产），安全性可靠。

(3) 传代细胞（continued cell line）：又称细胞系（cell line）或非二倍体细胞系（non-diploided cell lines），能在体外无限传代，应用方便，其染色体数目及增殖特性均类似于恶性肿瘤细胞，且多来源于癌细胞，如 HeLa 细胞系（人子宫颈癌细胞）、RAG 细胞系（鼠肾腺癌细胞）等，有致癌性，故不能用于疫苗制备，多用于病毒的分离鉴定。

**2. 细胞培养方法** 随着生物技术的发展，细胞培养方法也日益增多。目前在兽医生物制品上适用的有下列几种方法。

(1) 静置培养：将细胞悬液接入培养瓶或培养板中置恒温箱内静置培养，细胞生长繁殖成单层或克隆。静置培养是最常用的细胞培养方法，广泛用于病毒研究和生物制品制造。

(2) 转瓶培养：将细胞悬液接入转瓶后放于恒温箱的转鼓上，转鼓转速一般为10～20转/小时，使贴壁细胞不始终浸于培养液中，有利于细胞呼吸和物质交换。可在少量的培养液中培养大量的细胞来增殖病毒。多用于生物制品生产。

(3) 悬浮培养（suspension cell culture）：悬浮培养技术是在生物反应器中、人工条件下高密度大规模培养动物细胞，并用于生物制品生产的技术。根据细胞是否贴壁，该技术分为全悬浮细胞培养和贴壁细胞微载体悬浮培养。

**3. 细胞制备**

(1) 原代细胞：原代细胞制备时首先选取适当组织或器官，如鸡胚体、乳鼠肾脏或犊牛睾丸等，采用机械分散法如剪碎、挤压等使之成为小块（约为 $1~mm^3$），然后用 0.25%～0.5% 胰酶（pH 7.4～7.6）消化掉细胞间的组织蛋白，消化的时间长短与温度、组织的来源及大小等有关，一般37℃消化10～30 min，4℃消化需要过夜。消化好的组织块去掉胰酶经吹打成分散的细胞，用于培养。

(2) 传代细胞：单层细胞传代时多采用 EDTA（乙二胺四乙酸）-胰酶消化法，胰酶浓度为 0.025%，其作用是消化细胞间的组织蛋白；EDTA 浓度为 0.01%，其作用是螯合维持细胞间结合的钙镁离子和细胞与细胞瓶间的钙镁离子，使细胞易脱落和分散。单层细胞经 EDTA-胰酶消化，洗涤2～3次，再加少量消化液消化，待细胞刚圆缩时即可加入营养液轻轻吹打，使之分散为单细胞。某些半悬浮培养或悬浮培养的细胞如 SP2/0 瘤细胞，不需消化液消化,采用机械吹打即可形成单细胞。

(3) 细胞冻存与复苏:细胞株与细胞系均需保存于液氮中(-196 ℃)。为防止细胞在冻存过程中因渗透压、pH 等改变以及机械损伤而影响活力,需向培养液中加入亲水性强、毒性小、易通过细胞膜的 DMSO(二甲基亚砜)作为保护剂,从而使冰点降低,在缓慢冻结下能使细胞内水分在冻结前透过细胞外,以防止细胞内形成冰晶对细胞造成的伤害。DMSO 终浓度为 5%~15%,常用 10%。

为保持细胞最大活率,一般采用慢冻快融法。多采取冷冻速度为每分钟下降 1~2 ℃,当温度达-25 ℃时,速度可增至 5~10 ℃/min,到-100 ℃时则可迅速浸入液氮中。也可采用如下程序:取对数生长期细胞消化后离心,将细胞沉淀用冻存液(10%DMSO,20%犊牛血清,70%MEM)悬浮至 200 万~500 万个/mL,分装于细胞冻存管后 4 ℃放置 1 h,然后-20 ℃冰箱放置 2 h,再放入-70 ℃冰箱 4~6 h 后放入液氮保存。复苏时要求快速融化以防止损害细胞。通常将从液氮中取出的细胞管置 37~40 ℃水浴 40~60 s 溶化,离心后除去冻存液,然后将细胞悬浮于培养液中培养。必要时待细胞完全贴壁后换液 1 次,以防止残留的 DMSO 对细胞有害。细胞在液氮中可储存 3~5 年。通常,每冻存 1 年应再复苏 1 次。

**4. 细胞培养要素** 细胞在适应的培养条件下可迅速增殖,但若在不良环境中细胞会变圆或停止生长,甚至死亡。细胞培养要素包括培养液、血清、细胞接种量、pH、温度、无菌条件和培养器皿清洁度等。

(1) 培养液:以往多用天然培养液,现多用合成培养液。合成培养液有多种,如 MEM、RPMI-1640 和 199 等,各有其特点和适用范围。MEM 主要成分为 13 种必需氨基酸、8 种维生素、糖和无机盐等成分。RPMI-1640、199 和 LH 营养液还含有其他氨基酸。不同培养液适用于不同细胞,LH 多用于鸡胚成纤维细胞培养;MEM 适用于各种二倍体细胞,是最常用的培养液;199 多用于原代肾细胞培养;RPMI-1640 和 DMEM 主要用于肿瘤细胞和淋巴细胞培养。

(2) 血清:在细胞培养液中必须加入一定量的血清方能获得成功。血清中除含有细胞生长的部分必需氨基酸外,还有促进细胞生长和贴壁的成分。血清中的 α 珠蛋白和白蛋白能促进细胞生长,刺激细胞的生长活力;白蛋白具有解除脂肪酸、胰酶及金属离子等的毒性作用;糖蛋白、$\alpha_2$ 球蛋白和 β 脂蛋白 G2 能促进细胞贴壁。此外,血清中的一些滤过物质乃是刺激和促进细胞生长的重要因子。不同品种动物血清的作用差别较大,即使同一品种动物的不同个体间的差异也很显著。实践证明,同种动物优于异种动物血清;人和牛血清优于马血清;马血清又优于兔血清和鸡血清。目前国内多用犊牛血清,使用前需经 56 ℃灭活 30 min,并进行细胞毒性试验。生长液血清含量一般为 5%~20%。不同种细胞要求血清量也不同,大部分细胞生长液中加入 10%血清已可满足细胞生长要求。维持液中血清量为 0~5%。最好尽可能不加入血清以维持细胞活力,并避免血清对病毒增殖的抑制作用。目前国内外正在研制无血清培养液,以避免血清中某些物质对细胞生长和病毒复制的影响。

无血清培养液由基础培养液和血清替代因子组成。常用的基础液为 MEM、199、DMEM、F12、RPMI-1640、DMEM+F12(1∶1,称 SFFD)和 RPMI-1640+DMEM+F12(2∶1∶1,称 RDE)等。血清替代因子有激素和生长因子(如胰岛素、上皮生长因子)、结合蛋白(如转铁蛋白)、贴壁因子(如鱼精蛋白、聚赖氨酸)和微量元素(如硒)四类几十种,其中有些是主要而且必需的,有些为辅助作用因子。多数无血清培养液需补加

3~8种血清替代因子。目前，已经有一些公司生产销售商品化的无血清培养基（液）和无血清无蛋白培养基（液），为细胞纯悬浮培养提供了物质和技术基础。

（3）细胞接种量：在适宜的培养条件下，需要有一定量活细胞才能生长繁殖，这是因为细胞在生长过程中分泌刺激细胞分裂的物质，若细胞量太少，这些物质分泌量少，而作用也小。此外，细胞接种量和形成单层的速度也有关，接种细胞数量越大，细胞生长为单层的速度越快，但细胞过多对细胞生长也不利。一般鸡胚成纤维细胞为100万个/mL，小鼠或地鼠肾细胞为50万个/mL，猴肾细胞量为30万个/mL，传代细胞为10万~30万个/mL。

（4）pH：细胞生长的pH为6.6~7.8，但最适宜的pH为7.0~7.4。培养液中的缓冲体系主要是碳酸氢盐、磷酸氢盐和血清。细胞代谢产生的各种酸性物质可使pH下降，而培养液中的碳酸氢钠产生二氧化碳又使pH增高。必要时可加入氢离子缓冲剂HEPES（10~15 mmol/L），以增加培养液的缓冲能力。

（5）温度：细胞培养的最适宜温度应与细胞来源的动物体温一致，在此基础上，如升高2~3℃，则对细胞产生不良影响，甚至在24 h内死亡。低温对细胞影响较小，在20~25℃时细胞仍可缓慢生长。

此外，成功的细胞培养还需要严格的无菌操作及洁净的培养器皿。

**5. 细胞培养污染问题**　细胞培养污染是指在细胞培养过程中有害的成分或造成细胞不纯的异物混入细胞培养环境中，包括微生物（细菌、真菌、支原体、病毒和原虫等）、化学物和异种细胞等。但微生物的污染最常见，化学物污染较少，而细胞交叉污染近几年来随细胞种类增多也有发生。

（1）细菌污染：多见于消毒不彻底、操作不严格和环境污染所致，表现为营养液很快浑浊和pH下降，随之细胞死亡脱落。常见的污染菌有大肠杆菌、假单胞菌和葡萄球菌等。应用抗生素预防或处理污染细胞有一定效果。

（2）真菌污染：也与消毒不彻底和操作不严格有关。在培养液中可见白色或黄色小点状悬浮物，镜检时可见菌丝结构。念珠菌或酵母菌污染后镜检可见卵圆形菌分散于细胞周边和悬浮于营养液内，有折光性。真菌污染时可用两性霉素或制霉菌素处理，但效果不理想。

（3）支原体污染：支原体在细胞培养中最常见，不易察觉，危害较大。目前细胞支原体污染率为50%~60%，主要来源于犊牛血清、实验人员、细胞原始材料及已污染细胞。支原体污染可多方面影响细胞的功能和活力，如引起细胞产生病变、竞争细胞的营养、抑制或刺激淋巴细胞转化、造成细胞染色体缺损及促进或抑制病毒增殖等。

检测支原体污染的方法很多，如相差显微镜法、荧光染色法和电镜观察法等。迄今尚无消除支原体污染的简便方法，目前多用以下方法：①抗生素（四环素、金霉素、卡那霉素、泰乐霉素、新生霉素）处理；②41℃处理18 h；③加入特异性抗支原体高免血清等。这些方法在一定程度上能降低支原体在细胞培养中的滴度，但很难彻底清除。

（4）病毒污染：病毒污染是指细胞培养中出现非目的病毒。其来源有：①组织带毒，如鸡胚成纤维细胞常有禽呼肠孤病毒；在某些细胞株和细胞系内也有潜在病毒污染，如$PK_{15}$细胞常有猪圆环病毒污染。②培养液带毒，主要是在病毒污染实验室中，培养液配制过程中受到污染。病毒污染后细胞往往出现病变。有些病毒虽不出现病变，却干扰目的病毒的增殖。细胞一旦污染病毒，就很难排除。因此主要以预防为主，如选择SPF动物组织、营养液配制用水和器皿应消毒后使用等。

此外，在犊牛血清中，有时会发现一种新的对细胞培养有害的胶原虫，一经污染就难以消除。目前唯一的方法是将犊牛血清37 ℃培养1个月以上，然后高速离心取沉淀物镜检胶原虫。此外，对SP2/0等肿瘤细胞可腹腔注射到小鼠体内，利用巨噬细胞杀死部分胶原虫，然后再抽取细胞进行培养检验。

## （二）病毒培养

**1. 细胞的选择** 病毒需在敏感的宿主细胞中增殖，病毒培养的宿主细胞一般选择相应易感动物的组织细胞。如增殖口蹄疫病毒可选择牛、猪或地鼠细胞；马传染性贫血病毒选择马属动物的细胞等。但非敏感动物的细胞有时也能使病毒生长，如鸭胚成纤维细胞可培养马立克病毒。不同病毒的细胞感染谱不相同（表3-2），同一病毒在不同敏感细胞的增殖其毒价也不尽相同。

**2. 细胞培养病毒要素** 病毒在敏感细胞上增殖需要一定条件，包括维持液、犊牛血清量、温度、pH、病毒接毒量和方法等，只有在最佳条件下，病毒才能大量增殖，毒价才会最高。

（1）血清：细胞培养必须加一定量血清。但是，血清中存在一些非特异性抑制因子，它们对某些病毒的生长和增殖有抑制作用，且56 ℃经30 min不能被灭活。所以犊牛或成牛血清对某些病毒增殖有明显的抑制作用，如水貂传染性肠炎病毒和鸡传染性法氏囊病病毒等。为了克服血清中非特异性抑制因子的作用，病毒维持液内犊牛血清含量一般不超过2%。大多数病毒细胞培养维持液不加血清，但对同步接毒的病毒细胞培养，如细小病毒必须加入一定量血清。为降低血清对病毒增殖的抑制，有时用高岭土或受体破坏酶（RDE）处理可起到一定效果。

（2）温度：病毒细胞培养的温度多数为37 ℃，此温度有利于病毒吸附和侵入细胞，如脊髓灰质炎病毒在1 ℃对细胞的吸附率仅是其在37 ℃时的1/10；口蹄疫病毒于37 ℃可在3～5 min内使90%的敏感细胞发生感染，而在25 ℃时需要20 min，15 ℃以下则很少引起感染。有些病毒的最适温度或高于37 ℃或低于37 ℃，如狂犬病病毒适宜温度为30～40 ℃，最适温度为32 ℃，犬疱疹病毒最适增殖温度为35～37 ℃，通常用36 ℃；阿留申病毒在31.8 ℃条件下能在猫肾细胞复制增殖。

（3）pH：细胞在生长过程中产生各种酸类物质，使生长液pH下降。细胞感染病毒后由于代谢障碍产酸能力降低，且因细胞破坏释放碱性成分，故维持液pH下降很慢。但大部分病毒感染细胞后需要3～7 d才会出现明显病变，在此时间内维持液中酸性物质仍可蓄积较多，导致维持液pH降至很低。因此在配制维持液时，pH一般在7.6～7.8才能防止细胞过早老化，有利于病毒增殖。如果维持液pH下降过快过低时可用7.5%$NaHCO_3$液调整，如腺病毒细胞培养，由于感染细胞的有丝分裂受阻，糖酵解增高，产酸量增加，维持液pH下降很快。

（4）接毒量与接毒方法：病毒接种一般按维持液的1%～10%（V/V）量接入。接种量小，细胞不能完全发生感染，会影响毒价；接种量过大，会产生大量无感染性缺陷病毒，如水疱性口炎病毒。为获得培养液中典型病毒和高度感染性，接种时必须用高稀释度的病毒液，如应用高浓度的病毒液传代，在第3～4代时会出现明显的缺陷病毒，发生自我干扰现象，病毒滴度下降。科学的接种量应以$TCID_{50}$为依据。

### 表3-2 常见病毒感染的敏感细胞

| 病　毒 | 敏　感　细　胞 |
|---|---|
| 口蹄疫病毒 | $BHK_{21}$细胞、$PK_{15}$细胞、$IBRS_2$细胞，牛、猪、羊肾原代细胞 |
| 狂犬病病毒 | $BHK_{21}$细胞、$WI_{26}$细胞、鸡胚成纤维细胞 |
| 伪狂犬病病毒 | 猪、兔肾原代细胞，鸡胚成纤维细胞，$BHK_{21}$细胞 |
| 流行性乙型脑炎病毒 | 鸡胚成纤维细胞、地鼠肾细胞 |
| 猪瘟病毒 | 牛睾丸细胞、ST细胞、$PK_{15}$细胞 |
| 猪水疱病病毒 | $PK_{15}$细胞、$IBRS_{21}$细胞、猪肾细胞 |
| 猪传染性胃肠炎病毒 | 猪肾、甲状腺、唾液腺细胞 |
| 猪流行性腹泻病毒 | Vero细胞 |
| 猪繁殖与呼吸综合征病毒 | Marc145细胞、CL2621细胞、猪肺泡巨噬细胞 |
| 猪圆环病毒2型 | $PK_{15}$细胞 |
| 猪细小病毒 | ST细胞、猪肾细胞 |
| 猪脑心肌炎病毒 | 鼠胚成纤维细胞（FMF）、$BHK_{21}$细胞 |
| 牛病毒性腹泻-黏膜病病毒 | 牛肾细胞、睾丸细胞 |
| 牛流行热病毒 | 牛肾、睾丸细胞，$BHK_{21}$细胞、Vero细胞 |
| 牛传染性鼻气管炎病毒 | 牛睾丸细胞、猪肾细胞、HeLa细胞 |
| 马传染性贫血病毒 | 驴、马白细胞 |
| 鸡传染性喉气管炎病毒 | 鸡胚肾细胞 |
| 鸡痘病毒 | 鸡胚成纤维细胞、肾细胞 |
| 鸡传染性法氏囊病病毒 | 鸡胚成纤维细胞、Vero细胞 |
| 鸡马立克病病毒 | 鸡、鸭胚成纤维细胞 |
| 禽流感病毒 | MDCK细胞 |
| 鸭瘟病毒 | 鸡、鸭、鹅胚成纤维细胞 |
| 小鹅瘟病毒 | 鹅胚成纤维细胞 |
| 兔黏液瘤病毒 | 乳兔肾细胞、鸡胚成纤维细胞 |
| 犬瘟热病毒 | 鸡胚成纤维细胞、犬肾细胞、Vero细胞 |
| 犬传染性肠炎病毒 | MDCK细胞、$FK_{81}$细胞、NLFK细胞、CRFK细胞，猫、犬肾细胞 |
| 犬传染性肝炎病毒 | MDCK细胞，犬睾丸细胞、肾细胞 |
| 犬细小病毒 | MDCK细胞、$FK_{81}$细胞、犬、猫胚肾细胞，水貂肺细胞系（CCL-64） |
| 犬副感流病毒 | Vero细胞、犬、猴肾细胞 |
| 猫泛白细胞减少症病毒 | $FK_{81}$细胞、NLFK细胞、CRFK细胞、$FLF_{31}$细胞、猫肾细胞 |
| 水貂传染性肠炎病毒 | $FK_{81}$细胞、NLFK细胞、CRFK细胞、猫、水貂肾细胞 |
| 水貂阿留申病毒 | 水貂肾细胞 |

病毒接种细胞方法有两种：异步接毒和同步接毒。异步接毒是细胞长成单层后倒去生长液，按维持液的1%～10%（V/V）量接毒，37℃吸附1h后加入维持液。多数病毒采用该接毒方式。同步接毒是在种植细胞的同时或在种植细胞4h内将病毒接入，主要用于病毒复制发生在细胞有丝分裂盛期的病毒，如细小病毒等。

**3. 支原体污染问题** 支原体污染影响病毒增殖，可使病毒蚀斑形成单位平均下降10倍。如痘病毒、犬瘟热病毒、马立克病毒和新城疫病毒等，均能被鸡毒支原体所抑制。但支原体污染使病毒增殖增强的例子也有报道，如精氨酸支原体污染的鼠胚成纤维细胞上增殖水疱性口炎病毒，病毒滴度可增加1个对数单位值。此外呼吸道合胞体病毒、鱼传染性胰腺坏死病毒和传染性出血热病毒也可因支原体污染而增加产毒量。而流行性乙型脑炎病毒在口腔支原体污染的猪肾传代细胞上增殖不受影响。

支原体污染影响病毒增殖的机制有两种：①干扰素诱导与干扰素活性抑制，如精氨酸支原体通过抑制水疱性口炎病毒对干扰素的诱导而使病毒增殖增强。②病毒、支原体对共同营养需求成分的竞争。利用精氨酸的支原体抑制需求精氨酸的病毒增殖。如腺病毒、马立克病毒和流感病毒，均受利用精氨酸的支原体所抑制。

**4. 病毒增殖指标与收获** 多数病毒在敏感细胞增殖可引起细胞代谢等方面的变化，发生形态改变，即细胞病变（CPE），显微镜下主要表现为：①细胞圆缩，如痘病毒和呼肠孤病毒等；②细胞聚合，如腺病毒；③细胞融合形成合胞体，如副黏病毒和疱疹病毒；④轻微病变，如正黏病毒、冠状病毒、弹状病毒和反转录病毒等。包涵体和血凝性也可作为检查病毒增殖的指标。有些病毒在细胞上增殖则不产生CPE，如猪瘟病毒和猪圆环病毒等。

病毒在敏感细胞内增殖一般在CPE达80%左右时收获，反复冻融多次使病毒释放，然后3 000 r/min离心15～20 min除去细胞碎片，上清病毒液-20℃保存。病毒毒价测定方法多采用$TCID_{50}$、中和试验、琼脂扩散试验、血凝试验、ELISA和补体结合试验等免疫学方法。

## （三）疫苗生产用细胞库的建立

生产用细胞系是疫苗生产中除基础种子外最重要的生物源性原材料，对疫苗终产品的质量有直接影响。因此，对生产用的细胞系研究背景必须清楚，包括细胞来源、代号、代次、历史（包括细胞系的建立、鉴定和传代等）、主要生物学特性和核型分析特征。细胞的传代过程中，细胞本身的某些特性会发生一定程度的改变，任何生产用细胞都不能无限制地进行传代，因此必须按照种子批管理制度建立细胞库种子批，包括原始细胞、基础细胞和生产细胞，对不同代次细胞保存、生物学特性、对病毒敏感性、外源因子、核型、致癌/致肿瘤性进行系统鉴定，确定生产用细胞的最高代次。

**1. 细胞种子外源微生物的检测** 取不同代次细胞，根据细胞对不同病毒的易感性和可能发生的对产品的污染，确定需要检测的外源微生物，选择合适的检测方法分别进行检测，包括无支原体、酵母和其他各种相关病毒，如用Marc145细胞生产猪繁殖与呼吸综合征病毒疫苗，应用人猪红细胞检测血凝性病毒，用PCR方法或免疫荧光技术分别检测猪瘟病毒、猪圆环病毒、细小病毒和牛黏膜病病毒等，用ST细胞生产猪瘟疫苗，应检测猪圆环病毒、细小病毒和牛黏膜病病毒等。

**2. 核型试验** 将不同代次的细胞培养于细胞载玻片上或培养皿内，形成单层后在显微镜下观察细胞形态，并用10%福尔马林固定，按常规方法进行HE染色，显微镜下观察细胞核无分裂象。

**3. 致癌/致肿瘤性试验** 一般选择裸鼠进行成瘤试验。将不同代次的细胞单层经胰酶消化后进行计数，稀释细胞浓度至$10^4 \sim 10^6$个/mL，背部皮下注射裸鼠，200 μL/只，并设定阴阳性对照，隔离饲养一个月左右，观察裸鼠颈背有无肿瘤形成，并取局部组织，进行组织病理学检查，观察局部组织和器官组织有无肿瘤特征，如异型核和病理性核分裂等。

### （四）病毒规模化培养

**1. 细胞悬浮培养技术** 细胞悬浮培养技术是在生物反应器中、人工条件下高密度大规模培养动物细胞用于生物制品生产的技术，根据细胞是否贴壁，分为悬浮细胞培养和贴壁细胞微载体悬浮培养。

全悬浮培养指是通过振荡或转动装置使细胞始终处于分散悬浮于培养液内的培养方法，主要用于一些在振荡或搅拌下能生长繁殖的细胞，如生产单克隆抗体的杂交瘤细胞和CHO、MDCK和$BHK_{21}$等细胞系，对原代细胞（贴壁依赖性细胞）、某些传代细胞如Vero细胞等不适用，这些细胞在悬浮下会很快死亡。悬浮培养能连续培养和连续收获，细胞传代不受任何处理的损伤，细胞自由生长、培养环境均一、培养过程中取样简单、培养操作简单可控、放大方便，污染率和成本低，生物制品产量和质量大大提高。

微载体悬浮培养（microcarrier suspension cell culture）即借助微载体为细胞载体，通过搅拌悬浮在培养液内，使细胞在载体表面繁殖成单层的一种细胞培养技术。贴壁细胞在反应器中悬浮培养需要借助微载体，细胞和球体接触部位营养环境较差，培养、取样观察及放大工艺复杂，成本高，但与转瓶培养相比仍有很大优势，生产规模、劳动效率和产品质量也大为提高。本技术适合培养的细胞有：猴肾、犬肾、兔肾和鸡胚等原代细胞、人二倍体仓鼠肾细胞、Vero细胞及单克隆抗体杂交瘤细胞。细胞产量达$10^6 \sim 10^7$个/mL，每升培养液可加微载体$2 \sim 5$ g，每克有$8\,000 \sim 9\,000$个珠子，培养面积为2万$\sim$5万 $cm^2$，比常规培养面积大$10 \sim 25$倍。

20世纪80年代后，CHO细胞实现悬浮培养，治疗性抗体生产技术的发展极大地推动着生物反应器在生物制药行业中的应用。例如，MDCK细胞悬浮培养技术代替传统的鸡胚接种方法生产流感疫苗，10 L密度为$10^6$个/mL的细胞产能相当于10 000只鸡胚的产量。巴斯德公司利用1 000 L反应器微载体培养Vero细胞生产人用狂犬病疫苗和脊髓灰质炎疫苗。我国$BHK_{21}$细胞系经过驯化实现了悬浮培养，用于口蹄疫灭活疫苗生产，生产效率大大提高，目前在微载体悬浮培养Vero细胞、Marc-145细胞和ST细胞等工艺技术方面有一定研究进展。

**2. 细胞悬浮培养关键技术** 主要包括细胞株的驯化、个性化培养基、细胞生物反应器和生产工艺等四个方面。

（1）细胞株的驯化与保藏：为了实现悬浮培养，首先需要根据不同的病毒毒株选择合适的宿主细胞。同一种细胞在全悬浮培养和贴壁培养时对同一病毒的敏感性不同；同一株细胞不同的克隆对营养条件有不同的需求，对病毒敏感性亦可能不同；同一细胞采用不同培养方式，病毒滴度和产量可能不同。因此，细胞和毒株的筛选驯化非常重要，尤其对于贴壁细胞,因为微载体悬浮培养比全悬浮培养成本高。细胞筛选驯化过程中,可以采用不同培养基。判定培养条件是否合适,主要依据是否降低细胞凋亡率,提高细胞活力,延长细胞生命周期,提高产物浓度。为实现驯化的稳定,通常由高密度细胞培养转向低密度细胞培养,由高浓度血清培养逐渐降低血清浓度进行培养。驯化时细胞活力应保持90%以上、能够有效分裂增殖,并对病毒敏感。驯化后细胞的增殖能力、活力及病毒生产能力要能够满足工业大规模生产的需要。由于特定细胞的营养需求不同,实现其驯化的难易程度也不同,在驯化时需要选用合适的细胞培养基,有针对性地补充某些营养成分以满足细胞的特定需求,使驯化好的细胞可以保持其悬浮或在无血清条件下生长。如狂犬病毒Flury LEP株最初使用鸡胚成纤维细胞培养,后来采用$BHK_{21}$细胞生产,并通过细胞驯化,目前可以采用反应器进行悬浮培养。诺华公司采用MDCK细胞株(血清依赖型),通过驯化筛选,形成了在无血清无蛋白条件下悬浮培养的MDCK细胞株,专用于流感病毒疫苗生产。当然,细胞筛选驯化过程中应注意及时保藏细胞状态良好的细胞,以避免在培养过程中出现异常情况导致筛选驯化工作量的重复和时间浪费。

(2) 个性化细胞培养基:细胞静止培养和转瓶培养时一般采用MEM、DMEM、199和RPMI1640等培养基,但这些产品难以满足生物反应器大规模培养动物细胞的技术要求。为了使细胞保持悬浮,细胞培养液不能使细胞发生凝集沉淀,培养液中不能含钙镁离子。从产品安全性考虑,越来越倾向采用无血清、无蛋白和无动物组分培养基,杜绝血清外源性污染和对细胞毒性作用,使产品易于纯化、回收率高,而且,其成分明确,有利于研究细胞的生理调节机制,可根据不同细胞株设计和优化适合其高密度生长或高水平表达的培养基。悬浮培养技术中,不同细胞营养代谢的特异性不同,细胞和病毒培养工艺不同。培养的细胞需要抗剪切力、满足放大功能,还需要提高目标生物制品的稳定性、表达量。因此,生物制药公司可与细胞培养基生产企业建立合同服务关系,研制最适合的个性化细胞培养基用于细胞悬浮培养疫苗生产。

(3) 细胞生物反应器:全悬浮培养一般采用磁力搅拌或转鼓旋转,使细胞保持悬浮。大量培养时多在发酵罐中进行,发酵罐多伴具有自动控制温度、pH、气体和搅拌速度装置。微载体悬浮培养的容器为特制的生物反应器,多半采用机械式搅拌装置,附有各种测试仪、传感器和电脑自动控制等。微载体对细胞附着、扩展和蛋白表达有较大影响。微载体直径应为60~105 nm,无毒性,透明,颗粒密度与培养液密度相近似,略重于培养液,低速搅拌即能悬浮,不吸收培养液和化学反应,表面光滑、硬度小、有弹性,带有正电荷,易于细胞贴附在表面。目前,常见的微载体有实体的Cytodex微载体(Cytodex1、Cytodex2、Cytodex3等)、片状的DISK微载体及多孔的Cytopore微载体。使用DISK或Cytopore时细胞贴附于载体内部生长,表面细胞较少,难以使用细胞消化等方法将载体和细胞进行分离,且反应器放大工艺困难,不适合非释放病毒的培养。而Cytodex比较适应罐倒罐的反应器放大工艺。目前,全球10 000 L及以上体积的反应器达100多台,主要为Genetech、Amgen、Boehringer Ingelheim和Lonza等公司所拥有,主要采用机械搅拌式反应器、无血清培养基和流加培养工艺悬浮培养细胞进行生产,并建立了Vero、MDCK、CHO和$BHK_{21}$等细胞平台,但我国疫苗生产企业应用反应器悬浮培养技术生产疫苗企业仅有4家,国产细胞生物反应器和细胞株等上游配套技术、个性化细胞培养基和生化工艺与国外差距较大。

(4) 悬浮细胞培养工艺的优化:细胞悬浮培养工艺按照培养方式分为批培养、流加培养及灌注培养。批培养是指分批次单独培养,它能直观反映细胞在生物反应器中的生长、代谢变化，操作简单，但初期代谢废产物较多，抑制细胞生长，细胞生长密度不高。流加培养是指培养过程中，加入一定培养基，该方法操作简单、产率高、容易放大，应用广泛，但需要进行流加培养基的设计。灌注培养是指在培养过程中不断加入新的培养基，同时，将已经培养的产物技术输出。该方法培养体积小，回收体积大，产品在罐内停留时间短，可及时回收到低温下保存，利于保持产品的活性，但操作比较繁杂、细胞培养基利用效率低、旋转过滤器容易堵塞等。不同病毒可能需要采用不同的培养方式，如对于分泌型且产品活性降低较快的产品，适宜采用灌注培养，灌注培养也更适宜于微载体培养。同一制品生产过程中，采用不同的营养环境，其生产工艺可能发生变化，如 $BHK_{21}$ 细胞增殖口蹄疫病毒，低血清培养时采用批培养，接毒前需要更换无血清的维持液，而如果采用无血清培养细胞，接毒前则无需换液，配合流加培养可能效果更好。选择反应器悬浮培养工艺需要考虑细胞和病毒的关系、产物稳定性、细胞培养基或添加物的选择、细胞培养规模等几个因素。

悬浮培养过程参数控制：为确保细胞生长在最优环境中，需要利用反应器的在线监控功能控制各种运行参数，主要包括：①温度：细胞对温度较敏感，需要采用合适的加热或冷却方式控制培养温度在 35～37 ℃，避免细胞受到损伤。②酸碱度：动物细胞生长适宜的 pH 一般为 6.8～7.3，否则可能会对细胞生长产生不利的影响，如 CHO 细胞在 pH 7.0 时细胞密度是 pH 7.3 的 2 倍，生产率是其 2.5 倍。因此，在培养过程中，合适的 pH 控制对于整体产率具有较大影响。③溶氧浓度：溶氧浓度控制同样重要，一般为 20%～60% 的空气饱和度。控制溶氧过程中，应注意通气量，避免气泡的破裂对细胞的损伤，同时，通气量会影响 pH，需要综合考虑。④培养液渗透压：培养过程中还需要控制细胞培养液的渗透压。用碳酸钠或碳酸氢钠控制 pH 时，需检测渗透压是否在正常范围之内。⑤搅拌速度：小罐 40～60 r/min，大罐 60～70 r/min。此外，对流加方式、灌流速率及代谢需要进行控制等。整个过程控制中，各个参数不是单一运行，它们相互影响，需要进行全面控制。

### 3. 其他规模化细胞培养技术

（1）中空纤维细胞培养（hollow fibre cell culture）：该技术设计模拟动物体内环境，使细胞能在中空纤维上形成类似组织的多层细胞生长，细胞周围犹如密布微血管，可以不断获得营养物质，同时又可将细胞代谢产物、废物和分泌物，送到培养液中被运走。系统由中空纤维生物反应器、培养基容器、供氧器和蠕动泵等组成。中空纤维由乙酸纤维、聚氯乙烯-丙烯复合物或多聚碳酸硅等材料制成，外径 50～100 μm，壁厚 25～75 μm，壁呈海绵状，上面有很多微孔。中空纤维的内腔表面是一层半透性的超滤膜，允许营养物质和代谢废物出入，而对细胞和大分子物质（如单克隆抗体）有滞留作用。因此，培养液能有效地分布，细胞培养维持时间可达数月，保持高度活性，而且培养的细胞密度大，细胞分泌的蛋白质浓度高，纯度可达 60%～90%；中空纤维生物反应器有柱式、板框式和中心灌流式等不同类型。该培养系统占用空间小，适于各种类型细胞，尤其能长期分泌的细胞培养，可制备多种生物物质。但由于设备昂贵，使用范围受到限制。

（2）微囊化细胞培养：该系统适用于单克隆抗体生产，即先将杂交瘤细胞微囊化，然后将此具有半透膜的微囊置于培养液中进行悬浮培养，一定时间后从培养液中分离出微囊，冲洗后打开囊膜，离心后可获得高浓度的单克隆抗体。

（姜 平）

# 第五节 寄生虫培养技术

寄生虫因其复杂的生活史（有性和无性繁殖，寄生和自由生活）和寄生于特定的宿主（种属特异性）等特点，其培养与增殖方法相对困难，不同类型的寄生虫培养方法也不尽相同。

## 一、寄生虫的发育特点

**1. 吸虫的发育** 畜禽吸虫病主要由复殖目吸虫感染而引起。复殖目吸虫的生活史复杂，不但有世代的交替，也有宿主的转换。发育过程一般经历虫卵、毛蚴、胞蚴、雷蚴、尾蚴、囊蚴和成虫各期。成虫产出虫卵，排到宿主体外的自然环境里，在合适的温度、湿度和氧气条件下，经过一定时期后孵出毛蚴。毛蚴在水中游动，当遇到中间宿主（多为淡水螺类）即主动地钻入其体内，很快地形成胞蚴，并在中间宿主体内进行无性繁殖，一个胞蚴发育成几个或多个雷蚴，然后再由雷蚴发育为更多的尾蚴，当尾蚴成熟后由中间宿主螺体内逸出到水中。某些种类的吸虫，尾蚴可主动的经皮肤感染终宿主；而大多数吸虫，尾蚴必须在外界脱去尾巴形成囊蚴，被终末宿主吞食后而感染；而有些吸虫的尾蚴被第二中间宿主吞食后在其体内发育为囊蚴，终末宿主吞食了含有囊蚴的第二中间宿主而被感染。尾蚴或囊蚴感染终宿主后，在宿主体内要经过不同程度的移行，到达其固定的寄生部位逐渐发育为成虫。

**2. 绦虫的发育** 感染人、畜的绦虫一般为假叶目和圆叶目绦虫。绦虫生活史较复杂，除个别寄生在人和啮齿动物的绦虫可不需要中间宿主外，寄生在家畜的各种绦虫的发育都需要一个或两个中间宿主，才能完成其整个生活史。绦虫在终末宿主体内通过异体受精、异体节受精或自体受精后产生虫卵，虫卵被中间宿主吞食后释放出六钩蚴，六钩蚴移行到相应组织，发育为中绦期幼虫（原尾蚴、实尾蚴、囊尾蚴、似囊尾蚴）。中绦期幼虫被终末宿主吞食，在胃肠内经消化液作用，蚴体逸出，头节外翻，并用附着器吸着肠壁，发育为成虫。

**3. 线虫的发育** 线虫有卵生、卵胎生及胎生3种生殖方式。雌雄线虫交配受精，大部分线虫为卵生，少数为卵胎生或胎生。卵生时，有的虫卵内的胚胎尚未分裂，有的处于早期分裂状态，有的处于晚期分裂状态。卵胎生的虫卵内已形成幼虫。胎生是指雌虫直接产出幼虫。线虫的发育一般都要经过五个幼虫期，中间有四次蜕化，即第一期幼虫蜕化变为第二期幼虫，依次类推，最后一次即第4次蜕化后变为第五期幼虫，然后发育为成虫。根据线虫在发育过程中需要或不需要中间宿主将线虫分为直接发育型和间接发育型。前者是指幼虫在外界环境中直接发育到感染性阶段，又称为土源性线虫，其发育类型包括蛲虫型、毛尾线虫型、蛔虫型、圆线虫型和钩虫型。间接发育型线虫又称为生物源性线虫，其幼虫需在中间宿主如昆虫和软体动物等体内才能发育到感染性阶段，该类线虫有旋尾线虫型、原圆线虫型、丝虫型、龙线虫型和旋毛虫型5种发育类型。

**4. 棘头虫的发育** 雌虫交配受精后产生虫卵，虫卵被甲壳类动物和昆虫等中间宿主吞咽后，在中间宿主肠内孵化，其后幼虫钻出肠壁，固着于体腔内发育，先变为棘头体，尔后发育为感染性幼虫（棘头囊）。终末宿主因摄食含有棘头囊的节肢动物而受感染，在某些情况下，鱼、蛙、蛇、蜥蜴等脊椎动物可作为搬运宿主或储藏宿主。

**5. 昆虫的发育**　昆虫的种类极多,已知的有100万种以上,但在兽医上具有重要意义的,仅有双翅目、虱目、食毛目和蚤目中的一部分。昆虫一般为完全变态的发育方式,经过虫卵、幼虫、蛹和成虫4个阶段。但虱为不完全变态,其发育过程包括卵、若虫和成虫。

**6. 原虫的发育**　原虫的繁殖方式包括无性生殖和有性生殖;无性生殖有二分裂、出芽生殖、内出芽生殖和裂殖生殖等;有性生殖有接合生殖和配子生殖。寄生性原虫的发育史各不相同。如球虫,在一个宿主体内进行生长繁殖,以直接的方式侵入宿主体内;一些原虫如血孢子虫,需要两个宿主,其中一个是它发育中的终末宿主,也是它的传播媒介。

## 二、寄生虫体外培养技术

### (一) 日本分体吸虫体外培养

**1. 尾蚴的收集**　将人工或自然感染日本血吸虫的钉螺20～30个置于有去氯水的烧杯内,杯上罩上尼龙网防止钉螺外爬。烧杯置于20～28 ℃,使尾蚴逸出。为了保证尾蚴在体外培养的活力,一般在钉螺进水后2 h内收集。收集前,先用吸管将去氯水沿杯壁缓慢加入,使水面稍高于杯口,用25 mm×12 mm的盖玻片浸泡酒精擦干,粘贴正反两面的盖玻片,装入盛有洗涤液的离心管中,置于有冰块的烧杯里冰浴5～10 min,经1 500 r/min,离心3 min,使尾蚴沉入管底。取出玻片,用吸管将尾蚴转入装有洗涤液的干净离心管内,重复离心洗涤几次。

**2. 尾蚴转变为童虫**　以尾蚴作起始物体外培养,应先将尾蚴转变为童虫后再进行培养。人工将尾蚴转变为童虫的方法有:①机械转变;②培养液孵育;③血清孵育;④药物孵育。

(1) 皮肤型童虫收集:按常规方法将小鼠捆缚固定于鼠解剖板上,腹部拔毛,去毛面积为20×20 mm$^2$,将活尾蚴转入盖玻片表面、计数、覆盖于腹部拔毛处感染,每只小鼠感染尾蚴1 000～2 000条。30 min后去掉盖玻片,取棉花将四周边缘的水擦干,用手术刀片将皮肤划开后,以眼科镊轻轻镊起,剥离被感染的皮肤,将剥离的皮肤放入每毫升含0.1 mg肝素的欧氏液(Earls)中洗涤2次,洗去鼠毛与凝血,然后换入欧氏液中,用眼科剪将皮肤剪碎呈粟米粒状后,置37 ℃温箱中孵育2 h。取出孵育的皮肤组织液,用130目尼龙网过滤,弃渣,将滤过液离心,沉淀即为皮肤型童虫。

(2) 肺型童虫收集:常规感染小鼠。每只感染尾蚴1 000～5 000条,感染时间20～30 min。将感染72 h后的小鼠固定于解剖板上,剥开皮毛,剖开胸腔,暴露心脏。于心尖部左侧左心室处先用5号针头扎一针眼,以利于灌注时减压,再从右心室插针灌注。灌注液使用每毫升含0.1 mg肝素的欧氏液,一般灌注10 mL左右,以肺脏膨胀发白为度。剪下肺脏,在含肝素的欧氏液中洗涤2次,再换入新欧氏液中,将肺组织剪碎呈粟米粒状。将剪碎的肺组织连同欧氏液置于37 ℃温箱中孵育2 h。童虫即可从肺组织中游离于欧氏液中。孵育后的肺组织经130目尼龙网过滤弃渣,滤液离心、弃上清液,童虫沉积于管底。

肝门型童虫收集:常规方法感染家兔,18 d后无菌操作,用灌注液按常规方法在背主动脉插管灌注,门静脉开口取虫,将取出的虫体迅速移入盛有预温的洗涤液的培养皿中,洗涤液与灌注液的配制同上。

**3. 童虫体外培养**　将500～600条童虫接种到装有4～5 mL培养液(841培养基)的培养瓶内,在37 ℃、5%二氧化碳培养箱内进行培养。48 h左右,每瓶加1滴兔红细胞。在童虫培养的第 1 周内，培养液中的兔血清经灭活后使用，1 周后用加有 10% 新鲜兔血清的培养基进行培养。在培养的后期，每瓶中放 15~20 条血吸虫，将培养瓶斜置，使虫体相对集中。每周换培养液 2 次。

### (二) 肝片吸虫体外培养

**1. 囊蚴的分离**　将人工感染肝片吸虫的小截锥实螺置于自来水中诱发尾蚴逸出，并使其在玻璃纸上成囊，24 h 后用刀片轻轻刮下囊蚴，置 4 ℃蒸馏水中储藏（一般可达 10 个月），蒸馏水中需加 100 U/mL 青霉素和 100 μg/mL 链霉素。

**2. 脱囊**　囊蚴置螺口试管中，加 10 mL 预热的激活液后立即旋紧管盖，37 ℃孵育 1 h，此间，应提供适宜的温度，高浓度二氧化碳和还原条件。脱囊完成后用蒸馏水悬浮，静置沉淀，反复洗涤，去除对尾蚴有毒性的激活液，将囊蚴移至新管。新管中加 5 mL 预热的逸出液，37 ℃孵育 2~2.5 h，孵育约 40 min 时即有脱囊。2 h 后脱囊率达 70%~85%。

**3. 脱囊后尾蚴的培养**　用 10 mL 洗涤液清洗刚脱囊的后尾蚴，反复洗 5 次，以去除可能存在的细菌等。尾蚴接种至培养管中，15~20 条/管，加 2 mL 培养液，并加入红细胞，使得红细胞终浓度达 2%。向管中通入无菌 8% 二氧化碳 0.5 min，旋紧螺盖，再用封口胶封口。每隔 3~4 d 换培养液和红细胞，随时观察虫体生长发育情况。

### (三) 细粒棘球绦虫体外培养

**1. 六钩蚴至棘球蚴的体外培养**　培养六钩蚴的研究很少，其原因是实验中接触成虫和虫卵有遭自身感染的危险。

从犬小肠中检获成虫，置 37 ℃，在 0.85% NaCl 液中切成 1 $mm^3$ 大小，上清中的虫卵经 90 目筛网过滤，离心浓缩，用灭菌生理盐水或蒸馏水洗 2 次后置于 1∶5 000 洗必泰（双氯苯双胍己烷）1 h，虫卵置 Krebs-Ringer 磷酸缓冲液中 4 ℃储存。

虫卵的孵化和六钩蚴的活化是将虫卵置孵化液（1% 胰酶 + 1% $NaHCO_3$ + 5% 羊或兔胆汁于蒸馏水中）中培养 30 min。将 5 000 个活化的六钩蚴置 50 mL 培养瓶（充满培养液）中 37~39 ℃培养，每 3~4 d 换 1 次培养液，若 pH 降低，将虫体转至更大的（250 mL）培养瓶中继续培养或收集。在含牛血清、兔红细胞的培养液中，棘球蚴在培养 120 d 后直径可达 16 mm（最大 20 mm），生长率接近动物体内。

**2. 原头节至成虫的体外培养**　用 38 ℃的消化液（胃蛋白酶溶于 Hank's 液中，HCl 调 pH 至 2.0。微孔滤膜除菌）将原头节从育囊中分离出来并去除死亡虫体。消化时可旋转或振荡的容器，当所有原头节从育囊中分离出来后（15~45 min）即停止消化。虫体置 38 ℃ Hank's 液中洗涤 4 次，每次 15 min。将原头蚴转至 50~100 mL 外翻液中（每毫升 Parkers 858 培养液中含犬胆汁 0.05% 或 0.02% 牛磺胆酸钠），38 ℃孵育 18~24 h，移去大部分外翻液，使原头节在剩余的溶液中沉积，随后吸取 0.1 mL（约含 10 000 条原头节）接种至培养瓶中，38 ℃，10% $O_2$ + 5% $CO_2$ + 85% $N_2$ 条件下培养，每 2 d 换一次培养液。用于培养的原头节应检查其活力，死的通常呈棕色，活虫则为透明，成功的培养需 60% 以上有活力的原头节。

### (四) 旋毛虫体外培养

**1. 从肌幼虫到成虫的体外培养**　迄今为止有关从肌幼虫到成虫的体外培养的所有报道

中，以 Berntzen 的体外培养最为成功，技术方法如下：用两步消化法制备纯净幼虫，将纯净幼虫在灭菌的 Tyrode's 溶液中离心洗涤 10 次。在 100 mL Tyrode's 溶液中加入 0.5 mg 的链霉素、100 万 U 青霉素及 5 000 U 制霉菌素，将已洗涤 10 次的脱囊肌幼虫放在此消毒液中，37 ℃孵育 30 min，然后用不含抗生素的灭菌 Tyrode's 溶液洗 5 次，这样灭菌后的脱囊肌幼虫即可被引入培养系统。将脱囊肌幼虫置于 102B 培养液（pH 为 7.4），37 ℃培养，气相条件为 85％$N_2$、5％$CO_2$ 及 10％$O_2$。

**2. 新生幼虫的体外培养**

（1）成虫及新生幼虫收集方法：要开展新生幼虫体外培养，需先获得足够数量的新生幼虫。可采用贝尔曼氏法的原理和方法来收集成虫，即将感染有成虫的小肠置于单层纱布上浸于 37 ℃的生理盐水中孵育 1.5～2 h，再从尖底烧杯的底部收集成虫。为了更加方便实用，在实际应用中可直接将感染旋毛虫成虫的小肠剪成 3～5 cm 的片段，置于生理盐水中于 37 ℃孵育 2～3 h，此时大部分成虫均已从肠上皮细胞中钻出。挑出小肠片段及大的脱落黏膜后，以自然沉淀法收集成虫，用灭菌生理盐水反复洗涤、沉淀，以收集纯净的成虫。将成虫置于添加有 20％小牛血清的 199 培养液中，在 37 ℃、5％$CO_2$ 及 95％相对湿度的培养箱中培养 24～48 h，用 200 目铜网将成虫与新生幼虫分开，然后将含新生幼虫的滤液离心沉淀即可收集到大量新生幼虫。

（2）新生幼虫的体外培养：培养液使用 199 培养液，添加 20％胎牛血清，将收集的新生幼虫培养于 37 ℃、95％相对湿度及 5％$CO_2$ 的培养箱，定期观察生长发育及存活情况。

**（五）圆线虫体外培养**

**1. 第三期幼虫**（L3）**的收集、分离和纯化** 收集干净而无其他寄生虫感染的动物粪便，在室温下培育，至虫卵发育至 L3 阶段，用贝尔曼法分离。分离时可依次改换隔离层的孔径，从一般纱布到 400 目不锈钢网。经贝尔曼法分离后的虫体悬浮液内仍有一些小颗粒杂质。再把虫体移入一大平皿内，加水，置 4 ℃冰箱中过夜，一些颗粒可漂浮于液体表面，从而可以除去。再把虫体悬浮液加热到 39 ℃，移至离心管内低速离心 3 min，此时虫体浮于液体内，留上清，弃沉淀，可获得更为纯净的虫体。

**2. 人工脱鞘** 人工脱鞘方法有化学处理法和生物学处理法。化学处理法是利用单一的化学物质脱鞘，如用次氯酸或次氯酸钠溶液；生物学处理法是仿照虫体在动物体内的脱鞘过程来进行的，如用十二指肠液，仿瘤胃液等配合在适当的气相等条件下进行脱鞘。生物学法脱鞘过程慢，条件控制较难，脱鞘率不高，但对虫体本身无不利影响；化学处理法脱鞘，时间快且脱鞘率高，但如果时间控制不当，会对虫体以后的发育有不良影响。试验中常用次氯酸钠脱鞘法。

将净化的 L3 移入试管内，加适量 0.06％的次氯酸钠水溶液后，无菌封口膜封口，38 ℃下作用 20～30 min，在此期间每 2～3 min 振荡数次，同时在倒置显微镜下观察虫体脱鞘情况。脱鞘完毕后，用无菌生理盐水洗 4 次。

**3. 培养方法**

（1）奥氏奥斯特线虫：L3 脱鞘后，分两步培养。第一步，RFN 液，pH 为 7.3，气相 95％空气，5％$CO_2$，培养 2 d；第二步，API-1，pH 4.5，气相 85％$N_2$、10％$CO_2$、5％$O_2$，培养 6 d；调节培养基 pH 为 6 后，继续培养。培养至 28～29 d 时，可出现成熟的雌雄虫。

(2) 捻转血矛线虫：L3 用次氯酸钠脱鞘，培养基用为 API-1 40 mL＋Fildes 营养剂 1.28 mL＋OGC 8 mL，pH 为 6.4，气相 85% $N_2$、10% $CO_2$、5% $O_2$，培养 7 d，然后调 pH 至 6.8，继续培养。虫体可发育为成熟的雌雄虫。

(3) 哥伦比亚食道口线虫：L3 用次氯酸钠脱鞘，培养基组成为 15% CEE 50＋20% 犊牛血清＋65% M199，气相条件为 70% 空气、30% $CO_2$。虫体可发育到 L4 晚期。

### (六) 牛巴贝斯虫体外培养

**1. 培养基** 以 M199 或 RPMI 1640 作基础培养基（Hank's 液配制），补充 40% 健康成年牛血清（或水牛血清）、15 mmol HEPES 或 TES 以及青霉素（100 U/mL）和链霉素（100 μg/mL）。

**2. 培养方法** 自然感染牛或摘除了脾脏的人工感染牛，待红细胞染虫率达 0.1%～0.2% 时，无菌颈静脉采血，置于有玻璃珠的瓶内，不停摇动，脱纤。离心，将压积红细胞重悬于上述完全培养基内，使红细胞压积为 9%（5%～10% 均可）。用盐酸将上述红细胞悬液的 pH 调至 7.0，再分注于培养板或培养瓶内，容量为 0.62 mL/cm$^2$，即液深 6.2 mm。将培养板（瓶）置含 5% $CO_2$ 的培养箱内，37～38 ℃ 静置培养，每 24 h 置换一次培养基，换液时切勿扰动红细胞层。每 48～72 h 传代 1 次。用新制备的健康牛红细胞悬液将含虫培养物稀释 3～25 倍，使红细胞染虫率降至 0.5%～1.0% 后培养。逐日观察红细胞的颜色，当由鲜红转变为暗红或黑红色时，应立即传代。定期吸取少许红细胞培养物，制备薄血片，自然干燥后，甲醇固定，姬姆萨染色法染色，镜检。检查 500～1 000 个红细胞，计算染虫率，并观察虫体形态。

### (七) 环形泰勒虫裂殖体体外培养

**1. 用感染组织建立培养** 原代含虫培养物的准备：4 月份在疫区牛舍内采集饱血后自动脱离牛体的璃眼蜱的若蜱。此种若蜱多潜藏于牛舍墙缝内。将若蜱置 28 ℃ 温箱孵育 4 周使之蜕化为饥饿成蜱。取成蜱 50～100 只，置布袋内，固定于健康牛胁凹部，让其叮咬。8 d 后摘下蜱全部予以焚毁，逐日观察人工感染牛临床变化。攻蜱后约 13 d，病牛淋巴结由硬肿渐变为软肿，扑杀牛只，取发热初期肿大的淋巴结或脾脏，检查裂殖体感染率，制备原代含虫细胞培养物。用人工感染牛或自然感染病牛肿大淋巴结的穿刺物或外周血单核细胞制备原代培养物，效果较好。死亡未超过 2 h 病牛的淋巴结、脾、骨髓、肺、肝和肾组织也可以作为培养材料。

(1) 淋巴细胞的分离与培养：将病牛侧卧保定，按常规无菌采取肿胀的肩前、股前淋巴结，在无菌工作台内除去其被膜和附着的结缔组织，剪碎淋巴结，以 0.5% 胰酶消化。然后加入 20～30 倍量的平衡盐溶液，用粗口吸管反复吹打 5～10 min。静置 10 min，取上清 1 200 r/min 离心 5～10 min，弃上清，加入培养液，把细胞数调整为 1×10$^6$ 个/mL。分注入培养瓶，容量为培养瓶容积的 1/10。37～38 ℃ 静置培养，24～48 h 后换液；4～7 d 后待细胞长成单层用 0.02% EDTA 消化 5 min，按常规传代培养。

(2) 淋巴结穿刺物的培养：术部按常规消毒，将 16 号针头与灭菌注射器连接，穿刺肿胀的淋巴结（肩前或股前淋巴结），吸取 1～2 mL 穿刺物，注入适量完全培养基中。用注射器反复抽吸排出10余次，使组织块分散为单个细胞，制成$2×10^6$个/mL的细胞悬液，分注培养瓶（瓶容积1/10量）或培养板（24孔板每孔1 mL）。按上述相同方法培养、换液和传代。

（3）感染牛外周血单核细胞的培养：用密度梯度离心法或溶解法（溶解法适用于由大量血液分离白细胞，是监测牛裂殖体携带状况的敏感方法）分离外周血单核细胞，培养法与上述相同。

（4）转瓶培养法：大规模培养时可用转瓶培养法。将用于传代的含虫细胞悬液注入3 000 mL或5 000 mL的中性玻瓶内，容量为瓶容积的1/6～1/5。大瓶置转瓶机上，37～38 ℃温室内培养，转速为30r/h。培养48 h后，收集培养液，贴壁细胞以0.02%EDTA使之分散，然后收集，将两者合并，离心沉淀，收获含虫细胞悬液，可用于抗原制备或传代培养。

**2. 子孢子体外感染外周血单核细胞的培养**

（1）环形泰勒虫子孢子的制备：将采集已感染环形泰勒虫的成年璃眼蜱装于布袋内，套在健康家兔耳上，扎紧袋口，防止逃脱。在兔体饲养3 d后，取出蜱，用1%烷基苯甲基二甲基铵氯化物清洗1次，再用70%酒精洗涤3次。将蜱移入另一无菌容器内，用含青霉素（200U/mL）、链霉素（200 μg/mL）、制霉菌素（100 μg/mL）和MEM漂洗4次，最后一次将蜱在上述溶液中浸洗5～20 min。弃去液体，将蜱移入盛有预冷的含BSA（牛血清白蛋白）的MEM无菌乳钵内，仔细研磨后，吸取上清液；重新加入MEM，再研磨；如此重复3～4次，直至MEM用量达每4只蜱1 mL为止（即100只蜱用25 mL），合并所有蜱组织悬液。将蜱组织悬液在4 ℃ 150 r/min，离心5 min，回收含子孢子的上清液；沉淀置匀浆管内，再加入3～5 mL MEM，反复研磨，再离心，收集上清。用两层灭菌纱布过滤，取2 mL滤液2 500 r/min离心15 min，沉淀涂片、染色、镜检，观察子孢子的形态和含量。

（2）子孢子感染外周血单核细胞：制备牛外周血单核细胞，注入24孔培养板，每孔0.25 mL。将上述子孢子悬液用培养液稀释一定浓度后，每孔接种0.25 mL。置于含5%二氧化碳培养箱内，37 ℃培养16～24 h，再加入0.5 mL培养液；培养48 h后，再加入1 mL培养液。而后，根据pH变化和代谢情况换培养液。为此可在第4、8、12天取50 μL培养物制备细胞离心标本，测定细胞染虫率和转化率。一旦30%以上细胞感染，即应频繁换液，每周至少3次，并进行扩大培养。

## （八）球虫体外培养

目前，还不能用成分完全明确的人工培养基进行球虫子孢子的培养，通常采用鸡胚培养法。

（1）子孢子的分离：将孢子化卵囊混悬于0.02 mol/L L-半胱氨酸溶液中，置50% $CO_2$温箱中38 ℃孵育过夜。离心，向沉淀物中加含0.25%胰蛋白酶的PBS，再加入5%～10%的胆汁，使pH为7.3，置39 ℃温箱中孵育，不时地检查子孢子的释出率，至释出率达80%以上时停止孵育，一般需时10～50 min。离心，去上清，沉淀用PBS洗涤3次。沉淀物用生理盐水悬浮。

（2）子孢子的纯化：经上述方法获得的子孢子悬浮液中还掺杂有卵囊和孢子囊碎壳，必须将它们分离出来，以得到纯净的子孢子悬浮液。常用方法玻璃珠层析柱法，DEAE-52纤维素层析柱法，密度梯度离心法等。

(3) 鸡胚培养：选择重量在 50~60 g 之间的白壳蛋，孵育至 9~12 d，绒毛尿囊膜（CAM）发育完全，此时可经绒毛尿囊膜和尿囊腔途径接种子孢子。有学者成功地使柔嫩艾美尔球虫在鸡胚中完成了全部发育史。

影响球虫生长发育和致病力的因素：①不同虫种和同种不同虫株，其对鸡胚的适应性、生长发育情况等等都有不同。②接种的子孢子剂量大小，一般认为 $1×10^4$ 个变位艾美尔球虫子孢子、$(1~6)×10^4$ 个毒害艾美尔球虫子孢子、$(2~9)×10^4$ 个柔嫩艾美尔球虫子孢子接种鸡胚，球虫繁殖效果较好。③卵囊的保存时间与其感染性有密切关系，一般来说，保存时间越长，子孢子的感染性越低。④鸡蛋的品种和鸡胚的性别有一定影响，有的品种耐受性高；不同性别的鸡胚耐受性不同。⑤接种日龄也有影响，报道表明柔嫩艾美尔球虫接种鸡胚绒毛尿囊膜时，9 d 的鸡胚比 12 d 的耐受力弱。⑥培养温度、接种途径以及某些化学物质均能影响球虫在鸡胚胎中的生长发育。

## (九) 弓形虫体外培养

**1. 速殖子组织培养**

(1) 绵羊胎肾原代细胞培养：取孕期 130 d 的绵羊胎肾，用镊子和剪刀取出肾皮质组织，轻轻剪碎，用 1% 胰蛋白酶消化悬液 1 h。离心除去胰蛋白酶，将肾细胞重新悬浮于 Hank's 液，离心，用含 10% 小羊血清的 MEM 将肾细胞稀释成 5% 细胞悬液，接种于细胞培养瓶。37 ℃、5% 二氧化碳培养 3 d 后形成肾细胞单层。然后按培养细胞与弓形虫数量 12∶1 接种速殖子。

(2) 猪肾传代细胞培养：猪肾传代细胞用 199 - Hank's 培养液（45 份 199 培养液、45 份 Hank's 液、10 份小牛血清、每毫升含 200 U 青霉素、200 μg 链霉素和 50 U 卡那霉素，pH 7.2）培养。每个 100 mL 培养瓶内接种 $4×10^6$ 个猪肾细胞，37 ℃ 培养 2 d 可长成单层，接种 50 万~200 万个弓形虫。6~7 d 后虫数可增加 20~50 倍。

(3) 金黄地鼠肾细胞长期传代培养：取刚断奶的地鼠肾，用 0.25% 胰蛋白酶 37 ℃ 一次消化法获得分散的肾细胞，加入由 0.5% 水解乳蛋白液、7% 小牛血清、0.5% $NaHCO_3$、青霉素、链霉素等组成的生长液。最终细胞数达每毫升 50 万左右时分装培养瓶，在 37 ℃ 培养 5 d。倒去生长液，接种小鼠弓形虫腹水 0.15 mL，加入维持液，37 ℃ 培养至细胞出现病变时，取出放室温维持到 2 周左右传代。

(4) 小鼠淋巴瘤细胞株长期传代培养：小鼠淋巴瘤细胞株（YAC-1）用含 10% 马血清的 RPMI 培养液培养。将取自小鼠腹腔的弓形虫速殖子悬浮于上述细胞培养液中，接种到新鲜的 YAC-1 细胞，使终浓度为每毫升含弓形虫 $4×10^5$ 个、YAC-1 细胞 $2×10^5$ 个，37 ℃、5% 二氧化碳培养。48 h 后大多数淋巴瘤细胞内有弓形虫，这时可进行传代培养。

(5) 人咽瘤细胞株（HEp-2）大量培养：将 HEp-2 异倍体细胞培养到 4 日龄时，用胰蛋白酶消化细胞培养物，离心后的沉淀悬浮于 200 mL 含 5% 胎牛血清的 MEM 中，将此细胞悬液移入 4 个 Roux 培养瓶内，37 ℃ 培养 4~6 h，然后在每个培养瓶中接种 $2.5~5×10^6$ 个弓形虫速殖子。培养 2~3 d 后细胞单层开始显示出细胞病变，细胞自瓶底脱落，这时可作首次收获。更新培养液后再置 37 ℃ 培养，在以后数天可再收获 2~3 次。将含弓形虫和细胞的培养物离心，用沉淀物制备弓形虫悬液。如此收获的弓形虫量可达原接种量的 150~

200倍。

**2. 速殖子鸡胚培养** 弓形虫可通过卵黄囊、尿囊腔、羊膜腔或绒毛尿囊膜、静脉等任何途径感染鸡胚，最常采用的是接种于绒毛尿囊膜。方法如下：

取孵化10～12 d的鸡胚，用1 mL注射器或毛细管吸取待接种材料0.1～0.2 mL滴于绒毛尿囊膜上，将鸡胚轻轻旋转使接种物扩散到人工气室之下的整个绒毛尿囊膜。人工气室朝上，35～36 ℃培养数天。在人工气室处用镊子扩大开口处，轻轻夹起绒毛尿囊膜，用消毒剪刀将感染的尿囊膜剪下，置于加有灭菌生理盐水的平皿中，可用于制造抗原或继续传代。

## 三、寄生虫细胞培养技术

### （一）猪囊尾蚴细胞培养

取猪囊虫感染猪肉，在无菌条件下剥离囊尾蚴8～10个，将其剪成碎片。

（1）原代培养：先在培养瓶一侧瓶壁内，加一滴犊牛血清，涂布均匀，然后将剪碎的虫体组织块，按1 mm左右间隔附贴于涂有血清的瓶壁上，静置1～2 min，翻转培养瓶，使虫体组织附着的一面向上，加入培养液。置37 ℃温箱中，培养3～4 h；再将培养瓶翻转，使紧贴瓶壁的组织块在营养液中生长，培养48 h后，可见组织块的一面或多面有大量细胞生长；经72 h后逐渐形成细胞岛，2周后形成细胞单层。细胞多数呈瓜子形。

（2）传代培养：原代培养形成单层细胞后进行传代。移去原代培养物中的组织碎片，用滴管直接沿瓶壁吹打，分散细胞制成悬液，然后等量移种在两个容积相等的培养瓶内，再添加新的培养液。此后每周更换营养液1次。

### （二）蜱细胞体外培养

一般认为雌、雄蜱发育期的器官和组织，均可应用于体外细胞培养。有学者认为用若蜱末期或刚刚蜕皮的成蜱组织进行细胞培养效果更好，尤其是半饱血的若蜱和雌蜱较易于解剖，且这些蜱正处于发育盛期，代谢活跃，有的可能即将产卵，体内激素分泌较多，对细胞生长有刺激作用，故接种培养后细胞增殖能力较强，有利于向器皿表面贴附。

蜱细胞培养大致可分为三个阶段：材料处理、原代培养和传代培养建立细胞系。根据蜱的种类和不同培养目的，可选取其内脏、胚芽、胚胎卵和血淋巴等进行解剖、分离。在解剖和研磨组织细胞之前，应进行蜱体表消毒。

### （三）蚊细胞培养

蚊是人类与动物多种疾病的天然传播媒介。蚊细胞体外培养既可为蚊携带的病原体（寄生虫、细菌、虫媒病毒等）的体外培养研究提供实验条件，又可用于蚊的生理、生化、灭蚊试验等研究，也可用于细胞遗传学的研究。已成功利用蚊细胞生产疫苗和生化活性物质。

培养细胞一般来自蚊幼虫组织、胚胎组织和成蚊卵巢组织。由于各种组织细胞分化程度不同，其原代培养的方法、步骤也不尽相同。目前普遍认为，卵巢组织是建立蚊细胞系最合适的组织来源，而幼虫组织是建立蚊细胞系最方便的组织来源。原代培养成功与否，取决于组织细胞活力、组织与细胞分散手段、培养基的正确选择及其他培养条件的合理控制等因素。

(1) 中华按蚊幼虫细胞的培养：中华按蚊产卵 24 h 后收集蚊卵，进行消毒，消毒后的蚊卵放在无菌平皿内的潮湿滤纸上，28 ℃成熟 1 d 备用。将蚊卵置于含 Earle 液的培养瓶内培养，至幼虫孵出。用无菌滤纸收集幼虫，剪碎幼虫，Earle 液洗涤 2 次，用培养液悬浮碎片，接种到培养瓶内，28 ℃培养，每周换液 1 次，至形成单层细胞后传代。

(2) 中华按蚊卵巢细胞的培养：新羽化雌蚊置 4 ℃冰箱中 1 h 制动，取出，去翅和腿，放入试管，依次用含 0.05% $HgCl_2$ 的 70% 酒精浸泡 10 min、$NaHClO_3$ 2 min、70% 酒精 10 min 进行消毒，然后用灭菌 Hank's 液洗涤 3 次。取消毒后雌蚊，无菌条件下解剖，取出卵巢。用解剖针将卵巢撕开，放入装有培养基的螺口培养瓶中，在 28 ℃、5% $CO_2$ 培养箱中培养，可见卵巢不停地、有节奏地收缩。卵泡增大，在 1.5 月内不断有细胞贴壁。待原代细胞长满单层后传代培养。

原代培养的细胞长成致密单层后，就需进行传代。细胞悬液可通过机械刮取或机械吹打得到，亦可采用胰酶消化法，但有些蚊种的细胞在胰酶作用后则失去传代能力，故使用胰酶时应具体考虑。

（严若峰）

## 第六节 抗原分离与纯化技术

兽医生物制品的种类较多，其核心内容之一是抗原的制备。抗原主要来源包括动物器官组织、微生物等生物体及其代谢产物，其主要成分为蛋白质、多糖、脂类，其他有生物活性的大分子或小分子有机物等。随着现代生物技术的发展，一些新型兽医生物制品制备需要借助 DNA 重组技术，通过基因克隆和表达、分离纯化和浓缩技术，获得具有抗原性或免疫原性的蛋白质、多肽或核酸，其中，分离纯化技术是该类产品制造工艺的核心，是决定产品的安全、效力、收率和成本的技术基础。

抗原分离纯化技术分为实验室研制、中间试验和常规生产 3 个规模。实验室研制主要涉及基础或应用研究探索性的分离纯化工作，所提取的成分一般用于评价其潜在兽药前景的动物试验等；中间试验是指新制品工艺开发中小量试验生产规模的分离纯化工作，以摸索和优化工艺条件为目的，试生产的产品用于新兽药审评和临床试验；常规生产规模所生产的产品用于市场销售和临床应用。

抗原分离纯化方法的基本原理有两类：①根据混合物中不同组分分配系数，利用盐析、沉淀、层析和萃取等方法将不同组分分配至两个或若干个物相中，达到分离目的；②根据混合物中不同组分质量，将混合物置于单一物相中，采用超速离心与超滤技术等，通过物理力场的作用使各组分分配到不同区域中。实际使用时，可根据目的蛋白分子大小、形状、电荷、溶解性、酸碱度及与配基亲和性等因素，选择不同分离纯化方法。

### 一、抗原分离纯化原则

兽医生物制品抗原成分主要来源于病原体、宿主细胞或其分泌产物，与生物活细胞或其分泌产物中其他很多成分混合在一起。因此，目标抗原成分的分离纯化也比较复杂，在设计纯化工艺时应考虑如下因素：①抑制宿主细胞或分泌产物中酶的活性，防止其消化降解目的抗原成分，保持其生物活性；②去除细胞或分泌产物中非目标产物成分，尽量保持较高回收率；③优化选择与组合使用多种分离纯化技术方法，达到最佳提纯效果；④选用适宜的检测方法对分离纯化过程进行质量控制；⑤验证分离纯化工艺和采用的分离纯化的介质和设备等；⑥实验室分离纯化试验阶段、中间试验和生产工艺放大中都要贯彻 GLP 和 GMP 的原则。

抗原纯化工艺设计原则：①技术路线和工艺流程尽量简单化；②完整工艺流程可划分为不同的工序，各工序目的产物的纯度要求应科学合理，对杂质的去除应有针对性；③注意时效性，应优化可缩短各工序纯化时间的加工条件；④尽量采用成熟技术和可靠设备，尽可能采用低成本的材料与设备；⑤采用适宜方法检测纯化不同阶段产物的产量和活性，对纯化过程进行监控和记录。

## 二、常用处理液与要求

抗原提取过程一般都在液相或液相与固相转换中进行，在组织细胞破碎、药用成分释放、提取物澄清、浓缩与稀释、沉淀、吸附、离心、层析、脱盐和洗脱等加工处理过程中均需要适宜的溶液。

**1. 水** 生物制品中对生产用水有着严格的要求，一般均采用去离子水或蒸馏水，其标准为：电导率小于 3 μS/cm、细菌数小于 0.1CFU/mL、内毒素含量不高于 0.25EU/mL、pH 5.0～7.0、重金属含量低于 0.00005%。

**2. 酸碱度** 酸碱度在工艺处理溶液中有重要作用。不同纯化工艺对溶液的酸碱度有不同要求，盐析和沉淀处理中 pH 接近生物大分子的等电点时，生物大分子易于聚合析出。当需要增加生物大分子溶解度时，则需控制溶液的 pH 偏离其等电点。吸附和层析等提纯过程中，通过改变溶液 pH 达到吸附、结合与解离、洗脱的目的。另外，不同蛋白对环境酸碱度的耐受性可能有所不同，例如，人 α 型干扰素的等电点为 5～6，在酸性条件下十分稳定，而 γ 型干扰素的等电点则偏碱性（pH 8.6 以上），多糖类物质则在碱性环境中较为稳定，因此，应采用合适的酸碱度，以保护目的蛋白的生物活性。

**3. 缓冲盐系统** 纯化过程中抗原大分子的性状与工艺处理溶液的酸碱度也有相互影响和作用。多数工艺处理溶液是以缓冲盐溶液为基础配制的，缓冲盐溶液维持溶液的 pH 在一定范围内，不受稀释或加入其他物质的干扰。目前，常用的缓冲系统及其 $pK_a$ 为：乳酸 3.86、乙酸 4.76、琥珀酸 5.64、组氨酸 6.0、Bi-tris 6.5、磷酸 7.2、氨水 9.25、硼酸 9.23、碳酸 10.3、甘氨酸 9.8 和三乙醇胺 7.75 等。

**4. 酶抑制剂** 蛋白酶类一般多存在于哺乳动物细胞的溶酶体、微生物质膜与细胞壁之间。细胞破碎处理过程中，溶酶体等细胞器在内的细胞结构可同时被破碎，各种酶类和生物大分子同时释放出来，可能对目的蛋白的生物活性产生破坏作用。因此，工艺早期使用的工艺处理溶液中应加入一定酶抑制剂以抑制宿主来源的酶类。例如，二异丙基氟磷酸盐（DFP）、苯甲基磺酰氟和亮抑蛋白酶肽为丝氨酸酶抑制剂；乙二胺四乙酸为金属活化蛋白酶抑制剂，抑胃酶肽为酸性蛋白酶抑制剂。

**5. 金属离子螯合剂** 重金属离子可增强分子氧对蛋白质巯基的氧化作用，并可与蛋白质等生物大分子的一些基团结合而改变其生物活性。因此，生物材料粗提液中重金属离子可损害目的蛋白的生物活性。为了避免其危害，可采用螯合剂螯合双价重金属离子，如终浓度为 10~25 mmol/L 乙二醇四乙酸（EDTA），对钙离子有较强的螯合作用，同时还是金属活化蛋白酶活性抑制剂和缓冲剂。但是要注意，在很多情况下，一些蛋白质在钙离子存在条件下更为稳定，此时，应注意在配制含钙、镁等纯化工艺所需二价金属离子的加工处理溶液时避免同时使用 EDTA。

**6. 去垢剂** 基因工程重组蛋白抗原在宿主细胞内表达后，既有分泌到细胞外的，也有非分泌型积累在细胞内的。细胞内非分泌型目的生物大分子除游离在细胞质里的情况外，还可以与细胞和细胞器质膜等结合，提取时细胞破碎后需要加入适当去垢剂使之解离下来。此外，加入去垢剂可以防止生物活性分子聚合、阻止目的抗原与其他杂质成分结合，并将其从分离介质上洗脱下来等。常用的非离子型去垢剂有曲拉通 X-100（TritonX-100）、Nonidet P-40、Lubrol PX 和吐温-80（Tween-80），阴离子型去垢剂有脱氧胆酸盐和十二烷基硫酸钠（SDS）等。

**7. 防腐剂** 细胞培养液因其营养丰富容易滋生微生物，生理盐水、中性磷酸盐缓冲溶液、乙酸盐缓冲溶液和碳酸盐缓冲液等工艺处理溶液也利于细菌等微生物繁殖。纯化工艺流程中有的中间体加工周期较长，或等待放行检测结果而在工序间暂时储存和停留，或某些加工条件如 35 ℃ 保温处理等均可能存在微生物生长。因此，有些工艺处理溶液中需要加入适量的防腐剂以抑制微生物的生长。常用的防腐剂有 0.001 mol/L 叠氮钠、0.005% 硫柳汞、甲醛、三氯甲烷和苯酚等。

**8. 其他试剂** 主要包括沉淀用乙醇、聚乙二醇和萃取用溶剂等有机溶剂和各种原料试剂，如无机酸、有机酸、碱、盐类、缓冲盐类、去垢剂、酶类抑制剂等，这些试剂是制备纯化所需工艺处理溶液的基础，均需符合相关行业制定的有关标准。

此外，配置上述工艺处理溶液，一般需要进行除菌过滤与消毒灭菌。对加热敏感的溶液一般用除菌过滤的方式进行除菌处理，常用 0.22 μm 或 0.45 μm 孔径的滤膜滤器除菌，滤器材质、加工容量等性能和规格众多，应根据加工溶液体积、黏稠度选择适用类型和规格的滤器，注意避免使用其材质可与溶液成分产生化学反应或改变滤器除菌性能的滤器。滤器使用前后均要做起泡点试验以检测其完整性。耐热溶液可用蒸汽湿热灭菌法进行消毒处理，使被消毒溶液升温至 121 ℃ 并保持一定时间（如 20~30 min）可以达到消毒目的。消毒或除菌后的溶液还需按照相应规程规定的方法，检测其各项理化指标、成分含量和无菌试验等，合格者方可投入纯化加工。不立即使用的工艺处理溶液需保存在规定的温度、光照等条件下备用，每种溶液均应规定其有效期限。

## 三、分离纯化步骤与常用技术

生物制品抗原成分差异较大，但分离纯化的主要工艺步骤具有以下共性：①将目的生物成分从起始原材料中释放出来；②从提取物中去除固体杂质成分；③去除可溶性杂质成分；④除去水或其他类别的溶剂，富集或浓缩目标抗原成分；⑤去除残留杂质和污染物成分，使目的蛋白成分能够达到所需的纯度；⑥对目的蛋白成分进行必要的后加工处理（如修饰、加入稳定剂等），以保护或提高生物活性等。

蛋白分离纯化工艺在实验室研究、中间试验和规模生产等阶段有不同要求。实验室研究阶段，主要是通过试验研究寻找最佳纯化路线和筛选优化纯化工艺条件，需要查阅有关文献、积累分析涉及原材料、产物的性质与特点等数据资料，设计试验方案，选择适用设备仪器、试剂及方法等。中间试验阶段，目的是为新药审评和临床试验提取制备高纯度的试验目标抗原成分、验证工艺。常规生产阶段，目的在于为商业生产而提供大量合格的目标蛋白成分，需要准备必要的操作文件、合格足量的原辅材料和工艺处理溶液。生产用器皿、容器、设备及其管道和舱室、环境需经消毒灭菌等处理。抗原分离纯化的一般步骤如下：

（一）原材料的预处理

**1. 原材料来源**　兽医生物制品目的蛋白成分主要来源于动物器官组织、细胞培养产物和微生物发酵培养产物等，其中，动物器官组织主要包括鸡胚胎、兔、猪、牛、羊等动物的脾脏、淋巴结、肝脏、肺脏和脑组织等。转基因动物体内外源药物基因表达产物富集的特定器官与组织，特别是乳汁等体液或分泌液等。细胞培养产物主要包括用于病毒培养动物传代细胞、原代细胞和昆虫细胞，如 Marc-145、$BHK_{21}$、$PK_{15}$、ST、非洲绿猴肾细胞（Vero 细胞）等动物传代细胞、牛睾丸细胞、鸡胚成纤维细胞等动物原代细胞和 SF+昆虫细胞等。微生物发酵培养产物主要包括真菌（酵母）发酵培养产物和细菌发酵培养产物等。生物制药领域中，以重组酿酒酵母为宿主系统制造药品的技术已较为成熟。甲基营养型毕赤酵母和汉逊酵母表达系统需要的培养基成分简单，外源基因表达效力较高，逐渐受到青睐。大肠杆菌表达系统更为简单，成本低廉，但当外源蛋白质在重组大肠杆菌中高效表达时常形成包涵体，呈不可溶、无生物活性的聚集体，需要进行蛋白复性等后续处理。

**2. 原材料预处理的目的和原则**　原材料预处理的目的是将目的抗原成分从起始原材料（如器官、组织或细胞）中释放出来，同时保护目的蛋白的抗原活性。

蛋白分子大多具有特有的生物活性，很容易被原材料中的酶类所消化降解，应采用适当的物理化学手段尽可能保护其生物活性，防止其降解和失活。2~8℃条件下组织或细胞内的多数酶类的活性受到抑制。添加适宜的酶抑制剂，可有效地抑制组织或细胞内多数酶类的活性。

原材料多为营养丰富的生物材料，是各类微生物生长的良好培养基，易产生微生物污染，微生物生长过程中可破坏待提取的药物成分，分泌多种酶类及代谢产物，释放内毒素等。因此，可加入适宜的防腐剂以抑制微生物的生长，但在选择防腐剂种类时需慎重，避免与目的抗原成分、容器或设备内壁发生化学反应，从而改变蛋白性质或活性，以及对以后的加工提取过程造成不利影响。保持低温状态，可以抑制微生物的生长。凡接触原材料的各种器具、容器均应经过除菌处理，直接接触原材料的加工设备的内壁、管道和舱室等也应保持无菌和低温状态。所采用的各种处理溶液原则上均应经过灭菌或除菌处理，预先冷却至相应的工艺温度状态。

**3. 器官与组织的粉碎**　对于以动物组织、器官来源的原材料，需要先将大块的原材料粉碎或绞碎成细小颗粒或匀浆，以利于抗原成分的释放或溶出。动物脏器组织冷冻后再用绞肉机或切刨机粉碎，可以在实现粉碎目的的同时有利于保存抗原蛋白的生物活性。粉碎少量组织时，可使用高速组织捣碎机或匀浆器等小型实验室设备以机械法粉碎。工业生产中通常采用电磨机、球磨机、粉碎机和绞肉机等设备，便于处理较大量的原材料。

**4. 细胞破碎**　细胞破碎技术是指利用外力破坏细胞膜和细胞壁，使细胞内容物包括目标药物成分释放出来的技术。细胞破碎技术是分离纯化细胞内合成的非分泌型药物成分的基础。细胞破碎效果的检测方法主要是通过显微镜直接观察，活细胞呈一亮点，而死细胞和破碎细胞则呈现为黑影。用美蓝染色则更容易分辨。用 Lorry 法测量细胞破碎后上清中的蛋白质含量也可以评估细胞的破碎程度。

细胞破碎的方法可分为机械破碎法和非机械破碎法。机械破碎法又可分为高压匀浆破碎法、高速搅拌珠研磨破碎法和超声波破碎法等。非机械破碎法可分为渗透压冲击破碎法、冻融破碎法、酶溶破碎法、化学破碎法和去垢剂破碎法等。

（1）高压匀浆破碎法：是指利用高压迫使细胞悬液高速通过针型阀，经过突然减压和高速冲击特制撞击环使细胞破碎的技术。高速搅拌珠研磨破碎法是将玻璃小珠与细胞一起高速搅拌，带动玻璃小球撞击细胞，作用于细胞壁的碰撞作用和剪切力使细胞破碎。高压匀浆破碎法和高速搅拌珠研磨法均有特制的设备，适合大规模的细胞破碎。超声波破碎法就是当声波达到 150 W、20 kHz 时，使液体产生非常快速振动，在液体中产生空穴效应使细胞破碎的技术。即超声波引起的快速振动使液体局部产生低压区，这个低压区使液体转化为气体，即形成很多小气泡。由于局部压力的转换，压力重新升高，气泡崩溃。崩溃的气泡产生一个振动波并传送到液体中，形成剪切力使细胞破碎。超声波破碎法操作便捷，在实验室中应用广泛，但由于其产热太高而不适合大规模破碎。

（2）冻融破碎法：是将细胞放在低温下冷冻，然后在室温中融化，如此反复多次，使细胞壁破裂的细胞破碎技术。原理一是在冷冻过程会促使细胞膜的疏水键结构断裂，从而增加细胞的亲水性；原理二是冷冻时细胞内的水结晶，形成冰晶粒，使细胞膨胀而破裂。反复冻融的次数根据细胞的易碎程度而定。新鲜细胞要比冷冻储存的细胞对反复冻融更为敏感。影响冻融破碎细胞效果的主要因素有冷冻温度（一般在 $-20$ ℃以下）、冷冻速度、细胞年龄及细胞悬浮液的缓冲液成分等。本方法缺点是会使一些蛋白质变性，从而影响活性目标蛋白质的回收率。机械破碎细胞前常常需要对细胞进行冻融预处理，这样可以提高破碎细胞的效果。

（3）化学破碎法：即用化学试剂处理微生物细胞可以溶解细胞或部分细胞壁成分，从而使细胞释放内容物的方法。应用酸或碱处理微生物可以溶解细胞壁使胞内产物溶出。用碱处理细胞，可以溶解除细胞壁以外的大部分组分。大规模破碎中可以考虑用碱来溶解细胞。其优点首先是费用便宜，另外这个方法对任何大小的细胞都适用。使用碱破碎细胞必须要求所提取的蛋白质类药物成分对高 pH（10.5～12.5）耐受 30 min 以上，待细胞溶解后加入酸中和。该技术的另一个优点是可以"灭菌"，它能保证没有活的细菌残留在制品中，适合用于制备无菌制品。

（4）酶溶破碎法：是利用酶反应方法，分解细胞壁上的特殊连接键，从而破坏细胞壁结构，达到破碎细胞使细胞内含物流出的目的。破碎细菌细胞和真菌菌体常用的酶为从鸡蛋清中提取出来的溶菌酶，它可以水解细胞壁上肽聚糖部分 $\beta-1,4$ 葡萄糖苷键。另外，还可使用蛋白酶、脂肪酶、核酸酶、透明质酸酶等。反应条件主要是控制 pH 和温度。在酶溶前还可进行其他处理，如辐射、改变渗透压、反复冻融及加入金属螯合剂 EDTA 等，以改变细胞状态，增强酶溶效果。本方法作用条件温和、且能特异性降解细胞壁结构，能较好地保持蛋白质生物活性，但对不同的微生物所用的水解酶种类不同，微生物在不同的生理条件下对酶的敏感性也不同，且大多数水解酶在市场上不易得到，所以大规模使用受到限制。

此外，离子型去垢剂和非离子型去垢剂都可用于细胞破碎工艺。去垢剂主要作用于细胞壁上的脂蛋白成分。去垢剂在低离子强度和适合的pH下与脂蛋白发生作用，结合脂蛋白形成分子团。由于膜结构上脂蛋白被溶解，细胞产生渗透性，使细胞内蛋白质流出。常用的去垢剂如Triton-100和0.05%SDS等。

一般而言，高强度剪切力有时可以使蛋白质变性，多数非机械破碎法则相对来说比较温和，细胞可能被全部破碎，或是细胞膜部分被通透而释放目标蛋白质等活性药物成分，但非机械破碎法往往不能破坏DNA，从细胞内释放出来的DNA会发生聚合，大大增加液体的黏度。动物细胞没有细胞壁结构，比较容易破碎，而真菌和细菌（如酵母、大肠杆菌等）的细胞膜外有坚韧的细胞壁结构，破碎难度较大。大规模破碎细胞，特别是破碎大量培养后的微生物细胞，宜采用研磨、撞击等机械破碎法。基因工程制药中常采用高压匀浆破碎法。高压匀浆破碎器可在50~70 MPa压力下，使高浓度细胞悬液高速通过细小孔隙，发生机械剪切、撞击以及高压急剧释放等综合作用下使细胞破碎。

实例：高压匀浆破碎法破碎酿酒酵母。

设备和试剂：①Emulsilex C5高压匀浆器。②双缩脲试剂。③用10 mmol/L硫酸钾缓冲液（pH 7.0）制备45%（湿重/体积）酿酒酵母细胞悬浮液。

方法：①将200 L酵母细胞悬浮液装入产品罐中。开泵，加压至700 kPa，预装泵和针型阀。②调节压力至103 000 kPa。③调节流速至70 cm/min。④重复破碎2~5次，以达到最大破碎效果。每次破碎间取样保留。⑤12 000 g、4 ℃离心30 min。⑥上清液稀释10倍，加入双缩脲试剂检测蛋白质含量。一般重复破碎3次时即可达到较好的破碎效果。

### （二）颗粒性杂质的去除

动物器官或组织匀浆或细胞破碎液液中有大量组织细胞碎片及颗粒性杂质，必须对其进行澄清处理，除去细胞碎片。常用技术有离心和过滤技术。离心技术可以将提取液中较高密度的不溶性组织细胞碎片及颗粒性杂质沉淀至远心端，同时可以将提取液中较低密度的不溶性杂质颗粒（如脂类及低密度脂蛋白等）浮升至近心端，但不能去除提取液中等密度的不溶性组织细胞碎片及颗粒性杂质。选用适当型号、孔径和材质的滤器亦可以除去离心方法不易去除的等密度的不溶性组织细胞碎片及颗粒性杂质，但提取液过滤中后期经常出现滤膜被堵塞问题，致使过滤效果下降。目前，普遍采用切向流滤膜过滤技术，可在一定程度上减小堵塞作用。综合运用离心和过滤技术处理提取液，能够达到更佳的澄清效果。

### （三）可溶性杂质的去除与目的抗原成分的纯化

分离纯化的最终目的是去除各种杂质，并将目标药物成分进行富集与浓缩。经过澄清处理后提取液中的各种成分均呈溶解状态，相对于目的蛋白成分，其他成分则属于杂质性质，需采用适宜的方法给予去除。这些可溶性杂质既有源于原材料如细胞的组成成分，也有加工过程中人为加入的工艺处理溶液或添加物中的成分。典型的可溶性杂质主要有多肽与蛋白质类、脂类、多糖类、多酚类、核酸类、脂多糖、盐类及去垢剂等。这些成分的去除有较大难度，需要采取不同方法处理，积累各种可溶性杂质的数据和资料，摸索出合适的纯化技术路线。

**1. 盐析沉淀技术** 粗制提取液一般不能直接用于密度区带超速离心或层析等精制纯化工艺，单纯制备型离心不一定适用于所有粗制提取液的澄清处理。初级分离工序中可选用经典的盐析沉淀方法。该方法可以澄清粗制提取液，并能浓缩目的蛋白，去除部分杂质，包括蛋白酶和不用去垢剂解离吸附在质膜上的蛋白质。其技术要点：①避开目的蛋白等电点的条件下，加入不同浓度（通常为高浓度、饱和浓度或超饱和浓度，亦或未经溶解的原试剂本身）的沉淀剂，如硫酸铵和聚乙二醇等，低温条件下充分混合均匀；②采用离心方法，将细胞碎片及各类大分子可溶性杂质沉淀出来，分离获取上清液；③将获得的上清液 pH 调整至目的抗原蛋白的等电点值，再通过改变盐析沉淀条件，将目的蛋白成分沉淀下来；④离心后去除上清液，取沉淀，用适宜工艺处理溶液溶解，即可以用于兽医生物制品生产，或进一步采用层析方法进行精制纯化。我国鸡传染性法氏囊病精制卵黄抗体的纯化即采用盐析沉淀技术提取 IgY。

**2. 过滤与超滤纯化技术** 过滤技术常用于组织细胞匀浆和粗制提取液的澄清及工艺处理溶液、在制品、半成品乃至成品等液体的除菌。过滤澄清能去除组织细胞匀浆或粗制提取液中的细胞碎片等各种颗粒性杂质。过滤除菌能去除溶液中的微生物，而不影响溶液中药物成分的活性。兽医生物制品中的免疫血清、细胞营养液、酶及基因工程抗原等不耐高温的液体只有通过过滤才能达到除菌目的。过滤除菌方法还用于发酵罐细胞供氧、管道化的压缩空气除菌。目前，过滤除菌技术已广泛应用于生物制品学领域。但由于过滤过程中，经常出现滤膜被堵塞问题，过滤技术应用受到一定限制。

超滤技术是以特制超滤膜质材料为分离介质，利用滤膜的筛分性能，以超滤膜两侧压差作为传质推动力，在把提取液从滤膜高压一侧推至低压一侧过程中，将直径大于滤膜孔径的分子截流在高压一侧，从而克服了滤膜经常被堵塞的问题。目前，商售的各种超滤器滤膜材料和配套设备发展已较成熟，在生物制品领域已得到广泛应用，如超滤除乙醇及浓缩、精制人血浆白蛋白、浓缩和提纯抗血友病因子、透析除硫酸铵生产胎盘血制剂、提纯破伤风类毒素以及口蹄疫疫苗、狂犬病疫苗、流行性乙型脑炎疫苗和禽用多联灭活疫苗的抗原浓缩纯化等。

（1）超滤的基本原理：超滤的工作原理的主要有滤膜、切向流和浓差极化等方面。

① 滤膜：滤膜的工作效率取决于膜的类型、滤膜的孔径、膜的不对称结构和超滤膜的截面系数等因素。

膜的类型：滤膜一般由高分子聚合物构成，如醋酸纤维素、三醋酸纤维素、聚丙烯腈和聚酰胺等。常见的为平面膜组成的膜包和中空纤维组成的超滤柱。膜包是以多层平面膜重叠在一起，膜间有隔板或隔网，可使压入的溶液与滤后的超滤液分开，而压入的溶液是以切向流方式跨过膜表面，小于膜孔径的分子随水分或其他溶剂透过滤膜而被分离出去。中空纤维可分为外压式及内压式两种。溶液在压力驱动下经纤维外壁渗入纤维内腔的为外压式，与此相反，溶液先进入纤维内腔，在压力驱动下经纤维内壁皮层渗出纤维的为内压式。

滤膜的孔径：滤膜因其孔径和功能的不同可分为反渗透膜、超滤膜及微孔膜。超滤膜孔径多以截留分子质量来标识，表明该滤膜所截留物质的分子质量大小。常见的有 1 ku、10 ku、30 ku、50 ku、100 ku 和 300 ku 等。大于孔径的分子不能通过膜而被完全截留，小于孔径的分子则可自由通过。但超滤膜的孔径并不是均一的，而是有一定的孔径分布，其过滤效果并不是绝对过滤，而是有一定的截留率，如 98% 和 95% 等。

膜的不对称结构：为了增加膜的通量、提高过滤速度和减缓极化现象出现，膜的孔径一般制成不对称结构和随机分布型。膜的表面为一层质密而薄的皮层，皮层有孔，可发挥超滤作用并决定膜的分离能力。皮层下有一层次结构，较皮层具有更大的孔道，具有支持皮层及其膜孔作用。通过皮层的分子可以自由地通过该次结构。

超滤膜的截留系数：超滤膜截留或切割分子的能力是以截留系数 $\delta$ 表示。膜对某物质 i 的截留系数可写作 $\delta_i = 1-(CP/C)$，该公式中 $CP$ 和 $C$ 是指某物质在膜的透过侧与截留侧的浓度。如某物质被膜完全截留，则透过侧的浓度（即超滤液的浓度）是 0（$CP=0.00$），故截留效率是 100%，亦即 $\delta=1.00$。如某物质是小分子，完全能通过膜而不被截留，则 i 在透过侧的浓度不受膜的影响（$CP=C$），故其截留系数为 0。超滤膜这种有选择的截留与切割的效果除有浓缩作用外，尚有精制作用。

超滤膜的截留或切割功能以分子质量表示，理想的超滤膜应该能够非常严格地截留与切割不同分子质量的物质。如标明 30 ku 的膜，理想的结果应该是分子质量大于 30 ku 的物质完全被截留，分子质量小于 30 ku 的物质可完全自由地通过，但实际生产中达不到这种理想效果。一般而言，如果要完全截留某物质，超滤膜的截留分子质量至少要小于此物质分子质量的 1/3；如果完全滤过切割某物质，膜的切割分子质量至少要大于此物质分子质量的 3 倍。此外，生物大分子的形状也会影响截留效果，分子形状为球形或直链结构的同分子质量物质，其截留特性完全不同。因此，实际生产中应通过不同孔径的滤膜截留试验，确定合适孔径的滤膜。

② 切向流：在常规的过滤方式中，被截留的物质沉积到滤材上。随着过滤的进行，压差逐渐增大，过滤流量逐渐降低。这种过滤被称为"死端过滤"。为了防止这种死端过滤，超滤过程常采用切向流方式，即超滤过程中溶液在压力驱动下进入系统，但液流不是直接压向膜面，而是切向流过膜面形成膜切流，即所谓切向流。切向流可以清扫膜表面，减少溶质或胶体粒子在膜表面的截留沉积。流速取决于入口及出口的压力梯度。包膜型和管型超滤器中切向流见图 3-14。

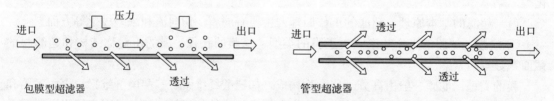

图 3-14 包膜型和管型超滤器中切向流示意图

当液流横跨过膜表面时，低分子物质在压力驱动下透过膜面随水分或其他溶剂流出成为超滤液，此压力称通透膜压力梯度（TMP）。超滤液流的压力一般是大气压力。在超滤中进口压力通常高于出口压力，在膜表面各点所承受的压力显然是不同的，进口处高于出口处。通过膜的超滤液流量称为通量。由于切向流的存在，该通量可以在较长时间内保持稳定（图 3-15）。如改变进口及出口压力，横切流速会有相应改变，同时也影响 TMP。如进口的压力不变或增加，降低出口的压力，跨过膜面的液流速度增加，清扫膜表面堆积物的作用增强，但此时 TMP 则降低，通量自然也减少。反之 TMP 升高，通量加快增多，但由于流速降低，清扫作用也减少。经一段时间后，膜表面的堆积物自然会增厚，反而会使通量降低，随之也影响膜的切割效率。故超滤不同的溶液时,对压力与通量要作适当的调整,以达到理想的效果。

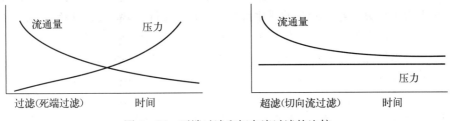

图3-15 死端过滤和切向流过滤的比较

③ 浓差极化:超滤系统中所截留的是分子质量高于滤膜截留分子质量的大分子物质,通常被截留物在膜表面堆积并逐渐形成污染层,称凝胶层。被截留物在凝胶层的浓度为该物质通过超滤方法所能达到的极限浓度,而从溶液主体至凝胶层之间存在浓度梯度,这种现象称为浓差极化。

超滤过程中,影响通量的因素包括:施加压力、原液浓度、超滤膜本身阻力以及凝胶层的形成等,其中,超滤膜的阻力通常可视为固定不变。为了防止浓差极化现象过早出现,保持超过滤过程中的切割效果,应适当调整原液浓度与施加的压力,保证既能达到理想的最高通量,又能保持一定的切向流速,以清扫膜面,减缓凝胶层的形成。

超滤技术具有浓缩、精制及洗滤等多种作用。如以截留的浓缩液为产品时,可达到浓缩悬浮粒子及大分子物质的目的;在浓缩大分子物质时,同时切割去掉小分子物质,达到精制或洗滤的目的;以滤过液为产品时,可对含小分子溶质的溶液进行澄清或除菌。

(2) 超滤的操作方法:超滤前应根据产品的特性,确定使用的目的,并根据溶液的成分、浓度、黏度、pH及工作温度等指标,选用合适的超滤装置,通过预实验确定超滤压力、切向流速等技术参数,确保超滤技术在实际使用中达到最佳效果。

① 掌握超滤膜的性能,正确安装超滤装置:不同材质的超滤膜其化学稳定性不同,对溶液的吸附量也不同。不同类型的超滤装置其耐压性能不同,截留分子质量不同,超滤膜的使用范围也不同。避免选择能与超滤液体中的成分发生化学反应的超滤膜材质。安装超滤装置时注意输液管道,进、出口压力表和阀门连接要牢固无渗漏,安装后可通过完整性试验进行验证。

② 超滤膜清洗消毒处理和检测:超滤膜清洗消毒处理后,应根据生产工艺要求进行必要的检测,如pH和蛋白质残留试验检测等。为避免目标蛋白成分失活,有些具有特殊活性的产品在料液超滤时,必须用相应的工艺处理缓冲液进行循环平衡后才能使用。

③ 配置合乎要求的加工溶液:生产工艺中需进行超滤的粗体液必须经澄清过滤去除大颗粒杂质,以避免堵塞超滤膜孔而降低超滤效率。生产中使用超滤操作时间较长时,为避免对最终产品带来不利影响,可预先进行除菌过滤,然后再进行超滤加工。

④ 超滤操作参数的优化:当选择了合适的膜和系统后,为了充分发挥膜的性能,节省时间,还需对超滤的操作参数进行适当优化。其主要工作是确定合适的压力差($\Delta p$)和TMP,$\Delta p = p_{进} - p_{出}$。超滤膜厂商一般提供滤膜的最佳切向流范围。切向流与$\Delta p$呈正比关系,对不同料液达到最佳切向流时$\Delta p$并不相同。因此需首先测定不同$\Delta p$时的切向流,

然后以切向流对 $\Delta p$ 作图,找出最佳切向流时对应的 $\Delta p$。找到最佳 $\Delta p$ 后,在保持 $\Delta p$ 不变条件下,设定不同的 $p_{进}$、$-p_{出}$,从而得到不同的 TMP。

⑤ 超滤膜的清洗和储存:新膜和使用过的膜都必须用干净去离子水或注射用水冲洗干净,然后充满与生物分子相同的缓冲或生理溶液,确保 pH 与离子强度稳定、温度稳定,并去除空气及气泡,保证整个系统(包括膜、管道、泵等)均处于合适的状态。超滤膜使用后必须清洗干净,以保证处理各批物料的效果可靠与稳定,并延长膜的使用寿命。选择清洗剂必须综合考虑有效性、与膜的化学兼容性、价格便宜和操作易行等因素。供货商一般有专门的清洗剂、清洗方法及步骤供用户选择和参考。最常用的清洗剂与清洗条件有:$0.3\sim0.5\ mol/L\ NaOH$($25\sim45\ ℃$)、$0.5\ mol/L\ NaOH+[(200\sim400)\times10^{-6}]NaCl$($25\sim45\ ℃$),能有效溶解与水解大多数的蛋白质、脂类和多种糖化合物,清洗时间 $30\sim60\ min$。$0.1\sim0.5\ mol/L$ 硝酸、柠檬酸和磷酸($25\sim35\ ℃$),适用于去除 DNA、多糖和无机类污染物,清洗时间 $30\sim60\ min$。超滤膜在不用时必须湿态保存。短时间不用时可封闭在去离子水或缓冲液中,如长时间不用,需储存于一定浓度 NaOH 溶液中并加入必要的防腐剂(如叠氮钠)。

(3) 超滤技术优缺点:优点:①膜材料本身无毒性,耐酸碱(醋酸纤维素膜除外),对所滤溶液和产品无害;②加工过程为纯物理截流和滤过作用,工艺条件温和,对生物大分子活性损伤小;③超滤装置整体为密闭系统,可减少污染机会;④操作中不需要改变溶液的 pH 及离子强度,无需加热或加入化学药品,收集最后产品方便,可提高产品的收率,一次处理可完成浓缩及精制工作;⑤设备简单经济,安装操作方便,不需经常维修,清洗、消毒方便,超滤膜可重复使用,成本不高。

缺点:由于滤膜制造技术的限制,膜的分离能力还不够强。针对一种成分较多而又分子质量接近的溶液,仅采用超滤技术难以达到分离的目的。在实际工作中超滤方法需要与其他分离技术手段配套使用。

**3. 超速离心技术** 超速离心技术是根据提取液中目的分子与杂质成分的沉降系数、质量、密度、大小和形状的差异,在超速离心设备提供的强大离心场中,将目的物成分与其他杂质分开的技术。目前,常用超速离心技术主要有差速离心和密度梯度离心技术。

(1) 差速离心:利用目的分子与杂质成分的密度和大小等的不同,在离心场中沉降速度有差异,采用逐渐增加离心速度或高、低速交替离心,在不同离心速度和时间下分批分离的方法,用于病毒纯化。本技术与盐析沉淀技术结合,可用于很多蛋白和生物制品的生产,如人胎盘白蛋白和球蛋白、人脑膜炎球菌多糖体疫苗和鸡传染性卵黄抗体等。

(2) 密度滴度离心:溴化钾、氯化铯、蔗糖等溶液在超速离心场中能形成稳定密度梯度,而提取液中目的物分子与其他成分密度不同,各成分在密度梯度介质中沉降或上浮至与其等密度区,目标蛋白成分在其等密度区形成富集区带,通过分布收集富含目的物分子的区带达到分离效果。如血源乙型肝炎疫苗生产过程中采用离心技术分离 22 nm 的乙肝表面抗原(HBsAg)。

**4. 层析与吸附技术** 层析与吸附技术是利用纯化生物分子与多种杂质分子因相应性质差异在固定相(层析或吸附介质)和流动相(缓冲溶液)间存在分配差异,达到分离目的。制备型层析系统主要通常包括层析柱、储液器、输送泵、输送管道、分步收集器与监测记录仪等设备,其中层析柱管壁是由塑料、玻璃或不锈钢等材质制成的垂直管状容器,用来装填固定相介质，输送泵用于控制输入平衡和洗脱用于工艺处理缓冲液的流速或流量等。近十多年来，新型层析吸附介质性能不断改进和提高，配套的分步收集器、监测记录仪和计算机软件控制系统不断完善，该技术在生物制药领域已经成为应用最为广泛的一类精制纯化技术。我国口蹄疫和鸡传染性法氏囊病基因工程亚单位疫苗生产过程中，也已经采用该技术纯化目的抗原。目前，常用层析技术见表3-3。

表3-3 常用层析技术

| 层析分离技术 | 适用被分离物质性质 |
|---|---|
| 凝胶过滤或分子筛作用 | 大小和性状 |
| 离子交换层析 | 静电荷 |
| 沉淀与等电聚焦层析 | 等电点 |
| 亲和层析 | 生物结合功能 |
| 免疫吸附 | 抗原-抗体结合性 |
| 化学吸附（共价层析） | 游离巯基含量 |

层析介质装填在柱状容器中，待纯化提取液一般多经柱上端的液料散布器流经层析介质，液相在流穿介质过程中，各成分包括目的产物分子按其理化、生物学性质及与层析介质间相互作用产生分配差异（如吸附、离子交换等），以及流动相条件的改变（如更换缓冲液以达到吸附、离子交换与洗脱等目的），从而不同分子蛋白分离开，在层析柱下端分段流出并被分布收集。

层析介质装填必须非常均匀，如果介质在柱体内形成沟槽必然会破坏液相的平流推效应，将直接影响分离效果。制备大型层析柱难度较大，需要采用介质散布装填器等设备，以提高层析柱装填质量。采用本方法纯化抗原时，抗原提取液应经过离心、沉淀或过滤等澄清处理，防止进入层析柱料液里存在的颗粒性杂质堵塞柱床、损伤层析柱体造成生产损失。目前，还有一种变通的吸附方法，即将相应吸附介质与含有可被吸附目的蛋白成分的提取液混合，充分吸附后，通过离心法洗去未吸附的杂质，再通过改变洗脱条件将被分离成分从吸附介质上洗脱下来。该提纯方法省去了介质装填程序，操作步骤简便、吸附与洗脱等工艺条件容易掌握。

经典的蛋白纯化方法费时，产量低，特异性差。近年来发展起来的重组蛋白技术能够相对简单地生产出高产量的纯化蛋白。重组蛋白表达系统包括原核生物（如大肠杆菌）、昆虫细胞（杆状病毒）、酵母（酿酒酵母和毕赤酵母）以及各种哺乳动物细胞培养系统。重组DNA技术实现了融合蛋白的构建，可在目的蛋白序列上添加特异性亲和标签，例如$6\times$His、Flag、c-myc、谷胱甘肽S-转移酶（GST）、HA和绿色荧光蛋白（GFP）等。这些亲和标签被用于亲和层析，从而简化了重组融合蛋白的纯化过程。GST标签亲和力较强，并且有可逆性，可用于大规模蛋白纯化和生产，但其本身有较高的免疫原性，可以诱导较强的免疫应答。GST可以和融合蛋白分离，但这种分离不太完全，而且费用昂贵。$6\times$His标签以6个组氨酸残基螯合像镍这样的金属离子为基础，可以通过固定的镍柱亲和层析方法进行纯化。重组蛋白在天然和变性的状态下都可以纯化，其分离纯化规模可大可小，经济有效，而且，$6\times$His相对来说无免疫原性，通常不会影响融合蛋白的结构和生物学功能。目前，很多表达载体含有6×His标签，包括大肠杆菌、昆虫细胞和哺乳动物细胞表达载体等。目前，该技术已经广泛用于兽医诊断抗原的制备。

**5. 流化床吸附和扩张床技术** 目前，基因工程产品不断增多。表达基因工程目的蛋白的宿主细胞经大规模培养后，细胞收获液及其匀浆体积较大，除含目标蛋白分子外，还存在完整细胞、细胞碎片及各种小分子可溶性杂质。由于DNA、蛋白质等成分的存在，使料液黏稠度较大，目的产物提取难度加大。流化床和扩张床吸附技术的主要优点为压降小，可直接处理含细胞或细胞碎片等颗粒性杂质和黏稠度较高的粗提液，无需专门去除固体颗粒的离心与微滤等加工步骤，能节省时间和减少工序。

（1）流化床吸附：流化床内填充的吸附介质或离子交换介质等在纯化过程中处于流化状态，待加工料液、洗涤与洗脱等工艺处理溶液从床底端以较高的流速上行循环输入，使吸附介质产生流化作用。此过程中目标产物分子与介质间产生吸附或离子交换等作用，工艺处理溶液的上冲效应使介质、细胞或其碎片处于离散状态，通过进一步的上冲流化洗涤作用使细胞、细胞碎片等杂质颗粒和未吸附可溶性杂质被清除。流化床即可进行分批纯化，也可实现连续加工，该方法对吸附剂和设备结构设计的要求相对较低，介质、加工物、加工处理液和产物的连续输入和排出操作较易实现。其缺点是床内固相与液相的反向混合剧烈，吸附剂的利用效率比固定床和扩张床低。

（2）扩张床技术：扩张床技术是在流化床和固定床技术基础上发展起来的吸附技术，具有固定床纯化效率高和流化床可以直接加工粗提液的优点。扩张床使用特制的凝胶或含晶体核心的吸附介质，扩张床下端进料分布盘经特殊设计，在进料循环过程中使流动相以平推流的方式流穿吸附介质，起到稳定流化床的作用。扩张床技术可以在一次进料循环中即实现高效吸附。扩张床的吸附介质按大小在柱床中形成密度梯度，平推流使液相流穿扩张床，其压降作用通过柱底端的进料分布盘来实现。

操作步骤：①装柱和平衡：装填吸附介质，介质颗粒经过平衡沉淀后柱床高度为一定值，从柱底按一定的流速持续上行泵入平衡缓冲液，使柱床膨胀2~3倍，一段时间后介质粒子按大小和密度形成稳定的梯度。②进料和吸附：以同样流速泵入粗提液，因粗提液中含有蛋白质、核酸与去垢剂等成分，具有较高的黏稠度，此时，柱床体积略有增加。③流洗：粗提液与介质产生吸附作用，一定时间后用相应平衡缓冲液流洗柱床，洗去细胞、组织碎片和没有被介质吸附的蛋白质、核酸和其他各类小分子可溶性杂质。④柱床压缩与洗脱：扩张床上部圆盘下降压缩床体，此时再按固定床常规方法如改变pH和盐浓度等条件，洗脱、收集目标产物。柱床介质可以再生利用，柱床介质平衡后，可用于新一轮蛋白纯化。

扩张床技术可以直接从粗提液中分离目标成分，省略了离心、过滤等澄清处理工序，将固液分离、吸附和浓缩集成为一道工序，简化了操作步骤，缩短了纯化时间，纯化产物回收率大幅提高，同时，设备、人力、净化厂房面积和公用设施和能耗等成本大大减低，具有重要应用价值。

## 四、工艺设计与优化

生物制品有效成分的分离纯化工艺主要包括：组织细胞破碎、目的抗原释放与溶出、细胞碎片等颗粒性杂质的去除、可溶性小分子杂质和降解成分的去除，目的抗原成分的富集浓缩等工序。因此，为了获得纯化的目蛋白和药用成分，需要综合应用不同的分离纯化设备和技术。同时，对每一操作单元或工序进行生产工艺条件优化，如盐析或沉淀：沉淀剂种类、浓度、pH；超速离心：介质种类和梯度、离心速度和时间；层析：吸附与洗脱液成分、离子强度和pH、温度、吸附与洗脱时间和峰型等参数区间和操作条件等。工序间具有复杂的相互影响作用，前一工序加工产物的质量，包括pH、盐浓度和颗粒杂质多少等，对后一工序的处理有直接影响。必须保证上一工序工艺处理条件和产物的质量适于下一工序的加工需要，例如进入层析柱的物料应无颗粒性杂质，以防止其堵塞装填介质，其pH或离子强度出现任何差错都可能影响下一层析效果，造成产品损失或质量降低等不良后果。当然，产品成本会随着工序的增加而增加。因此，设计生产工艺时，应尽量做好工序间的衔接工作，从以下4个方面综合考虑，优化影响工艺流程整体纯化效果的加工条件。

**1. 收率与纯度之间的平衡**　目的蛋白的纯度是衡量其质量优劣的重要指标，其纯度的高低与产品安全性直接相关。纯度要求的提高意味着纯化工艺成本的提高和产物收率的降低。因此，应结合对产品的质量要求、加工成本、技术可行性、可靠性和市场需求等，找出纯化工艺加工产物纯度和产量间的平衡点，实现工艺的最优化。

**2. 经济性考虑**　纯化工艺流程中，制品的价值或纯化加工的成本是随工艺流程增加和提高的。因此，在设计工艺流程时，应将涉及在制品处理体积大、加工成本低的工序尽量前置。层析介质价格比较昂贵，该工序宜放在工艺流程的后段，进入层析工段的半成品体积应尽可能小，以减少层析介质的使用量。随产物纯度的提高，对工艺流程下游加工所用的设备、试剂的要求亦提高，应选择质量和性能可靠的设备，使用高质量的试剂，并确保所用工艺处理溶液合格，以免造成纯化产品的损失。

**3. 工艺放大与中试**　实验室工艺探索是最终实现大规模商业生产工艺的第一步，小规模纯化工艺的中间试验研究是放大到大规模生产纯化工艺的基础。虽然工艺放大过程中一般还需要改变一些操作细节或条件，但小量工艺开发中优化的工艺条件和工序综合效果可为工艺放大设计和定型积累数据和提供经验。

疏水层析柱的长度比较重要，实验室研究中初步确定后，工艺放大时，理论上一般采用加大层析柱直径，而层析柱高度保持不变。但是，由于制备型层析柱直径的加大，层析介质装填过程中其均匀性会受到影响，分离纯化效果会降低。因此，尽管工艺放大前各工序及总体工艺流程已经过优化，放大后由于设备、物料体积、加工时间和具体工艺条件发生了改变，各工序内部各因素间以及各工序间的相互影响，放大后无论是局部还是整体工艺条件均应进行重新优化。小规模纯化工序间对样品的稀释、过滤和离心等操作较为容易和简单，但放大后会增加处理时间、工作量和成本。放大过程应减少工序间对在制品的稀释或浓缩等调整性加工，同时，应尽量缩短纯化工序加工时间的操作和运行条件，减少被纯化药物成分产率和活性的损失。

某些纯化工艺放大后不能重复放大前加工性能和效果，例如酵母细胞小量实验室研究可以采用玻璃珠震荡法或酶消化法破碎，而在大量生产中采用该实验室方法，则达不到生产目的，而采用高压破碎器即可达到破碎效果。

**4. 纯化过程中对产品的检测**　检测各工序在制品、半成品中杂质去除程度、残留物含量和目标药物成分的纯度、含量与活性等是纯化工艺的重要组成部分。根据检测在工艺里所起作用可将其分为在线检测、数据检测和放行检测等。

(1) 在线检测：是指在工艺运行过程中通过对在制品取样并用适当仪器和方法测试样品相应指标，以了解工艺运行状况，并对其进行调整和控制。

(2) 数据检测：纯化过程中往往在进一步加工之前需要测试在制品的某些指标的具体数值，据此确定下一道工序的工艺参数后才能继续加工，这种检测即为数据检测。例如，在提取大肠杆菌表达的口蹄疫病毒抗原时，首先采用细胞破碎和离心方法获得粗制品，在其进入层析工序前，需要测试该粗制品蛋白浓度和体积，计算出口蹄疫粗蛋白的总量，按照层析柱的加工容量和性能，推算应该进入层析柱的该粗制品的数量以及平衡、洗脱所需各工艺处理溶液的体积等。

(3) 放行检测：一道纯化工序结束后，其产物是否可以进入下一道工序继续分离处理，应根据加工工艺的要求，对工序间在制品设定质量标准，抽样检验在制品有关质量指标，其结果符合标准后才能允许其进入后一道工序继续加工，这种检测就是放行检测。

(姜 平)

## 第七节 灭活剂与保护剂

### 一、灭活剂

#### (一) 灭活与灭活剂

兽医生物制品生产中，灭活（inactivation）是指破坏微生物的生物学活性、繁殖能力和致病性，但尽可能不影响其免疫原性。被灭活的微生物主要用于生产灭活疫苗，诊断抗原，以及生产抗血清中所用的免疫原。灭活的对象不同，采用的方法也不尽相同。本节主要介绍常用灭活剂、灭活机制和方法以及影响灭活剂的因素等。

灭活的主要方法有两类，即物理学方法和化学方法。

**1. 物理学灭活方法** 有加热及射线照射等方法。

加热灭活方法在灭活疫苗研制的初期应用较多。该法简单易行，但加热杀死微生物的方法比较粗糙，容易造成菌体蛋白质变性，影响抗原的免疫原性，因此目前在生产实践中很少采用。

射线照射则主要通过破坏核酸来达到灭活微生物体的目的，而微生物的蛋白质、脂类和多糖等有机化合物的一般不受影响。因此，射线照射不破坏微生物的免疫原性，如 $^{60}Co$ 照射处理后的血清或裂解红细胞全血的质量没有发生变化，经测定 17 种氨基酸含量与非照射的血清无差异。

$^{60}Co$ 照射是目前已应用的射线照射灭活方法，但应用时应根据被照射物的容量大小选择照射物与钴源的距离和剂量。根据试验用 60 000 mL 大玻瓶装 6 000 mL 的血清或血液，当吸收 $^{60}Co$ 量达 2 万 Gy/h 能完全杀死芽胞，1.5 万 Gy/h 可使非芽胞菌完全灭活。含鸡新城疫病毒的鸡胚尿囊液，吸收 $^{60}Co$ 剂量达 0.5 万 Gy/h，病毒可完全被灭活。猪瘟病毒强毒吸收量达到 3 万 Gy/h 完全失去致病力。被 $^{60}Co$ 照射处理的血清用于细胞培养，与未照射的血清比较，病毒培养效果一致；被照射处理的裂解全血，不影响牛或禽的多杀性巴氏杆菌的生长，制出的菌苗免疫效力良好。

**2. 化学灭活方法** 该法是目前普遍采用的方法。用于灭活微生物的化学试剂或药物称为灭活剂（inactivator）。化学灭活剂的种类很多，其作用的机理不同、效果也不同，而且灭活的效果受多种因素影响。

### （二）常用灭活剂的灭活机理与应用

尽管灭活剂的应用已有近百年的历史，人们探讨了很多化学试剂对微生物的灭活作用。但是，应用于生物制品研究和生产以及有应用前途的灭活剂的种类并不多，主要包括以下几种。

**1. 甲醛溶液** 甲醛是最古典的灭活剂，至今仍是生物制品研究与生产中最主要的灭活剂。

甲醛溶液是甲醛气体的水溶液，常用的约含36%～40%甲醛气体（重量计），又称福尔马林，为无色透明液体，有辛辣窒息味，对眼、鼻黏膜有强烈刺激性，较低温度下久储易变浑浊，形成三聚甲醛沉淀，虽加热可变清，但会降低其灭活性能，故一般商品甲醛溶液加10%～15%甲醇，以防止其聚合。

甲醛的灭活作用机理是甲醛的醛基作用于微生物蛋白质的氨基产生羟甲基胺，作用于羧基形成亚甲基二醇单酯，作用于羟基生成羟基甲酚，作用于巯基形成亚甲基二醇。上述反应生成的羟甲基等代替敏感的氢原子，破坏生命的基本结构，导致微生物死亡。甲醛还可与微生物核糖体中的氨基结合，使两个亚单位间形成交联链，亦可抑制微生物的蛋白质合成。

适当浓度的甲醛可使微生物丧失增殖力或毒性，保持抗原性和免疫原性。针对不同类型的微生物，使用甲醛灭活的浓度一般为：需氧细菌0.1%～0.2%，厌氧菌0.4%～0.5%。病毒0.05%～0.4%（多数为0.1%～0.3%）。不论是杀菌或脱毒，使用甲醛或其他灭活剂，灭活剂的浓度及处理时间都要根据试验结果来确定。表3-4列举了不同灭活疫苗所使用的灭活方法。通常以用低浓度、处理时间短而又能达到彻底灭活目的为原则，必要时可在灭活后加入硫代硫酸钠，以终止其反应。

表3-4 常用灭活疫苗的灭活方法

| 疫苗名称 | 灭活剂与浓度 | 灭活、脱毒方法 |
| --- | --- | --- |
| 气肿疽明矾灭活疫苗 | 0.5%甲醛 | 37～38 ℃、72～96 h |
| 气肿疽甲醛灭活疫苗 | 0.5%甲醛 | 37～38 ℃、72～96 h |
| 肉毒梭菌（C型）灭活疫苗 | 0.8%甲醛 | 37 ℃、10 d |
| 羊快疫-猝疽-肠毒血症三联灭活疫苗 | 0.5%～0.8%甲醛 | 37～38 ℃、3～7 d |
| 家兔产气荚膜梭菌氢氧化铝灭活疫苗 | 0.8%甲醛 | 36～37 ℃、5 d |
| 羊大肠杆菌病灭活疫苗 | 0.3%甲醛 | 37 ℃、24～48 h |
| 猪丹毒、猪肺疫氢氧化铝二联灭活疫苗 | 0.25%甲醛 | 37 ℃、18～24 h |
| 猪丹毒氢氧化铝灭活疫苗 | 0.2%～0.25%甲醛 | 37 ℃、18～24 h |
| 牛出血性败血病氢氧化铝灭活疫苗 | 0.1%～0.2%甲醛 | 37 ℃、7～18 h |
| 猪肺疫氢氧化铝灭活疫苗 | 0.1%甲醛 | 37 ℃、7～12 h |
| 禽霍乱氢氧化铝灭活疫苗 | 0.1%甲醛 | 37 ℃、7～12 h |

(续)

| 疫苗名称 | 灭活剂与浓度 | 灭活、脱毒方法 |
| --- | --- | --- |
| 禽霍乱油乳剂灭活疫苗 | 0.1%甲醛 | 37℃、12 h |
| 山羊传染性胸膜肺炎氢氧化铝灭活疫苗 | 0.1%甲醛 | 16~18℃、48 h |
| 破伤风明矾沉降类毒素 | 0.4%甲醛 | 38℃、21~31 d |
| 兔出血热组织灭活疫苗 | 0.4%甲醛 | 37℃、12~24 h |
| 牛、羊伪狂犬病灭活疫苗 | 0.15%甲醛 | 4~10℃、7 d |
| 猪圆环病毒2型灭活疫苗 | 0.2%甲醛 | 37℃、20~24 h |
| 口蹄疫灭活疫苗 | 0.02%BEI | 20~37℃、7~24 h |
| 狂犬病灭活疫苗 | β-丙酰内酯 | 4℃、20~24 h |

**2. 烷化剂**（alkylating agent） 是含有烷基的分子中去掉一个氢原子基团的化合物，它能与另一种化合物作用，将烷基引入，形成烷基取代物。这类化合物的化学性质活泼，其灭活机制主要在于烷化 DNA 分子中的鸟嘌呤或腺嘌呤等，引起单链断裂或双螺旋链交联，因改变 DNA 的结构而破坏其功能，妨碍 RNA 的合成。也可与酶系统和核蛋白起作用而干扰核酸代谢。因此，这类灭活剂能破坏病毒的核酸芯髓，能使病毒完全丧失感染力，又不损害其蛋白衣壳，使其保留其原有的抗原性和免疫原性。常用的烷化剂类的灭活剂有乙酰基乙烯亚胺、二乙烯亚胺和缩水甘油醛。

（1）乙酰基乙烯亚胺（N-acetyl ethylenimine，AEI）：为淡黄色澄明液体，有轻微氨臭味，能与水或醇任意混合。在 0~4℃可保存 1 年，在 -20℃可保存 2 年，但在常温下由于分子聚合，外观颜色及流动性均发生变化，从而导致灭活作用的改变，AEI 功能基团是乙烯亚胺基，可用于灭活口蹄疫病毒生产口蹄疫灭活苗。在口蹄疫病毒培养液中加入最终浓度为 0.05%，30℃经 8 h 后达到灭活目的，灭活终末需加 2%硫代硫酸钠阻断灭活。

（2）二乙烯亚胺（binary ethylenimine，BEI）：市购商品为 0.2%的 BEI 溶液，在 0~4℃可保存 1 个月。按 1/10（V/V）（终浓度为 0.02%或 3 mmol/L）加入口蹄疫病毒悬液中，一般在 26℃灭活 24 h，即可彻底灭活病毒。当灭活结束时，加入 2%硫代硫酸钠中断灭活。

（3）缩水甘油醛（glycidaldchyde，GDA）：1964 年 Martinsen 将其用于生物制品灭活剂，对大肠杆菌、噬菌体、新城疫病毒和口蹄疫病毒等有灭活作用，据报告 GDA 的灭活效果优于甲醛。其作用机理是环氧烷基与病毒蛋白或核酸发生反应。法国梅里厄研究所曾用本品生产牛和猪的口蹄疫灭活苗。

本品易挥发，水溶液含量为 15~31 mg/mL。0~4℃保存 3 个月含量渐下降，约半年失效；20℃只能保存 10 d。

**3. 苯酚**（phenol） 又名石炭酸（carbolic acid），为羟基与芳烃族（苯环或稠苯环）直接连接的化合物，是苯的一部分被酚取代的化合物。为无色结晶或白色熔块，有特殊气味，有毒及腐蚀性，暴露在空气中和阳光下易变红色，在碱性条件下更易促进这种变化。当不含水及甲酚时，在 4℃凝固，43℃溶解。一般商品含有杂质，使熔点升高；与 80%水混合能溶化。易溶于乙醇、乙醚、氯仿、甘油及二硫化碳，不溶于石油醚。密封避光保存。本品对微生物的灭活机制是使其蛋白质变性和抑制特异酶系统（如脱氢酶和氧化酶等），使其失去活性。生物制品的常用量为 0.3%～0.5%。

**4. 结晶紫**（crystal violet） 是一种碱性染料，别名甲基青莲或甲紫（methyl violet）。为绿色带有金属光泽结晶或深绿色结晶状粉末，易溶于乙醇，能溶于氯仿，不溶于水和醚，有的商品为五甲基与六甲基玫瑰苯胺的混合物。

对微生物的灭活机制与其他碱性染料一样，主要是它的阳离子与微生物蛋白质带阴电的羟基形成弱电力的化合物（如 COOH、$PO_3$、$H_2$ 等），妨碍微生物的正常代谢，也可能扰乱微生物的氧化还原作用，使电势太高不适于微生物的增殖（如猪瘟结晶紫疫苗、鸡白痢染色抗原等）而灭活。

**5. β-丙酰内酯**（β-propiolactone，BPL） 又名为羟基丙酸-β-内酯，是一种良好的病毒灭活剂。性状为无色有刺激气味的液体，潮气进入时缓缓分解成羟基丙酸，其水溶液迅速全部分解，水溶液有效期 10℃保存 18 h，25℃保存 3.5 h，50℃保存 20 min，密封于玻璃瓶中 5℃保存较为稳定。水中溶解度 37%（V/V），能与丙酮、醚和氯仿任意混合。对皮肤、黏膜及眼有强刺激性，其液体对动物有致癌性。病毒灭活后，能保持良好的免疫原性，主要用于狂犬病灭活疫苗的制备。

除以上灭活剂外，近年来有研究采用过氧化氢灭活病毒，可以保留病毒较好抗原性，灭活的病毒除诱导产生体液免疫反应外，还可以诱导产生细胞免疫反应，具有较好应用前景。此外，还有使用非离子型去污剂直接裂解病毒，达到灭活细菌或病毒的目的。为提高与保证生物制品质量，进一步研究和开发更为优良的灭活剂也是生物制品行业的一项重要工作。

### （三）影响灭活作用的因素

**1. 灭活剂特异性** 某些灭活剂只对一部分微生物有明显的灭活作用，而对另一些微生物则效力很差。如酚类能抑制和杀灭大部分细菌的繁殖体，5%石炭酸溶液于数小时内能杀死细菌的芽胞，但真菌和病毒对酚类的敏感性较低。阳离子表面活性剂抗菌谱广、效力快，对组织无刺激性，能杀死多种革兰阳性菌和阴性菌，但对绿脓杆菌和细菌芽胞作用弱，其水溶液不能杀死结核杆菌。因此在选择灭活剂时，应考虑其特异性，即应考虑其对微生物的作用范围。

**2. 微生物种类与特性** 不同种类的微生物如细菌、病毒、真菌以及革兰阳性菌与革兰阴性菌对各类灭活剂的敏感性并不完全相同；细菌的繁殖体及其芽胞对化学药物的抵抗力不同；生长期和静止期的细菌对灭活剂的敏感程度亦有差别。另外，细菌的浓度也会影响灭活的效果。微生物或毒素的总氮量和氨基氮含量对灭活也有一定影响。一般含氮量越高，甲醛等灭活剂的消耗量就越大，灭活脱毒速度越慢。

**3. 灭活剂浓度** 以甲醛为例，甲醛浓度越高，灭活、脱毒越快，但抗原损失较大。有人证明，加 0.5%甲醛溶液脱毒的类毒素，其结合力仅相当于 0.2%甲醛溶液脱毒类毒素结合力的 2/3。有时可以采用分次加入甲醛溶液进行灭活和脱毒，即将甲醛溶液分数次加入，加量由小至大，pH 由低而高，温度起初为室温，继而转为允许的最高温度，这样比较缓和的方法对于保护抗原的免疫原性有一定好处。

**4. 灭活温度** 通常情况下，灭活作用随灭活温度上升而加速。在低温时，温度每上升 10℃，细菌死亡率可成倍增加。每升高 10℃，金属盐类的灭菌作用增加 2～5 倍，石炭酸的杀菌作用增加 5～8 倍。但是，如果温度超过 40℃，对微生物的抗原将有不利影响。

**5. 灭活时间** 灭活时间与灭活剂浓度和作用温度密切相关。一般随着灭活剂浓度增高、作用温度升高，灭活时间则缩短。在生物制品生产中，应以能保证制品安全和效力，以低灭活剂剂量、低作用温度和短时间处理为原则。

**6. 酸碱度**（pH） 在微酸性时灭活速度慢，抗原保持较好；在碱性时灭活速度快，但抗原性易受破坏。如甲醛溶液浓度高时，在碱性溶液中抗原损失较大。pH 对细菌的灭活作用有较大影响。pH 改变时，细菌的电荷也发生改变，在碱性溶液中，细菌带阴电荷较多，阳离子表面活性剂的杀菌作用较大。在酸性溶液中，则阴离子的杀菌作用较强。同时，pH 也影响灭活剂的电离度，未电离分子一般较易通过细菌细胞膜，灭活效果较好。

**7. 有机物的存在** 被灭活的病毒或细菌液中，如果含有血清或其他有机物质，会影响灭活剂的灭活效果。因为有机物能吸附于灭活剂的表面或者和灭活剂的化学基团相结合。受其影响最大的为苯胺类染料、汞制剂和阳离子去污剂。一旦汞制剂与含硫氢基化物相遇或季铵盐类与脂类结合，则明显降低这些灭活剂的灭活作用。

## 二、保护剂

保护剂（protector）又称稳定剂（stabilizer），是指一类能防止生物活性物质在冷冻真空干燥时受到破坏的物质。根据其作用机理，保护剂分为两大类。一类为渗透剂，如二甲基亚砜（dimethylsulfoxide，DMSO）、甘油和蔗糖等，能渗入细菌细胞等生物活性物质内部，降低因冷冻而增加的渗透压，防止细胞内脱水，可保护细胞因慢冻而产生的损害。另一类是非渗透剂，如聚乙烯吡咯啶酮（PVP）和蛋白质等，能防止细胞等生物活性物质由外向内渗漏溶质，可保护其在速冻和溶解时可能产生的损害。根据其分子质量大小，又可分为高分子物质和低分子物质。按其化学性质，可分为复合物、糖类、盐类、醇类、酸类和聚合物（表3-5）。广义上讲，保护剂是指保护微生物和寄生虫等活力和免疫原及酶和激素等生物活性的一类物质，还包括细菌或病毒的营养液、赋形剂和抗氧化剂。生物制品的冷冻真空干燥一般都加冻干保护剂，以使制品在冻干后仍保持有较高的生物学活性，而且能够延长制品保存期和提高耐热性。

表3-5 一些常用的冷冻干燥保护剂

| 分类 | 保护剂 |
| --- | --- |
| 复合物 | 脱脂乳、明胶、蛋白质、蛋白胨、糊精、血清、甲基纤维素等 |
| 糖类 | 蔗糖、乳糖、麦芽糖、葡萄糖、果糖等 |
| 盐类 | 乳酸钙、谷氨酸钠、氯化钠、氯化钾、醋酸铵、硫代硫酸钠等 |
| 醇类 | 山梨醇、甘油、甘露醇、肌醇、木糖醇等 |
| 酸类 | 柠檬酸、酒石酸、氨基酸等 |
| 聚合物 | 葡聚糖、聚乙二醇、聚乙烯吡咯烷酮（PVP）等 |

### （一）冻干保护剂的组成与作用

保护剂是兽医生物制品生产，特别是在冻干疫苗生产中的一类重要材料。冻干保护剂通常由营养液、赋形剂和抗氧化剂三部分组成。营养液可使因冻干而受损伤的细胞修复，对水分子起缓解作用，并能使冻干生物制品仍含有一定量水分。还可促进高分子物质形成骨架，使冻干制品呈多孔的海绵状，增加溶解度，如脱脂乳、蛋白胨、氨基酸和糖类等，常为低分子有机物。赋形剂主要起骨架作用，防止低分子物质的碳化和氧化，使保护活性物质免受加热的影响，使冻干制品形成多孔性、疏松的海绵状物，从而使溶解度增加，如蔗糖、山梨醇、乳糖、PVP、葡聚糖等常为高分子有机物。抗氧化剂可抑制冻干制品中的酶作用，增加生物活性物质在冻干后储存期间的稳定性，如维生素 C、维生素 E 和硫代硫酸钠等。

冻干保护剂作用机制比较复杂，归纳起来主要包括：①防止活性物质失去结构水及阻止结构水形成结晶而导致生物活性物质的损伤；②降低细胞内外的渗透压差，防止细胞内结构水结晶，以保持细胞的活力；③保护或提供细胞复苏所需的营养物质，有利于生活力的复苏和迅速修复自身。对冻干生物活性物质，一些含羟基的有机保护剂，还能替代部分结构水，与蛋白质中的羧基或氨基结合，保持其三级和四级结构。一种优良的冻干保护剂应充分利用上述不同物质，发挥各自作用，进行优化集成。

**（二）影响保护剂效能的因素**

保护剂的效能主要表现在保证生物活性物质在冻干和保存过程中的存活率。一般来说，每种微生物或生物制品均有其最佳冻干保护剂的组合，从而获得在冻干过程中失活率最低，增加制品的保存期。冻干保护剂的种类、组合、配制以及组分的浓度对其效能的影响十分明显。

**1. 保护剂种类** 用不同保护剂冻干的同一种微生物，在其保存过程中存活率不同。如分别用 7.5% 葡萄糖肉汤和 7.5% 乳糖肉汤作保护剂冻干的沙门菌，在室温保存 7 个月后的细菌存活率分别为 35% 和 21%。

**2. 保护剂组分浓度** 组分的浓度可直接影响冻干制品细菌或病毒的成活率，必须严格掌握。如以副大肠杆菌"D201H"加不同浓度葡萄糖作保护剂进行冻干，并测定冻干品的细菌的存活率，证明用 5%～10% 葡萄糖存活率最高。

**3. 保护剂配制方法** 配置方法不同会影响保护剂的效果，例如含糖保护剂灭菌温度不宜过高，否则由于糖的炭化而影响冻干制品的物理性状和保存效果，所以均采用 114℃经 30 min 灭菌或间歇灭菌；又如血清保护剂就不能用热灭菌法，必须以滤过法除菌。

**4. 保护剂酸碱度**（pH） 保护剂的 pH 应与微生物生存时的 pH 相同或相近，过高或过低都能导致微生物的死亡。例如明胶蔗糖保护剂的 pH 以 6.8～7.0 最佳，否则会造成微生物大量死亡。又如含葡萄糖、乳糖保护剂经高压灭菌后能或多或少改变保护剂的 pH，从而影响保护效果，为此最好采取滤过除菌。

一种新的冻干制品在批量生产前应系统地进行最佳保护剂的选择试验，包括保护剂冻干前后的活菌数、病毒滴度或效价测定的比较试验；不同保存条件和不同保存期的比较试验等。此外，任何一种制品在选择冻干保护剂时，还应选择适当的冻干曲线，使其在共融点以下水分基本升华为原则。即使在冻干制品投产以后，仍需根据条件的改变不断进行选择试验，以改进冻干制品的质量。

我国动物疫苗保护剂与欧美国家差距比较大，冻干活疫苗一般仍然需要−20 ℃保存，而欧美国家生产的活疫苗保存温度为2～8 ℃保存，其关键技术是耐热保护剂和冻干技术。近10多年来，我国在耐热保护剂方面做了很多研究，也开发出来一些耐热保护剂活疫苗，如鸡马立克病火鸡疱疹病毒耐热保护剂活疫苗、鸡传染性法氏囊病耐热保护剂活疫苗、鸡传染性支气管炎耐热保护剂活疫苗、猪瘟耐热保护剂活疫苗，但该技术还没有被众多企业所掌握。不同种类活疫苗耐热保护剂及其冻干技术具有广阔应用前景。

### （三）常用的冻干保护剂

各类微生物适用的保护剂甚多，各国的配制方法也各异，即使同一种制品所使用的保护剂组成也不一样。例如鸡新城疫弱毒疫苗，我国选用5％蔗糖脱脂乳为冻干保护剂，而日本则用5％乳糖、0.15％聚乙烯吡咯烷酮、1％马血清或0.4％蔗糖脱脂乳、0.2％聚乙烯吡咯烷酮作保护剂；猪丹毒弱毒菌苗，我国以5％蔗糖、1.5％明胶作冻干保护剂，而日本用5％脱脂乳和2.5％酵母浸膏为保护剂。

**1. 不同微生物适用的保护剂** 由于细菌、病毒、支原体、立克次体和酵母菌等生物学特性不同，其适用的冻干保护剂也不相同。各类微生物常用的保护剂如下：

（1）需氧和兼性厌氧性细菌：适用的冻干保护剂有10％蔗糖、5％蔗糖脱脂乳、5％蔗糖、1.5％明胶，10％～20％脱脂乳和含1％谷氨酸钠的10％脱脂乳等。

（2）厌氧性细菌：含0.1％谷氨酸钠的10％乳糖、10％脱脂乳及7.5％葡萄糖血清等。

（3）病毒：常以下列物质的不同浓度或按不同的比例混合组成冻干保护剂。明胶、血清、谷氨酸钠、羊水、蛋白胨、蔗糖、乳糖、山梨醇、葡萄糖和聚乙烯吡咯烷酮等。

（4）支原体：50％马血清、1％牛血清白蛋白、5％脱脂乳和含7.5％葡萄糖的马血清等。

（5）立克次体：10％脱脂乳。

（6）酵母菌：马血清、含7.5％葡萄糖的马血清及含1％谷氨酸钠的10％脱脂乳等。

**2. 几种兽医生物制品常用的保护剂配制**

（1）5％蔗糖（乳糖）脱脂乳保护剂：蔗糖（或乳糖）5 g，加脱脂乳至100 mL，充分溶解后，100 ℃蒸汽间歇灭菌3次，每次30 min；或110～116 ℃高压灭菌30～40 min。用途：羊痘、鸡新城疫、鸡痘和鸭瘟等病毒性活疫苗的保护剂。

（2）明胶蔗糖保护剂：明胶2％～3％（g/mL）、蔗糖5％（g/mL）、硫脲1％～2％（g/mL）。先将12％～18％明胶液、30％蔗糖液和6％～12％硫脲液加热溶解，116 ℃高压灭菌30～40 min；或100 ℃灭菌3次，每次30 min。用途：猪肺疫和猪丹毒等细菌性活疫苗保护剂。

（3）聚乙烯吡咯烷酮乳糖保护剂：取聚乙烯吡咯烷酮 K 30～35 g和乳糖10 g，加蒸馏水至100 mL，混合溶解，120 ℃高压灭菌20 min。

（4）SPGA保护剂：蔗糖76.62 g、磷酸二氢钾0.52 g、磷酸氢二钾1.64 g、谷氨酸钠0.83 g、牛血清白蛋白10 g，加去离子水至1 000 mL，混合溶解，过滤除菌。用途：鸡马立克病火鸡疱疹病毒活疫苗等。

（姜 平）

## 第八节 免疫佐剂

佐剂（adjuvant）一词来源于拉丁语，原为辅助之意。在免疫学和生物制品学上又称为免疫佐剂（immunologic adjuvant）。传统的概念为：当一种物质先于抗原或与抗原混合或同时注射于动物体内，能非特异性地改变或增强机体对该抗原的特异性免疫应答，发挥其辅佐作用者，都称之为佐剂。最新的概念为：凡是可以增强抗原特异性免疫应答的物质均称为佐剂。其作用特点是：①能明显增强多糖或多肽等抗原性微弱的物质诱导机体产生特异性免疫应答；②用最少量的抗原和最少的接种次数刺激机体可产生足够的免疫应答和高滴度的抗体，在血流或黏膜表面能维持较长的时间，发挥持久的效果。

佐剂加强免疫反应的机理非常复杂，至今尚未完全清楚。佐剂的作用主要包括：①改变正常免疫机能，吸引大量抗原呈递细胞加工处理抗原；②改变抗原的构型，使抗原物质降解并加强其免疫原性；③延长抗原在组织内的储存时间，使抗原缓慢降解和释放，并发挥免疫系统的细胞间协同作用（抗原呈递细胞与 T 细胞，T 细胞与 B 细胞）。

### 一、佐剂分类

目前，佐剂的种类有很多，已被证实有免疫增强作用的物质多达百种以上，但在佐剂的分类上尚无一致意见。按佐剂物理性质，通常可把佐剂分为两大类：颗粒型佐剂和非颗粒型佐剂；按佐剂的生物学性质（即 Ballanti 分类法），可分为微生物及其组分与非微生物物质两大类；按佐剂在体内存留的时间，则可分为储存型佐剂（depot type adjuvant）和非储存型（non-depot type adjuvant）佐剂。颗粒型佐剂多半属于储存型的，非颗粒型佐剂大多属于非储存型佐剂。现根据佐剂物理性质分类如下。

#### （一）颗粒性佐剂

(1) 盐类佐剂：包括氢氧化铝胶、明矾和磷酸铝等。
(2) 油水乳剂佐剂：如弗氏完全佐剂（Freund's complete adjuvant，FCA）、弗氏不完全佐剂（Freund's incomplete adjuvant，FIA）和白油佐剂。
(3) 免疫刺激复合物（ISCOM）佐剂。
(4) 蜂胶（propolis）佐剂。
(5) 脂质体（liposomes）佐剂。
(6) 其他：MF59 佐剂、微囊化佐剂（microencapsulation）、硬脂酰酪氨酸佐剂（slearyltyrosine）和 γ-菊粉（gamma-inulin）等。

#### （二）非颗粒性佐剂

(1) 肽类（peptides）佐剂：如胞壁酰二肽（MDP）及其衍生物、去胞壁酰多肽（desmuramyl peptides）、脂肽（lipopeptides）和免疫调节多肽（immunomodulatory peptides）等。
(2) 表面活性分子类（surface-active molecules）佐剂：如非离子阻断共聚物表面活性

剂（nonionic block copolymers）和海藻糖合成衍生物（TDM）等。

（3）核酸及其衍生物类（nucleic acid derivatives）佐剂：如合成核苷酸聚合体（synthetic polynucleotides）、次黄嘌呤衍生物（hypoxanthine derivatives）和免疫刺激序列 DNA［CpG DNA 或 CpG 寡聚脱氧核苷酸（CpG-ODN）］等。

（4）含硫复合物类（suiphur-containing compounds）佐剂：如左旋咪唑（levamisole）。

（5）糖类（carbohydrate polymers）佐剂：如香菇多糖（lentinan）、硫酸多糖（sulfated polysaccharides）、菊粉等其他一些多糖和 DEAE-葡聚糖等。

（6）细胞因子类（cytokine）佐剂：如白介素-1（IL-1）、白介素-2（IL-2）、白介素-12（IL-12）、γ-干扰素（γ-IFN）、CD40L 和粒细胞-巨噬细胞集落刺激因子（GM-CSF）等。

（7）脂质分子类（lipid molecules）佐剂：如脂多糖及其衍生物（lipopolysaccharide derivatives），一些脂溶性维生素（fat-soluble vitamins）如维生素 A 和维生素 E 等。

（8）其他：包括一些蛋白毒素如霍乱毒素（CT）、百日咳毒素（PT）和破伤风类毒素（TT）、热休克蛋白 70（HSP70）、脂磷壁酸（LTA）、Poly（I：C）、CL097、维生素 $B_{12}$、卡波姆（carbomer）和疱疹病毒 VP22 蛋白。

尽管佐剂有很多种类，但实际应用的不多。目前，铝盐类佐剂、油乳剂佐剂和蜂胶佐剂等比较常用，属于常规佐剂。细胞因子类佐剂、CpG DNA、基因工程减毒素、免疫刺激复合物佐剂、脂质体佐剂及 MF59 佐剂等是目前研究的热点，其中有些也已经开始用于生产实际，属于新型免疫佐剂。目前，我国进口的多种佐剂，如法国 SEPPIC 公司 Montanide ISA 50V 和 ISA206，一般都是复合类佐剂，含有多种佐剂成分。相对油佐剂而言，其他类型的佐剂一般可以溶解于水溶液中，故俗称水性佐剂。该类佐剂副反应小，组成成分复杂。

## 二、常规免疫佐剂

### （一）铝盐类佐剂

该类佐剂在生物制品上应用广泛，对体液免疫作用很明显，与抗原混合注射时，可显著增高抗体滴度。可溶性抗原与此类佐剂混合后成为凝胶状态，可建立一个短时的储存颗粒，将可溶性抗原转化为一种便于吞噬的形式，以利于巨噬细胞吸附。

**1. 氢氧化铝胶** 又称铝胶，其佐剂活性与质量密切相关，质优的铝胶分子细腻、胶体性良好、稳定，吸附力强，保存两年后其吸附力不变。铝胶可用于制造多种兽用疫苗。各厂家采用不同的合成方法制备铝胶，优点各异。

（1）用铝粉加烧碱合成法：用量按下列反应式计算：

$$2Al(OH)_3 + 12H_2O + 3H_2SO_4 \rightarrow Al_2(SO_4)_3 \cdot 18H_2O$$

$$Al_2(SO_4)_3 \cdot 18H_2O + 6NaOH \rightarrow 2Al(OH)_3 + 3Na_2SO_4 + 18H_2O$$

氢氧化铝干粉 50～55 kg，加入 60 L 沸水中，搅拌均匀，倒入硫酸 100 kg，爆沸至棕褐色，经 30～60 min 后，加温水，边加边搅拌约至总量为 35 万毫升；用前加水稀释至 1 000 L，温度约为 80 ℃，盛装在一个缸内。另一缸盛 80 kg Na，加水至 1 000 L，加温至

75 ℃。两液等量流入另一耐酸搪瓷缸内（控制两液流速），化合液 pH 为 6.9±0.1 时化合结束，蒸汽吹沸熟化 10 min，调节 pH 6.9±0.1，继续熟化 3 min，稳定 pH 6.9±0.1，静置沉淀，吸去上清液后加入约 5 倍量的软化水，搅拌洗涤沉淀、弃上清液，如此 3~5 次，检查至硫酸盐合格为止。最后经 100~120 目铜纱筛滤过，装入布袋脱水过夜，收存于容器内，可约得 600 kg 铝胶。

（2）用明矾加碳酸钠合成法：用量按下列反应式计算：

$$2KAl(SO_4)_2 + 3Na_2CO_3 + 3H_2O \rightarrow 2Al(OH)_3 + 3Na_2SO_4 + 3CO_2 \uparrow。$$

称 350 kg 明矾，加去离子水 1 400 L 于夹层搪瓷反应缸内，由夹层加温进行溶化，静置 6 h 以上，待澄清后，抽取上清于 60 ℃保持在一缸内。另一缸放入 125 kg 碳酸钠，加去离子水 1 400 L，加温搅拌溶化，静置 6 h，抽取上清于 50 ℃保温。两液等量流入另一耐酸搪瓷缸内（18~25 min 内流完），边放边搅拌，保持其 pH 6.8~7.0，用蒸汽加热熟化，驱尽二氧化碳，视胶态变稀、无大量二氧化碳气体逸出为熟化终点，此时 pH 达 7.2~7.6 为合格。然后降温到 80 ℃以下，装入尼龙布袋，控干水后加入 3~4 倍 20~25 ℃的去离子水洗涤 6 次，当洗出水检查硫酸盐合格后，收集铝胶，组批储存（收集量约为明矾投料的 2.5 倍）。

（3）用三氯化铝与氢氧化钠合成：此法合成的铝胶含量低，透明无沉淀，目前广泛用于制备人用生物制品，认为佐剂效果良好，注射部位无硬结反应。其化学反应式为：$AlCl_3 + 3NaOH \rightarrow Al(OH)_3 \downarrow + 3NaCl$。制造时，先将无水三氯化铝用去离子水配成 25% 溶液，加热溶化，使用时再稀释成 8%，加温至 56~60 ℃。另将氢氧化钠配成 4% 溶液，加温至 56~60 ℃。化学合成时，将三氯化铝溶液放入反应缸，维持温度 60 ℃，边搅拌边缓慢加入氢氧化钠溶液，当化合液 pH 达到 5.6~6.0 h，即为终点，继续搅拌 10 min，分装，121 ℃ 高压灭菌 30 min，灭菌后的铝胶液为透明略带乳光液体，pH 5.5±0.1。

以上方法合成的铝胶性状为可塑型棉绒状胶体，经搅拌逐渐变稀成细腻的胶体。配制时应注意：①氢氧化铝具有较强的吸附力，所以制胶过程中一般用软化水或去离子水洗涤。②氢氧化铝胶为两性化合物，过酸或过碱都会失去胶态。故要掌握好化合时的 pH。③储存铝胶应放在耐酸搪瓷缸或耐酸池中，并严密封盖，贮放期不超过 3 个月。④铝胶室温保存，以免破坏胶态。

**2. 明矾**（alum） 有钾明矾 $[KAl(SO_4)_2 \cdot 12H_2O]$ 和铵明矾 $[AlNH_2(SO_4)_2 \cdot 12H_2O]$ 两种。作为佐剂用于生物制品的主要是钾明矾（即硫酸铝钾）。制造时，先将灭活菌液调至 pH 8.0±0.1，选精制明矾制成 10% 溶液，高压灭菌后，冷至 25 ℃以下备用。按菌液量加入明矾溶液 1%~2%，充分振荡，然后沉淀。佐剂作用与氢氧化铝胶近似，但该法较简便，应用较广，如破伤风明矾沉淀类毒素和气肿疽明矾灭活疫苗等。

**3. 磷酸三钙** 在疫苗中加入氯化钙和磷酸氢二钠，使在疫苗中化合成磷酸三钙，吸附抗原后沉淀，所制出的几种疫苗免疫效果良好。此法简便，质量稳定。

## （二）油乳佐剂

油乳佐剂是指一类由油类物质和乳化剂按一定比例混合形成的佐剂，如弗氏佐剂。该类佐剂能使抗原在注射部位持续稳定释放，为抗原在淋巴系统中转运提供载体，增加单核细胞的形成和积聚。油水乳剂疫苗的免疫效力高低，直接与乳化作用的好坏和乳剂成分的质量等相关。一种好的乳剂疫苗应是油包水（水/油或 W/O）或水包油（油/水或 O/W）型，黏度低，颗粒均匀，稳定性良好，呈乳白色。

**1. 乳剂的概念** "乳剂"是将一种溶液或干粉分散成细小的微粒，混悬于另一不相溶的液体中所成的分散体系。被分散的物质称为分散相（内相），承受分散相的液体称连续相（外相），两相间的界面活性物质称为乳化剂。当以水为分散相，以加有乳化剂的油为连续相时，制成的乳剂为 W/O 型，反之为 O/W 型。制成什么样的乳剂型，与乳化剂及乳化方法密切相关。通常 W/O 型乳剂较黏稠，在机体内不易分散，佐剂活性较好，为生物制品所采用的主要剂型。O/W 型乳剂较稀薄，注入机体后易于分散，但其佐剂活性很低，生物制品一般不采用这种剂型。

**2. 乳化剂**

（1）乳化剂的种类：乳化剂分为天然乳化剂和人工合成乳化剂两类。前者来自动植物，如阿拉伯胶、海藻酸钠、蛋黄以及炼乳等。后者为人工合成，分为离子型和非离子型。离子型乳化剂又分为阴离子型和阳离子型。阴离子类乳化剂，如碱肥皂、月桂酸钠、十二烷基磺酸钠和硬脂酸铝等，多用于乳化一般生物制剂。阳离子类乳化剂有氯化苯甲烃铵、溴化十六烷三甲基和氯化十六烷铵代吡啶等，用于制备一般的水包油生物制剂。非离子型乳化剂多数是多元醇或聚合多元醇的脂肪酸酯类或醚类物质，如月桂酸聚甘油酯、山梨醇酯和单油酸酯等。它们具有一定的亲水性和亲油性基团，为制造医药或化妆品的乳化剂。制备注射用油乳剂灭活疫苗，最适用的乳化剂有去水山梨醇单油酸酯（其中，司本-80 和 Arlacel-A 是同类产品）、聚氧乙烯去水山梨醇单油酸酯（商品名吐温-80）和硬脂酸铝等。

（2）乳化剂的选择：商品乳化剂的种类很多，根据使用目的不同可选择适当的乳化剂。通常可根据用途，依据乳化剂的 HLB 值（亲水亲油平衡值）进行选择。乳化剂的 HLB 值与其在水中的溶解度相关，亲水性强的在水中溶解度大，HLB 值高，容易形成水包油型油乳剂；亲油性的在水中溶解度小，HLB 值低，易形成油包水型油乳剂。已经证明，HLB 值为 4~6 的乳化剂适用于制造 W/O 型油乳剂；HLB 值在 8~18 的乳化剂适用于 O/W 型油乳剂。常用的司本-80，HLB 值为 4.3，在水中溶解度低，不易在水中分散，溶于多种有机溶剂，性质稳定，易形成 W/O 型油乳剂；而吐温-80，其 HLB 值为 15.0，易溶于水，易形成 O/W 型油乳剂。

**3. 白油佐剂** 生产灭活疫苗所用白油应无多环芳烃化合物，黏度低、无色、无味和无毒性。Drakocel-6VR、Marcol-52 和 Lipolul-4 是国内外常用白油。我国目前选用注射用白油为 7 号或 10 号轻质矿物油，应符合《中国兽药典》注射用（轻质矿物油）质量标准（CVP3/2010/FL/036），性状应无色、透明、无味、无臭，相对密度 0.818~0.880，40 ℃ 运动黏度 7~13 $m^2/s$，酸度为中性，稠环芳烃、固形石蜡、易碳化物按该标准中规定方法检测应符合要求，重金属不超过百万分之十，铅和砷不超过百万分之一。此外，小鼠腹腔注射 0.5 mL 或家兔皮下注射 2.0 mL 白油，观察 60 d，表现正常。

**4. 乳剂配方与乳化方法** 使用不同乳化剂和不同的配合比例及乳化方法，决定了制备乳剂的性状和稳定性。疫苗生产中主要有两种基本方法。

（1）剂在水中法：此法将乳化剂直接溶于水中，在激烈搅拌下将油加入，可直接生成 O/W 乳剂。若欲得 W/O 型，可继续加入油，直到发生变型。该法通常用匀浆器或胶体磨，高速搅拌而得到较好的乳剂。

(2) 剂在油中法：此法将乳化剂溶于油相，将油相直接加入水相中得 O/W，如水相直接加入油相，得到 W/O 型，如欲得 O/W，继续加入至变型。该法制成的乳剂，一般均匀颗粒直径在 0.5 μm 左右，比较稳定。

对免疫实验动物用的佐剂，可以自行配制备用。国外早有商品出售，其配方按容量计为：矿物油（白油）75%～85%，乳化剂 15%～25%，混合后经除菌过滤而成为弗氏不完全佐剂（FIA）；如向其中加入 0.5 mg/mL 死结核杆菌即为弗氏完全佐剂（FCA）。使用时，将含抗原的水相，与上述任意一种佐剂等量混合，用力振摇即可成为均匀的乳剂。也可用 9 份油和 1 份司本-80 混合后加 2% 吐温-80 和 1%～2% 硬脂酸铝，经高压灭菌后备用，注射前将配好的油佐剂与抗原水相 1∶1 混合，强力振摇，可配制成性状良好的乳剂疫苗。

大量生产乳剂疫苗时，可将 94% 白油与 6% 司本-80 混合后加 1%～2% 硬脂酸铝，灭菌后即为油相；将抗原液加 2%～4% 吐温-80 为水相。乳化时，按容量计算，将油相与水相按 3∶1～1∶1 比例配制，先缓速混合，再通过胶体磨充分乳化，可获得稳定的油包水乳剂苗。或者将黏稠的 W/O 乳剂疫苗，再加 2% 吐温-80 生理盐水，通过搅拌或胶体磨乳化，可制成双相乳剂疫苗（水-油-水乳剂或称多型乳剂）。双相油乳剂疫苗的优点是：黏稠度低、在注射部位易分散、局部反应轻微及佐剂效应良好等。

**5. 油乳剂检验** 油乳剂检验项目包括乳剂类型检查、黏度测定、稳定性测定、黏度大小及分布检测等，生产实际中以黏度测定和稳定性测定为主。

(1) 黏度测定：适于测定乳剂疫苗用的是流出法，也可用 Saybolt 黏度计。最简易的方法是取内口直径为 1.2 mm 的吸管，在室温下吸满 1 mL 乳剂，垂直放出 0.4 mL 所需时间作为黏度单位，以 0.4 mL 2～6 s 流出为合格，不得多于 10 s，否则注射时就比较困难。

(2) 乳剂稳定性测定：①加速老化法：疫苗于 37 ℃ 储存 10～30 d 不破乳。②离心加速分层法：在一个半径为 10 cm 的离心器中装油乳剂，3 000 r/min 离心 15 min 不分层，相当于保存 1 年以上不破乳。

由于矿物油佐剂在组织中不能代谢而长期存在，造成局部组织损伤，从而限制了部分油佐剂的使用。近年来，一些学者用精制花生油与化学纯试剂研制成功了"佐剂-65"。实验证明，这种佐剂注射后两个月，几乎全部被代谢，从而可以减少过度刺激，排除了因长期储留可能产生的有害作用，而产生的抗体水平与矿物油佐剂相似。但花生油不能含有脂酶和酯酶，否则花生油会降解释放出脂肪酸。脂肪酸有毒性，会引起注射部位的炎症反应，导致形成硬结或脓肿。此外，还必须精制以除去花生蛋白，更不能含有黄曲霉毒素。甘油和卵磷脂是机体的正常代谢物质，应用甘油和卵磷脂佐剂比"佐剂-65"更易于乳化，安全有效，对组织无反应性。

### (三) 蜂胶佐剂

**1. 蜂胶的理化特性与质量标准** 蜂胶（propolis）是蜜蜂采自柳树、杨树、栗树和其他植物幼芽分泌的树脂，并混入蜜蜂上颚腺分泌物，以及蜂蜡、花粉及其他一些有机与无机物的一种天然物质，含有多种黄酮类、酸类、醇类、酚类、脂类、烯烃和萜类等化合物及多种氨基酸、酶、多糖、脂肪酸、维生素及化学元素，是一种优良的天然药物。

由于蜂种不同、产地不同,蜂胶的质量和成分有较大的差异。供免疫佐剂用的蜂胶外观应具备其固有的特征。蜂胶应为固体状黏性物,呈褐色或深褐色或灰褐带青绿色,具有芳香气味,味苦。20~40 ℃时有黏滞性,低于15 ℃变硬变脆,可以粉碎,60~70 ℃熔化。相对密度1.112~1.136。蜂蜡含量≤25%,机械杂质≤20%,酚类化合物≥30%,碘值>35.0,黄酮类化合物定性反应阳性(取蜂胶液1 mL加盐酸数滴及镁粉少许,应呈红色反应)。用作免疫佐剂的蜂胶乙醇浸出液的含量不应低于50%,呈透明的栗色溶液。70%以上为特级,66%~70%为一级,61%~65%为二级,56%~60%为三级,50%~55%为四级。其纯度测定方法为:取蜂胶粉末2.5 g,放入烧杯中,加入25 mL乙醇搅拌均匀,冷浸24 h,用已称量的滤纸过滤,再用少量乙醇将不溶物洗两次,溶物与滤纸于45 ℃干燥后称重,计算出蜂胶乙醇浸出物的百分含量。

**2. 蜂胶的佐剂作用** 蜂胶具有抗菌、抗病毒、抗肿瘤、消炎、增强机体免疫功能和促进组织再生等作用。蜂胶具有广泛的生物活性和药理作用。作为免疫佐剂,蜂胶具有良好的免疫增强作用。它能保持抗原特性,增强巨噬细胞的吞噬能力,促进抗体的产生,提高机体的非特异性和特异性免疫力。

**3. 蜂胶佐剂疫苗制备方法**

(1) 蜂胶的处理:用市售蜂胶,放4 ℃以下低温储存,用前在4~8 ℃下粉碎,过筛,按1∶4 (m/V)加95%的乙醇,室温浸泡24~48 h,冷却,过滤或离心取上清,即得透明栗色纯净蜂胶浸液。除去干渣,计算出浸液中含蜂胶量,浸液4 ℃以下保存备用。

(2) 蜂胶佐剂疫苗的制备(以禽霍乱蜂胶疫苗为例):将纯净培养的菌液,经甲醛灭活后,加入蜂胶乙醇浸液,使每毫升菌液中含蜂胶10 mg,边加边摇荡,迅即成为乳浊状,即为蜂胶佐剂疫苗。

## 三、新型免疫佐剂

### (一) 细胞因子类佐剂

在机体免疫系统活动过程中,有许多种体液性免疫分子和细胞因子参与。前者如免疫球蛋白、补体和胸腺肽类。后者作为免疫活性细胞间相互作用的介质和强有力的蛋白性调节因子,可以调节免疫反应、炎性反应、组织修复、组织移植反应和造血。自1979年第2届国际淋巴因子会议命名第一个细胞因子白细胞介素2 (interleukin-2,IL-2)以来,细胞因子的研究获得飞速的发展,并有多种动物的多种细胞因子被克隆。重组细胞因子已在一些动物疾病的免疫预防、免疫治疗和构建新一代基因工程苗等方面显示出广阔的应用前景。

**1. 白细胞介素-1** (IL-1) 又称淋巴细胞活化因子,是由抗原-抗体复合物、ConA、PPD、LPS及MDP等诱导巨噬细胞、单核细胞和其他多种组织细胞活化后分泌产生的一类活性多肽。分子质量15~20 ku,在pH 4~12之间稳定,60 ℃ 1 h作用不被破坏,可被蛋白分解酶处理而失活,可抵抗神经氨糖酸苷酶处理。IL-1是细胞因子网络中的关键因子,可作用于多种免疫细胞,并扩大其功能,在抗感染免疫、抑制肿瘤细胞生长(抗肿瘤免疫)及维持机体内环境的平衡(免疫自稳)中起着重要作用。目前,多种动物的IL-1 cDNA已被克隆,如猪、牛和羊等,也已获得重组IL-1。人的IL-1用作免疫增强剂,已工业化生产,正在进行临床治疗试验。在动物医学上,IL-1主要用作免疫佐剂,可提高抗体滴度,但它也有明显的副作用,主要表现为发热和腹泻等。

**2. 白细胞介素-2**(IL-2) 是T细胞在抗原或促有丝分裂原(如ConA)刺激下所分泌的一种淋巴因子,可引起T细胞增殖和维持T细胞在体外的持续生长,故曾称为T细胞生长因子(TCGF)。IL-2是一种糖蛋白,含133个氨基酸,分子质量为15~35 ku,70℃经30 min及pH 2~9范围内稳定,无抗原特异性。具有促进T细胞生长、诱导或增强细胞毒性细胞的杀伤活性、协同刺激B细胞增殖及分泌免疫球蛋白、增强活化的T细胞产生IFN和CSF、诱导淋巴细胞表达IL-2R、促进少突胶质细胞的成熟和增殖及增强吞噬细胞吞噬杀伤能力等免疫生物学效应。IL-2是人药和兽药研究中研究最多的细胞因子,有广阔应用前景。

**3. 白细胞介素-12**(IL-12) 主要由B细胞产生的细胞因子,与IL-2有协同作用,曾被称为细胞毒淋巴细胞成熟因子(CLMF)和天然杀伤细胞刺激因子(NKSF)。IL-12为糖蛋白,分子质量75 ku,由40 ku(P40)和35 ku(P35)两个亚单位构成。两个亚单位完全由不同的基因所编码,只有结合为一个完整的分子时才能发挥生物学活性。IL-12与低剂量的IL-2就能协同诱导抗体产生细胞毒T淋巴细胞(CTL)。IL-12还能诱导NK细胞和T细胞产生IFN-γ。IL-12活性高于IL-2和IFN,在极低浓度时就有显著活性,对灭活疫苗、肿瘤和寄生虫抗原具有有效的佐剂活性。

**4. γ-干扰素**(interferons-γ,IFN-γ) 是由致敏T细胞(Th1细胞和NK细胞等)在病毒等干扰素诱生剂和某些细胞因子作用下所产生的一类高活性多功能的糖蛋白,分子质量20~25 ku,由144个氨基酸组成,等电点8.6。具有抗病毒、抗肿瘤、免疫调节等多种免疫生物学活性,其作为佐剂的主要作用是诱导MHC-Ⅱ的表达。当IFN-γ与抗原在同一位置同时使用时,佐剂效果最好。人们期待找到一个使用IFN-γ的合适方式,使其成为一个有效的佐剂。

**5. 粒细胞-巨噬细胞集落刺激因子**(GM-CSF) GM-CSF是由活化的T淋巴细胞、巨噬细胞、血管内皮细胞及成纤维细胞产生的一种蛋白质因子。能促进中性粒细胞、巨噬细胞和嗜酸性粒细胞的髓样干细胞的生长和发育。在免疫反应中,GM-CSF能够促进抗原递呈细胞的分化、成熟和表达MHCⅡ类抗原和B7共刺激因子。它通过激活和募集APC来增强初次免疫反应。目前,我国已有商品化的人用重组GM-SCF,用于肿瘤治疗和肿瘤疫苗免疫佐剂。近年来,兽医生物制品领域也有些研究,证明GM-CSF可以作为鸡传染性支气管炎、禽流感和猪繁殖与呼吸综合征基因工程疫苗的免疫佐剂,取得了理想的免疫效果。

### (二)微生物来源佐剂

布氏杆菌、沙门菌和分枝杆菌等微生物及其产物有较强的佐剂活性。

**1. 肽聚糖** 肽聚糖(PG)主要来自微生物的细胞壁,如胞壁酰二肽(MDP)、胞壁酰三肽(MTP)、海藻糖双霉菌酸酯(TDM)和蜡质D等。MDP是从分枝杆菌细胞壁中提取的一种免疫活性成分,主要增强体液免疫。MDP与脂质体或与甘油混合使用可以诱导强烈的细胞免疫。MDP与TDM联合使用可以有效地抑制肿瘤的生长,显著增强动物抗菌和病毒感染能力。其优点是注射局部反应轻微、无抗原性、过敏性和致癌作用;分子质量小,对生物学降解作用有抵抗力,可以口服。不良反应是存在热源性,可引起免疫动物过敏综合征。

**2. 脂多糖** 脂多糖(lipopolysaccharide,LPS)是革兰阴性菌细胞壁的主要成分之一。LPS可激活T细胞和B细胞,对体液免疫和细胞免疫均具有佐剂作用,并可以提高蛋白对多糖抗原的免疫应答,但是,它也有较强的毒性作用。LPS中起佐剂效应的主要成分是类脂A。在酸性条件下,类脂A可以被水解得到单磷脂A(MPL),MPL保持了类脂A的佐剂活性,可以增强Th1型免疫反应,但毒性很低。

**3. 分枝杆菌及其组分** 分枝杆菌经化学和物理方法处理,可以获得具有佐剂活性的成分,包括MDP、MTP、蜡质D等。以结核杆菌为主的分枝杆菌菌体的活性因子存在于细胞骨架中,含有结核杆菌细胞骨架的弗氏完全佐剂(FCA),能够刺激产生的体液免疫和细胞免疫,并能够持续很长的时间。

**4. CpG DNA** 是含有非甲基化CpG(胞嘧啶鸟嘌呤二核苷酸)基序的脱氧核糖核酸DNA。CpG基序(CpG motif)是具有较强免疫活性的以非甲基化的CpG为基元构成的回文序列,其碱基排列大多为5′- Pur Pur - CG - Pyr Pyr - 3′,也称为免疫刺激序列(ISS,immunostimulatory DNA sequences)。CpG DNA能在动物体内诱生强烈的免疫反应,主要包括激活NK细胞和巨噬细胞;刺激B淋巴细胞增殖、分化及产生免疫球蛋白(immunoglobulin,Ig);诱导分泌IL-6、IL-12、TNF-α和IFN-γ等多种细胞因子;诱导抗抗体诱生的细胞凋亡。所以,它在诱导机体非特异性免疫应答、增强抗原特异性免疫应答及调控免疫应答类型(Th1或Th2型)等方面发挥重要作用。

非脊椎动物微生物,包括细菌、线虫、软体动物、酵母、昆虫和原虫的DNA中存在非甲基化的CpG二核苷酸,且其出现频率较高,平均每16对二核苷酸出现一次;而在脊椎动物DNA中,多数CpG位点均已甲基化(甲基化程度达80%),非甲基化CpG出现频率较低,每50~60对二核苷酸出现一次(称为CpG抑制)。试验表明,人工设计合成含有非甲基化CpG基序的寡聚脱氧核苷酸(称为CpG-ODN)和细菌DNA均具有免疫刺激作用,具有优良的佐剂特性。

(1) CpG DNA的免疫学活性:

① 对B淋巴细胞的作用:细菌DNA可直接激活B淋巴细胞产生免疫球蛋白,此过程为非T细胞依赖性和非抗原特异性。如大肠杆菌质粒DNA和CpG-ODN可在小鼠体内诱导B淋巴细胞分泌IL-6等细胞因子。

② 对巨噬细胞的作用:CpG DNA通常可直接激活巨噬细胞,并促进多种Th1类细胞因子的分泌,如IL-12、TNF-α、IFN-α和IFN-β等。如细菌DNA和CpG-ODN均可诱导小鼠巨噬细胞产生TNF-α mRNA。

③ 对NK细胞的作用:CpG DNA不能直接活化NK细胞,但可通过辅助细胞刺激细胞因子(如IL-12、TNF-α、IFN-α/β)的释放间接地作用于NK细胞。

④ 对淋巴细胞的作用:CpG DNA不能直接活化T淋巴细胞,但能够在单核细胞和NK细胞分泌的细胞因子(如IFN-γ)作用下间接激活T淋巴细胞。

(2) CpG DNA的佐剂效应与应用前景:由于Th1免疫反应在微生物感染中具有重要作用,因而研究新型可诱导Th1免疫、安全、无副作用的佐剂,无论对兽用疫苗还是医用疫苗都至关重要。合成的CpG-ODN可诱导巨噬细胞分泌IL-12、NK细胞分泌IFN-

γ。这些细胞因子能诱导 Th1 细胞分化,显示了 CpG-ODN 作为佐剂的潜在价值,而且 CpG-ODN 与铝盐佐剂有协同刺激活性,既能诱导强的体液免疫,又能诱导细胞免疫和黏膜免疫反应。实验动物模型研究发现,CpG DNA 对治疗病毒感染、哮喘、过敏性疾病及肿瘤均有良好的效果。我国采用微生物扩增 CpG DNA 用作兽用疫苗佐剂正成为现实。

### (三) 基因工程减毒素

基因工程减毒素是一类免疫佐剂的总称。人们在不断探索新型免疫佐剂的过程中,发现细菌细胞壁成分或毒素不但能刺激机体产生免疫应答,而且在和抗原一起使用时,具有明显的佐剂效应。由于这些成分为细菌细胞壁成分或毒素,因而具有较强的毒性。人们发现,该类毒素(尤其蛋白毒素)通过现代基因工程技术进行脱毒后,这些物质可以起到良好免疫佐剂的功效。目前,已证明经过基因突变体外表达的霍乱毒素(CT)、大肠杆菌不耐热毒素(LT)和破伤风类毒素(TT)等没有毒性,但具有很好的佐剂作用。

**1. 霍乱毒素**(CT) CT 是一种良好的黏膜免疫原。作为佐剂,它能提高对多种口服天然抗原的局部黏膜免疫力。CT 是由 A 和 B 两个区构成的蛋白。B 区具有主要免疫学作用,内含 5 种独立的非共价连接的 B 亚单位(CTB),无毒性,可与细胞结合。A 区是 CT 的生物学活性部分,具有酶活性。CT 作为黏膜免疫佐剂的主要缺点是其本身具有毒性,天然 CT 不能用于人类,但可以用于动物。用戊二醛将仙台病毒与 CT 结合,CT 毒性降低 1 000 倍,但仍有佐剂性质。将 CTB 与流感病毒凝血素(HA)结合,免疫后发现,一个剂量的 CTB-HA 可产生高水平的 IgA 和 IgG 抗体,而两个剂量的 HA 不能诱导抗体产生。而抗体水平与抵抗致死性攻毒有关。链球菌表面蛋白与 CTB 结合后,可诱导产生高水平的抗体。如不与 CTB 结合,要产生相同水平的抗体,则需 100 倍的抗原。实验证明,CT 毒素 A 和 B 两个亚单位的表达质粒 DNA 作为佐剂与 DNA 疫苗联和应用,还可诱导机体产生很强的 Th1 细胞因子反应(如 IFN-γ)和 Th2 细胞因子反应(如 IL-4),具有很强的佐剂作用。

**2. 大肠杆菌不耐热毒素**(LT) 大肠杆菌 LT 毒素有 A 和 B 两个亚单位,有一定抗原性,但其毒性很强。通过基因工程点突变技术,使 A 亚单位上的一个氨基酸发生改变,表达的 LT(R192G),则无毒性作用,但仍保留了其佐剂效应。该表达产物可诱导机体产生局部黏膜免疫反应。利用基因突变技术,构建的 A 和 B 两个亚单位的表达质粒 DNA 联合应用,可诱导机体产生很强的 Th1 细胞因子反应(IFN-γ)和 Th2 细胞因子反应(IL-4)。而且,LT 毒素表达质粒作为佐剂,可协助 DNA 疫苗诱导机体产生更强的细胞免疫反应,有望成为一种新型免疫增强剂。

**3. 破伤风类毒素**(TT) 研究表明,TT 也具有很强的佐剂效应,特别是适合于多糖或小分子肽半抗原免疫。这些抗原经偶联结合到 TT 后,可诱发机体产生高水平的 IgG 抗体应答。

### (四) 其他新型免疫佐剂

**1. 免疫刺激复合物**(ISCOM) 免疫刺激复合物是由抗原物质与由皂树皮提取的一种糖苷 Quil A 和胆固醇按 1∶1∶1 混合后自发形成的一种具有较高免疫活性的脂质小囊。

ISCOM 直径 40 nm，每个 ISCOM 含 10~12 分子的蛋白质。ISCOM 应用于多种细菌、病毒和寄生虫病的疫苗，具有促进抗原诱导"全面"免疫应答的效力，可长期增强特异性抗体应答。另外，ISCOM 能有效地通过黏膜给药，因此可用于抗呼吸道感染免疫。目前，兽用 ISCOM 疫苗已在国外投放市场。必须指出，Quil A 存在严重的毒副作用，可以引起溶血、局部组织坏死和肉芽肿。QS-21 是通过反相色谱法从 Quil A 中纯化的，具有比 Quil A 低的毒性和极强的免疫作用，能够诱导 CD4+Th1 和细胞毒性 T 淋巴细胞应答。DEAE 葡聚糖或许可以作为疫苗中皂苷佐剂的一个有效替代物。

(1) ISCOMs 的制备：目前，已有 20 多种病毒的亲水脂蛋白（如外壳蛋白）以及若干种细菌和原生动物的膜蛋白被用于制备 ISCOMs。制备时，首先用 Triton、Tween、链烷基-N-甲基葡萄糖胺（MEGA）和葡萄糖辛酸酯（OG）等中性去垢剂将微生物裂解成分散的组分，并在形成 ISCOMs 的同时除去去垢剂，其方法大致可分为两类：

① 离心法：适用于制备包含病毒外壳蛋白的 ISCOMs。纯化的病毒在去垢剂中悬浮处理，裂解成病毒蛋白悬液后，调整去垢剂浓度为 0.5%，加于含 0.1%Quil A 的 20%~50% 蔗糖连续密度梯度离心，收集上层相应的区带。ISCOMs 沉降系数接近 19S，位于梯度上层，蛋白质胶团沉降系数大（30S），沉于离心管底部。由于不同初始样品中脂质组成不同，ISCOMs 沉降系数一般在 14~18S 之间，收集到的相应区带还需经超速离心，收集沉淀即可。

② 透析法：纯化的病毒在 Tween-20、MEGA 或 OG 等较小分子去垢剂中悬浮后，加于不连续蔗糖密度梯度（含有 0.2% 去垢剂和 20% 蔗糖，底层垫为 30% 的蔗糖）顶端。离心后收集 20% 蔗糖密度层，内含病毒蛋白。加入 Quil A 至终浓度 0.05%，而后将缓冲液透析 3 d 以上，再经超速离心，收集 ISCOMs。

病毒的来源（细胞系和纯化的方法）以及 ISCOMs 制备方法不同，ISCOMs 抗原组成质或量也不同，其免疫效果差异很大。

(2) ISCOM 的作用机理：ISCOM 是一种的新型抗原递呈系统，其对辅助性 T 细胞、细胞毒 T 细胞和 B 细胞都有作用，在抗原递呈和免疫调节的过程中都有作用。ISCOM 可增强机体对大多数抗原的体液免疫和迟发型变态反应，诱导 IFN-γ 分泌，调节 MHC Ⅱ 类抗原表达，刺激机体产生 MHC Ⅰ 类限制的 CD8$^+$ 细胞毒 T 细胞。ISCOM 作为吞噬性抗原，可直接通过 MHC Ⅰ 分子处理并提呈给 T 细胞，也可通过皂素与膜结构相互螯合到达胞质。

**2. 脂质体佐剂** 脂质体（liposomes）是人工合成的具有单层或多层单位膜样结构的脂质小囊，由一个或多个类似细胞单位膜的类脂双分子包裹水相介质所组成，又称磷脂双分子层囊泡，具有佐剂兼载体效应，是诱导相关亚单位抗原的抗体和 T 淋巴细胞反应的灵活而强大的运载系统。脂质体的结构有利于将抗原递呈给免疫活性细胞。吞噬细胞吞噬脂质体，并能破坏脂质体的膜结构，释放抗原并形成免疫复合物，有利于维持长时期的高效价抗体及产生免疫记忆。脂质体在宿主体内可以生物降解，本身无毒性，并且能降低抗原的毒性，无局部注射反应。脂质体与弗氏佐剂或氢氧化铝胶混合使用，效果更佳。但是，脂质体也存在一些不足：稳定性较差，磷脂中的不饱和脂肪酸储存时会逐渐氧化，小脂质体倾向于相互融合成大脂质体，在融合过程中可以导致包入的抗原释放。脂质体在制备过程中要求一定的技术性，费用较高。目前，脂质体和 ISCOM 被认为是制备人用亚单位疫苗的理想载体和免疫佐剂。

**3. 纳米佐剂** 顾名思义，该类佐剂呈纳米大小，由特殊材料和工艺制成，可以生物降解、可吸附抗原，能够通过改变它们组分的相应浓度来操纵降解动力学，以一种迟发连续的或者脉冲的方式释放，从而能够有效地将抗原递呈给抗原递呈细胞（APC），具有较好免疫佐剂作用，用于疫苗生产。

（1）聚合微球体：聚丙交脂-乙交脂（PLG）微粒带电荷，表面可以吸附抗原，可递送该抗原到APC。目前，阳离子和阴离子PLG已经被用于吸附各种抗原包括质粒DNA、重组蛋白以及免疫刺激寡核苷酸，它们与铝佐剂相比较，佐剂作用更强，但毒副作用微小。制备该类佐剂疫苗，应考虑微抗原包载量、抗原与不同大小微球的结合程度、抗原微囊化后的稳定性、微球储存期间稳定性和微球疫苗的安全性等。

（2）惰性纳米微球：表面吸附抗原的固体惰性纳米微球可以用于刺激$CD8^+$ T细胞应答，最佳纳米球的直径为1 μm。有报道使用0.04~0.05 μm的固体惰性纳米球可以有效地将抗原递送到APC，产生有效的体液和$CD8^+$ T细胞免疫，免疫两周后就能够保护动物免受肿瘤的伤害而且还能够清除大的肿瘤团块。

（3）纳米铝佐剂：为了克服常规铝胶佐剂的不足，我国制备成功纳米铝佐剂，其粒径均一、吸附能力强、分散性好、可以减少佐剂用量，有效诱导对禽流感、乙型肝炎病毒和狂犬病病毒免疫应答，具有较好应用前景。

**4. MF59佐剂** MF59佐剂由4.3%的角鲨烷、0.5%的吐温-80和0.5%Span85组成。在抗原中加入MF59佐剂的疫苗有很多种，如猿猴和人艾滋病病毒、乙型肝炎病毒、丙型肝炎病毒、疱疹病毒和疟原虫抗原等，制成的疫苗常为O/W型。MF59不但可以刺激体液免疫，还可以激发细胞免疫。

（姜　平）

## 第九节　生物制品的冷冻真空干燥技术

冷冻真空干燥又称冷冻干燥（freeze drying），简称冻干。它是物质干燥的一种方法。冷冻干燥的过程包括：将含有大量水分的生物活性物质先行降温冻结成固体，再在真空和适度加温（一般不超过40 ℃）条件下使固体水分子直接升华成水气抽出，最后使生物活性物质形成疏松、多孔样固状物。

冷冻干燥全过程都在低温真空条件下进行，所以冷冻干燥技术在生物医学上具有其他干燥法无法比拟的优点：①能有效地保护热敏性物质的生物活性，如微生物、抗原物质、血清制品、酶和激素等经冷冻干燥后生物活性影响甚微。②能有效地降低氧分子对微生物和酶等活性物质的作用，从而保护物质的性状。③由于物质是在冻结状态下升华干燥，干燥物呈海绵状结构，体积几乎不变，加水后能迅速溶解并恢复原来状态。④可除去冻干物质中的96%以上水分，对冻干物的长期保藏十分有利。

目前，冷冻干燥技术已广泛应用于生物制品方面，疫苗、诊断制剂和血清等制品冻干后，可以有效延长制品储藏期，保持制品的活性。当然，经冷冻干燥的物质，只有符合一定的物理形态和色泽、残余水分含量及生物活性等标准，才能确保制品的质量。此外，该技术也已广泛应用于医药、食品和化学工业等领域,如抗生素、维生素、酶制剂、血液制品、速溶咖啡、果汁、催化剂等冻干制品。

## 一、共熔点与测定方法

### (一) 共熔点概念与意义

溶液或悬浊液的冰点与水的冰点不同。水在 0 ℃时结冰,溶液或悬浊液的冰点低于 0 ℃。溶液的结冰过程与水也不一样。水有一个固定的结冰点,水在 0 ℃时结冰,水的温度并不下降,直到全部水结冰之后温度才下降。但溶液不是在某一固定温度完全凝结成固体,而是在某一温度时,晶体开始析出。随着温度的下降,晶体的数量不断增加。直到最后,溶液才全部凝结。所以,溶液在某一温度范围内凝结,当冷却时开始析出晶体的温度称为溶液的冰点。而溶液全部凝结的温度称为溶液的凝固点。因为凝固点就是熔化的开始点(即熔点),对于溶液来说也就是溶质和溶媒共同熔化的点,所以又叫做共熔点。可见溶液的冰点与共熔点是不相同的。共熔点才是溶液真正全部凝成固体的温度。

需要冻干的制品一般含有盐、糖、明胶、蛋白质和病毒或细菌等多种组分。因此,它的冻结过程比较复杂,也有一个真正全部凝结成固体的温度。由于冷冻干燥是在真空状态下进行,只有制品全部冻结后才能在真空下进行升华,否则有部分液体存在时在真空下不仅会迅速蒸发,造成液体的浓缩使冻干制品的体积缩小;而且溶解在水中的气体在真空下会迅速冒出来,造成像液体沸腾的样子,使冻干制品鼓泡、甚至冒出瓶外。为此,冻干制品在升华开始时必须要冷到共熔点以下的温度,使冻干制品真正全部冻结。生物制品的共熔点依其组成成分而不同,因此必须准确测定每种生物制品的共熔点后,才有可能获得最佳的冻干效果。共熔点的数值为0~40 ℃不等,与制品的品种、保护剂的种类和浓度有关。浓度高,共熔点则低(表 3-6)。

表 3-6 一些物质的共熔点

| 物 质 | 共熔点(℃) |
| --- | --- |
| 0.85%氯化钠溶液 | -22 |
| 10%蔗糖溶液 | -26 |
| 40%蔗糖溶液 | -33 |
| 10%葡萄糖溶液 | -27 |
| 2%明胶、10%葡萄糖溶液 | -32 |
| 2%明胶、10%蔗糖溶液 | -19 |
| 10%明胶、10%葡萄糖、0.85%氯化钠溶液 | -36 |
| 脱脂牛乳 | -26 |
| 马血清 | -35 |

## (二) 共熔点的测量方法

冻结过程中，不可能从外表观察来确定制品是否完全冻结成固体，也无法用测量温度来确定制品内部的结构状态。但随着制品结构变化，制品电阻率会发生很大变化。因为溶液是离子导电，冻结时离子被固定不能运动，因此全部冻结后电阻率明显增大。如果有少量液体存在时，电阻率将显著下降。因此测量制品的电阻率，即可确定制品的共熔点。

测量共熔点时，将一对铂金电极和一支温度计浸入待测样品液体中，并将电极、温度计、仪表与记录仪连接，然后将溶液物质冷冻到$-40\ ℃$以下，直至电阻达无穷大，随后缓慢升温至电阻突然降低时的温度即为该溶液物质的共熔点温度。也可用二根适当粗细而又互相绝缘的铜丝和一支温度计插入盛放制品的容器中，再放入冻干箱内的观察窗孔附近，固定，然后与其他制品一起预冻，此时，可用万能电表（万用表）不断地测量在降温过程中的电阻数值。开始时电阻值很小，以后逐步增高。到某一温度时电阻突然增大，几乎是无穷大，这时的温度值便是共熔点数值。

## 二、冻干机组与冻干程序

### (一) 冻干机组

制品的冷冻干燥需要在一定装置中进行。这个装置叫做冷冻真空干燥机，简称为冻干机。

冷冻真空干燥系统由制冷系统、真空系统、加热系统和控制系统四部分组成。

**1. 制冷系统**　由冷冻机、冻干箱和冷凝器内部的管道等组成。冷冻机的功能是使冻干箱和冷凝器进行制冷，以维持冻干过程中的低温环境。

**2. 真空系统**　构成冻干机组的真空系统由冻干箱、冷凝器、真空泵、真空管道和真空阀门所组成。冻干时采用的真空范围为$66.66\sim0.13\ Pa$，并要求在$0.5\ h$左右内达到要求的真空度。

**3. 加热系统**　不同冻干机组有不同的加热方式，有利用电直接加热法，也有利用循环泵将中间介质（传热流体）循环加热方式。加热系统可使冻干箱加热至$50\ ℃$，使物质中的水分不断升华而干燥。

**4. 控制系统**　由各种控制开关、指示和记录仪表及自动化元件等组成。控制系统的功能是对冻干机组进行手动或自动控制，使其正常运行，保证冻干制品的质量。

**5. 冻干箱**　为一个能制冷到$-40\ ℃$、加热到$50\ ℃$并能控制温度高低的温箱，同时也是个被抽成高真空的密闭容器。物质在箱内进行冷冻及在真空下使水分子升华被凝结在冷凝器内，从而达到干燥。

**6. 冷凝器**　是一个制冷和真空的密闭器，内有一个能降低$-40\ ℃$以下的大面积金属表面，通过大口径真空阀门与冻干箱连接，冻干箱内升华出的水气以冰霜形式凝结在冷凝器的表面，待冻干结束，冰霜融化后排出。

### (二) 冻干程序

生物制品冷冻干燥的程序包括：液状制品分装→冻干箱进行空箱降温→装箱→预冻→抽

真空（冷凝器应达到－40 ℃左右）→第一步加热（温度低于共熔点）→第二步加温（最高温度保持数小时）→结束冻干，放气进入干燥箱→加塞封口。

整个升华干燥的时间与制品在每瓶内的装量、总装量、玻璃容器的形状、规格、制品的种类、冻干曲线及机器的性能等有关，通常为12～24 h。

**1. 预冻** 冷冻干燥之前，先将溶液物质在低温（－40 ℃以下）下冻结，称为预冻。预冻分冻干箱内预冻和冻干箱外预冻两种方法。

（1）箱内预冻法：即直接把液体制品放置在冻干机冻干箱内的多层搁板上，由冻干机的冷冻机来进行冷冻。为了进箱和出箱方便，一般把需冻干的小瓶或安瓿分放在若干金属盘内再装进箱子。为了改进热传递，有些金属盘是可抽活底式的，进箱时可把底抽走，让小瓶直接与冻干箱的金属板接触。

（2）箱外预冻法：有些小型冻干机没有进行预冻制品的装置，所以只能利用低温冰箱或酒精加干冰在冻干机冻干箱箱外进行预冻，再移入冻干箱内进行冻干。或者用专用的旋冻器，把大瓶的液体制品边旋转边冷冻成壳状结构，然后再进入冻干箱内。

预冻对冻干制品的质量至关重要，影响预冻效果因素很多，主要包括：

① 溶液物质的组分与浓度：生物制品通常由水、生物活性物质（微生物、酶、蛋白质等）和保护剂（高分子物质、低分于物质等）组成，其中除水以外的物质应含有一定比例，才能保持冻干后的干物质具有一定的理化学性状，通常在4%～25%之间。

② 装量：物质在冻干时，容器的表面积与物质厚度比是一定的，亦即冻干与装量有关。表面积大、厚度小有利于水分子升华，冻干容易而质量理想。通常装量为容器容量的1/4～1/5，一般分装厚度不宜大于15 mm。

③ 预冻速度：溶液物质在冻结过程中由于机械效应和溶质效应而对细胞的活性有一定破坏作用。一般冰晶越大，细胞膜越易破裂，细胞越易死亡；电解质浓度越大，细胞越易脱水而死亡。因此，预冻之前应确定三个数据：其一是预冻的速率，应根据制品不同而试验出一个最优冷冻速率。其二是预冻的最低温度，应根据该制品的共熔点来决定，预冻最低温度应低于共溶点的温度。其三是预冻的时间。根据机器的情况来决定，保证抽真空之前所有的液体制品均已冻实，不致因抽真空而冒出瓶外。只有这样，才能得到最高的生命存活率、最好的制品物理性状和溶解速度。生物制品一般预冻时间为3～4 h，即可开始升华。

**2. 真空干燥** 液体制品的冷冻干燥要求在冻结和真空状况下进行；在液体制品真正全部冻结之后，就要迅速建立必要的真空度，以促进制品中水分的迅速升华。制品的干燥可分为二个阶段，在制品内的结冰消失之前称第一阶段干燥，又称升华干燥阶段；在制品内的冻结冰消失之后称第二阶段干燥，又称解吸干燥阶段。

（1）升华干燥阶段：在共熔点温度将冻结物质中的水分除去的过程称为升华。根据实验测量，1 g冰升华成汽约需2 805 J的热量。因此升华阶段必须对制品进行加热，但加热量不能使制品的温度超过其自身共熔点温度。温度低于共熔点温度过多，则升华速率降低，升华阶段时间会延长；如果高于共熔点温度，则制品会发生熔化，干燥后的制品会出现体积缩小、出现气泡、颜色加深和溶解困难等现象。因此升华阶段制品的温度要求接近共熔点温度，但又不能超过共熔点温度。冷冻干燥时冻干箱内的压强也要控制在一定范围之内。压强低有利于制品内冰的升华，但压强太低对传热不利，制品不易获得热量，升华速率反而降低。压强太高，升华速率减慢，制品吸收热量减少，制品自身的温度上升，当高于共熔点温度时，制品将发生熔化，造成冻干失败。因此，冻干箱内的压强（真空度）一般为 10～30 Pa。

影响升华阶段时间长短的因素有：

① 制品的品种：有的液体制品容易干燥，有的则否。共熔点温度较高的制品一般容易干燥，升华的时间短些。

② 制品的分装厚度：正常的升华速率为每小时使制品下降大约 1 mm 的厚度。所以分装厚度大，升华时间长。

③ 升华时提供的热量：升华时若提供的热量不足，则升华速率减慢，升华阶段的时间延长。当然，热量也不能过多地提供。

④ 冻干机本身的性能：包括冻干机的真空性能，冷凝器的温度和效能等，性能良好的冻干机，制品内冰升华阶段的时间较短。

（2）解吸干燥阶段：使与物质结合的水分子通过加热方式除去的过程称为解吸干燥。制品内冰升华完毕，虽然制品内已不存在冻结冰，但制品内还存在 10% 左右的水分。为了使制品达到合格的残余水分含量，必须对制品进一步干燥。该阶段，可以使制品的温度迅速上升到该制品的最高容许温度，并在该温度一直维持到冻干结束为止。迅速提高制品温度，有利于降低制品残余水分含量和缩短解吸干燥的时间。制品的最高许可温度视制品的品种而定，一般为 25～40 ℃ 左右。病毒性制品为 25 ℃，细菌性制品为 30 ℃，血清和抗生素等可高达 40 ℃，甚至更高的温度。冻干箱内的压强一般控制在 15～30 Pa 以下。

解析干燥的时间与物质种类有关，耐热物质的解吸干燥时间要短些；另外与干燥制品的残余水分含量标准也有关，标准低和含水量高的制品解析干燥时间就短；无疑，与冻干机组的性能也有密切关系，性能高的机组的解吸干燥时间就短，制品质量也优良。解析干燥的时间一般不少于 2 h，时间越长，制品内残余水分的含量越低。

总之，为了提高冷冻干燥速率，应尽可能地做到：① 减小制品的分装厚度；② 合理设计瓶、塞，减小瓶口阻力；③ 合理设计冻干机，减少机器的管道阻力；④ 选择合适浓度的保护剂，使干燥制品的结构疏松多孔，减少干燥层的阻力；⑤ 试验最优的预冻方法，造成有利于升华的冰晶结构等。

**3. 冻干曲线与时序** 冷冻干燥生物制品，需要有一定的物理形态、均匀的颜色、合格的残余水分含量、良好的溶解性、高的存活率或效价和较长的保存期。为了能得到优质的制品，除需控制制品配制过程和冻干后的密封保存外，更要全面控制冷冻干燥过程的每一阶段的各个参数。无论是手工操作冻干机，还是自动控制冻干机，它的操作基本依据即：冻干曲线和时序。冻干曲线是冻干箱板层温度与时间之间的关系曲线，一般以温度为纵坐标，时间为横坐标。如图 3-16 所示。它反映了在冻干过程中，不同时间板层温度的变化情况。冻干时序是指在冻干过程中的不同时间各种设备的启闭运行情况。

（1）冻干曲线影响因素：

① 制品的品种：制品不同，则共熔点不同，共熔点低的制品预冻温度低；一般病毒性制品受冷冻的影响较小，细菌性制品受冷冻的影响较大。故对某一制品而言，应根据试验找出其最优冷冻速率，经过较短的冷冻干燥时间，获得高质量的制品。不同制品对残余水分的

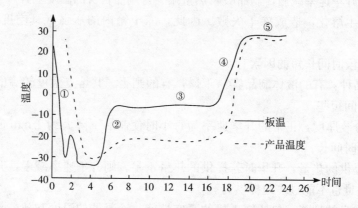

图 3-16 冻干曲线示意图
①降稳阶段 ②第一阶段 ③维持阶段 ④第二阶段升温 ⑤最后维持阶段
(引自王明俊,兽医生物制品学)

要求不同,如需长期保存,则其残余水分含量应低一些,冻干时间需长一些;残水含量要求高的制品,冻干时间可短一些。

② 装量:包括总装量和每一容器内制品装量。装量多的冻干的时间也长。

③ 容器:底部平整和较薄的瓶子传热较好,冻干时间长,反之,冻干时间长。

④ 冻干机性能:冻干机性能的优劣直接关系到冻干曲线的制订。冻干机型号不同,性能各异。因此尽管是同一制品,当用不同型号的冻干机进行冻干时,曲线也是不一样的。故不能照搬其他型号机器的冻干曲线。

(2) 制定冻干曲线和时序的依据及参数:

① 预冻速率:以预冻温度和装箱时间来决定预冻的速率。要求预冻的速率快,则冻干箱预先降至较低的温度,然后再让制品进箱;要求预冻速率慢,则制品进箱之后再让冻干箱降温。

② 预冻的最低温度:这个温度取决于制品的共熔点温度,预冻最低温度应低于该制品的共熔点温度。

③ 预冻的时间:制品装量多,冻干机性能差,则要求预冻时间长。为了使箱内每一瓶制品全部冻实,一般要求在样品的温度到达预定的最低温度之后再保持 1~2 h。

④ 冷凝器降温的时间:一般要求冷凝器在预冻末期、预冻尚未结束、抽真空之前开始降温。该时间由冷凝器的降温性能来决定。抽真空前半小时开始降温,冷凝器的温度达 -40 ℃左右,开始抽真空,持续到冻干结束为止。温度始终应在 -40 ℃以下。

⑤ 开始加热的时间:一般认为开始加热的时间就是升华开始的时间(实际上抽真空开始,升华即已开始)。真空度到达 10 Pa,即开始加热。

⑥ 真空报警工作时间:真空度对于升华是极其重要的。预冻结束之时即是抽真空之始,按要求在 30 min 左右真空度必须达到 10 Pa。一旦在升华过程中真空度下降而发生真空报警时,一方面发出报警信号,一方面自动切断冻干箱的加热,同时还启动冻干箱的冷冻机,使制品降温,以保护制品不致发生熔化。

⑦ 真空控制的工作时间:真空控制的目的是为了改进冻干箱内的热量传递,通常在第

二阶段干燥时使用，待制品温度达到最高许可温度之后即可停止使用，继续恢复高真空状态。使用时间的长短由制品的品种、装量和真空度的数值所决定。

⑧ 制品加热的最高许可温度：板层加热的最高许可温度根据制品来决定，在升华时板层的加热温度可以超过制品的最高许可温度。但在冻干后期板层温度需下降到与制品的最高许可温度相一致。

⑨ 冻干的总时间：冻干的总时间是指预冻时间、上升华时间和第二阶段干燥时间的和。该时间决定于制品的品种、瓶子品种、装箱方式、装量、机器性能等，一般冷冻干燥的时间较长，为18~24 h左右，有些特殊的制品需要几天时间。

### （三）加塞与压盖

冻干程序结束，冻干箱仍处于真空状态，放入无菌干燥空气或氮气后才能打开箱门，取出制品。干燥制品一旦暴露在空气中，即迅速吸收空气中的水分而潮解，并增高制品的含水量，因此必须十分注意迅速加塞和压盖。

根据冻干机组的结构及性能的不同，干燥制品加塞采用有箱内加塞法和箱外加塞法两种方式。

**1. 箱内加塞法** 采用有特殊装置的冻干箱和特制的瓶与塞相配合来完成，冻干箱配有液压或气压压塞的动力装置；具有四脚的丁醛胶塞安置在冻干瓶口上，在真空下或在放入惰性气体下进行自动压塞。该方法可从根本上防止干燥制品受空气中水分和氧气的影响。

箱内加塞应注意：①由于冻干瓶口上有四脚胶塞，从而增加了水气溢出阻力，因此冻干曲线需作相应调整，加热要适当减慢，时间要适当延长。②冻干箱内各板层的冻干瓶要均匀安排，缺少部分要用同样的带塞空瓶垫足，以保证压力均等。③压塞力不宜过大。由于箱内板层为串联，即一层的压力即为全箱的压塞总力，而一层的力就是每一瓶所需的力乘以该层上放置的瓶数。例如：每瓶压塞所需力为0.5 MPa，每一层板放置1 000瓶，则压塞的力为：0.5 MPa×1 000 = 500 MPa。

**2. 箱外压塞法** 在冻干结束后即放入无菌干燥空气或氮气，开启冻干箱门，迅速加塞、抽真空、封蜡，或加塞、压盖铝帽、再抽空。如制品数量多而封口时间过长时，则可分批出箱或转移到另一干燥柜内后分批进行封口。

（姜　平）

### 复习思考题

1. 基本概念：细胞悬浮培养、微载体培养、灭活、灭活剂、保护剂、免疫佐剂、CpG DNA、CpG ODN、IL-2、ISCOM、MF59、纳米佐剂、冻干、共熔点、升华干燥、解吸干燥、冻干全程时间、冻干曲线
2. 兽医生物制品的种子批有什么作用？如何制备？
3. 简述细菌培养方法基本方法及其影响因素。
4. 病毒增殖方法有哪些？简述其影响因素和生产应用现状。

5. 抗原分离纯化的意义是什么？如何纯化？
6. 常用的灭活剂有哪些？其灭活机制是什么？灭活剂灭活作用的影响因素有哪些？
7. 简述生物制品冻干保护剂的组成及其作用，举例说明。
8. 简述主要免疫佐剂制备方法、作用特点和应用现状。
9. 简述冷冻真空干燥的基本原理、冻干机组成和制品冻干基本过程及其影响因素。

# 第四章
# 诊断与治疗用兽医生物制品制造技术

**本章提要** 兽医诊断与治疗用生物制品在动物疫病的防控工作中具有重要的地位。本章主要介绍了常规诊断抗原制备方法及其质量控制基本要求,包括凝集试验抗原、沉淀试验抗原、补体结合试验抗原和变态反应抗原等;重组诊断抗原的优势、制备原理和纯化方法;诊断用多克隆抗体制备方法,包括动物免疫、血液采集与血清分离等;单克隆抗体的优点、制备方法和应用;PCR、实时定量PCR、核酸等温扩增技术和基因芯片等新型诊断方法基本原理和特点;诊断试剂盒的组成、制备要领和质量控制标准,包括ELISA试剂盒、胶体金检测试纸条和PCR检测试剂盒等。治疗用生物制品方面,本章介绍了抗病血清和卵黄抗体的制备、检验、污染病毒的处理、保存和使用方法及应用等,同时,也介绍了基因工程抗体构建的基本原理和特征。此外,介绍了其他多种治疗用生物制品的制造方法和质量标准,包括干扰素、转移因子、白细胞介素、免疫核糖核酸、分枝杆菌提取物和胸腺肽等。目前一些抗病血清、抗毒素、卵黄抗体和一些免疫增强剂得到广泛应用。

## 第一节 诊断抗原

诊断用生物制品是利用微生物本身及其代谢产物或动物血液及组织材料,根据抗原与抗体可特异性结合的原理制成的诊断用制品,包括诊断抗原、诊断血清、标记抗体及用于病原核酸检测的相关诊断试剂等。

诊断抗原分为可用于抗体水平检测的血清学诊断抗原和用于细胞免疫水平检测的变态反应抗原。其中血清学诊断抗原根据诊断方法分为凝集试验抗原、沉淀试验抗原、补体结合试验抗原、中和试验抗原和酶联免疫吸附试验(ELISA)抗原等。

诊断抗原可通过传统的从微生物培养物中分离、提取获得,也可利用基因工程技术制备新型抗原。制备诊断抗原均应严格遵守无菌操作,传统方法制备诊断抗原时一般都先将抗原灭活后再制备,以免造成生物安全隐患。本节重点介绍诊断抗原的制造技术。

### 一、常规诊断抗原

#### (一)血清学诊断抗原

**1. 凝集试验抗原** 凝集试验抗原是颗粒性抗原,如细菌、红细胞等。在有电解质存在下能与特异性抗体结合,形成肉眼可见的凝集现象。分为直接凝集抗原和间接凝集抗原,直接凝集抗原本身即是颗粒性抗原,而间接凝集抗原是将可溶性抗原吸附在颗粒性载体(如红细胞、碳素颗粒、乳胶颗粒等)表面形成的凝集试验抗原。常用的兽用凝集试验抗原有布鲁菌凝集试验抗原(试管、平板和全乳环状凝集试验抗原)、马流产凝集试验抗原、鸡白痢平板凝集试验抗原、猪传染性萎缩性鼻炎Ⅰ相菌抗原和鸡支原体平板凝集试验抗原等。现以布鲁菌凝集试验抗原为例,说明其制造及使用方法。

(1) 菌种:选择抗原性良好的2~3种光滑型布鲁菌。

(2) 制造要点:将检定合格的种子液,接种适合于布鲁菌生长的琼脂扁瓶上(或液体通气培养基中),37℃培养2~3 d;加入适量0.5%石炭酸生理盐水,洗下培养物,经纱布过滤后,涂片进行杂菌检验。经热凝集和吖啶黄凝集试验合格的过滤菌液,在70~80℃水浴中杀菌1 h,观察无凝集块出现,离心,将沉淀后的菌体重新悬浮于0.5%石炭酸生理盐水中,此即为浓菌液,置2~10℃保存备用。

(3) 标化:用石炭酸生理盐水将浓菌液稀释为1:20、1:24、1:28、1:32和1:36,将标准阳性血清稀释为1:300、1:400、1:500、1:600和1:700。将稀释的抗原和血清排成方阵进行试管凝集试验,同时设置标准凝集抗原应用液(即标准抗原原液的1:20稀释液)与各稀释度标准阳性血清反应的对照管,每只反应管中加抗原和血清各0.5 mL,37℃孵育24 h观察结果。

当标准阳性血清对标准抗原的凝集价为1:1000即"++"时,同时被标化抗原与1:1000稀释的标准阳性血清凝集呈现"++",与1:1200的标准阳性血清凝集呈现"-"、"±"或"+"时的抗原最小稀释度,即为浓菌液应稀释的倍数。在本例中(表4-1)浓菌液的稀释倍数为1:28,此即为标化抗原的初测结果。然后再以同法作一次测定,如果第二次结果仍为1:28倍,则此批浓菌液做1:28倍稀释,即为使用液。出厂的抗原原液比使用液浓20倍,在本例中浓菌液应作1.4倍稀释,即为出厂抗原原液。

表4-1 不同浓度抗原对标准阳性血清的凝聚试验结果

| 菌液稀释 | 血清最终稀释度 | | | | |
|---|---|---|---|---|---|
| | 1:300 | 1:400 | 1:500 | 1:600 | 1:700 |
| | 加入抗原后的血清稀释度 | | | | |
| | 1:600 | 1:800 | 1:1000 | 1:1200 | 1:1400 |
| 1:20 | +++ | ++ | + | - | - |
| 1:24 | +++ | +++ | ++ | - | - |
| 1:28 | ++++ | +++ | ++ | ± | - |
| 1:32 | ++++ | +++ | ++ | + | - |
| 1:36 | ++++ | ++++ | +++ | ++ | - |
| 标准抗原(1:20) | ++++ | +++ | ++ | - | - |

(4) 成品检验:抗原应为乳白色均匀菌液,没有摇不散的凝块或杂质,没有任何细菌生长。对标准阳性血清1:1000倍稀释出现"++"凝集,对阴性血清1:25~1:200稀释均不出现凝集。

对于制备直接凝集试验抗原的菌种要求是:采用标准型菌种,抗原性强且具有代表性，必要时可采用多株细菌，细菌本身需经热凝集试验或吖啶黄凝集试验证实不具有自凝特性。

**2. 沉淀试验抗原** 沉淀试验抗原为胶体状态的可溶性抗原，如细菌和寄生虫的浸出液、培养滤液、组织浸出液、动物血清和白蛋白等，与相应抗体相遇，在有电解质存在的条件下，且二者比例适合时可形成肉眼可见的沉淀物。沉淀抗原是细胞浸出成分，为细微的胶体溶液，体积小且总面积大，反应时需要的抗体量多，因此试验时常稀释抗原，并以抗原的稀释度作为沉淀试验的效价。由于使用方法不同，沉淀试验抗原又分为环状试验抗原（如炭疽动物脏器抗原）、絮状试验抗原（如测定抗毒素效的絮状试验抗原）、琼脂扩散试验抗原和免疫电泳抗原等。

我国使用的畜禽沉淀试验抗原有马传染性贫血琼脂扩散试验抗原、鸡传染性法氏囊病琼脂扩散试验抗原及马立克病（MD）琼脂扩散试验（AGP）抗原等多种。马立克病 AGP 抗原制造方法举例如下：

用 11～13 日龄的鸭胚制备成纤维细胞单层培养物，24 h 后接种 MD 病毒感染鸡的脾细胞悬液。接种后 24 h，吸出接种物并更换营养液，接毒后约 6 d 消化细胞，分瓶，传 3 代后，细胞培养物即可用于制备沉淀抗原。一般在 75% 以上的细胞出现病变时进行收获，在 −20 ℃以下冻结，室温融化，如此反复冻融 3 次，经适当浓缩后即为抗原。用双扩散法进行诊断。

**3. 补体结合试验抗原** 补体是存在于动物血清中的非特异性免疫因素，可由抗原抗体复合物通过经典途径激活。补体可明显地提高抗原、抗体特异性反应的敏感性。补体结合试验包括反应系统（检测系统）和指示系统（溶血系统）。反应系统为抗原和抗体，指示系统是绵羊红细胞及溶血素。补体与反应系统的抗原-抗体复合物结合，指示系统不表现溶血，当反应系统的抗原与抗体不对应时，补体与绵羊红细胞-溶血素的复合物结合而引起溶血，由此可用已知抗原检测未知抗体，或用已知抗体检测未知抗原，以是否发生溶血来判定反应的结果。补体结合试验抗原用于补体结合试验，用来检测被检血清中是否存在相应抗体。

我国生产使用的兽用补体结合试验抗原有鼻疽补体结合试验抗原、布鲁菌补体结合试验抗原、马传染性贫血补体结合试验抗原和钩端螺旋体补体结合试验抗原等。鼻疽补体结合试验抗原的制备及检验程序举例如下：

（1）菌种：用 1～3 株抗原性良好的鼻疽杆菌，接种在 4% 甘油琼脂培养基上，37 ℃培养 2 d，经检验合格，用生理盐水洗下，作为种子培养物。

（2）制要要点：将种子培养物均匀地接种于甘油琼脂扁瓶，37 ℃培养 3～4 d 挑选生长典型和无杂菌污染者，用含 0.5% 石炭酸生理盐水洗下培养物，121 ℃灭活 30 min，置于 2～15 ℃冷暗处浸泡 2～4 个月，吸取上清液即为抗原。按常规方法进行无菌检验。

（3）效价测定：将抗原用生理盐水做 1:10、1:50、1:75、1:100、1:150、1:200、1:300、1:400 和 1:500 稀释。用生理盐水将两份鼻疽阳性血清分别稀释成 1:10、1:25、1:50 和 1:75，56 ℃水浴灭活 30 min，按表 4-2、表 4-3 和表 4-4 测定抗原效价。与两份阳性血清的各种稀释度均发生最强的抑制溶血现象的抗原稀释度，即为抗原效价。一般抗原效价应达 1:100 以上。在本例中，抗原效价为 1:150。测定抗原效价后，取一份阴性马血清作 1:5 和 1:10 稀释，在 56 ℃灭活 30 min，然后与新制抗原的一个工作量作补体结合反应，必须为阴性，才认为合格。

**表4-2　鼻疽补体结合试验抗原效价测定**

| 抗原稀释度 | 1:10 | 1:50 | 1:75 | 1:100 | 1:150 | 1:200 | 1:300 | 1:400 | 1:500 |
|---|---|---|---|---|---|---|---|---|---|
| 抗原（mL） | 0.5 | 0.5 | 0.5 | 0.5 | 0.5 | 0.5 | 0.5 | 0.5 | 0.5 |
| 血清（mL） | 0.5 | 0.5 | 0.5 | 0.5 | 0.5 | 0.5 | 0.5 | 0.5 | 0.5 |
| 1个工作单位补体（mL） | 0.5 | 0.5 | 0.5 | 0.5 | 0.5 | 0.5 | 0.5 | 0.5 | 0.5 |
| | | | | 37~38 ℃水浴 20 min | | | | | |
| 2个单位溶血素 | 0.5 | 0.5 | 0.5 | 0.5 | 0.5 | 0.5 | 0.5 | 0.5 | 0.5 |
| 2.5%绵羊红细胞 | 0.5 | 0.5 | 0.5 | 0.5 | 0.5 | 0.5 | 0.5 | 0.5 | 0.5 |
| | | | | 37~38 ℃水浴 20 min | | | | | |

**表4-3　受检抗原的各种稀释液对第一份阳性血清的各种稀释液的反应结果（举例）**

| 阳性血清的各种稀释度 | 抗原稀释度 | | | | | | | |
|---|---|---|---|---|---|---|---|---|
| | 1:10 | 1:50 | 1:75 | 1:100 | 1:200 | 1:300 | 1:400 | 1:500 |
| | 补体结合反应结果（溶血,%） | | | | | | | |
| 1:10 | 0 | 0 | 0 | 0 | 0 | 10 | 20 | 40 |
| 1:25 | 0 | 0 | 0 | 0 | 0 | 10 | 30 | 60 |
| 1:50 | 10 | 0 | 0 | 0 | 10 | 20 | 40 | 60 |
| 1:75 | 20 | 10 | 10 | 0 | 10 | 40 | 60 | 100 |
| 1:100 | 40 | 20 | 20 | 10 | 40 | 100 | 100 | 100 |

**表4-4　受检抗原的各种稀释液对第二份阳性血清的各种稀释液的反应结果（举例）**

| 阳性血清的各种稀释度 | 抗原稀释度 | | | | | | | |
|---|---|---|---|---|---|---|---|---|
| | 1:10 | 1:50 | 1:75 | 1:100 | 1:200 | 1:300 | 1:400 | 1:500 |
| | 补体结合反应结果（溶血,%） | | | | | | | |
| 1:10 | 10 | 0 | 0 | 0 | 10 | 20 | 50 | 90 |
| 1:25 | 30 | 20 | 10 | 10 | 10 | 20 | 60 | 90 |
| 1:50 | 30 | 20 | 10 | 20 | 40 | 40 | 80 | 100 |
| 1:75 | 50 | 40 | 40 | 40 | 80 | 80 | 100 | 100 |
| 1:100 | 70 | 60 | 60 | 60 | 40 | 100 | 100 | 100 |

### （二）变态反应抗原

细胞内寄生菌（如鼻疽杆菌、结核分枝杆菌和布鲁菌等）在传染过程中引起以细胞免疫为主的Ⅳ型变态反应，即感染机体再次遇到同种病原菌或其代谢产物时出现一种具有高度特异性和敏感性的异常反应。据此，临床上常用于诊断某些传染病。引起变态反应的抗原物质称为变应原（变态反应抗原），如鼻疽菌素、结核菌素和布鲁菌水解素等。

由于变态反应诊断是在活体动物上进行，要求诊断用的变应原不仅安全，且只有反应原性，不得有致敏性，以防止被注射的健康动物致敏，干扰后续的诊断。因此在制备过程中一般采用病原微生物的代谢产物，并经过一定的纯化，使得抗原成分比较单一，提高诊断的特异性。

布鲁菌水解素是布鲁菌水解产物，具有良好的变态反应原性，专用于绵羊和山羊布鲁菌病的变态反应诊断。羊的皮肤变态反应在愈后1~1.5年才逐渐消失，所以对污染羊群的检出率高于血清学方法检测结果。其制造方法举例如下：

(1) 菌种：培养特性和生化性状典型、热凝集试验和吖啶黄凝集试验阴性、菌落为光滑型的布鲁菌，变态反应原性良好，对布鲁菌阳性血清具有高度的凝集性。

(2) 制造要点：将种子菌液接种于肝汤琼脂扁瓶培养基上37℃培养2~7 d（或液体通气培养36 h），用灭菌的0.5%石炭酸生理盐水洗下生长良好的培养物，70~80℃水浴加热灭菌1 h，离心沉淀去上清，菌体悬浮于0.5%石炭酸生理盐水中，再离心沉淀洗一次。菌体悬浮于0.5%硫酸水溶液中，使悬液浓度大致为布鲁菌试管凝集抗原液的2倍，盛于玻璃瓶中，121℃加热30~40 min，促使菌体水解。室温或冰箱放置12~24 h，吸取上清液，用NaOH液调整pH 6.8~7.0，再静置沉淀未水解部分。上清液用蔡氏滤器过滤后75~80℃加热，凯氏法测定总氮量（用标准水解素作对照），用灭菌蒸馏水稀释滤液，使其最终总氮量为0.4~0.5 mg/mL（或与标准的水解素相同）。

(3) 质量标准：除按兽医生物制品检验的一般规定进行检验外，还需做如下检验：

① 安全检验：取体重18~22 g小鼠6只，腹腔注射水解素0.5 mL，观察10 d，应全部健活。

② 效力检验：取体重350~500 g豚鼠10只，皮下接种适量布鲁菌令其感染致敏，经30~40 d后，用标准水解素1:10稀释液0.1 mL接种于臀部皮内，经24 h和48 h观察注射部位的皮肤反应面积在100 mm以上，即可用作正式试验。然后剃去合格豚鼠腹部两侧的被毛，被检水解素和标准水解素分别作5倍和10倍稀释，一侧腹部皮内注射0.1 mL被检水解素，另侧注射同量的标准水解素，同时，用两只未致敏的健康豚鼠，依前述方法和剂量分别注射被检水解素和标准水解素作为对照，经24 h和48 h各观察一次，被检水解素肿胀面积的总和应与标准水解素肿胀面积的总和一致，或比值不超过0.1，对照豚鼠无反应，可判定抗原合格。

## 二、诊断用重组抗原

采用基因工程技术将病原体编码的特定抗原的基因，插入原核或真核表达载体，再转入宿主细胞中使其高效表达，然后运用生物化学分离、纯化技术，提取表达产物，最终制成诊断用抗原，即为重组诊断抗原。

诊断用重组抗原制备技术与常规制备技术有所不同，它有某些独特要求和特点。首先，重组诊断抗原特异性高、纯度高、均质性好、重复性强、成本较低并可大批量生产，易于标准化、产业化；其次，某些常规方法无法制备的诊断抗原，可通过制备重组诊断抗原而解决，如乙型肝炎病毒等一些病原体尚无法获得纯培养，但利用生物技术已制备出标准的乙型肝炎各组分重组诊断抗原；此外，制备人兽共患病特别是高危险病原体（如免疫缺陷病毒、结核分枝杆菌、炭疽杆菌等）的重组诊断抗原，不仅消除了生产过程中存在的生物安全隐患问题，同时显著降低了生产成本。

一般来讲，用于制备重组诊断抗原的基因与用于制备基因工程疫苗的基因一样，均要求是保护性抗原基因或基因片段，且所选择的保护性抗原具有病原的种属特异性。但有的病原感染后不同病毒蛋白抗体产生规律有所不同，有时重组诊断抗原目的基因选择病原感染后早期抗体，有时需要选择疫苗毒与野毒不同蛋白抗体。因此，基因重组抗原应根据不同诊断目的选择不同抗原基因，如猪繁殖与呼吸综合征病毒诊断抗原可以选择核衣壳蛋白，因为该病毒感染后，首先诱导猪体产生核衣壳蛋白抗体，而且该抗体维持时间较长，猪伪狂犬病基因缺失疫苗不诱导产生 gE 抗体，但野毒感染后产生 gE 抗体，所以，以 gE 重组蛋白建立的 ELISA 抗体检测试剂盒即可鉴别该病毒野毒抗体。重组蛋白诊断抗原为动物疾病诊断方法提供了极大方便。重组蛋白表达技术可以借助大肠杆菌、酵母和杆状病毒表达系统，具体方法见第二章第三节。

诊断用重组蛋白纯化工作尤其重要，蛋白纯化的目标是：目标产物纯度和产量高并保持生物活性；提纯工艺便捷、加工容量适宜、具有可重复性和可靠性；试剂与设备等成本经济。所以，设计纯化方案时应结合终产物的纯度和活性要求，有针对性地去除杂质。根据原材料的来源确定目的产物的特点及含量，明确主要混杂物的性质及在分离步骤中的分布规律。

**1. 细胞内不溶性产物——包涵体的分离纯化** 包涵体具有高密度，并且在水溶液中通常不溶解，通过简单的离心就可以分离得到，可以较容易地与胞内可溶性蛋白杂质分离，有利于表达产物的分离纯化。包涵体可以有效地抵御大肠杆菌中蛋白酶对重组融合蛋白的降解；包涵体内目的蛋白的含量较高，其疏水基团与脂类物质相互缠绕在一起，无法形成正常的高级结构，因此一般不表现出活性。

包涵体重组蛋白纯化步骤常包括：细菌收集与破碎、包涵体的分离、洗涤与溶解、变性蛋白质的纯化、重组蛋白质的复性和天然蛋白质的分离等。发酵完毕后，用离心或膜过滤法收集菌体细胞，然后采用物理、化学或酶学方法破碎，释放出包涵体。包涵体释放出来后，通过离心、膜过滤和双水相分配法进行固液分离。多种杂质与包涵体一起被沉淀，包括可溶性蛋白、细菌细胞壁成分及外膜蛋白、核酸等。可先用缓冲液反复洗涤除去可溶性蛋白、核酸及外加的溶菌酶等。在包涵体溶解前，常用低浓度弱变性剂（如尿素，使用浓度以不溶解包涵体中的目的蛋白为原则）或温和表面活性剂（如 Triton X-100）等处理，去除其中的脂质和部分膜蛋白，使其杂质含量降至最低水平，用硫酸链霉素沉淀和酚抽提可去除包涵体中大部分的核酸，从而降低包涵体溶解后的黏度，便于后续的分离。然后，利用尿素、盐酸胍、SDS、碱性溶剂和有机溶剂等溶解包涵体，为了保持蛋白质生物活性和安全性，一般很少使用碱性溶剂和有机溶剂，也可选种用离子交换树脂溶解包涵体的方法。

变性蛋白质的纯度是影响复性效果的重要因素，为了获得高纯度的重组变性蛋白，通常采用柱色谱、凝胶过滤色谱（GFC）、离子交换色谱（IEC）和高效液相色谱（HPLC）等方法进一步分离纯化。

复性是采用适当的条件使伸展的变性重组蛋白重新折叠成可溶性的具有生物活性的蛋白质。可采用透析、稀释及液相色谱等多种方法复性，每种方法都需要针对特定的蛋白质进行优化选择。为了得到具有天然构象的蛋白质和产生正确配对的二硫键，必须去掉过量的变性剂和还原剂，使多肽链处于一个氧化性的缓冲液中。同时蛋白质浓度、杂质含量、重折叠速度、氧化还原剂用量和比例、重折叠配体的掺入以及温度、pH和离子强度等是影响复性的主要因素。

**2. 分泌型表达产物的分离纯化** 分泌型表达产物通常体积较大、浓度较低，必须在纯化前进行浓缩处理，沉淀和超滤等。沉淀可选用中性盐、有机溶剂和高分子聚合物等方法，但沉淀浓缩法并未被广泛采用。超滤是目前最常用的蛋白质溶液浓缩方法，其优点是不发生相变，也不需要加入化学试剂，耗能低。蛋白质产物经过浓缩后便可以通过各种层析方法进一步分离纯化。为了变异纯化，在构建目的基因表达载体时可以选择一些标签融合蛋白，如pET系列表达载体的His标签、pGEX系列载体中的谷胱甘肽S-转移酶（GST），表达出的融合蛋白通过亲和层析，即可获得比较纯净的重组蛋白。详见第三章第三节。

**3. 细胞内可溶性表达产物的分离纯化** 细胞内可溶性表达的目的蛋白不仅具有特定空间结构和生物功能，且容易纯化，可获得高纯度高活性的目的蛋白，从而可大大降低成本。通常细胞经破碎后离心获得可溶性上清液，再利用亲和层析、凝胶过滤色谱、离子交换色谱等方法进一步分离纯化。

**4. 细胞周质表达蛋白** 为了获得细胞周质蛋白，大肠杆菌经低浓度溶菌酶处理后，一般用渗透压裂解法从细胞周质腔中分离出目的蛋白。由于周质中的蛋白质仅有为数不多的几种分泌蛋白，同时又无蛋白水解酶污染，因此通常可以回收到高质量的蛋白质产物。在某些情况下，目的蛋白在周质腔中形成沉淀，只要用尿素或盐酸胍等变性剂溶解目的蛋白，然后将变性蛋白用含有精氨酸等助溶剂的缓冲液透析，就可使目的蛋白恢复天然构象，从而具有原生物活性。

虽然原核表达系统和真核表达系统均可表达外源蛋白，但由于原核表达系统操作简单、表达量高、生产周期短、表达产物容易纯化、成本低廉、安全等优点而广泛应用于重组诊断抗原的制备。到目前为止，细菌、病毒和寄生虫等多种病原的重组诊断抗原已被研制，所制备的重组诊断抗原主要用于抗体检测的ELISA方法的建立。重组抗原形式也由完整开放阅读框架的编码产物向更小的抗原优势区及抗原表位发展。由于重组诊断抗原大都是一种保护性抗原基因的编码产物，其敏感性往往低于天然抗原，而基因工程手段提供了更多的灵活性，因此，可通过将多个重组抗原组合成鸡尾酒式的诊断抗原或重组复合多表位诊断抗原等方法提高重组诊断抗原的特异性和敏感性。且重组诊断抗原可配合某些标记疫苗的使用，用于区分自然感染和疫苗免疫，有助于某些重大疫病的净化。随着分子生物学和免疫学技术的进一步发展，更多具有诊断价值的重组抗原将被研制出来，且重组诊断抗原更适于规模化、标准化制备，这必将对疫病的防控产生巨大的推动作用。

实例：猪圆环病毒2型ELISA抗体检测试剂盒重组抗原制备方法。

（1）菌种：本抗原菌种采用基因工程方法构建，首先采用PCR方法扩增目的基因，即以PCV2的DNA为模板，用一对特异性引物扩增一段579bp的去核定位信号衣壳蛋白基因（dCap）。反应条件为：95 ℃预变性5 min后，按95 ℃经30 s，61 ℃经30 s，72 ℃经45 s进行30个循环，最后72 ℃再延伸10 min。PCR产物经1%琼脂糖凝胶电泳分析PCR产物。然后克隆至大肠杆菌表达载体pGEX，即先用 *Bam*HI 和 *Xho*I 对质粒pGEX-4T-1和dCap PCR产物进行双酶切，用DNA凝胶回收试剂盒割胶回收后用T4连接酶4 ℃连接16 h，构建重组载体pGEX-PCV2-dCap。连接产物转化 *E. coli* Top10感受态，涂于含Amp抗性的LB平板，37 ℃培养16 h。挑取单克隆菌落，碱法抽提质粒，经DNA电泳、PCR和双酶切鉴定阳性克隆，然后进行测序，鉴定正确后进行蛋白诱导表达，证明完全正确。将重组载体 pGEX-PCV2-dCap 转化表达菌 E. coli BL21 感受态，即构建成菌种。

(2) 重组菌的诱导表达：将菌种涂于含有 AMP 抗性的 LB 平板，37 ℃培养 12 h。挑选重组克隆菌落，分别接入含氨苄青霉素的 LB 培养基中，37 ℃、250 r/min 振荡培养 10 h。按 1∶100 转接 1 L 2×YTA 培养基，37 ℃、250 r/min 振荡培养 3 h 至 A600 为 0.6~0.8 时，加入终浓度为 0.1 mmol 的 IPTG 诱导表达 4 h。取样作 SDS-PAGE，用抗 PCV2 Cap 单克隆抗体进行 Western blot 分析。诱导成功的重组菌应出现分子质量为 48 ku 的电泳蛋白条带。

(3) 重组蛋白纯化：

① 菌体处理：按每毫升培养菌液加入 50 μL 4 ℃预冷的结合缓冲液（140 mmol/L NaCl，2.7 mmol/L KCl，10 mmol/L $Na_2HPO_4$，1.8 mmol/L $KH_2PO_4$，pH 7.3）将收集的细菌沉淀重新悬浮，超声波裂解破碎直至菌液呈均一、半透明状；加入终浓度为 1% 的 Triton X-100，冰上振荡混匀 30 min，4 ℃、12 000 r/min 离心 30 min，收集上清液。

② 过柱纯化：用结合缓冲液预平衡 GSTrap FF 纯化柱，取上清过柱，流速为 0.5 mL/min。用 20~30 倍柱床体积结合缓冲液洗涤柱子（流速为 1 mL/min），用 10 倍柱床体积的洗脱缓冲液（50 mmol/L Tris-HCl，10 mmol/L 还原型谷胱甘肽，pH 8.0）洗脱（流速为 1 mL/min），收集洗脱液，过滤除菌，即为抗原。

(4) 质量控制：除按现行兽医生物制品的一般检验进行检验外，还需要进行如下检验：

① 纯度测定：取抗原进行 12% 的 SDS-PAGE 电泳分析，应出现分子质量为 48 ku 的电泳蛋白条带。

② 浓度测定：取洗脱液，用 Bradford 法定量测定 dCap 蛋白浓度，抗原浓度应不低于 5 μg/mL。

③ 特异性检验：将纯化抗原进行 12% 的 SDS-PAGE 电泳，电转移目的蛋白到硝酸纤维素膜与 PCV2 Cap 蛋白单克隆抗体 37 ℃反应 1 h，PBS 缓冲液洗涤 3 次，再与羊抗鼠酶标抗体 37 ℃反应 30 min，PBS 缓冲液洗涤 3 次后，用 TMB 底物显色，应出现与 PCV2 Cap 蛋白单克隆抗体反应的条带。

(5) 分装保存：检验合格的抗原定量分装，置-20 ℃下保存。

（王君伟，姜平）

## 第二节　诊断抗体

### 一、多克隆抗体

多克隆抗体是研究和诊断领域广泛使用的有效工具。多克隆抗体能够识别主要为蛋白质类的特定抗原，目前已被应用于酶联免疫吸附试验（ELISA）、间接和直接荧光抗体技术、血凝抑制试验、中和试验、免疫组化技术、免疫沉淀试验、免疫扩散试验、免疫印迹和亲和层析等技术。

与单克隆抗体相反，多克隆抗体来自于多个 B 细胞克隆，这些 B 细胞克隆在免疫原刺激下分化为能产生抗体的浆细胞。当免疫原在一定的条件下接种到宿主体内时，产生免疫应答并最终导致 B 细胞增殖分化为能分泌抗体的浆细胞。收集血液分离抗体可供使用。

多克隆抗体制备相对简单，一般考虑如下几个方面：动物的选择、抗原和佐剂的使用、免疫程序、血液采集与血清分离等。

## （一）实验动物的选择

选择最适合的实验动物生产多克隆抗体应考虑以下几点：动物种属、抗体用途、动物年龄和性别、血液收集的难易程度。

**1. 动物种属** 抗原与免疫动物之间的亲缘关系会影响针对抗原的免疫反应。相同抗原免疫亲缘关系较远的哺乳动物，产生的抗体水平高，而免疫亲缘关系较近的动物，产生的抗体水平低。但是，为了制备针对一些抗原表位的高特异性抗体，则需免疫与抗原种属相近的动物。

**2. 抗体用途** 抗体的使用目的会影响动物的选择。例如，如果抗体需要在 ELISA 中使用，则一抗不应该来源于可以结合抗原的同一种属动物血清，否则会产生高度交叉反应。如果抗体需要量大，则血清需要量大，则应选择大一些的动物。显然，在此情况下用兔取代小鼠制备抗体更为合适。如果制备的抗体需要有补体作用，则应选择分泌 $IgG_{2a}$ 和 $IgG_{2b}$ 抗体亚型多的动物，因为与 $IgG_1$ 相比，$IgG_{2a}$ 和 $IgG_{2b}$ 有更强的补体结合能力。

**3. 动物日龄** 制备多克隆抗体一般首先选择年轻的动物模型，其原因是：①动物成熟过程中它们会产生强的 IgG 反应，并能增加免疫记忆；②年轻动物没有明显的潜在病原体和环境的免疫攻击。如果动物年龄太小，则会产生非特异性的 IgM 反应，如果动物年龄太大免疫反应的强度和多样性都会降低。

**4. 动物饲养** 动物饲养及其环境能够影响其免疫反应。普通的植物和感染性物质能够调节免疫反应，还可能刺激产生同其他抗原有交叉反应的抗体。因此，免疫动物应在符合规定的动物房内饲养，确保免受其他病原微生物感染。动物的营养状态也能影响免疫反应，蛋白质缺乏能损害免疫反应，添加维生素 A、维生素 C 和维生素 E 等能够增强反应。猪群养时比单独饲养有更好的免疫反应。

**5. 动物性别** 通常选择雌性动物。相对于雄性动物，雌性动物一般攻击性较小，易于处理并可以群养；雌性动物在低剂量抗原刺激时有更好的敏感性，对抗原的初次反应和再次反应有较长的持续时间。雌性动物还有更高的循环抗体和较强的免疫反应。

目前，生产多克隆抗体常常选择家兔、小鼠、大鼠、豚鼠、山羊、绵羊和鸡等。选择这些动物时，应首先考虑抗体需要量。我国已有 SPF 家兔供应，家兔体型大小和寿命适中，容易圈养、处理、免疫和血液收集。兔产生的抗体滴度较高，并具有高亲和力，能用作免疫沉淀的抗血清。

小鼠有多种种系。BALB/c 小鼠针对抗原有较强的体液抗体反应，并以 $IgG_1$ 反应为主，而 C57BL/6 小鼠抗体反应较弱，以 $IgG_{2a}$ 反应为主。近交系小鼠的免疫反应在个体之间差异性很小。但相比家兔，常规的多克隆抗体生产并没有任何优势，采血量较小。大鼠抗体主要为 IgE，豚鼠抗体有良好的补体固定作用。

绵羊、山羊和马相比小型哺乳动物有一些优势，生命周期长，允许在较长的时间内收集血液，但动物必须来自非疫区，并在合适的动物房饲养。

鸡非常适合用于生产多克隆抗体。种母鸡免疫后在其蛋黄中产生高浓度的 IgY 抗体，且具有亲和力，鸡蛋中能够稳定数月，不需采集血液，仅需收集鸡蛋即可。鸡在亲缘关系中远离哺乳动物，IgY不会活化哺乳动物补体，与细菌蛋白A或G、哺乳动物Fc受体无交叉反应。但目前尚无商品化IgY诊断制剂。

### （二）免疫抗原与佐剂

**1. 抗原** 抗原的免疫原性受抗原的大小、聚集状态及其构象状态所影响。

（1）抗原分子大小：一般而言，大于5 ku的抗原更易于刺激抗体产生，小的多肽和非蛋白质抗原则需要与钥孔戚血蓝蛋白或牛血清白蛋白等载体蛋白交联，才具有免疫原性。

（2）抗原状态：制备多克隆抗体应考虑抗原的状态。天然状态的抗原提呈给免疫系统产生的抗体针对天然抗原，变性状态的抗原提呈诱发产生的抗体针对变性抗原。因此，Western Blot试验可采用变性抗原制备的抗体，ELISA检测病毒抗体，则应采用天然病毒蛋白质制备的抗体。使用油包水佐剂需要剧烈的混合，可能会改变抗原的状态，因此，使用佐剂应考虑抗原状态。另外，有些抗原会导致免疫耐受而不是抗体产生，例如，静脉注射可溶的非聚集蛋白质不能诱导产生抗体，只可诱导免疫耐受。

（3）抗原构象：通常来说，大分子抗原构象复杂，产生的多克隆抗体反应更强，因为较大的蛋白质有更多的构象抗原被APC加工，有更多的机会被TCR识别。抗原片段交联TCR，使产生抗体的B细胞更具多样性。

制备抗体用的免疫抗原纯度应有特殊要求，尤其是制备诊断用抗体。病毒、细菌、重组蛋白抗原应进行纯化和浓缩处理，以避免其他抗原和杂质污染，影响抗体特异性。大多数抗原可以通过0.22 μm过滤器除菌，最小限度破坏抗原构象。有些污染物可能对宿主有毒性，如化合物或细菌内毒素。内毒素能引起化脓或者炎性反应，从而改变抗体反应。

抗原的免疫剂量十分重要，太多或者太少都可能引起免疫抑制、耐受或免疫反应偏移至细胞免疫。高剂量的抗原导致低亲和力B细胞的活化，而低剂量抗原能引起高亲和力B细胞活化。当然，最适合的抗原用量依赖于抗原的特性、使用的佐剂、免疫途径和动物品种，应通过试验才能确定。一般而言，纳克到微克级的抗原加上佐剂即可诱导产生高滴度的抗体反应。例如，兔500～1 000 μg，小鼠10～200 μg，山羊或者绵羊250～5 000 μg可溶性抗原加上弗氏完全佐剂诱发高滴度的抗体反应。较小的动物需要较小量浓度的抗原/佐剂混合物，但是产生抗体所需的抗原剂量并不需要根据动物的大小而增加或减少。

**2. 佐剂** 佐剂是一类在免疫过程中广泛运用，提高抗体产生、增强对抗原免疫应答的物质。应用佐剂可以降低抗原使用量，并能提高抗体滴度，减少免疫耐受产生的机会。

佐剂种类很多，包括乳剂、脂质体、革兰阴性菌的脂多糖、胞壁酰二肽、细胞因子、细菌CpG、铝胶、免疫刺激复合物（ISCOM）、霍乱毒素或大肠杆菌的不耐热肠毒、CD40 L和GM-SCF等共刺激分子等，目前已有超过100余种。理想的佐剂能够同时递送抗原到免疫系统并调节免疫系统增强其对于抗原的反应性。佐剂的选择对于获得不同的抗体反应，如量、亲和力、同种型和表位特异性非常关键。实际应用时应通过动物试验加以筛选。

乳化剂为多克隆抗体生产中最为常用的佐剂，有多种油包水乳化剂和水包油乳化剂可供选择。其中，弗氏完全佐剂和弗氏不完全佐剂（CFA/IFA）使用最多，但注射部位有明显炎性反应，甚至严重的肉芽肿反应。TiterMax佐剂含有角鲨烯、乳化剂（去水山梨糖醇单油酸酯）和表面活性共聚物（CRL8941）。角鲨烯替代矿物油，更容易代谢。共聚物比表面活性剂毒性低,共聚物与抗原黏附,与溶于水相溶剂的抗原相比有更高的浓度。相比弗氏完全佐剂,TiterMax 佐剂副反应低,辅助的抗体滴度低,但维持时间长。此外,Sigma、Aldrich、Corixa 和 Seppic 等公司可提供多种水包油或水包油包水的乳化剂,与 CFA/IFA 佐剂相比,这些佐剂诱导产生的抗体滴度较低。

(三)免疫程序

免疫程序包括疫苗种类、免疫途径、免疫次数和免疫时间。免疫途径需要考虑动物种类、抗原特性、佐剂混合物、抗原量、注射的体积、免疫的部位和免疫反应类型等。免疫途径还需要考虑动物福利,因为佐剂可能引起疼痛和应激。常用的免疫途径有:静脉注射、肌肉注射、皮下注射和皮内注射等。有时,直接将抗原注射到淋巴结、脾脏、肺脏和足垫等。

免疫接种方案还应该考虑加强免疫时间表包括频率、途径和研究的目的。单次免疫动物产生的抗体滴度不会很高,加强免疫可以活化记忆细胞,增强和延长抗体反应,产生的 IgG 更多,亲和力和亲合力更高。一般而言,初次抗体反应在初次免疫后 3~6 周逐渐减弱,首次免疫后 3~4 周即可再次免疫。增加再次免疫的次数并不能增加抗体的滴度或亲和力,甚至可能降低。虽然延长再次免疫可能增强抗体反应的亲和力,但使用大剂量的抗原再次免疫可能诱发耐受。典型的再次免疫在每次再次免疫的 10 d 后产生最大化的抗体反应。

再次免疫可以改变接种部位或接种途径,使抗原递送更为广泛。可溶性抗原应通过皮下或肌内途径接种,采用静脉途径接种会增加过敏反应。对可溶性抗原产生抗体反应最常使用的步骤是在初次免疫时使用弗氏完全佐剂,而在再次免疫时给予弗氏不完全佐剂。如果在初次免疫时使用了乳化剂,再次免疫可不使用佐剂,乳化剂保持的抗原储存效果可维持数周到数月。

(四)血液采集与血清分离

间隔采集血液的频率不会对抗体反应产生负面影响,多数情况下,会促进抗体反应。每次采血总量不能超过动物总血液体积的 10%,否则会引起血容量减少性休克和贫血。收集 7.5%、10% 和 15% 的血液体积的推荐恢复期分别为 1 周、2 周和 4 周。终末放血可最大化,一次性获得动物全部血液。对于最大化的收集,小型物种,如兔和啮齿类在全身麻醉下实施心穿刺术。大型动物可在全身麻醉下经导管插入颈静脉放血。

采集血液和分离血清,应尽量无菌操作。血液凝固后采用离心方法分离血清,无菌处理后置 −20 ℃ 保存,并进行物理性状、无菌检验和效价检验。合格者即可用于诊断试剂。

## 二、单克隆抗体

1975 年,Kohler 和 Milstein 建立了淋巴细胞杂交瘤技术,把用预定抗原免疫的小鼠脾细胞与能在体外培养中无限制生长的骨髓瘤细胞融合,形成 B 细胞杂交瘤。这种杂交瘤细胞具有双亲细胞的特征,既能像骨髓瘤细胞一样在体外培养中无限地快速增殖且永生不死,又能像脾淋巴细胞那样合成和分泌特异性抗体。通过克隆化可得到来自单个杂交瘤细胞的单克隆系,即杂交瘤细胞系,它所产生的抗体是针对同一抗原决定簇的高度同质的抗体,即所谓单克隆抗体(monoclonal antibody,McAb),简称单抗。与多抗相比,单抗纯度高,专一性强、重复性好、且能持续地无限量供应。单抗技术的问世,不仅带来了免疫学领域里的一次革命,而且它在生物医学科学的各个领域获得极广泛的应用,促进了众多学科的发展。Kohler 和 Milstein 两人由此杰出贡献而荣获 1984 年度诺贝尔生理学和医学奖。但是,小鼠来源的单克隆抗体也有其局限性:第一,啮齿类动物疾病模型普遍应用于人类疾病研究中,但是鼠源单克隆抗体不能识别鼠源的蛋白,导致了在研究小鼠疾病模型中需要一个中间替代性的抗体,而生产这种替代抗体十分困难,还往往导致抗体识别错误。第二,鼠源单克隆抗体应用于人类有较强的免疫原性,会诱发人抗鼠抗体反应,而且鼠源单克隆抗体不能有效地激活人体的生物效应功能,因此限制了其临床应用。

1995 年兔杂交瘤细胞的成功培育推动了兔源单克隆抗体(Rab McAb)的发展。Rab McAb 具有高亲和力、高特异性以及可识别更多抗原表位的优点。另外,Rab McAb 能够识别人的抗原表位,也能识别人鼠同源的抗原表位,是理想的鼠源单抗的替代品。目前,已有上千种 Rab McAb 应用于生命科学研究和临床体外诊断领域。为了减少或避免单克隆抗体在体内应用过程中诱导的免疫反应,同时使单克隆抗体能够激活人体的生物学效应,所采用的主要途径是单克隆抗体的人源化。随着对抗体结构和氨基酸序列及其变异的种属和功能之间关系了解的不断深入,单克隆抗体的形式经历了非人源抗体、人-动物嵌合抗体、人源化抗体,最终到全人源单抗等不同的阶段。Medarex 公司的 Ulti-McAb 单抗技术平台可以利用转基因小鼠表达各种人类免疫球蛋白序列。Ulti-McAb 转基因小鼠生产 100% 人抗体已取得了巨大成功,2009 年美国 FDA 批准的 4 种单克隆抗体药物全部来自 Medarex 公司的 Ulti-Mab 单抗技术平台。

### (一)单抗与多抗的比较

与多克隆抗体相比,单克隆抗体具有特异性高、纯度高、均质性好、亲和力不变、重复性强、效价高、成本低并可大量生产等优点,详见表 4-5。

表 4-5 单抗与多抗特性的比较

| 特 性 | 多 抗 | 单 抗 |
| --- | --- | --- |
| 对免疫原要求 | 免疫原纯度高,抗体纯度才能高 | 用不纯的免疫原可得高纯度抗体 |
| 抗体产生细胞 | 多克隆性 | 单克隆性 |
| 同质性 | 高度异质 | 高度同质 |
| 特异性 | 较高,与抗原上多种决定簇结合 | 高,与特定的决定簇结合 |
| 稳定性 | 较好 | 相对较差,对理化条件敏感 |
| 标准化 | 较难,不同批次的抗体质量差异大 | 易于标准化,批次间差异小 |
| 交叉反应 | 很常见,难避免非特异反应 | 不常见,可避免非特异反应 |
| 沉淀反应 | 有 | 大多数没有 |
| 适用的血清学试验 | 大多数血清学试验 | 一种或数种,需适当选择 |
| 供应量 | 有限 | 无限 |
| 有效抗体含量(mg/mL) | 0.1~1.0 | 一般悬浮培养 0.01~0.05,中空纤维等反应器培养 1.0~5.0,小鼠腹水 1.0~5.0 |
| 无关 Ig 含量(mg/mL) | 10.0~15.0 | 体外培养一般没有,小鼠腹水 0.5~1.0 |
| 其他血清蛋白 | 存在 | 体外培养可有少量小牛血清蛋白,小鼠腹水有少量杂蛋白 |

## (二) 用杂交瘤技术制备单抗

以鼠源单克隆抗体为例，将经预定抗原免疫的淋巴细胞与失去次黄嘌呤-鸟嘌呤磷酸核糖转移酶（HGPRT）或胸腺嘧啶核苷激酶（TK）合成能力的骨髓瘤细胞系进行细胞融合，产生杂交瘤细胞，经过培养、筛选或克隆化，获得既能分泌针对预定抗原的单抗又有无限制增殖能力的杂交瘤细胞系，这就是淋巴细胞杂交瘤技术（lymphocyte hybridoma technology）。

**1. B细胞的制备** 可用提纯的抗原免疫Balb/c或其他品系的纯系小鼠，一般免疫2~3次，间隔2~4周，最后一次免疫后3~4 d，取小鼠脾脏，制成$10^8$个/mL的脾细胞悬液，即为亲本的B细胞。

**2. 骨髓瘤细胞的制备** 用与免疫小鼠相同来源的骨髓瘤细胞，如SP2/0或NS-1，其本身不能分泌免疫球蛋白，而且具有某种营养缺陷。它们缺少次黄嘌呤-鸟嘌呤磷酸核糖转移酶，不能在HAT培养基上生长。事先在含有10%新生犊牛血清的DMEM培养基中培养，至对数生长期，细胞数可达$10^5$~$10^6$个/mL，即可用于细胞融合。

**3. 饲养细胞的准备** 常用的饲养细胞有小鼠胸腺细胞、小鼠腹腔巨噬细胞，在融合之前，将饲养细胞制成所需的浓度，加入培养板孔中。饲养细胞一方面可减少培养板对杂交瘤细胞的毒性，同时巨噬细胞还能清除一部分死亡的细胞。

**4. 选择培养基** 常用HAT选择培养基，H为次黄嘌呤（hypoxanthine），T为胸腺嘧啶核苷（thymidine），二者都是旁路合成DNA的原料；A是氨基蝶呤（aminopterin），是细胞合成DNA的阻断剂。在DMEM培养基中加入H、A、T三种成分即成HAT选择培养基。在该培养基中，未融合的骨髓瘤细胞不能生长，因它缺乏HGPRT酶不能利用旁路途径合成DNA，内源性的合成又受到氨基蝶呤的阻断；至于未融合的脾细胞则在2周内自然死亡，所以只有融合的杂交瘤细胞才能在培养基中生长。图4-1是HAT培养基筛选杂交瘤细胞示意图。

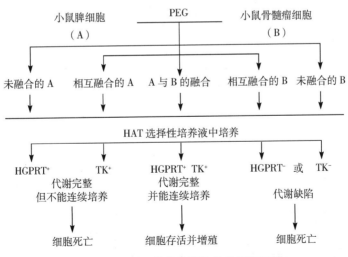

图4-1 HAT培养基筛选杂交瘤的原理

**5. 细胞融合** 将脾细胞与骨髓瘤细胞按一定比例（10:1~1:1）混合，离心后吸尽上清液，然后缓慢加入融合剂——50%聚乙二醇（PEG 4 000）。静置90秒，逐渐加入HAT

培养基，分于加有饲养细胞的 96 孔培养板孔中，置 5％～10％二氧化碳培养箱中培养。5 d 后更换一半 HAT 培养基，再 5 d 后改用 HT 培养基，再经 5 d 后用完全 DMEM 培养基。细胞融合的常用试剂及其配制方法参见表 4-6。

表 4-6 细胞融合的常用试剂及其配制方法

| 试 剂 | 配 制 方 法 | 用 途 |
| --- | --- | --- |
| 氨基蝶呤（A）储存液（100×，$4\times10^{-5}$ mol/L） | 取 1.76 mg A，加入 90 mL 超纯水，滴加 1 mol/L NaOH 0.5 mL 助溶，待完全溶解后，加 1 mol/L HCl 0.5 mL 中和，加超纯水至 100 mL，0.22 μm 膜过滤除菌，小量分装，−20 ℃保存 | HAT 培养基的主要成分，用于细胞融合后杂交瘤细胞的选择性培养 |
| 次黄嘌呤和胸腺嘧啶核苷（HT）储存液（100×，$10^{-2}$ mol/L H，$1.6\times10^{-3}$ mol/L T） | 取 136.1 mg H 和 38.8 mg T，加超纯水至 100 mL，置 45～50 ℃水浴中完全溶解，0.22 μm 膜过滤除菌，小量分装，−20 ℃保存，临用前 37 ℃水浴中溶解 | HAT 和 HT 培养基的主要成分 |
| L-谷氨酰胺（L-G）溶液（100×，0.2 mol/L） | 取 2.92 g L-G，溶于 100 mL 超纯水中，0.22 μm 膜过滤除菌，小量分装，−20 ℃保存 | HAT、HT 和完全培养基的添加成分 |
| 青链霉素溶液（100×，$10^4$ U 青霉素、10 mg 链霉素/mL） | 取青霉素（钠盐）100 万 U 和链霉素（硫酸盐）1 g，溶于 100 mL 灭菌超纯水中，小量分装，−20 ℃保存 | 细胞培养基的抗菌添加剂 |
| 8-氮鸟嘌呤储存液（100×） | 取 200 mg 8-氮鸟嘌呤加入 4 mol/L NaOH 1 mL，待其溶解后加超纯水至 100 mL，0.22 μm 膜过滤除菌，小量分装，−20 ℃保存 | HGPRT-骨髓瘤细胞的选择和维持 |
| 7.5％$NaHCO_3$ 溶液 | 取 7.5 g $NaHCO_3$ 溶于 100 mL 超纯水中，0.22 μm 膜过滤除菌，分装后加密封瓶盖，4 ℃保存 | 调培养基和 50% PEG 的 pH |
| 50%聚乙二醇（PEG） | 取 PEG（分子质量 1 000 u 或 4 000 u）20～50 g，置 100 mL 瓶中 60～80 ℃水浴中融化，分装于小瓶，每瓶 0.6 mL，高压灭菌，−20 ℃保存；临用前加等量基础培养基，用少许 7.5% $NaHCO_3$ 调 pH 至 8.0 | 细胞融合的融合剂 |
| 基础培养基 R/MINI-1640 或 DMEM | 按生产厂家规定的程序配制，0.22 μm 膜过滤除菌，4 ℃保存 | 完全培养基、HT 培养基和 HAT 培养基的基础液 |
| 完全培养基 RPMI-164 | 在基础培养基中加 1%双抗和 10%新生犊牛血清 | 骨髓瘤细胞和建株后的杂交瘤细胞培养 |
| HT 培养基 | 在完全培养基中加 1% 100×HT | 杂交瘤细胞培养 |
| HAT 培养基 | 在完全培养基中加 1% 100×HT 和 1% 100×A | 细胞融合后杂交瘤细胞的选择性培养 |

**6. 杂交瘤细胞筛选**　杂交瘤细胞培养后，应用敏感的血清学方法检测各孔中的抗体。视抗原性质的不同，可采用放射免疫技术、酶联免疫吸附试验、间接荧光抗体技术、反向间接血凝试验等。通过检测筛选出抗体阳性孔。

**7. 杂交瘤细胞的克隆化**　对于抗体阳性孔的杂交瘤细胞，应尽早进行克隆化，一方面是保证以后获得的杂交瘤细胞是由一个细胞增殖而来的，即单个克隆。另一方面防止杂交瘤细胞因染色体丢失而丧失分泌抗体的能力。一般需要反复克隆3~5次方能使杂交瘤细胞稳定。克隆化的方法有：

(1) 有限稀释法：可将阳性孔的细胞稀释成5~10个/mL，然后加入96孔培养板中，0.1 mL/孔，这样每孔约含一个细胞，每天用倒置显微镜观察确证是一个细胞生长。

(2) 显微操作法：用一有直角弯头的毛细吸管，在倒置显微镜下将分散在培养皿上的单个细胞吸入管内，移种到培养板中，培养后即可获得单个细胞形成的克隆。

(3) 软琼脂平板法：在45 ℃水浴中，将饲养细胞与0.5%琼脂糖（用DMEM配制）混合，倒入培养皿凝固后作为底层，然后将阳性孔细胞悬于预热至45 ℃的培养基中与等量0.5%琼脂糖混合，再加于平皿内，置二氧化碳培养箱培养，经1~2周后可见小白点，即为一个克隆，自软琼脂上吸出移入培养板中培养即可获得单个克隆的杂交瘤细胞。

**8. 杂交瘤细胞的冻存**　原始克隆、克隆化后的杂交瘤细胞，可加入二甲基亚砜，分装于小安瓿瓶内保存于液氮中。

**9. 单克隆抗体的生产**　获得稳定的杂交瘤细胞系后，即可根据需要大量生产单抗，以用于不同目的。目前大量制备单抗的方法主要有两大系统，一是动物体内生产法，被国内外实验室广泛采用；另一是体外培养法。

(1) 动物体内生产单抗的方法：迄今为止，通常情况下均采用动物体内生产单抗的方法，鉴于绝大多数动物用杂交瘤均由BALB/c小鼠的骨髓瘤细胞与同品系的脾细胞融合而得，因此使用的动物当然首选BALB/c小鼠。本方法即将杂交瘤细胞接种于小鼠腹腔内，在小鼠腹腔内生长杂交瘤，并产生腹水，因而可得到大量的腹水单抗且抗体浓度很高。可见该法操作简便、经济，不过，腹水中常混有小鼠的各种杂蛋白（包括Ig），因此在很多情况下要提纯后才能使用，而且还有污染动物病毒的危险，故而最好用SPF级小鼠。

材料：成年BALB/c小鼠；降植烷（pristane）或液状石蜡；处于对数生长期的杂交瘤细胞。

方法：①腹腔接种降植烷或液状石蜡，每只小鼠0.3~0.5 mL。②7~10 d后腹腔接种杂交瘤细胞（用PBS或无血清培养基稀释），每只小鼠$5\times10^5/0.2$ mL。③间隔5 d后，每天观察小鼠腹水产生情况，如腹部明显膨大，以手触摸时，皮肤有紧张感，即可用16号针头采集腹水，一般可连续采2~3次，通常每只小鼠可采5~10 mL腹水。④将腹水离心（2 000 r/min，5 min），除去细胞成分和其他的沉淀物，收集上清，测定抗体效价，分装，−70 ℃冻存备用，或冻干保存。

(2) 体外培养生产单抗的方法：总体上讲，杂交瘤细胞系并不是严格的贴壁依赖细胞(anchorage dependent cell，ADC)，因此既可以进行单层细胞培养，又可以进行悬浮培养。杂交瘤细胞的单层细胞培养法是各个实验室最常用的手段，即将杂交瘤细胞加入培养瓶中，以含10%~15%小牛血清的培养基培养，细胞浓度以$(1\sim2)\times10^6$个/mL为佳，然后收集培养上清，其中单抗含量10~50 μg/mL。显然，这种方法制备的单抗量极为有限，不适用于单抗的大规模生产。要想在体外大量制备单抗，就必须进行杂交瘤细胞的大量（高密度）培养。单位体积内细胞数量越多，细胞存活时间越长，单抗的浓度就越高，产量就越大。目前在杂交瘤细胞的大量培养中，主要有两种类型的培养系统：其一是悬浮培养系统，采用转瓶或发酵罐式的生物反应器，包括使用微载体的培养方法。其二是细胞固定化培养系统，包括中空纤维细胞培养系统和微囊化细胞培养系统。详细内容见第三章第四节。

### (三) 单克隆抗体的应用

**1. 在血清学技术方面** 单抗用于血清学技术，可以进一步提高方法的特异性、重复性、稳定性和敏感性，同时使一些血清学技术得到标准化和商品化，即制成诊断试剂盒。自单抗技术问世以来，已研制出很多病原微生物的单克隆抗体，可取代原有的多克隆抗体，用于传染病的诊断及病原的分型，避免了多克隆抗体引起的交叉反应。一些生物活性物质的单克隆抗体的出现，使其检测水平上升到一个新的高度。

**2. 在免疫学基础研究方面** 单克隆抗体作为一种均质性很好的分子，用于对抗体结构和氨基酸顺序的分析，促进了对抗体结构的进一步探讨；应用单克隆抗体对淋巴细胞表面标志以及组织细胞组织相容性抗原的分析，极大地推动了免疫学的发展，如用单克隆抗体对淋巴细胞 CD 抗原进行分析，可以对淋巴细胞进行分群。

**3. 在肿瘤免疫治疗方面** 通过采用杂交瘤技术，制备出肿瘤细胞特异性抗原的单克隆抗体，然后与药物或毒素连接制成免疫毒素 (immunotoxin)，又称生物导弹，用于肿瘤的临床治疗，这在医学上已获初步成效。

**4. 在抗原纯化方面** 利用单克隆抗体的特异性，可将单克隆抗体与琼脂糖等偶联制成亲和层析柱，可从混合组分中提取某种抗原成分。此技术可与基因工程疫苗的研究相结合，即先用单克隆抗体作为探针，筛选出保护性抗原成分或决定簇，然后再采用 DNA 重组技术表达目的抗原。

此外，单克隆抗体可用于制备抗独特型抗体疫苗。

（王君伟，姜平）

## 第三节 分子诊断技术

随着分子生物学的飞速发展，新型诊断技术不断涌现，与之相配套的生物技术诊断制剂也应运而生，尤其是基于分子水平的诊断制剂发展迅猛，包括核酸探针 (nucleic acid probe, gene probe)、聚合酶链反应 (polymerase chain reaction, PCR)、实时定量 PCR (Real-time PCR)、核酸恒温扩增技术 (isothermal amplification technology) 和基因芯片 (gene chip) 等。分子诊断制剂敏感性和特异性比较强，能克服常规程序制备的诊断制剂的缺陷，可以直接检测病原，同时，基于生物技术制备的诊断制剂易于标准化、产业化。

### 一、PCR

PCR 是一种核酸体外扩增技术，雏形始于 20 世纪 70 年代初期大肠杆菌 DNA 聚合酶的发现。1976 年从温泉中嗜热细菌 (*Thermusaquaticus*) 中分离到耐高温的 Taq DNA 聚合酶，此后该技术在生物科研和临床应用中得以广泛应用。而且，PCR 仪不断采用新技术，朝方便、实用、高智能化和自动化方向发展。仪器主要用变温铝块的方式达到热循环的目的，温度控制更加精确，温度变化更加迅速，保证了 PCR 反应的顺利进行。

PCR 方法的建立所依赖的是 DNA 半保留复制特性。DNA 分子的双螺旋结构在高温时可以发生变性解链,当温度降低后又可以复性成为双链,在反应体系中加入高浓度的引物,在降温复性过程中,引物可以竞争性的与核苷酸序列互补的 DNA 单链结合,然后在 DNA 聚合酶的作用下,起始 DNA 的合成,其特异性依赖于与靶序列两端互补的寡核苷酸引物。

PCR 反应由变性、退火和延伸三个基本反应步骤构成:①变性,模板 DNA 经加热至 93~95 ℃一定时间后,使模板 DNA 双链或经 PCR 扩增形成的双链 DNA 解离,使之成为单链;②退火(复性),模板 DNA 经加热变性成单链后,温度降至 55 ℃左右,引物与模板 DNA 单链的互补序列配对结合;③延伸,DNA 模板与引物的结合物在 Taq DNA 聚合酶的作用下,以 dNTPs 为反应原料,靶序列为模板,按碱基互补配对与半保留复制原理,引物沿 $5'\rightarrow 3'$ 方向不断延伸,合成一条新的与模板 DNA 链互补的半保留复制链。重复循环变性、退火、延伸三过程就可获得更多的"半保留复制链",而且这种新链又可成为下次循环的模板。经反复循环(变性-退火-延伸)30~60 次,短时间内就能将待扩增目的基因扩增放大数百万倍。检测 RNA 样品可以先进行反转录,然后进行 PCR 扩增 DNA,这就是 RNA 的反转录—聚合酶链反应(RT-PCR)。

PCR 方法可用于疫病检测的原因在于它能在短时间内将特异性引物针对的病原体的基因扩增数百万倍。如此多的扩增产物可以在核酸染料(如溴化乙锭等)的作用下,通过肉眼观察到,从而实现对病原体存在与否的判断,从病原体水平对疫病进行诊断。PCR 技术为疾病诊断提供了简便、快速、特异和敏感的检测手段,适于检测不宜分离培养或含量极微的样品中病原体特定的鉴定。目前,基于 PCR 诊断技术的检测试剂盒不断出现,并逐渐用于动物疫病诊断、实验动物的筛选、疫苗免疫效力试验和疫苗外源病毒的检验等,如猪繁殖与呼吸综合征、猪圆环病毒 2 型和猪瘟疫苗等。

## 二、实时定量 PCR

实时定量 PCR(Real-time PCR,q-PCR)技术,又称为荧光定量 PCR,是目前确定样品中核酸拷贝数最敏感和最准确的方法,其灵敏度为普通 PCR 的 10~1 000 倍,而且由于对结果的检测不需接触最终的反应体系,所以降低了发生污染的可能性。该技术的特点是在 PCR 反应体系中加入荧光基团,利用荧光信使每一个循环变得"可见",从而对整个 PCR 反应扩增过程进行实时的监测和连续地分析扩增相关的荧光信号,随着反应时间的进行,监测到的荧光信号的变化可以绘制成一条曲线。在 PCR 反应早期,产生荧光的水平不能与背景明显地区别,而后荧光的产生进入指数期、线性期和最终的平台期。因此,可以在 PCR 反应处于指数期的某一点上来检测 PCR 产物的量,由此来推断模板最初的含量。为了便于对所检测样本进行比较,在 Real-time PCR 反应的指数期,首先需设定一定荧光信号的域值,一般这个域值(threshold)是以 PCR 反应的前 15 个循环的荧光信号作为荧光本底信号(baseline),荧光域值的缺省设置是 3~15 个循环的荧光信号的标准偏差的 10 倍。如果检测到荧光信号超过域值被认为是真正的信号,它可用于定义样本的域值循环数(Ct)。Ct 值的含义是:每个反应管内的荧光信号达到设定的域值时所经历的循环数。研究表明,每个模板的 Ct 值与该模板的起始拷贝数的对数存在线性关系,起始拷贝数越多,Ct 值越小。利用已知起始拷贝数的标准品可作出标准曲线,因此只要获得未知样品的 Ct 值,即可从标准曲线上计算出该样品的起始拷贝数。

根据实时定量 PCR 的发光方式可以将其分为两类：第一类是利用非特异性的荧光染料来指示扩增产物的增加，第二类是利用与靶序列特异杂交的探针的能量转移现象来指示扩增产物的增加。后者由于增加了探针的识别步骤，特异性更高，但前者则简便易行。常用的荧光定量 PCR 技术包括如下一些。

**1. SYBR Green I 染料法** 是一种结合于小沟中的双链 DNA 结合染料。与双链 DNA 结合后，其荧光大大增强。这一性质使其用于扩增产物的检测非常理想。SYBR Green I 的最大吸收波长约为 497 nm，发射波长最大约为 520 nm。在 PCR 反应体系中，加入过量 SYBR 荧光染料，SYBR 荧光染料特异性地掺入 DNA 双链后，发射荧光信号，而不掺入链中的 SYBR 染料分子不会发射任何荧光信号，从而保证荧光信号的增加与 PCR 产物的增加完全同步。由于 SYBR 染料可非特异性结合于 DNA 双链，因此它可以与任意引物、模板相配合，用于任意反应体系中。从经济角度考虑，它比其他的探针的价格要便宜得多，但由于同样的原因，一旦反应体系中出现非特异扩增，那它就会影响到定量结果的可靠性与重复性。要避免这些不利因素，一方面可以通过对扩增产物进行熔解曲线分析，以区分由 PCR 产物和引物二聚体或者非特异性产物造成的荧光信号，另一方面就是选择良好的引物并优化反应条件以消除非特异性影响。

**2. TaqMan 探针法** 又称为水解探针法。该反应需要一对引物和一条探针。探针的位置设计在引物 3′端的下游，长度约为 20 个寡核苷酸左右。探针的 5′端标记荧光报告基团（如 6-羧基荧光素），3′端标记荧光淬灭基团（如 6-羧基四甲基丹诺明）。由于探针长度很短，两个基团相互靠近，两者之间构成能量传递，荧光报告基团发射的荧光信号被荧光淬灭基团吸收，因此荧光信号无法被检测到。进行 PCR 扩增时，在引物起始的链延伸过程中 Taq 酶的 5′→3′外切酶活性将探针酶切降解，5′端的报告基团随着探针的水解而脱落下来，使荧光报告基团远离淬灭基团，发出荧光，从而荧光监测系统可接收到荧光信号。PCR 每复制一个特异的核苷酸片段，就有一个探针被切断，同时一个荧光报告基团被释放出来。产物与荧光信号产生一对一的对应关系，实现了荧光信号的累积与 PCR 产物形成完全同步。

**3. Light cycler 技术** 是 Roche 公司开发的一种 PCR 定量技术，又称双杂交探针技术。该技术是利用荧光共振能量转移原理。两探针设计时可与模板同一条链相邻的序列杂交，上游探针的 3′端标记供体荧光基团，相邻下游探针的 5′端标记 Red 640 受体荧光基团。PCR 退火步骤时，两条寡聚核苷酸探针与 DNA 模板杂交，供体基团和 Red640 受体基团紧密相邻（距离 1~5bp），上游探针的荧光供体基团受到光源的照射，激发供体产生的荧光能量被 Red640 基团吸收，使得检测探头可以检测到 Red640 发出波长为 640 nm 的荧光。因此在退火阶段检测的荧光信号的强度便可以检测相应的 DNA 模板数量，从而实现了目的基因的定量检测。当变性时，两探针游离，两基团距离远，不能检测到 640 nm 波长的荧光。

目前，该技术已经广泛用于动物疫病诊断，而且相应的试剂盒不断问世，但该类制剂同样需要解决预混体系稳定性的问题。此外，该方法需要专用的设备—荧光实时定量 PCR 仪，其价格更为昂贵，对使用环境要求较为苛刻，同时使用的试剂价格也较昂贵。因此，该方法目前主要应用于科研实验室，一般的临床实验室难以普及。该方法在兽医生物制品企业有一定应用，如猪圆环病毒 2 型灭活疫苗免疫效力检验等。

### 三、核酸恒温扩增技术

核酸恒温扩增技术（isothermal amplification technology）也是一种核酸扩增技术，但仅需要恒定的温度即可实现。该方法实施过程中仅需要简单的恒温设备（如温箱、水浴等）即可，但目前还无法完全取代 PCR 技术。

**1. 环介导的恒温核酸扩增技术**（loop-mediated isothermal amplification，LAMP） 是日本的 Notomi 等人于 2 000 年发明的一种体外恒温核酸扩增方法。其特点是针对靶基因（DNA 或 cDNA）的 6 个区域，设计 4 种特异引物，利用具有链置换活性的 DNA 聚合酶（Bst polymerase）在恒温（60~65 ℃左右）即可完成核酸扩增反应，不到 1 h 的时间里进行核酸的指数级扩增，其扩增效率可达到 $10^9$~$10^{10}$ 个数量级。LAMP 技术是目前应用最为广泛的恒温检测技术，大量应用于细菌和病毒检测研究。

本技术关键点是其使用的扩增引物。设计 LAMP 引物时需考虑靶基因序列 3′端的 F3c、F2c 和 F1c 区及 5′端的 B1、B2 和 B3 区等 6 个不同的区域。反应过程至少涉及 4 种引物：上游内部引物（FIP，由 F1c 和 F2 区组成，其中 F2 区序列与靶基因的 F2c 区域互补）、下游内部引物（BIP，由 B1c 和 B2 区组成，其中 B2 区序列与靶基因的 B2c 区域互补）、上游外部引物（F3，由 F3 区组成，与靶基因的 F3c 区域互补）、下游外部引物（B3，由 B3 区域组成，与靶基因的 B3c 区域互补）。有时，为了提高 LAMP 反应效率，可以增加一对环引物，即上游环引物 LF 的位置在 F2 和 F1 区域之间，方向为 F1 到 F2，与对应位置的模板序列完全互补，下游环引物 LB 的位置在 B2 和 B1 区域之间，方向为 F1 到 F2，与对应位置的模板序列完全互补。引物设计时应注意：F2 区域的 5′端到 B2 区域 5′端的距离最好控制在 120~180 bp 之间，F2 区域和 F3 区域之间以及 B2 区域和 B3 区域之间的距离应该在 20 bp 以内。环（F2 区域的 3′端到 F1 区域的 5′端之间或 B2 区域的 3′端到 B1 区域的 5′端之间）的大小应该在 40~60 bp 之间；若引物针对模板区域 GC 含量正常或富含 GC，则引物 Tm 为 60~65 ℃，若针对模板区域富含 AT，则引物 Tm 为 55~60 ℃，同时引物 Tm 值应满足 F3/B3＜F2/B2＜F1/B1 和 60 ℃＜F2/B2＜65 ℃；F1c 和 B1c 引物 5′末端及 F2、B2 引物和 F3、B3 引物 3′末端的 6 个碱基的 ΔG 值应小于 -16.75 kJ/mol；引物 GC 含量应介于 40%~60%。LAMP 引物设计只需在网站（http://primerexplorer.jp/e/）中导入靶基因，即可自动生成引物组。

LAMP 反应过程中，温度始终保持在 60~65 ℃。DNA 在此温度下处于动态平衡状态，任何一个引物向双链 DNA 的互补部位进行碱基配对延伸时，另一条链就会解离，变成单链。在链置换 DNA 聚合酶的作用下，FIP 引物与模板 DNA 互补序列配对并延伸，进行链置换 DNA 合成。F3 引物与 F2c 前端 F3c 序列互补结合，并在链置换 DNA 聚合酶的作用下，合成 DNA，同时置换由 FIP 引物起始合成的 DNA 链，如此向前延伸。最终 F3 引物起始合成的 DNA 链与模板 DNA 形成双链，而由 FIP 起始合成的 DNA 链被 F3 引物起始合成的 DNA 链置换出来，形成一条单链。形成的单链的 5′末端存在互补的 F1c 和 F1 区段，于是发生自我碱基配对，形成环状结构。同时，BIP 引物同该单链结合，起始 DNA 合成，合成互补链。在此过程中 F1c 和 F1 区段形成的环状结构被打开。接着，B3 引物与 BIP 引物结合位点上游的模板 DNA 结合并起始 DNA 合成，在链置换聚合酶的作用下，合成新的互补链,并将 BIP 起始合成的 DNA 链置换出来。被置换的单链 DNA 两端均存在互补序列,自然发生自我碱基配对,分别形成环状结构,于是整条链呈现哑铃状茎环结构。上述所有过程都是为了形成这个哑铃状茎环结构,因为这个结构是 LAMP 反应基因扩增循环的起始结构。形成哑铃状茎环结构后,在哑铃状茎环结构中,以 3′末端的 F1 区段为起点,以自身为模板,进行 DNA 合成延伸。与此同时,FIP 引物 F2 与环上单链 F2c 杂交,启动新一轮链置换反应。解离由 F1 区段合成的双链核酸。同样,在解离出的单链核酸上也会形成环状结构,在环状结构上存在单链形式 B2。BIP 引物上的 B2 与其结合,启动新一轮扩增。经过相同的过程,又形成环状结构。通过此过程,在同一条链上互补序列周而复始形成大小不一的结构。增加的两条环引物(LF、LB)也是通过与哑铃状茎环结构杂交,启动链置换 DNA 的合成。已经和 FIP 或 BIP 结合的茎环不能再和环引物杂交。虽然内引物和环引物都能和茎环结构杂交,但是它们的反应机制不同。Loop 引物结合的区域在 F2 和 F1(或 B2 和 B1)之间,以 F1 到 F2(或 B1 和 B2)的方向结合。这样,所有的茎环 DNA 都与内引物或环引物杂交,从而加快了反应速度。

LAMP 反应涉及 4 条引物对应靶序列的 6 个特异序列区,并且这 6 个区域有固定的顺序,从而保证了 LAMP 反应扩增的高度特异性。在恒温条件下进行 LAMP 扩增,减少了温度变化造成的时间上的损失。因此,该方法的整个扩增过程时间很短,而且扩增效率极高,扩增模板的检测极限可达 10 个 DNA 拷贝。用该方法扩增 RNA 时,只要在 DNA 基因扩增试剂的基础上加上逆转录酶,就能够完全像 DNA 基因扩增那样,一步实现 RNA 扩增。

LAMP 扩增产物可以通过电泳的方式进行检测,在琼脂糖凝胶上,LAMP 的扩增产物呈现出梯形,这是由于产物分子大小不同所导致的。但是由于 LAMP 扩增产物量非常大,而且产物仍可作为 LAMP 反应的模板,因此一旦开盖检测产物,很可能导致实验环境被产物形成的气溶胶污染,造成后续检测结果出现假阳性的问题。另外,通过电泳方式检测产物在现地环境下比较难于实现。因此,不开盖检测是目前 LAMP 检测方法的发展趋势。LAMP 反应过程会产生大量的焦磷酸根,而焦磷酸根可以与体系中的 $Mg^{2+}$ 形成不溶性的白色产物。因此,在反应结束后,通过观察反应混合物是否变浑浊即可确定是否发生扩增,这是第一种不开盖检测方法。另外,许多核酸染料亦被应用于 LAMP 产物检测(如 EB、SYBR Green I 等)。这些核酸染料可以在反应前或反应后加入反应体系中,反应后在紫外线照射下观察体系颜色变化即可。如果担心染料对反应造成影响,可以通过物理方式将染料与反应体系分隔开,如将染料包裹在石蜡块中,反应结束后加热融化石蜡块,使染料与反应产物混合即可。上述两种方法可以通过肉眼观察获得结果,亦可以通过相应的仪器进行判定。如检测焦磷酸镁沉淀的产生情况可以使用实时浊度仪,而使用荧光染料的话,预先将染料加入体系后,则可以使用实时荧光定量 PCR 仪进行监测。但是从现地应用的角度来看,目视判定更易实现。

**2. 依赖核酸序列的扩增技术**(nucleic acid sequence - based amplification,NASBA)是 1991 年 Compton 报道的一种核酸扩增技术。该方法利用一对引物,可以在体外连续均一地对单链 RNA 进行特异性恒温扩增。在 42 ℃下,2 h 左右可将模板 RNA 扩增约 $10^9 \sim 10^{12}$ 倍。NASBA 具有操作简便、灵敏度高、特异性强等诸多优点,现已应用于动物疫病诊断等诸多领域。

NASBA 标准反应体系中均含有 T7 RNA 聚合酶、RNase H、禽骨髓白血病病毒

(AMV)反转录酶、核糖核苷三磷酸（NTP）、脱氧核糖核苷三磷酸（dNTP）、一对引物以及缓冲液。引物 P1 的 3′末端大约 20 个碱基对与模板 RNA 的 3′末端互补，5′末端含有能被 T7 RNA 聚合酶识别的启动子序列；引物 P2 长约 20 个碱基，序列与模板 RNA 的 5′末端一致。

NASBA 整个反应分为两相——非循环相和循环相。在非循环相，引物 P1 与模板 RNA 退火，AMV 逆转录酶催化合成一条 cDNA 链，形成 RNA/DNA 杂合分子，RNase H 水解杂合分子上的 RNA，留下 cDNA 单链。引物 P2 随后与这条 cDNA 链的 5′末端退火，逆转录酶催化合成与之互补的 DNA 链。T7 RNA 聚合酶识别双链 DNA 中的 T7 启动子区，催化 DNA 转录为 RNA，由每一分子模板可产生 100 个拷贝的 RNA。新合成的 RNA 进如非循环相，成为反转录的模板。如此循环反复，RNA 拷贝数被不断放大。

NASBA 不仅可以用于对 RNA 进行扩增，也可以将反应过程调整后用于 DNA 靶序列扩增。其反应过程也分为非循环相和循环相两个部分，即先将未加入各种酶类的反应混合物加热到 100 ℃，并维持 5 min，使双链 DNA 变性解链。然后低降温度，使单链靶 DNA 与含有 T7 启动子序列的引物 P1 退火。加入 DNA 聚合酶合成互补 DNA 链。再加温变性，使合成单链 DNA 解离，降温使之与引物 P2 退火，在 AMV 反转录酶的作用下合成含有 T7 启动子序列的双链 DNA。T7 RNA 聚合酶与该双链 DNA 结合后，催化合成 RNA，进入循环相。循环相反应过程与单链 RNA 扩增的过程完全相同。

## 四、基因芯片

基因芯片是指将许多特定的寡核苷酸片段或基因片段作为探针，有规律地排列固定于支持物上，然后与待测的标记样品中的基因按碱基配对原理进行杂交，再通过激光共聚焦荧光检测系统等对芯片进行扫描，并配以计算机系统对每一探针上的荧光信号作出比较和检测，从而迅速得出所要的信息。该技术最初是在 20 世纪 90 年代初，由美国 Affymetrix 公司的 Fodor 博士提出。至今，基因芯片技术在生物医学各个领域中的应用均已取得巨大突破。

生物芯片技术主要包括四个基本要点——芯片制备、样品的制备、生物分子反应和信号的检测。

**1. 芯片制备** 目前制备芯片主要以玻璃片或硅片为载体，采用原位合成和微矩阵的方法将寡核苷酸片段或 cDNA 作为探针按顺序排列在载体上。芯片的制备除了用到微加工工艺外，还需要使用机器人技术。以便能快速、准确地将探针放置到芯片上的指定位置。原位合成和合成点样是制备芯片的两大类技术。

（1）原位合成：是指直接在芯片上用 4 种核苷酸合成所需探针的基因芯片制备技术，主要包括：

① 原位光刻合成：由美国 Affymetrix 公司提出，结合了半导体工业的光刻技术和 DNA 合成技术，制造高密度核酸阵列的基因芯片制备技术。

② 原位喷印合成芯片：原位喷印合成原理与喷墨打印类似，不过芯片喷印头和墨盒有多个，墨盒中装的是含 4 种碱基等成分的液体而不是碳粉；采用的化学原理与传统的 DNA 固相合成一致，因此，不需要特殊制备的化学试剂。

③ 分子印章多次压印合成：根据所需微阵列，设计有凹凸的微印章，然后根据预先设

计，在制备的各级印章上涂上对应的单核苷酸；按照设计的顺序将不同的微印章逐个依次压印在同一基片上，得到256×256阵列的高密度基因芯片，由于其采用了平面微细加工技术，可实现大批量生产；通过提高集成度，降低单个芯片的成本；可组装大量的（$10^4 \sim 10^6$ 种）生物分子探针，获取信息量大，效率高，特别适合于基因信息的采集；结合微机械技术，可把生物样品的预处理、基因物质的提取、扩增，以及杂交后的信息检测相集成，制备成微缩芯片。

(2) 合成点样：是指将合成好的探针、cDNA或基因组DNA通过特定的高速点样机器人直接点在芯片片基上。合成点样技术在基因芯片尚处于实验研究阶段时是唯一的芯片制造手段，在工业化生产方面曾一度被原位合成技术的光芒所掩盖，但随着原位合成技术缺点的暴露和自动化技术的提高，合成点样技术又重现生机。

① 微型机械点样法：利用毛细作用，使用点样针将生化物质转移到固体基底表面（点样针与基底表面接触），每一轮结束后，先清洗点样针，再进行下一轮操作，而且机器人控制系统可使其实现自动化生产。

② 化学喷射法：采用压电和其他推动方式从微型喷嘴向固体表面转移生化成分（cDNA、DNA、抗体、小分子等）。该方法通过应用与压电接口相连的微型喷嘴将生化物质喷向基底，通过电流控制使样品体积得到精确控制。

**2. 样品制备**　生物样品往往是复杂的生物分子混合体，除少数特殊样品外，一般不能直接与芯片反应，有时样品的量很小。所以，必须将样品进行提取、扩增，获取其中的蛋白质或DNA、RNA，然后用荧光标记，以提高检测的灵敏度和使用者的安全性。

**3. 生物分子反应**　芯片上的生物分子之间的反应是芯片检测的关键一步。通过选择合适的反应条件使生物分子间的反应处于最佳状况，减少生物分子之间的错配比率。

**4. 信号检测和结果分析**　杂交反应后的芯片上各个反应点的荧光位置、荧光强弱经过芯片扫描仪和相关软件分析，将图像荧光转换成数据，即可以获得有关生物信息。基因芯片技术发展的最终目标是将从样品制备、杂交反应到信号检测的整个分析过程集成化以获得微型全分析系统（micro total analytical system）或称缩微芯片实验室（laboratory on a chip）。使用缩微芯片实验，就可以在一个封闭的系统内以很短的时间完成从原始样品到获取所需分析结果的全套操作。

目前，基于病原体核酸的疫病诊断技术远远不止上述这些，而且不断有新的技术被开发出来。但是上面所介绍的技术将是未来一段时间中，动物疫病分子病原学实验室和现地诊断的主要方法。

（王君伟）

## 第四节　动物疾病诊断试剂盒

疾病诊断技术的发展是在对病原体、宿主和病原体与宿主之间关系不断深入的了解以及生物和工业技术水平不断进步的基础上实现的，并不断朝向更加简便、易行和抛却复杂、昂贵的专用设备方向发展。实验室环境一般具备专业的技术人员与相对较先进的设备，可以实施相对较复杂的诊断技术，而临床实验室或临床环境下，则往往聚集的是临床医生和治疗设备,疫病诊断能力相对较弱。对于动物疫病诊断来说,方法的简便易行是第一个需要解决的问题,另一个必须要保证的则是方法的特异性和敏感性。疫病诊断方法必须标准化,以提升检测的准确性和可信性。近10多年来,我国兽医诊断技术研究水平逐步提高,研制成功一批实用的快速诊断试剂盒。这里简单介绍酶联免疫吸附试验(ELISA)、胶体金和PCR三种类型的检测试剂盒的基本特性和质量控制方法。

## 一、酶联免疫吸附试验试剂盒

酶联免疫吸附试验(ELISA)是目前应用最广的一类诊断制剂,可用于检测抗体和抗原。我国也有一些商品化的检测试剂盒,如禽流感病毒ELISA检测试剂盒、鸡传染性法氏囊病ELISA抗体检测试剂盒、禽白血病病毒ELISA抗原检测试剂盒、口蹄疫病毒VP1结构蛋白抗体酶联免疫吸附试验诊断试剂盒、口蹄疫病毒非结构蛋白抗体酶联免疫吸附试验诊断试剂盒、猪繁殖与呼吸综合征病毒ELISA抗体检测试剂盒、猪伪狂犬病病毒ELISA抗体检测试剂盒、猪伪狂犬病病毒gE ELISA抗体检测试剂盒、猪圆环病毒2-dCap-ELISA抗体检测试剂盒、猪流感病毒(H1亚型)ELISA抗体检测试剂盒、仔猪大肠杆菌病酶联免疫吸附试验试剂盒、猪链球菌2型ELISA抗体检测试剂盒、猪胸膜肺炎放线杆菌ApxIV-ELISA抗体检测试剂盒等。

### (一)试剂盒组成与制备要领

目前,常用的ELISA试剂盒有四类:间接ELISA抗体检测盒、阻断ELISA抗体检测盒、夹心ELISA抗原检测盒、阻断ELISA抗原检测盒等。一般而言,检测抗体的试剂盒组成成分有:抗原或抗体包被的酶标板、阳性对照血清、阴性对照血清、酶标抗体、样品稀释液、显色液、终止液和浓缩洗涤液等;检测抗原的试剂盒组成成分有:抗体包被的酶标板、阴阳性对照抗原、第一抗体、酶标二抗、样品稀释液、显色液、终止液和浓缩洗涤液等。该类试剂盒的研制和组装要求较高,其关键试剂制备要领如下:

**1. 包被用抗原与酶标板** ELISA抗体检测试剂盒采用抗原包被,抗原的抗原性和纯度都有严格要求,是决定试剂盒敏感性与特异性的关键。目前,随着生物技术的发展,重组蛋白抗原应用明显增多。抗原检测试剂盒一般采用抗体包被酶标板,抗体有单克隆抗体和多克隆抗体,但都需要提取IgG,再用碳酸盐缓冲液进行包被。包被时需要优化蛋白量和包被方法。

酶标板一般是聚苯乙烯材料制成,其质量应稳定,每块板的各孔间和不同板块之间均匀度要高度一致,减少试剂盒批内和批间误差。

**2. 酶标记抗体** 间接ELISA方法中,一般采用商品化酶标记抗体,如检测猪血清,可以采用羊抗鼠酶标抗体,如果检测鸡血清,则可选用兔抗鸡酶标抗体。有时,采用HRP标记SPA代替酶标抗体。阻断ELISA方法,一般采用特定的单克隆抗体作为检测抗体的竞争试剂。为了简化操作步骤,有时该特异性单克隆抗体可以直接进行HRP标记。HRP标记的单克隆抗体必须进行特异性和敏感性测定,确定其最佳使用浓度。

**3. 阴阳性血清对照** 阴阳性对照是试剂盒的内控质量标准基础,一般应采用SPF动物制备,具有严格质量标准,包括特异性抗体效价、其他可能的非特异病原体抗体。为了能够长期保存,一般需要无菌处理。

ELISA 检测试剂一般采用冷藏保存,上述抗原包被板、阴阳性血清对照、酶标抗体等试剂,均需要加入保护剂,并进行无菌处理,以确保长期保存。

**4. 其他试剂** 为了方便检测,ELISA 检测试剂盒内还包括样品稀释液、底物显色液、终止液和浓缩洗涤液等试剂,均需要进行严格配置,注意其浓度和酸碱度。样品稀释液一般为含牛血清白蛋白和吐温-80 的 PBS 缓冲液,浓缩洗涤液为含吐温-80 的 PBS 缓冲液,终止液采用浓硫酸配置,如以 TMB 为底物,也可以采用氢氟酸作为终止液。这些溶液一般不进行无菌处理,但加入特殊保护剂成分后应进行无菌处理。底物显色液一般不够稳定,常用邻苯二胺(OPD)或四甲基联苯胺(TMB)、$H_2O_2$ 溶液和柠檬酸缓冲液混合配置,对光敏感,应避光保存。

此外,应注意使用酶联免疫测定仪测定光密度值时所用的波长。采用 OPD 底物,测定波长为 492 nm;采用 TMB 底物,如用硫酸终止,测定波长为 450 nm,如用氢氟酸终止,测定波长为 630~650 nm。

**5. 临界值判定标准** 通过优化确定 ELISA 反应条件,以标准阴阳性对照为基础,通过大量血清或抗原样品的检测,才能制定出相应的阴阳性样品判定标准。如 IDEXX 公司生产的猪繁殖与呼吸综合征 ELISA 抗体检测试剂盒判定标准为:计算 S/P 值。S/P 值=(待检样本 $OD_{450}$ 均值-阴性对照 $OD_{450}$ 均值)/(阳性对照 $OD_{450}$ 均值-阴性对照 $OD_{450}$ 均值),当 S/P≥0.4,判为阳性;S/P<0.3,则判为阴性;S/P 介于两者之间判为可疑。我国生产的猪圆环病毒 2 型 ELISA 抗体检测试剂盒判定标准也是计算 S/P 值,S/P 值≥0.25 判为阳性,S/P 值≤0.16 判为阴性,S/P 值介于两者之间,判为可疑,同时规定试验成立条件为:两个阴性孔 $OD_{450}$ 均值≤0.25,两个阳性孔 $OD_{450}$ 均值≥0.8。猪 2 型链球菌 ELISA 抗体检测试剂盒判定标准为:阳性对照孔 $OD_{630}$ 值均应≥0.8,且<2.0,阴性对照孔 $OD_{630}$ 值均应<0.3,试验才能成立,如果样品孔 $OD_{630}$ 值≥0.35,判为阳性,如果样品 $OD_{630}$ 值<0.35,判为阴性。

## (二)试剂盒质量标准

试剂盒生产过程中,对各试剂都规定了相应标准,组装成试剂盒后,也都规定了成品检验的相关指标,主要包括如下几个方面:

**1. 性状检验** 试剂盒的外包装应洁净、无破损,标签应符合国家有关规定,内包装应无破损、无裂迹、无渗漏,品名、批号、保存条件、有效期清晰。另外,对各个组成成分性状和装量也做了相应规定,如抗原或抗体包被酶标板(如 96 孔板、48 孔板等)系真空包装,密封良好,包被板孔底清洁透明,无异物。阴阳性对照血清、酶标抗体、底物显色液、样品稀释液、浓缩洗涤液和终止液等呈其特有的颜色,无臭、无味,无沉淀物等。

**2. 无菌检验** 按现行《中国兽药典》附录进行检验,试剂盒内阴性对照血清、阳性对照血清和酶标抗体等均应无菌生长。

**3. 敏感性检验** 该检验非常重要,每种试剂盒都有相应标准,一般采用规定的具有不同滴度的阳性血清,按照该产品规程"用法与判定"进行检测,应符合其相应标准。

**4. 特异性检验** 一般采用将不同数量的阴性血清,按照该产品规程"用法与判定"进行检测,结果应均为阴性。

## （三）试剂盒保存与使用

ELISA 试剂盒一般应在 2~8 ℃储存。使用前恢复到室温，使用后放回 2~8 ℃。操作过程中的移液、时间和洗涤必须精确。严格按说明书进行。结果判定时，必须满足阴阳性对照的判定条件，否则，应重新检测。检测过程中，应注意防止试剂盒成分受到污染。底物液和终止液不要暴露于强光下或接触氧化剂。待检血清样品数量较多时，应先使用血清稀释板稀释完所有待检血清，再将稀释好的血清转移到抗原包被板，尽可能使反应时间一致。浓缩洗涤液用符合规定的去离子水稀释，如果发现有结晶，应先使其溶解后再使用。ELISA 的整个过程中，需进行多次洗涤，洗涤必须充分，以防止重叠反应和非特异吸附。通常采用含助溶剂吐温-20（最终浓度为 0.05%）的 PBS 作洗液。不要使用超过有效期限的试剂，不同批次试剂盒的成分不要混用。所有试验材料、废弃液在丢弃前，应进行合理的处理，以免病毒扩散、污染环境。

## 二、胶体金检测试纸条

胶体金是由氯金酸（$HAuCl_4$）在还原剂的作用下聚合成的金颗粒。金颗粒带负电，并由于静电作用成为一种稳定的胶体状态，故称胶体金。金颗粒具有高电子密度的特性，在显微镜下可见黑褐色颗粒，当这些颗粒大量聚集时，肉眼可见红色或粉红色斑点；另外，胶体金在弱碱环境下带负电荷，可与蛋白质分子的正电荷基团形成牢固地结合，由于这种结合是静电结合，所以不影响蛋白质的生物特性。由于上述两个特点，胶体金可以用作检测方法的指示性标记物。

胶体试纸条是依据免疫层析原理并利用胶体金标记抗体制作的一种免疫学检测产品。使用胶体金试纸条进行检测，不需要任何专用设备，5~10 min 即可获得检测结果，而且结果以肉眼可见方式呈现，因此胶体金试纸条非常适合在一些设备条件较差并需要进行快速定性检测的环境下应用。

胶体金试纸条主体结构包括背衬（底板）、样品垫、连接垫（胶体金垫）、硝酸纤维素膜以及吸收垫。以最常见的使用双抗体夹心法检测抗原的胶体金试纸条为例，背衬（底板）一般为 PVC 材质；连接垫（胶体金垫）材质一般使用无纺纱，抗原特异性的胶体金标记抗体即吸附在连接垫中；硝酸纤维素膜是检测线（T 线）和质量控制线（C 线）的承载体，其中 T 线处包被固定的是针对抗原特异性的捕获抗体，C 线处包被固定的是金标抗体特异性的抗体；样品垫与吸收垫可使用玻璃纤维滤纸，其中样品垫需要经过处理，使其中吸附上对抗原抗体反应无影响的材质，以防止待检样品中的抗原被样品垫吸附而无法移动。

试纸条使用时，将待检样本（液体）加到试纸条一端的样品垫上（或将试纸条的样品垫插入待检样品中）后，待测抗原在吸水材料毛细作用的牵引下沿试纸条渗移，溶解结合垫上的胶体金标记抗体后相互反应形成抗原抗体复合物。抗原抗体复合物继续上行至检测线时，被测抗原的其他结合位点与包被在此处的捕获抗体结合，形成两个抗体结合一个抗原（双抗体夹心）的金标复合物，因有金颗粒在此沉积，故检测线显红色。未结合抗原的金标抗体上行到对照线时，与"抗金标抗体"结合，所以对照线也显红色。

结果判定时，T 线与 C 线同时出现红色反应线为阳性；仅 C 线出现红色反应线为阴性；

C线处无红色反应线出现表明试验失败或试纸条失效，结果判定为无效。

另外，在连接垫中吸附针对多种病原体的胶体金标记抗体，同时在硝酸纤维素膜上不同位置包被固定针对不同病原体的捕获抗体，可以在一个试纸条上实现多种病原体的检测。

目前，国内在实验室水平上研制动物疫病胶体金诊断试纸条的工作开展的非常广泛，但成型产品相对较少。目前市售的产品主要有鸡传染性法氏囊病病毒快速检测试纸条、猪旋毛虫抗体快速检测试纸条、犬细小病毒快速检测试纸条、犬瘟热病毒快速检测卡、流感病毒快速检测卡、猪蓝耳病病毒抗体快速检测卡、猪口蹄疫抗体快速检测卡、猪伪狂犬抗体快速检测卡、猪瘟抗体快速检测卡、猪瘟抗原快速检测卡、猪细小抗原快速检测卡和猪圆环病毒快速检测卡等。

### 三、PCR检测试剂盒

随着分子生物学技术的发展，基于PCR诊断技术的检测试剂盒逐渐增多，包括PCR检测试剂盒、RT-PCR检测试剂盒和荧光定量PCR检测试剂盒等，如蓝舌病病毒核酸荧光RT-PCR检测试剂盒、蓝舌病病毒核酸RT-PCR检测试剂盒和禽流感病毒H5亚型荧光RT-PCR检测试剂盒。这些试剂盒提供相应的标准试剂，并将特定病原体诊断过程中的主要步骤进行程序化，简化整体操作流程。试剂盒组成一般包括样品核酸提取试剂、反转录反应预混体系、PCR引物、PCR反应预混体系和标准操作程序的说明书等，其中反应预混体系是试剂盒的重点。它是将反转录或PCR反应体系中大部分成分预先混合，并通过各种方法使之能够稳定保存。样品核酸提取试剂分为DNA提取试剂和RNA提取试剂，反转录反应预混体系只用于RT-PCR试剂盒。实验操作时，只需将预混体系与少数几样成分（如引物和Taq酶等）混合即可进行PCR反应。这里以蓝舌病病毒核酸RT-PCR检测试剂盒为例，介绍其主要组成、质量标准、使用方法和储藏要求等。

(1) 试剂盒组成：本试剂盒系由针对蓝舌病病毒NS1基因的一对特异引物，并配以RNA提取液A、RNA提取液B、RNA提取液C、洗脱液、5×RT反应液、2×PCR反应液、反转录酶、用蓝舌病病毒BTV-5株制备的阳性对照、阴性对照（DEPC水）等成分组装制成。用于牛、羊动物血液样品中蓝舌病病毒核酸的检测。

(2) 质量标准：

① 性状：外观应密封完好、无变形、组分齐全、无破损、无渗漏、标签字迹清晰。每种试剂1瓶或1管，装量应符合规定，其中：RNA提取液A为粉红色有刺激性透明液体；RNA提取液B和C都为无色透明挥发性液体；反转录酶为无色无味油性液体，其他液体均应为无色无味透明液体。

② 无菌检验：按现行《中国兽药典》附录进行检验，阴性对照应无菌生长。

③ 敏感性检验：采用3份敏感性质控样品R1、R2、R3（单独制备）进行检测，R1、R2应为阳性，R3应为阴性。

④ 特异性检验：用24份特异性质控样品P1~P10、N1~N14（单独制备）进行检测（其中N1~N4检测时不需要进行RNA提取和反转录过程）。P1~P10均应为阳性，N1~N14均应为阴性。

(3) 使用方法：主要包括RNA提取、反转录、PCR和电泳检测等过程，具体操作如下：

① 取 DEPC 水处理过的 1.5 mL 离心管，加入 200 μL 待检血液样品，再加入 1 mL RNA 提取液 A，混匀，在室温下放置 5 min，以 12 000 r/min 离心 10 min。

② 取上清，加于另一 DEPC 水处理过的 1.5 mL 离心管中，再加入 200 μL RNA 提取液 B，混匀，在室温下放置 3 min，以 12 000 r/min 离心 10 min。

③ 取上清，加于另一 DEPC 水处理过的 1.5 mL 离心管中，再加入 500 μL RNA 提取液 C，翻转混匀，在 −20 ℃下沉淀 20 min，以 12 000 r/min 离心 10 min，弃上清。

④ 向沉淀中加入 30 μL 洗脱液，使之溶解。

⑤ 取 9 μL 上述提取物，加于 DEPC 水处理过的 PCR 管中，97 ℃预变性 5 min，冰上放置 5 min。

⑥ 加入 5×RT 反应液 4 μL、NS1-1 2 μL、反转录酶 1 μL、DEPC 水 4 μL，确保反应成分混匀并集于管底，42 ℃反转录 30 min，85 ℃反转录酶失活 5 s。

⑦ 各取上一步产物 2 μL，加于 DEPC 水处理过的 PCR 管中，再加入 2×PCR 反应液 12.5 μL、NS1-1 1 μL、NS1-2 1 μL、DEPC 水 8.5 μL，确保反应成分混匀并集于管底。

⑧ 置 PCR 仪中扩增，循环参数为：95 ℃预变性 10 秒；95 ℃变性 5 s、52 ℃退火 20 s、72 ℃延伸 20 s，共 45 个循环。

⑨ 取 5 μL PCR 产物，置 2%～2.5%琼脂糖凝胶孔中电泳检测。

⑩ 结果判定　当出现约 121bp 的目的条带时，判为阳性，不出现条带时判为阴性。

（4）储藏与有效期：RNA 制备盒中的提取液 A 在 2～8 ℃下保存，提取液 B、C 和洗脱液在常温下保存，有效期为 6 个月。核酸检测盒中的 2×PCR 反应液在 2～8 ℃下保存，阳性对照在 −70 ℃以下保存，其他组分在 −20 ℃以下保存，有效期为 6 个月。

（姜　平）

## 第五节　治疗用抗体

### 一、抗病血清

抗血清又称高免血清或抗病血清，是一种含有高效价特异性抗体的动物血清。抗血清包括抗毒素、抗细菌、抗病毒血清。三类抗血清是分别用细菌类毒素或毒素、细菌菌体以及病毒免疫动物所获得的血清，如破伤风抗毒素、抗炭疽血清以及抗猪瘟血清等。

#### （一）抗病血清的制备

抗血清既可以利用病原微生物抗原免疫同种或异种动物后采血并提取血清制备，也可以提取耐过病的自然感染动物血清制造。生产中，通常是给动物适当反复多次注射特定的病原微生物或其代谢产物等物质，促使动物不断产生免疫应答（体液免疫与细胞免疫），从而使血清中含有大量相应的特异性抗体。然后采（放）血、分离血清制成。抗病血清的制备过程依疾病类型而略有不同，但重点包含如下内容。

**1. 动物的选择**　在选择动物时要注意以下两个方面：①抗血清的用量：根据免疫血清

的需要量，来选择免疫动物。如果是经常大量使用，选择免疫动物时则应选择大动物；若所需的免疫血清量不大，则以选择小动物为宜。②动物的个体状态：用于免疫的动物必须是适龄、健壮、无感染的动物。免疫过程中应特别注意营养和卫生管理。注射抗原1个月后，动物仍无良好的抗体反应，或在规定注射日程后抗体效价不高，可再注射1～2次，仍不佳者立即淘汰。

可作为免疫用的动物多为哺乳类和禽类，主要有家兔、绵羊、马、牛、猪、驴、豚鼠和鸡等，其中实验常用的有家兔、绵羊、鸡和豚鼠，大批生产抗血清则选用马、牛等生产。一般情况下，用马、牛制备血清具有产量大、成本低等优点，另外这两种动物饲养管理方便，在高免中不受接种途径、接种量与接种次数的限制。最好选择年龄为3～8岁（或3～10周岁的阉牛）经检疫健壮的马、牛免疫，这样不仅能保证抗体效价与产量，而且采血后可以继续高免循环利用，进一步降低成本。

**2. 免疫原制备** 实践证明，选择具有良好的反应原性和免疫原性的抗原，是制备优质抗血清的基础。而制备优良抗原的关键是选择优良的菌（毒）株，所以应挑选形态、生化特性、血清学与抗原性、毒力等具有典型性的菌（毒）株作为抗原制造用的毒株。抗原制备方法随免疫途径、程序、毒株的特性而异。

基础免疫用抗原一般选用相应的疫苗作为抗原，高度免疫抗原一般选用强毒微生物株制造。

病毒性抗原可以采用强毒首先接种本动物，使其发病，采取其含毒组织作为抗原。如果采用细胞培养的病毒，需进行反复冻融或超声裂解，以含毒动物组织作为免疫原须进行研磨或匀浆，将病毒从细胞中释放出来，尽可能地提高病毒滴度和免疫原性。

细菌性抗原应将抗原性好的菌种，接种于规定培养基内，在细菌的对数生长期末期或平台期前期收获，经纯粹检验后用作抗原。

对于抗毒素的制造来说，免疫原可以选用类毒素、毒素或细菌全培养物，一般多选择类毒素作为免疫原。

**3. 免疫接种** 抗原注射途径可根据不同抗原及试验要求，选用皮内、皮下、肌肉、静脉或者淋巴结内等不同途径注入抗原进行免疫。一般常采用皮下和肌肉注射，如果免疫剂量大，应采用多部位注射法，尤其在应用油佐剂时更应注意此点。基础免疫通常先采用本病的疫苗按预防剂量做第一次免疫，经1～3周再用较大剂量的灭活抗原再免疫1～3次。高度免疫一般在基础免疫后2～4周开始进行，免疫剂量逐步增加，免疫次数视需要的血清抗体效价而定。

**4. 血清抗体效价的检测** 免疫程序接近结束时，测定血清的抗体效价，如果效价已达规定的要求，即可视作免疫成功，可以开始采血。若经琼脂扩散试验，血清效价不合格，则可继续增加注射抗原次数或剂量，如再试血仍不合格，应将该动物淘汰。

测定免疫血清效价是及时掌握采血时机的重要步骤。在《中国兽药典》中规定了各种血清抗体的检测方法。目前，根据抗体效价的不同，其检测方法也很多，有血凝试验和血凝抑制试验、间接ELISA、斑点ELISA、琼脂扩散试验等。如果用琼脂扩散试验测定血清效价时，若在抗原孔与抗体孔之间出现沉淀线者，即为阳性。最高稀释倍数血清孔出现的沉淀线，即为该血清的抗体效价。琼脂扩散试验的效价通常比环状沉淀反应稍低。

掌握抗体消长规律对于制备高免血清非常重要，不能机械地定期免疫和采血。

**5. 血液采集与血清提取** 通常在末次免疫后 7~10 d 采血样检测抗体效价，抗体滴度达到要求后，再按体重采血 (10 mL/kg)。不论免疫动物是大动物还是小动物，采血方法均分一次放血法和多次放血法两种：①一次放血法：绵羊或其他大动物可用颈动脉放血，家兔、豚鼠和鸡等小动物则可通过心脏直接采血；②多次少量放血法：大动物可通过静脉采血，小动物可通过心脏采血，在第 1 次采血后 35 d 可进行第 2 次采血，经 3~5 d 后进行第 2 个免疫程序。值得注意的是，动物采血应在上午空腹时进行，并提前禁食 1 d，可避免血中出现乳糜而获得澄清的血清。

血清的分离应在无菌条件下进行。采血时不加抗凝剂，全血先置于 37 ℃ 1~2 h，然后置于 4 ℃ 冰箱过夜，次日离心分离血清。如果血清采集量较大，可采用自然凝固加压法。将动物血直接采集于用灭菌生理盐水或 PBS 润洗过的玻璃筒内，置室温自然凝固 2~4 h，有血清析出时，每个采血筒中加入灭菌的不锈钢压砣，经 24 h 后，用虹吸法将血清吸入灭菌容器中。

### (二) 抗病血清的检验

按照《中华人民共和国兽用生物制品质量标准》（以下简称《兽用生物制品质量标准》）的要求，每一种生物制品都需要进行检验。抗血清的检验包括物理性状检验、无菌检验、支原体检验、外源病毒检验、安全检验、效力检验和苯酚或汞类防腐剂残留量测定。物理性状检验、无菌检验、支原体检验、外源病毒检验均按上述质量标准中成品检验的有关规定进行。其中，外源病毒检验时检查的病毒有：①禽类：鸡传染性支气管炎病毒、鸡新城疫病毒、禽腺病毒、禽 A 型流感病毒、鸡传染性喉气管炎病毒、禽呼肠孤病毒、鸡传染性法氏囊病病毒、禽网状内皮组织增生症病毒、鸡马立克病病毒、禽淋巴白血病病毒、禽脑脊髓炎病毒、鸡痘病毒；②家畜：牛病毒性腹泻/黏膜病病毒、伪狂犬病病毒、猪细小病毒、猪瘟病毒、蓝舌病病毒、马传染性贫血病毒、狂犬病病毒。安全检验通常用体重 18~22 g 的健康小鼠 5 只，各皮下注射血清 0.5 mL，用体重 250~450 g 的健康豚鼠 2 只，各皮下注射血清 10 mL，观察 10 d，均应健康。效力检验则按不同病原的抗血清规定方法和剂量进行。苯酚或汞类防腐剂残留量测定应符合兽用生物制品通则的规定。

### (三) 抗病血清中病原体的处理

对于新制备的抗血清，如果没有对外源病原体的检测和相应的处理，则其属于不合格的产品。因此，抗血清中的病原体（主要是病毒）的处理应成为抗血清安全性的首要问题，也是提高抗血清产品质量的一个关键环节。

一般情况下，处理病毒需进行以下 3 个方面的程序：病毒排除、病毒去除和病毒灭活。

所选的灭活方法必须满足以下条件：①灭活技术本身应无急性或慢性毒性作用；②不使血清成分发生变性，不产生新的免疫原，或不使长期使用者发生免疫反应性疾病；③灭活后的终产品仍然具有正常理化活性和免疫学性质；④灭活方法要简便、可行，无需大量人力、设备和空间。目前，已经开发利用了很多适合抗血清制品的病毒灭活，如亚甲蓝/光化学 (MB) 法、γ-射线辐照法、以核酸为靶点的光化学技术以及流体力学高压法等。

### (四) 抗病血清的保存

制备的血清经检验合格后分装和保存。抗血清的保存方法有三种：第一种是 4 ℃ 保存，将抗血清除菌后，液体状态保存于普通冰箱，可以存放3个月到半年，效价高时，一年之内不会影响使用。保存时要加入0.1%～0.2% $NaN_3$、0.5%石炭酸或0.02%硫柳汞以防腐，如若加入半量的甘油则保存期可延长。第二种方法是低温保存，$-20$～$-40$ ℃保存5年，效价不会有明显下降，但应防止反复冻融，反复冻融几次则效价明显降低。因此，低温保存应用小包装，以备取出后在短期内用完。第三种方法是冰冻干燥，最后制品内水分不应高于0.2%，封装后可以长期保存，一般在冰箱中5～10年内效价不会明显降低。

### （五）抗病血清的应用

使用抗病血清时应注意以下问题：①正确诊断，尽早预防。特别是治疗时，应用越早效果越好。②血清的用量根据动物的体重和年龄不同而定。预防量，大动物10～20 mL，中等动物（猪、羊等）5～10 mL。以皮下注射为主，也可肌肉注射。治疗量需要按预防量加倍，并根据病情采取重复注射。注射方法以静脉注射为好，以使其迅速奏效。③静脉注射血清的量较大时，最好将血清加温至30 ℃左右。④皮下或肌肉注射血清量大时，可分几个部位注射，并加以揉压使之分散。⑤不同动物源的血清（异源血清）有时可能引起过敏反应。如果在注射后数分钟或半小时内，动物出现不安、呼吸急促、颤抖、出汗等症状，应立即抢救。抢救的方法，可皮下注射1：100肾上腺素，大动物5～10 mL，中小动物2～5 mL。反应严重者若抢救不及时，常造成损失，故使用抗病血清时应注意观察，发现问题及时处理。

### （六）商品化抗病血清

据2010年版《中国兽药典》，国家已经批准生产应用的抗血清有抗气肿疽血清、抗炭疽血清、抗绵羊痢疾血清、抗猪羊多杀性巴氏杆菌病血清、抗猪瘟血清、破伤风抗毒素、抗猪丹毒血清等。以下摘录其中两种供参考。

**1. 抗猪瘟血清** 本品系用猪瘟活疫苗对猪进行基础接种后，再用猪瘟病毒强毒进行加强接种，采血，分离血清，加适当防腐剂制成，用于预防猪瘟。

性状：略带棕红色的澄明液体，久置后有少量灰白色沉淀。

装量检验：按最低装量检查法进行检验，应符合规定。

无菌检验：按无菌检验或纯粹检验法进行检验，应无菌生长。

支原体检验：按支原体检验法进行检验，应无支原体生长。

外源病毒检验：按外源病毒检验法进行检验，应无外源病毒污染。

安全检验：用体重18～22 g小鼠5只，各皮下注射血清0.5 mL；用1.5～2.0 kg兔2只，各皮下注射血清10 mL；用体重350～400 g豚鼠2只，各皮下注射血清3.0 mL。观察10日，应全部健活。

效力检验：用体重25～40 kg、来源相同、无猪瘟中和抗体的猪7头，分成2组。第1组4头，每千克体重注射血清0.5 mL，同时注射猪瘟病毒石门系强毒株（CVCC AV1411）血毒1.0 mL；第2组3头，仅注射强毒株血毒1.0 mL，作为对照。观察16 d，对照猪应于注射强毒株血毒后24～72 h时体温上升，随之呈现典型猪瘟症状，并至少有2头猪死于急性猪瘟；第1组的4头猪，至少应健活3头。

用法与用量：体重20 kg以下猪，每千克体重皮下或肌肉注射0.25～1.0 mL，体重20 kg以上猪，每千克体重皮下或肌肉注射1.0 mL。

储藏与保质期：2～8 ℃保存，有效期为 36 个月。

**2. 破伤风抗毒素** 本品系用破伤风毒素对马进行基础免疫后，再用产毒素能力强的破伤风梭状芽胞杆菌制备的免疫原进行加强免疫，采血，分离血清，加适当防腐剂后，经处理制成精制抗毒素。用于预防和治疗家畜破伤风。

（1）质量标准：

性状：无色清亮液体，长期储存后，可能有微量能摇散的灰白色或白色沉淀。

装量检验：按最低装量检查法进行检验，分别检查每一样品的装量。再以测得的每一被检样品的试剂装量乘以效价测定的结果，即为每瓶抗毒素单位数。每瓶抗毒素单位数均不低于瓶签标示量的 120%。

无菌检验：按无菌检验或纯粹检验法进行检验，应无菌生长。

安全检验：用体重 350～400 g 豚鼠 2 只，各皮下注射 1.0 mL（分两侧注射，各 0.5 mL）。观察 10～14 d，应全部健活，不应有局部反应和体重下降。

效价测定：按如下方法进行。

① 将破伤风试验毒素用 50%甘油生理盐水稀释，存置 1 个月后，用小鼠测定 L+/10 的含量。使用时，以 1%蛋白胨水稀释，使每毫升含 5 个 L+/10。

② 将破伤风抗毒素国家标准品用灭菌生理盐水稀释成 0.5 IU/mL。

③ 抗毒素稀释：将待测抗毒素用灭菌生理盐水稀释成不同稀释度，取各个稀释度的抗毒素 1.0 mL，分别盛于小管中，标明样品号数及稀释度（每稀释 1 个滴度，换 1 次吸管）。

④ 抗毒素和试验毒素混合：向盛有待测抗毒素（不同稀释度）的小管中各加入稀释好的试验毒素 1.0 mL（含 1.5 IU），再加入稀释好的试验毒素（含 5 个 L+/10）1.0 mL 作为对照。将上述各管置 37.5 ℃结合 45～60 min。

⑤ 注射小鼠：上述毒素和抗毒素结合完毕后，每个稀释度皮下注射体重 17～19 g 小鼠 2 只，各 0.4 mL，对照管用同条件小鼠 2 只，各皮下注射 0.4 mL。小鼠应分开饲养，观察发病情况。

⑥ 结果判定：对照小鼠应在 72～120 h 内全部死亡，与对照小鼠同时死亡或之后死亡的抗毒素最高稀释度一般即为该抗毒素的 IU。每毫升抗毒素效价应不少于 2 400 IU。

（2）用法与用量：皮下、肌肉或静脉注射用量见表 4-7。

表 4-7 不同动物破伤风抗毒素使用剂量（IU）

| 动物 | 预防 | 治疗 |
| --- | --- | --- |
| 3 岁以上大动物 | 6 000～12 000 | 60 000～300 000 |
| 3 岁以下大动物 | 3 000～6 000 | 50 000～100 000 |
| 羊、猪、犬 | 1200～3 000 | 5 000～20 000 |

（3）储藏与保质期：2～8 ℃保存，有效期为 24 个月。

## 二、卵黄抗体

禽类的免疫球蛋白构成与哺乳动物有着显著地差异。目前为止，研究证明禽类有三类免疫球蛋白——IgA、IgM 和 IgY。IgA 和 IgM 与哺乳动物的 IgA 和 IgM 类似；而 IgY 在功能上等同哺乳动物血清中的主要抗体 IgG，并且占抗体总量的 75%。据报道，鸡血清中 IgY、IgA 和 IgM 的浓度分别为 5.0、1.25 和 0.61 mg/mL。因此，IgY 是禽类体液免疫过程中最重要的抗体。

母源抗体是新生动物获得免疫保护最重要的途径。对于哺乳动物来说，母源抗体可以在子代出生后通过哺乳传递。而对于禽类来说，由于没有哺乳过程，母源抗体必须通过发育中的胚胎传递给子代。IgA 和 IgM 在禽胚的形成过程中被包裹在卵清中，而 IgY 则在卵黄膜表面特异性受体的作用下被选择性地转运到卵黄之中。卵黄抗体又称蛋黄抗体，是指存在于禽胚卵黄（蛋黄）中的抗体，即卵黄中的 IgY。由于 IgY 转运到卵黄的过程涉及特异性受体的作用，因此，卵黄中 IgY 的浓度可高达 25 mg/mL，而卵清中 IgA 和 IgM 的浓度则分别约为 0.15 和 0.7 mg/mL。

卵黄抗体的优点：①大规模饲养、自动收集和分选鸡蛋是常规技术，与兔子等哺乳动物相比，鸡的饲养成本更低。②用母鸡生产抗体造成的损伤非常少，只需要收集鸡蛋，而不需要采血，因此对动物造成的应激刺激也很少。③与哺乳动物血清抗体相比，卵黄只含有 IgY 一类抗体，因此非常易于通过沉淀技术进行纯化。按照单位体重抗体产量计算，每只母鸡的抗体生产效率比兔子高 18 倍，因此用母鸡生产抗体的话，可以极大地减少动物的使用量。由于卵黄中 IgY 的浓度非常高，每个鸡蛋中可以提取超过 100 mg IgY。一只产蛋母鸡每个月可以产大约 20 个鸡蛋，因此每个月从一只母鸡可以获得超过 2 g 的 IgY。④一旦经过纯化，IgY 可以在 4 ℃稳定保存数年。⑤鸡的抗体还可以识别不同于哺乳动物抗体的抗原表位，因此可以形成不同于哺乳动物抗体的抗体库。⑥与 IgG 相比，IgY 不会激活哺乳动物的补体系统或者在胃肠道中与哺乳动物的 Fc 受体结合导致炎症反应。

### （一）卵黄抗体的生产

**1. 动物的选择与饲养**　理论上，所有禽类都可以用于生产卵黄抗体，但是受饲养技术的成熟水平、设备开发水平以及生产效益等因素的限制，除了出于科学研究目的或特殊需求等原因，卵黄抗体生产中主要使用鸡和鸭两种家禽。

一般来说，用于生产卵黄抗体的鸡最好选用近交系的蛋鸡（如白来航鸡、星杂白鸡等）。生产用于治疗目的 IgY 应选用无特定病原体（SPF）鸡，而生产用于预防目的 IgY 可以选用商用蛋鸡。使用 SPF 鸡的优点是可产生高滴度抗体，而使用商品蛋鸡的优点是价格低廉，同时在产蛋前用来制备抗体而不影响产蛋，因此可以减少制备 IgY 的成本。

产蛋动物的饲养环境（温度、湿度、光照）可直接影响其生长、发育、繁殖、产蛋和健康，因此需要严格控制。标准化实验室条件，可以使用单元式笼养。笼养的卫生条件优于其他方式，防疫相对便利，利于产蛋时间和地点的记录及抗体滴度的检测。笼养方式对设备和空间的要求相对较高，散养方式对设备要求较低，但对于卫生条件的控制和试验精确度可能有一定影响。

针对禽类常见病原体或其相似抗原的卵黄抗体的制备应考虑使用 SPF 动物。SPF 动物的饲养必须使用生物安全系统（如隔离装置），因此成本更高，但利于排除可能存在于动物环境中的特定抗原对抗体生产的干扰。

**2. 动物的免疫与抗体水平监测**　免疫应答至少受免疫次数、免疫佐剂、鸡本身的情况等多因素影响。但是，由于试验动物的选用受到严格的限制，而蛋鸡规模化养殖过程中，转群入笼前要进行选留淘汰，因此动物本身状况对抗体水平的影响基本可以忽略。因此，免疫时主要考虑的影响因素是抗原剂量、佐剂的使用、抗原的施用途径和免疫次数。

通常而言，在一定剂量范围内，免疫效果会随着抗原浓度的增加而加强。但过高的抗原剂量会容易引起免疫抑制。不同佐剂的化学特性有差异，因此它们对免疫系统的刺激和副作用不同。上述两方面需要根据实际情况进行摸索。

卵黄抗体生产中，为了保证获得最佳免疫效果，通常采用肌肉注射途径接种抗原，此方法可准确控制接种剂量，免疫效果较好，但不足之处是费时费力，对鸡群的刺激也相对较大。当然，在试验研究中，口服、点眼甚至基因枪接种法都有报道，但是，这些接种方法对鸡产蛋能力的影响均比较微弱。

在卵黄抗体生产中，通常采用多次免疫来提高抗体水平，从而提高 IgY 产量。两次免疫的间隔至少应该为 4 周，免疫间隔过短会造成免疫效果的抑制。

目前普遍认为，鸡在第一次免疫后，IgY 会有短暂增加，第二次免疫后约 10 d 会有明显增加，然后维持约 10 d，之后开始下降。IgY 浓度变化较快，可能是因为其半衰期较短所致。然而，也有一些研究显示，IgY 能够维持稳定的高浓度达数周之久。至今还无法解释这两种不同结果，推测可能与不同抗原的性质有关。另有研究表明，鸡的抗体产量增减以 60 d 左右为大周期，抗体表达量也显现出明显的波动，以 7 d 为一个小周期，产量由相对低谷到顶点。因此，确定高免鸡蛋的采集时间需要对抗体的持续期进行准确的追踪。

IgY 沉积入卵黄的效率受到很多因素的影响（包括鸡的年龄、品系以及使用的抗原等），但是按照以往的报道来看，每只鸡蛋可以生产的 IgY 一般为 60～150 mg，其中 2%～10% 是抗原特异性 IgY。有趣的是，尽管产蛋鸡在第二年的产蛋能力出现了下降，但是每只鸡蛋中 IgY 的含量却比第一年有了很大的提高，而且这种提高足以弥补由于产蛋能力下降造成 IgY 产量减少的问题。因此，用于生产卵黄抗体的产蛋鸡，理论上讲可以使用 1 年以上。

**3. 卵黄抗体的粗制与纯化**　IgY 提取及分离纯化始于鸡蛋的收集、处理以及收取卵黄。首先用清水清洗鸡蛋表面后，用 0.5% 新洁尔灭溶液浸泡 1～3 min，用灭菌纱布擦干后，再用酒精棉擦拭蛋壳消毒，自然晾干。打破蛋壳，将内容物缓慢倾倒入蛋黄分离器或小漏勺中，沥去卵清。将卵黄倒入新的漏勺中，刺破卵黄膜，用灭菌的容器收集卵黄内容物。在规模化生产中，有洗蛋机和剥壳机，可以提高对预处理卵黄的分离效率。

IgY 的提取与分离纯化是为了获得相对纯的抗体，以便深入研究 IgY 的特性及其进一步的应用。选择何种提取及分离纯化方法，需综合考虑产品的用途、纯化时间、纯化成本、抗体数量和活性保留要求等。

（1）粗制：IgY 粗制过程中最大的技术难题是如何将水溶性的 IgY 与脂蛋白进行分离。如果卵黄中的脂类不能被有效去除，这些脂类将起到缓释作用，容易诱发机体对 IgY 产生免疫应答，而且脂类易发生腐败变质，不利于抗体的长期保存。对于这个问题，已经有很多的方法被开发出来，但是各种方法获得的 IgY 的产量和纯度都有所不同。

① 水稀释法：水稀释法原理是在近中性 pH 和低离子强度环境中，卵黄中脂蛋白凝集析出，然后进行离心或超滤，达到分离提取的目的。水稀释法工艺简便、产量高、去脂效果好且经济成本较低，适用于大规模生产，再配合其他适当的方法进行精细纯化，可获得较高

回收率，是IgY粗提方法中最有前景的一种。其大致过程如下：10 mL卵黄中加入90 mL蒸馏水稀释。用1 mol/L HCl调节卵黄溶液pH到5.0～5.2。离心（10 000 g，4 ℃，25 min），弃去沉淀，上清为含有IgY的溶液。本方法的条件可以适当调整，目前尚未有一种条件可以称之为标准。但pH和稀释程度对于IgY的回收非常重要。一般认为，稀释用水的体积应是蛋黄液的6倍以上，稀释过程中pH应维持在5.0。

② 反复冻融法：冻融法是将卵黄在-20 ℃以下冰冻，再融化，反复多次后，由于细胞内冰粒形成和剩余细胞液的盐浓度增高引起细胞溶胀、破碎。通过反复冻融，使蛋黄中的脂蛋白自凝聚成为足够大的颗粒，通过传统的低速离心就可以去除这些聚集物。建议冷冻温度-20 ℃，解冻温度4～6 ℃，冻融2次，效果较好。但在实际生产中解冻温度往往提高，以加快解冻时间。这种方法粗制的抗体纯度大约在70%。

③ 超临界流体提取法：首先通过喷雾干燥获得卵黄粉末。将卵黄粉末装入超临界气体抽提装置中，通入300 kg/cm$^2$，40 ℃的二氧化碳超临界气体与卵黄粉末混合，使卵黄中的脂溶性物质溶解在液化的二氧化碳中，然后随着压力降低到60 kg/cm$^2$，被抽提出的杂质与超临界气体分开而进入分离室，即得到除去脂肪的卵黄粉末。将去脂的卵黄粉末溶于磷酸缓冲液中，搅拌、离心，即得水溶性组分。

④ 盐析法：盐析法是指在蛋白质溶液中加入高浓度中性盐，破坏蛋白质外周水化层，同时中和蛋白质所带电荷，使溶液中蛋白质溶解度降低而析出的过程，是蛋白质粗分离的重要方法之一。现在所指的盐析法实际上多为硫酸铵盐析法，主要由于其溶解度高，盐析能力强，作用条件温和，不影响蛋白质的生物学活性，分段效果比其他盐好。本方法是IgY粗提取中非常重要的方法。通过不同浓度饱和硫酸铵的加入，可以非常容易地将脂蛋白与IgY分离开。同时，该方法也可用于IgY的浓缩。需要注意的是，由于该方法中使用高浓度的无机盐，在进行后续纯化步骤之前，需要进行脱盐操作。

⑤ 聚乙二醇（PEG）沉淀法：属于有机物沉淀法。由于PEG溶解时具有散热低，形成沉淀的平衡时间短等特点，常用于蛋白质提取及结晶。此方法具有快速、有效、简便等优点，经过不断改良和推广，被认为是目前实验室条件下IgY提取的标准技术。

研究报道的IgY粗制方法还有许多，比如由聚乙二醇沉淀法衍生的聚乙二醇/乙醇沉淀法和氯仿/聚乙二醇法，硫酸葡聚糖沉淀法，有机溶剂抽提法（氯仿、乙醇、异丙酮等），辛酸沉淀法及去污剂法等。但是，应用这些方法大规模生产IgY用于动物活体无论在其安全性方面还是性价比方面均有所不足。此外，也有利用天然多糖（包括海藻酸钠、黄原胶、λ-角叉菜胶以及果胶等）沉淀脂蛋白的研究，其中果胶的效果最好，能够去除卵黄中90%以上的脂蛋白。

上述卵黄抗体粗制方法都有其优势和劣势，可以选择其中一种或几种方法联合应用。但需要注意的是，经历的步骤越多，卵黄抗体的得率越低。

(2) 纯化：通过上述方法提取分离获得的仅仅是粗制的IgY，而对于临床或实验应用，可能需要对其进行精细纯化。而对IgY纯度要求主要取决于IgY的用途。如用于直接注射，则纯度需要较高，如用于饲料添加剂防治消化道疾病，则纯度相对来说可以低一些。

IgY纯化的方法目前主要有凝胶过滤层析、离子交换层析、亲和层析和疏水层析。这些方法的原理与具体步骤在此不一一介绍。但需要注意的是，在纯化过程中要注意缓冲液pH和温度的稳定，以减少蛋白质的变性。纯化的过程应尽可能在较低温度下操作，同时应加快纯化过程。

除了上述方法外，市面上也有多种商品化的 IgY 分离纯化产品出售（如 GE 公司的嗜硫亲和色谱分离介质 HiTrap™ IgY Purification HP 等）。这些产品用于 IgY 的纯化，更加方便、快速和高效，但是不能用于规模化生产。

随着 IgY 在疾病诊断、预防和治疗中的应用范围不断扩大，如何在保持抗体生物活性的前提下，降低纯化成本，提高抗体纯度，将是卵黄抗体生产技术研究的重点。

**4. 卵黄抗体效价的检测**　卵黄抗体效价的测定可以采用多种方式，如双向琼脂扩散试验、酶联免疫吸附试验等。此过程主要是为了保证产品的有效性。以鸡传染性法氏囊病（IBD）卵黄抗体为例，纯化后的卵黄抗体用琼脂双扩散试验测定效价水平后，用生理盐水进行稀释，稀释后的 IgY 琼脂扩散试验效价不应低于 1∶16。

**5. 卵黄抗体的保存**　尽管纯化后的卵黄抗体稳定性很高，在室温下可保持 6 个月的活性；4 ℃储存 6～7 年，活性下降在 5% 以内，但若需要长期保存最好冻存于 −20 ℃ 以下环境中，作为饲料添加剂的 IgY 也可以冻干成干粉保存。由于 IgY 制品中仍不可避免含有微量的脂蛋白，为了防止微生物污染的发生，除了纯化过程应在无菌环境中进行，对于液态的 IgY 制品，需要添加适量的抗生素及防腐剂（如 IBD 卵黄抗体中需添加青、链霉素各 100 IU/mL，硫柳汞终浓度为 0.01%）。

### （二）IgY 在兽医领域的应用

抗生素在农业领域应用广泛，一方面可以预防疾病，另一方面可以促进家畜生长。然而，使用抗生素，特别是用于促进动物生长，已经受到严格控制，因为这种应用抗生素的方式导致了耐药细菌的大量出现。因此，IgY 作为家畜饲料添加剂的研究逐渐受到重视。其同样可以特异性防治病原体感染并提高家畜生长率和饲料报酬。许多研究尝试用 IgY 防治动物传染性疾病。

由于卵黄抗体可抵抗幼龄动物的胃酸屏障，抵抗肠道中的胰蛋白酶和胰凝乳蛋白酶的消化，因此可以用于防治动物消化道疾病。给仔猪口服针对猪肠毒性大肠杆菌菌毛抗原 K88、K99 和 987P 的 IgY，能够对相应 *E.coli* 感染提供保护，而且这种保护效果呈现剂量依赖性。给新生牛饲喂含有抗肠毒性大肠杆菌 IgY 的牛奶，新生牛仅发生一过性腹泻，存活率达到 100%，并且体重有所增加。新生牛出生后 14 d 内的饮食中添加抗牛轮状病毒 IgY，对该病毒引起的新生牛腹泻保护率达到 80%。给牛饲喂含有坏死梭菌和牛链球菌特异性 IgY 的卵黄，用以替代抗生素，可以减少牛瘤胃中相应目的菌的数量，并且能够提高饲料报酬和生长效果用含有鼠伤寒沙门菌特异性抗体的鸡蛋粉饲喂鸡，可以减少实验感染鸡的排菌量、盲肠定植率以及沙门菌污染鸡蛋的发生率。相关的研究还包括，用 IgY 防治禽传染性法氏囊病和艾美尔球虫病、仔猪流行性腹泻病毒感染以及犬细小病毒-2 型感染。

除了预防疾病，也有研究表明用针对肠神经肽胆囊收缩素和神经肽 Y 的抗体，可以调节动物的胃口，而用针对前列腺素和白三烯等炎症介质产生过程中的重要酶类——PLA2 的抗体饲喂鸡，不仅能够提高其生长效率，还能够增加饲料报酬。

目前，市面上有许多商品化的 IgY 或高免鸡蛋产品用于家畜以及伴侣动物特定疾病的治疗或保健。例如，Arkion 生命科学公司开发的高免食物添加剂 Protimax® 含有针对牛和猪肠道病原体的 IgY，可以提高断奶仔猪和犊牛的生长表现，而 i26® Companion 可以提高猫和犬的免疫功能。EWNutrition 与日本的 Ghen 公司共同开发了用于家畜和伴侣动物的含 IgY 添加剂（Globigen®），可以用于动物口腔、胃、小肠、皮肤以及黏膜的保健。AD 和 Dan 生物技术有限公司也生产了多种含 IgY 的产品，用于家畜和伴侣动物胃肠道病原体感染的防治以及水产业病毒性疾病的防治。Aova Technologies 公司研发了 BIG™ 系列产品，用于猪、牛、家禽和水产业，其中含有针对 PLA2 酶的特异性 IgY。该系列产品能够显著提高家畜的饲料报酬、生长率、屠宰率以及整体健康状况。

## 三、基因工程抗体

单克隆抗体除用于诊断外，也可以用于疾病治疗。但是，单克隆抗体一般来源于小鼠等实验动物，其他动物在使用过程中可能存在较大副反应。因此，其应用受到限制。随着 DNA 重组技术以及其他分子生物学技术的发展，人们利用基因工程技术来制备抗体分子，这种抗体分子称为基因工程抗体（genetic engineering antibody），这是分子水平的抗体。基因工程抗体是按人类设计所重新组装的新型抗体分子，可保留或增加天然抗体的特异性和主要生物学活性，去除或减少无关结构（如 Fc 片段），从而可克服单克隆抗体在临床应用方面的缺陷，如鼠源单克隆抗体在人体内使用会引起抗体产生而降低其效果，Fc 片段的无效性和副作用。因此基因工程抗体更具有广阔的应用前景。

基因工程抗体的制备过程首先是获得抗体基因片段，可从 B 细胞 DNA 库中筛选；用探针从杂交瘤细胞、免疫脾细胞的 DNA 库或 cDNA 库中筛选；或以 PCR 法直接扩增等。然后将抗体基因片段导入真核细胞（如杂交瘤细胞）或原核细胞（如大肠杆菌），使之表达具有免疫活性的抗体片段。抗体分子结构比较复杂，这有助于发挥人们的聪明才智和激发科学家的大胆设想。目前基因工程抗体有以下几种类型：

**1. 嵌合抗体**（chimeric antibody） 是指在同一抗体分子中含有不同种属来源抗体片段的抗体，又称杂种抗体。迄今构建的嵌合抗体多为"鼠-人"类型，也就是抗体的 Fab 或 F(ab)2 来源于鼠类，而 Fc 片段来源于人类。可将小鼠杂交瘤细胞的免疫球蛋白（Ig）VH 基因与人 Ig 的 CH 基因连接后导入骨髓瘤细胞，使之表达嵌合重链，再将小鼠杂交瘤细胞的 Ig VL 基因与人的 CL 基因相连，转染含嵌合重链的小鼠骨髓瘤细胞，经过筛选即可得到分泌鼠-人嵌合抗体的骨髓瘤细胞，其所分泌的嵌合抗体与原杂交瘤细胞分泌的抗体特异性和亲和力相同，但减少了抗体中的鼠源性成分。

**2. 重构抗体**（reshaping antibody） 尽管嵌合抗体具有一些优点，但该抗体中仍然有近 50% 的成分来自小鼠。因此为进一步减少鼠源蛋白在嵌合抗体内的含量，将鼠抗体的超变区基因嵌入人抗体 Fab 骨架区的编码基因中，再将此 DNA 片段与人 Ig 恒定区基因相连，然后转染杂交瘤细胞，使之表达嵌合的 V 区抗体。实际上也就是在人抗体可变区序列内嵌入鼠源抗体的高变区基因序列，通过这种置换为人类抗体提供了一个新的抗原结合部位。

**3. 单链抗体**（single-chain antibody） 又称 FV 分子。由于抗体的分子质量较大，体内应用时受到一定的限制。因此可用基因工程手段构建更小的具有结合抗原能力的抗体片段，即 FV 分子或单链抗体蛋白。这种单链抗体是由 VL 区氨基酸序列与 VH 区氨基酸序列经肽连接物（linker）连接而成。此外肽连接物还可将药物、毒素或同位素与单链抗体蛋白相融合。这类抗体具有分子质量小，作为外源性蛋白的免疫原性较低；在血清中比完整的单克隆抗体或 F（ab）2 片段能更快地被清除；无 Fc 片段，体内应用时可避免非特异性杀伤；能进入实体瘤周围的微循环等优点。

**4. Ig 相关分子** 可将抗体分子的部分片段（如 V 区或 C 区）连接到与抗体无关的序列上（如毒素），就可创造出一些 Ig 相关分子，例如可将有治疗作用的毒素或化疗药物取代抗体的 Fc 片段，通过高变区结合特异性抗原，连接上的毒素可直接运送到靶细胞表面，起"生物导弹"的作用。Byrn 构建的"CD4 免疫黏附素"即是这一类抗体分子，他是将 CD4 基因与 $IgG_1$ C 区在体外重组而表达出的 Ig 相关分子，它可封闭人 HIV gp120 蛋白与 $CD4^+$ T 细胞的结合，在治疗人的艾滋病上具有潜在价值。

**5. 噬菌体抗体**（phage antibody） 这是一类近年刚开始研究的基因工程抗体。是将已知特异性的抗体分子的所有 V 区基因在噬菌体中构建成基因库，用噬菌体感染细菌，模拟免疫选择过程，具有相应特异性的重链和轻链可变区即可在噬菌体表面呈现出来。这种技术称为噬菌体表面展示技术（phage display technology）。这种抗体作为研究和治疗用试剂具有广阔的应用前景。

**6. 全套抗体**（immunoglobulin repertoire）**基因库** 对动物个体而言，针对某一特定抗原，通常可产生 5~10 000 个分泌单抗的 B 细胞克隆，若加上抗体产生过程体细胞的变异，则产生能与抗原结合的单抗的 B 细胞的克隆数更大。而用杂交瘤技术最多只能筛选出几百种单抗，这对筛选催化抗体是非常不利的。筛选催化抗体需要"查阅"全套抗体库，以便筛选出有强催化作用的 Ig 分子。Ig 与抗原结合的能量主要来自重链，轻链的作用差一些。有些 Ig 具有不同的特异性，而其 $V_L$ 区非常相似。因此，将全套抗体基因库中的 $V_H$ 基因与有限数目的 $V_L$ 基因排列组合构建 Ig，从中可筛选出有催化作用的抗体。

基因工程抗体由于将抗体基因置于人的操作之下，抗体分子的大小、亲和力的高低、对细胞毒性的强弱，以及是否接上其他有用的分子等都可根据治疗和诊断的要求进行设计，这是杂交瘤技术所不及的。从构建的人和动物抗体基因总文库中筛选和表达针对任一抗原的抗体基因，将结束仅依靠免疫获得抗体的状况。

（王君伟，姜平）

## 第六节 其他类生物制品

除明确用于治疗目的的生物制品（如抗病血清、高免卵黄抗体、抗毒素血清和治疗性单克隆抗体）以外，尚有一类制剂主要依靠调节机体自身免疫机能对病原感染发挥非特异性的免疫治疗作用。此类制品包括丙种球蛋白、淋巴因子（如转移因子）、干扰素、免疫核糖核酸、胸腺肽、白细胞介素、分枝杆菌提取物等。在分类上，根据其通过不同方式，达到增强机体免疫力的特点，有学者将此类制品统称为免疫增强剂。目前，我国的商品化制品有：羊胎盘转移因子注射液、转移因子口服溶液与猪白细胞干扰素等。

### 一、干扰素

干扰素是一组具有多种功能的活性蛋白质（主要是糖蛋白），是一种由单核细胞和淋巴细胞产生的细胞因子。它们在同种细胞上具有广谱的抗病毒、影响细胞生长，以及分化、调节免疫功能等多种生物活性。干扰素并不直接杀伤或抑制病毒，而主要是通过细胞表面受体作用使细胞产生抗病毒蛋白，从而抑制乙型肝炎病毒的复制；同时还可增强自然杀伤细胞（NK 细胞）、巨噬细胞和 T 淋巴细胞的活力，从而起到免疫调节作用，并增强抗病毒能力。目前获取和制造干扰素主要有两种方式：以干扰素诱生剂刺激白细胞，从而得到白细胞诱生干扰素，又称免疫干扰素；利用重组 DNA 技术，从细菌或酵母中制备重组干扰素，又称基因工程干扰素。

### （一）猪白细胞干扰素

此类制品系用特定的干扰素诱生剂诱导猪白细胞，经培养、灭活病毒、除菌、分装（冻干）等工艺制成。提取后制成的冻干干扰素注射剂。用于某些病毒性疾病和肿瘤的辅助治疗，对免疫缺陷性疾病也有一定疗效。现以猪白细胞干扰素为例，说明其制造与使用方法。

**1. 细胞与诱生病毒** 全血应来源于常见病原检测为阴性的猪，并符合各项生化标准。白细胞的分离，应在采血后 48 h 内进行。活细胞数应达到 90% 以上。采用新城疫病毒（NDV）F 株或仙台病毒，经检定血凝效价达到适宜滴度，方可用于本品生产。

**2. 制造要点**

（1）制备诱生病毒：采用 9~10 日龄健康鸡胚，于尿囊腔接种适量病毒，37 ℃ 培养 48~72 h，鸡胚发育良好，病毒达到适宜滴度后，收集尿囊液，并做无菌试验，合格后合并，抽样做效价测定，放 −20 ℃ 待用。亦可用其他适宜方法制备诱生病毒。

（2）制备白细胞悬液：用离心法分离血浆，吸取白细胞层，用氯化铵液裂解红细胞，或用其他适宜方法分离白细胞。然后用培养液稀释，以每毫升含活细胞 $1.0 \times 10^7$ 个为宜。

（3）启动与诱生：白细胞悬液中加入少许白细胞干扰素，于 37 ℃ 水浴搅拌培育 2 h，加入适量诱生病毒，待干扰素效价达到最高峰时，收集上清，即为粗制干扰素，置 −20 ℃ 保存。

（4）纯化：在粗制干扰素（效价应在 $1.0 \times 10^4$ IU 以上）中加入硫氰酸钾盐析，然后分别在酸性和碱性条件下用乙醇分级沉淀，去除杂蛋白，再用硫氰酸钾提纯一次。

（5）溶解、透析或超滤：检查硫氰酸钾为阴性，除菌过滤后进行半成品检定，合格后方可分装。

（6）半成品检定：半成品应做理化检查和比活性测定，比活性应 $\geq 1.0 \times 10^6$ IU/mg 蛋白。应做无菌试验、安全试验和热原质试验。试验方法及判定标准同成品检定。

**3. 质量标准**

（1）外观应为红色透明液体，无沉淀。

（2）pH 应为 6.8~7.8。

（3）取 2 滴干扰素原液加 2 滴 9% 三氯化铁溶液，不呈现微红色为合格。

（4）鉴别试验：采用 SDS-PAGE 法，在分子质量 18~20 ku 之间应出现明显区带，并同时用免疫印迹法进一步证实为 α 干扰素区带。

（5）安全试验：

① 豚鼠试验：用体重 300~400 g 豚鼠 2 只，每只腹侧皮下注射干扰素 1 mL（$10^6$ IU），观察 7 d，动物健存，每只体重增加者为合格。如不符合上述要求，用 4 只豚鼠复试一次，

判定标准同前。

② 小鼠试验：用体重 18～20 g 小鼠 5 只，每只腹侧皮下注射干扰素 0.5 mL（5×$10^5$ IU），30 min 内动物不应有明显的异常反应，继续观察 7 d，动物均健存，每只体重增加者判为合格。如不符合上述要求，用 10 只小鼠复试一次，判定标准同前。

（6）效价测定：采用 CPE（细胞致病效应）抑制为基础的抑制微量测定法，以每毫升干扰素检品的最高稀释度仍能保护半数细胞免受病毒攻击的稀释度的倒数定为干扰素单位。以国际单位（IU）表示，并用国家标准品校正结果。成品效价应≥$10^6$ IU/mL。

① 细胞培养：将新鲜传代 24～48 h 的 Wish 细胞以约 35 万个/mL 的浓度加入 96 孔组织培养板上，每孔 100 μL，置 37 ℃、5％二氧化碳孵箱中培养 4～6 h。

② 样品稀释与细胞混合：干扰素检品做 4 倍系列稀释，每份检品做 6 个稀释度（如 100 万 IU，则测 $4^{-12}$～$4^{-7}$）每个稀释度加 2 孔，与培养板中的细胞等量混合，置 37 ℃、5％二氧化碳孵箱培养 18～24 h。

③ 加病毒：倒掉培养板中的上清液，以 100 $TCID_{50}$/mL 的浓度加入 VSV（水疱性口腔炎病毒），每孔 100 μL，37 ℃、5％二氧化碳孵箱培养 24 h 左右。

④ 观察结果：显微镜下观察细胞病变，若病毒对照各孔细胞出现 75％～100％的明显病变和死亡（变圆、死亡、脱落），而细胞对照组中的细胞仍生长良好，则表明对照系统合格，结果成立。

⑤ 计算：通常可按 Reed‑Muench 法计算。

## （二）重组干扰素

此类制品系用 α 干扰素基因重组质粒，转化大肠杆菌，使之高效表达重组 α 干扰素，经高度纯化后冻干制成。其制造方法举例如下。

**1. 菌种** 系带有 α 干扰素基因的重组载体转化的适当的大肠杆菌表达菌株。菌种表达稳定，表达水平符合投产菌种要求。需要按生产要求建立菌种库：从原始菌种库传出，经扩大后冻干保存，或由上一代制造用菌种库传出，扩大后冻干保存作为制造用菌种库，但每次只限传三代。每批制造用菌种库均应进行下列检定。

（1）划种 LB 琼脂平板：应呈典型大肠杆菌集落形态，无其他杂菌生长。

（2）涂片革兰染色：在光学显微镜下观察应为典型的革兰阴性杆菌。

（3）对抗生素的抗性：应与原始菌种相符。

（4）电镜检查：应为典型大肠杆菌形态，排除支原体、病毒样颗粒及其他微生物污染。

（5）生化反应：应符合大肠杆菌生物学性状。

（6）干扰素表达量：在摇床中培养，应符合原始菌种的表达量。

（7）表达的干扰素型别：应用标准抗 α 型干扰素血清作中和试验，证明型别无误。

（8）质粒检查：应做该质粒的酶切图谱，应与原始质粒相符。

**2. 制造要点**

（1）种子制备：取制造用菌种库冻干菌种，开启后划种培养基平板 2～3 块，培养后挑取平板中典型集落 8～10 个，分别培养后保存，然后分别进行干扰素表达量测定，至少重复一次，选择其中干扰素表达量最高的一份供生产制备种子用，其表达量应符合原始菌种库的表达量，所表达的干扰素应用标准抗 α 型干扰素血清作中和试验，证明型别无误。将菌种接种 M9CA 培养基，在摇床中培养至 OD 值在 0.4~0.8 之间即可供发酵罐接种用。种子应进行质粒稳定性检查。

（2）发酵：每次发酵前必须进行一次空罐灭菌。发酵用 GMD 培养基，用蒸馏水配制，其中不含有任何抗生素，配制后进行实罐灭菌。发酵温度为 36.5±0.1 ℃，根据工程菌生长情况到后期可适当调整温度，并作必要的培养基成分添加，发酵时间根据工程菌生长情况确定。发酵结束时放出菌液，发酵灌应再进行一次灭菌并清洗。

（3）收菌：用离心法收取菌体，称重，容器上标明批号、罐别、重量、日期。收获的菌体如 24 h 内破菌裂解可保存于 4~8 ℃ 冷库，否则应置 -30 ℃ 冻存。

（4）菌体裂解与粗制干扰素制备：用高压匀浆法裂解菌体，将菌体作成 10%~20% 的悬液进行高压匀浆，压力 50 MPa/cm$^2$，连续匀浆两次，匀浆后的悬液离心后取上清即为粗制干扰素。

### 3. 浓缩与纯化

（1）初步纯化：采用不同原理多步骤的方法，使初步纯化的干扰素达到外观无色透明，无絮状物，比活性在每毫克蛋白 $10^5$ IU 以上，并将其浓缩至原体积的 1/10~1/20，保存于 4 ℃，如 3 d 内不能进行高度纯化，应冻存于 -30 ℃ 冰箱内。

（2）高度纯化：经初步纯化后进行高度纯化，去除绝大部分非干扰素蛋白，使其达到本规程 7~8 项要求。高度纯化应在洁净度为 10 000 级的恒温（15~18 ℃）室内进行。

在高度纯化过程中应进一步浓缩，使体积为初步纯化干扰素的 1/5~1/10。并应转换缓冲液系统，使之适合于动物注射用。在整个浓缩与纯化过程中不得加入对人体有害的物质。在浓缩纯化过程中应特别注意去除热原质，用于分子筛层析的溶液，配合后应进行去除热原质处理。容器应干热灭菌，不能干热灭菌者应用适当浓度的 NaOH 处理。

（3）浓缩纯化：最后所得的纯化干扰素即为"半成品原液"，取样进行效价、比活性、蛋白含量等项检定后，立即加入保护性蛋白（白蛋白），使其最终含量为 2%，称为"加白蛋白半成品"，取样测定干扰素效价，其余冻存于 -30 ℃ 冰箱中，应尽量避免冻融。

（4）稀释、除菌过滤：将检定合格的加白蛋白半成品以直径为 0.22 μm 的滤膜除菌过滤，除菌后立即进行稀释。

### 4. 质量标准
成品应进行以下几项检定。

（1）效价测定：用细胞病变抑制法，Wish 细胞/VSV 为检测系统。用国家参考品校准 IU。效价应为标示量的 80%~150%。

（2）蛋白含量：用 Lowry 法测定。同批不同阶段的样品比较时应尽可能同时测定。

（3）比活性：根据效价测定及蛋白含量计算比活性，本品的比活性应在每毫克蛋白 $10^7$ IU 以上。

（4）纯度：用非还原型 SDS-PAGE 法，加样量不低于 5 μg，经扫描仪扫描，纯度应在 95% 以上，聚合体不得超过 10%。高效液相色谱纯度，用 280 nm 检测，应呈一个吸收峰，或主峰占总面积 95% 以上。

（5）分子质量测定：用还原型 SDS-PAGE 法。加样量不低于 5 μg。制品的分子质量与理论值比较，误差不超过 10%。

（6）残余外源性 DNA 含量：用固相斑点杂效法，以地高辛标记的核酸探针法测定，其含量应少于每剂量 100 pg。

(7) 残余 IgG 含量：如采用单克隆抗体亲和层析法纯化，应进行本项检定。采用 ELISA 双抗体夹心法测定，IgG 含量应少于每剂量 100 ng。

(8) 残余工程菌蛋白含量：用酶标法或其他敏感方法测定，残余工程菌蛋白不得超过总蛋白的 0.02%。

(9) 抗生素活性：半成品中不应有残余氨苄青霉素活性。

(10) 肽图测定：应符合 $\alpha_1$ 干扰素的图形，批与批之间图形应一致。

(11) 等电聚集：测定等电点，应有固定的范围（4.0～6.5）。

(12) 紫外光谱扫描：检查半成品的光谱吸收值，批与批之间应一致，应有固定的最大吸收值。

(13) 外观：应为微黄色薄壳状疏松体，加入 1 mL 蒸馏水后溶解迅速，不得含有肉眼可见的不溶物。

(14) pH：应为 6.5～7.5。

(15) 安全试验：

① 豚鼠试验：用体重 300～400 g 豚鼠 2 只，每只腹侧皮下注射 1 mL（于 1 mL 生理盐水内），观察 7 d，豚鼠应健存，每只体重增加判为合格。

② 小鼠试验：用体重 18～20 g 小鼠 5 只，每只腹腔注射 0.5 mL（于 0.5 mL 生理盐水内），观察 7 d，动物应健存，每只体重增加判为合格。

## 二、转移因子

转移因子（transfer factor，TF）是白细胞中有免疫活性的 T 淋巴细胞所释放的一类小分子可透析物质。TF 带有致敏淋巴细胞的特异性免疫信息，在受者体内能够诱导 T 细胞转变为特异性致敏淋巴细胞，因此它能够特异地将供者的细胞免疫力被动的转移到受者体内，使受者获得特异性细胞免疫功能，即转移和扩大细胞免疫力。它能将供体的某种特定的细胞免疫功能特异地传递给受体，使这种功能保持数月至 1 年以上。

目前 TF 种类较多，从免疫特性上分为特异性转移因子和非特异性转移因子两大类。特异性转移因子采用某种特定病原感染或免疫人群和动物后再提取含该抗原特异活性的转移因子。非特异性转移因子是指用自然人群或动物白细胞提取的具有多种免疫活性的转移因子。

转移因子无种属特异性且无毒，无抗原性，在畜牧业临床上的应用越来越广泛。转移因子对猪的多种传染病有明显治疗效果，如猪弓形虫病、猪副伤寒和猪肺疫等。制备 TF 常用透析法及超滤法两种方法。现介绍转移因子的超滤法制造与检验程序如下：

**1. 制造要点** 将动物（猪）的脾、淋巴结切成小块。同时采集及分离出外周血液的白细胞。合并后一起加 1 倍体积的 80% 冷乙醇及 3 倍体积的 40% 乙醇，置高速捣碎机捣碎 3 min，用 1 mol/L HCl 使 pH 为 5.0～5.1。置盐冰浴中 30～60 min，于 0～4 ℃ 2 500 r/min 离心 20 min，收集上清。其沉淀物用等量的 40% 乙醇洗涤 1 次，并按上法离心，收集上清。两次上清合并加等量去离子水冻干。再按冻干品每克加 2 mL 去离子水使之溶解，用 4% $NaHCO_3$ 调 pH 至 7.0，再用 EK 滤板加至 5～6 kg/cm² 进行超滤，再用 EKS 滤板除菌即得。每 2 mL 相当于 1 g 淋巴组织的超滤物，−20 ℃ 保存可达 2～3 年。

**2. 含量测定** 稀释至适当浓度的待测制品 1 mL 加二羟基甲苯应用液 3 mL，置水浴中煮沸 20 min，冷却后用 72-型分光光度计、波长 660 nm 进行 OD 值测定。同时需做一系列标准 RNA 和蒸馏水空白试验，根据光密度和 RNA 的含量，在坐标纸上绘出标准曲线，再根据制品试样的吸收值，可从曲线中查到相应的浓度。单纯的白细胞转移因子，也可用原来的细胞数量计算含量。

**3. TF 的检验**

（1）生物学检查：按生物制品规程进行无菌、安全、热原试验等。特异性试验即采用皮肤试验、淋巴细胞转化试验、白细胞移动抑制试验、非特异性酯酶染色试验等项。

（2）理化检验：日本标准规定每单位 TF 含多肽 11.4 mg，核糖 500 μg，E260/280 nm＝1.8 左右。若换算为全血时相当于 250 mL 血中的细胞提取物。美国标准规定 1 单位 TF 是 $10^8$ 个淋巴细胞所得到的物质。多肽及核糖的含量测定按常规方法进行。

**4. 转移因子特异活性测定**（白细胞黏附抑制试验）  转移因子能够抑制白细胞在玻璃器皿表面的黏附作用，根据未黏附白细胞数计算抑制指数来测定抗乙型肝炎转移因子活性。

（1）先制备小鼠白细胞悬液，取体重 22～25 g 健康小鼠 5 只，由眼静脉放血，无菌取出脾脏，以 RPMI-1640 培养液洗 3 次，用无菌铜网轻轻压碎制成细胞悬液，用 RPMI-1640 培养液洗 3 次（1 500 r/min 离心 15 min），然后每只鼠脾脏加 3 mL 水破坏红细胞，再加 3.6％氯化钠溶液 1 mL 调整渗透压，混匀后用 200 目尼龙网过滤，滤液经 1 500 r/min 离心 5 min，再分别用 0.9％氯化钠溶液和 RPMI-1640 培养液各洗 1 次，收集细胞，用 RPMI-1640 培养液调整细胞浓度为 $(1.0～3.0)×10^6$ 个/mL，备用。

（2）取供试品，按标示量加注射用水制成 1 mg/mL 的溶液。取洁净的离心管 2 支，各加细胞悬液 1 mL，一管加供试品 1 mL，为供试品管；另一管加无菌 0.9％氯化钠溶液 1 mL，为对照管。置 37 ℃致敏 30 min，1 500 r/min 离心 10 min，弃上清液，每管沉淀分别准确加入 RPMI-1640 培养液 1 mL。取无菌培养瓶 6 个，前 3 瓶各加供试品管细胞悬液 0.2 mL，后 3 瓶各加对照管细胞悬液 0.2 mL，然后每瓶内加纯化的 30～100 μg/mL HBsAg 0.2 mL，RPMI-1640 培养液 0.6 mL，置二氧化碳培养箱内 37 ℃培养 1～2 h 后，取出轻轻摇匀，静置 1～3 min，显微镜下计数未黏附的白细胞数。

（3）结果计算：按下式计算结果：

$$NAI=(S-C)/C×100\%$$

式中，$NAI$ 为未黏附白细胞抑制指数；$S$ 为供试品组平均未黏附细胞数；$C$ 为对照组平均未黏附细胞数。

## 三、白细胞介素

白细胞介素（IL）是丝裂原，或抗原刺激 T 淋巴细胞产生的一种糖蛋白，它能促进 T 细胞的增殖分化，呈递和增强抗原信息，促进 B 细胞的增殖和免疫应答，增强单核巨噬细胞的杀伤活性，刺激 NK 细胞的增殖并增强其杀伤活性等，在机体免疫反应中可起到中心调节作用。这种作用在临诊上表现为抗肿瘤、抗感染、矫正免疫缺陷、破坏自身免疫的耐受性等。根据 IL 产生的刺激原、产生细胞、分子结构、作用靶细胞及作用表现的不同，可分为 1、2、3、4、5、6 等，随着研究的深入，正在发现新的品种并逐步了解其本质。目前已有数种可进行规模生产并投入临诊应用。现以猪 IL-2 为例，说明其制备与检验方法。

**1. 制造要点** 将猪脾淋巴细胞培养在含10%新生牛血清的RPMI-1640培养液中，猪脾淋巴细胞悬液浓度为$5×10^6$个/mL，同时加入纯植物血凝素（PHA）350 μg/mL，置5%二氧化碳孵育箱中磁力搅拌培养48 h，离心后收获上清（1 500 r/min离心30 min），过滤除菌即得IL-2。

**2. IL-2活性测定** 一般用生物学法，即用含10%胎牛血清的RPMI-164。将上述粗制的IL-2稀释为50%、25%、12.5%和6.25%，然后将每个百分浓度及标准品（含量100%）的IL-2作倍比稀释，自1:2至1:128，将每个稀释度分别加入多孔板中，每孔0.1 mL。然后取CT细胞株（即小鼠的IL-2依赖性T细胞株），调整浓度为$10^6$个/mL，每孔加入0.1 mL，同时用培养基代替IL-2作对照。将多孔板置于37 ℃温箱培养24 h后，取出后加入（3H）TDP（氚化胸腺嘧啶）继续培养4 h，取出后用MESHI细胞收集器过滤洗涤细胞，计数测定各孔细胞的每分钟脉冲记数（cpm），然后按此结果绘出曲线确定单位。

**3. IL-2精制** 在4 ℃冰室中将硫酸铵粉末按50%量加入上述粗制品中，搅拌2 h，12 000 r/min离心30 min，取上清，再加入80%饱和硫酸铵4 ℃过夜。次日再进行12 000 r/min离心30 min，弃上清液，将沉淀溶于0.1% PEG 6 000的1:2 PBS溶液（pH 7.3）中，置真空负压浓缩透析器中透析浓缩至所需容量然后用2 cm×180 cm的葡萄聚糖G-100凝胶过滤柱及pH 7.3 PBS以80 mL/h流速过滤。将各管洗脱液用紫外分光光度计280 nm检测其OD值。同时将几种不同分子质量的标准蛋白也用相同条件过滤及检测其OD值，绘出IL-2及标准蛋白OD值的曲线。再将各管洗脱液过滤除菌后，做白细胞生物活性试验，按试验结果绘出曲线，找出具有最高IL-2活性的洗脱液混合后层析精制，即加入蓝色琼脂糖凝胶柱中，流速为15 mL/h，按每管10 mL收集流出液，全部流出后，用上述PBS洗涤样品柱，再用梯度NaCl溶液按每管2 mL收集洗脱液。NaCl溶液的梯度及流速均用梯度混合器调节控制。洗脱完毕后，做各管OD值及NaCl浓度的测定。各管还需过滤除菌后做生物活性测定。将峰值前后数管洗脱液混合，即为精制IL-2，置-20 ℃冰箱保存。

## 四、免疫核糖核酸

免疫核糖核酸（I-RNA）在临诊上可以用作多种病毒性疾病的治疗。它可从免疫动物的免疫活性细胞中提取。即采取经特定抗原超强免疫7 d，空腹1 d后的同种或异种动物的灭菌脾、淋，剔除脂肪、包膜、血管，加入4倍量的50%乙醇，高速匀浆1 min，3次。然后用1 mol/L HCl将pH调整至5.1。再在盐冰浴中作用30~60 min，并在0~4 ℃下2 500 r/min离心30 min。在沉淀中按6倍量加入酚饱和缓冲提取液和5倍量的缓冲液饱和酚，混匀，置56~60 ℃水浴振摇15 min，再移至盐冰浴中30 min。再在0~4 ℃中2 500 r/min离心30 min，然后吸取水层在盐冰浴中静置，除去酚层；在水层以下部分再加入第一次用量1/2的酚饱和提取液和缓冲液饱和酚，在热水浴中重提2次，每次5 min，每次离心后的水层，并入第一次中。再按水层液的1/2加入缓冲液饱和酚，在室温中振摇10 min，然后在盐冰浴中冷却、离心，取水层，再加入1/2量的缓冲液饱和酚除去蛋白质，再加入3~6 mol NaAc。至终浓度为0.15 mol/L，按3倍量加入冰冷过的无水乙醇，置低温冰箱过夜。第二天用2 500 r/min离心15~20 min，沉淀物即为I-RNA的粗制品。再按原始组织量的0.3 mol/L NaAc。加入沉淀中，另加3倍量冰冷无水乙醇，置盐水浴中 30 min，离心取上清，按上法再行处理 2 次，即成精制品。将精制品溶入原始组织量 1/2 的双蒸水中，先后用 G-4 垂熔滤器及 G-6 滤器过滤除菌，装入安瓿中冻干备用。此成品必须先经无菌、急性毒性、过敏等一般质量检验及含量、纯度和免疫活性检验合格后方可使用。

### 五、分枝杆菌提取物

20 世纪 60 年代末，即有学者首先发现卡介苗（BCG）可以延长化疗缓解急性淋巴细胞性白血病以后，人们对结核分枝杆菌进行了广泛的研究，发现结核分枝杆菌细胞壁中的类脂质等具有良好的抗感染免疫作用，它与胞壁中的细胞壁骨架、脂溶性海棠糖二霉菌酸酯以及胞壁酰二肽等，均具有优良的免疫佐剂作用。此外，当 BCG 或其成分进入机体后，巨噬细胞立即对它进行加工处理，不仅同时激活巨噬细胞本身，而且将抗原信息传递给免疫活性细胞，使 T 细胞增殖，形成致敏淋巴细胞，增强胸腺依赖各种抗原而引起的抗原生成效应，加速免疫应答，提高免疫水平。与此同时，它还可动员和协同干扰素等淋巴因子一起发挥作用，加强非特异性免疫。因此，以 BCG 为主的减毒结核分枝杆菌活菌疫苗，以及从结核分枝杆菌培养液中提取的裂解菌体和培养产物已成为常用生物制品的重要佐剂。以下介绍 BCG。

生产 BCG 的菌株必须具备毒力低、免疫原性好、生长稳定及耐受冻干能力强等特点。为此，在引入标准菌株后均需重新进行培养特性、毒力、安全等项试验，合格后方可投入制造。将保存于普通培养基上合格的原代种子，在 P-B 培养基（即在 1 000 mL 无热原水中加天冬酰胺 0.5 g，枸橼酸镁 1.5 g，磷酸二氢钾 5.0 g，硫酸钾 0.5 g，吐温-80 0.5 mL，葡萄糖 10.0 g）中培养传代 2 次，于 37 ℃ 培育 7 d 后，移种于含有 6 L 培养基的 8 L 容量双壁瓶中，在 37 ℃ 培养 7~9 d，通气电磁搅拌。然后通过超滤浓缩为 10~15 倍的疫苗，加入等量 25% 乳糖水滤液后混匀，分装于安瓿，冻干真空封口储备于 -70 ℃。此半成品应按国际规范进行菌种检定、半成品检定及成品检定，合格后即可使用。

分枝杆菌提取物广泛应用于疫苗及抗体等的生产，特别是油乳剂的生产中。例如，人们熟知的弗氏完全佐剂中，每毫升就含有 10~75 mg 的 BCG。目前，分枝杆菌胞壁的组分胞壁酰二肽（MDP）可以人工合成，它具备 BCG 免疫促进和生物学活性，避免了 BCG 的一些不良作用，引起了生物制剂领域的广泛注意。

### 六、胸腺肽

胸腺肽又称胸腺素（thymosin）。从动物胸腺中可以提取许多具有激素样活性的多肽，多与调节免疫功能有关，到目前为止，研究及临诊应用最多的是其中的组分 5。胸腺肽组分 5 作用的靶细胞是 T 淋巴细胞。它的免疫活性一是表现为诱导早期的 T 细胞分化发育为较成熟的 T 细胞；二是放大 T 细胞对抗原或丝裂原的反应能力，从而增强淋巴细胞转化，分泌淋巴活素产生和协助抗体产生，从而维持和增强机体免疫功能。

胸腺肽组分 5 的提取工艺如下。

**1. 胸腺肽组分 F3 的提取**　取新鲜或冷冻猪胸腺，除脂肪，加 0.15 mol/L NaCl 适量，用高速匀浆机制成匀浆,在5℃下抽提,再用180目尼龙纱过滤,收集滤液;4 000 r/min离心15 min,取上清;95℃加热15 min后用滤纸滑石粉滤板过滤。滤液再用5倍体积的冷丙酮混匀,静止沉淀物即为胸腺肽组分F3。

**2. 胸腺肽组分5的提取** 先将DEAE(二乙氨基乙基)纤维素用酸碱循环处理,再以蒸馏水洗涤至pH为7.0,最后用0.02 mol/L pH 7.0的CPB(柠檬酸-磷酸盐缓冲液)平衡备用。再将胸腺素组分F3置5倍蒸馏水中过夜,以4 000 r/min离心15 min,取上清用蒸馏水透析过夜,用0.02 mol/L pH 7.0 CPB平衡。将透析液再加适量0.02 mol/L pH 7.0 CPB液,置5℃下搅拌3 h,过滤后将滤液移至预先处理好的DEAE纤维素层析柱中层析,层析液加入0.05 mol/L pH 5.0的CPB中,置5℃下搅拌3 h过滤。将滤液加入5倍体积的冷丙酮中沉淀,沉淀物即为胸腺肽组分5。

**3. 含量测定** 先配制试剂:① 碱性铜试剂:A液为$Na_2CO_3$ 20 g、NaOH 4 g、酒石酸钾钠0.2 g,蒸馏水加至1 000 mL;B液为$CuSO_4$ 5 g,蒸馏水加至1 000 mL。每次用前将A液50 mL与B液1 mL混匀后现用。② 酚试剂:在1 500 mL圆底烧瓶中加入100 g $Na_2WO_4 \cdot 2H_2O$、25 g $Na_2MO_4 \cdot 2H_2O$、蒸馏水700 mL、50 mL 85% $H_3PO_4$、100 mL浓盐酸,加热回流10 h,注意温度,微沸即可。然后取下冷凝器,加入150 g $Li_2SO_4 \cdot 2H_2O$,溶后,再加水50 mL及溴水几滴,摇匀,煮沸15 min,冷却至室温,加蒸馏水至1 000 mL,滤过,滤液储存于棕色瓶中。用前取出用蒸馏水做倍数稀释。上述试剂配好后,称取结晶牛血清白蛋白100 mg溶于盛100 mL蒸馏水的量瓶中,临用前取1 mL作10倍稀释(100 μg/mL)。再取样品5个最小包装(支/瓶),分别以蒸馏水溶解,稀释至按标示量计算为100 μg/mL的溶液。然后取样品溶液1 mL,加入碱性铜试剂5 mL,混匀,放置10 min,迅速准确地加入酚试剂0.5 mL,立即混匀,5 min后在680 nm处测定吸收度。空白对照与标准同时进行测定。根据标准液与样品液的吸收度与标准液的浓度计算含量。

**4. 活力测定** 采用玫瑰花样增长率测定法。取淋巴细胞悬液在两试管中各加0.1 mL,一管中加胸腺肽液0.1 mL,另一管加Hank's液0.1 mL作为对照。两管同时置37℃温育1 h,取出后分别同时加1%绵羊红细胞悬液0.1 mL、吸收灭活小牛血清0.005 mL,于37℃温育5 min,低速离心5 min,再置4℃冰箱过夜。次日取出,弃上清,留残液1滴,轻悬细胞,加新鲜配制的0.8%戊二醛0.1 mL,混匀,置4℃固定20 min,然后加染色液0.1 mL,置室温混合20 min后滴片检查,于高倍镜下检查200个淋巴细胞,每个淋巴细胞结合3个以上绵羊红细胞者为一个玫瑰花环,结果以百分率表示。要求花环增加率不低于20%。

**5. 其他** 应进行安全、无菌、过敏原、热原、澄明度等各项检验,其方法参照生物制品常规检验。

(王君伟)

**复习思考题**

1. 基本概念:诊断抗原、抗体、卵黄抗体、单克隆抗体、PCR、LAMP、变态反应抗原、诊断血清、因子血清、重组抗原。

2. 简述诊断抗原和诊断血清的制备要点。
3. 简述单克隆抗体的特性、制备方法及其应用情况。
4. 诊断试剂盒与诊断液有何差异？试述我国诊断试剂盒现状及其与国外的差距。
5. 常用的动物疾病分子诊断技术有哪些？试述其基本原理和应用现状。
6. 简述高免血清和卵黄抗体特性、制备方法、质量控制要求及其应用现状。
7. 我国有哪些商品化免疫增强剂？简述其基本特性、制造方法和质量标准。

# 第五章 兽医生物制品生产使用的主要设备及污物处理设备

**本章提要** 生物制品生产工艺设施和设备是确保产品质量的重要条件之一。本章主要介绍了20多种生物制品生产工艺相关设施和设备的工作原理、基本特性、技术参数和操作方法，包括灭菌与净化设备、微生物培养和病毒收获装置、抗原合成设备、灭活疫苗乳化和活疫苗冻干设备、产品分装、包装和冷藏及带毒污水与废弃物处理设施与设备等。湿热蒸汽灭菌器、干热灭菌器、无菌室、净化工作台、层流罩、温室、细胞培养转瓶机、发酵培养罐、孵化器、冷库、冷藏运输设备、液氮罐和污水与废弃物处理设施是生物制品生产必需的传统设备。自动鸡胚接种机、自动尿囊液收获机、大型冻干机、理瓶旋转工作台、自动灌装半加塞联动机、乳化罐、罐内剪切机和管线式高剪切分散机等先进设备的广泛应用，有力地促进了生物制品规模化、自动化、标准化和规范化生产。电离辐射灭菌、生物反应器、抗原浓缩设备和多肽合成仪推动了兽医生物制品生产工艺进步和提高。

## 第一节 灭菌与净化设备

### 一、湿热蒸汽灭菌器

湿热蒸汽灭菌器是利用饱和压力蒸汽对物品进行迅速而可靠的消毒、灭菌设备。按照加热方式，湿热灭菌器有电加热方式和蒸汽加热方式；按照大小，湿热蒸汽灭菌器分为手提式、立式和卧式等。手提式湿热灭菌器容积有18 L、24 L和30 L等。立式湿热蒸汽灭菌器容积为30～200 L。按GMP标准要求，大型湿热蒸汽灭菌器应为双扉门箱式嵌墙结构，两端开门，使操作区与净化区完全隔开。为保证灭菌过程不受到设备自身影响，先进的湿热蒸汽灭菌器主体内层与夹层均用不锈钢制成，并且灭菌时使用的加热蒸汽也应使用纯蒸汽。目前，兽医生物制品生产企业大量物品灭菌多用卧式脉动真空蒸汽灭菌柜，体积小量不多的物品灭菌多用小型立式蒸汽灭菌器或手提式蒸汽灭菌器。

脉动真空蒸汽灭菌器利用饱和蒸汽为介质，利用蒸汽冷凝时释放出大量潜热和湿度的物理特性，使被灭菌物品在高温和润湿的状态下，经过设定的恒温及时间，使细菌的主要成分蛋白质凝固而被杀死。本设备为卧式结构，前期升温过程中采用脉动真空排汽方式，以消除灭菌室内残存冷空气对温度的影响，既加快灭菌物品升温速度，减少被灭菌物品的损伤，又能充分保证灭菌温度的均匀性。灭菌后，真空抽湿结合套层烘干使灭菌物品达到干燥和冷却。脉动真空蒸汽灭菌方式不适于液体灭菌。

湿热蒸汽灭菌器应严格按照 GMP 标准设计制作，具有标准温度验证接口，便于定期对该设备进行灭菌物品温度和灭菌物品穿透性验证。采用高性能 PLC 可编程序控制器全程监测与控制灭菌过程，灭菌压力及温度可根据需要全自动调节，灭菌报表实时输出，以存档备查。采用触摸屏操作系统为前台人机界面，方便直观。本设备具有多套控制程序，包括常规设置的"器械程序"和"液体程序"，及根据用户工艺特点设置的"培养基满瓶灭菌程序"、"空瓶灭菌程序"和"真空测试程序"，还可根据用户具体要求预设多套控制程序。"器械程序"适用于各类耐高温的工具、无菌服等。对于需要特殊操作的灭菌物品，用户可以通过微机触摸屏在操作面板选择"手动程序"，根据实际需要进行操作。图 5-1 为脉动真空灭菌柜一般操作流程及操作方式。

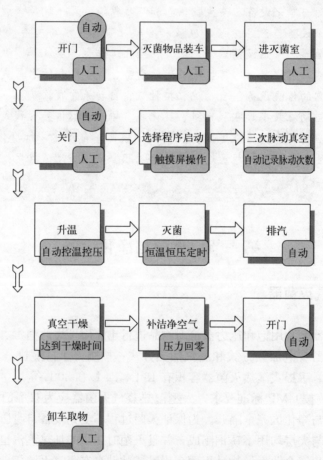

图 5-1 脉动真空灭菌柜一般操作流程及操作方式

小型立式压力蒸汽灭菌器非常普遍，如图 5-2 所示。该自动蒸汽灭菌器使用方法：①预先检查调节水箱中的水位线，该水位线应该位于水箱的 Low 和 High 标记之间，以正确调节蒸汽灭菌器内的压力。②检查灭菌器底部的水位，该水位线应该刚刚没过底部；接通电源，将灭菌器上方 MAIN 键调至 ON 位置，此时显示屏开始闪烁表示电源接通。③将待灭菌的物品置于金属框中，放入灭菌器内，向左推动支架，使灭菌器的门紧靠在上，轻缓顺时针转动把手，直至容器上方的显示屏左上方出现一红点，表示门已密封关闭。④通过显示器上的 TEMP 和 TIMER 配合 UP 和 DOWN 按钮调节灭菌的温度和时间。⑤摁下 START 键开始工作，此时显示屏将会不断闪烁，当灭菌器内的温度达到 80 ℃ 以上时，显示屏开始显示灭菌器内的实际温度，当温度超过 100 ℃ 后，显示屏左侧的压力表指针开始指示灭菌器内的实际压力。当达到预定温度后，系统就会自动调节容器内的压力和温度并持续预定的时间。⑥灭菌结束后，系统会发出蜂鸣音，然后开始降温，当灭菌器内温度降至 80 ℃ 以下，并且压力表指针位于 "0" 处时，可以逆时针转动把手开门取出灭菌物品，送入灭菌物品存放室。

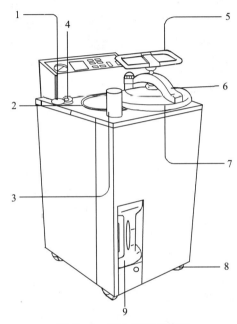

图 5-2 自动蒸汽灭菌器

1. 灭菌器门密封显示屏盖  2. 盛放物品的金属框  3. 灭菌器门支架的档柱
4. 灭菌器门密封显示屏  5. 灭菌器门的把手  6. 灭菌器门的支架
7. 灭菌器门  8. 脚垫  9. 调节水箱

（引自王明俊，兽医生物制品学）

## 二、干热灭菌器

干热灭菌器适用于疫苗包装瓶，如西林瓶、安瓿瓶以及金属、玻璃器皿灭菌去热原和固体物料干热灭菌，因其使用方便，迅速高效的特点，在生物制品生产中得到了广泛使用。该类设备主要分为箱式和层流隧道箱式，按 GMP 标准要求，必须使用双扉门箱式嵌墙结构，在操作区将灭菌物品装箱，干热灭菌后从净化区取出。干热灭菌均为电加热，自动控温，温度调节范围在室温至 400 ℃，温差 ±1 ℃。

目前，普通电热干燥箱一般都带有电热鼓风、数显控温、超温报警及漏电保护装置，外壳喷塑，内胆采用耐腐蚀、易清洗的不锈钢板制造。一般干热灭菌多按 160~170 ℃、2 h 的规定进行。干燥灭菌层流隧道烘箱具有灭菌可靠、灭菌时间短（3 min）、灭菌温度高（300 ℃）、处理数量大、节省劳力的优点。适用于分装作业线中管制瓶、安瓿瓶等的干燥灭菌，是现代生物制品厂大规模生产时首选的设备。

干热灭菌法是用热空气进行灭菌，故仅适用于能在160～170 ℃及以上高温中灭菌不变质的物品，如玻璃瓶、注射器、试管、吸管、培养皿和离心管等。常用的箱式干热灭菌温度和时间规定为160～170 ℃、1～2 h。洁净的器械在160 ℃高温中1 h干热可以灭菌，但若器械上有油脂，则需160 ℃、4 h才能灭菌。高于180 ℃时，包扎器皿的棉花和纸张容易焦化。灭菌前，玻璃瓶和各种玻璃器皿必须洗涤干净、完全干燥，以免破裂。各种灭菌物品必须做好包扎，瓶口与试管口塞好棉花塞，再用纸包扎。

装灭菌器皿时要留有空隙，不宜过紧过挤。玻璃器皿包扎用的棉花纸张不能与干燥箱壁接触，以免烤焦发生事故。灭菌开始时应把排气孔敞开，以排除冷气和潮气。灭菌器升温要保持被灭菌物品均匀升温。干热灭菌器一般无防爆装置，必须掌握好加热的进程，严防火灾。灭菌结束，必须让灭菌内温度下降到60 ℃以下，才能缓慢开门。取出的灭菌物品，应放入已灭菌物品存放室，并做好记录。灭菌后的物品一般要求3 d内用完。

### 三、电离辐射灭菌

电离辐射灭菌是利用γ射线、伦琴射线或电子辐射穿透物品，杀死其中微生物的灭菌方法。该方法是在常温下进行，不发生热交换、压力差别和扩散层的干扰，特别适用于各种怕热物品的灭菌，最适合于大规模灭菌。目前国内外大量一次性使用的医用制品都已经采用辐射灭菌，各种SPF动物的饲料使用辐射灭菌后，不但其营养成分不被破坏，而且使用安全、保存期长。

辐射灭菌的机理是：由于微生物水的含量占90%以上，当射线照射后，水瞬间被激发和电离而分解成氢离子、氢氧离子和OH·、H·自由基，过氧化物和自由基具有破坏微生物核酸、酶或蛋白质的能力，因而能致死微生物。另外，射线辐射微生物使DNA变性而杀灭微生物。

辐射灭菌的优点是：①消毒均匀彻底。②价格便宜，节约能源。辐射灭菌1 $m^3$的物品比用蒸汽灭菌的费用低3～4倍。③可在常温下灭菌，特别适用于热敏材料。④不破坏包装，消毒后用品可长期保存。⑤消毒的速度快，操作简便。⑥穿透力强。本法唯一的缺点是一次性投资大，并要培训专门的技术人员管理。

$^{60}$Co辐射源装置是以高强度混凝土屏蔽，既要防护γ射线的直接照射，也要防护照射室迷宫走道的γ射线散射。当放射源不使用时浸入深水井中，当照射灭菌物品时，机械装置把$^{60}$Co辐射源提升出水面，此时输送机系统规律而间隔地将一批批消毒物品运送到辐射区，保证所有物品的所有部分都能接受强而均匀的照射剂量。

### 四、无菌室

无菌室是生物制品企业车间的最重要组成部分之一，适用于需要在净化环境下进行的生物制品生产及检验操作。无菌室应根据作用设有各种功能间和缓冲间，各种功能间洁净度应根据其用途达到100 000级、10 000级，有的功能间局部还安装了100级高效净化层流罩，室内温度保持在20～24 ℃，湿度保持在45%～60%。超净台洁净度应达到100级。无菌室的大小可根据生产量、操作人员和器材的多少而定，用于菌毒种制备及半成品和成品检验的无菌室可较小一些，一般为8～10 m² 左右，制苗用的无菌室可较大一些，一般为20～30 m²。当同一产品单元区域内有连续工序且净化级别相同的可以将两个无菌室相邻接，合用一个缓冲间。

无菌室设计中，关键是空调过滤系统，其他部件包括：无菌室内天花板应与风管、管道、灯具、风口等的安装脱开，光滑、无裂缝，易于清洗。无菌室的门窗应选择耐受性好、自然变形小、制造误差小、容易控制缝隙、气密性好的材料，最好采用双层中空玻璃结构的双层窗，既节约空间、又节约能源，还可以避免玻璃窗结露引起霉变，造成污染。尽量采用大玻璃窗，这样可减少积灰点，有利于清洁工作。

洁净无菌室空调过滤系统的设备有空调机、循环风机、过滤机、送回风管道等，其循环流程见图5-3。

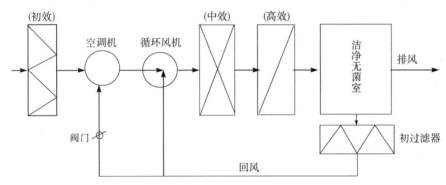

图5-3 洁净无菌室空调过滤系统循环流程
(引自王明俊，兽医生物制品学)

初效空气过滤器内的滤料一般采用易清洗易更换的粗、中孔泡沫塑料或合成纤维滤料，空气阻力小。中效空气过滤器一般采用可清洗的中、细孔泡沫塑料、玻璃纤维及可以扫尘但不能水洗的无纺布等滤料，阻力中等。高效空气过滤器采用超细玻璃纤维滤料制造，阻力较高。为了提高过滤效率，降低滤速同时降低阻力，其内部造型呈蜂窝状，显著增加了过滤器的表面积，增加容尘量。

除菌空气进入室内首先形成射入气流，流向回风口的是回流气流，在室内局部空间回旋的是涡流气流。为了使室内获得低而均匀的含尘（细菌附着其上）浓度，洁净无菌室内组织气流的原则是，尽量减少涡流；使射入气流尽快覆盖工作区，气流方向要与尘埃沉降方向一致；并使回流气流有效地将尘埃排出室外。

洁净无菌室的气流组织大体上可以分为乱流和层流两种类型。乱流气流系空气中质点以不均匀的速度呈不平行的流线流动；层流气流系空气中质点以均匀的断面速度沿平行流线流动。

乱流气流的形成系从无菌室顶棚射入气流，从侧墙底部回风。一般不可能按房间的整个水平断面送入洁净空气射流，也不可能由混合后的射流区覆盖整个工作断面，故工作面上的气流分布很不均匀。射入气流与室内原有空气混合后，使原有空气中附着细菌的尘埃得到稀释，其稀释程度有一定的限度。但这种洁净无菌室的投资与运转费用都较低，比较容易实现。

层流气流的形成系空气从房间的整个一面（顶棚或侧壁送风）强制流经满布于该面上的高效过滤器，在其阻力下形成了室内送风口均匀分布的气流。数量大而均匀的气流被低速送入四面受限的空间向前流动，最后通过在送风口对面，并于该空间断面尺寸的穿孔面（地面或侧墙回风口）排出，于是室内形成了平行匀速流动的层流。由于气流的流线为单一方向且在各个面上保持互相平行，成层流动，因而各层流线间的悬浮物质很少能从这一流线转移到另一流线上去，使各层流线间的交叉污染（与气流方向垂直的横向污染扩散）达到最低限度。大部分污染物随着气流以最短的路程沿着各自所在的气流流线从无菌室的回风口排出，因而能达到很高的洁净度。目前，国内外多采用层流洁净无菌室。层流气流工作的房间以垂直层流为优，可以避免尘粒的水平横向流动而影响其下游的部位。

无菌室外源性污染源主要是通过门和无菌室内外通道侵入的室外空气。因此，无菌室的布置通常都按照工艺操作的关联程度和洁净度的高低由里往外逐级减弱，抵御室外污染空气的侵入。同时为物料和人员进出无菌室设置相应的控制措施，例如物料的气闸、人员的无菌更衣系统以及室内废弃物传递出来的通道等。无菌室内的污染源，主要来自于无菌室内必要的操作人员和部分工艺设备，通常无菌室内操作人员的四周区域是洁净度最差的区域，也是无菌技术中重要的控制内容。

依据兽用生物制品 GMP 要求，无菌室在使用前后应进行清场消毒，无菌室使用前必须打开无菌室的紫外灯辐照灭菌 30 min 以上，并且同时打开超净台进行吹风。操作完毕，应及时清理无菌室，再用紫外灯辐照灭菌 20 min。无菌室应备有工作浓度的消毒液，如 5% 的甲酚溶液，70% 的酒精，0.1% 的新洁尔灭溶液。需要带入无菌室使用的仪器、器械和平皿等一切物品，均应包扎严密，并应经过适宜的方法灭菌。工作人员进入无菌室前，必须用肥皂或消毒液洗手消毒，然后在缓冲间更换专用工作服、鞋、帽子、口罩和手套（或用 70% 的乙醇再次擦拭双手），方可进入无菌室进行操作。

无菌室使用过程中，每个班次都要检查菌落数。超净工作台开启的状态下，取内径 90 mm 的无菌培养皿若干，无菌操作分别注入融化并冷却至约 45 ℃ 的营养琼脂培养基约 15 mL，放至凝固后，倒置于 30~35 ℃ 培养箱培养 48 h，证明无菌后，取平板 3~5 个，分别放置于工作位置的左中右等处，开盖暴露 30 min 后，倒置于 30~35 ℃ 培养箱培养 48 h，取出检查。100 级洁净区平板杂菌数平均不得超过 1 个菌落，10 000 级洁净室平均不得超过 3 个菌落。如超过限度，应对无菌室进行彻底消毒，直至重复检查合乎要求为止。

## 五、净化工作台

对于部分要求洁净的关键工序，不用无菌室而用净化工作台也能达到很好的净化效果。净化工作台可在一般无菌室内使用，也可在普通房间内使用。净化工作台的型号很多，工作原理基本相似。以 SW－CJ－2F（2FD）净化工作台为例，该净化工作台采用垂直层流的气流形式，由上部送风体，下部支承柜组成。变速离心风机将经滤器过滤后的空气从负压箱内压入静压箱，再经高效过滤器进行二级过滤。从高效过滤器出风面吹出的洁净气流，以一定的、均匀的断面风速通过工作区时，将尘埃颗粒和生物颗粒带走，从而形成无尘无菌的工作环境。送风体内装有超细玻璃纤维滤料制造的高效过滤器和多翼前向式低噪声变速离心风机，侧面安装镀铬金属柜装饰的初滤器，见风面散流板上安装照明日光灯及紫外线杀菌灯，操作面有透明有机玻璃挡板。其主要技术参数：①净化等级100级（美国联邦标准209b）；②菌落数≤0.5个/皿时；③平均风速0.4 m/s±20%（可调）；④噪声≤62 db（A）；⑤工作区域尺寸1 360 cm×700 cm×520 cm；⑥最大功率700 W。此型净化工作台结构示意如图5-4。

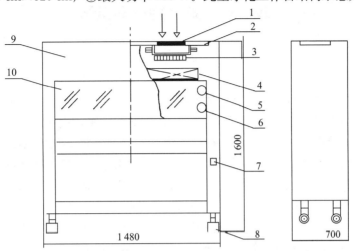

图5-4　SW-CJ-2F（2FD）医用净化工作台结构示意图
1. 初效空气过滤器　2. 活络板　3. 风机组　4. 高效空气过滤器
5. 日光灯　6. 紫外灯　7. 面板　8. 调节脚轮　9. 箱体　10. 挡板
（引自王明俊，兽医生物制品学）

净化工作台应放置在清洁的环境中。使用过程中，应定期进行微生物学及各项技术参数检测，不符合要求时应及时采取相应措施：①风速风量不理想，可调节调压器输入电压以提供满意的风速。②净化效率不符时，应检查有无泄漏，如有泄漏可用703硅橡胶堵漏。③高效过滤器使用年限为18个月左右，更换时需拆下顶部活络板。安装时，应确认密封框密封是否良好，并注意高效过滤器型号规格是否相符，以及过滤器上的箭头标志是否指向气流方向。

## 六、层流罩

对于部分要求洁净的关键工序，需要在层流罩下工作。层流罩可以根据车间空间大小，进行定制。如图5-5显示了洁净车间挂置的两台层流罩。通常情况下，层流罩采用垂直层流的气流形式，由上部送风体，顶部回风组成。变速离心风机将负压箱内经滤器过滤后的空气压入静压箱，再经高效过滤器进行二级过滤。从高效过滤器出风面吹出的洁净气流，以一定的、均匀的断面风速通过工作区时，将尘埃颗粒和生物颗粒带走，从而形成无尘无菌的工作环境。送风体内装有超细玻璃纤维滤料制造的高效过滤器和多翼前向式低噪声变速离心风机，使用过程中，应定

图5-5　层流罩
（江苏南农高科技股份有限公司提供）

期进行微生物学检测及各项技术参数检测,不符合技术参数要求时应及时采取相应措施,具体措施与净化工作台的相同。

## 第二节 微生物培养装置

### 一、温室

温室是指用保温建筑材料做墙壁、地坪和天花板的一种恒温暖房,是生物制品制造的必备设备。微生物培养的一般温度为37~38 ℃,其温度调节采用电子控温仪和导电表等仪表自动调温装置。传统温室的热源采用电热丝,为了安全起见将220 V电压降至110 V使用,这样的电热丝只发热、不显红光,不易起火燃烧。为使温室内空气能自然交换,在温室门上装有风扇和可以开放的通风小孔。电扇往往是偶联在温度调节仪表上。因此,风扇随温度的调节而间歇性开闭。温室的进门处应有缓冲间,缓冲间是没有热源的,只是起到对外界冷空气预热后进入温室的作用。为了便于清洁卫生和温室内的消毒,四墙和地板必须光洁。温室的湿度应随各种制品的要求而设置。各种小型的温箱则是温室的缩小,但比温室具有更高的精密度。

新型温室则配备专用带保温的加热(冷)加湿风机箱,风机箱通过送、回风管同温室上部设置的进风口和下部设置的回风口相连接,形成一个独立的气流循环系统。系统内通过风机将经过加热(冷)加湿的空气在风机箱、风管、温室进风口、温室回风口、风管、风机箱之间不断的循环,达到控制系统中所设定的参数要求,形成一个能够满足生产需求的温室。

温室的温度通过合理的进、回风口的设置和风阀的调整,解决了室内不同高度和不同位置间的温差,室内温度均衡性较好。通过对室内进风口的空气过滤器的选配,可达到所需洁净级别。此外,通过对风机箱内PTC陶瓷加热器的分档控制,既可节能,又能避免大功率加热突然停止后易产生的温度向上漂移。风机箱内所设表冷器(走冷水)的启用,可有效解决温室温度需要下调和室内生产设备产热对室内温度的影响。

### 二、细胞培养转瓶机

细胞培养转瓶机是专用于大量培养细胞的一种设备。该设备能自动调温、调速和报警,它的驱动是靠一台马达,架子分上下几层,每层可放一排转瓶,转瓶搁置在滚轴上,以8~14 r/h的转速转动。温室内偶联一台微型风扇来混匀全室热空气,达到上下层温度均衡的目的。生物制品企业多用大型转瓶机,可在4~6层的架子上同时安放18~72个1万 mL的转瓶进行规模化生产。这种大型转瓶机都安装在自动控温的温室中,并设有高温及低温的报警装置。转瓶机的动力由电动机提供,通过变速箱使转瓶的转速控制在9~15r/h,大量培养的鸡胚成纤维细胞多控制在9~11r/h之间。实验室及小规模生产用的转瓶机可安放在温箱中。近年来国际上基本已淘汰了玻璃制的转瓶,普遍使用无毒塑料转瓶,多为一次性应用。这种瓶子的直径为15~20 cm,长度为30~80 cm,由于细胞培养的面积大,病毒产量明显提高。图5-6为ZP-II150型细胞培养转瓶机,可以放置25瓶1.5万 mL转瓶(5层,5

瓶/层），其主要特点是：①采用同步轮、同步带和高精度轴承传动，无振动、低噪声、可靠性高并可长时间平稳运转。②电子无级调速电机，方便、可靠。③铝合金支架、铝合金轴承座及多层模块式结构分层连接，整机轻便，体积小，拆装方便，叠加容易，全部用不锈钢螺钉连接。④胶辊为多层真空胶层卷制而成，表面平整、耐酸、耐油、耐腐蚀。⑤整机4只万向脚轮支撑（两只可制动），移动轻便、省力，制动容易。

图5-6　细胞培养转瓶机
（ZP-Ⅱ150型，南京锐峰）

### 三、发酵培养罐

发酵培养罐主要用于细菌和细胞的高密度培养，目前应用比较成熟的有链球菌、巴氏杆菌和布鲁菌的培养。发酵罐结构主要包括培养罐体、保证高传质作用的搅拌器、精细的温度控制和灭菌系统、空气无菌过滤装置、残留气体处理装置、参数测量与控制系统（如pH、$O_2$、$CO_2$等）以及培养液配制及连续操作装置等。图5-7显示了深层通气培养装置主要组成部件。这种培养法的优点是可使细菌、细胞培养有比较一致的环境，抽样时有高度的一致性，特别便于生物化学的分析及细菌、细胞动力学的研究。这种培养方法，特别便于对单位

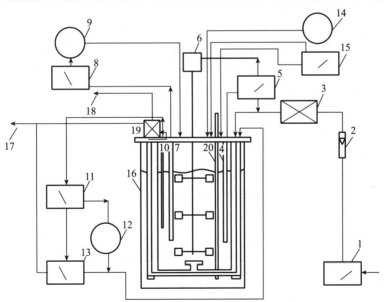

图5-7　发酵培养罐简示图

1.空压机系统　2.转子流量计　3.空气过滤系统　4.溶解氧电极　5.溶解氧控制系统　6.搅拌转速器　7.pH电极　8.pH控制系统　9.酸碱补加装置　10.热敏电极　11.温度控制系统　12.加热器　13.冷冻水浴系统　14.消沫装置　15.培养基流加装置　16.培养罐体　17.冷却水排出　18.排气　19.排气冷凝器　20.取样管

（引自熊宗贵，生物技术制药）

体积内细菌、细胞数目增长情况的研究，也是一个大量生产优质疫苗的方法。目前发酵培养罐有1 000 L不锈钢培养罐，罐体表面光滑易清洗，灭菌时没有死角。全自动装置可由电脑来控制，一个主机可控制多个培养罐，操作起来既方便又准确，更可控制污染。目前各生物制品厂均用培养罐培养细菌，生产规模可观。图5-8为一种自动灭菌发酵系统实物照片。

图5-8 自动灭菌发酵罐系统
（扬州优邦生物制药有限公司提供）

## 四、生物反应器

随着细胞培养用生物反应器的开发和应用，通过动物细胞的体外培养而生产的各种药品、诊断试剂和生物制品的种类越来越多。悬浮培养技术利用生物反应器在人工条件下进行高密度大规模培养动物细胞，并用于动物疫苗等生物制品生产。根据细胞是否贴壁，悬浮培养技术分为悬浮细胞培养和贴壁细胞微载体悬浮培养。相对于静止培养和转瓶培养，生物反应器培养动物细胞有更多的优越性，具体表现为：①生物反应器控制系统由高性能、智能化的微机控制仪及附属功能电路和器件所组成，实现了空气、氧气、氮气和二氧化碳4种气体与pH、溶氧的关联控制，能准确控制温度、转速、pH、溶解氧浓度和液位，全封闭轴向磁力驱动装置保证了抗污染的密封性能，保证了运行的安全。②灌注系统体积小，适于罐内安装，具有效率高的特点，生产效率提高200%~300%，从而降低了产品的成本。③应用微载体培养系统灌注速率为15 L/d，也适用于分批的、间歇换液或连续的培养工艺。④在生物反应器工作的任何时间里都可以随时采样观察，自动化程度高，污染率很低。⑤生物反应器体积小，减少了生产车间所需的净化空间面积。

随着生物工程和组织工程学的发展，相应的生物反应器也在不断提高。目前，国内外已经研制出多种类型的生物反应器，主要包括以下几种：

（1）机械搅拌式生物反应器：为最简单的生物反应器系统，该系统主要通过搅拌器的作用使细胞和营养成分在培养液中均匀混合，既适合悬浮培养，也适合微载体培养。图5-9即为一种10 L机械搅拌式生物反应器结构简示图。图5-10为一种650 L机械自动搅拌式生物反应器，目前已经用于口蹄疫灭活疫苗生产。

（2）气升式生物反应器：工作原理是用气流代替搅拌器进行搅拌，其通气和搅拌一次性完成，产生的剪切力相对比较温和，对细胞损伤较小，且能够更加有效地提供氧气传递。

（3）灌注式生物反应器：可通过不断加入新的培养基，排出含有细胞代谢废物的旧培养基，保证细胞生长所需营养成分的充足与稳定；同时，该系统避免了剪切力的产生，提高了细胞活力和密度，因此灌注培养系统已成为国内外研究的热点，利用其进行大规模细胞培养具有巨大的潜力。

（4）旋转生物反应器：剪切力趋近于0，细胞可以在相对温和的环境中进行三维生长，改善细胞生长的微环境，加快细胞的生长与分化，同时可以提高组织生成效率，为体外重建人体组织提供了一种更完善的新途径，因此该系统在器官培养研究中得到广泛应用。

(5)波浪式生物反应器:原理是由摇动板提供动力,带动固定其上的培养袋进行往复摇动,使袋中的培养基产生波浪,增加气液交界面,提高营养物质的交换和氧气的传递效率。

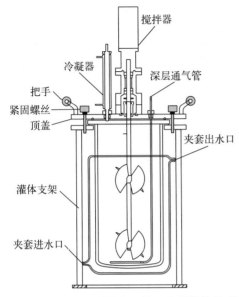

图5-9　10 L机械搅拌式生物反应器结构简示图
（王建超提供）

图5-10　650 L细胞悬浮培养生物反应器
（王建超提供）

## 五、抗原浓缩设备

### (一)中空纤维超滤膜

中空纤维膜是采用高分子材料通过特殊工艺制成的不对称半透性膜,对溶质进行有效选择,从而达到分离的目的。中空纤维膜呈毛细管状,膜的外表面和内表面存在致密层,可分别形成外压或内压。在压力作用下,原液在膜内或膜外流动。体积大于微孔的溶质被截留在原液内,小于微孔的溶质则随溶剂透过膜。这对微粒、胶体、细菌以及各种大分子有机物具有良好的分离作用,从而可达到物质分离、浓缩和提纯的目的。中空纤维膜特点是:①一般在0.1 MPa以下低压及常温下运行,装置中单位体积的膜表面积大,因而通量大。被处理的液体无相态变化,运行成本低。②对热敏性物质（生物制品、菌体、蛋白质等）的分离有特效。③超滤为动态流动过程,膜不易堵塞,便于清洗,过滤性能极为可靠,pH范围宽。

**1. 中空纤维超滤装置结构**　根据不同用途和容量,超滤器可分为内压型、外压型和实验型等多种,但都是以中空纤维超滤膜组件为主体,辅以不锈钢离心泵、ABS工程塑料管件、阀门、压力表、流量计和预处理部分构成。超滤滤膜孔径适应范围见表5-1。

表5-1　超滤滤膜孔径适应范围

| 常见物质 | 相对尺寸（nm） | 常见物质 | 相对尺寸（nm） | 常见物质 | 相对尺寸（nm） |
| --- | --- | --- | --- | --- | --- |
| 水溶性盐 | 0.3～1.2 | 胶体硅粒子 | $8 \sim 2 \times 10^2$ | 大肠杆菌 | $4 \times 10^2 \sim 10^4$ |
| 金属离子 | 0.2～0.7 | 蛋白质 | $10^2 \sim 3 \times 10^2$ | 红细胞 | $5 \times 10^3 \sim 10^4$ |

| 常见物质 | 相对尺寸（nm） | 常见物质 | 相对尺寸（nm） | 常见物质 | 相对尺寸（nm） |
|---|---|---|---|---|---|
| 糖类 | $0.8 \sim 2.5$ | 漆颜料 | $10^2 \sim 5 \times 10^3$ | 花粉 | $10^4 \sim 10^5$ |
| 炭黑 | $10 \sim 10^2$ | 细菌 | $3 \times 10^2 \sim 10^4$ | 面粉 | $10^3 \sim 10^5$ |
| 病毒 | $10 \sim 10^2$ | 酵母细胞 | $10^2 \sim 5 \times 10^4$ | 雾 | $10^5$ |
| 超滤膜微孔直径为 $1 \sim 100$ nm ||||||

（1）内压型（超滤型）：以获得纯净的超滤液为目的。原液自一端进入纤维内腔，浓缩液自另一端流出，超滤液从侧面的接口流出。主要用于提纯和除菌。

（2）外压型（浓缩型）：以浓缩为目的，原液循环浓缩直至达到需要的浓度为止。原液由一端进入中心管，超滤液由另一端流出，浓缩液由侧面流出，主要用于有用物质的回收。

实验型装置小，为单根超滤组件，配置适当的输液泵组成，适合实验室和科学研究。

**2. 影响超滤的主要因素**　影响超滤的因素较多，首先是需超滤溶液的浓度、纯度和温度。滤液浓度低，超滤速率高。浓缩过程中随着浓缩倍数的上升，超滤速率下降。如溶液中同时含有几种溶质时，分子质量小的溶质滤速快，大分子物质的存在可能会在膜表面形成动态膜而影响小分子的透过速度，长链分子较球形分子易透过膜。料液温度高，透过速率大，但温度不能大于45℃。其次为料液流速和压力。料液流速高则通量大。压力增高虽然不一定能提高流速，但溶液极稀，压力增大可提高水通量。

**3. 超滤器装置的维护与清洗**　超滤器出厂前装有保护液，使用前应将保护液放掉，用清水反复冲洗，直到没有气味为止（保护液为1‰～2‰的甲醛溶液，并配以一定比例的甘油），注意进水压不宜超过0.15 MPa。超滤前原液需进行预处理，使进水水质达到如下要求：浑浊度<5度；微粒<5 μm；悬浮物<3～5 mg/L；pH 2～13；温度5～45℃。启动加压泵时，应将泵出口阀门关闭，浓缩阀、超滤阀、水箱阀全开，泵运转平稳后，缓慢开启泵出口阀放进水，使系统内压力逐渐上升，同时调节超滤液与浓缩液流量的比值，一般浓缩型为1：3～1：5；超滤型为1：1～7：1。

为了提高装置的通量，抑制淤塞，必须严格地进行定时清洗。清洗液可根据超滤原液组分的不同，分别采用0.2 mol/L氢氧化钠或0.2 mol/L盐酸溶液，或过氧化氢、次氯酸钠以及各种合成洗涤液或酶等。

### （二）超滤浓缩膜包

超微过滤是分子质量水平的过滤，简称超滤（ultrafiltration，UF）。切向流过滤（transfer flow filtration，TFF）是防止浓度极化造成过滤速度下降的最有效的方法。传统的过滤靠正压或负压提供过滤的动力，这种方法不适合超滤，因为超滤是分子质量级的分离，如果采用正压或负压，会很快在膜表面形成高浓度凝胶层，造成过滤速度的急剧下降。通过切向流的方法就可以避免这种现象，当液体以一定速度连续流过超滤膜表面时，在过滤的同时，也对超滤膜表面进行了冲洗，使膜表面不会形成凝胶层，从而保持稳定的超滤速度。

超滤的主要作用是浓缩，除热原，透析，分子质量级产品分离，其基本过程如图5-11。

图5-12为美国PALL超滤浓缩装置的实物照片。超滤浓缩装置关键的部分是膜。超滤

膜包现在已发展至第二代。第二代新型膜包采用先进的复合膜工艺制造,将超滤膜涂铸在微孔膜支撑层上,微孔膜支撑层的孔径均匀,表面光滑,在涂铸时,增强了与超滤膜之间的黏合性,并避免了孔隙(图5-13)。这种新一代的超滤膜具有强度好,截流率高,流速快,耐反压能力强的优点,可以使用高压和高灵敏度的膜完整性检测方法进行检测,减少风险,提高收率和生产效率。

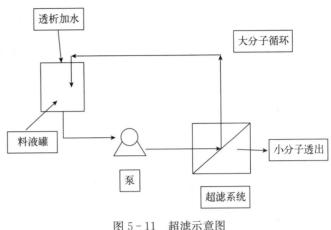

图5-11 超滤示意图

图5-12 美国PALL超滤浓缩装置
（陈智英提供）

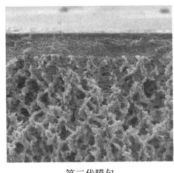 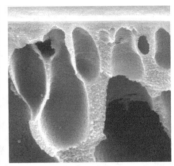

第二代膜包　　　　　第一代膜包

图5-13 第二代和第一代膜包超滤膜包表面结构的比较

## 六、孵化器

按GMP标准的要求,孵化器应易消毒和易清洗。新型孵化器多由高分子材料制造而成,耐热、耐湿、抗酸碱及消毒药。供SPF鸡胚使用的孵化器还具有空气过滤系统,保证进入的空气呈无菌状态（100级）。

为保证孵化器的精确运行,使胚胎处于最佳的温度、通风换气及翻蛋等环境中,要求控制器控制的精确、稳定可靠、经久耐用和便于维修。控制系统包括控温系统、控湿系统、报警系统（超温、冷却、低温、高湿和低湿）及机械传动系统等。孵化器的控制系统都安装在机壳的内侧,控制按钮在孵化器的上方。为使胚胎正常发育和操作方便,要求保温性能好,孵化器的上下、左右、前后各点的温度差应在±0.28℃范围内。箱壁一般厚50 mm,多由聚苯乙烯泡沫或硬质聚氨酯泡沫塑料直接发泡的隔热材料制造。孵化器的门应有良好的密封性能，这是保温的关键。为使胚胎充分而均匀受热，要求蛋盘通气性能好，目前多用质量好的工程塑料制品。如图5-14为目前使用的一次可孵化19 200枚鸡蛋的孵化器。

### 七、自动鸡胚接种机

自动鸡胚接种机是疫苗生产的专业设备，使用自动鸡胚接种机替代人的手工接种操作，可以显著提高疫苗的产能和质量。

图5-14 EIFDZ60480型孵化器
（青岛兴仪电子设备有限责任公司）

**1. 基本结构与工作原理** 自动鸡胚接种机一般由送盘装置、消毒装置、注毒装置、缓冲装置和电气装置等部件组成。各部件电气控制由可编程控制器与电气执行元件组成。送盘装置由调速电机和传送带组成；消毒装置由消毒均压管、消毒夹板、喷雾箱和汽缸组成；注毒装置由静压管、注毒夹板、打孔针头板和注毒针头板组成。注毒静压管的作用是使压入管子内的毒液均匀受压以保证注毒针头注入蛋胚内的毒液均等。注毒夹板的作用是控制注入蛋胚的毒液量。打孔针头用于蛋壳打孔，使得注毒针头能顺利进入尿囊腔内，完成注毒作用；缓冲装置由气缸的挡卡组成，其作用是使各蛋盘保持一定的间隔时间，确保接种工作顺利完成；电气装置部分主要由可编程控制器（PLC）、触摸屏和电气元件组成。

**2. 性能与优点** 传统的胚毒疫苗生产中，全部使用人工操作，生产效率低下，劳动强度大，产品质量均一性难以保证。目前，由于生物制品生产中使用了自动化鸡胚接种设备，彻底改变了传统生产工艺过程，同等生产面积下生产能力提高4倍，节约能耗。由于鸡胚的处理过程全部由设备完成，降低了污染风险，提高了产品质量，实现产品质量的均一性。目前自动鸡胚接种机型号较多，主要特点如下：

（1）实现自动化接种：每小时处理1.4万～1.5万枚鸡胚。

（2）节省人力：仅需2～3人即可完成设备操作，劳动强度显著降低。一人向接种机里送蛋，一人将接种后的蛋盘取出并置于桌面上，另外一人再将其送入孵化器。通常可完成20人左右的工作任务。

（3）蛋盘适用规格多：标准蛋盘30、36、72和150枚。

（4）操作简单：针头可整体安装和拆卸，装入专制的不锈钢箱中进行消毒灭菌。毒液瓶放入支架紧好后，即可进行接种操作。工作完成后，用准备好的无菌水，在位进行清洗。设备在操作过程中，可随时进行注毒量的检测，确保注毒工作的准确性。出现气压波动时，设备自动给出报警，自动采取必要的保护措施。

（5）占地面积小：长×宽×高=2.4 m×0.6 m×2 m。

（6）降低能耗：电力消耗200 W左右。使用无油、无水的0.4 MPa压缩空气。

（7）符合GMP要求：机身全部采用不锈钢材料，设备外观平滑，无藏垢点，易于维修保养。

结合鸡胚照蛋机、自动尿囊液收获机、连续离心、浓缩过滤、灭活和废胚处理机的使用，可实现胚毒疫苗生产流水线作业。整个生产过程实现自动化，占地面积少，节省操作人员，提高产品质量，减少污染损失。

### 八、自动尿囊液收获机

自动尿囊液收获机是疫苗生产的专业设备，与自动鸡胚接种机结合使用，可实现胚毒疫苗生产流水线作业。

**1. 基本结构与工作原理**　一般由进蛋送盘装置、蛋消毒装置、蛋胚吹干装置和收获罐装置等组成。各部件电气控制由可编程控制器与电气执行元件组成。送盘装置由调速电机和传送带组成，传送带的速度可通过调速旋钮进行调节；进蛋装置由蛋盘确定按键与推蛋盘汽缸组成，按动蛋盘确定按键后，推蛋盘汽缸将蛋盘自动推至指定位置。蛋消毒装置由消毒液储存盒、气压罐、气雾生成装置组成，消毒液由储存盒流入气雾生成装置。当蛋盘到位后气压罐释放气压到气雾生成装置，生成消毒液气雾对蛋胚表面进行表面消毒。蛋胚吹干装置由离心风机组成，对每个蛋胚上的消毒液进行吹干。收获装置由收获头与收获汽缸组成，收获汽缸控制收获头的进蛋高低位置，收获装置对蛋胚内尿囊液进行收获，在负压作用下，将尿囊液收获到储液罐中。收获头与收获罐通过硅胶管连接，真空泵连接在收获罐上，当收获头进入蛋胚后，通过真空泵将尿囊液吸收到收获罐中。电器控制部分主要由可编程控制器（PLC）、触摸屏及电气元件组成。

**2. 性能与特点**　在胚毒灭活疫苗的生产中，由于使用了自动尿囊液收获机，彻底改变了传统的生产工艺过程，显著节约人工、生产场所面积、能耗，实现产品品质的稳定均一，其主要特点如下：

（1）收获实现自动化：自动收获，节约人工，显著降低工作量，提高劳动生产率。操作人员所做的工作就是给设备送蛋和收获后的废胚摆放。收集瓶收满后，设备自动停机，收集头上的快接头使操作人员能够快速更换新的收集瓶，整个过程操作简单，每小时处理1.2万枚鸡胚。

（2）操作便捷：吸液头连同胶管，连接头整体安装和拆卸，装入专制的不锈钢箱中进行消毒灭菌。安装简单，快接头能快速更换收集罐。机器以触摸屏为控制平台，操作便捷。收集瓶满液后，机器自动停机。收获完成后，管路可在位清洗。收获部件整体装配，放入特制箱体内，消毒灭菌。

（3）其他：蛋盘规格、占地面积和消耗和上述自动鸡胚接种机相同，机身也全部采用不锈钢材料，设备外观平滑，无藏垢点，易于维修保养，符合GMP要求。

## 第三节　多肽合成仪

多肽合成研究已经走过了100多年的光辉历程。1902年，Emil Fischer首先开始关注多肽合成，由于当时在多肽合成方面的知识太少，进展也相当缓慢，直到1932年，Max Bergmann等人开始使用苄氧羰基（Z）来保护α-氨基，多肽合成才开始有了一定的发展。到了20世纪50年代，有机化学家们合成了大量的生物活性多肽，包括催产素，胰岛素等，同时在多肽合成方法以及氨基酸保护基上面也取得了不少成绩，这为后来固相合成方法的出现提供了实验和理论基础。1963年，美国洛克菲勒大学教授Merrifield首次提出了固相多肽合成法（SPPS）。该方法在多肽化学上具有里程碑意义，其合成方便、迅速，成为多肽合成的首选方法，而且带来了多肽有机合成上的一次革命，成为一支独立的学科——固相有机合成（SPOS）。为此，Merrifield荣获了1984年的诺贝尔化学奖。Merrifield经过了反复的筛选，最终摒弃了苄氧羰基（Z）在固相上的使用，率先将叔丁氧羰基（BOC）用于保护α-氨基，并在固相多肽合成上使用。同时，Merrifield在20世纪60年代末发明了第一台全自动多肽合成仪，首次合成生物蛋白酶，核糖核酸酶（124个氨基酸）。1972年，Lou Carpino首先将9-芴甲氧羰基（FMOC）用于保护α-氨基，其在碱性条件下可以迅速脱除，10 min内就可以反应完全，而且其反应条件温和，因此迅速得到广泛使用。自此，以BOC和FMOC方法为基础的各种肽自动合成仪相继出现，固相合成树脂、多肽缩合试剂、氨基酸保护基及合成环肽的氨基酸正交保护等取得了丰硕成果。

多肽固相合成技术的发明同时促进了肽合成的自动化。世界上第一台真正意义上的多肽合成仪出现于20世纪80年代初期。它是利用氮气鼓泡来对反应物进行搅拌，用计算机程序控制来实现有限度的自动合成。虽然在搅拌方式和其他各项功能方面有着明显的缺陷，但是它毕竟把人从实验室里解放出来，极大地提高了工作效率，受到了多肽科学家的一致赞扬。

多肽合成仪的问世显著促进了多肽科学的发展。反过来，随着多肽科学的发展，科学家也对合成仪提出了更高的要求，从而带动了合成仪的发展。目前多肽合成仪品种繁多。根据合成量，可分为微克级的、毫克级的、克级的和千克级的；根据功能，可分为研究型、小试型、中试型、普通生产型和GMP生产型；根据自动化程度，可分为全自动、半自动和手动；根据通道，可分为单通道和多通道；根据技术先进性，分为第一、二和三代合成仪。

**1. 第一代多肽合成仪** 标志性特点是采用氮气鼓泡的搅拌原理来对反应物进行搅拌，即合成仪上反应器是固定的，氮气从反应器的下方通过反应器到上部排出，在这一过程中产生的气泡把固相和液相混合起来。这样设计的好处是结构简单，成本低，但缺点也比较明显，例如，有时候多肽-固相载体在静电作用下会"抱团"，使其不能与液相充分混合，在这种情况下需要调高氮气的压力以消除静电作用；而在静电作用消除后要把压力立刻调低，不然，较高的压力会把多肽-固相载体"吹"到反应器液面上方。由于多肽-固相载体具有较强的黏壁性，一旦被粘到反应器液面上方就再也无法下来，也就是无法再参加反应。这种反应"死角"会降低多肽合成的效率和多肽的纯度，有的甚至造成合成的失败。目前，大部分第一代多肽合成仪已退出市场。

**2. 第二代多肽合成仪** 标志性特点是用不完全性的机械搅拌来取代氮气鼓泡，搅拌方式一般可分为接触式搅拌与非接触式搅拌两种。

（1）接触式搅拌：伸入反应器内部的螺旋桨由上部的电机带动进行快速旋转，使反应器内部的固液两相进行混合。这种搅拌方式技术较为成熟，造价较低，而且比较容易放大。但是，在溶液被排干后，螺旋桨被埋在黏性很大的多肽-固相载体里面（有点像糯米粉加入水后形成的饼）。加入溶剂后还需要螺旋桨的搅拌才能先把"饼"打碎，然后实现固液两相的混合。在这一过程中螺旋桨与多肽-固相载体"干磨"后部分固相载体被破坏，一方面严重降低了合成产量，另一方面，固相被破坏后的碎片会堵住反应器的过滤膜，给反应器的清洗造成一定障碍，缩短反应器的使用寿命。而且，螺旋桨搅拌形成的湍流会使一部分固相载体被带到液面上方，也会形成反应死角。所以，接触式搅拌方法已经被逐渐淘汰。

(2) 机械性非接触式搅拌：主要原理是反应器在直立下围绕原点作左右摆动，或者圆周运动。这种由反应器本身的运动而带动固液两相混合的方法克服了接触式搅拌的缺点，合成产量和纯度也明显好于用氮气鼓泡的第一代合成仪。所以，机械性非接触式搅拌成为多肽合成仪的主流方法，但这种搅拌方法也不能真正消除反应死角。

**3. 第三代多肽合成仪**　消除了反应死角，其反应器转动方式有别于前两代的多肽合成仪，即反应器上方相对固定，而下方作圆周360°快速旋转，带动反应器里的固液两相从底部向上做螺旋运动，一直达到反应器的最上方。换句话说，溶液可以达到反应器内部的任意点，真正做到了无死角。由于搅拌速率可达1 800 r/min，反应得以充分完全，而且其合成肽的纯度相当高。例如，ACP65-74型合成肽仪合成的粗肽纯度可达87.6%，但是ABI合成肽仪售价很高，而且由于部件使用频率高，电磁阀会经常损坏，维修成本较高。

PSI多肽合成仪起始于1995年。当时，一批最早从事多肽研究和多肽合成的美国生化专家，因合成高难度超长肽的需要，在总结前人经验的基础上，自己动手设计制造了一台全自动多肽合成仪，将无死角的搅拌方式及试剂循环使用的原理应用在多肽合成

图 5-15　PSI多肽合成仪
（陈智英提供）

中，不仅大大提高了固相合成效率，而且降低了使用成本，操作方便和安全。目前，PSI多肽合成仪得到广泛应用，国内使用PSI多肽合成仪研制成功口蹄疫病毒多肽疫苗。图5-15为PSI多肽合成仪照片。

## 第四节　乳 化 器

### 一、乳化罐

乳化罐的作用是将一种或多种物料（水溶性固相、液相或胶状物等）溶于另一种液相，并使其水合成为相对稳定的乳化液。疫苗生产中，水相和油相被分别加入乳化罐中，混合剪切后得到初乳。再经罐外管线式均质机高剪切乳化后进入混合罐等待分装。规模化生产中，一般配多台乳化罐交替使用或同时使用。用于疫苗生产的乳化罐必须具备以下特点：

(1) 罐体材料须采用316 L不锈钢。

(2) 罐体结构设计必须考虑合适的高径比，从而得到较高的混合效率，必须考虑人性化设计，使之便于工人操作，必须按无菌生产要求进行设计，无清洗灭菌死角，使之符合ASME-BPE及cGMP等规范要求。

(3) 罐体制造也必须按无菌生产要求进行制造，罐体内表面分别经机械抛光、电抛光至$Ra \leqslant 0.5\ \mu m$，各进出管口、视镜、人孔等工艺开孔与内罐体焊接处均采用冷拔拉伸翻边工艺圆弧过渡，光滑易清洗，无死角。

(4) 乳化罐配套仪表、阀门等需采用无菌平法兰连接形式。

(5) 乳化罐需配有无菌取样系统，取样阀在取样前后均可独立灭菌。

(6) 乳化罐需配有在线清洗/灭菌系统（CIP/SIP）。

(7) 乳化罐需配有疏水性呼吸器（滤芯材质为 PTFE）。

(8) 对于 1 000 L 以上乳化罐在配有间歇式高剪切乳化机同时，通常还要配有普通机械搅拌系统用于预混，起到提高混合效果的作用（图 5-16）。

(9) 乳化罐可做恒温控制、转速控制、液位控制、罐压控制及温度显示等

图 5-16　乳化罐罐顶搅拌乳化系统
（福州福尔特机械设备有限公司提供）

操作，乳化罐配有称重系统，可控制油相及水相等物料进料，所有参数可远程传输并记录。

## 二、罐内剪切机

罐内剪切头多用于制备油佐剂疫苗，可以作为油乳剂制造及抗原与油预混合的设备。罐内剪切头是通过内转子和外带孔定子的相对运动，使油佐剂与抗原通过其间隙时受到强大的剪切力、撞击力和离心力，从而使佐剂与抗原乳化，其乳化的液珠直径在 1~5 mm 之间。罐内剪切机（图 5-17）在国内常用，在乳液分散的过程中，分散机的线速度尤为重要。在一定的线速度下，如果想得到更合适的粒径，其他影响因素与参数则会显得更重要。影响分

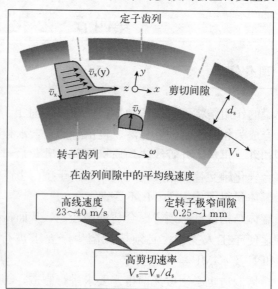

图 5-17　罐内剪切机
（福州福尔特机械设备有限公司提供）

散结果的因素有：工作形式（批次式或连续式）、工作头的线速度和齿形结构等。除了标准搅拌形式外，还有不同的搅拌桨可供选择（图5-18）。根据不同的搅拌要求及工作条件还可选择不同的电机、密封及转速配置。

图5-18 罐内搅拌桨

（福州福尔特机械设备有限公司提供）

### 三、管线式高剪切分散机

目前，伴随着疫苗乳化工艺的不断改进，管线式高剪切分散机（图5-19）在疫苗生产过程中得到广泛应用，多与罐内剪切机配套使用，其工作原理就是高效、快速、均匀地将不相溶的两种物料重组成为均一相。管线式高剪切分散机由于转子高速旋转所产生的高切线速度和高频机械效应带来的强劲动能，使物料在定、转子狭窄的间隙中受到强烈的机械及液力剪切、离心挤压、液层摩擦、撞击撕裂和湍流等综合作用，形成乳液（液体/液体），从而使不相溶的固相、液相、气相在相应成熟工艺和适量添加剂的共同作用下，瞬间均匀精细地分散乳化，再经过高频管线式高剪切分散机的循环往复最终得到稳定的高品质产品。在疫苗生产中多用罐内剪切机进行低速预混，采用管线式高剪切分散机实现油佐剂疫苗颗粒精细均匀，如图5-19管线式三级高剪切分散机。由于工作腔体内有三组分散头（定子＋转子），乳液经过高剪切后，液滴更细腻，粒径更均匀，生成的混合液稳定性更好。三组乳化头均易于更换，适合不同工艺应用。该系列中不同型号的机器都有相同转速和剪切率，非常易于扩大规模化生产，支持CIP/SIP。

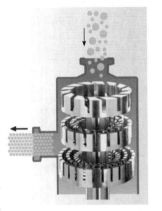

图5-19 管线式高剪切分散机

（福州福尔特机械设备有限公司提供）

管线式高剪切分散机优点：①处理量大，适合工业化、大批量在线连续生产；②物料往往更细，匀度高；③噪声低，能耗低；④无死角，物料100％通过分散剪切；⑤操作简单，维修方便。

## 第五节 冻干机

冷冻干燥技术是通过降低气压来使结成冰的水直接升华成为水蒸气，随后使其附着于一个温度更低的金属表面上，再凝结成冰。0℃时，冰的蒸气压是533.29 Pa（4 mmHg），若气压降至 13.33 或 6.67 Pa（0.1 或 0.05 mmHg），冰将能很快地升华。冷冻干燥技术常用于生物制品的研究和生产，以保持菌毒种的生物学特性，稳定生物原料和半成品的生物活性以及延长成品的有效期。它是保证生物制品的科学研究和产品质量不可或缺的手段。冻干是使处在固体状态的水分的升华，它不使固态的物质收缩而变形，特别适合于病理学和组织学材料的脱水；减少在干燥过程中由于浓缩可能引起的化学变化，很适合于制药、食品加工和微生物培养物的保存；冻干后的物质留有许多空洞，表面积很大，保证了干燥后物质的良好溶解度。

冷冻干燥设备主要包括内含多层搁板的箱体、冷凝器、真空系统、制冷系统、加热器和热交换系统。有些设备还包括能使搁板升降的液压系统和微机自动控制系统，箱体甚至可以用高压蒸汽灭菌。整个设备的示意图如图 5-20，图 5-21 为冷冻干燥机侧面照片。

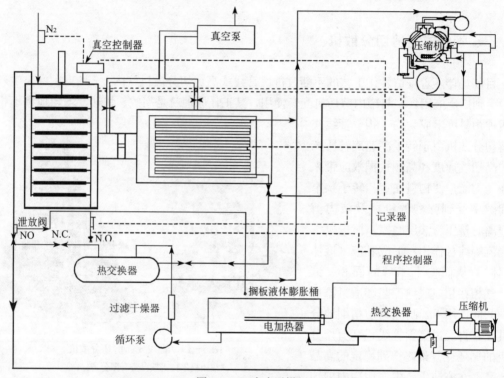

图 5-20 冷冻干燥机
（引自王明俊，兽医生物制品学）

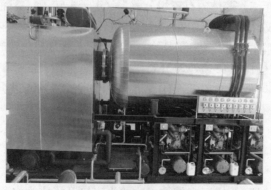

图 5-21 Lyo-25 型冷冻干燥机（背侧面）
（上海舒伯拉尼制药设备有限公司）

## 第六节　冷冻干燥疫苗分装与包装设备

目前我国在生产冻干苗中使用的疫苗分装与包装设备是由理瓶旋转工作台、多头分装机、胶塞定位机、收集器、压盖机、贴签机、封口机和包装机等组成的流水线。

### 一、理瓶旋转工作台

理瓶旋转工作台是输送经灭菌的分装苗瓶进行疫苗分装的作业流水线第一个设备。消毒无菌室之后，将分装瓶口朝上送入旋转台。必须严格挑选一定规格的灭菌疫苗瓶，及时、准确和有序地输送给分装机。图 5-22 为理瓶旋转工作台实物图，图 5-23 为意大利产 MTR 型理瓶旋转工作台基本结构示意图。该理瓶旋转工作台上部为直径 1 m 的旋转平台，经灭菌处理后的疫苗瓶自平台入口处被推入旋转平台，随平台的旋转运动，疫苗瓶再被挡板推向平台边缘，最外层的疫苗瓶经过叉口进入轨道。未进入轨道的疫苗瓶继续旋转，经挡板二次推向平台边缘，直至进入轨道。进入轨道的疫苗瓶依次排列，进入分装机轨道。该设备采用无级调速电机，使供瓶速度与分装机运转同步。该设备除与分装机连接外，视生产情况再与加塞机、压盖机、贴签机、包装机等设备连接，是生产分装流水线的龙头。

图 5-22　理瓶旋转工作台
（江苏南农高科技股份有限公司提供）

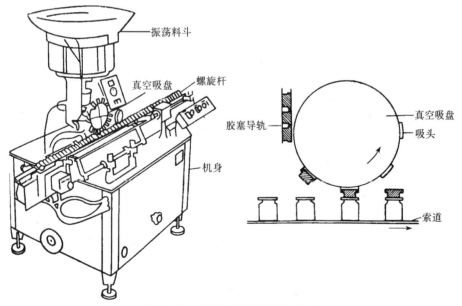

图 5-23　MTR 型理瓶旋转工作台
（引自王明俊，兽医生物制品学）

## 二、多头自动分装机

多头自动分装机是指有 3 个以上分装头，分装速度每小时达 5 000 瓶以上的高速分装机。图 5-24 为意大利产 M26/8 型八头分装机，具有分装精度高、分装速度快的特点，适用于分装各种小装量的疫苗，每小时可分装 1 万~1.2 万瓶，分装速度可以调节。靠不锈钢活塞向上运动抽吸将疫苗压入苗瓶。活塞头部带有旋转式分流阀，控制吸入和压出。其工作方式如下：当活塞向下运动，分流阀转到供苗管道开启位置排苗开口关闭，疫苗被吸入活塞筒；当活塞向上运动，分流阀旋转 180°，关闭供苗开口，开启排苗开口，使苗压入分装瓶，完成定量分装。由于采用旋转式分流阀，提高了分装精度。8 个分装头，可分别单独调整分装量，也可多头同时进行调整，确保分装量准确、可靠。所有接触疫苗的部分均为不锈钢制造，拆装方便，利于清洗和灭菌处理。

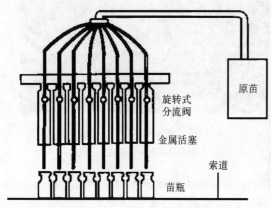

图 5-24 多头自动分装机
（引自王明俊，兽医生物制品学）

图 5-25 灌装压盖机
（陈智英提供）

图 5-25 为灌装压盖机实物照片，它除了可以实现多头自动分装功能外，还可以完成自动压盖密封功能。该机采用机械传动的方式使空疫苗瓶沿流水线向前传动，至指定位置使瓶口对准灌装头，疫苗成品沿管线定容注入瓶中，然后传至压盖部分先对瓶口加胶塞后压铝盖。整台机器实现流水线化操作，可在较短时间内完成对疫苗成品的分装包装。

## 三、胶塞定位机

胶塞定位机是实现冻干自动加塞的关键设备。其作用是将已经灭菌处理的胶塞在苗瓶口部精确定位。定位机虽然种类很多，但其工作原理基本相同，如进口的 M22 型胶塞定位机，上部为一漏斗形电磁振荡料斗，用来存放备用的经灭菌处理的胶塞。由于电磁振荡的结果，胶塞在料斗内跳动，并沿料斗内壁上的导轨向上爬升，到达顶部以后，胶塞沿导轨下落，到达转动的真空吸盘。吸盘与送瓶成反方向运动。吸盘真空是由安装在机器下部的一台小型真空泵操作，经管道连通转动吸盘；吸盘的吸头吸住胶塞，继续向下旋转到 90°时，正好达到瓶口位置，自动放气，胶塞脱离吸盘，在瓶口处定位。供瓶系统采用螺旋杆传送，瓶口位置十分精确；瓶塞紧密配合，高速运行，胶塞在瓶口精确定位，为冻干自动压塞做好了准备。

### 四、自动灌装半加塞联动机

此类机规格型号很多，如德国生产的博世系列和我国生产的 DG 系列自动灌装半加塞联动机，都具有分装精度高和速度快的特点，所有接触疫苗部分的零部件均为优质陶瓷制造，利于清洗和灭菌消毒，符合 GMP 标准的要求，适用于冷冻干燥制品在冻干前灌装、加塞工序。其工作程序是将洗净、烘干、干烤灭菌后的瓶子传送到分装机入口处，由进瓶螺杆把瓶子按照一定的间距送到分装头下进行定位分装。它有 8 个分装泵同时工作，再经加塞后由出瓶螺杆装入冻干盘内，并自动计数，盘子装满时自动更换到另一个盘子中。本机适用的瓶子为 5 mL 及 7 mL 管制玻璃瓶，每小时可分装 18 000 瓶。博世分装机以 PLC 控制整机的各种动作，拥有较为完善的保护系统，机械结构复杂，对包材的规格也有严格要求。

## 第七节 冷藏设备

冷藏和冷藏运输设备是生物制品生产和使用中极其重要的设备，因为冷藏是保证生物制品质量的一个重要条件。

### 一、冷库

冷库可分中型和小型两类。中型冷库容量为 1 000 t 左右，小型冷库只设冷藏间或活动冷库。中型冷库以两层为主，单层也可；小型冷库一般只考虑单层。中型冷库房一般由主体建筑和附属建筑两部分组成。主体建筑包括冷藏库和空调间；附属建筑包括包装间、真空检验室、准备间、机房、泵房和配电室等。

冷库保温性能应符合生物制品储藏保管的最基本要求。空调间（高温库）最高库温不能超过 15 ℃，最低在 0 ℃以上。一般用冷风机作冷却设备；冷藏间（低温库）要求在 15 ℃以下，作制品保管。为保证库温恒定，在建筑结构上在其外墙、地坪和平顶均设置连续的聚氨酯泡沫塑料作为隔热层，达到 12 mm 的厚度；同时做好保温层的防潮设施，低温库要采用手动冷库门。

使用冷库注意事项：①新冷库初次投产时不应降温过快，避免结构内部结冰膨胀。当库温在 4 ℃以上时每天降温不得超过 3 ℃；当库温降到 4 ℃应维持 5～7 d；库温在 4 ℃以下时，每天降温不得超过 3 ℃，直至到达设计要求为止。②冷库在使用后，要保持温度的稳定性，即高温库 10 ℃±5 ℃；低温库－18 ℃±3 ℃。③严格防水和汽渗入构造保温层；低温度内不得做多水物品的作业。④合理使用库容，合理安排货位和堆放高度，保持库内地坪受荷均匀。⑤设置合理的化霜次数及化霜时间，进出库时要随手关门以防止蒸发器上结霜太厚影响制冷效果。⑥使用中要注意检查蒸发器集水盘，防止积冰太多影响风扇运转而烧坏风扇电机。

### 二、冷藏运输设备

生物制品在运输过程中必须使用冷藏车。冷藏车按性能来说可分为机器冷藏车与冰箱冷藏车，必须具备下列条件：运行平稳，具有良好的隔热车体，减少车内与外界的热交换；设有制冷降温装置；设有空气循环装置，以保证车内温度的均衡；设有温度指示，最好有自动控制仪表，以控制车内温度。

目前我国使用的冷藏汽车，多数都是冰箱冷藏车，这种车造价低，使用维修方便。如解放牌冷藏车，实际上是座移动式的保温箱，箱体用泡沫塑料作为保温层，箱内空间大约 12.5 m³，底层用木制隔板作为支撑，形成一个空隙，以制冷空气循环。车底设有放水孔，地板上的水分不会损伤货物，使用时根据气候条件及生物制品的保存所需温度条件、装载量的多少，放入一定数量的冰块，即可达到运输生物制品的要求。

保温箱无制冷系统，以软木、玻璃纤维和聚氨酯泡沫塑料为保温材料。内外层常用镀锌钢板和铝板作为保护层。体积一般为 0.108 m³。不能自动降温至冰点以下，而是使用时将冷冻干燥的生物制品置于箱内，并加入一定的冰块，严密加盖。箱内可保持 20 多小时不解冻，能维持运输途中的低温保存，保证生物制品的使用效果。目前国内兽用冷冻干燥制品的运输多使用这种简便的保温箱。

使用保温箱时要注意箱盖是否严密以减少与外界的冷热交换；注意放入箱内的冰块应用塑料袋密封，防止冰块熔化沾污药品；保温箱不用时，应放置干燥通风的地方，防止霉菌生长。

## 三、液氮罐

液氮罐是专供储存液氮用的容器。液氮罐一般可分为液氮储存罐、液氮运输罐两种。储存罐主要用于室内液氮的静置储存，不宜在工作状态下作远距离运输使用；液氮运输罐为了满足运输的条件，作了专门的防震设计。其除可静置储存外，还可在充装液氮状态下，作运输使用，但也应避免剧烈的碰撞和震动。图 5-26 为我国生产的 YDS-15-80F 液氮储存罐，其容积为 15 L，口径 80 mm，外径 345 mm，高度 680 mm。

液氮罐容器内加入液氮才能保存试验材料。液氮的温度可达-196 ℃，属超低温，因而是保存活细胞、活组织、生物制品、冷冻精液和微生物等的理想容器。国产液氮罐质量已赶上国外同类产品的性能。

液氮罐的构造和玻璃热水瓶一样，能防止热的传导、辐射和对流。液氮罐都是双壁的，过去曾采用不锈钢，近年来使用铝合金等轻金属，其特点是轻便耐用，成本较低，性能更好。

图 5-26　液氮储存罐
（YDS-15-80F 型，亚西公司）

两壁之间有一夹层，夹层空隙越大，真空度越高，蓄冷的时间也越长，夹层空隙的大小依容器的型号和性能而有所差异。罐内有金属支撑，内层的外边用绝热材料缠绕多层，并在底部加入硅胶或活性炭等吸湿剂。各类液氮容器都有一个真空吸嘴，吸嘴外加有金属保护帽。目前生产的生物容器蓄冷时间为 180～210 d（即每天保持静态状况下挥发液氮 0.1～0.2 L），真空度一般为 0.000 133～0.000 000 133 Pa。

液氮生物容器内切勿装入其他液化气体。使用容器时，必须事先充分预冷再注满液氮，充装后的液面应略低于颈管。新罐或清洗后待用的容器，在使用前先加入适量液氮预冷

30 min左右，然后加满其余的液氮。存放或取出被保存物的动作要快、准、稳，取用储存物以竹制镊子最为理想，切忌使用金属制品。对保存物应进行分类，编号，并对存放数量、日期等进行详细登记。应按时补充液氮，液氮量不能低于容器储量的2/3（下限）。搬运或移动液氮容器应提起把手，不得拖拉，要轻拿轻放。运输中应防止突然颠簸，保护液氮容器外部不受磨损。液氮罐的塞子由金属盖和硬质塑料制品黏结而成，经常在使用中出现黏结部松动或脱开；如脱落可使用环氧树脂或其他黏合剂粘牢后继续使用。

## 第八节 带毒污水与废弃物处理设备

根据国家有关环境保护法规、《中国兽药典》（2010版）"生物安全管理规定"、《兽用生物制品制造与检验规程》及《兽药生产质量管理规范》规定，兽用生物制品制造企业操作烈性传染性病原、人畜共患病病原、芽胞菌应在专门厂房内的隔离或密闭系统中进行，其生产设备需专用，并有符合相应规定的防护措施和消毒灭菌、防散毒设施，对生产操作结束后的污染物品应在原位消毒、灭菌后方可移出生产区。因此，生物制品企业必须与农业部业务主管部门、当地卫生防疫部门和环境保护部门密切配合，妥善处理好污水及带毒废弃物，如动物粪便、残渣、垫草、尸体和脏器等。

### 一、污水处理

生物制品制造企业污水含有较多的有机物和病原体，如果不加处理，排放到外界，会造成环境污染，引起动物疫病流行，甚至危害人类健康。

目前生物制品企业污水处理多采用活毒废水罐高温处理法。活毒生产、检验区、动物房产生的污水采用专用设备（图5-27）进行高温处理。所有活毒废水经高温处理后排入二氧化氯污水处理池，经质检部门按照《中国兽药典》（2010版）"污水监测制度"对处理后的污水进行检验，待各项指标检验合格后方可排放。

图5-27 含活毒废水处理罐
（扬州优邦生物制药有限公司提供）

### 二、带毒废弃物的处理

对带毒废弃物如粪便、残渣和垫草的处理，以及对非烈性传染性病原、人畜共患病病原、芽胞菌的处理均可采用生物发酵法进行。生物发酵池规模应根据各生物制品公司粪便和残渣数量而定，以每池装满后能自然发酵两年以上为原则。生物发酵池内外墙除用水泥砂浆粉刷外，应涂沥青防水层，防止池内污水渗漏和池外地表或地下水渗入，影响发酵效果。为便于清除，发酵池应一半设在强毒区内，一半设在隔离区外。发酵彻底后，启盖清出粪便和残渣、垫草的腐烂物。

对于烈性传染性病原、人畜共患病病原、芽胞菌污染的带毒废弃物根据农业部发布的《生物安全实验室管理规定》及《兽用生物制品生产质量管理规范》要求，必须经过高压消毒处理后方可移出生产或检验区。

### 三、动物尸体与脏器的处理

带毒动物尸体和脏器处理目前常用高压灭菌柜进行高压消毒处理后（121 ℃、30 min）方可移出生产及检验区。一般动物尸体和脏器可采用焚尸炉进行处理。焚尸炉的结构与火葬场火化炉基本相同，即应用喷柴油的办法，在引风条件下进行焚烧。

### 四、废弃蛋的处理

常用的废弃蛋的处理多采用高压灭菌法。国外研制出可再生利用的废弃蛋消毒再生设备。图5-28为法国DMI公司生产的废弃蛋消毒再生设备，主要用于对疫苗生产中产生的鸡蛋和鸭蛋进行自动消毒、自动干燥/再生处理，并对处理过程中产生而排出的气体自动进行焚烧处理，最终物料是干燥的、粉状的肥料/饲料。蛋在一个密封的容器中进行处理，排放到大气中的气体无毒、无色、无味。焚烧排出气体的热量同时用于对蛋的加热，使整个过程的能耗降至最低。废种蛋经过再生处理后的物料成分见表5-2。

图5-28 废弃蛋消毒再生设备
（法国DMI公司）

表5-2 DMI废种蛋消毒再生设备处理废种蛋后的物料成分

| 项目 | 内容 |
| --- | --- |
| 蛋白 | 40% |
| 脂肪 | 25% |
| 钙 | 15% |
| 磷 | 0.7% |
| 含水率 | 10%~15% |

DMI废种蛋消毒再生设备的特点：①可有效灭活蛋胚中的病毒。②可获得粉状干燥物料和营养丰富的胚蛋粉。③排放气体无毒、无味，整个处理过程不会对人和环境造成危害/污染。④设备既可以布置在有毒区，也可以布置在无毒区。⑤操作方便，运行费用低。

（何海蓉，姜平）

## 复习思考题

1. 兽医生物制品企业常用的灭菌与净化设备有哪些？主要技术性能是什么？
2. 简述无菌室净化技术原理和要求。
3. 净化工作台有什么作用？使用过程中，应注意哪些问题？
4. 微生物培养需要哪些重要装置？
5. 简述不同微生物浓缩装置作用特点及影响因素。
6. 规模化细胞培养设备有哪些？主要技术性能是什么？
7. 不同乳化设备在疫苗乳化生产过程中的作用是什么？
8. 生产冻干兽医生物制品需要哪些设备？冷冻干燥设备包含哪些基本系统？
9. 生物制品生产和使用中有哪些重要冷藏和冷藏运输设备？如何选择使用？
10. 兽医生物制品企业应具备哪些废弃物处理设施？简述其性能特点。

# 第六章 实验动物与动物实验技术

**本章提要** 本章介绍了小鼠、大鼠、豚鼠、家兔、犬和猪等常用实验动物的生物学特性；实验动物饲养管理要求，包括建筑要求、饲料、饮水、垫料、饲育器材、卫生管理和防疫等；普通级、清洁级、无特定病原体动物、无菌动物与悉生动物等不同级别动物饲养条件和微生物控制标准和要求；实验动物的抓取和保定方法、标记方法、采血方法和给药技术等动物实验技术。这是兽医生物制品研究开发和产品质量检验不可缺少的重要工具和技术手段。

## 第一节 常用实验动物生物学特性

### 一、小鼠

小鼠（mouse，mus musculus）属于脊椎动物门、哺乳纲、啮齿目、鼠科、小鼠属动物，它是目前世界上用量最大、用途最广、品种（系）最多的一种实验动物。按遗传特性分为近交系、封闭群、突变系和杂交一代。目前已培育出500多种近交系、400多种突变系和200多种远交群。

**1. 外形特征** 成年小鼠全身被毛，体型小、面部尖，长有19根触须。耳耸立呈半圆形，眼睛大而有神。四肢匀称，皮毛光滑紧贴皮肤，尾长约与体长相等。尾部表皮覆有横列、环状、角质鳞片。

**2. 行为习性** 性情温驯，易于捕捉，一般很少主动咬人，但性成熟的非同窝雄鼠好斗。小鼠胆小易受惊，对多种病原体及毒素非常敏感，抗病力差。受外界的强光或噪声刺激时，有可能导致哺乳母鼠神经紊乱，发生吃仔现象。温度过高或过低时，生殖能力下降，情况严重时会发生死亡。不耐饥饿和冷热，过热出汗后易引起死亡。小鼠喜欢群居，有昼伏夜动习性，晚间活跃，并有两次活动高峰，分别在傍晚后1～2 h和黎明前，如进食、交配、分娩多发生在此时。故晚间要注意给足饲料和饮水。

**3. 生长特性** 小鼠出生时无毛，闭眼，皮肤赤红，头大尾短，6日龄左右开始长毛，12日龄左右开始睁眼。小鼠出生时仅约1.5 g，到1～1.5个月龄体重达18～20 g。因体型小，生长快，需要的饲养空间小，饲料消耗量也少，故饲养管理较易，可在短时间内大量生产繁殖。

**4. 繁殖特性** 成熟早，繁殖力强，适合作为遗传学的研究。雌鼠在35～45日龄、雄鼠在45～60日龄性成熟，65～90日龄时配种较为合适。小鼠常年均有性活动，并且有产后24 h又可发情的特点。性周期4～5 d，发情后2～3 h排卵，每次排卵10～23个，妊娠期

19～21 d，哺乳期 20～22 d，每胎产仔数 8～15 只，1 年可怀 6～10 胎。生育期为 1 年。

**5. 解剖生理学特征**　上下颌骨各有 2 枚门齿和 6 枚臼齿，共有 16 枚。门齿终身不断生长。下颌骨喙状突较小，髁状突发达。小鼠的颌下腺仅能分泌一种类型的唾液。胃容量小，功能差。小肠长度接近体长的 4 倍，盲肠不发达，肝脏分左叶、中叶、右叶和尾叶，肺部有 5 叶，右肺 4 叶（上、中、下和腔后叶），左肺为一不完全的整叶。脾脏长而大，呈镰刀状。气管及支气管腺不发达。雌鼠子宫呈 Y 字形。乳腺有 5 对，3 对位于胸部，可延续到背和颈部；2 对位于腹部，延续到鼠蹊、会阴和腹部两侧，并与胸部乳腺相连。以第 2、3、4 对乳腺相当发达。雄鼠射精后其凝固腺能使精囊分泌物凝固，与雌鼠阴道分泌物形成白色阴道栓。有阴道栓的雌鼠大部分（80%～95%）都能受孕。

小鼠的体温为 37～39 ℃。饲养室最适温度为 18～22 ℃，不得超过 32 ℃。小鼠的基础代谢率较高，耗氧量大。成年小鼠呼吸频率 140～210 次/min，平均 163 次/min。小鼠饮水量 4～7 mL/d。小鼠尿量少，一次排尿仅 1～2 滴。

KM 小鼠即昆明系小鼠，为白化鼠，原种可能是瑞士鼠，1946 年我国从印度 Haffkine 研究所引进 Swiss 小鼠在昆明繁殖扩群，一直到 1952 年分发到各地而得名，一直是我国生产和使用量最大的远交群小鼠。不同地区饲养的小鼠在生长发育和繁殖性能方面可能有一定差异，但共同特点是产仔多，繁殖力强，受胎率 98% 左右，产仔数平均 9 只，对环境的适应性强和抗病力强，能耐较差的饲养条件，鼠仔成活率高，可月产一胎，21 日龄离乳时鼠重 9～11 g，成年鼠体重 40～50 g，有自发性乳腺癌。广泛用于生殖生理、药理、毒理、微生物学与免疫学的研究及生物制品、药品的生产与检定。KM 小鼠的基因库大，基因杂合率高。目前，国内已从 KM 小鼠远交群中培育出不少的近交系小鼠。

## 二、大鼠

大鼠（rat，rattus norregicus）是野生褐家鼠的变种。大鼠属于脊椎动物门、哺乳纲、啮齿目、鼠科、大鼠属动物。

**1. 外形特征**　大鼠的外观与小鼠相似，但体型比小鼠大得多。成鼠体重约 350～450 g，为小鼠的 15 倍。有多种色泽，如白色、棕色、黑色、黄色和斑驳色等，实验常用的大鼠多为白色。

**2. 行为习性**　大鼠性情较温顺，行为迟缓，易于捕捉，但怀孕和哺乳的雌鼠及发怒受惊时，常会咬人。喜独居安静的环境，对外界刺激及营养缺乏敏感，适宜作行为学研究，噪声可使其内分泌紊乱、性功能减退并引起雌鼠的吃仔行为。大鼠也习于昼伏夜动，白天喜挤在一起休息，采食、交配等活动多在夜间和清晨进行。食性广泛，喜啃咬，以谷物为主兼食肉类，体内可合成维生素 C。

**3. 生长特征**　新生仔鼠无毛，耳贴皮肤，在 3～5 d 后长毛，耳和皮肤分开。8～10 d 长出门齿，开始爬行。14～17 d 开眼，16 d 毛长齐开始采食。分别在第 19 d、21 d 和 35 d 生长第 1～3 对臼齿。到 90 日龄体重可达 300 g 以上。大鼠的寿命一般为 2.5～3 年，最长为 5 年。

**4. 繁殖特征**　大鼠成熟快，繁殖力强，为全年多发情动物，雌鼠 2 月龄，雄鼠 2.5 月龄达到性成熟，3 月龄达到体成熟，性周期 4～5 d，其性周期不同阶段阴道黏膜可发生典型变化,通过检察阴道涂片和分泌物的 pH,可确定性周期阶段。大鼠妊娠期平均 21 d,每窝产仔 6~16 只,哺乳期为 21~28 d。

**5. 解剖生理学特征** 大鼠共有 16 枚牙齿,其每侧上、下颌各有门齿 1 枚,臼齿 3 枚。眼突出,眼窝后部有 Harderian 腺,眼角膜无血管,有棕色脂肪组织。无扁桃腺,胰腺呈长条片状,分左右两叶,无胆囊,胆管直接与十二指肠相通。雌鼠在胸部和鼠蹊部各有 3 对乳头。大鼠尾部被覆短毛和环状角质鳞片。大鼠嗅觉灵敏,但不能呕吐,汗腺也不发达,仅在爪垫上有汗腺,尾巴是散热器官,当环境温度过高时常靠流出大量的唾液来调节体温,当唾液腺机能失调时易中暑死亡。大鼠对空气中湿度耐受性差。

SD 系大鼠是美国 Sprague Dawley 农场的 W. H. Dawley 用杂合的雄性大鼠和 WISTAR 雌性大鼠杂交后育成,白化大鼠,有近交系和封闭群,体型大、性情温顺、母性强、繁育性能好,每胎产仔数平均有 10 只之多(波动范围在 6~18),生长发育快,体格健壮活泼。对性激素敏感,对呼吸系统疾病的抵抗力较强,自发性肿瘤的发生率较低。但不耐阴温。10 周龄雄鼠重 260~320 g,雌鼠 180~270 g,常用于药品检定的安全性试验、营养与发育有关研究及内分泌系统的研究。

## 三、豚鼠

豚鼠(guinea pig, cavia procellus)又名天竺鼠、荷兰猪、海猪等。豚鼠属于脊椎动物门、哺乳纲、啮齿目、豚鼠科、豚鼠属动物。

**1. 外形特征** 豚鼠体躯短胖、身圆,眼明亮,耳圆小;颈部和四肢较短,被毛紧贴体表,无尾;上唇分裂;前肢四趾、后肢三趾,趾上有短而锐利的爪子,脚形似豚。豚鼠耳蜗管发达,听觉灵敏;毛色多种多样,有单色、双色和三色等花色,外形可爱。

**2. 行为特征** 豚鼠性情温顺,胆小易惊,易捕捉,较少有斗殴现象,一般不伤人。豚鼠喜居清洁、干燥、安静的环境,对外界刺激非常敏感,一旦受惊则表现为全身僵立、耳廓竖起或整群一起惊跑。豚鼠喜群居,有一雄多雌结群而居的习性。豚鼠活动多,需要较大的活动场所,在拥挤或应激的情况下会发生脱毛、皮肤创伤和皮炎。豚鼠的跳跃和攀爬能力很差,可在低墙、无顶的围栏中饲养。豚鼠为草食性动物,日夜自由采食,其食性挑剔。无良好的生活习惯,喜欢故意将食物扒散或弄脏饲料槽、饮水器具。有食粪癖,能从肛门摄取软便以补充营养,幼仔可从母豚鼠粪中吸取正常菌丛。

**3. 生长特征** 新生仔鼠全身被毛、耳竖起、眼睁开、有视力、门齿齐全,体重 50~115 g,出生后 1 h 即可走动,出生当天就能吃软料,4~5 d 就能吃块料,在出生后的两个月内平均每天增重 2.5~3.5 g,2 月龄时达 400 g 左右,5 月龄体成熟时,其雌性体重可达 700 g、雄性体重 750 g 左右。豚鼠的寿命一般为 4~5 年,最长为 8 年。

**4. 繁殖特征** 豚鼠的性成熟较早,雌豚鼠 30~45 日龄,雄豚鼠 70 日龄性成熟。豚鼠的适配日龄为 5 月龄左右。雌雄豚鼠交配时,雄豚鼠射出的精液中的副性腺分泌物在雌豚鼠阴道中凝固,形成阴道栓。通过检查阴道栓可准确地确定豚鼠交配日期。

雌豚鼠性周期 15~17 d,妊娠期为 65~70 d,每胎产仔 1~8 只,多为 3~5 只。仔鼠 15~21 d 离乳。豚鼠为全年多发情动物,有产后发情(多在产后 2~3 h 内)。发情后持续 1~18 h,发情结束后排卵。种鼠的平均生产年限为 1.5 年。豚鼠只有一对乳房,但泌乳能力强、母性好，一般都能带活全部仔鼠，对寄养的仔鼠亦予哺乳。

**5. 解剖生理学特征** 豚鼠门齿尖利呈弓形并能终身生长，臼齿发达。豚鼠的骨骼系统由头骨、躯干骨和四肢骨组成。肋骨有 13 对，其中真肋骨 6 对，假肋骨 7 对。豚鼠的神经系统在啮齿类动物中属于较发达的。豚鼠的消化系统有典型的草食动物特征。其咀嚼肌发达，胃壁很薄，黏膜呈皱襞状，胃容量为 20~30 mL；肠管较长约为体长的 10 倍，盲肠发达，约占腹腔容积的 1/3 并富集有淋巴结。豚鼠食量大，对粗纤维消化能力强，消化率达到 38.2%，高于家兔。胰腺呈白色脂肪样片状物，分泌的胰液经胰腺管流入十二指肠。肝脏呈深枣红色，光滑、坚实而脆，胆囊位于胆囊窝内，胆管长约 10 mm。雄豚鼠腹腔内有在骨盆腔两侧突起的阴囊，内含睾丸。成熟雄豚鼠的储精囊很大。雌性具有阴道闭合膜，在发情期和分娩期张开，非发情期闭合。雌豚鼠有两个完全分开的子宫角。

豚鼠自身体温调节能力比较差，对环境温度变化很敏感。豚鼠饲养间温度应控制在 18~29 ℃ 以内，最适温度为 20~24 ℃。当环境温度连续变化且波动幅度较大时，会造成豚鼠群内疾病流行。豚鼠抗氧化能力强，但呼吸道与消化道抗病能力较差，因而易患细菌性肺炎和急性肠炎。自身不能合成维生素 C。豚鼠易被抗原物质所致敏，引起过敏反应。对麻醉药物敏感，尤其是患病豚鼠更为敏感，麻醉时死亡率较高。对青霉素、四环素、红霉素等抗生素类药物特别敏感，常在用药 48 h 后引起急性肠炎，严重时导致死亡。

## 四、家兔

家兔属于脊椎动物门、哺乳纲、兔形目、兔科、欧洲穴兔属、穴兔种、家兔变种的动物。

**1. 外形特征** 家兔头圆、耳大、直立、肌肉发达、尾短颈短，多数品种颈下部有肉髯，被毛浓密、柔软、富弹性，毛色有白、灰、青黑等色，有红色眼和灰色眼之别。

**2. 行为特征** 家兔胆小易惊，常竖耳听声，受惊后精神紧张，甚至出现"惊场"现象，严重时可引起食欲减退、难产、拒绝哺乳、食仔等严重后果；家兔喜干燥清洁、恶潮湿、污秽；喜欢昼伏夜动，白天常静伏笼中，夜间则十分活跃，采食频繁。家兔汗腺很少，相对耐寒，但不耐热。适宜的气温是 15~25 ℃，气温超出这个范围，都会使兔发生食欲减退，繁殖率降低。家兔群养时还有互斗的特性，特别是公兔间或新组的兔群经常发生互斗和咬伤。

家兔以青绿草食为主，混合日粮以制成颗粒饲料较为适宜。动物性预混料可拌在混合饲料中饲喂。兔的门齿有不断生长的特点，为磨损不断生长的门齿，要常喂些豆秆、玉米秆、麦秆、稻草秆等坚硬的农作物茎秆，兔还有夜间直接自肛门舐食软粪的习癖，乳兔则吃食母兔的软粪，以补充营养和获得正常菌丛。

**3. 生长特征** 仔兔刚出生时无毛，闭眼，10 日龄时眼睁开，3 周龄开始吃食；兔生长快，初生体重 50~60 g，生后 1 周后体重就增加 1 倍，1 个月后可增加 10 倍左右。100 日龄脱换乳毛，130~190 日龄第 2 次换毛，成年兔一般春秋两季各换毛一次。兔平均寿命为 5~6 年，长寿者可达 15 年。

**4. 繁殖特征** 兔的繁殖力强，不仅每窝产仔数多，孕期短，而且成熟早和繁殖无季节限制，全年均可产仔。兔繁殖期长，适配年龄雄兔 7~9 月龄，雌兔 6~7 月龄，正常繁殖 3~4 年，妊娠期 30~33 d，哺乳期 25~45 d。繁殖期内一般可产 7~11 胎，平均每胎 7~8

只（变动范围1~22只）。家兔性周期不明显，属于刺激性排卵，即只有经交配刺激后10~12 h才排卵。

**5. 解剖生理学特征** 兔的上唇正中线有纵裂，形成豁嘴（兔唇），因而门齿外露。兔耳大、血管清晰。眼大、眼球大。大脑很少有脑沟、脑回。兔的被毛较厚，故借耳和呼吸散热，易产生热反应，对热原反应灵敏、稳定。兔全身肌肉达300余条，肌肉总重量约占体重量的35%，兔的前半身肌肉不发达，而后半身肌肉很发达。兔的胸腔内由纵隔将其分为左右两部，互不相通，在不弄破纵隔膜的前提下，可以在不作人工呼吸条件下进行开胸后的心脏实验操作。家兔的胃常处于排空状态，不会呕吐。兔的肠非常长，小肠和大肠的总长度约为体长的10倍，加之兔肠的运动性强，从而易于消化粗纤维，对青绿饲料的消化率特高。兔的回肠与盲肠相连处膨大，形成兔特有的圆小囊，它是富有淋巴小结的淋巴样组织。兔的甲状旁腺散在，无固定位置，因而不宜进行甲状旁腺切除术。兔有两个子宫角和子宫颈，但无子宫体。4对乳腺。仔兔不能从初乳中获得母源抗体，只有在胚胎期时从母体获得。

## 五、犬

犬属于脊椎动物门、哺乳纲、食肉目、犬科、犬属、犬种的动物。

**1. 外形特征** 因品种的不同，犬的外形差异很大，例如头部的额段、额沟、躯干形态都各不同。尤其是耳和尾巴的差别更大，如耳有直立耳、半直立耳、垂耳、纽扣耳、蝙蝠耳、玫瑰耳等之分；尾则有卷尾、镰状尾、鼠尾、螺旋尾、前弯尾、直立尾、旗状尾等。犬的毛质和毛色也有多种，如按毛质可分为直毛、开立毛、卷毛、波状毛、丝状毛、针头毛和刚毛等；按毛的色泽可分为黑、褐、黑褐、铁灰、白、青、金黄等颜色。按体型大小分为大型、中型、小型和极小型犬4种；

**2. 行为特征** 犬的嗅觉、听觉灵敏，易于驯养，能与人为伴，并能服从主人的命令和听从人的简单意图。犬对环境适应力强，可承受较热或较冷的气候。犬喜欢清洁，习惯于运动，故需有较大的运动场地。犬为肉食性动物，善食肉类和脂肪，同时喜欢啃咬骨头以利磨牙。犬的头部、颈部喜欢人以手抚摸、拍打，但臀部、尾部忌摸。雄性爱斗，有合群和欺弱的特点。健康犬的鼻尖湿润，呈涂油状，触之有凉感。

**3. 繁殖特征** 犬性成熟期8~10个月。适配年龄为1~2岁。妊娠期58~62天，哺乳期60 d。性周期126~240 d，每年发情多在春、秋季节，每次发情时间持续14~21 d。一般每胎产仔2~8只。犬的寿命为10~20年。

**4. 解剖生理学特征** 犬齿大而锐利，善于撕咬食物。犬在出生后十几天即长出乳齿，8~10个月换齐恒齿，但需要1岁以后才能生长坚实。犬视力不发达，但在黑暗中的分辨力较强，能在夜间猎取食物。犬的味觉也不太灵敏，但触觉较为敏感。犬的汗腺极不发达，主要通过张口吐舌、加速呼吸频率以喘式呼吸散热，调节体温平衡。

比格犬是世界名犬之一，在英国被视为猎犬，由于体形较小，易于驯服和抓捕，因此专门用来猎捕兔子，所以有"猎兔犬"的称号，其嗅觉敏锐因此又有"闻血猎犬"的称号。比格犬外形可爱，体形结实、性格开朗活泼，反应机敏，耐力持久，表情聪明丰富，善解人意，动作讨人喜爱，喜欢群体生活和吠叫，吠声悦耳，因此也成为人们欢迎的家庭犬和实验动物。其体型特点：头部呈大圆顶的形状，相对较长，头盖骨宽而丰满，枕骨略微圆拱突出。吻部的长度适中,直,而且呈四方形,凹陷处明显。眼较大,眼间距离较宽,目光柔和,颜色为褐色。广阔的长垂耳,可延伸到鼻尖的位置,不能完全竖起。前耳边稍向面颊内卷,耳尖呈圆形,颈长度适中,轻巧结实,皮肤没有褶皱。肩膀倾斜强健,胸部深陷而宽阔,背短有力而肌肉发达,前腿笔直,骨骼充分,富有肌肉,后腿膝关节强壮,腿部肌肉特别发达,脚爪呈圆形,紧凑有力,脚垫丰满而有力。尾短而粗,更像鳅鱼状。位置稍高,略微有些弯曲,但不会向前弯过背。成年犬体重为7~12 kg,其浓密生长的短硬毛,毛色有白、黑也有白茶色、白柠檬色。

## 六、猪

猪属于脊椎动物门、哺乳纲、偶蹄目、猪科、猪属、猪种的动物。

**1. 外形特征** 家猪的体躯丰满,四肢短小,鼻面短凹或平直,耳下垂或竖立,被毛较粗,有黑、白、棕、红、黑白花等色。猪的上唇短厚与鼻连在一起,构成坚强的鼻吻,鼻吻灵活,有用鼻端拱土觅食地下草根、块茎和其他食物的本能。足有四趾,但仅第3、4趾着地。杂食,能利用各种动、植物性饲料。

**2. 行为特征** 猪的嗅觉和听觉灵敏,其嗅觉要高于犬的1倍。仔猪一生下来,就能靠嗅觉找到母猪乳头,生后几小时便能鉴别气味,母猪靠气味能识别自己的仔猪,对于混入的它窝仔猪常进行驱赶,甚至咬伤或咬死。猪的性联系也是通过嗅觉。在群体生活中,猪靠嗅觉识别自己的圈舍和固定卧位等。猪的听觉很灵敏,能鉴别声音的强度、音调和节律,容易对呼唤、口令和声音等刺激物的调教养成习惯。猪对痛觉刺激容易形成条件反射。例如,利用电栏放牧,猪经过1~2次轻微电击后,就再不敢接触围栏了。猪的视觉很差,不靠近物体就看不见东西。对光线强弱、颜色和物体形象的分辨能力也差。猪的群居次序明显,仔猪同窝出生,过群居生活,合群性较好,但不同来源或不同品种的猪合群喂养时,要经过几天适应,按体重大的或战斗力强的排序,建立位次关系。猪爱好清洁,一般不会在吃睡的地方排泄粪尿。喜欢在墙角、潮湿、隐蔽、有粪便气味处排泄,喜欢在喝水时排泄。在养猪生产中,经训练后,猪会在固定位置采食、排泄、睡觉,做到吃、拉、睡三定位,从而便于舍内清洁卫生管理。

**3. 繁殖特征** 猪是常年发情多胎动物,性成熟早,繁殖力强。幼公猪在断乳前后即有性欲表现。猪4~5月龄达到性成熟,6~8月龄就可以初次配种,12月龄时即可产仔。我国的一些地方优秀品种的猪更具有卓越的繁殖品质,表现在3月龄公猪开始产生精子,母猪开始发情排卵,比国外的猪要早3个月。母猪一次排卵12~20,每胎产仔数10头左右,我国的太湖猪窝产平均超过14头。猪的繁殖周期短,哺乳期21~28 d,断乳7~10 d即可发情配种。猪的妊娠期和哺乳期较短,一年能分娩2胎,若缩短哺乳期或用激素处理母猪,两年可达5胎。猪的利用年限较长,一般公猪为4~5年,地方母猪为5~6年。

**4. 生长特征** 仔猪初生重一般为1~1.5 kg,我国一些地方品种,仔猪初生重为0.6~0.8 kg。哺乳前期仔猪日增重为75~112 g,哺乳后期约为300 g,仔猪断奶时体重可达10~20 kg。猪在肥育时,一般前期日增重为200~400 g,后期日增重可达800~1 000 g。猪对各种营养物质的利用率较高,一般肉料比为1:3~3.5,而且维持正常生理活动所消耗的能量也较少。因此,有利于长肉贮脂。

**5. 解剖生理学特征** 成年猪有 44 颗牙齿，门齿、犬齿和臼齿都很发达。猪的唾液腺发达，其淀粉酶的含量是马的 14 倍，牛、羊的 3～5 倍。能分泌较多含有淀粉酶的唾液，能将少量淀粉转化为溶性糖。猪对各种味道敏感，且特别喜欢甜食。

猪是单胃家畜，猪的贲门腺占胃的大部分，幽门腺比许多动物宽大，胃肠具有各种消化酶，能消化饲料中的各种营养物质，但对粗纤维的消化、转化能力较差，消化粗纤维能力靠盲肠中少量共生的有益微生物。消化率为 3%～25%，其利用随体重增加而增大。

猪的汗腺不发达，皮下脂肪层厚，体热不易散发，主要靠呼吸散热，因而猪怕热。在高温高湿情况下，猪热应激更为明显。猪皮肤表层薄，被毛稀少，对光化性照射的防护力较差。同时，耐寒能力差（特别是仔猪），在 0 ℃以下低温情况下，需消耗较多的热能维持体温，饲料消耗增加，增重减慢。猪的适宜温度一般为 15.5～23.9 ℃，仔猪为 26～30 ℃，成年猪为 15～18 ℃。猪舍的相对湿度在 65%～75% 为宜。阴暗潮湿、空气污浊的环境，对猪的健康和生长发育影响很大，猪易患感冒及其他疾病。由于猪的怕热不耐寒的特点，在猪的饲养生产中，在炎热夏季要注意防暑降温，寒冷冬季要注意防寒保暖，尤其是要注意新生仔猪生后及时吃到初乳和精心护理。

猪的胎盘类型属上皮绒毛膜型，母源抗体不能通过胎盘屏障，只能通过初乳传递。猪初乳中含较多 IgG、IgA 和 IgM，常乳中含有多量的 IgA。

猪正常体温为 39 ℃（38～40 ℃），心率 55～60 次/min，血容量占体重的 4.6%（3.5%～5.6%），心输出量 3.1 L/min，收缩压 169 mmHg*（144～185 mmHg），舒张压 108 mmHg（98～120 mmHg），呼吸频率 12～18 次/min，通气率 37 L$^3$/min，耗气量 220 mm$^3$/g 活体重，血液 pH 7.57（7.36～7.79），红细胞 $6.4 \times 10^6$/mm$^3$，血红蛋白 13.2～14.2 g/100 mL，白细胞 7 530～16 820 个/mm$^3$，血小板 24 万个/mm$^3$，尿比重 1.1018～1.022，尿 pH 6.5～7.8。猪的这些血液学、血液化学各种常数和人近似。猪的脏器重量也近似于人，猪的心血管系统、消化系统、营养需要、骨骼发育以及矿物质代谢等与人非常相似，尤其是猪的皮肤组织结构、皮下脂肪层、上皮修复再生性和烧伤后内分泌与代谢的改变与人极其相似。因此，猪可作为人类进行比较医学研究的理想动物模型，同时在环境鉴定和监测、胚胎移植、烫伤治疗、人体器官替代，医用辅料等方面得到广泛应用。

贵州香猪以体躯矮小，生长缓慢、抗逆强、耐粗食、抗湿热，成熟早、代谢率低、遗传稳定、应用广泛、病害少、易于管理等优良特性，闻名全国，已成为理想的宠物和实验动物。贵州香猪是中国最原始的猪种，包括剑白香猪和从江香猪等，生长于"中国香猪之乡"的贵州黔东南与广西接壤的丛林山寨中，长期近亲繁殖培育而成。主食野生植物，猪肉质鲜美、有特殊的香味，肉质鲜嫩可口、清香独特、肥而不腻，被称为猪肉极品，不仅成为人们追求生活品质的餐桌必需品，更因为剑白香猪的基因高度纯合，与人类基本相似，其近亲繁殖，使其基因高度纯合且最近似人类基因，有极高的医用研究价值。贵州香猪按体型外貌可分为中型和小型两个类型：一种体型较大，身躯较长，四肢细短，头大嘴稍粗，耳较大下垂。另一类型体型小，身躯短，背腰宽，腹大，头小，嘴细，耳较小稍竖起，四肢纤细，在数量上居多，占 70% 左右。

---

\* mmHg 为非法定计量单位，1 mmHg＝133.322 Pa。

## 第二节　实验动物的饲养管理与微生物控制

### 一、实验动物的饲养管理

#### (一) 建筑要求

全部设施应符合良好试验规范（good laboratory practice，GLP）的要求，实验动物房应选择无疫源、无公害的独立区，四周有一定空间地带，有可靠的交通、水电和给排水系统和污物处理系统，饲养室建成分层分间隔离式，供饲养不同品种的动物。应有防虫、防野生动物设施，并根据实验动物的微生物和寄生虫控制程度以及空气净化程度，将其设施分为相应的隔离系统、屏障系统、半屏障系统和开放系统。

实验动物房的建筑设施包括动物饲养室、饲料加工和储存库、器材清洗消毒室、检疫化验室、动物实验室、办公室和机器房等。

动物饲养室，要根据动物种类和要求进行具体设计：①墙壁：内壁多用加涂料的材料粉刷，使之耐水、耐磨、耐腐蚀，墙壁拐角处及与地面接合处要作成弧形，管道应尽量不外露，安装在墙壁或走廊的天花板内。走廊一般宽 2 m 左右，便于运输。②天花板：用耐水、耐腐蚀材料制成，室顶平整光滑，要加防水层，灯具、进气口周围要密封。③地面：常用环氧树脂、硬面混凝土、水磨石、氯丁二烯橡胶或硬橡胶等耐水、耐磨、耐腐蚀的材料制成，兔、犬、猴和猪等动物房要做成坡度不小于 0.64 cm/m 的防水地面，有排水装置，管径约 15.3 cm，并带有回水弯。用于饲养小啮齿动物的房室可不设排水装置；此外，地面接墙处要做成高 10~15 cm 的踢脚。④门窗：原则上门应朝内开（负压室除外），要求气密性好，最好用耐水、耐药性的金属密封门，除需要自然采光和通风的场所外，动物室一般不设外窗。

#### (二) 饲料和饮水

**1. 饲养标准**　由于实验动物种类、生理功能、生产性能、体重、年龄与性别等不同，对各种营养物质的需要也各不一样。人们根据长期生产实践中总结的经验和各种科学试验，规定出不同种类、性别、年龄、体重、生产水平的动物，每头（只）每天应给予的能量和各种营养物质的量，即饲养标准。以满足动物生理和生产的需要。

**2. 饲料分类**　实验动物饲料均应来源于天然，不能用化学合成饲料，更禁止使用各种药物、激素及促生长剂。常用的饲料如大麦、高粱、玉米、豆类、胡萝卜、干草、苜蓿草、青菜等，多加工成混合饲料。根据饲料加工处理的方法不同，可将实验动物的饲料分为：①混合粉料：按动物种类、性别、发育阶段等不同，将不同的天然饲料粉碎后制成混粉料，因只能用于普通级动物，加之浪费大且不卫生，故现很少使用。②颗粒饲料：通常都将混合粉料经加工配制成全价营养的颗粒饲料。混合粉料通过加水调制、热压成型、加热烘烤、灭菌等处理，消化吸收好，适口性强，易于保存、运输，适用于各种级别动物使用。③罐装饲料：将鱼、肉等动物性饲料加工装罐后经灭菌制成罐装饲料，具有食用方便，保存期长等优点，一般用于犬、猫等食肉类动物。饲养要每天按时饲喂，加料换水，并不时检查料、水情况。混合粉料一日加料两次，并要求间隔时间不能太短。颗粒饲料的添加视具体情况而定，一般要每周2~3次，并保证动物能食后有余。

**3. 饲料质量管理** 为了保证实验动物饲料的质量，除了对营养成分含量进行监测外，还需注意对饲料的配方设计、优选、原料的选择、采购与储存，饲料的配合、加工与制粒、包装、运输、直至饲喂等各个环节实施全程监控。各环节应严格把关，才能确保饲料的质量。要精心选择原料，保证新鲜、无腐败变质。不得使用有异味、霉变、虫蛀的原料，不得在配合饲料中加入抗生素、防腐剂、驱虫剂、促生长剂及色素、激素等添加剂。生产饲料库应保持干燥、通风、阴凉、防潮、防晒、无虫、无鼠。库房要保持清洁卫生，定期消毒，严禁堆放杂物及毒品。成品应与原料分开，要有严格的保管、领发制度。

**4. 饮水** 饮水卫生质量直接影响到实验动物的健康。根据实验动物的微生物控制标准不同，其饮水质量的要求也有相应不同。对于普通级动物，饮水质量最基本的要求是符合或达到卫生部《生活用水标准》的各种井水、河水、湖水或自来水，而清洁级动物则要求用酸化水或灭菌水，SPF级动物和无菌级动物要用灭菌水。除蒸馏水外，在使用其他来源的水前，应多次采样进行重金属、化学和生物污染物的检测。达到营养控制要求，才可作为实验动物的饮水。应按不同级别实验动物的管理要求定期清洗消毒给水设备。

### （三）垫料

使用垫料其目的是为了动物繁殖和保温、舒适及保持盒内的清洁。一般使用小刨花、玉米芯、秸秆、稻壳、废纸屑以及合成垫料等。垫料的质地会影响动物的健康，如刨花作为垫料饲养地鼠，会引起足掌受伤并形成肉芽肿。垫料的基本要求有：①容易获得、易于运输、储存方便、价格便宜。②无灰尘、无污染、无芳烃类气体等异味、对人和动物无害。③吸湿性好、方便动物筑窝、动物舒适、同时具有良好的保温性。④没有营养、不被动物食用；容易清理和消毒灭菌处理。国外有膨化系列垫料，吸附性很强。

因动物种类和等级的不同，垫料要求也各异。例如，小鼠多用吸水性好的锯木屑作为垫料，而兔可用稻草作为垫料；普通级动物的垫料要求清洁卫生，经日晒干燥即可；而其他级别的动物用垫料则应根据规定进行包装、灭菌和检验合格后方可应用。更换的频度视动物的大小、密度和粪尿排出量、垫料的脏污程度，每次用量以两次换垫料期间内保持基本清洁、干净为宜，一般每周更换1~2次，并作清扫消毒，用过的垫料要集中运出处理。某些特定情况下，应及时更换垫料，如发现垫料被水浸湿，鼠盒内有死亡鼠等。在怀孕后期或哺乳初期等情况下，不宜过频地进行垫料更换。

### （四）饲育器材

**1. 笼具** 笼具是饲养动物的容器，笼具的设计、制作必须考虑保持动物的健康和舒适，应无毒、质地坚固，轻巧、耐高热高湿、耐酸碱等腐蚀性物质，不损伤皮肤，利于通风散热，易于清洗消毒、饲养试验方便，动物能保持正常姿势的空间要求。大、小鼠一般使用铺有垫料的笼盒，犬、猫、猴、兔、鸡使用带承粪盘的笼子。

目前，笼具多用耐酸铝材、塑料、不锈钢、铁丝或竹子等制作。常用的笼具类型有：①定型式笼盒：底和四周一体，用塑料制作，顶上为不锈钢丝网盖，用于加料给水，多用于小鼠、地鼠等饲养用；②带粪尿漏网笼箱：笼底为网状或格子型底板，便于粪尿排泄物漏至底部的粪道。此种类型的笼箱主要用于饲养体型较大的实验动物，如家兔、豚鼠或犬、猫；③围栏式笼：用金属网围成，能防止动物逃逸，底部直接落地，用于犬、猫或猴的饲养；④代谢笼：是一种密封式饲养笼，它有两层金属层网底，下底网眼细，将粪便和掉下去的饲料分开，尿经漏斗流入积尿瓶，作为动物实验需要采集动物的排泄物时专用。

**2. 笼架** 用于放置笼具。应牢固、耐热、耐腐蚀，便于移动，层次最好可调节、具有通用性。笼架便于清洗消毒。常用的笼架有：①饲养架，为4～5层金属结构架，可将笼箱直接放在上面。多用于小啮齿动物的饲养。②悬挂式，可有多层挂架，用于笼箱（盒）悬挂，粪尿则可直接落入下面倾斜的托盘内。也可以将笼箱直接悬挂在动物室墙壁悬壁架上。③冲水式，在悬挂架的背后建有一条有较大坡度水槽，落入倾斜托盘内的粪尿流入水槽后，可经冲洗后排出。也可以在笼架的一端装上自动水箱，便于定时冲洗。此外，还有用于饲养无菌动物或悉生动物的隔离器、小型屏障饲养的层流架（超净饲养架）和隔离柜、透明隔离箱、净化室等特殊设施；笼下冲洗槽或承受污物底板要能耐冲洗、耐刮擦、耐腐蚀，可用金属、硬塑料、玻璃钢制造。自动清洗装置要尽可能减少噪声的产生，底部倾斜度要适中，光滑平整，不积水。

**3. 给料器** 因动物种类、笼箱和笼架不同而有多种类型。一般将大、小鼠的固体饲料给食器设计为挂篮型或在笼盖做个凹形槽代替，豚鼠、兔、猴的给食器为箱形，犬、猫的给食器为碗钵或盘形。粉末饲料给食器多为槽式或斗式，给料器的放置应适合动物采食，且能防止动物扒出饲料或能收集测定散落的饲料量为好。目前已有自动给料装置在试用。

**4. 给水器** 饮水器一般采用饮水瓶或自动饮水器。小啮齿动物多使用饮水瓶，可用玻璃瓶、塑料瓶或金属瓶等，一般饮水瓶大小为200～500 mL，其中央有一根内径为5～6 mm的金属管或玻璃管，瓶中的剩水不可反复利用，饮水瓶要经常清洗、消毒，并检查是否堵塞和外漏水。自动饮水器由贮水器、饮水嘴及连接管组成。饮水嘴装在动物的笼箱内或围栏内，供动物随时可饮用。自动饮水器要特别注意饮水嘴的堵塞和漏水，最好配备减压和过滤装置。

### （五）卫生管理

为了保证实验动物的质量及其人员健康，应按GLP标准实施，加强饲养卫生管理，具体要求如下：

**1. 环境卫生** 场地绿化，无露地面土，水泥或柏油路面，设有专用的垃圾箱、化粪池、死厂、污物、污水处理系统，不得饲养非实验用家畜、家禽，严防吸血昆虫和野生动物侵入。

**2. 动物房卫生** 为便于清扫，小型实验动物笼架与墙壁间应有一定的间距，并腾空墙角。要定期对墙壁、天花板清扫、除尘，并用0.1％新洁尔灭液或消毒喷洒消毒，犬、猫、兔等中、大型实验动物舍的地面在清扫后要每天用高压水龙头冲洗干净。垫草要经常更换，每周至少要全部清除一次。

**3. 饲育器材卫生** 笼具笼架应定期洗刷消毒，通常采取整套更换的方式，换下的器材先用热水浸泡，再移至加有洗涤剂的温水中洗刷，最后用清水洗净。污染的笼具笼架应先行消毒后再进行浸洗。根据器材与设备条件，选用高压灭菌、化学药品或煮沸消毒。一般要求对笼具每周至少更换 1 次；冲洗式笼架，每天至少要冲洗 1 次。对给料器、给水器每月至少作 1 次更换清洗消毒。户外饲养的动物，最好在运动场顶部架设铁丝网，防止飞禽和野生动物的入侵。槽内饲料或饲草每周至少清除 1 次。

**4. 废水、废物处理** 对排出的废水按要求进行净化处理，对死尸、污染的垫料、排泄物等用容器集中运出后作深埋、焚烧处理。

### （六）防疫

实验动物因其数量多、密度大、繁殖快，整个生活均局限于一定范围内（如笼具），在各种病原的作用下，极易造成疾病的发生和流行，继而造成动物死亡、淘汰、实验结果受到干扰甚至被迫中断、一些人兽共患病还会给接触的人员造成危害。另一方面，由于实验动物的特殊性，为了保证实验动物的敏感性、杜绝传染源及从经济上考虑，除犬、猴等大型者外，其他实验动物一般不作预防接种和药物治疗。因此，主要靠平时加强饲养卫生管理和实施防疫、检疫、消毒、监护等措施，从控制、消灭传染源，切断传播途径和增强动物机体抵抗力三个方面入手，减少疾病发生及其造成的经济损失。具体措施如下：

（1）优化饲养环境条件，保证适宜的温度、湿度、空气、光照等环境条件。坚持日常卫生消毒制度，减少环境中各种微生物的繁殖和入侵；防止各种吸血昆虫和野生动物的入侵。

（2）每天注意观察动物的饮食、精神、被毛、呼吸、粪尿、行为及口鼻、眼等状况，发现异常情况要及时作进一步检查；临床检查发现异常的小啮齿动物要及时作淘汰处理，大型动物除按系统进行常规检查外，可进一步作血、粪、尿的检查，以协助诊断；淘汰或病死动物可在隔离室进行剖检，详细查看病变的器官，必要时作病理组织学检查或病原学、血清学检查。

（3）加强对动物健康状态的监护，一旦发现有传染迹象的异常动物，一定要迅速确诊，同时对全群动物要立即实施封锁、隔离、消毒等应急措施，防止疫情扩大。

（4）建立科学的饲养管理和防疫制度，定期对工作人员进行健康检查，发现人兽共患病者，调离或改换其工作。

（5）培育健康的动物种群，坚持自繁自养、自用，大型饲养场可周期性地建立 SPF 级或无菌级的核心种群，小型动物房应采取全进全出方式，从可靠的保种单位引进健康种群。引进动物应按有关规定严格检疫，防止从疫区引进实验动物。

（6）大动物如兔、犬等应及时接种狂犬病、犬瘟热、犬细小病毒性肠炎、犬肝炎和兔瘟疫苗。

## 二、实验动物微生物质量控制

在进行遗传控制的基础上，还必须对实验动物进行微生物质量控制。根据我国《实验动物微生物学等级及监测》（GB 14922.2—2011）规定，一般将实验动物分为四个等级，即：普通级动物、清洁级动物、无特定病原体动物、无菌动物与悉生动物，其饲养条件和微生物控制水平见表 6-1。

## 第六章 实验动物与动物实验技术

**表 6-1 按微生物控制程度的分类**

| 种类 | 饲养条件 | 微生物控制水平 |
| --- | --- | --- |
| 普通级动物 | 开放系统 | 不携带所规定的人畜共患病病原和动物烈性传染病病原 |
| 清洁级动物 | 屏障系统 | 不带有人畜共患的和致动物烈性传染病的病原体及对动物实验结果有明显影响的病原体的动物 |
| 无特定病原体动物 | 屏障系统 | 除清洁动物应排除的病原外,不携带主要潜在感染或条件致病和对科学实验干扰大的病原 |
| 无菌动物 | 隔离系统 | 以无菌技术获得,用现有方法检不出任何微生物 |

**1. 普通级动物**(conventional animals) 又称一级动物,在开放系统的动物室内饲养,空气未经过净化,动物本身所携带的微生物状况不明确,要求不携带主要人畜共患病和动物烈性传染病病原的动物,如小鼠要求排除鼠痘病毒、流行性出血热病毒、淋巴细胞性脉络膜脑膜炎病毒、沙门菌、皮肤真菌、弓形体及体外寄生虫等,是在微生物学控制上要求最低的动物。

普通动物由于开放饲养,环境条件易控制,生产成本低,培育过程较为简便,能大量生产,目前广泛应用于教学实验、预实验,但由于微生物控制程度低,对实验结果的反应性较差,故不适合进行科学研究。

**2. 清洁级动物**(clean animals) 清洁级动物在微生物控制方面,除要求必须不带有人兽共患病原和烈性传染病病原及常见传染病病原之外,还要求排除对动物危害大的和科学实验研究干扰大的病原体的动物。如鼠肝炎病毒、仙台病毒、多杀性巴氏杆菌、肺支原体、泰泽菌、兔脑胞内原虫、艾美耳球虫等病原体。

清洁级动物原种群来自 SPF 动物或剖腹产动物。清洁级动物除肉眼观察无病外,尸体剖检时主要脏器、组织无论是眼观还是病理组织切片均没有病变。因此,清洁级动物的微生物控制,在饲养管理上必须采取一定的措施:饲料、铺垫物和饮用水、笼、盖、操作工具等一切物品必须经过无菌处理,严防野生啮齿类动物窜入,工作人员需严格遵守操作规程。此外,在饲养管理过程中,清洁级动物还要按照国家标准定期对动物和环境进行微生物监测,以确保实验动物的质量符合清洁级标准。

清洁级动物较普通动物健康,在动物实验过程中可排除动物疾病的干扰,又较 SPF 动物容易达到质量控制标准,可作为一种标准实验动物用于一般科学实验。根据我国的实际,清洁级动物作为一种过渡,近年来在国内得到广泛应用。

**3. 无特定病原体动物**(specific pathogen-free animals, SPF animals) 简称 SPF 动物,指动物体内除清洁动物应排除的病原外,不携带主要潜在感染、条件致病及对科学实验有较大干扰的病原体。由于 SPF 的饲养环境要求没有致病微生物,因而生产效果比通常动物好,繁殖率高,死亡率低,能大批生产,且由于排除了对实验研究有干扰的一些特定病原体,故适合进行长期慢性实验,实验结果可靠。在生物医学研究各个领域得到了广泛应用和肯定,成为标准的实验动物。

国际上对 SPF 动物的监测内容,还没有一个统一的质量标准。我国的 SPF 动物标准是参考国外有关资料基础上，根据我国具体情况制定的，原则上排除对动物群有危害的病原体，又排除对动物实验研究有干扰的微生物和寄生虫。

SPF动物的培育：其原种群可来源于无菌动物或悉生动物，将其饲养于SPF屏障系统中。也可经剖腹产获得并在屏障设施内由SPF动物代乳。在培育SPF动物之前，严格选择剖腹产母体，首先应证实被选的剖腹产母体未感染SPF动物规定应排除的并能通过胎盘垂直传播的微生物和寄生虫，并连续几代剖腹净化来培育原种无菌动物。

在培育过程中，SPF动物应饲养于屏障系统、超净生物层流架内，要注意防范特定病原体的污染，实行严格的微生物控制，并定期按规定的方法严格检查是否有特定的病原体污染。对污染动物依情况不同，需降低等级使用或全部淘汰。污染的常见原因，设施被破坏，停电事故，空气过滤装置故障及进入屏障系统内的物品消毒不严格，尤其是工作人员不按规定的程序进入屏障设施进行操作。因此，SPF动物饲养管理的要求关键在于，除了完善的设施外，对在屏障系统中从事动物管理或进行实验的人员都事先要经过严格的技术训练，强化无菌观念，认真遵守制定的操作规程和制度。

目前，兽医生物制品生产中SPF鸡种蛋得到广泛使用。我国SPF猪培育起步较晚，难度较大，目前，还不能满足疫苗研究开发。SPF猪一般应无萎缩性鼻炎、气喘病、传染病胸膜肺炎、血痢和弓形体等慢性传染病以及布病、伪狂犬等疫病。SPF猪一般是通过无菌手术对临产母猪剖腹取胎获得新生仔猪，然后在无菌环境下人工哺育，21 d后进入SPF环境下生活，由此培育的猪称为初级SPF猪，由这些初级SPF猪的母猪和公猪交配，自然分娩所生的后代称为次级SPF猪（也称为健康猪或MD猪），再由次级SPF猪，交配所生的后代才称为SPF猪。人工乳是培育SPF猪成功的关键。要根据仔猪的消化特点和营养需要，模拟猪乳的营养成分，具有一定的适口性和抗病效能。初乳替代品中含有的干物质和蛋白质特别高，并有丰富的免疫抗体（最好补充猪的免疫球蛋白），5 d后乳的成分接近常乳，粗蛋白一般以16%～20%为宜，但要注重氨基酸的平衡，尤其是生长需要的必需氨基酸，如蛋氨酸、色氨酸和赖氨酸。考虑到仔猪的消化特点，人工乳的糖以葡萄糖和芽糖为宜，不能加入过多的蔗糖。3～4周龄前仔猪在隔离箱饲养，4～6周龄宜在高床网上饲养，6周龄后可放地面饲养。

**4. 无菌动物**（germ-free animals）　是指无可检出一切生命体的动物，进一步说，是指用现有的检测技术在动物体内的任何部位检不出任何活的微生物和寄生虫的动物。此微生物是指病毒、立克次体、细菌（包括螺旋体、支原体）、真菌、原虫。

无菌动物来源于剖宫取胎，经人工哺乳或无菌乳母代乳发育而成。要选择健康、活泼、发育良好、来源清楚、无垂直传播感染疾病的动物为母体，精心饲养，选择第二、三胎，临产前剖腹取胎后，经过消毒浸泡槽移入隔离器，操作者通过隔离器上的胶皮手套操作取出胎儿，用消毒纱布擦拭鼻口及全身，促其呼吸，然后用灭菌剪切断脐带，转移到无菌条件下饲养。无菌动物必须饲养在绝对屏障系统——隔离器内。进入隔离器的空气经过高效过滤，内部物品均经高压灭菌或化学药品消毒灭菌，包括饲料、饮水必须无菌，空气的排出也经过过滤器，防止外界空气逆流进入隔离器。隔离器内无菌状态的保持具有长期性，连续性，绝对性和不可逆性。偶然的污染将导致全过程的失败。在微生物学研究中，它可提供带有某种菌的已知菌动物，以进行微生物的颉颃作用的研究；在免疫学方面，无菌动物由于其无特异性抗体这一特点，可用于各种免疫现象的研究；无菌动物还是研究某种营养代谢的良好动物模型。此外,在抗衰老、肿瘤学、宇航、寄生虫学、龋齿病因学等研究方面都有广泛的应用。

**5. 悉生动物**(gnotobiotic animal,GN) 也称已知菌动物或已知菌丛动物(animal with known bacterial flora),是指无菌动物体内植入已知微生物的动物。按我国的微生物学质量控制分类,与无菌动物属于同一个级别的动物,必须饲养于隔离系统。

悉生动物来源于无菌动物,其体内外有已知种类的几种微生物定居,形成动物与微生物的共生复合体,目前广泛应用于感染性疾病、代谢性疾病等的病因学研究,如将幽门螺杆菌接种至无菌慢性萎缩性胃炎转基因小鼠,可研究幽门螺杆菌对胃上皮干细胞生物学的影响及其在胃癌发生中的分子机制。

我国对每个等级动物的微生物控制程度和饲育环境条件都有明确规定,其微生物控制内容见表6-2和表6-3。根据国家《实验动物管理条例》,结合兽用生物制品的特点,农业部制定了适用于兽用制品的研究、菌(毒、虫)种的制备与鉴定、制品的生产、检验用动物的暂行标准。除家兔、豚鼠、大鼠、小鼠和地鼠要求达清洁级标准。鸡或鸡胚应符合SPF级标准(表6-4),此外对实验用的猪、犬、牛、羊和马也作了相应要求(表6-5)。

表6-2 小鼠、大鼠病原体检测项目

| 动物等级 | 检测项目 | 动物种类 | |
| --- | --- | --- | --- |
| | | 小鼠 | 大鼠 |
| 清洁动物 | 沙门菌 | ● | ● |
| | 假结核耶尔森菌 | ○ | ○ |
| | 小肠结肠炎耶尔森菌 | ○ | ○ |
| | 皮肤病原真菌 | ○ | ○ |
| | 念珠状链杆菌 | ○ | ○ |
| | 支气管鲍特杆菌 | | ● |
| | 支原体 | ● | ● |
| | 鼠棒状杆菌 | ● | ● |
| | 泰泽菌 | ● | ● |
| | 大肠埃希菌 | ○ | |
| | 淋巴细胞脉络丛脑膜炎病毒 | ○ | |
| | 汉坦病毒 | ○ | ● |
| | 鼠痘病毒 | ● | |
| | 小鼠肝炎病毒 | ● | |
| | 仙台病毒 | ● | ● |
| | 体外寄生虫(节肢动物) | ● | ● |
| | 弓形虫 | ● | ● |
| | 兔脑原虫 | ○ | ○ |
| | 卡氏肺孢子虫 | ○ | ○ |
| | 全部蠕虫 | ● | ● |

(续)

| 动物等级 | 检测项目 | 动物种类 | |
|---|---|---|---|
| | | 小鼠 | 大鼠 |
| 无特定病原体 | 嗜肺巴斯德杆菌 | ● | ● |
| | 肺炎克雷伯杆菌 | ● | ● |
| | 金黄色葡萄球菌 | ● | ● |
| | 肺炎链球菌 | ○ | ○ |
| | 乙型溶血性链球菌 | ○ | ○ |
| | 绿脓杆菌 | ● | ● |
| | 小鼠肺炎病毒 | ● | ● |
| | 呼肠弧病毒Ⅲ型 | ● | ● |
| | 小鼠细小病毒 | ● | |
| | 小鼠脑脊髓炎病毒 | ○ | |
| | 小鼠腺病毒 | ○ | |
| | 多瘤病毒 | ○ | |
| | 大鼠细小病毒 RV 株 | | ● |
| | 大鼠细小病毒 H-1 株 | | ● |
| | 大鼠冠状病毒/大鼠涎泪腺炎病毒 | | ● |
| | 鞭毛虫 | ● | ● |
| | 纤毛虫 | ● | ● |
| 无菌动物 | 无任何可查到的细菌、病毒、寄生虫 | ● | ● |

注：●必须检测，要求阴性；○必要时检测，要求阴性。

表6-3 豚鼠、地鼠、兔病原菌检测项目

| 动物等级 | 检测项目 | 动物种类 | | |
|---|---|---|---|---|
| | | 豚鼠 | 地鼠 | 兔 |
| 普通动物 | 沙门菌 | ● | ● | ● |
| | 假结核耶尔森菌 | ○ | ○ | ○ |
| | 小肠结肠炎耶尔森菌 | ○ | ○ | ○ |
| | 皮肤病原真菌 | ○ | ○ | ○ |
| | 念珠状链杆菌 | ○ | ○ | |
| | 淋巴细胞脉络丛脑膜炎病毒 | ● | ● | |
| | 兔出血症病毒 | | | ▲ |
| | 体外寄生虫（节肢动物） | ● | ● | ● |
| | 弓形虫 | ● | ● | ● |

(续)

| 动物等级 | 检测项目 | 动物种类 | | |
| --- | --- | --- | --- | --- |
| | | 豚鼠 | 地鼠 | 兔 |
| 清洁动物 | 多杀巴斯德杆菌 | ● | ● | ● |
| | 支气管鲍特杆菌 | ● | ● | |
| | 泰泽菌 | ● | ● | ● |
| | 仙台病毒 | ● | ● | |
| | 兔出血症病毒 | | | ● |
| | 兔脑原虫 | ○ | | ○ |
| | 艾美耳球虫 | | ○ | ○ |
| | 卡氏肺孢子虫 | | | ● |
| | 全部蠕虫 | ● | ● | ● |
| 无特定病原体 | 嗜肺巴斯德杆菌 | ● | ● | ● |
| | 肺炎克雷伯杆菌 | ● | ● | ● |
| | 金黄色葡萄球菌 | ● | ● | ● |
| | 肺炎链球菌 | ○ | ○ | ○ |
| | 乙型溶血性链球菌 | ● | ○ | ○ |
| | 绿脓杆菌 | ● | ● | ● |
| | 仙台病毒 | | | ● |
| | 小鼠肺炎病毒 | ● | ● | |
| | 呼肠弧病毒Ⅲ型 | ● | ● | |
| | 轮状病毒 | | | ● |
| | 鞭毛虫 | ● | ● | ● |
| | 纤毛虫 | ● | | |
| 无菌动物 | 无任何可查到的细菌、病毒 | ● | ● | ● |

注：●必须检测项目，要求阴性；○必要时检测项目，要求阴性。

表6-4 SPF鸡检测项目与方法

| 检测项目 | 检查方法 |
| --- | --- |
| 鸡白痢沙门菌 | 血清平板凝集（SPA） |
| 鸡毒支原体 | SPA、ELISA |
| 鸡滑液支原体 | 琼脂扩散试验（AGP）、SPA |
| 副鸡嗜血杆菌 | AGP、SPA |
| 禽痘病毒 | AGP、临床观察 |
| 鸡新城疫病毒 | HI、ELISA |
| 禽白血病病毒 | 补体结合试验（COFAL）ELISA、SN |
| 脑脊髓炎病毒 | AGP、ELISA、鸡胚敏感试验（ES） |

(续)

| 检测项目 | 检查方法 |
|---|---|
| 网状内皮增生症病毒 | 荧光抗体技术（FAT） |
| 鸡马立克病病毒 | AGP |
| 传染性喉气管炎病毒 | AGP、ELISA |
| 传染性法氏囊病病毒 | AGP、ELISA |
| 禽呼肠孤病毒 | AGP |
| 禽腺病毒 | AGP |
| 产蛋下降综合征病毒 | HI |
| 禽流感病毒 | AGP、HI |
| 传染性支气管炎病毒 | AGP、HI、ELISA |

表 6-5 猪、犬、羊、牛、马微生物检测项目与方法

| 检测项目 | 动物种类 | | | | | 检测方法 |
| | 猪 | 犬 | 羊 | 牛 | 马 | |
|---|---|---|---|---|---|---|
| 猪瘟病毒 | ● | | | | | FA、ELISA、中和试验（SN） |
| 猪细小病毒 | ● | | | | | FA |
| 弓形虫 | ● | | | | | 间接血凝试验（IHA） |
| 伪狂犬病病毒 | ● | | | | | FA、SN |
| 口蹄疫病毒 | ● | | | | | 反向间接血凝试验（RIHA）、SN |
| 狂犬病病毒 | | ● | | | | SN |
| 边界病病毒 | | | ● | | | FA、SN |
| 布鲁菌 | | | ● | ● | | SPA、试管凝集试验（TA）、CF |
| 梨形虫 | | | | ● | | 镜检 |
| 黏膜病（BVD）病毒 | | | | ● | | FA、SN |
| 马传染性贫血病毒 | | | | | ● | AGP |
| 马鼻疽杆菌 | | | | | ● | 马来因点眼、CF |
| 皮肤真菌 | | ● | ● | | | 真菌培养鉴定 |
| 体外寄生虫 | ● | ● | ● | ● | ● | 逆毛刷虫、肉眼检查、镜检 |

注：●必须检测项目，要求阴性。

## 第三节 常用动物实验技术

抓取与保定动物的原则是保证实验人员的安全和使实验动物舒适。为此，在抓取、保定动物前，应对各种动物的一般习惯有所了解。实验人员应尽可能采取爱护动物的态度，切忌对动物采取突然、粗暴的动作，抓取部位应最大限度地减轻动物痛苦，尤其不能抓取耳、胡须等敏感部位。在对凶猛动物抓取、保定时，应戴防护手套，以免被咬伤；抓取哺乳期动物时，应将母仔分开，以防动物护仔而造成损伤；抓取动物要看准时机，做到迅速准确熟练，

不能犹豫不决，力争在动物感到不安之前抓住。

## 一、实验动物捕捉与保定

**1. 小鼠的抓取与保定** 小鼠为典型啮齿动物，性情较为温和，一般不会主动咬人，但抓取不当也易被其咬伤。取用时动作要轻，保定时先用右手抓住并提起鼠尾，放在表面较粗糙的台面或笼具盖上，小鼠向前挣脱时，用左手的拇指和食指抓住小鼠两耳和头颈部皮肤，使其头部不能活动，然后将鼠体置于左手心中，右手将后肢拉直，再用左手无名指和小指夹紧尾巴和后肢（前肢可用中指固定），即可进行注射等实验操作（图 6-1）。用手抓取时要注意掌握用力分寸，防止小鼠反转头部咬伤人，也要避免造成小鼠颈椎脱臼、窒息。

图 6-1 小鼠（左）和大鼠（右）的抓取

（引自罗满林、顾为望，实验动物学）

需取尾血或进行尾静脉注射时，可将小鼠装入有机玻璃、木制或金属制的小鼠保定盒内，使其尾巴露在保定器外。目前有市售保定器，使用起来也很方便。

在进行外科手术时，一般使用固定板。在固定板前方边缘楔入 1 个钉子，左右边缘各楔入 2 个钉子，消毒后即可使用。小鼠麻醉后，用 20~30 cm 长线绳分别捆住小鼠四肢，然后将绳线系到左右边缘的钉子上，并在头部上颚切齿上牵一根线绳系在前缘，以达到完全固定。

**2. 大鼠抓取与保定** 大鼠牙齿很尖锐，会咬人，在抓取时要小心，为防止咬伤最好带上防护手套。4~5 周龄大鼠可以按小鼠提尾的抓取方法，但稍大的大鼠需抓住尾根部然后提起置于实验台上，让其进入固定器内，再进行尾静脉取血或注射。进行腹腔注射或灌胃等实验时，通常是右手抓住大鼠的尾巴向后拉，左手虎口卡住大鼠躯干，并稍加压力向前移行至颈部，用左手拇、食指卡住大鼠颈部，拇指紧抵在下颌骨上，手心握住大鼠上半身背腹部，并将其保持仰卧位，即可进行实验操作（图 6-1）。进行外科手术或解剖时，则需使用固定板。

**3. 豚鼠的抓取与保定** 豚鼠性情温和，抓取幼小豚鼠时，可用双手捧起来，抓取较大的豚鼠，则用手掌按住鼠背并抓住肩胛，用手指握住颈部或握住鼠体中部拿起即可。对怀孕或体重较大的豚鼠，应以另手托其臀部（图 6-2）。进行手术等操作时，将其麻醉后仰卧，四肢用线绳分别固定于固定器，然后进行操作。

**4. 兔的抓取与保定** 兔比较驯服不咬人，但脚爪较锐利，应避免抓伤。常见不正确抓取方法包括抓双耳、皮肤、腰部或四肢。正确的抓取方法是：右手抓住颈部皮肤，左手托住其臀部与后肢进行辅助保定，或直接用手抓住背部皮肤提起来，抱在怀里，便可进行实验操作（图6-3）。

图6-2 豚鼠的抓取和保定
（引自罗满林、顾为望，实验动物学）

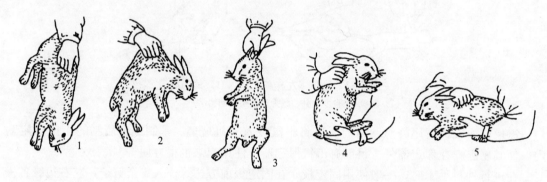

图6-3 兔的抓取和保定
1、2、3均为不正确抓法，（1可伤两肾，2可造成皮下出血，3可伤两耳）
4、5为正确抓法，颈后部的皮厚可以抓，并用手托住兔体
（引自罗满林、顾为望，实验动物学）

经口给药时，可坐在椅子上用左手抓住兔颈背部皮肤，右手抓住两后肢并夹在大腿之间，然后腾出右手抓住两前肢将兔固定。抓住颈背部的左手，同时提着两个耳朵，不让其头部活动即可操作。对兔进行注射、采血等试验时，可用市售的兔用固定器固定，如要进行局部手术、量血压时，需将其固定在手术固定台上。

**5. 犬的抓取与固定** 犬性情凶恶，会咬人，但也通人性。在麻醉和固定犬时，为避免犬咬伤人，应先用绷带或布条将犬嘴捆住，可在腭下打结后，再绕到颈部打结，以求牢固（图6-4）。亦可用网口将口套住。在进行前肢静脉注射或采血时，可将犬放在操作台上，一只手固定颈部，另一只手握牢前肢关节；进行手术操作时，可在麻醉后用粗棉带捆住四肢、固定于手术台，头部用固定器固定好后就可解去嘴上的带子，若无犬头固定器，可用棉带把犬头固定在实验台上，嘴上的带子稍松一点，以利动物呼吸。

图6-4 犬嘴捆绑保定的方法
（引自罗满林、顾为望，实验动物学）

**6. 猴的抓取与固定** 在笼内捕捉时,用右手持短柄网罩,并伸入笼内,自上而下地罩捕,再将网罩转取出笼外,从罩外抓住猴的颈部,再将猴两手臂反背交叉单手固定,使猴无法逃脱;在室内或大笼内捕捉时,则需两人合作,并用长柄网罩。

## 二、实验动物分组编号和标记方法

在饲养管理和科学研究中,为了观察每个动物的变化情况,需对实验动物进行分组编号和标记。

**1. 分组编号**

(1) 分组:应按随机分配原则进行,使实验动物分配到每一组的机会均等。分组多少要按照实验目的及其具体要求而定。各组结果和观察还应采取双盲试验,各处理组均用密码代表,观察记录者事先不知道密码所代表的处理组。

(2) 实验动物数:确定的原则是,在实验结束时有符合统计学要求的动物数量和数据存在,还应考虑到分组愈多,要求实验的精确度愈高,则观察的动物数需增多,如果是慢性实验或需定期扑杀检查动物的实验,就要考虑选择较多的动物,以补足动物自然死亡率和人为处死动物后减少的数目。

**2. 标记方法**

标记方法可分为永久(终生)标记法和暂时性标记法。前者有墨汁浸入法、耳号法,后者有颜色涂布法、挂牌法,可根据实验动物和用途的不同予以选用。

(1) 颜色涂布法:是用化学药品涂染动物被毛,以染色部位、染色颜色不同作标记以区分动物的方法。常用的颜色及涂染化学药品有:红色,0.5%中性红或品红溶液;黄色,3%~5%苦味酸溶液或80%~90%苦味酸的酒精饱和液,大鼠、小鼠多用此染色;咖啡色,2%硝酸银溶液,兔、豚鼠染色时多用;黑色,煤焦油的酒精溶液。

具体说来根据动物种类、大小、多少不同,有以下做法:

(A) 直接用染色剂在动物被毛上标记号码,此法简单,但不适宜于个体太小动物或号码位数太多的动物。

(B) 用一种染色剂涂布动物的不同部位,其习惯是先左后右,从前至后。其顺序为左前腿 1 号,左腹侧部 2 号,左后腿 3 号,头部 4 号,腰部 5 号,尾根部 6 号,右前腿 7 号,右腹侧部 8 号,右后腿 9 号。

(C) 两种染色剂涂布动物的不同部位,以一种颜色作为 10 位数,照上述法染色,可编到 99 号。例如要标记 12 号就可以在左前腿涂布 0.5%品红(红色),左腹侧部涂布上 3%苦味酸(黄色)。又如要标记 58 号,就可以在腰部涂布 0.5%品红(红色),在右腹侧部涂布上 3%苦味酸(黄色)。

颜色涂布法几乎可用于各种动物,对白色皮毛动物如大耳白兔,大鼠和小鼠尤为适用。涂擦时,需从逆毛方向用毛笔或棉纤蘸取少量颜料涂抹之,顺毛涂抹会造成颜料流淌,不易鉴别序号。涂布如采用硝酸银溶液,需在日光下暴露 10 min 左右,才可见到清晰的咖啡色号码,涂写时最好戴上线手套,以免硝酸银溅在手上很难洗去。颜色涂布法具有简便,不造成动物伤害或痛苦的特点,适用短期实验,因为在长久实验中,随着时间一久颜色可自行消退,加之动物之间相互摩擦、舔毛,尿、水浸湿被毛及动物自然换毛、脱毛,易造成混乱。

(2) 剪耳打孔法：此法是用打孔机直接在动物耳朵上打孔编号或用剪刀在耳轮边缘剪出缺口来表示各种序号。打孔或剪口后要用滑石粉捻一下，以免伤口愈合，难以辨认号码，按图6-5的方法可以编至1～9999号，此法广泛适用于啮齿动物、猪等，常在饲养大量动物时采用。

(3) 烙印法：用号码烙印钳将号码烙印在动物耳上，然后在烙印部位用棉球蘸上溶于酒精里的黑墨或煤烟涂抹，此号码永久固定，适用于长期或慢性实验动物如犬、豚鼠、兔的编号。

(4) 号牌法：用金属制的号牌固定在动物的耳朵上或颈项上，打号时将金属牌直接穿过耳廓折叠在耳部，特别要注意避开耳部的大动脉或大静脉。因号码牌可能会被动物前爪抓掉，同时造成耳部损伤，在冬季可能发生冻疮，故不常用。但在犬可将号码牌挂在颈链绳上，鸡、鸽等禽类可将号码牌折成环形套在其腿上。

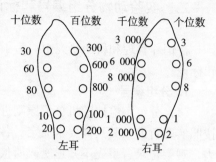

图6-5 剪耳打孔标号法
（引自罗满林、顾为望，实验动物学）

(5) 其他方法：猫、羊、犬等动物还可采用被毛剪号法，小鼠还可采用断趾编号。即将前后左右不同的指（趾）按不同排列代表不同的数字。按习惯从左向右进行编号，第一趾为1，第二趾为2，第三趾为4，第四趾为7，一并剪去第一、三趾为5。若剪去第二、四趾为9，以此类推，右脚表示个数，左脚则表示十位数，按此法可剪成1～99号。

## 三、被毛去除方法

实验动物的被毛常影响实验操作和对实验结果的观察，因此在实验前应设法去除影响实验操作局部的被毛。常用的被毛去除方法有：

**1. 剪毛法** 此法是做急性实验如兔、犬的颈部手术及兔的腹部手术时常用的方法。将动物固定后，先用纱布蘸生理盐水或自来水湿润剪毛部位，备冷水一杯，用来装剪下的被毛，防止被毛四处飞扬。剪毛时可先粗剪，再细剪，剪刀要紧贴动物皮肤剪，不可用手提着皮毛剪，以免剪破皮肤。

**2. 拔毛法** 此法简单，适用于大鼠、小鼠、兔耳缘静脉和后肢皮下静脉的取血穿刺或注射。将动物固定后，用拇指和食指将所欲暴露部位的被毛拔去即可。

**3. 剃毛法** 此法在作大动物外科手术时采用。先用刷子蘸温肥皂水将需剃毛部位的被毛浸润透，剪去被毛，然后用剃毛刀顺被毛方向剃毛；若采用电动剃毛，则逆被毛方向剃毛，剃毛时用手绷紧动物皮肤，不要剃破皮肤。

**4. 脱毛法** 此法常用于进行大动物无菌手术，局部皮肤刺激性实验，观察动物局部血液循环或其他各种病理变化。

(1) 常用脱毛剂的配制处方：①硫化钠3份、肥皂粉1份，淀粉7份，加水混合，调成糊状软膏。②硫化钠8 g，淀粉7 g，糖4 g，甘油5 g，硼砂1 g，加水至100 g调成糊状。③硫化钠8 g溶于100 mL水中，配成8%硫化钠水溶液。④硫化碱10 g，生石灰15 g，加水至100 mL，溶解后即可应用。⑤生石灰6份，雄黄1份，加水调成黄色糊状。⑥硫化钡50 g，氧化锌 25 g，淀粉 25 g，加水调成糊状。⑦硫化钡 35 g，面粉或玉米粉 3 g，滑石粉 35 g，加水 100 mL，调成糊状。

（2）各种脱毛剂用法：首先剪去脱毛部位的被毛，以节省脱毛剂。需注意的是使用脱毛剂前，动物被毛切不可用水洗，以免水洗后脱毛剂渗透至皮肤毛根里，损伤皮肤。用棉球或纱布团蘸取脱毛剂，在已剪去被毛的部位涂成薄层，经 2～3 min 后，用温水洗涤脱下的被毛，再用干纱布将水擦干，涂上一层油脂。使用脱毛剂脱毛时，操作要小心，可戴上手套，以防脱毛剂沾在实验操作人员的皮肤上，造成损伤。上述 1～3 种配方，适用于兔、大鼠、小鼠等小动物脱毛，脱一块 15 cm×12 cm 的被毛，只需涂 5～7 mL 脱毛剂，第 4 种配方适用于犬等大动物的脱毛。

### 四、麻醉方法

给动物施行麻醉术，可使动物在实验过程中服从操作，以保证动物实验的顺利进行，在对动物实施麻醉术时，应考虑实验目的，动物种类、解剖结构、生理反应、日龄、体形大小及性情等特征来选择麻醉药和麻醉方法。

**1. 术前准备**　对猫、犬、猪或非人灵长类大动物，在术前 8～12 h 后禁食，以免麻醉或手术过程中发生呕吐，兔等啮齿类动物无呕吐反射，术前无须禁食。被手术动物可在术前给予一定量饮水。如用乙醚作全身麻醉药，可在术前使用阿托品类药物（按 0.04 mg/kg 肌肉或皮下注射），以减少呼吸道和唾液腺分泌。

**2. 麻醉药**

（1）全身麻醉药：

① 乙醚：乙醚是无色而有特殊气味的透明液体，挥发性很强，为易燃品，它是最常用的吸入麻醉药，适用于除鸡外的各种动物。乙醚作为麻醉药的特点是：安全度大、深浅度易于掌握，麻醉后恢复较快。其副作用是对呼吸道和结膜刺激性强，胃肠道反应率较高。

② 戊巴比妥钠：为白色粉末，中效巴比妥类药物。其特点是：安全范围大，毒性小，麻醉潜伏期短，维持时间长（可达 2～4 h），对呼吸和循环系统抑制作用小，一般用生理盐水配成。此药既可用于腹腔注射，也可用于静脉注射。

③ 硫喷妥钠：为速效巴比妥类药物，作用时间短（仅可维持数分钟），因而只作为基础或诱导麻醉时用。

④ 水合氯醛：作用与巴比妥类药物相似，是一种安全有效的镇静催眠药，缺点是安全范围小，因麻醉量与安全量相等。

⑤ 氯胺酮：为速效非巴比妥类药物，静脉或肌肉给药后，很快起到麻醉作用，但维持时间短（10～20 min），有升血压、加快心率的副作用，还可引起动物呕吐。一般注射给药时，先推总量的 2/3，然后仔细观察，如果已达到所需麻醉程度，余下的麻药可省去。

（2）局部麻醉剂：

① 普鲁卡因：为对氨苯甲酸酯，对皮肤和黏膜的穿透力较弱，需注射给药才能产生局麻作用，此药显效快，注射后 1～3 min 内产生麻醉，可维持 30～45 min。它可使血管轻度舒张，容易被吸收入血而失去药。为克服这一缺点，常在溶液中加入少量肾上腺素（每 100 mL 加入 0.1% 肾上腺素 0.2～0.5 mL），以使局麻时间延长至 1～2 h，根据手术范围和

麻醉深度，常用1%～2%的盐酸普鲁卡因。

② 丁卡因：化学结构与普鲁卡因相似，局麻作用较普鲁卡因强10倍，吸收后毒性作用也相应加强，能穿透黏膜，作用迅速，1～3 min发生作用，持续60～90 min。

③ 利多卡因：化学结构与普鲁卡因不同，作用效力和穿透力均比普鲁卡因强两倍，作用时间也较长。通常用0.5%～1%的浓度。

**3. 麻醉方法**

(1) 吸入法：一般挥发性药物用吸入法麻醉，其中多选用乙醚，尤其适合于大鼠、小鼠和地鼠的短期操作试验的麻醉。根据动物不同，准备一个0.5～3 L大小的透明、密封容器（如干燥器），先将装有浸润了乙醚棉球的小烧杯（内盛有5～10 mL乙醚）放在麻醉缸内，然后将动物放入缸内，注意观察动物状态，待动物倒下，即可取出动物。此时动物肌肉松弛，角膜反射迟钝，皮肤痛觉消失，就可以开始进行实验操作，如需维持较长时间，可准备一个辅助麻醉管，内装浸有乙醚的棉球，在动物麻醉变浅时将管口放在动物鼻端，追加麻醉。此法也适用于动物以注射法作全身麻醉、在实验过程中有苏醒趋势时，作为辅助麻醉。当发现动物出现深呼吸或费力呼吸时，应停止闻乙醚，防止动物窒息。

(2) 注射法：挥发性药物一般用本法，包括腹腔和静脉注射麻醉。腹腔注射多用于小动物，而静脉注射则多用于较大的动物。地鼠、小鼠、大鼠可用尾静脉注射，兔或猫可用耳静脉注射，犬可由后肢隐静脉注射，鸡由翼下腋静脉注射。麻醉药物的浓度和注射剂量一定要根据各麻醉剂作用时间和毒性严加控制。例如在小鼠、大鼠和地鼠，按30～40 mg/kg尾静脉注射巴比妥钠、硫喷妥钠。因剂量较小，常用生理盐水作10倍稀释。注射麻醉时，对豚鼠可腹腔注射巴比妥钠30～40 mg/kg，对兔可静脉法注射25～30 mg/kg，如果进行长时间的麻醉，可皮下或肌肉注射0.1%硫酸阿托品0.5 mg/kg。对于犬、猫、可在注射麻醉前先用氯丙嗪作肌肉注射（1～3 mg/kg）起镇静作用，轻度或短期麻醉时，可用盐酸氯胺酮（15～20 mg/kg）肌肉注射或硫喷妥钠（25～30 mg/kg）静脉注射。

(3) 局麻法：具体的方法有表面麻醉，浸润麻醉、封闭麻醉、硬膜外腔麻醉等，其中以浸润麻醉应用最多。它是将局麻药液注射皮下、黏膜下或深部组织中，靠药液弥漫浸润在组织中，麻醉感觉神经末梢或神经干，使其阻断局部的神经传导，痛觉消失。常用的浸润麻醉药是0.25%～1%盐酸普鲁卡因，最好用生理盐水或复方氯化钠配制。在动物固定好后，在欲进行实验操作的局部皮肤预定切口一端开始，将针头刺入皮下后再注射约2 mL药液，若见皮肤隆起，再将针头推至隆起前缘，注射后以同样操作直至切口另一端，也可自两相对点进行注射或者用长封闭针头，从预定切口的一端刺入另一端，然后边注射药液边抽针头，在切口需要通过深层组织时，可按皮下、筋膜、肌肉、腹膜或骨膜的顺序，依次分别注射足量的麻醉药，以达到浸润神经末梢的目的。为防止将药液误注入血管内，每次注射时先回抽一下针头看是否回血，以确证针头不在血管内方可注射。

**4. 麻醉意外的急救及麻醉后护理** 在动物麻醉过程中，有时因麻醉过深或其他原因，导致神经中枢过度抑制，引起呼吸、循环系统机能紊乱，需要及时抢救。其急救方法是根据具体情况，采取对症治疗的措施。当发现异常时，应立即停药，并注射与麻醉药有拮抗作用的苏醒剂。如果呼吸停止，可打开口腔，以20次/min的频率牵拉舌头或压迫胸膛进行人工呼吸，并给动物吸入含95%$O_2$和5% $CO_2$的混合气体，再用戊四氮、尼可刹米、美解眠等药物兴奋呼吸。如果心跳、呼吸停止，可作体内外心脏按摩，同时选用以下心脏急救药：

①肾上腺素，能提高心肌应激性，增加心肌收缩力，加快心率，增进心脏排血量，升高血压。用于心搏骤停急救，每次 0.5~1 mg，静脉、心内或气管内注射，氟烷麻醉中禁用。②碳酸氢钠，是纠正急性代谢性酸中毒的主要药物，对于心跳停止的动物，可于首次注射肾上腺素以后立即静脉给药，因为酸中毒的心肌对儿茶酚反应不良，首次给药用5％碳酸氢钠按 1~2 mg/kg 注射。

## 五、采血和给药方法

在动物实验中，为了观察药物对机体功能、代谢及形态的影响及变化，常将药物注入动物体内。根据实验目的、动物种类及药物特性，可选择以下几种给药途径与方法：

**1. 摄入法给药**

（1）自动摄入法：将药物溶于饮水或混入饮料中，让动物自由饮水、采食，但所投入的必须是无臭、无味、能均匀混合的药物，有时可将药物夹在食团中。如药物夹在鱼腹中让猫摄食，夹在馒头或面包中让犬摄食。因动物状态和嗜好不同，饮水、采食量不同，难以保证给药量准确。该方法一般适用于动物疾病防治，药物毒性观察，某些与食物有关的人类疾病模型的复制等。

（2）经口喂药法：如果药物为固型（如丸剂、片剂、胶囊或淀粉纸包裹）可将豚鼠、兔、猫动物抓取固定好，以操作者左手压迫动物颌关节处或口角处，使口开张，用镊子把药物送入动物舌根部，然后立即闭合其嘴，将头部稍稍抬高，使其自然吞咽。给不温顺猫喂药，可置于固定袋里操作。

（3）强制灌胃给药：此法一般能准确掌握给药量，操作前将灌胃针或灌胃管安在注射器上，先大致测试一下从口腔到胃内的位置（最后一根肋骨后缘）的长度，据此距离估计灌胃针头插入的深度。成年动物插入食道的深度一般是：小鼠 3 cm，大鼠或豚鼠 5 cm，兔约 15 cm，犬约 20 cm。

操作时，一操作者固定好动物，另一操作者用开口器迫使动物开口，将头颈部充分伸展，将灌胃针或灌胃管经口腔插入，沿上腭壁轻轻推至咽部，此时有特殊抵抗感觉，待动物有吞咽动作，再沿咽壁慢慢插入食管，动物应取垂直体位。在灌药之前，要特别注意确证胃管是否插入食道，可将导管一端置于一杯清水中，若连续有气泡，说明插入了呼吸道（一般动物挣扎厉害），应立即拔出胃管，重新操作，若无气泡说明没有插入气管，即可灌药。灌药后可用少许清水将胃管内的药全部冲入胃内，以保证灌药剂量准确。此法灌药时应注意动物的反应，操作时不可动作过猛，以免动物食管的损伤。一般每次灌胃量：小鼠 1 mL，大鼠 4~7 mL，兔 80~150 mL，犬 200~500 mL。

**2. 注射法给药**

（1）皮内注射：此法是将药液注入皮肤的表皮与真皮之间，可用于观察皮肤血管的通透性变化或观察皮内反应，多用于接种或过敏实验等。先将动物注射部位及其周围被毛剪去，然后用酒精棉消毒。用左手将皮肤捏成皱襞，右手持带 4 号或 4 1/2 号细针头的结核菌素注射器，将针头与皮肤呈 30°角，让针头的横断面朝上，沿皮肤表浅层刺入皮肤内，进针要浅，避免进入皮下。随之慢慢注入一定量的药液，会感到有很大阻力，当溶液注入皮内时，可见注射部位皮肤马上会隆起一丘疹状的小泡，同时因注射部位局部缺血呈苍白色，皮肤上毛孔极为明显，小泡如不很快消失，表明药液确实注入在皮内，如很快消失，则可能注在皮下，应更换部位重新注射。小鼠、大鼠、地鼠可在背部、尾根部或趾部注射，豚鼠、兔在耳部。猴的结核菌素皮下接种在眼睑部。注射完后拔针前要压迫针注射部位，以免药液从针孔流出。

（2）皮下注射：皮下注射较为简单，易于掌握，一般选择皮肤较薄，皮下脂肪少的部位，如颈背部，腹侧或后腿、股内侧等部位注射。注射时用右手拇指及食指轻轻捏起皮肤，右手持注射器将针刺入皮下，确认刺入皮下后即可注射。完毕后拔出针头，用手指稍微按压一下针刺部位，一般犬、猫多在大腿外侧，豚鼠在大腿内侧，兔在背部或耳根部注射。

小鼠的皮下注射较为常用，注射时用左手拇指、食指手抓住两耳及头部皮肤，无名指及小指夹在鼠尾，使其腹部朝上，右手持注射器在腹部两侧作皮下注射，也可将小鼠放在金属网上，一只手拉住鼠尾，小鼠以其习惯向前方爬动，在此状态下，很容易将注射针刺入背部皮下，注射药物。此法可用于大批量动物注射，皮下注射量为 0.1～0.3 mL/10 g。

（3）肌肉注射：作动物肌肉注射，应选择肌肉发达、血管丰富的部位，如臂部、股部、肩胛部及胸部（鸡）。注射时先固定好动物，右手持注射器使之与肌肉成 60°角，一次斜刺入肌肉中，回抽一下针栓，确认无血后可注射药物。小动物无需回抽针栓。注射完毕后用手指在注射部位轻轻按压片刻即可。大鼠、小鼠、豚鼠可注射大腿外侧肌肉，用 5～6 号针头注射，小鼠每腿不超过 0.1 mL。

（4）腹腔注射：给大鼠、小鼠作腹腔注射时，可一人进行操作，采用皮下注射时的抓鼠方法，以左手大拇指和食指抓住鼠两耳及头部，无名指和小指夹住鼠尾，将腹部朝上，头部放低，使脏器移向横膈处，右手持注射器从下腹部朝头部方向刺入腹腔，固定针栓，如无回血或尿液，以一定的速度慢慢注入药液。一次注射量 0.1～0.2 mL/10 g，大鼠、地鼠、豚鼠每 100 g 体重注射 1 mL。为避免注射后药液从针孔流出，注射针头不要太粗，也可在注射时先使针头皮下向前推一段距离后再刺入腹腔，注射完毕要用棉球按压一下注射部位。

（5）静脉注射：

① 小鼠、大鼠的尾静脉注射：将鼠装入鼠笼或鼠盒内固定好，使尾巴露在其外，用 75% 酒精棉球反复擦拭尾部，以达到消毒、扩张血管的目的。如果还不行，可用尾温浴、涂擦二甲苯刺激或台灯照射尾部等方法。尾静脉有三条（上、左、右），一般常选用两侧的静脉。注射时，先以拇指和食指捏住尾根部，右手持 4 号针头的注射器呈小于 30°角方向刺入，对准血管中央、针尖抬起与血管走向平行刺入，当刺入血管时抵抗力消失，此时固定好针头和鼠尾并慢慢注入药液，如注射局部隆起、发白、且推入阻力较大，表明针头未刺入静脉。应拔出针头，重新向尾根方向移动针头，再次刺入，直至无皮丘出现，确证刺入血管内，方可注入药液。注射后拔出针头，压迫注射部位止血。有的实验需连日多次通过尾静脉途径给药时，应尽可能先从尾端开始，以后逐渐向尾根部移换注射位置。

② 兔耳缘静脉注射：兔耳中央为动脉，内外缘为静脉，内缘静脉较深，不易固定，较少使用，主要利用外缘静脉。将兔装入固定盒内固定好，拔去注射部位的毛，用酒精棉花球来回涂擦耳部边缘静脉，并用手指弹动兔耳，使静脉充盈，然后用左手食指和拇指压住耳根端，待静脉显著充盈后，右手持注射器在接近静脉末端向耳根顺血管方向平行刺入 1 cm。回血后，左手松开对耳根血管的压迫，注入药物拔出针头，用手指压迫针眼处直至止血。

③ 前肢皮下头静脉或后肢小隐静脉注射：主要用于犬、豚鼠等，给犬静脉注射时，先将

局部毛剪去,用碘酒和酒精消毒皮肤,在静脉向心端处用橡皮带绑紧,使血管怒张,将针头刺入皮下,然后与血管平行刺入静脉。此时血液逆流回血,放松橡皮带,将药液慢慢注入。

④ 其他:在保定状态下,灵长类可用股静脉、隐静脉、前肢皮下头静脉注射;山羊可在颈静脉,小型猪可在耳静脉、颈静脉或前大静脉,鸡可在翼下静脉注射,犬还可选用舌下小静脉注射。

## 六、体液采集方法

**1. 采血法**

(1) 小鼠和大鼠采血:

① 尾静脉:动物固定后用酒精棉球消毒尾部,待酒精干后,剪去尾尖,尾静脉血即可流出,让血液流入容器或试管,也可直接用吸管吸取。实验时如需多次采取鼠尾静脉血液,在每次采血时可将鼠尾剪去很小一段,取血后用局部压迫,烧烙等方法止血。在大鼠,还可采用交替切割尾静脉方法取血,每次可取 0.3~0.5 mL 血,3 根静脉均可交替作切割,并由尾尖向尾根方向切割,切割后用棉球压迫止血,此法可在较长时间连续取血,可满足血常规检查的需要。

② 眼眶动脉和静脉(摘眼球法):此法多用于小鼠,用左手抓住小鼠,拇指、食指尽量将鼠头部皮肤捏紧使鼠眼球突出,以弯头眼科镊迅速摘去眼球,并将鼠身倒置,头部向下,此时眼眶内很快流出血液,将血液滴入盛器内,直至不流为止。该方法采血量一次可达小鼠体重量4%~5%的血液量,是一种较好的取血方法。该法易致死亡,只能一次性采血。

③ 眼眶静脉丛:若采血量中等,又避免动物死亡时可采用本法。用乙醚将动物浅麻醉,采用侧眼向上固定体位,用左手食、拇指握住颈部,利用对颈部两侧所施加的压力,使头部静脉回流困难,眼球充分外突,眶静脉丛充血,在泪腺区域内,用拉长的长颈(3~4 cm)硬质玻璃毛细滴管(内径 0.5~1 mm),呈 45°在眼内角和眼球之间向喉头方向刺入,达到蝶骨深度,稍后转动并后退直至血液自动流出。采血后,除去加于颈部的压力,同时拔出采血器,并用消毒纱布压迫眼球止血 30 s。(大鼠还有断头、心脏、颈静脉等采血方法)

④ 心脏:经麻醉固定后,将动物仰卧固定于固定板上,剪去胸前区的被毛,皮肤用碘酒、酒精消毒后,在左胸 3~4 肋间,用左手食指摸到心搏最明显处,右手持带有 4~5 号针头的注射器垂直进针,当针头插入心脏时,可感到有落空感,同时可观察到针尖随心搏而动,若事先将注射器抽一点负压,血液因心搏力量会自然进入注射器。

⑤ 大血管:将动物麻醉固定,然后分离暴露血管,用注射器沿大血管平行方向刺入,抽取所需血量,这些血管有颈动脉、股动脉、腋下动脉或腋下静脉。

⑥ 断头:左手提取动物,使其头略向下,右手持剪刀迅速剪掉动物头部,立即将动物颈部朝下,血液流入已准备好的容器中。

(2) 豚鼠采血:

① 耳缘静脉:此法适于采集少量血液(如血常规)检查时用。操作步骤与兔耳缘静脉注射方法相同,但要注意的是:穿刺方向刚好相反;采血穿刺逆血流方向靠近耳根部

进针，穿刺成功后即可抽血，整个抽血过程不能放松耳根血管的压迫；亦可以刀片割破耳缘静脉，或用针头插入耳静脉取血，让血液直接流入含抗凝剂的容器中，取血完毕，注意止血。

② 耳中央动脉：在兔耳的中央有一条较粗，颜色较鲜红的中央动脉，操作方法与静脉采血法基本相同，由动脉末端，朝向心端并沿动脉走向刺入动脉，即可见动脉血进入针筒，取血完毕后注意止血，一般用 6 号针头采血。一次可抽血 10～15 mL，进针部位从中央动脉末端开始，不要在近耳根部取血，因耳根部软组织厚，血管较深，易穿透血管导致皮下出血。另需注意的是，兔耳中央的动脉容易发生痉挛性收缩，因此抽血前必须使兔耳充血，在动脉扩张，未发生痉挛性收缩前抽血，如遇到血管发生痉挛性收缩的情形，可稍等一下，待血管舒张后再抽，否则会发生血管变形，或针头刺破血管、血肿形成等。

③ 心脏：经麻醉固定后，将兔仰卧固定在手术台上，找出心脏搏动最明显处，以此处为中心，剪去周围被毛，用碘酒，酒精消毒皮肤，选择心搏最强点避开肋骨作穿刺，位置一般在胸骨右缘外 3 mm 的第三肋间隙。针头刺入心脏后，能感到心脏的跳动，并有血液自然进入注射器，取到所需血量后，迅速拔出针头。采血中回血不好或动物躁动时，应重新进、退针并抽吸，不可在心区周围乱捣。

兔的取血方法和上述豚鼠取血方法基本相同。

**2. 淋巴液和脑脊髓液的采集** 动物的淋巴液一般从胸导管和右淋巴管内采集，因此应熟悉这两条淋巴管解剖位置。胸导管位于左颈静脉与左锁骨下静脉交界处，靠左锁骨下静脉的背面；右淋巴管位于右颈静脉与右锁骨下静脉交界处。将胸导管或右淋巴管粗略分离暴露后，即可在淋巴导管下穿线，先用内径 1 mm 左右的塑料管，小心插入，即可收集到呈乳白色的淋巴液。

脑脊髓液可通过小脑延髓穿刺采集，也可在脊髓腔穿刺采集。先将动物轻度麻醉，侧卧位固定，使头、尾部向腰部尽量屈曲，术部剪毛、皮肤消毒，术者用左手拇、食指固定穿刺部位皮肤，右手持腰在两髂连线中点稍下方（第七腰椎间隙）垂直进针，当有落空感时，就进入了蛛网膜下腔，此时抽去针芯，看是否有脑脊髓液滴出。抽取脑脊髓液后，要向小脑延髓池或脊髓腔内补充与抽取量相等的生理盐水，以保持原来脑脊腔里的压力。

**3. 阴道液采集**

(1) 滴管冲洗法：用消毒过的顶端光滑的滴管吸取少量生理盐水轻轻插入动物阴道，按压滴管橡皮头，将生理盐水吹入阴道，然后又吸出，如此反复几次后，将抽出的阴道冲洗液滴于载玻片上，低倍显微镜观察涂片上的细胞。

(2) 棉花拭子沾取法：将消毒的棉签用生理盐水湿润（需挤尽棉拭子中的生理盐水）后轻轻插入动物阴道，慢慢转动几下后取出。用该棉拭子涂片，即可在镜下进行细胞检查。

(3) 刮取法：用光滑的称量勺（一般用牛角制成）轻缓插入阴道内，刮取阴道内含物后，可作涂片镜检或其他用途。

**4. 胸腹水的采集** 收集胸水或腹水主要采用胸腔或腹腔穿刺法。动物取站立位或侧卧位固定，术部剪毛后作局部浸润麻醉，术者左手将穿刺部皮肤绷紧，右手持穿刺套管针，在紧靠肋骨前缘处垂直进针。当有落空感时，即可抽取胸水。采集腹水时，穿刺部位在腹下靠腹中线处，注意不可穿刺太深，以免刺伤内脏。抽腹水时注意速度不可太快，腹水多时不要一次大量抽出，以免因腹压突然下降引发动物的循环功能障碍。

## 七、实验动物的处死方法

实验中断或结束后,实验动物原则上以安乐法处置,处理的方法有多种,可根据实际需要和条件可能性予以选择。无论何种方法,均要注意安全、简便、省事、对实验结果无影响,同时要考虑从人道主义出发,尽量减少动物的痛苦,缩短致死时间,并禁止无关人员参与。

**1. 物理方法**

(1) 颈椎脱臼:这是啮齿类动物最常用的处死方法。操作时一只手的拇、食指用力往下按住鼠头,另一只手抓住尾根用力向后拉,使脊髓、脑髓拉断,动物立即死亡。此法只是破坏脊髓,所以体内脏器完整无损,适于采样时使用。

(2) 断头法:该方法需与动物麻醉来使用,用剪刀在鼠颈部一下剪断头部,使脑脊髓断离同时大量失血,动物很快死亡。

(3) 放血法:该方法需与动物麻醉来使用,鼠可采用眼眶动脉和静脉急性大量失血法,使鼠立即死亡。犬、猴等动物需在麻醉后,暴露出颈动脉,两端用止血钳夹住,然后插入套管,松开心脏侧的钳子,能大量放血致死,犬还可轻度麻醉后(按 20~30 mg/kg 静脉注射硫喷妥钠)暴露股三角区,并作横切口,切断股动脉和股静脉,血液立即喷出。用一块湿纱布不断擦去股动脉切口周围处的血液和血凝块,同时不断地用自来水冲洗流血,使切口处保持畅通,动物 3~5 min 内即可死亡。

(4) 空气栓塞法:该方法需与动物麻醉使用,向动脉或静脉内注入一定量的空气,使之发生栓塞而死,当空气进入静脉后,可在右心与血液相混呈泡沫状,随血液循环到全身。当进入肺动脉,可阻塞其分支,进入心脏冠状动脉造成阻塞,发生严重的血液循环障碍,动物很快致死,一般兔、猫需注入 10~20 mL,犬需注入 80~150 mL。

(5) 吸入性安乐死:通常在封闭空间内以蒸气或气体的形式给予动物吸入性安乐死剂,避免人类暴露。常用的有二氧化碳法:放入动物前,先将二氧化碳灌密闭的透明塑料箱中 20~30 s。关闭二氧化碳,放入动物。再将二氧化碳气体通入箱中,封住塑料箱口 1~5 min(兔需要较长时间),确定动物不动、不呼吸、瞳孔放大。停止通入二氧化碳,观察 2 min,以确定动物死亡。

(6) 过量麻醉:采用过量巴比妥钠(100 mg/kg),静脉或腹腔注射。

(7) 其他方法:如气胸法是将动物开胸、造成气胸,动物很快窒息死亡;溺死法是将小动物投入多量沸水中处理,还有枪杀、电击等方法。

**2. 化学法**

(1) 毒气:化学毒品中,氯仿对人肝、肾、心脏有较大毒性,乙醚易引起火灾,故较少使用。为安全起见,多使用二氧化碳,先使二氧化碳箱充满二氧化碳气体后,再装入小鼠等动物,必要时再往箱内输入二氧化碳气体。也可先将动物装入塑料袋内,再输入二氧化碳气体或放入干冰。动物吸入后,很快会死亡。

(2) 化学药物:许多化学药物静脉注射或心脏注射,均可致死动物,应用较多的是巴比妥钠,剂量 100 mg/kg,该法主要用于兔、豚鼠、犬、猫、猴等中等动物,也可用于小鼠。

(罗满林)

1. 常用的实验动物有哪些？如何做好其饲养管理和微生物控制？
2. 试述常用实验动物的抓取和保定方法、标记方法、采血方法和给药方法，操作时应注意些什么？
3. 基本概念：普通级动物、清洁级动物、无特定病原体动物、无菌动物与悉生动物。

# 第七章
# 兽医生物制品管理与质量控制

**本章提要** 本章从兽医生物制品研发、生产、经营、使用、进出口、市场监督和生物安全等环节，介绍了我国兽医生物制品的管理制度和基本要求，包括兽医生物制品的监督管理、质量管理规范（GMP）、国家批签发制度、经营管理规范（GSP）、新兽医生物制品注册与审批以及动物转基因微生物管理和生物安全评价等。从水、菌毒种、细胞、血清和动物等方面阐述了兽医生物制品物料质量控制的基本要求，同时，叙述了兽医生物制品的成品质量检验，包括理化性状检验和生物性检验，如无菌检验、支原体检验、鉴别检验、外源病毒检验、活菌计数、病毒含量测定、安全检验、效力检验、敏感性检验、特异性检验、剩余水分测定、真空度测定、灭活剂和防腐剂残留量测定等，对兽医生物制品生产和研发工作具有重要指导作用。本章内容是兽医生物制品学的重点内容之一。

## 第一节 质量与质量管理的基本原理

### 一、兽医生物制品质量的特殊性与重要性

质量是企业发展的生命。兽医生物制品是用于动物疫病预防、诊断和临床特异性治疗的具有生物活性的制品，其质量具有自身的特殊性和重要性，必须更加强调"质量第一"的原则，因为：第一，所有预防制品如疫苗都直接用于大量健康动物群体，包括幼龄动物和成年动物，其质量的优劣，直接关系到免疫接种动物的健康；第二，所有治疗制品如抗毒素、免疫血清或免疫调节制剂，都直接用于特定患病动物或亚临床感染动物，其质量关系到其疗效和安全；第三，即使是体外用诊断试剂，如诊断抗原、血清或免疫标记诊断试剂，其质量则关系到能否对患病动物群体做出特异、敏感的正确诊断，不致误判或贻误病情；也关系到能否对健康动物群体免疫水平作出特异、敏感的正确分析，及时预测预报疫情。第四，生物制品具有生物活性，尤其活的细菌、病毒或寄生虫制品，其质量优劣可涉及生态环境保护和生物安全等。

实践证明，质量好的制品，可以使危害严重的动物传染病得到控制和消灭。例如，牛瘟在历史上曾经是威胁我国养牛业重要传染病，由于牛瘟疫苗及抗血清的广泛使用，取得了预防免疫的很大成效，并于1956年宣布在全国消灭了牛瘟。又如，猪瘟是流行面广、死亡率很高的传染病，由于猪瘟兔化弱毒疫苗的问世和推广应用，结果在一些国家使用后，发病率显著下降，并基本控制，有的国家甚至已宣布消灭了猪瘟。猪伪狂犬病基因缺失疫苗，也在各国取得满意的免疫效果，有的国家已得到净化和消灭。另一方面，质量不好或者有问题的

制品，不仅在使用后得不到应有的效果，甚至可能带来十分严重的后果。2001年，某企业非法生产多种禽用疫苗，尤其在生产高致病力禽流感时造成混批，导致该病扩散传播，直接和间接经济损失巨大。可见，生物制品是一种特殊商品，生物制品的质量管理具有特殊重要性。

## 二、兽医生物制品质量的涵义

根据国际标准化组织（ISO）颁布的 ISO 8402《质量——术语》的描述：广义上讲，质量（quality）是"产品或服务满足规定或潜在需要的特征和特性总和"。该定义也适用于兽医生物制品的质量。通俗地讲，兽医生物制品质量是其安全性、有效性和可接受性的直接或间接的综合反映：①安全性，即生物制品使用应安全，副反应低；②有效性，即生物制品用于预防或治疗应有效，用于诊断应准确；③可接受性，即制品的生产工艺、条件及成品的药效稳定性、外观、包装、使用方法以至价格等都应是可接受的。根据兽药生产质量管理规范（GMP）要求，生物制品质量更加强调的是其适用性和稳定性。

## 三、质量形成与质量管理的理论模式

产品质量的产生、形成和实现有其规律性。它的理论模式有多种，这里仅介绍"朱兰质量螺旋曲线"模式。

该模式由美国质量管理专家朱兰（J. M. Juran）提出，如图7-1所示，它由质量形成过程中的十三个环节组成。为达到产品的适用性，必须有效地完成质量螺旋曲线上各环节的所有活动。质量管理的有效性取决于所有这些质量活动的有效性。该曲线不仅反映了质量形成的运动规律，并且成为开展质量管理的基本原理。该原理同样适用于兽医生物制品的质量管理。

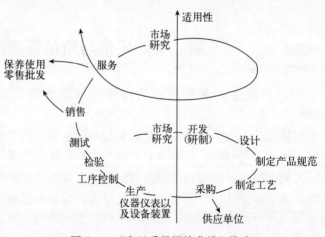

图7-1 "朱兰质量螺旋曲线"模式

（姜 平）

# 第二节 兽医生物制品监督管理

与世界上大多数国家一样，我国政府对兽医生物制品实行严格的监督管理制度。国务院于2004年11月1日起实施的《兽药管理条例》是我国政府对兽医生物制品实施管理的主要法律依据。《兽药管理条例》对在我国境内从事兽医生物制品研制、生产、经营、进出口、使用和监督管理等提出了明确要求。

根据《兽药管理条例》，农业部制定了一系列与之相配套的部门规章。主要包括《新兽药研制管理办法》（农业部令第 55 号）、《兽医生物制品管理办法》（农业部令第 2 号）、《兽药注册办法》（农业部令第 44 号）、《兽药生产质量管理规范》（农业部令第 11 号）、《兽药产品批准文号管理办法》（农业部令第 45 号）、《兽药标签和说明书管理办法》（农业部令第 22 号）等。

随着生物安全的重要性越发凸显，国务院于 2004 年 11 月 12 日发布实施《病原微生物实验室生物安全管理条例》。据此，农业部也相继出台了《兽医实验室生物安全管理规范》、《高致病性动物病原微生物实验室生物安全管理审批办法》（农业部令第 52 号）及《动物防疫条件审核管理办法》（农业部令第 15 号）等。这些规章的出台，进一步加大了对兽医生物制品的监督管理力度，对进一步提高我国兽医生物制品质量、保证生物安全等起到了非常重要的作用。

## 一、兽医生物制品研究与开发管理

《兽药管理条例》等对兽医生物制品的研制条件、内容和程序等做了规定。一般情况下，新生物制品的实验室试验无须审批，但是，在实验室试验中需要使用一类病原微生物的，应当在实验室阶段前取得国务院兽医行政管理部门的批准，并在具备相应条件（如 BSL-3 实验室等）且已取得相应资格证书的实验室进行有关试验。从事研究开发的机构必须具有与试验研究项目相适应的人员、场地、设备、仪器和管理制度。所用试剂和原材料应当符合国家有关规定和要求，并应当保证所有试验数据和资料的真实性。

按照《新兽药研制管理办法》的规定，兽医生物制品的研制试验过程包括临床前研究和临床试验。临床前研究主要包括菌（毒）种、细胞株和生物组织等起始材料的系统鉴定，如菌（毒、虫）种的选育和鉴定，毒力、抗原型、免疫原性、遗传稳定性、保存条件、特异性试验和生产工艺的探索等，用实验室制品进行的试验研究包括预防和治疗用制品的安全性、效力、免疫期、保存期试验、免疫学研究等和诊断制品的敏感性、特异性及可重复性等。

开展兽医生物制品临床试验前，应当向农业部提出申请，并提交有关临床前研究资料。农业部组织有关部门（农业部兽药评审中心）对申报资料和临床试验方案进行审查，必要时现场核查临床前研究的原始记录、试验条件和试验用产品的试制情况等。通过审查的，农业部发放临床试验批件，对临床试验区域、产品批号、负责人和试验期限等加以规定。

临床试验中一般用 3 批制品对实际生产条件下的使用对象动物进行试验，进一步评价预防或治疗制品的安全性和效力、诊断制品的敏感性和特异性。用于临床试验的预防或治疗类制品需在具备相应条件和资质的企业生产。该制品仅供临床试验用，不得销售，不得在未批准的区域使用，不得超过批准期限使用。临床试验需按有关技术指导原则进行。

临床试验取得满意结果后，按照《兽药注册办法》及《兽医生物制品注册分类及注册资料的要求》等整理注册资料，向农业部提出注册申请。经农业部兽药评审中心评审通过、中国兽医药品监察所检验合格后，农业部按有关规定进行审批。符合规定的，农业部颁发《兽药注册证书》，同时发布该制品的规程、质量标准、标签和说明书。

## 二、兽医生物制品生产管理

我国对兽医生物制品的生产实行许可管理，未经许可而从事生物制品的任何生产行为均视为非法生产。生产许可的范围包括生产许可证、兽药产品批准文号、规程、质量标准、说明书和标签等。

《兽药管理条例》规定：开办兽医生物制品生产企业，必须符合国家兽药行业发展规划和产业政策，并符合兽药 GMP 规定的各项条件。目前，我国政府对兽医生物制品企业的建设设立了一定的限制性门槛，如：在本企业没有经过审批通过的相关新制品的情况下，采用转瓶培养技术的疫苗生产线已经不再受理。根据我国兽医生物制品生产技术发展状况和全国的生产企业建设进展，或许将继续出台新的限制性措施，以提高总体技术水平，限制盲目性的低水平重复性建设。

兽药 GMP 是兽医生物制品生产的基本要求。我国推行兽药 GMP 已有 20 多年。1989 年，农业部首次颁布了《兽药生产质量管理规范（试行）》，1994 年又发布了《兽药生产质量管理规范实施细则》，并要求自 1995 年 7 月 1 日起新建的兽医生物制品生产企业必须达到 GMP 要求，此前已取得《兽药生产许可证》的企业必须在 2005 年 12 月 31 日前按 GMP 要求改造并通过 GMP 验收。我国部分企业 1996 年即已通过兽药 GMP 验收。为进一步推进兽药 GMP，农业部修订了《兽药生产质量管理规范》并于 2002 年 3 月 19 日（第 11 号令）发布（2002 年 6 月 19 日起施行）。此后，农业部又相继就 GMP 实施和验收等问题发布了公告。其中，202 号公告进一步明确规定自 2006 年 1 月 1 日起强制实施兽药 GMP；1427 号公告规定了 GMP 验收工作程序等。

经兽药 GMP 检查验收合格的企业方可向农业部申领兽药生产许可证。经农业部审查合格的，发给兽药生产许可证，兽药生产许可证有效期为 5 年。兽药生产企业变更生产范围、生产地点的，应向农业部申请换发兽药生产许可证。变更企业名称、法定代表人的，应在办理工商变更登记手续后，再换发兽药生产许可证。

兽医生物制品生产企业生产的每个产品，均应按照《兽药产品批准文号管理办法》的要求取得农业部核发的兽药产品批准文号。兽药产品批准文号是农业部根据兽药国家标准、生产工艺和生产条件批准特定兽药生产企业生产特定兽药产品时核发的兽药批准证明文件。企业将有关技术资料报送农业部，样品送中国兽医药品监察所检验，农业部根据检验结果和资料审查情况决定是否审批，合格的，核发产品批准文号，并批复该产品的标签和说明书。农业部在核发新生物制品的批准文号时，可以根据有关规定确定不超过 5 年的监测期。在监测期内，不批准其他企业生产或进口该产品。

在实际生产活动中，企业必须按照每个制品的制造及检验规程组织生产，生产的产品必须符合农业部发布的相应国家标准。生产兽医生物制品所需的原材料和包装材料应符合国家标准或兽药质量要求。每批生物制品出厂前应经过质量检验合格并获得中国兽医药品监察所签发的批签发批件。强制免疫所需的兽医生物制品，如口蹄疫、高致病性禽流感、高致病性猪蓝耳病和猪瘟等疫苗由农业部指定企业生产，并粘贴专用的防伪标签。

兽医生物制品的标签说明书必须和农业部审批发布的内容保持一致，是用户正确使用兽医生物制品的依据。

在日常监督工作中，农业部和兽药 GMP 办公室定期或不定期地以飞行检查、驻厂监督等形式，对兽医生物制品生产企业的生产、质量管理情况进行监督检查。

### 三、兽医生物制品经营与使用管理

《兽药经营质量管理规范》对兽医生物制品经营企业的机构与人员、场所与设施、文件与档案、采购与入库、储存、运输与销售、管理与服务等作了具体规定。兽医生物制品经营企业应有固定的营业场所、仓库和办公用房。企业的营业地点应当与《兽药经营许可证》载明的地点一致。企业营业场所的面积和所需设施、设备应当与经营的品种、规模相适应，有保证疫苗质量的冷库（柜）等仓库和相关设施、设备，并建立购销记录和疫苗保存记录。运输中应当采取必要的保温或者冷藏措施，保证疫苗所需温度等环境条件。

兽医生物制品经营企业应当制定采购管理制度，把生物制品质量作为选择产品和供货单位的主要条件，确保购进的制品符合质量要求。对于重大动物疫病疫苗的采购，按政府采购有关要求进行。

《兽医生物制品管理办法》（第 2 号令）规定预防用兽医生物制品由动物防疫机构组织供应。具备一定条件的养殖场也可自购本场用的预防用兽医生物制品，并要求使用者需在兽医指导下使用生物制品，并符合制品说明书、标签及农业部发布的其他使用规定。《中国兽药典》要求每瓶制品均需粘贴标签，注明制品名称、批准文号、批号、注册商标、规格、保存条件、失效期和企业名称等。《兽药标签和说明书管理办法》（农业部第 22 号令）要求，兽医生物制品的说明书应列有制品名称（通用名、商品名、英文名、汉语拼音）、活疫苗主要成分及含量、性状、作用与用途、用法与用量（使用途径，冻干疫苗稀释液的名称、成分及所加体积，不同动物的使用剂量）、不良反应、注意事项（在运输和保管过程中应注意的事项，如防冻、防晒、防破碎等，冻干疫苗稀释后的使用期，正常使用或过量使用后的反应、急救措施，废弃包装的处理方法，使用前、中、后在动物饲喂等方面应加强注意的事项，使用人员可能受到的影响和应急措施等）、停药期、储藏与有效期、规格（制品体积或头份数）、包装、批准文号和生产企业（包括地址和联系电话）等内容。应在突出位置强调"仅在兽医指导下使用"。详细内容见本章第七节。

### 四、兽医生物制品进出口管理

我国对进口兽医生物制品实行注册管理制度。按照《兽药管理条例》和《进口兽药管理办法》等规定，首次向中国出口兽医生物制品时，由境外生产企业驻中国境内的办事机构或其委托的中国境内代理机构向农业部兽医局申请注册，提供注册资料和物品，包括提供菌（毒）种、细胞和标准品等有关材料，由兽药评审机构组织评审。在评审过程中，可以对境外生产企业是否符合 GMP 的要求进行考察。申请资料经初审通过后，由中国兽医药品监察所进行复核检验。对复核检验合格并通过复审的产品，农业部进行最终审批，符合要求的，发给《进口兽药注册证书》，并发布该产品的质量标准、说明书和标签等。

每次进口均需取得农业部核发的《进口兽药许可证》，由国内代理商代理销售。我国目前禁止进口来自疫区的、可能造成疫病在中国境内传播的兽医生物制品和重大动物疫病疫苗。

向中国境外出口疫苗，农业部可以为进口方提供所需证明文件。对国内防疫急需的生物制品，国家限制或禁止出口。

进口兽医生物制品的单位必须按照《进口兽药许可证》载明的品种、生产企业、规格、数量和口岸进货，由接受报验的口岸兽药监察所进行核对、抽样，并在2个工作日内报中国兽医药品监察所。中国兽医药品监察所在7个工作日内出具"允许销售（使用）通知书"，由口岸兽药监察所核发并监督进口单位粘贴专用标签。

### 五、兽医生物制品市场监督管理

兽医生物制品是一种特殊商品，农业部近年来加大了对其监管的力度，将其列为兽药监督的重点。为整治和规范市场，加大打假力度，农业部每年均组织专项整治行动，全面部署兽医生物制品的打假治劣工作。

农业部定期或不定期对全国各地的兽医生物制品经营企业、生产企业、养殖场、兽医医疗机构和农业科研教学等单位实施执法检查。对以中试生产名义生产的无文号产品、未经审批擅自进口的产品、非GMP企业生产的产品、合法企业生产的无文号产品等进行坚决清理。对在政府采购中恶意压低产品价格、为了中标不惜牺牲产品质量的行为予以坚决打击。充分发挥监督抽检的作用，打击流通领域内的假劣兽医生物制品。严厉打击非法经营、使用中试产品行为，组织查处伪造兽药产品批准文号，依法取缔无证经营窝点，没收、封存非法经营制品，吊销生产许可证、经营证等。

### 六、兽医生物制品生物安全管理

根据《病原微生物实验室生物安全管理条例》（国务院第424号令）、农业部《兽医实验室生物安全管理规范》、《高致病性动物病原微生物实验室生物安全管理审批方法》等，我国对病原微生物实行分类管理、对实验室实行分级管理，以满足生物安全管理需要。兽医生物制品的实验室管理又称为兽医生物制品GLP管理。

**1. 病原微生物分类**　根据病原微生物的传染性、感染后对人或动物个体或群体的危害程度，将病原微生物分为四类。一类病原微生物是指能够引起人类或动物非常严重疾病的微生物，以及我国尚未发现或已经宣布消灭的微生物。二类病原微生物是指能够引起人类或动物严重疾病，比较容易直接或间接在人与人、动物与人、动物与动物间传播的微生物。三类病原微生物是指能够引起人类或动物疾病，但一般情况下对人、动物或环境不构成严重危害，传播风险有限，实验室感染后很少引起严重疾病，并具备有效治疗和预防措施的微生物。四类病原微生物是指在通常情况下不会引起人类或动物疾病的微生物。一类、二类病原微生物统称为高致病性病原微生物。

根据《病原微生物实验室生物安全管理条例》的有关规定，农业部对动物病原微生物进行了分类，并于2005年5月13日以《动物病原微生物分类名录》（农业部令第53号）发布。其中，一类动物病原微生物包括口蹄疫病毒、高致病性禽流感病毒、猪水疱病病毒、非洲猪瘟病毒、非洲马瘟病毒、牛瘟病毒、小反刍兽疫病毒、牛传染性胸膜肺炎丝状支原体、牛海绵状脑病病原和痒病病原等10种。二类动物病原微生物包括猪瘟病毒、鸡新城疫病毒、狂犬病病毒、绵羊痘/山羊痘病毒、蓝舌病病毒、兔病毒性出血症病毒、炭疽芽胞杆菌和布鲁菌等8种。三类动物病原微生物包括多种动物共患病病原微生物、牛、绵羊和山羊、猪、马、禽、兔、水生动物、蜜蜂及其他动物病原微生物等。四类动物病原微生物包括危险性小、致病力低、实验室感染机会少的兽医生物制品生产用弱毒微生物以及不属于一、二、三类的低毒力病原微生物。不同类别的动物病原微生物的采集、运输和保藏均应按照相应规定进行。

**2. 病原微生物实验室分类** 根据实验室对病原微生物的生物安全防护水平，依照实验室生物安全国家标准，将实验室分为一级、二级、三级和四级。新建、改建或扩建一级、二级实验室，应当向所在地区的市级卫生主管部门或兽医主管部门备案，并由市级向省级相应主管部门报告。一、二级实验室不得从事高致病性病原微生物实验活动。新建、改建或扩建三级、四级实验室或生产、进口移动式三级、四级实验室的，应当符合国家生物安全实验室体系规划并依法履行有关审批手续，经国务院科技主管部门审查同意，符合国家生物安全实验室建筑技术规范，依照《中华人民共和国环境影响评价法》的规定进行环境影响评价并经环境保护主管部门审查批准，生物安全防护级别需与拟从事的实验活动相适应。三级、四级实验室应当通过实验室国家认可，颁发相应级别的生物安全实验室证书。从事高致病性病原微生物实验活动的三级、四级实验室，应经主管部门审查，取得相应资格证书。对我国尚未发现或已经宣布消灭的病原微生物，任何单位和个人未经批准不得从事相关实验活动。

《兽医实验室生物安全管理规范》将兽医实验室分为两类：生物安全实验室和生物安全动物实验室。生物安全实验室是指对病原微生物试验操作过程中所产生的生物危害具有物理防护能力的兽医实验室，适用于兽医微生物的临床检验检测、分离培养、鉴定及各种生物制剂的研究等工作。生物安全动物实验室是指对病原微生物的动物生物学试验研究过程中所产生的生物危害具有物理防护能力的兽医实验室，也适用于动物传染病临床诊断、治疗、预防研究等工作。根据所用病原微生物的危害程度、对人或动物的易感性、气溶胶传播的可能性、预防和治疗的可行性等因素，生物安全实验室和生物安全动物实验室生物安全水平各分四级。

**3. 实验室生物安全水平分级** 实验室试验生物安全水平（BSL）分级依据：一级生物安全水平（BSL-1）是指能够安全操作对实验室工作人员和动物无明显致病性的、对环境危害程度微小的、特性清楚的病原微生物的生物安全水平。二级生物安全水平（BSL-2）是指能够安全操作对实验室工作人员和动物致病性低的、对环境有轻微危害的病原微生物的生物安全水平。三级生物安全水平（BSL-3）是指能够安全从事国内和国外的、可能通过呼吸道感染的、引起严重或致死性疾病的病原微生物的生物安全水平。与上述相近或有抗原关系的，但尚未完全认知的病原体，也应在此种生物安全水平条件下操作，直到取得足够数据后，再决定其操作要求的生物安全水平。四级生物安全水平（BSL-4）是指能够安全地从事国内和国外的、可能通过气溶胶传播、实验室感染高度危险、严重危害人或动物生命和环境的、没有特效预防和治疗方法的微生物工作的生物安全水平。与上述相近或有抗原关系的，但尚未完全认知的病原体，也应在此种生物安全水平条件下操作，直到取得足够数据后，再决定其操作要求的生物安全水平。参照上述分类标准，动物实验生物安全水平（AB-SL）也分成了四个级别。上述相近或有抗原关系的，但尚未完全认知的病原体，也应在此种生物安全水平条件下操作,直到取得足够数据后,再决定其操作要求的动物实验生物安全水平。

(陈光华)

## 第三节 兽医生物制品生产质量管理规范

兽医生物制品实行 GMP 管理。GMP 是 Good Manufacturing Practices 的缩写,直译意思是"良好生产规范"。1962 年,美国 FDA(食品药品管理局)首先提出 GMP 作为药品质量管理的法定性文件。1969 年,WHO 也公布了药品管理的 GMP,原文是: Good practices for the manufacture and quality control of drugs,意思是"药品生产和质量管理规范",所以,我们通常把 GMP 称为"药品生产质量管理规范"。20 世纪 70 年代后,世界上很多国家都先后制定了本国的 GMP,作为本国药品管理的法定性文件。目前,GMP 可分为三类:第一类是国际性的,如 WHO 的 GMP、北欧七国自由贸易联盟制订的 GMP 和东盟国家共同制订的 GMP 等。第二类是国家的,如美、英、日、法和澳等国制订的 GMP。第三类是行业性 GMP,如美国制药联合会制订 GMP,日本也有类似的 GMP,其标准往往比政府的 GMP 更严。目前美国和日本等发达国家已将 GMP 列为法规,GMP 已得到国际上的普遍承认。按 GMP 要求生产药品已成为生物制品进入国际市场的先决条件,GMP 已经成为国际性生物制品质量控制和检查的依据。

兽药生产质量管理规范简称兽药 GMP。兽药 GMP 是兽药生产的优良标准,是在兽药生产全过程中,用科学、合理、规范化的条件和方法来保证生产出优良兽药的整套科学管理体系。实施兽药 GMP 的目的就是要对兽药生产的全过程实施质量控制,涉及人员、厂房和设备、原料采购入库、检验、发料、加工、半成品检验、分包装、成品检定、产品运输、销售、用户意见及使用反应处理等,以保证生产出的最终产品安全、有效、均一。兽医生物制品生产必须符合 GMP 要求,并在实践中不断修改和完善。

### 一、兽药 GMP 作用与特点

(1) GMP 实施涉及两个方面:①政府兽医药政管理部门:从管理角度出发,把 GMP 看成是政府对兽药企业(包括兽医生物制品生产企业)提出的最低要求,并作为兽药药政管理部门检查兽药企业和兽药质量的依据;②兽药企业:应把 GMP 视为本企业所必须具备的技术水平,包括生产管理、质量管理和质量监测等。

(2) GMP 是根据通用的原则性规定,针对我国所有兽药企业而制订的。各兽药企业应按 GMP 要求,制订更具体的实施细则和条例。

(3) 主要目的是防止兽药生产过程中的污染、混淆或其他事故,根除生产上的不良习惯,防患于未然,保证产品质量安全有效。

(4) 强调有效性的证实。即对一个工序或一件用具或设备在用于生产之前,要经过验证,证明是符合要求的和有效的,以保证产品的质量。

(5) 要求有生产管理部门和质量控制部门的权力分立。在组织上,生产部门和质控部门的地位平行。它们是构成 GMP 的两大要素。所以，实行 GMP 管理的单位，生产部门和质控部门的领导，应由两人分别承担。

（6）强调人员素质、卫生要求、无菌要求、核对制度及质量监督和检查制度。

## 二、兽药 GMP 内容和要求

概括起来，GMP 内容和要求包括以下三个方面：人员、厂房设备和原材料（硬件）和管理制度和要求（软件）。

### （一）人员方面

兽医生物制品生产企业应配备有和生产品种规模相适应的具有适宜素质和数量的各类管理人员、专业技术人员和生产人员。

**1. 负责生产和质量管理的企业领导人**　必须具有制药或相关专业大专学历，对兽药生产及质量管理应具有较丰富的实践经验，并经过有关专业领域和基础理论的培训和学习。

**2. 生产管理和质量管理部门的主要负责人与各类高级工程技术人员**　具有兽医学或药学等相关专业知识，经过有关专业领域和基础理论的培训和学习，有丰富的实践经验，有能力对生产和质量或本专业领域中出现的实际问题作出正确的判断和处理，以确保在其生产和质量管理中履行其职责。

**3. 其他各类管理人员、专业技术人员和生产人员**　应具有与本职工作要求相适应的文化程度和专业知识，或经过培训，能胜任本岗位的管理、生产或研究工作。

此外，各类生产人员、管理人员和专业人员应有计划地进行技术培训和质量意识的教育，并进行考核，不断提高其业务能力和技术水平。

### （二）硬件方面

**1. 厂房**　总的要求是应有和生产品种和规模相适应的足够面积和空间的生产建筑、附设建筑及设施。

（1）厂区周围应无明显污染（包括空气、水和声音），厂区内应卫生整洁，绿化良好；厂区的地面、路面及运输等不应对兽医生物制品生产造成污染；生产、仓储、行政、生活和辅助区的总体布局应合理，不得互相妨碍。

（2）要有适用的足够面积的厂房进行生产和质量检定工作，保持水、电、气供应良好。做到：①同一生产区和邻近生产区进行不同制品的生产工作，应互无妨碍和污染。不同生物制品应按微生物类别和性质的不同严格分开生产。②合理地安置各种设备和物料，确保强毒菌种与弱毒菌种、生产用菌毒种与非生产用菌毒种、生产用细胞与非生产用细胞、活疫苗与灭活疫苗、灭活前与灭活后、脱毒前与脱毒后其生产操作区域和储存设备严格分开。③厂房应按生产工艺流程及所要求的空气洁净度级别进行合理布局，工序衔接合理。人流、物流分开，保持单向流动，防止不同物料混淆或交叉污染。④房间墙壁和天花板表面光洁、平整、不起灰、不落尘、耐腐蚀、耐冲击、易清洗消毒。墙与地面相接处应做成半径大于或等于 50 mm 的圆角。壁面色彩要和谐雅致，利于减少视觉疲劳、提高照明效果和便于识别污染物。⑤地面要平整、无缝隙、耐磨、耐腐蚀、耐冲击、不积聚静电、易除尘清洗和消毒。⑥

门窗造型要简单,不易积尘、清扫方便。门窗与内墙面要平整,尽量不留窗台,门框不得设门槛。⑦根据人员净化的要求,人员净化室包括换鞋室、存外衣室、盥洗室、淋浴室、洁净工作服室、气闸室或风淋室等,并按照图7-2所列人员净化程序的顺序进行布置。⑧生产生物制品必须设置生产和检验用动物房。

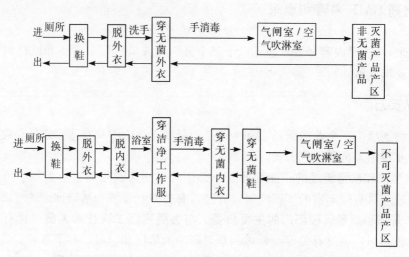

图7-2 不同产品生产区人员净化流动程序

(3)要按工艺和质量要求,对生产区划分洁净等级,一般分为100级、1 000级、10 000级和大于100 000级,其标准见表7-1。100级洁净区适用于生产无菌而又不能对分装后成品进行加热灭菌的制品的生产关键工序和分装工序。10 000级洁净区适用于可灭菌的配液和其他有洁净度要求的制品生产操作。100 000级洁净区适用于洗涤和烘干等。通常以红色标志标明一、二级洁净区,以黄色标志标明三级洁净区。

表7-1 生产区洁净等级标准(测定状态为静态)

| 洁净级别 | 尘粒数/m³ | | 活微生物数/m³ | |
| --- | --- | --- | --- | --- |
| | ≥0.5 μm | ≥5 μm | 沉降菌 | 浮游菌 |
| 100级 | ≤3 500 | 0 | ≤1 | ≤5 |
| 1 000级 | ≤35 000 | ≤2 000 | ≤3 | ≤100 |
| 10 000级 | ≤350 000 | ≤20 000 | ≤10 | ≤500 |
| >10 000级 | ≤3 500 000 | ≤200 000 | — | — |

(4)环境控制:

① 温度和湿度:以穿着洁净工作服无不舒适感为宜。一般100级、10 000级洁净区控制温度为20~24 ℃,相对湿度45%~65%;100 000级及>100 000级洁净区控制温度为18~28 ℃,相对湿度50%~65%。对生产特殊产品洁净室的温度和湿度可根据生产工艺要求确定。

② 压差:通过控制送风量和排风量实现压差,送风量大于排风量为正压,送风量小于排风量为负压。洁净室必须维持正压。不同级别的洁净室以及洁净区与非洁净区之间的压差应大于5 Pa,洁净区与室外的静压差应大于10 Pa。但工艺过程中使用强毒等大量有害和危

险物质的操作室应与其他房间和区域之间保持相对负压，其空气应当经过处理装置处理无害后单独排放。

③ 送风量：100 级垂直单向流和水平单向流洁净室断面风速分别大于 0.3 m/s 和 4 m/s；非单向流洁净度 10 000 级和 100 000 级洁净室换气次数分别大于 20 次/h 和 15 次/h。

④ 新鲜空气量：洁净室内应保持一定量的新鲜空气，单向流和非单向流洁净室新鲜空气分别占总送风量的 2%~4% 和 10%~30%，以补偿室内排风和保持室内正压值所需的新鲜空气量，新鲜空气量不少于每人 40 m³/h。

(5) 厂房内的水和电等管线均应隐藏，有适宜的照明、取暖、通风、空调和卫生设施，并有防尘、防虫、防鼠和防污染设施。建筑表面应力求光滑，无缝隙，无脱落或吸附粉尘。

(6) 工厂的下水道应分为两个网系，一为正常排水网系，另一为需要作无害化处理的废水排水网。洁净厂房的废水需经过无害化处理后才可排放。

(7) 按生产规模，应设有相应的原材料、原液（中间体）、半成品和成品的储存仓库和冷库，并有相应的保温和保湿设施。待检半成品和成品、合格与不合格的试剂及物料要严格分开，并有明显标志。危险品、废料和回收材料等应隔离储存。

**2. 设备与设施**

(1) 企业应有与其生产规模相适应的和足够的设备及设施（包括水、电、汽及冷藏设施）。设备的性能和主要技术参数，应能保证生产和产品质量控制的要求，并定期经法定计量部门校验。

(2) 空气处理系统有集中式和分散式之分。洁净厂房应尽量采用中央空调集中式空气处理系统。常见的空调系统又有高效空调系统和中效空调系统两类。

(3) 生产设备的安装需跨越两个洁净度级别不同的区域时，应采取密封的隔断装置。与设备连接的主要固定管道应标明管内物料名称和流向。

(4) 生物制品生产、检验过程中会产生大量的含毒污水和动物粪便、残渣和垫料等带毒废物及带毒动物尸体等，极易造成对外界环境的污染。因此，生产企业应有相应的防止散毒设施，并对其进行无害化或消毒处理，注意废气的排放。对接触或操作烈性传染病病原的区域，应有必要的设备进行排出空气的杀菌或消毒处理。

(5) 生产、检验设备及器具应易于清洗、消毒，便于生产操作、维修和保养，并能防止差错和减少污染。应制定使用、维修、清洁和保养规程，定期进行检查、清洁、保养与维修，并由专人进行管理和记录，并建立档案。

**3. GMP 对物料和实验动物的基本要求** 主要包括水、兽医生物制品生产所需的原料、菌毒种、辅料、包装材料和用于生产（作为原材料）及检定用的普通级实验动物。

### (三) 软件方面

**1. 卫生及无菌管理**

(1) 卫生管理：厂区应经常保持整洁，无堆放设备、物料或废料，堆放垃圾应远离生产车间；操作室、实验室、包装室、冷库、储藏室、更衣室、卫生间及各种设备和门窗等处，都必须保持整洁，无积附尘埃；注意个人卫生，保持良好的卫生习惯，定期体检，建立健康档案。

(2) 无菌管理：生产无菌制品，必须在专用的洁净室内进行。洁净室是指一个封闭的隔离空间，通过特殊的高效空气过滤器输入洁净空气，使该区域达到应有的洁净度。对该区域的温度、湿度、压力及换气频率都应作严格控制。通常采用垂直层流室或水平层流室，洁净度可达 100 级。为保证洁净效果，可在 10 000 级入口处设风淋室；在 100 000 级入口处设气闸室。洁净室内不应存放不必要的物料，特别是未灭菌除菌的器具或材料。一切接触制品的用具、容器及加入制品的材料，用前必须严格灭菌。

洁净室（区）应定期消毒，使用的消毒剂不得对设备、物料和成品产生污染。利用紫外灯杀菌，紫外线波长为 136~390 nm，以 254 nm 者杀菌力最强，有效灭菌距离为 1.8~2.0 m。在已有高效洁净室（有的附装紫外灯）条件下，可以不用紫外灯。

在洁净室的工作人员应控制在最少人数。无菌操作人员必须严格执行无菌操作细则，按无菌操作要求进行。

生产用器具或材料，灭菌除菌前和灭菌除菌后应作明显标志。

**2. 生产管理**

(1) 文件、制度、细则和记录：

① 药政文件：包括农业部《兽用生物制品管理办法》（第 6 号令）、《兽用生物制品管理办法》（第 2 号令）、《兽药生产质量管理规范（试行）》、《兽药生产质量管理规范实施细则》和《兽药生产质量管理规范》（第 11 号令）等。

② 生产管理制度：在实施 GMP 管理中，应制订生产管理制度、质量管理制度、卫生制度、安全制度、核对制度、质量检查制度及其他特定制度（如菌毒种管理制度）。

③ 标准操作细则：在实施 GMP 中，应制订标准操作细则，包括生产操作细则，检定操作细则、仪器操作及保养细则等。这些细则应经质量控制和生产管理部门认可。

④ 记录：在实施 GMP 管理中，必须认真做好生产记录、检定记录、销售记录及用户意见与不良反应记录。记录格式和内容应经质量控制和生产管理部门审订。

(2) 包装与标签：只有经质量控制部门检定，符合质量标准的制品才能进行包装。包装用标签（盒签及瓶签）和使用说明书的文字内容应符合本制品规程要求，并经质量控制部门审订和批准。所有检验用试剂、生产专用溶液、原液及半成品，都应贴有标签，注明品名、批号、日期及效价等。

(3) 验证与核对：

① 验证：验证是一个规定的程序，可提供很高的可信度，使某一特定工艺过程能稳定地生产符合质量标准的生物制品。验证的方法及可接受标准应根据不同的验证内容作具体规定，例如，对无菌分装机的验证，按 WHO 规程要求：无菌分装的培养基 1 000 瓶，培养 14 d，污染率应小于 0.3%；按美国 FDA 要求，污染率应小于 0.1%。验证的内容包括：制造工艺、检验方法、原材料、设备、设施及操作人员等。通过验证，可以考查工艺、方法及设备的有效性，对生产工艺提出问题，预防生产事故，保证生产质量的稳定性。

② 核对：为防止差错，GMP 要求对生产全过程进行核对，包括：生产流程及记录、检定方法及结果、半成品及成品的转移和成品的标签等。对制品转移记录及凭据和发出制品的检验报告等关键步骤及内容应进行双核对。

上述所有生产管理文件和质量管理文件都应符合以下要求：①标题应能清楚地说明文件的性质；②各类文件应有便于识别其文本、类别的系统编号和日期；③文件数据的填写应真实、清晰，不得任意涂改，若确需修改，需签名和标明日期，并应使原数据仍可辨认；④文件不得使用手抄件；⑤文件制定、审查和批准的责任应明确，并有责任人签名。

**3. 质量管理**

(1) 质量管理的组织系统：按兽医生物制品 GMP 要求，兽医生物制品生产企业应建立完善的质量管理的组织系统，包括：①主管质量的企业领导人；GMP 领导小组；②质量控制部门（质量管理处、质量检验处或质量控制处）；③生产管理部门（生产管理处或生产计划处）；④三级质量监督网，由所（厂）级、科室级和班组级质量监督员（或质量巡视员、质量检查员）组成；⑤群众性质量管理小组。

主管质量的企业领导人主管质量方针的制定及全面质量管理，组织建立质量体系和实施质量目标。GMP 领导小组应由企业领导人直接领导或由其委托的适宜专家担任领导，负责全厂 GMP 实施计划，开展质量意识教育及群众性质量管理小组活动，协调质量控制部门和生产管理部门有关质量管理方面的工作。质量控制部门主要负责全厂的质量监督管理和质量检定，并负责（亦可由 GMP 领导小组负责）组织质量监督员按 GMP 要求对全厂进行质量检查和监督。生产管理部门应会同质量控制部门组织实施 GMP，按生物制品规程组织生产，并进行生产工艺过程的质量控制和管理。质量监督员应按本厂授予的职权履行质量监督的职责。

(2) 质量控制部门及其职权：GMP 要求，生物制品生产企业应设有独立的质量控制部门，直属企业领导人，组织上与生产管理部门平行，业务上接受本企业和中国兽医药品监察所双重领导。国家对兽用生物制品实行批签发制度。生产企业生产的兽用生物制品，必须将每批产品的样品和检验报告报中国兽医药品监察所。产品的样品可以每 15 d 集中寄送一次。中国兽医药品监察所在接到生产企业报送的样品和质量检验报告 7 个工作日内，作出是否可以销售的判定，并通知生产企业。对于中国兽医药品监察所认为有必要进行复核检验的，可以在中国兽医药品监察所或其指定的单位、场所进行复核检验。复核检验必须在中国兽医药品监察所接到企业报送的样品和质量检验报告 2 个月内完成。复核检验结束后，由中国兽医药品监察所做出判定，并通知生产企业；当对产品做出不合格判定时，应当同时报告农业部。

质量控制部门的主要职责和权限包括以下两个方面：

① 质量监督管理：审定本企业质量管理文件和制定本企业质量监督文件；按生物制品规程和 GMP 要求，审定各种制品的制造和检验操作细则及有关记录；负责菌毒种、标准品或参考品的申请、分发和管理；对生产过程的工艺、方法、设备、仪器、仪表的验证及结果进行监督检查；根据检定结果，决定原料、原液和半成品是否允许继续加工，决定成品可否使用和签发合格证；审定包装材料、标签、说明书及成品容器可否使用；组织或会同有关部门对本企业各类人员进行质量意识教育及实施 GMP 的技术培训；协助会同生产管理部门组织对本企业实施 GMP 的检查和考核；协助会同有关部门调查处理与制品有关的不良反应或质量事故等。

② 质量检定：负责制定制品的抽样办法，每批成品及主要原料的全面质量检定，留样观察，签发检定报告，参与半成品原液的效价测定，评价制品的质量及稳定性；生产洁净区及生产用水质量监测；对发生临床不良反应或用户发现质量问题制品的实验室复查。

(3) 质量自查与用户意见的处理：兽医生物制品质量优劣的最终评价，取决于临床和动物群体使用效果。因此，对兽医生物制品的临床及流行病学现场的安全与效果观察和评估非常重要。该项工作应按《兽用新生物制品管理办法》的有关规定执行。每批成品有销售记录。其内容包括品名、规格、批号、数量、收货单位和地址及发货日期。根据销售记录应能追查每批制品出厂后的情况，以便于在必要时及时地完全收回。记录应保存至制品失效期或负责期后一年。

企业应按 GMP 要求定期组织全面质量检查，并接受上级部门的检查和监督。企业应建立兽医生物制品不良反应监察报告制度，指定专门部门或人员负责管理。对用户的产品质量投诉和产品不良反应作详细记录和调查处理，并连同原投诉材料存档备查。对兽医生物制品不良反应及时向当地农牧行政管理部门提出书面报告。兽医生物制品生产出现重大质量问题和严重的安全隐患时，应立即停止生产，并及时向当地农牧行政管理机关报告。

### 三、我国兽药 GMP 实施情况和要求

2006 年 1 月 1 日起我国强制实施兽药 GMP。目前，所有兽用生物制品生产都通过 GMP 认证，实现了兽用生物制品生产的 GMP 管理，但重硬件轻软件的情况依旧存在，有的企业软件管理任务仍相当艰巨。

#### （一）GMP 实施管理要求

根据我国现行《兽药生产质量管理规范》，我国实施兽药 GMP 管理。这是兽药生产和质量管理的基本准则，涉及的产品有无菌兽药、非无菌兽药、原料药、生物制品和中药制剂等。规定要求兽药生产企业做到以下八条，确保兽药 GMP 的有效实施：①有训练有素的生产、管理人员。②有与生产产品相适应的厂房、设施和设备及卫生环境。③有合格的原材料、包装材料。④有经过验证的生产方法。⑤有可靠的检验方法和监控手段。⑥有完善的售后服务体系，要把影响兽药质量的人为差错减少到最低程度。⑦要防止一切可能对兽药造成的污染和交叉污染，防止产品质量下降的情况发生。⑧要建立和健全完善的质量保证体系。

根据规定，我国兽医生物制品生产除了要到达 GMP 规定的硬件条件外，在软件管理方面必须到达以下要求：

**1. 洁净室（区）空气净化度** 建造的厂房和设施须保证洁净室（区）空气净化的要求，使之达到所要求的洁净度。净化系统正常运行后，是否达到净化标准，通常需专门机构（目前农业部指定了 4 家空调净化专业检测单位）进行检测并出具相应报告。洁净室（区）空气的洁净度也分为 100 级、10 000 级、100 000 级和 300 000 级等四个级别。为了保证洁净室（区）的洁净度，兽药 GMP 中提出了很多管理要求：①洁净室（区）内人员数量应严格控制，对进入洁净室（区）的临时外来人员应进行指导和监督。②洁净室（区）与非洁净室（区）之间必须设置缓冲设施，人、物流走向要合理。③100 级洁净室（区）内不得设置地漏，操作人员不应裸手操作，手部应及时消毒。④传输设备不能在 10 000 级的强毒、活毒生物洁净室（区）、强致敏性洁净室（区）与低级别的洁净室（区）之间穿越，传输设备的洞口设计应能保证气流从相对正压侧流向相对负压侧。⑤100 000 级及其以上区域的洁净工作服应在洁净室（区）内洗涤、干燥、整理，必要时应按要求灭菌。⑥洁净室（区）内设备保温层表面应平整、光洁，不得有颗粒性物质脱落。⑦洁净室（区）鉴定或验收检测，要求

两种粒径的尘埃粒子数以及浮游菌数或沉降菌中任一种结果均必须符合静态条件下的规定数值，并应定期监测动态条件下的洁净状况。⑧洁净室（区）的净化空气如可循环使用，应采取有效措施避免污染和交叉污染。⑨洁净室（区）的噪声不应高于 60 Db（A），其中局部 100 级的房间不宜高于 63 Db（A），局部 100 级区和全室 100 级的操作间应不高于 65 Db（A）。⑩洁净室的换气次数和工作区截面风速，一般应不超过其级别规定的换气次数和截面风速的 130%。此外，空气净化系统应按规定清洁、维修、保养并作记录。

**2. 原材料质量控制** 为了保证兽医生物制品质量，必须从源头上把好原材料质量关，包括菌（毒）种、细胞、血清、动物和动物组织、注射用白油、乳化剂和丁基橡胶塞等。兽医生物制品生产企业需制定并严格实施原辅材料管理办法。具体内容见本章第四节。

**3. 生产操作管理** ①无菌培养基、培养物（抗原半成品）或成品等物料的传递应尽可能在预先灭菌的封闭系统中进行。②设备、玻璃器皿、半成品、成品等在运出生产区前必须对表面进行有效的消毒。③含生物活性的液体或固体废弃物应在原位消毒后方可离开生产区，否则需装入密闭容器或通过运输管道运出。④含高致病性病原微生物的污物，必须进行原位灭菌。⑤进入生产区的物品应加以限制，与生产无关的物品不得进入，进入洁净区的物品必须经消毒或灭菌处理。⑥同一生产区内同一时间段内只能生产一种制品，更换品种前需彻底消毒处理。

**4. 验证管理** 兽医生物制品生产过程中应进行空气净化系统、工艺用水系统、工艺用气系统、灭菌设备、药液滤过及分装（灌封）系统进行验证，并进行生产工艺、主要原辅材料变更、设备清洗生产工艺及其变更等工艺验证。生产的制品在放行前应由质量管理部门对有关记录进行全面审核，符合要求并由审核人员签字后方可放行。

**5. 特殊要求** 除了兽药的一般要求外，兽医生物制品生产和质量管理还要满足其特殊要求：①从事生物制品制造的全体人员（包括清洁人员、维修人员）均应根据其生产的制品和所从事的生产操作进行卫生学、微生物学等专业和安全防护培训。②生产和质量管理部门负责人应具有兽医、药学等相关专业知识，并有丰富的实践经验，以确保其在生产、质量管理中履行其职责。③生物制品生产过程中的细胞制备、半成品制备中的接种、收获以及分装前不经除菌过滤的制品合并、配制、添加稳定剂、佐剂、灭活剂、灌封、冻干、加塞等操作过程须在 10 000 级背景下的局部 100 级环境下进行。④半成品制备中的培养过程，包括细胞培养、接种毒种后的鸡胚孵化、细菌培养以及分装前需经除菌过滤的制品配制、精制、添加稳定剂、佐剂、灭活剂、除菌过滤、超滤，体外免疫诊断试剂中阳性血清、抗原、抗体分装等操作，需在 10 000 级环境下进行。⑤鸡胚孵化、溶液或稳定剂的配制与灭菌、血清等的提取、合并、非低温提取、分装前的巴氏消毒、轧盖及制品最终容器的精洗、消毒等，发酵培养密闭系统与环境（暴露部分需无菌操作），酶联免疫吸附试剂的包装、配液、分装、干燥等需在 100 000 级环境下进行。⑥操作烈性传染病病原、人畜共患病病原、芽胞菌应在专门厂房内的隔离或密闭系统内进行，其生产设备必须专用，并有符合相应规定的防护措施和消毒灭菌、防散毒设施。⑦生产操作结束后的污染物品应在原位消毒、灭菌后，方可移出生产区。⑧生物制品的生产应避免厂房与设施对原材料、中间体和成品的潜在污染。⑨生产用菌毒种和细胞库应在规定条件下储存，专库存放，并只允许指定的人员进入。⑩以动物血、血清或脏器、组织为原料生产的制品必须使用专用设备，并与其他生物制品的生产严格分开。⑪使用密闭系统生产的制品可以在同一区域同时生产，如单克隆抗体和重组 DNA 产品等；各种灭活疫苗（包括重组 DNA 产品）、类毒素及细胞提取物的半成品生产可以交替使用同一生产区，在其灭活后可以交替使用同一灌装间和灌装、冻干设施，但必须在一种制品生产、分装或冻干后进行有效清洁和消毒，清洁消毒效果应定期验证。⑫用弱毒菌（毒）种生产各种活疫苗时，可以交替使用同一生产区、同一灌装间或灌装、冻干设施，但必须在一种制品生产、分装或冻干完成后进行有效清洁和消毒，清洁和消毒的效果应定期验证。⑬操作致病性微生物应在专门区域内进行，并保持相对负压。⑭有菌（毒）操作区与无菌（毒）操作区应有各自独立的空气净化系统。来自病原体操作区的空气不得再循环或仅在同一区内再循环，来自二类以上病原体操作区的空气应通过除菌过滤器排放，来自外来病原微生物操作区的空气应经高效过滤后再行排放，滤器的性能应定期检查。⑮使用二类以上病原体强污染性材料进行制品生产时，对其排出的污物应有有效的消毒设施。⑯用于加工处理活生物体的生产操作区和设备应便于清洁和去除污染，能耐受熏蒸消毒。⑰用于生物制品生产、检验的动物室应分别设置。检验动物区应根据实际需要设置安全检验、免疫接种和强毒攻击动物室。动物的饲养管理应符合有关实验动物管理规定。⑱生物制品生产、检验过程中产生的污水、废弃物、动物粪便、垫草、带毒尸体等应具有相应设施进行无害化处理。⑲生产用注射用水应在制备后 6 h 内使用；制备后 4 h 内、灭菌 72 h 内使用，或 80 ℃以上保温、65 ℃以上保温循环或 4 ℃以下存放。⑳管道系统、阀门和通气过滤器应便于清洁和灭菌，封闭性容器（如发酵罐）应用蒸汽灭菌。㉑生产过程中污染病原体的物品和设备均要与未用过的灭菌物品和设备分开，并有明显标志。㉒从事人畜共患病生物制品生产、维修、检验和动物饲养的操作人员、管理人员，应接种相应疫苗并定期进行体检。㉓生产生物制品的洁净区和需要消毒的区域，应选择使用一种以上的消毒方式，定期轮换使用，并进行检测，以防止产生耐药菌株。㉔在生产日内，没有经过明确规定的去污染措施，生产人员不得由操作活微生物或动物的区域进入到操作其他制品或微生物的区域。㉕从事生产操作的人员应与动物饲养人员分开。㉖生物制品生产应按照《兽医生物制品规程》中的"制品组批与分装规定"进行分批和编写批号。此外，生物制品的国家标准品应由中国兽医药品监察所统一制备、标定和分发。

### （二）兽药 GMP 检查验收

根据《兽药管理条例》和兽药 GMP 的规定，对兽药生产企业开展兽药 GMP 检查验收活动。农业部负责全国兽药 GMP 管理工作和国际兽药贸易中 GMP 互认工作。省级兽医行政管理部门负责本辖区兽药 GMP 培训、技术指导、监督检查和管理工作。农业部兽药 GMP 工作委员会办公室（简称兽药 GMP 办公室）负责组织兽药 GMP 申报资料的受理和审查、现场检查验收等有关具体工作。

**1. 申报资料** 企业申请验收时应提交申报资料：①检查验收申请表。②企业概况。③拟生产兽药类别、剂型及产品目录。④企业组织机构图；企业负责人、部门负责人简历；专业技术人员及生产、检验、仓储等工作人员登记表；高、中、初级技术人员占全体员工的比例情况表。⑤企业周边环境图；总平面布置图；仓储平面布置图；质量检验场所平面布置图及仪器设备布置图。⑥生产车间概况及工艺布局平面图；空气净化系统的送风、回风、排风平面布置图；工艺设备平面布置图。⑦拟生产兽药产品的工艺流程图、主要过程控制点和控制项目及产品的生产、质量管理文件目录。⑧生产的关键工序、主要设备、制水系统、空气净化系统、检验仪器设备及产品工艺验证报告。⑨检验用仪器仪表、量具、衡器校验情况报告。⑩农业部指定单位出具的洁净室检测报告。⑪其他兽药 GMP 管理文件目录及与文件相对应的记录、凭证样张。⑫生产设备设施、检验仪器设备目录。⑬兽药 GMP 运行情况报告。⑭试产兽药国家标准产品的批生产、批检验记录复印件。

改扩建企业还须提供以下资料：①《兽药生产许可证》和《企业法人营业执照》复印件。②企业自查情况。③已获准生产的产品目录和产品生产、质量管理文件目录、产品标准执行情况、产品批准文件。④兽药 GMP 运行情况报告及批生产、批检验记录复印件。

**2. 现场检查程序和要求**　企业申报资料经审查合格后，由兽药 GMP 办公室向申请企业发出"现场检查通知书"，确定检查组成员，并在规定时间内组织现场检查验收。检查组成员为农业部兽药 GMP 检查员，设组长 1 名。申请企业所在地省级兽医行政管理部门和兽药监察机构可各选派 1 名工作人员以观察员身份参加检查组的有关活动，但不参加评议工作。现场检查工作由检查组组长组织完成。检查组对照兽药 GMP 及《兽药 GMP 检查验收评定标准》进行检查，必要时予以取证，并对申请企业有关人员的技能操作、理论基础、规章制度和兽药法规、兽药 GMP 的主要内容和要点进行考核。根据检查、考核等情况进行综合评定，填写缺陷项目表，撰写现场检查报告，作出"推荐"、"推迟推荐"、"不推荐"的综合评定结论。

**3. 兽药 GMP 企业审批与管理**　对通过 GMP 检查验收的，兽药 GMP 办公室在中国兽药信息网公示检查结果，公示期为 5 个工作日。公示期内，任何单位及个人均可如实反映有关问题。公示期满未收到异议的，将有关材料报农业部审定。符合要求的，农业部作出批准决定，发布公告并核发兽药 GMP 证书；不符合要求的，将处理意见通知申请企业和兽药 GMP 办公室。

兽药 GMP 证书有效期 5 年，有效期内变更企业名称等有关事项的，应当按照《兽药管理条例》规定向农业部申请办理兽药 GMP 证书和兽药生产许可证变更手续，并提交申请报告及相关证明材料。

省级兽医行政管理部门定期对辖区内 GMP 企业实施监督检查，重点检查 GMP 执行情况、设施设备运行状况和各种记录是否符合规定要求，并将监督检查结果报农业部和 GMP 办公室。对存在严重违规行为的，应及时上报有关情况。农业部可根据需要对 GMP 企业实施监督检查。

（陈光华，姜平）

## 第四节　兽医生物制品物料质量控制

兽医生物制品生产中涉及很多物料，包括原料（动物源性原材料和非动物源性原材料）、辅料和包装材料。这些物料的质量直接影响到中间产品和半成品的质量，进而影响到终产品的质量。在一定程度上可以说，控制住了物料质量，也就控制住了制品质量。当然，半成品和成品质量控制也是质量控制的重要环节。因此，兽医生物制品生产企业必须对物料的管理、检验和出入库等制定完善的管理制度，并严格实施。

## 一、水

水是生产用基本原料。自来水需经净化处理，其质量应符合饮用水标准。生产中大量使用的纯化水和注射用水，应符合《中国兽药典》中的有关标准。其制备、储存、运送、使用等，须符合兽药 GMP 中的有关要求。

## 二、菌（毒）种

兽医生物制品生产用菌毒种的质量，直接关系到产品的质量。只有用合格的菌种、毒种才能生产出安全、高效的产品，从而有效地防控或诊断动物疾病。

用于制备疫苗的菌毒种须符合《兽医生物制品规程》规定的标准。其种子的历史与来源要清楚，分离、鉴定资料完整，生物学性状清晰，遗传性状稳定，纯净，安全，免疫原性良好。

生产用菌毒种实行种子批制度。菌毒种分三级：原始种子、基础种子和生产种子。原始种子由研发单位保管；基础种子由中国兽医药品监察所或其委托单位负责制备、鉴定、保管和供应；生产种子由生产企业自行制备、鉴定和保管。细菌性原始种子的质量应符合其培养特性、生化特性、血清学特性、毒力、纯粹、安全和免疫原性等标准。病毒性原始种子应作细菌、真菌、支原体和外源病毒污染检查，尤其是不应有外源病毒（如禽白血病病毒、网状内皮组织增生症病毒等）污染，并规定其生物学特性、理化特性、血清学特性、最小感染量（致死量、毒力）、最小免疫量（免疫原性）、安全性等，弱毒株的原始毒种还应作毒力返强试验。基础种子应是质量均一的、按照相应制品规程中的标准进行过全面鉴定并合格、可供数年甚至数十年生产的种子，冻干或冷冻保存。基础种子的鉴定过程和结果应详细记录于专用表册中，由鉴定人签名后经主管审核存档，按国家规定及保藏单位程序发放。超过有效期的不得使用，应重新制备、鉴定。在实际生产中应严格控制基础种子的使用代次。基础种子传代次数过多，可能导致免疫原性降低和安全性发生变化。按照国际惯例，从基础种子到终产品计算，病毒性基础种子的使用一般控制在 5 代以内，细菌性基础种子的使用一般控制在 10 代以内。我国对基础种子的代次控制较为宽松，通常根据实际试验数据规定代次范围。生产种子是基础种子放大培养的产物，用于进一步扩大培养并制备半成品。对生产种子的检验项目通常较少，主要包括纯净性和含量，有时也进行血清学鉴定。

各级种子的制备与鉴定用动物、组织或细胞及有关原材料，应符合《兽医生物制品规程》的有关规定。菌毒种的制备应在空气净化的密闭操作间内进行，其环境应符合国家有关规定。不同菌毒种不得在同一操作间内同时操作，强毒与弱毒应在不同操作间内进行。动物烈性传染病病原和人畜共患传染病的强毒操作，应符合《兽医实验室生物安全管理方法》有关规定，在相应级别的生物安全实验室内进行，室内需保持负压，并注意对操作人员的防护，室内空气需经高效过滤排出，污物需经原位灭菌。国家兽医微生物菌种保藏中心（菌种中心）委托的分管单位应将其鉴定菌毒种的记录复印件和鉴定结果报菌种中心审核。

兽医微生物菌毒种由菌种中心及分管单位统一供应，其他单位和个人不得对外供应。任何单位索取生产、检验用基础菌毒种时，需持有相应机构出具的正式公函，说明领取的菌种名称、型别、数量及用途。索取一、二类菌种时，须由省、市、自治区兽医行政主管部门对试验条件和基本情况进行审核并同意后，报国务院兽医行政管理部门批准，方可供应。有相关生物制品批准文号的企业，可由生产企业直接向菌种中心或其委托分管单位领取，其他任何单位不得分发或转发生产用菌毒种。

## 三、细胞和血清

针对兽医生物制品生产和检验用细胞系，应建立原始细胞库、主细胞库和工作细胞库。应保存细胞系的完整记录，包括细胞的原始来源、传代谱系、制备方法、最适保存条件、控制代次等，并根据要求对各级细胞种子进行鉴定。主细胞库细胞鉴定内容包括：显微镜检查、细菌和真菌检验、支原体检验、外源病毒检验、细胞鉴别、胞核学检查及致瘤致癌性检验。外源病毒检验时被检细胞面积需不少于 75 $cm^2$，维持期不少于 14 d，期间至少传代 1 次。在整个维持期内，定期对细胞单层进行检查，应不出现细胞病变（CPE）。在培养结束时检查，应不出现红细胞吸附现象。对非禽源细胞系，还需采用荧光抗体技术检查其中是否有特定病原的污染。对不同传代水平的细胞系进行胞核学检查时，最高代次的细胞中应找到主细胞库细胞中的染色体标志，其染色体模式数不得高于主细胞库细胞的 15%。由于细胞系一般源于动物的肿瘤组织或经正常组织传代转化而来，传到一定代次后具有一定的致瘤性，因此可用无胸腺小鼠检查细胞的致瘤致癌性，必要时进行病理组织学检查。

兽医生物制品生产检验用原代细胞应来自健康动物（鸡应为 SPF）的正常组织。除 SPF 鸡胚原代细胞外，每批原代细胞均需经显微镜观察、细菌真菌检验、支原体检验、外源病毒检验及细胞鉴别，并符合规定。

兽医生物制品生产中通常用到血清、胰酶及牛血清白蛋白等，这些原材料具有生物活性，其质量和安全状况也直接关系到生物制品质量安全水平。胎牛血清、犊牛血清、新生牛血清、猪胰酶等应不带有细菌、支原体、牛病毒性腹泻/黏膜病病毒、猪圆环病毒、细小病毒等病原。必须按《中国兽药典》中的方法对血清的促细胞生长能力进行检验。进口牛血清应来自无疯牛病的国家或地区。

## 四、动物和动物组织

部分兽医生物制品生产需要采用动物或动物原代细胞。因此，动物的质量直接关系到产品的质量和安全。动物应按照《实验动物管理条例》进行管理。动物的质量应符合《兽医生物制品规程》的有关规定。禽类制品毒种的制备、鉴定、活疫苗的制备及外源病毒检验所用鸡、鸡胚应符合三级（SPF级）标准。据统计，目前我国生产 SPF 种蛋在数量上足以满足需求，但因国家对实验动物（包括 SPF 蛋）生产的管理存在法律法规不健全、相关部门职责不清、行业管理严重滞后、质量检测实验室和检测技术欠缺等方面的原因，我国 SPF 鸡和 SPF 鸡蛋的质量状况可能存在不少问题。一旦生产疫苗所用 SPF 鸡胚中污染了外源病原，尤其是通过鸡蛋垂直传递的病原（如 BLV、MDV、CAV、REV 和 ReoV 等），则相关疫苗中也就污染了外源病原。应用这些疫苗后，污染的病原不仅能通过水平（接触）传播，而且能通过垂直（经蛋）传递在鸡群中扩散，继而引起相关疾病的人为传播。因此，加强鸡胚的

SPF化是保证疫苗制品的纯净、安全和有效的重要途径。为了加强兽医疫苗质量的监督管理，农业部于2006年11月22日发布了《农业部关于加强兽医生物制品生产检验原料监督管理的通知》（农医发［2006］10号令），2008年1月1日起，农业部对GMP疫苗生产企业疫苗菌（毒）种制备与鉴定、活疫苗生产以及疫苗检验使用无特定病原体（SPF级）鸡、鸡胚情况进行全面监督检查，对达不到标准要求的，根据《兽药管理条例》规定进行处理。当然，要提高SPF鸡和SPF鸡蛋质量，进而提高兽医疫苗安全质量水平以及禽用疫苗检验结果的科学性，需要国家相关部门加强跨部门协作、进一步完善法律法规、提高质量检验水平、行业部门加强质量监督管理、SPF鸡（蛋）生产企业加强自律提高产品质量、疫苗生产企业加强供应商评估和原材料入厂检验等综合措施。

兽医生物制品生产和检验用猪应无猪瘟病毒、猪细小病毒、伪狂犬病病毒、口蹄疫病毒、弓形虫感染和体外寄生虫；犬应无狂犬病病毒、皮肤真菌感染和体外寄生虫；羊应无边界病、布鲁菌病、皮肤真菌感染和体外寄生虫；牛应无黏膜病、布鲁菌病、梨形虫病和其他体外寄生虫；马应马传染性贫血、马鼻疽病和体外寄生虫。所有制品生产检验用动物除需符合上述相应规定外，还应无本制品中所含微生物的特异性病原和抗体。

### 五、其他辅料

用于制备兽医生物制品的化学药品及试剂，需符合《中国药典》和《中国兽药典》等标准。生产企业应按规定要求检查，合格者方可使用。按规定的使用期限储存。未规定使用期限的，其储存一般不超过3年，期满后应复验。储存期内如有特殊情况应及时复验。注射用白油（轻质矿物油）和乳化剂、包装用管制玻璃瓶、丁基橡胶瓶塞等需符合《兽医生物制品规程》的有关规定。进口的非生物源性原材料需符合进口国的药典标准。注射用白油（轻质矿物油）是生产灭活疫苗的主要原材料，对灭活疫苗的安全性有显著影响。因此，必须按照《中国兽药典》中的有关方法和标准对其质量进行严格检验。

"高质量的兽医生物制品是生产出来的，而不是检验出来的"，这句话准确反映了产品质量的决定因素。只有始终不折不扣地严格执行兽医生物制品生产管理和质量管理的各项文件，才能稳定地生产出符合质量标准要求的兽医生物制品。严格按照各项操作规程进行生产，并对所有操作详细记录，是对兽医生物制品生产的基本要求。经过大量试验对生产工艺定型，并转化为各个岗位的操作规程后，各生产岗位的操作人员的任务就是不折不扣地按操作规程进行操作和记录。生产操作人员不具有摸索和改进生产工艺的责任和义务。新工艺研究只能由研发人员会同企业生产、质量管理部门有关人员完成。新工艺也只能在按照有关程序转化为新的岗位操作规程并取代原操作规程后，才能进入实施阶段。

（陈光华）

## 第五节 兽医生物制品成品质量检验

兽医生物制品的质量检验是兽医生物制品生产的重要组成部分，在保证兽医生物制品质量方面发挥重要作用。每种兽医生物制品的"规程"中均对各个项目的检验方法和标准作出了明确规定。检验项目主要包括理化性状检验、无菌检验、纯粹检验、支原体检验、鉴别检验、活菌计数、病毒含量测定、安全检验、外源病毒检验、效力检验、敏感性检验、特异性检验、剩余水分测定、真空度测定、灭活剂和防腐剂残留量测定、最低装量检查等。这些检验项目中，有些用于半成品检验，有些用于成品检验；有的检验项目只适用于某类制品。

## 一、物理化学检验

兽医生物制品的理化检验通常包括性状（外观、剂型、黏度、稳定性、pH、最低装量检查）、甲醛残留量测定、苯酚残留量测定、汞类防腐剂残留量测定、剩余水分测定、真空度测定等。

### （一）性状检验

**1. 外观检验** 通常采用肉眼观察法，在自然光下观察制品的形状、颜色、包装的完好性、内容物的完整性等。检查澄清度等性状时，需要专用光源下进行观察。液体制品通常应澄清、透明，细菌灭活疫苗等可在容器底部出现容易摇匀的沉淀物。生产过程中未采用纯化工艺的制品，通常带有一定颜色。液体血清制品通常为微带乳光的橙黄色或茶色清朗液体，不应有摇不散的絮状沉淀与异物，若有沉淀，稍加摇动，即应成轻度均匀浑浊悬液。冻干疫苗应为海绵状疏松物，色微白、微黄或微红，无异物和干缩现象。容器应无裂纹。冻干制品加适量稀释液或水稀释振荡后，在常温下应在数分钟内迅速融解成均匀一致的悬浮液。容器封口应严密，瓶签应正确无误。试剂盒中的组分应齐全。

**2. 剂型检查** 油乳剂疫苗通常包括油包水型和水包油包水型。检测时，用一清洁吸管吸取少量疫苗滴于清洁冷水表面。呈云雾状扩散的，为水包油包水型；除第一滴外均不扩散的，为油包水型。

**3. 黏度** 油乳剂疫苗的油水比、油佐剂的成分及其乳化工艺等决定了各种疫苗具有不同黏度。黏度过大的疫苗，给实际免疫接种工作带来一定困难。目前通常采用吸管法测定疫苗黏度，即用1 mL吸管（下口内径为1.2 mm，上口内径为2.7 mm）吸取25 ℃左右的疫苗1.0 mL，令其垂直自然流出，记录流出0.4 mL所需的时间。除少数细菌油乳剂灭活疫苗外，大多数油乳剂灭活疫苗的黏度不大于8 s。该方法较为粗放。国外通常用黏度计测定法测定油乳剂灭活疫苗的黏度，我国也正在推广使用该方法。

**4. 稳定性** 油乳剂中水相和油相的分离程度反映了疫苗生产工艺的科学性和疫苗质量的稳定性。通常采用离心法和加速稳定性试验方法进行检验。离心法中，取少量（通常为10 mL）疫苗，加入离心管中，低速（通常为2 000～3 000 r/min）离心10～15 min，析出的水相通常不得超过5%。在加速稳定性试验中，将数瓶疫苗置37 ℃下2～3周，采用肉眼观察法检查疫苗水相和油相的分离情况。

**5. 最低装量检查** 通常采用重量法或容量法进行检查。

（1）重量法：适用于标示装量以重量计者。通常情况下，取供试品5个（装量在50 g以上者取3个），除去外盖和标签，容器外壁用适宜的方法清洁并干燥，分别称定重量，除去内容物，容器用适宜的溶剂洗净并干燥，再分别称定空容器的重量，求出每个容器内容物的装量，均应符合规定。如有1个容器装量不符合规定，则另取5个（或3个）复试，应全部符合规定。

(2) 容量法：适用于标示装量以容量计者。通常情况下，取供试品 5 个（装量在 50 mL 以上者取 3 个），开启时注意避免损失。用适宜大小的吸管或量筒进行装量检查。

对仅需使用吸管进行装量检查的样品，直接用干燥并预经标化的吸管尽量吸尽，读数。对仅需使用量筒进行装量检查的样品，直接将检验瓶中所有内容物全部倒入适宜的量筒中，将检验瓶倒置 15 min，尽量倾净，读数。

对需使用量筒和吸管进行装量检查的样品，将检验瓶中的内容物倒入适宜的量筒中，接近量筒的最大容量时，用干燥并预经标化的吸管将额外的量加入量筒，直至量筒的最大容量。对剩余的内容物，直接用干燥并预经标化的吸管检查。根据量筒和吸管中的总量计算装量。

每个供试品的装量，均应符合规定。如有 1 个容器装量不符合规定，则另取 5 个（或 3 个）复试，应全部符合规定。

此外，对部分液体疫苗、稀释液等进行该检验。通常用酸度计进行测定。

## (二) 干燥制品剩余水分

干燥制品中的水分含量高低直接影响制品的质量。因此，所有冻干制品均应测定水分含量。部分干粉疫苗、微生态制剂也需测定水分含量。我国的冻干制品剩余水分通常不超过 4%。剩余水分的测定方法有两种：

**1. 真空烘干法** 取样品置于含有五氧化二磷的真空干燥箱内，抽真空度至 2 666.44 Pa (20 mmHg) 以下，加热至 60~70 ℃ 干燥 3 h，待干燥至恒重时，减失的质量即为含水量。水分计算公式为：含水量=（样品干燥前重－样品干燥后重）/样品干燥前重×100%。

**2. 费休氏法** 本法是根据碘和二氧化硫在吡啶和甲醇溶液中能与水起定量反应的原理测定水分。所用仪器应干燥，并能避免空气中水分的侵入；测定操作宜在干燥中进行。具体方法已收载于《中国兽药典》。

无论采用哪种方法进行水分测定，均应注意避免空气湿度对测定结果的影响。测定过程要在干燥环境中完成，测定速度要快，使用的工具均需先行干燥处理。

## (三) 真空度测定

经冷库保存的冻干制品，出厂前两个月应由监察室测定真空度。无真空的制品，应予剔除报废，不得重抽真空。测定真空可通过高频火花真空测定器来进行。凡制品容器内出现白色、粉色或紫色辉光者为合格。

## (四) 甲醛残留量测定

对采用甲醛作为灭活剂的疫苗，均应进行该项检验。甲醛与乙酰丙酮在一定 pH 条件下反应，生成黄色物质，利用分光光度法测定反应物吸收度，再根据样品和对照品的吸收度计算出样品中甲醛的含量。使用苯酚溶液作为防腐剂的非油乳剂的兽医生物制品在成品检验时利用苯酚与重氮化合物在一定 pH 条件下反应，生成红色偶氮化合物，并用分光光度法测定反应物吸收度，再根据样品和对照品的吸收度计算出样品中苯酚的含量。具体方法收载于《中国兽药典》。通常情况下，含梭状芽胞杆菌的制品中，甲醛残留量不得超过 0.5% 的甲醛溶液量（40%甲醛）；其他制品中不应超过 0.2%甲醛溶液量（40%甲醛）。

### (五) 苯酚残留量测定

使用苯酚溶液作为防腐剂的非油乳剂的兽医生物制品在成品检验时，均应进行该项检验。利用苯酚与重氮化合物在一定 pH 条件下反应，生成红色偶氮化合物，并用分光光度法测定反应物吸收度，再根据样品和对照品的吸收度计算出样品中苯酚的含量。对采用甲醛作为灭活剂的疫苗，均应进行该项检验。通常情况下，制品中的苯酚残留量应不超过 0.5%。

### (六) 硫柳汞含量测定

使用苯酚溶液作为防腐剂的非油乳剂的兽医生物制品在成品检验时，均应进行该项检验。使用硫柳汞溶液作为防腐剂的油乳剂和非油乳剂的兽医生物制品检验时，在样品中加入硫酸和硝酸，加热进行有机破坏，使硫柳汞变成无机汞离子，在一定条件下与双硫腙生成螯合物，双硫腙由墨绿色变成黄色滴定直到双硫腙绿色不变，汞离子全部螯合为终点，根据样品和对照品的对照滴定可计算出样品中汞离子的含量，即硫柳汞的含量。通常情况下，制品中的硫柳汞残留含量应不超过 0.01%。

## 二、生物学检验

兽医生物制品的种类比较多，一般而言，疫苗的生物学检验项目包括无菌检验、纯粹检验、支原体检验、鉴别检验、活菌计数、病毒含量测定、安全检验、外源病毒检验、效力检验等。诊断用生物制品检验一般包括性状、无菌、敏感性、特异性、重复性和适应性等。治疗用生物制品检验一般包括纯净性、安全性和疗效等。

### (一) 疫苗的生物学检验

**1. 无菌检验或纯粹检验** 除部分特殊情况外，所有灭活疫苗和病毒活疫苗均应无细菌污染；所有细菌活疫苗均应无杂菌污染。诊断试剂盒中的液体组分，通常也应无细菌污染。因此，各类兽医生物制品均需按规定进行无菌检验或纯粹检验。

根据样品和检出目标菌的不同，选用不同培养基。进行厌氧性及需氧性细菌检验时，用硫乙醇酸盐培养基（T.G）及酪胨琼脂（G.A）；进行真菌及腐生菌检验时，用葡萄糖蛋白胨汤（G.P）；进行活菌纯粹检验时，用适于本菌生长的培养基；进行细菌灭活疫苗灭活检验时，用适于本菌生长的培养基。

细菌原菌液及活菌苗半成品的纯粹检验：取供试品接种 T.G 小管及适宜于本菌生长的其他培养基斜面各 2 支，每支 0.2 mL，1 支置 37 ℃培养，1 支置 25 ℃培养，观察 3～5 d，应纯粹。

病毒原毒液和其他配苗组织乳剂、稳定剂及半成品的无菌检验：取供试品接种 T.G 小管及 G.A 斜面各 2 支，每支 0.2 mL，1 支置 37 ℃培养，1 支置 25 ℃培养，观察 3～5 d，应无细菌生长。

灭活检验：细菌灭活后，用适于本菌生长的培养基 2 支，各接种 0.2 mL，置 37 ℃培养 5 d，应无菌生长。病毒液灭活后和细菌毒素脱毒后接种对本毒敏感的细胞、禽胚或实验动物，应正常。

含甲醛、苯酚、汞类等防腐剂和抗生素的制品的无菌检验：用 T.G 培养基 50 mL，接种供试品（冻干制品先做 10 倍稀释）1.0 mL，置 37 ℃培养，3 d 后自小瓶中吸取培养物，分别接种 T.G 小管和 G.A 斜面各 2 支，每支 0.2 mL，1 支置 37 ℃，1 支置 25 ℃，另取 0.2 mL，接种 1 支 G.P 小管，置 25 ℃，均培养 5 d，应无菌生长。

如制品允许含一定数量非病原菌，应进一步作杂菌计数和病原性鉴定。

细菌性活疫苗及不含防腐剂、抗生素的其他制品或稀释液的无菌或杂菌检验：将供试品直接接种 T.G 小管、G.A 斜面或适于本菌生长的其他培养基各 2 支，每支 0.2 mL，1 支置 37 ℃，1 支置 25 ℃，另用 1 支 G.P 小管，接种 0.2 mL，置 25 ℃，均培养 5 d。细菌性活疫苗应纯粹，其他制品应无菌生长。

每批抽检的样品必须全部无菌或纯粹生长。如发现个别瓶有杂菌或结果可疑时，可重检原瓶（如为安瓿或冻干制品，可重抽样品），如无菌或无杂菌生长，可作无菌或纯粹通过。如仍有杂菌，可抽取加倍数量的样品重检，个别瓶仍有杂菌，则作为污染杂菌处理。

**2. 杂菌计数及病原性鉴定**

（1）杂菌计数：每批有杂菌污染的制品至少抽样 3 瓶，用普通肉汤或蛋白胨水分别按头份（或羽份）数作适当稀释，接种于含 4% 血清及 0.1% 裂解血细胞全血的马丁（或 G.A）琼脂平板上，每个样品接种平板 2 个，每个平皿 0.1 mL（禽苗的接种量不少于 10 羽份，其他产品的接种量见各自的质量标准），置 36 ℃培养 48 h 后，再移至室温下放置 24 h，数杂菌菌落，然后分别计算杂菌数。如果污染真菌，亦作为杂菌计算。任何 1 瓶制品每头剂（或每克组织）的非病原菌应不超过规定，超过规定时，该批制品应废弃。

（2）病原性鉴定：检查需氧性细菌时，将污染需氧性杂菌管培养物移植 1 支 T.G 管或马丁汤，置相同条件下培养 24 h，取培养物，用蛋白胨水稀释 100 倍，皮下注射体重 18～22 g 的健康小鼠 3 只，每只 0.2 mL，观察 10 d；检查厌氧性细菌时，将杂菌管延长培养时间至 96 h，取出置 65 ℃水浴加温 30 min 后移植 T.G 管或厌气肉肝汤 1 支，在相同条件下培养 24～72 h。如有细菌生长，将培养物接种体重 350～450 g 的健康豚鼠 2 只，每只肌肉注射 1.0 mL，观察 10 d。如发现制品同时污染需氧性及厌氧性细菌，则按上述要求同时注射小鼠及豚鼠。试验小鼠、豚鼠均应健活。如有死亡或局部化脓、坏死，证明有病原菌时，该批制品应废弃。

**3. 禽沙门菌检验** 将被检物用划线法接种麦康凯琼脂平板或 S.S 琼脂平板 2 个，经 36～37 ℃培养 18～24 h，如无可疑菌落出现，继续培养 24～48 h，挑选无色、半透明、边缘整齐、表面光滑并稍突起的菌落，用沙门菌因子血清作玻片凝集试验，如为阳性，即为沙门菌污染。

**4. 支原体检验** 检验禽源细胞和由禽胚组织或其细胞制成的活疫苗时，用改良 Frey 培养基；检验其他种类细胞和病毒活疫苗时，用支原体培养基；检验血清时，用待检血清取代支原体培养基制备培养基后进行检验。

通常情况下，每批制品取样 3～5 瓶，混合后备用。如为冻干制品，则加液体培养基复原成混悬液后混合。检测血清时，用血清直接接种。

每个样品需同时用液体培养基培养法和固体培养基培养法进行检验。

（1）液体培养基培养：将疫苗混合物 5.0 mL 接种小瓶液体培养基中，再从小瓶中取

0.2 mL 移植接种于 1 个小管液体培养基中，将小瓶与小管放 37 ℃培养，分别于接种后 5 d、10 d、15 d 从培养瓶中取 0.2 mL 培养物移植到小管液体培养基内，每日观察培养物有无颜色变黄或变红，若无变化，则在最后一次移植小管培养、观察 14 d 后停止观察。在观察期内，如果发现小瓶或任何一支小管培养物颜色出现明显变化，在原 pH 变化达±0.5 时，应立即移植于小管液体培养基和固体培养基，观察在液体培养基中是否出现恒定的 pH 变化，及固体上有无典型的"煎蛋"状支原体菌落。

（2）琼脂固体平板培养：在每次液体培养物移植小管培养的同时，取培养物 0.1～0.2 mL 接种于琼脂平板，置含 5%～10%二氧化碳、潮湿的环境、37 ℃下培养。此外，在液体培养基颜色出现变化，在原 pH 变化达±0.5 时，也同时接种琼脂平板。每 5～7 d，在低倍显微镜下，观察检查各琼脂平板上有无支原体菌落出现，经 14 d 观察，仍无菌落者停止观察。

每次检验中均需设立阴、阳性对照。检测禽类疫苗时用滑液支原体作为对照，检测其他疫苗时用猪鼻支原体作为对照。

检测血清时，取被检血清 50 mL 代替培养基中的马、猪血清，按支原体培养基配方配成大瓶培养，按上述方法稀释、移植、培养，观察小管培养基 pH 变化情况和琼脂平板上有无菌落。

若阳性对照中至少一个平板出现支原体菌落，而阴性对照中无支原体生长，则检验有效。当接种被检物的任何一个琼脂平板上出现支原体菌落时，判疫苗或血清不合格。

**5. 外源病毒检验** 所有病毒活疫苗均应无外源病毒污染。在兽医生物制品生产中，还需对生产用毒种、细胞、血清等原材料进行外源病毒检验。根据疫苗使用对象和原材料来源，外源病毒检验分为禽源细胞及其制品的外源病毒检验和非禽源细胞及其制品的外源病毒检验。

（1）禽源细胞及其制品的外源病毒检验：通常，液体样品取 2～3 瓶混合，冻干样品取 2～3 瓶加入稀释液或 PBS 溶解后混合，用相应抗血清中和后作为待检样品。对血清类制品，需用 PBS 进行透析过夜，除去防腐剂后作为待检样品；对待检细胞，需经冻融 3 次后混合作为待检样品。

检验方法包括鸡胚检查法（包括尿囊腔内接种、绒毛尿囊膜接种途径）、鸡检查法和细胞检查法（细胞病变法、红细胞吸附试验法和禽白血病病毒污染检验法）。

（2）非禽源细胞（或细胞系）、种毒及其制品的外源病毒检验：检验方法包括荧光抗体检查法（选用不同病毒的特异性荧光抗体进行染色）、Vero 细胞检查法（将处理过的待检样品接种 Vero 细胞单层，采用细胞病变法、红细胞吸附试验法、荧光抗体法进行检验）、细胞病变检查法和红细胞吸附试验法。

目前，由于基础性研究工作滞后，国家标准中已经收载的外源病毒检验方法并非全面的。如非禽源外源病毒检验中使用的荧光抗体品种不齐全，供应跟不上，导致多数企业无法按照国家标准中规定的方法进行外源病毒检验。在开发新制品的过程中，不少企业和科研单位在自行研究的基础上自行建立了一些外源病毒检验方法（如 PCR 检测法）。

**6. 鉴别检验** 对毒种和病毒性活疫苗，通常需进行鉴别检验。通常用荧光抗体检查法或血清中和试验法进行。在荧光抗体试验中，用接种和未接种待检样品的细胞进行荧光抗体检测，接种过病毒的细胞上应出现特异性荧光，而未接种过待检样品的细胞上则应不出现特异性荧光。在血清中和试验中，用特异性血清按照固定血清-稀释病毒的方法进行中和试验，病毒被显著中和时，即为阳性结果。

**7. 活菌计数** 在菌种鉴定、细菌活疫苗和灭活疫苗半成品检验、细菌活疫苗成品检验中，通常都需要通过活菌计数方法进行准确定量。在部分产品的半成品检验中，可通过比浊法等进行粗放的定量测定。

进行活菌计数时，取菌液或疫苗（如为冻干苗，则先加原装量 5~10 倍量稀释液进行初步放大稀释）进行稀释，在一定条件下培养，所得细菌菌落数乘以稀释倍数，即为其活菌数。具体方法有下列两种：

（1）表面培养测定法：每个样品取 1.0 mL，用制品要求的稀释液做 10 倍系列稀释，每个稀释度换 1 支吸管。具体方法是：准确吸取菌液 1.0 mL，放入盛有稀释液 9.0 mL 的第 1 支试管中（不接触液面），另取 1 支吸管将第 1 管液体混合均匀后，吸取 1.0 mL 放入第 2 管中，依次稀释至最后一管。根据对样品含菌数的估计，选择适宜稀释度，吸取最终稀释度的菌液接种适宜的培养基平板 3 个，每个滴 0.1 mL，使菌液散开，置 36~37 ℃晾干后，翻转平板，培养 24~48 h（亦可适当延长）。

（2）混合培养测定法：稀释方法同上，取最终稀释度的菌液接种 3 个平板，每个 1.0 mL，然后将溶化并冷至 45 ℃的普通琼脂倾注入平板中，轻轻摇动平板，使稀释的菌液与培养基混合均匀，待琼脂凝固后，翻转平板，置 36~37 ℃培养 24~48 h（亦可适当延长）。

进行菌落计算时，用肉眼观察菌落，并在平板底面点数，算出 3 个平板的平均菌落数，乘以稀释倍数（表面培养法应再乘以 10），即为每 1.0 mL 原液所含的总菌数。最终稀释度一般选择每个平板菌落数为 40~200 个的稀释度。如有片状菌落生长，或同一稀释度平板间菌落数相差 50% 以上时，应重检。

**8. 病毒含量测定** 在毒种鉴定、病毒活疫苗和病毒灭活疫苗半成品检验、病毒活疫苗成品检验中，通常都需要通过病毒含量测定方法进行定量检测。病毒含量测定方法通常为半数致死（或感染）量法，对强毒培养物进行病毒含量测定时通常也采用全数致死（或感染）量法。有些病毒，由于在细胞培养物上不容易产生病变，采用细胞培养法检测时，需结合荧光染色抗体染色法等进行判定。有的病毒在特定细胞培养物上具有特征性的细胞病变，因而可采取更为准确的定量检测方法，如马立克病病毒（MDV）含量测定通常采用 PFU 测定法，传染性法氏囊病毒（IBDV）含量测定既可采用 $TCID_{50}$ 法也可采用 PFU 法。有些病毒难以通过上述方法进行检测，只能利用其他基质进行粗放定量，如猪瘟活疫苗的病毒含量测定，在兔体上进行，且只能通过兔体热反应情况判定是否发生了病毒感染。

采用半数致死（感染）量测定法检测的参数包括 $LD_{50}$、$ELD_{50}$、$ID_{50}$、$EID_{50}$ 和 $TCID_{50}$ 等。检测时，将病毒等悬液作 10 倍（或其他适宜倍数）系列稀释，取适宜稀释度，定量接种敏感动物（按要求事先进行有关微生物和抗体检测，鸡应符合 SPF 级标准）、胚（鸡胚、鸭胚、鹅胚等）、细胞（通常与生产用细胞相同）。由最高稀释度开始接种，每一稀释度接种 4~6 只（只、管、瓶、孔），观察记录动物、胚、细胞的死亡数或病变情况，计算各稀释度死亡或出现病变的动物、胚或细胞的百分率。按 Reed 和 Muench 法计算半数致死（感染）量（$LD_{50}$、$ELD_{50}$、$ID_{50}$、$EID_{50}$、$TCID_{50}$）。

**9. 安全检验** 通常情况下，安全检验系指兽医生物制品生产和检验过程中进行的有关安全性方面的检验，包括对菌毒种和成品的检验，与新生物制品研发过程中需要完成的安全试验有所不同。从试验的范围和各项试验深度上看，研发中的安全试验比生产中的安全检验要复杂得多。

确保安全性是对兽医生物制品的最基本要求，所有用于动物体内的预防、治疗、诊断制品均需经安全检验合格后方可出厂。有时，为了确保体外诊断试剂在使用中的生物安全，也需就诊断制品中是否存在致病性微生物进行安全检验。

安全检验是对制品中可能存在的各种毒性物质的综合检验。这些毒性物质可能包括外源性污染物（如致病菌、非致病菌、病毒、支原体、污染细菌产生的毒素、尘埃离子或其他异物等）、未彻底灭活或脱毒的微生物、疫苗中所含弱毒微生物的残余毒力或毒性物质、通过原辅材料带入制品中的毒性物质或过敏源（如甲醛或其他灭活剂、乳化剂、异源血清、分装瓶和瓶塞等包装物中的毒性物质等）。

成品安全检验通常用最小使用日龄的靶动物进行。有时也可使用实验动物进行替代安全检验，但需经过试验得到证明并获得农业部许可。安全检验需用敏感动物进行，除日龄要求外，有时对其品种和品系也有一定要求。使用的实验动物应符合普通级或清洁级动物标准，使用的鸡应符合 SPF 鸡标准。用于安全检验的大动物，应符合药典和该产品规程中规定的基本要求，并应无与待检制品有关的抗原和抗体。用于检测抗原和抗体的方法，需符合有关产品规程中的要求。

灭活疫苗的安全检验剂量通常为实际使用剂量的 2 倍，活疫苗的安全检验剂量通常为实际使用剂量的 10 倍。

安全检验中，需详细观察检验动物的临床反应，通常还需测定体温。观察期通常为10～14 d。观察结束后，通常应进行解剖观察，以对局部反应情况进行判定。观察期内出现死亡或明显的全身反应时，应判被检制品不合格。只有在有足够证据表明检验结果受意外因素影响难以判定检验结果时，才能进行重检。重检时，应使用加倍数量的该种动物。凡规定需用多种动物进行安全检验的制品，只有各种动物的安全检验结果均符合规定时，才能判该批制品安全检验合格。凡规定可用小动物或靶动物进行安全检验的制品，用小动物检验结果不合格时，可用靶动物重检；但用靶动物检验不合格时，不能再用小动物重检。

**10. 效力检验** 效力检验系指兽医生物制品生产和检验过程中进行的有关有效性方面的检验，通常包括菌毒种的免疫原性检验和成品效力检验，与新生物制品研发过程中需要完成的效力试验有所不同。从试验的项目范围和各项试验深度上看，研发中的效力试验比生产中的效力检验要复杂得多。

在欧美等国家，"效力"一词通常包含两种含义：一是指"免疫攻毒效力"，二是指"有效性"。在涉及前一概念时，指的是用靶动物进行免疫攻毒的效力；涉及后一概念时，则是指用免疫攻毒以外的间接方法（如病毒含量、活菌计数、灭活抗原含量测定、相对效力测定等）测定的效力指标。我国则将上述两个概念统一为一个概念。

确保制品有效性是对兽医生物制品的基本要求之一。无论是采用直接的免疫攻毒法，还是采用间接的替代方法，所有用于动物体内的预防、治疗制品均需经效力检验合格后方可出厂。

效力检验方法很多，但只有经过审批并在有关制品规程或质量标准中加以规定的效力检验方法才是唯一的法定的方法。总的来看，效力检验方法包括体内效力检验方法和体外效力检验方法。体内效力检验就是利用靶动物或替代的实验动物进行免疫攻毒或血清学效力测定，体外方法就是脱离动物法而以物理化学方法或生物学方法检测制品中的微生物或抗原含量以间接评价有效性的一系列方法。免疫攻毒试验应在符合国家规定的有关动物实验室中进行，并注意生物安全防护，避免散毒。

（1）靶动物免疫攻毒效力检验法：该法是兽医生物制品最常用的效力检验方法，也是判断制品效力的最直观方法。采用一定数量的、符合动物标准的敏感靶动物（至少无有关微生物和抗体），采用实际使用途径之一、用不高于1个使用剂量的制品进行接种，观察一定时间后，用经过认可的强毒株进行攻击，根据实验组和对照组动物的死亡、出现临床症状、产生特征性病变或病毒分离的情况，判定对照组的发病率和免疫组的保护率。根据具体操作方法不同，靶动物免疫攻毒效力检验又分为定量免疫定量攻击法、定量免疫变量攻击法、变量免疫定量攻击法。

（2）实验动物免疫攻毒效力检验法：对用于小动物的制品，采用靶动物免疫攻毒效力检验法较多，且容易实施。但是，对于用于大动物的制品而言，采用靶动物免疫攻毒法进行效力检验时，由于动物的来源困难，质量不均一，成本高，因而实施起来，相当困难。此时，用敏感的小型实验动物进行免疫攻毒效力检验，不失为一种明智选择。但是，这类方法必须经过大量试验验证，并获得农业部批准。具有检验方法与靶动物免疫攻毒试验类似。具体操作方法也可分为定量免疫定量攻击法、定量免疫变量攻击法、变量免疫定量攻击法等。

（3）靶动物血清学效力检验法：该法是灭活疫苗常用的效力检验方法。采用一定数量的、符合动物标准的敏感靶动物（至少无有关微生物和抗体），采用实际使用途径之一、用不高于1个使用剂量的制品进行接种，观察一定时间后，与对照靶动物一起采集血清，用经过认可的血清学方法检测有关抗体的效价。对这些血清学方法，应事先经过研究并审批，与靶动物免疫攻毒保护率之间具有显著的平行关系。目前经常采用的血清学方法有中和试验、HI试验和ELISA等。近来，一些研究人员根据上述方法的原理、借鉴国外有关标准研究出一些类似方法。如用活疫苗对靶动物进行基础免疫接种后，间隔一定时间，用灭活疫苗进行二次接种，通过检测二次接种后的抗体效价上升幅度判定疫苗的效力；或与已经检验合格或经靶动物免疫攻毒试验证明具有令人满意的效力的参考疫苗同时分别接种不同组别的靶动物，间隔一定时间后，检测参考疫苗组和被检疫苗组免疫动物的抗体效价，从而判定被检疫苗的相对效力。

（4）实验动物血清学效力检验法：对于用于大动物的制品而言，采用靶动物血清学效力检验方法进行质量检验时，同样会存在敏感动物来源困难，质量不均一等问题，因而也可采用敏感的小型实验动物进行血清学效力检验。这类方法同样必须经过大量试验验证，并获得农业部批准。具有检验方法与靶动物血清学效力检验方法类似。具体实施中，主要存在绝对抗体效价法（即定量免疫接种后测定特定抗体效价）和参考疫苗法（即与已经检验合格或经靶动物免疫攻毒试验证明具有令人满意的效力的参考疫苗同时分别接种不同组别的实验动物，间隔一定时间后，检测参考疫苗组和被检疫苗组免疫动物的抗体效价，从而判定被检疫苗的相对效力）。

活疫苗体外效力检验方法中，病毒活疫苗的具体效力检验方法为病毒含量测定法，细菌活疫苗的具体检验方法为活菌计数（或芽胞计数法），球虫活疫苗的具体检验方法为卵囊计数法，支原体活疫苗的具体检验方法为支原体计数法。

对于灭活疫苗而言，体外效力检验方法主要为有效抗原测定法。根据疫苗有效抗原组分的不同，可采取不同测定方法，但均需经过有效验证并审批。具体实施中，存在绝对抗原含量测定法（即检测疫苗中特定抗原含量）和参考疫苗法（即与已经检验合格或经靶动物免疫攻毒试验证明具有令人满意的效力的参考疫苗同时检测，根据两种疫苗的测定结果计算被检疫苗的抗原相对效力）。

抗体测定方法主要有中和试验、HI 试验和 ELISA 试验。

① 中和试验：包括固定病毒稀释血清法和固定血清稀释病毒法。

固定病毒稀释血清法：将病毒稀释成每单位剂量含 200 或 100 $LD_{50}$（$EID_{50}$、$TCID_{50}$），与系列稀释的待检血清等量混合，在 37 ℃下中和 1 h（另有规定者除外）。每一稀释度接种 3～6 只实验动物、胚、细胞。接种后，记录每组实验动物、胚、细胞的存活数和死亡数（或有无 CPE 的细胞数），然后计算其半数保护量（$PD_{50}$）或半数感染量（$EID_{50}$、$TCID_{50}$）。能使 50% 实验动物、胚胎或细胞保护的最高血清稀释度即为该血清的中和效价。

固定血清稀释病毒法：将病毒原液作 10 倍系列稀释，分装到 2 列无菌试管中，第 1 列加等量正常血清（对照组），第 2 列加待检血清（试验组），混合后，37 ℃中和 1 h（另有规定者除外），然后每组分别接种 3～6 只实验动物、胚胎或细胞，记录每组实验动物、胚胎或细胞死亡数（或出现 CPE 数），分别计算 2 组的 $LD_{50}$（$EID_{50}$、$TCID_{50}$），求得中和指数。

② 血凝抑制试验（HI）试验：用 PBS 将被检血清做 2 倍系列稀释，加入含 4 个 HA 单位的抗原液，并设 PBS 和病毒对照，充分振荡后，在室温下静置至少 30 min 或在 4 ℃下静置至少 60 min，再加入 1% 鸡红细胞悬液，置室温 40 min 或置 4 ℃ 60 min，当对照孔中的红细胞呈显著纽扣状时判定结果。以使红细胞凝集被完全抑制的最高稀释度作为判定终点。

③ ELISA 试验：可采用商品化的抗体检测 ELISA 诊断试剂盒进行。

### （二）诊断用生物制品的检验

诊断用生物制品检验一般包括性状、无菌、敏感性、特异性、重复性和适应性等。性状检验应确保试剂盒的包装及内容物的外观性状符合标准，各试剂组分的装量符合试验目的和标准要求。试剂盒中的抗原、抗体、阴阳性对照等生物组分，应符合无菌要求。性状和无菌检验是每批诊断试剂（盒）必须检验的项目，其方法与疫苗检验相似。

**1. 敏感性检验** 敏感性是考察诊断试剂的最重要指标之一，每批诊断试剂的成品检验中，敏感性检验均是必不可少的项目。

敏感性一般以与公认的确诊方法确诊的患病动物的阳性率来表示。通过与公认的确诊方法（HI、SN、CF、病原分离培养以及解剖检查等）的比较确定其敏感性。同时要确定制品的最低检出量。最低检出量一般以抗体滴度、抗原的微克数、变异数以及其他适当的测定方式表示。在确定最低检出限量时，应当包括对几种已知的阴性、弱阳性、强阳性样品的检测。

国外的诊断试剂敏感性检验通行方法是，按该诊断制品说明书中的方法检测一组敏感性质控样本（生产企业自行制备或从国家有关机构获得的、经过验证的、含有强阳性、阳性和弱阳性等不同量检测目标物的一组样品，通常称之为敏感性质控样本组），对各样本的检测结果应在各自的规定范围内。

我国多采用更为简化的方法，如用一份阳性样品（或试剂盒中的阳性对照）稀释成不同稀释度后按说明书中规定的操作程序进行检测。有的采用与国际参考诊断试剂盒进行对比的方法进行敏感性检验，即用待检试剂盒与参考试剂盒同时检测试剂盒中的阳性对照样品，与参考试剂盒的检测结果相比，待检试剂盒的检测结果在一定范围内，即为合格。

**2. 特异性检验** 特异性是考察诊断试剂的另一最重要指标，每批诊断试剂的成品检验必须进行特异性检验。

特异性一般是用对已知无病动物的阴性率来表示。对抗体检测制品，除对已知无病动物的阴性率外，还应通过检测与目标疾病存在交叉反应的相关病原免疫的动物血清或自然感染血清的交叉反应来确定；对抗原及基因诊断制品，除对已知无病动物的阴性率外，还应通过检测与目标疾病病原存在交叉反应的抗原或基因的交叉反应来确定。

特异性检验的目的是考察特定诊断试剂对已知阴性样本进行检测时出现假阳性结果的概率。通行方法是，按该诊断制品说明书中的方法检测一组特异性质控样本（生产企业自行制备或从国家有关机构获得的、经过验证的、不含有检测目标物的一组样品，通常称之为特异性质控样本组），对各样本的检测结果均应为阴性。特异性质控样本组中通常包括数份已知阴性样本以及数份含有其他检测目标物的样本。同时应确定判定试验系统是否成立的判定条件（同条件下对阴性、弱阳性、强阳性参考试剂的测定值范围）。必要时，应用试剂盒对经公认的确诊方法确定的、可能存在与目标疾病发生交叉反应的其他疾病的样品进行检测试验，确定试剂盒的假阳性范围或百分比。有时也增加用与国际参考诊断试剂盒进行对比的方法进行特异性检验。

**3. 其他项目检验**

（1）重复性检验：重复性一般以变异系数表示。即用试剂盒对已知的阴性、弱阳性、强阳性样品进行反复测定，计算测定结果的变异系数，确定试验的重复性。变异系数必须在可接受的范围内。

应用不同批次制品及批内不同试剂盒（每批至少5个试剂盒）对已知阴性、弱阳性、强阳性参考试剂进行至少4次重复测定，计算批内、批间变异系数，确定该试剂盒的重复性检验方法和标准。该项目不是每批诊断试剂（盒）必须检验的项目，仅在研发过程中开展研究即可。

（2）保存期检验：应将试剂盒在适当条件下保存，并间隔一定时间，按成品检验标准对质控试剂进行检测试验，并与原始成品检验数据进行比较，确定试剂盒的保存条件和有效期。该项目不是每批诊断试剂（盒）必须检验的项目，仅在研发过程中开展研究即可。

（3）适应性检验：适应性是指在不同环境条件下试剂盒的可靠性，一般应在具有不同地理位置代表性的3个以上实验室对已知样品进行试验，以确定试剂盒对不同环境条件的适应性。

（4）消长规律研究：对抗体检测试剂盒，应用疫苗接种动物或人工感染的发病动物，在接种或感染后不同时间进行抗体检测，试验时期应涵盖抗体产生的早期、抗体高峰期和抗体效价降低直至检测结果转阴的全过程。对抗原及分子生物学（PCR等）检测试剂盒，应用人工感染的发病动物，在感染后不同时间进行抗原或基因检测，试验时期应涵盖感染早期、明显发病期和恢复期等直至检测结果转阴的全过程。该项目不是每批诊断试剂（盒）必须检验的项目，仅在研发过程中开展研究即可。

### （三）治疗用生物制品的检验

为了确保治疗用生物制品质量，对其制备过程必须加以监测，如用于制备治疗制品的菌

（毒、虫）株、抗原，应进行全面鉴定，以保证其纯净性和足够的免疫原性；用于制备治疗制品的细胞株（如杂交瘤细胞株），应进行纯净性鉴定和分泌抗体的效价和稳定性鉴定；用于制备治疗制品血浆、血清或抗体，用进行纯净性和效价测定。成品质量检验一般包括：

**1. 纯净性** 纯净性是治疗制品的首要关键控制点。如污染细菌、支原体或病毒，即便抗体效价很高，也无法用于治疗动物疾病。因此，每批出厂的制品，均需按照《中国兽药典》中的方法进行无菌检验、支原体检验、外源病毒检验。该项目是每批治疗用制品必须检验的项目。

**2. 安全性** 通常情况下，注射用治疗制品的安全性问题可能系由异源蛋白（如异源抗血清）、内毒素（生产过程中的细菌污染）等引起；在使用免疫去势疫苗（目前作为治疗制品管理）时，如携带免疫原的载体系可扩散的活病毒或活菌，或免疫抗体可能经动物产品进入人类食物链，则其生物安全性就成了相当引人注目的问题。针对通常意义上的制品安全性，可按常规方法用最小使用日龄靶动物、各种使用途径进行一次单剂量、单剂量重复使用、一次超剂量使用的安全性试验，必要时用怀孕动物进行上述安全性试验。为了保证试验结果的科学性，需进行一定数量的重复试验。针对特定的生物安全问题，需设计特定的试验，以排除制品使用后可能带来的生物安全问题。安全性是每批治疗用制品必须检验的项目，但上述安全试验中的部分内容仅需在研发过程中开展研究即可，无需在每批制品出厂前进行检验。

**3. 疗效** 疗效是治疗制品的最基本指标。通常情况下，应采用攻毒试验证实制品的治疗效果。应用至少3批（一类制品至少5批）制品通过每种使用途径对每种靶动物进行疗效试验。在攻毒试验中，对照组应有足够高的发病率。但是，对于某些急性或烈性传染病而言，由于发病快、病程短、死亡率高，治疗组的疗效不易显现，此时，可能需要模仿临床治疗方案，在使用治疗制品时，还需要采取补液等辅助治疗措施。当确认制品疗效后，如找到检验制品效力的可靠的替代指标，可不对每批出厂的制品进行疗效检验，而代之以检测替代指标。当制品质量标准中的指标（如抗体效价、特异性免疫球蛋白含量）足以保证制品疗效时，则无需在每批制品出厂前进行疗效检验。

**4. 稳定性** 无论是抗体制品中的抗体、微生态制剂中的活菌、免疫去势疫苗中的抗原，还是干扰素或转移因子制品中的有效因子，对温度等理化因子的影响都有一定的敏感性。因此，有必要通过试验研究治疗制品中的效用成分随温度等变化而变化的规律，为保存条件和保存期的设定提供支持数据。该项目不是每批治疗用制品必须检验的项目，仅在研发过程中开展研究即可。

（陈光华）

## 第六节　兽医生物制品国家批签发制度

### 一、批签发管理依据和意义

兽医生物制品的批签发是指国家依据农业部批准的现行有效的质量标准或规程，对国内生产和进口的兽用疫苗、血清制品、微生态制剂、诊断试剂及其他生物制品的每批产品在进行销售前实行的强制性审核、检验和批准制度。未取得批签发合格通知的兽医生物制品不得销售和使用。

根据《兽药管理条例》第十九条规定：兽药生产企业生产的每批兽医生物制品，在出厂前应当由国务院兽医行政管理部门指定的检验机构审查核对，并在必要时进行抽查检验；未经审查核对或者抽查检验不合格的，不得销售。第四十七条规定：依照规定应当抽查检验、审查核对而未经抽查检验、审查核对即销售、进口的，按照假兽药处理。农业部在批复中国兽医药品监察所的职能中明确要求其负责全国兽医生物制品批签发工作。为加强兽医生物制品质量管理，保证兽医生物制品安全有效，农业部于2013年起草《兽医生物制品批签发管理办法》征求意见稿，以进一步规范批签发工作要求和程序。

兽医生物制品是一类特殊药品，其可能存在的质量安全问题，可能对动物群体、环境经济健康发展以及公共卫生安全造成严重伤害，因此有必要对其实施特别管理措施。批签发管理即是此特别措施之一。采取这种管理措施也是有关国际组织如WHO、OIE等的要求，同时也是世界发达国家（欧盟、美国、日本等）普遍实施的通行做法。因此，实施批签发管理制度也是我国兽医生物制品走出国门、走向世界的先决条件。

我国于1996年4月25日农业部6号令规定对农业科研、教学单位新开办的生物制品车间和三资企业生产的兽医生物制品实施批签发管理制度。2001年9月17日农业部2号令颁布实施后，逐步在生物制品生产企业推行批签发管理。按照三个阶段逐步实施。第一阶段，从2002年1月1日开始，对已经实施批签发企业的产品、口蹄疫疫苗、所有进口兽医生物制品实施批签发；第二阶段，从2002年6月1日开始，对《兽医生物制品质量标准》（2001年版）目录中Ⅱ、Ⅳ、Ⅴ、Ⅵ类兽医生物制品（即除活疫苗外的生物制品）实施批签发，共计131个品种；第三阶段，从2003年1月1日开始，在全国范围内全面实施了兽医生物制品批签发管理制度。

## 二、批签发工作职责和程序

### （一）工作职责

农业部兽医局主管全国兽医生物制品批签发和监督管理工作。

中国兽医药品监察所在生产企业产品检验结果准确、真实的前提下负责对国内外生产企业的制品进行批审核，提出审核意见，或进行检验并出具检验报告，最后根据审核意见和检验结果作出是否同意销售的决定；负责进口兽医生物制品批签发样品的日常保管和进口检验及对国内生产企业、境外企业销售或代理机构进行不定期检查。

各省、自治区、直辖市兽药监察所负责对辖区内生产企业的质量监督，设专人对辖区内生产企业的批签发产品进行抽样、封样，建立批签发样品记录，并对批签发样品的真实性、可靠性负责。

兽医生物制品生产企业对制品质量负责。必须严格按照《兽药GMP》和《兽医生物制品规程》的要求组织生产；对生产原材料、生产过程、检验过程、销售过程进行全面的质量控制；建立产品的批生产、批检验和批销售记录，负责各项记录和批签发申报资料的真实性；对质量检验报告实行质量负责人、技术负责人、法定代表人（或其授权人）三级审核、签名制度；负责本企业兽医生物制品批签发样品的日常保管，未经同意，任何单位或个人不得动用封存的批签发样品。

兽医生物制品进口所在地省级兽医行政管理部门负责进口对兽医生物制品的审核和抽样。进口兽医生物制品批签发产品的抽样、封样，按照《兽药进口管理办法》执行。

## （二）工作程序

国内生产企业首次实施批签发时，必须向中国兽医药品监察所提供以下资料（在实施批签发后如有变更，需及时将变更资料报送中国兽医药品监察所）：企业的基本情况（包括企业的名称、通信地址、法定代表人、主要部门联系人及其联系方式、批准生产的产品目录等）；兽药生产许可证复印件；工商营业执照复印件；批签发产品的批准文号及审批件复印件；批签发产品的标签、说明书。

生产企业完成对某批制品的检验并合格后，需申请批签发时，由生产企业填写样品抽样单，省所抽样人员现场检查该制品的生产批准文件、批生产记录检验记录、检验报告等有关资料，核对产品库存量，检查产品标签和说明书是否符合要求。经查对无误后开始抽样。抽样工作按《兽药质量监督抽样规定》进行。每批活疫苗抽样 20 瓶（带有稀释液的，同时抽取稀释液 10 瓶），每批灭活疫苗抽样 10 瓶。抽样后，按要求封样，并填写批签发样品抽样单，并签名，抽取的样品分别由生产企业（或境外企业代理机构）、省所和中国兽医药品监察所保存。

封样后应由中国兽医药品监察所保存的样品暂由生产企业负责保藏在指定的样品库中，并建立详细的批签发样品出入库记录、温度记录和制冷设备运行及维修记录，根据要求送交中国兽医药品监察所。未经中国兽医药品监察所同意，任何单位或个人不得动用封存的批签发样品。在失效期一年后，由样品保存单位将样品进行无害化处理，并建立销毁记录。生产企业负责将抽样单（1份）、生产与检验报告（一式2份）报中国兽医药品监察所。

中国兽医药品监察所在收到批签发申报资料 7 个工作日内完成审核、签发。审核内容包括：申报资料是否齐全，项目填写是否规范，有无相关人员签名，是否加盖生产企业或检验单位印章；采用的检验标准是否正确，检验项目、方法和结果是否齐全，并符合标准规定；对有特殊要求的产品，审核其生产、检验过程中使用的菌毒种、细胞、实验动物等原材料及生产工艺是否与批准的质量标准或规程一致。

需对批签发产品进行检验的（一般按 3‰～5‰抽样），由中国兽医药品监察所根据具体情况确定检验项目。在收到样品后 2 个月内完成检验，根据检验结果提出同意或不同意销售的意见。生产企业、境外企业销售或代理机构对不同意销售的批签发结论有异议时，可在 15 个工作日内以书面形式向中国兽医药品监察所提出技术复审申请。中国兽医药品监察所在收到技术复审申请后，必须及时对申诉的项目进行再审核或再检验，复审工作完成后 3 个工作日内提出书面复审意见，做出是否同意批签发的最终决定。

（陈光华）

# 第七节　兽医生物制品经营管理

为加强对兽医生物制品经营行为的管理，进一步规范和提高经营行为和经营水平，农业部分别于 2007 年 3 月 29 日和 2010 年 1 月 15 日发布了《兽医生物制品经营管理办法》和《兽药经营质量管理规范》（2010 年农业部令第 3 号）。前者侧重于对兽医生物制品经营的行政管理，后者侧重于对经营企业的技术要求。兽医生物制品经营管理又称为兽医生物制品 GSP 管理。

### 一、管理要求

在经营管理上，兽医生物制品分为国家强制免疫计划所需兽医生物制品（简称国家强制免疫用生物制品）和非国家强制免疫计划所需兽医生物制品（简称非国家强制免疫用生物制品）。不同历史时期的国家强制免疫用生物制品名单由农业部确定并公告。

在管理职责上，农业部负责全国兽医生物制品的监督管理工作，县级以上地方人民政府兽医行政管理部门负责本行政区域内兽医生物制品的监督管理工作。

目前，我国的国家强制免疫用生物制品（如高致病性禽流感灭活疫苗、口蹄疫灭活疫苗、高致病性猪繁殖与呼吸综合征活疫苗、政府采购专用猪瘟活疫苗等）由农业部指定的企业生产。农业部对指定生产企业实行动态管理。对国家强制免疫用生物制品依法实行政府采购，省级人民政府兽医行政管理部门组织分发。发生重大动物疫情、灾情或者其他突发事件时，国家强制免疫用生物制品由农业部统一调用，生产企业不得自行销售。

各省人民政府兽医行政管理部门根据有关规定建立国家强制免疫用生物制品储存、运输等管理制度。分发国家强制免疫用生物制品时，要建立真实、完整的分发记录。分发记录需保存至制品有效期满后 2 年。

具备一定条件的养殖场可以向农业部指定的生产企业采购自用的国家强制免疫用生物制品，但应当将采购的品种、生产企业、数量向所在地县级以上地方人民政府兽医行政管理部门备案。这些条件包括：具有相应的兽医技术人员；具有相应的运输、储藏条件；具有完善的购入验收、储藏保管、使用核对等管理制度。这些养殖场必须建立真实、完整的采购、使用记录，并保存至制品有效期满后 2 年。

农业部指定的生产企业只能将国家强制免疫用生物制品销售给省级人民政府兽医行政管理部门和符合以上规定的养殖场，不得向其他单位和个人销售。但是，无论是指定生产企业还是非指定生产企业，均可以将本企业生产的非国家强制免疫用生物制品直接销售给使用者，也可以委托经销商销售。

兽医生物制品生产企业应当建立真实、完整的销售记录，应当向购买者提供批签发证明文件复印件。销售记录上应当载明产品名称、产品批号、产品规格、产品数量、生产日期、有效期、收货单位和地址、发货日期等内容。

非国家强制免疫用生物制品经销商应当依法取得《兽药经营许可证》和工商营业执照。《兽药经营许可证》的经营范围中需载明委托的兽医生物制品生产企业名称及委托销售的产品类别等内容。经营范围发生变化的，经销商应当办理变更手续。

兽医生物制品生产企业可以自主确定、调整经销商，并与经销商签订销售代理合同，明确代理范围等事项。

经销商只能经营所代理兽医生物制品生产企业生产的兽医生物制品，不得经营未经委托的其他企业生产的兽医生物制品。

经销商只能将所代理的产品销售给使用者，不得销售给其他兽药经营企业。

未经兽医生物制品生产企业委托，兽药经营企业不得经营兽医生物制品。

养殖户、养殖场和动物诊疗机构等使用者采购的或者经政府分发获得的兽医生物制品只限自用，不得转手销售。

各级兽医行政管理部门、兽药检验机构、动物卫生监督机构及其工作人员，不得参与兽医生物制品的生产、经营活动，不得以其名义推荐或者监制、监销兽医生物制品和进行广告宣传。

养殖户、养殖场和动物诊疗机构等使用者转手销售兽医生物制品的，或者兽药经营者超出《兽药经营许可证》载明的经营范围经营兽医生物制品的，属于无证经营，按照《兽药管理条例》第五十六条的规定处罚。

农业部指定的生产企业违反《兽药管理条例》等规定的，取消其国家强制免疫用生物制品的生产资格，并按照《兽药管理条例》的规定处罚。

## 二、技术要求

兽医生物制品经营企业应当具有固定的经营场所和仓库，其面积应当符合当地兽医行政管理部门的规定。经营场所和仓库应当布局合理，相对独立。

经营场所的面积、设施和设备应当与经营的兽医生物制品品种、经营规模相适应。经营区域与生活区域、动物诊疗区域应当分别独立设置，避免交叉污染。

经营企业的经营地点应当与《兽药经营许可证》载明的地点一致。《兽药经营许可证》应当悬挂在经营场所的显著位置。变更经营地点的，应当申请换发兽药经营许可证。变更经营场所面积的，应当在变更后30个工作日内向发证机关备案。

经营企业应当具有与经营的兽医生物制品品种、经营规模适应并能够保证兽医生物制品质量的冷库（柜）等仓库和相关设施、设备。仓库面积和相关设施、设备应当满足合格产品区、不合格产品区、待验产品区、退货产品区等不同区域划分和不同兽医生物制品品种分区、分类保管、储存的要求。变更仓库位置，增加、减少仓库数量、面积以及相关设施、设备的，应当在变更后30个工作日内向发证机关备案。

经营企业的经营场所和仓库的地面、墙壁、顶棚等应当平整、光洁，门、窗应当严密、易清洁。

经营企业的经营场所和仓库应当具有与经营产品相适应的货架和柜台；避光、通风、照明的设施和设备；与储存产品相适应的控制温度、湿度的设施和设备；防尘、防潮、防霉、防污染、防虫、防鼠和防鸟的设施和设备；进行卫生清洁的设施和设备等。

经营企业经营场所和仓库的设施和设备应当齐备、整洁和完好，并根据兽药品种、类别和用途等设立醒目标志。

经营企业直接负责的主管人员应当熟悉兽药管理法律、法规及政策规定，具备相应兽药专业知识。应配备与经营产品相适应的质量管理人员。有条件的，可以建立质量管理机构。

经营企业主管质量的负责人和质量管理机构的负责人应当具备相应专业知识，且其专业学历或技术职称应当符合当地兽医行政管理部门的规定。

质量管理人员应当具有兽药、兽医等相关专业大专以上学历，或者具有兽药、兽医等相关专业中级以上专业技术职称，并具备兽医生物制品专业知识。不得在本企业以外的其他单位兼职。

主管质量的负责人、质量管理机构的负责人、质量管理人员发生变更的，应当在变更后30个工作日内向发证机关备案。

从事采购、保管、销售、技术服务等工作的人员，应当具有高中以上学历，并具有相应兽药、兽医等专业知识，熟悉兽药管理法律、法规及政策规定。

经营企业应当制订培训计划，定期对员工进行兽药管理法律、法规、政策规定和相关专业知识、职业道德培训、考核，并建立培训和考核档案。

应当建立质量管理体系，制定管理制度和操作程序等质量管理文件。

质量管理文件应当包括企业质量管理目标；企业组织机构、岗位和人员职责；对供货单位和所购兽药的质量评估制度；兽药采购、验收、入库、陈列、储存、运输、销售和出库等环节的管理制度；环境卫生的管理制度；兽药不良反应报告制度；不合格兽药和退货兽药的管理制度；质量事故、质量查询和质量投诉的管理制度；企业记录、档案和凭证的管理制度；质量管理培训和考核制度。

经营企业应当建立人员培训和考核记录；控制温度、湿度的设施、设备的维护、保养、清洁、运行状态记录；兽药质量评估记录；兽药采购、验收、入库、储存、销售和出库等记录；兽药清查记录；兽药质量投诉、质量纠纷、质量事故和不良反应等记录；不合格兽药和退货兽药的处理记录；兽医行政管理部门的监督检查情况记录。

记录应当真实、准确、完整和清晰，不得随意涂改、伪造和变造。确需修改的，应当签名、注明日期，原数据应当清晰可辨。

应当建立兽药质量管理档案，设置档案管理室或者档案柜，并由专人负责。

质量管理档案应当包括人员档案、培训档案、设备设施档案、供应商质量评估档案、产品质量档案；开具的处方、进货及销售凭证；购销记录及本规范规定的其他记录。质量管理档案不得涂改，保存期限不得少于2年；购销等记录和凭证应当保存至产品有效期后一年。

经营企业应当采购合法产品。应对供货单位的资质、质量保证能力、质量信誉和产品批准证明文件进行审核，并与供货单位签订采购合同。

购进产品时，应当依照国家兽药管理规定、兽药标准和合同约定，对每批制品的包装、标签、说明书、质量合格证等内容进行检查，符合要求的方可购进。必要时，应当对购进产品进行检验或者委托兽药检验机构进行检验，检验报告应当与产品质量档案一起保存。

应当保存采购产品的有效凭证，建立真实、完整的采购记录，做到有效凭证、账、货相符。采购记录应当载明产品的通用名称、商品名称、批准文号、批号、剂型、规格、有效期、生产单位、供货单位、购入数量、购入日期、经手人或者负责人等内容。

产品入库时，应当进行检查验收，并做好记录。对与进货单不符的，内、外包装破损可能影响产品质量的，没有标识或者标识模糊不清的，质量异常的以及其他不符合规定的制品，均不得入库。入库的兽医生物制品，应当由两人以上进行检查验收。

陈列、储存生物制品应当符合下列要求：按照品种、类别、用途以及温度、湿度等储存要求，分类、分区或者专库存放；按照外包装图示标志的要求搬运和存放；与仓库地面、墙、顶等之间保持一定间距；待验产品、合格产品、不合格产品、退货产品分区存放；同一企业的同一批号的产品集中存放。不同类型的制品应当具有明显的识别标识，标识应当放置准确、字迹清楚。不合格产品以红色字体标识；待验和退货产品以黄色字体标识；合格产品以绿色字体标识。

经营企业应定期对制品及其陈列、储存的条件和设施、设备的运行状态进行检查，并做好记录。

经营企业应当及时清查兽医行政管理部门公布的假劣产品，并做好记录。

销售制品时，应当遵循先产先出和按批号出库的原则。出库时，应当进行检查、核对，建立出库记录。出库记录应当包括通用名称、商品名称、批号、剂型、规格、生产厂商、数量、日期、经手人或者负责人等内容。

对标识模糊不清或者脱落的，外包装出现破损、封口不牢、封条严重损坏的，超出有效期限的以及其他不符合规定的制品，均不得出库销售。

经营企业应当建立销售记录。销售记录应当载明通用名称、商品名称、批准文号、批号、有效期、剂型、规格、生产厂商、购货单位、销售数量、销售日期、经手人或者负责人等内容。

经营企业销售生物制品，应当开具有效凭证，做到有效凭证、账、货、记录相符。

拆零销售时，不得拆开最小销售单元。

经营企业应当按照外包装图示标识的要求运输制品。有温度控制要求的制品，在运输时应当采取必要的温度控制措施，并建立详细记录。

宣传时，应当符合兽医行政管理部门批准的标签、说明书及其他规定，不得误导购买者。

经营企业应当向购买者提供技术咨询服务，在经营场所明示服务公约和质量承诺，指导购买者科学、安全、合理使用生物制品。

经营企业应当注意收集制品使用信息，发现假、劣产品和质量可疑产品以及严重不良反应时，应当及时向所在地兽医行政管理部门报告，并根据规定做好相关工作。

（陈光华）

## 第八节　新兽医生物制品注册与审批

### 一、注册审批机构及其职责

与世界上大多数国家一样，我国对包括兽医生物制品在内的所有新兽药实行注册审批制度。只有经过农业部审批并获得《新兽药注册证书》的兽医生物制品才能投入生产。

我国兽医生物制品的注册审批工作由国务院兽医行政管理部门（即农业部）负责，具体职能由农业部兽医局承担。为了进一步落实《行政许可法》的各项要求，提高兽医生物制品等注册审批工作效率，农业部办公厅专门设立了农业部行政审批综合办公室（以下简称"综合办"），统一接受申请人的申请，并负责申报资料的转送、审批意见和结果的通知等。

为了做好兽医生物制品注册审批工作，农业部于2006年6月成立了兽药评审中心（与中国兽医药品监察所合署办公），专门负责国内新兽药和进口兽药注册资料的技术评审工作。

在兽医生物制品的注册过程中，如需进行临床验证试验和产品复核检验，则由中国兽医药品监察所承担。

总的来说，兽医生物制品的注册审批工作是由农业部（包括综合办和兽医局）、农业部兽药评审中心和中国兽医药品监察所等3个机构共同完成的。

## 二、注册审批程序

按照农业部公告第1704号发布的《农业部行政审批综合办公办事指南》（兽药行政许可部分）的规定，新兽医生物制品申报单位向综合办递交注册资料后，即进入技术审查阶段。

兽医生物制品的技术审查分为预审、初审和复审三个阶段。预审、初审和复审均由农业部兽药评审中心组织有关专家完成。

综合办将接收的注册资料转交农业部兽药评审中心。农业部兽药评审中心对综合办转交来的注册资料在10个工作日内完成预审，并提出是否受理的意见。对符合受理要求的注册资料，综合办办理受理手续，并抄送农业部兽药评审中心。

农业部兽药评审中心生药评审处负责新兽医生物制品评审的具体工作。兽药评审中心在接到《受理通知书》和完整的注册资料后，根据申报的产品种类、数量以及每个产品的申报时间等具体情况组织初审。参加初审的人员包括从农业部兽药审评专家库中挑选的部分专家和办公室工作人员，必要时邀请其他有关专家参加初审。初审会可随时召开。

初审会上形成的初审意见，由农业部兽药评审中心通知申报单位。初审意见中除就申报资料和试验数据等提出具体修改和补充意见外，还可能根据具体情况提出现场核查的要求。通过初审后，农业部兽药评审中心将通知申报单位提交3批样品和有关试剂送中国兽医药品监察所进行质量复核检验。

对通过初审、现场核查情况符合要求、质量复核检验结果合格的产品，由兽药评审中心提交复审会进行审议。复审会由农业部兽药审评专家库中的专家和特邀代表参加。复审会可随时组织召开。复审会由临时指定的评审组组长主持，采取记名投票的形式决定产品是否通过复审，同意票数占到会人数的三分之二以上时，方能通过。

对复审通过的产品，由兽药评审中心会同申报单位完成试行规程（草案）、质量标准、说明书和标签的最终修订和定稿。完成上述工作后，由农业部兽药评审中心提请农业部审批。

农业部兽医局在接到审评意见后的60个工作日内做出是否审批的决定。对决定批准的产品，颁发《新兽药注册证书》；对决定不批准的产品，则做出退审决定。《新兽药注册证书》和退审通知书均由综合办转交申报单位。

## 三、注册资料的形式审查要求

兽医生物制品的申报资料通常用A4纸打印，装订成册，统一编写目录和页码。申报资料项目可按照农业部公告第442号中的《兽医生物制品申报资料项目要求》准备，不适用的项目除外。编写申报资料时，应避免出现明显的前后矛盾之处以及重要的数据和文字错误。

申报公函应是正式公函原件，其他资料可使用复印件。经过多次复印的证明性文件、参考文献等，要注意字迹清晰可见。

试行规程（草案）、质量标准、说明书和标签等，要按最新有关要求起草。质量标准起草说明中，不能仅对试行规程（草案）和质量标准进行简单复述，要尽可能详细地逐一阐明各主要标准的制定依据。

研究报告包括实验室试验和临床试验两大部分。

每个主要试验均要有详细的单项报告，按照《兽医生物制品申报资料项目要求》中所列项目顺序或试验过程的先后顺序进行编排。安全和效力研究报告的格式要符合有关格式要求。试验方法尽可能详细描述。对于特殊的试验方法，要详细列出操作步骤和判定标准。涉及动物攻毒试验时，要制定明确的动物发病判定标准。

中间试制报告中，除详细说明生产工艺和半成品检验等情况外，还要提供由具体从事中试产品检验的部门出具的检验报告单，并由中试单位加盖公章。

对于基因工程活疫苗，要先获得农业部转基因生物安全证书。

## 四、兽医生物制品的评审要点

### （一）兽医生物制品名称

包括通用名、商品名、英文名、汉语拼音名。通用名的命名按照《兽医生物制品通用名命名指导原则》进行。商品名的命名要符合农业部发布的《兽药商品名命名原则》。必要时，提出对通用名等的命名依据。无需使用商品名时，可以填写"无"。英文名和汉语拼音，均要与通用名对应。兽医生物制品的通用名命名要符合科学、简练、明确的原则。每个具有不同特性的兽医生物制品，其通用名要具有唯一性。兽医生物制品通用名采用规范的汉字进行命名，标注微生物的群、型、亚型、株名和毒素的群、型、亚型等时，可以使用字母、数字或其他符号。采用的病名、微生物名、毒素名等应为其最新命名或学名。采用的译名应符合国家有关规定。具体命名形式见"绪论"。

### （二）证明性文件

注册资料中包括下列各项证明文件：
（1）申请人合法登记的证明文件、中间试制单位的《兽药生产许可证》、《兽药 GMP 证书》、基因工程产品的安全审批书、实验动物合格证、实验动物使用许可证、临床试验批准文件等证件的复印件；
（2）申请的新制品或使用的配方、工艺等专利情况及其权属状态的说明，以及对他人的专利不构成侵权的保证书；
（3）研究中使用了一类病原微生物的，应当提供批准进行有关实验室试验的批准性文件复印件；
（4）直接接触制品的包装材料和容器合格证明的复印件。

### （三）制造及检验试行规程（草案）、质量标准及其起草说明

制造及检验试行规程（草案）、质量标准需按要求起草。试行规程（草案）中一般要详细描述菌毒种的鉴定、保管和供应单位，生产和检验用菌毒种的各项鉴定方法和标准，菌毒种的代次范围、保存条件和有效期，疫苗半成品的制备和检验，成品的制备和检验，疫苗的

作用和用途，用法和用量，注意事项，规格，储藏和有效期。质量标准的书写格式可以参照《中国兽药典》中有关制品的质量标准。拟定的质量标准是疫苗有效期内必须达到的最低标准，而不是出厂时的标准。因此，拟定质量标准时，不能一味提高标准，以标榜所报疫苗与同类疫苗相比的优越性。

起草说明中要详细阐述各项主要标准的制定依据和国内外生产、使用情况。质量标准后附上各个主要检验项目的标准操作程序。各项标准操作程序要详细，并具有可操作性。

### （四）说明书、标签和包装设计样稿

说明书和标签要严格按照国家有关规定（《兽药标签和说明书管理办法》和有关公告）编写，尤其需要注意不要扩大使用对象、夸大作用和用途。说明书和标签中的各项规定，可以视为对用户的郑重承诺。因此，说明书和标签上的每项规定都必须有坚实的试验数据来支持。

### （五）生产用菌（毒、虫）种来源和特性

注册资料中需详细报告生产用菌毒种原种的代号、来源、历史（包括分离、鉴定、选育或构建过程等），感染滴度，血清学特性或特异性，细菌的形态、培养特性、生化特性，病毒对细胞的适应性等研究资料。

### （六）生产用菌（毒、虫）种种子批建立的有关资料

世界各国兽医生物制品的生产用菌（毒、虫）种均实行种子批管理制度。种子批通常包括原始种子、基础种子和工作种子。其中，工作种子的制备和鉴定由生产企业承担，科研单位在疫苗研制之初就应完成原始种子和基础种子的制备和鉴定。这既是保证疫苗质量的要求，也是保护菌种资源的必要手段。

注册资料中需提供生产用菌（毒、虫）种原始种子、基础种子建立的有关资料，包括各种子批的传代方法、数量、代次、制备、保存方法。有关原始种子、基础种子、生产种子批的建立的技术要求见第三章第二节。

### （七）生产用菌（毒、虫）种基础种子的全面鉴定报告

注册资料中要提供基础种子的各项鉴定资料，包括外源因子检测、鉴别检验、感染滴度、免疫原性、血清学特性或特异性、纯粹或纯净性、毒力稳定性、安全性、免疫抑制特性等，并符合有关试验研究指导原则要求。

### （八）生产用菌（毒、虫）种最高代次范围及其依据

菌毒种的传代过程中，其免疫原性等特性可能会发生一定程度的改变。因此，任何兽医生物制品的菌毒种都不能无限制地进行传代。注册资料中应提供用不同代次的菌毒种进行试验的报告，以便为规程中限定的代次范围提供技术依据。

### （九）检验用强毒株代号和来源

在进行基础种子的免疫原性鉴定和免疫效力试验中，一般都需要使用强毒株进行动物攻

毒试验。了解攻毒用强毒株的毒力强弱是判定疫苗免疫效果的前提。因此，注册资料中需要详细说明用于攻毒试验的菌毒株代号和来源。检验用强毒株的资料包括试行规程（草案）中规定的强毒株以及研制过程中使用的各个强毒株。对已有国家标准强毒株的，可以使用国家标准强毒株。

### （十）检验用强毒株纯净、毒力、含量测定、血清学鉴定等试验的详细方法和结果

对攻毒用强毒株，除了要说明其代号、来源外，还要对其进行全面鉴定。鉴定的最终目的是要确保攻毒用强毒株的鉴别特征、血清学特性、纯净性、含量和致病性符合攻毒试验的要求。

### （十一）生产用细胞的来源和特性

生产用细胞是疫苗生产中除基础种子外最重要的生物源性原材料，对疫苗终产品的质量有直接影响。因此，对生产用的细胞（主要指细胞系），首先要了解并报告其基本特性，包括生产用细胞的代号、来源、历史（包括细胞系的建立、鉴定和传代等）、主要生物学特性、核型分析等研究资料。

### （十二）生产用细胞的细胞库

对生产用的细胞，要按照种子批管理制度建立种子批。在注册资料中要提供原始细胞库、基础细胞库建库的有关资料，包括各细胞库的代次、制备、保存及生物学特性、核型分析、外源因子检验、致癌/致肿瘤试验等。

### （十三）生产用细胞的代次范围及其依据

任何生产用细胞都不能无限制地进行传代。在每种疫苗的制造和检验规程中均要规定生产用细胞种子的最高传代代次范围。注册资料中要提供用不同代次的细胞进行试验（主要是细胞核学和致瘤性试验）的报告，以便为规程中限定的使用代次范围提供必要的技术支持。

### （十四）主要原辅材料的来源、检验方法和标准、检验报告等

对生产中使用的原辅材料，如国家标准中已经收载，则应采用相应的国家标准，如国家标准中尚未收载，则建议采用有关国际标准。值得强调的是，对犊牛血清等牛源材料，其来源要符合国家有关规定，尤其是进口血清，要避免从已公布有疯牛病的国家或地区进口。

### （十五）主要制造用材料、组分、配方、工艺流程等

注册资料中需详细说明最终产品中所含组分的名称、配比以及产品的生产工艺流程等。为了便于审查，可以采取表格和图示法来介绍疫苗配方和工艺流程等。

### （十六）制造用动物或细胞的主要标准

如果生产中使用动物或细胞，就需在试验的基础上事先制订这些动物或细胞的标准，以便在大生产中进行质量控制。

### (十七)构建的病毒或载体的主要性能指标(稳定性、生物安全)

如果生产中使用的是人工构建的病毒或其他载体,则应对这些病毒或载体进行鉴定,以便了解其主要特性,进而对其稳定性和生物安全性能等进行评价,从而对其应用于兽医生物制品生产的潜力做出全面而准确的评价。

### (十八)疫苗原液生产工艺的研究

当疫苗生产中采用新工艺时,注册资料中需提供关于这些生产工艺的研究资料。可能包括细菌(病毒或寄生虫等)培养时的接种量、培养或发酵条件、灭活或裂解工艺的条件;活性物质的提取和纯化;对动物体有潜在毒性物质的清除;联苗中各活性组分的配比和抗原相容性研究资料;乳化工艺研究;灭活剂、灭活方法、灭活时间和灭活检验方法的研究等。

### (十九)成品检验方法的研究及其验证资料

当兽医生物制品的成品检验方法(通常指效力检验方法)与常规方法有所不同时,就应对其申报的新方法进行研究,以便对该新方法在控制制品质量方面的可靠性进行验证,必要时,还需与常规方法进行平行对比试验,以证明新方法与常规方法之间存在必要的相关性。

### (二十)与同类制品的比较研究报告

当申请注册的新兽医生物制品属于第三类制品时,就需按规定提供该产品与同类制品的比较研究报告。视菌(毒、虫)株、抗原、主要原材料或生产工艺改变的不同情况,尤其是需根据申请人刻意强调的新制品优势开展比较研究。如:与原制品的安全性、免疫效力、免疫期、保存期比较研究报告;与已上市销售的其他同类疫苗的安全性、免疫效力、免疫期、保存期比较研究报告;联苗与各单苗的免疫效力、保存期比较研究报告。

### (二十一)用于实验室试验的产品检验报告

实验室试验包括很多项目,且持续时间长,投入的财力和人力大。为了保证实验室试验的结果可靠,需要确保用于实验室试验的样品符合一定的质量要求。因此,在进行各项实验室试验前,要对试验样品进行必要的检验。

### (二十二)实验室产品的安全性研究报告

新研制的兽医疫苗需符合安全、有效和质量可控的要求。其中,保证疫苗的安全是最基本要求。因此,对新疫苗的安全性提出了很多试验要求。包括:①用于实验室安全试验的实验室产品批数、批号、批量,试验负责人和执行人,试验时间和地点,主要试验内容和结果。②对非靶动物、非使用日龄动物的安全试验。③疫苗的水平传播试验。④对最小使用日龄靶动物、各种接种途径的一次单剂量接种的安全试验。⑤对靶动物单剂量重复接种的安全性。⑥至少3批制品对靶动物一次超剂量接种的安全性。⑦对怀孕动物的安全性。⑧疫苗接种对靶动物免疫学功能的影响。⑨对靶动物生产性能的影响。⑩根据疫苗的使用动物种群、疫苗特点、免疫剂量、免疫程序等,提供有关的制品毒性试验研究资料。必要时提供休药期的试验报告。

值得注意的是，上述要求只是为进行疫苗的安全性考察提供了一些思路，并不说明，只有在上述各项试验中获得正结果的疫苗才能使用。比如，在疫苗的水平传播试验中，试验结果证明，疫苗毒在免疫动物与未免疫动物之间能够水平传播。根据此结果，我们并不能证明疫苗是不安全的。相反，该疫苗的此一特性对于提高群体免疫的效果可能是有利的。

在进行实验室安全试验时，应注意下列问题：

（1）实验室及动物实验室的生物安全条件，要符合国家有关实验室生物安全标准。

（2）实验室安全试验中所用实验动物应是普通级或清洁级易感动物。用鸡进行试验时，要使用 SPF 级动物。

（3）禽类疫苗的实验室安全试验多使用本动物，其他疫苗的实验室安全试验中除使用靶动物外，还需用敏感的小型实验动物（如啮齿类动物）进行试验。

（4）试验中要尽可能使用敏感性最高的品系。使用最小使用日龄的动物进行试验。

（5）每批制品的实验室安全试验中所用动物不少于 10 只（头），来源困难或经济价值高的动物不少于 5 只（头），鱼、虾应不少于 50 尾。

（6）实验室安全试验中所用实验室制品的生产用菌（毒、虫）种、制品组成和配方等，应与规模化生产的产品相同。试验性产品要经过必要的检验，且结果符合要求。试验性产品中主要成分的含量要不低于规模化生产时的出厂标准。

（7）在试验开始前，要制定详细的实验室安全试验方案。试验方案内容包括受试制品的种类，试验开始和结束的日期，试验动物的年龄、品种、性别等特征，疫苗的配方，对照组的设置，每组动物的数量，实验动物来源、圈舍、试验管理和观察方式，结果的判定方法及标准等。

（8）在进行一次单剂量接种的安全试验时，按照推荐的接种途径，用适宜日龄的靶动物，接种 1 个剂量，至少观察 2 周。评估指标包括临床症状、体温、局部炎症、组织病变等。对可用于多种动物的疫苗，要分别用各种靶动物进行安全试验。

（9）对实际使用中可能进行多次接种的疫苗，均要进行单剂量重复接种安全试验。其试验方法与一次单剂量接种的安全试验相似，但在第 1 次接种后 2 周，以相同方法再接种一次，再次接种后继续观察至少 2 周。

（10）进行一次超剂量接种的安全试验时，方法与单剂量接种安全试验相仿，但接种剂量为免疫剂量的数倍至几十（甚至上百）倍不等。通常情况下，灭活疫苗的安全试验剂量为使用剂量的 2 倍，活疫苗的安全试验剂量为使用剂量的 10~100 倍。

（11）对用于妊娠动物的疫苗，要用妊娠期动物进行安全试验，考察该疫苗对妊娠过程和胎儿健康的影响。另外，有些病原可能导致生殖系统的不可逆损伤，在这类疫苗的安全试验中，需对幼龄动物接种后，一直观察到产仔或产蛋，以考察其对生殖功能的影响。

（12）有些病原可感染多种动物或多个日龄段的动物，在这类疫苗的安全试验中，除需考察疫苗对靶动物和使用日龄动物的安全性外，还应对非使用对象动物和非使用日龄动物进行实验室安全试验，以考察对靶动物群使用该疫苗后，对非靶动物群可能引起的安全风险。

（13）有些病原可使动物的免疫系统受到损害，对预防该类疫病的疫苗还需进行免疫抑制试验，以评估该疫苗是否存在免疫抑制现象。

（14）对靶动物生产性能的影响试验适用于肉用商品代经济动物及产蛋鸡的疫苗。使用这类疫苗后，通过观察记录动物的生长发育、增重、饲料报酬、出栏率、产蛋鸡的产蛋率等，评估疫苗对动物生产性能的影响。

（15）用于制备疫苗的一些非生物源性物质，如矿物油佐剂、铝胶佐剂等，用于食品动物后，可能对人类健康造成危害，这类制品的安全试验中需包括靶动物的残留试验，以便为制定该制品的休药期提供必要的支持性数据。

## （二十三）实验室产品的效力研究报告

疫苗的效力高低是其实际效果的决定因素。要正确判断某种疫苗的使用效果，需进行一系列效力试验。提交的效力研究报告包括：①用于实验室效力试验的实验室产品的批数、批号、批量，试验负责人和执行人，试验时间和地点，主要试验内容和结果。②至少3批制品通过每种接种途径、分别对每种靶动物进行接种的效力研究。③抗原含量与靶动物免疫攻毒保护结果相关性的研究。④血清学效力检验结果与靶动物免疫攻毒试验结果相关性的研究。⑤实验动物效力检验与靶动物效力检验结果相关性的研究。⑥不同血清型或亚型间的交叉保护试验研究。⑦免疫持续期研究。⑧子代通过母源抗体获得被动免疫力的效力和免疫期研究。⑨接种后动物体内抗体消长规律的研究。⑩关于免疫接种程序的研究。

在进行实验室效力试验时，应注意下列问题：

（1）实验室及动物实验室的生物安全条件：要符合国家有关实验室生物安全标准。

（2）实验动物的要求：实验室效力试验中所用实验动物为符合有关国家标准的普通级或清洁级易感动物，鸡用疫苗效力试验中要使用SPF鸡。

实验室免疫效力试验需使用靶动物进行。如果在规模化生产的每批产品出厂时的效力检验中使用小型实验动物（如啮齿类动物）替代靶动物进行，则在实验室效力试验中除使用靶动物以外，还要使用这种替代动物进行。

每批制品的实验室效力试验中所用动物不少于10只（头），来源困难或经济价值高的动物不少于5只（头），鱼、虾不少于50尾。

（3）实验室效力试验中所用疫苗的生产用菌（毒、虫）种、制品组成和配方等，应与将来的规模化生产相同。试验性疫苗需经过必要检验，且结果需符合要求。试验性疫苗中主要成分的含量接近或低于产品规程中规定的最低标准。

为了同时证明产品规程中所规定的基础种子使用代次范围的合理性，通常用处于最高代次水平的病毒（或细菌）悬液制备疫苗后进行效力试验。一旦试验结果证明最高代次水平的疫苗具有令人满意的免疫效果，则可认为规定范围内的基础种子均具有令人满意的免疫原性。

如果将来的规模化生产中疫苗出厂"效力检验"采取与参考疫苗进行对比的方法，则在实验室效力试验中，除使用实验室制品进行效力试验外，还用参考疫苗进行系统的效力试验。

（4）在多数实验室效力试验中可能会使用攻毒用强毒。对已经有国家标准强毒株的，则使用该标准强毒株，必要时增加使用当时的流行株。对没有国家标准强毒株的，则使用自行分离的强毒株，但要在报告中详细报告其来源、历史和有关鉴定结果。

使用一类病原微生物的，要按有关规定事先获得农业部批准。

（5）靶动物免疫攻毒试验：该试验是考察所有兽医疫苗效力的最基本内容。其基本方法是：用实验室疫苗接种一定数量的动物，经一定时间后，用攻毒用强毒株对上述免疫动物和一定数量的、条件完全相同、但未接种疫苗的对照动物一起进行攻毒,在攻毒后一定时间内,观察动物的发病及死亡情况,统计免疫组及对照组动物发病率或死亡率,并最终评估疫苗的效力;必要时,在观察期结束时,将所有动物扑杀,进行剖检及病理组织学检查,对有些疫苗而言,还要进行病原分离,最后根据免疫组动物和对照组动物的大体剖检变化、病理组织学病变或病原分离情况评估疫苗的免疫效力。

靶动物免疫攻毒试验的具体方法包括定量免疫定量强毒攻击法、变量免疫定量强毒攻击法、定量免疫变量强毒攻击法及抗血清被动免疫攻毒法等。实际工作中可以根据疫苗的具体情况选择其中的一种最佳方法。

定量免疫定量强毒攻击法:以定量的待检疫苗接种动物,经一定时间后,用定量的强毒攻击,观察动物接种后所建立的主动免疫力。

定量免疫变量强毒攻击法:把动物分为两大组,一组为免疫组,另一组为对照组,两大组内又各分为若干个小组,每个小组内的动物数相等。免疫动物均用同一剂量的疫苗进行接种,经一定时间后,与对照组动物同时用不同稀释倍数的强毒进行攻击,观察、统计免疫组与对照组的发病率、死亡率、病变率或感染率,计算免疫组与对照组的 $LD_{50}$(或 $ID_{50}$),比较免疫组与对照组动物对不同剂量强毒攻击的耐受力。

变量免疫定量强毒攻击法($PD_{50}$ 试验):将疫苗稀释为各种不同的免疫剂量,并分别接种不同组的动物,间隔一定时间后,各免疫组均用同一剂量的强毒攻击,观察一定时间,用统计学方法计算能使50%的动物得到保护的免疫剂量($PD_{50}$)。

(6)疫苗抗原(细菌或病毒)含量与靶动物免疫攻毒保护力相关性研究(最小免疫剂量试验):疫苗内细菌(或病毒)含量与免疫攻毒保护率之间,通常存在一定的平行关系,此时,就可以根据最小免疫剂量试验结果建立疫苗成品的细菌(或病毒)含量标准,对符合细菌(或病毒)含量标准的疫苗,就不再需要进行免疫攻毒试验。

最小免疫剂量的试验方法:用不同剂量的疫苗分别接种动物,经一定时间后进行攻毒,或采用已经证明与免疫攻毒方法具有平行关系的替代方法进行免疫效力试验,统计出使动物获得较好保护力(通常应达到80%~100%)的最低疫苗接种量,就是最小免疫剂量。如果疫苗使用对象包括多种动物或多种日龄动物,则要针对各种靶动物分别测定最小免疫剂量。

(7)免疫产生期及免疫持续期试验:

① 基本试验方法:用实验室产品接种一定数量的动物,同时用足够数量的未接种动物作为对照。接种后,每隔一定时间,用攻毒用强毒株对一定数量的免疫动物和对照动物同时进行攻毒,或采用已经确认与免疫攻毒保护率具有平行关系的血清学方法测定血清学反应水平,观察其产生免疫力的时间、免疫力达到高峰期的时间及高峰期持续时间,一直测到免疫力下降至保护力水平以下。以接种后最早出现良好免疫力的时间为该制品的免疫产生期,以接种后保持良好免疫力的最长时间为免疫持续期。

② 如果该疫苗的使用说明书中不推荐进行一次以上的疫苗接种,则意味着该疫苗接种后可以获得终身保护。由于动物的生命期因类别、品种、品系及分布地区的不同而有所差异,因此,对声明的免疫期应详细陈述,并提交充分数据。

③ 如果是季节性疾病,只要能够证明该疫苗的免疫力能持续到下一年中的疾病自然发生期末。不论是否进行加强免疫接种,均应提出在疫苗接种后一年内的免疫力情况。

④ 为获得免疫期数据而进行的试验需在人工控制的实验室条件下进行。若有关试验很

难在实验室条件下进行，则可能只完成田间试验。在进行田间免疫期试验的过程中，要确保疫苗接种的靶动物不发生并发性田间感染，因为自然康复的田间感染将加强动物的免疫力。通常有必要设立未接种的靶动物，与接种过的靶动物接触，用作对照（哨兵动物），以监测动物是否受到田间感染。

⑤ 主动免疫的免疫期　即由基础接种提供的保护作用持续时间。通常需在所推荐的加强接种开始时间前，对接种过的动物进行攻毒来确定。

⑥ 被动免疫的免疫期　即由免疫种畜（禽）的子代通过被动获得的抗体而提供免疫保护作用的持续时间。通常应在分娩或产蛋前进行免疫接种，在间隔一定时间后，对免疫种畜（禽）子代在其自然易感期内进行攻毒来确定。还应设计试验，以获得有关数据来支持所声明的子代免疫期。

⑦ 免疫期试验的成本高，耗时长，还涉及动物保护问题。因此，为减少在免疫期试验中频繁地进行动物攻毒试验，可以考虑用最低数量的免疫动物进行攻毒，或采用替代的判定指标或参数（如抗体水平），而不采用攻毒试验来衡量疫苗接种后的免疫力。为了使这种替代指标或参数被认可，需提供充分的试验依据，证明这种指标或参数在靶动物的保护作用中起着关键作用，且该指标或参数与靶动物免疫保护力间存在良好的定性和定量关系。

⑧ 通常情况下，不需要用非靶动物进行免疫期试验。

⑨ 对某些鱼用疫苗，如果难以在实验室条件下进行长期试验，此时，有必要通过设计合理的田间免疫期试验来弥补实验室免疫期试验的不足。

(8) 血清学效力检验与靶动物免疫攻毒保护力相关性研究：当成品的效力检验中采用血清学方法测定免疫动物抗体反应，而不采用免疫攻毒试验时，就应该事先进行这样的平行关系试验，以证明选用该血清学方法的合理性，并为建立判定标准提供依据。具体试验方法是：用不同剂量的疫苗免疫接种动物，以便获得具有不同抗体水平的动物，根据抗体水平的高低，将动物分为若干组，用已经选定的强毒株按照预定剂量进行攻毒。对抗体水平与攻毒保护率之间的关系进行分析。

(9) 不同血清型或亚型间的交叉保护力试验：有些传染病病原存在多个血清型（如传染性支气管炎病毒）或血清亚型（如口蹄疫病毒），对预防这类传染病的制品，应进行交叉保护力试验。其方法为：分别用不同血清型或血清亚型的菌（毒、虫）种制备疫苗，接种一定数量的动物，在产生免疫力后，分别用不同血清型或血清亚型的强毒株进行攻毒，观察其交叉保护力。通过本试验筛选疫苗菌（毒、虫）株，并为合理使用疫苗提供依据。

(10) 实验动物效力检验与靶动物效力检验结果相关性研究：一些疫苗的效力检验用靶动物（主要是大动物）来源困难、费用高，可使用敏感小动物代替，但需进行本动物与敏感小动物免疫攻毒保护力平行关系的试验研究，证明具有平行关系后，方可用敏感小动物代替靶动物。在疫苗成品检验中，使用敏感小动物进行效力检验的结果难以判定时，需改用靶动物进行效力检验，但使用靶动物效检不合格者不能再用小动物重检。

(11) 子代通过母源抗体获得被动免疫力的效力和免疫期试验：某些疫苗的使用对象为怀孕母畜或种禽，但其主要作用是使怀孕母畜或种禽获得高水平的抗体，通过初乳或卵黄使其后代获得被动免疫力，保护这些子代在出生后的疾病易感期内不感染发病。对这些疫苗的效力试验，不仅要测定怀孕母畜及种禽获得的免疫力，还要测定其后代的抗攻毒保护力及免疫期。

（12）不同接种途径对靶动物的效力试验：兽用疫苗的接种途径主要包括注射（皮下、皮内、肌肉、腹腔、穴位）、口服（滴口、饮水、拌料等）、点眼/滴鼻、气雾、刺种、浸泡等。根据疫苗种类及其特点，可选用最有效的接种途径。对采用特殊接种途径的疫苗，应对采用该途径与常规途径接种的动物所产生的免疫效力进行对比试验。

（13）接种后动物体内抗体消长规律的研究：此项研究与免疫产生期及持续期试验有关，有时可以合并进行。用疫苗接种动物后，定期采血，测定免疫动物产生抗体的最早时间、抗体高峰期、抗体持续期，为制定合理的免疫程序提供依据。

### （二十四）至少3批产品的稳定性（保存期）试验报告

在进行新兽医生物制品稳定性试验时，应注意下列问题：

（1）稳定性试验中所用实验室产品的生产过程、配方、保存条件及使用的包装容器等，要与将来工业化生产的疫苗一致。存在不同包装规格时，应选择最小规格和最大规格的产品进行稳定性试验。

（2）对疫苗样品的测试内容包括：性状（兽用疫苗稳定性试验中应考察的性状指标并无统一规定。研制单位根据具体产品的特性选择对保存条件敏感的性状指标进行测试，以辨别产品在保存期间发生的变化，如溶液和悬液的颜色、pH、黏度、剂型、浑浊度，粉剂的颜色、质地和溶解性，重溶后的可见颗粒物等。考察的内容不少于成品检验标准中的性状检验内容）、真空度（对冻干疫苗，在稳定性试验中，需进行真空度测定）、效力检验（疫苗效力是稳定性试验中需要考察的最重要指标。此处的效力检验方法应与成品效力检验方法一致。通常情况下，活疫苗常采用病毒或细菌含量测定方法，灭活疫苗常采用免疫攻毒方法或经过验证的血清学方法）、其他内容（如产品的纯净性、冻干产品水分含量等）。

在保存期内，制品中的添加物（如稳定剂、防腐剂、乳化剂）或赋形剂可能发生降解，如果在初步的稳定性试验中有迹象表明这些材料的反应或降解对疫苗质量有不良影响，稳定性试验中就要对这些方面进行监测。

（3）稳定性试验中所用各批实验室制品要尽可能由不同批次的半成品制备而成。

（4）兽用疫苗一般分装于防潮容器中。因此，只要能够证明所用容器（处于保存条件下时）对高湿度和低湿度都能提供足够的保护，则通常可以免除在不同湿度下进行稳定性试验。如果不使用防潮容器，则应该提供不同湿度下的稳定性数据。

（5）兽用疫苗的稳定性试验应在实时/实温条件下进行。在加速和强化条件下获得的稳定性试验数据，通常不作为最终确定疫苗有效期的依据。但是，加速稳定性试验数据有助于提供证明有效期的支持数据，并为将来其他新疫苗的开发提供指导。

（6）首次开启疫苗瓶后或冻干疫苗重溶后的稳定性：在说明书上需注明冻干疫苗在开瓶、溶解后的保存条件和最长保存时间，这些规定需有试验依据。

（7）对预期保存期不到12个月的兽用疫苗，在前3个月内，每个月进行一次检测，以后每3个月检测一次；对预期保存期超过12个月的，在保存的前12个月内，每3个月进行一次检测，在第二年中每6个月进行一次检测，以后每年进行一次检测。

### （二十五）中间试制报告

中间试制报告由中间试制单位出具，包括以下内容：中间试制的生产负责人和质量负责人姓名、试制时间和地点；生产的疫苗批数（连续 5~10 批）、批号、批量；每批中间试制产品的详细生产和检验报告；中间试制中发现的问题等。

### （二十六）临床试验研究资料

临床试验中使用至少 3 批经检验合格的中间试制产品进行较大范围、不同品种的使用对象动物试验，以进一步观察疫苗的安全性和效力。

要特别注意的是，临床试验中每种靶动物的数量要符合有关最新要求。目前的动物数量要求是：大动物（牛、马、骡、驴、骆驼等）1 000 头；中小动物（猪、羊、犬、狐、鹿、麝、兔、猪、貂、獭等）10 000 头（只）；禽类（鸡、鸭、鹅、鸽等）20 000 羽（只）；鱼 20 000 尾。如申请注册的兽用疫苗属于第一类制品，则临床试验动物数量需要加倍。对数量较少、饲养分散的特殊动物，临床试验的数量可酌情减少。

在设计临床试验方案时，要注意下列问题：

（1）试验方案包括开始、攻毒和结束试验的日期、试验地点、试验主持人、执行人、观察人、记录人姓名，以便审批机构的工作人员在必要时对试验进行考察和核查。

（2）试验方案的内容包括试验标题，试验的唯一性标识，试验联系人姓名和联系方法，试验地点，试验目的，试验进度表，试验设计（包括试验分组、对照的设置、随机化方法、试验场所和单位的选择等），试验材料（包括所使用的中试产品，所使用的安慰剂及其配方，进行检测试验的毒种和试剂及其来源等），动物选择（包括动物饲养单位的基本情况，试验动物的品种、品系、年龄、性别、饲养规模、疫病控制、疫苗接种等情况），动物的饲养和管理，用药计划（包括使用途径、注射部位、剂量、用药频率和持续时间），试验观察（检查）的方法、时间和频率，试验期间需要进行的检测项目、检测方法和内容（包括取样时间、取样间隔和取样数量，样品的保存条件和方法），试验结果（有效与无效，安全与不安全）的统计、分析、评价方法和判定标准，试验动物的处理方式，试验方案附录（如试验所涉及检测试验的操作规程，试验中将要使用的所有试验数据采集表和不良反应记录表格，中试产品说明书，参考文献及其他有关的补充内容），试验过程中发生意外情况时的应急措施。

在进行临床试验时，要注意下列一般要求：

（1）对所用试验动物，在试验前要确定是否曾接种过针对同种疾病的其他单苗或联苗。在近期是否发生过同种疾病。为确证这种免疫或感染状态，在进行试验前应当对试验动物进行特异性抗体检测，并评估其是否对试验产生影响。

（2）开始试验后，一般不再对试验动物接种针对同种疾病的其他单苗或联苗。

在进行临床效力试验时，要注意下列特殊要求：

（1）所选择的动物种类要涵盖说明书中描述的各种靶动物，并选择使用不同品种的动物进行试验。对动物年龄没有特殊规定的，还要选择使用不同年龄段的动物（幼龄动物和成年动物）进行试验。

（2）临床效力试验中使用的产品批数、试验地点的数量、养殖场和动物数量，要符合《兽药注册办法》中的有关规定。可有目的地使用接近失效期的产品进行试验。

（3）可以同时使用低于推荐使用剂量的（如 1/2、1/4 剂量）疫苗进行临床效力试验。

（4）接种动物后，要定期随机选择动物对其生理状态和生产性能进行评价，并定期通过免疫学或血清学方法对特异性免疫应答反应进行测定和评价。

(5) 对可以通过攻毒试验确定产品保护效力的，需随机选择一定数量的［一般不少于20只（头），个体大或经济价值高的动物一般不少于5只（头），鱼、虾不少于50尾］动物进行攻毒保护试验，以证明在整个保护期内疫苗均都可提供保护。

(6) 如果疫苗对被接种动物的后代会产生保护，应当通过免疫学、血清学方法或攻毒试验对其后代的被动免疫保护力进行检测。

进行临床安全试验时，还要注意下列特殊要求：

(1) 可以同时使用高于推荐使用剂量（如2倍、10倍剂量）的疫苗进行临床安全试验。

(2) 为了发现不良的局部或全身反应，需以足够的频率和时间观察试验动物。

(3) 必要时，要定期随机选择一定数量［一般动物不少于20只（头），个体大或经济价值高的动物一般不少于5只（头），鱼、虾不少于50尾］的动物进行剖检，观察可能由于接种疫苗而引起的局部或全身反应。对灭活疫苗，还应定期检查注射部位的疫苗及其佐剂吸收情况。

(4) 临床试验中还需有目的地就疫苗对环境及其他非靶动物的安全性影响进行评价。

撰写临床试验报告时，应注意下列问题：

(1) 临床试验报告是在完成临床试验的基础上完成的综合性的记述。最终试验报告包括材料和方法的描述、结果的介绍和评估、统计分析。试验报告格式要符合有关要求。

(2) 试验报告的内容包括试验标题和唯一性标识、基本信息（包括试验目的、试验主持人、主要完成人、试验完成地点、试验的起止日期）、材料和方法、试验结果（详尽地描述试验结果，无论是满意的结果还是不满意的结果，包括试验中的所有数据记录表）、试验结果的评估及试验结论（对全部试验结果进行评价，并根据试验结果得出结论）和附件（包括批准的试验方案，补充报告，支持试验结论的试验文件及其他有关的补充内容等）。

**（二十七）临床试验期间进行的有关改进工艺、完善质量标准等方面的工作总结及试验研究资料**

（陈光华）

## 第九节　动物用转基因微生物产品生物安全评价

依据《农业转基因生物安全管理条例》和《农业转基因生物安全评价管理办法》，将兽用生物制品中涉及利用基因工程技术研发的兽用疫苗和诊断制品纳入"农业转基因生物"范畴，统称为"动物用转基因微生物"，均需要进行安全评价。农业转基因生物安全委员会负责农业转基因生物的安全评价工作。为了更好地指导和规范"动物用转基因微生物"的安全评价的申报和评审工作，农业部制定和发布了《动物用转基因微生物安全评价指南》。

### 一、动物用转基因微生物的种类

#### （一）动物用转基因微生物的定义

动物用转基因微生物是指利用基因工程技术改变基因组构成，在农业生产或者农产品加工中用于动物的重组微生物及其产品。主要包括动物用的各类基因工程疫苗和基因工程抗原与诊断试剂盒等。此外，饲料用转基因微生物也列其中。

### （二）动物用转基因微生物的分类

**1. 基因工程亚单位疫苗**　利用细菌、病毒、哺乳动物细胞、酵母、植物等体系表达的病原微生物保护性抗原蛋白制备的疫苗。该类疫苗可以是纯化的抗原蛋白，也可以是未纯化的灭活混合物。

**2. 基因工程重组活载体疫苗**　利用基因重组技术将病原微生物的保护性抗原蛋白基因插入到低毒或无毒的细菌、病毒、支原体等载体微生物基因组中获得的活载体疫苗。

**3. 基因缺失疫苗**　利用同源重组技术将病原微生物的致病或/和毒力相关的、且复制非必需的基因或基因片段全部或部分删除后获得的低毒或无毒微生物制备的疫苗。

**4. 核酸疫苗**　将病原微生物的主要保护性抗原基因插入到真核表达质粒（含真核启动子）中形成 DNA 重组体，纯化获得的重组质粒即为核酸疫苗。

**5. 基因工程激素类疫苗及治疗制剂**　是指利用基因工程技术体外表达的激素（如生长激素、生长抑素等）、细胞因子（如干扰素、白细胞介素、肿瘤坏死因子等）和其他具有重要生物活性的因子。

**6. 基因工程抗原与诊断试剂盒**　是指利用基因工程技术，通过细菌、病毒、哺乳动物细胞、酵母、植物等体系表达的病原微生物功能蛋白，以此蛋白作为诊断抗原建立诊断方法，并组装诊断试剂盒。

**7. 其他**　无法纳入上述 7 类的其他动物用转基因微生物，如利用反向遗传操作技术体系构建的疫苗。

## 二、各类动物用转基因微生物安全评价的申报程序

各类动物用转基因微生物应按《农业转基因生物安全管理条例》和《农业转基因生物安全评价管理办法》规定，确定受体生物的安全等级、基因操作对受体生物安全等级影响的类型、转基因生物的安全等级、转基因产品的安全等级。安全评价试验一般应按中间试验、环境释放、生产性试验三个阶段进行申报，试验结束后可以申请农业转基因生物安全证书。《动物用转基因微生物安全评价指南》规定了不同类别动物用转基因微生物的申报程序。

### （一）基因工程亚单位疫苗

利用基因工程技术表达的抗原并经纯化后制备的基因工程亚单位疫苗，在中间试验结束后，可直接申请安全证书。利用基因工程技术表达的抗原未经纯化后制备的基因工程亚单位疫苗，在中间试验和环境释放结束后，依据安全评价情况，可直接申请安全证书。

### （二）基因工程重组活载体疫苗

利用已知的、安全的载体与已知的、安全的外源基因构建的基因工程重组活载体疫苗，在中间试验和环境释放结束后，可直接申请安全证书。利用新型的、安全性不明的载体或外源基因制备的基因工程重组活载体疫苗，应按中间试验、环境释放、生产性试验、安全证书四个阶段申报安全评价。

## (三) 基因缺失疫苗

基因缺失活疫苗应按中间试验、环境释放、生产性试验、安全证书四个阶段申报安全评价。基因缺失灭活疫苗在中间试验结束后，可直接申请安全证书。

## (四) 核酸疫苗

应按中间试验、环境释放、生产性试验、安全证书四个阶段申报安全评价。

## (五) 基因工程激素类疫苗及治疗制剂

表达蛋白作为激素使用的，在中间试验和环境释放结束后，依据安全评价情况，可直接申请安全证书。以核酸疫苗应用的激素应按中间试验、环境释放、生产性试验、安全证书四个阶段申报安全评价。用活载体表达的激素应按中间试验、环境释放、生产性试验、安全证书四个阶段申报安全评价。以纯化表达蛋白使用且安全的基因工程治疗制剂（如细胞因子和其他具有重要生物活性的因子），在中间试验结束后，可直接申请安全证书。

## (六) 基因工程抗原与诊断试剂盒

中间试验结束后，可直接申请安全证书。

## (七) 其他

利用反向遗传操作技术体系构建的基因组序列与原毒株一致且无基因插入或缺失的活疫苗，在中间试验结束后，可直接申请安全证书。利用反向遗传操作技术体系构建的经基因缺失、插入或重组制备的活疫苗，应按中间试验、环境释放、生产性试验、安全证书四个阶段申报安全评价。凡是经过基因操作的毒株，终产品为灭活的，在中间试验结束后，可直接申请安全证书。

## 三、各类动物用转基因微生物安全评价要求

动物用转基因微生物安全评价应按照《农业转基因生物安全评价管理办法》的规定撰写申报书，并提供各类动物用转基因微生物安全评价试验报告和相关资料。

### (一) 基因工程亚单位疫苗

申报基因工程亚单位疫苗的中间试验应提供前期研究报告，包括表达载体的构建、外源基因的表达和蛋白纯化工艺等。主要评价产品对靶动物的安全性，重点评价产品用于靶动物后的临床反应。申报环境释放应提交中间试验阶段安全性试验的总结报告。未经纯化的产品用于靶动物后，应评价产品中抗性质粒在环境中的转移情况。申请生物安全证书时应提交各阶段的安全评价试验总结报告。

### (二) 基因工程重组活载体疫苗

基因工程重组活载体疫苗的中间试验应提供前期研究报告，包括重组活载体疫苗的构

建、外源基因的表达、重组微生物的遗传稳定性、生物学特性等，着重评价产品对靶动物和非靶动物的安全性，包括临床反应性和致病性。环境释放应提交中间试验阶段安全性试验的总结报告，评价疫苗毒株的水平传播和垂直传播能力，检测疫苗毒株在应用环境中的存活能力，以及疫苗毒株在靶动物的存留和排毒情况，涉及人兽共患病病原的产品，还应评价产品对人类的安全性，以及疫苗毒株与其他微生物发生遗传重组的可能性。生产性试验应提交中间试验和环境释放阶段安全性试验的总结报告，继续检测和分析疫苗毒株在应用环境中的存活能力，以及疫苗毒株在靶动物的存留和排毒情况。申请生物安全证书时应提交各阶段的安全评价试验总结报告。

### （三）基因缺失疫苗

基因缺失疫苗的中间试验应提供前期研究报告，包括基因缺失疫苗的构建、遗传稳定性和生物学特性等，评价基因缺失疫苗毒株对靶动物的致病性，以及对非靶动物的安全性，提供实验室内基因缺失毒株与野生毒株重组获得缺失致病基因能力的研究报告，评价产品对靶动物的安全性。环境释放应提交中间试验阶段安全性试验的总结报告，评价基因缺失疫苗毒株在靶动物体内的增殖、分布和存活情况，评价基因缺失疫苗毒株水平传播和垂直传播能力，涉及人兽共患病病原的产品，还应评价产品对人类的安全性，以及疫苗毒株与其他微生物发生遗传重组的可能性。生产性试验应提交中间试验和环境释放阶段安全性试验的总结报告，继续观察基因缺失疫苗毒株的水平传播和垂直传播能力，监测缺失毒株与野生毒株重组获得缺失致病基因的能力。申请生物安全证书时应提交各阶段的安全评价试验总结报告。

### （四）核酸疫苗

核酸疫苗的中间试验应提供前期研究报告，包括核酸疫苗的构建、外源基因的表达、制备工艺等，评价核酸疫苗质粒 DNA 在靶动物注射部位存留情况，以及在靶动物体内相关组织分布情况，监测靶动物血液中质粒 DNA 的存在和持续时间，评价重组质粒与宿主细胞染色体（基因组）的整合情况。环境释放应提供中间试验阶段安全性试验的总结报告，监测靶动物粪便中核酸疫苗质粒 DNA 的存在，检测重组质粒 DNA 抗性基因向环境微生物（如以大肠杆菌作为指示菌）中转移的可能性。生产性试验应提供中间试验和环境释放阶段安全性试验的总结报告，继续检测重组质粒 DNA 抗性基因向环境微生物（如以大肠杆菌作为指示菌）中转移的可能性。申请生物安全证书应提交各阶段的安全评价试验总结报告。

### （五）基因工程激素类疫苗及治疗制剂

该类产品的中间试验应提供前期研究报告，包括表达载体构建、外源基因的表达、重组微生物的遗传稳定性等，在实验室可控条件下，检测靶动物的临床安全性、生理学和病理学变化，监测产品在体内的代谢（消长规律）；以核酸疫苗应用的应评价质粒 DNA 在靶动物注射部位存留情况，以及在体内相关组织分布情况，监测靶动物血液中质粒 DNA 的存在和持续时间，评价重组质粒与宿主细胞染色体（基因组）的整合情况。环境释放应提交中间试验阶段安全性试验的总结报告，分析靶动物的食用安全性，检测靶动物的生理学和病理学变化；以核酸疫苗应用的应监测靶动物粪便中核酸疫苗质粒 DNA 的存在；检测重组质粒 DNA 抗性基因向环境微生物（如以大肠杆菌作为指示菌）中转移的可能性；以活载体疫苗应用的应评价疫苗毒株的水平传播和垂直传播能力，检测疫苗毒株在应用环境中的存活能力，以及疫苗毒株在靶动物的存留和排毒情况，涉及人兽共患病病原的产品，还应评价产品对人类的安全性，以及疫苗毒株与其他微生物发生遗传重组的可能性。生产性试验应提交中间试验和环境释放阶段安全性试验的总结报告，继续检测靶动物的生理学和病理学变化；以核酸疫苗应用的继续检测重组质粒 DNA 抗性基因向环境微生物（如以大肠杆菌作为指示菌）中转移的可能性；以活载体疫苗应用的继续检测疫苗毒株在应用环境中的存活能力，以及疫苗毒株在靶动物的存留和排毒情况。申请生物安全证书时应提交各阶段的安全评价试验总结报告。

### （六）基因工程抗原与诊断试剂盒

中间试验提供前期研究报告，包括表达载体的构建、外源基因的表达、蛋白纯化工艺等。申请生物安全证书应提交中间试验安全评价总结报告。

### （七）其他

利用反向遗传操作技术体系构建的基因组序列与原毒株一致而且无基因插入或缺失的活疫苗，只进行基因操作评价。利用反向遗传操作技术体系构建的经基因缺失、插入或重组制备的活疫苗，按基因缺失疫苗安全评价要求进行评价。凡是经过基因操作的毒株，终产品为灭活的，按基因工程亚单位疫苗安全评价要求进行评价。

（杨汉春）

1. 我国兽医行政管理部门对兽医生物制品的监督管理的依据是什么？
2. 兽医生物制品质量管理规范（GMP）有哪些具体要求？我国实施情况如何？
3. 兽医生物制品成品检验有哪些项目？具体要求是什么？
4. 兽医生物制品国家批签发制度具体有哪些内容，它有什么作用？
5. 什么是兽医生物制品 GSP 管理（流通管理）？有何意义？
6. 简述我国新兽医生物制品注册与审批程序。
7. 我国农业转基因生物安全评价管理中涉及的兽用生物制品有哪些类型？其申报程序和要求有哪些？

# 第九章
# 多种动物共患疫病生物制品

**本章提要** 本章介绍了22种多种动物共患疫病的病原和免疫特性、疫苗诊断制剂和生物治疗制品的制造要点、质量标准与使用方法,其中,涉及12种细菌性疾病、7种病毒性传染病和3种寄生虫病。这些疫病中,大肠杆菌病、巴氏杆菌病、链球菌病、炭疽、布鲁菌病、破伤风、衣原体病、口蹄疫、痘病、狂犬病、流行性乙型脑炎、流行性感冒等为我国常发性疾病,疫苗和诊断制品相对较多,尤其是疫苗,成为我国控制这些传染病的主要手段和工具。禽流感和口蹄疫等一类动物疫病有多种商品化灭活疫苗,应对流行毒株抗原变异,满足生产需求;布鲁菌病、炭疽和流行性乙型脑炎的防控长期依靠使用活疫苗;大肠杆菌病、巴氏杆菌病和链球菌病病原血清型较多,有多种类型疫苗和血清定型因子抗体;猪囊虫病疫苗实现了商业化生产。因此,本章对这些疫病的疫苗做了比较详细的介绍。在诊断制品方面,上述疫病都有诊断制品,并用于临床实践,尤其是结核病、布鲁菌病、传染性海绵状脑病和旋毛虫病诊断试剂,对这些疾病控制发挥了重要作用。破伤风抗毒素是动物传染病生物治疗制剂的典型代表。此外,针对一些重点疾病,如布鲁菌病、口蹄疫、狂犬病、流行性乙型脑炎和流行性感冒,本章也介绍了其新型疫苗研究动态和成果。

## 第一节 细菌性生物制品

### 一、大肠杆菌病

大肠杆菌病(Colibacillosis)是由病原性大肠埃希菌的某些致病性血清型菌株引起的多种动物共患的局部或全身感染的疾病的总称,常引起人和动物的严重腹泻、败血症和毒血症。各种动物大肠杆菌的表现形式有所不同。但多发于幼龄动物。自1894年本病被报道以来,随着大型集约化养殖业的发展,该病在各国流行日趋严重,并导致巨大的经济损失。目前该病作为一种潜在的人兽共患病,在公共卫生事业中也日益被人们重视。

大肠埃希菌(*Escheichia coli*)俗称大肠杆菌,属于肠杆菌科埃希菌属。根据其致病机制,按目前国际上的分类,大肠杆菌大致有6种致病型,包括产肠毒素大肠杆菌(Enterotoxigenic *E. coli*,ETEC)、肠致病性大肠杆菌(Enteropathogenic *E. coli*,EPEC)、肠出血性大肠杆菌(Enterohemorrhagic *E. coli*,EHEC)、肠侵袭型大肠杆菌(Enteroinvasive *E. coli*,EIEC)、肠聚集型大肠杆菌(Enteroaggregative *E. coli*,EAEC)和弥散性黏附大肠杆菌(Difuse adherence *E. coli*,DAEC)。在引起人畜肠道疾病的血清型中,有EPEC、ETEC

和 EIEC 等。本菌为革兰阴性、非抗酸性、中等大小的杆菌。无明显的荚膜，不形成芽胞，不同菌株大小和形态有一定差异，一般为 $0.4\sim0.7\ \mu m\times2\sim3\ \mu m$，两端钝圆，散在或成对，多数菌株具有周身鞭毛，能运动，但也有无鞭毛、不运动的变异株。碱性染料对本菌有良好着色性，菌体两端偶尔略深染。

本菌为兼性厌氧菌，在普通培养基上生长良好，最适生长温度 37 ℃，最适生长 pH 为 $7.2\sim7.4$。在肉汤培养基中培养 $18\sim24$ h，呈均匀浑浊，管底有少许沉淀，液面与管壁可形成菌膜。在琼脂培养基上形成圆形、隆起、光滑、湿润、半透明、无色或灰白色的菌落，直径 $2\sim3$ mm。在麦康凯琼脂和远藤琼脂上可形成红色菌落，在伊红美蓝琼脂上则形成黑色带金属光泽的菌落。本菌能发酵多种糖并产酸、产气，大多数菌株可发酵乳糖和山梨醇，少数菌株缓迟发酵或不发酵乳糖，约半数菌株不能分解蔗糖。几乎均不产生硫化氢，不分解尿素，不液化明胶。吲哚和甲基红试验均为阳性，VP 试验和枸橼酸盐利用试验均为阴性。对人和动物的大肠杆菌不同菌株及其与肠道中正常寄生的非致病性大肠杆菌间，在形态特征、染色反应、培养特性和生化反应等方面没有差别，但近年来的研究结果表明，它们在抗原结构、质粒编码等方面似乎有一定的区别。

大肠杆菌抗原主要有 O、K 和 H 三种，已确定的大肠杆菌 O 抗原有 173 种，K 抗原有 80 种，H 抗原有 56 种。依据对大肠杆菌抗原的测定，可用 O：K：H 抗原式表示其血清型，如 O8：K23（L）：H19，即表示该菌具有 O 抗原 8，L 型 K 抗原 23，H 抗原为 19。致人和幼畜腹泻的产肠毒素大肠杆菌（ETEC）除含酸性多糖 K 抗原外，还含有蛋白质性黏附素抗原，故这类菌株的黏附素抗原应并列写于 K 抗原后，如 O8：K87，K88：H19 中 K88 即为黏附素抗原 F4。ETEC 中常见的 K88、K99、987P 黏附素又分别称为 F4、F5、F6 黏附素抗原。大肠杆菌产生不耐热肠毒素 LT 和耐热肠毒素 ST 两种外毒素，可引起分泌性腹泻。LT 具有抗原性，ST 无抗原性。内毒素是一种脂多糖，菌体崩解时释放出来，在败血症中作用明显。菌毛是大肠杆菌的重要毒力因子。

### （一）鸡大肠杆菌病

鸡大肠杆菌病主要病型和特征是胚胎和幼雏死亡、急性败血症、气囊炎、肺炎、心包炎、肝周炎腹膜炎、卵巢炎和输卵管炎等。病原主要是病原性大肠杆菌 SEPEC 中的 $O_1$、$O_2$、$O_{36}$ 和 $O_{78}$ 等血清型。

**1. 免疫** SEPEC 的毒力因子为 F11 和 F1 黏附因子，而这种黏附因子在形态上呈菌毛状，有良好的抗原性，能刺激机体产生特异抗体。免疫鸡的抗体效价与疫苗保护力有相关性。灭活疫苗免疫种鸡，雏鸡在出壳后 2 周或更长时间对同源菌有被动保护力。被动免疫可提高机体清除病原菌的能力和增强对大肠杆菌的抵抗力。

**2. 疫苗** 目前国内外对鸡大肠杆菌病的免疫预防，主要基于以黏附素免疫为基础的含单价或多价菌毛抗原的灭活菌苗或亚单位疫苗，以及类毒素苗、LT-B 亚单位苗、志贺毒素 B 亚单位苗等；还有表达 LT-B、LPS-Stx1/Stx2 的基因工程菌苗等。近年来，国内研制的大肠杆菌灭活疫苗含多种常见 O 抗原，可选择针对本地流行的 3~4 种常见 O 抗原的野毒菌株制成灭活疫苗，有较好的预防效果，使用的佐剂包括白油佐剂、氢氧化铝佐剂和蜂胶佐剂等，免疫保护力可持续 3~5 个月。国外以 Stx2e 抗毒素被动免疫和用其类毒素做主动免疫，已取得令人满意的免疫效果。

(1) 鸡大肠杆菌病灭活疫苗：

[菌种] 病原性大肠杆菌 EC24、EC30、EC45、EC50、EC44。①接种麦康凯氏培养基平板上，35～36 ℃培养 24 h，肉眼观察呈粉红色或砖红色，菌落隆起，表面光滑。低倍显微镜下 45°折光观察，边缘整齐，呈鲜艳的金光。②含 0.1% 微量盐溶液的马丁肉汤 20～24 h 培养菌液 0.5 mL（含活菌 $2×10^8$～$5×10^8$ 个），肌肉或腹腔注射 1 月龄健康易感鸡 5 只，应出现明显的临床症状，于 14 d 内死亡或活鸡内脏有明显的病变，如心包积液、心包膜炎，纤维素性渗出性、并与肝或胸膜发生粘连等。

[制造要点]

① 种子繁殖：将各株冻干菌种分别接种于马丁肉汤中培养，然后划线接种麦康凯氏琼脂平板上培养，选取符合培养特性的典型菌落 10 个混合于少量马丁肉汤中，接种马丁琼脂斜面培养，作为一级种子。取一级种子接种于马丁肉汤中培养 20～24 h，纯粹检验合格后，作为二级种子。

② 菌液制备：用玻璃瓶或培养罐通气培养，按容积装入 70% 培养基及花生油消泡剂。按培养基量的 2%～4% 接种二级种子液，各菌株混合比例为 EC24∶EC30∶EC45∶EC50（或 EC44）为 3∶3∶2∶2。通气培养 10～14 h。

③ 配苗与分装：每 5 份菌液加 1 份氢氧化铝胶，同时按总量的 0.005% 加硫柳汞，充分振荡，于 2～8 ℃静置 2～3 d，抽弃上清浓缩成全量的 60%。无菌检验合格后，进行混合分装，分装时应随时搅拌混匀。

[质量标准] 除按《兽医生物制品检验的一般规定》进行外，需做如下检验：

① 安全检验：用 1 日龄的健康易感鸡 5 只，各颈部皮下或肌肉注射疫苗 2 mL，观察 14 d，均应健活。

② 效力检验：按免疫原性的检验方法和判定标准进行，应符合规定 2。

[保存与使用] 在 2～8 ℃保存，有效期为 1 年。使用时颈背侧皮下注射 0.5 mL。1 月龄以上的鸡免疫期为 4 个月。

(2) 禽霍乱、大肠杆菌病和克雷伯菌病多价蜂胶三联灭活疫苗：

[菌种] 鸡多杀性巴氏杆菌 C48-1 和 C48-2 强毒株；鸡致病性大肠杆菌 $O_{78}$ 和 $O_1$ 血清型强毒株；鸡克雷伯菌临床分离株。

[制造要点]

① 制苗：鸡多杀性巴氏杆菌、大肠杆菌和克雷伯菌灭活菌液按《兽用生物制品规程》中的方法制备。

② 配苗：分别取 5 份鸡多杀性巴氏杆菌、大肠杆菌和克雷伯菌灭活菌液（含菌量分别为 $3.0×10^9$ 个/mL、$2.0×10^{10}$ 个/mL 和 $1.8×10^{10}$ 个/mL），分别加 1 份灭菌氢氧化铝胶，充分混匀后静置沉淀 2～4 d，弃部分上清液，分别浓缩至全量的 3/4，取样进行无菌检验；将无菌检验合格的浓缩菌液按 3∶1∶1 的比例混合，调整菌液浓度在 $1.5×10^{10}$ CFU/mL 以上；上述浓缩灭活菌液按混合后总量的 0.005% 加入硫柳汞，充分混匀。

[质量标准] 除按《兽医生物制品检验的一般规定》进行外，需做如下检验：

① 安全检验：用 1 日龄的健康易感鸡 5 只，各颈部皮下或肌肉注射疫苗 0.5 mL，观察 7 d，均应健活。

② 效力检验：按免疫原性的检验方法和判定标准进行，应符合规定

[保存与使用] 2~8 ℃保存，保存期 9 个月。最小免疫剂量为 0.5 mL/只，免疫 7 d 后产生强的保护力，疫苗的免疫期为 6 个月以上，保护率为 100%。

### （二）猪大肠杆菌病

猪大肠杆菌病表现为肠炎、肠毒血症、水肿等多种临床类型。病原主要是病原性大肠杆菌 $O_{101}$、$O_{64}$、$O_{138}$、$O_{139}$、$O_{141}$、$O_{147}$、$O_{149}$、$O_{157}$、$O_8$、$O_9$、$O_{20}$ 等血清型。

**疫苗** 近年来，由于致病菌血清型不断发生变化，目前广泛应用的大肠杆菌 K88 K99 基因工程苗免疫效果差异较大，给猪大肠杆菌病的控制增加了困难。因此，为有效控制规模化养猪场大肠杆菌病流行，采用猪群中分离获得的 $O_8$、$O_9$、$O_{149}$、$O_{157}$ 血清型菌株混合，经甲醛灭活，以氢氧化铝为佐剂研制大肠杆菌病（本地株）多价灭活苗。目前针对出血型大肠杆菌正在研制的疫苗有 Stx 类毒素疫苗、亚单位疫苗、结合疫苗、减毒活菌苗和核酸疫苗等。随着该菌功能性蛋白陆续发现，相应基因克隆完成，动物模型构建不断完善，EHEC 疫苗研制将不断取得新的进展。

仔猪大肠杆菌病三价灭活疫苗：

[菌种] 制苗用菌种为 C83549、C83644 和 C83710 菌株，检验用菌种为 C83902、C83912 和 C83917 菌株。接种在适宜改良 Minca 琼脂平板上培养，菌落光滑圆整。在改良 Minca 汤中培养，呈均匀浑浊。用相应的 $K_{88}$、$K_{99}$ 和 987P 因子血清做平板凝集反应，应达到强阳性反应。

[制造要点]

① 种子繁殖：将冻干菌种接种改良 Minca 汤培养后，用改良 Minca 琼脂平板划线分离，选取典型菌落若干个，分别用相应的 $K_{88}$、$K_{99}$ 和 987P 因子血清逐个做平板凝集反应，选取典型菌落，接种改良 Minca 汤三角瓶培养，平板凝集反应纯检合格，作为一级种子。取一级种子按上述同样方法繁殖，革兰染色镜检无杂菌后，即可作为二级种子。

② 菌液制备：三种纤毛抗原菌株分别进行连续通气培养，搅拌速度为 600 r/min，通气量大于 1∶1，第一代通气培养 7 h，取样检验合格，即收获，并按加入培养基的 3%~5% 留有种子，然后加入培养基，通气培养 6~7 h，如此循环，连续通气培养，但最多不超过 10 代。培养温度为 36~37 ℃，消泡剂为 0.1% 花生油。

③ 配苗与分装：按总量加入 20% 氢氧化铝胶，最后补加 PBS 和 0.01% 硫柳汞，每 1 mL 成品苗中应含有 $K_{88}$ 100 个抗原单位、$K_{88}$ 50 个抗原单位、987P 50 个抗原单位、菌数 ≤200 亿个。经无菌检验合格后，进行混合、组批、分装。

[质量标准] 除按兽医生物制品检验的一般规定进行外，尚需做如下检验：

① 安全检验：A、用体重 18~22 g 小鼠 5 只，各皮下注射疫苗 0.5 mL，观察 10 d，应全部健活。B、用体重 40 kg 以上健康易感猪 4 头，各肌肉注射疫苗 10 mL，观察 7 d，应无明显不良反应。

② 效力检验：用反向间接血凝（RIHA）试验测定疫苗中的三种纤毛抗原的 RIHA 效价，$K_{88}$ 及 $K_{99}$ 均 ≥1∶40，987P ≥1∶160 时，判为合格。

[保存与使用] 2~8 ℃保存，有效期为 1 年。用于免疫妊娠母猪，新生仔猪通过吸吮母猪的初乳而获得被动免疫。预防仔猪大肠埃希菌病。妊娠母猪在产仔前 40 d 和 15 d 各注射 1 次，每次肌肉注射 5 mL。

### （三）羊大肠杆菌病

羔羊大肠杆菌病又称羔羊大肠杆菌性腹泻或羔羊白痢，是由致病性大肠杆菌所致羔羊的一种急性传染病，其病理特征为胃肠炎或败血症。主要由 ETEC 大肠杆菌 $O_8$、$O_9$、$O_{20}$、$O_{101}$、$O_{15}$、$O_{35}$、$O_{115}$、$O_{117}$、$O_{137}$、$O_9$、$O_{101}$、$O_{78}$ 等血清型引起羔羊的一种急性传染病。

**疫苗** 目前常用的有羊四联苗或羊五联苗，羊四联苗即羊快疫、猝狙、肠毒血症和羔羊痢疾疫苗；羊五联苗即羊快疫、猝狙、肠毒血症、羔羊痢疾和黑疫疫苗。羊大肠杆菌灭活疫苗生产方法已经有了较大改进。用 MM 培养基生产羊大肠杆菌灭活疫苗取得显著效果，生产成本大大降低。

羊大肠杆菌灭活疫苗：

［菌种］ 制苗用菌种为 C83-1、C83-2 和 C83-3 菌株。

［制造要点］

① 种子繁殖：将冻干菌种接种于普通肉汤、普通琼脂平板和鲜血琼脂斜面培养。

② 菌液制备：将各菌株二级种子菌液等量混合，按培养基总量的 1‰～2‰ 接种，36～37 ℃ 培养 6～8 d，每 4 h 振荡或搅拌 1 次。

③ 配苗与分装：按上述方法，按每 5 份灭活的菌液加入 1 份灭菌的氢氧化铝胶进行配苗、组批、分装。

［质量标准］ 除按《兽医生物制品检验的一般规定》进行外，尚需做如下检验：

① 安全检验：用 3～8 个月龄健康易感羊 2 只，各皮下注射疫苗 5 mL，注射后允许有体温升高，不食及跛行等反应，但需在 48 h 内康复，观察 10 d。均应健活。

② 效力检验：下列方法任选一种。A、用体重 300～400 g 豚鼠 4 只，各皮下注射疫苗 0.5 mL，14 d 后，连同条件相同的对照豚鼠 2 只，各腹腔注射 1MLD 强毒菌液，观察 10 d。对照豚鼠全部死亡，免疫豚鼠至少保护 3 只为合格。B、用 3～8 个月龄健康易感羊 4 只，各皮下注射疫苗 1 mL，14 d 后，连同条件相同的对照羊 3 只，各腹腔注射 1MLD 强毒菌液，观察 10 d。对照羊死亡至少 2 只，免疫羊全部保护为合格。

［保存与使用］ 保存在 2～8 ℃，保存期为 1 年 6 个月。用于预防羊大肠埃希菌病。免疫期为 5 个月。3 月龄以上的绵羊或山羊皮下注射 2 mL；3 月龄以下，如需要注射，0.5～1 mL/只。怀孕羊禁用。

（胡永浩）

## 二、沙门菌病

沙门菌病（Salmonellosis）又名副伤寒（Paratyphoid），是各种动物由沙门菌属细菌引起疾病的总称。临床上主要表现为败血症和肠炎，也可引起其他组织的局部炎症，致怀孕母畜发生流产。沙门菌病在世界各地均有分布，在食品安全和公共卫生学方面有重要意义。

本病遍发于世界各地，对牲畜的繁殖和幼畜的健康带来严重威胁。沙门菌的许多血清型可使人感染，发生食物中毒和败血症等，是重要的人兽共患病病原体。由于抗菌药物的广泛使用（包括作为动物饲料添加剂）等因素的影响，该类细菌耐药性日趋严重，发病率逐渐上升，因此目前备受重视。

沙门菌属（Salmonella）目前分为肠道沙门菌（Salmonella enterica）和邦戈尔沙门菌（Salmonella bongori）两个种。肠道沙门菌又分为6个亚种：肠道亚种（enterica）、萨拉姆亚种（salamae）、亚利桑那亚种（arizonae）、双亚利桑那沙门菌（diarizonae）、豪顿亚种（houtenae）和英迪加亚种（indica）。沙门菌血清型分类多达2 500种以上，除了将近10个罕见血清型属于邦戈尔沙门菌，其余血清型都属于肠道沙门菌，几乎包括了所有对人和温血动物致病的各种血清型菌株，并具有典型的生化特性。

沙门菌属是肠杆菌科中的一个重要成员，革兰阴性杆菌，一般呈直杆状，不产生芽胞，亦无荚膜。大小为0.7～1.5 μm×2.0～5.0 μm，间有短丝状体，除鸡白痢沙门菌（S. pullorum）（又称雏沙门菌）和鸡伤寒沙门菌（S. gallinarum）无鞭毛不运动外，其余沙门菌均以周身鞭毛运动，且大多数具有I型菌毛。沙门菌的培养特性与大肠埃希菌属相似，在普通培养基上生长良好，需氧及兼性厌氧，培养适宜温度为37 ℃，pH 7.4～7.6。只有鸡白痢沙门菌、鸡伤寒沙门菌、羊流产沙门菌和甲型副伤寒沙门菌等在肉汤琼脂上生长贫瘠，形成较小的菌落。在肠道杆菌鉴别或选择性培养基上，大多数菌株因不发酵乳糖而形成无色菌落。本菌属在培养基上有S-R变异。

沙门菌具有O、H、K和菌毛4种抗原，O和H抗原为沙门菌的主要抗原成分，构成绝大部分沙门菌血清型鉴定的物质基础，其中O抗原又是每个菌株必有的成分。O抗原是沙门菌细胞壁表面的耐热多糖抗原，一种沙门菌可有几种O抗原成分，用小写阿拉伯数字表示。K抗原是伤寒沙门菌、丙型副伤寒沙门菌和部分都柏林沙门菌的鞭毛包膜抗原，相当于大肠杆菌K抗原，一般认为与毒力有关，称为Vi抗原（virulence antigen）。沙门菌的血清型可用以下抗原结构式表示，即O抗原：第一相H抗原：第二相H抗原。如鼠伤寒沙门菌的抗原式为1，4，[5]，12，：i：1，2，表示该菌具有O抗原1，4，[5]，12，第一相H抗原i，第二相H抗原1，2，括号中的数字表示该抗原可能无。

分类研究结果表明，沙门菌属的细菌依据其对宿主的感染范围，可分为宿主适应性血清型和非宿主适应性血清型两大类。前者只对其适应的宿主有致病性，包括伤寒沙门菌、副伤寒沙门菌（A.C）、马流产沙门菌、羊流产沙门菌、鸡沙门菌、鸡白痢沙门菌；后者则对多种宿主有致病性，包括鼠伤寒沙门菌、鸭沙门菌、德尔卑沙门菌、肠炎沙门菌、纽波特沙门菌、田纳西沙门菌等。至于猪霍乱沙门菌和都柏林沙门菌，原来认为分别对猪和牛有宿主适应性，近来发现它们对其他宿主也能致病。沙门菌的血清型虽然很多，但常见的危害人畜的非宿主适应血清型只有20多种，加上宿主适应血清型，也不过仅30余种。

本属细菌对干燥、腐败、日光等因素具有一定的抵抗力，在外界条件下可以生存数周或数月。对化学消毒剂的抵抗力不强，一般常用消毒剂和消毒方法均能达到消毒目的。通常情况下，对多种抗菌药物敏感。但由于长期滥用抗生素，对常用抗生素耐药现象普遍，不仅影响该病防控效果，而且亦成为公共卫生关注的问题。

### （一）马沙门菌病

马沙门菌病（Equi salmonellosis，ES）又称马副伤寒（Equine paratyphoid），主要是由

马流产沙门菌等引起的马属动物的一种传染病,主要临诊特征是孕马发生流产,公马发生睾丸炎或鬐甲脓肿,初生幼驹发生败血症、关节炎、肺炎、下痢等症状,在成年马中偶有急性败血性胃肠炎发生。其病原为马流产沙门菌(S. abortusequi),抗原式 4,12:-:e, n, x。

**1. 免疫** 马在感染后能产生特异性凝集抗体,抗体效价在 1∶500 以上。一般流产后 8~10 d 血液内凝集素含量最高,可达 1∶5 000,可维持 1 个月左右,有的长达 2 个月,以后逐渐降低。给马或家兔静脉注射 O 抗原和 H 抗原混合物,也可产生凝集素。

**2. 疫苗** 目前预防马沙门菌流产的疫苗一般有灭活疫苗和弱毒疫苗。灭活疫苗免疫效果不一。国外有报道表明,用减毒或无毒活菌注射或口服免疫动物,效果优于灭活疫苗,但一些国家禁止使用活疫苗。我国于 20 世纪 60 年代开始进行弱毒疫苗的研究,先后培育出多株弱毒疫苗株。现有两株用于生产疫苗,即马沙门菌流产 C355 活疫苗和马沙门菌流产 C39 活疫苗。

(1)马流产沙门菌 C 355 活疫苗:房晓文等(1978)用免疫原性良好的马流产沙门菌强毒力菌株,经含醋酸铊肉汤连续多次传代培育成功了编号为 C355 的弱毒菌株。该弱毒株具有毒力弱、稳定、安全、免疫原性好的特点。用该弱毒菌株制成活疫苗,50 亿活菌给孕马皮下注射不引起流产,100 亿活菌每年免疫孕马两次,防止流产的保护率达 100%。疫苗经 3 万余匹孕马的区域试验证明,疫苗安全、有效。

[菌种] 马流产沙门菌 C355 弱毒菌株。效检攻毒用菌种为马流产沙门菌 C77-1 强毒菌株。制造和检验用菌种应符合沙门菌生物学特性。冻干菌种 2~8 ℃保存期 10 年。

马流产沙门菌 C355 弱毒菌株系用马流产沙门菌 C77-3 强毒菌株经醋酸铊肉汤连续传代培养,使其毒力减弱育成。普通培养基菌落为圆整、光滑、湿润。对沙门菌 $O_4$ 因子血清呈现典型凝集;在含 1% 醋酸铊普通肉汤中混浊生长;在生理盐水条件下无自凝现象;用 1/500 丫啶黄溶液做凝集试验,应不出现凝集或仅有轻微凝集。C355 弱毒菌株普通琼脂斜面培养物腹腔注射 18~20 g 小鼠 10 只,每只含 1.5 亿~2.0 亿个活菌的培养物 0.2 mL,观察 14 d,至少存活 8 只;皮下注射 1.5~2 kg 家兔 2 只,含 30 亿个活菌的培养物 1 mL,观察 14 d,应全部健活。C355 弱毒菌株普通琼脂斜面培养物腹腔注射 18~20 g 小鼠 10 只,每只含 1 亿个活菌,14~21 d 后腹腔注射 4~5MLD 的 C77-1 强毒菌液,观察 14 d,保护效率 80%。

效检攻毒用菌种:马流产沙门菌 C77-1 强毒菌株普通肉汤 24 h 培养物,腹腔注射 18~20 g 小鼠 5 只,每只 0.3 亿个活菌,7 d 内全部死亡。

[制造要点]

① 种子繁殖:冻干菌种接种于普通琼脂斜面和普通肉汤或马丁肉汤培养。

② 菌液培养:取种子液 30 mL 接种于 pH 7.4~7.6 的普通琼脂大扁瓶中培养 5~7 d 后,抬高瓶口做倾斜培养 36~48 h。纯粹检验后,每瓶加入稳定剂(含 1% 明胶、10% 蔗糖,pH 7.4~7.6)300 mL,将菌苔洗下,用纱布过滤,静置沉淀。

③ 配苗分装:纯粹检验合格的菌液,定量分装,即为液体苗。每头份不少于 100 亿个活菌。静置沉淀 24 h 并纯粹检验合格的菌液,吸弃上清液 1/3,充分摇匀,按规定头份定量分装,迅速进行冷冻真空干燥。每头份不少于 100 亿个活菌。

[质量标准] 除按《兽医生物制品检验的一般规定》进行外,需做如下检验:

① 安全检验：选用18~20 g小鼠10只，每只腹腔注射用普通肉汤或马丁肉汤稀释的含1.5亿个活菌的疫苗0.2 mL，观察14 d，应存活8只以上。

② 效力检验：选用18~20 g的小鼠10只，各腹腔注射用普通肉汤或马丁肉汤稀释的含1.5亿个活菌的疫苗0.2 mL，14~21 d后，连同条件相同的对照小鼠5只，各腹腔注射4~5MLD的C77-3强度菌液0.2~0.3 mL，观察14 d，对照小鼠全部死亡，免疫小鼠应保护8只以上。

[保存与使用] 冻干苗2~8 ℃保存，有效期1年；液体苗2~8 ℃保存，有效期45 d。本苗用于受胎1个月以上的怀孕马匹，也可用于未受孕母马和公马。使用时，冻干苗用20%铝胶水或灭菌生理盐水稀释成每毫升含100亿个活菌，液体苗可直接接种。成年马肌肉注射1 mL，每年注射2次，间隔约4个月。孕马可安排在当年9~10月（配种结束后1~2个月）和次年1~2个月各免疫1次。

（2）马流产沙门菌C39弱毒疫苗：制苗用菌种为马流产沙门菌C39弱毒菌株。该菌株系用马流产沙门菌蓬红口强毒株通过雏鸡与培养基交替传代育成。制造方法与马沙门菌流产C355弱毒疫苗制造方法类似。配苗分装后，液体苗每头份不少于50亿个活菌。冻干苗每头份不少于50亿个活菌，冻干后活菌率需达50%以上为合格。

**3. 诊断制剂** 主要有马沙门菌流产凝集试验抗原和阳性血清，这里仅简述凝集试验抗原。

[菌种] 制造用菌种为马流产沙门菌C77-1强毒菌株。

[制造要点] 取种子液接种pH 7.2~7.4普通琼脂扁瓶培养后用1%甲醛生理盐水洗下菌苔，经玻璃珠打碎后用纱布漏斗滤过。再用1%甲醛液生理盐水稀释成200亿个/mL（以细菌浓度标准比浊管滴定），分装制成。

[质量标准] 本品为微黄色浑浊液体，静置观察分上下两层，上层为浅黄色澄明液体，下层为灰白色沉淀物，振摇后呈均匀浑浊液。无菌检验按常规进行，接种检验培养基后应无沙门菌和杂菌生长。效价测定用标准试管凝集试验法进行。标准阳性血清3份、阴性血清1份。待检抗原的凝集价至少与2份标准阳性血清原有的凝集价相符，与标准抗原的凝集反应一致，并在1:200阴性血清无凝集反应，在生理盐水对照管无自凝现象，可认为合格。抗原置2~15 ℃保存有效期1年。

### （二）禽沙门菌病

禽沙门菌病（Avian salmonellosis）包括鸡白痢、禽伤寒以及禽副伤寒等，给养禽业造成很大损失。鸡白痢病原为鸡白痢沙门菌（*S. pullorum*），具有高度宿主适应性，抗原式1，9，12：-：-。禽伤寒病原为禽伤寒沙门菌（*S. gallinarum*），抗原式与鸡白痢沙门菌相同，也为1，9，12：-：-，禽副伤寒的病原为副伤寒沙门菌。分离菌株中最常见的血清型有10种。

**1. 免疫** 经卵传递是雏鸡感染鸡白痢沙门菌的主要途径。鸡白痢发病的高峰期是在出壳后几天之内，试验证明高免血清的杀菌作用很小，而通过种鸡群的检疫清除带菌鸡取得了消灭鸡白痢感染的成功，因此对鸡白痢免疫机制的系统研究报道很少。

沙门菌是一种兼性细胞内寄生病原菌，动物机体对沙门菌的免疫，细胞介导免疫起重要作用。1日龄雏鸡几乎没有对禽伤寒沙门菌的天然抗体，而成年鸡则相对较高。经口感染4

日龄的雏鸡，直到 20~40 日龄时才可检出凝集抗体，而成年禽可在感染后 3~10 d 内产生凝集抗体。雏鸡在感染后 100 d 左右，抗体方达到高峰。禽类对沙门菌的免疫应答降低了感染的严重性，并能抵抗再感染，这种应答可对感染群进行血清学监测。迟发型变态反应可能与细胞免疫有关，同时在血清和胆汁中均可检出特异性抗体。血清抗体有凝集抗体和补体结合抗体，但不是所有的抗原都可诱导产生这些抗体的。由于大多数血清型细菌都局限在消化道，故不管局部产生的还是胆汁中的血清 IgA，在清除细菌过程中都可能起主要作用。某些细菌的侵袭能刺激机体产生免疫力，免疫作用需有 IgA 参与。在消除肠道中沙门菌的过程中，IgG、IgM 和细胞免疫的作用还不清楚。

**2. 疫苗** 目前，一株缺失二磷酸尿苷酶-半乳糖差向异构酶（galE）在活体内不能生存的哺乳动物鼠伤寒沙门菌突变株疫苗已试用于家禽。该疫苗通过口腔或皮下接种刚孵出或 4~6 周龄雏鸡，在接种后 2~4 周用禽鼠伤寒沙门菌攻击，排泄攻击菌的鸡减少 30%~40%，但 gal 突变株在宿主动物体内仍保持一定毒力。这类疫苗在限制噬菌体 4 型肠炎沙门菌感染方面有一定价值。利用转座子研制的弱毒苗已开始应用于预防鼠伤寒沙门菌。消除转座子及其插入区域的部分基因，可产生一个基因缺失变异株，从而排除毒力恢复现象。通过转座子诱变可产生能合成芳族氨基酸的变异株，这些变异株需有氨基苯甲酸才能生长；也可产生缺失腺苷酸环化酶活性或环腺苷酸受体蛋白或外膜蛋白的转座子变异株。某些禽野生型菌株有可能产生比 galE 株或其他突变株更强的免疫力。因此，有必要克隆一些编码接近肠道常在菌的基因或其他保护性抗原的基因嵌入无害载体微生物中，制成新一代的免疫制剂。

**3. 诊断制剂** 世界动物卫生组织（OIE）推荐使用平板凝集抗原，进行本病检疫。我国研制的抗原质量已达世界同步水平。

（1）鸡白痢禽伤寒多价染色平板抗原：

[菌种] 菌种系从多株鸡白痢沙门菌和禽伤寒沙门菌中筛选出的标准型和变异型菌株各一株。这两株菌具有全面抗原成分，抗原性好。标准型菌株对沙门菌因子血清 $O_9$、$O12_3$ 凝集，$O12_2$ 不凝集或轻度凝集；变异型菌株对 $O_9$、$O12_2$ 因子血清凝集，对 $O12_3$ 不凝集。两菌株分别制造成浓度相当的菌液，分别与等量的含 0.5 IU 抗鸡白痢沙门菌血清（标准型血清，变异型血清）做平板凝集试验，在 1 min 内出现的凝集反应不低于 50%，对阴性血清不出现凝集。

[制造要点] 冻干菌种经活化、繁殖培养后作为种子，接种硫代硫酸钠琼脂扁瓶培养。用含 2% 甲醛的磷酸盐缓冲盐水洗下培养物灭活。用 95% 乙醇或无水乙醇沉淀菌液，离心后沉淀物用含 1% 甲醛溶液的 PBS 悬浮制成浓度适当的菌液，经耐酸滤器过滤，比浊方法测定菌液的浓度（3 亿个/mL）。将两株菌的菌液稀释为不同浓度，分别与 0.5 IU 的标准型和变异型国际标准血清做平板凝集试验标定配制抗原的合适菌液浓度。菌液加结晶紫乙醇溶液（抗原中结晶紫含量为 3/10 000）、甘油（抗原中甘油含量为 10%），经匀浆机均质混匀制成鸡白痢禽伤寒多价染色平板抗原，封装小瓶。

[质量标准] 本品是紫色浑浊液体，静置后菌体下沉，振荡后则呈均匀浑浊液体。无沙门菌和杂菌生长。用标准型和变异型国际标准血清各 0.05 mL（含 0.5 IU）分别与等量抗原作平板凝集试验，抗原在 2 min 内用出现不低于 50% 凝集（++）。抗原与鸡白痢阴性血清做平板凝集试验，应不出现凝集。

[使用与保存]　2~8℃冷暗处保存,有效期为3年。供鸡白痢和禽伤寒全血平板凝集试验和血清平板快速凝集试验。使用时,振荡混匀抗原液,取抗原0.05 mL滴于平板上,采取鸡血或血清0.05 mL与抗原混合,2 min内判定反应结果。出现50%凝集反应(++)以上者为阳性,不发生凝集者为阴性,介于两者之间为可疑反应。

(2) 鸡白痢全血凝集试验抗原：菌种选用免疫原性和反应原性良好的鸡白痢沙门菌和禽伤寒沙门菌各1~2个菌株。制造时,将合格菌种接种于硫代硫酸钠琼脂扁瓶,用灭菌0.5%枸橼酸钠生理盐水洗下菌苔并稀释,按标准比浊管标定其浓度,使每毫升含菌量为100亿个。标化菌液加入0.4%甲醛37℃灭活48 h,将无菌检验合格的鸡白痢菌液与禽伤寒菌液等量混合、分装制成。本品是白色或带黄色的浑浊液体,长时静置后菌体下沉,上部澄清,振荡后则呈均匀浑浊液体。抗原效价可用试管法和平板法测定。凝集价至少与2份标准阳性血清原有的凝集价相符,与标准抗原的凝集反应一致,并在生理盐水对照管中无自凝现象方判为合格。本品于2~15℃冷暗处保存,有效期6个月。使用方法同鸡白痢禽伤寒多价染色平板抗原。

### (三) 猪沙门菌病

如其他兼性细胞内寄生菌一样,可激发细胞免疫的活疫苗最有可能预防猪沙门菌病。历史上,从1968年英国的Smith研究的猪霍乱沙门菌弱毒株V3和V6菌株获得美国专利局专利起,已有多种仔猪副伤寒弱毒活疫苗成为商品苗,欧洲药典收载了仔猪副伤寒疫苗的质量标准。仔猪副伤寒疫苗在英国曾广泛地应用了许多年,使仔猪副伤寒减少到可忽略的水平,现已停止使用。最近北美洲引进了猪霍乱沙门菌弱毒疫苗,对控制猪沙门菌病的发生起了主要作用。这些疫苗所用的菌株是本身无毒力的猪霍乱沙门菌,或毒力强的菌株经在猪中性粒细胞中多次传代后获得的菌株。这些传代的菌株已经丧失了其50 kb的有毒力的质粒,而该质粒是细菌在细胞间生存所必需的。猪在断奶时免疫疫苗可保护猪不受同型沙门菌感染至少20周。

(1) 猪沙门菌活疫苗：本疫苗系用C500弱毒株的培养物加适宜稳定剂,经冷冻真空干燥制成。疫苗为灰白色海绵状疏松团块,易与瓶壁脱离,加20%铝胶生理盐水稀释液后迅速溶解,呈均匀乳状混悬液。猪霍乱沙门菌C500弱毒株于20世纪60年代,由中国兽医药品监察所选用抗原性良好的猪霍乱沙门菌强毒株在含有醋酸铊的普通肉汤中传代培养,经传数百代后筛选而成,其毒力弱,免疫原性良好。

我国生产仔猪副伤寒活疫苗已有30多年的历史,从大扁瓶固体表层生产,到20 000 mL瓶液体通气培养,直至现在的反应缸液体通气培养,生产量不断增大,生产工艺趋于稳定。二级种子20 000 mL瓶通气培养工艺：取一级种子数支,用少量肉汤将斜面上菌苔洗下,接入装有2 000 mL肉汤的10 000 mL瓶中,37℃静止培养24 h,期间摇5~6次。培养结束后,取样进行纯检和活菌计数,置2~8℃保存。二级种子反应缸液体通气培养工艺：取一级种子数支,用少量肉汤将斜面上菌苔洗下,接入装有2 000 mL肉汤的10 000 mL瓶中,37℃摇床培养适当时间。培养结束后,取样进行纯检和活菌计数,置2~8℃保存。改进工艺后,每瓶产品由原来的平均22.6头份增加到32.4头份。冻干前菌数平均为$3.19\times10^{10}$ CFU/mL提高为$4.48\times10^{11}$ CFU/mL。目前,仔猪副伤寒活疫苗是养殖场预防仔猪副伤寒传染病的主要手段,疫苗生产工艺的改进使活菌数明显提高,为生产质量可靠的疫苗提供了保证。

(2) 猪副伤寒多价苗：随着养猪业向规模化发展，在大型猪场中，由大肠杆菌引起的仔猪黄痢、仔猪白痢及由沙门菌引起的仔猪副伤寒等仔猪腹泻性疾病引起的仔猪大量死亡，严重制约了养猪生产的发展。对四川省规模化养猪场常见病原菌的药敏区系进行调查，由此研制成功的新型地方株针对性疫苗有猪沙门菌（地方株）多价灭活苗和猪大肠杆菌-沙门菌二联多价灭活疫苗，经过规模化猪场中应用，对仔猪腹泻控制率达95%以上。

### (四) 牛副伤寒

牛副伤寒临床上以败血症、出血性胃肠炎、怀孕动物发生流产等为特征，成年牛常以高热（40～41 ℃）、昏迷、食欲废绝，脉搏频数、呼吸困难开始，体力迅速衰竭。在犊牛有时表现为肺炎和关节炎症状。病原主要为鼠伤寒沙门菌（$S.\ typhimurium$）、都柏林沙门菌（$S.\ dublin$）及牛病沙门菌（$S.\ bovismorbificans$）或纽波特沙门菌。

免疫接种是防控本病的有效措施。疫苗有牛副伤寒灭活疫苗和牦牛副伤寒活疫苗，制苗用菌种分别为肠沙门菌都柏林变种强毒菌株、牛病沙门菌强毒菌株和都柏林沙门菌 S8002-550弱毒菌株，其制造方法相似。每年5～7月份接种。免疫期12个月。

(1) 牛副伤寒灭活疫苗：本疫苗是用免疫原性良好的都柏林沙门菌菌株和病牛沙门菌菌株培养物经甲醛溶液灭活脱毒后，加氢氧化铝胶制成。菌液灭活脱毒后，必须经无菌检验和脱毒检验合格，再按3份菌液加1份氢氧化铝胶的比例配苗。

质量标准：本苗静置后，上层为灰褐色澄明液体，下层为灰白色沉淀物，振摇混匀呈浑浊液。无菌检验，应无菌生长。安全检验：体重250～350 g豚鼠皮下注射疫苗3 mL，观察10 d，应健活；6～12月龄小牦牛肌肉分别注射疫苗3、4、5 mL，应无过敏反应。效力检验：用体重250～350 g的豚鼠8只，各皮下注射疫苗1 mL，2周后连同对照鼠6只，分成两组，分别用致死量的都柏林沙门菌强毒株和病牛沙门菌强毒株攻击，观察2周，免疫豚鼠每组至少保护3只以上；对照鼠全部死亡。本疫苗置2～8 ℃冷暗处保存，有效期为1年。

用法与用量：1岁以下小牛肌肉注射疫苗1 mL，1岁以上的牛肌肉注射2 mL；可于第一次免疫10 d后，用同样剂量再加强免疫1次。在已发生牛副伤寒的畜群中，应对1周龄犊牛肌肉注射疫苗1 mL。对孕牛应在产前2个月时注射疫苗，所产犊牛应在1月龄时注射1次疫苗。本苗的免疫期为6个月，瘦弱和患病的牛不宜注射本苗。

(2) 牦牛副伤寒活疫苗：疫苗菌种为都柏林沙门菌 STM8002550弱毒菌株，系由都柏林沙门菌强毒菌株经人工培育致弱后获得。将菌种扩大培养后制成生产种液，接种于含1.5%蛋白胨普通肉汤培养基，通气培养，培养物经离心收获菌泥，用灭菌生理盐水稀释成适当浓度菌液，加入明胶-蔗糖保护剂混匀后定量分装，冷冻真空干燥制成弱毒冻干菌苗。

[质量标准] 本苗为灰白色海绵状团块，加稀释液后易溶解；应纯粹无杂菌；冻干后活菌率应不低于50%，每头份剂量犊牛15亿活菌，成牛30亿活菌。安全检验：体重250～350 g豚鼠皮下注射疫苗3 mL。观察10 d，应健活。效力检验：用5亿活菌皮下注射免疫体重为250～350 g豚鼠4只，15 d后连同条件相同的对照豚鼠3只，用2MLD的强毒攻击，免疫鼠应全部健活，对照鼠全部死亡。各瓶苗应保持真空，剩余水分不超过4%。本疫苗置

−20 ℃保存，有效期 18 个月；0～4 ℃保存，有效期为 1 年。

[使用方法] 本苗用于预防牦牛副伤寒，免疫期为 1 年。临用时，用 20％氢氧化铝胶生理盐水稀释疫苗，于牛的臀部或颈部浅层肌肉注射，成年牛 2 mL，犊牛 1 mL。本苗一般在每年的 5～7 月份使用。

(3) 其他疫苗：除上述两种疫苗外，国内也有自制自家疫苗的报道，有的牛场发生由鼠伤寒沙门菌引起的牛副伤寒，牛场根据发病情况，分离病原制自家灭活疫苗，免疫牛群获得良好免疫效果，均无不良反应。国外商品苗有都柏林沙门菌灭活疫苗、鼠伤寒沙门菌灭活疫苗和都柏林沙门菌弱毒活疫苗。

（胡永浩）

## 三、巴氏杆菌病

巴氏杆菌病（Pasteurellosis）又称出血性败血症，是主要由多杀性巴氏杆菌引起的，多种畜禽、野生动物及人类的一类传染病的总称，动物急性病例以败血症和炎性出血过程为主要特征，它引起多种畜禽巴氏杆菌病（亦称出血性败血症）的病原体，包括引起各类家禽的禽霍乱，特别是鸡、火鸡、鸭和鹅，以及引起猪的肺疫、牛出败等。人的病例少见，且多呈伤口感染，分布于世界各国。

多杀性巴氏杆菌（*Pasteurella multocida*）分类上属于巴氏杆菌科、巴氏杆菌属，现分为 3 个亚种，即多杀性巴氏杆菌多杀亚种（*Pasteurella multocida* subsp. *multicida*）、多杀性巴氏杆菌败血亚种（*Pasteurella multocida* subsp. *septica*）、多杀性巴氏杆菌杀禽亚种（*Pasteurella multocida* subsp. *gallicida*）。多杀性巴氏杆菌血清型主要以荚膜抗原和菌体抗原进行区分，荚膜抗原有 5 个型，菌体抗原至少分 16 个型。以阿拉伯数字表示菌体抗原型，大写英文字母表示荚膜抗原型。

菌体呈两端钝圆、中央微凸的球杆状或短杆状，大小为 $0.25～0.4\ \mu m \times 0.5 \times 2.5\ \mu m$。组织病料涂片瑞特氏染色或美蓝染色检查，可见菌体两端浓染，呈典型的两极着色。无鞭毛，不形成芽胞，革兰染色阴性，新分离的强毒株有荚膜。普通培养基生长贫瘠，在麦康凯培养基上不生长。在加有血液、血清或微量血红素的培养基生长良好。最适温度为 37 ℃，最适 pH 7.2～7.4。

不同菌株在琼脂培养基上生长的菌落有三型：①黏液型菌落，大，而且菌体有荚膜，对小鼠毒力中等，多分离自慢性病例和带菌动物；②光滑型菌落，中等大，对小鼠毒力极强，有荚膜，多分离自急性病例；③粗糙型菌落，对小鼠毒力很低。

由于不同来源菌的荚膜组分有差异，故形成的菌落在 45°折射光线下呈现不同的荧光色泽，可分为：①Fo 型，菌落呈橘红色带金光，其免疫原只对本型菌有保护力；②Fg 型，菌落呈蓝绿色带金光，边缘有红黄色光带，对 Fo 型也有轻度保护力；③Nf 型，无毒力也无免疫原，菌落无荧光。

### （一）牛巴氏杆菌病

牛巴氏杆菌病又称牛出血性败血症（Bovine hemorrhagic septicemia），是牛的一种全身性急性传染病,以高温、肺炎、急性胃肠炎及内脏器官广泛出血为特征。本病在东南亚、印度、中东、非洲时有发生,造成大量死亡,而在欧洲、北美等地的发达国家发生极少。国内也常有发生。其病原为多杀性巴氏杆菌,以血清型6∶B、6∶E最为常见。国内分离自黄牛、牦牛、水牛等的多杀性巴氏杆菌以血清型6∶B为主。

**1. 免疫**  多杀性巴氏杆菌在人工培养基上传代往往丢失荚膜。一般认为荚膜抗原是刺激机体产生免疫应答的理想抗原,此外菌体成分也参与免疫应答。带菌动物具有一定程度的免疫力,患病动物痊愈后可获得较为坚强的免疫力。接种疫苗可产生一定的免疫力。

**2. 疫苗**  目前使用的灭活疫苗主要为牛多杀性巴氏杆菌病灭活疫苗,猪、牛多杀性巴氏杆菌病灭活疫苗,也有牛产气荚膜梭菌病-多杀性巴氏杆菌病二联多价高效复合灭活疫苗。用现场分离致病菌株,参照牛多杀性巴氏杆菌病灭活疫苗制造方法制备自家疫苗,在流行区使用可取得较好效果。使用当地分离的代表血清型菌种,应具完整的荚膜,在CSY血液琼脂上菌落直径2 mm左右,菌落与相应的抗血清作玻片凝集试验应在30S内形成粗的絮状凝集。种子繁殖物在半固体营养琼脂穿刺培养后于室温保存或冻干保存。

(1) 牛多杀性巴氏杆菌病灭活疫苗:

[菌种]  制苗用菌种为牛源多杀性巴氏杆菌C45-2、C46-2、C47-2强毒菌株,可根据需要选用1~3株。效检攻毒用菌种为C45-2强毒菌株。制造和检验用菌种应符合多杀性巴氏杆菌生物学特性,荚膜抗原型应为B型。在0.1%裂解红细胞全血及4%健康动物血清的马丁琼脂平皿上菌落应为Fg型。在低倍显微镜下,通过45°折光观察,菌落呈鲜明的蓝绿色虹彩,边缘整齐,边缘的一部分有狭窄的红黄色光带。培养菌液2~4 mL,皮下注射4~6个月的犊牛,应于48 h内死亡;以1~3个活菌皮下注射1.5~2 kg的健康家兔,应于72 h内死亡。

[制造要点]

① 种子繁殖:用0.1%裂解红细胞全血的马丁肉汤及其琼脂平皿培养,制备种子。

② 菌液培养:各二级种子液等量混合,以1%~2%的量接种于含0.1%裂解红细胞全血的马丁肉汤,通气培养24 h。进行纯粹检验和活菌计数。

③ 收获:培养菌液按0.4%的量加入甲醛,37 ℃温育灭活7~12 h。无菌检验合格后,按5份菌液加入1份氢氧化铝胶配苗,再按总量的0.005%加入硫柳汞或按0.2%的量加入石炭酸。无菌检验合格后,定量分装。

[质量标准]  除按兽医生物制品检验的一般规定进行检验外,还需做如下检验:

① 安全检验:选用18~22 g小鼠5只,每只皮下注射疫苗0.3 mL,观察10 d,均应健活。也可选用1.5~2.0 kg健康家兔2只,分别皮下注射疫苗5 mL,观察10 d,家兔均应健活。

② 效力检验:选用1.5~2.0 kg健康家兔4只,每只分别皮下或肌肉注射疫苗1 mL,21 d后,连同条件相同的对照家兔2只,用致死量的C45-2强毒菌液攻击,观察8 d,对照组家兔全部死亡,免疫组家兔至少保护2只以上。或选用100 kg左右的健康易感牛4头,分别皮下或肌肉注射疫苗4 mL,21 d后,连同条件相同的对照牛3头,用10MLD的C45-2强毒菌液攻击,观察14 d,对照牛全部死亡,免疫牛至少保护3头以上;或对照牛死亡2头,免疫牛全部保护。

[保存与使用]  2~8 ℃保存,有效期1年。100 kg以下的牛只,皮下或肌肉注射疫苗

4 mL；100 kg 以上的牛只，皮下或肌肉注射疫苗 6 mL。免疫保护期 9 个月。

（2）猪、牛多杀性巴氏杆菌病灭活疫苗：系用免疫原性良好的牛源、猪源 B 群多杀性巴氏杆菌接种适宜培养基，将培养物用甲醛灭活，加氢氧化铝胶浓缩制成。制造方法和检验方法基本同于牛多杀性巴氏杆菌病灭活疫苗。用于预防猪多杀性巴氏杆菌病、牛多杀性巴氏杆菌病。2～8 ℃保存，有效期 1 年。使用时，猪皮下或肌肉注射疫苗 2 mL，牛 3 mL。免疫期猪为 6 个月，牛为 9 个月。

### （二）猪巴氏杆菌病

猪巴氏杆菌病又称猪肺疫，急性病例呈败血性变化，咽喉部发生急性肿胀和发生胸膜肺炎；慢性病例以慢性肺炎或慢性胃肠炎为特征。猪肺疫呈世界性分布，目前仍然是重要的猪细菌性传染病之一。病原为多杀性巴氏杆菌，以血清型 5：A、6：B 为多，其次也见 8：A、2：D 等血清型。国内分离自病猪群的多杀性巴氏杆菌以荚膜血清型 B 和 A 为主。

**1. 免疫** 本菌抗原结构比较复杂，其中荚膜可溶性多糖抗原免疫动物后能产生特异性抗体。本菌的抗原活性荚膜，只在新分离的强毒菌中充分存在，经人工培养传代后则易于丧失。菌体抗原免疫动物后也可产生特异性沉淀抗体。一般认为，灭活疫苗不能产生对异种血清型理想的免疫保护作用，细菌只有在动物机体内适度增殖时，才能产生一定的交叉免疫保护。

**2. 疫苗** 目前国外仍以猪肺疫灭活疫苗为主，但也存在剂量偏大、免疫保护期短以及单一血清型疫苗难以产生理想的交叉免疫保护等不足。有效的弱毒疫苗仍在研制开发中。我国研制成果猪肺疫弱毒疫苗（包括联苗），并在生产中发挥了重要作用。这些疫苗株多系猪源多杀性巴氏杆菌弱毒株，均属荚膜血清型 B 型，其使用范围受到一定限制。目前生产的猪肺疫菌苗有猪肺疫灭活菌苗和猪肺疫活疫苗，弱毒菌种有内蒙古系弱毒菌、EO630、TA53 和 C20 株等。猪瘟、猪丹毒、猪多杀性巴氏杆菌病三联活疫苗对预防和控制这三种传染病发挥了重要作用。

（1）猪多杀性巴氏杆菌病灭活疫苗：

［菌种］ 制苗用菌种为猪源荚膜 B 型多杀性巴氏杆菌 C44-1 强毒菌株。效检攻毒用菌种为猪源多杀性巴氏杆菌 C44-1 或 C44-8 强毒菌株。以 1～3 个活菌皮下注射 1.5～2 kg 的健康家兔，应于 2 d 内死亡。以约 50 个活菌皮下注射 15～25 kg 健康猪，应于 3 d 内死亡。C44-8 株对兔毒力同 C44-1 株，对猪毒力约为 600 个活菌。制造和检验用菌种应符合多杀性巴氏杆菌生物学特性，荚膜抗原型应为 B 型。在 0.1% 裂解红细胞全血及 4% 健康动物血清的马丁琼脂平皿上菌落呈 Fg 型。冻干菌种 2～8 ℃保存期 10 年。

［制造要点］ 与牛多杀性巴氏杆菌病灭活疫苗相同。

［质量标准］ 除按兽医生物制品检验的一般规定进行外，尚需做如下检验：

① 安全检验：用体重 18～22 g 小鼠 5 只，每只皮下注射疫苗 0.3 mL，观察 10 d，均应全部健活。

② 效力检验：以 2 mL 疫苗皮下或肌肉注射 1.5～2 kg 健康兔 4 只，21 d 后，连同条件相同的对照家兔 2 只，各皮下注射致死量的 C44-1 强毒菌液或 C44-8 株 80～100 个活菌，观察 8 d，对照组家兔全部死亡，免疫组家兔保护 2 只以上。或选用 15～30 kg 的健康易感猪 5 头，分别皮下注射疫苗 5 mL，21 d 后，连同条件相同对照猪 3 头，分别皮下注射致死

量的 C44-1 强毒菌液，观察 10 d，对照组猪死亡 2 头，免疫猪全部保护，或对照猪全部死亡，免疫猪保护 4 头以上。

[保存与使用] 2~8 ℃保存，有效期 1 年。断奶后的猪，不论猪只大小，一律皮下或肌肉注射疫苗 5 mL。免疫期 6 个月。

(2) 猪丹毒、猪多杀性巴氏杆菌病二联灭活疫苗：制苗用菌种为猪源多杀性巴氏杆菌 C44-1 强毒菌株，猪丹毒杆菌 C43-5 强毒菌株。制苗用菌种繁殖、菌液培养、纯粹检验与菌液灭活均与猪多杀性巴氏杆菌病灭活疫苗、猪丹毒灭活疫苗单苗的程序相同。然后各按 5 份菌液加入 1 份灭菌氢氧化铝胶，充分混匀，静置 2~3 d 后，吸弃上清液，浓缩至全量的 2/5，无菌检验合格后，取猪多杀性巴氏杆菌浓缩菌液 2 份与猪丹毒杆菌浓缩菌液 3 份充分混匀制成。免疫期 6 个月。

(3) 猪多杀性巴氏杆菌病活疫苗（EO630 株）：

[菌种] 多杀性巴氏杆菌 EO630 弱毒菌株。效检攻毒用菌种为猪源多杀性巴氏杆菌 C44-1 或 C44-8 强毒菌株。EO630 弱毒株是由猪源多杀性巴氏杆菌 C44-1 强毒株通过含有海鸥牌洗涤剂的培养基连续传代 630 代育成。其标准为：皮下注射 1.5~2 kg 健康兔马丁肉汤 24 h 培养物 30 亿个活菌；同时，肌肉注射 15~30 kg 健康易感猪 500~750 亿个活菌，观察 10 d，均应健活。免疫原性：同牛多杀性巴氏杆菌病灭活疫苗效力检验。

[制造要点] 同牛多杀性巴氏杆菌病灭活疫苗。每头份苗不少于 3 亿个活菌。

[质量标准] 除按兽医生物制品检验的一般规定进行外，需做如下检验：

① 安全检验：选用 1.5~2 kg 健康家兔 2 只，每只皮下注射用 20% 氢氧化铝胶生理盐水稀释至每毫升含 10 个使用剂量的疫苗 1 mL，观察 10 d，均应健活。

② 效力检验：可用兔检法、鼠检法和猪检法均可，样品用 20% 氢氧化铝胶生理盐水稀释。

A. 鼠检法 用 16~18 g 小鼠 5 只，皮下注射约 1 000 万个活菌，14 d 后连同条件相同的对照鼠 3 只，皮下注射 2MLD 的 C44-1 强毒菌液，观察 9 d。对照鼠全部死亡，免疫鼠保护 4/5 以上。

B. 兔检法 用 1.5~2 kg 健康兔 4 只，皮下注射 0.75 亿~1 亿个活菌，14 d 后连同条件相同的对照兔 2 只，皮下注射致死量的 C44-1 强毒菌液或 C44-8 株 80~100 个活菌，观察 10 d，对照兔全部死亡，免疫兔保护 2/4 以上。

C. 猪检法 用 3~5 月龄健康易感猪 5 头，肌肉注射 3 亿个活菌，14 d 后连同条件相同的对照猪 3 头，肌肉注射致死量的 C44-1 强毒菌液，观察 10 d。对照猪至少死亡 2 头，免疫猪全部保护；或对照猪全部死亡，免疫猪至少保护 4 头。

[保存与使用] 于-15 ℃以下保存，有效期 1 年。2~8 ℃保存，有效期 6 个月。使用时皮下或肌肉注射 3 亿个活菌以上，免疫期 6 个月。

(4) 猪多杀性巴氏杆菌病活疫苗（679-230 株）：制苗用菌种为多杀性巴氏杆菌 679-230 弱毒菌株。该菌株系将猪源多杀性巴氏杆菌 C44-1 强毒株在血液琼脂培养基上通过逐渐提高培养温度连续传代 39 代，再在恒温下培养传代 230 代育成。效检攻毒用菌种为猪源多杀性巴氏杆菌 C44-1 强毒菌株。制造和检验用菌种应符合多杀性巴氏杆菌生物学特性，荚膜抗原型应为 B 型。疫苗每头份苗不少于 3 亿个活菌。成品检验用小鼠法、豚鼠法或猪检法，任择其二。免疫期 10 个月。

(5) 猪多杀性巴氏杆菌病活疫苗（C20 株）：制苗用菌种为多杀性巴氏杆菌 C20 弱毒菌株。该菌株是多杀性巴氏杆菌 89-14-20 株的简称，系将猪源荚膜血清型 B 型多杀性巴氏杆菌 C44-1 强毒株与黏液杆菌共同培养传代 89 代，继而将 89 代菌株通过豚鼠 14 代，再通过鸡 20 代育成。本弱毒株为 Fg 型菌落，荚膜抗原型应为 B 型。疫苗每头份不少于 3 亿个活菌。效力检验同猪多杀性巴氏杆菌病 EO630 弱毒疫苗。

### （三）禽霍乱

禽霍乱（Fowl cholera）又称禽巴氏杆菌病、禽出血性败血症，以黏膜和各脏器出血、脾脏和肝脏肿大为特征。慢性病例多在肝脏等局部发生坏死性病灶或炎性病灶。本病分布于世界各地，在我国曾引起广泛流行，造成很大经济损失。目前，在广大农村仍有散发。本病病原为多杀性巴氏杆菌，以血清型 5∶A、8∶A 和 9∶A 为多。

**1. 免疫** 自然感染痊愈的家禽对其他血清型具有一定程度的交叉保护力。用火鸡体内增殖的细菌制成灭活疫苗，免疫火鸡对异种血清型也能产生交叉免疫力。体外人工培养的细菌制成灭活疫苗，则不能产生对异种血清型的交叉保护力。本菌在禽类体内繁殖过程中，可产生抵抗异种血清型的交叉保护因子（cross protective factor，CPF）。荚膜多糖是其重要的免疫原，免疫鸡产生的抗体主要为 IgM，且消失较早，无回忆反应。鸡抵抗感染的保护性免疫反应为细胞免疫和体液免疫。

**2. 疫苗** 自巴斯德（1880）研究鸡霍乱无毒培养物接种鸡以来，鸡霍乱疫苗免疫接种方面做了大量工作，先后研制和应用了灭活苗、弱毒苗及亚单位苗。灭活苗安全性较好，利用流行区分离菌株制备灭活疫苗用于免疫预防获得了较好效果。但由于体外培养不能很好地产生交叉保护因子以及灭活过程中可能造成的某些抗原物质的丢失，只能对同血清型菌株感染有一定免疫效果，且免疫期不长。自然分离或人工培育的禽霍乱弱毒菌株很多。美国有 3 种商品化的禽霍乱弱毒苗可供使用，即 CU 株疫苗（一种低致病力菌株生产的疫苗）、M-9 株疫苗（一种致病力更低的 CU 突变株）和 PM-1 株疫苗（一种毒力介于上述两者之间的 CU 中间株）。国内有禽霍乱 731 弱毒株疫苗、禽霍乱 G190E40 弱毒株疫苗等。有研究的禽源多杀性巴氏杆菌弱毒菌株有 P-1059 株和 833 弱毒株等。但有些弱毒疫苗则接种后局部反应较重，有些则免疫期较短，为 3～4 个月。在有条件的地方可在本场分离细菌，经鉴定合格后，制作自家灭活苗，定期对鸡群进行注射，经实践证明通过 1～2 年的免疫，本病可得到有效控制。现国内有较好的禽霍乱蜂胶灭活疫苗，安全可靠，可在 0 ℃下保存 2 年，易于注射，不影响产蛋，无毒副作用，可有效防控该病。

（1）禽多杀性巴氏杆菌病灭活疫苗（C48-2 株）：

［菌种］ 制苗用菌种为鸡源多杀性巴氏杆菌 C48-2 强毒菌株。效检攻毒用菌种为鸡源多杀性巴氏杆菌 C48-1 强毒菌株。制造和检验用菌种应符合多杀性巴氏杆菌生物学特性，荚膜抗原型应为 A 型。C48-2 强毒菌株菌落应为 Fo 型。5～10 个活菌肌肉注射 3～6 月龄的健康易感鸡，3 d 内全部死亡。

［制造要点］ 用 0.1% 裂解血细胞全血的马丁肉汤、鲜血琼脂斜面，分别制备一级种子和二级种子。二级种子液以 1%～2% 的量接种于含 0.1% 裂解红细胞全血的马丁肉汤，37～39 ℃通气培养 14～20 h。收获培养菌液按 0.15% 的量缓慢加入甲醛，37 ℃温育灭活 7～12 h。无菌检验合格后，加入氢氧化铝胶、硫柳汞或石炭酸。无菌检验合格后，定量分装。

[质量标准] 除按《兽医生物制品检验的一般规定》进行外，需做如下检验：

① 安全检验：选用4～12月龄健康易感鸡4只，各肌肉注射疫苗4 mL，观察10 d均应健活。

② 效力检验：选用4～12月龄健康易感鸡（鸭）4只，各肌肉注射疫苗2 mL，21 d后，连同条件相同的对照鸡（鸭）2只，各肌肉注射致死量C48-1强毒菌液，观察10～14 d，对照组鸡（鸭）全部死亡，免疫组鸡（鸭）保护2/4以上。

[保存与使用] 保存于2～8 ℃，有效期1年。两月龄以上的鸡（鸭），每只肌肉注射疫苗2 mL。免疫期3个月。用鸭作效力检验的疫苗，只能用于鸭，不能用于鸡。

(2) 禽多杀性巴氏杆菌病灭活疫苗（1502株）：制苗用菌种为鸡源多杀性巴氏杆菌1502强毒菌株。菌落应为Fo型，荚膜抗原型应为A型。5～10个活菌肌肉注射3～6月龄的健康易感鸡，应于3 d内全部死亡，免疫保护效力至少60%。培养菌液甲醛灭活后，按5份菌液加入1份氢氧化铝胶配苗，充分混匀，静置2～3 d，吸弃上清，浓缩至全量的1/2。再加入吐温-80作为水相，最后与白油佐剂乳化制成。免疫期鸡6个月，鸭9个月。

(3) 禽多杀性巴氏杆菌病蜂胶灭活疫苗：制苗用菌种为鸡源多杀性巴氏杆菌C48-1、C48-2强毒菌株。培养菌液加生理盐水稀释成每毫升含菌量约200亿个，加入0.3%甲醛于37 ℃灭活24 h。同时，称取蜂胶1份，剪碎后溶于4份95%乙醇中，置18～25 ℃ 24 h后冷却离心，取上清配制成30 mg/mL的蜂胶乙醇溶液。将灭活菌液与蜂胶乙醇液按1∶1（V/V）等量混合，搅拌均匀制成。2月龄以上的鸡、鸭、鹅，肌肉注射疫苗1 mL。

(4) 禽多杀性巴氏杆菌病活疫苗（B26-T1200株）：

[菌种] 制苗用菌种为鸡源多杀性巴氏杆菌B26-T1200弱毒菌株。效检攻毒用菌种为鸡源多杀性巴氏杆菌C48-1强毒菌株。菌种荚膜抗原型应为A型。

[制造要点] 种子繁殖和菌液培养方法基本同于禽多杀性巴氏杆菌病灭活疫苗。培养物进行纯粹检验和活菌计数。检验合格的菌液混于同一容器，以容量计，预热至37 ℃的菌液7份加入37 ℃左右的稳定剂1份（明胶12 g，蔗糖50 g溶于100 mL蒸馏水，调pH 7.6，间歇灭菌备用），充分混匀，定量分装，立即冷冻真空干燥。鸡每羽份不少于3 000万个活菌，鸭每羽份不少于9 000万个活菌。

[质量标准] 除按一般规定进行检验外，需做如下检验：

① 安全检验：选用2～4月龄健康易感鸡2只，20%氢氧化铝胶生理盐水稀释疫苗使每毫升含100羽份，每只皮下或肌肉注射疫苗1 mL，观察10～14 d，应全部健活。

② 效力检验：选用2～4月龄健康易感鸡8只，20%氢氧化铝胶生理盐水稀释疫苗使每毫升含1羽份，每只肌肉注射1 mL，14 d后，连同条件相同的对照组鸡2只，各肌肉注射致死量C48-1强毒菌液，观察10～14 d，对照组鸡全部死亡，免疫组鸡保护3/4以上。

[保存与使用] 2～8 ℃保存，有效期1年。使用时，用20%氢氧化铝胶生理盐水稀释疫苗0.5 mL含1羽份，皮下或肌肉注射0.5 mL。免疫期4个月。

(5) 禽多杀性巴氏杆菌病活疫苗（G190E40株）：制苗用菌种为鸡源多杀性巴氏杆菌G190E40弱毒菌株。该菌株系将多杀性巴氏杆菌强毒株通过豚鼠190代，在此基础上再通过鸡胚40代育成。菌落为NF型。荚膜抗原型应为A型。3～4月龄健康易感鸡皮下或肌肉注射60亿个活菌，观察10～14 d，应全部健活。3～6月龄健康易感鸡肌肉注射2 000万个活菌，免疫保护效力80%以上。冻干疫苗，鸡每羽份不少于2 000万个活菌，鸭每羽份不少于6 000万个活菌，鹅每羽份不少于1亿个活菌。免疫期4个月。

多杀性巴氏杆菌侵入禽类机体，其增殖能力与致病性随着菌体荚膜的产生而增强。另一方面，致病性菌株由于丧失产生荚膜的能力往往导致毒力的丢失。很多研究认为，荚膜多糖（CCA）是多杀性巴氏杆菌的主要保护性抗原。将荚膜多糖（CCA）与破伤风类毒素（TT）交联成CCA-TT载体抗原，试验结果表明该结合物稳定且有较强免疫原性，诱导产生了高滴度的IgG抗体，持续24周左右，且有较强的回忆反应。

### （四）兔巴氏杆菌病

兔巴氏杆菌病又称兔出血性败血症，临床上以鼻炎、地方流行性肺炎、败血症、中耳炎、结膜炎、生殖器官感染以及局部脓肿等为特征。本病多呈地方性流行或散发，分布广泛，对养兔业危害严重。病原多为A型多杀性巴氏杆菌，以血清型7：A为主，其次为5：A。用于预防本病的疫苗有：

**1. 兔、禽多杀性巴氏杆菌病灭活疫苗**：本疫苗系用免疫原性良好的兔源、禽源A群多杀性巴氏杆菌接种适宜培养基，将培养物用甲醛灭活，加氢氧化铝胶制成。制造方法和检验方法基本同于禽多杀性巴氏杆菌病灭活疫苗。用于预防兔多杀性巴氏杆菌病、禽多杀性巴氏杆菌病。2～8℃保存，有效期1年。使用时，90日龄以上的兔皮下疫苗1 mL，免疫期6个月；60日龄以上的鸡皮下注射1 mL，免疫期4个月。

**2. 兔多杀性巴氏杆菌病、支气管败血波氏菌感染二联灭活疫苗**：本疫苗系用免疫原性良好的兔源A群多杀性巴氏杆菌菌液和兔源I相支气管败血博代氏菌菌液用甲醛灭活，加油佐剂混合乳化制成。制造方法和检验方法基本同于禽多杀性巴氏杆菌病油佐剂灭活疫苗。用于预防兔多杀性巴氏杆菌病、兔支气管败血博代氏菌感染。2～8℃保存，有效期1年。成年兔颈部肌肉注射疫苗1 mL，免疫期6个月。初次使用本品的兔场，首次免疫接种14 d后，相同剂量再注射1次。

**3. 兔病毒性出血症-兔多杀性巴氏杆菌病二联干粉灭活疫苗**：见第十二章兔出血症。

**4. 兔多杀性巴氏杆菌病活疫苗**：系用免疫原性良好的A群多杀性巴氏杆菌弱毒菌株接种适宜培养基，收获培养物，加适宜稳定剂，经冷冻真空干燥制成。免疫期5个月。病兔、怀孕兔、哺乳母兔和仔兔不宜使用。接种后大部分兔反应轻微，少数兔可见精神稍差、减食，一般于2～3 d内恢复。

（胡永浩）

## 四、链球菌病

链球菌病（Streptococcosis）是主要由β型溶血链球菌引起的人和多种动物共患的传染病的总称。病原性链球菌感染动物种类繁多，以猪、牛、羊、马、鸡较常见，近年来，水貂、牦牛、兔和鱼类也有发生链球菌病的报道。所致疾病临床表现多样，可引起各种化脓创和败血症，也可表现为局限性感染，包括脓肿、肺炎、淋巴结炎、关节炎、脑膜炎、乳腺炎、子宫炎、尿路感染等临床疾病。严重威胁人类健康和动物生产。

目前链球菌属（Streptococcus）共有30多个种，比较常见的有10余种。链球菌可根据抗原结构和溶血特性分类：①群特异性抗原（又称C抗原）是细菌细胞壁中的多糖成分，为半抗原。根据该抗原的不同将链球菌分为20个血清群（A～V，缺I和J）。兰氏（Lancefield）分类即以此为基础；②型特异性抗原为细胞壁的蛋白质成分，位于C抗原的外层，故又称表面抗原。该抗原可分为4种成分，即M、T、R、S，其中M成分与细菌毒力有关，具有抗吞噬性，且与免疫有关。根据M蛋白的不同，本菌在各自的群内又分为不同的型，A群链球菌有60多个血清型，B群有4型，C群分20多型，D群可分为10型，E群分为11型等；③属特异性抗原为核蛋白抗原，又称为P抗原，属于非特异性抗原，与葡萄球菌属的细菌有交叉免疫性。近年来发现许多链球菌细胞壁中含有一种蛋白成分，称为链球菌G蛋白（Streptococcal protein G，SPG），可与人及多种哺乳动物的IgG Fc段结合，但不与其他各类Ig结合，也不与禽类的Ig结合。

根据链球菌在血琼脂平板上的溶血能力分为α、β、γ 3类，在鉴定链球菌的致病性方面有一定意义。链球菌菌体呈圆形或卵圆形，直径小于2.0 μm，常排列成链状或成双。革兰染色阳性，老龄的培养物或被吞噬细胞吞噬的细菌呈现阴性。除个别D群菌外，均无鞭毛。A、B、C群等多数有荚膜。大多兼性厌氧，少数厌氧。最适生长温度37 ℃，最适pH 7.4～7.6。致病菌营养要求比较高，普通培养基上生长不良，需添加血液、血清、葡萄糖等。在血琼脂平板上长成直径0.1～1.0 mm、灰白色、表面光滑、边缘整齐的小菌落。血清肉汤中初呈均匀浑浊，后呈颗粒状沉淀管底，上清透明。多数致病菌具有溶血性，溶血性大小和类型因菌株而异。

### （一）猪链球菌病

猪链球菌病（Swine streptococcosis）是由多种不同群的链球菌引起的不同临诊类型传染病的总称。常见的有败血性链球菌病和淋巴结脓肿两种类型，特征为急性病例常为败血症和内膜炎。本病呈世界性分布，我国也普遍存在，对养殖业危害很大。根据荚膜抗原的差异，猪链球菌有35个血清型（1～34及1/2）及相当数量无法定型的菌株。按兰氏分群法，过去猪链球菌属D群，此后将猪链球菌2型分入R群，1型分入S群，但近来仍有专家对此提出异议。实际上兰氏分群已不足以适用于猪链球菌的分群。α或β溶血，一般起先为α溶血，延时培养后则变为β溶血，或者菌落周围不见溶血，刮去菌落则可见α或β溶血。猪链球菌2型在绵羊血平板呈α溶血，马血平板则为β溶血。猪链球菌菌落小、灰白、透明，稍黏。陈旧培养物革兰染色往往呈阴性。菌体直径1～2 μm，单个或双个卵圆形，在液体培养基中才呈链状。康复猪具有坚强的免疫保护，感染猪可产生体液抗体。一般接种疫苗后14 d产生坚强免疫力，血清中出现沉淀抗体和补体结合抗体。目前，我国研制成功猪链球菌活疫苗和多价灭活苗价灭活苗。

（1）猪败血性链球菌病活疫苗（ST171株）

[菌种] 制苗用菌种为猪链球菌弱毒ST171株。效力检验用菌种C74-63或C74-37。猪链球菌弱毒ST171株在缓冲肉汤中于37 ℃培养10～18 h，菌液一致浑浊，不形成菌膜，在鲜血马丁琼脂平板上，经37 ℃培养24 h，其菌落圆形、湿润、光滑、半透明，呈β溶血。2～4月龄的健康易感猪，各皮下注射活菌100亿个，观察14 d，除允许有2～3 d体温升高不超过常温1 ℃的反应和减食1～2 d外，不应有其他临床症状。用体重18～22 g小鼠5只，

每只皮下注射菌液 0.2 mL，含活菌 100 万个，观察 14 d 应全部健活。2～4 月龄的健康易感猪 4 头皮下注射 0.25 亿个活菌菌液，14 d 后，静脉注射致死量猪链球菌强毒菌液，观察 14～21 d，免疫猪应全部保护。

[制造要点]

① 种子繁殖：冻干菌种划线于含 10% 鲜血琼脂平板、缓冲肉汤（含 0.2% 葡萄糖和 1%～4% 裂解血细胞全血（或血清））培养制成。

② 菌液制备：将缓冲肉汤预热至 37 ℃ 左右，按培养基总量的 1%～4% 加入裂解血细胞全血（或血清）和 0.2% 葡萄糖，同时按 10%～20% 接种种子液，混匀后置 37 ℃ 培养 6～16 h，进行活菌计数和纯粹检验。纯检合格的菌液按容量计算，菌液 7 份加蔗糖明胶稳定剂 1 份，充分混合均匀后，按规定头份定量分装，注射用每头份活菌不少于 0.5 亿个。

[质量标准] 除按一般规定进行检验外，需做如下检验：

① 安全检验：A. 用 2～4 月龄的健康易感仔猪 2 头，每头皮下注射 100 个使用剂量的疫苗，观察 14 d，除有 2～3 d 不超过常温 1 ℃ 的体温升高和减食 1～2 d 外，不应有其他临床症状。B. 用体重 18～22 g 小鼠 5 只，每只皮下注射菌液 0.2 mL，含 1/50 的猪使用量，观察 14 d，应全部健活。若有个别死亡，可用加倍数小鼠重检 1 次，仍有个别死亡时，应判为不合格。

② 效力检验：按瓶签注明头份，用 20% 铝胶生理盐水稀释疫苗，皮下注射 2～4 个月健康易感猪 4 头，每头 1/2 使用剂量，14 d，连同条件相同的对照猪 4 头，各静脉注射致死量强毒菌液，观察 14～21 d。对照猪全部死亡，免疫猪至少保护 3 头；或对照猪死亡 3 头，免疫猪保护 4 头为合格。

[保存与使用] 保存在 2～8 ℃，有效期为 1 年；在 −15 ℃ 为 1 年 6 个月。使用时按瓶签注明的头份，加入 20% 氢氧化铝胶生理盐水或生理盐水稀释溶解，每头猪皮下注射 1 mL，或口服 4 mL。免疫期为 6 个月。

(2) 猪链球菌病灭活疫苗：根据猪链球菌流行菌株血清型，我国采用临床上流行比较普遍的 C 群链球菌和 R 群猪链球菌 2 型，研制二价灭活疫苗，能控制该病的流行。疫苗对仔猪的安全性较好。仔猪免疫后分别用两株疫苗强毒株攻击，结果对猪链球菌 2 型可获得 100% 的保护 (10/10)，对 C 群 ATCC35246 有 90% 的保护。免疫后 4 h 内抗体水平持续上升，在 30～35 d 进行二免，6 个月时仍维持在较高水平（1∶1 600）。近十多年来，我国又相继研制成功马链球菌兽疫亚种＋猪链球菌 2 型＋猪链球菌 7 型、马链球菌兽疫亚种＋猪链球菌 2 型等多价灭活疫苗。

这里仅介绍猪链球菌病灭活疫苗（马链球菌兽疫亚种＋猪链球菌 2 型＋猪链球菌 7 型）质量标准和使用方法。本品系用马链球菌兽疫亚种 XS 株、猪链球菌血清 2 型 LT 株和猪链球菌血清 7 型 YZ 株，分别接种适宜培养基培养，收获培养物，经甲醛溶液灭活后，加油佐剂混合乳化制成。按活菌计数法计算，每头份均至少含 $3.0 \times 10^9$ CFU。用于预防由马链球菌兽疫亚种、猪链球菌血清 2 型、猪链球菌血清 7 型感染引起的猪链球菌病。免疫期为 6 个月。

[质量标准] 除按一般规定检验进行外，需做如下检验：

① 安全检验：用 28～35 日龄健康易感仔猪（ELISA 抗体检测阴性，见附注）5 头，各颈部肌肉注射疫苗 4 mL，观察 14 d，均应无由疫苗引起的全身和局部不良反应。注射前测

温一次，注苗后3日内每日测温一次，与注苗前体温相比，第1日均不得超过1.5℃，第2日和第3日均不得超过1℃。

② 效力检验：用28～35日龄健康易感仔猪（ELISA抗体检测为阴性，见附注）15头，分为3组，每组5头，各颈部肌肉注射疫苗2 mL，28 d后，各组连同对照猪5头，各耳静脉注射1个致死剂量的马链球菌兽疫亚种XS株或猪链球菌血清2型LT株或猪链球菌血清7型YZ株菌液2 mL，连续观察14 d，对照猪均应至少死亡4头，免疫猪均应至少保护4头。

[保存和使用] 2～8℃保存，有效期为12个月。颈部肌肉注射。按瓶签注明头份，每次均肌肉注射1头份（2 mL）。推荐免疫程序为：种公猪每半年接种1次；后备母猪在产前8～9周首免，3周后二免，以后每胎产前4～5周免疫1次；仔猪在4～5周龄免疫1次。疫苗注射后可能引起轻微体温反应，但不引起流产、死胎、畸形胎等不良反应，个别猪在注射后可能出现过敏反应，可用抗过敏药物（如地塞米松、肾上腺素等）进行治疗，同时采用适当的辅助治疗措施。

## （二）羊败血性链球菌病

羊败血性链球菌病是由C群马链球菌兽疫亚种引起的一种急性热性败血性传染病。绵羊最为易感，山羊次之。其主要特征全身性出血性败血症及浆液性肺炎与纤维素性胸膜肺炎。病原为C群马链球菌兽疫亚种（*S. equi subsp. zooepidemicus*）。患链球菌病的羊康复后具有一定的免疫力，感染羊可产生体液免疫。一般接种疫苗后14 d可产生坚强免疫力，血清中出现沉淀抗体和补体结合抗体。

(1) 羊败血性链球菌病灭活疫苗：

[菌种] 制苗用菌种为羊链球菌C55001和C55002菌株，必要时制苗也可加入"岳1系"或"St.0.6"菌株。羊链球菌C55001和C55002菌株在含10%绵羊脱纤血琼脂平板上培养18 h，菌落灰色、半透明、湿润、黏稠，24 h后呈β溶血，在缓冲肉汤中培养后，呈一致浑浊，不形成菌膜。

① 毒力：将菌种接种绵羊，用死羊含菌心血接种缓冲肉汤（也可加5%～10%血清），37℃培养12～16 h后，用马丁肉汤将菌液稀释1 000倍，取1.5～2 mL静脉注射1～2岁健康易感绵羊，应于21 d内死亡；70～100个活菌静脉注射家兔，应于10 d内死亡。

② 免疫原性：按本规程制成单苗后进行鉴定。皮下注射至少1～3岁健康易感绵羊4只，每只3～5 mL，21 d后连同条件相同的对照羊2只，注射致死量强毒，观察21 d，对照羊全部死亡，免疫羊至少保护3只为合格。

[制造要点]

① 种子繁殖：菌种分别接种于血液琼脂试管斜面和缓冲肉汤中培养制成。

② 菌液制备：将缓冲肉汤（也可加入1/2胰酶消化汤）置37℃预热24 h后，按培养基量的0.2%加入葡萄糖（制成50%溶液），也可同时按总量的1%～2%加入血清或血红素，并按总量的5%接入二级种子液，37℃培养16～24 h，培养期间摇瓶3次。同时进行纯粹检验和活菌计数。加入氢氧化铝胶配苗。

[质量标准] 除按兽医生物制品检验的一般规定进行外，需做如下检验：

① 安全检验：用体重1.5～2 kg家兔2只，各皮下注射疫苗3 mL，观察10 d均应健活。

② 效力检验：用1~3岁健康易感绵羊注射4只，各皮下注射疫苗5 mL，21 d后连同条件相同的对照羊3只，各静脉注射致死量羊链球菌强毒，观察21~30 d，对照羊全部死亡，免疫羊至少保护3只；或对照羊死亡2只，免疫羊全保护为合格。

[保存与使用] 2~8 ℃保存，有效期为1.5年。绵羊和山羊不论大小一律皮下注射5 mL。免疫期为6个月。

(2) 羊败血性链球菌病活疫苗：

[菌种] 制苗用菌种为羊链球菌弱毒株F60，效力检验用菌种为C5 5001和C5 5002强毒株。弱毒株F60在含10%绵羊脱纤血琼脂平板上培养18 h，菌落灰色半透明、湿润、黏稠，24 h后呈β溶血。在缓冲肉汤中培养后呈一致浑浊，不形成菌膜。

① 毒力测定：菌种直接接种缓冲肉汤，经37 ℃培养18~20 h，用此菌液注射下列动物：家兔：用体重1.5~2 kg的家兔，皮下注射含活菌5亿~10亿个的菌液，观察10~14 d均应健活。绵羊：用1~2岁健康易感绵羊，皮下注射含活菌20亿~40亿个的菌液，观察21~30 d均应健活。

② 免疫原性：将冻干菌种用生理盐水稀释成每1 mL含活菌50万个的菌悬液，尾根皮下注射1~2岁健康易感绵羊4只，每只注1 mL，经21 d后连同条件相同的对照羊3只，各静脉注射致死量羊链球菌强毒菌液，观察21 d，对照羊全部死亡，免疫羊至少保护3只或对照羊死亡2只，免疫羊全保护为合格。

[制造要点] 与羊链球菌C55001和C55002菌株培养方法相似。配成注射用苗，将纯粹合格的菌液按容量计算，菌液7份加蔗糖明胶稳定剂1份，充分混匀后，按规定头份定量分装，每头份活菌不少于200万个。配成气雾用苗 菌液5份加蔗糖明胶稳定剂1份。充分混匀后，按规定头份定量分装，每头份不少于3 000万个菌。

[质量标准] 除按一般规定进行检验外，需做如下检验：

① 安全检验：将疫苗用缓冲肉汤稀释后，皮下注射体重1.5~2 kg的家兔2只，每只注射20个使用剂量。或用健康易感绵羊2只，各皮下注射200个使用剂量，观察14~21 d，均应健活。

② 效力检验：将疫苗用生理盐水稀释后，按免疫原性检测法进行。

[保存与使用] 保存在2~8 ℃，有效期为2年。按瓶签注明的头份，用生理盐水稀释。6月龄以上羊只，一律尾根皮下注射1 mL。免疫期为1年。

（胡永浩，姜平）

## 五、炭疽

炭疽（Anthrax）是由炭疽杆菌引起的一种人兽共患急性、热性、败血性传染病。本病主要感染羊、马、牛等草食动物。急性感染动物多取败血性经过，以脾脏显著肿大、皮下和浆膜下出血性胶样浸润为特征，患病动物濒死期多天然孔出血、血液凝固不良、呈煤焦油样，尸僵不全，通过皮肤伤口感染则可能形成炭疽痈。人类对炭疽的易感性介于草食动物和肉食动物之间，感染后多表现为皮肤炭疽、肺炭疽及肠炭疽，偶有伴发败血症。本病分布于世界各国，多为散在发生。

## (一) 病原

炭疽杆菌（*Bacillus anthracis*）分类上属芽胞杆菌属，大小 1.0～1.2 μm×3～5 μm，无鞭毛，不运动，革兰染色阳性。菌体周围是由谷氨酸多肽组成的荚膜，接触氧后能形成芽胞，芽胞呈椭圆形，位于菌体中央，芽胞囊小于菌体。在动物体内炭疽杆菌呈单个、短链状存在，培养菌多为长链状，成链时呈竹节状。炭疽杆菌在不适宜条件下可发生菌落形态和毒力变异，从而获得光滑型弱毒菌株。

本菌为兼性需氧菌，在厌氧条件中生长贫瘠。在 12～44 ℃都能够生长。最适生长温度为 37 ℃。在琼脂平板上，炭疽杆菌产生特征性的"毛玻璃"样表面菌落。菌落边缘不规则，在低倍镜下像波浪状的发束。在 50%血琼脂上，含 10%～20%二氧化碳培养时可产生光滑而黏稠的菌落，并产生荚膜。在血琼脂上一般不溶血，但个别菌株也可轻微溶血，在肉汤中培养 10～24 h，管底有絮状卷绕成团的沉淀生成，表面稍浑浊，无菌膜，肉汤透明。明胶穿刺培养时，呈倒立松树状生长，表面逐渐被液化而呈漏斗状。炭疽杆菌具有缓慢发酵水杨苷、液化明胶、使石蕊牛奶凝固、退色并陈化，以及缓慢地使美蓝还原等性质。这些生化特性对与其他需氧芽胞杆菌鉴别有一定意义。

本菌菌体对外界理化因素的抵抗力不强，与其他非芽胞菌相似，60 ℃经 30～60 min 或 75 ℃经 5～15 min 即可死亡。一般浓度的常用消毒药，均能于短时间内将其杀死。但其芽胞的抵抗力相当强，土壤被污染后，传染性可保持数十年，120 ℃需 15～30 min 才能将其全部杀死，对碘与氧化剂敏感，1∶2 500 的碘液 10 min 即可将其杀死，10%漂白粉和 0.1%升汞也是常用的消毒药。皮毛等可用 2%～4%甲醛溶液、0.5%过氧乙酸等消毒处理，也可将其浸入加有 2%盐酸的 5%食盐水中，30 ℃经 48 h 可破坏芽胞。

## (二) 免疫

炭疽杆菌主要有 4 种抗原成分：荚膜抗原由 D-谷氨酸多肽组成，是一种半抗原，仅见于有毒菌株，与毒力有关，当变异失去形成荚膜的能力时，毒力也随之减退。此抗原具有抗吞噬功能，其相应抗体对机体无保护作用，但其反应具有特异性。菌体多糖抗原由等分子质量乙酰基葡萄糖与 D-半乳糖组成，是一种存在于细胞壁及菌体内的半抗原，与毒力无关，性质稳定，耐热，不易被破坏，可与相应免疫血清发生沉淀反应（Ascoli 反应），但这种抗原特异性不高。保护性抗原（PA）是一种胞外蛋白质抗原成分，分子质量 83 000，为炭疽毒素的组成成分之一，具有免疫原性，能使机体产生抗本菌感染的保护力。芽胞抗原是芽胞的外膜层含有的抗原决定簇，它与皮质一起组成炭疽芽胞的特异性抗原，具有免疫原性。

炭疽杆菌自然强毒株存在 2 种质粒，一种是 $pOX_2$ 荚膜质粒，其调控荚膜的形成；另一种是与产生毒素有关的 $pOX_1$ 质粒，其调控炭疽毒素的产生，毒素由水肿因子（EF）、保护性抗原（PA）和致死因子（LF）组成，均有不同程度的血清学活性和免疫原性，尤以 PA 更为显著。三种成分单独对动物无毒性作用，但 EF 和 PA 协同作用能引起水肿；PA 和 LF 协同作用能发生致死。因此强毒菌株既能产生毒素又能形成荚膜而现出毒力。然而自然的变异株，如存在 $pXO_2$ 则可产生荚膜而恢复为强毒株，反之则不能。巴斯德疫苗株 ATCC6602 与 ATCC4229 含有 $pXO_2$ 而形成荚膜，Sterne 株含有 $pOX_1$ 而无 $pXO_2$，故不形成荚膜，是疫苗菌株。随着生物技术的发展,近年来有利用基因工程技术研制炭疽疫苗,可通过 DNA 重组,将炭疽质粒 DNA 的酶切片断插入道 K12 大肠杆菌 pBR322 质粒中,培养这种大肠杆菌便能生产出功能性 PA,生产出高纯度的炭疽 PA 疫苗。在生产中,应用深层通气培养法或用豆芽汤深层通气培养法制造的炭疽Ⅱ号芽胞苗,也获得了良好的效果。

## (三) 疫苗

目前常用的疫苗有Ⅱ号炭疽芽胞苗和无荚膜炭疽芽胞苗。

### 1. Ⅱ号炭疽芽胞疫苗

[菌种] 制苗菌种为炭疽杆菌弱毒 C40-202 株。效检菌种为炭疽杆菌 C40-48 强毒菌株。所选菌株应符合炭疽杆菌生物学特性,2～8 ℃保存期 10 年。

(1) 所用炭疽杆菌弱毒 C40-202 株形态染色、生化和培养特性、变异及血清学特性应典型;有荚膜、不运动,血液琼脂平板上生长,不出现溶血;其毒力应为以 37 ℃培养 24 h 的普通肉汤培养物 0.2 mL 皮下接种 200～250 g 豚鼠 4 只,于 7 d 内全部死亡或大部分死亡;以 0.5 mL 皮下接种体重 1.5～2 kg 家兔 2 只,观察 10 d 不致病,无任何反应;用其所制备的炭疽Ⅱ号芽胞苗,应符合效力检验。

(2) 效检用炭疽杆菌 C40-48 强毒菌株 37 ℃ 24 h 肉汤培养物,皮下注射 1.5～2 kg 的家兔 2 只,每只接种含 400 个芽胞的菌液 1 mL,应于 4 d 内死亡;皮下注射 20～30 kg 的健康易感绵羊 2 只,每只接种含 10 000 个芽胞的菌液 1 mL,应于 10 d 内死亡。

[制造要点]

(1) 菌种繁殖:将冻干菌种划线接种于 15%血液琼脂平板及普通琼脂平板培养,挑取典型菌落,经毒力及纯粹检验合格后作为一级种子。将一级种子接种于 pH 7.2～7.4 普通肉汤培养,经纯粹检验合格后作为二级种子液。

(2) 菌液培养:将二级种子液均匀涂布接种于 pH 7.2～7.4 普通琼脂或无蛋白胨肉汤琼脂或豆汤琼脂扁瓶,30～35 ℃培养 48～96 h,取样涂片、染色、镜检,当芽胞形成达 90%以上时,用 30%甘油蒸馏水洗下芽胞。

(3) 配苗:用含 0.1%～0.2%石炭酸和 30%甘油水或 20%铝胶盐水将芽胞液稀释成芽胞苗,使每毫升含活芽胞 1 300 万～2 000 万个(铝胶苗为 2 000 万～3 000 万个)。纯粹检验及芽胞计数合格后,分装即成。

[质量标准] 甘油苗芽胞数应在 1 300 万～2 000 万个/mL;铝胶苗为 2 000 万～3 000 万个/mL。除按《兽医生物制品检验的一般规定》进行外,需做如下检验:

(1) 安全检验:用体重 1.5～2 kg 健康家兔 4 只,各皮下注射芽胞苗 1 mL 观察 10 d,均应健活。

(2) 荚膜检查:用体重 200～250 g 豚鼠 2 只,各皮下注射芽胞苗 0.5 mL,病死后剖检,取脾脏涂片、染色、镜检,菌体应有荚膜。

(3) 效力检验:用每 1 mL 含 1 300 万～2 000 万个芽胞的甘油芽胞苗,皮下 1 mL 注射体重 20～30 kg 的易感绵羊 4 只,14 d 后,连同对照羊 2 只,皮下注射 C40-48 强毒芽胞液 100MLD,观察 10 d,对照羊应全部死亡、免疫羊应全部保护。

[保存与使用] 2～8 ℃冷暗处,有效期 2 年。用于预防大动物、绵羊、山羊、猪的炭疽。山羊尾部皮内注射 0.2 mL,其他动物皮下注射 1 mL 或皮内注射 0.2 mL。免疫期 1 年,

但山羊的免疫期为6个月。

**2. 无荚膜炭疽芽胞疫苗** 制苗菌种为无荚膜炭疽杆菌C40-205弱毒株。效检菌种为炭疽杆菌C40-48强毒菌株。所选菌株应符合炭疽杆菌生物学特性，2～8℃保存期10年。其毒力为以37℃培养24 h的普通肉汤培养物0.25 mL皮下接种小鼠4只，0.5 mL皮下接种豚鼠2只和家兔2只，均应产生剧烈水肿，但兔不应死亡，豚鼠允许死亡1只，小鼠应大部或全部死亡。死亡动物脾脏涂片染色镜检，应不见荚膜，否则不合格，废弃。C40-205弱毒株免疫原性应符合效力检验。制造方法同Ⅱ号炭疽芽胞苗。可用于预防马、牛、绵羊、猪的炭疽病。免疫期1年。

### （四）诊断制剂

炭疽沉淀反应是诊断炭疽简便而快速的血清学诊断方法。目前使用的炭疽诊断制剂主要包括炭疽诊断抗原、诊断血清。

**1. 炭疽沉淀反应标准抗原** 菌种用C40-214、C40-216、C40-207株及无荚膜Sterne株弱毒菌株。或采集不同地区、动物的炭疽杆菌8～12株，要求其生物学特性需典型；毒力标准为24 h肉汤培养物0.5 mL接种1.5～2 kg兔，或0.25 mL接种250～300 g豚鼠，于96 h内致死。将各菌种分别接种于普通肉汤，于37℃培养24 h，然后接种于普通琼脂扁瓶，37℃培养24 h，用蒸馏水洗下菌苔，121℃高压灭菌30 min，烘干后制成菌粉，按1 g菌粉加入0.5%石炭酸生理盐水100 mL溶解后37℃浸泡3 h，滤过即为1:100抗原。本品应为淡黄色、完全透明的液体。

效价检测：将抗原用生理盐水稀释1:1 000、1:5 000、1:10 000、1:20 000，用标准阳性血清测定，1:5 000时于30 s，1:10 000时于60 s内出现阳性反应，1:20 000时于1 min内不出现阳性为合格。

**2. 炭疽沉淀素** 菌种为炭疽杆菌弱毒菌种为C40-214、C40-215、C40-217和C40-218株（任选1～3株）。制造要点为：

（1）抗原制备：将种子均匀涂布接种于豆汤琼脂扁瓶内，35～37℃培养15～16 h，经纯粹检验合格后，用生理盐水洗下菌苔，然后用纱布铜纱滤过，用生理盐水将滤液稀释成每1 mL含菌9亿～24亿个，经纯粹检验合格后，即为抗原。

（2）免疫程序：用年龄3～6岁健康的马。第1天与第9天皮下注射炭疽Ⅱ号芽胞苗或无荚膜芽胞苗做两次基础免疫，从第14天至第64天，每隔3～5 d静脉注射上述强毒活菌抗原，注射量从10 mL、20 mL、30 mL、40 mL直到50 mL，共进行14次高度免疫。

（3）分离血清和检验：从第12次注射，开始试血。血清效价检测达不到标准的，应加大抗原注射剂量和次数；血清效价检测合格后从第74天开始大量采血、按常规方法分离血清，并做如下检验：

① 效价检测：对1:500以上标准抗原应在60 s内出现阳性反应，同时用标准阳性血清作对照；对1:100以上炭疽死亡动物干燥抗原5份，应在60 s内出现阳性反应，同时用标准阳性血清作对照；取不少于5张各种动物炭疽皮的浸出液检验，应在1～10 min内出现阳性，同时用标准阳性血清作对照。

② 特异性检查：取25张健康动物皮的浸出液检验，15 min不出现阳性反应；对枯草杆菌、类炭疽杆菌抗原检验，15 min应不出现阳性反应。

本品供诊断炭疽的沉淀反应用。使用时，取检样用生理盐水作 5~10 倍稀释后煮沸 15~20 min，冷却过滤。用毛细管吸取澄清虑液沿壁缓慢地加入装有等量炭疽沉淀血清的管内，在 30~60 s（最长 10~15 min）内两液面出现乳白色环，为阳性反应。

**3. 炭疽沉降素血清检验用皮张抗原参照品**（标准抗原） 采取患炭疽死亡的各种动物的皮张，经 121 ℃灭菌 30 min，并烘干之；如为鲜皮，需增菌培养。然后剪碎皮张，加入 10 倍的 0.5％石炭酸生理盐水，置 8~14 ℃浸泡 20~24 h 或 37~37 ℃浸泡 3 h。浸出液经滤过后，滤液经 121 ℃灭菌 30 min 后，无菌分装即可。本品为无色或微黄色澄明液体。无菌生长。与炭疽沉降素血清参照品进行沉淀试验，应在 1~8 min 内出现阳性反应；对健康动物血清应为阴性。于 2~8 ℃冷暗处，有效期 10 年。专用于皮张检验的对照。

### （五）抗炭疽血清

[免疫原]　C40-202 株和 C40-205 株应分别培养，二级种子经纯粹检验合格后，接种于马丁琼脂扁瓶，35~37 ℃培养 38 h，用生理盐水洗下菌苔，稀释至浓度为麦氏比浊管 2~3 管之间，经铜纱滤过。纯检合格后，再混合使用，其中 C40-202 菌种的培养液应占总液量的 2/3 以上。

[制造要点]　免疫动物用青壮年、健康易感马。按表 8-1 免疫程序进行。第 62 天试验采血，测定血清效价。血清效检合格的马，即可正式采血，不合格的按最后一次免疫剂量再注射 1~3 次，再试血。分离血清按总量的 0.01％加入硫柳汞或 0.5％加入石炭酸防腐。2~8 ℃冷暗处静置 45 d 后，弃去沉淀，上清液混合均匀，无菌分装即可。

表 8-1　抗炭疽血清制备免疫程序

| 注射次数 | 间隔时间（d） | 注射物 | 注射方法 | 注射量（mL） | 菌号 |
| --- | --- | --- | --- | --- | --- |
| 1 | 6 | 无荚膜炭疽芽胞苗 | 皮下 | 5 | C40-205 |
| 2 | 6 | 无荚膜炭疽芽胞苗 | 皮下 | 10 | C40-205 |
| 3 | 6 | 无荚膜炭疽芽胞苗 | 皮下 | 20 | C40-205 |
| 4 | 6 | 无荚膜炭疽芽胞苗免疫原 | 皮下 | 1 | C40-205 |
| 5 | 6 | 无荚膜炭疽芽胞苗免疫原 | 皮下 | 2 | C40-205 |
| 6 | 6 | 无荚膜炭疽芽胞苗免疫原 | 皮下 | 5 | C40-205 |
| 7 | 6 | 无荚膜炭疽芽胞苗免疫原 | 皮下 | 10 | C40-205 |
| 8 | 6 | 无荚膜炭疽芽胞苗免疫原 | 皮下 | 20 | C40-205 |
| 9 | 6 | 二菌株混合免疫原 | 皮下、静脉 | 25、5 | C40-202、C40-205 |
| 10 | 6 | 二菌株混合免疫原 | 皮下、静脉 | 20、10 | C40-202、C40-205 |

[质量标准]　除按《兽医生物制品检验的一般规定》进行外，需做如下检验：

（1）安全检验：各皮下 0.5 mL 注射体重 18~22 g 小鼠 2 只，或皮下 10 mL 注射体重 250~450 g 豚鼠 2 只，观察 10 d 均应健活。

（2）效力检验：选体重 200~300 g 健康豚鼠 12 只，其中 4 只各皮下注射血清 1 mL，4 只各皮下注射血清 0.5 mL，4 只作对照。24 h 后对侧皮下注射炭疽 II 号芽胞苗 0.2 mL，观察14 d。对照组全部死亡,免疫组全部健活或至少保护6只,判为合格;有3只死亡则重检1次,如仍有3只死亡,判为不合格。

[使用与保存] 2~8℃冷暗处,保存期为3年。马、牛预防量30~40 mL(保护期10~14 d),治疗量100~250 mL;猪、羊预防量16~20 mL,治疗量50~120 mL,必要时可重复。

(胡永浩)

## 六、鼻疽

鼻疽(Malleus)是由鼻疽杆菌引起的主要发生于马类动物的一种接触性人兽共患传染病,以鼻腔和皮肤上形成特异性鼻疽结节、溃疡和瘢痕为特征,在肺脏、淋巴结和其他实质脏器内发生鼻疽结节。人鼻疽的特征为急性发热,局部皮肤或淋巴管等处肿胀、坏死、溃疡或结节性脓肿,有时呈慢性经过。马鼻疽病为世界性动物传染病,目前仍在亚洲、非洲及南美国家流行。美国、加拿大、英国、丹麦、法国、德国、日本等国家已经消灭该病。我国已基本控制该病。

### (一)病原

鼻疽假单胞菌(*Pseudomonas mallei*)惯称鼻疽杆菌(*Actinobacillus mallei*),现称鼻疽伯氏菌(*Burkholderia mallei*),为革兰阴性中等大小的杆菌,无荚膜、无鞭毛、不运动、单个、成对或成群。幼龄时形态比较整齐,而老龄培养菌呈显著的多形性,有棒状、分支状和长丝状。在脓液中有时存在于细胞内,但大部分游离于细胞外。菌体着色不均,浓淡相间,呈颗粒状,因此很像双球菌状或链球菌状。

一般色素都能着色,但着色力不强,如用稀释的石炭酸复红或碱性美蓝染色时,能呈现出颗粒状特征。用电镜检查,在胞浆内可看到嗜碱包涵物。本菌为需氧菌,能在22~24 ℃环境中生长,最适温度为37~38 ℃,适宜pH为6.8~7.0,生长缓慢。在普通培养基中生长不佳,但在加有3%~5%甘油和1%~2%血液或0.1%裂解红细胞的培养基内发育良好。在甘油琼脂斜面上培养48 h后,长成灰白色半透明的黏稠菌苔,室温放置后,斜面上端菌苔出现褐色色素。生化反应很不活跃,能分解葡萄糖,产酸不产气,能凝固血清,在牛乳培养基中产生少量的酸,缓慢地凝固牛乳,不液化明胶,不产生靛基质。

### (二)诊断制剂

本病的检疫主要采用变态反应检查和血清学检查。目前我国使用的诊断制剂主要有鼻疽菌素(鼻疽菌素有老菌素和提纯菌素)、补体结合试验抗原、补体结合试验阳性血清及鼻疽阴性血清。菌种为鼻疽杆菌C67001、C67002株。这里仅介绍鼻疽菌素制造方法及其质量标准。

**1. 老鼻疽菌素** 菌种划线接种于4%甘油琼脂平皿,挑选光滑型菌落移植于甘油琼脂扁瓶,37 ℃培养2~4 d,用生理盐水洗下,纯粹检验合格后作为菌液种子液。将种子液接种于4%甘油肉汤(含1%蛋白胨、0.5%氯化钠、4%甘油,pH 6.8~7),37 ℃培养2~4个月，然后 121 ℃ 灭菌 1.5 h，放 2～8 ℃ 冷暗处澄清 2～3 个月。吸取上清液，用塞氏滤器过滤，即为老法鼻疽菌素原液。无菌检验、蛋白测定和效价测定合格后，加入适量灭菌的 4% 甘油，定量分装。

**2. 提纯鼻疽菌素**

（1）菌液提纯：提纯鼻疽菌素制造用苏通合成培养基，菌液培养方法同老鼻疽菌素。菌液经塞氏滤器过滤后，可用三氯醋酸提纯法或硫酸铵提纯。三氯醋酸法提纯时，取滤液 900 mL，徐徐加入 40% 三氯醋酸水溶液 100 mL，充分搅拌，混匀后，2～8 ℃ 静置 14～20 h，使蛋白沉淀，弃去上清，沉淀的蛋白液以 3 000～5 000 r/min 离心 30～40 min，弃上清。硫酸铵法提纯时，取滤液 1 000 mL，徐徐加入饱和硫酸铵 2 000 mL，混匀后，2～8 ℃ 静置 14～16 h，弃去上清，沉淀的蛋白液以 3 000～5 000 r/min 离心 30～40 min。将沉淀用少量 pH 7.4 的 PBS 悬浮，并磨成糊状，装入透析袋，用自来水流水透析 12～24 h，再用 PBS 透析 12～24 h，以碱性碘化汞钾试液和 5% 二氧化钡水溶液检查，直至无铵离子和硫酸根离子。

（2）菌素制备：用三氯醋酸沉淀的蛋白加入适量 PBS 液（pH 7.4）充分溶解，再用 1 mol/L 氢氧化钠溶液将 pH 调至 7.4；用硫酸铵沉淀蛋白，经透析除尽硫酸铵后，直接加入硫酸铵缓冲液（pH 7.4），使其充分溶解。将菌素溶液滤过，滤液即为提纯鼻疽菌素原液。无菌检验、蛋白测定和效价测定合格后，鼻疽菌素原液用加有防腐剂灭菌的 PBS 稀释后，定量分装，即为液体菌素；鼻疽菌素原液用灭菌的 PBS 稀释，定量分装，迅速冷冻真空干燥，即为冻干菌素。

**3. 质量标准** 老鼻疽菌素为黄褐色澄明液体；液体提纯鼻疽菌素为无色或略带淡黄褐色的澄明液体；冻干提纯鼻疽菌素乳白色或略带淡棕黄色的疏松团块，溶解后呈无色或略带淡棕黄色的澄明液体。用 18～22 g 小鼠 5 只，各皮下注射菌素 0.5 mL，观察 10 d，均应健活。效价检验和特异性检验方法如下：

（1）效价检验：

① 致敏原制备：取 1～2 株强毒光滑型鼻疽杆菌，分别接种于 4% 甘油琼脂扁瓶中，36～37 ℃ 培养 48 h 后，每瓶加入生理盐水 20 mL，洗下培养物，混合于空瓶中，经 121 ℃ 灭活 1 h，置 2～8 ℃ 保存使用。

② 致敏豚鼠：用体重 450～600 g 的白色豚鼠 8 只，每只腹腔注射致敏原 1 mL，14～20 d 后，于豚鼠臀部去一小块被毛，次日皮内注射标准提纯鼻疽菌素 0.1 mL（0.1 mg/mL），经 24～48 h 观察反应，凡注射部位有红肿，直径在 7 mm 以上者，方可用于效价测定。

③ 效价测定：选鼻疽致敏合格的豚鼠 4 只，检验前 1 日在腹部两侧去毛，每侧去毛面积应满足注射 2 个部位用。将被检菌素和标准菌素稀释液采取轮换方式在每只豚鼠身上各注射一个部位，注射量为 0.1 mL。注射后 24 h 用游标卡尺测量每种菌素各稀释度和标准菌素在 4 只豚鼠身上各注射部位的肿胀面积。计算被检菌素各稀释度和标准菌素在 4 只豚鼠身上肿胀面积平均值的比值（如 24 h 反应不规律时，可观察 48 h，但是注射部位红肿反应的直径应在 7 mm 以上，方可判定）。如被检菌素和标准菌素平均反应面积的比值为 1±0.1，即为合格。

（2）特异性检验：选取 10 匹健康马，均分成 2 组，一组左眼点不稀释标准鼻疽菌素 2～3 滴，右眼点 75% 稀释新制鼻疽菌素 2～3 滴；另一组点眼相反。点眼后 3 h、6 h、9 h、24 h 分别进行检查，75% 新制菌素稀释液与标准菌素，全部试验马对被检菌素和标准菌素均无反应为合格。如个别马不一致，可在 2~5 d 后做第二次检验，反应一致也认为合格。

(胡永浩)

### 七、结核病

结核病（Tuberculosis）是由分枝杆菌引起的人和动物共患的一种慢性传染病。以多种组织器官形成结核结节和干酪样坏死或钙化结节病理变化为特征。本病广泛流行于世界各地，对人类健康和动物生产构成严重威胁，特别是奶牛业发达的国家。各国政府历来十分重视结核病防治工作，一些国家也已有效控制了本病。我国的人畜结核病虽得到了控制，但近年来发病率有增长的趋势，因此国际组织和我国政府都将本病作为重点防控的疾病。目前，我国主要依靠以检疫为主要手段的防控策略。

#### (一) 病原

引起人和动物结核病的分枝杆菌属（*Mycobacterium*）有 3 个种，即结核分枝杆菌（*M. tuberculosis*）、牛分枝杆菌（*M. bovis*）和禽分枝杆菌（*M. avian*）。结核分枝杆菌也称结核杆菌，主要感染人、类人猿、猴、犬和鹦鹉，也可感染牛。据认为有些牛群出现的结核菌素阳性牛是由于用患结核病的人看管牛群而引起的。结核杆菌也可感染猪，但其病变仅局限于肠系膜和颈部淋巴结。偶尔也可从马、山羊和绵羊分离到人型菌。牛分枝杆菌主要感染牛，但猪与病牛接触时也可感染。有人报告，马和羊的结核病是由牛分枝杆菌引起的，但这两种动物对该菌有较强的抵抗力，一般不易引起严重的损害。犬和猫也可感染牛分枝杆菌，家兔对牛分枝杆菌很易感，可引起严重的全身感染，其中以肺部的病变最为严重。禽分枝杆菌主要感染家禽，也可感染其他鸟类，如野鸡、火鸡、鹦鹉、鸭、鹅、鸽等，某些哺乳动物与病鸡或病禽圈舍的垫料等接触时也可感染，其中以兔和猪最易感。

试验动物中，结核杆菌对豚鼠的致病力最强，注射少量活菌即可致死。家兔对该菌有抵抗力，但可感染。小鼠的易感性因品种不同而异。牛分枝杆菌对家兔和豚鼠的致病力都很强，注射少量活菌，即可引起全身性感染。小鼠腹腔注射可以感染，对仓鼠的致病力也很强，而禽分枝杆菌对仓鼠没有致病力。结核杆菌和牛分枝杆菌对鸡均没有致病力。禽分枝杆菌对兔和鸡有很强的致病力，对豚鼠的致病力不强。根据致病力的不同可对菌型进行鉴定。

结核分枝杆菌是直或微弯的细长杆菌，呈单独或平行相聚排列，多为棍棒状，间有分枝状。牛分枝杆菌稍短粗，且着色不均匀。禽分枝杆菌短而小，为多形性。本菌不产生芽胞和荚膜，也不能运动，为革兰染色阳性菌，常用的方法为 Ziehl-Neelsen 抗酸染色法。由于能抵抗 3% 盐酸的脱色作用，又称为抗酸性细菌。分枝杆菌为专性需氧菌。生长最适温度为 37.5 ℃，但在培养基上生长缓慢，初次分离培养时需用牛血清或鸡蛋培养基，在固体培养基上接种，3 周左右开始生长，出现粟粒大圆形菌落。牛分枝杆菌生长最慢，禽分枝杆菌生长最快。结核分枝杆菌生长最适的酸碱度为 pH 6.4~7.0，牛分枝杆菌为 pH 5.9~6.9，禽分枝杆菌为 pH 7.2。

在自然环境中生存力较强，对干燥和湿冷的抵抗力很强。但对热的抵抗力差，60 ℃ 30 min 即可死亡。在直射阳光下经数小时死亡。常用消毒药经 4 h 可将其杀死。本菌对链霉素、异烟肼、对氨基水杨酸和环丝氨酸等敏感。

## （二）免疫与疫苗

结核病的免疫往往是带菌免疫，当分枝杆菌在机体内消失或死亡后，其免疫也随之终止。分枝杆菌侵入机体后，主要产生的是细胞免疫。细胞免疫随病情的加重而减弱，体液免疫随病情的加重而增强。凡病情得到控制或康复的动物，其细胞免疫可达到一定的水平，而血清中抗体水平较低。重症动物的细胞免疫反应低下，甚至消失，血清中特异性抗体显著增加。分枝杆菌的不同抗原成分激活不同的 T 细胞，可产生巨噬细胞移动抑制因子或分枝杆菌生长抑制因子，前者可致变态反应性炎性反应，后者可特异地抑制巨噬细胞内的分枝杆菌的繁殖，从而获得免疫。分枝杆菌在激发机体产生免疫应答的同时，迟发性变态反应也随之发生，二者均由 T 细胞介导产生。但诱导产生的免疫与变态反应的物质不同，如将结核菌素与其细胞壁成分同时注入机体，可产生变态反应，但不产生免疫；因此检测机体对分枝杆菌是否发生变态反应，即可判定是否有免疫力，结核菌素试验正是根据这一原理设计的最常用的免疫学检测手段。

结核病免疫制品的研制中，研究最多、使用最广的是卡介苗，为控制人类结核病做出了巨大贡献，目前仍在普遍使用。卡介苗系毒力减弱的一株牛分枝杆菌。目前，防控牛分枝杆菌感染的唯一有效的疫苗是牛分枝杆菌致弱菌株 BCG，但牛体试验防疫效果不一，这可能与疫苗剂型、接种途径以及在环境中暴露程度等多种因素有关。使用疫苗会干扰结核菌素皮肤试验或其他免疫试验。

## （三）诊断制品

本病控制主要采用检疫和淘汰患病动物和感染动物的措施。结核菌素变态反应，是结核病诊断和检疫中的常用方法，也是国际贸易检疫中的标准方法。本法操作简便，准确率高，可操作性强，易于判定。目前使用的结核菌素包括人型结核菌素、牛型结核菌素和禽型结核菌素，在制法上又有老结核菌素和提纯结核菌素之分。制造牛型结核菌素的菌种为牛分枝杆菌 C68001 株和 C68002 株，制造禽型结核菌素的菌株为禽分枝杆菌 C68201、C68202 和 C68203 株。

**牛型结核菌素**

［制造要点］

（1）提纯结核菌素：冻干菌种接种于 P 氏固体培养基，再接种于苏通培养基液面进行驯化，生长出菌膜后作为种子，鉴定合格后将二级种子菌膜接种于制造用苏通培养基液面上，置 37 ℃培养 2～3 个月。121 ℃灭活 30 min，滤过除去菌膜，用塞氏滤器过滤除菌，所得滤液倒如大瓶中。取滤液 900 mL，徐徐加入 40% 三氯醋酸水溶液 100 mL，充分混匀，2～8 位静置 14～24 h，使蛋白沉淀，弃上清收集沉淀液。用 1% 三氯醋酸水溶液重新悬浮沉淀，静置弃去上清，如此连续 3 次，最后将沉淀物以 5 000 r/min 离心 15～30 min，弃去上清。将沉淀物先加少量 1 mol/L 氢氧化钠溶解。准备冻干的菌素用 pH 7.4 的 PBS 稀释；液体菌素用加有防腐剂的 pH 7.4 的 PBS 稀释。最后将 pH 调至 7.4，用灭菌的塞氏滤器过滤，即为提纯结核菌素原液。无菌检验、蛋白测定和效价测定合格后，用加有防腐剂的 pH 7.4 的 PBS 将牛型结核菌素原液稀释至 10 万 IU/mL，禽型结核菌素原液稀释至 25 000 IU/mL，定量分装即成；冻干菌素则用 pH 7.4 的 PBS 将牛型结核菌素原液稀释至 10 万 IU/mL，禽型结核菌素原液稀释至 25 000 IU/mL，定量分装，迅速冷冻真空干燥。

(2) 老结核菌素：按老结核菌素菌液培养方法培养细菌，培养 45～60 d，从每批培养物抽取 2～3 瓶，121 ℃灭活 30 min，滤纸滤过，用蒸馏水将滤纸上的菌膜洗下，60～80 ℃烘干，称其重量，直到重量不变为止。计算每 100 mL 培养基中的平均菌膜重量。甘油培养基菌膜重量达 0.25 g/100 mL 以上，苏通培养基达 0.4 g/100 mL 以上为合格。菌膜合格的培养瓶 121 ℃灭菌 30 min，数层纱布滤过，所得滤液倒如大容器中，以不超过 100 ℃的温度蒸发浓缩至接种容量的 1/10，用塞氏滤器过滤，121 ℃灭菌 1 h 备用。无菌检验、蛋白测定和效价测定合格后，定量分装。

[质量标准] 除进行安全检验外，必须用致敏豚鼠效检法进行产品质量检验。具体方法如下：

(1) 牛分枝杆菌致敏原制备：将牛分枝杆菌固体培养物刮下、称重、磨碎，加适量生理盐水稀释，121 ℃灭活 30 min，再用弗氏不完全佐剂制成油乳剂，使含牛分枝杆菌量为 8～10 mg/mL，分装后 80 ℃水浴灭菌 2 h，即为牛分枝杆菌致敏原。无菌检验合格后置 2～8 ℃备用。

(2) 选用 400 g 左右的白色豚鼠 10～12 只，分别在大腿内侧深部肌肉注射 0.5 mL。5 周后，各豚鼠臀部拔毛 3 $cm^2$ 大小，次日后于拔毛处皮内注射 1 000 倍稀释的牛型结核菌素 0.1 mL。注射后 48 h 检测注射部红肿面积达 1 $cm^2$ 以上者可用做正式试验。

(3) 挑选 6 只合格豚鼠并拔去腹部两侧毛，将制备的待标效价的结核菌素原液稀释成每毫升含 2.5 mg、2.7 mg、3.0 mg 和 3.4 mg（含氮量）5 种不同浓度，再分别做 1 000 倍稀释，参照品菌素也作 1 000 倍稀释，然后分点皮内注射 0.1 mL 于每只豚鼠腹部两侧，48 h 后检测每种稀释液在 6 只豚鼠身上的肿胀面积的平均值，以识别被检菌素的效力是低于、等于或高于标准菌素。

(4) 被检菌素 1∶1 000 稀释液的反应面积与标准菌素反应面积的比值在 0.9～1.1 之间，则该稀释度菌素所含单位数与为标准菌素基本相同。被检菌素 1∶1 000 稀释液的反应面积与标准菌素反应面积的比值等于 1 为合格。

（胡永浩）

## 八、布鲁菌病

布鲁菌病（Brucellosis）是由布鲁菌属的病原细菌引起的多种动物互为传染源的人畜共患急、慢性传染病，又称为马耳他热或波状热。在家畜中，牛、羊、猪最常发生，且可传染给人和其他家畜。主要是侵害生殖系统，生殖器官和胎膜发炎，引起怀孕动物发生流产和不孕，公畜发生睾丸炎，各种组织的局部病灶，临床主要表现流产、睾丸炎、腱鞘炎和关节炎，病理特征为全身弥漫性网状内皮细胞增生和肉芽肿结节形成。人则出现波浪热、关节炎和睾丸肿胀等症状。本病流行范围很广，遍及世界各地。在我国的西北、东北和华北地区均有流行或散发。

## （一）病原

布鲁菌（Brucella）为革兰阴性小杆菌，$0.5\sim0.7~\mu m\times0.6\sim1.5~\mu m$，姬姆萨染色呈紫色。新分离者趋向球状或卵圆形，多单在。无鞭毛不运动，不形成芽胞，S型菌有荚膜。本菌专性需氧，但许多菌株在初代培养时尚需5%～10%二氧化碳。最适生长温度37℃，最适pH为6.6～7.4。泛酸钙和内消旋赤藓糖醇可刺激某些菌株生长。触酶、氧化酶阳性，不水解明胶，不溶解红细胞，吲哚、甲基红和VP试验阴性，可氧化许多糖类和氨基酸而获得能量。培养时，对营养要求高，生长中一般需要大量维生素$B_1$，在含有少量血液、血清、肝浸液、马铃薯浸液、甘油、胰蛋白胨时生长良好，常用肝汤、肝琼脂、胰蛋白胨和马铃薯琼脂等培养基培养。布鲁菌在物理、化学、生物和自然因素作用下易发生变异，长期培养也常发生S～R变异，从而引起毒力和抗原性的改变，也会影响生物制品的质量。布鲁菌对热敏感，70℃经10 min即可死亡；阳光直射1 h死亡；在腐败病料中迅速失去活力；一般常用消毒药都能很快将其杀死。

布鲁菌属的细菌分为6个种20个生物型，即马耳他布鲁菌（B. melitensis）生物型1～3、流产布鲁菌（B. abortus）生物型1～9个、猪布鲁菌（B. suis）生物型1～5个、绵羊布鲁菌（B. ovis）、沙林鼠布鲁菌（B. neotomae）和犬布鲁菌（B. canis）。前4个种正常情况下以光滑型菌落形式存在，而后2个种仅以粗糙型形式存在。中国流行的主要是马耳他布鲁菌、绵羊布鲁菌、猪布鲁菌，其中以马耳他布鲁菌病最为多见。

本菌抗原结构复杂，目前可分为属内抗原和属外抗原，属内抗原包括A、M及R抗原等表面抗原。光滑型布鲁菌含有A抗原和M抗原两种表面抗原，两者的含量有差异（约120）。分别能与相应的单相抗血清表现凝集反应。R抗原为大多数非光滑型菌株的共同抗原决定簇。光滑型菌株发生S→R变异后，丧失A和M抗原，暴露出R抗原，可与R抗血清发生凝聚反应。另外尚含有其他表面抗原或亚表面抗原成分，主要包括天然半抗原（NF）和f、χ、β及γ等。R抗原为布鲁菌细胞裂解后释放的可溶性胞浆抗原，具有属的特异性。其成分复杂，有许多问题尚不清楚。

本菌的属外抗原可与巴氏杆菌、变形杆菌、弗朗西斯菌、弧菌、弯曲菌、钩端螺旋体、假单胞菌、沙门菌、耶尔森菌和大肠杆菌等属的细菌发生交叉凝集反应。此外，犬布鲁菌与驹放线杆菌、绿脓杆菌的黏液型菌株、多杀性巴氏杆菌的一些血清型之间存在交叉反应。

## （二）免疫

本菌为胞内寄生菌，病菌侵入机体，被吞噬细胞吞噬。如吞噬细胞未能将其杀灭，则细菌在吞噬细胞内大量繁殖导致吞噬细胞破裂，随之细菌进入循环系统而被血液里的吞噬细胞吞噬，并扩散至全身。机体免疫功能正常，通过细胞免疫及体液免疫可清除病菌而获痊愈；若免疫功能不健全，或感染的菌量大、毒力强，则部分细菌逃脱免疫而形成新的感染，如此反复便成为慢性感染。动物感染后4～5 d，血液中即出现凝集抗体，主要是IgM。随后（特别在流产后7～15 d），主要是IgG滴度升高，IgA在其后呈低水平上升，可持续1～2年左右下降。此后当病情反复时，IgG又可迅速回升。在感染后7～14 d即出现补体结合抗体，主要是IgM和IgA。试验证实，细胞免疫在布鲁菌病的免疫中起重要作用，而慢性期机体内免疫复合物增大量加，体液免疫参与了病理损伤。疾病的早期，巨噬细胞、T细胞及体液免疫功能正常，可联合作用将细菌清除而痊愈。如不能将细菌彻底清除，则细菌、代谢产物及内毒素可使机体致敏，产生致敏淋巴细胞和相应抗体，从而出现Ⅰ、Ⅱ、Ⅲ或Ⅳ型变态反应，引起血管内膜炎、组织坏死和肉芽肿等免疫病理反应。

### （三）疫苗

免疫接种是有效防控本病的根本措施之一。疫苗种类很多，国际上使用的菌苗主要有4种，包括两种弱毒活菌苗（羊布鲁菌 ReV.1 和布鲁菌 19 号弱毒活疫苗）和两种灭活疫苗（牛马耳他布鲁菌 45/20 株和羊布鲁菌 H38 灭活疫苗）。我国主要使用牛马耳他布鲁菌 M5 活疫苗和猪型 S2 活疫苗两种活疫苗。

**1. 布鲁菌病活疫苗**（A19 株）　本疫苗制造用菌株是 1923 年从牛奶中分离获得的，并在实验室培养过程中致弱。菌株中含有脂多糖（LPS），能持续刺激机体产生抗体，对牛有一定的保护力，历史上应用最广泛，但该菌株对绵羊免疫力较差，对山羊和猪没有免疫保护作用，并会引起怀孕母畜的流产，目前已经停止生产。

**2. 布鲁菌病活疫苗**（S2 株）　本疫苗种菌由我国分离培育，其毒力比 19 号和 Rev.1 菌株弱，可以通过口服或肌肉注射的方式进行免疫，对猪、牛和羊均能产生良好的免疫，并且不会导致怀孕母畜的流产，在我国广泛使用。该疫苗对超强毒的马耳他布鲁菌的攻击能提供 40%～60% 的保护。

［菌种］　制苗菌种为猪布鲁菌弱毒株 S2，其形态、生化和培养特性、毒力和免疫原性与绵羊布鲁菌弱毒株 A19 相同。用生理盐水洗下 48 h 的固体培养物，制成每毫升含 10 亿个活菌的悬液，皮下 1 mL 注射体重 350～400 g 的豚鼠 5 只。14 d 后剖杀，脏器不应有肉眼可见的病变，每 1 g 脾脏含菌量不超过 20 万个。用体重 350～400 g 的豚鼠 10 只，每只皮下注射活菌 25 亿～30 亿个，40～60 d 后，接种 1～3 个感染量的羊布鲁菌强毒株 M28，观察 30～35 d 后剖杀，作细菌培养检查，80% 以上豚鼠应无强毒菌出现。

［制造要点］

（1）种子繁殖：冻干菌种移植于胰蛋白胨琼脂平板或其他适宜培养基上，于 36～37 ℃培养 2～3 d，选取合格菌落，再次移植于上述培养基 48～72 h，作为种子。

（2）菌液培养：制苗用培养基为马丁肉汤或其他适宜培养基。将二级种子液按培养基总量的 1%～2% 接种，在 36～37 ℃下通气培养 36 h，期间于第 12、20、28 h 分别按培养基总量的 1%～2% 加入 50% 的葡萄糖溶液。经纯粹检验及活菌计数合格。

（3）浓缩与配苗：用 pH 6.3～6.8 缓冲生理盐水稀释成 120 亿～160 亿个/mL 的菌液，无菌分装即为湿苗；若制冻干菌苗，可根据总量的 0.2%～0.4% 加入羧甲基纤维素钠浓缩沉淀菌体。浓缩的菌液纯粹检验及活菌计数合格后，加入 pH 7.0 的蔗糖明胶稳定剂（10% 蔗糖脱脂乳，或 1%～2% 明胶、10% 蔗糖液）进行配苗。为增加冻干疫苗的耐热性，亦可加入硫脲，其最终含量为 1%～3%。定量分装，迅速冷冻真空干燥。

［质量标准］　除按兽医生物制品检验的一般规定进行外，需做如下检验：

（1）安全检验：将疫苗稀释成每毫升含 0.4 头份，皮下注射 0.25 mL 体重 18～20 g 小鼠 5 只，观察 6 d，应全部健活，如有死亡应重检。

（2）变异检查：划线接种肝汤琼脂平板，36～37 ℃培养 72 h，用折光检查菌落或结晶紫染色后折光检查，R 型菌落不超过 5%。

(3) 活菌计数：冻干苗用蛋白胨水稀释后在胰蛋白胨琼脂平板上做活菌计数，每头份疫苗含菌数不少于 $2.5 \times 10^9$ CPU。

[保存与使用] 2～8 ℃保存，有效期 12 个月。牛 3～8 月龄皮下注射，必要时在 18～20 月龄再注射 1 次，免疫期 6 年。羊配种前 1～2 月皮下注射 1 次（孕羊严禁注射），免疫期 24 个月。猪、绵羊、山羊、牦牛均可使用，免疫期 12 个月。

**3. 布鲁菌病活疫苗**（M5 株或 M5 - 90 株） 本疫苗菌种为布鲁菌 M5 通过鸡体 187 代，经黄素处理，并用鸡成纤维细胞传代 90 次培育而成，又名 M5 - 90 株。疫苗制备方法和质量标准与布菌菌病活疫苗（S2 株）相似，只有活菌数不同。本疫苗活菌计数为每头份疫苗含菌数不少于 $1.0 \times 10^9$ CPU。该疫苗具有良好的安全性和优秀的免疫原性，对牛、山羊、绵羊和鹿布鲁菌病的预防效果较好，可采用皮下、滴鼻、气雾免疫法，也可用口服法免疫。疫苗 2～8 ℃保存，有效期 12 个月。

目前，国内外学者正利用基因工程方法，构建布鲁菌部分基因缺失菌株，筛选免疫保护力高和毒力稳定的弱毒株，研究基因缺失标记疫苗，可以区别本病疫苗免疫动物与自然感染动物，对本病带菌动物检疫和防控具有重要应用前景。

### （四）诊断制剂

布鲁菌病的血清学诊断方法很多，目前广泛应用的有布鲁菌病补体结合试验（CFT）、布鲁菌病试管凝集试验（SAT）、布鲁菌病平板凝集试验（PAT）、布鲁菌病全乳环状试验（MRT）、布鲁菌病虎红平板凝集试验（RBPT）及布鲁菌病皮肤变态反应试验。

**1. 布鲁菌病补体结合试验抗原**

[菌种] 猪布鲁菌弱毒菌株 S2 和牛马耳他布鲁菌株 A99，应符合各标准株的生物学特性；在 pH 4.6～6.8 的胰蛋白胨琼脂平板上生长良好，95％以上为 S 型菌落，边缘整齐、露滴状；$H_2S$ 试验阳性；所制抗原与光滑型布鲁菌阳性血清和 A 因子血清出现凝集，与 M、R 因子血清不出现凝集。

[制造要点] 两种冻干菌种分别移植于胰蛋白胨琼脂平板、胰蛋白胨肉汤一级和二级种子。将二级种子分别接种于上述同种培养基扁瓶，36～37 ℃培养 2～3 d，用 0.5％石炭酸生理盐水将菌苔洗下，纱布滤过（也可用 pH 4.6～6.8 的马丁肉汤通过液体通气培养法培养菌液）。每型菌液经纯粹检验、热凝集试验和吖啶黄凝集试验应合格。在 70～80 ℃水浴灭活 1 h，冷却后两种菌液等量混合，离心弃去上清液，沉淀菌体重新悬浮于 0.5％石炭酸生理盐水中时，要使其浓度比试管凝集抗原原液大 2 倍（约 800 亿个/mL），然后在 108 ℃高压加热 40～60 min，在冷暗处浸泡 15 d。离心沉淀，吸取上清液，经无菌滤过，滤液即为抗原。经无菌检验和效力检验（方法及标准见质量标准）合格后，即可定量、分装。

[质量标准] 除按兽医生物制品检验的一般规定进行外，需做如下检验：

(1) 非特异性检验：用生理盐水稀释本品，分别与 2 份阴性血清做补体结合试验，应完全溶血。

(2) 效价测定：用 2 份阳性血清、1 个工作量补体、2 个单位溶血素、2.5％绵羊红细胞悬液进行补体结合试验，抗原效价应不低于 1∶100。

[保存与使用] 2～8 ℃冷暗处保存，有效期为 1.5 年。专用于布鲁菌病补体结合试验。使用时将被检血清作成 1∶10 稀释，加入两管中，每管 0.5 mL，再向其中一管加入 0.5 mL

工作浓度的抗原，作为试验管；另一管加 0.5 mL 的生理盐水，作为对照管。然后各加 0.5 mL 的补体，37 ℃水浴 20 min。再加入 0.5 mL 的 2 单位溶血素和 0.5 mL 2.5%的绵羊红细胞，37 ℃水浴 20 min，取出观察结果。判定标准为：40%以下溶血为阳性；50%～90%溶血为可疑；100%溶血为阴性。

**2. 布鲁菌病试管凝集试验抗原** 见第四章第一节。

**3. 布鲁菌病平板凝集抗原** 菌种为猪布鲁菌 2 号菌株或马耳他布鲁菌 99 号菌株。按布鲁菌试管凝集抗原步骤制成灭活沉淀菌体。将沉淀菌体悬浮于含有 0.5%石炭酸、12%氯化钠和 20%甘油的蒸馏水中（即甘油浓盐水），使菌液浓度比试管凝集抗原菌液大 2～3 倍，即为平板抗原浓菌液，然后对其进行标化。向标化好的抗原内加入结晶紫和煌绿水溶液，使其在菌液中的最终含量为 0.04%，混匀后 60 ℃水浴 1 h，即为染色抗原。除按《兽医生物制品检验的一般规定》进行外，需做如下检验：

（1）特异性检验：取抗原 0.03 mL 分别与阴性血清 0.01 mL、0.02 mL、0.04 mL、0.08 mL 做平板凝集试验，应无反应。

（2）效价测定：分别取抗原 0.03 mL 与 25 IU/mL 和 200 IU/mL 阳性血清国家标准品的 0.08 mL、0.04 mL、0.02 mL、0.01 mL 量混合作平板凝集试验，应在 25 IU/mL 阳性血清国家标准品的 0.08 mL 量和 200 IU/mL 阳性血清国家标准品的 0.01 mL 量出现"++"凝集。本品在 2～8 ℃冷暗处保存，有效期为 2 年。专用于诊断动物布鲁菌病平板凝集试验。

**4. 布鲁菌病全乳环状试验抗原** 菌种为马耳他布鲁菌 99 号弱毒菌株。制造抗原用培养基为胰蛋白氏琼脂或其他适宜培养基。将二级种子分别接种于胰蛋白氏琼脂或其他适宜培养基上，于 36～37 ℃培养 2～3 d，用普通肉汤或马丁肉汤洗下菌苔，使菌液浓度大至与布鲁菌试管凝集抗原原液相同。每 500 mL 菌液加入 2, 3, 4-氯化三苯基四氮唑粉末 1 g 或 3, 5-氯化二苯基四氮唑粉末 0.8 g。充分振荡，36～37 ℃静置 2～4 h 染色。然后于 65～70 ℃水浴灭活 1 h，离心沉淀，弃去上清将菌体沉淀重新悬浮液，于含有 1%甘油和 1%苯酚生理盐水（即甘油苯酚生理盐水）中，用棉花纱布滤过，滤液即为全乳环状试验抗原。

效价测定应用 0.5%苯酚生理盐水将新制抗原和标准抗原分别做 1∶20 稀释，并将阳性血清国家标准品作 1∶300、1∶400、1∶500、1∶600、1∶700 稀释，取各血清稀释液 0.5 mL 分别加入等量的 1∶20 抗原稀释液作凝集试验，两种抗原的凝集价均应为 1∶1 000 "++"，判为合格。

**5. 布鲁菌病虎红平板抗原** 以抗原性良好的猪布鲁菌 2 号或马耳他布鲁菌 19 号作为菌种。将制成的沉淀菌体按每克菌体沉淀加入 0.5%苯酚生理盐水 22.5 mL，充分搅拌 30 min，制成悬液，然后按每 35 mL 菌悬液加入 1 mL 1%虎红染色液（即 1%四氯四碘荧光素钠水溶液），再充分搅拌 30 min 后离心，弃去上清液，染色菌体按湿重，每克加入缓冲液（取氢氧化钠 60 g，加入 1 000 mL 的 0.5%石炭酸盐水中，溶解后加入 270 mL 浓乳酸，并加入 0.5%石炭酸盐水使体积达到 3 000 mL，以 121 ℃ 30 min 灭菌。）4～6 mL，搅拌 30 min 混匀后，用标准阳性血清进行抗原标化。确定抗原浓度，定量分装即可。

本品为红色均匀悬浮液，久置后上部澄清，底部有少量红色菌体沉淀。接种检验培养基后应无菌生长。取抗原和标准抗原分别与 5～10 份阴性血清作平板凝集反应，应无任何凝集现象。新制抗原分别与 25 IU、50 IU、100 IU、200 IU 布鲁菌病凝集试验阳性血清国家标准品作平板凝集反应。抗原对标准阳性血清 25 IU 呈"−"反应，50 IU 呈"+"反应，

100 IU呈"++"反应或不足"+++"，200 IU呈"+++"反应或不足"++++"为合格。

**6. 布鲁菌病三用抗原** 供诊断动物布鲁菌病的试管凝集反应、平板凝集反应和补体结合反应用。制备时，所用菌种与布鲁菌平板凝集试验抗原的菌种相同。将三型菌种种子液制成的等量混合的沉淀菌体，用5%蔗糖生理盐水悬浮，使菌液浓度为试管凝集抗原原液的5～6倍，即为浓菌液。取该菌液1 mL，用0.5%石炭酸缓冲盐水配成1:80菌液，然后按试管凝集试验抗原方法进行标化，根据标化结果，用5%蔗糖生理盐水稀释浓菌液，制成抗原原液，比应用抗原液浓度大100倍。经无菌检验及效检合格后，定量封装冻干。效价测定分别参见布鲁菌病试管凝集试验抗原、补体结合试验抗原和平板凝集试验抗原。

**7. 布鲁菌病水解素** 本品制造方法和质量标准见第四章第一节。本品专用于绵羊、山羊布鲁菌病变态反应检验。使用时于尾根皱襞或肘关节无毛处皮内注射0.2 mL，注射后24 h和48 h各检查1次，水肿明显者为阳性，水肿不明显者30 d之后再检，无反应者为阴性，仅出现一小硬结者为非特异性反应。

（胡永浩）

## 九、肉毒梭菌毒素中毒症

肉毒梭菌毒素中毒症（Botulism）简称肉毒中毒症，是肉毒梭菌产生的毒素摄入机体后引起的人和多种动物的以运动神经麻痹为特征的急性中毒性疾病。动物的发病多因食入含毒素的高蛋白腐败性饲料所致。本病在世界各地均有分布，我国北纬30～50°之间的西北地区较多发生。

### （一）病原

肉毒梭菌（*Clostridium botulinum*）菌体多呈直杆状，仅某些菌株略呈弯曲，大小0.5～1.4 μm×1.6～22.0 μm，单在或成双，着周身鞭毛能运动，芽胞呈卵圆形，位于菌体近端，使细胞膨大，易于在液体和固体培养基上形成芽胞，但G型菌罕见形成芽胞。革兰染色阳性。本菌专性厌氧，生长营养要求不高，普通培养基中均能生长。大多数菌株可于25～45 ℃生长，产毒素的最适温度是25～30 ℃。本菌可产生肉毒素，该毒素具有蛋白酶活性，是毒性极强的神经麻痹毒素之一，1 mg纯毒素约含1万个人的致死量或能使$4×10^{12}$个小鼠致死。依据毒素抗原性的差异，可将肉毒梭菌分为A、B、C、D、E、F、G 7个菌型。其中C型菌又可分为两个亚型，即$C_α$亚型和$C_β$亚型。

### （二）免疫

所有温血动物和冷血动物对肉毒毒素菌均有易感性。家畜中以马类动物易感性高，猪易感性低，其他畜禽易感性介于其间。各型肉毒梭菌毒素均可致病，C型肉毒梭菌毒素为各种畜禽及动物肉毒毒素中毒症的主要病因。用各型毒素或类毒素免疫动物，只能获得中和相应型毒素的特异性抗毒素。在C型毒素中，$C_α$毒素只能被本亚型抗毒素中和，$C_β$毒素则既可被$C_β$抗毒素中和，又可被$C_α$抗毒素中和。各型或亚型菌虽产生其特异性毒素，但也存在交叉产生毒素现象。如 $C_\alpha$ 亚型除产生 $C_\alpha$ 毒素外，还能产生少量 $C_\beta$ 毒素和 D 型毒素；D 型菌也可产生少量 $C_\alpha$ 毒素；F 型菌和 E 型菌也能相互产生少量对方的毒素成分。同型的抗毒素能很好地保护动物抵抗肉毒毒素中毒。肉毒毒素制备成类毒素，具有良好的免疫原性，接种动物可有效地预防本病的发生。

### （三）疫苗

常发病的地区应进行免疫接种。目前，我国普遍使用的疫苗有肉毒梭菌中毒症（C 型）灭活疫苗和肉毒梭菌中毒症（C 型）透析培养灭活疫苗。

**1. 肉毒梭菌中毒症（C 型）灭活疫苗** 制造和检验用肉毒梭菌为 C 型肉毒梭菌 C62-4 和 C62-6 菌株。培养基为鱼肉或牛肉胃酶消化肉肝汤。菌种接种厌气肉肝汤或肉肝胃酶消化汤半固体培养基、厌气肉肝汤或肉肝胃酶消化汤，作为种子液。再按 1%～2%接种量接种种子液，同时加入 0.5%灭菌葡萄糖液，30～35 ℃静置培养 5～7 d。加入 0.8%甲醛液 37 ℃脱毒 10 d。以 5 份菌液加入 1 份灭菌氢氧化铝胶配苗制成。可用于预防牛、羊、骆驼、水貂的肉毒梭菌毒素中毒症。免疫期 1 年。

**2. 肉毒梭菌中毒症（C 型）透析培养灭活疫苗** 制造和检验用的肉毒梭菌菌种同肉毒梭菌（C 型）灭活疫苗。将含 0.5%葡萄糖的鱼肉或牛肉胃酶消化肉肝汤培养基灌入透析器的培养基室，同时将生理盐水灌入细菌培养室（培养基和生理盐水的装量比为 10∶1），灭菌后，以 1%种子繁殖液接入培养室，34～36 ℃静置培养 6～8 d。取菌液 1 份、灭菌氢氧化铝胶 2 份和灭菌生理盐水 2 份混合，再按总量加入 0.5%甲醛，混匀后 37 ℃脱毒 10 d，每天振摇 2 次。灭菌脱毒完成并检验合格后，用灭菌生理盐水稀释至每毫升含原菌液 0.02 mL，加入 1/25 000硫柳汞，充分混匀后分装。绵羊皮下注射疫苗 1 mL；牛皮下注射 2.5 mL。免疫期 1 年。

（胡永浩）

## 十、破伤风

破伤风（Tetanus）又名强直症，俗称锁口风，幼畜破伤风又称脐带风，是由破伤风梭菌引起的一种急性、创伤性、中毒性人畜共患疾病。基本特征是病畜全身骨骼肌肉，或部分肌肉呈现持续性痉挛，对外界刺激的神经反射性增强，牙关紧闭，多死于窒息及全身性衰竭，病死率很高。由于此病极易被忽略，特别是动物，更不易引起人们的重视，一旦出现症状，则临床治愈很困难，发病动物一般予以淘汰。

### （一）病原

破伤风梭菌（*Clostridium tetani*）菌体两端钝圆、细长、直或微弯曲，多单在，有时成双，在湿润琼脂平面上，可形成较长的丝状。芽胞大于菌体且位于一端呈鼓槌状，无荚膜，多具有周身鞭毛能运动。幼年培养物革兰染色阳性，培养 24 h 后可出现阴性反应者。本菌严格厌氧，接触氧后很快死亡最适生长温度为 37 ℃，在 25 ℃和 45 ℃生长微弱或不生长。最适 pH 7.0～7.5。对营养要求不高，普通培养基即能生长良好。在血琼脂平板上生长可形成直径 4～6 mm 的菌落，常常伴有狭窄的 β 溶血环。破伤风梭菌脱氧核糖核酸酶阳性，神经氨酸苷酶阴性。20%胆汁、6.5%氯化钠可抑制其生长。

本菌具有不耐热的鞭毛抗原，用凝集试验可分为10个菌型。本菌各型细菌均产生抗原性相同的的外毒素，能被任何一个型的抗毒素所中和，包括破伤风痉挛毒素（tetanospasmin）、破伤风溶血毒素（tetanolysin）及非痉挛毒素。破伤风痉挛毒素为一种蛋白质，可被胃液破坏，耐热，很难由黏膜吸收，能引起该病特征性症状和刺激保护性抗体的产生。溶血毒素引起局部组织坏死，为该菌生长繁殖创造条件，静脉注射溶血毒素，可引起实验动物溶血和死亡。非痉挛毒素对神经末梢有麻痹作用。痉挛毒素是致病的主要因素。外毒素的毒性很强，且与菌株、培养基、培养时间和温度有密切关系。

菌体抵抗力不强，煮沸10～90 min即可致死，但芽胞抵抗力极强，在土壤中可存活几十年，150 ℃干热1 h才可致死芽胞。芽胞在自然界中分布广泛。

### （二）免疫

本菌有菌体抗原和鞭毛抗原，前者为属特异性抗原，后者为型特异性抗原。不同菌型菌株所产生的毒素，可被任何一型的抗毒素所中和。毒素分子与神经组织的结合是不可逆的，中和抗体对已结合的毒素无效。正常情况下，大部分牛血液中含有中和抗体，绵羊和山羊血清中也含有少量抗体，而在马、犬、猪以及人的血液中通常无抗体。鸟类和冷血动物的血液中也无抗体存在。破伤风梭菌的毒素具有良好的免疫原性，用其制成类毒素，接种动物后可产生坚强的免疫力，可有效预防本病。

### （三）疫苗

破伤风类毒素免疫原性良好，使用安全方便，免疫期长，坚持实施免疫接种，可取得较好防控效果。用一般方法制备的类毒素往往含有一定量的非特异性杂质，而具有免疫原性的类毒素含量往往相对较低。为了获得纯的或比较纯的类毒素制品，可通过物理、化学等方法对类毒素进行精制处理。精制类毒素方法很多，可根据制备目的和生产条件选用。破伤风类毒素制造方法如下：

菌种为破伤风梭菌C66-1、C66-2和C66-6菌株。菌株接种于8%甘油冰醋酸肉汤、牛肉胨水消化汤或黄豆蛋白胃酶水解液等培养基中培养96～120 h，毒素的毒力应达MLD/mL≥2 000 000、L+/100 h/mL≥4 000、类毒素结合力单位EC/mL≥200；所用菌种按本方法制备的类毒素应符合效力检验。制苗用培养基为厌气肉肝汤、8%甘油冰醋酸肉汤、牛肉胨水消化汤或黄豆蛋白胃酶水解液。菌种接种于厌气肉肝汤，34～35 ℃培养48 h，作为种子繁殖物。按0.2%～0.3%种子液立即接种培养基，于34～35 ℃培养5～7 d。按培养基总量的0.4%加入甲醛溶液，充分摇匀，置37 ℃脱毒21～31 d，每日摇振2～3次。取出静置7～10 d，抽取上清液，加入0.004%硫柳汞，混匀，再用蔡氏滤器过滤以除去菌体及沉淀。菌检、安检和类毒素结合力测定合格的滤液，加入2%预先灭菌的精制明矾液中，边混合边搅拌，充分混匀分装。本品用于预防家畜破伤风，注射后1个月产生免疫力，免疫期1年。第二年再接种一次，免疫期4年。

### （四）破伤风抗毒素

破伤风抗毒素可用于免疫接种，又可用于特异性治疗。在动物发生严重创伤或进行较大手术之前，用破伤风抗毒素进行紧急免疫接种，同时注射破伤风类毒素。动物发生破伤风时，可用破伤风抗毒素进行治疗，早期使用效果良好。

[制造要点] 制造和检验用的破伤风梭菌菌种同破伤风类毒素。制造用动物应检疫合格。免疫抗原选用破伤风类毒素和精制破伤风类毒素。

(1) 精制破伤风类毒素抗原制备：

① 制备精制破伤风类毒素：按盐酸-食盐法进行。将破伤风类毒素液混合于同一容器，按10%的量加入氯化钠，充分搅拌溶解，然后徐徐加入1 mol/L 盐酸，调 pH 至 3.6~3.7，用绸布过滤至透明为止。绸布用吸水纸吸干，用 1/15 mol/mL 磷酸盐缓冲溶液（pH 8.0）洗涤绸布及沉淀，磷酸盐缓冲溶液的用量为原类毒素液的 1/20 制成。精制破伤风类毒素平均纯度每毫克总氮含 2 000 结合力单位。

② 制备精制破伤风类毒素油佐剂免疫原：一般可按精制破伤风类毒素：羊毛脂：石蜡为 3∶2∶3 或 2∶3∶5 或 3∶1∶2 或 4∶2∶4 等比例配制。选好配制比例，将无水羊毛脂和液状石蜡灭菌后，混入精制破伤风类毒素，充分搅拌混匀，置 2~8 ℃备用。也可选用其他佐剂如分枝杆菌、氢氧化铝等与精制破伤风类毒素制成相应佐剂免疫原。

(2) 免疫接种：

① 基础免疫：选择健康马匹，基础免疫接种一般进行 2 次。第 1 次注射精制破伤风类毒素油佐剂抗原 1 mL（或明矾沉降类毒素 10 mL），第 2 次注射 2 mL（或明矾沉降类毒素 20 mL）。第 2 次免疫后 10~14 d 采血作抗毒素单位（AE）测定，以供强化免疫时的参考。基础免疫后休息 1~3 个月进行强化免疫。

② 强化免疫：通常可分两程：A、第一程强化免疫：一般注射 5~8 次，各次间隔时间前 1~4 次为 2~3 d，后 5~8 次为 4~6 d。抗原剂量第 1 次从 1 mL 开始，以后每次递增 1~2 mL，最后 1 次为 8~12 mL。从第 4 次起免疫接种的同时采血测定 AE。B、第二程强化免疫：第一程免疫后休息 14~16 d 的马匹，即可进行第二程免疫。一般注射 3 次，每次间隔 5~7 d。第 1 次注射 3~5 mL，第 2 次注射 4~6 mL，第 3 次注射 5~7 mL。高免马匹血清效价低于 300~500AE 者应淘汰。

[质量标准] 除按《兽医生物制品检验的一般规定》进行外，需进行安全检验和效价测定。350~400 g 健康豚鼠皮下注射 10 mL 抗毒素应全部健活，且无局部反应和体重下降。每毫升未精制的抗毒素不少于 1 200 IU，每毫升精制的抗毒素不少于 2 400 IU（详见第四章第五节）。

（胡永浩）

## 十一、钩端螺旋体病

钩端螺旋体病（Leptospirosis）是由不同血清型的致病性钩端螺旋体所致的一种自然疫源性急性传染病。钩端螺旋体病是全身性感染疾病，病程常呈自限性，由于个体免疫水平上的差别以及菌株的不同，临床表现可以轻重不一。轻者可为轻微的自限性发热；重者可出现急性炎症性肝损伤，肾损伤的症状如黄疸、出血、尿毒症、血红蛋白尿等，也可出现脑膜的炎性症状如神智障碍和脑膜刺激症等；严重病人可出现肝、肾衰竭、肺大出血甚至死亡。其流行几乎遍及全世界,在东南亚地区尤为严重。我国大多数省、市、自治区都有本病的存在和流行。

(一) 病原

似问号钩端螺旋体(L. interrogans)属于钩端螺旋体科(Spirochaetaceae)细螺旋体属(Leptospira)。钩端螺旋体长6~20 μm,宽0.1~0.2 μm,形态纤细。在暗视野或相差显微镜下,呈细长的丝状,圆柱形,螺旋细密而规则,菌体两端弯曲成钩状、问号状,呈活泼的旋转式运动,并沿其长轴旋转。钩端螺旋体的基本结构由圆柱形菌体、轴索及外膜组成。钩端螺旋体不易被苯胺类染色剂着色,革兰染色阴性,不易着色,姬姆萨染色为淡红色,镀银法染色菌体呈褐色或黑色。

根据菌体内部抗原,钩端螺旋体分为若干血清群,各群内又可根据其表面抗原的不同分为若干血清型。目前世界上已发现致病性的有19个血清群,180个血清型。我国已发现18个血清群,75个血清型,其中以黄疸出血群、爪哇群、犬群、秋季群、澳洲群、波摩那群、流感伤寒群、七日热群为主。各血清型菌株的毒力不同,对人群的致病作用不同。致家畜钩体病的常见血清型有布拉迪斯发钩端螺旋体、犬钩端螺旋体和哈德佳钩端螺旋体。钩端螺旋体表面抗原(P抗原)具有型特异性,是蛋白质多糖复合物,可刺激机体产生抗体,可作为分型依据。共同抗原(B抗原、内部抗原)具有属特异性,成分为类脂多糖复合物,能刺激机体较早地产生补体结合抗体。

本菌为需氧菌,对培养基的要求并不苛刻,常用柯索夫液体培养基培养,因其含有蛋白质、缓冲盐类及灭活的5%兔血清。最常用的培养基为柯索夫培养基和希夫纳培养基。在固体培养基上,28 ℃培养2周左右,可形成透明、不规则的扁平菌落。生化反应不活泼,不分解糖类和蛋白质。培养温度为28~30 ℃,pH为7.2~7.5。钩端螺旋体也可在鸡胚或牛胚肾细胞组织培养中生长。

本菌抵抗力较弱,60 ℃经1 min立即死亡。在0.5%漂白粉水中经1~3 min死亡,一般常用消毒剂的常用浓度均易将其杀死。

(二) 免疫与疫苗

康复动物可获得长期的高度免疫性。接种疫苗有良好的免疫预防效果。初次免疫2 d后应进行再次接种,以后可每年接种1次。所用疫苗应与引起发病的菌株同型,或使用多价疫苗。犊牛可从免疫母牛获得高滴度的母源抗体,保护期有数月之久,3月龄后方能接种疫苗。

国外有与其他疫苗结合的多联苗,可给犬预防接种,但疫苗必须包括当地主要流行菌型。我国研制疫苗主要有灭活疫苗和弱毒疫苗。灭活疫苗可以采用流行菌株,用碳酸或福尔马林灭活,制成单价或多价疫苗,对牛、马、猪、羊、犬免疫注射两次,安全有效。免疫家畜虽不能完全防止由肾带菌和排菌,但是排菌量显著减少,菌的毒力也有所减弱,可以制止本病传播。弱毒疫苗方面,我国福建省前后筛选出4株无毒菌株,对敏感动物毒力减弱,对仓鼠免疫效果好。羊型波摩那型弱毒活疫苗对猪一次免疫效果较好。目前,我国尚无商品化的钩端螺旋体疫苗。

(三) 诊断制剂

本病实验室诊断方法包括微生物显微镜检查、PCR、凝集溶解试验、补体结合试验、

ELISA试验、炭凝集试验、间接血凝试验和间接荧光试验等。目前,我国有商品化的钩端螺旋体病补体结合试验抗原、阳性血清与阴性血清。补体结合试验只有群的特异性,不能用来鉴定血清型。虽然准备试验比较复杂,但本试验一次可以完成大批的血清样本检查,常用于流行病学调查。

**1. 钩端螺旋体病补体结合试验抗原**　本品系用钩端螺旋体(70 091株、56 133株、56 606株、56 609株、56 607株或其他菌株)接种适宜培养基培养,收获培养物用甲醛溶液处理后标化制成,呈乳白色混悬液。

[质量标准]　除按生物制品一般规定进行检验外,应进行如下检验:

① 无菌检验:按生物制品一般规定进行,应无菌生长。

② 效价测定:取被检抗原,用0.3%苯酚生理盐水作倍比稀释。用生理盐水将阳性血清做1∶10、1∶50、1∶100……稀释,阴性血清做1∶10稀释,置56 ℃水浴灭活30 min。采用1个工作单位补体、2个工作单位溶血素和2.5%的绵羊红细胞悬液,进行补体结合试验。当抗原对照、阴性血清对照均呈阴性反应时,与阳性血清各稀释度发生抑制溶血最高的抗原稀释度,即为抗原效价。抗原效价应不低于1∶10。

非特异性检验:取被检抗原1个工作单位,分别与阴性血清2份,进行补体结合试验,应为阴性反应。

[保存与使用]　2~8 ℃保存,有效期9个月。用于补体结合试验诊断动物钩端螺旋体病。

**2. 阴阳性血清**　阳性血清系用灭活的钩端螺旋体接种绵羊或兔,采血,分离血清制成,或经冷冻真空干燥制成。阴性血清系用健康牛、马、绵羊或兔采血,分离血清制成,或经冷冻真空干燥制成。液体制品为淡黄或淡红色澄明液体;冻干制品为淡黄或淡红色海绵状疏松团块,易与瓶壁脱离,加稀释液后迅速溶解。

[质量标准]　除按生物制品一般规定进行检验外,应进行如下检验:

(1) 无菌检验:按一般规定进行,应无菌生长。

(2) 效价测定:多价血清效价测定按抗原效价测定方法进行,应不低于1∶100。阴性血清与补体结合试验抗原呈阴性反应。

单价血清效价测定:采用显微镜凝集溶菌试验。用生理盐水将本血清作1∶2 500、1∶5 000、1∶7 500、1∶10 000、1∶20 000等稀释。取不同稀释度的血清各0.1 mL,加于凝集板上,然后分别加入等量相应的各型菌株5~7 d的培养物,摇动,使血清和菌液充分混匀,置28~32 ℃ 1~2 h(或37 ℃ 40~60 min),取出,用铂金耳拈滴于载玻片上,暗视野显微镜下检查。各型血清与相应型菌株反应,达到1∶10 000判为合格。

[保存与使用]　2~8 ℃保存,液体制品有效期24个月,冻干制品有效期60个月。用于补体结合试验对照。

(胡永浩,姜平)

## 十二、衣原体病

衣原体病(Chlamydiosis)是由鹦鹉热亲衣原体、肺炎亲衣原体和牛羊亲衣原体引起的一种传染病，使多种动物和禽类发病，有结膜炎、肠炎、胸膜炎、心包炎、关节炎、睾丸炎、子宫炎和流产等多种表现形式。

## （一）病原

包括鹦鹉热亲衣原体（*Chlarmydophilia psittaci*）、肺炎亲衣原体（*C. pneumoniae*）和牛羊亲衣原体（*C. pecorum*）。衣原体属的微生物细小，呈球状，有细胞壁，含有 RNA 和 DNA，为革兰阴性、仅在细胞内繁殖的寄生菌。衣原体有独特的发育史，各期形态都不相同：感染型称为原体（elementary body），为较小颗粒，呈球形或卵圆形，直径 $0.2\sim 0.3\ \mu m$。繁殖型称为始体（initial body），也称网状体（reticular body），为较大颗粒，呈球形或不规则形，直径 $0.7\sim 1.5\ \mu m$。原体通过细胞吞饮作用进入细胞内，在细胞质中发育增大，并形成外膜明显的中间体，中间体再变成始体，后者以二分裂方式繁殖，直至整个空泡中充满较多的中央致密的小体，感染细胞中各种形态的包涵体即由原体所组成。

衣原体可在 6~8 日龄鸡胚卵黄囊或易感的脊椎动物细胞内繁殖。此外，可用鸡胚、小鼠、羔羊等易感动物的细胞进行培养，McCoy 或 L929 传代细胞上均易生长。有些菌株可在 Vero 细胞培养。原生小体抵抗力较强，耐干燥。

## （二）免疫

本菌有 3 种不同类型的抗原：一是属特异性抗原，即衣原体细胞壁上的脂多糖，具有耐热和耐胰酶等特性，具有补体结合反应特性；二是种特异抗原，即细胞壁上主要外膜蛋白（MOMP），与衣原体的致病性和免疫性有关，能刺激机体产生特异性中和抗体，并抑制衣原体的感染性；三是型特异性抗原，位于 MOMP 的氨基酸可变区，能诱导机体产生型特异性抗体，对小鼠具有保护作用。猪自然感染鹦鹉热衣原体后病情温和，感染后 2 周即可出现补体结合抗体，并维持较长时间，产生一定免疫力。

## （三）疫苗

用感染衣原体的卵黄囊制成灭活疫苗，免疫动物可产生较好的预防效果。我国商品化疫苗有：牛衣原体病灭活疫苗（SX5 株）、羊衣原体病灭活疫苗和猪鹦鹉热亲衣原体病灭活疫苗等。

**1. 牛衣原体病灭活疫苗**（SX5 株）

[制造要点] 将奶牛源鹦鹉热亲衣原体 SX5 株接种易感鸡胚培养，收获死胚卵黄膜，研碎后加入 PBS，经甲醛溶液灭活后，与 206 佐剂混合乳化制成，每毫升疫苗中衣原体抗原含量应 $\geqslant 1.25\times 10^8\ ELD_{50}$。用于预防由鹦鹉热亲衣原体引起的奶牛衣原体病。

[质量标准] 除按兽医生物制品检验的一般规定进行外，需进行如下检验：

（1）安全检验：

① 用鸡胚检验：将疫苗用灭菌生理盐水作 10 倍稀释，取稀释后的疫苗，经卵黄囊内接种 6~7 日龄 SPF 鸡胚 10 枚，每胚 0.4 mL，置 37 ℃孵育 10 d，应全部健活。

② 用牛检验：用 1~2 月龄健康易感（衣原体 IHA 抗体不高于 1：16）断乳犊奶牛 5 头，每头肌肉注射疫苗 4.0 mL，观察 14 d，应全部健活。或用 2 岁以上、怀孕 2 个月内的妊娠奶牛（衣原体 IHA 抗体不高于 1：16）5 头，每头肌肉注射疫苗 10 mL，连续观察 21 d，

应全部健活，且均未发生流产。

（2）效力检验：下列方法任择其一。

① 用体重 16~18 g 昆明系小鼠 10 只，各皮下注射疫苗 0.2 mL。21 d 后，连同对照小鼠 10 只，各腹腔注射鹦鹉热亲衣原体 SX5 株菌液 0.2 mL（含 $5×10^8 ELD_{50}$），连续观察 16 d。对照小鼠应全部发病或死亡，免疫小鼠应至少保护 9 只。

② 用 1~2 月龄的健康易感断乳犊奶牛 5 头，各肌肉注射疫苗 2.0 mL。21 d 后，连同对照犊奶牛 5 头，各静脉注射鹦鹉热亲衣原体 SX5 株菌液 2.0 mL（含 $2.5×10^{11} ELD_{50}$），连续观察 30 日。对照牛应全部发病，免疫牛应至少保护 4 头。

[保存与使用] 2~8 ℃保存，有效期为 12 个月。用于预防由鹦鹉热亲衣原体引起的奶牛衣原体病。犊奶牛在断奶后 1 个月内肌肉注射 2.0 mL，成年适繁奶牛在配种前或配种后 1 个月内肌肉注射 5.0 mL。犊奶牛免疫期为 4 个月，成年奶牛免疫期为 8 个月。接种后，个别牛可能出现体温升高、减食等反应，一般在 2 d 内自行恢复，重者可注射抗过敏药物，并采取其他辅助治疗措施。

**2. 猪鹦鹉热亲衣原体病灭活疫苗**

[制造要点] 将猪流产鹦鹉热亲衣原体 $CPD_{13}$ 强毒株，接种鸡胚卵黄囊培养，收集卵黄囊膜，经捣碎，适度稀释后用甲醛溶液灭活，加油佐剂混合乳化制成。

[质量标准] 除按《兽医生物制品检验的一般规定》进行外，需进行如下检验：

（1）安全检验：将疫苗作 10 倍稀释，卵黄囊接种 7 日龄鸡胚 5 只，各 0.4 mL，37 ℃下孵育 10 d，应无死亡。用怀孕 1 个月内的母猪 2 头，各皮下注射疫苗，观察 10 d，除注射部位出现 20 mm 左右的结节外，应无其他不良反应。

（2）效力检验：用体重 18~20 g 小鼠 5 只，各皮下注射疫苗 0.4 mL，21 d 后，连同条件相同的对照小鼠 5 只，各腹腔注射猪流产鹦鹉热亲衣原体强毒株卵黄囊培养物（$10^{-3}$）0.4 mL，8~10 d 后，将免疫小鼠和对照小鼠全部剖杀，取肝、脾、腹水涂片，用姬姆萨氏法染色，镜检。对照小鼠应全部检查到衣原体，免疫小鼠至少 4 只检查不到衣原体，或对照小鼠 4 只检查出衣原体，免疫小鼠全部检查不到衣原体为合格。

必要时用怀孕母猪检验。用衣原体抗体阴性的怀孕母猪 5 头，在怀孕后 1 个月内各皮下注射疫苗 2 mL。21~28 d 后，连同条件相同的对照猪 5 头，各注射猪流产鹦鹉热衣原体强毒 $CPD_{13}$ 株卵黄囊膜乳剂 10 mL（皮下和腹腔各 5 mL）。待产仔结束，判定结果。对照猪至少 4 头发生流产、死胎或产下弱仔猪，并从全部对照母猪胎衣中检查出衣原体；免疫猪全部正常生产，并从母猪胎衣中检查不到衣原体为合格。

[保存与使用] 在 2~8 ℃，有效期 12 个月。不可冻结以防破乳分层。运输或使用中避免高温和直射阳光曝晒。用于预防猪鹦鹉热亲衣原体引起的母猪流产、死胎或弱胎。耳根部皮下注射。每头 2 mL。注射疫苗后 18~21 d 产生免疫力，免疫期 12 个月。疫苗久置后，上层可有少量油（1/20）析出，使用前应充分摇匀。

**3. 鸡衣原体病基因工程亚单位疫苗**

[制造要点] 采用表达鹦鹉热亲衣原体主要外膜蛋白（MOMP）的大肠杆菌基因工程菌种，接种合适培养基发酵生产，提取纯化的免疫抗原 MOMP，加油佐剂混合乳化制成，每 0.1 mL 疫苗中含 MOMP 10 μg。

[质量标准] 除按《兽医生物制品检验的一般规定》进行外，需要进行如下检验：

(1) 安全检验：用7～10日龄SPF鸡20只，分成2组，第1组10只，各颈部皮下注射疫苗0.4 mL（2个免疫剂量）；第2组10只，不接种作为对照，隔离饲养，观察21 d，均应健活。除第1组注射部位出现小结节外，应无其他不良反应，剖检所有鸡，喉头、气管、支气管、肺、输卵管等均无明显的肉眼病变。如果有非特异性死亡，对照组和免疫组均不得超过1只。

(2) 效力检验：用7～10日龄SPF鸡20只，分成2组，第1组10只，各颈部皮下注射疫苗0.2 mL（1羽份）；第2组10只，不接种作为对照，隔离饲养。28 d后，将免疫组和对照组鸡分别腹腔注射鹦鹉热亲衣原体BJF5株菌液0.5 mL（含5$ELD_{50}$），观察14 d。对照鸡应至少8只发病或死亡，免疫鸡应至少保护9只。

[保存与使用] 2～8℃保存，有效期为12个月。用于预防鹦鹉热亲衣原体感染引起的鸡衣原体病。颈部皮下或肌肉注射。5～7日龄肉鸡，每只0.2 mL；80～90日龄蛋鸡（即开产前14～28 d），每只0.5 mL。

## （四）诊断试剂

**1. 衣原体病补体结合试验抗原**

[制造要点] 本抗原系用衣原体B1101株或CSH株接种鸡胚培养，收获感染鸡胚卵黄囊膜，通过高速匀浆或捣碎制成悬液，然后振荡、离心、透析或加温灭活后，经超声裂解制成。

[质量标准] 本品为乳白色悬液。久置后，有少量沉淀。效价应大于1∶256；特异性检验时，用2份阳性血清和2份阴性血清，分别与待检抗原进行补体结合试验，阳性血清1∶256应能完全抑制溶血，阴性血清应完全溶血。

**2. 衣原体病补体结合试验阳性血清**

[制造要点] 将标准株衣原体感染的鸡胚卵黄囊膜制成悬液，作为制备阳性血清的免疫原（必要时可以加佛氏完全佐剂），皮下、腹腔或静脉多次免疫健康动物（如家兔、绵羊、山羊、鸭等）。末次免疫后1周试血，补体结合试验效价达到1∶256倍以上者，放血分离血清。经无菌检验合格后，定量分装，冻干保存，也可加防腐剂后置2～8℃保存。

[质量标准] 液态为淡黄色澄明液体。效价测定时，应作1∶4稀释，无抗补体作用。兔和羊血清与1个工作量抗原作直接补体结合试验，血清以1∶256倍稀释，能完全抑制溶血，1∶512倍稀释液能完全抑制溶血或25%溶血认为合格；鸭血清与1个工作量抗原，在1个工作量指示血清参与下作间接补体结合反应，1∶256稀释时应呈现完全溶血。

**3. 猪衣原体病间接血凝试验抗原**

[制造要点] 本抗原系用猪源衣原体CJ4株接种鸡胚培养，收获卵黄囊膜，经离心纯化、去污剂裂解后制成属特异性抗原，包被于醛化绵羊红细胞制成。用于畜禽衣原体属特异性抗体检测。

[质量标准] 冻干制品为棕褐色疏松团块。液体制品为咖啡色悬液，无凝块。

(1) 效价测定：取标准阳性血清和阴性血清在V型板上用生理盐水做2倍系列稀释（每孔50 μL），然后每孔加入25 μL致敏红细胞悬液，振荡，放室温2 h后判读结果。血凝价应≥1∶2 048，阴性血清应无反应。

(2) 非特异性检验：抗原与阴性血清应无反应。

［保存与使用］ 2~8 ℃，冻干制品为 2 年，液体制品有效期为 8 个月。如果抗原致敏绵羊红细胞未经冻干，切忌冻结。用于检测畜禽衣原体抗体的间接血凝试验。血清经灭活后与本抗原作间接血凝试验。判定标准，哺乳动物血清血凝价≥1∶64（＋＋），判为阳性；≤1∶16（＋＋），判为阴性；介于两者之间，判为可疑。禽类血清血凝价≥1∶16（＋＋），判为阳性；≤1∶4（＋＋），判为阴性；介于两者之间，判为可疑。

（胡永浩，姜平）

## 第二节　病毒性制品

### 一、口蹄疫

口蹄疫（Foot and mouth disease，FMD）是由口蹄疫病毒引起的以偶蹄动物为主的急性、热性、高度传染性疫病，以传播迅速、发病率高著称。侵染对象是猪、牛、羊等主要畜种及其他家养和野生偶蹄动物。成年动物死亡率低，幼畜常突然死亡且死亡率高，仔猪常成窝死亡。临床主要表现为口、舌、唇、鼻、蹄、乳房等部位发生水疱、破溃形成烂斑。该病被世界动物卫生组织（OIE）列为必须通报的多种动物共患传染病之一，我国列为一类动物疫病，且口蹄疫病毒被列为一类病原微生物。除经济发达、已消灭口蹄疫的国家采取强制扑杀的根除政策外，大多数国家均采用疫苗免疫和扑杀相结合的综合防控策略。我国防控口蹄疫的主要方法是实施强制免疫策略，通过疫苗免疫提高畜群整体抗体水平来预防口蹄疫的感染和传播。

### （一）病原

口蹄疫病毒（Foot and mouth disease virus，FMDV）属小核糖核酸病毒科、口蹄疫病毒属。FMDV 呈球形，无囊膜，粒子直径为 28~30 nm，病毒基因组是单股正链 RNA，约由 8 500 个核苷酸组成，病毒核酸的沉降系数为 37S。结构蛋白有 VP1、VP2、VP3 和 VP4 四种，其中，VP4 完全位于衣壳里面，VP3 位于病毒粒子表面，参与形成抗原位点。VP1 有三个保守的氨基酸序列［精氨酸-甘氨酸-天冬氨酸（RGD）基序］，既具有与细胞受体结合的功能，又是重要的中和位点，是病毒感染细胞的关键。VP1 以突起形式暴露在病毒粒子表面，在免疫中发挥重要作用。FMDV 非结构蛋白有前导蛋白酶、2A、2B、2C、3A、3B、3C 和 3D 聚合酶等，参与 RNA 的复制、多聚蛋白的裂解和结构蛋白的折叠与装配等过程，基因相对保守。

本病毒在感染的细胞中存在 5 种颗粒：①完整病毒颗粒，氯化铯浮密度为 1.43 g/mL，沉降系数为 146S，具有感染性、抗原性、型特异性和免疫原性，可诱发中和抗体和沉淀抗体。②不含病毒核酸的空衣壳，浮密度为 1.31 g/mL，沉降系数为 75S，由结构蛋白 VP0、VP1 和 VP3 各 60 分子组成，其中 VP0 由没有被裂解的 VP2 和 VP4 组成。无致病力，但有抗原性、型特异性和免疫原性，可诱发中和抗体和沉淀抗体。③浮密度为 1.5 g/mL，沉降系数为 14S，是由 VP0、VP1 和 VP3 各 5 个分子组成的五粒体，无核酸，无致病力，具有抗原性。④由 VP0、VP1 和 VP3 各一个构成的 5S 原体。⑤病毒感染相关抗原（virus infectious associated antigen，VIAA），是一种不具活性的 RNA 聚合酶，当病毒粒子进入细胞，经细胞蛋白激活才具有活性，能诱发 VIAA 抗体，但无型特异性。

本病毒有 7 个血清型，分别是 O、A、C、SAT 1、SAT 2、SAT 3 和 Asia 1，每一个血清型又包含若干个亚型。本病毒各血清型之间无交叉免疫保护，同一血清型的亚型之间交叉免疫力也较弱。同一血清型的病毒株在传播过程中会不断发生衍变，可导致抗原、致病力和宿主嗜性方面的差异。新变异株的出现往往会引起一次新的疫情。目前，世界上口蹄疫病毒亚型至少有 80 多个，而且还会有新的亚型出现。我国主要是 A、O 和 Asia 1，欧洲主要是 A、O 型，均以 O 型多见。

本病毒可用多种哺乳动物细胞系培养，如犊牛肾细胞、仔猪肾细胞、仓鼠肾细胞等，并产生细胞病理变化，最常用的是乳鼠、豚鼠、乳仓鼠肾传代细胞。由于乳仓鼠肾传代细胞对口蹄疫病毒高度易感，故现在常用于单层细胞培养和深层悬浮培养以供研究或生产疫苗。

本病毒对外界环境的抵抗力很强，耐干燥。高温和直射阳光（紫外线）对病毒有杀灭作用，病毒对酸和碱都特别敏感，2%～4%氢氧化钠、3%～5%甲醛溶液、5%氨水、0.2%～0.5%过氧乙酸和 5%次氯酸钠等均可有效杀灭病毒。

### （二）免疫

本病免疫机制是依赖 T 细胞的 B 细胞应答。感染或免疫机体在外周血液中有中和抗体并能抵抗同型强毒的攻击证实，免疫应答主要由 B 细胞参与，疫苗接种主要诱导中和抗体产生。动物感染口蹄疫耐过后，可以产生坚强的免疫力，初期抗体为 IgM，开始出现于感染后的第 9 天；IgG 抗体出现于感染后第 10～14 天。这两种免疫球蛋白都有明显的中和及抗感染作用。在实验情况下，一次免疫后，免疫力持续 6～8 个月，最长为 18 个月。抗体可通过初乳传递给仔畜。因此，疫苗免疫成为大多数国家综合防控口蹄疫的关键措施之一，但免疫动物不能完全抵抗 FMDV 感染，可能存在病毒持续感染。由于口蹄疫病毒的型和亚型极其复杂，且病毒高度变异，及时明确疫苗毒株与流行毒之间的抗原关系，对预防和控制十分重要。通过测定疫苗毒与田间流行野毒间的抗原相关程度（$r$ 值），可以推测相应的免疫保护关系，以此评价疫苗毒的免疫覆盖率。$r=$（疫苗毒抗血清＋被检毒中和效价）/（疫苗毒抗血清＋疫苗毒中和效价）。按照国际标准，用细胞中和试验测定疫苗毒株与流行毒株的抗原关系，当 $r>0.3$ 时，疫苗毒株适用于田间流行毒的疫苗防疫；当 $r<0.3$ 时，疫苗毒株不能用于防控流行毒株。用液相阻断 ELISA 测定时，当 $r>0.4$ 时，疫苗毒株适用于制造疫苗；$0.2<r<0.4$ 时，疫苗毒也可以用于制造疫苗，但必须控制抗原含量；当 $r<0.2$ 时，该疫苗不适用于抵抗流行毒株，必须另外选择疫苗毒株或用流行毒株制造疫苗。

### （三）疫苗

由于口蹄疫流行所造成的巨大经济损失和防治中存在的问题，多年来一直促使人们研究安全性好、免疫力高的疫苗。过去按疫苗所含病毒（抗原）的繁殖特性，分为灭活苗和活毒（弱毒）苗两类；按制苗材料的来源则可区分为动物组织苗和细胞苗。根据疫苗制造技术水平，口蹄疫病疫苗可划分为如下 4 发展阶段，即四代疫苗。

第一代疫苗——宿主动物源疫苗。发展于1930年代，制苗材料采用自然易感动物，多用人工接种发病牛的舌水疱皮，2 d后宰杀发病动物，收集富含口蹄疫病毒的上皮组织用福尔马林灭活，加佐剂氢氧化铝胶做成吸附疫苗。进一步发展为在疫苗中加入20%甘油，使其在-15℃中不致结冻受损，将疫苗质量得到提高。动物源疫苗的显著缺点是：需要大量制苗动物，每个动物制备出的疫苗剂量较少，如每头牛仅能制备出200个剂量的疫苗；感染活体动物极大增加了散毒的风险。

第二代疫苗——实验动物源疫苗。是将病毒接种于敏感的实验动物，主要是吮乳幼鼠或乳兔，也有用鸡胚、鸭胚的，采其含毒组织来制造灭活苗。也可通过实验动物的连续继代，将其毒力减弱制备弱毒疫苗，即传统意义上的口蹄疫减毒活疫苗。这种弱毒疫苗在替代动物组织苗方面起到了一定作用，但在南美的大规模试验中，此疫苗仅能提供70%的保护力，且由于毒力返强造成大批动物感染。随着20世纪50、60年代细胞灭活疫苗的发展，此类疫苗基本被禁止使用。

第三代疫苗——主要指细胞源灭活疫苗。采用体外组织培养繁殖病毒制苗，其真正发展在于20世纪50年代用抗生素来控制污染之后。开始都用牛肾、猪肾原代单层细胞静止或旋转瓶培养。1962年Pirbright动物病毒研究所的Mowat和Chapman用$BHK_{21}$（幼仓鼠肾细胞）繁殖生产口蹄疫病毒，灭活苗才真正步入现代工业化生产水平。细胞培养技术也从单层培养发展到大罐悬浮培养及微载体悬浮培养，增加了细胞和病毒的产量。这种疫苗在生产初期仍用甲醛灭活，由于甲醛灭活是通过病毒蛋白交联而灭活病毒，对病毒RNA并没有本质的改变，难以确定反应何时才能保证其安全，且有灭活不完全的可能。后来发展为主要用乙烯亚胺的各种衍生物来灭活病毒。现在商品化疫苗灭活剂最常用的就是二乙基亚胺（BEI）。而对口蹄疫疫苗佐剂的研究更是日新月异，经典佐剂如氢氧化铝、皂苷或矿物油乳剂，新型佐剂如细胞因子佐剂、CpG等，商品化疫苗一般用矿物油作为佐剂。现在全世界广泛应用的就是灭活疫苗，具有良好的安全性和较强的免疫效力。我国商品化口蹄疫灭活疫苗均是各疫苗毒株分别接种$BHK_{21}$细胞，收获细胞培养物，经纯化、浓缩、BEI灭活后，按一定比例加矿物油佐剂混合乳化而成。

第四代疫苗——新型疫苗。虽然传统的细胞灭活疫苗具有免疫保护率高等优势，但活病毒的操作仍然存在散毒危险，例如，2007年英国Pirbright实验室附近的牛场爆发口蹄疫即是由疫苗生产中出现散毒而造成的。

近30年来，国内外对该病毒新型疫苗进行了大量研究，主要包括：①基因工程亚单位疫苗：将编码病原微生物的保护性基因导入受体菌或细胞，使其在受体中高效表达保护性抗原，以此抗原蛋白制成的一类疫苗。如大肠杆菌表达VP1蛋白主要抗原位点（第141～160、200～213位氨基酸）。②基因缺失疫苗：应用基因工程技术把强毒株中与毒力相关的基因敲除后构建的弱毒或无毒的活疫苗，如一株利用反向遗传技术制备的缺失L蛋白编码区的FMDV基因工程毒株。③核酸疫苗：如用编码病毒结构蛋白前体P1-2A和非结构蛋白3C和3D的质粒，接种猪体可以诱导产生较高的免疫保护效力。④病毒活载体疫苗：如将FMDV P1基因插入复制缺陷型腺病毒基因组中构建的重组腺病毒活载体疫苗。⑤合成肽疫苗：是以抗原表位为依据，用组成免疫原的最小结构单位人工合成一段寡肽所制备的疫苗，如猪口蹄疫O型合成肽疫苗（多肽2570+7309）已经广泛应用。

我国商品化口蹄疫灭活疫苗较多，包括牛和/或猪O型口蹄疫灭活疫苗、A型灭活疫苗、Asia 1 型灭活疫苗、O-A 型二价灭活疫苗，O-Asia 1 型二价灭活疫苗、猪合成肽疫苗、猪口蹄疫 O 型大肠杆菌亚单位基因工程疫苗、口蹄疫 O-A-Asia 1 型三价灭活疫苗、口蹄疫 O-Asia 1 型二价灭活疫苗等，近年来，针对口蹄疫流行情况，我国又研究成功新的口蹄疫 O 型灭活疫苗（O/MYA98/BY/2010 株）、口蹄疫 O 型-Asia 1 型-A 型三价灭活疫苗（O/MYA98/BY/2010 株＋Asia 1/JSL/ZK/06 株＋Re-A/WH/09 株）等。

[毒种] 疫苗用毒种较多，主要有 OZK/93 株、OR/80 株、OS/99 株、O/MYA98/BY/2010 株、OHM/02 株 AKT-Ⅲ 株、Asia 1 KZ/03 株、JMS 株、OJMS 株、NMXW-99、NMZG-99 株、AKT/03 株、JSL 株、OHM/02 株、O/HB/HK/99 株、AF/72 株、Asia 1/XJ/KLMY/04 和 Asia 1/JSL/ZK/06 株等。毒种选择标准主要是必须要有良好的免疫原性，对流行毒株的抗原要有广谱性；其次要有良好的细胞适应性，复制能力强，并有稳定性。由于 FMDV 变异性强，为了保证有效的免疫效果，应定期检验疫苗毒株和流行毒株之间的抗原关系（$r$ 值），并适时更新制苗毒株。例如，目前针对猪口蹄疫流行特点，选择 O/MYA98/BY/2010 株作为制苗种毒，疫苗免疫效果较好。疫苗种毒一般由 OIE 口蹄疫参考实验室选择、定性和分发。疫苗制造企业在疫苗制造前要检查疫苗种毒的型、亚型和标准株的同源性，无菌检验和支原体检验等证明无微生物污染，尽量减少盲传代次，以降低抗原"漂移"造成的影响。疫苗毒种一般低温冷冻保存（如 $-70$ ℃）或冻干保存。从原始毒种传一代或少数几代成为工作毒种。OIE 特别强调制苗毒种分离和传代所用各种材料一定要避免牛海绵状脑病病原的污染。

[制造要点] 目前应用于商品疫苗大规模生产 FMDV 抗原的技术有 3 种：①牛舌上皮组织生产的 Frenkel 培养法；②在转瓶单层 $BHK_{21}$ 传代细胞上生产的单层培养法；③在发酵罐中 $BHK_{21}$ 或 $IFFA_8$ 传代细胞上（后者仅在法国梅里厄病毒研究所应用）生产的悬浮培养法。这三个大规模病毒抗原生产系统，虽然各有利弊，但都能生产出高质量的病毒抗原用于疫苗制造。$BHK_{21}$ 转瓶单层系统的核心是采用摇动或转动的圆筒培养容器，能使细胞交替接触培养液和空气，从而使传质和传热比固定培养要好，但是其表面积有限，单位体积所提供的细胞生长表面积小，细胞生长密度低；是属于劳动集约化的生产系统，较难控制，容易散毒，维持生物安全防护比较困难。悬浮培养法是应用密闭的大容量发酵罐系统培养细胞，具有技术密集型生产系统特点，较易控制，制备病毒抗原方便快捷，病毒相对不易扩散。生产过程中要严格控制温度和酸碱度，细胞生长、病毒繁殖最适温度 37 ℃，病毒最适 pH 7.6，决不能低于 7.0。当 $BHK_{21}$ 细胞数增至 $3\times10^6$ 个/mL 时，即可接种病毒，并于接毒后 20～30 h 收毒，病毒滴度一般可达 $10^7\sim10^8 TCID_{50}$/mL。

病毒收获后，用氯仿抽提，离心和过滤，去除培养物中的细胞碎片等杂质，在澄清病毒液中加入一定浓度的 BEI。病毒灭活非常重要，应根据实际情况和灭活效果等确定合适的灭活时间和灭活温度，如 3 mmol/L BEI 两次灭活法，在 26 ℃条件下灭活 24 h 后，将病毒悬液转移到新的灭菌容器中，重新加 BEI 灭活 24 h。病毒灭活后去除残留 BEI 或用 2%硫代硫酸钠中和。病毒灭活后，可用超滤、聚乙二醇沉淀、聚氧化乙烯吸附进行浓缩，再用层析法纯化。低温保存病毒抗原或加各种佐剂制备成疫苗。常规疫苗用油乳佐剂如矿物油制备成油包水型疫苗，目前，一般都制成较复杂的双相乳剂疫苗（水/油/水型）。双相油佐剂疫苗安全性和免疫效果更好，能够用于所有的动物，Montanide ISA206 和 ISA205 的利用大大简化了疫苗的配制。

[质量标准] 口蹄疫灭活疫苗的质量控制包括中间控制和终产品控制。

(1) 中间控制：包括生产环境、种毒管理、生产过程控制和中间检验。其中，中间检验包括：

① 原材料检验：主要包括细胞营养液、小牛血清等，不能含有外源病毒等。

② 病毒抗原的质量和数量检验：一般用敏感性和重复性好的蚀斑测定法测定病毒的感染性、蔗糖密度梯度离心定量分析病毒抗原量和检测病毒质量。

③ 病毒抗原灭活安全性检验：在病毒灭活过程中定期规律性的取样监测灭活过程。灭活完成后，每批灭活抗原（至少代表 200 个剂量）样品应通过敏感细胞传代或乳鼠接种试验，判定灭活抗原的安全性。敏感细胞单层传代时，通常连续传 2～3 代，应无 CPE；或样品接种乳鼠后连续观察 7 日，应全部健活。

④ 无菌检验、支原体检验和外源病毒检验：大量的灭活抗原液、佐剂、稀释缓冲液及最后配置的疫苗均要进行上述检验。不同国家和地区参考不同的检验标准，国际上主要参考 2008 年欧洲药典，我国现在主要参考 2010 年版《中国兽药典》。

(2) 成品检验：制成成品疫苗后，必须通过国家或国际化标准的一系列严格检验，方可出厂使用。成品疫苗主要包括性状、装量检验、无菌检验、安全检验、效力检验和防腐剂检验等，其中，无菌检验、安全检验、效力检验的方法和标准如下：

① 无菌检验：参照 OIE 推荐的以及某些改进的方法，系统检测需氧菌、厌氧菌、支原体和真菌等。我国一般按《中国兽药典》中无菌检验或纯粹检验法进行，应无菌生长。

② 安全检验：检验 FMD 疫苗有无感染性和毒副作用，是成品苗检验很重要的环节。主要包括对动物的无害性和疫苗中是否残留活病毒两部分。前者一般用靶动物敏感牛、羊、猪或家兔试验，确定是否引起机体损伤和临床症状；后者主要应用敏感细胞连续传代试验和乳鼠试验，以确定成品或半成品疫苗中是否残留感染性病毒。下面两种方法是 2010 年版《中国兽药典》中牛口蹄疫（O 型）灭活疫苗的安全性检验方法。

A. 用体重 350～450 g 豚鼠 2 只，各皮下注射疫苗 2.0 mL；用体重 18～22 g 小鼠 5 只，各皮下注射疫苗 0.5 mL，观察 7 d，应不出现由疫苗引起的死亡或明显的局部和全身不良反应。

B. 用牛体内试验对疫苗毒性和无感染性同时作出评价。用 3 头血清学阴性的牛（6 月龄以上牛，血清的细胞中和抗体效价不高于 1∶8、ELISA 抗体效价不高于 1∶16 或乳鼠中和抗体效价不高于 1∶4），各舌背面皮内注射疫苗 20 个点，每点 0.1 mL，逐日观察 4 d 后，按推荐的接种途径各接种疫苗 3 头份，继续观察 6 d，均不应出现口蹄疫症状或由接种疫苗引起的明显毒性反应。

OIE 推荐的安全性检验方法是感染性试验。感染性试验用灭活抗原在单层敏感细胞上是否出现 CPE 检验。安全性检验用至少两头本种动物，接种推荐剂量疫苗，连续观察至少 14 d，产生疫苗效力反应，而不应出现口蹄疫症状或其他明显毒副反应，证明疫苗安全。当疫苗申请临床应用时欧洲药典建议用 8 头本种动物进行检测。

③ 效力检验：效力检验的目的是检验疫苗的效果，也就是说，疫苗用于免疫动物抵御 FMD 的能力。根据 2010 年版 OIE 标准，效力检验方法有两种：第一种是半数保护剂量（$PD_{50}$）测定法，该法规定常规预防用疫苗每免疫剂量不少于 3 个 $PD_{50}$，紧急免疫用疫苗每免疫剂量不少于 6 个 $PD_{50}$；另一种是抗蹄部一般感染保护百分率（percentage of protection against generalized foot infection，PGP）测定法，该法规定免疫保护率必须达 12/16。

A. $PD_{50}$ 法：按照 OIE 标准，实验动物来自无 FMD 地区，并且以前未免疫过 FMD 疫苗，根据商品推荐的免疫剂量接种。常用如下程序：用至少 6 月龄牛（血清的细胞中和抗体效价不高于 1∶8、ELISA 抗体效价不高于 1∶16 或乳鼠中和抗体效价不高于 1∶4 即无 FMD 各型的中和抗体）17 头，其中 15 头分为 3 组，每组 5 头，接种不同剂量疫苗如将疫苗分为 1 头份、1/3 头份、1/9 头份 3 个剂量组，每一剂量组各颈部肌肉注射 5 头牛，2 头作对照。接种后 21 d，每头牛各舌上表皮两侧皮内注射 O 型口蹄疫强毒株，每点 0.1 mL（共 0.2 mL，含 $10^{4.0} BID_{50}$，即 50% 牛感染剂量）。观察至少 8 d，一般 10 d，对照牛均应有至少 3 个蹄出现水疱或溃疡。免疫牛，除注射部位外，任一部位出现典型的口蹄疫水疱或溃疡时，判定为不保护。仅在舌面出现水疱或溃疡，其他部位无病变，判为正常。根据免疫牛保护数计算疫苗 $PD_{50}$，推荐使用 Kärber 法，每头份疫苗至少含 3 个 $PD_{50}$，最好含有 6 个 $PD_{50}$ 或更高。

B. PGP 测定法：18 头 6 月龄以上口蹄疫阴性牛（背景同 $PD_{50}$ 法中的试验牛），其中的 16 头按疫苗厂家推荐的剂量和方法接种，另 2 头牛作对照。4 周后，每头牛各舌上表皮两侧皮内注射口蹄疫强毒，至少注射 2 点，共注射 0.2 mL 病毒（含 $10^{4.0} BID_{50}$）。接毒后 7~8 d 观察，对照牛至少 3 个蹄出现病变，未受保护牛 7 d 内舌两侧出现病变。16 头疫苗接种牛至少有 12 头受到保护判为合格。本法不能得出疫苗 $PD_{50}$，但是能直观的得出单剂量疫苗的免疫保护率。此外还可以通过间接试验如病毒中和试验、ELISA 检测抗体或乳鼠血清抗体保护试验等，这些方法正在用于疫苗效力检验研究中。

［保存与使用］ 疫苗按规定保存，有效期 12 个月，主要用于常规计划免疫和紧急免疫。我国规定对口蹄疫实行强制免疫政策，免疫密度达 100%，免疫抗体合格率要求高于 70%。具体使用方法一般参照商品化疫苗说明书。特别注意疫苗保存、运输、使用以及疫苗不良反应时的动物紧急救治等注意事项。

### （四）诊断制剂

口蹄疫的诊断技术日新月异，已从传统病原检测和血清学诊断发展到分子生物学领域，包括间接夹心酶联免疫吸附试验、胶体金免疫层析试纸、RT-PCR、核酸探针和基因芯片技术等，并逐渐向简便、快速、精确、灵敏以及检样处理高通量化发展。

目前，OIE 公布的检测结构蛋白抗体的血清学检测方法（国际贸易指定试验）有三种，即液相阻断 ELISA（LPBE）、病毒中和试验（VNT）、固相竞争 ELISA 方法（SPCE）。最经典的仍是病毒中和试验，其被公认为评价疫苗效果和检验其他血清学方法的"金标准"。1986 年口蹄疫参考实验室建立的 LPBE 敏感性、特异性和稳定性得到全球公认，目前仍是大多数国家广泛使用的抗体检测方法，也是我国进行口蹄疫疫苗免疫抗体水平监测的标准方法，具体有 O 型口蹄疫抗体液相阻断 ELISA 检测试剂盒、Asia 1 型口蹄疫抗体液相阻断 ELISA 检测试剂盒和 A 型口蹄疫抗体液相阻断 ELISA 检测试剂。目前我国尚缺乏 SPCE 类试剂盒。我国研制的 O 型口蹄疫正向间接血凝试验（IHA）诊断试剂，虽非国际标准方法，但因其操作简便，价廉，适用于基层使用。非结构蛋白抗体检测的血清学诊断方法可用于区分非免疫动物感染和疫苗免疫动物鉴别诊断，包括以 FMDV 非结构蛋白（NSP 主要是 3A，3B，2B，2C，3AB 和 3ABC）发展起来的 NSP-ELISA 和酶联免疫电转印试验（EITB），其中，3ABC-ELISA 和 EITB 是 OIE 推荐的参考方法。国际流行的商品化试剂盒，如荷兰赛迪诊断公司的 Ceditest FMDV-NS 竞争 ELISA、美国 UBI 公司的合成肽 ELISA、美国 IDEXX 公司生产的 CHEKIT FMD-3ABC ELISA、瑞典 Svanova 公司的 SVANOVIR FMDV-Ab ELISA。

我国研制的口蹄疫 3ABC 抗体 ELISA 检测试剂盒（3ABC-I-ELISA）和其他一些口蹄疫非结构蛋白 ELISA 试剂盒，可用于感染抗体和免疫抗体的鉴别诊断。牛、羊口蹄疫病毒 VP1 结构蛋白抗体酶联免疫吸附试验诊断试剂盒系用人工合成 FMDV VP1 结构蛋白多肽 2463、2466 和 2956 作为包被抗原制成，可用于检测牛羊口蹄疫病毒 VP1 结构蛋白抗体。牛、羊口蹄疫病毒非结构蛋白抗体酶联免疫吸附试验诊断试剂盒则系用人工合成的 FMDV 非结构蛋白多肽 2372 作为包被抗原制成，可用于检测牛、羊口蹄疫病毒非结构蛋白抗体，这两种试剂盒配套使用，还可用于区分牛羊口蹄疫野毒感染和疫苗免疫动物。猪口蹄疫病毒 VP1 结构蛋白抗体酶联免疫吸附试验诊断试剂盒和猪口蹄疫病毒非结构蛋白抗体酶联免疫吸附试验诊断试剂盒配套使用，则可以鉴别口蹄疫野毒感染。我国研制的口蹄疫细胞中和试验抗原、阳性血清与阴性血清，可用于细胞中和试验检测猪、牛、羊等偶蹄动物的口蹄疫病毒中和抗体。此外，口蹄疫病毒感染相关抗原和口蹄疫、猪水疱病反向间接血凝试验用致敏红细胞等制品液都有生产。这里以"口蹄疫细胞中和试验抗原、阳性血清和阴性血清"为例介绍如下：

［制造要点］ 抗原系用口蹄疫病毒（O、A、C 和 Asia 1 型）鼠毒分别接种仔猪肾细胞系（IBRS-2）培养，收获病毒培养物制成；阳性血清系用 FMDV 上述 4 型抗原分别接种豚鼠，采血，分离血清制成；阴性血清系用健康豚鼠采血，分离血清制成。用于细胞中和试验检测猪、牛、羊等偶蹄动物的口蹄疫病毒中和抗体。

［质量标准］

（1）抗原：性状为粉红色澄明液体。无菌检验和支原体检验均按《中国兽药典》附录进行检验，均应无菌生长或无支原体生长。按《中国兽药典》附录进行外源病毒检验，应无外源病毒污染。

［效价检定］ 将被检抗原用细胞维持液作 10 倍系列稀释，取 $10^{-6}$、$10^{-7}$、$10^{-8}$ 3 个稀释度，分别接种 4 瓶 IBRS-2 细胞，每瓶 1.0 mL，补加 9.0 mL 细胞维持液。同时设正常细胞对照。置 37 ℃培养 72 h，每日观察 CPE，计算 $TCID_{50}$，应不低于 $10^{7.0} TCID_{50}/mL$。型特异性鉴定 在间接血凝试验中，被检抗原与相同型抗体致敏的红细胞应发生完全凝集，而与不同型抗体致敏的红细胞不发生凝集。

［保存与有效期］ －70 ℃以下保存，有效期 12 个月。

（2）阳性血清：形状为浅黄色或微红色澄明液体。无菌检验和支原体检验均按《中国兽药典》附录进行检验，均应无菌生长或无支原体生长。

［效价测定］ 用细胞中和试验测定。将被检血清用细胞维持液作 2 倍系列稀释至 512 倍，将抗原稀释为 2 000 $TCID_{50}/mL$，取稀释后的被检血清和抗原各 0.2 mL，混合均匀，置 37 ℃中和 60 min 后，每一血清稀释度接种 2 管 IBRS-2 细胞，每管 0.1 mL，补加 9.0 mL 细胞维持液。同时设正常细胞对照和病毒含量复测对照。置 37 ℃培养 72 h，每日观察 CPE。判定为当对照细胞正常、病毒含量复测试验误差不超过 $10^{\pm 0.5}$ 时，如果同一血清稀释度的 2 管细胞都不产生 CPE，该稀释度判为阳性；如果 2 管细胞都产生 CPE，该稀释度

判为阴性；如果其中 1 管出现 CPE，另一管不出现 CPE，则该稀释度判可疑。抗体效价应不低于 1∶64。

（3）阴性血清：效价测定时用细胞维持液将阴性血清作 2 倍和 4 倍稀释，按阳性血清的效价测定方法进行，效价应不大于 1∶2。其他检验同阳性血清。

［保存与有效期］ 上述阴阳性血清－20 ℃以下保存，有效期为 12 个月。

（王君伟，姜平）

## 二、痘病

### （一）绵羊痘

绵羊痘（Sheep pox）是由绵羊痘病毒引起绵羊高热性、急性接触性传染病，是家畜中最严重的一种痘病，并被世界动物卫生组织（OIE）列为 A 类传染病。本病通常是空气传播、蚊虫叮咬和体液接触感染，其次是呼吸道感染，吸血昆虫亦可能成为机械的带毒者，从而传播羊痘病毒。其典型特征是发热，在皮肤和黏膜上早期形成痘疹，逐渐发展为化脓、结痂并引起全身痘、内脏病变（特别是肺），经常引起羔羊的死亡，致死率可达 100%。成年易感绵羊的死亡率也在 50% 左右。各品种的绵羊均可感染，但纯种细毛羊最易感，改良羊发病率高。土种羊抵抗性较强，病情较轻；羔羊最易感，发病率和死亡率均高；怀孕羊在妊娠后期可因感染羊痘而发生流产。绵羊痘在一年四季均有流行，但主要的流行季节是冬末春初。

本病曾流行于欧洲、非洲及亚洲许多国家，自 13 世纪英国首先报道，15 世纪在法国，17 世纪在意大利和德国也先后见报道；1805 年在欧洲东南部与地中海地区的一些国家曾流行，死亡严重；非洲主要发生在摩洛哥、突尼斯、阿尔及利亚、埃及、苏丹、埃塞俄比亚和肯尼亚等国家；亚洲主要发生在伊朗、伊拉克、黎巴嫩和印度等国家。我国在 20 世纪 50 年代曾有一些地区大面积流行，目前已经得到基本控制。

**1. 病原** 绵羊痘病毒（Sheep pox virus）属痘病毒科、羊痘病毒属，大小 115 nm×200～200 nm×250 nm，呈卵圆形。病毒粒子结构复杂，衣壳为复合对称，外面有蛋白质和脂类形成的囊状层，囊状层外还有一层可溶性蛋白，最外面是囊膜。绵羊痘与山羊痘系同一属的痘病毒，存在一些共同的抗原，彼此之间有交互免疫性，但也有少数学者认为绵羊痘疫苗免疫山羊不能抵抗山羊痘的感染。绵羊痘与传染性脓痘性皮炎之间无交叉保护，但在血清学方面似又有些相关。本病毒 P32 结构蛋白位于病毒膜表面，是所有羊痘病毒株所共有的且特异性很强的结构蛋白，分子质量为 32 ku。P32 蛋白包含 1 个重要的抗原决定簇，诱导的抗体反应时间比较早，抗体水平高于其他结构蛋白抗体，因此该蛋白可用于诊断和疫苗研究。

绵羊痘病毒只有一个血清型，但不同毒株毒力有差异。本病毒可于绵羊、山羊、牛的组织培养细胞上生长，羔羊的睾丸细胞和肾细胞对病毒的继代培养较敏感，并以产毛绵羊睾丸细胞最佳，可产生细胞病变，病毒在胎羊肺细胞内生长也可产生细胞病变。绵羊痘病毒不同分离毒株对各种细胞的敏感性不尽一致，因此由病料初次分离病毒时最好多用几种细胞，包括绵羊或山羊的睾丸、肾和肺细胞，尤以胎羊的细胞培养物为最适宜。病毒接种后 24 h 开始出现细胞病变，3 d后波及整个细胞单层，表现为细胞膜收缩，与周围细胞分离，变圆，染色质贴近细胞膜，有嗜酸性包涵体，大小不等，最大的约为细胞核的一半，包涵体周围有晕环。本病毒在胎鼠皮肤和肌肉内生长，产生弥漫性病变。本病毒也可在鸡胚绒毛尿囊膜上生长。我国将本病毒接种鸡胚绒毛尿囊膜，连续培养选育成功获得鸡胚化绵羊痘弱毒疫苗毒株。

本病毒抵抗力较强。淋巴结中病毒50 ℃加热3 h病毒被灭活，25～37 ℃下可存活2～3周。病毒对热的抵抗力较低，55 ℃ 30 min就可以失去活力，在低温条件下可存活2年以上。常用消毒药对绵羊痘病毒有良好的消毒效果。病毒暴露于乙醚和氯仿中18～24 h失活。3％石炭酸、1％甲醛、1％次氯酸、2％硫酸或盐酸、0.1％升汞和0.01％碘溶液作用数分钟即可杀死病毒。

**2. 免疫与疫苗**　自然发病后恢复的绵羊，具有坚强的终生免疫性。绵羊痘强毒灭活疫苗、绵羊痘氢氧化铝甲醛灭活疫苗和绵羊痘鸡胚化活疫苗都有报道，但由于受病毒毒力强、疫苗免疫期短及成本高等缺点限制，未能广泛使用。弱毒疫苗免疫原性较高，可以给机体提供长期的保护力，但弱毒疫苗也存在一定的局限性，如在接种时常会使绵羊产生轻微的痘斑，当接种羊只有其他疾病感染时，疫苗接种甚至可以引起死亡。

(1) 绵羊痘鸡胚化弱毒疫苗：将绵羊痘病毒适应在鸡胚CAM上，连续继代达200代以上，对绵羊的毒力明显减弱，并保持良好的免疫原性。对不同毒株具有交互免疫原性，但随着在鸡胚继代次数的增加，病毒滴度亦有下降。我国于1957年研制成功绵羊痘鸡胚化弱毒，将其接种于绵羊体内，仅在接种局部皮肤形成丘疹，数日后消退，不再出现典型的发痘过程；接种羊与健康羊同居不能引起自然感染；用静脉接种方法也不出现全身痘反应，毒力显著减弱并保持了良好的免疫原性；用鸡胚毒连续复归羊体继代，在一定的代次内毒力稳定。

我国于1958年从前苏联引进绵羊痘鸡胚化弱毒，1960年进行了大量的试验，证明鸡胚化弱毒可以引起鸡胚绒毛尿囊膜轻度水肿和痘斑，鸡胎儿贫血。对鸡红细胞不发生凝集反应。疫苗在阿塞拜疆共和国南部地区接种3万余只绵羊，证明鸡胚化弱毒疫苗对绵羊安全，免疫力坚强，制造工艺简单，其成本比氢氧化铝甲醛苗便宜一倍，便于携带和运输，是一种良好的疫苗。

(2) 绵羊痘鸡胚化弱毒羊体反应苗：将鸡胚毒以皮内接种法连续通过绵羊体继代，选用适当代数的发痘绵羊的丘疹组织制成疫苗，称为羊体反应苗。此法解决了疫苗的产量问题，平均1只羊采取500 g丘疹反应毒，可制成10万头剂疫苗，成本显著降低，受到生产厂的欢迎。羊体反应毒可制成蛋白明胶苗和真空冻干疫苗，以冻干苗生产力主。1958年在我国推广应用。

质量标准：效力检验标准不应低于$10^{-4}$个/0.5 mL；安全检验标准：25倍剂量/0.5 mL，痘型正常，不允许检验羊出现局部化脓、结痂等严重反应。

绵羊品种不同，易感性不同，因而在生产过程中曾出现毒力时强时弱，毒力不够稳定的现象。必须加强生产过程中的质量监测，严格执行成品检验制度，以保证疫苗的安全性和有效性。

(3) 绵羊痘细胞活疫苗：自20世纪50年代起，已有学者用羊胎皮肤和肺组织血浆凝块法培养绵羊痘病毒Sn3株，传至15代获得减弱毒株，但其后未见推广使用的报道。后有用南斯拉夫 Rm/65 株在绵羊肾细胞培养继代至 30 代,制成干燥活毒疫苗,在野外试验证明安全,免疫期 1 年以上,已推广使用。也有用罗马尼亚株通过羔羊睾丸细胞继代至 25 代,证明安全有效,将此毒称为 Fanar（spv/rf）株。还有在绵羊甲状腺细胞上用 Ranipet I 毒株传至 35 代,作为活毒疫苗,认为安全性良好。

我国于 1976—1978 年研制出以绵羊痘鸡胚化弱毒羊体反应毒作为种毒,分别通过羔羊睾丸细胞和肾细胞生产细胞苗。自 1980 年始中国兽医药品监察所已将绵羊痘细胞毒供作生产疫苗用种毒。试验证明,用 E116S1 第 8 代种毒能比较容易地适应在两种细胞上,收获培养物,加适宜稳定剂,经冷冻真空干燥制成细胞苗,用于预防绵羊痘。病毒接种绵羊,以皮内接种的方法连续通过羊体传代,选用适当代数的发痘绵羊的丘疹组织,可以制成乳剂疫苗。病毒 $TCID_{50}$ 测定法可简化现用的羊体效力检验法。

[毒种] 绵羊痘病毒鸡胚化弱毒株（CVCC AV44）。

[制造要点] 病毒制备方法二选一。

① 皮毒制苗：选择未患过羊痘也未注射过羊痘疫苗的 1～4 岁健康易感绵羊。将细胞毒原液或皮毒,用生理盐水制成 10～20 倍稀释的乳剂后,过滤,或 3 000 r/min 离心 10 min,取滤液或上清液,胸腹部皮内分点注射绵羊若干只。发痘后 3～4 d 后,即无菌可采集痘皮毒。

② 细胞毒制苗：选择未患过羊痘也未注射过羊痘疫苗的 1～4 岁健康易感绵羊,制备睾丸细胞。用 Hank's 液将皮毒（新鲜痘皮组织）制成 10 倍稀释的乳剂,置 2～8 ℃过夜,吸取上清。按细胞维持液量的 1/10,接种生长良好的羊睾丸单层细胞,37 ℃吸附 1 h,倒去病毒液,后 37 ℃静置或旋转培养；接种细胞毒,选用生长良好的羊睾丸单层细胞,倒去生长液后,换以含 1%～2%细胞毒液的细胞维持液,后 37 ℃静置或旋转培养。细胞病变达 75%时收获。－15 ℃以下保存,应不超过 3 个月。

[质量标准] 除按兽医生物制品检验的一般规定进行外,需做如下检验：

① 鉴别检验：将疫苗用汉氏液作 100 倍稀释,与等量抗绵羊痘病毒特异性血清混合,置 37 ℃水浴中和 1 h,皮内注射绵羊 2 只,各 2 点,每点 0.5 mL,观察 15 d,应不发痘；或接种绵羊睾丸单层细胞培养,观察 6 d,应不出现 CPE。

② 安全检验：按瓶签注明头份,将疫苗用灭菌生理盐水稀释成 4 头份/1.0 mL,胸腹部皮内注射 1～4 岁绵羊 3 只,各 2 点,每点 0.5 mL,观察 21 d。应至少有 2 只羊在注射部位出现直径为 0.5～4.0 cm 淡红色或无色的不全经过型痘肿,持续期为 10 d 左右,逐渐消退。发痘羊间或可有轻度体温反应,但精神、食欲应正常。如果个别羊痘肿表层出现直径小于 0.5 cm 的薄痂而无其他异常,也判为安全。如果有 1 只羊出现痘肿直径大于 4.0 cm,或出现紫红色、严重水肿、化脓、结痂或呈全身性发疹等反应,判不安全。

③ 效力检验：按瓶签注明头份,将疫苗用灭菌生理盐水稀释成 0.02 头份/mL,胸腹部皮内注射 1～4 岁绵羊 3 只,每只 2 点,每点 0.5 mL,观察 14 d,应至少有 2 只羊在注射部位出现直径为 0.5～3.0 cm 微红色或无色痘肿反应,在接种 4～10 d 且持续 4 d 以上,逐渐消退。发痘羊间或可有轻微体温反应,但精神、食欲应正常。如果出现痘肿反应的羊少于 2 只,应判为不合格。如果结果可疑,可重检 1 次。病毒 $TCID_{50}$ 终点法可简化羊体效力检验法。

[保存与使用] 2～8 ℃保存,组织苗有效期 18 个月,细胞苗有效期 12 个月。－15 ℃

以下保存，有效期24个月。

**3. 诊断制剂** 本病血清学诊断技术有琼脂扩散试验、对流免疫电泳、乳胶凝集试验、反向被动血凝试验和酶联免疫吸附试验。近年来，羊痘病毒P32蛋白ELISA方法取得成功，但抗原制备难度大，限制了ELISA在绵羊痘诊断中的广泛应用。PCR检测羊痘病毒的方法有高度的特异性和准确性，具有较高实用价值，但山羊痘病毒属的各病毒的鉴别诊断仍有一定难度。

### （二）山羊痘

山羊痘（Variola caprina；Goat pox）是山羊的一种高度接触性传染病，其临床特征与绵羊痘相似，主要表现在皮肤和黏膜上形成疱疹、化脓和结痂，引起全身痘疹。山羊痘病毒具有痘病毒的形态、理化和培养特征。山羊痘病毒和绵羊痘病毒各自有宿主的特异性。山羊痘疫苗可以坚强抵抗山羊痘和绵羊痘强毒的攻击，而绵羊痘疫苗则不能保护山羊抗山羊痘病毒的攻击。本病分布非常广泛，欧洲、亚洲和非洲等很多国家均有发生，严重影响养羊业和制革业的发展，被世界动物卫生组织（OIE）列为一类传染病。新中国成立初期，我国西北、东北和华北地区有流行，少数地区疫情严重。目前由于广泛应用我国研制的山羊痘细胞弱毒疫苗，结合有力的防控措施，疫情已得到控制。

山羊痘氢氧化铝甲醛疫苗和绵羊痘鸡胚化弱毒羊体反应苗都有报道，但免疫效果不太理想。20世纪60年代国外就有关于用细胞培养繁殖山羊痘病毒的报告，山羊痘组织培养细胞苗可做成活疫苗和灭活苗。我国从20世纪80年代开始研制山羊痘组织培养细胞苗，即将青海株山羊痘病毒经山羊羔睾丸、绵羊羔睾丸细胞传代后培育出30℃低温培育株。该毒株远比37℃继代毒减弱速度快，并致明显的CPE。经该毒制备的疫苗安全、毒力稳定、试验无任何不良反应，可抵御强毒攻击，于1984年已在全国推广使用。试验证明，用山羊痘弱毒疫苗皮内0.5 mL或皮下1 mL剂量免疫绵羊，具有良好的抗绵羊痘的交互免疫作用，免疫持续期为1年。对绵羊的最小免疫剂量为$10^{-4}$个/0.5 mL，与免疫山羊的结果相比，约降低1个滴度。免疫力产生时间与免疫山羊的结果基本一致，接种后第5天产生免疫力，第8天产生坚强的免疫力。使用山羊痘弱毒疫苗免疫山羊和绵羊具有方法简便、剂量小、免疫期长的优点，可起到"一苗防两病"的效果。此外，羊痘病毒基因组相对较大，可作为其他病原免疫保护基因的表达载体，用于研制活载体基因工程疫苗。这里介绍山羊痘活疫苗制造和质量标准如下：

［毒种］ 山羊痘病毒弱毒株CVCC AV41。

［制造要点］ 毒种按细胞生长液的1%～2%接种绵羊羔睾丸细胞，37℃培养，当病变细胞达到75%以上时收获，-15℃保存，不超过3个月。无菌检验和病毒含量测定合格后，加适宜稳定剂，冷冻真空干燥。

［质量标准］ 除按兽医生物制品检验的一般规定进行外，需做如下检验：

（1）鉴别检验：将疫苗用0.5%乳欧液或0.5%乳汉液作100倍稀释，与等量抗山羊痘病毒特异性血清混合，置37℃水浴作用60 min后，接种绵羊羔睾丸单层细胞，观察6 d，应不出现CPE。

（2）安全检验：按瓶签注明头份，将疫苗用灭菌生理盐水稀释成每1.0 mL含4头份，胸腹部皮内注射山羊3只，每只1 mL，观察15 d。应至少有2只羊出现直径为0.5～4.0 cm

微红色或无色痘肿反应，持续 4 d 以上，逐渐消退，间或可有轻度体温反应，但精神、食欲应正常；若任何痘肿直径大于 4.0 cm 或出现紫红色、严重水肿、化脓、结痂，或呈全身性发痘等反应，判疫苗不合格。

(3) 效力检验：下列方法任选其一。

① 用羊检验：按瓶签注明头份，将疫苗用灭菌生理盐水稀释成每 1.0 mL 含 0.02 头份，胸腹部皮内注射山羊 3 只，每只 1 mL，观察 15 d。在接种后 5～7 d 应至少有 2 只山羊出现直径为 0.5～3.0 mL 微红色或无色痘肿反应，且持续 4 d 以上，逐渐消退，发病羊间或可有轻度体温反应，但精神和食欲应正常。

② 病毒含量测定：按瓶签注明头份，将疫苗用 0.5% 乳欧液或 0.5% 乳汉液稀释成每 1.0 mL 含 1 头份，再做 10 倍系列稀释。取 3 个适宜的稀释度，接种 96 孔细胞板，每稀释度接种 5 孔，每孔 0.1 mL，接种后每孔加入 50 万～100 万个/mL 绵羊羔睾丸细胞悬液 0.1 mL 5% $CD_2$ 37 ℃ 二氧化碳培养箱培养 3～5 d，每日观察 CPE，第 5 天判定。根据出现的细胞孔数计算 $TCID_{50}$，每头份疫苗病毒含量应不低于 $10^{3.5}$ $TCID_{50}$/mL。

[保存与使用] 2～8 ℃ 保存，有效期 18 个月；-15 ℃ 以下保存，有效期 24 个月。使用按瓶签注明头份，用生理盐水稀释成每头份 0.5 mL，不论羊只大小，一律在尾根内侧或股内侧皮内注射 0.5 mL，免疫期 1 年。

### (三) 鸡痘

鸡痘是一种常见的急性、热性、高度接触性禽类病毒性传染病。任何年龄、性别和品种的鸡、火鸡易感性很高，以雏鸡和青年鸡最常发病，对雏鸡可引起大批死亡，鹅、鸭、鸽也能感染，但不严重。该病传播较慢，以体表无羽毛部散在的结节状增生性皮肤痘为特征（皮肤型），也可表现为上呼吸道、口腔和食管部黏膜的纤维素性坏死性增生，黏膜型病变，即所谓的鸡白喉。临床上还常见两型混合的病型。两型痘病的病原体相同，但其严重性不同。病鸡主要死于鸡白喉。近几年，鸡痘流行又有新的变化，出现了以肿头、肿眼为特征的眼鼻型鸡痘，给家禽生产带来较大危害。

**1. 病原** 鸡痘病毒（Fowl-pox virus, FPV）为痘病毒科、禽痘病毒属成员。病毒粒子成砖形，直径为 250～354 nm。病毒在鸡的皮肤或气囊上皮、绒毛尿囊膜外胚层细胞及鸡胚皮肤细胞中的复制方式相似。病毒在鸡胚绒毛尿囊膜上增殖，鸭胚、火鸡胚及其他禽类的胚胎也可以增殖病毒。鸡胚绒毛尿囊膜感染后的典型病变出现局灶性或弥漫性的致密的增生性的痘斑。病毒在鸡胚细胞内增殖，产生明显的细胞病变。感染细胞胞浆内可形成圆形或卵圆形的包涵体。包涵体的直径可达 5～30 μm，比细胞核还要大。

本病毒对干燥、热的抵抗力相当强，20 ℃ 条件下仍可存活数年，60 ℃ 需经 3 h 才能灭活。经冻干后的病毒，其毒力可保存 10 年左右。病毒对常用的消毒剂抵抗力较弱，1% 烧碱、1% 醋酸、0.1% 升汞等可于 5 min 内将其杀灭。

**2. 免疫与疫苗** 对鸡痘病毒的主动免疫力来自自然感染的康复和免疫接种。疫苗接种和自然感染而产生的细胞介导和体液免疫能够提供一定的保护作用。细胞免疫比体液抗体的出现要早。据报道，康复后具有终身免疫力，人工免疫预防也有良好的效果。当前，用于预防本病的疫苗有鹌鹑化活疫苗、鸡痘汕系弱毒株活疫苗、组织培养活疫苗和鸽痘活疫苗等。

（1）鸡痘鹌鹑化活疫苗：中国兽医药品监察所用鹌鹑致弱鸡痘病毒 102 野毒株，经反复传代而制备出鸡痘鹌鹑化弱毒苗。鸡痘鹌鹑化弱毒株简称鹌系毒。该疫苗毒株的特点是：①鹌鹑继代毒对鸡的毒价稳定在 $10^{-4} \sim 10^{-5}$。鹌鹑继代毒在鸡胚连续传代，一般在 8 代以内无明显变化，对鸡的毒力及免疫力没有随鸡胚传代次数增多而发生变异；在鸡胚传代 8 代以上，能使鸡胚接种后 4~5 d 发生死亡，最好以 8 代以内的鸡胚毒制造疫苗。②疫苗制备可以采用两种方法，一是采用 11~12 日龄 SPF 鸡胚，绒毛尿囊膜上接种，收获 96~120 h 死亡和 120 h 活胚有水肿或痘斑的绒毛尿囊膜，称重后加入适量的 5% 蔗糖脱脂奶，制成匀浆，滤过。二是选取生长良好的鸡胚成纤维细胞单层，接入毒种后继续培养，待 75% 以上的细胞出现特异性病变时，将细胞培养液全部弃去或对检验合格的细胞毒，将沉淀的细胞团块捣散均匀后，集中于混合瓶内，按适当比例加入 5% 蔗糖脱脂奶，定量分装并冻干。③鹌鹑化鸡痘苗对中雏的最小免疫量（刺种）为 $10^{-4}$，疫苗的使用剂量以 100 倍稀释刺种，约 100 个免疫剂量，对大小鸡均能产生良好的免疫力。免疫期可达 4 个月。④疫苗对 7 日龄雏鸡可发生较重反应，用 1:200 倍稀释苗可减轻反应。用 10% 或 20% 甘油生理盐水稀释，对 30~40 d 中雏进行喷雾免疫是安全的，并可获得一定的免疫效果，有的大型养鸡场应用此法免疫。成鸡免疫期为 5 个月，初生雏鸡为 2 个月。

[质量标准] 上述鸡痘苗不论是鸡胚化苗或鸡胚成纤维细胞苗，其质量均应符合：

① 安全检验：用 1~2 周龄易感雏鸡 10 只，每只肌肉注射 100 个使用剂量的疫苗 0.2 mL，观察 7~10 d，应健活。

② 效力检验：下列三种方法任选其一。

A. 病毒含量检验：按瓶签注明羽份，用生理盐水将疫苗稀释成 1 羽份/0.2 mL，再继续做 10 倍系列稀释，取 3 个适宜稀释度各绒毛尿囊膜接种 11~12 日龄鸡胚 5 枚，每胚 0.2 mL，接种后 96~120 h，鸡胚绒毛尿囊膜水肿增厚或出现痘斑为感染，计算 $EID_{50}$，每羽份应 $\geqslant 10^{3.0}$ $EID_{50}$。疫苗判为合格。

B. 用鸡胚检验：按瓶签注明羽份，用生理盐水稀释，绒毛尿囊膜接种 11~12 日龄鸡胚 10 枚，每胚 0.2 mL（含 1/100 个使用剂量），接种后 96~120 h，全部鸡胚绒毛尿囊膜应水肿增厚，或出现痘斑，疫苗判为合格。

C. 用鸡检验：按瓶签注明羽份，用生理盐水稀释，接种 1~2 月龄敏感鸡 4 只，每只于翅内侧无血管处刺种 1 针（含 1/100 个使用剂量），4~6 d，刺种部位发生痘肿，判为合格。

（2）鸡痘汕系弱毒株活疫苗：疫苗毒株为鸡痘病毒连续通过鸡胚致弱培育而成，疫苗采用鸡胚绒毛尿囊膜制成，加适量 0.50%、pH 7.6 甘油磷酸盐缓冲液制成甘油苗，或加适量 5% 蔗糖脱脂奶制成冻干苗。疫苗免疫原性较好，1 月龄以上小鸡免疫期为 2~2.5 个月；1 月龄以下雏鸡免疫期为 1.5~2 个月。后备种鸡可于雏鸡免疫 60 d 后再免疫一次即可。

[质量标准]

① 安全检验：用 1~2 周龄易感雏鸡 10 只，每只肌肉注射 10 个使用剂量的疫苗（0.2 mL），观察 7~10 d，应健活。

② 效力检验：按瓶签注明羽份，用生理盐水稀释，绒毛尿囊膜接种 11~12 d 龄鸡胚 10 枚，每胚 0.2 mL（含 1/100 个使用剂量），接种后 96~120 h，全部鸡胚绒毛尿囊膜应水肿增厚，或出现痘斑，疫苗判为合格。

(3) 鸡痘组织培养活疫苗：广东和湖南的生物药品厂将鹌鹑化鸡痘弱毒接种 10 日龄鸡胚组织细胞，4～5 d 可出现细胞病变（CPE）、收毒后用 11 日龄鸡胚测毒，毒价可达 $10^{-4}$～$10^{-5}$。用含毒的细胞液配制成冻干疫苗，对鸡安全，攻击强毒，免疫力良好，冻干的细胞苗对鸡的最小感染量可达 $10^{-4}$。

(4) 鸽痘活疫苗：是一种异源疫苗，对鸡和火鸡较安全，免疫期约 6 个月，若使用不当，对鸽能引起严重的不良反应。

（王君伟，姜平）

## 三、狂犬病

狂犬病（Rabies）是由狂犬病病毒引起的以非化脓性脑脊髓炎为主要特征的一种重要的人畜共患传染病，以恐水、畏光、吞咽困难、狂躁等为临床特质，故又称恐水病、疯狗病。感染人和动物后，一旦发病，死亡率几乎是 100%。所有温血动物均可感染狂犬病，但敏感程度不一，哺乳类动物最为敏感，犬科动物、猪、牛、羊、家禽叮感染，人可能因被患病犬或带毒犬咬伤、抓伤而感染并因此患病。本病存在于除南极洲之外的所有大陆，每年至少有 55 000 人死于狂犬病。每年有数以百万计的暴露于犬的事件发生，数以万计的人由于未进行处理而死亡。近年来，我国人畜狂犬病病例逐年增多，流行范围亦在扩展，其危害性有日益严重的趋势。

### （一）病原

狂犬病病毒（Rabies virus，RV）属于弹状病毒科、狂犬病毒属。电镜下观察病毒粒子直径为 70～80 nm，长 160～240 nm，一端钝圆，另一端平凹，整体呈子弹状。病毒蛋白有核蛋白（N）、磷酸蛋白（P）、基质蛋白（M）、糖蛋白（G）和 RNA 聚合酶大蛋白（L），其中，糖蛋白具有重要免疫保护作用。

本病毒有 6 个血清型，它们可能来自不同动物，同一血清型病毒又存在多个亚型，其中血清 1 型为典型的狂犬病毒标准攻击毒株，包括全球各地主要的原型株（野毒株）、实验株（固定株）以及新认识的中欧的啮齿动物分离株。野毒毒力很强，进入人体后引起发病，固定株病毒经选育可获得疫苗株，其毒力（致病力）已大大降低，一般条件下不能致病，但其抗原性却没有降低，甚至还有提高。血清 2 型为拉各斯蝙蝠病毒（Lagos-bat virus），有 6 个亚型。血清 3 型为莫可拉原型株（Mokola virus），包括 5 个亚型，来源于尼日利亚地鼠（Shrcw）、非洲一些国家的人、野生动物和家养动物。血清 4 型为杜文海格原型株（Duvenhage virus），包括 8 个亚型，来源于人和蝙蝠。

本病毒宿主范围广，侵犯中枢神经细胞（主要是大脑海马回锥体细胞）并在其中增殖，于细胞质中可形成嗜酸性圆形或椭圆形包涵体。从感染的动物或病人中得到的狂犬病毒称野毒株或街毒（street virus）。街毒经过系列传代适应特定宿主后称固定毒（fixed virus）。病毒通过实验动物（主要是家兔）脑内传代培养，潜伏期缩短，脑组织中不产生涅格里氏小体——狂犬病特异包涵体。本病毒可在鸡胚内增殖。应用 5～6 日龄鸡胚作绒毛囊膜接种，病毒（特别是固定毒）可在绒毛囊膜和鸡胚的中枢系统内增殖，12 日龄后病毒滴度开始下降。本病毒可在原代鸡胚成纤维细胞以及小鼠和仓鼠肾上皮细胞中增殖，并可在适当条件下形成蚀斑。本病毒可在兔内皮细胞系中长期增殖，适于做病毒增殖和装配等过程的观察。蜂蛇细胞系（VSM株）对狂犬病病毒甚为敏感，滴度可达 $10^7$ PFU/mL 以上。人二倍体细胞如 WI-38、MRC-5 和 HDCS 株等，也常用于狂犬病病毒的培养。接种狂犬病病毒于乳鼠（小鼠或仓鼠）脑内，可以获得高滴度的病毒，因此，乳鼠常被用于进行毒株的传代。

本病毒对紫外线、日光、热、干燥敏感，对其抵抗力较弱，一般 50 ℃加热 1 h 或 60 ℃加热 5 min 即可杀死病毒。病毒对强酸、强碱敏感，容易被灭活。病毒对甲醛、乙酸、碘、肥皂水、20%乙醚、10%氯仿以及离子型和非离子型去污剂也均敏感。故在被犬猫咬伤后，立即使用上述液体处理伤口是预防狂犬病最有效的办法。病毒于 4 ℃可保存 1 周，如在 4 ℃放置 5～6 周病毒就会丧失感染性，但是病毒感染组织如加 50%甘油在 -20 ℃下可保存 4～5 年；病毒经冷冻干燥后，于 4 ℃保存数年仍有感染性。

## （二）免疫

应用单克隆抗体进行中和试验，发现固定毒与街毒株之间抗原组成不同，有人认为，这可能是造成使用疫苗时保护不全的原因。应用补体结合试验、琼脂扩散试验和免疫荧光技术，均可测出其共同的核蛋白抗原，但用"肽键图谱法"和交叉中和试验，证明不同血清型的狂犬病病毒之间存在着抗原差异，但这种抗原差异对免疫保护力的影响不明显。

体液免疫：本病毒感染后机体产生中和抗体，可以中和游离状态的病毒，阻断病毒进入神经细胞。接种疫苗所获得的防止发病效果可能于免疫次数有关。但抗体对已进入神经细胞内的病毒难以发挥作用，同时也可能产生免疫病理反应而加重病情。

细胞免疫：杀伤性 T 淋巴细胞特异性地作用于病毒的蛋白抗原，引起病毒溶解；单核细胞产生的干扰素和 IL-2 具有抑制病毒复制和抵抗病毒攻击的作用。

## （三）疫苗

免疫接种是预防和控制本病的最重要措施之一。疫苗的推广与应用，使部分国家的疫情得到有效控制，有的国家和地区甚至已经消灭了狂犬病。最早的狂犬病疫苗是用动物脑组织制备的，可使狂犬病发病率降低 60 倍左右，但由于其容易引起神经系统并发症，人们进一步研制发展了乳鼠脑组织疫苗和鸭胚疫苗。随着组织培养技术的发展和应用，20 世纪 60 年代人们开始用组织细胞培养狂犬病病毒，制成细胞培养疫苗。目前，虽然本病早期暴露后的治疗具有较好预防效果，但一旦发病，致死性极高。因此，人们一直对狂犬病免疫制剂的制备和使用进行探索。

国内外已研发的兽用狂犬病疫苗主要包括：①神经组织疫苗：早期的狂犬病疫苗，由狂犬病病毒感染成年的山羊和绵羊神经组织，然后经石炭酸或石炭酸和乙醚灭活后制成的疫苗，但由于免疫后引起严重的神经系统副反应，现已停止生产。②鸡胚弱毒疫苗：应用病毒感染鸡胚而制备的疫苗，生产该疫苗的毒种主要为 Flury 和 Kelev 毒株。被推荐用于犬、猫和牛的肌内免疫，免疫期为 1 年。③灭活细胞培养疫苗：目前常用 β-丙内酯（BPL）在 4 ℃即可进行病毒的灭活，不再使用甲醛作为灭活剂。BPL 可以破坏病毒核酸，但不改变病毒蛋白质，不影响狂犬病病毒的抗原性，可以在疫苗液体中完全水解，不必考虑在成品疫苗中的残留，因此用 BPL 灭活可以避免病毒的免疫原性降低和毒性物质或刺激物的残留。有试验表明，含氢氧化铝佐剂的灭活疫苗免疫犬，免疫期可达 3 年。④减毒的细胞培养疫苗：用以制备减毒活疫苗的弱毒株主要有 Flury 株、SAD 株和 EAR 株。用很小剂量的疫苗进行免疫即可获得有效的免疫保护反应，疫苗生产成本低于灭活疫苗，可通过口服方式免疫而不需要注射器，方便了疫苗使用。这些疫苗对预防狂犬病的发生起到了积极重要的作用。此外，基因工程重组活载体疫苗、反向遗传操作研究的弱毒疫苗、DNA 疫苗以及亚单位疫苗等研究取得较好进展，基于牛痘病毒和金丝雀痘病毒构建的狂犬病病毒糖蛋白的活载体疫苗已经实现产业化生产，可通过口服免疫动物，主要用于预防野生动物狂犬病，免疫期 1~3 年。

我国狂犬病疫苗经历了羊脑、兔脑神经组织苗、细胞培养疫苗、细胞培养浓缩疫苗、细胞培养纯化疫苗和细胞培养纯化无佐剂疫苗等阶段。人用狂犬病疫苗种类较多，但 WHO 推荐的狂犬病疫苗只有 4 种，即人二倍体细胞疫苗、Vero 细胞疫苗、鸡胚细胞纯化疫苗和鸭胚纯化疫苗。我国人用狂犬病疫苗只有地鼠肾细胞疫苗和 Vero 细胞纯化疫苗。我国生产上市的兽用狂犬病活疫苗种毒于 1979 年从国外引进，系适应在 $BHK_{21}$ 细胞系生长的 Flury 株狂犬病鸡胚低代毒（LEP）。2008 年我国研制成功的犬狂犬病、犬瘟热、副流感、腺病毒和细小病毒病五联活疫苗，并投放市场。由于活疫苗病毒在体内可能发生回复突变而引起发病，存在安全隐患，因此，近年来，灭活疫苗逐渐受到重视，我国已经研制成功多个兽用狂犬病灭活疫苗，采用的病毒株包括 Flury LEP、PV2061、Flury、CVS-11、CTN-1 和 SAD 株等，而进口的灭活疫苗多属于一种改良型的 Semple 疫苗，主要由荷兰的英特威、法国维克和梅里亚、美国福道等公司生产。目前，我国市场上犬用疫苗主要有活疫苗和灭活疫苗，但兽用狂犬病灭活疫苗正逐渐替代弱毒活疫苗。

**1. 狂犬病灭活疫苗**（Flury LEP 株） 本疫苗系用狂犬病病毒 Flury LEP 株接种仓鼠肾细胞（$BHK_{21}$）培养，收获感染细胞培养物，经浓缩、β-丙内酯灭活、纯化后，加适宜稳定剂，经冷冻真空干燥制成。除按《兽医生物制品检验的一般规定》进行检验外，应进行如下检验。

（1）灭活检验：

① 小鼠检验法：疫苗稀释液稀释至 1 头份/mL、0.1 头份/mL，分别脑内接种体重 11~13 g 小鼠 10 只，每只 0.03 mL，观察 21 d，前 3 d 死亡小鼠不计，其余小鼠应全部健活。第 4 天后若有死亡小鼠，应进行狂犬病病毒的检测，若检测结果为阴性，则判灭活检验合格。

② 细胞检测法：疫苗用 0.04 mol/L PBS（pH 7.6）稀释至 1 头份/mL，按细胞维持液量的 0.5%~1.0% 接种 $BHK_{21}$ 细胞单层，37 ℃吸附 1 h，加入维持液，置 33~34 ℃培养 96 h，收获，冻融 1 次。如此连续传代 3 次，收获第 3 代培养物，接种 96 孔细胞培养板，每孔 100 μL，做 4 孔重复。同步加入 $BHK_{21}$ 细胞悬液，每孔 50 μL（含 $2×10^4$ 个细胞），各孔补加 50 μL 细胞维持液，置 37 ℃培养 48 h，弃去培养液，进行直接荧光抗体染色。同时设病毒对照和正常细胞对照。如正常细胞组无狂犬病病毒特异性荧光，病毒对照组出现狂犬病病毒特异性荧光，则试验成立。如接种待检疫苗样品的细胞上无狂犬病病毒特异性荧光，则判灭活检验合格。

（2）安全检验：用 10~14 周龄狂犬病抗体阴性的健康比格犬 2 只，各皮下或肌肉注射疫苗 2.0 mL（含 2 头份）；用体重 18~22 g 小鼠 5 只，各皮下注射疫苗 0.5 mL（含 1 头份）；用体重 250~350 g 豚鼠 2 只，各皮下注射疫苗 2.0 mL（含 2 头份）。观察 21 d，应全部健活。

(3) 效力检验：采用 NIH 法。用疫苗稀释液将待检疫苗稀释至 1 头份/mL，将待检疫苗和参考疫苗用 PBS（0.04 mol/L，pH 7.6）分别做 5 倍系列稀释，取 1∶25、1∶125、1∶625、1∶3 125 等 4 个稀释度，每个稀释度腹腔接种体重 11～13 g 小鼠 10 只，每只 0.5 mL；同批小鼠 20 只做攻毒回归对照。疫苗接种后 14 d，每只小鼠脑内注射检验用强毒 CVS-24 株病毒液 0.03 mL（含 50 $LD_{50}$）。同时将检验用强毒用 PBS 稀释成 1、5、25 和 125 $LD_{50}$/0.03 mL，每个稀释度各脑内注射体重 11～13 g 小鼠 5 只，每只 0.03 mL。攻毒后，3 d 内每个稀释度最多可允许死亡 2 只，记录攻毒后 4～14 d 各稀释度组呈现狂犬病症状的小鼠数量，如病毒回归试验结果证明攻毒剂量为 5～100 $LD_{50}$，则试验成立。计算待检疫苗和参考疫苗的半数保护量。二者倒数之比乘以参考疫苗所含国际单位数即为每头份待检疫苗所含国际单位数。每头份疫苗至少应含 2.5 IU。

(4) 保存和使用：2～8 ℃保存，有效期为 24 个月。用于预防犬的狂犬病，皮下或肌肉接种。用配套稀释液稀释，3 月龄以上犬，每只 1.0 mL（含 1 头份）。建议在 3 月龄时进行首次接种，首免后 30～60 d 加强接种 1 次，以后每 12 个月接种 1 次。免疫期为 12 个月。

**2. 改良型 Semple 灭活疫苗** 本品系用巴黎株狂犬固定毒通过兔脑传代作为种毒。种毒经脑内或硬脑膜下接种成年健壮的绵羊，一般接种后第 3 天体温上升，第 4～7 天呈现四肢麻痹、瘫痪等明显症状，待体温下降濒死时，剖杀取脑组织，用含有 60% 甘油及 1% 苯酚的蒸馏水按 1∶4 制备脑组织乳剂，经过滤后置 36 ℃脱毒 7 d。取少量样品，用生理盐水作 4 倍稀释，脑内接种小鼠，以检查是否脱毒完全。除按《兽医生物制品检验的一般规定》进行检验外，应进行疫苗的效价检验，即用体重 13～14 g 小鼠 40～50 只作为免疫组，同批小鼠 30～40 只为对照组。免疫组接种疫苗用生理盐水 40 倍稀释疫苗，每只小鼠腹腔注射 0.5 mL，隔日注射 1 次，共注射 6 次。第 1 次注射后第 14 天进行攻击，方法是：用小鼠脑内注射 $LD_{50}$ 不低于 $10^{-6.6}$/0.03 mL 的狂犬病固定毒作为攻击毒，以 10 倍递增稀释至 $10^{-7}$。以 $10^{-1}$～$10^{-5}$ 5 个稀释度的病毒液，分别脑内注射免疫组小鼠，每只 0.03 mL，每稀释度 6～8 只；同时以 $10^{-3}$～$10^{-7}$ 5 个稀释度的病毒液，分别脑内注射对照组小鼠，剂量和鼠数同上。攻击后观察 14 d，按 Reed-Muench 氏法计算半数致死量（$LD_{50}$），确定疫苗的保护指数。保护指数不低于 10 000 $LD_{50}$ 为合格。疫苗 2～8 ℃保存，本疫苗可用于各种动物，后腿或臀部肌肉注射，体重 4 kg 以下的犬注射 3 mL，4 kg 以上的注射 5 mL；羊、猪 10～20 mL，牛、马 25～50 mL。

**3. 狂犬病活疫苗** 本疫苗种毒为狂犬病病毒 Flury 株鸡胚低代毒（LEP），对小鼠 $LD_{50}$ 不低于 $10^{4.30}$/0.03 mL。$BHK_{21}$ 细胞培养形成良好单层后，在配好的维持液中按 1/200 加入种毒，进行换液，在 34～36 ℃继续培养 4～5 d，培养过程中可加适量 7.5% $NaHCO_3$，调 pH 至 7.2 左右，冻融收集培养物，检查无菌和毒价合格，冻干保护剂用含 5% 蔗糖脱脂乳，按 1∶1 比例与含病毒培养液混合，分装冻干。质量标准除按《兽医生物制品检验的一般规定》进行检验外，应进行疫苗效价测定：对小鼠 $LD_{50}$ 应不低于 $10^{4.0}$/0.03 mL。疫苗的特异性检查：可在测定毒价时进行，即将 $10^{-2}$ 稀释度的疫苗液与等量抗狂犬病阳性血清混合，37 ℃水浴中和 1 h，脑内注射小鼠，观察 10 d，均应健活。疫苗-20 ℃保存，使用时，加入注射用水或 pH 7.4 的磷酸缓冲盐水稀释，每瓶加入 10 mL，对 2 月龄以上的犬，一律肌肉注射 1 mL（含原病毒液 0.2 mL），即每头份疫苗所含的病毒抗原量不低于 $6.6×10^4$ 个小鼠 $LD_{50}$，免疫期至少 1 年。

### (四) 诊断制剂

本病确诊必须依靠实验室诊断，并以病原检测为主，血清学检测为辅。病原检测主要包括感染动物脑组织内基氏小体检查、荧光抗体技术（FAT）、小鼠感染试验、ELISA 和 RT-PCR 等方法。单一试验的阴性结果不能排除动物感染的可能，应与细胞接种试验和小鼠接种试验相结合。

**1. 病原检测方法**

（1）荧光抗体技术（FAT）：该方法是 WHO 和 OIE 同时推荐的诊断方法，快速、敏感性和特异性好，可用于检测感染动物组织中狂犬病病毒，但需要训练有素的技术员、荧光显微镜及高质量的荧光标记抗体。目前，我国已经研制成功狂犬病免疫荧光抗原检测试剂盒。

（2）酶联免疫吸附试验（ELISA）：ELISA 检测狂犬病抗原是免疫化学试验的另一种方法。应用方便，简单快速，可用于大批量样品的流行病学调查。WHO 推荐应用法国 Pasteur 研究所研制的快速狂犬病酶联免疫诊断方法（RREID），试剂为标准诊断试剂，用于检测脑样品中狂犬病病毒核蛋白，其敏感性和特异性与 FAT 相关性达 96%，灵敏度略低于 FAT。

（3）RT-PCR：用于唾液、脑脊液、皮肤或脑组织标本以及感染病毒后的细胞培养物或鼠脑病毒核酸检测，具有高灵敏度和高特异性的特点，在大规模样品的初步筛选中具有无可替代的优点，但是试验过程中会出现假阴性，因此该方法检测结果只能用于参考，不能作为确诊的依据。

**2. 血清学检测方法** 主要用于：①确定动物暴露前的抗体水平、预防免疫效果和动物的免疫水平及免疫覆盖率。②通过测定野生动物狂犬病中和抗体的水平，了解狂犬病在动物种群中隐性感染的情况。③在疫苗研制和生产中，还可用于疫苗效力的鉴定。目前，荧光抗体病毒中和试验（FAVN）和快速荧光斑点抑制试验（RFFIT）为国际贸易的金标准。FAVN 方法以 100 $TCID_{50}$ 的狂犬病病毒完全被血清中和作为判定标准，所采用的标准对照血清是中和效价为 0.5 IU/mL 的犬血清，阴性对照为未免疫的犬血清，其检测结果稳定、准确，但耗时且需操作活病毒。RFFIT 用于检测动物血清样品抗体水平时，尤其是在抗体水平较低时存在一定比例的假阳性。但是，大批量血清检测主要依赖于 ELISA 抗体检测，其敏感性比 FAVN 和 RFFIT 低，但可用于快速筛选试验（只需 4 h）或测定犬和猫疫苗接种后的血清转变和暴露后免疫接种效果，阴性结果可用 FAVN 或 RFFIT 确定。ELISA 抗体检测方法不需要采用活的狂犬病病毒，其价格低廉，操作简单安全，快速并准确。世界动物卫生组织（OIE）推荐使用法国 SYNBIOTICS 公司 ELISA 检测试剂盒检测犬和猫血清狂犬病抗体，或采用 Bio-Rad 公司的 Platelia Rabies Ⅱ 试剂盒检测犬、猫、狐狸的血清抗体。近年来，我国已经研制成功狂犬病抗体检测试剂盒。

（王君伟，姜平）

## 四、流行性乙型脑炎

流行性乙型脑炎又称日本乙型脑炎（Japanese encephalitis，JE），简称乙脑。本病是由日本脑炎病毒经蚊虫媒介叮咬传播而引起的一种中枢神经系统感染的急性传染病，也是一种人兽共患的自然疫源性疾病。病毒侵入机体后随血液进入脑部，引起中枢神经系统感染，具有死亡率高、隐性感染率高的特点。本病主要分布于亚洲及西太平洋地区，中国及东南亚地区流行较为严重，被世界卫生组织（WHO）列为需要重点控制的传染病。猪是该病毒在自然界最重要的储存和增殖宿主，病毒可通过胎盘侵害胎儿，形成垂直感染，怀孕母猪发病后表现为流产和死胎，公猪发生睾丸炎，给养猪业造成巨大经济损失，我国将其归于二类动物疾病。

## （一）病原

日本脑炎病毒（Japanese encephalitis virus，JEV），为黄病毒科、黄病毒属成员。病毒粒子直径为30~40 nm，呈球形，二十面体对称，由核芯、囊膜和突起构成，在氯化铯中的浮密度为 $1.24\sim 1.25\ g/cm^3$。JEV 基因组是单股正链 RNA，长度为 11 kb，由单一的开放读码框（ORF）编码一个多聚蛋白，然后加工形成3个结构蛋白（C蛋白、PrM蛋白、E蛋白）和7个非结构蛋白（NS1、NS2A、NS2B、NS3、NS4A、NS4B和NS5），其中，膜前体蛋白（PrM）是病毒诱发保护性免疫的协同成分，它紧密地与E蛋白结合，形成异二聚体，在病毒粒子释放同时或释放之前一瞬间，PrM切割形成 M 蛋白，M 蛋白能诱发轻度中和作用的抗体。囊膜糖蛋白（E）是病毒囊膜蛋白和病毒粒子表面最重要的成分，与病毒粒子的吸附、穿入、致病等密切相关，具有血凝活性和中和活性，可以诱导产生免疫保护作用。根据E基因，本病毒分为4个基因型，中国大陆毒株属于基因Ⅲ型。NS1是病毒的非结构蛋白，与病毒的组装和释放有关，为糖蛋白，表达于感染细胞的表面，并可分泌到培养上清中。病毒感染过程中，NS1蛋白可以刺激机体产生抗体，但该抗体并非中和抗体，而是借助补体介导的溶细胞作用发挥保护性作用。

本病毒易在7~9日龄鸡胚内适应和增殖，接种后48 h病毒效价达最高峰，胚体内含毒量最高，鸡胚接种后大都死亡。本病毒也可在多种继代细胞和传代细胞内增殖，如鸡胚成纤维细胞、鼠和牛胚肾细胞、人胚肺和肾细胞、人羊膜细胞、猪肾细胞、仓鼠肾细胞等。但是，通常只在仓鼠肾原代细胞、猪肾和羊胎肾细胞产生稳定病变和蚀斑。病毒也可在蚊子的组织培养细胞内复制，并产生较高效价的病毒，但是一般不引起细胞病变。本病毒主要存在于中枢神经系统，如脑脊髓液、脾脏、睾丸和死胎脑组织，而在感染动物血液内存留时间很短。此外，本病毒具有较广的血凝活性，在pH 6.4~6.8条件下能凝集鸽、鹅、绵羊和1日龄雏鸡的红细胞。

本病毒对外界抵抗力不强，56 ℃经 30 min 或 100 ℃经 2 min 即死亡；−70 ℃低温或冻干状态下可存活数年；−20 ℃条件下可保存1年，但毒价降低；5%甘油生理盐水中4 ℃条件下可存活6个月；最适 pH 为 8.5，在 pH 7~10 范围内可保持活性。本病毒对乙醚、氯仿、脱氧胆酸钠、蛋白水解酶和脂肪水解酶等比较敏感。常用消毒药有3%来苏儿、石炭酸溶液、高锰酸钾、甲醛或升汞等。

## （二）免疫

黄病毒属有70多种病毒，主要有黄热病毒、JEV 和西尼罗病毒（WNV）。黄病毒属内病毒在血清学上彼此有交叉反应。采用血凝抑制试验，JEV 与 WNV、墨果河谷脑炎病毒、圣路易脑炎病毒在抗原性有一定的交叉，共同组成一个亚组。JEV 虽然有3个血清型：Ja-

GAr、Nakayama 和 Mie，但它们之间有广泛交叉性，因此一般认为乙脑病毒只有 1 个血清型。

本病毒抗原性稳定，人和动物感染后均产生补体结合抗体、中和抗体和血凝抑制抗体。免疫应答相关基因主要集中于 PrM、E 蛋白和 NS1 蛋白。病毒侵入机体后，会刺激机体产生体液免疫和细胞免疫应答，并且前者占主导地位。病毒感染机体后，E 蛋白表面的中和抗体表位可诱导机体产生特异性中和抗体 IgM，IgM 与病毒抗原结合后，就会阻断病毒侵入机体细胞。NS1 蛋白诱导产生的抗体与在感染细胞表面的 NS1 结合，通过补体介导的细胞毒作用发挥保护作用。另外，M 蛋白亦能诱导产生具有轻度中和作用的抗体。与此同时，抗体与抗原结合后，也可能激活补体及细胞免疫，导致脑组织损伤和坏死。抗体对已侵入细胞的病毒无法发挥中和作用，此时机体会通过细胞免疫来自身保护。细胞免疫的抗原表位主要集中于其他非结构蛋白，病毒刺激机体的杀伤性 T 淋巴细胞特异地作用于病毒抗原，引起病毒溶解。另外病毒也会刺激机体产生各类细胞因子，增加免疫反应强度。

### （三）疫苗

疫苗接种是预防和控制本病的最重要手段之一。目前，乙脑疫苗主要有灭活疫苗和减毒活疫苗。灭活疫苗主要刺激机体产生结构蛋白抗体，减毒活疫苗免疫动物后还能使机体产生大量抗 NS1 抗体，免疫效果优于灭活疫苗。

**1. 流行性乙型脑炎灭活疫苗** 根据制苗用原材料，该类疫苗分为以下三种：鼠脑灭活苗、鸡胚灭活苗和仓鼠肾细胞灭活苗。目前，我国主要用小鼠生产猪乙型脑炎灭活苗。种毒为猪乙型脑炎病毒 HW1 株。制造时，将病毒脑内接种 8～12 g 小鼠，3～4 d 后小鼠出现症状或濒死小鼠，取脑组织制成 10% 悬液，取离心上清液加入 10% 甲醛溶液灭活，使甲醛溶液的终浓度为 0.2%，置 4 ℃ 冰箱内灭活 21 d，加入油佐剂乳化即成。灭活疫苗一般需要多次接种才能产生良好的免疫效果，局部不良反应率达 20% 左右，全身反应率达 10%，价格较贵，故生产使用较少。

**2. 流行性乙型脑炎活疫苗** 美国和日本先后获得了几个弱毒疫苗株，免疫效果良好。我国在弱毒苗研究方面也做了大量工作，培育出一些弱毒株。

（1）2-8 减毒株：系由 SA14 变异株经紫外线处理，再在小鼠传代获得的一个减毒株。该病毒株给 2～3 日龄乳鼠接种有较低致病力，脑内接种死亡率为 70%，皮下死亡率为 50%。脑内接种 3 周龄小鼠，基本不引起死亡，脑内传代毒力稳定。大规模马群免疫试验证明安全。马匹免疫后，血清中和抗体阳转率为 85%，保护率达 86.7%。目前通常用仓鼠肾细胞培养制减毒株活疫苗。该疫苗免疫孕马，未发现胎儿畸形。

（2）5 3 减毒株：本弱毒株系 SA14 变异株在仓鼠肾细胞传代致弱后经蚀斑纯化选育获得，具有下列生物学特性：在仓鼠肾细胞内增殖，并产生明显的细胞病变；在琼脂覆盖下的鸡胚成纤维细胞上可形成蚀斑；脑内接种 3 周龄小鼠和体重 2～3 kg 恒河猴，不引起死亡，但对乳鼠尚有一定致病力；3 周龄小鼠皮下注射，病毒不侵入脑组织；在小鼠脑内连续传代 3～5 代，其残余毒力未见回升。本疫苗株用于儿童接种免疫证明安全，并具较好免疫效果，保护率达 80%～90%，抗体阳转率为 85%～91%，用于马和猪也获得了良好的免疫效果。目前该疫苗使用仓鼠肾细胞培养。有报道该苗接种同不孕期母马后，有个别病例出现先天畸形，故不宜在受孕早期接种。

(3) 14-2减毒株：系在上述减毒株的基础上，以不同途径，选出毒力高度减弱而免疫原性好的14-2株（即SA14-14-2株）。将该毒株接种$BHK_{21}$细胞培养，制成冻干活疫苗。用于人、马、猪，均收到良好免疫效果。用该苗注射马驹，未见不良反应，中和抗体阳转率为85.7%～100%。用SA14-14-2减毒株在$BHK_{21}$细胞培养，病毒滴度$TCID_{50}$达$10^{7.6}/0.2$ mL。用该苗免疫妊娠母猪，未见不良反应，免疫后中和抗体阳转率为80%～100%，死产率显著下降，并不见畸形。该毒株通过猪体繁殖5代未见毒力回升。证明该疫苗具有接种针次少、副反应小、免疫原性高、免疫效果好等优点，是目前唯一获得认可和推广使用的乙脑活疫苗，在国内得到广泛应用并出口到韩国、尼泊尔和印度等亚洲国家使用。

[质量标准]  除按兽医生物制品检验的一般规定进行检验外，应进行如下检验：

① 鉴别检验：用PBS（0.015 mol/L，pH 7.4～7.6）将疫苗病毒含量稀释为$2.0\times10^{2.0}$ $TCID_{50}$/mL，与乙型脑炎特异性抗血清等量混合，37 ℃作用90 min，接种地鼠肾原代细胞，置37 ℃培养。同时设不中和疫苗的对照组，置同条件下培养。观察7 d，判定结果。对照组细胞应出现特征性细胞病变，中和组细胞应无细胞病变。

② 安全检验：以下检验项目中，A项为必检项目，B、C和D项任择其一。

A. 用乳猪检验：用4～8日龄健康（猪乙型脑炎HI效价不高于1∶4）乳猪4头，各肌肉注射疫苗2.0 mL（含10头份），观察21 d，应无因接种疫苗而出现的局部或全身不良反应。

B. 脑内致病力试验：用体重12～14 g清洁级小鼠10只，各脑内接种疫苗0.03 mL（含0.15头份）。接种后72 h内出现的非常特异性死亡小鼠应该不超过2只。其余小鼠继续观察至接种后14 d，应全部健活。

C. 皮下感染入脑试验：用体重10～12 g清洁级小鼠10只，各皮下注射疫苗0.1 mL（含0.5头份），同时右侧脑内空刺，观察14 d，应全部健活。

D. 毒性试验：用体重12～14 g清洁级小鼠4只，各腹腔注射疫苗0.5 mL（含2.5头份），观察30 min，应无异常反应，继续观察至接种后3 d，应全部健活。若出现非特异性死亡，可重检一次。重检后，应符合上述标准，否则判为不合格。

③ 病毒含量测定：用PBS（0.015 mol/L，pH 7.4～7.6）将本品作10倍系列稀释，取$10^{-5}$、$10^{-6}$和$10^{-7}$ 3个稀释度，分别接种地鼠肾原代细胞培养物，每个稀释度接种4瓶，同时设同批对照细胞4瓶，置36～37 ℃培养7 d，观察细胞病变，并计算$TCID_{50}$，每头份病毒含量应不低于$10^{5.7}TCID_{5.0}$。

[保存与使用]  2～8 ℃保存，有效期9个月；-15 ℃以下保存，有效期18个月。

近年来，国内外在乙脑病毒嵌合病毒疫苗、基因疫苗、活载体疫苗和亚单位疫苗等基因工程疫苗研究方面取得一些进展，如用JEV疫苗SA14-14-2毒株的PrM和包膜E蛋白基因代替17D黄热病毒cDNA相应基因序列，构建成功嵌合病毒，免疫鼠和猴子安全性较好，并产生免疫保护作用。用表达JEV E蛋白（或含PrM+E基因、PrM+E+NS1+NS2基因）的重组痘苗病毒免疫小鼠能诱导产生中和抗体及抗JEV攻击。JEV E基因、PrM+E、NS1基因疫苗免疫小鼠可以产生一定保护作用。用JEV PrM和E蛋白组成的细胞外颗粒（EPs）免疫小鼠亦能产生特异的中和抗体和T淋巴细胞。

(四) 诊断制剂

本病临床症状与很多其他疾病相似，确诊需要进行病原学和血清学检测。病原学诊断包括病原的分离鉴定和核酸检测，如一步法 RT-PCR 诊断试剂盒、RT-PCR 检测试剂盒、荧光定量 PCR 等。血清学检测针对的成分主要是特异性抗体，检测方法有猪乙型脑炎 ELISA 诊断试剂盒、IgG 抗体 ELISA 试剂盒和乳胶凝集试验抗体检测试剂盒等。但目前我国尚没有正式生产和销售的猪用流行性乙型脑炎诊断试剂盒。

（王君伟，姜平）

### 五、流行性感冒

流行性感冒（Influenza）是由流感病毒引起的人、多种动物和禽感染的接触性传染病。近年来，该病在我国家禽和猪中有蔓延趋势，在公共卫生学上具有重要意义。

流感病毒（Influenza virus）属于正黏病毒科、流感病毒属的成员。引起各种动物感染和发病的主要是 A 型流感病毒。病毒粒子直径约为 80~120 nm，有囊膜，囊膜表面有由血凝素和神经氨酸酶两种蛋白构成的纤突。核酸型为线状单股（－）RNA。病毒粒子髓芯由螺旋形 RNA、核蛋白和多聚酶构成。病毒含有核糖核蛋白（RNP）、血凝素（HA）和神经氨酸酶（NA）等重要抗原。RNP 具有型特异性。HA 和 NA 为该病毒主要表面抗原，具有亚型及株的特异性，目前已知 16 种不同的 HA 和 9 种不同的 NA，这些抗原又以不同的组合，产生及其多样的毒株，包括 H1N1、H3N2、H5N1、H5N2、H7N9 和 H9N1 等。病毒抗原性变异主要以漂移（drift）和转变（shift）两种方式进行。抗原漂移可引起 HA 和（或）NA 的次要抗原变化，抗原转变则可引起 HA 和（或）NA 的主要抗原变化。当细胞感染两种不同的流感病毒时，病毒基因组的片段也可发生遗传重组。另外，来自不同种宿主的病毒也易发生基因交换。本病毒易在 9~12 日龄的鸡胚上生长，也可在犊牛肾、猪肾、猪睾丸、胎猪肺、犬肾、猴肾、人胚肾、鸡胚成纤维细胞和人双倍体等多种细胞上生长繁殖，并能引起细胞病变。犬肾传代细胞系（MDCK）是最常用的传代细胞系。本病毒能凝集鸡、小鼠、大鼠、马和人的红细胞。本病毒对干燥和冰冻的抵抗力较强，在 －70 ℃稳定，冻干可保存数年。病料中的病毒在 50% 甘油盐水中可存活 40 d。60 ℃经 20 min、56 ℃经 30 min 可致病毒灭活。酚、乙醚、福尔马林和碘溶液等一般消毒药和灭活剂对本病毒均有灭活作用。

#### （一）禽流感

禽流感（Avian influenza，AI），又称真性鸡瘟，由 A 型禽流感病毒的高致病力毒株引起，表现为亚临诊症状，轻度呼吸道疾病、产蛋量降低及急性死亡。该病广泛分布于世界很多养猪国家或地区，如美国、爱尔兰、英国、加拿大、意大利、澳大利亚、法国及中国香港等，对世界养禽业已造成了巨大经济损失。被 OIE 列为必须报告的动物疾病，我国规定其为一类动物疾病。

A 型禽流感病毒（Avian influenza virus，AIV）有很多亚型，致病性存在较大差异。目前，已知的高致病性禽流感病毒（HPAIV）都是 $H_5$ 和 $H_7$ 血清亚型，而所有其他亚型毒株对禽类均为低致病性（MP）。$H_5$ 和 $H_7$ 亚型中的很多病毒属于低致病性的，但在合适的条件下可以变为 HPAIV。自 1990 年代以来低致病性禽流感 $H_9$ 亚型受到特别重视，成为一些亚洲国家的鸡群中的优势血清亚型。

**1. 免疫** 禽流感病毒囊膜表面的纤突是三个 HA 单体聚合一起形成的三聚体，可分成两部分，一部分是星球状的头部，含有受体结合位点和抗原决定簇；另一部分为柄，与囊膜相连。HA 是 AIV 中最大的糖蛋白，它是诱生保护性免疫的主要抗原。囊膜上 NA 纤突是 NA 单体形成的四聚体，每个 NA 纤突有 4 个抗原位点，每个位点又含有多个抗原决定簇，也具有一定免疫保护作用。NP 是特异型抗原，主要决定宿主范围，NP 至少有 3 个互相重叠的抗原区，其中一个区在各株流感病毒间均存在。NP 有高度保守的序列，具有很强的免疫原性，能诱导抗体的产生。这一特性被用来研制 NP 的单克隆抗体进行诊断。

禽类被禽流感病毒感染后 7~10 d 便可产生抗体，同时，可以产生黏膜免疫抗体和细胞免疫应答。由于对禽类感染的病毒亚型不能预测，而制备对所有亚型都起保护作用的疫苗又不现实。所以，当流感暴发时，只要确认病毒亚型，再免疫相应病毒亚型的灭活疫苗便可有效缓解禽群的临诊症状和死亡。其缺点是：接种疫苗后，血清学监测受到限制，同时在不发病时病毒仍会发生感染和长期存留。免疫后的鸡不能阻止病毒感染，但可减少排毒，降低病毒传播的可能性。在弱毒力禽流感暴发时，应慎重使用疫苗，以延缓和降低高致病力病毒发生的机会。灭活单价或多价疫苗辅以佐剂可促进产生抗体，降低死亡率、感染率并防止产蛋下降。

**2. 疫苗** 禽流感病毒血清型众多，且易发生变异，为禽流感的防控带来巨大挑战。目前，禽流感的防治尚无特效方法，接种疫苗是预防 AIV 发生与传播的最主要措施。从流感疫苗的实际需求出发，理想的流感疫苗应至少满足三方面的要求，即首先是广谱针对多种亚型流感病毒，尤其是对新出现的流感病毒提供免疫保护；其次是更为安全、高效，在不同群体中均可产生理想的预防效果；三是易于生产，满足流感大流行时疫苗生产的需要。目前，我国禽流感疫苗种类较多，主要包括重组 H5 亚型病毒灭活疫苗（单价、双价）、H9 亚型病毒灭活疫苗、多联多价灭活疫苗和基因工程重组活载体疫苗等。

（1）重组禽流感 H5 亚型灭活疫苗：为了应对 H5 亚型高致病性禽流感病毒抗原性变异，我国成功建立了该病毒 cDNA 感染性克隆病毒拯救技术平台，采用流行毒株的免疫保护基因 HA 和 NA，同时通过基因突变删除了 HA 上连续 5 个决定其高致病力所必需的碱性氨基酸，并替代低致病性 A 型流感病毒 PR8（H1N1）株的相关基因，拯救出低毒力的重组 H5 亚型病毒，研制重组 H5 亚型病毒灭活疫苗，对控制该病流行发挥了重要作用。目前，我国采用该技术已经研制成功 7 代重组禽流感 H5 亚型灭活疫苗，即 Re-1、Re-2、Re-3、Re-4、Re-5、Re-6 和 Re-7。另外，根据需要，又研制了重组禽流感 H5N1 亚型双价灭活疫苗（Re-6+Re-4，Re-1+Re-4，Re-5+Re-4 等）、禽流感（H5+H9）双价灭活疫苗（H5N1 Re-5+H9N2 Re-2）等。该类疫苗均属于全病毒灭活疫苗，一般是用甲醛或者 β-丙内酯灭活禽流感病毒鸡胚尿囊增殖液并辅以佐剂制成，具有良好的免疫作用。灭活疫苗的优点是：制备工艺简单，免疫保护效果确实，而且安全性好、免疫持续时间长且不会出现毒力返强和变异，可以保护同种亚型 AIV 的攻击，有效避免禽流感的大暴发或大流行。其缺点是免疫剂量较大，制备成本高，不能有效地抑制呼吸道中 AIV 的复制。

这里以重组禽流感病毒灭活疫苗（H5N1 亚型，Re-6 株）为例，介绍其质量标量标准和使用方法。本品系用免疫原性良好的重组禽流感病毒 H5N1 亚型 Re-6 株接种易感鸡胚培养，收获感染胚液，用甲醛溶液灭活后，加油佐剂混合乳化制成。用于预防 H5 亚型禽流感病毒引起的鸡、鸭、鹅的禽流感。

[质量标准]　除按兽医生物制品检验的一般规定进行外，应进行如下检验：

① 安全检验：用 3～4 周龄 SPF 鸡 10 只，各肌肉注射疫苗 2.0 mL，连续观察 14 d，应全部健活，且不应出现因疫苗引起的局部或全身不良反应。

② 效力检验：下列方法任择其一。A. 血清学方法：用 3～4 周龄 SPF 鸡 10 只，鸡每只肌肉注射疫苗 0.3 mL，5 只鸡作为对照。接种后 21 d，分别采血分离血清，用 H5 亚型抗原测定 HI 抗体。免疫鸡 HI 抗体效价的几何平均值（GMT）应不低于 1∶64，对照鸡 HI 抗体效价均应不高于 1∶4。B. 免疫攻毒法：用 3～4 周龄 SPF 鸡 10 只，鸡每只肌肉注射疫苗 0.3 mL，5 只不接种作为对照。接种后 21 d，所有鸡各鼻腔接种 H5N1 亚型 HPAIV 0.1 mL（含 100 $LD_{50}$），连续观察 10 d，对照鸡应全部死亡，免疫鸡应全部保护。攻毒后第 5 天采集泄殖腔棉拭子分离病毒。免疫鸡应全部为阴性，对照鸡病毒分离应均为阳性。

[保存和使用]　疫苗 2～8 ℃保存，有效期为 12 个月，用于预防 H5 亚型禽流感病毒引起的鸡、鸭、鹅的禽流感。接种后 14 d 产生免疫力，鸡免疫期为 6 个月；鸭、鹅加强接种 1 次，免疫期为 4 个月。使用时，颈部皮下或胸部肌肉注射。2～5 周龄鸡，每只 0.3 mL；5 周龄以上鸡，每只 0.5 mL；2～4 周龄鸭和鹅，每只 0.5 mL，5 周龄以上鸭，每只 1.0 mL，5 周龄以上鹅，每只 1.5 mL。

(2) 禽流感（H9 亚型）灭活疫苗：毒株较多，包括 A/Chicken/Shandong/LG1/2000（H9N2）株（简称 LG1 株）、A/Chicken/Shandong/6/96（H9N2）株（简称 SD696 株）和 A/Chicken/Guangdong/SS/94（H9N2）株（简称 SS 株）等。制备方法一般是将疫苗种毒接种易感鸡胚培养，收获感染鸡胚尿囊液，经甲醛溶液灭活后，浓缩，加矿物油佐剂混合乳化制成。

这里以禽流感（H9 亚型）灭活疫苗（SD696 株）为例，介绍疫苗质量控制标准及其使用方法。

[质量标准]　除按《兽医生物制品检验的一般规定》进行外，应进行如下检验：

① 安全检验：用 4～5 周龄 SPF 鸡 10 只，每只肌肉或颈部皮下注射疫苗 2.0 mL，连续观察 14 d，应全部存活且不出现疫苗引起的局部或全身不良反应。

② 效力检验：下列方法任择其一。

A. 血清学方法：用 4～5 周龄 SPF 鸡 10 只，每只颈部或皮下注射疫苗 0.3 mL，对照鸡 5 只，接种 21 d 后采血，用 H9 亚型抗原测定 HI 抗体。对照鸡 HI 效价均应不高于 1∶4，免疫鸡应至少有 9 只鸡 HI 抗体效价不低于 1∶64。

B. 免疫攻毒法：用 4～5 周龄 SPF 鸡 10 只，每只注射疫苗 0.3 mL，对照鸡 5 只，接种 21 d，各静脉注射禽流感 SD696 株病毒液 0.2 mL（含 $2.0 \times 10^{6.0}$ $EID_{50}$）。攻毒后第 5 天，采集每只鸡喉头和泄殖腔棉拭子，分别尿囊腔接种 9～11 日龄 SPF 鸡胚 5 枚，每胚 0.2 mL，孵育 96 h，测定所有鸡胚液 HA 效价。每个拭子样品接种的鸡胚中只要有一个鸡胚的尿囊液 HA 效价不低于 1∶16，即可判为病毒分离阳性。阴性样品应盲传一代后进行判定。免疫鸡中应至少有 9 只鸡病毒分离阴性，对照鸡应全部为阳性。

[保存与使用]　疫苗 2～8 ℃保存，有效期 12 个月。颈部皮下或胸部肌肉注射。2～5 周龄鸡，每只 0.3 mL，5 周龄以上鸡，每只 0.5 mL。

（3）禽流感多联多价灭活疫苗：为了减少免疫次数，我国又相继研制成功了禽流感病毒 H5 与 H9 亚型二价活疫苗、禽流感病毒 H9 亚型与新城疫、传染性法氏囊病、鸡产蛋下降综合征、鸡传染性支气管炎等多联灭活疫苗。这些多联多价疫苗质量标准，均应不低于其相应的单独疫苗的质量标准。

这里仅以鸡新城疫、禽流感（H9 亚型）二联灭活疫苗（La Sota 株＋F 株）为例，介绍疫苗质量控制标准及其使用方法，其他疫苗不再赘述。本品系用鸡新城疫病毒 La Sota 株和 A 型禽流感病毒 H9 亚型 A/Chicken/Shanghai/1/98（H9N2）株（简称 F 株）。将疫苗种毒分别接种易感鸡胚，收获感染胚液，超滤浓缩，用甲醛溶液灭活后，加油佐剂混合乳化制成。

[质量标准] 除按《兽医生物制品检验的一般规定》进行外，应进行如下检验：

① 安全检验：用 30～60 日龄 SPF 鸡 10 只，每只肌肉或颈部皮下注射疫苗 1.0 mL，连续观察 14 d，应不出现由疫苗引起的任何局部或全身不良反应。

② 新城疫的效力检验：采用血清学方法进行检验，结果不符合规定时，可采用免疫攻毒法进行检验。

A. 血清学方法：用 30～60 日龄 SPF 鸡 15 只，其中 10 只各皮下或肌肉注射疫苗 20 μL，另 5 只作为对照。免疫后 21～28 d，每只鸡分别采血，免疫组 NDV HI 抗体效价的几何平均值应不低于 1∶16，对照组不高于 1∶4。

B. 免疫攻毒法：用 30～60 日龄 SPF 鸡 15 只，其中 10 只各注射疫苗 20 μL，另 5 只作为对照。免疫后 21～28 d，每只鸡肌肉注射 NDV 北京株强毒（CVCCAV1611 株）$10^{5.0}$ $ELD_{50}$，观察 14 d。对照组全部死亡，免疫组应保护至少 7 只。

③ 禽流感的效力检验：用 21～35 日龄 SPF 鸡 15 只，其中 10 只各皮下或肌肉注射疫苗 0.2 mL，另 5 只作对照。免疫后 21～28 d，每只鸡分别采血，分离血清，测定 HI 抗体效价。免疫组 HI 抗体效价的几何平均值应不低于 1∶64，对照组 HI 抗体效价均应不高于 1∶4。

[保存与使用] 2～8 ℃保存，有效期 12 个月。肌肉或颈部皮下注射，无母源抗体或母源抗体不大于 1∶32 的雏鸡，7～14 日龄时首免，每只 0.2 mL，免疫期 2 个月；母源抗体大于 1∶32 的雏鸡，2 周龄后首免，每只 0.5 mL，免疫期 5 个月；母鸡在开产前 2～3 周接种，每只 0.5 mL，免疫期 6 个月。

（4）重组活载体疫苗：重组活载体疫苗是以利用基因工程方法改造的弱毒病毒作为载体，将病原体的抗原保护性基因插入到病毒载体基因组中，构建成重组病毒，其毒力较弱，可以用做活疫苗种毒，诱导免疫保护作用。目前，用于构建禽流感重组活载体疫苗的病毒载体有：禽痘病毒、金丝雀痘病毒、马立克疱疹病毒、鸡传染性喉气管炎病毒、鸭瘟病毒和新城疫病毒等。以重组病毒作为疫苗，可在动物体内复制，表达出禽流感目的抗原，不仅能诱导产生针对禽流感病毒的体液免疫和细胞免疫反应，同时，诱导产生对载体病毒的免疫保护力，起到联合疫苗的免疫作用。我国研究开发出了禽痘病毒活载体疫苗和新城疫活载体疫苗。

① 禽流感重组鸡痘病毒载体活疫苗（H5 亚型）：本疫苗种毒为表达 H5 亚型禽流感病毒 HA 和 NA 基因的重组鸡痘病毒 rFPV-HA-NA 株，该毒株是通过将 GS/GD/96 的 HA 和 NA 基因重组到鸡痘病毒疫苗株的基因组中构建而成。疫苗制造时，即将重组鸡痘病毒

rFPV-HA-NA 株接种鸡胚成纤维细胞培养，收获培养物，加适宜稳定剂，经冷冻真空干燥制成。疫苗质量标准相当于 H5 亚型禽流感 Re-1 灭活疫苗和鸡痘活疫苗的标准。疫苗-15℃以下保存，有效期为 24 个月。使用时，用灭菌生理盐水或其他适宜稀释液，稀释成 5.0 mL，用蘸水笔尖（或稀释成 6.0 mL 用刺种针）在翅膀内侧无血管处皮下刺种 2 周龄以上鸡，每只 1 羽份。

② 禽流感、新城疫重组二联活疫苗（rLH5-5 株）：本疫苗种毒为表达 H5 亚型禽流感病毒 HA 基因的重组新城疫病毒 rLa Sota-H5 mutHA-AH06 株（简称 rLH5-5 株），该弱毒株是通过将 GS/GD/96 的 HA 基因重组到新城疫病毒 LaSota 株的基因组中构建而成。疫苗生产时，将 rLH5-5 株接种鸡胚培养，收获感染鸡胚尿囊液，加适宜稳定剂，经冷冻真空干燥即可制成。疫苗质量标准相当于 H5 亚型禽流感 Re-1 灭活疫苗和新城疫 LaSota 株疫苗的标准，并进行鉴别检验，即将疫苗用灭菌生理盐水稀释至 $10^{3.0}$ $EID_{50}$，与 10 倍稀释新城疫病毒单因子高免血清等量混合，24～30 ℃中和 1 h，尿囊腔内接种 10 日龄 SPF 鸡胚，置 37 ℃观察 120 h，应不引起特异性死亡及病变，并应至少有 8 枚鸡胚健活，鸡胚尿囊液作红细胞凝集试验，应为阴性。H5 亚型禽流感 HA 抗原蛋白表达采用免疫荧光检测，应符合规定。疫苗-20 ℃以下保存，有效期为 12 个月。滴鼻、点眼、肌肉注射或饮水。推荐的免疫程序为新城疫母源抗体滴度降至 1：16 以下或 2～3 周龄时首次免疫（肉雏鸡可提前至 10～14 d），首次免疫 3 周后加强免疫。以后每间隔 8～10 周或新城疫 HI 抗体滴度度降至 1：16 以下，肌肉注射、点眼或饮水加强免疫 1 次。

此外，国内外对禽流感基因工程亚单位疫苗和 DNA 疫苗也有大量研究，并取得重要进展：① 基因工程亚单位疫苗，即用重组 DNA 技术将禽流感病毒的 HA、NA 或 M2 基因在真核细胞（如昆虫细胞）中高效表达，蛋白产物经有效的纯化后即可用做亚单位疫苗。禽流感 HA 和 NA 特异性的抗体可以中和病毒的感染性，而且能减少病毒复制、阻止病毒传播。M2 蛋白可以作为流感病毒的保护性抗原，对不同亚型禽流感病毒具有广谱性。②DNA 疫苗，DNA 疫苗免疫不仅可以诱导体液免疫而且可以诱导细胞免疫反应，兼有灭活疫苗和亚单位疫苗的安全性，即容易制备和储存等优点。我国学者通过优化目的基因，构建成功 DNA 疫苗 pCAGGoptiHA 重组质粒，实现了 HA 基因在真核细胞中高效表达，并可以有效抵抗高致病性禽流感的攻击，具有重要应用前景。

**3. 诊断制剂** 禽流感病毒的确诊有赖于病毒的分离和鉴定、病毒血清学和分子生物学诊断。目前常用的诊试剂有禽流感病毒乳胶凝集试验检测试剂盒、禽流感病毒 HA 和 NA 亚型鉴定抗原、阳性血清与阴性血清、禽流感病毒抗原和抗体 ELISA 检测试剂盒和禽流感病毒 H5 亚型荧光 RT-PCR 检测试剂盒等。

(1) 禽流感病毒乳胶凝集试验检测试剂盒：本品系从 H9N2 亚型禽流感病毒中提取核蛋白，免疫家兔得到免疫血清并提取 IgG，用该 IgG 致敏羧化聚苯乙烯乳胶得到乳胶诊断试剂，并配以样品处理液 A，样品处理液 B，阳性对照、阴性对照组装而成。2～8 ℃保存，有效期 6 个月。

(2) 禽流感病毒 H9 亚型、血凝抑制试验抗原、阳性血清与阴性血清：本抗原系用 A 型禽流感病毒 A/Chicken/Shanghai/1/98（H9N2）株接种 SPF 鸡胚，收获感染鸡胚液，经纯化、甲醛溶液灭活后，加适宜稳定剂，经冷冻真空干燥制成。阳性血清系用禽流感病毒 H9 亚型灭活疫苗接种 SPF 鸡，采血、分离血清，经冷冻真空干燥制成。阴性血清系用 SPF

鸡血清，经冷冻真空干燥制成。－15℃以下保存，有效期为24个月。

（3）禽流感H5亚型血凝抑制试验抗原与阴、阳性血清：本抗原系用禽流感H5N1亚型病毒AIV-GBL株接种SPF鸡胚培养，收获鸡胚尿囊液，经甲醛溶液灭活后，加适宜稳定剂制成。2~8℃保存，有效期为12个月。阴阳性血清－20℃以下保存。有效期均为24个月。

（4）禽流感病毒抗原ELISA检测试剂盒：本品系用抗禽流感病毒蛋白（NP）的单抗包被酶标板，和兔抗AVI-NP抗体（一抗），羊抗兔IgG酶标抗体、样品处理液、阳性对照、阴性对照、底物液A、底物液B、终止液及20倍浓缩洗涤液组装而成。2~8℃保存，有效期为6个月。

（5）禽流感抗体检测ELISA试剂盒：本品系用禽流感病毒（H7N3）制备抗原包被板，与羊抗鸡酶标抗体、样品稀释液、底物溶液、终止液、AIV阳性对照血清和阴性对照血清组成。2~8℃保存，有效期为12个月。

（6）禽流感病毒H5亚型荧光RT-PCR检测试剂盒：本品系用一对禽流感病毒H5亚型的特异性引物、一条特异性荧光探针，采用逆转录酶、耐热DNA聚合酶（Taq酶）、4种核苷酸单体（dNTPs）等成分组装而成。2~8℃保存（裂解液），RT-PCR酶开封后在室温条件下置于干燥器内保存，其他试剂－20℃以下保存，有效期为12个月。

### （二）猪流感

猪流感（Swine influenza）是由A型流感病毒属引起的一种猪的急性、高度接触性呼吸道传染病，已遍及欧洲、美洲、非洲、亚洲等世界各地。猪流感病毒（Swine influenza virus，SIV）能感染人和禽，猪也能被人流感病毒和禽流感病毒感染，可以成为人流感和禽流感病毒发生基因重排或重组的重要场所。猪在"禽-猪-人"的种间传播链中扮演着流感病毒中间宿主及多重宿主的角色。

本病毒有3种血清型，即A型、B型和C型，在A型中血清亚型已经发现的SIV亚型至少有7种，包括H1N1、H1N2、H1N7、H3N2、H3N6、H4N6、H9N2。在猪群中广泛流行的主要有H1N1、H1N2和H3N2亚型毒株。发生猪流感时，分离到的病毒最常见的是H1N1和H3N2亚型。

鸡胚是培养SIV最常用的材料之一，但鸡胚易被鸡白血病病毒等污染。另外，用鸡胚分离或传代，SIV易发生抗原性变异。SIV能在原代人胚肾、猴肾、牛肾、地鼠肾、鸡胚肾等组织细胞中生长。病毒可以在MDCK和MDBK传代细胞增殖，但这两个细胞均带有致癌基因，通过它们分离和培养的SIV无法用于疫苗生产。在SIV感染的组织细胞中加入一定量的胰蛋白酶，可提高细胞病变程度，提高病毒产量。

**1. 疫苗** 严格的生物安全和疫苗免疫是防控猪流感的主要措施。目前猪流感疫苗研究较多，包括猪流感减毒活疫苗、灭活疫苗、基因工程亚单位疫苗、重组活载体疫苗和核酸疫苗等，但由于病毒抗原变异频繁，给疫苗研制带来困难。

目前，国外有数种商品化SIV灭活疫苗，包括先灵葆雅公司的MaxiVac Platinum®猪流感（H1N1-H3N2亚型）-猪肺炎支原体二联灭活疫苗、MaxiVac Excell® 5.0 H1N1-H3N2亚型猪流感灭活疫苗，英特威公司的End-FLUence® 2，M+RHUSIGEN等疫苗。其中，MaxiVac Platinum®猪流感（H1N1-H3N2亚型）、猪肺炎支原体二联灭活疫苗用于5周龄以上健康猪，来阻止由猪肺炎支原体引起的肺炎、降低由H1N1和H3N2型猪流感病毒引起的相关疾病。疫苗保存于 2～7 ℃。不能冰冻。初次打开后应全部用完。屠宰前 21 d 内不得接种疫苗。我国猪流感油乳剂灭活疫苗研制取得较好进展。

**2. 诊断制剂** 猪流感病毒实验室诊断主要有鸡胚病毒分离鉴定、血凝（HA）和血凝抑制（HI）试验及 RT - PCR 等，其他血清学诊断方法有抗原捕捉 ELISA、双抗体夹心 ELISA 法、间接 ELISA、荧光抗体法、中和试验和琼脂凝胶扩散试验等。血凝抑制试验是目前广泛应用的诊断方法，可用于感染抗体、免疫抗体监测和病毒血清亚型鉴定。我国猪流感病毒（H1 亚型）ELISA 抗体检测试剂盒已有生产和供应。

### （三）马流感

马流感是一种急性高度接触性传染病。本病在易感马群中传播迅速，能感染各种年龄马，特别是迁移至新环境的幼龄马与年龄较大的马接触时易发病。本病主要表现为突然发病，高温持续 3 d 左右，死亡率不高。马流感病毒有 2 种抗原亚型，被称为 A/马-1/布拉格/56 和 1/马-2/迈阿密/63，前者又称为马甲 1 型，后者为马甲 2 型。

**1. 免疫** 马感染流感病毒后或接种疫苗获得的免疫是持久的，血清中血凝抑制抗体和中和抗体可以保持恒定达数年之久。呼吸道黏膜表面分泌型抗体对于抵抗该病毒通过呼吸道及肺部感染起重要作用。黏液中抗体效价的测定是衡量动物保护力的良好指标，黏液中抗体水平又常和血清中抗体水平近似，所以血清中和抗体效价基本代表了动物抵抗力水平。

**2. 疫苗** 对于该病具有良好的预防作用。目前，本病的疫苗有两种。

（1）马流感灭活疫苗：多以鸡胚复制病毒，复制的病毒包括马甲 1 型和马甲 2 型两个亚型毒株，但各次流行时病毒抗原结构经常有变化，可能影响疫苗的效果。因此应考虑使用当地流行时分离出来的毒株制备疫苗，免疫效果则更佳。疫苗制造程序简述如下：

将种毒接种鸡胚尿囊腔复制病毒，一般至接种后 48 h 收获，血凝价达 1：640 以上。48 h 后接种的鸡胚移至 4 ℃冷却，无菌收集鸡胚尿囊液，在收获的尿液内加入 0.05％甲醛溶液灭活。在灭活的尿液中加入氢氧化铝或油佐剂制造成氢氧化铝灭活苗或油佐剂灭活苗。疫苗中含有 2 个亚型毒株。

免疫程序一般为幼龄马在第一年进行两次免疫注射，间隔为 2～3 个月，以后每年注射一次，多在 1 月份加强免疫。免疫的母马所产幼驹，可通过初乳获得 1～2 个月的被动保护力，这些幼驹多在 3 月龄时注射疫苗。

（2）马流感活疫苗：马流感病毒在鸡胚尿囊上连续传若干代，可获得致弱的毒株。该弱毒疫苗鼻内接种能使幼驹获得完全保护，但经口免疫则幼驹在强毒攻击时有 1/3 可排出少量强毒。

（王君伟，姜平）

## 六、轮状病毒感染

轮状病毒感染（Rotavirus infection）是由轮状病毒引起的多种动物急性肠道传染病，主要发生在婴儿和多种动物的幼龄时期，引起幼年动物轻微或无临床症状感染，或导致腹泻并有不同程度的死亡。成年动物和人感染后，多呈隐性经过。该病地区分布广泛，并且存在于各种动物体内。我国从多种患病幼畜体内分离得到该病毒，证实其是引起犊牛、仔猪和羔羊腹泻的主要病因之一，对人类健康和畜牧业的发展都有较大危害，具有重要的公共卫生学意义。

### （一）病原

轮状病毒（Rotavirus，RV）属于呼肠孤病毒科、轮状病毒属成员。病毒粒子直径为65～75 nm，无包膜，成熟病毒粒子包含 11 节段双股 RNA 基因组，编码 6 种结构蛋白（VP1～4、VP6、VP7）和 5 种非结构蛋白（NSP1～NSP5）。VP4 是型特异性抗原和中和抗原，与病毒的毒力直接相关。VP4 经胰酶裂解成 VP8 和 VP5。VP8 片段能吸附宿主细胞，含有中和抗原表位。VP5 参与病毒穿入宿主细胞。VP7 是轮状病毒的主要外壳蛋白和中和抗原。NSP4 是一个跨膜糖蛋白，可能是一种病毒肠毒素，与病毒毒力相关，并可分成不同的基因型。不同病毒毒株在同一细胞复制过程中，其 11 个基因节段可能发生重配，包括动物-人轮状病毒重配株。

根据 VP6 抗原性，RV 可分为 A～G 7 个群，其中，A 群可以感染绝大多数哺乳动物和禽类，在感染发病中最为常见；B 群宿主主要为猪、牛、羊和人。C 群和 E 群主要宿主为猪。其他群主要感染各种禽类。禽轮状病毒与哺乳动物无抗原相关性。由不同种动物分离的病毒，不出现明显的交叉中和反应，可根据病毒中和试验和使用 ELISA 技术的阻断试验使之区别。但在比较研究中，有些病毒之间表现出部分或极少的交叉保护，牛轮状病毒疫苗株不能保护猪轮状病毒对小猪的侵袭。A 群猪轮状病毒进一步分为两个血清型，它们彼此在体外没有交叉中和作用，在体内也不能交叉保护。有些牛轮状病毒株有血凝素，但猪轮状病毒未见有血凝性报道。

本病毒细胞培养较为困难，即使增殖也不产生或仅产生轻微的细胞病理变化。本病毒培养最常用恒河猴胎肾传代细胞系（MA-104）。火鸡和鸡等禽轮状病毒的初次分离也可用雏鸭肾或鸡胚肝细胞的原代培养物。在液体或琼脂培养基中加入 0.15% 胰酶和 100 $\mu g/mL$ DEAE 葡聚糖时，会产生 CPE 和蚀斑，可用蚀斑减少试验测定中和抗体。除 A 型轮状病毒外，其他轮状病毒的许多毒株尚未能适应细胞培养，分离的成功率约 40%～70%。

本病毒对理化因素有较强的抵抗力。室温下可以保存 7 个月。耐酸，不被胃酸破坏。−20 ℃可长期保存。63 ℃，30 min 被灭活。1% 福尔马林对牛轮状病毒，在 37 ℃下需经 3 d 才能灭活。

### （二）免疫

天然免疫在轮状病毒的感染过程中起到了重要的作用。本病毒主要侵犯肠道绒毛上皮细胞，肠道黏膜是病毒需要突破的第一道屏障，肠道分泌的黏液有阻止病毒与宿主细胞受体接触的作用。肠道吞噬细胞可以非特异性杀伤病毒，自然杀伤细胞和 γδT 细胞等可以直接杀伤病毒感染的细胞。肠上皮集合淋巴结中绝大部分为 T 淋巴细胞，B 淋巴细胞产生抗体依赖 T 淋巴细胞调控。初次感染病毒主要由 CD8 细胞清除，CD4 细胞负责防御病毒再次感染。

家畜初乳中含有高水平抗轮状病毒分泌型 IgA，对于新生幼畜具有重要保护作用，所以免疫怀孕家畜，或使孕畜自然感染使其免疫力增强，提高初乳中 IgA 含量对于该病防控是一种重要手段。对于新生幼畜直接进行主动免疫是使新生幼畜获得保护的另一重要途径。免疫的新生幼畜在肠道中可产生分泌型 IgA，在抗感染中起到重要作用。病毒 VP4 和 VP7 可以诱导产生中和抗体，具有被动保护作用。感染动物的血清和粪便中含有较高 VP6 和 VP4 抗体，其次为 VP2 抗体，而 VP7、NSP2 和 NSP4 抗体很低。

## （三）疫苗

轮状病毒母源抗体能大幅度减少和减轻婴幼儿和仔畜发病。轮状病毒疫苗研究进展缓慢。目前，国际上商品化轮状病毒疫苗有人轮状病毒单价活疫苗、人源和牛源轮状病毒的五价重配毒株活疫苗等，能够预防病毒感染和减少重症腹泻的发生。目前最受关注的疫苗有完整的或只含部分蛋白片段的灭活疫苗或 DNA 疫苗。VP4、VP6 和 VP7 是本病毒主要抗原蛋白，在重组杆状病毒系统中单独表达和/或共同表达时，可形成病毒样颗粒（VLP）。轮状病毒 VP6、VP4 或 VP7 的 DNA 疫苗，能够刺激产生强的血清抗体，有抗病毒保护作用。

美国已有一种注册的组织培养致弱疫苗用于犊牛，该疫苗用于 1 日龄犊牛免疫，尽管其效力尚有一些争议和疑虑，但在由轮状病毒引起严重腹泻的牛场使用后确实可产生良好的保护，该苗对于猪无效。

我国用 MA-104 传代细胞经连续传代，已分别培育出了一株猪源弱毒株和一株牛源弱毒株。猪源弱毒株培养 20 世纪 70 代之后对于剥夺初乳仔猪口服 10～15 mL 细胞培养物，仔猪不发病。20 世纪 90 代培养物经未吮初乳的仔猪连传 3 代，未见毒力返强，传代猪可由肠道内分离出病毒。细胞培养病毒 $TCID_{50}$ 可达 $10^{-6}$～$10^{-7}$ 水平。使用该弱毒苗对于母猪进行免疫，初乳中分泌型 IgA 含量极显著高于对照组，免疫母猪所产仔猪成活率大大高于对照组。免疫母猪所产仔猪腹泻发生率下降 60% 以上。牛源弱毒苗免疫怀孕奶牛，其初乳中 IgA 含量明显提高，免疫母牛所产犊牛在 30 d 内未见腹泻，而对照牛腹泻发生率为 22.5%。

## （四）诊断制剂

本病经典诊断方法有电镜观察、病毒分离和鉴定，但其应用受到条件限制。实际诊断工作中，比较可靠和实用的仍然是免疫学技术，免疫胶体金检测试纸条具有简便、快速、敏感性和特异性高等特点，逐渐用于临床诊断。

**1. A 群轮状病毒诊断试剂盒** 将羊抗 A 群轮状病毒多克隆抗体直接包被于硝酸纤维素膜上作为检测线，羊抗鼠 IgG 包被作为对照线，利用标记胶体金的 A 群轮状病毒单克隆抗体，采用免疫层析双抗体夹心法来检测待测样本中的 A 群轮状病毒。使用时，取适量粪便样品放入提取液中，混匀，静置或离心后在加样处滴加 3～4 滴粪便上清液，平置于室温下，10 min 内判定结果。如测试卡上出现两条红色线即为阳性结果。

**2. 轮腺快速检测试剂盒** 采用金标的免疫层析法，即金标记的单克隆抗体直接与人的特异性轮状病毒抗原或腺病毒抗原结合，而检测条上包被有单克隆人腺病毒抗原和 VP6 轮状病毒抗原，当液相和金标结合物通过毛细现象首先接触抗腺病毒单克隆抗体时，如果标本中存在腺病毒，此处会出现粉红色线，当样本继续移动至第二条非特异性抗鼠 IgG 反应带时，如果标本中存在轮状病毒此处会出现粉红色线，最上面为质控线。使用时，在小试管中加 0.5~1 mL 提取液，加入 25~100 mg（稀便加 100 μL）粪便，混匀，静置 1 min 或 700 g 离心，取 500 μL 上清液于另一试管内，将反应条插入该试管内，室温下 5~15 min 内读结果。

### （五）生物治疗制剂

本病传统的治疗措施是采用三氮唑核苷酸、补液、对症、胃肠道黏膜屏障保护剂及微生态制剂，但效果均不够理想。近年来，在常规治疗基础上，应用某些相关的免疫制剂治疗轮状病毒肠炎取得较好疗效。

**1. 抗轮状病毒牛初乳** 是以 SA11 轮状病毒免疫受孕乳牛制备的含抗人轮状病毒抗体的牛初乳。中和抗体效价为 1∶20；病毒阻断试验固相酶标法效价为 1 mg/mL，具有较好治疗效果。

**2. 免疫球蛋白口服液** 为含有轮状病毒特异性中和抗体的复合免疫球蛋白，包括 IgG、IgM 和 IgA。应用免疫球蛋白口服液，佐以黏膜保护药及微生态调节药治疗轮状病毒肠炎，治疗效果优于单纯使用黏膜保护药及微生态调节药治疗。

（王君伟，姜平）

## 七、传染性海绵状脑病

传染性海绵状脑病（Transmissible spongiform encephalopathy）是由亚病毒因子中的朊病毒（Prion）的不同亚种或变异株引起的一类疾病的总称，包括牛海绵状脑病（Bovine spongiform encephalopathy）、绵羊痒病（Scrapie）、水貂传染性脑病（Transmissible mink encephalopathy, TME）、鹿慢性消耗病（CWD）、克雅氏病（CJD）、库鲁病（Kuru）、杰斯综合征（GSS）。其共同特征是病理学检查可见中枢神经组织发生空泡化变性。

### （一）牛海绵状脑病

牛海绵状脑病（Bovine spongiform encephalopathy，BSE）俗称疯牛病（Mad cow disease），是由朊病毒引起成年牛的致死性神经系统疾病。本病以潜伏期长，发病突然，病程缓慢且呈进行性，感觉过敏，共济失调，脑灰白质部发生海绵状变化为特征。本病于 1985 年在英国阿什福德的一个农场首次发现。目前，我国尚未发现该病存在。由于本病可能与人的克雅氏病相关，各国都很重视对本病的防控。本病原属于亚病毒因子中的朊病毒（Prion）。病原体在动物体内的分布以中枢神经系统最高，其次存在于脾脏或淋巴结等网状淋巴系统的脏器，肠管、唾液腺等也有较高的浓度，而在肌肉和血液中较少。粪便和尿中几乎没有病毒。

病牛生前对本病不产生免疫应答，因此，尚无血清学试验的基础。实验室诊断主要依据病理变化，如果中枢神经系统脑干灰质出现了空泡及在空泡形成部位出现神经胶质增生，则再用免疫细胞化学染色法进一步确诊。或用脑电图的波形、电泳分离免疫印迹技术检测宿主蛋白及用病牛脑组织,作脑内、腹腔接种或饲喂小鼠,观察小鼠发病情况。但随着动物基因工程育种技术的发展,人们已培育成功一种特定品系小鼠,可用于制备抗本病毒的抗体,建立的免疫组织化学(IHC)方法可检查BSE感染牛的病理性Pro,有较好特异性。目前,我国已经研制成功疯牛病免疫组化诊断试剂。该试剂组成成分有:用牛朊毒体PrPSc核心片段(PrP27~30)杂交瘤细胞株腹腔接种小鼠制备的腹水单克隆抗体4C11、生物素标记的抗鼠IgG(A液)、亲和素辣根过氧化物酶结合物(B液)和AEC/H2O2底物溶液(C液),具有较高敏感性和特异性,可用于检测疯牛病病原。

### (二)羊痒病

羊痒病是由朊病毒羊痒病因子引起绵羊和山羊的传染病。以潜伏期很长、剧痒、中枢神经系统变性、共济失调和病死率高为特征。本病于18世纪就发生于欧洲一些国家,常见于英国。1947年美国从英国经加拿大进口羊,传入该病并散播各州。1952年澳大利亚、新西兰在进口种羊中发现本病。印度、法国和德国等国也有发生本病的报道。我国于1983年由英国进口的种羊中发现疑似病例。本病毒无免疫反应,不产生干扰素。经用各种药物治疗均无效,由痒病病原的弱抗原性,不受干扰素影响的特性和特殊理化性质,至今尚无有效疫苗。目前,我国研制成功本病免疫组化诊断试剂。该试剂系用羊朊毒体PrPSc核心片段(PrP27~30)杂交瘤细胞株腹腔接种小鼠制备的腹水单克隆抗体13B11与生物素标记的抗鼠IgG(A液)、亲和素辣根过氧化物酶结合物(B液)和AEC/H2O2底物溶液(C液)组成。该试剂有较高特异性,可用于检测羊痒病病原。

### (三)貂传染性脑病

貂传染性脑病又称貂脑病,是由朊病毒引起的一种以脑呈海绵样变性而无炎症变化为特征的慢性或亚急性传染病,死亡率甚高。本病于1947年首先在美国威斯康星州的一个养貂场发现。此后,芬兰、原东德、加拿大的貂场均有本病发生。目前,尚无有效疫苗和诊断液。

(王君伟)

## 第三节 寄生虫类制品

### 一、旋毛虫病

旋毛虫病(Trichinellosis)是由旋毛形线虫引起的,其成虫和幼虫分别寄生于肠道和肌肉中,引起肠旋毛虫病和肌旋毛虫病。肌旋毛虫病以幼虫在动物体内移行,并在横纹肌内形成梭状包囊引起肌纤维变性和萎缩为特征。人、猪、犬、猫和啮齿类的多种哺乳动物均可自然感染。本病具有重要公共卫生学意义。

### (一)病原

旋毛形线虫(*Trichinella spiralis*)属于毛尾目、毛形科,其成虫极细小,长1.5~

4 mm，寄生于小肠，可侵入肠黏膜，引起肠炎，严重时有腹泻带血。幼虫寄生于横纹肌内。雌虫产幼虫后，幼虫随着血液被带至全身各处，但只有进入横纹肌纤维内才能进一步发育。幼虫在肌肉内形成包囊，引起肌纤维肿胀和肌纤维膜增生，出现肌型症状。严重时引起死亡。

## （二）免疫与疫苗

动物感染后能产生抗再感染的免疫力，其机制可能与小肠壁的细胞免疫反应有关。致敏T细胞能成功地攻击嵌入肠黏膜中的旋毛虫或移行中的幼虫，感染旋毛虫的动物均表现有细胞免疫反应，皮内注射虫体抗原可引起迟发型变态反应，并可通过淋巴细胞将免疫传递给正常动物。有免疫力的动物，可以抵抗一个或多个致死剂量的感染性幼虫的感染。人工试验以25～500条幼虫即可引起免疫。另外，肌肉旋毛虫所形成的包囊不但使虫体逃避了宿主免疫系统的识别，还防止抗体及其他效应因子向囊内的渗入，使囊内虫体得以生存。旋毛虫病可使感染动物发生非特异性免疫抑制，表现为对其他感染的抵抗力降低，对疫苗反应减弱及移植皮肤时皮肤存活期的延长。

接种经X射线辐射处理的幼虫可以引起免疫。注射旋毛虫的代谢分泌抗原可使成虫排除。感染动物的血清中，有抗幼虫天然孔产生的沉淀物的抗体，并可能降低60%的幼虫的感染性。免疫印迹技术分析旋毛虫肌幼虫可溶性抗原成分，显示有6种旋毛虫多肽抗原。旋毛虫成虫可溶性粗抗原是很好的免疫原。目前尚无商品化疫苗。

## （三）诊断制剂

猪旋毛虫病的免疫诊断可采用皮内变态反应和沉淀试验等方法。我国已研制出猪旋毛虫的单克隆抗体，并用于ELISA试验诊断猪旋毛虫病。

猪旋毛虫皮内变态反应抗原的制备：用采自猪体的肌肉旋毛虫幼虫经口感染大鼠（或小鼠、仔猪），收集肌肉中的幼虫，用生理盐水洗涤3～4次，移入含卡那霉素的生理盐水中，置4 ℃冰箱中过夜，洗涤3～4次，除去卡那霉素。按旋毛虫幼虫的自然压积加入4倍量的pH 8.3的硼酸缓冲液，研磨冻融，所得匀浆用pH 8.3的硼酸缓冲液再稀释5倍。超声波处理后，加入pH 8.3的硼酸缓冲液，将所得匀浆再稀释5倍，置4 ℃冰箱浸出24 h，低速离心，吸取上清液，用pH 4.6的冰醋酸调pH至5.0，置4 ℃冰箱24 h，低速离心，取上清液，用pH 9.0的硼酸缓冲液，调pH至中性，过滤除菌，测定蛋白质含量，以生理盐水稀释至含蛋白3.0 μg/mL，即制成变态反应抗原。使用时将本品0.2 mL注射于被检猪耳后颈部皮内，注射后10～20 min内，注射的局部水疱变红变暗，形成直径1 cm以上的暗红色斑点，并保持30 min以上者为阳性；注射的水疱无变化，在10 min左右消失，或仅出现淡红色斑点，但在30 min内很快消失的为阴性。

（严若峰）

## 二、猪囊虫病

猪囊虫病（Cysticercosis cellulosae）又称囊尾蚴病，是由寄生在人体内的猪带绦虫的幼虫—猪囊尾蚴寄生于猪的肌肉及其器官而引起的一种人畜共患寄生虫病。是我国农业发展纲要中限期消灭的疾病之一。

## （一）病原

猪带绦虫（*Taenia solium*）的幼虫即猪囊尾蚴（*Cysticercus cellulosae*），一般称为猪囊虫，多寄生于中间宿主（猪）的横纹肌、脑、眼和心肌等处。成熟的猪囊尾蚴为半透明的包囊，外形椭圆光滑，约黄豆大，囊内充满液体，囊壁是一层薄膜，壁上有一个圆形粟粒大的乳白色小结，其内有一个内翻的头节。头节上有四个圆形的吸盘，最前端的顶突上带有多个角质小沟，分成两圈排列。猪囊尾蚴的成虫寄生在终末宿主（人）的小肠里，称为猪带绦虫或链状带绦虫。因其头节的顶突上有小钩，又名"有钩绦虫"。成虫虫体有 700~1 000 个节片；分为头节、颈节和成节。虫卵为圆形或略为椭圆形，直径为 35~42 μm，有一层薄的卵壳，多已脱落，故外层常为胚膜，甚厚，具有辐射状的条纹，内有一个六钩蚴。

## （二）免疫与疫苗

关于猪囊虫病的免疫预防，国内外均无完全成功的疫苗制品。近年来不少学者致力于猪囊尾蚴抗原免疫原性的研究，取得了一些较有价值的结果。用囊尾蚴头节蛋白质抗原加上弗氏不完全佐剂，对猪进行三次皮下注射，每次间隔 20 d，第三次注射后 10 d，给猪饲喂 $10^4$ 个活虫卵，免疫猪对攻击的保护率为 71.43%，并且可检测出高滴度的特异性抗体。应用反复冻融的囊虫虫体匀浆的粗提物对 4 头 6 周龄猪进行免疫试验，但攻击试验表明，此种抗原无论对体内生长、还是体外培养的囊虫，都没有明显的保护作用。有的学者对猪囊虫体外培养进行了研究，这对于进一步研制虫苗免疫制品具有积极的作用。近年来，本病基因工程疫苗研究已取得重要进展。

**猪囊尾蚴细胞油乳剂灭活疫苗**

[制备要点] 本品系用猪囊尾蚴 CC-97 细胞系经传代培养，收获其细胞及代谢产物，经冻融、超声波裂解，加甲醛溶液灭活后，与油佐剂混合乳化制成，为乳白色乳状液。每头份猪囊尾蚴细胞含量至少为 $3.0 \times 10^6$ 个。

[质量标准] 除按兽医生物制品检验的一般规定进行外，需做如下检验：

(1) 安全检验：用 20~30 日龄健康易感仔猪 5 头，各颈部肌肉注射疫苗 2 头份，逐日观察 14 d，应全部健活，且应不出现因注射疫苗引起的严重局部或全身不良反应。

(2) 效力检验：下列方法，任择其一。

① 抗体法：用 20~30 日龄健康易感猪 10 头，其中 5 头各颈部肌肉注射疫苗 2 mL，14 d 后，加强免疫 1 次，5 头不接种，作为对照。接种后 28~30 d，用 ELISA 方法测定血清抗体效价，免疫组应至少有 4 头猪的抗体效价≥1:2 560。

② 攻虫法：按上述抗体法免疫健康易感，30 d 后，每头猪口服攻击用灭菌生理盐水稀释的猪带绦虫卵 2 mL（含虫卵 $2.5 \times 10^3 \sim 3 \times 10^3$ 个），90 d 后扑杀，检虫。对照猪应至少有 4 头检出虫体，免疫猪应至少保护 3/4 头。

[保存与使用] 2~8 ℃保存，有效期 12 个月。用于预防猪囊尾蚴病。颈部肌肉注射。20~30 日龄仔猪首免，14 d 后第二次免疫，每次 2 mL/头。接种后 21~28 d 产生免疫力。

免疫期为 4 个月。

### (三) 诊断制剂

ELISA 试验和间接血凝试验等可用于病猪血清中猪囊虫病特异性抗体的检测，为该病的早期诊断提供了特异性的诊断手段，已有商品化制剂。

（严若峰）

## 三、弓形虫病

弓形虫病（Toxoplasmosis）是由刚地弓形虫引起的一种人畜共患的寄生虫病。各种家畜，包括猪、牛、羊、犬、猫和多种实验动物如小鼠、豚鼠和家兔，以及人类均能感染此病，是一种世界性分布的原虫病。

### (一) 病原

刚地弓形虫（*Toxoplasma gondii*）发现于 1908 年，为细胞内寄生虫。依据其发育阶段的不同分为五种形态：滋养体和包囊，出现于中间宿主体内；裂殖体、配子体和卵囊只出现在终末宿主猫的体内。

弓形虫可在人胚肾、猴肾、猪肾、牛肾、地鼠肾以及鸡胚等各种继代细胞、原代细胞以及 Hela 和 BK 等多种传代细胞上生长繁殖。

### (二) 免疫

宿主对弓形虫感染的免疫包括先天性免疫和获得性免疫。先天性非特异性免疫表现为不同种类及年龄的动物对弓形虫的易感性的差异。动物感染弓形虫后均可获得特异性免疫力，包括体液免疫和细胞免疫，弓形虫的免疫应答主要为细胞介导免疫。但当弓形虫的滋养体进入巨噬细胞时，它们不会被杀死。弓形虫感染后可激发抗体产生，抗体结合补体可清除体液中游离的原虫，减少其在细胞间的扩散，但对细胞内的原虫无能为力。细胞内寄生的原虫主要通过细胞介导免疫而被杀灭。致敏 T 淋巴细胞接触弓形虫抗原，特别是核糖核蛋白时，释放淋巴因子，作用于巨噬细胞，首先使它们能抵抗弓形虫的致死效应，其次是解除阻止溶酶体-吞噬体融合的障碍，使它们能杀死细胞内的原虫。细胞毒 T 细胞能直接杀死弓形虫的滋养体和感染细胞。但弓形虫能以其包囊形式生存于宿主组织中。包囊于感染后期在细胞内形成，内含许多滋养体，它们的免疫原性消失，机体不能识别包囊阶段的虫体，故可长期带虫而不被排斥。

弓形虫约有 1 000 种蛋白质，其中有三类蛋白质被认为是虫苗的候选蛋白，即表面蛋白类、致密颗粒（dense granule）内的分子和顶器内的细胞穿透因子（penetration enhancing factor，PEF）。其中，表面蛋白 P30 对急慢性弓形虫病有保护作用。弓形虫热敏型突变株（therm-sensitive mutant，Ts）诱导机体产生 CTL、$CD8^+$ 和 IFN-$\gamma$，使免疫动物抵抗强毒虫体的攻击。目前，在英国和新西兰都有用这种减毒虫制备的商品化疫苗。

### （三）疫苗

我国于20世纪70年代起就开始了猪弓形虫的体外培养研究，采用继代培养方法驯化弱毒株用于免疫接种。组织细胞培养致弱的弓形虫虫苗在100%接种动物中产生免疫保护作用。通过驯化致弱的弓形虫弱毒苗使用安全，效果确实。

[虫种] 从猪弓形虫病料中分离的弓形虫NT株，通过Vero细胞培养传代，经紫外线全暴露垂直连续照射420代次，建立一株抗紫外线辐照突变虫株NTA-Ⅲ株。虫体全暴露垂直光源（距离5 cm）辐照2 h，活虫占90%以上，生长繁殖正常。每头猪使用100个免疫量虫数，临床观察4~7 d，免疫猪体温、食欲和精神均正常。免疫猪14 d后，产生免疫力，21 d使用强毒弓形虫攻击，对照组发病或死亡，免疫猪全部保护。虫种应无杂菌、真菌、支原体及外源病毒污染。虫种保存于-193℃液氮中，保存期12个月。

[制造要点]

（1）虫种继代：用Vero细胞，每传10代，需经紫外线辐照1~2代次，以便检查虫体抗照性。

（2）兔或地鼠肾细胞培养。

（3）虫体繁殖：虫种接种在单层细胞旋转瓶内，2~3 d收1次，换新鲜培养基，3~5 d后再收1次。合并虫体，配苗含活虫100 000个/mL，以2%台盼蓝染色镜检着色者为活虫。

（4）配苗及分装：①水剂虫苗：将计数的虫体原液加入20%甘油Hank's溶液中，使含虫量保持在$1\times10^5$个/mL。②浓缩虫苗：将计数的虫体原液，低速离心，弃上清液，加入3%明胶液（37℃）充分摇匀使含虫数为2 500 000个/mL。

[质量标准]

（1）物理性状：细胞虫苗呈淡红色，pH 7.2；浓缩虫苗在4℃呈半固体状，淡黄色，pH 6.8。

（2）无菌检查：抽取含虫悬浮液，加入厌气肝汤、肉汤、血琼脂斜面三种培养基，37℃培养，无菌生长为合格。

（3）安全检验：每头猪接种100个免疫量虫数，临床观察4~7 d，免疫猪体温、食欲和精神均应正常。

（4）效力检验：虫苗免疫猪14 d后，产生免疫力，21 d使用强毒弓形虫株攻击，对照组发病或死亡，免疫猪全保护。免疫期9个月。

[保存和使用] 本苗于-4℃保存，有效期1个月。供弓形虫病流行区内使用，以预防猪（羊）弓形虫病发病及死亡。100头剂细胞虫苗及500头剂浓缩虫苗，用于未发病牲畜，每头1 mL。对已发病牲畜、妊娠母畜和未断奶仔猪不得使用。

### （四）诊断制剂

常用的弓形虫病的血清学诊断技术有：染料试验（dye-test）、间接血凝反应、荧光抗体技术、皮肤变态反应以及补体结合试验等。

**1. 弓形虫间接血凝反应（IHA）致敏绵羊红细胞**

[制造要点]

（1）制备弓形虫抗原：用弓形虫人工感染小鼠，采集腹水于生理盐水中，离心收集沉淀，加入 10 倍量的蒸馏水，混匀，置 4 ℃冰箱中过夜，10 000 r/min 离心 1 h，取上清液，加等量的 1.7%盐水，即为弓形虫抗原液，-20 ℃下保存备用。

（2）致敏绵羊红细胞：采集羊血，抗凝，用 0.15 mol/L pH 7.2 的 PBS 洗涤 3 次，配成 2.5%的细胞悬液，加入含 1%鞣酸的 PBS，使鞣酸的终浓度为 1/10 000，37 ℃水浴 15 min，用 PBS 洗涤 3～4 次，再加 PBS 配成 2.5%鞣化红细胞。以 2.5%鞣化红细胞悬液 1 份，抗原液 1 份和 pH 6.4 的 PBS 液 4 份混合，摇匀，置室温 15 min，加 1%正常兔血清，离心洗涤 2 次，最后用含 3%正常猪血清的 PBS 配成 2.5%的红细胞悬液，即为致敏绵羊红细胞。

〔质量标准〕 诊断液呈均匀的悬液，应无颗粒状存在。用标准阳性血清检测凝集效价应达 1∶1 024 以上。

〔保存与使用〕 诊断液保存于 4 ℃冰箱内，不应冻结。用于检测血清抗体，以 1∶64 的稀释度出现 50%凝集（++）者判为阳性；1∶32 为可疑；1∶16 以下为阴性。

**2. 弓形虫病的皮内试验抗原** 取人工感染弓形虫的小鼠腹水，离心取虫体沉淀，加蒸馏水，反复冻融或超声波将虫体崩解破坏，冻干制成皮内试验抗原。将稀释的抗原 0.2 mL 注射于猪的耳根部皮内，观察其皮肤反应：反应在 48 h 后出现，当红肿面直径超过 15 mm 时为阳性，10～15 mm 为可疑，9 mm 以下为阴性。本制剂只适用于流行病学的调查，以检出慢性的隐性的弓形虫病。

（严若峰）

复习思考题

1. 病原性大肠杆菌通常分为哪几种类型？其免疫特性如何？简述畜禽大肠杆菌病疫苗生产要点及其质量控制标准。
2. 试述鸡白痢禽伤寒平板凝集试验在疾病控制中的意义。
3. 动物沙门菌病有哪些商品化疫苗？怎样提高其生产质量？
4. 动物巴氏杆菌病有哪些商品化疫苗？怎样提高其生产质量？
5. 卡介苗是如何研制成功的？试述其在当代生物制品学中的作用。
6. 目前我国用于预防炭疽病的疫苗有哪些？试述其制造要点。
7. 布鲁菌病商品化疫苗和诊断制剂有哪些？试述其制造要点和质量标准。
8. 链球菌病有哪些商品化疫苗？怎样提高其生产质量？
9. 试述鼻疽菌素制造方法及其质量标准。
10. 试述牛型和禽型结核菌素鼻疽菌素制造方法及其质量标准。
11. 试述肉毒梭菌中毒症（C 型）疫苗的制造要点。
12. 试述破伤风类毒素和抗毒素的制造方法和质量标准。
13. 试述钩端螺旋体病补体结合试验抗原的制造方法和质量标准。
14. 衣原体病商品化疫苗和诊断制剂有哪些？试述其制造要点和质量评价方法。
15. 概述口蹄疫疫苗和诊断制剂的特点、制造方法和质量控制标准。
16. 我国所研制的羊痘疫苗的种类有哪些？试述其制造方法和质量标准。

17. 试述鸡痘疫苗毒株的弱化方法和鸡痘疫苗的制造要点。
18. 简述狂犬病活疫苗及其抗血清的种类、制造要点和质量控制要求。
19. 简述流行性乙型脑炎活疫苗种毒特性及活疫苗的质量标准。
20. 禽流感疫苗和诊断制剂有哪些？试述其制造要点和质量评价方法。
21. 猪旋毛虫病和猪囊虫病疫苗和免疫学诊断制剂有哪些？
22. 弓形虫病生物制品有哪些？有何作用和特点？

# 第九章 猪用生物制品

**本章提要** 我国养猪业持续稳步增长，养殖量居世界之最，但疫病造成的经济损失巨大，近十多年猪病生物制品取得重要成果。本章着重介绍 15 种常见的重要猪传染病国内外生物制品基本概况、制造要点、质量标准和使用方法。7 种细菌性疾病中，猪支原体肺炎活疫苗和灭活疫苗可以有效预防该病发生；副猪嗜血杆菌病和猪传染性胸膜肺炎得到重新认识，研制成功多个商品化多价灭活疫苗；猪丹毒、猪传染性萎缩性鼻炎和猪梭菌性肠炎疫苗可以有效预防和控制该病发生和流行；近几年新发生的猪增生回肠炎也有了活疫苗。8 种病毒性传染病中，我国研制的猪瘟兔化弱毒疫苗毒株为世界上最好的疫苗，以该种毒为基础的兔脾淋疫苗和 ST 细胞活疫苗得到新发展；困扰世界养猪业的猪繁殖与呼吸综合征和猪圆环病毒病出现了多种优质疫苗，包括活疫苗、灭活疫苗和基因工程亚单位疫苗；伪狂犬病基因缺失疫苗实现商业化生产，配套的 gE ELISA 抗体检测试剂盒可以区分野毒感染；猪传染性胃肠炎、猪流行性腹泻、细小病毒病和猪水疱病仍为传统制品为主。为了减少猪群免疫接种次数，我国研制成功多种多联多价疫苗，如猪瘟-猪丹毒-猪肺疫三联活疫苗、猪传染性胃肠炎-猪流行性腹泻二联灭活疫苗、仔猪 C 型产气荚膜梭菌病-大肠杆菌病二联灭活疫苗等。本章也介绍了多种最新诊断制剂和生物治疗制剂，如猪瘟荧光抗体、猪传染性胸膜肺炎、猪繁殖与呼吸综合征和猪圆环病毒病 ELISA 抗体检测试剂盒和 PCR 诊断试剂盒、猪支原体肺炎微量间接血凝试验抗原与阴阳性血清等诊断制剂以及猪传染性胃肠炎和猪水疱病等抗血清治疗制剂。

## 第一节 细菌性制品

### 一、猪丹毒

猪丹毒（Swine erysipelas）是由猪丹毒丝菌引起的一种人兽共患传染病，临床表现主要为急性败血型和亚急性疹块型，还有表现为慢性多发性关节炎或心内膜炎。猪是最重要的储存宿主。据估计有 30%~50% 健康猪的扁桃体和淋巴样组织带菌。带菌猪和急性感染猪是猪和其他家畜（牛、马、绵羊、家禽、犬、猫）的传染来源。本病曾是猪的重要传染病之一，多年来由于在饲料或饮水中添加化学药物广泛性预防，本病发生率呈现下降的趋势，但近年来在我国多地又有新的病例发生。

### （一）病原

猪丹毒丝菌（*Erysipelothrix rhusiopathiae*）属于丹毒丝菌属，通称为猪丹毒杆菌，为革兰阳性菌。菌体形态多变，在急性病例的组织或培养物中，菌体细长，呈直或稍弯的杆状，大小 0.2～0.4 μm×0.8～2.5 μm，单在或呈 V 形或短链状存在，在慢性病例的组织或陈旧培养物中多呈长丝状。本菌有荚膜、不产生芽胞、亦无运动性。

光滑型菌株在血液琼脂平板上，菌落呈圆形、边缘整齐、光滑透明、针尖状，周围有狭窄的草绿色溶血环；在肉汤培养基中培养 24 h 后，培养物呈均匀浑浊，管底有少量菌丝沉淀，摇动后呈旋转的云雾状。明胶穿刺接种，15～18 ℃培养 4～8 d 后，细菌沿穿刺线向周围形成侧枝生长，呈试管刷状。可发酵葡萄糖和乳糖。

### （二）免疫

根据猪丹毒丝菌热稳抗原的不同可以分为不同血清型。目前公认的有 25 个血清型和 1a、1b 及 2a、2b 亚型。其中 1a 主要分离自败血症病例，2 型分离自疹块型病例及慢性病例，无热稳抗原的菌株称为"N 型"。我国从猪丹毒病死猪中分离的菌株中，80%～90% 以上为 1a 型，其次为 2 型。

不同血清型猪丹毒丝菌具有一种或多种共同的不耐热抗原，同时还具有各自的型特异性抗原。用 2 型菌灭活苗免疫能完全保护猪、小鼠抵抗 1、2 型菌的攻击，但对 4、9 和 11 型菌的攻击保护力只有 75%～88%。我国小金井株、GAT10 株和 GC14 株等 3 个弱毒菌株免疫的小鼠，对 1、2、4、6、8 和 10 这 6 个血清型菌株表现有型特异性抗原和共同抗原。一般而言，灭活苗交叉免疫较低，而弱毒苗交互免疫效果较好。

SpaA 蛋白，是用单抗筛选获得对所有血清型红斑丹毒丝菌均能反应的一种保护性共同抗原，众多研究表明 SpaA 蛋白有潜力成为预防猪丹毒的亚单位疫苗；SpaA 基因保护性免疫区域位于基因 N 末端，C 末端由 20 个氨基酸组成的 8 个重复单位。Spa 蛋白可以分为 3 个分子型，分别为 SpaA、SpaB 和 SpaC，SpaA 存在于血清型 1a、2、5、8、9、12、15、16、17 和 N；SpaB 主要存在于血清型 4、6、11、19 和 21；SpaC 只在血清型 18 中。3 个分子型均具有很好的免疫原性，相互间能交叉保护。研究发现猪丹毒杆菌在含有血清的复合培养基中会产生一种免疫性物质（66～64 ku 蛋白），用来自猪丹毒杆菌血清型 2b 的 66～64 ku 蛋白免疫小鼠，其可抵抗血清型为 1a 和 N 的菌株的攻击。可以用于评价疫苗效力。

### （三）疫苗

**1. 猪丹毒灭活疫苗** 本疫苗免疫效果除与制苗用菌株的免疫原性有关外，也与培养基质量及其佐剂的性质有关。国外预防猪丹毒多采用灭活疫苗，并有多种商品化疫苗。世界动物卫生组织（OIE）提出的标准为：以干燥菌苗 0.8 mg 接种小鼠，免疫 2～3 周后，攻击强毒菌，50% 以上小鼠获得保护为 1 个单位，有效疫苗每毫升必须含 20 单位，猪接种 60 单位以上，免疫期 6 个月。20 世纪 50 年代，我国用 2 型猪丹毒杆菌，研制成氢氧化铝吸附疫苗，经区域试验和田间试验证明疫苗安全有效。本疫苗制造过程中，必须在培养基中加马血清，使 B 型菌产生可溶性糖蛋白抗原，经氢氧化铝吸附后，接种动物能产生良好的免疫力。使用剂量为 2 mL，如在 1 个月注射两次，免疫期可达 4 个月以上。

［菌种］ 本品系用免疫原性良好的猪丹毒杆菌 2 型 C43-5。

［制造要点］ 用 2% 裂解血细胞全血的肉肝胃消化汤在反应罐内通气培养，培养的菌液用 0.25% 甲醛灭活 18～24 h，然后按灭活菌液 5 份加入 1 份氢氧化铝胶，搅拌并吸附，静

置沉淀。再吸去全量 3/5 的上清液,加入防腐剂即成改良的猪丹毒氢氧化铝吸附灭活疫苗。

[质量标准] 本品静置后,上层为橙黄色澄清液体,下层为灰白色或浅褐色沉淀,振摇后呈均匀混悬液。除按兽医生物制品检验的一般规定进行检验外,尚需进行以下检验:

(1) 安全检验:用体重 18~22 g 小鼠 5 只,各皮下注射疫苗 0.3 mL,观察 10 d,均应健活。

(2) 效力检验:下列方法可任择其一。

① 小鼠效检:用体重 16~18 g 小鼠 16 只,10 只分成 2 组,第 1 组各皮下注射疫苗 0.1 mL,第 2 组各皮下注射用 1 份疫苗加 3 份 40%氢氧化铝胶生理盐水稀释的疫苗 0.2 mL。接种 21 d 后,连同条件相同的对照小鼠 6 只进行攻毒,其中 3 只对照小鼠与免疫小鼠各皮下注射 1 000MLD 猪丹毒丝菌 1 型和 2 型强毒菌的混合菌液,另 3 只各皮下注射 1MLD 的上述混合菌液。观察 10 d。注射 1 000MLD 的对照小鼠应全部死亡,注射 1MLD 的对照小鼠应至少死亡 2 只,免疫小鼠应至少保护 7 只以上。

② 猪效检:用体重 20 kg 以上的健康易感断奶猪 5 头,各皮下或肌肉注射疫苗 3 mL,21 d 后,连同条件相同的对照猪 5 头,各静脉注射 1MLD 的猪丹毒丝菌 1 型和 2 型强毒菌的混合菌液,观察 14 d。对照猪至少发病 4 头并死亡 2 头以上,免疫猪可允许 1 头有反应,但应全部存活。

[保存与使用] 2~8 ℃保存有效期为 18 个月。皮下或肌肉注射。体重在 10 kg 以上的断奶猪 5 mL,免疫期为 6 个月。未断奶仔猪 3 mL,间隔 1 个月后,再注射 3 mL,免疫期达 9~12 个月。注射后一般无不良反应,但可能于注射处出现硬结,以后会逐渐消失。本疫苗经我国长期使用,证明安全,其效力可靠。

**2. 猪丹毒弱毒疫苗** 我国猪丹毒弱毒菌苗的研究始于 20 世纪 40 年代,先后育成的菌株有"4615"株、"122"株、"F65"株、"T60-10"株等。目前生产中广泛使用的是 GC42 株和 G4T10 株。

[菌种] GC42 株由中国农业科学院哈尔滨兽医研究所通过豚鼠传 370 代,再通过雏鸡传 42 代而育成。G4T10 株由江苏省农业科学院兽医研究所与南京兽医生物药品厂合作,在上述通过豚鼠致弱的 G370 菌株基础上,再通过含 0.01%锥黄素的血琼脂培养基传 40 代,最后在 0.04%锥黄素的血琼脂培养基继续传 10 代而培育成。

[制造要点] 需选 GC42 菌株或 G4T10 株的冻干菌种经培养繁殖、选菌、扩大培养后制成生产种子液。制苗时再将检验合格的种子液按 1%接于含 2%血清或裂解红细胞全血的肉肝胃(膜)消化汤内。36~37 ℃培养 20 h,经离心浓缩,并对菌数计算和纯粹检验后,按菌液 7 份加明胶蔗糖保护剂 1 份,混合分装冻干即成。近年来采用通气培养法,37 ℃培养 8~10 h 即可收获。

[质量标准] 除按《兽医生物制品检验的一般规定》进行外,尚需进行以下检验:

(1) 纯粹性和活菌数:疫苗在纯粹检验时应纯粹生长。按瓶签注明头份,用马丁肉汤稀释后,用含 10%健康动物血清的马丁琼脂或其他适宜培养基平板培养计活菌数。每头份活菌 GC42 应不低于 7 亿个,G4T10 活菌应不低于 5 亿个。

(2) 鉴别试验:本品用明胶培养基穿刺培养,GC42 呈线状生长。G4T10 有细而短的分支。

(3) 安全检验:下列方法任择其一。

① 小鼠安检：按瓶签注明头份稀释，皮下注射体重 20～22 g 小鼠 10 只，每只 2 头份，观察 14 d，注射 GC42 疫苗的小鼠全部健活为合格；注射 G4T10 疫苗的小鼠至少 8 只健活为合格。死亡数超过上述标准，可用小鼠重检 1 次，若仍不符合标准，可用猪安检 1 次。

② 用猪安检：按瓶签注明头份稀释，皮下注射断奶 1～3 月龄、体重 20 kg 以上的健康易感猪 5 头，每头 30 头份。每天上、下午测温，共观察 10 d，应不出现猪丹毒症状，允许个别猪有体温反应，但稽留时间应不超过 1 日，精神、食欲均应正常。

（4）效力检验：下列方法任择其一。

① 用小鼠检验：疫苗用 20% 铝胶生理盐水稀释成 1/10 头份/mL，皮下注射体重 16～18 g 小鼠 10 只，每只 0.2 mL（含 1/50 头份），对照小鼠 6 只。14 d 后，3 只对照小鼠和免疫小鼠各皮下注射 1 000MLD 猪丹毒丝菌 1 型和 2 型（各 1 株）强毒菌的混合菌液，另 3 只对照小鼠各皮下注射 1MLD 的上述混合菌液。观察 10 d，注射 1 000MLD 的对照小鼠全部死亡，注射 1MLD 的对照小鼠至少死亡 2 只，免疫小鼠至少保护 8 只为合格。

② 用猪检验：疫苗用 20% 铝胶生理盐水稀释成 1/50 头份/mL，皮下注射断奶 1 个月后、体重 20 kg 以上的健康易感猪 5 头，每头 1 mL（含 1/50 头份）。14 d 后，连同条件相同的对照猪 5 头，各静脉注射 1MLD 的猪丹毒丝菌 1 型和 2 型（各 1 株）强毒混合菌液，观察 14 d。对照猪全部死亡，免疫猪至少保护 4 头；或对照猪至少发病 4 头并至少死亡 2 头，免疫猪全部存活为合格。

［保存与使用］ −15 ℃ 保存，有效期 1 年；2～8 ℃ 保存，有效期 9 个月。使用时，均按瓶签标定的头剂加入 20% 铝胶生理盐水 1 mL 稀释溶解，每头猪皮下注射 1 mL（含活菌 7 亿个）。GC42 疫苗亦可用于口服，口服时剂量加倍，即 2 mL，含活菌 14 亿个。注射后在第 7 天产生免疫力，口服后在第 9 天产生免疫力。G4T10 弱毒皮下注射活菌 5 亿个，80% 以上的免疫猪可获得保护。两个菌株的弱毒疫苗免疫后，对断奶猪，免疫期可达 6 个月。口服时，在免疫前应停食 4 h，用冷水稀释好的疫苗，拌入少量新鲜凉饲料中，让猪自由采食。

**3. 猪丹毒、猪瘟、猪肺疫弱毒三联冻干苗** 20 世纪 70 年代，我国研制成功本疫苗（简称猪三联苗），三联苗免疫力无相互干扰，接种后对于各个病原的免疫力与各单苗免疫后产生的免疫力基本一致。

［菌（毒）种］ 猪丹毒 GC42 株或 G4T10 株、猪肺疫 EO630 株及猪瘟兔化弱毒株。

［制造要点］ 首先分别制备三种基础苗，用猪瘟兔化弱毒株接种乳兔或易感细胞，收获含毒乳兔组织或病毒培养物，以适当比例和猪丹毒丝菌（G4T10 株或 GC42 株）弱毒菌液、猪源多杀性巴氏杆菌（EO630 株）弱毒菌液混合，加适宜稳定剂，经冷冻真空干燥制成。

［质量标准］ 除按《兽医生物制品检验的一般规定》进行外，尚需进行以下检验：

（1）纯粹检验：用细胞毒配制的疫苗应纯粹生长。用组织毒配制的联苗，如有杂菌生长，应进行杂菌计数，并作病原性鉴定，每头份疫苗非病原菌应不超过 75CFU。

（2）活菌计数：猪丹毒丝菌和猪多杀性巴氏杆菌的活菌计数，按瓶签注明头份将疫苗稀释后接种于含 0.1% 裂解血细胞全血及 10% 健康动物血清的马丁琼脂平板中。每头份三联苗中，猪丹毒 G4T10 应不少于 5 亿个活菌或 GC42 应不少于 7 亿个活菌，猪多杀性巴氏杆菌 EO630 株应不少于 3 亿个活菌，同时每头份三联苗中应含有猪瘟兔化弱毒组织毒 0.015 g 或细胞培养毒 0.015 mL。

（3）安全检验：用生理盐水稀释后接种小鼠、家兔、豚鼠和无猪瘟母源抗体的猪进行检验，应符合以下各项要求。

① 取体重 18～22 g（30～35 日龄）小鼠 5 只，各皮下注射疫苗 0.5 mL，含 1 头份。

② 取体重 1.5～2 kg 家兔 2 只，各肌肉注射疫苗 1 mL，含 2 头份。

③ 取体重 300～400 g 豚鼠 2 只，各肌肉注射疫苗 1 mL，含 2 头份（仅用于乳兔组织毒配制的联苗的检验）。

以上动物注射后观察 10 d，除用 G4T10 菌株配制的疫苗允许小鼠有 1 只死亡外，其他动物均应健活。

④ 按瓶签注明头份，将疫苗稀释成 6 头份/mL，肌肉注射猪 4 头，各 5 mL（含 30 头份），注苗后进行测体温、观察和判定。

(4) 效力检验：按各单苗的效检法进行。猪瘟部分，用乳兔组织毒配制的三联苗同猪瘟活疫苗（Ⅰ），用细胞培养病毒液配制的三联苗同猪瘟活疫苗（Ⅱ）。猪丹毒部分，同猪丹毒弱毒活疫苗，猪肺疫部分，同猪多杀性巴氏杆菌病活疫苗（Ⅱ）。

[保存与使用] －15 ℃以下保存，有效期为 1 年；2～8 ℃保存，有效期为 6 个月。用于预防猪瘟、猪丹毒、猪肺疫。猪瘟免疫期为 1 年，猪丹毒和猪肺疫免疫期为 6 个月。猪三联疫苗和含猪瘟的二联疫苗均用生理盐水稀释；猪丹毒、猪肺疫二联疫苗用 20% 铝胶生理盐水稀释。疫苗稀释后，应在 4 h 内用完。初生仔猪、体弱、有病猪均不应注射联苗。断奶半个月以上猪，按瓶签注明头份，每头猪肌肉注射 1 mL。如断奶不足半个月仔猪首免，则必须在断奶两个月左右再注苗 1 次。注苗后可能出现过敏反应，应注意观察。免疫前 7 d、免疫后 10 d 内均不应喂含任何抗生素的饲料。

**4. 猪丹毒、猪多杀性巴氏杆菌病二联灭活疫苗** 本疫苗的制备方法是：用免疫原性良好的猪丹毒丝菌 2 型 C43－5 株和猪源多杀性巴氏杆菌 B 群 C44－1 菌株分别接种于适宜培养基培养，将培养物经甲醛溶液灭活后，加氢氧化铝胶浓缩，经无菌检验合格后，按猪丹毒浓缩苗 8 份，猪肺疫浓缩苗 2 份进行混合。然后按混合后的全量加入 0.3% 石炭酸防腐剂。充分搅拌后，进行分装。安全检验时，用体重 18～22 g 小鼠 5 只，各皮下注射疫苗 0.5 mL，用体重 1.5～2 kg 家兔 2 只，各皮下注射疫苗 5 mL，观察 10 d，均应健活。效力检验时，猪丹毒部分同猪丹毒灭活疫苗；猪多杀性巴氏杆菌部分同猪多杀性巴氏杆菌病灭活疫苗。

本疫苗用于预防猪丹毒和猪多杀性巴氏杆菌病，皮下或肌肉注射。未断奶的猪，注射 3 mL，间隔 1 个月后再注射 3 mL；10 kg 以上的断奶猪注射 5 mL。免疫期为 6 个月。疫苗在 2～8 ℃保存期为 1 年。

**5. 基因工程疫苗** 国内外研制的新型疫苗主要包括：大肠杆菌表达的猪丹毒杆菌 Spa 基因亚单位疫苗、用基因工程方法构建 YS-1 无毒的猪丹毒重组活疫苗、表达 SpaA 基因的重组乳酸杆菌口服疫苗，小鼠免疫后均能够抵抗强毒株的攻击，有一定应用前景。

(四) 诊断制剂

本病血清学诊断方法有平板凝集试验和间接血凝试验，主要适用于亚急性型和慢性型的诊断，对急性败血型意义不大。

**1. 凝集抗原** 选用无自凝现象的光滑型猪丹毒丝菌接种于马丁肉汤，经培养 24 h 加入 0.4% 甲醛杀菌，经离心洗涤后，悬于 1% 甲醛生理盐水中，制成菌悬液（含菌数约 60 亿个/mL），加 20% 甘油和 0.001% 结晶紫或煌绿，即可作为平板凝集试验用抗原。试验时取被检猪的血液1滴,滴于清洁的玻板上,加上述制备的抗原1滴,充分混合,1 min左右混合液边缘出现凝集块为阳性反应。还可配制麦氏比浊管第1管浓度的菌悬液,作为试管凝集试验用抗原。试验时将被检血清用生理盐水作不同倍数的稀释,加入抗原,置37 ℃ 4 h,取出低速离心数分钟,阳性反应时上清透明,阴性反应仍呈混浊状态。凝集价高者可达1∶200。

**2. 培养凝集试验诊断液** 用血清1型或2型的猪丹毒丝菌为免疫抗原,制备相应血清型的高免血清。使用时按1∶40～80加入到蛋白(胨)肉汤中,再按每毫升加入卡那霉素400 μg,庆大霉素50 μg、万古霉素25 μg,也可用0.05%叠氮钠和0.000 5%结晶紫替代上述抗生素。分装小管,即制成猪丹毒血清抗生素诊断液。检测时将被检猪的耳尖血或病、死猪的肝、脾、心血等病料接入,经37 ℃培养14～24 h,管底出现凝集颗粒或团块为阳性。

### (五)抗病血清

采用1型和2型猪丹毒丝菌,分别接种马丁肉汤或肉肝胃消化汤培养,纯粹检查合格后将各菌液混合,作为免疫用抗原。按规定免疫程序进行动物的高度免疫。凡血清效价达到标准的动物,采血分离血清,加入防腐剂即可。经无菌检验、安全检验和效力检验合格后使用。

[质量标准]

(1) 安全检验:用体重18～22 g小鼠5只,各皮下注射血清0.5 mL,或体重350～450 g的健康豚鼠2只,各皮下注射血清10.0 mL。观察10 d,均应全部健活。

(2) 效力检验:用体重18～22 g小鼠18只,分为3组,每组6只。第1组各皮下注射血清0.03 mL,第2组各皮下注射血清0.02 mL(可用生理盐水稀释血清,使注射量均为0.5 mL)。第3组小鼠6只作为对照。注射血清1 h后,第1组免疫小鼠和3只对照小鼠各皮下注射100MLD的猪丹毒丝菌1型和2型(各1株)强毒菌的混合菌液,第2组免疫小鼠和另3只对照小鼠各皮下注射1MLD的上述混合菌液。观察10 d,攻击100MLD的3只对照小鼠全部死亡,攻击1MLD的3只对照小鼠至少2只死亡,第1组免疫小鼠全部保护,第2组免疫小鼠至少保护4只为合格。

[保存与使用] 血清于2～8 ℃保存,有效期3年。血清注射后,被动免疫期约14 d。预防用量:仔猪3～5 mL,50 kg以下猪5～10 mL,50 kg以上猪10～20 mL。治疗剂量:仔猪5～10 mL,50 kg以下猪30～50 mL,50 kg以上猪50～80 mL。

(罗满林)

## 二、猪支原体肺炎

猪支原体肺炎(Mycoplasmal pneumonia of swine)又称猪地方流行性肺炎,习惯称猪气喘病,是由猪肺炎支原体引起猪的慢性呼吸道传染病。本病死亡率低,发病率甚高,常取慢性经过。感染猪发育迟缓,饲料转化率降低及上市期推迟。本病呈世界性分布,经济损失十分严重。

## (一) 病原

猪肺炎支原体（*Mycoplasma pneumonia*）属于膜体纲、支原体属，形态呈多样性，在液体培养物中和肺触片中，以环形为主，也见有球状、两极杆状、新月状、丝状等形态。革兰染色阴性，但着色不佳。姬姆萨或瑞氏染色着色良好。

猪肺炎支原体主要感染猪的呼吸道，损伤纤毛和上皮细胞，其致病的一个重要因素是支原体与淋巴细胞的相互作用。在体外，支原体膜是猪淋巴细胞的促有丝分裂剂，支原体感染改变了肺泡巨噬细胞的功能，使猪产生免疫抑制，患猪易继发其他病原体的感染。猪肺炎支原体的致病因子位于胞膜上而不是胞质中。猪肺炎支原体表面存在荚膜样结构的膜蛋白。该蛋白和本菌致病力、免疫原性、黏附作用和血凝性有关。支原体感染猪肺部组织后，膜蛋白使支原体易于黏附于纤毛表面，从而造成纤毛大量脱落，造成呼吸道的损伤，进一步引起胰样病变或肉样病变。

本菌为兼性厌氧菌，在无细胞人工培养基上能生长，但对营养要求较高，在 A26 液体培养基中生长良好，江苏 II 号培养基可提高猪肺炎支原体的分离率。本菌在液体培养基生长时，可引起 pH 改变，但产酸的快慢与细菌的接种量、培养基新鲜度及菌株有关，而产酸程度又与菌体的毒力和数量有关。已适应液体培养基生长的细菌可在固体培养基上生长，但在固体培养基上生长较慢，培养 7～10 d，肉眼可见针尖和露珠状菌落，不呈煎荷包蛋状。菌落直径约 100 μm。本菌也可在 6～7 日龄鸡胚卵黄囊或猪肺单层细胞中生长，可应用猪肺埋块、猪肾和猪睾丸细胞继代培养。本菌能适应乳兔，600 多代继代后对猪的致病性逐渐减弱，但仍保持较好免疫原性。

本菌对自然环境抵抗力不强，圈舍、用具上的支原体，一般在 2～3 d 失活；病料悬液中的支原体，15～20 ℃放置 36 h 即丧失致病力；对青霉素、链霉素、红霉素和磺胺类药物不敏感，对放线菌素 D、丝裂菌素 C 最敏感，对壮观霉素、土霉素、卡那霉素、泰乐菌素、林可霉素和螺旋霉素敏感。常用的化学消毒剂均能达到消毒目的。

## (二) 免疫

自然感染和人工感染的康复猪具有较坚强的免疫力。应用补体结合、间接血细胞凝集等特异性诊断方法证明，患猪血清中有一定效价的特异性抗体，但保护力与血清抗体效价无关。局部的黏膜免疫和占位效应在本病的抗感染上起着主要的作用，细胞免疫也在抗病方面起有一定作用。

应用猪肺炎支原体的膜制剂免疫妊娠母猪或 3～5 周龄仔猪（被动和主动免疫）都能赋予仔猪抵抗猪肺炎支原体的人工攻击。细菌抽提物 P36、P46、P65、P97R1-Nrdf 等蛋白组分的亚单位疫苗能刺激机体产生较高水平的抗体和高于常规疫苗的 IFN-γ（γ-干扰素）。活疫苗辅以多种免疫佐剂（免疫刺激复合物、左旋咪唑、壳聚糖、黄芪多糖等不同组合）或配合 6035 纳米佐剂肌肉注射、微球疫苗口服免疫等均能获得良好免疫效果。

猪肺炎支原体基因密码子与通用密码子存在一定差异，外源载体表达本菌相关的有效抗原比较困难。利用传统方法或重组大肠杆菌表达制备本菌 85 ku 表面蛋白，猪体接种后可以部分减低猪肺炎支原体在肺脏定居及造成的肺病理损伤。本菌热休克蛋白和黏附素能激发有效的体液免疫、细胞免疫和局部黏膜免疫，具有免疫保护作用，表明生物技术开发新产品具有较好开发和应用前景。

### (三) 疫苗

目前，国内外已有商品化猪肺炎支原体灭活疫苗和活疫苗，但我国活疫苗的免疫途径、猪肺炎支原体培养技术和免疫佐剂等尚需进一步研究和改进。

**1. 灭活疫苗** 本疫苗对本病具有较好免疫保护作用，能有效降低肺病变程度及猪支气管肺炎的发生率。疫苗菌种有 J 株、BQ14 株、P 株和 P-5722-3 株等，一般采用二乙烯亚胺（BEI）和甲醛等灭活剂灭活处理，菌液灭活后与植物油、矿物油、氢氧化铝或卡波姆等佐剂配置而成，剂型呈水包油型、油包水型或水溶性型，具有使用方便和反应较小等优点。免疫程序一般要求两次肌肉注射，7~10 仔猪进行第一次接种，间隔 2~3 周加强免疫。我国市场上进口疫苗有：美国硕腾公司 RespiSure 疫苗、Suvaxyn® RespiFend® MH 疫苗、西班牙海博莱公司 Mypravac® suis 疫苗、德国勃林格公司 Ingelvac M. hyo 疫苗、法国梅里亚公司 Hyoresp® 疫苗和英特威公司的猪肺炎支原体灭活疫苗（安百克）等。

[质量标准] 疫苗质量检验除物理性状和无菌检验外，安全检验一般采用小鼠、豚鼠和仔猪进行接种试验。疫苗效力检验方法如下：

（1）豚鼠检验法：如 Mypravac® suis 疫苗：用 5~7 周龄豚鼠 7 只，取其中 5 只各肌肉注射疫苗 0.5 mL，15 d 后重复注射一次。在疫苗注射前和第二次注射后 15 d，连同 2 只对照，采血分离血清，用 ELISA 测定猪肺炎支原体抗体，对照豚鼠应抗体阴性，免疫豚鼠应 4 只以上出现阳性。

（2）ELISA 检验法：直接测定疫苗中细菌抗原含量，但不同疫苗判定标准有所不同，如 Hyoresp® 疫苗：取 4 瓶疫苗，再从每瓶疫苗中各取 2 份样品（共 8 份样品），按所附注的 ELISA 方法测定猪肺炎支气原的抗原滴度，每毫升应≥1.5ELISA 单位，判为合格。RespiSure 疫苗：采用固相 ELISA 法测疫苗中所含抗原，相对效力单位≥5.06 判为合格。猪肺炎支原体疫苗（安百克）：采用竞争 ELISA 方法检测，与参考疫苗相比，待检疫苗的相对效力（RP 值）应≥1.0 判合格。

**2. 活疫苗** 国外至今未见本病活疫苗报道。早在 20 世纪 50 年代末，中国兽医药品监察所就开始猪喘气病弱毒疫苗的研究，经过 20 余年的努力，培育成功兔化弱毒冻干疫苗。曾先后免疫接种过 20 余个地方品种和外来品种及其杂交猪，经过 X 光透视、称重、血清学检验、临床观察及剖检等方法，证明疫苗安全，无副作用，接种猪不感染同居的健康猪，不影响增重。实验表明，该疫苗安全有效，80%的免疫接种猪能完全抵抗强毒株的攻击而不出现任何肺部病灶，而对照组全部发病。本病弱毒活疫苗可产生有效的细胞免疫。疫苗需采用肺内免疫，有一定应激反应、免疫以后一周内还应避免使用广谱抗生素等药物。我国先后研制成功猪肺炎支原体兔化弱毒 168 株活疫苗和济南株活疫苗。

（1）猪肺炎支原体兔化弱毒疫苗（168 株）：疫苗菌株是由一强毒株通过无细胞培养 340~400 代连续传代致弱而成。产品系用猪肺炎支原体 168 株接种于 KM2 培养基培养，收获培养物，加适宜稳定剂，经冷冻真空干燥制成。冻干苗为白色或淡黄色疏松团块，易与瓶壁脱离，加稀释液后迅速溶解。疫苗安全有效，无副作用，能有效控制猪支原体肺炎的发生，免疫保护力 80%~96%，免疫期 9 个月以上。

[质量标准] 除按常规检验外，应进行如下检验：

① 安全检验：每批疫苗取 5 瓶，加灭菌生理盐水稀释后，接种 18～22 g 小鼠 5 只，每只皮下注射 5 头份疫苗，观察 10 d，应全部健活。如有个别死亡，应注射量加倍重检 1 次，如全部健活，疫苗可判合格。也可用猪作安检，具体方法是取 5～15 日龄易感猪 3 头，各右侧肺内注射疫苗 10 头份，记录重要症状，注射后 25 d 内每天上午测直肠温度，根据临床症状判定标准，总分<2 为安全，>5 为不安全，如在 2～5 之间可重检 1 次，累计总分<2 判为安全。

② 效力检验：按 CCU 测定方法测定其含量，每头份冻干疫苗菌数应≥$10^6$ CCU。

[保存和使用] －15 ℃以下，有效期 18 个月。疫苗使用时，按瓶签注明头份，用无菌生理盐水稀释后，在肺右侧肩胛骨后缘 2 cm 肋间隙进针注射。注射疫苗后 5～15 d 内禁止使用对猪肺炎支原体有抑制性的药物。

(2) 猪肺炎支原体兔化弱毒疫苗（济南株）：疫苗菌株系通过 1～3 日龄乳兔连续传代致弱而成。疫苗系用猪肺炎支原体兔化弱毒株，接种鸡胚或乳兔，收获鸡胚卵黄囊或乳兔肌肉，制成乳剂，加适宜稳定剂，经冷冻真空干燥制成。鸡胚苗为淡黄色；乳兔苗为微红色；冻干苗为海绵状疏松团块，易与瓶壁脱离，加稀释液后迅速溶解。鸡胚苗每克组织含非病原菌应不超过 1 000 个；乳兔肌肉苗，每克组织含非病原菌应不超过 3 000 个。

[质量标准] 除按常规检验外，应进行如下检验：

① 安全检验：鸡胚苗可按所含组织量用生理盐水作 10 倍稀释，皮下注射 18～22 g 小鼠 5 只，每只 0.2 mL，观察 10 d，应全部健活。如有个别死亡，应加倍注射量，重检 1 次，如 5 只小鼠均健活，疫苗可判合格。乳兔肌肉苗，需用猪逐批进行检验。每批抽样 2 瓶，10 倍稀释溶解后肌肉注射无猪瘟母源抗体的健康易感猪 2 头，每头 10 mL，应全部健活。

② 效力检验：按所含组织量用生理盐水稀释成 $10^{-3}$，选择 1.5～2 kg 家兔 4 只，每只右胸腔注射 2 mL，第 2 天、30 天两次采血，用间接血凝方法，检查血清凝集抗体，应至少 2 只为阳性，血凝价≥10（记为＋＋），否则可重检 1 次。

[保存和使用] －15 ℃以下，有效期 11 个月；2～8 ℃保存，有效期 1 个月。使用时，每头份用 5 mL 无菌生理盐水稀释。局部常规消毒后，肩胛骨后缘 3～6 cm 处两肋骨间进针作右胸腔内注射。也可用气溶胶或滴鼻方式免疫，肌肉接种无效。注射疫苗前 3 d、注射后 10 d 内禁止使用土霉素、卡那霉素和对猪肺炎支原体有抑制性的药物。

(四) 诊断制剂

**1. 猪支原体肺炎微量间接血凝试验抗原** 本抗原系用猪支原体肺炎 ZC 株接种适宜培养基培养，收获培养物，浓缩、裂解、致敏醛化绵羊红细胞后，经冷冻真空干燥制成。

[质量标准] 本品为棕色疏松团块，加 PBS 后迅速溶解，不出现肉眼可见的凝块。任取 3 支抗原，各加 5 mL PBS 溶解后混合，与标准阳性、阴性猪血清进行微量间接血凝试验。标准阳性猪血清凝集效价≥1∶40；标准阴性猪血清凝集效价<1∶5；抗原致敏红细胞加等量稀释液不出现自凝现象，为合格。

[保存与使用] －15 ℃，有效期 18 个月；2～8 ℃，有效期 6 个月。用于诊断猪支原体肺炎的微量间接血凝试验。使用方法如下：

(1) 首先用记号笔在 72 孔 V 型微量反应板的一边标明被检血清、阳性猪血清、阴性猪血清及抗原对照，各占一排孔。

(2) 滴加稀释剂：用微量移液器每孔加 25 μL 稀释剂。

(3) 血清稀释：用微量稀释棒先在稀释液中预湿后，经滤纸吸干，再小心地蘸取被检血清立于第一孔中，可以同时稀释 11 份血清，以双手合掌迅速搓动 11 根稀释棒，达 60 次，然后将 11 根稀释棒小心平移至第 2 孔，按同样方法搓同样次数，再移至第 3 孔（被检血清可以只稀释到第 4 孔，即血清稀释到 1∶40，而阳性猪血清、阴性猪血清必须稀释到第 6 孔）。

(4) 滴加抗原致敏红细胞：用微量移液器吸取摇匀后的 2% 抗原致敏红细胞悬液，每孔加 25 μL。

(5) 抗原对照：为 25 μL 稀释液加 2% 抗原致敏红细胞悬液 25 μL，只做 2 孔。

(6) 加样完毕后，置微型振荡器上振荡 15～30 s，室温下静置 1～2 h，观察记录结果。

(7) 判定：凝集反应强度标准如下：

红细胞在孔底凝成团块，面积较大，记为 ++++。

红细胞在孔底形成较厚层凝集，卷边或锯齿状，记为 +++。

红细胞在孔底形成薄层均匀凝集，面积较上二者大，记为 ++。

红细胞不完全沉于孔底，周围少量凝集，记为 +。

红细胞沉于孔底，但周围不光滑或中心空白，记为 ±。

红细胞呈点状沉于孔底，周边光滑，记为 -。

出现"++"以上凝集时为红细胞凝集阳性。以呈现"++"血凝反应的血清最高稀释度作为血清效价判定终点。微量反应板静置 1～2 h，阳性对照猪血清效价应≥1∶40，阴性对照猪血清效价应<1∶5，抗原对照应无血凝现象。

被检猪血清效价>1∶10，判为阳性；效价<1∶5，判为阴性；介于二者之间时，判为可疑。

**2. 阳性血清**　系用猪肺炎支原体济南系免疫接种健康猪，采血，分离血清制成。应无菌生长。凝集效价应≥1∶40，用于猪支原体肺炎微量间接血凝试验对照。2～8 ℃保存，有效期 2 年。

**3. 阴性血清**　阴性猪血清系用健康猪，采血，分离血清制成。应无菌生长。凝集效价应≤1∶5，用于猪支原体肺炎微量间接血凝试验对照。2～8 ℃保存，有效期 2 年。

（罗满林）

## 三、猪传染性胸膜肺炎

猪传染性胸膜肺炎（Porcine contagious pleuropneumoniae）是由胸膜肺炎放线杆菌引起的一种高度接触传染性呼吸道疾病，以出血性坏死肺炎和纤维素性胸膜炎为特征。世界养猪业发达的国家均有存在。本病主要发生于 6～20 周龄的生长猪和育肥猪，猪群中急性暴发可引起死亡率和医疗费用急剧上升，慢性感染群则因生长率和饲料报酬率降低，造成严重经济损失。

### （一）病原

胸膜肺炎放线杆菌（*Actinobacillus pleuropneumoniae*，APP）是一种微小至中等大小

的革兰阴性球杆菌，通常宽 0.3～0.4 μm，长 0.8～1.5 μm，有时形成丝状，并可表现多形性。本菌无鞭毛，不形成芽胞，但有菌毛，新分离的有毒菌株具有荚膜。美蓝染色呈两极着色性，尤其是病料中的 APP 多呈两极浓染。

本菌需氧或兼性厌氧，初分离时供给 5%～10%二氧化碳可促进生长发育，在绵羊血平板上，可产生稳定的 β 溶血，不能在普通培养基上或麦康凯琼脂上生长。因其生长需添加 V 因子，常将鲜血琼脂加热 80～90 ℃维持 5～15 min，制成巧克力培养基培养。此外，葡萄球菌在生长过程中可合成 V 因子，并向外扩散到培养基中，若在事先划有金黄色葡萄球菌的血液琼脂培养基上再接种本菌，不仅可在葡萄球菌生长的菌落周围形成卫星菌落，而且可使溶血区增大，以此可以作为 APP 鉴定的参考依据。

APP 分为两个生物型，生物 1 型又分为 12 个血清型，生物 2 型又分 2 个血清型，但有些血清型之间有相似的细胞结构或相同的 LPS 链。因此，血清型 1～9 和 11 之间、3、6 和 8 之间、4 和 7 之间有交叉反应。毒力方面，生物 1 型的毒力要比生物 2 型强得多。生物 1 型中，又以血清 1 型毒力最强，100 个菌即可引起猪发病，10 000 个菌可导致猪死亡，而 3、6、7 型毒力相对较低。其他血清型的毒力介于它们中间。不同地区流行的血清型变化很大，对某个特定地区来说，也随时间而不同。据调查，我国大陆流行的主要是 1、5、7 和 8 型，台湾省主要为 1 型和 5 型。不同血清型中分泌的毒力因子不一样。

## （二）免疫

无论人工和自然感染均可诱导免疫应答，并在感染后 10～14 d 可检测到循环抗体。这些抗体在 4～6 周内达到高峰，可维持数月或更长，并能减少病死率和降低流行发生率，但抗体水平和保护率之间无直接关联，表明感染后还可诱导细胞免疫。免疫母猪所产仔猪通过初乳可获得被动免疫，母源抗体可使吮乳仔猪在 5～7 周内得到被动保护。从自然感染康复的猪能产生抗异源性攻击的部分免疫力。部分交叉的免疫机理还有待确定。

APP 有多种毒力因子和保护性抗原，包括荚膜多糖（CPS）、脂多糖（LPS）、外膜蛋白（OMP）、转铁结合蛋白（TBP）、脲酶（Ureas）、黏附素及分泌的蛋白酶和 4 种外毒素（Apx 蛋白）。一种血清型 APP 可产生其中 1 种或多种 Apx 蛋白，抗 Apx 的抗体具有中和外毒素的作用。APP 免疫保护主要依赖血清中 IgG 抗体介导。OMP 在 APP 的致病中起着重要的作用。荚膜的厚薄与菌株毒力大小有关。脂多糖可以增强溶血素对巨噬细胞的毒性作用，也是 APP 在呼吸道内黏附的主要因子。针对荚膜和 LPS 的抗体对细菌起调理作用。铁是细菌生长的必要成分之一，也可作为调节其他毒力因子表达的信号。因此，转铁蛋白是 APP 的一个重要毒力因子。脲酶的作用是多方面的，能水解尿素为氨和二氧化碳；氨对肠上皮细胞有细胞毒性作用，能加速中性粒细胞的损伤，还能趋化和激活分叶白细胞和单核细胞。

荚膜多糖、OMP、TBP 和 Apx 毒素均有免疫保护力作用，特别是 Apx 毒素是疫苗中必不可少的成分，但作为疫苗使用时，单一的成分并不足以完全保护。自然感染或人工感染后的耐过存活猪均获得了对所有血清型菌株再次感染的免疫保护力，提示活疫苗通过这些保护性抗原或免疫原成分，在体内刺激机体产生针对所有血清型 APP 攻击的广泛性交叉保护。

近十多年来，国内外在基因缺失的弱毒活菌苗研究方兴未艾，如荚膜缺失菌株，溶血素缺失菌株、核黄素合成酶突变株、无活性 Apx Ⅰ 蛋白弱毒株、Apx Ⅱ C 基因插入失活突变株、aroQ 失活致弱株、aspA 基因突变株、脲酶基因（ureC）和 ApxⅡA 双基因缺失突变株、ApxⅡC 和 ApxⅣA 双基因突变弱毒株等，经接种动物，不仅毒力降低，而且能诱导动物产生针对不同血清型 APP 攻击的交叉保护。此外，菌影疫苗是利用噬菌体 FX174 的 E 基因的表达导致细菌的裂解失活，获得空的细胞衣壳，其免疫效果值得关注。气雾免疫后用同型菌攻击获得了完全的保护，而且能抵抗攻毒菌感染。

### （三）疫苗

国内外广泛采取的预防措施是免疫接种针对流行的优势血清型的多价灭活疫苗。目前，我国已经研制成功 APP 多价灭活苗。但是，商品菌苗只能成功地降低死亡率，不能完全预防肺脏的病变，也不能消除带菌状态。其次，菌苗免疫是血清型特异性的，甚至是株特异性，故疫苗必须针对当地流行的血清型。

**1. 猪胸膜肺炎放线杆菌（1、3、7型）三价灭活疫苗**

［菌种］ 猪胸膜肺炎放线杆菌（1、3、7型）

［制造要点］ 将上述三个血清型菌株（1型 QH-1 菌株，3型 HN-3 菌株、7型 Wf-7 菌株）冻干菌种分别接种于适宜培养基培养，经选菌和扩大培养后制成生产种子液，经在改良3号培养基上 37℃ 18 h 培养，收获培养物，经超滤浓缩，加入甲醛溶液灭活后，按3∶3∶4 比例混合，加矿物油佐剂乳化而成。

［质量标准］ 除按《兽医生物制品检验的一般规定》进行外，需做如下检验：

(1) 安全检验：用体重 1.5～2 kg 的家兔 2 只，各肌肉注射疫苗 2 mL，观察 14 d，应健活；用2月龄以上的健康易感（APP IHA 抗体效价≤1∶4）猪或妊娠母猪 3 头，各肌肉注射疫苗 5 mL，观察 14 d，应无不良反应。

(2) 效力检验：用体重 15～20 kg 的健康易感（APP IHA 抗体效价≤1∶4）猪 9 头，各肌肉注射疫苗 2 mL，30 d 后，连同条件相同的对照猪 9 头，各均分为 3 组，分别滴鼻攻击 QH-1 株、HN-3 株、Wf-7 株菌液，每头 4 mL（含 $4×10^9$ CFU），观察 14 d。3 头对照猪应全部发病，3 组免疫猪均应至少保护 2 头。

［保存与使用］ 2～8℃ 下保存，有效期 1 年。用于预防 1、3、7 型 APP 引起的猪传染性胸膜肺炎，免疫期为 6 个月。体重 20 kg 以下仔猪，每头 2 mL，体重 20 kg 以上猪，每头 3 mL。种猪在引进时或 6 月龄首免，3 周后再免，每次 2～4 mL。种公猪每年 3、9 月各免疫 1 次，后备公母猪配种前 1 个月免疫 1 次，种母猪产前 1 个月免疫 1 次，每次 2 mL。此外，上市前 21 d 禁止使用。

**2. 猪胸膜肺炎放线杆菌（1、2、7型）三价灭活疫苗**

［菌种］ 猪胸膜肺炎放线杆菌（1、2、7型）

［制造要点］ 与上述三价灭活疫苗不同点是：采用血清型菌株（1型 JL9901 菌株，2型 XT-9904 菌株、7型 GZ9903 菌株），培养基为 TSB，配苗时是等量混合。

［质量标准］ 除按《兽医生物制品检验的一般规定》进行外，需做如下检验：

(1) 安全检验：用 35～40 日龄的健康易感（APP IHA 抗体效价≤1∶4）猪 4 头，各肌肉注射疫苗 4 mL，观察 14 d，应无不良反应。

(2) 效力检验：用 35～40 日龄的健康易感（APP IHA 抗体效价≤1∶4）仔猪 12 头，各肌肉注射疫苗 2 mL，28 d 后，连同条件相同的对照猪 12 头，各均分为 3 组，分别气管内注射1个最小发病剂量的血清1型JL9901菌株（含$1×10^8$CFU）、血清2型XT-9904菌株（含$2×10^8$CFU）、血清7型GZ9903菌株（含$2×10^8$CFU）菌液各2 mL进行攻击检验，观察14 d。4头对照猪应全部发病，3组免疫猪均应至少保护3头。

[保存与使用] 2~8℃下保存，有效期1年。用于预防1、2、7型APP引起的猪传染性胸膜肺炎，免疫期为6个月。仔猪在35~40日龄进行首次免疫，隔4周再加强免疫1次，母猪产前6周和2周各注射免疫1次，以后每6个月免疫1次。

### （四）诊断制剂

目前，我国已经有商品化的猪传染性胸膜肺炎补体结合试验抗原及其阴阳性血清、ELISA抗原及其阴阳性血清和ApXIV ELISA抗体检测试剂盒。

**1. 猪传染性胸膜肺炎补体结合试验抗原**

[菌种和制造要点] 本品系用抗原性良好的猪胸膜肺炎放线杆菌1~10型国际标准菌株，接种适宜培养基培养，收获培养物，经甲醛溶液灭活，离心收获菌体，再悬浮于硫柳汞生理盐水中制成。用于诊断猪传染性胸膜肺炎。

[质量标准] 本品为乳白色海绵状疏松团块，加入稀释液后迅速溶解。

（1）效价测定：将单价抗原用巴比妥缓冲液（VBD）从1:5开始做倍比稀释，至1:80；将标准阳性血清用生理盐水作1:5稀释，60℃灭活30 min，再作倍比稀释，至1:80。补体用量为5$CH_{50}$（50%溶血量），溶血素用量为1单位，红细胞悬液为670 000个/$mm^3$。各成分准备好后，用不同稀释度的抗原、阳性血清进行方阵滴定。单价抗原效价判定时，以与最高稀释度的阳性血清呈现70%以上抑制溶血的抗原最高稀释度作为该型抗原的效价。将已测定过效价的各型抗原，用无菌生理盐水稀释到同一效价，等量混合，冻干，即为标定效价的混合（多价）抗原。

（2）特异性检验：将混合抗原按标定效价稀释后做补体结合反应试验，与1:10稀释的各型标准阳性血清应呈阳性反应；与1:10稀释的阴性血清应是阴性反应。试验中所有补体对照应符合标准溶血百分比。

[保存与使用] 2~8℃保存，有效期1年。用于诊断猪传染性胸膜肺炎补体结合试验。冻干抗原用VBD溶解后，限当日使用。判定标准如下，血清1:10稀释≤30%溶血，为阳性；35%~50%溶血，为可疑；≥50%溶血，为阴性。

**2. 猪传染性胸膜肺炎补体结合试验阳性血清**

[菌株和制造要点] 阳性血清系用猪胸膜肺炎放线杆菌国际标准菌株免疫接种猪或兔，采血分离血清制成。

[质量标准] 液体血清为橙黄或淡棕红色，冻干血清为白色或略带红色海绵状疏松团块，加稀释液后迅速溶解。

效价测定：将血清从1:10开始作倍比稀释至1:80，与1个工作量抗原作补体结合试验。猪血清1:80稀释呈现70%以上抑制溶血时，可供标定抗原用。≥1:10、<1:80能呈现70%以上抑制溶血时，可作阳性对照用。兔免疫血清≥1:1 280稀释能呈现70%以上抑制溶血时，可供标定抗原用。≥1:80、<1:1 280稀释能呈现70%以上抑制溶血时，可作阳性对照用。

[保存与使用] 2~8℃保存，液体血清有效期为2年，冻干血清为4年。用于猪传染

性胸膜肺炎补体结合试验对照。

**3. 猪传染性胸膜肺炎补体结合试验阴性血清** 对猪传染性胸膜肺炎补体结合试验抗原应为阴性反应。

**4. 猪胸膜肺炎放线杆菌 ApXIV ELISA 抗体检测试剂盒**

［制造要点］ 本试剂盒系用重组大肠杆菌表达的胸膜肺炎放线杆菌（ApXIV A5 包被的酶联反应板、阳性对照血清、阴性对照血清、羊抗猪酶标二抗、样品稀释液、底物液 A、底物液 B、终止液和血清稀释板等组成，用于检测猪血清中抗胸膜肺炎放线杆菌的 ApXIV 抗体。

［质量标准］ 除按《兽医生物制品检验的一般规定》进行外，需做如下检验：

（1）敏感性检验：将阳性质控血清作 1∶5、1∶10、1∶20、1∶40、1∶80、1∶160、1∶320、1∶640 稀释，各自按"用法与判定"进行检测和判定，其相应 $OD_{630}$ nm 均≥P× 2.25+1.1；P×2.25+0.9；P×2.25+0.7；P×2.25+0.5；P×2.25+0.3P×2.25+0.2；P×2.25+1P×2.25。

（2）特异性检验：按试剂盒说明，对 10 份猪胸膜肺炎阴性血清和 20 份灭活疫苗免疫血清进行检测和判定，均应阴性。试验其他成立的条件是：阳性对照孔 $OD_{630}$ nm 均≥0.6，且<1.6，阴性对照孔 $OD_{630}$ nm 应<0.3。如果 S（样品孔）$OD_{630}$ nm≥P（阳性对照孔平均 $OD_{630}$ nm）×0.25，判为阳性；如果 S<P×0.25，则判为阴性。

［保存与使用］ 2～8 ℃保存，有效期 6 个月。用于检测猪血清中抗猪传染性胸膜肺炎放线杆菌 ApXIV 抗体。

（罗满林）

## 四、副猪嗜血杆菌病

副猪嗜血杆菌病（Haemophilus parasuis disease）也称为格拉泽病（Glasser's disease），又称多发性纤维素性浆膜炎和关节炎。本病在世界各地都广泛存在，以往仅零星散发，但随着养猪业规模化的发展，高度密集饲养、免疫抑制和多重应激等因素存在，该病日趋流行，给养猪业造成严重危害。

### （一）病原

副猪嗜血杆菌（Haemophilus parasuis，HPs）属于巴斯德菌科、嗜血杆菌属，是一种有荚膜、无运动性、革兰阴性短小菌，形态呈多样性，显微镜下可见球杆状、长杆状以及丝状等。本菌需氧或兼性厌氧，最适生长温度 37 ℃，pH 7.6～7.8。常规培养基中不能生长，生长时严格需要烟酰胺腺嘌呤二核苷酸（NAD），在添加 NAD 及马血清的 M96 支原体培养基或添加 NAD、马血清和酵母浸出物的 PPL0 培养基上生长良好。本菌在金黄色葡萄球菌的培养物周围形成典型的"卫星菌落"。在 TSA 固体培养基上培养 24～48 h 后，为圆形、光滑湿润、无色透明、直径约为 1～2 mm 的菌落形态。本菌尿酶试验和氧化酶试验均是阴性，接触酶试验阳性，可发酵葡萄糖、蔗糖、果糖、半乳糖、D-核糖和麦芽糖等。

本菌有多种血清型，按 Kieletein-Rapp-Gabrielson（KRG）血清分型法，目前至少可分为15种血清型，各血清型之间毒力差别很大。其中血清型1、5、10、12、13和14为高毒力致病株；血清型2、4、15为中等毒力株；血清型3、6、7、8、9、11毒力较低，不能引起临床感染。此外还有20%以上的分离株无法定型。日本、德国、美国、加拿大和澳大利亚以血清型4、5和13最为常见，我国以4型和5型为主。

本菌在干燥环境中易死亡，60 ℃ 5～20 min即可被杀死，4 ℃仅存活7～10 d。

### （二）免疫

本菌不同血清型或不同菌株间交叉保护力低。HPs具有明显的地方特异性，HPs某些血清型还有抗原性亚型，不同地方分离的相同血清型菌株的毒力和抗原性可能不同。猪群初次接触无毒力菌株，血清中特异性抗体水平有显著增高，特异性抗体形成以后可产生对强毒菌株的免疫力。母源抗体对保护仔猪感染起着重要作用，种猪用副猪嗜血杆菌疫苗免疫能有效防止仔猪早期发病，降低复发的可能性。

目前有关HPs的致病因子仍然不十分明确。许多HPs菌株有类似菌毛的丝状结构，这些结构协助细菌黏附于细胞表面并且侵入机体。荚膜多糖抗原（CPS）具有型特异性和热稳定性；脂多糖（LPS）具有内毒素样活性，但CPS及LPS与毒力的关系尚不清楚。脂寡糖（LOS）有助于本菌吸附于仔猪的气管上皮细胞（NPTr），NPTr释放IL-8、IL-6，介导细胞凋亡和引起脑膜炎。外膜蛋白（OMP）与毒力有关，并有免疫保护作用。转铁蛋白（Tbp）与机体发病有关，TbpA蛋白具有很好的免疫原性，TbpB不能产生免疫保护力。此外，溶血素操纵子（hhdBA）可能与毒力有关。某些急性期蛋白（acute-phase protein，APP）也与病程发展有关。

### （三）疫苗

疫苗接种或使用菌株特异性灭活菌苗，可以成功地控制该病的发生。美国、加拿大、西班牙等国有副猪嗜血杆菌灭活疫苗，可以保护血清4、5和1、6型。但目前还没有一种灭活菌苗同时对所有的致病株产生交叉保护力。因此，可以采用当地分离的菌株制备灭活疫苗，以有效控制副猪嗜血杆菌病的发生。研制具有交叉保护的疫苗本病疫苗研制的主要方向。目前我国有多种商品化疫苗，但大多是进口疫苗。

**副猪嗜血杆菌灭活疫苗**

[菌种] 副猪嗜血杆菌4型MD0322株和副猪嗜血杆菌5型SHO165株。

[制造要点] 将副猪嗜血杆菌种子菌接种于适宜培养基培养，收获培养物，灭活前活菌数$\geq 2\times 10^9$/mL，经甲醛灭活后，与油佐剂混合乳化制成。外观为油包水型乳白色乳剂。

[质量标准] 除进行常规检验外，还应进行以下检验：

(1) 安全检验：用28～35日龄健康易感断奶仔猪5头，各颈部肌肉注射疫苗4 mL，观察14 d后，注苗局部无严重反应，且全部健活为合格。

(2) 效力检验：用28～35日龄健康易感断奶仔猪10头，分为2组，每组5头，各颈部肌肉注射疫苗2 mL，3周后按相同方法二免疫苗2 mL，每组2免后连同相同条件的对照猪5头，分别腹腔内注射1个致死量的血清4型和5型菌液3 mL，观察14 d。每组免疫猪至少保护4头，对照猪至少死亡3头或4头发病为合格。

[保存与使用] 2～8 ℃保存，有效期1年。用于预防副猪嗜血杆菌病（4型和5型），

免疫期为 6 个月。猪只不论大小，均颈部肌肉注射 2 mL。猪公猪每半年免疫 1 次，后备母猪在产前 8～9 周首免，3 周后二免，以后每胎在产后 4～5 周免疫 1 次。仔猪在 2 周龄首免，隔 3 周后二免。

海博莱公司采用副猪嗜血杆菌 SV-1 株和 SV-6 株制备二价灭活疫苗，勃林格-殷格翰公司采用副猪嗜血杆菌 Z-1517 株制备单价灭活疫苗。均将副猪嗜血杆菌种子菌接种适宜培养物，收获培养物后，经甲醛灭活后，加入适宜佐剂混合制成。每个头份疫苗中，灭活前活菌数，SV-1 株 $\geqslant 2\times 10^9$ 个，SV-6 株 $\geqslant 2\times 10^9$ 个，Z-1517 株 $\geqslant 1.5\times 10^9$。其质量控制标准有所不同。安全检验方面，海博莱公司采用 2 周龄至 6 月龄健康猪，勃林格-殷格翰公司则是采用 16～20 g 小鼠。效力检验方面，海博莱公司采用 5～7 月龄豚鼠 20 只，免疫两次，间隔 15 d，检测血清抗体效价，免疫组血清对两株副猪嗜血杆菌的几何平均滴度应 $\geqslant 1:16$。而勃林格-殷格翰公司用 3～5 周龄易感猪 5 头，肌肉注射疫苗 1 mL，4 周后，肌肉注射 Z-2190 株 2 mL（$4\times 10^5 \sim 8\times 10^5 CFU/mL$），连续观察 7 d，检测带菌数，对照猪至少感染 75%，免疫组感染数显著低于对照组（$P\leqslant 0.05$）时，判为合格。疫苗保存于 2～8 ℃，有效期 2～3 年。颈部肌肉注射，每头 2 mL。

（罗满林）

### 五、猪传染性萎缩性鼻炎

猪传染性萎缩性鼻炎（Swine infectious atrophic rhinitis），是一种广泛流行的以鼻炎、鼻甲骨萎缩为特征的猪慢性呼吸道传染病。临床特征为喷嚏、鼻塞或鼻出血、鼻梁变形、歪斜及鼻甲骨萎缩等，猪生长缓慢，可造成严重经济损失。本病多发于 2～5 月龄的猪，主要通过哺乳母猪或年龄较大的猪传染至仔猪，如感染发生于 3 周龄前，则临床上出现严重疾病。不同猪易感性不同，长白猪特别易感。饲养管理不良，蛋白质、矿物质、维生素不足，营养价值不全等均能促使本病发生。目前世界养猪发达国家和地区均有本病发生。

### （一）病原

本病病原为支气管败血波氏杆菌 I 相菌和产毒素性多杀性巴氏杆菌。支气管败血波氏杆菌作为本病的原发性致病因素，能引起轻度的可逆性萎缩性鼻炎；而 D 型或 A 型多杀性巴氏杆菌产毒素源性菌株感染，繁殖和释放出的毒素，引起严重的不可逆性萎缩性鼻炎和生长迟缓。此外，由环境性刺激物或其他感染也可引起猪鼻黏膜原发性损伤，成为本病的辅助因子。

**1. I 相支气管败血波氏杆菌**（Bordetella bronchiseptica，Bb-I） 本菌属于波氏杆菌属，能运动，革兰阴性，需氧杆菌或球杆菌，大小约 $0.2\sim 0.3~\mu m\times 0.5\sim 1.0~\mu m$，不发酵糖能利用柠檬酸盐和分解尿素。本菌在动物的鼻腔内或人工培养基上均极易发生菌相变异（I-II-III），其中有荚膜的 I 相菌致病性强，大多数菌株在麦康凯培养基上培养 24 h 后能形成菌落，小（直径 0.2～1.0 mm）而密实、半透明、边缘整齐、表面反光、呈珍珠状。这种光滑型菌落为 I 相菌，但也常常出现粗糙型菌落，称之为 III 相菌。在二者之间有过渡型的 II 相型菌。I 相菌除含有属特异性的耐热 O 抗原外，还有种特异的 K 抗原。用凝集试验可对支气管败血波氏杆菌进行血清学鉴定。

**2. D型或A型多杀性巴氏杆菌**（*Pasteurella multocida*，Pm） 能产生皮肤坏死毒素（dermonecrotic toxin，DNT），是萎缩性鼻炎的主要病原。DNT为一种耐热的外毒素，能致豚鼠皮肤坏死、小鼠死亡。用此毒素接种猪可复制出所谓的进行性萎缩性鼻炎（Progressive atrophic rhinitis，PAR）。多杀性巴氏杆菌的一般特性与鉴定见巴氏杆菌病。

## （二）免疫

支气管败血波氏杆菌能产生几种毒素，包括皮肤坏死毒素和黏附因子（如纤毛），它们均是良好的免疫原。相对分子质量为68 ku的外膜蛋白在呼吸道纤毛的黏附中发挥有重要作用，也是一种主要的保护性抗原。纯化的纤毛、类毒素和68 ku外膜蛋白疫苗有一定免疫保护作用。

多杀性巴氏杆菌的PAR发生与毒素和定居因子有关。一般认为，疫苗中的类毒素量与保护力呈正相关，但用纯化的毒素免疫不能预防巴氏杆菌的定居。菌苗-类毒素疫苗中的菌苗成分可能有助于控制多杀性巴氏杆菌在鼻腔定居和排菌。

疫苗免疫效果与菌株关系密切，多数疫苗采用能产生丰富保护性抗原（如纤毛血凝抗原、荚膜抗原和外毒素）的支气管败血波氏杆菌Ⅰ相菌和D型多杀性巴氏杆菌。免疫组母猪所产的仔猪大多能预防由多杀性巴氏杆菌引起的鼻黏膜定居、鼻甲骨萎缩并有提高增重的效果。临床免疫后有降低PAR的临床和病理损伤的作用，但疫苗效果受猪群卫生状况的影响很大。此外，油佐剂苗免疫后诱导的血清免疫应答和保护效果均明显优于铝胶苗。

## （三）疫苗

国内外研究表明，单用支气管败血波氏杆菌苗预防PAR效果并不理想，但有助于控制哺乳仔猪早期的支气管肺炎。用纯化的、脱毒的或重组的多杀性巴氏杆菌毒素免疫初产母猪，能部分防止仔猪PAR的临床症状出现和减少产毒素性巴氏杆菌的定居。因此，本病疫苗采用多杀性巴氏杆菌和支气管败血波氏杆菌两种成分比较理想。目前，我国有多种商品化疫苗，但大多是进口疫苗，如猪支气管败血波氏杆菌（Ⅰ相菌）油佐剂灭活疫苗、多杀性巴氏杆菌类毒素疫苗、D型产毒多杀性巴氏杆菌-支气管败血波氏杆菌二联灭活疫苗、多杀性巴氏杆菌类毒素-支气管败血波氏杆菌二联灭活疫苗等，其中多杀性巴氏杆菌DNT可以采用重组DNT。此外，有的疫苗在二联苗的基础上加入其他成分，如大肠杆菌或猪丹毒丝菌，制成多联疫苗，如梅里亚公司的"Pneumobacter"苗则兼有多杀性巴氏杆菌A:3和D:4型、溶血性巴氏杆菌A:1型及副流感嗜血杆菌，可以预防猪萎缩性鼻炎、兔鼻炎和肺炎等疾病。免疫程序一般是母猪产前免疫两次，仔猪出生后3～4周龄免疫1～2次。

**猪萎缩性鼻炎灭活疫苗**（波氏杆菌JB5株）

[菌种] 猪Ⅰ相支气管败血波氏杆菌JB5株。

[制造要点] 将Ⅰ相菌菌种接种于胰大豆蛋白肉汤（TSB）液体培养基，收获培养物，经灭活后，与油佐剂混合乳化后制成。

[质量标准] 除按《兽医生物制品检验的一般规定》进行外，需做如下检验：

（1）安全检验：用28～35日龄健康易感仔猪（波氏杆菌K凝集抗体效价应不高于1:8）5头各颈部皮下肌肉注射疫苗4 mL（含菌量$3.2\times10^{10}$ CFU），观察14 d，应无不良反应，且全部健活。

（2）效力检验：用28～35日龄健康易感仔猪（波氏杆菌K凝集抗体效价应不高于1∶8）10头，分成免疫组和对照组各5头。免疫组每头肌肉注射疫苗2 mL。免疫后28 d，连同对照猪5头，各气管注射JB株菌液2 mL［含活菌量（2.0～10）×10$^9$CFU］，每日测体温，并观察记录临床症状，14 d后，扑杀所有仔猪，并检查鼻部和肺部病变。免疫猪应至少保护4头，对照仔猪应至少发病4头。

［保存与使用］ 2～8℃保存，有效期1年。用于预防猪传染性萎缩性鼻炎。用法颈部肌肉注射，不论猪只大小，一律每次免疫2 mL，仔猪在4周龄左右免疫，妊娠母猪在分娩前6周和2周各免疫1次。

### （四）诊断制剂

本病确诊需要对支气管败血波氏杆菌和（或）多杀性巴氏杆菌进行分离和血清型鉴定，或者用血清学方法进行诊断。

多杀性巴氏杆菌的分离和血清定型，可从鼻腔材料中分离培养多杀性巴氏杆菌，通过皮内注射豚鼠、或腹腔注射小鼠，确定为毒素源性菌株，再采用间接血凝试验对分离菌株进行荚膜血清定型，大部分产毒素菌株属D型，但也有的为A型。

支气管败血波氏杆菌抗体检测采用凝集试验。平板凝集试验用于初检，以不加热的血清原液1滴（约0.03 mL）与等量未稀释的抗原混合，在20～25℃室温条件下，2 min内75%～100%菌体出现凝集者为阳性反应，50%菌体凝集为疑似反应，25%以下菌体凝集为阴性反应。对照阳性血清应呈完全凝集，对照阴性血清应不凝集。常规诊断应用试管凝集试验，被检血清经56℃水浴灭活30 min，以缓冲盐水做5倍稀释，再倍比稀释到160倍。各个稀释度取0.5 mL，再取稀释的抗原0.5 mL与之混合，37℃温箱放置18～20h，再置室温2 h，判定结果。以50%菌体被凝集的最大稀释倍数为反应终点。对阳性血清凝集价应为1∶160，阴性血清对照和抗原对照应无凝集，被检血清凝集价在1∶80或以上即为阳性。

**1. 猪传染性萎缩性鼻炎波氏Ⅰ相菌凝集试验抗原**

［菌种及制造要点］ 系用猪支气管败血波氏杆菌Ⅰ相菌株为菌种，接种适宜培养基培养，将培养物经甲醛溶液灭活后，离心浓缩制成。

［质量标准］ 本品为乳白色均匀混悬液。久置后，菌体下沉，上部澄清，振摇后仍为均匀的混悬液。

（1）特异性检验与效价测定：取待检抗原用标准OK抗血清、K抗血清、O抗血清及阴性血清作特异性检查，并用已知K凝集价的Ⅰ相菌感染猪血清（效价＜1∶10～1∶160）10份左右，进行敏感性检查。方法均采用试管凝集试验及平板凝集试验。平板凝集试验中使用不经加热灭活的未稀释血清进行，抗原浓度为250亿个/mL；试管凝集试验中使用经加热灭活的稀释血清进行，抗原浓度为50亿个/mL。

待检抗原及标准Ⅰ相菌抗原，对标准OK、K及不同稀释度的感染猪血清，试管凝集应达到原稀释度，平板凝集应呈阳性反应；对标准O及阴性血清两种试验应不凝集。

标准Ⅲ相菌抗原，对OK及O抗血清，试管凝集应达到原稀释度，平板凝集应呈阳性反应；对标准K及阴性血清两种试验应不凝集。所有抗原的缓冲生理盐水对照均应无自凝现象。符合以上标准为合格。

(2) 非特异性检验：取本品及标准Ⅰ相菌抗原，分别与阴性血清及标准O抗血清作凝集试验，均应不产生凝集。

[保存与使用] 2~8℃保存，有效期1年。用于检测猪支气管败血波氏杆菌K凝集抗体的凝集试验。具体可用于试管凝集试验，也可用于平板凝集试验。

**2. 阳性血清** 系用猪支气管败血波氏杆菌灭活抗原免疫接种猪，采血、分离血清制成。用标准Ⅰ相和Ⅲ相菌抗原进行试管凝集试验和平板凝集试验测定效价。试管凝集试验K凝集价应为1∶60时呈50%凝集，O凝集价应为1∶10不凝集。平板凝集试验对Ⅰ相菌抗原应呈100%凝集，对Ⅲ相菌抗原应为完全不凝集。本品2~8℃保存，有效期1年。用于凝集试验对照。

（罗满林）

## 六、猪梭菌性肠炎

猪梭菌性肠炎（Clostridial enteritis of piglets）是由产气荚膜梭菌A型和C型感染后引起新生仔猪迅速死亡的一种严重性疾病。A型菌感染仔猪后迅速发病死亡，被称之为"猝死症"，而C型菌感染后引起初生仔猪的严重出血性肠炎，被称为"仔猪红痢"。猪梭菌性肠炎的特点是发病急，病情严重，病程短，死亡率高，抗生素往往来不及治疗，给养猪业带来潜在的威胁。本病在国内外均有不同程度的发生。

### （一）病原

产气荚膜梭菌（*Cl. perfringens*）是梭菌属的成员，革兰阳性产芽胞杆菌。

本菌为专性厌氧菌，但对厌氧条件的要求不严格。最适培养温度为37℃。在牛乳培养基中能迅速分解糖并产酸，并能凝固酪蛋白，同时能被产生的大量气体冲散，呈多孔海绵状碎块，此种"暴烈发酵"是本菌最突出的特征。用琼脂深层振荡培养时，在培养基中形成双透镜状菌落。在血液琼脂平板上，厌氧条件下培养24 h，形成2~5 mm、灰白色、表面光滑半透明的圆形菌落。大多数菌株可产生双环溶血圈。其内环为完全溶血、外环为不完全溶血区。在葡萄糖琼脂表面上经厌气培养生长的菌落，与空气接触后变成绿色。

### （二）免疫

本病的致病作用主要是由毒素引起，因此以菌体抗原进行血清学分型的意义不大。按细菌产生的主要毒素和抗毒素中和试验，可将本菌分为5个菌型。A型菌主要产生的α毒素，是一种卵磷脂酶，具有坏死、溶血和致死动物的作用，C型菌产生的主要毒素除α毒素外，还有β毒素，后者对胰酶敏感，具有致死、坏死的作用。各种菌型产生的毒素均为蛋白质，分子质量在40 ku以上，均具有良好的抗原性，经杀菌脱毒后成为类毒素，现用的仔猪梭菌性肠炎全菌疫苗中除含有菌体外，也含有类毒素。在国外，除了灭活的全菌苗外，也有用产气荚膜梭菌C型β类毒素菌苗免疫妊娠母猪，通过母猪初乳中的抗毒素抗体，为出生后哺乳仔猪提供短期的保护。

## (三)疫苗

### 1. 仔猪红痢灭活疫苗

[菌种] 免疫原性良好的C型产气荚膜梭菌。

[制造要点] 本品系用免疫原性良好的C型产气荚膜梭菌,接种于肉肝胃酶消化汤,培养16~20 h,加入0.5%~0.8%甲醛溶液杀菌脱毒7~14 d,按5:1加入氢氧化铝胶,充分振荡,静置沉淀,弃去占全量1/2的上清,然后按浓缩量加入0.004%~0.01%的硫柳汞。本品静置后,上层为橙黄色澄明液体,下层为灰白色沉淀,振荡后呈均匀混悬液。

[质量标准] 除按兽医生物制品检验的一般规定进行外,需做如下检验:

(1) 安全检验:用体重1.5~2 kg家兔4只,各肌肉注射疫苗5 mL,观察10 d,均应健活,注射部位应不发生坏死。

(2) 效力检验:用体重1.5~2 kg家兔4只,肌肉注射疫苗,14 d后,连同条件相同的对照兔2只,各静脉注射致死量的C型产气荚膜梭菌毒素,观察3~5 d,对照兔全部死亡,免疫兔至少保护3只为合格。也可用中和试验方法测定免疫动物血清效价。

[保存与使用] 2~8 ℃保存,有效期为18个月。用于免疫妊娠后期母猪,母猪在产前30 d和45 d各肌肉注射一次,每次5~10 mL。如前胎已用过本疫苗,可于产前15 d免疫一次即可,剂量为3~5 mL。新生仔猪通过吮食初乳而获得被动免疫,预防仔猪红痢。

### 2. 仔猪产气荚膜梭菌病二价灭活疫苗

[菌种] A型产气荚膜梭菌C57-1菌株;C型产气荚膜梭菌C59-2菌株。

[制造要点] 将菌种分别接种于厌氧肉肝汤,36~37 ℃培养16~20 h,制备一级种子和二级种子。制苗用培养基为复合培养基,按培养基总量的1%接种二级种子,A型菌置36~37 ℃静止培养9~15 h,C型菌置35~36 ℃静止培养16~20 h,按各菌液总量的0.8%加入甲醛溶液,37~38 ℃灭活脱毒5~7 d,每天充分振荡或搅拌2~3次。灭活脱毒检验合格后,用无菌纱布或铜纱网滤过,然后用硫酸铵提取后进行冷冻干燥成原粉。配苗前,将冻干原粉粉碎,A型苗每头剂为2个兔最小免疫剂量(MID),C型苗每头剂为100个兔MID,配制二价疫苗,定量分装冻干。本品呈微黄色海绵状疏松团块,易与瓶壁脱离,加稀释液后迅速溶解。

[质量标准] 除按兽医生物制品检验的一般规定进行检验外,还需做如下检验:

(1) 安全检验:疫苗用20%氢氧化铝胶生理盐水稀释后,接种体重1.5~2 kg健康家兔2只,各肌肉或皮下注射2 mL,观察10 d,均应健活。

(2) 效力检验:下列两种方法任选其一。

① 攻毒保护试验:先将疫苗用20%氢氧化铝胶生理盐水稀释后,免疫1.5~2 kg健康家兔4只,每只肌肉或皮下注射1 mL,饲养14~21 d,连同条件相同的对照兔2只,分别静脉攻击相对应的1MLD A型和C型毒素。攻毒后,观察3~5 d,对照兔全部死亡,免疫兔至少保护3只,判为合格。

② 接种1.5~2 kg健康家兔2组,每组4只,每只肌肉或皮下注射1 mL,其中一组含A型干粉苗为母猪使用剂量的1/2,另一组含C型干粉苗为母猪使用剂量的1/40,注射后14~21 d采血,分离血清。取0.1 mL血清分别与相应的毒素1MLD混合,置37 ℃中和40 min,然后静脉注射体重16~20 g小鼠2只,同时各用同批小鼠2只,分别注射1MLD

毒素作对照，观察24 h，判定结果，如对照小鼠全部死亡，3只以上兔血清中和效价≥1MLD，可判为合格。

［保存与使用］ 2～8℃保存，有效期3年。用于妊娠后期母猪的免疫注射，可在母猪产前35～40 d和10～15 d各肌肉注射1次，每次2 mL，如经产母猪先前已免疫过本疫苗，可于产前15 d左右注射1次。新生仔猪通过初乳而获得被动免疫，预防仔猪由A、C型产气荚膜梭菌引起的肠毒血症。

**3. 仔猪C型产气荚膜梭菌病、大肠杆菌病二联灭活疫苗**

［菌种］ 大肠杆菌和C型产气荚膜梭菌

［制造要点］ 用大肠杆菌和C型产气荚膜梭菌分别接种适宜培养基培养，收获培养物，经甲醛溶液灭活后，按一定比例混合，加氢氧化铝胶制成。

［质量标准］ 本品为乳白色乳剂，久置后有少量水。按大肠杆菌或C型产气荚膜梭菌灭活疫苗要求进行安全检验，分别按大肠杆菌和C型产气荚膜梭菌灭活疫苗的标准进行各自的效力试验。

［保存与使用］ 2～8℃保存，有效期18个月。母猪产前至少5周和2周各皮下或肌肉注射1次，每次2 mL，如经产母猪先前已免疫过本疫苗，可在产前至少2周注射1次。新生仔猪通过初乳而获得被动免疫，预防仔猪由大肠杆菌引起的腹泻和C型产气荚膜梭菌引起的仔猪红痢。

## （四）诊断试剂

**1. 产气荚膜梭菌病定型血清**

［菌种与制造要点］ 本品系用免疫原性良好的产气荚膜梭菌A、B、C、D型类毒素和毒素，分别多次免疫接种绵羊后，采血分离血清，加适当防腐剂制成。用于诊断产气荚膜梭菌病和产气荚膜梭菌定型。

［质量标准］ 本品为淡黄色或浅褐色澄清液体。安全检验时取体重16～20 g的小鼠5只，各静脉注射血清0.5 mL，另用体重250～450 g豚鼠2只，各皮下注射血清5 mL，观察10 d，均应健活。效价测定时取体重16～20 g的小鼠，用血清0.1 mL与各型毒素作中和试验，应符合以下标准（表9-1）。

表9-1 产气荚膜梭菌病血清型别鉴定判定标准

| 血清型（0.1 mL） | 中和毒素的型别及其剂量 | 中和其他型别毒素 |
| --- | --- | --- |
| A型 | A型毒素10个LD以上 | 不能 |
| B型 | B型毒素100个LD以上 | 能 |
| C型 | C型毒素100个LD以上 | 可中和A、B型；不能中和D型 |
| D型 | C型毒素100个LD以上 | 可中和A型；不能中和B、C型 |

［保存与使用］ 2～8℃保存，有效期3年。供定型用时，用各型血清1 mL，加入供检验的毒素20～100个LD（1 mL），供诊断用时，取死亡动物肠内容物加适量的生理盐水混合均匀，离心沉淀，用赛氏滤器滤过，取滤液1份，加各型血清1份。血清和检测样品混合后置37℃ 40 min，静脉注射小鼠、家兔1～2 mL，观察24 h，按表9-2标准判定结果。

表9-2 产气荚膜梭菌中和试验定型结果判定标准

| 毒素型 | 血清型 | | | |
|---|---|---|---|---|
| | A | B | C | D |
| A | + | + | + | + |
| B | − | + | + | − |
| C | − | + | + | − |
| D | − | + | − | + |

"+"表示中和，小鼠存活；"−"表示不能中和，小鼠死亡。

（罗满林）

## 七、猪增生性肠炎

猪增生性肠炎（Porcine proliferative enteritis/enteropathy，PPE）又称为"猪回肠炎"、"猪坏死性肠炎"、"猪腺瘤病"等，是由胞内劳森菌引起猪的接触性肠道传染病。猪增生性肠炎多发生于6～16周龄的生长育肥猪，在临床上以进行性消瘦、腹泻、腹部膨大和贫血为主要特征。本病由Biester和Schwarce（1931）首次报道，现已广泛发生于世界各国，已成为世界性疾病。

### （一）病原

胞内劳森菌（*Lawsonia intracellularis*，LI）属于脱硫弧菌科、胞内劳森属。本菌具有典型的弧菌外形，多呈弯曲形、逗点形、S形或直的杆菌，末端渐细或钝圆，其大小为1.25～1.75 $\mu m$×0.25～0.43 $\mu m$，能通过0.65 $\mu m$的滤膜，但不能通过0.20 $\mu m$的滤膜。外层细胞壁由3层波纹状膜所组成。革兰染色阴性，抗酸染色阳性，能被镀银染色法着色。本菌主要存在于易感染动物肠细胞的原生质内，随脱落的肠黏膜经粪便排出体外。

本菌为严格细胞内寄生，在鼠、猪和人肠细胞系上均能生长，如IEC-18大鼠肠细胞或IPEC-12猪肠细胞，可用来分离病原菌。本菌属微嗜氧菌，在5%二氧化碳的环境中生长较好。在5～15℃环境中至少能存活1～2周，细菌培养物对季铵消毒剂和含碘消毒剂敏感。

### （二）免疫

细胞免疫反应在胞内劳森菌感染过程中占有重要的地位。猪感染初期，肠道组织切片内可见中等数量的细胞毒性T淋巴细胞、巨噬细胞、携带MHCⅡ的B淋巴细胞浸润。T淋巴细胞尤其是上皮组织黏膜中的$CD3^+$和$CD8^+$下调，表明宿主机体对胞内劳森菌的细胞免疫水平下降。在早期病变中一个共同特征是，肠道黏膜被含有胞内劳森菌特异性抗原的巨噬细胞浸润，表明先天性的细胞防御可能对感染控制起到重要作用。具有活性的巨噬细胞在感染后14 d达到高峰，大量的巨噬细胞浸润可能是疾病发展的重要原因。自然感染病例显示，CD8和CD25 T细胞出现在增生的肠道固有层中。人工感染病例中，动物机体$CD3^+$淋巴细胞的显著下降，暗示在感染中可能出现免疫抑制。急性出血性病例中，免疫反应更加强烈，出现产生 IgM 的 B 细胞。

猪人工感染本菌后第 7 天从粪便中首次检出该菌，排菌时间维持到 12 周；接种后第 14 天能诱导体液免疫和细胞免疫，IgG 抗体水平在 3 周时达到高峰。免疫反应维持到接种后 13 周以上。幸存猪的免疫可能持续约 12 个月，但免疫力不够坚强。

本菌感染后 8~10 d 可出现肠道病变，21 d 病变达到高峰，主要损害猪回肠、小肠与大肠前端连接处的黏膜部位的肠腺窝细胞和未成熟上皮细胞，引起细胞增生而肠壁增厚，肠道上皮增生形成腺瘤样结构，导致坏死性肠炎病变。同时，胞内劳森菌广泛分布不同组织器官中，包括肠道固有层的巨噬细胞、黏膜下层、扁桃体、毛细管系统和淋巴系统。感染后早期反应主要由 IgM 参与，但该抗体维持时间短。

### （三）疫苗

目前，美国、德国和荷兰等国已经研制出本病无毒活疫苗和灭活疫苗。无毒活疫苗鼻腔接种 21 日龄仔猪，能显著地防止病菌在试验猪体内繁殖和减少病变发生，目前已在欧洲、北美和亚洲推广应用，仔猪 3、7 和 9 周龄通过饮水免疫，可以改善日增重和猪群整齐度。我国有进口的本病活疫苗（德国勃林格-殷格翰公司生产），口服免疫能显著提高猪群生长性能，减低死亡率。

**猪回肠炎活疫苗** 本品系用胞内劳森菌分离株接种于 McCoy 细胞培养后，收获细胞培养物，加适宜稳定剂，经冷冻真空干燥制成。疫苗除无菌检验和支原体检验应均为阴性外，进行安全检验和效力检验。安全检验采用 3~5 周龄健康猪；效力检验采用间接荧光抗体方法，即取疫苗及对照品，做适当稀释，接种于 McCoy 工作细胞培养，加入抗胞内劳森菌的单克隆抗体 VPM53 反应后，用抗鼠 IgG-荧光素标记偶联物（FITC）反应，在荧光显微镜下观察，测定效价，疫苗滴度应 $\geqslant 10^{4.0}$ $TCID_{50}$/头份。

本疫苗 2~8 ℃保存，有效期为 36 个月。3 周龄或 3 周龄以上猪，每头猪通过口服或饮水方式服用 1 头份剂量。使用本品时，免疫前后 3 天内禁用抗生素或消毒剂，以免灭活疫苗或降低效价。

### （四）诊断制剂

猪增生性肠炎病的血清学诊断方法在各文献常见的报道主要有 ELISA、间接免疫荧光抗体试验（IFAT）和免疫过氧化物酶单层抗体试验（IPMA）。国内还没有针对该病的商品化血清学试剂盒可用。随着生物技术的发展，猪增生性肠炎病的实验室诊断技术也在不断发展，其他诊断方法有 PCR、免疫组化试验（IHC）和原位杂交（ISH）等。

（罗满林）

## 第二节　病毒性制品

### 一、猪瘟

猪瘟（Classical swine fever）是由猪瘟病毒引起的猪的一种急性热性接触性传染病，其特征为败血性病理变化、内脏出血、梗死及坏死,但温和型猪瘟则不明显。猪瘟是猪的一种重要的传染病,常给养猪业造成重大的经济损失。国际兽疫局将它列为必须报告的传染病。我国将其列为一类动物传染病。

## (一) 病原

猪瘟病毒(Classical swine fever virus, CSFV)属黄病毒科、瘟病毒属,同属成员还包括牛病毒性腹泻病毒(BVDV)和羊边界病病毒。这三种病毒在结构和抗原性方面密切相关。本病毒粒子大小为40~50 nm,核衣壳呈二十面体对称。蔗糖密度梯度中的浮密度为1.15~1.16 g/mL,有囊膜,表面有纤突结构。本病毒基因组为单股线状正链 RNA,长约12.3 kb,由5'非编码区(5' UTR)、编码区(TR)和3'非编码区(3' UTR)3个部分组成,基因组5'端没有甲基化帽状结构,3'端也没有Poly(A)结构。基因组编码区含有一个开放阅读框架(ORF),编码一个3898氨基酸的多聚蛋白,在病毒蛋白酶作用下,被加工成11~12个终末裂解产物,其中,C(核衣壳蛋白)、$E^{ms}$(E0)、E1和E2蛋白为病毒结构蛋白。$E^{ms}$蛋白有多种功能,具有神经毒性、抗蠕虫活性及转导特性。该蛋白参与病毒粒子黏附和侵入宿主细胞的过程,并且能够通过介导宿主淋巴细胞的凋亡使宿主产生免疫抑制,导致持续感染。E2蛋白位于病毒粒子的外表面,具有跨膜区,可与E1形成异源二聚体,也可自身形成同源二聚体,能够刺激机体产生中和抗体从而提供保护性免疫。

本病毒只有一个血清型。美国、法国和日本的一些学者根据血清中和试验,证明猪瘟病毒具有血清学变种。猪瘟病毒和牛病毒性腹泻-黏膜病病毒有共同的可溶性抗原。在血清学上与牛病毒性腹泻-黏膜病病毒有交叉反应,而且还可使猪抵抗猪瘟强毒的攻击。

本病毒能在猪骨髓、睾丸、肺、脾、肾细胞及白细胞和其他一些哺乳动物细胞内增殖。经几代鸡胚传代的猪瘟病毒还可在鸡胚成纤维细胞中生长。兔化弱毒疫苗株易在犊牛睾丸和羔羊肾细胞内增殖。低代次的细胞株,如胎牛的皮肤、脾和气管,胎羊的肾和睾丸,兔的皮肤等继代细胞都可支持猪瘟病毒的生长。体外培养细胞感染猪瘟病毒后均不产生细胞病变(CPE)。

本病毒对乙醚和氯仿和去氧胆酸盐敏感,对胰蛋白酶有中度的敏感性。二甲基亚砜(DMSO)对病毒囊膜中的脂质和脂蛋白有稳定作用。10%DMSO液中的猪瘟病毒对反复冻融有耐受性。

## (二) 免疫

自然康复猪可获得坚强的免疫力,其免疫力与中和抗体相一致,以体液免疫为主。免疫母猪可通过初乳将抗体传给仔猪,并使其获得一定的被动免疫力,而且可以持续1.5~2个月。母源抗体对猪瘟弱毒疫苗的免疫有一定干扰作用,7日龄无母源抗体的仔猪免疫后可获得坚强的免疫力,6个月后攻毒可获得100%保护;而有母源抗体的仔猪,于7、30和45日龄时免疫,免疫后6个月攻毒,其保护率仅为50%~75%。

猪瘟的免疫接种,包括被动免疫和主动免疫,是当前防控猪瘟的主要手段。被动免疫采用高免血清,而主动免疫主要采用活疫苗。高免血清-血毒注射法可以产生坚强持久的保护力,但因高免血清造价高,而应用血毒又有散毒的危险,现已禁止使用。弱毒疫苗产生免疫力快,且坚强而持久。我国从20世纪50年代开始广泛应用兔化弱毒疫苗,取得较好预防和控制效果，但是免疫猪群仍时有猪瘟发生，尤其是非典型猪瘟发生较多，出现猪瘟病毒持续性感染和妊娠母猪的带毒综合征（母猪带毒，感染胎儿，引起死胎、弱胎及先天性震颤）。持续性感染和胎盘感染密切相关，妊娠母猪的亚临床感染可能导致胎猪的胎盘感染，这些猪可长期带毒，排毒，并具有免疫耐受性，可导致部分猪免疫失败。

### （三）疫苗

我国早期研制成功的猪瘟结晶紫疫苗免疫效果良好，但其诱导产生的免疫力比较慢，免疫期短，生产成本高，存在散布病原的危险。1946年后，国外相继有Raker、Kopramskc和Hadson等培育兔化弱毒，但对猪仍保持一定的毒力而诱发严重反应，甚至导致流产和死胎。目前，世界上公认安全有效、没有残余致病力的弱毒疫苗株主要有三种：①中国"54-Ⅲ系"，又称"C株"兔化弱毒疫苗株；②日本GPE细胞弱毒疫苗；③法国培育的"Thiveosal"冷变异弱毒株。中国兽医药品监察所从1950年开始摸索培育猪瘟兔化弱毒株，经长期试验和验证，终于选育出了适应于家兔的弱毒疫苗株，并于1956年开始用于制造弱毒活疫苗，在全国推广应用，对我国猪瘟的控制起到了十分重要的作用，而且被国外广泛应用。中国株猪瘟兔化弱毒株简称为"C株"，其性状稳定，无残余毒力，不带毒，不排毒，不返强，已被公认为一种比较理想的疫苗毒株。

20世纪50年代至今，我国猪瘟兔化弱毒疫苗的生产工艺不断改进和提高。1956年在全国推广兔化弱毒疫苗时，取家兔的淋巴结和脾组织现地制造湿苗，随制随用。1958年研制成功冻干疫苗，适用于工厂化生产。投产初期，采用家兔淋巴、脾组织制苗，每兔所制疫苗可供300头猪使用。1964年将兔化弱毒接种3~5日龄乳兔，接种后36~48 h乳兔的肝、脾及肌肉组织含毒量可达$10^{-4}$，制成的乳兔组织苗对猪仍保持良好的免疫力，平均每只乳兔制备的疫苗可供1 500头猪使用，提高了产量，降低了成本，1965年在全国推广。用猪瘟兔化弱毒苗接种牛，并采感染牛的淋巴结和脾脏，可用来制造牛体反应苗。1974年用乳猪肾细胞培养猪瘟兔化弱毒获得成功，但有带猪瘟强毒的危险性。1980年研制成功绵羊肾细胞活疫苗，1982年和1985年又分别研制成功了奶山羊肾细胞苗和犊牛睾丸细胞苗，提高了产量和质量。近十年来，我国在该疫苗生产工艺方面进行了大量研究，并取得了长足进展，主要表现为：选择适宜的耐热冻干保护剂，疫苗可以在2~8℃条件下保存；采用ST细胞系生产疫苗，疫苗中病毒效价、纯度和疫苗生产效率得到明显提高；此外，疫苗病毒滴度检测方法、疫苗外源病毒尤其是牛黏膜病病毒检测和控制技术方法研究也取得较好进展，疫苗质量得到明显改进和提高。

目前，我国市场上商品化疫苗主要有犊牛睾丸细胞活疫苗、ST细胞系活疫苗、兔淋脾组织活疫苗及猪瘟-丹毒-猪肺疫三联活疫苗。

**1. 猪瘟活疫苗**（兔源）

[毒种] 猪瘟兔化弱毒"C株"。①注射家兔后的特征是发生定型热反应，体温超过常温1~1.5℃，维持18~24 h。1954~1958年通过家兔传430代，其热反应率上升到97%。通过兔体继续传代至985代时，经鉴定其遗传性没有发生改变，说明此弱毒株性能稳定。②经皮下、肌肉、口腔、鼻腔、静脉接种均可使兔感染，接种后3~6 d毒价达高峰，7 d开始下降，到12 d已检测不出病毒。家兔感染后，各脏器均有病毒，其中脾脏及肠系膜淋巴结毒价最高，为$10^{-4}$~$10^{-5}$；肺、胸腺、肝、心、肾、脑中的病毒毒价稍低，血液中的毒

价可达 $10^{-2}$ 以上。③除接种家兔可用作制造疫苗材料外，接种山羊、绵羊、牛、乳兔均可感染，其含毒量均可达到制备疫苗材料的毒价要求。④通过家兔传代 91~165 代后，病毒对仔猪的致死率开始降低，到 214 代后，接种 10~14 d 哺乳仔猪，不影响其发育。⑤免疫后 4~32 d 内，免疫猪不会从尿中排毒，免疫猪同不免疫猪同圈饲养 60 d，不发生同居接触感染。⑥将 346 代猪瘟兔化弱毒于易感断奶仔猪体内连续传 7 代，毒力没有增强，说明遗传性稳定，毒力不返强。⑦注射怀孕 1~3 个月的母猪，不引起流产、死胎。对初生未吃初乳的仔猪接种，未出现不良反应，可以产生免疫力。⑧对猪的最小免疫量：兔组织含兔化毒量分别为脾脏 $10^{-5}$，淋巴结 $10^{-4}$~$10^{-5}$，血液 $10^{-2}$~$10^{-3}$。⑨给猪肌肉或皮下注射后，72 h 可产生坚强的免疫力。⑩对断奶猪的免疫期可达一年半，免疫保护力为 100%。

[制造要点] ①选择经测温、观察表明健康的 1.5~3 kg 体重家兔。用 20~50 倍生理盐水稀释的脾乳剂活脾淋乳剂，静脉注射 1 mL，定期测定其体温。选择定型热反应兔（潜伏期 24~48 h，体温上升呈明显曲线、超过常温 1 ℃以上至少有 3 个温次，并稽留 18~36 h）和轻热反应兔（潜伏期 24~72 h，体温上升有一定曲线、超过常温 0.5 ℃以上至少有 2 个温次，稽留 12~36 h），并在其体温下降到常温后 24 h 内剖杀。②在无菌条件下采取脾脏和淋巴结供制造脾淋苗用。采取脾、淋巴结、肝、肺（有严重病变者不能采集），去除脂肪、结缔组织韧带、血管、胆囊及病灶部，供生产混合苗用。③制造混合苗时，肝脏用量不超过淋脾重量的 2 倍，将组织称重后剪碎，加入适量 5% 蔗糖脱脂乳保护剂，混合研磨后去除残渣，按实际滤过的组织液计算稀释倍数，加入余量保护剂为原苗。每毫升原苗可加青、链霉素各 500~1 000 U，摇匀后置 4 ℃作用一定时间后即可分装、冻干。

[质量标准] 除按兽医生物制品检验的一般规定进行外，尚需做如下检验：

(1) 鉴别检验：将疫苗用灭菌生理盐水稀释成为每毫升含有 100 个兔 MID 的病毒悬液，与等量的抗猪瘟病毒特异性血清充分混合，置 10~15 ℃作用 60 min，其间振摇 2~3 次。同时设立病毒对照和生理盐水对照。中和结束后，分别耳静脉注射兔 2 只，每只 1.0 mL，按家兔效检方法进行效力检验观察和判定。除病毒对照组应出现热反应外，其余 2 组在接种后 120 h 时内应不出现热反应。

(2) 安全检验：

① 小动物检验：按标签注明头份用生理盐水稀释成 5 头份/mL，体重 18~22 g 小鼠 5 只，皮下注射，每只 0.2 mL；体重 350~400 g 豚鼠 2 只，肌肉注射，每只 1 mL，观察 10 d，应健活。

② 用 SPF 猪作安全性检查，供检猪的血清中应无猪瘟病毒的中和抗体。常用中和试验来测定猪血清中是否含有猪瘟中和抗体。接种剂量是正常使用量的 30 倍。一般情况下，对含兔化毒液冻干前需先用猪进行安全试验，合格后方可用于配苗。

(3) 效力检验：下列方法任选其一：

① 用家兔效检：按标签注明头份用生理盐水将每头份疫苗稀释 150 倍，接种体重 1.5~3 kg 家兔 2 只，每只兔耳静脉注射 1 mL。家兔接种后，上、下午各测体温 1 次，48 h 后，每隔 6 h 测体温 1 次，根据体温反应和攻毒结果进行综合判定。

家兔接种疫苗后，体温反应标准如下：

定型热反应（++）：潜伏期 48~96 h，体温上升呈明显曲线，至少有 3 个温次超过常温 1 ℃以上，并稽留 18~36 h。如稽留 42 h 以上，必须攻毒，攻毒后无反应可判为定型热。

轻热反应（＋）：潜伏期48～96 h，体温上升呈明显曲线，至少有2个温次超过0.5 ℃以上，并稽留12～36 h。

可疑反应（＋／－）：潜伏期48～96 h，体温曲线起伏不定，稽留不到12 h；或潜伏期在24 h以上，不足48 h及超过96 h至120 h出现热反应。

无反应（－）：体温正常。

结果判定：注苗后，当2只家兔均呈定型热反应（＋＋），或1只兔呈定型热反应（＋＋）、另一只兔呈轻热反应（＋）时，疫苗判为合格，即疫苗含150个兔体反应热单位抗原。

注苗后，当一只家兔呈定型热反应（＋＋）或轻热反应（＋），另一只兔呈可疑反应（＋／－）；或两只兔均呈轻热反应（＋）时，可在注苗后7～10 d攻毒（接种新鲜脾淋毒或冻干毒）。攻毒时，加对照兔2只，攻毒剂量为50～100倍乳剂。每兔耳静脉注射1 mL。

攻毒后的体温反应标准如下：

热反应（＋）：潜伏期24～72 h，体温上升呈明显曲线，超过常温1 ℃以上，稽留12～36 h。

可疑反应（＋／－）：潜伏期不到24 h或72 h以上，体温曲线起伏不定，稽留不到12 h或超过36 h而不下降。

无反应（－）：体温正常。

攻毒后，当2只对照兔均呈定型热反应（＋＋），或1只兔呈定型热反应（＋＋），另一只兔呈可疑反应（＋／－）或无热反应（－），可对可疑反应或无反应兔采用剖杀或采心血分离病毒的方法，判明是否隐性感染；或注苗后，两只兔均呈轻热反应，亦可对其中一只兔分离病毒。注苗后，出现其他反应情况无法判定时，可重检。用家兔作效检，应不超过3次。

② 用猪效检：每头份疫苗稀释150倍，肌肉注射无猪瘟中和抗体的健康易感猪4头，每头1 mL。10～14 d后，连同条件相同的对照猪3头，注射猪瘟石门系血毒1 mL（$10^5$最小致死量），观察16 d。对照猪全部发病，且至少死亡2头，免疫猪全部健活或稍有体温反应，但无猪瘟临床症状为合格。如对照死亡不到2头，可重检。

［保存与使用］ －15 ℃保存，有效期1年，0～8 ℃保存期6个月，25～20 ℃保存10 d，效价不变。可用于所有猪免疫接种。免疫程序应根据猪场猪瘟的流行与发生情况和母源抗体水平等因素而制定。

**2. 猪瘟活疫苗**（细胞源）

［毒种］ 猪瘟兔化弱毒"C株"。

［制造要点］

(1) 犊牛睾丸细胞单层的制备：选择非猪瘟疫区和无口蹄疫的1～2日龄公犊牛剖杀后消毒睾丸组织体表，无菌手术采取睾丸并放入含1 000 U（μg）/mL青、链霉素的Hank's液中浸泡30～40 min，去除被膜和附睾，将睾丸剪碎后加入Hank's液反复洗涤，再用5～8倍量0.25％胰酶液消化处理（37 ℃ 50 min）。消化完毕后去除胰酶，加入少量水解乳蛋白营养液，吹打分散细胞，再加入适量营养液混匀，用两层纱布过滤，收取细胞悬液，分装于培养瓶内，37 ℃转瓶培养，转速12转/h，72～120 h后细胞即可长成致密单层。为提高疫苗产量，减少制苗用材料，可用胰酶-EDTA液消化传代2次，2次传代间隔时间为4～5 d，并留取次代细胞供中间监测用（于加有盖玻片的培养瓶中静止培养）。

(2) 接毒、收获、换液：于形成细胞单层瓶内换入维持液［含8％～10％马血清或

5%~10%犊牛血清（BVDV 抗体阴性）及 10%TPB 的水解乳蛋白或 MEM 营养液，pH 7.4]，然后接入 1%~2%毒价达 1∶50 000 以上的脾种毒，或 3%~4%毒价达 1∶50 000 以上的细胞毒，并设空白对照，37 ℃培养（作中间荧光抗体检测的细胞瓶接毒同前），每隔 4 d，收获病毒培养液 1 次，共收获 6~7 次。空白细胞仅收集 2 次，供中间检测用，单独保存，并作无菌检验和毒价测定。

（3）配苗、分装、冻干：同猪瘟活疫苗Ⅰ。

细胞苗生产中必须进行中间监测。用于生产的血清必须进行牛病毒性腹泻-黏膜病的抗体检验，培养细胞必须进行猪瘟病毒、猪细小病毒和其他外源病毒的检验。目前已制成供检验用的猪瘟荧光抗体和猪瘟、牛病毒性腹泻-黏膜病病毒和猪细小病毒三价荧光抗体，细胞检测呈阳性者，不能用于制苗。一般情况下，对含兔化毒液冻干前需先用猪进行安全试验，合格后方可用于配苗。

[质量标准]　该产品物理性状为乳白色海绵状疏松团块，易于瓶壁脱离，加稀释液后迅速溶解。应无细菌和支原体生长。安全检验同猪瘟活疫苗Ⅰ。效力检验任择下列方法之一：

（1）用家兔效检：按标签注明头份用生理盐水将每头份疫苗稀释 750 倍，接种家兔 2 只，每只兔耳静脉注射 1 mL。家兔的测温观察及判定同上。

（2）用猪效检：每头份疫苗稀释 300 倍，肌肉注射无猪瘟中和抗体的健康易感猪 2 头，每头 1 mL。攻毒和判定同上。

[保存与使用]　同猪瘟活疫苗（细胞源）。

**3. 猪瘟活疫苗**（细胞系源）　本品系用猪瘟病毒兔化弱毒株接种猪睾丸细胞系（ST）培养，收获培养物，加适宜稳定剂，经冷冻真空干燥制成。成品检验时，疫苗物理性状、无菌检验、支原体检验、外源病毒检验、鉴别检验和安全检验方法与结果判定均与猪瘟活疫苗（细胞源）要求相同。效力检验时，如果采用兔检验，则应按瓶签注明头份，将疫苗用灭菌生理盐水稀释成 1/7 500 头份/mL，接种体重 1.5~3 kg 家兔 2 只，每只兔耳静脉注射 1 mL。家兔接种后，上下午各测体温 1 次，48 h 后，每隔 6 h 测体温 1 次，根据体温反应和攻毒结果进行综合判定，具体操作与结果判定方法同猪瘟活疫苗（细胞源）。如果用猪检验，按瓶签注明头份，将疫苗用灭菌生理盐水稀释成 1/3 000 头份/mL，肌肉注射无猪瘟中和抗体的健康猪 5 头，每头 1.0 mL，攻毒和判定同猪瘟活疫苗（兔源）。

**4. 猪瘟-猪丹毒-猪肺疫三联活疫苗**　见本章第一节。

随着科技进步和生物技术的发展，猪瘟疫苗研究取得重要进展。目前，猪瘟新型疫苗主要包括：①重组亚单位疫苗：E2 蛋白是该病毒主要保护性抗原蛋白，E2 蛋白单独免疫即可保护猪不发生猪瘟，而且 E2 蛋白上的中和表位在猪瘟病毒毒株中高度保守。目前，重组杆状病毒昆虫细胞表达系统表达的囊膜糖蛋白 E2 亚单位疫苗在国外已经实现产业化生产，证明其安全性较高，对猪有良好的免疫保护作用，并且通过检测抗 $E^{rns}$ 的抗体可以将免疫猪和野毒感染猪区分开来，其免疫效果虽然不如猪瘟活疫苗，不能有效地防止猪瘟病毒的传播，但安全性更高，对我国净化该病具有很好应用前景。②重组活载体疫苗：以伪狂犬病毒和痘病毒为载体，将猪瘟病毒 E2 基因与之重组，研制重组活载体疫苗，对两种病毒产生较好的保护作用。③标记疫苗：采用猪瘟兔化弱毒疫苗病毒，通过病毒全基因感染性 cDNA 克隆技术，改造相关基因或缺失某基因，保留其免疫原性好和毒力低的特性。使用该类疫苗，可以通过检测被缺失基因及其蛋白抗体区分免疫接种猪和自然感染猪。④核酸疫苗：主要是将连接有猪瘟病毒的主要保护性抗原 E2 基因的表达载体直接免疫动物，使病毒核酸在动物机体内进行表达，进而有效的刺激有机体，使其产生机体免疫保护的效果。多年来，我国也在这方面做了大量的研究工作，但还没有正式产品问世。

### （四）诊断制剂

本病实验室常用诊断方法有动物接种试验、琼脂扩散试验、免疫荧光试验、血清中和试验、对流免疫电泳、协同凝集试验、改良的补体结合试验、新城疫病毒强化法、免疫酶测定技术或酶标抗体诊断法和 RT-PCR 方法，其中有些方法已有诊断试剂或试剂盒供应。现仅简述猪瘟荧光抗体的制备方法及其质量标准。

［制造要点］

（1）免疫血清制备：选用 1 岁左右体重 100 kg 以上、仅接种过猪瘟兔化弱毒苗的免疫健康猪，用猪瘟疫苗再作一次基础免疫，然后腹腔注射血毒抗原 1 mL，观察 16 d，体温正常后每隔 7～15 d 进行高免一次，即腹腔注射血毒抗原 5 mL/kg。共计 5 次以上，末次免疫后 15 d，无菌采血、分离血清。用兔体中和试验法测定血清效价，病毒量为 1 000 个家兔最小感染量。中和效价不低于 1∶5 000 为合格。-20 ℃保存，避免反复冻融。

（2）荧光抗体制备：

① γ 球蛋白的提取：第 1 次用 50% 的饱和硫酸铵溶液，第 2～4 次用 33% 的硫酸铵溶液分 4 次对所采的血清进行盐析，然后用 SephadexG$_{50}$ 层析柱对球蛋白进行脱盐纯化。

② 用异硫氰酸荧光素（FITC）标记球蛋白：取 2% 的 γ 球蛋白溶液，按 80∶1 的比例与 FITC 混合，于 10 ℃作用 6～8 h，然后以 SephadexG$_{50}$ 层析柱除去未结合的荧光素，即为荧光抗体原液。

③ 荧光抗体效价及其蛋白浓度的测定：将荧光抗体原液作连续倍比稀释后与猪瘟抗原作用染色、镜检。以其最高有效染色稀释度为其效价，其蛋白浓度应不高于 0.125 mg/mL。

④ 分装与冻干：将 4 单位荧光抗体（蛋白浓度不超过 0.5 mg/mL）分装后冻干。使用时用灭菌蒸馏水溶解。

［质量标准］ 除按一般规定进行检验外，还需进行下面的检验：

（1）特异性检验：分别用猪瘟病毒感染猪与对照猪扁桃体制成冰冻切片，用荧光抗体染色后镜检，前者隐窝上皮细胞胞质应显示明亮的黄绿色特异荧光，后者则无荧光。

（2）特异性荧光抑制试验：将猪瘟病毒感染猪扁桃体冰冻切片分成两组，分别用猪瘟高免血清和健康猪血清（猪瘟中和抗体阴性）处理切片后洗净、干燥，然后进行荧光抗体染色、镜检，前者不应出现荧光或荧光显著减弱，而后者应呈现强的荧光。

（3）荧光抗体效价检验：冻干荧光抗体溶解后，对猪瘟病毒感染猪扁桃体冰冻切片进行染色，隐窝上皮细胞明亮特异，而且最终的荧光稀释度应达到 1∶4 以上，方可应用。

［保存与使用］ 2～5 ℃保存，有效期 1 年，-15 ℃以下保存，有效期 2 年。专供直接法荧光抗体染色检查猪瘟病毒，用于猪瘟的诊断。

### （五）抗病血清

发病早期使用猪瘟抗血清具有良好的治疗效果，也可用猪瘟抗血清做紧急预防，但目前一般很少使用。

[制造要点]

(1) 选择体重 60 kg 以上健康猪,使用前隔离观察 7 d 以上。

(2) 先用猪瘟疫苗做基础免疫,10～20 d 后进行加强免疫。

(3) 加强免疫程序:第 1 次肌肉注射猪瘟强毒血毒抗原 100 mL,10 d 后第 2 次注射血毒抗原 200 mL,再 10 d 后第 3 次肌肉注射血毒抗原 300 mL。过 9～11 d 和 12～16 d 后按每千克体重采血 10～11 mL 和 8～10 mL 测定抗体效价,第 2 次采血后 2～3 d 再注射血毒抗原 300 mL,10 d 后重复间隔采血并注射抗原 1 次,如不剖杀放血,可定期采血并注射抗原(1.5～2 mL/kg),但从免疫完成到最后放血不超过 12 个月为宜。此外,也可将猪瘟康复猪注射血毒抗原后 10～14 d 采血或经基础免疫后 7～10 d 再大剂量注射猪瘟病猪组织抗原(5 mL/kg)后 16 d 采血。

(4) 分离血清,加入 0.5% 石炭酸防腐,分装后冷藏保存。

[质量标准] 除按兽医生物制品检验的一般规定进行检验外,还需进行如下的检验。

(1) 安全检验:2 只 18～22 g 小鼠,皮下注射 0.5 mL/只;1 只家兔,皮下注射 10 mL,1 只 350～400 g 豚鼠,皮下注射 10 mL,观察 10 d,均应健活。

(2) 效力检验:体重 25～40 kg 无母源抗体猪 7 头,分成 2 组,第 1 组 4 头,按 0.5 mL/kg 注射血清,同时注射猪瘟血毒 1 mL,第 2 组 3 头仅注射血毒,1 mL/头。如 24～72 h 后第 2 组猪发病,并于 16 d 内有 2 头以上死亡,而第 1 组猪 10～16 d 内至少健活 3 头时,血清判为合格。如第 1 组死亡 2 头或第 2 组不死或仅死 1 头时应重检。第 1 组死亡 3 头时判为不合格。

[保存与使用] 2～15 ℃ 保存,有效期 3 年。使用时,预防剂量为:体重 8 kg 以下小猪 15 mL,8～15 kg 的猪 15～20 mL,16～30 kg 的猪 20～30 mL,30～45 kg 的猪 30～45 mL,45～60 kg 的猪 45～60 mL,60～80 kg 的猪 60～75 mL,80 kg 以上的猪 75～100 mL;治疗量加倍。

(姜 平)

## 二、猪繁殖与呼吸综合征

猪繁殖与呼吸综合征(Porcine reproductive and respiratory syndrome,PRRS)又称"猪蓝耳病"(Blue-ear disease),是由猪繁殖与呼吸综合征病毒引起的一种接触性传染病,其特征为母猪厌食、发热、怀孕后期发生流产、死胎和木乃伊胎,哺乳仔猪死淘率增加;保育仔猪发生呼吸系统疾病,部分病猪耳部发紫,大量死亡;高致病性毒株可以引起成年猪高热、皮肤发红、呼吸困难和急性死亡。该病毒可以各种日龄猪只,亚临床感染比较普遍,临床疾病时有发生,给世界养猪业造成极大经济损失。虽然 OIE 组织将其列为二类动物传染病。高致病性猪蓝耳病可以引起繁殖母猪和育肥猪发病和死亡,我国将其列为一类传染病。

### (一)病原

猪繁殖与呼吸综合征病毒(Porcine reproductive and respiratory syndrome virus,

PRRSV）归类为套式病毒目、动脉炎病毒科、动脉炎病毒属。同属病毒还有鼠乳酸脱氢酶病毒（LDV）、马动脉炎病毒（EAV）及猴出血热病毒（SHFV）。本病毒有囊膜，病毒粒子呈球形，直径 40～60 nm，二十面体立体对称。CsCl 梯度中的浮密度为 0.13～1.19 g/mL，蔗糖梯度中的浮密度为 1.18～1.23 g/mL。病毒基因组为单股不分节段的正链 RNA，全长 15.1 kb，含有 9 个开放读码框（ORF），其中，$ORF_{1a}$ 和 $ORF_{1b}$ 约占整个基因组全长的 80%，ORF1a 编码 NSP1－NSP8，ORF1b 编码 NSP9－NSP12，NSP1 又分为 NSP1α 和 NSP1β，NSP7 分为 NSP1α 和 NSP7β。NSP1（半胱氨酸蛋白酶）、SP2（半胱氨酸蛋白酶）和 NSP4（丝氨酸蛋白酶）有蛋白裂解活性，能将 ORF1 多聚蛋白裂解成 12 个非结构蛋白。NSP2 包含多个病毒复制的非必需区域，NSP2 上的自然突变、插入或缺失均在这些区域内。此外，NSP1 和 NSP2 等非结构蛋白基因与病毒免疫抑制功能密切相关。ORF2－7 编码病毒 6 个结构蛋白，其中 GP2、GP3、GP4 和 GP5 为糖基化蛋白，基质蛋白 M 和核衣壳蛋白 N 为非糖基化蛋白。GP5 蛋白参与体液免疫和细胞免疫，具有免疫保护作用。病毒复制过程中，GP2、GP3、GP4 和 GP5 可以形成二聚体、三聚体和多聚体。PAM 细胞上的病毒受体为唾液酸黏附素（Sn）、单核细胞和 Marc－145 细胞上的病毒受体为 CD163。GP5－M 蛋白二聚体有助于病毒吸附于猪肺泡巨噬细胞的 Sn 受体上，促进病毒感染。N 蛋白在病毒感染细胞中的表达量很高，约占病毒粒子蛋白的 20%～40%，病毒感染后抗 N 蛋白抗体产生时间最早，但没有中和病毒作用。

本病毒分为欧洲型和美洲型两个血清型，欧洲型代表毒株为 Lelystad 病毒（LV），美洲型代表毒株为 VR2332。同一血清型病毒流行毒株又有多个基因亚型，两个血清型病毒基因氨基酸序列同源性约 60%。两个基因型内不同毒株之间也存在很大的变异，存在多个亚基因型。不同血清型和不同亚型流行毒株存在毒力和抗原性差异。2006 年我国出现的"高致病性"PRRSV，代表株 JXA－1，其毒力有明显增强，而且抗原性发生变异，NSP2 基因上有 30 个氨基酸缺失，该类毒株引起的疾病通常称为"高致病性猪蓝耳病"，其他类型毒株引起的疾病称为"经典"或"传统"PRRS。目前，本病毒变异监测主要依靠 GP5 和 NSP2 基因序列测定和分析。

本病毒有严格的宿主专一性，家猪是唯一宿主，专嗜于猪肺泡巨噬细胞（PAM）内生长，可导致明显的细胞病变（CPE）。体外培养时，可以采用 CL－2621、Marc－145 和 PAM 细胞系，但是，不同流行毒株对细胞嗜性存在差异，欧洲型毒株一般仅能适应于 PAM 细胞，并致 CPE，只有细胞适应的分离毒株才能适应 Marc－145 细胞。美洲型毒株则可以适应 PAM、CL－2621、Marc－145 和 MA－104 等多种细胞系，可导致明显 CPE，表现为细胞圆缩聚集成堆，细胞轮廓模糊融合、折光性增强，逐步脱落。猪体感染本病毒后 7～9 d，肺脏中的病毒含量最高，而且出现病毒血症。血清中病毒及其抗体可以同时存在。病猪扁桃体和淋巴结中病毒存在时间较长。

本病毒对乙醚和氯仿敏感，在 pH 小于 5 或大于 7 的条件下，感染力下降 90%，－70 ℃ 4 个月、4 ℃下至少在 1 个月内是稳定的，而在 37 ℃经 48 h、56 ℃经 45 min 病毒可完全灭活。

### （二）免疫

本病毒可以在感染猪的肺部和组织内复制相当长的一段时间，并持续感染淋巴器官。猪体不能迅速清除体内病毒，但感染猪通常对同源病毒感染具有抵抗力，可见 PRRSV 可以诱导具有免疫记忆的保护性获得性免疫反应。然而，猪体首次感染 PRRSV 时，往往不能产生或只能产生较弱的保护性免疫，病毒可广泛复制和传播。

**1. 体液免疫** 猪感染本病毒后 7 d 即可产生针对 N 蛋白的抗体，随后才是针对 M 和 GP5 蛋白抗体。GP5 和 GP4 蛋白具有中和抗原表位，具有免疫保护作用，本病毒血清中和抗体出现相对较慢，猪体接种病毒后 4～5 周才能检测到，感染后 60～75 d 才能达到高峰，其原因可能与 GP5 蛋白抗原表位结构和糖基化位点有关。N 蛋白抗体虽然没有中和性，但由于 N 蛋白保守性较好，所以常被用作 PRRSV 诊断的靶抗原。目前，利用 N 蛋白的单克隆抗体可鉴定美洲型和欧洲型毒株。

**2. 细胞免疫** 细胞免疫在抗 PRRSV 感染中应起着重要的作用。PRRSV 感染后 1 d，伴随 $CD8^+$ 细胞向肺部的大量涌入，可以观察到血液中 $CD4^+$ 和 $CD8^+$ 细胞含量有短暂下降。随后的一周，血液中 $CD8^+$ 细胞含量有所回升，细胞毒性 T 细胞（cytotoxic T-lymphocyte，CTL）表型含量也有所上升，但扁桃体及肺部引流淋巴结内 $CD8^+$ 细胞含量并没有增加。感染后 3～4 周，出现病毒特异性淋巴细胞及 IFN-γ 分泌细胞，此后数周到数月内逐渐增加，并产生病毒特异性 $CD4^+$（MHC Ⅱ-依赖型）和 $CD8^+$（MHC Ⅰ-依赖型）T 细胞以及 $CD4^+$、$CD8^+$ 双阳性细胞（可能是记忆细胞）。但 PRRSV 感染后诱导产生 1 型辅助性 T 细胞（Th1 型）还是 2 型辅助性 T 细胞（Th2 型）反应尚存在争论。病毒特异性 $CD4^-CD8^+$ T 细胞代表代表 CTL，虽然机体可以产生 PRRSV 特异性 CTL 并浸入肺部，但它们并不能有效的清除病毒感染的巨噬细胞。细胞介导的获得性免疫机制的缓慢发展和病毒特异性 CTL 功能损伤机制尚不清楚。

本病毒感染常会导致一些先天性免疫（innate immunity）机制损伤或失调。体外试验证明，本病毒具有抗体依赖性增强作用（antibody-dependent enhancement，ADE）。

### （三）疫苗

本病疫苗分为两大类：活疫苗和灭活疫苗，前者主要采用人工致弱或自然筛选的 PRRSV 弱毒株，经细胞培养增殖后制备而成；后者是通过物理或化学方法杀死有毒力的 PRRSV，加入矿物油佐剂制备而成。

**1. 活疫苗** 德国于 1995 年首次推出商品化减毒活疫苗 Resp PRRS/Repro$^{tM}$，用于 3～18 周龄猪只和配种前 3～4 周的怀孕母猪。目前，我国已经研究成功 5 种活疫苗，包括传统 PRRSV 弱毒株 CH-1R 和自然弱毒株 R98 株活疫苗、高致病性 PRRSV 弱毒株 JAX1-R、HuN4-F112 和 TJM-F92 株活疫苗。目前，活疫苗使用广泛，其免疫效果良好，可以在很大程度上减少病毒血症以及病毒在肺部和组织的复制，减少接种动物呼吸道疾病和繁殖障碍以及胎盘感染。然而，活疫苗只有在针对同源病毒攻击时才能提供较强免疫保护。同一基因型内，基因同源水平和毒株间交叉保护之间并没有完全的相关性。一般认为，PRRSV GP5 蛋白具有重要的免疫保护作用，该蛋白的氨基酸同源性对预测交叉保护效力有一定参考意义。

活疫苗诱导的获得性免疫应答与自然感染情况下产生的免疫反应高度相似。疫苗诱导的体液免疫发展缓慢，中和抗体水平较弱，再次感染或再次接种后不能诱导回忆性体液免疫应答。猪体免疫后可以逐步产生病毒特异性 IFN-γ 分泌细胞，并在感染后迅速唤起这些细胞的记忆。虽然活疫苗病毒经传代致弱后致病性大为减弱，但是免疫接种后，病毒在动物体内仍能少量复制，病毒主要存在于血液和肺脏，感染性病毒可能通过怀孕母猪传染给胎儿或是通过公猪的精液传播。疫苗毒在猪群中复制过程中可能会出现基因突变或重组，毒力有可能返强。因此，接种活疫苗存在散毒危险。

(1) 猪繁殖与呼吸综合征活疫苗（CH-1R株）：

［毒种］ PRRSV CH-1R株，由CH-1a强毒在Marc-145细胞上连续传代致弱培育而成，属于经典的美洲型毒株，与VR2332毒株基因同源性92.4%。

［制造要点］ 将毒种接种于Marc-145细胞单层，培养增殖病毒，收获细胞培养物，加入适当的冻干保护剂，经冷冻真空干燥制成。

［质量标准］ 除按一般规定进行外，尚需做如下检验：

① 鉴别检验：将疫苗稀释至病毒含量为$10^{3.0}$ TCID$_{50}$/mL，取0.1 mL与等量灭能的PRRSV抗血清（中和抗体价≥1:8）混合，置37 ℃作用1 h后，接种生长良好的Marc-145细胞单层的96孔细胞培养板上，每个稀释度作4个孔，每孔200 μL。同时设正常细胞对照、病毒对照、血清毒性对照和阴性血清对照。置37 ℃、5%二氧化碳培养箱中培养5 d，PRRSV抗血清中和病毒组应不出现CPE。病毒和阴性血清对照组应出现CPE。

② 安全检验：用28～35日龄健康易感（IFA抗体效价≤1:4）仔猪5头，每头颈部肌肉注射活疫苗$10^{6.0}$ TCID$_{50}$，连续观察14 d，应无不良反应。

③ 效力检验：下列方法，任择其一。

A. 病毒含量测定：用细胞维持液将1头份疫苗作10倍系列稀释，接种于已生长良好的Marc-145细胞单层的96孔细胞培养板上，每滴度接种8孔，37 ℃、5%二氧化碳培养5～7 d，观察细胞病变，计算TCID$_{50}$/mL，每头份疫苗病毒含量应≥$10^{5.0}$ TCID$_{50}$。

B. 仔猪攻毒：用28～35日龄健康易感（IFA抗体效价≤1:4）仔猪5头，每头颈部肌肉注射疫苗1头份，28 d后，连同对照仔猪5头，用PRRSV CH-1a株（$10^{6.0}$ TCID$_{50}$/mL）攻击，每头滴鼻2 mL，注射1 mL，观察21 d，扑杀剖检，根据临床症状、病理变化和抗原检测进行判定。对照猪应至少有4头发病；免疫猪应至少保护4头。

［保存与使用］ -20 ℃保存，有效期18个月。疫苗颈部肌肉注射，3～4周龄仔猪免疫，1头份/头；母猪于配种前1周免疫，2头份/头。

(2) 高致病性猪繁殖与呼吸综合征活疫苗（JAX1-R株）：

［毒种］ PRRSV JAX1-R株由高致病性PRRSV毒株NDVC-JAX1在Marc-145细胞上连续传代致弱培育而成，属于经典的美洲型毒株，相对VR2332毒株，本病毒株的非结构蛋白NSP2有30个氨基酸缺失。

［制造要点］ 将JAX1-R株毒种接种于Marc-145细胞单层培养，收获细胞培养物，加入适当蔗糖脱脂乳保护剂，经冷冻真空干燥制成。

［质量标准］ 除按一般规定进行外，尚需做如下检验：

① 鉴别检验：采用中和试验和RT-PCR进行。

A. 中和试验：将疫苗稀释至病毒含量为$10^{3.0}$ TCID$_{50}$/mL，取0.1 mL与等量PRRSV抗血清混合，同时正常细胞对照和病毒对照，置37 ℃作用1 h后，接种Marc-145细胞单层，观察5 d，PRRSV抗血清中和病毒组应不出现CPE，病毒对照组应出现CPE。

B. RT-PCR检测：按常规方法进行RT-PCR。上游引物序列：5'-ATTTGAATGT-

TCGCACGGTCTC-3′，下游引物序列：5′-CGGAACCATCAAGCACAACTCT-3′，疫苗中应扩增出大小为581bp的特异条带，而NDVC-JAX1和其他PRRSV核酸检测均为阴性。

② 安全检验：用3～4周龄健康PRRSV抗原和抗体均为阴性的仔猪5头，接种10头份活疫苗，连续观察21d，应无疫苗引起的不良反应。

③ 效力检验：下列方法，任择其一。

A. 病毒含量测定：按上述CH-1R活疫苗方法检测病毒滴度，每头份疫苗病毒含量应 $\geqslant 10^{5.0}$ TCID$_{50}$。

B. 仔猪攻毒：用4～5周龄健康易感（PRRSV抗原和抗体均阴性）仔猪10头，其中5头肌肉注射疫苗1头份/头，对照仔猪5头，隔离饲养观察，28d后用NDVC-JAX1株（$10^{4.5}$ TCID$_{50}$/mL）攻击，每头注射3mL，观察21d，对照猪应全部发病，死亡至少2头，免疫组应至少保护4头。

[保存与使用] －15℃保存，有效期18个月。疫苗颈部肌肉注射，仔猪断奶前后免疫1头份/头，4个月后加强免疫一次；母猪于配种前免疫一次，1头份/头。

**2. 灭活疫苗** 国外已报道一些PRRS与其他疫病的联合灭活疫苗，如Resp PRRS/Pig-HP$^{tM}$（含PRRS和副嗜血杆菌）及Resp PRRS/Pig-HPE$^{tM}$（含PRRS、副嗜血杆菌和猪丹毒），可用于怀孕母猪。Bayer公司于1997年也推出了PRRS灭活疫苗PRRomiSe$^{tM}$。Bayer公司还和Immtech Biologics公司研制了自家疫苗（autogenous PRRS vaccine），适用于病毒分离地的猪群。Cyanamid公司推出的油佐剂灭活疫苗是一株西班牙分离株制备的，可用于防治后备母猪和经产母猪的繁殖障碍。初次免疫为肌肉注射2次，间隔21d，泌乳期加强免疫一次。我国也有两种商品化灭活疫苗，即Ch-1a和JAX-1毒株灭活疫苗，曾在一些猪场使用，但免疫效果不够确实。

与活疫苗相比，灭活苗制备相对简单，更安全，且可以更迅速的适应正在传播的毒株。母猪接种强毒株的灭活苗后，其繁殖性能可以得到保护，但是，PRRS灭活苗并不能清除机体内的病毒并有效阻止PRRSV在组织内的复制及散播。传统方法制备的灭活疫苗也不能诱导病毒特异性抗体，不能诱导活化病毒特异性IFN-γ分泌细胞，回忆应答反应弱。因此，本病毒灭活疫苗仍然需要进一步改进。

**3. 基因工程疫苗** 本病毒存在基因变异现象，理想的疫苗应具备以下条件：①安全：疫苗本身不会引起疾病，接种后不存在散毒和毒力返强的危险，接种疫苗不会影响机体对其他病原的免疫反应；②有效减少病毒的散播；③有交叉保护力及快速适应性；④能够区分感染动物和免疫动物。目前，国内外均致力于研制本病新型疫苗，主要有DNA疫苗、活载体疫苗和亚单位疫苗，其中伪狂犬病毒、痘病毒、冠状病毒、腺病毒和结核分枝杆菌为载体的活载体疫苗避免了本病毒灭活疫苗和弱毒疫苗的缺陷，可同时启动机体的细胞和体液免疫，还可构建多价苗，具有较好开发和应用前景。

**（四）诊断制剂**

目前，实验室常用的诊断方法包括病毒分离和鉴定、RT-PCR技术、免疫过氧化物酶细胞单层试验（IPMA）、间接荧光抗体技术（IFA）和ELISA试验等。其中，IFA为欧美各国官方所认可的权威检测方法，可在感染后2～3d检测出抗体。IPMA法在欧盟最为常用。

RT-PCR方法简便、快速、特异、敏感。目前国内外已建立多种扩增PRRSV基因的RT-PCR方法，可区分美洲型和欧洲型毒株，并已广泛应用于临诊检测。我国"高致病性"PRRSV的基因特征是：相对VR2332毒株，其NSP2基因序列含有30个氨基酸的不连续缺失。因此，通过RT-PCR或基因序列分析方法可以鉴别高致病毒株和传统毒株。我国已有商品化的RT-PCR检测试剂盒。但是，随着PRRSV流行，一些分离毒株NSP2基因虽然有30个氨基酸的不连续缺失，其毒力并不很强，同时，一些流行毒株的NSP2基因还存在多个其他形式的基因缺失现象。因此，实际确诊本病时还需要结合流行病学、临床症状和病理学变化等进行综合判定。

ELISA抗体检测方法简便、快速，重复性好，可大批量操作，已成为检测PRRS最常用方法之一。本病毒感染后诱导产生的针对不同病毒蛋白抗体时间有所差异，其中，抗N蛋白抗体产生时间最早，其次为M、GP5和NSP7抗体，NSP7抗体产生时间迟于N蛋白抗体1～2周，但维持时间更长。因此，N和NSP7蛋白抗体可以作为本病毒感染诊断的理想靶位。目前，许多国家已有商品化的ELISA试剂盒出售，我国也有商品化的ELISA抗体检测试剂盒，现介绍如下：

[制造要点] 用基因工程大肠杆菌表达的PRRSV N蛋白作为包被抗原，以羊抗猪IgG酶标抗体为第二抗体，由抗原包被的96孔酶标板、阳性对照血清、阴性对照血清、酶标抗体、样品稀释液、10倍浓缩洗涤液、底物A液和B液及终止液等组成。每块96孔板上，1、3、5、7、9、11列孔为阴性抗原包被孔，2、4、6、8、10、12列孔为PRRSV阳性抗原包被孔。

[质量标准] 除按一般规定进行外，应做如下检验。

(1) 无菌检验：试剂盒内阴性对照血清、阳性对照血清和酶标抗体均应无菌生长。

(2) 敏感性检验：采用1份PRRSV阳性质控血清样品，用1:5、1:10、1:20、1:40、1:80、1:160稀释后按照试剂盒用法与判定进行检测，其S/P值分别大于1.1、1.05、1.0、1、0.8和0.6。

(3) 特异性检验：将30份质控PRRSV阴性血清，按照本试剂盒用法与判定进行检测，结果应均为阴性。

[保存与使用] 2~8℃保存，有效期6个月。使用时将血清样品做1:40稀释，严格按试剂盒使用说明进行。反应结束后测定$OD_{620}$值，计算S/P值，S/P=（样品阳性抗原孔$OD_{630}$值-样品阴性抗原孔$OD_{630}$值）/（阳性血清对照阳性抗原孔$OD_{630}$值-阳性血清对照阴性抗原孔$OD_{630}$值），（阳性血清对照阳性抗原孔$OD_{630}$值-阳性血清对照阴性抗原孔$OD_{630}$值）/（阴性对照血清阳性抗原孔$OD_{630}$值-阴性对照血清阴性抗原孔$OD_{630}$值）比值必须≥2.0，试验才能成立。此时，如果S/P≥0.5，判为阳性，S/P<0.4，判为阴性，介于两者之间判为可疑。

（姜 平）

## 三、伪狂犬病

伪狂犬病（Pseudorabies）又称为奥叶兹基病（Aujesky disease），是由伪狂犬病毒引起的多种家畜和野生动物的一种以发热奇痒和脑脊髓炎为主要症状的急性传染病。母猪则表现为返情，屡配不孕，妊娠母猪表现为流产，死产、木乃伊胎及呼吸系统临诊症状。初生仔猪多呈急性致死性经过，体温升高，有明显的神经症状，还可侵害消化系统，表现顽固性腹泻，15日龄以内仔猪死亡率几乎100%，断奶仔猪发病为20%～40%，死亡率为10%～20%。保育猪呼吸系统综合征。成年猪多呈隐性感染状态，有时仅表现为呼吸困难和生长延缓等轻微症状。种猪表现不育，公猪发生睾丸肿胀，萎缩等，种用性能降低或丧失。本病在猪群中常呈暴发性流行，影响各个阶段的猪群的生产性能，对我国养猪业带来巨大经济损失。

## （一）病原

伪狂犬病病毒（Pseudorabies virus，PRV）属于疱疹病毒科、甲型疱疹病毒亚科、猪疱疹病毒1型。病毒粒子直径105～110 nm，基因组为线形双股DNA，大约为150 kb。PRV基因组富含G+C，高达73%，由长独特区（UL）、短独特区（US）和位于US两侧的末端重复序列（TR）与内部重复序列（IR）构成。由UL编码的几个重要蛋白包括：糖蛋白gB（gⅡ）、gD、gH、胸腺嘧啶脱氧核苷激酶（TK）、gM、gL、DNA结合蛋白（DBP）、DNA聚合酶和主要衣壳蛋白（MCP）等。由US基因编码的几个主要结构蛋白是：丝氨酰/苏氨酰基蛋白激酶（PK）、糖蛋白gG（gX）、gD（gp50）、gI（gp63）、gE（gI）及11 ku和28 ku蛋白质等。实验证明gG、gE、gI和11 ku的蛋白基因是病毒复制非必需的，而gB、gD和gH基因是病毒复制所必需的。除gG外，以上其他几种糖蛋白都是成熟病毒粒子的结构成分，gG从感染细胞中释放出来，大量存在于培养液中。

本病毒毒力基因可分为三类：第一，囊膜糖蛋白，例如gC、gD、gI、gE等。Buk和Norden弱毒株的酶切图谱显示，gI和gp63编码的BamHⅠ-7片段消失，证明糖蛋白gp63（gI）与毒力有关，它对完全保护的诱导是必需的，gp63突变株不能产生完全的保护。gI基因工程疫苗毒力降低。gI对病毒从三叉神经和嗅觉器官途径的扩散起主导作用，缺失gI基因会使神经感染受到限制，证明gI在决定残留毒力上起重要作用。第二，病毒自身所编码的酶，例如蛋白激酶（PK）、胸苷激酶（TK）、脱氧尿苷三磷酸酶和核苷酸还原酶（RR）等。PK基因的缺失疫苗株可明显影响PRV的毒力，虽然它不是中和抗体和细胞毒性T细胞的靶蛋白，但对完全保护的诱导是必需的，单独的PK$^-$如同gI$^-$或gp63$^-$一样不能产生完全保护。TK基因是第一个被确认为与毒力有关的基因，现认为TK对病毒在中枢神经系统中的增殖起主导作用，它的失活可使PRV对猪的毒力及神经细胞的侵染力明显降低。因此，该基因在毒力中的作用非常重要。第三，非必需的衣壳蛋白，主要是核衣壳蛋白，包括4种主要结构蛋白和12种次要结构蛋白。

本病毒有广泛嗜性，可在多种动物细胞中增殖，在猪肾细胞、兔肾细胞、牛睾丸细胞、鸡胚成纤维细胞等原代细胞及$PK_{15}$、Vero、$BHK_{21}$等传代细胞系中都能很好地增殖，并可产生明显的细胞病变和核内嗜酸性包涵体，但以猪肾和兔肾细胞最为敏感，最适于病毒的增殖。本病毒通过绒毛尿囊膜接种鸡胚，可在其膜面形成隆起的痘斑样病变或溃疡，并可造成鸡胚死亡；通过尿囊腔和卵黄囊接种也可引起鸡胚死亡。

本病毒只有一种血清型，但不同分离毒株的毒力有一定的差异。近年来我国免疫猪群出现新的抗原变异流行毒株，值得关注。采用限制性内切酶对病毒的基因组进行酶切是区分强毒株和弱毒株的常用方法。

本病毒对脂溶剂如乙醚、氯仿、酒精等高度敏感，对消毒剂无抵抗力。对外界的抵抗力较强，经过44℃ 5 h不能将其灭活，但55℃经50 min、80℃经3 min或100℃瞬间可将病毒灭活。在潮湿的环境下，pH 6～8时病毒最为稳定，而在4～37℃，pH 4.3～9.7的环境中1～7 d可失活；在干燥条件下，特别是有直射阳光存在时，病毒很快失活。该病毒对各种化学消毒剂敏感。

## （二）免疫

自然条件下本病毒感染入侵的初始部位是鼻咽部上皮和扁桃体，随后病毒沿淋巴管扩散至局部淋巴结。当病毒被三叉神经、咽神经和嗅神经末梢摄入后，有囊膜的病毒粒子或无囊膜核衣壳沿轴突逆行至嗅球或三叉神经，并至中枢神经系统，然后在脑桥和脊髓复制。神经细胞感染PRV后，可导致中枢神经系统紊乱。猪的日龄越大抵抗力越强；对成年猪，低毒力毒株感染后可能仅局限在感染局部而不表现临床症状。在自然条件下，非常小的剂量即可使猪出现血清阳转或使其成为无症状的隐性感染者。

血清中的中和抗体对本病毒感染有一定的保护作用，但不能防止病毒在上呼吸道增殖和排出。细胞免疫在抗伪狂犬病病毒的感染中也具有很重要的作用。

## （三）疫苗

目前用于伪狂犬病免疫接种的疫苗有灭活疫苗、弱毒疫苗和基因缺失疫苗。

**1. 猪伪狂犬病灭活疫苗**

［毒种］ 鄂A株，在$BHK_{21}$细胞培养$TCID_{50}$不应低于$10^{-6}$个/mL，对家兔或山羊的$LD_{50}$不应低于$10^{-6}$个/mL。该毒株为强毒株，没有缺失糖蛋白基因。

［制造要点］ 毒种经1：100稀释后接种$BHK_{21}$细胞单层，37℃培养24～48 h，CPE达到75%以上时收获病毒液，加入0.1%甲醛溶液灭活，加入矿物油佐剂乳化即制成灭活疫苗。

［质量标准］ 除按一般规定进行检验外，应做如下检验：

（1）安全检验：用体重16～18 g小鼠5只，各皮下注射疫苗0.3 mL，观察14 d，应健活；用体重1.5～2 kg家兔2只，各臀部皮下注射疫苗5 mL，观察14 d，应健活，且无不良反应。

（2）效力检验：用体重10～20 kg、伪狂犬病抗体阴性的断奶仔猪4头，各颈部肌肉注射疫苗3 mL。28 d后，采血，分离血清，测定抗中和指数。免疫猪血清中和指数应≥316。

［保存与使用］ 疫苗2～15℃冷暗处保存，有效期2年。颈部皮下注射。用于预防猪伪狂犬病。

国内用闽A株伪狂犬强毒接种鸡胚成纤维细胞制造的灭活苗也具有良好的效果。

**2. 猪伪狂犬病自然弱毒活疫苗** 本病毒自然致弱毒株很多，如匈牙利的Bartha-$K_{61}$株、罗马尼亚的布加勒斯特株（Bucharest株）、捷克等国自Bucharest株育成的$TK_{200}$株、Buk株和$TK_{900}$株、北爱尔兰的NIA株、保加利亚的$MK_{25}$株、法国的Alfort株、南斯拉夫的B-$kal_{68}$株、Dessau株和Govacc株等。Bartha-$K_{61}$和Bucharest株已在欧美国家作为疫苗株生产疫苗。Bartha-$K_{61}$比Bucharest株毒力弱，但二者均具有良好的免疫效果，无明显差别。Bartha-K$_{61}$和Bucharest株均存在gE基因缺失,但没有缺失TK基因。我国利用引进的Barth-K$_{61}$弱毒株已研制成功伪狂犬病活疫苗,现介绍如下:

[毒种] Bartha-K$_{61}$弱毒株,首先在乳兔肾原代细胞培养1~2代复壮,挑选1~2 mm小嗜斑病毒培养物用做种子液。

[制造要点] 毒种按照1:100稀释后接种鸡胚成纤维细胞(CEF)单层,37℃培养24~48 h,CPE达75%以上时收获病毒液。取病毒液7份加保护剂1份,混匀后冻干制成冻干疫苗。用鸡胚成纤维细胞测定疫苗毒价应≥$10^{5.0}$TCID$_{50}$/mL。

[质量标准] 除按《兽医生物制品检验的一般规定》进行检验外,应做以下检验:

(1) 安全检验:将冻干苗用中性PBS稀释7倍,肌肉注射6~18月龄PRV抗体阴性的绵羊2只,观察2周应健活。

(2) 效力检验:冻干苗用PBS溶化后稀释成$10^{-3}$,肌肉注射6~18月龄血清阴性的绵羊3只观察14 d后,与同源对照绵羊3只同时攻击1 000个致死量的强毒。注射疫苗羊应该安全保护,对照羊应该全部死亡或2/3发病死亡。

[保存与使用] 疫苗4℃保存。使用是用PBS稀释,肌肉注射。乳猪第一次注射0.5 mL,断奶后再注射1 mL,3月年龄以上仔猪和架子猪注射1.0 mL,成年猪和妊娠猪(产前1个月)注射2.0 mL。本疫苗在注射后6 d产生免疫力,免疫期1年,仅限于疫区和受威胁地区。

目前,我国有多个企业利用Bartha-K$_{61}$弱毒株生产疫苗,其生产方法略有差异。除上述采用CEF原代细胞外,有的采用羔羊心脏细胞系(IC01)和猪肾细胞PK$_2$A进行病毒培养。疫苗保护剂不尽相同,疫苗毒价标准也有所不同,有的大于$10^{6.3}$CCID$_{50}$/mL,有的大于$10^{5.2}$TCID$_{50}$/mL。此外,疫苗安全检验除采用易感健康仔猪外,有的还采用敏感的豚鼠进行。疫苗病毒鉴别检验采用血清中和试验和免疫荧光抗体试验。

**3. 猪伪狂犬病基因工程缺失疫苗** 美国最早研制成功伪狂犬病毒TK基因缺失弱毒疫苗并投放市场。TK-/gE-双基因缺失疫苗是目前国际通用的较理想的疫苗,此疫苗及其配套的鉴别诊断试剂盒gE-ELISA均已商品化。因此,该疫苗的优点是它不仅安全有效而且能够免疫接种猪和野毒感染猪,它为该病的控制与净化提供了有效的手段。近十年来,我国采用基因工程技术选育成功PRV TK、gG、gE和gI基因缺失毒株,并研制成功伪狂犬病病毒TK$^-$/gG$^-$基因缺失疫苗(HB-98株)和TK$^-$/gE$^-$/gI$^-$基因缺失疫苗株(SA215株),投入商品化生产,并可采用配套的gG-ELISA和gE-ELISA抗体检测试剂盒进行鉴别诊断。

**猪伪狂犬病活疫苗**(HB-98株)

[毒种] HB-98株,来源于鄂A株,为TK$^-$/gG$^-$双基因缺失疫苗株,含有LacZ报告基因,按10%量接种于SPF鸡胚成纤维细胞上培养1~2 d,CPE达80%以上,病毒含量≥$10^{6.0}$TCID$_{50}$/mL。毒种继代应不超过5代。

[制造要点] 毒种按10%量接种SPF鸡胚成纤维细胞单层,37℃培养1~2 d,CPE达80%以上时收获病毒液,无菌检验无菌生长,病毒含量≥$10^{6.0}$TCID$_{50}$/mL,过滤除去细胞碎片,加适量保护剂,分装后冻干。

[质量标准] 除按兽医生物制品检验的一般规定进行检验外,应做如下检验:

(1) 鉴别检验:采用伪狂犬病毒特异性血清进行病毒中和试验,即用DMEM培养基将

疫苗稀释成 $200TCID_{50}/0.1\ mL$，与等量抗伪狂犬病毒特异性血清混合，置 37 ℃中和 1 h，接种 $PK_{15}$ 或 IBRS-2 细胞培养板，37 ℃培养，观察 3 d，试验组和空白对照组应无细胞病变，病毒对照应出现 CPE。

（2）病毒含量测定：将疫苗用 DMEM 生长液稀释至冻干前体积，然后做 10 倍系列稀释，接种 96 孔微量细胞培养板，每孔 100 μL，再在每孔加入 $PK_{15}$ 或 IBRS-2 细胞悬液 100 μL，在 37 ℃下培养观察 5 日，80%以上细胞病变（细胞黑色颗粒增多、圆缩、拉网、脱落）判为感染，计算 $TCID_{50}$。每头份病毒含量应 $\geqslant 10^{5.0} TCID_{50}$。

（3）安全检验：用 18～21 日龄仔猪（PRV 中和抗体效价≤1∶2）4 头，各肌肉注射或滴鼻接种疫苗 10 头份，连续测量体温 7 d，仔猪应体温正常并无其他不良反应。

（4）效力检验：用 1 日龄猪（PRV 中和抗体效价≤1∶2）4 头，各肌肉注射疫苗 1 头份，21 d 后，连同对照猪 3 头，各滴鼻攻击 PRV 鄂 A 株病毒液 1 mL（含 $10^{7.0}\ TCID_{50}$），观察 14 d。对照猪应全部发病（体温≥40 ℃，至少持续 2 日、精神沉郁），免疫猪应全部保护。

［保存与使用］ 2～8 ℃保存，有效期 6 个月；-20 ℃保存，有效期 12 个月。使用时，用灭菌生理盐水稀释，肌肉注射。免疫程序为：PRV 阴性的乳猪在出生后 1 周内滴鼻或肌肉注射，有母源抗体的仔猪 45 日龄左右第一次肌肉注射，后备母猪 6 月龄肌肉注射，间隔 1 个月后加强免疫一次，产前 1 个月再免疫一次；经产母猪每 4 个月免疫一次。种公猪每年 2 次。

猪伪狂犬病活疫苗（SA215 株）系用 $TK^-/gE^-/gI^-$ 三基因缺失的 PRV SA215 株接种 SPF 鸡胚成纤维细胞培养，收获细胞培养物，加适宜的保护剂，经冷冻真空干燥制成。病毒含量≥$10^{6.0} PFU/mL$。疫苗效力检验采用 20～22 日龄易感仔猪（PRV 中和抗体效价≤1∶4）4 头，各肌肉注射疫苗 1 头份，28 d 后，疫苗免疫组 PRV 中和抗体效价≥1∶30，对照组 4 头猪 PRV 中和抗体效价≤1∶4 即合格；或免疫后 28 d，连同对照猪 4 头，各滴鼻攻击 PRV Fa 株病毒液 1 mL（含 $10^{6.0}\ PFU$），观察 7 d，对照猪应全部发病并至少死亡 2 头，免疫猪应全部保护。本疫苗其他质量检验指标与上述疫苗基本一致。

### （四）诊断制剂

目前，本病诊断常用检测方法有：病毒的分离与鉴定、PCR 法、ELISA、血清中和试验和乳胶凝聚试验等。根据使用的基因缺失疫苗类型，野毒感染的鉴别诊断方法有 gE-ELISA、gG-ELISA、gI-ELISA、gE-LAT（乳胶凝集试验）和 gG-LAT 等。

**1. PCR 方法** 目前用于扩增的基因片段有 gp50 和 gB 基因的 281bp 的片段等。该方法可用于患病动物分泌物和组织器官等病料的检测，快速，敏感。

**2. ELISA 试验** 美国 IDEXX 公司有商品化的 PRV gB 和 gE 阻断 ELISA 抗体检测试剂盒，可用于本病毒感染和免疫抗体检测及野毒感染诊断。近年来，我国已研制成功 PRV ELISA 抗体检测试剂盒和 gE-ELISA 抗体检测试剂盒，其中，gE-ELISA 抗体检测试剂盒可以将自然感染和基因缺失疫苗免疫动物抗体加以区分开来，可以用于本病毒野毒感染的鉴别诊断，现介绍如下：

［制造要点］ 用基因工程大肠杆菌表达的 PRV gE 蛋白作为包被抗原，以羊抗猪 IgG 酶标抗体为第二抗体，由抗原包被的 96 孔酶标板、PRV 阳性对照血清、阴性对照血清、酶

标抗体、样品稀释液、20倍浓缩洗涤液、底物A液和B液及终止液等组成。

[质量标准] 除按一般规定进行性状检验外，应做如下检验。

（1）无菌检验：按现行《中国兽药典》附录进行检验，试剂盒内阴性对照血清、阳性对照血清和酶标抗体均应无菌生长。

（2）敏感性检验：采用1份PRV阳性质控血清样品，按照本试剂盒用法与判定进行检测，ELISA抗体效价应不低于1∶640。

（3）特异性检验：将30份质控血清（20份PRV阴性血清，10份PRV gE缺失疫苗免疫猪血清），按照本试剂盒用法与判定进行检测，结果应均为阴性。

[保存与使用] 2～8℃保存，有效期6个月。使用时将血清样品做1∶40稀释，严格按试剂盒使用说明进行，结果判定条件是：阳性对照孔$OD_{630}$值≥0.8，并且<0.2；阴性对照孔$OD_{630}$值均<0.3，如果样品孔$OD_{630}$值（S）≥阳性对照孔$OD_{630}$值（P）×0.27，判gE抗体阳性，如果S＜P×0.27，判gE抗体阴性。

**3. 乳胶凝聚试验** 主要利用伪狂犬病毒致敏乳胶抗原来检测动物血清、全血或乳汁中的抗体，具有简便快速特异敏感的特点。使用时，具体操作方法：用常规方法采血分离血清，如为乳汁则3 000 r/min离心10 min，取上清做待测样品。取被测样品、阳性血清、阴性血清、稀释液分置于玻片上。各加乳胶抗原一滴，用牙签混匀，搅拌并摇动1～2 min，于3～5 min内观测结果。该方法特异、敏感，操作方法简便、快速，无需特殊设备。

（姜　平）

## 四、猪圆环病毒病

猪圆环病毒病（Porcine circovirus disease，PCVD）又称猪圆环病毒相关病（Porcine circovirus associated disease，PCVAD），是由猪圆环病毒2型引起猪的多种疾病的总称，包括断奶仔猪多系统衰竭综合征（PMWS）、猪皮炎肾病综合征（PDNS）、猪呼吸道病、肠炎、母猪繁殖障碍和仔猪先天震颤等。其中，PMWS最为常见，以断奶仔猪和育肥猪生长缓慢、呼吸急迫、消瘦、贫血和出现黄疸现象等为特征。1991年加拿大首次暴发本病，现已成为影响世界养猪业的重要疫病之一。我国于2001年首次报道，并在我国猪群中广泛流行，造成严重经济损失。

### （一）病原

猪圆环病毒（Porcine circovirus，PCV）属于圆环病毒科。本病毒是迄今发现的一种最小的动物病毒，具有PCV1和PCV2两种血清型。PCV1无致病性，广泛存在猪体内及猪源传代细胞系。PCV2具有致病性，可以引起PMWS。PCV2无囊膜，呈二十面体对称，病毒粒子直径为17 nm。病毒基因组为单股负链环状DNA，全长约1.7 kb，有两个大的ORFs，其中ORF1编码病毒复制蛋白（Rep），ORF2编码核衣壳蛋白（Cap），由233个氨基酸组成，位于基因组反向链上，蛋白分子质量约为30 ku。Cap蛋白是病毒的主要结构蛋白，抗原性较强，可以诱导猪体产生免疫保护作用。PCV2和PCV1 Rep蛋白氨基酸序列同源性为86%；Cap蛋白氨基酸序列同源性为65%。根据PCV2 ORF2基因序列，PCV2分为3个基因亚型，即 PCV2a、PCV2b 和 PCV2c 等，其毒力有一定差异。

PCV2 能在 $PK_{15}$ 细胞上生长，但不产生 CPE。在接种 PCV2 的 $PK_{15}$ 细胞培养物中加入 300 mM-氨基葡萄糖-HCl 作用 30 min，可促进 PCV 的复制。$PK_{15}$ 细胞培养物中加入植物血凝素和刀豆素也可以促进 PCV 的复制。病毒抗原在感染细胞的细胞核和细胞质内集聚，形成胞浆内包涵体和少量核内包涵体。

本病毒对外界的抵抗力较强，在 pH 3 的酸性环境中很长时间不被灭活。病毒对氯仿不敏感，在 56 ℃或 70 ℃处理一段时间，仍不失活。

## （二）免疫

PCV2 对免疫系统的影响具有重要作用。PCV2 感染可以引起免疫抑制，使机体的免疫力下降，造成细菌和病毒的继发感染，从而引起更严重的临床症状。猪繁殖与呼吸综合征病毒和细小病毒等共感染因子及血蓝蛋白油乳剂等共同作用，可以激活 PCV2 在猪体免疫系统复制，成功复制 PMWS 模型。猪感染本病毒后 14～28 d，可诱导产生 PCV2 特异抗体。仔猪母源抗体在哺乳期及保育期会逐渐下降，7～12 周龄抗体又会明显上升，并持续至 28 周。病毒血症水平随着抗体水平的增高而降低，但 PCV2 抗体并不能完全抵抗感染。PCV2 感染也可以引起细胞免疫反应。

## （三）疫苗

疫苗是免疫预防病毒感染最有效的途径之一。廉价高效的 PCV2 疫苗是目前国内外学者的研究焦点之一，主要包括 PCV2 全病毒灭活疫苗、PCV1-PCV2 嵌合体灭活疫苗、重组亚单位灭活疫苗、PCV1-PCV2 嵌合体活疫苗、重组活载体疫苗和基因疫苗等。目前，PCV2 全病毒灭活疫苗、PCV1-PCV2 嵌合体灭活疫苗和杆状病毒表达的重组亚单位灭活疫苗研究取得重要突破，实现商品化生产。我国批准使用的疫苗主要有 PCV2 灭活疫苗（SH 株、LG、DBN/98、WH 和 ZJ/2 株）和进口的 PCV2 Cap 蛋白重组杆状病毒灭活疫苗。

**1. 猪圆环病毒 2 型灭活疫苗**（SH 株）

[毒种] PCV2 SH 株，属于 PCV2b 亚型，在 $PK_{15}$-B1 克隆细胞系上培养，病毒含量应不低于 $10^{6.0}TCID_{50}/mL$，具有 PCV2 免疫荧光抗体染色特性。接种 50～55 日龄 PRRSV 和 PCV2 抗原和抗体阴性的健康易感仔猪，采用血蓝蛋白（KLH/ICFA，0.5 mg/mL）和巯基乙酸培养基刺激，能人工复制 PMWS，发病率不低于 4/5。基础种子代数 25～35 代。

[制造要点] 毒种接种 $PK_{15}$-B1 克隆细胞单层，37 ℃培养 48～72 h，冻融 3 次裂解细胞，离心后收获病毒液，用 0.2%甲醛溶液灭活，与矿物油佐剂混合乳化制成双相油乳剂灭活疫苗。疫苗中 PCV2 抗原含量应 $\geqslant 5\times 10^{5.0}TCID_{50}/mL$。

[质量标准] 除按《兽医生物制品检验的一般规定》进行检验外，应做如下检验：

（1）安全检验：用 14～21 日龄 PCV2 ELISA 抗体阴性和 PCV2 抗原阴性健康易感仔猪 3 头，每头肌肉注射疫苗 4 mL，连续观察 14 d，应无异常临床反应。

（2）效力检验：下列方法任择其一。

① 仔猪免疫攻毒法：用 14～21 日龄 PRRSV 和 PCV2 抗原和抗体阴性健康易感仔猪 15 头，分成 3 组，每组 5 头，第 1 组每头颈部肌肉注射疫苗 1 mL，两周后按相同途径和剂量

进行第 2 次接种，第 2 组作非免疫攻毒对照，第 3 组作空白对照（非免疫、非攻毒），均隔离饲养观察。首免后 5 周对所有猪称重，第 1、2 组各用 PCV2 SH 株（$10^{6.0}$ TCID$_{50}$/mL）滴鼻 1 mL、肌肉注射 2 mL，隔离饲养。攻毒后第 4、7 天，对所有猪肌肉注射弗氏不完全佐剂乳化的钥匙孔血蓝蛋白（KLH/ICFA，0.5 mg/mL），4 mL/头，同时腹腔接种巯基乙酸培养基，10 mL/头；攻毒后第 11 天、19 天再次腹腔接种巯基乙酸培养基，10 mL/头。攻毒后连续观察 25 d，于第 25 天称重后扑杀，剖检。根据体温、相对日增重和病毒抗原检测结果进行判定。攻毒对照组应至少 4 头发病，免疫组应至少 4 头保护。

② 小鼠免疫试验法：用 5～6 周龄 PCV2 ELISA 抗体阴性健康雌性清洁级 Balb/c 小鼠 15 只，分成 3 组，每组 5 只。第 1 组和第 2 组分别皮下接种参考疫苗（仔猪免疫攻毒法检验合格）和待检疫苗，每只 0.2 mL，两周后按相同方法第 2 次接种；第 3 组不接种，做空白对照。各组小鼠均隔离饲养观察。首免后 5 周采血，分离血清，测定血清中 PCV2 ELISA 抗体效价。对照组应全部为阴性，待检疫苗免疫组平均抗体效价应不低于参考疫苗免疫组平均抗体效价，参考疫苗免疫组平均抗体效价应不低于 1∶800。

[保存与使用] 疫苗 2～8 ℃ 保存，有效期 12 个月。颈部皮下或肌肉注射。14～21 日龄仔猪首免，1 mL/头，间隔两周后以同样剂量加强免疫 1 次。免疫期为 3 个月。

**2. 猪圆环病毒 2 型灭活疫苗**（LG 株） 疫苗毒种为 PCV2 LG 毒株，属于 PCV2a 亚型。病毒接种 PK$_{15}$ 细胞单层培养，收获病毒液，用甲醛溶液灭活，加矿物油佐剂混合乳化制成，呈水包油剂型。疫苗无菌检验和安全检验方法和判定标准与上述灭活疫苗相似。

疫苗效力检验采用健康仔猪进行，判定指标按下列方法任择其一。

（1）抗体检测：用 30～40 日龄健康易感仔猪（IPMA 法检测 PCV2 抗体效价，应低于 1∶50）10 头，随机等分成 2 组。其中一组分别经颈部肌肉注射途径接种疫苗 1 mL，21 d 后，以相同剂量和途径加强免疫 1 次；另一组不接种疫苗，作为对照组。二免后 14 d 采血，分离血清，用 IPMA 法检测血清抗体效价。免疫猪应至少 4 头抗体效价不低于 1∶800，对照猪抗体效价均应低于 1∶50。

（2）免疫攻毒：二免后 14 d，取上述免疫猪和对照猪，用 PCV2 LG 株强毒攻击，通过滴鼻和肌肉注射途径各接种 1 mL（$10^{5.0}$ TCID$_{50}$）。称取攻毒当日体重。攻毒后 28 d，将所有猪称重后扑杀，取腹股沟淋巴结样品，采用荧光定量 PCR 法检测病毒核酸载量。相对增重率应不低于 5%。免疫猪应至少 4 头病毒核酸载量不高于 $3.5×10^7$ 拷贝/g，对照猪应至少 4 头病毒核酸载量不低于 $1.45×10^9$ 拷贝/g。

除此之外，PCV2 灭活疫苗（WH 株）和 PCV2 灭活疫苗（ZJ/2 株）系采用 PCV2 WH 和 ZJ/2 株接种 PK$_{15}$ 细胞培养，收获病毒液，用二乙烯亚胺（BEI）或 β-丙酰内酯灭活，加矿物油佐剂混合乳化制成，用于预防 PCV2 感染引起的相关疾病。该疫苗质量标准与上述 PCV2 灭活疫苗相似，效力检验均采用仔猪免疫攻毒法，但攻毒猪淋巴结组织中 PCV2 抗原检测方法不同，前者采用免疫组化试验，后者采用病毒分离方法。

**3. 猪圆环病毒 2 型杆状病毒载体灭活疫苗** 本疫苗系用表达猪圆环病毒 2 型 ORF2 基因修饰杆状病毒，接种于 SF$^+$ 细胞，收获并无菌过滤细胞培养物，经二乙烯亚胺（BEI）灭活后加适宜佐剂混合制成。疫苗外观呈无色至微黄色混悬液。本疫苗质量标准除按《兽医生物制品检验的一般规定》进行检验外，应做如下检验：

（1）安全检验：采用 3～5 周龄猪 2 头，各肌肉注射疫苗 2.0 mL，观察 21 d，应无不良反应。若出现非疫苗因素导致的不良反应,判本次检验结果无效,应重检,若不进行重检,则判该批疫苗为不合格。

(2) 效力检验:下列方法任择其一。

① 相对效力检验法:采用夹心 ELISA 方法定量检测 PCV2 抗原,同时,采用参考疫苗作对照,测定 $OD_{450nm}$ 值,待检疫苗样品 $OD_{450nm}$ 值/参考疫苗 $OD_{450nm}$ 值应≥1.0。参考疫苗采用免疫攻毒检验法检验应合格。

② 免疫攻毒检验法:用 PRRSV 和 PCV2 抗原和抗体阴性健康怀孕母猪,怀孕 114 d 时进行剖腹产,取出仔猪至少 40 头,分成 2 组,每组 20 头,第 1 组每头颈部肌肉注射疫苗 1 mL,第 2 组做非免疫攻毒对照。首免后 25 d 肌肉注射 KLH/ICFA,2.0 mL/头,首免后 28 d 采血,分离血清,第 1 组用 PCV2 ISUVDL98-15237 强毒株($10^{5.0}$ $TCID_{50}$/mL)滴鼻 1.0 mL/头,肌肉注射 1.0 mL/头,攻毒后第 3 天,肌肉注射 KLH/ICFA,2.0 mL/头,攻毒后第 28 天,安乐死,剖解,采集扁桃体、支气管淋巴结、肠系膜淋巴结和肠淋巴结组织,用 10%甲醛溶液固定,进行病理学和免疫组织化学检查,按每头猪样品进行计分。其中,无 PCV2 抗原阳性淋巴细胞=0,淋巴滤泡出现 PCV2 抗原阳性的比例小于 10%=1,淋巴滤泡出现 PCV2 抗原阳性的比例为 10%~50%=1,淋巴滤泡出现 PCV2 抗原阳性的比例大于 50%=3,用 Fisher's Exact Test 方法进行统计学分析,判定两个组之间 PCV2 免疫组织化学强度是否有显著性差异($p<0.05$),若两项均有显著性差异,判该批疫苗效力检验合格。否则应重检,可重检一次,若仍不合格,判该批疫苗效力检验不合格。

该疫苗 2~8 ℃保存,有效期 24 个月。肌肉注射 2 周龄以上仔猪,1 mL/头,免疫后 2 周产生免疫力,免疫期为 4 个月。

### (四) 诊断制剂

本病实验室诊断方法有:免疫荧光技术(FA)、免疫组织化学试验(IHC)和 PCR 方法等,FA 和 IHC 均需要 PCV2 特异性抗体。目前,猪抗 PCV2 血清和鼠抗 PCV2 单克隆抗体均有商品化试剂。PCR 检测试剂盒可用于患病动物淋巴结组织样品和细胞毒分离样品的检测。本病血清抗体检测方法主要有:间接荧光抗体技术(IFA)、免疫过氧化物酶单层细胞试验(IPMA)和酶联免疫吸附试验(ELISA)等。ELISA 方法敏感性高,操作简单、快速,已广泛应用于临床检测及实验室研究中,但由于猪群中广泛操作 PCV1,而 PCV1 和 PCV2 操作交叉反应,所以,ELISA 抗原一般采用原核表达的 PCV2 Cap 蛋白作为包被抗原,或采用 PCV2 特异性单克隆抗体为竞争抑制剂,以增加 ELISA 抗体方法的特异性。目前,国外已有商品化的 ELISA 抗体检测试剂盒,如 INGENASA 公司的 INGEZIM CIRCO VIRUS IgG/IgM 诊断试剂盒、Synbioties 公司的 SERELISA™PCV2 单抗阻断 ELISA 试剂盒,价格昂贵。

我国应用大肠杆菌表达系统表达的重组 Cap 蛋白作为包被抗原,研制成功 PCV2 间接 ELISA 抗体检测试剂盒,可用于 PCV2 抗体检测,现介绍如下:

[制造要点] 用基因工程大肠杆菌表达的 PCV2 去除核定位信号肽的 Cap 蛋白(dCap)作为包被抗原,以山羊抗猪 IgG 酶标抗体为第二抗体,由抗原包被的 96 孔酶标板、封板膜、强阳性对照血清、弱阳性对照血清、阴性对照血清、样品稀释液、20 倍浓缩的洗涤液、底物 A 液和 B 液及终止液、96 孔血清样品稀释板等组成。

[质量标准] 除按一般规定进行性状检验外，应做如下检验。

(1) 无菌检验：按现行《中国兽药典》附录进行检验，试剂盒内强阳性对照血清、弱阳性对照血清、阴性对照血清、酶标抗体、样品稀释液、20 倍浓缩的洗涤液、底物 A 液和 B 液及终止液均应无菌生长。

(2) 敏感性检验：采用不稀释的强阳性对照血清、弱阳性对照血清，按照本试剂盒用法与判定进行检测，强阳性对照血清反应的 $OD_{450}$ 值$\geqslant 0.8$、弱阳性对照血清反应的 $OD_{450}$ 值$\geqslant 0.5$。

(3) 特异性检验：采用不稀释的阴性对照血清，按照本试剂盒用法与判定进行检测，对照血清反应的 $OD_{450}$ 值$\leqslant 0.25$。

[保存与使用] 2~8 ℃保存，有效期 6 个月。使用时将血清样品做 1∶400 稀释，严格按试剂盒使用说明进行，测定 $OD_{450}$ 的光密度值，试验成立的条件是：强阳性对照血清反应的 $OD_{450}$ 值$\geqslant 0.8$、弱阳性对照血清反应的 $OD_{450}$ 值$\geqslant 0.5$，阴性对照血清反应的 $OD_{450}$ 值$\leqslant 0.25$。计算样品 S/P 值：S/P 值＝(待检样本 $OD_{450}$ 均值－阴性对照 $OD_{450}$ 均值)/(强阳性对照 $OD_{450}$ 均值－阴性对照 $OD_{450}$ 均值)。结果判定：S/P 值$\geqslant 0.25$ 判为阳性，S/P 值$\leqslant 0.16$ 判为阴性，$0.16 <$ S/P 值 $< 0.25$ 判为可疑。

(姜 平)

## 五、猪传染性胃肠炎

猪传染性胃肠炎（Transmissible gastroenteritis，TGE）是一种高度传染性肠道疾病，以呕吐、水样腹泻和脱水为其临床特征。不同年龄和品种的猪都易感，但 2 周以内仔猪的病死率很高，5 周以上的猪很少死亡。目前本病分布于世界许多养猪国家，其猪群阳性率为 19%~100%不等。在我国，1958 年台湾省首次报道，以后在大陆许多地方发生。

### (一) 病原

猪传染性胃肠炎病毒（Transmissible gastroenteritis virus，TGEV）为冠状病毒科、冠状病毒属成员。病毒粒子呈圆形，直径 90~160 nm，双层膜，外膜上有花瓣状纤突，纤突长约 18~24 nm，其末端呈球状，直径约 10 nm。病毒基因组为单股 RNA，全长约 28.5 kb，基因组结构为 5′- ORF1a - ORF1b - S (ORF2) - ORF3a - ORF3b - sM (ORF4) - M (ORF5) - N (ORF6) - ORF7 - 3′。ORF1a 和 ORF1b 编码病毒的聚合酶。ORF2、ORF4、ORF5 和 ORF6 分别编码病毒的纤突（S）蛋白、小膜（sM）蛋白、膜（M）蛋白和核衣壳（N）蛋白，其中，S 蛋白形成典型的花瓣状囊膜突起，突出于病毒粒子表面，携带主要的 B 淋巴细胞抗原决定簇，能诱导产生中和抗体和提供免疫保护作用。S 蛋白含有宿主细胞氨肽酶受体的识别位点，决定着宿主细胞亲嗜性、TGEV 的致病性和血凝作用，还具有细胞膜融合作用，可以使病毒核蛋白进入细胞质，是目前 TGE 基因工程疫苗的研究靶点。

本病毒只有 1 个血清型，与 PRCV、猫传染性腹膜炎病毒和犬冠状病毒有一定的抗原相关性。猪肾细胞、甲状腺细胞、唾液腺细胞和睾丸细胞对 TGEV 较敏感，并可产生 CPE。病毒在胆汁中相当稳定，对胰酶有抵抗力，能耐 0.5%胰蛋白酶 1 h，但强毒株和弱毒株对胰酶和蛋白分解酶的敏感性不同，毒力越弱，对胰酶敏感性越高。所以，一般分离培养本病毒时需要采用胰蛋白酶处理。此外，本病毒不易在鸡胚和各种实验动物体内生长。

本病毒对乙醚、氯仿和去氧胆酸钠敏感。用20%乙醚4℃处理1 d，氯仿室温处理10 min或十二烷基硫酸钠处理1 h均可使病毒完全失去感染力。病毒对热敏感，56℃经45 min、65℃经10 min即可被灭活。病毒对光敏感，在阳光下6 h即可灭活，置阴暗处7 d还保持其感染力。在冻结保存时极为稳定，细胞培养冻干毒在-20℃保存2年，滴度没有明显降低，冻干的小肠病毒在-10℃保存875 d仍可使乳猪典型发病。

## （二）免疫

本病是典型的局部感染症，康复妊娠母猪乳汁中的TGE中和抗体，能保护肠黏膜上皮细胞，使仔猪免受感染。因此，目前免疫都集中在乳汁免疫。经口内服强毒能够产生良好的乳汁免疫，但有散播强毒，使本病常在化的危险。应用免疫血清作非经口接种，没有被动保护作用，说明乳汁抗体可能存在于肠腔内而对仔猪呈现免疫保护作用。乳汁抗体包括IgG、IgA和IgM，IgA抗体主要是分泌型IgA，仅由肠道受抗原刺激时产生，泌乳期间滴度较高，对消化酶有抵抗性，持续时间较长，是乳汁免疫的主体。高效价的IgG和IgA可以相辅相成。对于IgA的形成机理，一般认为是由于特异的病毒抗原刺激肠道集合淋巴结，致敏淋巴细胞分裂增殖，产生淋巴母细胞，经淋巴、血流移行至乳腺，于局部产生IgA抗体。

乳汁免疫可减少感染仔猪死亡率，但是仔猪一停止吃母乳，又可感染发病，因此不能根本解决猪群的免疫问题。近些年来，各国对本病的主动免疫进行了研究，以期获得安全有效、并迅速产生免疫力的疫苗。日本培育的弱毒TO-163株对哺乳仔猪无致病性，给新生仔猪经口接种TO-163株$2\times10^7$ TCID$_{50}$/mL，能使其产生一定程度的主动免疫性，但是免疫效果受环境温度和初乳的影响较大。感染TGEV的猪，对某些疾病和抵抗力或免疫机能将发生明显改变。但在出现TGE症状之前以及出现TGE症状之后，给其注射猪瘟活疫苗，常不能产生对猪瘟的有效免疫力。

## （三）疫苗

采用强毒人工免疫的方法，能取得保护仔猪的明显效果，但该方法人为使母猪发病，能加重环境污染，扩大疾病的蔓延，还可能造成其他传染病的暴发，故国际上已停止使用。后来用过灭活苗，而灭活苗由于不能产生乳汁免疫而较少应用。目前研究最多的是活疫苗。用活疫苗免疫时，乳汁中的抗体主要是IgG，分泌型的IgA少，所以自乳汁中消失得早，这也是长期以来认为活疫苗免疫效果不理想的主要依据。目前国际上的活疫苗毒株主要有CKP弱毒株（匈牙利）、BI-300疫苗株（前西德）、Rims株（前东德）、TGE-Vae株（美国）、H-5和To-163株（日本）等。我国也培育成功了华毒株活疫苗，其免疫效果达到或超过了国外同类疫苗。目前，TGEV新型疫苗研究涉及的种类较多，包括重组亚单位疫苗、合成肽疫苗、乳酸杆菌口服核酸疫苗、沙门菌口服核酸疫苗、重组活载体疫苗（伪狂犬病病毒、腺病毒、乳酸杆菌、沙门菌）和转基因植物疫苗（紫花苜蓿、拟南芥）等，但尚未商品化生产。

**1. 猪传染性胃肠炎华毒株活疫苗**

［毒种］ 华27细胞弱毒株，系将华27-4肠组织强毒通过加有DMSO的猪胎肾原代细

胞传代致弱，第 92～165 代进行了 5 次克隆纯化，挑选直径≤1 mm 的小空斑再传代。第 100 代后的病毒毒价为 $10^{4.67}$～$10^{6.0}$ TCID$_{50}$/0.3 mL，疫苗病毒液毒价为 $3.33 \times 10^{5.0}$ TCID$_{50}$/mL。本种毒对妊娠母猪于产前 45 d 及 15 d 左右进行肌肉、鼻内各接种 1 mL，用第 120 代及 135 代毒各返祖 5 代和 6 代，均未见毒力增强。对 3 日龄哺乳仔猪主动免疫的保护率为 90% 以上，被动免疫的保护率达 95% 以上。接种母猪对胎儿无侵袭力。

［制造要点］ 取胎猪肾上皮组织用 0.25% 胰酶（Difco）消化制成细胞悬液，生长液为含 10%～15% 犊牛血清的 0.5% 乳汉液（pH 7.0～7.2），细胞液分装后 37 ℃ 培养 48～72 h，形成单层后按常规方法接毒。维持液含犊牛血清 2%～5%，37 ℃ 培养 48～72 h，待 CPE 达 70%～80% 时收毒。细胞毒液经 3 次冻融后，分装即成。

［质量标准］ 除按一般规定检验外，应作下列检验：

(1) 毒价：应不低于 $10^5$ TCID$_{50}$/0.3 mL。

(2) 安全检验：疫苗口服接种 1～2 头健康母猪所产 3 日龄仔猪一窝（6 头以上），每头口服 1 mL，观察 7 d，没有或仅有一头仔猪出现一过性轻微反应为合格。也可以给 4 头体重 5 kg 猪肌肉注射疫苗 5 mL，观察 21 d，无反应为合格。

(3) 效力检验：将安检仔猪用 20 个 ID$_{50}$ 华 27-4 毒株病毒液，第 7～16 代强毒口服攻击，观察 1 周，保护率应达 90% 以上，对照仔猪 70% 以上发病为合格。或者，将安检的体重 15 kg 猪，于安检结束后立即滴鼻 1 mL 强毒，14 d 后采血测定中和抗体，中和抗体效价在 1：512 以上判为合格。

［保存与使用］ 妊娠母猪在产前 45～15 d 肌肉注射和滴鼻各 1 mL，可使仔猪获得有效的被动免疫力。

**2. 猪传染性胃肠炎-猪流行性腹泻二联灭活疫苗**

［制造要点］ 用猪传染性胃肠炎和猪流行性腹泻病毒分别接种 PK$_{15}$ 和 Vero 细胞培养，收获感染细胞液，经甲醛溶液灭活后，等量混合，加氢氧化铝胶浓缩制成。

［质量标准］ 除按《兽医生物制品检验的一般规定》检验外，应作下列检验：

(1) 安全检验：用猪传染性胃肠炎、猪流行性腹泻抗体阴性母猪所产 3 日龄哺乳仔猪 10 头，于后海穴注射疫苗，其中 2 头，各注射 2 头份；其余 8 头，各注射 1 头份，观察 14 d。均应无异常临床反应。

(2) 效力检验：检测血清中和抗体，即用猪传染性胃肠炎、猪流行性腹泻抗体阴性母猪所产 3 日龄哺乳仔猪 8 头，于后海穴注射疫苗 1 头份，于免疫后 14 d 采血，用中和试验检测血清中和抗体。8 头仔猪应至少 7 头血清阳转，猪传染性胃肠炎及猪流行性腹泻中和抗体效价 GMT 均应≥32。此外，还可以用免疫攻毒的方法，即将上述 8 头免疫仔猪，于免疫后 14 d，连同条件相同的对照仔猪 8 头，各均分为 2 组，以 $10^{-4}$ 稀释的猪传染性胃肠炎及猪流行性腹泻强毒分别口服攻毒，观察 7 d。对照组全部发病，免疫组至少保护 3 头；或对照组 3 头发病，免疫组全部保护为合格。

［保存与使用］ 2～8 ℃ 保存，有效期 1 年。本疫苗主要用于妊娠母猪的接种，使其所产仔猪获得被动免疫，预防仔猪传染性胃肠炎和流行性腹泻。本疫苗用于主动免疫时，接种后 14 d 产生免疫力，免疫期为 6 个月。仔猪被动免疫的免疫期为哺乳期至断奶后 7 d。不同的是，本疫苗注射部位为后海穴（尾根与肛门中间凹陷的小窝部位）。注射疫苗的进针深度按猪龄大小为 0.5～4 cm，3 日龄仔猪为 0.5 cm，随猪龄增大则进针深度加大，成猪为 4 cm，

进针时保持与直肠平行或稍偏上。妊娠母猪于产仔前 20～30 d 注射疫苗 4 mL；其所生仔猪于断奶后 7 d 内注射疫苗 1 mL；体重 25 kg 以下仔猪每头 1 mL；5～50 kg 育成猪 2 mL；50 kg 以上成猪 4 mL。

### (四) 高免血清

[制造要点] 选用 50～70 日龄左右的未经任何疫苗免疫的健康猪。抗原可用细胞毒或强毒感染典型发病乳猪的小肠 [用 0.1 mol/L pH 7.2 的 PBS 制备 10 倍稀释乳剂，加青、链霉素 1 000～2 000 U (μg)/mL，经细菌检查阴性。] 免疫程序为 4～5 次，每次间隔两周。第一次口服抗原 20 mL，滴鼻 10 mL；第二、三次皮下、肌肉各注射 20 mL，滴鼻 10 mL；第四次静脉 25 mL，同时采血测定血清效价，如果荧光抗体效价在 1∶32 或中和抗体效价在 1∶1 024 以上时，于免疫后第 5 天放血分离血清，如效价低时，可再进行一次静脉注射。

[质量标准] 抗体效价的测定：高免血清抗体用 0.02% 伊文思蓝进行倍比稀释，与已知的 TGE 病毒细胞培养盖玻片或强毒感染乳猪空肠标本染色，其效价不应低于 1∶64（荧光强度++）。选用 16 或 32 倍稀释为应用抗体。

（姜 平）

## 六、猪流行性腹泻

猪流行性腹泻（Porcine epidemic diarrhea，PED）是由猪流行性腹泻病毒引起的猪的一种高度接触性肠道传染病，以呕吐、腹泻和食欲下降为基本特征，各种年龄猪均易感。本病流行病学、临诊症状和病理变化与猪传染性胃肠炎十分相似，至 1982 年才命名为"猪流行性腹泻"。我国自 20 世纪 80 年代初以来陆续有本病发生的报道，近年有明显增加趋势，仔猪严重腹泻引起脱水，致病猪衰竭而死亡，已经造成严重经济损失。

### (一) 病原

猪流行性腹泻病毒（Porcine epidemic diarrhea virus，PEDV）为冠状病毒科、冠状病毒属的成员。病毒形态略呈球形，直径 130 nm（95～190 nm），有囊膜，囊膜上有花瓣状纤突，长 12～24 nm，由核心向四周放射，呈皇冠状。病毒在蔗糖中的浮密度为 1.18 g/mL。病毒基因组为单股正链 RNA，全长 28 033 nt，有 7 个开放阅读框（ORFs），分别编码纤突蛋白（S）、囊膜蛋白（E）、膜蛋白（M）和核衣壳蛋白（N）四种结构蛋白及复制酶 1a、1b 和 ORF3 三种非结构蛋白，其中，S 蛋白有重要免疫保护作用。不同分离毒株基因变异区主要存在于 S、M 和 ORF3 基因。ORF3 是 PEDV 基因组中唯一的附属基因，高度细胞适应型 PEDV 病毒株与 PEDV 野毒病毒株在 ORF3 基因上存在明显差异。DR13 和 CV777 弱毒疫苗毒株的 ORF3 基因存在部分基因缺失。M 基因在病毒组装和出芽过程中起重要作用，同时介导机体产生中和抗体。因此，病毒 S 和 M 基因是本病基因工程疫苗的设计的重要靶向分子。此外，猪感染本病毒早期就能产生抗 N 蛋白的高水平抗体，所以，N 蛋白的存在对于本病诊断具有重要意义。

本病毒只有 1 个血清型，代表毒株为 CV777 强毒株。本病毒与猪传染性胃肠炎病毒

(TGEV)、鸡传染性支气管炎病毒（IBV）、猪血凝性脑脊髓炎病毒（HEV）、新生犊牛腹泻冠状病毒（NCDCV）、犬冠状病毒（CCV）、猫传染性腹膜炎冠状病毒（FIPV）之间没有抗原相关性。本病毒分离培养比较困难。犊牛血清会抑制PEDV与细胞受体的结合。初次分离病毒时，在Vero传代细胞培养液中需要加入胰酶进行传代培养，随后病毒可转入$PK_{15}$和ST细胞中增殖，并可产生明显细胞病变。近几年我国出现PEDV新流行毒株，分离培养比较困难，病毒抗原性发生较大变化。

本病毒对外界抵抗力弱，对乙醚、氯仿敏感，一般消毒药物都可将其杀灭。病毒在4 ℃ pH 5.0～9.0、37 ℃ pH 6.5～7.5、50 ℃条件下相对稳定，60 ℃经30 min可失去感染力。

## （二）免疫

本病免疫是以局部黏膜免疫为主。一般认为，只有活病毒抗原才能刺激鼻黏膜或肠管的淋巴小结，使致敏淋巴细胞分裂增殖，产生淋巴母细胞，经血流聚集于乳腺，在局部产生IgA抗体，从而产生高效的免疫保护。但肌肉注射灭活疫苗亦可刺激机体在血清中产生中和抗体，其抗体类型主要是IgG，经血循环和淋巴循环进入乳腺。试验表明，如果乳汁中有高水平的IgG仍可保护仔猪免受感染，但这要求肌肉注射的病毒抗原量要大。因此，无论是细胞培养病毒灭活苗还是发病猪内容物组织灭活苗，其免疫效果的关键主要取决于病毒抗原含量高低。一般来说，灭活疫苗的主要免疫效果不如被动免疫。

## （三）疫苗

免疫接种是目前预防本病的主要手段之一。母猪产前接种猪病毒性腹泻疫苗，仔猪可以依靠初乳中的特异性抗体获得良好保护。TGEV和PEDV混合感染流行地区，可选用TGEV和PEDV二联灭活疫苗或二联活疫苗。

**1. 灭活疫苗** 我国商品化疫苗为猪传染性胃肠炎-猪流行性腹泻二联灭活疫苗。该疫苗安全性好，母源抗体对免疫效果的影响小。免疫妊娠母猪后产生的母源抗体对仔猪的保护性确实。免疫妊娠母猪后，产生的母源抗体对仔猪的保护性确实。灭活疫苗可在母猪分娩前20～30 d肌肉或后海穴注射，仔猪通过采食初乳而被动免疫获得保护。对该病的流行区域或受威胁区域的仔猪，也可以进行主动免疫。猪传染性胃肠炎-猪流行性腹泻二联灭活疫苗质量标准见猪传染性胃肠炎部分。

**2. 弱毒活疫苗** PEDV活疫苗毒株有DR13和CV777弱毒株等。活病毒诱导抗体产生快，抗体水平高，因此，自动免疫时弱毒活疫苗的免疫效果要比灭活疫苗好。免疫接种途径为鼻黏膜和口服免疫。但由于我国该病流行较广，猪群母源抗体水平普遍较高，因此弱毒疫苗的主动免疫效果有时会受到限制，而且活疫苗存在毒力返强隐患。目前我国尚无商品化的PEDV活疫苗。

**3. 强毒疫苗** 多用本场发病猪的肠内容物和粪便混入饲料内，对母猪尤其是妊娠母猪进行口服感染，通过被动免疫使仔猪得到明显保护。该方法使用粪便强毒容易造成猪场环境污染，强毒长期存在而导致该病的反复发作，故应谨慎使用。

## （四）诊断制剂

本病诊断方法有免疫电镜技术、免疫荧光技术、间接血凝试验、ELISA、RT-PCR和中和试验等。其中,直接荧光抗体技术(FAT)检测 PEDV 特异性高,比较可靠。ELISA 可从粪便中直接检测 PEDV 抗原,应用较为广泛。国内外最新研制的 PEDV 免疫胶体金试纸条,可以直接检测粪便中 PEDV 抗原或血液中抗体,具有较好应用价值。

(姜 平)

## 七、猪细小病毒感染

猪细小病毒感染(Porcine parvovirus infection)主要引起初产母猪发生流产、死产、胚胎死亡、胎儿木乃伊化和病毒血症,而母猪本身并不表现临床症状,其他猪感染后也无明显临床症状。本病一般表现为地方性流行或散发,有时也呈流行性(或称暴发),这种暴发多见于畜群初次感染,特别是初产母猪症状明显。

### (一)病原

猪细小病毒(Porcine parvovirus,PPV)属于细小病毒科、细小病毒属,病毒粒子外观呈六角形、圆形,无囊膜和磷脂,直径 18~26 nm。成熟的病毒粒子为二十面体等轴对称,有 2~3 个衣壳蛋白,32 个壳粒。病毒基因组为单链线状 DNA 分子,大小约 5.0 kb,包含 2 个大的 ORFs,3′端基因编码结构蛋白(VP1、VP2、VP3),5′端基因编码非结构蛋白(NS1、NS2、NS3)。其中,NS1 具有酶活性,对病毒的复制有作用,还可以引起细胞毒 T 淋巴细胞反应。VP1 和 VP2 是 PPV 的主要抗原相关蛋白,VP2 基因完全包含于 VP1 基因之内。VP2 是构成病毒粒子的主要衣壳蛋白,约占病毒蛋白量的 80%,能够诱导机体产生中和抗体,具有重要免疫保护作用。重组杆状病毒系统表达的 VP2 蛋白具有病毒样颗粒(VLPs)结构,可以作为一种抗原的转运载体,研制新型亚单位疫苗。本病毒可在猪的猪肾、猪睾丸原代细胞、猪睾丸细胞系 ST、猪肾细胞系 $PK_{15}$、IBRS-2 等细胞上增殖。本病毒能凝集豚鼠、大鼠、小鼠、猴、人 O 型红细胞,但不能凝集牛、绵羊、仓鼠和猪的红细胞。

根据其毒力和致病性,本病毒可以分为 4 类:第一类以 NADL-8 株为代表,口服接种可以穿过胎盘屏障,导致胎儿死亡;第二类以 NADL-2 株为代表,口服接种不能穿过胎盘屏障,对妊娠母猪和胎儿都没有致病性,可以当作弱毒疫苗来防控 PPV 感染;第三类以 Kresse 株为代表,为皮炎型强毒株,与其他毒株相比,它可以杀死免疫力不强的胎儿;第四类以 IAF-A83 为代表,其特点目前还不清楚。

本病毒对温度具有较强的抵抗力,在 56 ℃能耐受 48 h,70 ℃能耐受 2 h。本病毒对温度的适应较快,并且病毒毒力也会发生明显的变化。本病毒对酸碱度有较强抵抗力,能抵抗乙醚、氯仿等脂溶剂;pH 3.0~9.0 稳定;0.5%漂白粉、0.06%二硫异氰尿酸钾、2%氢氧化钠 5 min 能杀灭本病毒。

### (二)免疫

对于急性 PPV 感染的保护,主要依靠体液免疫。一般来说,猪感染病毒或注射疫苗后 7~14 d 产生抗体,母源抗体的持续时间为 16~24 周,仔猪母源抗体的持续时间与母源抗体的滴度呈正相关。一般认为，注射疫苗后血清 PPV 血凝抑制抗体效价大于 1∶80 倍时，可抵抗 PPV 感染，但血清抗体转阴后 1 周内对 PPV 又有易感性。

临床上慢性感染时细胞免疫有重要的作用。在慢性感染中，PPV 通常与猪圆环病毒 2 型（PCV2）协同作用。人工感染试验表明，在鼻内接种 101 d 后，发现特异性的外周血单核细胞（PBMC）增生，流式细胞术检测表明，特异性 $CD4^+$、$CD8^+$ T 细胞克隆增多，与免疫记忆中这些细胞的功能一致。在 PPV 感染猪中，CTL 杀伤活性较弱，在鼻内接种 80~87 d 达到高峰。在体外用 PPV 接种 PBMC 不会激发 CTL 发挥杀伤作用，证明细胞免疫在抵抗 PPV 感染中还是有一定作用。

### （三）疫苗

疫苗免疫接种是预防 PPV 感染、提高母猪繁殖性能的有效措施。PPV 疫苗主要是预防后备母猪的早期感染，即母猪怀孕前期（少于 70 d）可造成繁殖障碍，70 d 以后感染的母猪，胎儿基本不受损害。迄今，世界上已有很多国家研制出商品化 PPV 疫苗，其中大多为灭活疫苗，少数为弱毒疫苗。

**1. 灭活疫苗** 各国生产灭活疫苗的方法和使用灭活剂的种类不尽相同，常用的灭活剂有 AEI、BEI、甲醛溶液和 β-丙酰内酯，常用的佐剂有蜂胶、氢氧化铝和油水乳剂。所以，疫苗免疫效果不完全一样，免疫期 4~6 个月。目前，我国有两种类型猪细小病毒灭活疫苗，即氢氧化铝佐剂灭活疫苗和矿物油佐剂灭活疫苗。疫苗毒株有 CP-99、WH-1、L 和 YBF01 毒株等。

［制造要点］ ①培养猪睾丸细胞（ST）或猪肾细胞（$PK_{15}$、IBRS-2）；②接种猪细小病毒并培养；③收获病毒液，经甲醛、或 N-乙酰乙烯亚胺（AEI）、或二乙烯亚胺（BEI）灭活 30~60 h；④加氢氧化铝胶，即为氢氧化铝灭活疫苗；⑤加入油佐剂即配制成双相油乳剂灭活疫苗。疫苗生产过程中必须做如下中间检验检验：

（1）生产用细胞检验：生产灭活苗的细胞应无细菌、真菌和支原体污染，还应无致细胞病变和外源病毒污染。

（2）生产用种毒检验：生产灭活苗的每批基础种子、生产种子和制苗的原毒液，都要进行病毒的特异性、毒价及外源病毒检验。

（3）灭活半成品检验：经灭活后的制苗毒液，必须进行杀灭病毒活性、安全性和免疫原性检验。

① 灭活检验：经灭活后的制苗毒，在正常细胞中连续传 2~3 代，无致细胞病变作用和血凝活性。

② 安全性检验：经灭活后的制苗毒液，注射 PPV 阴性猪和怀孕母猪均不发生病毒血症。与注射猪同居的 PPV 阴性对照猪和注射的怀孕母猪体内的小猪都不发生抗体反应，也不发生病毒血症，而与强毒攻击猪同居的 PPV 阴性对照猪均发生感染。

③ 免疫原性检验：灭活苗毒液注射豚鼠和猪都能产生抗体反应。注射猪攻毒后内脏中分离不到病毒。接种苗毒的怀孕母猪攻毒后不发生经胎盘感染，而攻毒对照猪可发生胎盘感染。

［质量标准］ 除按一般规定进行检验外，应做下列检验：

（1）安全检验：用猪瘟中和抗体、猪细小病毒 HI 抗体阴性猪 2 头，各深部肌肉注射疫苗 10 mL。观察 21 d，应无不良临床反应。用 2~4 日龄同窝乳鼠至少 5 只，各皮下注射疫苗 0.1 mL，观察 7 d，应健活。如有死亡，应重检一次。

（2）效力检验：用体重 350 g 以上的 HI 抗体阴性豚鼠 4 只，各肌肉注射疫苗 0.5 mL。28 日后，连同条件一致的对照豚鼠 2 只，采血，测定抗体。对照豚鼠应为阴性，注苗豚鼠应有 3 只出现抗体反应，其 HI 效价应≥1∶64。如达不到上述要求，应重检一次。

**2. 活疫苗** 目前市场上 PPV 活疫苗毒株主要是 NADL-2 弱毒株，即国际标准弱毒株。该疫苗毒株是先经胎猪肾原代细胞（EPK）培养数代，然后转到 ST 传代细胞上数代培育获得，他们称之为改良活病毒（modified live virus，MLV），病毒感染滴度为 $5\times10^{7.0}$ TCID$_{50}$/mL，血凝价为 1∶512。我国也研制成功猪细小病毒弱毒冻干疫苗，疫苗种毒为 PPVs-1A 弱毒株。该毒株接种 ST 传代细胞，收获病毒液，测定合格后，加入病毒保护剂冻干，免疫效果良好。本病毒活疫苗免疫原性好，免疫后产生抗体快，维持时间长，但存在疫苗毒重组及毒力返强风险。

本病基因工程疫苗研究较多，其目的基因主要是 VP2 基因，构建的疫苗主要有重组亚单位疫苗、核酸疫苗、猪伪狂犬病病毒活载体疫苗、乳酸杆菌基因口服疫苗，其中，杆状病毒表达系统表达的 VP2 重组能自我装配成病毒样颗粒，用其免疫母猪能诱导产生免疫应答。由于本病毒 VP2 基因表达后能自我装配成 VLPs，而且该 VLPs 还可以作为其他抗原的转运载体，这为开发出本病毒单价或多价基因工程疫苗提供了条件。

### （四）诊断制剂

本病诊断方法较多，包括血凝试验（HA）和血凝抑制试验（HI）、血清中和试验、凝胶扩散沉淀试验、荧光抗体技术、放射免疫测定、免疫微球试验、酶联免疫吸附试验（ELISA）、单克隆抗体技术、核酸探针检测技术、聚合酶链式反应（PCR）和银加强胶体金技术等，但成熟的商品诊断制剂不多。

**猪细小病毒荧光抗体** 本品系采用猪细小病毒（PPV）免疫 SPF 猪，制备高免血清，用硫酸铵盐析法提纯抗体，与异硫氰酸荧光素（FITC）结合，制成猪细小病毒荧光抗体诊断试剂。本品性状为蓝绿色澄明液体。

［质量标准］ 按现行《中国兽药典》附录进行检验，应无细菌生长。

（1）敏感性检验：将 PPV NADL-2 毒株稀释为 $10^3$、$10^2$、10 TCID$_{50}$ 3 个稀释度，分别接种 PK$_{15}$ 细胞单层，37 ℃培养 48~72 h，用该荧光抗体染色，镜检。接毒细胞孔应检测到特异性荧光，阴性对照细胞玻片均不应检测到特异性荧光。

（2）特异性检验：采用猪瘟病毒、伪狂犬病病毒、猪繁殖与呼吸综合征病毒稀释后分别接种 PK$_{15}$ 细胞孔，37 ℃培养 48~96 h，进行荧光抗体染色，镜检，均不应检测到特异性荧光。

［保存与使用］ -20 ℃下保存，切勿反复冻融，有效期为 24 个月。用于猪细小病毒的抗原检测。已感染 PPV 的细胞胞核内呈现明亮的翠绿色荧光，病毒细胞培养样本中，细胞呈散在性感染，亮核细胞散见于视野中。未感染 PPV 的阴性样本片不应出现特异性荧光。

（姜 平）

## 八、猪水疱病

猪水疱病（Swine vesicular disease）是猪水疱病病毒所引起猪的一种急性接触性传染病。该病的流行性强，发病率高，临床上以蹄部、口部、鼻部和腹部、乳头周围皮肤发生水疱为特征。在症状上该病与口蹄疫极为相似。

### （一）病原

猪水疱病病毒（Swine vesicular disease virus）属于小核糖核酸病毒科、肠道病毒属。病毒无囊膜，直径 30~32 nm；沉降系数为 15S 左右，浮密度为 1.32~1.34 g/mL。猪水疱病病毒只有一个血清型，与口蹄疫、水疱性口炎病毒无抗原关系，但与人肠道病毒 C 和 E 型有共同抗原，与人的柯萨奇 B5 病毒相同。

本病毒可在幼地鼠肾、乳鼠肾原代细胞、仔猪肾和睾丸原代细胞、$PK_{15}$、IBRS-2 及人羊膜传代细胞 FL 细胞株上复制，出现典型细胞病变（CPE）。强毒力病毒株在细胞培养上形成的空斑大，毒力弱毒株形成的空斑小。通常用 IBRS-2 细胞进行病毒空斑单位测定，FL 细胞株供大量增殖病毒。猪水疱病病毒可在乳鼠和猪体内增殖。通常乳地鼠对病毒的敏感性比乳白鼠高，1~2 日龄乳鼠感染后死亡。

本病毒抵抗力不强。水疱皮中的病毒在 70 ℃经 10 min、80 ℃经 1 min 可被灭活，也可在 3%NaOH 溶液经 33 ℃作用 24 h 杀死，但在 0~4 ℃条件下存活。5%氨水经 6 h、10%甲醛、13~18 ℃经 60 h 病毒失活；1%过氧乙酸经 10 h、含 0.5%有效氯的漂白粉、10~15 ℃经 30 min 均能杀死病毒。本病毒在 pH 5.0 时稳定，氯化镁可使病毒在 50 ℃下稳定。

### （二）免疫与疫苗

猪水疱病以体液免疫为主。猪在感染猪水疱病病毒后 7 d 左右血清中出现中和抗体，28 d 左右达到高峰。1974—1975 年英国和法国等国家开始了本病灭活疫苗研究，我国自 20 世纪 70 年代开始也先后研制出多种猪水疱病疫苗。鼠化弱毒疫苗和细胞培养弱毒疫苗在一些地区使用。用乳鼠 5~6 代毒、幼地鼠 7~9 代毒及仔猪肾原代细胞 3~8 代毒制成疫苗，均有良好的免疫力。以病猪水疱皮毒制成的甲醛氢氧化铝胶苗的效果很好，但因病毒材料来源有限而不能大量生产。猪水疱病仓鼠组织灭活疫苗和鼠化弱毒疫苗，采用鼠人工感染生产，毒价不稳定，也不能大量生产。采用细胞培育猪水疱病病毒，毒价稳定，可以大量生产，近年来推广应用的主要是灭活疫苗。

**1. 猪水疱病细胞毒结晶紫灭活疫苗**

［毒种］ 猪水疱病资阳系强毒（ZY 株），其标准为：

（1）以 $10^{-2}$ 稀释接种 IBRS-2 细胞单层，37 ℃培养 16~24 h，应出现典型的 CPE。当 CPE 达 75%以上时收获病毒液，冻融后其毒价不应低于 $10^{7.5}$ $TCID_{50}$/mL，病毒中和指数不应小于 1 000。

（2）以 10 倍稀释，耳静脉接种 14~20 日龄健康乳鼠 3 只，1 mL/只，至少应有 2 只在 96 h 内出现典型的猪水疱病症状。

（3）−20 ℃以下冻存的毒种，至少 3 个月继代 1 次。用 IBRS-2 细胞上连续继代的接

种浓度为 $10^{-2} \sim 10^{-8}$；用乳猪继代时耳静脉接种量为 1 mL/头。

（4）在 IBRS-2 细胞上连续继代 5 次的细胞毒，应采用乳猪交替继代 1～2 次。

（5）细胞毒、水疱液毒和浸于磷酸甘油缓冲液的水疱皮毒，均应置 -20 ℃ 结冻保存。解冻后立即用完，用冰块盘保存的时间不得超过 12 h。

[制造要点]

（1）制备 IBRS-2 细胞。

（2）接毒与收获：按细胞维持液的 1% 含量接种细胞毒原液，36～37 ℃ 培养 16 h，待 CPE 达 75%、甚至脱落时即可收获，冻融 3 次后 -20 ℃ 冻存。

（3）毒价测定：用 IBRS-2 细胞测定时，毒价应不低于 $10^{7.5}$ TCID$_{50}$/mL；用乳猪测定时，毒价应不低于 $10^{2.0}$ ID$_{50}$/mL。

（4）配苗：3 份细胞毒液加 1 份含 0.25% 结晶紫的甘油，充分混匀后 37 ℃ 灭活 18 d 即可。

[质量标准] 除按一般规定进行检验外，需进行以下检验：

（1）安全检验：用断奶健康仔猪 3 头，分点肌肉注射疫苗，20 mL/头，隔离观察 14 d，均不应出现任何典型水疱，否则应判为不合格。

（2）效力检验：用断奶仔猪或 25～30 kg 的健康猪 3 头，肌肉注射疫苗 2 mL/头，另用同批 3 头猪作对照，14 d 后同时攻毒（资阳系细胞毒，100～500 个 ID$_{50}$/头），观察 14 d，免疫猪保护 2 头以上，对照有 2 头以上发病，判为合格。如对照猪发病不足 2 头，而免疫猪保护 2/3，则可重检 1 次。

[保存与使用] 4～10 ℃ 保存，有效期 1 年。适用于健康断奶后的猪，采用肌肉注射，2 mL/头，免疫期 9 个月。

**2. 猪水疱病猪肾传代细胞活疫苗**

[毒种]

（1）龙华四系鼠化弱毒株，第 30～60 代病毒液，先用 1～2 日龄乳鼠复壮，对新生乳鼠的半数致死量应不低于 $10^{8.0}$/mL，然后接种细胞，适应后供种子用。

（2）制苗用种子毒暂定为 IBRS-2 细胞 2～10 代适应毒，其毒价为对 1～2 日龄乳鼠半数致死量不低于 $10^{8.0}$/mL。

（3）种子毒对猪最小免疫剂量为 50 倍稀释 2 mL/头。

（4）在同时生产、研究口蹄疫的单位，应在制苗时先用口蹄疫定型血清及猪水疱病免疫血清（猪源），同时对种毒作乳鼠保护试验，以确证种毒与口蹄疫病毒无血清学相关。

（5）细胞适应种毒在 -20 ℃ 以下保存期半年，-10 ℃ 以下保存期 4 个月。

[制造要点]

（1）制备 IBRS-2 细胞单层：复苏细胞，进行静止培养，然后再传代至转瓶培养，9～10 r/h，35～36 ℃ 培养 3～5 d，即长成单层。

（2）接毒与收获：按培养液量的 2% 量接入细胞毒液，并用 NaHCO$_3$ 调 pH 至 7.2～7.4，培养 36～48 h，当 CPE 达 90% 以上圆缩、70% 以上脱落时，收获并冻融 1 次。

（3）毒价测定：病毒液对乳鼠的半数致死量超过 $10^{6.5}$/mL 时可用于配苗。

（4）配苗：按细胞病毒液 80 份、甘油（药用）20 份、2% 硫柳汞水溶液 0.5 份、青、链霉素各 1 000 U（μg）/mL 混合，调 pH 7.2～7.4 后分装，置 -10 ℃ 以下保存。

［质量标准］ 除按一般规定进行检验外，需进行如下检验：

（1）安全检验：①用 18～22 g 小鼠 3 只，肌肉注射疫苗 0.2 mL/只，观察 7 d，应健活。②凡有口蹄疫工作的单位，加用 6～8 日龄乳鼠 5 只，各皮下注射 0.2 mL，5 只同窝同龄乳鼠作对照。观察 5 d，均应健活。如有意外死亡，可重检原瓶疫苗 1 次。③在存在猪瘟强毒的单位，用断奶敏感猪 2 头，各肌肉注射疫苗 5 mL，观察 10 d，应无猪瘟症状或死亡。④用 300～400 g 体重豚鼠 2 只，各肌肉注射疫苗 2 mL 观察 7 d，均应健活。

（2）效力检验：可任选以下一种方法：

① 乳鼠：对 1～2 日龄乳鼠半数致死量大于 $10^{7.0}$/mL 为合格。

② 猪：用 25 kg 以上敏感健康猪 8 头，4 头肌肉注射疫苗 2 mL/头，4 头作为对照，7～10 d 后肌肉注射 10 倍稀释的水疱病病毒强毒 2 mL/头，观察 10 d，对照猪发病应不少于 3 头，免疫猪至少保护 3 头为合格。

［保存与使用］ －10 ℃ 以下保存，有效期 12 个月；4～10 ℃ 3 个月；20～25 ℃ 7 d，使用时均采用股部肌肉注射 2 mL/头，免疫期 6 个月，用于紧急预防注射可迅速控制疫情。

### （三）抗病血清

猪水疱病高免血清和康复猪血清进行被动免疫有良好效果，常用于商品猪群的紧急防疫。自然感染发病后康复猪或经疫苗免疫接种后 15 d，肌肉注射 $10^{-1}$ 稀释的水疱皮悬液 1 mL，隔 2～3 周加强免疫，最后一次接种后一周采血分离血清。按体重肌肉注射 1 mL/kg 对蹄叉皮下注射水疱皮强毒 0.01 g 悬液的保护率为 100%；肌肉注射 0.5 mL，可保护 60%。自然发病后 15～40 d 的健康猪血清，对 50 kg 以上的猪，每头肌肉注射或皮下注射 20～30 mL，抗自然感染保护率达 90% 以上，免疫期 30 d 左右。抗血清加防腐剂（一般加 1/10 000 硫柳汞）在 30 ℃ 下保存不得超过 7 d。4～6 ℃ 保存期 2 个月以上。

（姜　平）

复习思考题

1. 试述猪丹毒活疫苗和猪传染性萎缩性鼻炎疫苗制造要点和质量标准。
2. 根据猪气喘病的免疫特性，指出猪气喘病活疫苗的使用方法及注意事项。
3. 简述常见的猪细菌性传染病病原诊断方法及其相关诊断试剂。
4. 简述常见的猪细菌性传染病疫苗特征及其质量标准。
5. 猪消化道传染病疫苗和生物治疗制剂有哪些？简述其质量控制方法。
6. 猪瘟疫苗有几种类型？简述其基本特征、制造方法和质量控制标准。
7. 繁殖与呼吸综合征疫苗有几种类型？简述其基本特征和质量控制标准。
8. 简述猪细小病毒灭活疫苗和诊断制剂质量控制方法。
9. 伪狂犬病基因工程缺失疫苗比常规疫苗有哪些优点？如何控制其质量？
10. 猪圆环病毒病疫苗和诊断制剂有哪些？简述其基本特征和质量控制标准。
11. 猪水疱病疫苗类型有几种？各自特点是什么？
12. 猪病新型疫苗研究有什么重要进展？产业化现状如何？

# 第十章 牛、羊、马生物制品

**本章提要** 本章重点介绍了牛、羊、马主要传染病和寄生虫病病原和免疫特性、疫苗诊断制剂和生物治疗制品的制造要点、质量标准与使用方法。其中，所涉及的细菌性疾病有牛传染性胸膜肺炎、气肿疽、副结核、羊梭菌病和羊支原体肺炎等。病毒性疾病有牛病毒性腹泻/黏膜病、传染性鼻气管炎、牛白血病、牛流行热、牛副流感感染、小反刍兽疫、羊传染性脓疱皮炎和马传染性贫血等。寄生虫病包括牛伊氏锥虫病、肝片吸虫病、日本分体吸虫病和棘球蚴病等。上述传染性疾病中，除牛白血病外国际上都有商品化疫苗，并以减毒活疫苗以及灭活疫苗等常规疫苗为主，传染性鼻气管炎培育出了专用于鼻内接种的温度敏感疫苗株以及可作为标记疫苗从而区分野毒感染和疫苗免疫的 gE 基因缺失疫苗株。我国某些牛、羊、马疫苗曾走在了世界前列，牛传染性胸膜肺炎疫苗为世界上控制及根除此病发挥了决定性作用，马传染性贫血疫苗为世界上第一个成功研制的慢病毒疫苗，不仅为世界马传贫的控制提供了有力保障，并且为人畜慢病毒病（如艾滋病等）的免疫与疫苗研制提供了新途径。近年来，我国牛、羊疫苗得到了较大进展，新注册的疫苗有：牛流行热灭活疫苗、牛传染性胸膜肺炎活疫苗、羊梭菌病多联干粉灭活疫苗、山羊支原体肺炎灭活疫苗、羊传染性脓疱性皮炎活疫苗和羊棘球蚴（包虫）病基因工程亚单位疫苗。在诊断制品方面，除羊传染性脓疱皮炎、羊支原体肺炎和棘球蚴病外，上述疾病均有诊断制品，尽管没有全部列入《规程》，但大部分已在临床应用。

## 第一节 细菌性生物制品

### 一、牛传染性胸膜肺炎

牛传染性胸膜肺炎（Bovine contagious pleuropnemonia）又称牛肺疫，是由丝状支原体丝状亚种 SC 小菌落型所引起的牛的一种高度接触性传染病。本病主要侵害肺和胸膜，以肺间质淋巴管、结缔组织和肺泡组织的渗出性炎症以及浆液性-纤维素性胸膜肺炎为主要特征，主要侵害肺、胸膜、胸部淋巴结，发生大叶型肺炎和浆液性纤维素性胸膜炎，从而引发呼吸功能衰竭，多为亚急性或慢性经过。本病广泛分布于世界各个养牛国家，曾在许多国家的牛群中引起巨大损失。目前在非洲、拉丁美洲、大洋洲和亚洲还有一些国家存在本病。新中国成立前，我国东北、内蒙古和西北一些地区时有本病发生和流行；新中国成立后，由于成功地研制出了有效的牛肺疫弱毒疫苗，结合严格的综合防控措施，已于 1996 年宣布在全国范围内消灭了此病。

## (一) 病原

丝状支原体丝状亚种 (*Mycoplasma mycoides* subsp. *mycoides*)，属于支原体科、支原体属。菌体形态多样，可呈球状、两级状、环状、杆状，有些偶见分支丝状。球形细胞直径 $0.3\sim0.8~\mu m$，丝状细胞大小 $0.3\sim0.4~\mu m\times2\sim150~\mu m$ 不等。在加压情况下，可通过孔径 $220\sim450~nm$ 的滤膜。无鞭毛，有些能滑动。革兰染色阴性，通常着色不良，用姬姆萨或瑞氏染色良好，呈淡紫色。大多数菌株在有氧条件下生长良好。各种支原体的抗原结构不同，交叉很少，可通过生长抑制试验、代谢抑制试验、免疫荧光技术以及酶联免疫吸附试验等对支原体进行血清型鉴定或分型。

支原体对营养要求一般较高，培养基中加有血清或血液生长良好，培养支原体的人工培养基需添加外源脂肪酸。为抑制细菌生长，常加入青霉素、醋酸铊、叠氮钠等药物。本菌在已知的支原体中属对培养成分要求较低的一种，在含10%马（牛）血清马丁肉汤中生长良好，呈轻度浑浊带乳光样纤细菌丝生长；在固体培养基中形成细小的半透明菌落，中心颗粒致密，边缘疏松，呈微黄褐色的"荷包蛋状"。用 Hela 细胞、鸡胚成纤维细胞、人结膜细胞、牛肾细胞进行组织培养时生长良好，也可通过 $9\sim11$ 日龄鸡胚绒毛尿囊膜接种连续传代，并在毒力减弱的情况下保持良好的免疫原性。

本菌对外界环境因素抵抗力不强。干燥、高温都可使其迅速死亡，$60~℃$ 水中 $30~min$ 死亡。暴露在空气中，特别在直射日光下，几小时即失去感染力。本菌对寒冷有抵抗力，在冻结状态的病肺组织和淋巴结中，能保持毒力1年以上，培养物真空冻干后可保存毒力 $3\sim12$ 年。对一般化学消毒药抵抗力不强，2%的石炭酸溶液、0.25%的来苏儿、0.5%漂白粉、10%的石灰乳溶液均能在几分钟之内杀灭本菌。

## (二) 免疫

本病原抗原主要由细胞膜上的蛋白质和类脂组成。动物发生支原体病后可获得较强免疫力，很少发生再次感染。牛只罹患传染性胸膜肺炎痊愈后，免疫保护可持续 $12\sim30$ 个月。支原体感染后，主要引发机体的体液免疫应答，产生 IgM、IgG、IgA 等免疫球蛋白。鸡胚传代培育成的弱毒株，可诱导机体产生良好的免疫力。本病原培养物灭活苗或组织灭活苗都缺乏免疫力。

## (三) 疫苗

目前世界上用于预防牛传染性胸膜肺炎的疫苗主要为弱毒疫苗，包括 $V_5$ 疫苗、$T_1$ 疫苗、$KH_3J$ 疫苗、牛传染性胸膜肺炎兔化弱毒苗、牛传染性胸膜肺炎兔化绵羊适应弱毒苗和牛传染性胸膜肺炎兔化藏系绵羊化弱毒苗等。我国曾使用疫苗有：牛传染性胸膜肺炎兔化弱毒苗、牛传染性胸膜肺炎兔化绵羊适应弱毒苗（菌株为 C88001、C88002 菌株）和牛传染性胸膜肺炎兔化藏系绵羊化弱毒苗（菌株为 C88003 菌株），在控制和消灭本病中发挥了重要作用。下面仅介绍牛传染性胸膜肺炎兔化活疫苗制造方法及其质量标准。

[菌种] 制造本品用的牛传染性胸膜肺炎兔化弱毒菌株为 C88004 菌株。所选制苗和检验用菌株应符合标准株生物学特性，接种于10%马血清马丁琼脂上呈圆形露滴状、中央乳头突起或不明显的菌落。制苗用弱毒菌株代数控制在代数 $320\sim359$ 代。菌种标准为：①生理盐水 $5\sim10$ 倍稀释的兔胸水 $3~mL$ 或其一代培养物 $5~mL$ 胸腔注射 $1.5\sim2~kg$ 的家兔，$12\sim24~h$ 后，

可发生体温反应和出现临床症状。②以灭菌生理盐水 1∶10 稀释兔胸水 1 mL 尾端皮下注射 4 头健康牛，应安全。以兔胸水配成 1∶5 000 氢氧化铝疫苗 2 mL 臀部肌肉注射牛 4 头，或以 1∶1 000 胸水盐水苗 1 mL 尾端皮下注射牛 4 头，4 周后与条件相同的对照牛 4 头，颈部皮下注射丝状支原体丝状亚种强毒株培养物 10 mL，观察 28 d，对照牛 3 头发生中反应或重反应，免疫牛全部健活；或对照牛全部发生中反应或重反应，免疫牛 3/4 有健活。③胸水或冻干胸水以 10% 马血清马丁肉汤做 10 倍系列稀释，胸水活菌滴度应在 $10^9$ CCU/mL 以上，冻干胸水活菌滴度应在 $10^8$ CCU/mL 以上。效检用强毒菌株为 C88021、C88022 菌株。

［制造要点］
(1) 种子繁殖：冻干菌种以 1%～2% 的量接种于 10% 马血清马丁肉汤培养，通过家兔复壮 1～2 代，选择发病典型的家兔剖杀，吸取胸水，检验合格后作为一级种子使用。一级种子以 1%～2% 的量接种于 10% 马血清马丁肉汤，36～37 ℃培养 2～4 d，检验合格后作为二级种子使用。

(2) 胸水制备：选用营养良好、体重 1.5～2 kg 健康家兔，胸腔接种一级胸水种毒 3 mL 或胸水种毒第 1 代 10% 血清马丁肉汤培养物 5 mL。每日上下午 2 次测温观察，产生典型体温反应的家兔于 60～72 h 剖杀，无菌采集胸水即为原苗。

(3) 配苗分装：原苗经纯粹检验、菌落形态检查和活菌滴度检验合格后，无菌分装即为湿苗。用灭菌的氢氧化铝胶生理盐水作 1∶500 倍稀释，即成氢氧化铝苗；用灭菌的生理盐水作 1∶100 倍稀释，即成盐水苗。

［质量标准］ 除按兽医生物制品检验的一般规定检验外，还应进行如下检验：
(1) 活菌计数：每份胸水用 10% 马血清马丁肉汤 10 倍系列稀释，均匀涂布接种于 10% 马血清马丁琼脂，37 ℃培养 5～7 d，活菌滴度应≥$10^8$ CCU/mL。

(2) 安全检验：以灭菌生理盐水 10 倍稀释的兔胸水 1 mL 尾端皮下注射 4 头健康牛，观察 30 d，应无反应或只出现局部轻微反应。

［保存与使用］ 湿苗于 2～8 ℃保存，有效期 10 个月。专用于预防黄牛传染性胸膜肺炎。6 月龄以下犊牛、临产孕牛、瘦弱或有其他疾病的牛只不得使用。氢氧化铝胶疫苗，成年牛臀部肌肉注射 2 mL，6～12 月龄小牛臀部肌肉注射 1 mL，免疫期 1 年。盐水苗，成年牛尾端皮下注射 1 mL，6～12 月龄小牛 0.5 mL，免疫期 1 年。

## (四) 诊断制剂

补体结合反应是当前诊断牛传染性胸膜肺炎的可靠方法。目前生产使用的诊断制剂主要是牛传染性胸膜肺炎补体结合试验抗原、阳性血清和阴性血清。其中，牛传染性胸膜肺炎补体结合试验抗原制造方法如下：

［菌种］ 丝状支原体丝状亚种 C88051 强毒菌株。活菌滴度应达 $10^8$ CUU/mL。

［制造要点］
(1) 种子繁殖：冻干菌种以 1%～2% 的量接种于 10% 马血清马丁肉汤培养，作为一级种子使用。一级种子以 1%～2% 的量接种于 10% 马血清马丁肉汤培养，检验合格后作为二级种子使用。

(2) 菌液培养：种子培养液接种于 10% 马血清马丁肉汤，37 ℃培养 7～12 d，纯粹检验合格后，高速离心收集菌体（8 000 r/min，40 min），加入蒸馏水至原培养液的 1/10，使菌体悬浮于其中,倾入加有玻璃球的灭菌瓶中,充分摇振,使菌体分散。

(3) 灭活与配制:分散好的菌液经棉花纱布滤过,按菌液量的 0.85% 加入氯化钠,60~65 ℃作用 30 min,最后按总量的 0.5% 加入石炭酸即为抗原。

(4) 效价测定:抗原效价测定按常规方法进行。使 80% 稀释的抗原对 1:10 的阳性血清能 100% 抑制溶血(++++),而对 1:40 阳性血清仍有 50% 以上的抑制溶血(++),且对 1:5 的阴性血清 100% 溶血。这批的抗原效价即为 1:10。抗原效价测定后即可分装。

本品 2~8 ℃保存,有效期 1 年 6 个月。供诊断牛传染性胸膜肺炎的补体结合试验用。按补体结合试验方法使用。判定标准为:0~40% 溶血,判阳性;50%~90% 溶血,判可疑;100% 溶血,为阴性。

(胡永浩)

## 二、气肿疽

气肿疽(Gangraena emphysematosa)俗称黑腿病或鸣疽,由专性厌氧菌气肿疽梭菌引起的反刍动物的一种急性败血性传染病。其特征是局部骨骼肌、皮下和肌肉结缔组织的出血坏死性炎,并在其中产生气体,压之有捻发音,严重者常伴有跛行。

### (一) 病原

气肿疽梭菌(*Clostridium chauvoei*)属梭菌属,为圆端杆菌,0.5~1.7 μm×1.6~9.7 μm,易呈多形性,周生鞭毛,能运动,无荚膜。在体内外均可形成中立或近端芽胞,呈纺锤状,能产生不耐热的外毒素。芽胞抵抗力强,可在泥土中保持 5 年以上,在腐败尸体中可存活 3 个月。在液体或组织内的芽胞经煮沸 20 min、0.2% 升汞 10 min 或 3% 福尔马林 15 min 方能杀死。专性厌氧,在接种豚鼠腹腔渗出物中,单个存在或呈 3~5 个菌体形成的短链,这是与能形成长链的腐败梭菌在形态上的主要区别之一。幼龄培养物呈革兰染色阳性,但是陈旧培养物可能变成革兰染色阴性。

### (二) 疫苗

疫苗预防接种是控制本病的有效措施。我国于 1950 年研制出气肿疽氢氧化铝甲醛灭活疫苗,犊牛皮下注射 5 mL,可获得很好的免疫保护效果,免疫期 6 个月。近年来,我国又研制成功气肿疽、巴氏杆菌病二联干粉疫苗,用时与 20% 氢氧化铝胶混合后皮下注射 1 mL,对两种病的免疫期各为 1 年,干粉疫苗的保存期长达 10 年,使用效果好,剂量小,反应轻,使用方便,易于推广。另外,气肿疽明矾甲醛苗也有良好的免疫效果。

(胡永浩)

## 三、副结核病

副结核病(Paratuberculosis)是由副结核分枝杆菌引起的反刍动物的慢性消耗性疾病,

又称副结核性肠炎，偶见于羊、骆驼和鹿。患病动物的临诊特征是慢性卡他性肠炎、顽固性腹泻和渐进性消瘦，剖检可见肠黏膜增厚并形成皱襞。它被认为是对养牛业威胁最大的疾病之一。本病也可引起猪、马等非反刍动物发病。本病不仅危害畜牧业的发展，而且对动物性产品的生产有不利的影响，同时对人类的健康也有潜在的威胁。

### （一）病原

副结核分枝杆菌（*Mycobacterium paratuberculosis*）为需氧的、革兰阳性、无运动性的小杆菌，具有抗酸染色的特性。在人工培养基上生长缓慢，需要1～2个月才能长出针尖大小的白色、坚硬、粗糙的小菌落，且依赖分枝杆菌素，少数菌株可产生黄色素。在组织或粪便中成团或成丛存在。本菌染色体 DNA 与禽分枝杆菌染色体 DNA 的相似性达 99.7% 以上。

本菌主要位于肠道内和肠系膜淋巴结。感染通常是由于食入临床病例或亚临床带菌者的粪便或被污染的食物而引起的。有的病原菌可能侵入血液，因而可随乳汁和尿排出体外。经子宫感染是副结核病传播的一种重要途径，有临床症状的奶牛子宫感染率为 50%，亚临床症状的病例子宫感染率为 9%。

本菌对自然环境抵抗力较强，在牛奶和甘油盐水中可存活 10 个月。本菌最佳生长温度为 38～40℃，对热敏感，63℃经 30 min、70℃经 20 min、80℃经 5 min 即可被杀死。抗强酸强碱，在 5% 草酸、5% 硫酸和 4% 氢氧化钠溶液中 30 min 仍保持活力，5% 来苏儿、5% 福尔马林和石炭酸（1∶40）10 min 可将其灭活。

### （二）疫苗

目前已有副结核菌弱毒苗和灭活苗可用，免疫效果虽好，但不宜推广，主要原因是因接种后变态反应阳性，无法与自然感染牛区别，影响检疫的结果。我国有的单位从英国引进副结核弱毒株，研制出副结核弱毒疫苗，在有副结核（无结核病）的牛场试验，免疫期可达 48 个月。

（胡永浩）

## 四、羊梭菌性疾病

羊梭菌性疾病（Clostridiosis of sheep）是由梭状芽胞杆菌属的某些致病性微生物引起的一类羊传染性疾病的总称。一般包括羊快疫及羊猝狙、羊肠毒血症、羊黑疫和羔羊痢疾等。这一类疾病的临床症状有不少相似之处，易混淆。而且这类疾病的病原菌多为土壤性细菌，广泛存在于世界各地。在养羊的国家和地区都有发生，历史悠久。在我国发现较晚。新中国成立初期在广大牧区流行较广。这些疾病发病快，都能造成急性死亡，对养羊业危害很大。

### （一）病原

梭状芽胞杆菌属（*Clostridium*）的细菌约有 80 余种，多为非病原菌，常见的病原菌约

9种，多为人兽共患病病原。梭菌属的细菌一般为杆状菌体，两端钝圆。细胞常单在、成双、也可呈短链或长链状。运动或不运动，运动者具周鞭毛。革兰染色一般呈阳性，至少早期培养物呈阳性。可形成卵圆形或圆形芽胞，常使菌体膨大。当芽胞位于菌体中央且膨大时，菌体如梭状。绝大多数种专性厌氧。可分解糖类或蛋白胨产生有机酸和醇类，有些种属解糖菌，有些种属解阮菌，有些则两者皆可分解或皆不分解。所有梭菌都不还原硫酸盐成硫化物。能产生毒力强大的外毒素，毒素在致病性方面有重要意义。

腐败梭菌（*Clostridium septicum*）为直或弯曲的杆菌，革兰染色阳性，菌体大小 $0.6\sim1.9~\mu m\times1.9\sim35.0~\mu m$。在体外环境和动物体内均能产生芽胞，不形成荚膜。在动物体内尤其是在肝脏被膜和腹膜上可形成微弯曲的长丝，长者可达数百微米。这种无关节的长丝状形态，在诊断上具有重要意义。腐败梭菌可产生 4 种外毒素，包括 $\alpha$、$\beta$、$\gamma$ 和 $\delta$ 毒素。利用凝集试验，按照菌体抗原（O抗原）可分为 4 个抗原型，再按鞭毛抗原（H抗原）可分为 5 个亚型。但没有毒素型的区分。腐败梭菌经消化道感染引起羊快疫，经创伤感染引起动物的恶性水肿和人的气性坏疽。

产气荚膜梭菌（*Clostridium perfringens*），菌体直杆状，两端钝圆，菌体大小 $0.6\sim2.4~\mu m\times1.3\sim19.0~\mu m$。单在或成双，革兰染色阳性，无鞭毛，不运动。多数菌株在动物体内可形成荚膜，荚膜多糖的组成可因菌株不同而有变化。本菌对厌氧程度的要求并不严。对营养要求不苛刻，在普通培养基上可生长，若加葡萄糖、血液，则生长更好。本菌最突出的生化特性是对牛乳培养基的"暴烈发酵"。产气荚膜梭菌可产生 $\alpha$、$\beta$、$\varepsilon$、$\iota$、$\gamma$、$\delta$、$\eta$、$\theta$、$\kappa$、$\lambda$、$\mu$ 和 $\nu$ 等至少 15 种外毒素。主要的致病性毒素为 $\alpha$、$\beta$、$\varepsilon$ 和 $\iota$ 毒素。依据毒素-抗毒素中和试验可将产气荚膜梭菌分为 A、B、C、D、E 5 个毒素型。产气荚膜梭菌可引起人和动物的多种严重疾病。A 型菌主要引起人、动物的气性坏疽以及人的食物中毒；B 型菌主要引起羔羊痢疾，也可引起驹、犊牛、羔羊、绵羊和山羊的肠毒血症；C 型菌主要引起绵羊猝狙，也可引起羔羊、犊牛、绵羊的肠毒血症以及仔猪和人的坏死性肠炎；D 型菌主要引起羔羊、绵羊、山羊和犊牛的肠毒血症；E 型菌可致犊牛、羔羊的羊肠毒血症，但较少发生。

诺维梭菌（*Clostridium novyi*）为两端钝圆的大型芽胞杆菌，粗细一致，多单在，有时成双或呈短链。革兰染色阳性。大小 $0.6\sim1.3~\mu m\times1.6\sim22.5~\mu m$。本菌严格厌氧。最适生长温度 45 ℃，大多数菌株在 37 ℃生长良好。可形成卵圆形芽胞，不产生荚膜，具有周身鞭毛者能运动。诺维梭菌可产生多种外毒素，依据毒素-抗毒素中和试验，通常分为 A、B、C、D 4 型。A 型菌主要产生 $\alpha$、$\gamma$、$\varepsilon$、$\delta$ 等 4 种外毒素；B 型菌主要产生 $\alpha$、$\beta$、$\eta$、$\zeta$、$\theta$ 5 种外毒素；C 型菌不产生外毒素，一般认为无病原学意义；D 型又称溶血梭菌，不产生 $\alpha$ 毒素，产生较多 $\beta$ 毒素。诺维梭菌不同菌型致人和动物的不同疾病。A 型菌引起人气性坏疽、动物恶性水肿以及绵羊大头病；B 型菌主要引起绵羊黑疫，也可感染山羊。

## （二）免疫

病原性梭菌在羊引起的疾病大多属于非接触性传染病，本质上为毒血症或致死性毒血症。病原梭菌产生的外毒素和一些酶类往往毒力强大，是主要的致病因素。病原梭菌中有些菌株既存在菌体抗原和芽胞抗原，又存在毒素抗原和荚膜抗原，具有较好的免疫原性，多数均能产生特异的中和抗体。不同型菌株产生不同性质的外毒素，外毒素是主要的免疫抗原，免疫动物可诱发不同的抗毒素抗体。病原梭菌有许多的抗原成分，有些芽胞抗原彼此相同，但毒素抗原却有特异性，缺乏抗毒素交叉保护作用。有些梭菌其菌体在免疫上作用甚微，其产生的外毒素制成类毒素，免疫原性良好。一般而言，梭菌产生的毒素毒力越强，制成的类毒素免疫原性愈好。即使一些菌体本身是重要免疫原的梭菌，也要筛选产生外毒素良好的菌株作为制苗用菌种，使疫苗中含有菌体抗原和类毒素抗原。

（三）疫苗

免疫接种是预防本病的根本措施。一般而言，羊梭菌性病疫苗免疫效果都较为理想。本疫苗的制备应注意四个关键问题：一是要筛选免疫原性良好且产生外毒素强的菌种；二是要选择适宜的培养基；三是掌握好培养温度和培养时间；四是做好脱毒灭菌工作，脱毒不彻底，接种动物后会引起严重反应，甚至发生死亡。目前，梭菌性疾病疫苗大致分为两类，即全菌疫苗和类毒素疫苗，前者如气肿疽灭活疫苗，后者如破伤风类毒素等。全菌疫苗既含有菌体抗原，又含有类毒素抗原。家畜梭菌性疾病的免疫预防，起初多研制和使用单价苗，如气肿疽灭活疫苗、羔羊痢疾疫苗、肠毒血症疫苗等。由于梭菌性疾病特别是羊梭菌性病临床上往往不易做出确诊，加之混合感染的情况较为普遍，为了实施免疫接种方便，相继出现了羊黑疫-快疫二联苗、羊快疫-猝狙-肠毒血症三联苗、羊快疫-黑疫-猝狙-肠毒血症-羔羊痢疾五联苗等。这些联苗在预防上发挥了很好的作用。剂型方面，除传统湿苗（即液体苗）外，还研制开发了多联干粉疫苗。多联干粉疫苗既可作为单苗使用，又可根据疫情配制成多联苗使用，具有因地制宜配苗、剂量小等优点，使用非常方便。梭菌病疫苗的制造程序基本相同，通常先制成单苗菌液后按需要再配制成联苗。目前广泛使用的多是灭活疫苗，包括羊黑疫-快疫二联灭活疫苗、羊快疫-猝狙（或羔羊痢疾）-肠毒血症三联灭活疫苗、羊快疫-猝狙-黑疫-肠毒血症-羔羊痢疾五联灭活疫苗和羊梭菌性病多联干粉灭活疫苗等。

**1. 羊快疫-猝狙-羔羊痢疾-肠毒血症-黑疫五联灭活疫苗**

[菌种] 制苗和检验用菌种为腐败梭菌 C55-1 菌株，产气荚膜梭菌 B 型 C58-2 菌株，产气荚膜梭菌 C 型 C59-2 菌株，产气荚膜梭菌 D 型 C60-2 菌株，诺维梭菌 C61-4 菌株。

（1）诺维梭菌菌株：应符合标准株生物学特性，其肉肝胃酶消化汤 [加 1/10（$m/V$）铁钉] 60~72 h 培养菌液离心上清 0.000 25~0.000 1 mL，静脉注射 16~20 g 健康小鼠，应于 72 h 内死亡。所选菌株按下述方法制成单苗，肌肉注射 1~3 岁体重相当的健康易感绵羊 4 只，每只 1.5 mL，14~21 d 后，连同条件相同的对照绵羊 2 只，各静脉注射≥2MLD 的诺维梭菌毒素，观察 3~5 d，对照绵羊全部死亡，免疫绵羊全部保护；或用单苗肌肉注射 1.5~2 kg 的健康家兔 4 只，每只 1 mL，21 d 后，连同条件相同的对照家兔 2 只，各皮下注射≥50MLD 的诺维梭菌毒素，观察 3~5 d，对照家兔全部死亡，免疫家兔全部保护。

（2）腐败梭菌菌株：应符合标准株生物学特性。其肉肝胃酶消化汤 24 h 培养菌液 0.005~0.01 mL，肌肉注射 16~20 g 健康小鼠，应于 24 h 内死亡；或胰酶牛肉消化汤 36~48 h 培养菌液离心上清（2 500 r/min，30 min）0.005~0.01 mL，静脉注射 16~20 g 健康小鼠，应于 48 h 内死亡。所选菌株按下述方法制成单苗，皮下或肌肉注射 1.5~2 kg 的健康家兔 4 只，每只 1 mL，14~21 d 后，连同条件相同的对照家兔 2 只，各肌肉注射致死量腐败梭菌强毒菌液，观察 14 d（或用胰酶牛肉消化汤制苗，也可静脉注射 1MLD 的腐败梭菌毒素，观察 3～5 d），对照组家兔全部死亡，免疫组家兔全部保护。

(3) 产气荚膜梭菌菌株：应符合标准株生物学及血清型特性。产气荚膜梭菌 B 型菌株和 C 型菌株 16～24 h 培养菌液离心上清（2 500 r/min，30 min）0.001 mL，静脉注射 16～20 g 健康小鼠，应于 24 h 内死亡。产气荚膜梭菌 D 型菌株 16～24 h 经胰酶活化后的菌液离心上清（2 500 r/min，30 min）0.000 25～0.000 1 mL，静脉注射 16～20 g 健康小鼠，应于 24 h 内死亡。所选菌株按下述方法制成单苗，皮下或肌肉注射 1.5～2 kg 的健康家兔 4 只，每只 1 mL，14～21 d 后，连同条件相同的对照家兔 2 只，分别静脉注射致死量的各型毒素，观察 3～5 d，对照家兔全部死亡，各型菌疫苗免疫家兔至少保护 3 只。

[制造要点]

(1) 制苗培养基：制苗用培养基腐败梭菌用胰酶消化牛肉汤或厌气肉肝汤；产气荚膜梭菌、诺维梭菌用肉肝胃酶消化汤或鱼肝肉胃酶消化汤。

(2) 种子繁殖：菌种分别接种适宜培养基，腐败梭菌培养 24 h，产气荚膜梭菌培养 16～20 h，诺维梭菌培养 60～72 h。纯检合格后作为一级种子使用，2～8 ℃保存，试用期不超过 15 d。使用中的菌种，腐败梭菌、产气荚膜梭菌、诺维梭菌也可用多种蛋白胨牛心汤半固体、无糖厌气肉肝汤或肉肝胃酶消化汤每月移植 1 次，每 3 月更换冻干菌种。同样方法进行二级种子繁殖，纯检合格者作为种子繁殖物，2～8 ℃保存，试用期不超过 5 d。

(3) 菌液培养：待培养基灭菌后凉至 37～38 ℃时立即接种。种子繁殖物分别按腐败梭菌 2%、产气荚膜梭菌 1%、诺维梭菌 5% 的量接种。接种后，腐败梭菌 37 ℃培养 20～24 h，B 型和 C 型产气荚膜梭菌 35 ℃培养 10～20 h，D 型产气荚膜梭菌 35 ℃培养 16～24 h，诺维梭菌 37 ℃培养 60～72 h。培养完成后，进行纯粹检验和毒素测定。

(4) 纯粹检验和毒素测定：纯粹检验按常规进行。毒素测定用各菌液离心上清液（2 500 r/min 30 min），静脉注射 16～20 g 小鼠。对小鼠的最小致死量应不低于下列标准，B 型产气荚膜梭菌 0.001～0.002 mL，C 型产气荚膜梭菌 0.001～0.002 5 mL，D 型产气荚膜梭菌（菌液用胰酶活化后）0.000 5～0.000 75 mL，诺维梭菌 0.000 5 mL，腐败梭菌 0.005～0.01 mL（也可肌肉注射 0.01 mL 菌液）。

(5) 灭活脱毒：各菌液加入福尔马林杀菌灭活脱毒，腐败梭菌加至 0.8%，产气荚膜梭菌加至 0.5%～0.8%，诺维梭菌加至 0.5%。加入福尔马林的菌液分别置 37～38 ℃温育，腐败梭菌 3～5 d，产气荚膜梭菌 5～7 d，诺维梭菌 3～4 d。每日充分振荡或搅拌 1～2 次。

(6) 配苗分装：脱毒检查合格的菌液，用灭菌纱布或铜纱网滤过，调 pH 至 7.0±0.2，均按 5 份菌液加入 1 份灭菌的氢氧化铝胶溶液，混匀制成单苗，并加入 0.004%～0.01% 硫柳汞，即可用于配苗。以 B 型产气荚膜梭菌单苗 2 份、C 型产气荚膜梭菌单苗 1 份、D 型产气荚膜梭菌单苗 1 份、腐败梭菌单苗 1 份、诺维梭菌单苗 1 份配苗，充分混匀后分装即成。

[质量标准] 除按一般规定进行检验外，还应进行如下检验：

(1) 安全检验：选用 1.5～2 kg 家兔 2 只，各肌肉注射注射疫苗 5 mL，观察 10 d 均应健活，注射部位不应发生坏死。

(2) 效力检验：选用 1.5～2 kg 家兔或 1～3 岁体重相近的健康易感绵羊，分组免疫，每组 4 只，皮下或肌肉注射疫苗，家兔 3 mL，绵羊 5 mL。14～21 d 后，连同条件相同的对照家兔或绵羊2只,用5种梭菌病原进行攻毒试验。对照家兔或绵羊全部死亡,各组免疫家兔或绵羊至少保护3只。

[保存与使用] 2~8℃冷暗处保存,有效期2年。用于预防羊快疫、羊猝狙、羔羊痢疾、羊肠毒血症和羊黑疫。不论羊只大小一律皮下或肌肉注射疫苗5 mL。免疫期羊快疫、羊猝狙、羊黑疫和羔羊痢疾1年,羊肠毒血症半年。

**2. 羊梭菌性疾病多联干粉灭活疫苗**

[菌种] 制苗和检验用的菌种为腐败梭菌腐败梭菌C55-1菌株,产气荚膜梭菌B型C58-2菌株,产气荚膜梭菌C型C59-2菌株,产气荚膜梭菌D型C60-2菌株,诺维梭菌C61-4菌株,肉毒梭菌C62-4菌株及破伤风梭菌C66-1菌株。肉毒梭菌菌株标准见肉毒梭菌中毒症(C型)灭活疫苗,破伤风梭菌菌株标准见破伤风类毒素。

[制造要点]

(1) 制苗培养基:制苗用培养基腐败梭菌用胰酶消化牛肉汤;产气荚膜梭菌、诺维梭菌用肉肝胃酶消化汤或鱼肝肉胃酶消化汤;肉毒梭菌用鱼(牛)肉胃酶消化汤;破伤风梭菌用8%甘油冰醋酸肉汤、牛肉胨水消化汤或黄豆蛋白胃酶水解液。

(2) 种子繁殖:菌种分别接种适宜培养基,破伤风梭菌35℃培养,其余37℃培养。腐败梭菌培养24 h,产气荚膜梭菌培养16~20 h,诺维梭菌培养60~72 h,肉毒梭菌培养72~120 h,破伤风梭菌培养48 h。纯检合格后作为一级种子使用,2~8℃保存,试用期不超过15 d。使用中的菌种,腐败梭菌、产气荚膜梭菌、诺维梭菌也可用多种蛋白胨牛心汤半固体、无糖厌气肉肝汤或肉肝胃酶消化汤每月移植1次,每3月更换冻干菌种;肉毒梭菌可将产芽胞的菌种接种于厌气肉肝汤中继代,2~8℃保存,每3个月继代1次;破伤风梭菌用碎肉半固体培养基继代,35℃培养48 h后封蜡并置2~8℃保存,每半年移植一次。同样方法进行二级种子繁殖,纯检合格者作为种子繁殖物,2~8℃保存,试用期不超过5 d。

(3) 菌液培养:菌液培养基本同各单菌液制造。接种时,除破伤风梭菌在45~50℃接种外,其余均在37~38℃接种。种子繁殖物分别按腐败梭菌2%、产气荚膜梭菌1%、诺维梭菌5%、肉毒梭菌1%~2%、破伤风梭菌0.1%~0.2%的量接种。接种后置34~35℃培养,腐败梭菌36~48 h,产气荚膜梭菌16~24 h,诺维梭菌60~72 h,肉毒梭菌和破伤风梭菌5~7 d。

(4) 纯粹检验和毒素测定:纯粹检验按常规进行。毒素测定时,除破伤风梭菌用滤去菌体后的滤液皮下注射小鼠外,其余均用离心上清液(2 500 r/min,30 min)静脉注射小鼠。腐败梭菌、产气荚膜梭菌、诺维梭菌用16~20 g小鼠;肉毒梭菌用14~16 g小鼠;破伤风梭菌用15~17 g小鼠。对小鼠的最小致死量分别为腐败梭菌≤0.01 mL,B型和C型产气荚膜梭菌≤0.002 5 mL,D型产气荚膜梭菌和诺维梭菌≤0.000 5 mL,肉毒梭菌≤0.000 02 mL,破伤风梭菌≤0.000 005 mL。

(5) 灭活脱毒:各菌液加入福尔马林杀菌灭活脱毒,腐败梭菌加至0.8%,产气荚膜梭菌加至0.5%~0.8%,诺维梭菌加至0.5%,肉毒梭菌加至0.5%并加入硫柳汞至0.005%,破伤风梭菌菌液加至0.4%。加入福尔马林的菌液分别置37~38℃温育,腐败梭菌3~5 d,产气荚膜梭菌5~7 d,诺维梭菌3~4 d,肉毒梭菌10 d,破伤风梭菌21~31 d。每日充分振荡或搅拌1~2次。然后进行脱毒试验、灭菌检验及破伤风类毒素结合力单位(EC)测定。

(6) 干燥、配苗：脱毒、菌检和破伤风结合力单位测定试验合格后，用灭菌纱布或铜网过滤。滤液用冷冻干燥法或雾化干燥法进行脱水干燥。干燥后的菌粉装入适当灭菌容器并密封。利用家兔或绵羊进行最小免疫剂量测定。根据需要，按羊的2个免疫剂量配制不同的多联干粉苗。

[质量标准] 不论是单苗还是联苗，均用氢氧化铝胶生理盐水稀释。下列方法任择其一进行效力检验。

(1) 免疫动物直接攻毒法：每种成分各肌肉注射体重1.5～2 kg家兔4只，每只1 mL（相当于羊1头份的60%），或注射健康易感绵羊4只，每只1 mL（相当于羊1头份）。14～21 d后，连同条件相同的对照兔或羊各2只注射强毒。快疫、羔羊痢疾、猝狙、肠毒血症，每只静脉注射1MLD毒素，观察3～5 d；黑疫，每只家兔皮下注射50MLD毒素，每只绵羊皮下注射2MLD毒素，观察3～5 d；肉毒梭菌，各静脉注射10MLD毒素，观察10 d；破伤风，皮下注射10MLD毒素，观察10 d。对照动物全部死亡，免疫动物至少保护3只为合格。

(2) 测定免疫动物血清效价方法：不论是单苗或联苗，每批均接种体重1.5～2 kg家兔4只或6～12月龄、体重30～40 kg健康易感绵羊4只。每只兔肌肉注射1 mL（相当于羊1头份的60%）；每只羊1 mL（相当于羊1头份）。注射后14～21 d采血，分离血清，4只动物血清等量混合，分别取0.1 mL与被检疫苗所含成分相应的毒素混合，置37℃中和40 min，然后注射体重16～20 g小鼠各2只，除破伤风皮下注射外，其余静脉注射，同时各用同批小鼠2只，分别注射1MLD相同的毒素作对照。检测肉毒梭菌和破伤风梭菌效价的小鼠观察4～5 d；检测快疫、黑疫的观察3 d；检测羔羊痢疾、猝狙、和肠毒血症的观察1 d，判定结果。如对照小鼠全部死亡，血清中和效价对快疫、羔羊痢疾、猝狙和肉毒梭菌中毒症达到1（中和1个致死量毒素）；对肠毒血症达到3；对黑疫达到5；对破伤风达到2，即判为合格。如不合格，可用同批免疫动物，重复检验一次。如免疫动物只剩3只时，可用每只动物血清单独进行中和试验，如每只动物血清中和效价均达上述标准，亦为合格。如血清中和试验不合格，可用免疫动物直接攻毒法进行检验并判定结果。

[保存与使用] 2～15℃保存，有效期5年。用于预防羊快疫、羊猝狙、羊黑疫、羊肠毒血症、羔羊痢疾、肉毒梭菌中毒和破伤风等疾病，免疫期1年。

"羊黑疫-快疫二联灭活疫苗"及"羊快疫-猝狙（或羔羊痢疾）-肠毒血症三联灭活疫苗"制备和检验用菌种和上述五联灭活疫苗有关菌株相同。其制造工艺和质量标准等参考上述五联灭活疫苗。

### (四) 治疗制剂

**1. 抗羔羊痢疾血清**

[制造要点]

(1) 制造和检验用菌种参考上述五联灭活疫苗。

(2) 第一免疫原为B型产气荚膜梭菌的灭活菌液。用2～3株产气荚膜梭菌接种于厌气肉肝汤中，在34～35℃培养16～20 h。按总量的0.5%～0.8%加入甲醛溶液脱毒制成。第二免疫原为B型产气荚膜梭菌的毒素。菌株分别接种于肉肝胃酶消化汤中，置34～35℃培养16～20 h。将各菌液等量混合，离心滤过制成。第三免疫原为B型产气荚膜梭菌的活菌液。其制造方法与第二免疫原相同，唯培养物不经滤过，经纯粹检验合格后分装，置2~8℃保存，限72 h内使用。

（3）本品制造时一般选择体重40 kg以上，2~3岁健康绵羊。在隔离观察期间，进行必要的检疫。按照表10-1免疫程序进行。

（4）注射第11次（或12次）免疫原后8~10 d，抽3~5只羊采血，分离血清，混合，测定效价。如血清0.1 mL能中和B型毒素1 000MLD以上时，再经1次免疫注射后9~11 d放血（或采血）。如中和效价达到标准时，于最后注射免疫原后7~11 d采血。

（5）用血液自然凝结加压法或离心法分离提取血清，按总量的0.004%~0.01%加入硫柳汞或按0.5%加入苯酚，混匀分装。

［质量标准］ 除按一般规定检验外，还应进行如下检验：

（1）安全检验：用体重16~20 g小鼠5只，各静脉注射血清0.5 mL；另用体重250~450 g豚鼠2只，各皮下注射血清5 mL，观察10 d，均应建活。

（2）效价测定：用体重16~20 g小鼠作中和试验，0.1 mL血清能够中和B型毒素1 000 MLD以上为合格。

［保存与使用］ 本品在2~8℃保存，有效期为5年。用于预防及早期治疗产气荚膜梭菌所引起的羔羊痢疾。在羔羊痢疾流行地区，给1~5日龄羔羊皮下注射或肌肉注射血清1 mL，即可获得良好的免疫力。对已患羔羊痢疾的病羔，静脉或肌肉注射血清3~5 mL。必要时于4~5 h后再重复注射1次。

（胡永浩）

## 五、羊支原体性肺炎

羊支原体性肺炎（Mycoplasmal pneumonia of sheep and goats）又称羊传染性胸膜肺炎，是由支原体属的某些致病性支原体引起的绵羊和山羊的高度接触性传染病。临床上以高热、咳嗽、肺脏及胸膜发生浆液性、纤维素性炎症为特征。一般包括山羊传染性胸膜肺炎和羊支原体肺炎。山羊传染性胸膜肺炎（Caprine infectious pleuropneumonia）是由丝状支原体山羊亚种引起的山羊的一种接触性传染病，以纤维素性胸膜肺炎为特征。羊支原体肺炎（Ovine mycoplasma pneumonia）是由绵羊肺炎支原体引起的绵羊、山羊的一种接触性传染病，临床上以流鼻涕、呼吸困难、增生性间质性肺炎为特征。本病流行于许多国家，呈世界性分布，我国不少省、区、市的绵羊、山羊也有发生，特别是养羊较多的地区普遍存在，一些境外引进的种羊亦有此病。本病羔羊感染率高，病死率高，对养羊业危害严重。

### （一）病原

引起山羊传染性胸膜肺炎的病原体是**丝状支原体山羊亚种**（*Mycoplasma mycoides* subsp. *capri*），羊支原体肺炎的病原体是绵羊肺炎支原体（*Mycoplasma ovipneumonia*），分类上归于支原体科（*Mycoplasmataceae*）、支原体属（*Mycoplasma*）。该类支原体均为细小、多型性的微生物，革兰染色阴性，平均大小为0.3~0.5 μm，用姬姆萨、卡斯坦奈达或美蓝法染色着色良好。对理化因素的抵抗力很弱。对青霉素、链霉素不敏感，对红霉素高度敏感，四环素也有较强的抑菌作用，但绵羊肺炎支原体对红霉素有一定抵抗力。

绵羊肺炎支原体与猪肺炎支原体和猪鼻支原体、絮状支原体、殊异支原体、牛眼支原体有交叉试验抗原；绵羊肺炎支原体与丝状支原体山羊亚种无交互免疫性。丝状支原体山羊亚种与丝状支原体各菌株之间在血清学上有广泛的交叉反应。

## （二）疫苗

我国用于预防本病的疫苗有：山羊传染性胸膜肺炎灭活疫苗、羊支原体肺炎灭活疫苗和山羊支原体肺炎灭活疫苗（MoGH3－3株＋M87－1株），具有良好的免疫保护作用。

**1. 山羊传染性胸膜肺炎灭活疫苗**

[菌种]　制苗菌种选用丝状支原体山羊亚种 $C_{87-1}$ 株，用其所制备的山羊传染性胸膜肺炎灭活疫苗，应符合效力检验。检验菌种选用丝状支原体山羊亚种 $C_{87-2}$ 株，于山羊气管注射肺组织毒 0.000 04 g 或冻干毒 0.004 g，观察 30 d，应发生典型的山羊传染性胸膜肺炎。真空冻干菌种 2～8 ℃保存，可使用 5 年，届时通过山羊传代并鉴定一次。典型的病羊肝变肺组织置 50% 甘油生理盐水，2～6 ℃保存，可使用 2 个月。

[制造要点]　冻干菌种通过山羊两代以上复壮，取典型的肝变肺组织，加生理盐水制成 1∶1 乳剂，杂菌检验合格后作为种子用。置 0～4 ℃保存，试用期不超过 7 d。选择 1～3 岁以下体重 20 kg 以上的健康易感山羊，气管接种生理盐水 1∶10 稀释的种子乳剂 5～10 mL。接种山羊每日测温观察，体温升高 40.5 ℃以上并出现特异症状者，剖杀取病变组织。无菌操作吸取胸水，采集肝变肺组织、纵隔淋巴结及渗出的纤维蛋白，置 0～4 ℃冰箱保存。采集病料的同时，取血液、胸水接种检验培养基，作杂菌生长检查。无杂菌生长时，研磨病料，滤过即为组织乳剂。用灭菌的氢氧化铝胶缓冲溶液（50 份氢氧化铝胶与 40 份磷酸盐）9 份加病料组织乳剂 1 份配苗，振荡混匀，置 2～4 ℃冷暗处 20～24 h，充分吸附。加福尔马林至 0.1%，置 16～18 ℃ 48 h，每日振荡 2 次。无菌检验合格后，分装即成。

[质量标准]　除按《兽医生物制品检验的一般规定》检验外，进行如下检验：

（1）安全检验：选用 350～450 g 豚鼠和 1.5～2 kg 家兔各 2 只，每只肌肉注射疫苗 2 mL，观察 10 d 均应健活。

（2）效力检验：选用 1～3 岁以下 20 kg 以上健康易感山羊 4 只，各皮下或肌肉注射疫苗 5 mL。14～21 d 后，连同条件相同的对照羊 3 只，分别气管注射 10～25 个发病量的强毒组织乳剂 5～10 mL，观察 25～30 d。对照羊全部发病，免疫羊至少保护 3 只；或对照羊发病 2 只，免疫羊全部保护。

[保存与使用]　2～8 ℃冷暗处保存，有效期 1.5 年。用于预防山羊传染性胸膜肺炎。成年羊皮下或肌肉注射疫苗 5 mL，6 月龄以下羔羊注射 3 mL，免疫期 1 年。

**2. 羊支原体肺炎灭活疫苗**

[菌种]　制苗和检验菌种选用绵羊肺炎支原体 MOGH3－3 或 MOGH4－3 株。用其所制备的羊支原体肺炎灭活疫苗，应符合效力检验。用绵羊肺炎支原体 MOGH3－3 或 MOGH4－3 株 $KM_2$ 液体培养基或牛心汤支原体培养基 5 倍浓缩液，于健康易感绵羊或山羊气管注射 5 mL，观察 25～30 d，应发生典型的羊支原体肺炎。真空冻干菌种 －30 ℃保存，

可使用4年,届时通过易感羊传代并鉴定一次。

[制造要点] 冻干菌种接种于$KM_2$液体培养基,37 ℃培养4~10 d进行一级种子繁殖。纯粹检验合格后,接种于$KM_2$液体培养基或牛心汤支原体培养基,37 ℃培养4~5 d进行二级种子繁殖。纯粹检验合格作为种子使用。置0~4 ℃保存,试用期不超过5 d。以2%~4%的种子量接种$KM_2$液体培养基或牛心汤支原体培养基,37 ℃培养5~6 d,每日摇振数次。当培养基pH下降到7.0左右,取样检测羊肺炎支原体生长滴度达$10^{-8}$~$10^{-9}$时,中止培养。置0~4 ℃冷暗处,纯粹检验合格后,以中空纤维超滤器浓缩菌液至原菌液量的1/5。浓缩菌液加入甲醛溶液至0.2%,充分混匀,37 ℃灭活10 h,其间摇振2次。无菌检验和灭活检验合格后,以5份浓缩菌液加1份氢氧化铝胶溶液配苗,充分混匀,4~8 ℃吸附8~10 d,每日摇振2~3次。吸附完成后,加入0.01硫柳汞。无菌检验合格后,分装即成。

[质量标准] 除按一般规定检验外,还应进行如下检验:

(1) 安全检验(下列方法任择其一):

① 选用350~450 g豚鼠和1.5~2 kg家兔各2只,每只分别肌肉注射疫苗1 mL和2 mL,观察14 d均应建活。

② 选用健康易感山羊或绵羊2只,各颈侧皮下注射疫苗8 mL,观察30 d,应无不良反应。

(2) 效力检验:选用1~2岁、体重20 kg以上健康易感山羊或绵羊4只,各颈侧皮下注射疫苗5 mL。30 d后,连同条件相同的对照羊3只,以强毒菌株$KM_2$液体培养基或牛心汤支原体培养基5倍浓缩液,分别气管注射5 mL,观察25~30 d。剖检观察肺部变化,并进行羊肺炎支原体的分离培养。对照羊全部发病(病羊可见咳嗽、流涕、呼吸困难,肺部剖检呈局部性气肿,肺叶间质增生,肝变病灶与肺胸膜发生纤维素性粘连。从病变肺组织可分离出绵羊肺炎支原体),免疫羊至少保护3只;或对照羊发病2只,免疫羊全部保护。

[保存与使用] 2~8 ℃保存,有效期12个月。用于预防绵羊支原体引起的肺炎。成年羊颈侧皮下注射疫苗5 mL,6月龄以下羔羊注射3 mL。免疫期1年6个月。

**3. 山羊支原体肺炎灭活疫苗**(MoGH3-3株+M87-1株)

[菌种] 绵羊肺炎支原体MoGH3-3株和丝状支原体山羊亚种M87-1株。

[制造要点] 将菌种分别接种于适宜培养基培养,收集培养物并进行浓缩,经甲醛溶液灭活后,按一定比例混合加206油佐剂制成,呈水包油包水(W/O/W)型。疫苗中含灭活的绵羊肺炎支原体MoGH3-3株和丝状支原体山羊亚种M87-1株,每头份含MoGH3-3株和M87-1株均应为$4.5×10^8$ CCU。

[质量标准] 除按兽医生物制品检验的一般规定检验外,还应进行如下检验:

(1) 安全检验:用体重1.5~2.0 kg兔4只,各皮下或肌肉注射疫苗4 mL,观察10 d,全部健活为合格。用12月龄左右健康易感山羊5只,各颈部皮下注射疫苗6 mL,观察30 d,应无减食、精神沉郁、体温反应、注射局部炎症等不良反应。

(2) 效力检验:用12月龄左右健康易感山羊10只,均分为免疫Ⅰ组和Ⅱ组,各颈部皮下注射疫苗3 mL,另以条件相同的山羊10只,均分为对照Ⅰ组和Ⅱ组。接种后30 d,免疫Ⅰ组和对照Ⅰ组山羊各气管内接种绵羊肺炎支原体MoGH3-3株培养物10 mL($5×10^8$

CCU/mL），观察 30 d，对照羊应全部发病，免疫羊应至少保护 4 只，或对照羊 4 只发病，免疫羊应全部保护。免疫Ⅱ组和对照Ⅱ组山羊各气管内接种丝状支原体山羊亚种 M87-2 株培养物 10 mL（$5×10^8$ CCU/mL），观察 30 d，对照羊应全部发病，免疫羊应至少保护 4 只，或对照羊 4 只发病，免疫羊应全部保护。

［保存与使用］ 2～8 ℃保存，有效期 12 个月。用于预防由绵羊肺炎支原体和丝状支原体山羊亚种引起的山羊支原体肺炎。使用方法：颈部皮下注射，每只山羊 3 mL。免疫期为 10 个月。

### （三）诊断制剂

本病细菌学诊断方法有细菌分离和鉴定、凝集试验、荧光抗体技术、琼脂扩散试验、生长抑制试验和 PCR 等方法鉴定。血清学试验中，补体结合试验是目前最可靠的方法，用于无本病地区检疫。ELISA 试验和被动血凝试验可作为筛选试验。间接血凝试验和玻片凝集试验可作为辅助诊断方法。我国商品化诊断试剂有绵羊肺炎支原体 ELISA 抗体检测试剂盒、绵羊支原体肺炎间接血凝试验抗原与阴阳性血清。

**1. 绵羊肺炎支原体 ELISA 抗体检测试剂盒** 本品系由浓缩、灭活的绵羊肺炎支原体抗原包被的酶联反应板、阳性对照血清、阴性对照血清、兔抗羊 IgG—辣根过氧化物酶结合物、浓缩洗涤液、血清稀释液、底物溶液 A、底物溶液 B、终止液及血清稀释板等组装而成。试验成立的条件是：阳性对照孔 $OD_{490}$ 值均应 $\geqslant 0.6$，且 $\leqslant 2.0$，阴性对照孔 $OD_{490}$ 值均应 $\leqslant 0.2$。待检样品按下列公式计算 $S/N$：$S/N$＝被检血清 2 孔的平均 $OD_{490}$ 值/阴性对照血清 2 孔的平均 $OD_{490}$ 值。如果样品 $S/N \geqslant 3$，判为阳性；如果 $S/N \leqslant 2.5$，判为阴性，$S/N$ 介于 2.5 和 3 之间者为可疑，应重测，重测后 $S/N \geqslant 3$ 判为阳性，$S/N < 3$ 判为阴性。本方法具有较高敏感性和特异性，可用于绵羊肺炎支原体血清抗体的检测。

**2. 绵羊支原体肺炎间接血凝试验抗原与阴、阳性血清** 本抗原系用绵羊肺炎支原体 Y98 株，接种适宜培养基培养，收获培养物，浓缩、超声裂解、致敏戊二醛化—鞣酸化绵羊红细胞后，经冷冻真空干燥制成。用于检测绵羊肺炎支原体抗体。阳性血清系用绵羊肺炎支原体 Y98 株接种健康家兔，采血，分离血清制成。阴性血清系用健康绵羊，采血，分离血清制成。用于间接血凝试验阴、阳性血清对照。

抗原质量除无菌检验合格外，进行如下检验：

（1）效价测定：每批抽样 3 瓶，分别用含 1% 健康兔血清的 PBS（0.15 mol/L，pH 7.2）稀释至 10 mL，混合，与阴性、阳性对照血清进行间接血凝试验。阳性对照血清效价应 $\geqslant 1:128$，阴性对照血清效价应 $\leqslant 1:2$，抗原加等量稀释液后应无自凝现象。

（2）特异性检验：用含 1% 健康兔血清的 PBS（0.15 mol/L，pH 7.2）将每瓶抗原稀释至 10 mL，分别与阴性对照血清、丝状支原体山羊亚种抗血清和山羊支原体山羊肺炎亚种抗血清进行间接血凝试验，均应为阴性。

本品 2～8 ℃保存，有效期 18 个月；−25 ℃以下保存，有效期 36 个月。

（胡永浩，姜平）

## 第二节 病毒性制品

### 一、牛病毒性腹泻/黏膜病

牛病毒性腹泻/黏膜病（Bovine viral diarrhea - mucosal disease，BVD/MD）是由牛病毒性腹泻病毒感染牛引起的一种传染病，以发热、黏膜糜烂溃疡、白细胞减少、腹泻、咳嗽及怀孕母牛流产或产出畸形胎儿为主要特征。本病呈世界性分布，我国也存在，给养牛业造成较大的危害。

### （一）病原

牛病毒性腹泻病毒（Bovine viral diarrhea virus，BVDV）又名黏膜病病毒（Mucosal disease virus），属于黄病毒科、瘟病毒属，与猪瘟病毒和边界病毒很相似。病毒颗粒呈圆形，有囊膜，无血凝性，直径为50～80 nm，在蔗糖密度梯度离心中的浮密度为1.13～1.14 g/mL，沉降系数80～90 S。基因组是单股正链RNA，长约12.5 kb，由5′UTR（大约380 nt）、一个长的开放阅读框（ORF）和3′UTR组成。ORF编码病毒的结构蛋白，包括病毒的衣壳蛋白和囊膜蛋白（Erns、E1和E2）和非结构蛋白。根据病毒5′UTR基因序列，BVDV分为BVDV1和BVDV2两个基因型，BVDV1又分为11个不同的基因亚型1a～k，主要流行亚型是1a和1b。Magar等将BVDV参考株分为3个主要抗原群：Ⅰ、Ⅱ、Ⅲ群。

本病毒分为两种生物型：一种为致细胞病变型（CP型），如Smger株，能引起细胞形成空泡，核固缩、溶解和死亡等；另一种为非致细胞病变型（NCP型），如NY-1株，此型病毒在细胞中复制不引起细胞病变。两种生物型除了与宿主细胞作用不同外，血清型相同。生物型的差异在本病致病机制方面起关键作用。BVDV与猪瘟病毒（HCV）和绵羊边界病病毒（BDV）有抗原相关性。BVDV可在胎牛的肾、脾、睾丸、气管、鼻甲、肺、皮肤等组织细胞中生长。常用的是胎牛肾、鼻甲的原代细胞或二倍体细胞，有的毒株有致细胞病变作用，有的毒株则没有。没有细胞病变作用的毒株可用于干扰作用，或鸡新城疫病毒强化试验及免疫荧光抗体试验。

本病毒对乙醚、氯仿及其他脂溶剂敏感，在pH 3.0的环境中不稳定。病毒在26～27 ℃保存24 h损失一个滴度，56 ℃易灭活，-60 ℃低温冻干条件下可保存数年。

### （二）免疫

本病毒含有二种抗原，一种抗原与感染性病毒颗粒相结合，能引起中和抗体的产生，另一种抗原是可溶性的，引起沉淀抗体和补体结合抗体的产生。

牛感染本病毒后，引起病毒血症，产生免疫中和抗体。中和抗体阳性牛通常不能分离和检测出病毒，据此认为动物在病毒感染后能产生坚强持久的免疫力。在子宫内被感染的犊牛，6个月龄时仍有能抵抗强毒攻击的自然免疫力。吸吮初乳的犊牛可以得到母源抗体，产生被动免疫并抵抗野毒感染。母源抗体在犊牛体内可维持6～9个月，使用疫苗时必须加以注意。

## (三) 疫苗

目前，国内还没有本病商品化疫苗，欧洲和北美已有很多商品制剂。疫苗通常是用致细胞病变毒株制备，有减毒活毒疫苗和灭活疫苗。活疫苗必须在兽医监督下，因为致细胞病变毒株通过持续病毒血症使牛重复感染，可导致黏膜病，或导致免疫抑制，引发其他感染。

**1. 活疫苗** 1954 年，Baker 等将 NY-1 株通过牛兔交替传代，75 代以后改变了病毒原有的特性，接种易感牛已不引起反应。1965 年，Gillespie 等将 NY-1 株通过胎牛肾细胞传100 代，但没有减弱毒株对犊牛的致病力。将 Oregon C24V 毒株通过胎牛肾细胞传代至 32代，毒株对犊牛的致病性减弱，接种犊牛后不发生接触传染，这株疫苗株经过多年的试验及野外应用，证实了其效力和安全性，已成为商品疫苗大量生产，在世界许多国家应用。1978年，我国从匈牙利引进了 Oregon C24V 弱毒株种毒，1981 年开始研制疫苗。经试验表明，该株弱毒在犊牛肾细胞培养中生长良好，72 h 内可致细胞产生典型病变。用犊牛肾原代或次代细胞测定病毒滴度，可达 $10^{5.0}$ TCID$_{50}$/mL 以上。该株弱毒疫苗肌肉接种不同品种或不同年龄的牛，表现安全。除接种后白细胞减少或一过性热反应外，无其他症状。不引起同居感染。在怀孕母牛应用不引起死胎和流产。使用时，每牛肌肉注射 2 000 个 TCID$_{50}$，接种后10 d 出现体液抗体，14 d 抗体滴度达 1∶16～1∶64，接种后 18 个月抗体水平仍在 1∶32 以上。疫苗 -15 ℃ 以下保存，有效期 1 年以上，4～8 ℃ 保存，有效期 6 个月。疫苗主要用于 6～8 个月龄的犊牛，对于怀孕母牛一般禁止使用。

**2. 灭活疫苗** 疫苗抗原多采用致细胞病变型病毒的分离株与非致细胞病变型病毒混合培养物。灭活剂有福尔马林、二乙烯亚胺（BEI）或 β-丙内酯等。该类疫苗可以克服弱毒活疫苗引起胎牛感染的问题，但免疫原性较差。抗体阴性牛群中接种灭活苗，保护率 60%左右。

目前，美国等一些厂商生产的疫苗多为传染性牛鼻气管炎（IBRV）、BVDV、PIV-3和牛呼吸道合胞体病毒（BRSV）等不同弱毒的联合疫苗，有双联的，也有三联或四联的，还有的与嗜血杆菌、钩端螺旋体疫苗混合使用。不同联合疫苗，使用程序不尽相同，一般要求是在 6 个月龄前注射疫苗的小牛，在 6 个月龄或断奶时需加强免疫注射一次。注射途径与剂量为肌肉或皮下注射 2 mL。用 NADL 毒株的牛肾细胞培养物，经氯仿灭活，再用氯化铯梯度密度高速离心，制成的可溶性抗原疫苗，可诱导牛只产生很高滴度的抗体，免疫期至少保持 6 个月，如果采用两次接种，其效果更好。

## (四) 诊断制剂

本病常用的实验室诊断方法有病毒分离与免疫荧光技术、中和试验、ELISA 和 RT-PCR 等，其中，病毒分离、免疫荧光技术和病毒中和试验是 OIE 推荐的检测 BVDV 及其抗体的标准方法。我国有 BVDV 中和试验抗原及其阴阳性血清的商品化供应。

**1. 中和试验抗原** 本品系用 Oregon C24 株 BVDV 接种牛肾或牛睾丸原代或继代细胞培养，收获培养物加适宜稳定剂，经冷冻真空干燥制成。抗原性状为微黄或微红色海绵状疏松团块，易与瓶壁脱离，加稀释液后迅速溶解。不含有细菌和支原体，真空包装。此外，应符合下列质量标准：

(1) 效价测定：将被检抗原用 0.5% 乳汉液（pH 7.1～7.2）做 10 倍系列稀释，取 $10^{-4}$、$10^{-5}$、$10^{-8}$ 3 个稀释度，接种 96 孔细胞板，每稀释度接种 5 孔，每孔 0.1 mL，每孔再加入 50 万个/mL 牛肾或牛睾丸继代细胞悬液 0.2 mL，同时设立细胞对照，置 37 ℃、5% 二氧化碳培养箱培养 5～7 d，每日观察 CPE，细胞对照不应出现 CPE。根据病毒组各稀释度出现 CPE 的细胞孔数计算 $TCID_{50}$。每 0.1 mL 病毒含量应不少于 $10^{5.0} TCID_{50}$。

(2) 特异性检验：将被检抗原用乳汉液做 100 倍稀释，与等量抗 BVDV 特异性血清混合，置 37 ℃作用 1 h，接种 48 孔细胞培养板，共 10 孔，每孔 0.2 mL，每孔再加入 50 万个/mL 牛肾或牛睾丸继代细胞悬液 0.3 mL，置 37 ℃、5% 二氧化碳培养箱培养 5～7 d 观察，应不出现 CPE。

本品 2～8 ℃保存，有效期 6 个月，-15 ℃以下保存，有效期 36 个月。

**2. 阳性血清、阴性血清**　　阳性血清系用上述抗原接种健康犊牛，采血，分离血清制成；阴性血清系用无 BVDV 抗体的健康牛采血，分离血清制成。性状均为淡黄色澄明液体。无菌检验均应无菌生长。此外，应符合下列质量标准：

(1) 阳性血清效价测定：将被检血清用无血清 MEM 作 2 倍系列稀释，取 1∶64～1∶2 048 稀释度接种 96 孔细胞培养板，每稀释度接种 5 孔，每孔 0.1 mL，每孔加入每 1 mL 含 $100TCID_{50}$ BVDV 中和试验抗原液 0.1 mL，同时设立不加抗原的血清对照、细胞及 $100TCID_{50}$ 病毒对照，37 ℃作用 1 h，每孔加入 100 万个/mL 牛肾或牛睾丸继代细胞悬液 0.1 mL，置 37 ℃、5% 二氧化碳培养箱培养 5～7 d，每日观察 CPE，抗原对照孔应出现 CPE，不加抗原的血清对照及细胞对照不应出现 CPE。根据不出现的血清中和组细胞孔数计算血清中和效价。中和抗体效价应不低于 1∶1 024。

(2) 阴性血清特异性测定：将被检血清接种 48 孔细胞培养板，接种 10 孔，每孔 0.1 mL，每孔加入每 1 mL 含 $100TCID_{50}$ BVDV 中和试验抗原液 0.1 mL，同时设立不加抗原的血清对照、细胞及 $100TCID_{50}$ 抗原对照，37 ℃作用 1 h，每孔加入 100 万个/mL 牛肾或牛睾丸次代细胞悬液 0.1 mL，置 37 ℃、5% 二氧化碳培养箱培养 5～7 d，每日观察 CPE，不加抗原的血清对照及细胞对照不应出现 CPE，所有抗原对照及血清中和孔均应出现 CPE。

血清于-15 ℃以下保存，有效期 36 个月。

（王君伟，姜平）

## 二、传染性鼻气管炎

牛传染性鼻气管炎（Bovine infectious rhinotracheitis，IBR）又称坏死性鼻炎（Necrotic rhinitis）、红鼻病（Red nose disease），是由传染性鼻气管炎病毒引起的一种急性、热性和接触性传染病，以高热、呼吸困难、鼻炎、窦炎和上呼吸道炎症为特征，还能引起母牛流产和死胎、肠炎和小牛脑炎，有时发生眼结膜炎和角膜炎。除奥地利、丹麦、瑞典、芬兰等少数国家宣布消灭外，本病广泛分布于世界各地。我国于 1980 年从新西兰进口奶牛中发现本病。OIE 将其列为法定报告性动物疫病。

## (一) 病原

牛传染性鼻气管炎病毒（Infectious bovine rhinotracheitis virus，IBRV）又称牛疱疹病毒Ⅰ型（Bovine herpesvirus Ⅰ，BHV-Ⅰ），是疱疹病毒科、水痘病毒属的成员。具有同类疱疹型病毒的理化特性，容易在多种细胞培养中复制，产生特异的细胞病变和嗜伊红性细胞核内包涵体。BHV-Ⅰ在牛多种细胞如鼻甲、肾、睾丸、肺、皮肤细胞和猪、犬、羊、马以及人的二倍体细胞培养生长良好，并产生细胞病变。细胞适应毒可在兔的睾丸、脾脏、人羊膜、HeLa细胞和仓鼠胚胎细胞上生长，并产生蚀斑。

本病毒基因组为双链DNA，长约137 kb，编码25～33种结构蛋白，其中11种是糖蛋白。11种糖蛋白分为4类，分别命名为gⅠ、gⅡ、gⅢ和gⅣ。4类糖蛋白分别与人单纯疱疹病毒Ⅰ型的gB、gE、gC和gD具有同源性，其作用也类似。gⅠ能引起细胞融合，在病毒感染过程中起重要作用。gⅢ对病毒的感染并非必需，但在感染细胞上形成C3b受体时起作用。TK基因对病毒的复制并非必须，但对病毒在神经组织中持续性感染十分重要。本病毒只有1个血清型。根据DNA限制性酶切分析将BHV-Ⅰ细分为BHV-Ⅰ.1和BHV-Ⅰ.2亚型，后者毒力低于前者。

本病毒抵抗力较强。在pH 7.0细胞培养液内的病毒十分稳定，4 ℃以下保存30 d，其感染滴度几乎无变化；22 ℃保存5 d，感染滴度下降10倍。37 ℃时半衰期为10 h，病毒在pH 4.5～5不稳定，pH 6～9时稳定。在高温条件下病毒很快灭活，在56 ℃需要21 min。丙酮、酒精或紫外线均可破坏病毒的感染力。-70 ℃保存的病毒，可存活数年。

## (二) 免疫

病毒自然感染或人工接种疫苗都能诱导牛产生坚强持久的免疫力。病后免疫的强度和持续期随病毒的侵害部位和范围有所不同，但痊愈牛耐受强毒人工攻击的持续期至少为四年半到五年半。通过血清中和抗体测定，发现抗体效价在1∶2以上的动物，足以保护经鼻的强毒攻击。犊牛通过吮初乳而获得母源抗体，这种抗体随着代谢降解而逐渐减少，其持续时间差异很大，长者可达6个月。因此，6个月龄后的小牛必须注射疫苗以获长期保护。

本病毒糖蛋白都能刺激产生中和抗体，并在补体的存在下使感染细胞裂解。相比较而言，抗gⅣ蛋白抗体中和病毒的效果最好，但是用这些糖蛋白进行主动免疫或被动免疫均不能抵抗IBRV的感染，只能免于因呼吸道疾病而导致的死亡。

## (三) 疫苗

本病疫苗主要分为活疫苗和灭活疫苗。美国最早使用的弱毒疫苗多是将病毒连续通过牛肾或猪肾细胞传代获得的，目前仍生产使用，可用于健康牛，6个月龄以前接种免疫的犊牛，在6个月龄或断奶时仍需增强免疫一次，但不能用于妊娠母牛和哺乳孕牛，以免引起流产。由牛和异种动物细胞传代培育出的IBR无毒温度敏感株，只能在温度较低的鼻腔内繁殖，而不能在温度较高的动物体内繁殖。该疫苗病毒无毒安全，不引起流产，是一种理想的疫苗。OIE规定，活疫苗不能检出如下外源病毒：腺病毒、阿卡班病毒、牛冠状病毒、牛疱疹病毒2、4和5型、牛细小病毒、牛呼吸道合胞体病毒、牛病毒性腹泻病毒、非典型性瘟病毒、牛轮状病毒、痘苗病毒、伪狂犬病病毒、牛流行热病毒、牛白血病病毒、牛乳头瘤病毒、牛丘疹性口炎病毒、牛痘病毒、口蹄疫病毒、牛结节性疹病毒、恶性卡他热病毒、副流感病毒3型、狂犬病病毒、疱疹性口炎病毒等。疫苗免疫效力试验应采用10头2~3月龄血清IBR抗体阴性的犊牛，2头作为对照组，免疫后3周用能够引起典型临床症状的IBRV-1强毒株感染，免疫的牛应表现出无或轻微症状，鼻黏液中病毒滴度应比对照组牛低100倍以上，排毒期比对照组应该至少3 d。

灭活疫苗免疫效果看法下一，有时会引起致死性超敏反应或非致死性荨麻疹。美国将病毒经牛肺细胞培养，然后用非离子型去垢剂Triton-X100和NP-40制备裂解亚单位抗原，加入弗氏不完全佐剂制成亚单位灭活苗，该疫苗可使犊牛产生高滴度的中和抗体，抵抗野毒经鼻道攻击感染。但是，本病灭活疫苗和活疫苗都不能防止潜伏病毒的装配，也不能阻止牛只潜伏携带野毒的重新排泄和传播。

近十年来，IBRV-1 gD亚单位疫苗、基因缺失（例如缺失gE和/或gG）疫苗研究取得重要进展。gE基因缺失的重组灭活疫苗在欧盟已被获准应用。该类疫苗可以有效区分感染动物和免疫动物。

### （四）诊断制剂

本病实验室诊断方法有血清学检测和病原鉴定两种。血清学方法有间接ELISA、阻断ELISA和病毒中和试验，ELISA也可检测牛奶中抗体。病原学检测方法有病毒分离和鉴定（用MDBK细胞），鉴定病毒可以采用特异性抗血清或单克隆抗体、聚合酶链反应（PCR）和荧光PCR方法等。使用单克隆抗体、ELISA、免疫荧光和免疫过氧化物酶等试验可鉴别IBRV-1亚型与IBRV-2b亚型，限制性内切酶分析可鉴别所有IBRV-1亚型。我国传染性牛鼻气管炎中和试验抗原、阳性与阴性血清已有商品化生产，其制备要点和标准如下：

［制造要点］

（1）抗原：系用Nu/67株（CVCC AV20）传染性牛鼻气管炎病毒接种敏感细胞培养，收获培养物加适宜稳定剂，经冷冻真空干燥制成。

（2）阳性血清：系用上述抗原接种健康犊牛，采血，分离血清制成。

（3）阴性血清：系用健康牛采血，分离血清制成。用于血清中和试验检测IBRV抗体。

［质量标准］　除按成品检验的有关规定进行外，需做如下检验：

（1）抗原效价：将被检抗原用0.5%乳汉液（pH 7.1~7.2）做10倍系列稀释，取$10^{-5}$、$10^{-6}$和$10^{-7}$ 3个稀释度的抗原，接种96孔细胞板，每稀释度接种5孔，每孔0.1 mL，接种后每孔再加入50万个/mL牛肾或牛睾丸继代细胞0.2 mL，同时设立细胞对照，置37℃、5%二氧化碳培养箱培养5~7 d，每日观察CPE，细胞对照不应出现CPE。根据出现CPE的被检抗原组细胞孔数计算$TCID_{50}$。每0.1 mL病毒含量应不少于$10^{6.0}$ $TCID_{50}$。

（2）阳性血清抗体效价：将被检血清用无血清MEM作2倍系列稀释，取1:64~1:2 048稀释度接种96孔细胞板，每稀释度接种5孔，每孔0.1 mL，每孔加入每0.1 mL含100$TCID_{50}$BVDV抗原液0.1 mL，同时设血清对照、细胞和病毒对照，37℃作用1 h，每孔加入100万个/mL牛肾或牛睾丸次代细胞悬液0.1 mL，置37℃、5%二氧化碳培养箱培养

5~7 d，每日观察 CPE，病毒对照孔应出现 CPE，不加病毒的血清对照及细胞对照不应出现 CPE。根据不出现 CPE 的血清中和组细胞孔数计算血清中和效价。中和抗体效价不低于 1：256。

（3）阴性血清特异性：将被检血清接种 48 孔细胞培养板，共 10 孔，每孔 0.1 mL，每孔再加入每 0.1 mL 含 100TCID$_{50}$ IBR 中和试验抗原液 0.1 mL，同时设立不加病毒血清对照、细胞及 100TCID$_{50}$ 病毒对照，37 ℃作用 1 h，每孔加入 100 万个/mL 牛肾或牛睾丸次代细胞悬液 0.1 mL，置 37 ℃、5％二氧化碳培养箱培养 5~7 d，每日观察 CPE，不加病毒血清对照及细胞对照不应出现 CPE，所有病毒对照及血清中和孔均应出现 CPE。

［保存与使用］ 抗原于 2~8 ℃保存，有效期 9 个月；－15 ℃以下保存，有效期 36 个月。阳性、阴性血清－15 ℃以下保存，有效期 36 个月。使用时，将抗原用乳汉液稀释成每 0.1 mL 或 0.05 mL 约含 100TCID$_{50}$，与被检血清等量混合，37 ℃作用 1 h，再接种细胞，每份样品接种 4 小瓶或 4 个细胞孔，同时设阳性和阴性血清、正常细胞等对照，观察细胞病变，于 72 h 最终判定结果。当被检抗原血清能使 50％以上细胞瓶（孔）不出现细胞病变时，判为阳性。

（王君伟，姜平）

### 三、牛白血病

牛白血病（Bovine leukemia）是由牛白血病病毒引起的牛、绵羊等动物的一种慢性肿瘤性疾病，它经垂直或水平传递，其特征为淋巴样细胞恶性增生、进行性恶病质和高病死率。1876 年首次发现本病，此后相继在世界各地流行，造成严重经济损失，我国也有本病的报道。目前尚无商品化疫苗。

#### （一）病原

牛白血病病毒（Bovine leukemia virus）属于 C 型致瘤病毒群、反转录病毒科、丁型反转录病毒属成员。病毒粒子呈球形，有时也有呈棒状结构的病毒粒子，直径 80~120 nm，芯髓直径 60~90 nm，比重为 1.12~1.18；外包双层囊膜，膜上有 11 nm 长的纤突。病毒以出芽增殖的方式在细胞表面出芽并释放。病毒的基因组是由两条线状单链的 RNA 组成的二聚体。编码 6 种结构蛋白：gp51、gp30、p24、p15、p12 和 p10 等，其中囊膜蛋白 gp51 和核心蛋白 p24 为主要结构蛋白，具有较强的免疫性，可刺激机体产生高滴度的抗体。gp51 和 p24 抗体主要有 IgM 和 IgG 两大类，整个感染过程中，犊牛 IgM 水平始终高于 IgG，这是 BLV 感染的一个特征。琼脂扩散试验中，gp51 和 p24 可与其相应的抗体形成 2 条清晰的沉淀线。

本病毒易在原代的牛源细胞和羊源细胞内生长。将感染本病毒的细胞与牛、羊、人、猴等细胞共培养，可使后者形成合胞体。胎羊肾细胞系（FLK/BLV）和蝙蝠肺细胞系可持续感染本病毒，为病毒抗原的制备创造了有利条件。

本病毒的抵抗力较弱，对温度较敏感，60 ℃以上迅速失去感染力，紫外线照射和反复冻融对病毒有较强的灭活作用，对各种有机溶剂敏感。在实验中超速离心或一次冻融等常规处理都能使病毒的毒力大大减弱。病毒在 56 ℃经 30 min 完全被灭活,故不能冻干保存。

## (二) 免疫

本病毒感染后,早期以体液免疫反应为主,后期则以细胞免疫为主,体液免疫减弱。感染牛血液中的抗体滴度上下波动,当抗体滴度下降时,细胞内成熟的病毒粒子从感染细胞周期性排出,并得以在血浆内暂存,刺激免疫系统产生抗体。子宫内感染的犊牛,出生前即产生抗体,出生后持续感染,6 个月后仍可检出抗体。子宫内未感染的犊牛,出生后一旦摄取阳性抗体,则几小时内血液中出现抗体,1 d 内达到高峰,20 d 后减少一半,6 个月后转阴。本病毒只感染牛的 B 淋巴细胞,并长期待续存在于牛体内,虽然动物产生特异性抗体,但不能将病毒消灭。病毒感染后期,由于 B 细胞发生转变、分化及部分功能消失,体液免疫逐渐减弱。细胞介导的免疫反应在抗肿瘤中有重要作用。

## (三) 诊断制剂

我国和国际上首推琼脂扩散试验 (AGP) 作为法定诊断方法,某些国家则以 ELISA 作为法定诊断方法。合胞体形成试验虽也敏感和特异,但需用 F81 细胞系做细胞培养才能检测,难以大量应用。

**1. 琼脂扩散试验诊断制剂**

(1) 病毒培养:目前普遍应用 FLK - BLV 细胞系体外培养以生产 BLV 抗原。FLK - BLV 是一种持续感染 BLV 的胎羊肾细胞系,它虽不导致 CPE,但可产生大量 BLV,成为琼脂扩散试验抗原的主要来源。培养方法是将 FLK - BLV 在 Eagle 氏 MEM 营养液中培养 4~7 d,收集培养液,从中提取 BLV 抗原,同时将细胞单层自容器表面消化下来扩大培养,继续生产抗原。

(2) AGP 抗原的制备:①将收获的培养液合并后每 100 mL 加入 $(NH_4)_2SO_4$,边搅边加,然后在 4 ℃静置过夜。②离心,弃去上清液。③以少量 PBS (0.02 mol/L pH 7.2,0.85%NaCl) 将沉淀物溶解。④用超声波处理 1~2 min,使病毒颗粒破碎。⑤将抗原液装于透析袋中,以 PBS 透析 24 h,每 4 h 更换 PBS,以除去残余的 $(NH_4)_2SO_4$。⑥离心,弃去沉淀。⑦冻干后分装小瓶,4 ℃储存,用前加水溶解成培养液量的 1%;也可将透析后的提取液装入透析袋中,用聚乙二醇 (PEG) 脱水浓缩至培养液的 1%,分装安瓿,-20 ℃以下储存,有效期为 24 个月。

用上法提取的抗原液含有 BLV 的囊膜糖蛋白 gp51 和核心蛋白 p24,但培养液中的犊牛血清蛋白却占极大部分。这种制剂虽不纯,然而制备简便,在琼脂扩散试验中效果满意,为各国所通用。我国也有商品化生产。

**2. ELISA 试验** 提纯 gp51 或 p24。gp51 纯化是将琼脂扩散试验抗原通过 Con A - Sepharose 4B 柱,当用 PBS 洗涤时,gp 吸附于 ConA 上,而其他蛋白被洗脱。随后用甲基-D-甘露糖溶液将 gp 洗脱。再将洗脱液通过兔抗牛血清蛋白亲和层析柱,以除去犊牛血清中的糖蛋白,洗脱液浓缩后即为纯化的 gp51。P24 抗原的提取可将琼脂扩散抗原通过 Sephadex G-150 柱,收集蛋白部分,将有 BLV 抗原活性的活脱液通过兔抗牛亲和层析柱,再浓缩即可。

此外，国内外建立了荧光 PCR 和 RT-PCR 方法，可快速检测 BLV 前病毒 DNA 和病毒 RNA。以胶体金标记的羊抗牛 IgG（Fc）抗体作为标记抗体，将纯化的 gp51 重组蛋白和羊抗牛 IgG 分别标记于硝酸纤维素膜上作为检测线和质控线，各部件按序装配形成快速诊断试纸条。该胶体金免疫层析方法简便、快捷，具有较好的特异性和一定的敏感性，适宜基层初筛诊断和现场应用。

（王君伟，姜平）

## 四、牛瘟

牛瘟（Rinderpest）俗称烂肠瘟，是偶蹄动物特别是牛和水牛的急性发热、高度接触传染的病毒性疾病。该病发病快，死亡率高。主要病变是口黏膜糜烂，胃肠黏膜出血性溃疡。由于多种高效能弱毒疫苗的应用，本病已在欧洲大部及中国、前苏联和其他一些国家被消灭。现仅非洲、中东和东南亚有疫情。

### （一）病原

牛瘟病毒（Rinderpest virus）属于副黏病毒科、麻疹病毒属，与同属的犬瘟热和麻疹病毒具有相似形态、浮密度和多肽，也有密切的血清学关系。牛瘟病毒和麻疹病毒不同，无凝集红细胞作用。

病毒有囊膜，螺旋状对称，呈多形态，多为球形，有些为长丝状，长达 3 μm。囊膜外有细纤突。病毒体直径 100～150 nm 或更大，一般不超过 300 nm。在破裂的病毒粒子中，可见核衣壳折裂成段，锯齿状，直径约 18 nm，具有麻疹病毒属成员所特有鲱鱼骨样形状。病毒基因组为单股 RNA。病毒蛋白质成分与其他麻疹病毒属成员相似，有 7 种主要蛋白多肽，2 种次要多肽。病毒可感染的鸡胚细胞和 Vero 细胞。感染细胞首先出现胞质内嗜酸性包涵体及合胞体，24 h 后出现嗜酸性核内包涵体。

本病毒不耐热，不耐酸碱。牛瘟病毒对醚等脂溶剂敏感；在甘油中稳定；苯酚、甲醛溶液、氯仿、甲苯和丙酸内脂都可灭活病毒，不失抗原性。病毒经真空冻干后低温保存，或直接放超低温下（-70 ℃以下）冻存，活性稳定。

### （二）疫苗

**1. 牛瘟活疫苗**（兔源） 本疫苗种毒 1941 年来自日本中村亚系兔化毒 355 代兔淋巴结种了，经连续通过兔体驯化减毒培育而成，至 1955 年年底，种毒已传兔 1091 代。1952 年农业部制定《牛瘟兔化弱毒疫苗制造及检验规程》。牛免疫本疫苗后都能产生坚强免疫力，$10^{-2}$ 淋脾苗接种黄牛 7～9 d 后产生的免疫力，可耐受 1 000 mL 牛瘟强毒血毒的攻击，免疫期 1～2 年。

［毒种］ 为牛瘟兔化弱毒株，由中国兽医药品监察所尖顶、保管和供应。毒种标准为：对兔的最小感染量≤$10^{-3}$/mL；对牛的最小免疫量≤$10^{-2}$/mL；无细菌、真菌、支原体以及外源病毒污染。

［制造要点］ ①将毒种 10 倍稀释，经耳静脉接种营养良好、体重 1.5～2 kg 的家兔，

采取有典型体温反应兔的血液为血毒原液,淋巴结和脾脏制成乳剂,20倍稀释作为淋巴毒和脾毒,用于生产疫苗的种毒。②用种毒通过经耳静脉接种家兔,出现典型体温反应曲线后,当体温趋于下降时,即行采毒。采毒时,先心脏采血(需加抗凝剂或脱纤),保存于2~8℃。然后在无菌条件下,采取脾脏和肠系膜淋巴结冷冻保存。③将无菌检验合格淋巴结和脾脏,剪去附着的脂肪和结缔组织,称重后按淋脾组织1份,加心血9份的比例混合,用生理盐水制成100倍稀释液,并加适宜的抗生素。经滤过,定量分装和冻干。

[质量标准] 除按一般规定进行检验外,还应进行如下检验。

(1) 安全检验:用小鼠和豚鼠进行,将成品用生理盐水稀释为1 mL含1个使用剂量,皮下注射小鼠5只,每只0.2 mL;肌肉注射豚鼠2只,每只1 mL。观察10 d,全部健活为合格。

(2) 效力检验:用家兔进行,其过程为,用生理盐水将成品稀释为为1 mL含0.001个使用剂量,耳静脉注射家兔4只,每只1 mL。出现典型牛瘟兔化弱毒的临床反应和病理变化,为合格。

[保存与使用] -15℃以下保存,有效期10个月;2~8℃保存,有效期4个月。牦牛、朝鲜品种牛不宜使用此种疫苗;个别地区有易感性强的牛应先做小区试验;临产前1个月的孕牛和分娩后尚未康复的母牛不宜注射。

**2. 牛瘟活疫苗**(羊源) 1950年陈凌风等将888代兔化毒通过山羊传代育成适应毒(简称山羊化兔毒),感染山羊表现热反应率达80%以上,无明显症状。由于山羊化兔毒接种蒙古黄牛及东北黄牛的热反应率达到67.2%,比接种兔化毒的热反应高,故只适用于蒙古黄牛预防牛瘟之用。袁庆志等(1951)将100代兔化山羊毒接种绵羊传代,培育成绵羊适应山羊化兔毒(简称绵羊化兔毒),绵羊仅产生热反应,血液含毒少,必须用淋巴结和脾脏材料传代。1952年将110代绵羊化兔毒送中国兽医药品监察所,继续通过绵羊传代以增强对绵羊的适应性,并定期在青海用牦牛鉴定其安全性和免疫性。试验证明,绵羊化兔毒接种牦牛的免疫力坚强,实用剂量淋脾毒$10^{-2}$或血毒2 mL。绵羊化兔毒对牦牛毒力并非很弱,在牧区使用时,要严格掌握,注意检查注苗后果。尚不能认为绵羊化兔毒用于牦牛就像兔化毒疫苗用于黄牛和奶牛那样安全放心,应继续选择对易感牦牛更安全合适的弱毒疫苗。

牛瘟兔化山羊化或绵羊化弱毒苗也是组织苗,其制造过程基本同牛瘟兔化弱毒疫苗,但病毒增殖用羊或绵羊。该疫苗适用于牦牛,克服了牛瘟兔化弱毒不宜用于牦牛的不足。

(三)诊断制剂

牛瘟的诊断必须进行一些病毒学和免疫学的检查后方能确诊。例如包涵体检查、细胞培养、补体结合试验、琼脂扩散试验、各种中和试验、间接血凝试验和皮内变态反应等。近来还利用了荧光抗体技术、酶联免疫吸附试验和麻疹血凝抑制试验等,其结果较为满意。现将我国较常用的两种诊断方法介绍如下。

**1. 牛瘟兔化毒交互免疫试验** 将新鲜的病牛淋巴结和脾脏做成10倍乳剂,以5 mL皮下注射或1 mL静脉注射2~3只健康兔,按种后,每天测温两次,观察有无反应。经10~14 d后,与对照健康兔2只,同时接种小剂量牛瘟兔化毒5~10个最小发病量,如果对照兔发生牛瘟兔化毒典型热反应及病理变化,而试验兔正常,可诊断病牛为牛瘟。该方法简便易行,费用少。

**2. 兔体中和试验** 采取近期病愈牛的血清，用原血清或将其稀释 10～100 倍，加入一定量的冻干牛瘟兔化毒（100 个最小发病量），10 ℃作用 3 h，用 1 mL 接种于健康兔的耳静脉，如果兔不发病，就证明所试血清中有牛瘟抗体存在，可以判定为牛瘟。相反如果兔发病，可判定不是牛瘟。不过应该注意的是，如果该牛以前患过牛瘟或曾进行过牛瘟疫苗预防注射，该方法就不能肯定该牛最近发生的病确实是牛瘟。

（王君伟，姜平）

## 五、牛流行热

牛流行热（Bovine ephemeral fever，BEF）又称三日热或暂时热，是由节肢动物传播的奶牛、黄牛和水牛的一种病毒性急性热性传染病。其临床特征为突发高烧，流泪，泡沫样流涎，鼻漏，呼吸急促，呈明显的腹式呼吸，后肢颤抖僵硬，跛行，全身虚弱并伴有消化机能障碍。本病广泛流行于非洲、亚洲和大洋洲许多国家和地区。我国也有本病的发生和流行，而且分布面较广。

### （一）病原

牛流行热病毒（Bovine ephemeral fever virus，BEFV）为弹状病毒科、暂时热病毒属的成员。病毒粒子呈子弹形或圆锥形，长 160～180 nm，宽 60～90 nm，有囊膜，表面有纤突。基因组为单股负链 RNA，不分节段，全长 14.9nt，由 12 组基因组成，编码 5 种结构蛋白，其中 G 基因编码糖蛋白（G），是病毒的主要免疫原性蛋白，位于病毒粒子囊膜表面，形成突起。目前，只发现 1 个血清型。

本病毒可在 $BHK_{21}$、HmLu-1、Vero、MS（猴肾传代细胞）、HmT（从劳氏肉瘤病毒 Schmidt-Ruppln 株诱变的肿瘤细胞）、地鼠肾和 $BEK_1$（牛胎肾）细胞上增殖并产生细胞病变（CPE），无明显 CPE 时可采用免疫荧光方法检测病毒的存在。用 MS 和 Vero 细胞培养本病毒，于接毒后 2～4 d 可以形成蚀斑。用 $BHK_{21}$ 细胞培养病毒，34 ℃的孵育温度比 37 ℃更利于出现 CPE。

### （二）免疫

本病毒主要感染血管内皮细胞，在牛外周血中产生大量的干扰素，导致广泛性炎症和毒血症。从病愈恢复期的牛血清中均可检出特异性的血清中和抗体。无论是自然感染病牛还是人工实验感染的病牛，在病愈恢复后均能抵抗强毒的攻击而不再发病。

### （三）疫苗

牛流行热灭活苗疫苗灭活疫苗和活疫苗都有报道，它们都存在不同程度的接种反应较重的现象。以纯化的病毒 G、N 蛋白为免疫原的试验结果表明，牛流行热 G 蛋白疫苗的研究具有良好的前景。我国在 20 世纪 80 年代中期前，牛流行热活疫苗、结晶紫灭活疫苗、AEI 灭活疫苗、β-丙内酯灭活疫苗及甲醛溶液灭活疫苗都有研究，但效果都不理想。后来，采用非离子型去污剂 Tritonx-100 裂解牛流行热病毒制备的亚单位疫苗和灭活疫苗试验证明，这两种疫苗安全有效，在生产实际中防控效果显著。

**1. 牛流行热灭活疫苗** 将牛流行热病毒接种 $BHK_{21}$ 细胞培养，取细胞病毒液反复冻融 2 次，病毒含量不少于 $10^6$ $TCID_{50}$/mL。然后按每 100 mL 病毒液加 10%Tritonx-100 溶液（含 10%Tritonx-100，0.2 mol/L 甘氨酸，0.76 mol/L 三羟甲基氨基甲烷）1 mL，在 4 ℃下搅动 1 h 进行灭活。按 100 mL 灭活的病毒液加入 1%硫柳汞溶液 1 mL 混匀。再与等量的白油佐剂混合、乳化，即为油佐剂灭活疫苗。

疫苗应在 2~8 ℃避光保存，有效期为 4 个月，防止高温和日光照射。使用时，颈部皮下注射 2 次，每次 4 mL，间隔 21 d。6 月龄以下的犊牛，注射剂量减半。给妊娠牛注射要注意保护和固定，避免引起机械性流产，接种过程中，应不断振摇疫苗瓶。接种疫苗后，有少数牛于接种部位出现轻度肿胀，3 周后基本消退，还有极少数牛有一过性热反应。

**2. 牛流行热亚单位疫苗** 将检验合格的病毒培养液反复冻融两次，然后以 100 000 g 离心 1 h，弃上清液。每 100 mL 病毒液的离心沉淀物加 0.1%的 Tritonx-100 溶液（含 0.5% Triton X-100，0.01 mol/L 甘氨酸和 0.038 mol/L 三羟甲基氨基甲烷）2 mL 进行悬浮。再用功率为 100W 超声波发生器间隔 5 min 处理两次，每次 2 min。经处理的混悬液在 4 ℃下用磁力搅拌器搅动 1 h，再以 100 000 g 的速度离心 1 h，上清液即为病毒裂解的可溶性抗原。用 RPMI1640 营养液将可溶性抗原稀释一定倍数（一般为 20 倍），与等量白油佐剂混合，乳化后即为牛流行热亚单位疫苗。对牛进行 2 次免疫后，血清中和效价应>1∶16。

裂解病毒提取的可溶性抗原，经 SDS-PAGE 电泳和免疫印迹试验结果证明，在可溶性抗原中存在具有免疫活性的 G、N 和 $M_2$ 蛋白。蛋白含量应不低于 3.6 mg/mL。

### （四）诊断制剂

本病实验室诊断方法主要有：病毒分离和鉴定（采病牛急性期血液或血沿管中的白细胞层，脑内接种乳鼠、乳仓鼠）、病毒中和试验、间接免疫荧光技术、阻断 ELISA 和 RT-PCR 等，但商品化诊断试剂很少。

（王君伟，姜平）

## 六、牛副流行性感冒

牛副流行性感冒（Bovine parainfluenza bovum）简称牛副流感或运输热，是由牛副流感病毒 3 型引起的以侵害呼吸器官为主要特征的一种急性接触性呼吸道传染病，以纤维蛋白性肺炎、咳嗽、呼吸困难和体温升高为特点。本病主要发生于很多国家规模化牛场。

### （一）病原

牛副流感病毒 3 型（Bovine parainfluenza virus type 3，BPIV-3）属于副黏病毒科、呼吸道病毒属。病毒粒子直径 120~180 nm，核衣壳呈螺旋对称，有外膜，基因组为单股负链 RNA。血凝素神经氨酸酶（HN）是诱导中和抗体的主要蛋白。本病毒与其他副黏病毒之间都有血清学交叉反应，但与正黏病毒没有共同抗原。

本病毒在犊牛、山羊、水牛、骆驼、马和猪的肾细胞培养物以及 HeLa 和 Hep-2 的细胞培养物中生长良好。病毒分离最常用牛胚肾原代细胞,也可用牛肾、猪肾、猫肾、鸡胚和猴肾细胞等,某些传代细胞系也适用。病毒能凝集人 O 型、豚鼠和鸡的红细胞。其中以豚鼠的红细胞为最敏感,感染的细胞培养物有吸附红细胞现象。红细胞膜常因与病毒之间的膜融合而到导致细胞溶解,产生溶血。

本病毒对外界的抵抗力很弱。对热的稳定性较其他副黏病毒低,感染力在室温中迅速降低,几天后完全丧失,55 ℃经 30 min 被灭活,但对低温抵抗力较强,在 -25 ℃能良好存活。对紫外线、甲醛和乙醚等敏感,肥皂、合成去污剂和氧化剂都可使病毒灭活。20%乙醚 4 ℃处理 16 h 可使病毒完全灭活。

### (二) 免疫

母牛获得的抗病毒免疫力可通过泌乳传递给犊牛,犊牛经吸吮初乳后血液中抗体水平与母牛相同或大于母牛的抗体水平。这种母源性抗体使犊牛在某种程序上获得了一定保护,但母源抗体对于犊牛的免疫又有一定干扰作用,使犊牛免疫效果不佳。当犊牛感染副流感病毒时可产生良好的主动免疫。鼻内感染,鼻分泌物中可以检测出分泌型 IgA,而在血清中则可检出 IgM 和 IgG 抗体。研究者则认为呼吸道分泌物中的整个抗体活性即分泌型 IgA,在提供给动物的保护作用时起重要作用。

### (三) 疫苗

国内尚没有商品化牛副流感疫苗。国外有牛副流感、传染性鼻气管炎、黏膜病和巴氏杆菌病的多联疫苗。美国有牛副流感 3 型活疫苗,该疫苗系副流感病毒 3 型经细胞培养制成的疫苗,每头份病毒含量为 $10^{2.5}$ TCID$_{50}$。该疫苗被证明安全,且具有良好的免疫原性,牛免疫后 2～4 周,血清中和抗体达 1∶40 以上。牛副流感 3 型活疫苗与传染性牛鼻气管炎病毒和牛腺病毒联苗经鼻内接种免疫犊牛,安全有效。

此外,国内外对该病新型疫苗做了很多研究,如基因工程亚单位疫苗、病毒活载体疫苗和核酸疫苗等,具有较好应用前景。

### (四) 诊断制剂

本病实验室诊断方法主要有:病毒分离和鉴定、病毒中和试验、免疫荧光技术、ELISA、血凝抑制试验、血细胞吸附抑制试验和 RT-PCR 等,但尚无商品化诊断试剂。

(王君伟,姜平)

## 七、小反刍兽疫

小反刍兽疫(Peste des petits ruminants,PPR)是一种严重的烈性、接触性传染病,主要感染包括野生动物在内的小反刍动物,山羊高度易感,以动物突然发热、眼鼻排出分泌物、口腔溃疡、呼吸失调、咳嗽、恶臭的腹泻和死亡为特征。本病流行于非洲和亚洲很多国家。2007 年在我国的西藏地区、尼泊尔、塔吉克斯坦暴发本病。2010 年 5 月我国西藏地区再次发生本病疫情,并得到有效控制。本病是 FAO/OIE 规定的 A 类烈性传染病,我国将其归为一类动物疫病。

(一) 病原

小反刍兽疫病毒 (Peste des petits ruminants virus, PPRV) 属于副黏病毒科、麻疹病毒属成员，同属的其他成员还有牛瘟病毒、犬瘟热病毒、海豹瘟病毒等。病毒粒子呈多形性，多为圆形或椭圆形，直径为 130～390 nm，有囊膜，囊膜上有 8～15 nm 的纤突，纤突只含血凝素而无神经氨酸酶，但同时具有神经氨酸酶和血凝素活性。基因组为单股负链无节段 RNA，编码 6 种结构蛋白和 2 种非结构蛋白。融合蛋白 (F) 和血凝素蛋白 (H) 在诱导宿主产生抗体过程中起非常重要的作用，而且中和抗体都是针对 H 产生的。核衣壳蛋白 (N) 拥有比较好的免疫原性，虽然其抗体不能抵抗病毒，但可以用于诊断。

本病毒可在山羊和绵羊胚胎肾、犊牛肾、猴肾和人羊膜原代细胞，以及 MDKBC、$BHK_{21}$、Vero 和 BSL-21 等传代细胞系中培养增殖，出现多核巨细胞病变，在核内或胞浆内形成嗜酸性包涵体。

本病毒对乙醚和氯仿敏感，pH 6.7～9.5 之间稳定，pH 3.0 条件下 3 h 被灭活，病毒在 37 ℃的半衰期约为 2 h，50 ℃ 30 min 可被杀死，4 ℃则可保存 12 h。

(二) 免疫与疫苗

耐过本病的绵羊和山羊会产生对该病的主动免疫性，抗体可以维持 4 年以上。通过免疫，西非国家已成功控制了本病发生和流行。

目前，本病疫苗主要是以 PPR Nigeria 75/1 和 Sungri/96 弱毒疫苗株生产的活疫苗，Nigeria 75/1 弱毒株活疫苗早在 1977 年已经获得 OIE 的认可。该疫苗无副作用，能交叉保护各个群毒株的攻击感染，但热稳定性差，不利于保存和运输。其他实验室研制的疫苗有：感染山羊组织灭活疫苗、PRRV H 或 F 重组蛋白亚单位疫苗、重组 H、F 和 N 蛋白复合体疫苗、F 和 H 及 F+H 双基因 DNA 疫苗、PRRV 糖蛋白-牛瘟病毒活疫苗、PRRV F 基因羊痘病毒活载体疫苗等，也有研究用牛瘟病毒弱毒疫苗来预防小反刍兽疫。这里仅介绍小反刍兽疫活疫苗制造方法和质量标准。

[毒种] Nigeria 75/1 株，1975 年在尼日利亚分离得到，经 VERO 细胞培养盲传致弱，克隆 94 代，由中国兽医药品监察所制备，-70 ℃保存。

[制造要点] 将疫苗种毒与 Vero 细胞培养液混合，使每个细胞至少含有 $0.01 TCID_{50}$ 的病毒。37 ℃下培养观察，当细胞出现 40%～50% CPE 时，开始收毒。病毒悬浮液储存于 -70 ℃。后间隔两天收毒一次，直到 CPE 达到 70%～80%。最后冻结培养瓶。收获所有病毒悬液冻融两次即为病毒抗原。冻干保护剂由 2.5% 乳白蛋白、5% 蔗糖和 1% 谷氨酸钠组成 (pH 7.2)。将病毒液与冻干保护剂等体积混合均匀，分装冻干。

[质量标准] 除按一般规定进行检验外，还应进行如下检验：

(1) 安全检验：产品的非特异性毒性可用啮齿动物进行检验。将 5 瓶疫苗溶解混合。取 6 只豚鼠 (体重 200～250 g)，2 只后肢肌肉注射疫苗 (0.5 mL/只)，2 只腹腔注射疫苗 (0.5 mL/只)，剩余两只不注射作为对照。10 只未断奶小鼠 (17～22 g，瑞士系)，2 只腹腔注射疫苗 (0.1 mL/只)，剩余 4 只不注射作为对照。隔离饲养，观察 3 周，如果一只豚鼠或 2 只小鼠死亡，试验必须重做。死亡的动物应剖解查明死亡原因。3 周后，扑杀所有动物做剖解检查，记录结果。在观察期内至少 80% 的动物仍健康存活，剖解未发现明显损害则认为疫苗安全性合格。

(2) 效力检验：用生理盐水分别配制每毫升含 100 个剂量（约 5 瓶混合）和 0.1 个剂量的疫苗溶液。大约 1 岁的山羊和绵羊各 6 头，经检验无牛瘟或 PPR 抗体。两头山羊和两头绵羊用每头 100 个剂量经皮下接种，两头山羊和两头绵羊用每头 0.1 个剂量经皮下接种，剩余动物作对照。隔离饲养，观察 3 周，每天测温并记录。3 周后采血并分离血清。将 PPRV 强毒株用无菌生理盐水稀释到每毫升含 $10^3$ 个山羊半数感染量（$ID_{50}$）。然后所有动物用该病毒悬液皮下注射攻毒 1 mL/只。每天观察并记录体温两周。如果免疫接种动物能抵抗攻毒感染，并且至少一半对照动物出现 PPR 临床症状，则可认为该疫苗符合要求。如果接种动物对攻毒感染有反应则该批疫苗应报废。接种后第 3 周采集血清样品，血清中和抗体效价达 1∶10 以上。任何一个对照动物出现阳性，需用另一批次病毒重做。

### (三) 诊断制剂

本病实验室诊断方法主要有病毒分离和鉴定、琼脂扩散试验、免疫捕获酶联免疫吸附试验、病毒中和试验、免疫荧光技术、ELISA、血凝抑制试验、血细胞吸附抑制试验和 RT-PCR 等。

**1. 琼脂凝胶免疫扩散抗原**　本病毒标准 AGID 抗原是由肠系膜或支气管淋巴结、脾或肺组织材料加缓冲盐水研磨制成 1/3 悬浊液，以 500 g 离心 10~20 min，收集上清液分装储存在 −20 ℃下，此抗原可以保持 1~3 年。对照抗原是用正常组织以同样方法制备。标准抗血清的制备是以每毫升含病毒滴度 $10^4 TCID_{50}$ 的 PPR 病毒 5 mL 高免绵羊，每周注射一次，共 4 周。最后一次注射后 5~7 d 放血。用标准牛瘟高免抗血清检测 PPR 抗原同样有效。

**2. RT-PCR**　根据编码 N 蛋白的 3′末端基因序列设计一对引物，应用 RT-PCR 方法，特异性扩增一个 300 bp 的片段。用限制性内切酶（$Rsa\,I$）消化基因片段或用非放射性寡核苷酸探针杂交技术验证扩增片段的特异性。PCR 技术敏感、快速，包括 RNA 的提取在内 5 h 可以获得结果。OIE 设在法国的参考实验室，可对该技术的应用提供咨询。我国外来动物疫病诊断中心建立了该病毒一步法实时定量 RT-PCR 检测方法，能够特异、敏感、快速的诊断出小反刍兽疫。

（王君伟，姜平）

## 八、羊传染性脓疱皮炎

羊传染性脓疱皮炎（Infectious ecthyma）俗称羊口疮，是绵羊、山羊以及松鼠、驯鹿等多种野生动物、反刍动物和人的一种急性、高度接触传染性、嗜上皮性的人兽共患传染病。该病主要引起感染部位皮肤和黏膜的增生性病变，以在口腔黏膜、唇、舌、鼻、乳房、四肢等部位形成丘疹、水疱、脓疱和疣状痂皮为临床特征，体温正常或稍有升高。自 1923 年 Aynaud 首次证实本病病原为病毒以来，世界各养羊国家和地区都有本病发生，我国养羊地区也有本病发生。

## (一) 病原

羊口疮病毒（Orfvirus，ORFV）属于痘病毒科、副痘病毒属。病毒粒子主要呈椭圆形的线团样外观，也可见锥形、砖型以及特殊的线团样球形粒子。病毒粒子长220～280 nm，宽140～200 nm，表面呈特征性的编织螺旋结构、绳索样结构相互交叉排列，围绕病毒粒子的长轴做8字形缠绕，但也有呈其他缠绕形式的。另外，病毒粒子外常有囊膜包裹。

本病毒不能在鸡胚绒毛尿囊膜上生长。但可在许多组织培养细胞内增殖，并产生细胞病变。实验室内常常应用胚羊皮肤细胞、羊和牛的原代睾丸细胞和肾细胞、人的原代羊膜细胞和猴肾细胞增殖病毒。鸡和鸭胚成纤维细胞也能支持病毒增殖，但不能在Hela和MKZ细胞系上生长。不同细胞系上细胞病变（CPE）出现的时间和病变程度有很大差异。CPE主要受到接毒量的大小、细胞的类型和密度、毒株及病毒代数等诸多因素的影响。

## (二) 免疫

本病毒具有高度的上皮嗜性，在可再生表皮细胞中复制，并引起局部强烈的炎症反应以及免疫应答反应，但主要以细胞免疫和局部免疫为主，血液中抗体水平低下，用常规方法无法检测。

自然感染的病愈羊具有坚强的免疫力。在本病常发地区可自制疫苗接种，即用自然发病绵羊或山羊，发病后采取痂皮病料，用50%甘油缓冲盐水制成1%病毒液，在健康羊尾根无毛部划痕接种，10 d后产生免疫力，免疫期1年左右。

## (三) 疫苗

本病属温和性传染病，目前，尚未大面积推广使用疫苗。实验室疫苗有活疫苗、灭活疫苗和基因疫苗等。

**1. 羊传染脓疱皮炎细胞活疫苗** 甘肃省畜牧兽医研究所从多株羊传染性脓疱皮炎病毒中选育出1株毒力强、免疫原性良好的HCE毒株，在犊牛睾丸细胞上连续传代致弱，85～95代后，毒力减弱，但保持了原有的免疫原性。回归本动物5代以上不发病，病毒毒价达$10^5 TCID_{50}/mL$以上。用此弱毒株接种于犊牛睾丸细胞单层培养40～69 h，待细胞病变率达75%以上时，收获，冻融2次，加入明胶、蔗糖、脱脂乳作保护剂，冻干制成羊传染性脓疱皮炎弱毒冻干活疫苗，每0.1 mL含毒量达$10^{5.0} TCID_{50}$。适用于各种年龄的绵羊、山羊下唇黏膜划痕接种，每头0.2 mL，亦可于股内侧皮肤划痕接种，21～25 d后用强毒HCE株（$10 TCID_{50}/0.2 mL$）进行攻毒，保护率可达3/4以上，免疫期达3个月。田间大面积使用，保护率可达80%以上。

**2. 羊传染性脓疱病组织毒活毒苗** 选用毒株通过易感山羊体一代，选择有典型病变的羊唇病料作种毒用。制备疫苗时，选3月龄的羔羊4只，接种活毒前，供毒羊首先用灭菌生理盐水冲洗口腔，擦净黏膜，剔除其牙缝间等处黏附的饲草料残渣。将称重的种毒加入适量的灭菌玻璃砂和少量生理盐水，充分研细，用50%的甘油盐水按重量/体积1∶10稀释，在供毒羊的上下唇、舌背、颊部、齿龈等处划痕至轻微出血，用棉签蘸取种毒在划痕处涂擦数次。接种后的供毒羊在第4～6 d出现红斑，丘疹，随后糜烂，形成痂皮等典型病变从第7天开始，对于反应最严重的羊，用蒸馏水充分冲洗口腔污物，打开口腔用灭菌的刀尖剥离舌皮、唇黏膜等病变组织，装入灭菌的青霉素瓶内，取新鲜种毒适量，称重后在灭菌乳钵内加灭菌玻璃砂及少量生理盐水，充分研细，用50%甘油盐水按重量/体积作1：100倍稀释，取上清液装入灭菌的青霉素瓶内，每瓶5 mL，制成的活毒苗在接种前要进行细菌检查。疫苗接种部位是尾根左侧，距肛门2～3 cm处或股内侧无毛处的皮肤，局部用75%酒精消毒，用12号针头作井字形划痕，深度轻量出血为宜，后用棉签蘸取疫苗在划痕部位涂擦1次（0.05～0.1 mL）。免疫保护期约为半年。

（王君伟，姜平）

## 九、蓝舌病

蓝舌病（Blue tongue）是一种侵害反刍动物的非接触传染性疾病。主要感染绵羊，其症状的轻重程度取决于病毒株毒力的强弱、绵羊的品种和该地区的自然环境条件。牛、山羊常为隐性感染或仅表现亚临床变化，发热和白细胞减少。目前，埃塞俄比亚、肯尼亚、乌干达、南非、美国、印度、泰国、巴布亚新几内亚等十几个国家仍有该病发生。我国也有本病存在。

### （一）病原

蓝舌病病毒（Blue tongue virus，BTV）为虫媒病毒，主要由库蠓（$Cuticoides$）传播。已知蓝舌病病毒有23个血清型，属于呼肠孤病毒科、环形病毒属B群（蓝舌病病毒群）。病毒呈圆形颗粒，二十面体对称，直径60～65 nm。病毒体表面有辐射层，由多肽组成，内含核壳体，有32个壳粒；病毒基因组为双股RNA，10个片段。壳体中含有4个主要和三个次要多肽。核心多肽P7为群特异性抗原。VP2蛋白为型特异性抗原，有型抗原决定簇，可用中和试验检出。

本病毒静脉接种10～11日龄鸡胚或接种8日龄鸡胚卵黄囊容易生长，并导致鸡胚死亡，检查时呈樱桃红色，密集出血。本病毒在鸡胚内传1代或数代后，在$BHK_{21}$、Vero和L细胞（黑羊肾细胞）等均可生长，并产生细胞病变（CPE），病毒滴度可达$10^{7.0}TCID_{50}/mL$。羔羊肾细胞不敏感，致细胞病变不广泛。蓝舌病病毒也可以在牛肾细胞上生长，鹿流行性出血热病毒和茨城病病毒不需鸡胚传代适应，即可在$BHK_{21}$和Vero细胞上生长。

### （二）免疫

本病毒感染动物后，可以产生良好免疫反应。实验感染小鼠后，第4天出现IgM；绵羊在接种后第6天，可检出IgG。本病既可产生抗体反应，又具有细胞介导免疫反应。本病毒感染动物后，一般在10～14 d可产生中和抗体，并维持1年以上。无论是蓝舌病病毒接种，还是病毒抗原接种绵羊后，均可产生细胞介导的免疫反应。

### （三）疫苗

目前国外已有弱毒活疫苗和灭活疫苗，并在一定范围内使用。蓝舌病病毒鸡胚弱毒冻干疫苗效果良好。将该疫苗弱毒株用绵羊连续传代，其毒力未见恢复，以强毒攻击具有坚强的免疫力，而且便于保存。蓝舌病双价灭活苗已经试制成功，即以 $BHK_{21}$ 细胞培养病毒，用 0.02% β-丙内酯灭活，可产生免疫中和抗体，其抗体水平很高，至少维持 1 年，再次注苗可诱发第二次免疫反应。本疫苗常用于怀孕母畜和不能应用弱毒疫苗的地区。近年来，本病亚单位疫苗研究也有报道，具有较好应用前景。

### （四）诊断制剂

本病诊断方法较多。群特异性的诊断方法有凝胶琼脂扩散试验、补体结合试验、荧光抗体试验。型特异性的诊断方法有中和试验、空斑抑制试验、单辐射溶血试验及单克隆抗体技术，除中和试验和空斑抑制试验需要由国家指定的兽医机构提供的标准种毒、标准阳性血清外，凝胶琼脂扩散试验和补体结合试验均需由国家指定的生物制品生产厂制备标准的诊断液。我国已有的商品化诊断试剂有蓝舌病病毒核酸荧光 RT-PCR 检测试剂盒、RT-PCR 检测试剂盒、酶联免疫吸附试验抗原、琼脂扩散试验抗原、阳性血清与阴性血清等。

**1. 蓝舌病病毒核酸 RT-PCR 检测试剂盒** 本品系由针对蓝舌病病毒 NS1 基因的一对特异引物，并配以 RNA 提取液 A、RNA 提取液 B、RNA 提取液 C、洗脱液、5×RT 反应液、2×PCR 反应液、反转录酶、用蓝舌病病毒 BTV-5 株制备的阳性对照、阴性对照（DEPC 水）等成分组装制成。PCR 产物置 2%～2.5% 琼脂糖凝胶孔中电泳，当出现约 121bp 的目的条带时，判为阳性，不出现条带时判为阴性。详细见第四章第四节。

**2. 蓝舌病病毒核酸荧光 RT-PCR 检测试剂盒** 本品系由针对蓝舌病病毒 NS1 基因的一对特异引物、一条特异荧光探针，并配以 RNA 提取液 A、RNA 提取液 B、RNA 提取液 C、洗脱液、5×RT 反应液、2×PCR 反应液、反转录酶、用蓝舌病病毒 BTV-5 株制备的阳性对照、阴性对照（DEPC 水）等成分组装制成。用于牛、羊动物血液样品中蓝舌病病毒核酸的检测。PCR 反应管置荧光定量 PCR 仪中扩增，循环参数为：95℃预变性 10 s，95℃变性 5 s，52℃退火 20 s，共 45 个循环。于每一循环退火结束时收集 FAM 荧光信号。结果判定：扩增曲线不呈 S 型或无 Ct 值，则可判为阴性；扩增曲线呈 S 型，Ct 值＜42，则判为阳性；如果 42≤Ct 值＜45，则判为实验灰度区，需重复实验一次，若重复实验结果扩增曲线呈 S 型且 Ct 值＜40，则可判为阳性；否则判为阴性。阳性对照应为阳性，阴性对照应为阴性。

上述 PCR 试剂盒中的 RNA 提取液 A 在 2～8℃下保存，提取液 B、C、洗脱液在常温下保存，有效期为 6 个月。核酸检测盒中的 2×PCR 反应液在 2～8℃下保存，阳性对照在 -70℃以下保存，其他组分在 -20℃以下保存，有效期 6 个月。

（王君伟，姜平）

## 十、马传染性贫血

马传染性贫血（Equine Infectious Anemia，EIA）简称马传贫，是由马传贫病毒所引起马、骡、驴的一种传染病。病的特征为病毒持续性感染、免疫病理反应以及临床反复发作，呈现发热并伴有贫血、出血、黄疸、心脏衰弱、水肿和消瘦等症状。EIA 在世界范围内发生。世界动物卫生组织（OIE）将其列为 B 类动物疫病，我国将其列为二类动物疫病。

## (一)病原

马传贫病毒(equine infectious anemia virus,EIAV)属反转录病毒科、慢病毒属。病毒粒子呈球形,有囊膜,直径为90～120 nm,囊膜厚约9 nm,囊膜外有小的表面纤突。病毒粒子中心有一直径为40～600 nm的类核体,呈锥形。EIAV各毒株都有两种抗原,即群特异性抗原和型特异性抗原。群特异性抗原和型特异性抗原为各毒株所共有,存在于病毒衣壳蛋白,是一种可溶性核蛋白抗原,可用补体结合反应和琼脂扩散反应检出。型特异性抗原是各型毒株之间不同的抗原,存在于病毒粒子的表面,可用中和反应检出。本病毒至少有8个血清型。病毒在持续感染期间,随着病马连续发热,体内的病毒抗原会发生变异,称之为抗原漂移。

EIAV只能在马属动物的白细胞、骨髓细胞以及马或驴胎组织,如脾、肺、肾、皮肤、胸腺的继代细胞培养物内增殖。

EIAV对外界抵抗力较强。对温热的抵抗力较弱,煮沸立即死亡;血清中的病毒经56～60 ℃ 1 h可完全灭活。在0～2 ℃可保持毒力6个月至2年;日光照射1～4 h死亡;2%～4%氢氧化钠或热福尔马林5～10 min能杀死病毒。

## (二)免疫

耐过马匹有抗感染的能力,并有沉淀抗体、中和抗体、补体结合抗体和HI抗体,证明本病存在体液免疫。本病毒囊膜糖蛋白(gp90和gp45)及主要内在蛋白(p26、p15、p11和p9)是动物持续感染期间主要免疫原。P26是病毒粒子内最丰富的蛋白,但其抗体水平比gp90和gp45抗体水平低10～100倍。这些蛋白的中和抗体能够中和疾病初期分离的病毒,但不能中和疾病后期分离的病毒,其原因是:EIAV急性感染期,囊膜糖蛋白会发生连续变异,从而能够逐渐抵抗血清抗体中和作用,中和抗体反而会成为促进变异的选择压力。因此,中和抗体对终止急性发作没有作用。

本病毒也有细胞免疫特性。急性病毒血症的清除与CTL有关,但是CTL亦与病毒免疫逃逸有关,而且高亲和力CTL可能比低亲和力CTL发挥更大病毒选择压力作用。在随后的感染中,动物形成大量的$CD4^+$和$CD8^+$记忆细胞CTL,可以识别病毒抗原。$CD8^+$CTL识别和溶解提呈Gag和Env表位的靶蛋白,而$CD4^+$CTL只溶解Env特异的靶细胞。

## (三)疫苗

20世纪20～60年代,先后研制50多种灭活苗或弱毒苗,但均未成功。1970年日本学者用马白细胞培养法继代并用终点稀释法选育弱毒株,证实对同株强毒有免疫力。1976年,哈尔滨兽医研究所利用经典的异体传代和细胞工程方法,将一株来源于马体的马传染性贫血病毒超强毒力毒株LN经过驴体连续传116代,获得驴强毒株DV(对马和驴均100%致死),然后将DV株连续通过驴白细胞进行体外培养驯化,使得病毒毒力完全丧失,但保持了良好的免疫原性,首次培育成功马传染性贫血病毒驴白细胞弱毒疫苗株。

**1. 马传贫驴白细胞弱毒疫苗**

[毒种] 为马传贫驴白细胞弱毒,由中国农科院哈尔滨兽医研究所保管供给。毒种必须符合以下条件:毒种病毒液含毒量对培养的驴白细胞$\geq 10^6$ $TCID_{50}$/mL;病毒液对驴最小感

染量与免疫量≤$10^{-5}$/mL；病毒液对标准琼脂扩散试验、补体结合试验的阳性血清必须有抗原性，其补体结合试验抗原效价应在≥1∶3.0；接种在健康马、驴不出现传贫症状和不引起死亡，但具有血清学反应。

[制造要点] 驴白细胞培养：动物选择，供提取驴白细胞的驴为2～5岁无马传贫感染的健康者。无菌采取血浆并分离出白细胞，加赛氏（Seligmarls）液与牛血清混合的营养液培养48 h。接毒按3%量接种毒后，继续培养。收获病毒在培养5～7 d进行，收毒冻融二次。

[质量标准] 疫苗需无菌；补体结合试验效价不低于2.0以上者；在驴白细胞做毒力测定不低于$10^5$ TCID$_{50}$/mL；原苗5 mL皮下注射健康马，观察3个月，每天测温两次，每20 d进行补体结合反应检验，需无传贫症状；血清阳性率需达2/3～3/4，可判为合格。

[保存与使用] 液体苗在－20 ℃以下，可保存1年，在0～4 ℃可保存7日。冻干苗在－20 ℃以下，可保存2年，在0～4 ℃可保存6个月。马、驴、骡不分品种、年龄、性别，一律皮下注射10倍稀释的疫苗2 mL。注射苗后马需3个月、驴需2个月才能产生免疫力，免疫期为2年。

注意事项：① 极少数牲畜注射疫苗后，可产生过敏反应，出现头肿、嘴肿、流涎、疝痛及轻度发热等症状，一般不需治疗，重者可注射肾上腺素。② 对体质弱或患病马匹不予接种。③ 本疫苗对新疫区、老疫区、清净区都可使用，其效果可靠、安全。

**2. 马传贫驴体反应疫苗** 是用驴白细胞培养的弱毒株接种于驴体内一代，再用感染驴的血液制成疫苗。质量标准与马传贫驴白细胞弱毒疫苗相同。本疫苗适合新、老疫场及清净区马、驴、骡使用。一般都是在每年蚊虫活动季节前3个月（即早春）做传贫预防接种；疫苗注射后，马需经过3个月，驴需2个月才能产生免疫力，免疫期为1年以上。每年接种1次，一般连续3年即可控制传贫的发生和流行。

### （四）诊断制剂

本病实验室诊断主要是检测血清抗体，检测方法包括琼脂扩散试验（AGID）、补体结合试验（CF）、补体结合抑制试验（CFI）、病毒中和试验（VN）、免疫荧光技术（IFA）和ELISA等，其中，琼脂扩散试验是国际上检测EIA的标准方法。我国也建立了检测马传贫病毒抗体的AGID和ELISA诊断方法。AGID特异性强，操作简单、容易掌握、检出率最高，适合大面积检疫，是国际上检测EIA的标准方法，但是琼脂扩散反应不能区别出是人工免疫后感染还是自然感染，需要通过酶标斑点试验进行进一步验证。ELISA试验敏感、特异性强、快速、简便，且能用于大批血清样品的检验。美国农业部已批准了两种诊断ELISA方法，一种是检测p26抗体的竞争ELISA法，另一种是以合成肽抗原检测抗跨膜蛋白抗体的ELISA法。2008年北京奥运会马术比赛，首次采用我国自主研制的试剂检疫本病。

**1. 马传贫琼脂扩散试验抗原、阳性血清与阴性血清** 抗原系用马传染性贫血病毒弱毒株接种驴胎皮肤细胞培养，收获病毒培养物，离心，乙醚处理，经冷冻真空干燥制成。阴性血清系用健康马采血，分离血清，经冷冻真空干燥制成。

[制造要点] 将6个月龄左右驴胎肺、胸腺、皮肤等组织制成二倍体细胞，换入等量维持液后，按2%～5%接种种毒。种毒为抗原性良好的马传贫病毒驴胎肺、真皮、胸腺二倍

体细胞适应株，制成1.5%沉淀物，免疫扩散试验检测，扩散环直径应在10 mm以上。培养10～15 d收毒。调pH至5.0，于4 ℃透析15 h，离心，弃上清，沉渣以pH 8.6硼酸缓冲液稀释，再加乙醚研磨，待乙醚挥发后重复一次处理之后即为抗原。

[质量标准] 用含8个单位标准阳性血清，配制成含1%标准阳性血清、1%琼脂的平板，打孔、加样，经过反应后出现沉淀环者即为合格。

[保存与使用] 2～8 ℃保存，抗原、阳性血清和阴性血清有效期均为12个月。-20 ℃以下保存，抗原有效期为18个月，阳性与阴性血清均为24个月。使用时，采用PBS制成1%琼脂糖平板，抗原和阳性血清的滴加量以孔满为度，置于37 ℃ 48～72 h，抗原和马传贫有明显沉淀线为阳性。

**2. 马传贫补体结合试验抗原** 我国在补体结合试验抗原的制备上，有独到特点。应用驴白细胞，或驴胎肺、骨髓传代细胞生产抗原；把小牛血清改为大牛血清；把乙醚处理病毒培养物改为吐温-80和乙醚等量联合处理，可大大增加抗原生产量。

[毒种] 应符合以下条件：① 在驴白细胞上生长良好；② 接毒白细胞与不接毒白细胞差异明显；③ 补体结合试验效价在1:5以上；

[制造要点] 选用健康驴和5岁以上健康牛。无菌常规采取驴白细胞，按前述方法培养，并按2%加毒，当细胞90%左右脱落时即可收获；经过反复冻融离心，按2%加吐温-80，混合后加等量乙醚，再进行脱毒即可成为所制取抗原。

[效价检验] 用标准阳性血清与阴性血情做半微量补体稀释法补体结合反应检验，对同批次对应的接毒细胞抗原（V）、对照抗原（C）进行效价检验，对接毒抗原与不接毒对照抗原不溶血程度总差异值应在5.0以上，并且非特异性检验组及抗原对照组的V、C不溶血程度总差异值为0时，此抗原为合格抗原。

[保存与使用] -20 ℃保存，有效期1年；2～5 ℃保存，有效期30 d；15～18 ℃保存，有效期15 d。冻干抗原于室温可保存2个月。冻干抗原使用时，用无离子水稀释。补体结合试验采用半微量法。

**3. ELISA抗原**

[毒种] 马传贫驴白细胞弱毒疫苗种毒。

[制造要点] ① 取妊娠3～5个月驴胎肺、皮或胸腺，按常规法剪碎、洗涤、消化、过滤，收集细胞加适量生长液制成30万～40万/mL细胞悬液，分装于培养瓶，装量为容积的1/10，置37 ℃经4～7 d可长成单层，供分散传代、冻存。② 细胞经2～4 d培养形成单层后，弃去旧培养液，按培养液体积的3%～5%接种种毒液，于室温感作20～30 min，加入含有5%～10%牛血清的新生长液，继续培养，如pH下降变黄，可加适量5.6%碳酸氢钠溶液调pH至7.2～7.4，培养10～15 d收毒。肺细胞无明显变化；皮肤、胸腺细胞7～9 d，显微镜下可见到细胞圆缩、壁变厚、脱落等病变。③ 细胞有75%左右出现病变时即可收获，置-20 ℃冻结保存。④ 经冻融处理后，进行蛋白定量，分装小瓶置-20 ℃备用。⑤ 抗原活性测定用标准阴、阳性血清及合格的酶标记抗体进行，将抗原稀释1:20包被40孔聚苯乙烯微量板，血清稀释不同倍数，酶标记抗体使用1:1 000稀释液。如标准阳性血清的ELISA终点滴度不低于1:1 024倍，则抗原认为合格。本品在-20 ℃保存，有效期1年。

（王君伟，姜平）

## 第三节 寄生虫类制品

### 一、牛伊氏锥虫病

伊氏锥虫病（Trypanosomiasis evansi）又称苏拉病，是由吸血昆虫传播的马、牛、骆驼等家畜的一种原虫病，马属动物发病后常呈急性经过，死亡率高。黄牛、水牛、骆驼感染后，虽也有急性经过而死亡的病例，但多数是慢性经过，呈带虫现象。本病分布于较广，世界许多国家都有发生，我国西北和长江以南大多数省区都有分布。

#### （一）病原

伊氏锥虫（Trypanosoma evansi）为单形型锥虫，呈卷曲的柳叶状，大小为 18～34 $\mu m \times 1$～2 $\mu m$，虫体前端尖锐，后端稍钝，核椭圆形位于虫体中央，后端有小点状的动基体及生毛体，二者很靠近，由生毛体发出的鞭毛沿虫体表面螺旋式向前延伸为游离鞭毛，鞭毛与虫体之间有发达的波动膜相连，宽而多皱曲。胞质内有少量空泡或染色颗粒。虫体寄生于宿主的造血脏器和血液（包括淋巴液）内，以纵分裂法进行繁殖，并随血液进入各种组织器官，疾病后期还能侵入脑脊液中。由吸血昆虫虻、螫蝇和虱蝇传播，但虫体在其体内并不能发育繁殖。

#### （二）免疫和疫苗

伊氏锥虫感染动物可诱导明显而持久的特异性免疫应答，血清抗体是其主要免疫因素。锥虫在感染动物后可不断的改变其表面变异糖蛋白而产生抗原变异现象。牛感染伊氏锥虫后很快产生虫血症，此时机体产生的抗体协同免疫细胞可将绝大部分虫体杀死，虫血症水平急剧下降，其中一小部分虫体由于改变了表面抗原结构，原先产生的特异性抗体对这种发生变异的虫体失去活性，于是这一部分变异的虫体再度迅速繁殖，产生第二次虫血症高峰，与此同时，变异虫体产生特异性抗体又将其大部分虫体杀死，而其中又有一小部分虫体发生变异，逃避了抗体作用，再次产生虫血症，如此反复，使宿主长期呈现带虫现象，且这些变异抗原不呈现交叉反应。另外，锥虫感染可产生对宿主的免疫抑制。伊氏锥虫在宿主体内可分泌多种免疫抑制因子直接抑制宿主的免疫应答，其中有一种为有丝分裂原，这种物质可刺激宿主产生大量的非特异性 IgM，在降低特异性 IgG 产生的同时，使宿主的免疫系统逐渐衰竭。伊氏锥虫感染宿主，刺激宿主产生大量的抑制性 T 淋巴细胞，从而引起免疫抑制。所以关于伊氏锥虫病的免疫防控至今未有任何突破，国内外均无成功的疫苗用于伊氏锥虫病的主动免疫防控。国内刘俊华等（1990）报道应用多因素（放线菌素 D、$^{60}Co$、$\gamma$ 射线、低浓度抗锥虫药物、抗锥虫高免血清及 Poly I：C 交互作用）致弱伊氏锥虫，制成致弱虫苗，免疫小鼠、豚鼠、马、骡，对同株锥虫的攻击有较强的保护力，但仍克服不了锥虫虫株间的差异问题。

#### （三）诊断制剂

与疫苗相比，伊氏锥虫病的免疫血清学诊断技术进展较快，目前已建立很多血清学诊断技术用于伊氏锥虫病的临床诊断，如间接血凝试验、琼脂扩散试验、对流免疫电泳、补体结合试验、酶联免疫吸附试验及 PAPS 免疫微球凝集试验，这些技术主要用于感染动物血清中特异性抗体的检测，伊氏锥虫单克隆抗体的问世进一步提高了血清学技术的特异性、稳定性及灵敏度。牛伊氏锥虫病间接血凝试验抗原致敏红细胞制备方法如下：

〔虫种〕 由流行区采得伊氏锥虫虫株，小鼠或豚鼠传代保种，或体外培养虫体，液氮保存备用。

〔制造要点〕
(1) 抗原制备：用小鼠保种的虫体或液氮保存的体外无细胞培养虫体复苏后接种小鼠，见到虫体后，尾尖采血接种去脾犬，待镜检每视野有 100 个虫体以上时，颈动脉放血以 1：2 比例加入抗凝剂，消毒纱布（两层）过滤，离心沉淀收集纯净虫体，或用 DEAE 纤维素层吸柱收集纯净虫体，以 PBS 液配成 10% 锥虫悬液，冷冻保存。冷冻的锥虫悬液，反复冻融数次，超声裂解处理，高速离心，其上清液即为抗原，致敏时，以 PBS 液稀释成所需浓度。

(2) 致敏红细胞制备：抽取绵羊静脉血液，脱纤，无菌生理盐水数次离心洗涤，记录红细胞压积，用 PBS 液配成 5% 悬液。以 2% 丙酮醛 PBS 液醛化，1/2 万鞣酸生理盐水处理，再以 2% 戊二醛 PBS 液醛化，其间均要离心洗涤数次。然后用所需浓度的抗原液稀释红细胞沉积成 5% 悬液，37℃水浴致敏，离心洗涤，以含 0.5%～1% 灭活健兔血清 PBS 液配成 2% 悬液，加入叠氮钠，即成致敏红细胞。同时同法制作一批等量的不用抗原致敏的非致敏红细胞，作对照用。进行凝集价检测。

〔质量标准〕 从冰箱保存的诊断液，取出充分振动摇匀，呈均匀的血细胞悬液，无颗粒状出现，制备的诊断液用阳性血清测定凝集价，凝集价达 1：640 以上判为合格。

〔保存与使用〕 4℃冰箱中保存，有效期不少于 6 个月，不能冻结。使用前必须充分摇匀，如发现颗粒状则不应使用。用于间接血凝反应测定血清抗体。

（严若峰）

## 二、肝片吸虫病

肝片吸虫病（Fasciolasis hepatica）是家畜最主要的寄生虫病之一，主要危害牛、羊，偶尔感染人。常引起急性或慢性肝炎和胆管炎，并可因虫体毒素而致全身性中毒、贫血和营养障碍，危害相当严重，可致死亡。分布于全世界，我国遍布各地。在不少疫区中，家畜往往同时感染肝片吸虫和伊氏锥虫，因而给畜牧业经济带来很大的损失。

### (一) 病原

病原体肝片吸虫（*Fasciola hepatica*）寄生于牛、羊肝脏胆管，虫体棕红色，扁平叶状，前端有个锥状突，突起后面为"肩"部，肩部以后逐渐变窄。口吸盘位于头锥的前端，稍后方为腹吸盘，两者之间有生殖孔。虫体长 20～35 mm，宽 5～13 mm。肠管有许多分支。雌雄同体，睾丸两个，多分支，前后排列于虫体中后部，卵巢呈鹿角状分支，位于睾丸之前偏右。肝片吸虫的成虫在动物胆管内排出大量虫卵，卵随胆汁进入消化道，随粪便排出体外。卵在适宜条件下孵出毛蚴，毛蚴在中间宿主锥实螺体内进行无性繁殖，逸出尾蚴，在水草或水中形成囊蚴,牛羊吃食后感染,经移行至胆管发育为成虫。虫卵呈长卵形,黄褐色,前端较窄,有一个不明显的卵盖,后端较钝,卵内充满着卵黄细胞和一个胚细胞。

## (二)免疫与疫苗

肝片吸虫感染动物后,可引起机体的体液免疫和细胞免疫,但对其具体的机理研究并不多,只有一些零星的报道:如用肝片吸虫的免疫血清保护宿主,可降低囊蚴的侵袭力。肝片吸虫感染后,有对虫体抗原的被动皮肤过敏反应。IgE的产生和由其引起的过敏反应在控制肝片吸虫感染中有重要作用。抗原刺激机体产生IgE抗体,被IgE致敏的肥大细胞再次接触抗原时,即可引起细胞脱粒,分泌血管活性物质,这些活性物质可刺激平滑肌收缩,血管通透性增加,嗜酸性粒细胞浸润,从而激发局部Ⅰ型过敏反应。由于肠肌的剧烈收缩,血管通透性增加,大量液体进入胆管、肠腔,使肝片吸虫无法定居而被排出体外,此即所谓自愈反应的机理。被动皮肤过敏抗体的效价与虫体排出相一致。免疫学研究结果显示,肝片吸虫分泌排泄抗原、表面抗原及体抗原皆具有一定的保护作用。国内外学者也对相关抗原基因进行了克隆和表达,以期制造出相关的基因工程苗,但目前结果并不理想。

## (三)诊断制剂

目前已有家畜肝片吸虫、血吸虫、锥虫三联诊断试剂盒,其主要成分包括三联对照液、三联致敏液、血吸虫病鉴别液、肝片吸虫病鉴别液、锥虫病鉴别液及稀释血样专用试剂等。

[虫种] 肝片形吸虫、日本分体吸虫和伊氏锥虫。

[制造要点] 在pH 7.2条件下,先用锥虫抗原(35 μg/mL)致敏醛化红细胞,再用日本分体吸虫抗原(20 μg/mL)和肝片形吸虫抗原(26 μg/mL)同时致敏在该醛化红细胞上,制成三种虫的三联致敏液,同时同法制作非致敏的醛化红细胞作为对照液。另外,用日本分体吸虫、肝片形吸虫、锥虫抗原分别致敏三份醛化红细胞,特制成三种虫的相应病的鉴别液。

[保存与使用] 4~8℃条件下保存11个月仍然有效,其血凝价在1:320以上。使用方法:①血清稀释,将被检血清用1%健康兔血清磷酸盐稀释液分别作20倍稀释的3个孔,80倍稀释2个孔;②血纸稀释,将被检血纸1.2 cm$^2$,放入凝集板左侧第1孔,加入200 μL 1%健兔血清磷酸盐稀释液,浸泡20~30 min后,该孔为10倍液,顺次向右在第2孔加50 μL稀释液,并加入10倍稀释的血样50 μL,即成20倍稀释,依次在第3、4、5孔各加20倍液25 μL,第5孔再加75 μL稀释液,混匀即成80倍稀释液,第6孔加80倍稀释25 μL,第5孔留25 μL,弃去50 μL,即成第1孔10倍稀释,第2、3、4孔为20倍稀释,第5、6孔80倍稀释。③用配上4号针头注射器5支分别吸取诊断液于第2、3、4、5、6孔按序滴加三联对照液,三联致敏液,血吸虫病鉴别液,肝片吸虫病鉴别液和锥虫病鉴别液各1滴,摇匀置室温感作1~2 h,待对照孔血细胞全部沉于孔底时判定结果。判定标准:三联法和单项法各孔阴、阳性反应标准相同,若三联致敏孔呈阳性,其他任何一个鉴别孔出现阳性反应时,即可判定为该种病,若三联致敏孔与鉴别孔反应不符合,则判为可疑。

(严若峰)

## 三、日本分体吸虫病

日本分体吸虫病（Schistosomiasis）又称血吸虫病，是由分体科分体属的日本分体吸虫引起的。虫体寄生于人和牛、羊、猪、犬等家畜，以及多种啮齿类动物的门静脉和肠系膜静脉内，系一种危害严重的地方性人畜共患寄生虫病，对家畜可引起不同程度的损害，甚至造成死亡。该病主要流行于亚洲，在我国分布很广，遍及长江沿岸及其以南地区。

### （一）病原

日本分体吸虫（Schistosoma japonicum），为雌雄异体，雄虫粗短，乳白色，长 12～20 mm；雌虫细长，灰褐色，长 15～26 mm；常呈雌雄合抱状态，雌虫经常处于雄虫的抱雌沟内，交配产卵。虫卵椭圆形或接近圆形，大小为 70～100 $\mu m \times$ 50～65 $\mu m$，淡黄色，卵壳较薄，无盖，在卵壳的侧上方有一个小刺。卵内含有一个活的毛蚴。虫体发育需中间宿主钉螺的参与。

### （二）免疫与疫苗

血吸虫感染动物体后可引起机体的体液免疫和细胞免疫。虫体的抗原成分比较复杂，成虫和虫卵均含有特异性抗原成分，亦包括一些非特异性的蛋白质成分等。血吸虫能够将宿主分子结合在其表面，或在体表表达宿主分子，从而减少寄生虫与宿主之间的抗原差异，进而逃避宿主的免疫识别和免疫清除。血吸虫成虫在受到特异性抗体作用时能脱去部分表皮，然后又可修复。血吸虫还可进行正常的皮层转换。尾蚴钻穿皮肤时迅速脱去其表皮的多糖蛋白质复合物，皮肤中的童虫也能脱去表面抗原而保持形态完整。另外实验证明，血吸虫的肺期童虫和培养中的童虫具有抗补体损伤作用。血吸虫分泌的蛋白酶和膜蛋白也具有抗补体作用，这些酶可直接降解补体，同时抑制补体的激活过程。另一方面，自成虫和虫卵提取的某些可溶性抗原物质和抗原抗体复合物能有效地激活补体的经典途径和替代途径，并消耗某些补体成分，以保护血吸虫本身。血吸虫能以抗体的 Fc 片段与补体结合，而使抗体的 Fab 片段游离在其表面，Fab 片段只能在童虫表面吸附很短时间，其水解产物还能抑制巨噬细胞的吞噬作用。

国内外在疫苗方面进行了大量的研究。经历了从死虫苗、活虫苗到目前的基因工程苗和抗 Id 苗的发展过程，但迄今尚无可供免疫防控用的疫苗。

### （三）诊断制剂

血吸虫病可采用免疫血清学诊断技术进行诊断。免疫酶染色法可检测血吸虫抗原，ELISA、单克隆抗体 Dot-ELISA 可用于检测感染动物血清中的特异性抗体。聚醛化聚苯乙烯载体微球（PAPS）凝集试验可用于日本血吸虫病的快速诊断。该方法用于检测病牛血清中的特异性抗体，其特异性和敏感性较高，重复性好，制成的诊断试剂较稳定，在一年内均有效。

**1. PAPS 免疫微球凝集试验诊断液的制备**

（1）可溶性血吸虫成虫抗原的制备：用 2 000 条血吸虫尾蚴感染家兔，感染后 42 d 剖杀冲虫，将虫体冰冻干燥，磨成粉末。虫体干粉按 1:100（$m/V$）加入 0.15 mol/L、pH 7.2 PBS 置于冰箱中浸泡一周，浸泡期间反复冻融 5 次，超声波处理（200 $\mu A$/10 min$\times$2），最后经 15 000 r/min 离心 30 min，上清液即为血吸虫虫体抗原液。可溶性血吸虫虫卵抗原的制备除了将虫卵干粉按 1∶100（$m/V$）加入 0.15 mol/L、pH 7.2 PBS 浸泡 1 周外，其余步骤与成虫抗原的制备方法相同。

（2）PAPS 诊断液的制备：取 5%PAPS 悬液经 4 000 r/min 离心 15 min，弃去上清液，沉淀用 PBS 洗涤一次，然后在沉淀中加入血吸虫抗原溶液（蛋白质浓度为 2～3 mg/mL）打散混匀，置于 37 ℃水浴箱中恒温振荡交联 2 h。经 12 000 r/min 离心 10 min，弃去上清液，沉淀用 PBS 洗涤 2 次，最后用含 0.01%叠氮钠的 PBS 配成 0.5%的悬液即为 PAPS 血吸虫病快速诊断液。

**2. 环卵沉淀反应诊断液的制备**

（1）血吸虫纯卵收集与分离：虫种为日本分体吸虫。人工接种的阳性兔经冲虫后，取肝脏捣碎，加适量生理盐水，以 8 000 r/min 连续捣碎 3 次，经 50～120 目分样筛过滤，滤渣再捣碎，过滤，沉淀，离心分层，直至呈现金黄色纯净虫卵为止，然后用 130～150 目尼龙筛过滤，滤渣即为纯净虫卵。

（2）冰冻干燥虫卵，纯虫卵经 1.5%甲醛溶液作用，自然沉淀，弃上清液，加入蒸馏水浸泡，吸出沉淀的虫卵，置于糊状的乙醇-干冰中（约－70 ℃）速冻，再置于内盛硅胶的抽滤瓶中，于冰浴内进行真空干燥二次，分装安瓿内，真空条件下封口，置于 4～6 ℃干燥保存。

本试验操作时，将受检血清一滴置载玻片上，加冻干血吸虫虫卵 100 个左右，盖上盖玻片封蜡，置 37 ℃温箱中培养 48 h，取出镜检观察。典型的阳性反应为泡状、指状或细长卷曲的带状沉淀物，边缘较整齐，有明显折光，凡虫卵周围出现块状（≥1/8 虫卵面积）或索状（≥1/3 虫卵长径）沉淀物，才定为阳性反应，阳性反应的标本片，应观察 100 个虫卵，计算其沉淀率；阴性者必须看完全片，全片虫卵少于 60 个者应重做。本制剂于 4～6 ℃干燥保存有效期 6 个月以上。

（严若峰）

## 四、棘球蚴病

棘球蚴病（Echinococcosis）又称包虫病，是由细粒棘球绦虫（*Echinococcus granulosus*）的中绦期——棘球蚴寄生于哺乳动物脏器内所引起的疾病。本虫呈全球分布，尤以放牧牛、羊地区为多，其中以绵羊感染率最高。

### （一）病原

棘球蚴（*Echinococcus*）寄生于绵羊、山羊、黄牛、水牛、骆驼、猪、马等家畜以及多种野生动物和人的肝脏、肺脏和其他多种器官，而在绵羊体内最适宜棘球蚴发育。棘球蚴为一种包囊状结构，内含液体。一般近似球形，但常因寄生部位和宿主器官构造的不同而有很大变化，直径 5～10 cm，而小的仅有黄豆大，巨大的囊体直径可达 50 cm，含囊液十余升。囊液为无色或微黄色的透明液体，内含少量蛋白质、脂肪、盐及糖类养分。棘球蚴的囊壁分两层，外为角皮层，内为胚层。胚层向囊内长出许多头节样的幼虫——原头蚴。棘球蚴的成虫为细粒棘球绦虫，其寄生在终末宿主犬、狼、豹等肉食动物的小肠，一般数量很多。含有孕节或虫卵的粪便排出后污染饲料、饮水或牧场，被中间宿主吞入，虫卵内的六钩蚴即在消化道内孵出，钻入肠壁，随血液进入肝脏或其他器官，发育为棘球蚴，棘球蚴进一步发育生出原头蚴而能感染终宿主。

## （二）免疫和疫苗

关于宿主对棘球蚴免疫的研究正如对其他大多数寄生虫免疫的研究一样，进展不大。棘球蚴囊能使棘球蚴逃避牛、羊免疫系统的识别，还能防止抗体及其他效应因子向囊内的渗入，使囊内原头蚴得以生存。棘球蚴的囊液成分具有结合补体活性，从而保护了原头蚴的原头节免受补体介导的溶解作用。

关于疫苗的研究，一是为了控制细粒棘球绦虫对终末宿主犬等肉食动物的感染；二是为了控制棘球蚴对中间宿主绵羊等的感染。1989年，Johnson等报道了第一个非常成功的抗绵羊带绦虫囊尾蚴基因工程疫苗。该疫苗为大肠杆菌表达产物，其基因来源于活化的六钩蚴cDNA文库，免疫保护率达到94％。1996年，Lightowlers等报道了抗细粒棘球蚴基因工程疫苗EG95。该疫苗为六钩蚴抗原，天然抗原分子质量为24.5 ku，cDNA表达产物为153个氨基酸，分子质量16.5 ku，表达系统为大肠杆菌，产物为谷胱甘肽转硫酶融合蛋白。人工感染试验证明，该疫苗对绵羊和山羊的保护率大于95％，对新西兰、澳大利亚、阿根廷和中国细粒棘球绦虫具有同样的保护效果。两次免疫后，免疫保护时间最少可以持续一年以上。该疫苗在体内可诱导补体依赖性溶解活性，使六钩蚴溶解，与体外试验结果一致。该疫苗于1996年初在我国新疆进行了田间试验和区域试验。田间试验动物为4~5月龄羔羊。试验组颈部皮下注射疫苗2次，间隔期为4周。第二次注射后2周和5个月，按每只羊1000个新鲜成熟虫卵经口进行人工攻虫。结果显示：田间试验第二次免疫后2周攻虫，半年后剖检，保护率绵羊为90.5％，山羊为100％。第二次免疫后5个月攻虫，一年后剖检，保护率绵羊为83.9％，山羊为82.6％。绵羊羔羊区域试验结果表明，疫苗保护率为81.3％。注射后3 d内注射部位无红、肿、热、痛表现，但于注射后3 d内普遍体温升高0.5~1 ℃，且行动迟缓，跛行，采食减少，轻度便稀，2~3 d逐渐恢复，未见直接死亡。目前，抗细粒棘球蚴基因工程亚单位疫苗EG95已有商业化生产。

（严若峰）

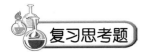
复习思考题

1. 传染性胸膜肺炎的免疫有何特性？目前可供使用的疫苗有哪些？
2. 羊梭菌性疾病灭活疫苗有哪些种类？试述制造要点及其用途。
3. 引起山羊支原体性肺炎的病原有哪几种？如何进行免疫预防？
4. 试述我国马传贫疫苗和诊断制剂的种类、特点及其制造要点。
5. 牛白血病诊断制剂有哪些？有何特点。
6. 牛传染性鼻气管炎和病毒性腹泻/黏膜病的疫苗有哪些？简述其质量标准。
7. 牛流行热和牛副流感有哪些疫苗，简述其制造要点和质量标准。
8. 简述小反刍兽疫、羊传染性脓疱皮炎疫苗的毒种、制造要点和质量标准。
9. 牛羊寄生虫病有哪些诊断制剂和商品化疫苗？它们有哪些特性？

# 第十一章 禽用生物制品

**本章提要** 改革开放以来，我国养禽业一直保持稳步增长，成为世界养禽大国，但也存在多种疫病，从而极大地推动了我国禽用生物制品的发展。本章着重介绍17种禽类疫病的国内外生物制品研制基本概况、制造要点、质量标准和使用方法。3种细菌性疾病中，鸡传染性鼻炎和鸭疫里默杆菌存在多血清型问题，已有多种商品化灭活疫苗，鸡支原体病则以弱毒活疫苗为主。13种病毒性传染病中，新城疫、马立克病、传染性法氏囊病疫苗种类较多，除传统的活疫苗和灭活疫苗外，基因工程疫苗已有商业化生产，如表达禽流感HA基因的重组新城疫病毒灭活疫苗、传染性法氏囊病毒VP2基因工程亚单位疫苗和鸡传染性法氏囊病毒VP2基因重组马立克病活疫苗等。马立克病毒Ⅰ型活疫苗病毒具有严格的细胞结合性，疫苗必须液氮保存。传染性支气管炎、传染性喉气管炎和产蛋下降综合征仍以传统制品为主。为了减少鸡群免疫接种次数，我国研制成功大量多价疫苗。鸭瘟、鸭病毒性肝炎、小鹅瘟和番鸭细小病毒病等水禽类传染病生物制品也逐渐增多，包括活疫苗、灭活疫苗和抗血清等生物类治疗制剂。鸡球虫病疫苗也取得重要研究成果，实现了鸡球虫三价活疫苗和四价活疫苗的商业化生产。本章也介绍了禽类疫病诊断方法及其常用的诊断制剂，包括HA抗原、AGP抗原、荧光抗体、ELISA抗体检测试剂盒和PCR诊断试剂盒等。我国禽用生物制品现状基本代表了我国兽医生物制品学的研究水平。

## 第一节 细菌性生物制品

### 一、鸡支原体病

目前对禽类引起危害的支原体主要有3种：鸡毒支原体、滑液支原体和火鸡支原体。鸡毒支原体病（Avian mycoplasmosis）又称鸡慢性呼吸道病，其特点是病鸡咳嗽、窦部肿胀、流鼻涕和呼吸啰音。有的呈隐性感染，病程较长，在鸡群中长期蔓延。本病存在于世界各国，发病率可高达90%，但死亡率不高。滑液支原体感染又称鸡滑液囊支原体感染，是鸡和火鸡的一种慢性传染病，该病病程长，病鸡表现为精神差、羽毛粗乱、消瘦、喜卧、关节肿大，滑液囊和腱鞘发炎症状明显，严重影响鸡的生产能力，但死亡率低。

#### （一）病原

鸡毒支原体（*Mycoplasma gallisepticum*，MG）呈卵圆形，革兰染色弱阴性，直径约

0.25~0.5 μm。培养时营养要求较高，培养基以肉汤为基础，添加酪蛋白的胰酶水解物、10%酵母溶液、10%葡萄糖和10%~15%鸡、猪或马血清，加入0.25%醋酸铊和1 000 U/mL青霉素则更好。国外常用不含结晶紫的PPLD-肉汤培养基（Difco）为基础，再加入10%~15%灭活猪（马）血清、2.5%（m/V）新酵母提取物、0.1%（m/V）葡萄糖、0.05%（m/V）醋酸铊、1 000U/mL青霉素及0.2%酚红，再加入1%琼脂，则可制成固体培养基。本菌生长缓慢，最适温度为37~38℃，在固体培养基上需3~10 d才能形成菌落，但强毒菌株在1 d内既可形成菌落。菌落直径0.2~0.3 mm，呈光滑、圆整、中心稍有突起。此外，本菌也可在7日龄鸡胚卵黄囊繁殖，接种后5~7 d胚体死亡，表现发育不良、全身水肿、肝坏死和脾肿大。在接种胚死亡之前，卵黄与绒毛膜中支原体含量最高。MG能分解葡萄糖、麦芽糖、甘露醇及果糖产酸不产气，不分解乳糖和杨苷。能溶解马红细胞，凝集禽类红细胞。MG抵抗力不强，一般消毒药物均能迅速杀死，冻干后低温条件下能长期保存，冷冻（-20℃）保存不超过数天。常用的弱毒疫苗菌株为MG-F株（自然弱毒株，中等毒力，对火鸡有很强的毒力）、6/58株（中等毒力）及ts-11（温度敏感突变株）等。R株已被广泛用于菌苗生产，并作为一个致病菌株用于MG的攻毒试验。A5969株为生产各种MG抗原的标准菌株。MG-65株则可用于制备MG阳性血清。

滑液支原体（*Mycoplasma synoviae*，MS）呈多形态的球形体（直径0.2~0.4 μm）比鸡毒支原体小。只有一个血清型，不同菌株的致病力有差异。MS发酵葡萄糖，不水解精氨酸，不利用尿素。人工培养时，MS的营养要求比MG高。首次培养，培养基内需加入烟酰胺腺嘌呤二核苷酸（辅酶Ⅰ、NAD），传代后可以由烟酰胺代替，另外还需加入牛或猪的血清，以猪的血清尤好，用鸡血清则不能成功培养。最适温度为37℃。初次分离时，由于组织抗原、抗体和毒素的存在一般需在24 h后继代移植1次，转移至Frey培养基上培养3~7 d后，可见生长。用30倍显微镜观察，可见圆形、隆起的、略似花格状、有或无中心的菌落，直径为1~3 mm。MS在5~7日龄鸡胚卵黄囊中和鸡的气管培养物上生长良好。

## （二）免疫

鸡感染MG后可产生特异性抗体，并可用快速血清凝集试验（RSA）和血凝抑制（HI）试验加以检测，但这些血清学试验都缺乏特异性和敏感性。它们更适于鸡群的普查，而不是个体检查。成年鸡感染MG后第2~3天，即出现血清试管凝集抗体，第4~6天抗体滴度达1∶25以上，第25天达1∶520，以后逐渐下降；接种后第9~10天出现HI抗体，抗体效价1∶10，至第20天，HI抗体效价达1∶400，并维持20 d。第45天抗体开始下降，第330天后降至1∶40以下。

## （三）疫苗

国际支原体组织（1986—1988）认为本病疫苗的发展应以弱毒疫苗为主。鸡毒支原体F株毒力低，免疫效果好；疫苗制造简便。鸡点眼免疫后35 d保护率达85%以上，免疫期7.5个月以上。

**1. 鸡毒支原体F株活疫苗**

［菌种］ 鸡毒支原体F株。

〔制造要点〕 按种子液 5%（V/V）量接种于肉汤培养基中，37 ℃培养 24 h，活菌数达 $10^8 \sim 10^9$/mL 或菌体压积达 1%（V/V）时收获，加入保护剂分装冻干。

〔质量标准〕 除按兽医生物制品检验的一般规定进行检验外，还需要进行如下检验：

(1) 菌数检验：按瓶签注明的羽份加 CM2 培养基稀释，以每毫升颜色变化单位（CCU）计数，其活细菌数应 $\geqslant 10^8$ CCU/mL。

(2) 安全检验：用 20 只 10～20 日龄敏感鸡，以 10 倍免疫剂量点眼免疫，另 10 只鸡做对照，观察 10 d。无临床症状、无气囊病变者判为合格。如不合格，可重检一次。

(3) 效力检验：用 40 只 2～3 周龄敏感鸡，点眼免疫后 2～3 周，用 0.1 mL 强毒株 24 h 培养物攻击，观察 7～14 d 后剖检，80% 以上免疫鸡无气囊病变者为合格。

〔保存和使用〕 −20 ℃保存，有效期 1 年。用于预防鸡毒支原体引起的慢性呼吸道疾病。1 日龄鸡免疫，免疫期为 9 个月。

**2. 鸡毒支原体灭活疫苗**

〔菌种〕 用强毒菌株或弱毒菌株，但一般以前者为佳。标准为：①应符合鸡支原体的形态及生化反应特性；在含 10%～20% 马（猪）血清的牛心汤培养基培养 48～72 h，呈均匀浑浊生长，在固体培养基上长成荷包蛋状菌落，对健康鸡红细胞液（10%～25%）有良好的吸附作用。②菌种培养物与鸡毒支原体抗血清进行代谢抑制试验，应出现特异性代谢抑制作用。或者以离心沉淀菌体，做玻片凝集检查，应与特异性血清呈良好的凝集反应，而与阴性血清及 PBS 不发生凝集。③免疫原性：用 20 只 2～3 周龄易感鸡，肌肉或皮下注射灭活菌 0.5 mL/只，2～3 周后连同 20 只同龄同源易感鸡用 MG 强毒株 24 h 培养物攻毒（0.1 mL/只，接种于后胸气囊），7～10 d 后剖检，免疫组 80% 鸡应无气囊病变；或者免疫后以强毒培养物经眶下窦接种 0.1 mL/只进行攻击，7～14 d 后免疫组鸡应无流鼻涕等症状。④经纯粹检查合格。⑤于 4～10 ℃保存，每 7～10 d 传代 1 次；−20 ℃保存时，每隔 20 d 传代 1 次。

〔制造要点〕 ①培养基配制：A 液：不含结晶紫的 PPLD 肉汤培养基（DIFCO）14.7 g，蒸馏水 700 mL，121 ℃经 15 min；B 液：猪血液（56 ℃经 30 min）150 mL，新酵母提取物（25%，m/V）100 mL，葡萄糖溶液（10%，m/V）10 mL，青霉素（20 000 U/mL）5 mL，酚红液（0.1%，m/V）20 mL。使用时将 A 和 B 液混匀即可。或用含 10% 猪血清的牛心汤。②将种子液按 5%（V/V）接种培养基，37 ℃培养 24 h。③浓缩菌液。④灭活：用 β-丙酯或甲醛。⑤乳化：用矿物油加入适量乳化剂，制成油包水型。

〔质量标准〕 除按一般规定检验外，尚需作如下检验。

(1) 安全检验：用 20 只 2～3 周龄易感鸡，肌肉或皮下注射灭活菌 1 mL/只，另 10 只作对照，观察 10 d。无临床症状和无气囊病变判为合格。如不合格，可重检一次。

(2) 效力检验：用 40 只 2～3 周龄易感鸡，分成两组，试验组 20 只鸡肌肉或皮下注射灭活菌 0.5 mL/只，2～3 周后用 MG 强毒株 24 h 培养物接种于鸡后胸气囊，0.1 mL/只，7～10 d 后剖检，免疫组 80% 鸡应无气囊病变；或者免疫后以强毒培养物经眶下窦接种 0.1 mL/只进行攻击，7～14 d 后免疫组应无流鼻涕等症状。

〔保存与使用〕 4～8 ℃保存，有效期 1 年。用于预防鸡毒支原体引起的慢性呼吸道疾病。7 日龄鸡免疫，0.5 mL/只，免疫期 9 个月。

鸡毒支原体、传染性鼻炎（A、C 型）二联灭活疫苗见传染性鼻炎内容。

### (四) 诊断制剂

根据流行情况、临床症状和病理变化可做初步诊断，但进一步的确诊必须进行血清学检查及病原分离。血清学检查常用凝集试验，尤以平板凝集试验最简便。

**1. 鸡毒支原体平板凝集试验抗原**

[菌种] 同鸡毒支原体灭活疫苗菌种标准。

[制造要点] ①取抗原性良好的纯净菌种按10%量接种牛心汤培养基，37～38.5℃培养48～72 h，即为种子液。然后按10%量接种大瓶培养基中，37～38.5℃培养72 h（其间振荡2～3次），菌液呈均匀浑浊生长良好后取出，置4～12℃冷暗处7～10 d，使菌体沉淀。②取沉淀物4 000 r/min离心1 h，除去上清液，加入适量蒸馏水悬浮，再离心去上清，如此反复洗涤沉淀2次。然后加入适量蒸馏水，使菌体悬浮均匀，并补加蒸馏水至原培养量的0.5%，收集于灭菌瓶中，加入结晶紫溶液（终浓度0.001%～0.002%），充分混匀后置4～12℃冷暗处12～16 h，使菌体充分着色。再离心沉淀后弃去上清，加入适量pH 7.0～7.2的1.3%枸橼酸钠磷酸盐缓冲液充分吹打混合至均匀悬液，经效价滴定后用枸橼酸钠磷酸盐缓冲液稀释成合格效价的抗原，再加0.1%硫柳汞防腐。③抗原滴定，在不低于20℃室温中，分别取已稀释的阳性血清（100 U/mL）、阴性血清和磷酸盐缓冲液各25 μL滴于洁净玻片或白瓷板上，加等量待检抗原，充分混匀，对阳性血清应在30 s内开始出现反应，在2 min时出现"++"或"++"以上的凝集，而阴性血清和磷酸盐缓冲液对照应不出现凝集反应，该滴度的抗原为合格。

[质量标准] 每批抗原按成品检验的有关规定抽样进行检验。

(1) 特异性检验：取抗原与阴性血清作平板凝集试验，应无凝集反应出现。

(2) 效价测定：以100 U/mL的抗鸡毒支原体阳性血清25 μL与等量抗原作平板凝集反应，在30 s时出现初凝，在2 min内应出现"++"或"++"以上的凝集反应。以出现凝集反应的最高稀释度，判为该抗原的效价。

**2. 阳性血清** 选择1～2岁龄MG血清抗体阴性成年鸡，用鸡毒支原体65株的48～72 h培养物，肌肉注射6次，每次间隔1 d，第1～3次注射剂量为0.5 mL，第4～6次注射剂量为1.0 mL。末次注射后3～6 d，经试管凝集反应良好时，进行放血，分离血清，加1/5 000～1/10 000硫柳汞防腐。无菌检验应合格；1:16稀释液与抗原做玻片凝集试验，应于2 min内呈现"++"以上凝集反应，判为合格。阳性血清于2～15℃冷暗处保存，有效期18个月。

（焦新安，陈祥）

## 二、鸡传染性鼻炎

鸡传染性鼻炎（Infectious coryza）是由副鸡嗜血杆菌引起的上呼吸道传染病。临床上以淌水样鼻汁、流泪和面部水肿为主要特征。本病在我国大部分地区流行。本病一经发生即污染整个鸡场，鸡育成率和产蛋率下降，开产期推迟，肉鸡增重下降，给养鸡业带来较大的经济损失。

### (一) 病原

副鸡嗜血杆菌（*Haemophilus paragallinarum*）属于嗜血杆菌属，革兰阴性，球杆状、杆状或丝状，兼性厌氧，5％二氧化碳条件下适宜生长，在脑心浸出液、胰蛋白胨和鸡肉浸液等基础培养基内需要加入 X 和 V 因子及 NaCl 等成分，X 和 V 因子可来源于血液、血清、血红素晶和分泌 V 因子的细菌等。该菌生长的最低和最高温度分别为 25 ℃ 和 45 ℃，最适温度范围为 34～42 ℃，通常培养于 37～38 ℃。在固体培养基上菌落大小 0.3 mm，呈细小的露珠样，在斜光下可观察到黏液型（光滑型）虹光菌落和粗糙型无虹光的菌落。该菌于 48～60 h 内可发生退化，出现碎片和不规则的形态，但如果再接种到新鲜的培养基，则可再次形成典型的杆状。能凝集鸡红细胞，并可被特异性抗体所抑制，故临床上可用血凝抑制试验检测血清抗体效价。按平板凝集试验，该菌分为 A、B 和 C 三个血清型。但 Mume 等提出该菌有 9 个血清型，即 A-1、A-2、A-3、A-4、B-1、C-1、C-2、C-3 和 C-4，其中 C-1 和 C-2、C-3 和 C-4 间有交叉保护作用。

## （二）疫苗

国内外研制和使用的疫苗包括美国的感染鸡胚卵黄灭活疫苗、日本的氢氧化铝灭活疫苗、澳大利亚的铝胶油佐剂灭活疫苗及我国研制成的油乳剂灭活疫苗和氢氧化铝胶吸附疫苗。其中，油乳剂灭活苗免疫效果优于氢氧化铝胶吸附疫苗。为了简化免疫程序，减少多次疫苗注射造成的应激反应，我国还研制成功了鸡传染性鼻炎-新城疫二联灭活疫苗。

**1. 鸡传染性鼻炎灭活疫苗**

［制造要点］

（1）种子：将副鸡嗜血杆菌 A 和 C 型菌株接种鸡血清鸡肉汤琼脂平板，37 ℃ 烛光法培养 16 h，挑选典型的荧光性好的菌落若干，接种于 6 日龄 SPF 鸡胚卵黄囊内，继续孵化 24～30 h，待鸡胚死亡后采集感染卵黄按 1％ 量接种到含鸡血清的鸡肉汤中，在 37 ℃ 培养 16 h 即可作为种子液。

（2）菌液培养和浓缩：按 1％ 的量将种子液接种于半合成培养基（蛋白胨 5 g、酪蛋白氨基酸 1 g、谷氨酸钠 5 g、NaCl 5 g、新鲜酵母提取液 30 mL 和灭活健康鸡血清 10 mL，加热灭菌后加入蒸馏水 1 000 mL）中，或接种于含 5％～10％ 鸡血清的鸡肉汤中，培养过程中摇动数次。培养 16 h 后收集菌液做活菌计数，菌落单位（CFU）达 $10^9$ 个/mL 即可。或用中空纤维超浓缩器浓缩。

（3）灭活：加入 0.1％～0.5％ 甲醛和 0.01％ 硫柳汞，37 ℃ 作用 16 h，置 4 ℃ 保存备用。

（4）配制白油佐剂，并乳化制成油包水型苗。

［质量标准］ 除按成品检验的有关规定进行检验外，尚需做如下检验：

（1）安全检验：用 60～90 日龄健康易感鸡 12 只分成 2 组，第 1 组 8 只接种疫苗 1 mL/只，第 2 组作对照，接种组第 1 天食欲略减少，观察 14 d，应无异常反应。

（2）效力检验：用 60～90 日龄健康易感鸡 12 只分成 2 组，第 1 组 8 只皮下注射疫苗 0.5 mL/只，第 2 组 4 只作对照，相同条件下饲养 4 周，用 C-Hpg-8 菌株 16 h 的鸡血清鸡肉汤培养物 0.2 mL（50 万～100 万个活细菌）做眶下窦内注射，观察 14 d，以流泪、面肿和流鼻汁等为判定发病依据，对照组鸡应全部发病，免疫组鸡至少保护 6 只；或对照组鸡 3 只发病，免疫组鸡至少保护 7 只，判为合格。

［保存与使用］ 4～8 ℃ 保存，有效期 1 年。该疫苗以 0.25 mL 疫苗免疫注射 42 日龄以下鸡，保护率达 66.7％～100％，免疫期至少 3 个月；以 0.5 mL 免疫注射 42 日龄以上鸡，

保护率达89%～100%，免疫期6个月；若42日龄鸡作首次免疫注射，120日龄做二次注射，即可保护整个产蛋期。

此外，国内有些单位采用B型等菌株按类似方法制成的油乳剂苗或铝胶苗，也取得了良好的进展。

**2. 鸡传染性鼻炎-新城疫二联灭活疫苗**

[制造要点] ①细菌种子：按鸡传染性鼻炎灭活苗细菌种子培养方法培养，活菌数量达$10^{10}$个/mL以上。②按新城疫LaSota系弱毒疫苗法增殖新城疫病毒，HA价达$2^{10}$以上。③两者分别用0.3%和0.1%甲醛灭活后等量混合，加入2%吐温-80作为水相。④制备白油佐剂（油相）。⑤按水相与油相比1:3乳化均质后分装，4～8℃保存，有效期1年。

[质量标准] 除按成品检验的有关规定进行检验外，尚需如下检验：

（1）安全检验：用20日龄健康易感公鸡（未免疫过ND疫苗，ND和HI抗体小于1:4，无传染性鼻炎抗体）10只，各颈部皮下注射1 mL疫苗，观察14 d，注射局部无严重反应，全部健活为合格。

（2）效力检验

① 传染性鼻炎：以0.25 mL疫苗皮下注射21日龄易感鸡10只，另取10只作对照，注射疫苗28 d后，用副鸡嗜血杆菌Hpg-668菌株的肉汤培养物由鸡眶下窦内注射0.2 mL（500万～1 000万CFU/0.2 mL），观察7 d，对照组4/5以上鸡发病，免疫组鸡至少保护4只为合格。

② 新城疫：取1～2月龄易感鸡20只（NDV HI抗体低于1:4），用不含抗原的油佐剂为稀释液，将疫苗稀释25、50和100倍，每个稀释度皮下（肌肉）注射疫苗5只，0.5 mL/只，另5只不免疫作为对照；4周后肌肉注射1 000倍稀释的NDV强毒0.5 mL（强毒对鸡的最小致死量不低于$10^{-6}$/mL），观察14 d，对照组应全部死亡，免疫组鸡存活数和不发病数$PD_{50}$应≥50，疫苗判为合格。

[保存与使用] 4～8℃保存，有效期1年。适用于21日龄以上鸡，颈部皮下注射，21～42日龄鸡0.25 mL/只，42日龄以上鸡0.5 mL/只，注苗后2～3周产生免疫力。免疫期一次注射为3～5个月；若21日龄首免，120日龄再免，则再免后免疫期达9个月。

**3. 鸡毒支原体、传染性鼻炎二联灭活疫苗** 本品系用鸡毒支原体R株、副鸡嗜血杆菌A型221株和C型668株分别接种适宜培养基培养，收获培养物，经甲醛溶液灭活浓缩后，按适当比例加矿物油佐剂混合乳化制成。疫苗中含灭活的鸡毒支原体R株、副鸡嗜血杆菌A型221株和C型668株，灭活前每1 mL疫苗含鸡毒支原体R株≥$5×10^9$个，副鸡嗜血杆菌A型221株菌数≥$5×10^8$个，副鸡嗜血杆菌A668株≥$5×10^8$个。

[质量标准] 除按成品检验的有关规定进行检验外，尚需如下检验：

（1）安全检验：用2～3周龄SPF鸡10只，每只肌肉或皮下注射疫苗1 mL，观察14日，应不出现因注射疫苗而产生的局部或全身反应。

（2）效力检验

① 鸡毒支原体部分：用2月龄左右SPF母鸡10只，各皮下注射疫苗0.5 mL，21 d后，连同对照组10只，每只鸡经气囊注射鸡毒支原体R株（MG-R）强毒0.2 mL（含$1×10^8$个），观察14 d，剖杀所有鸡，统计气囊的损伤程度，免疫组气囊保护率应≥75%。

② 鸡传染性鼻炎部分：用2月龄左右SPF母鸡20只，各皮下注射疫苗0.5 mL，21日

后，连同对照鸡 20 只，均分为 2 组，1 组经眶下窦注射鸡副嗜血杆菌 221 株菌液 0.2 mL（$10^7$ 个/mL）；另一组经眶下窦注射副鸡嗜血杆菌 668 株菌液 0.2 mL（$10^7$ 个/mL）；观察 7 d。对照组均至少 8 只发病（流鼻涕，眼睑肿胀），而免疫组均至少 8 只保护。

［保存与使用］ 2～8 ℃保存，有效期 12 个月。用于预防鸡传染性鼻炎和鸡毒支原体引起的慢性呼吸道疾病。颈部皮下注射或肌肉注射。10～20 日雏鸡，每只 0.3 mL；成鸡于开产前接种，每只 0.5 mL；12 月龄以上肉、蛋、种鸡强化免疫每只 1.0 mL。

（焦新安，陈祥）

### 三、鸭疫里默杆菌病

鸭疫里默杆菌病（Riemerella anatipestifer disease）是由鸭疫里默杆菌引起的鸭的一种接触性、急性或慢性、败血性的传染病，主要侵害 1～8 周龄的小鸭。特征为纤维素性心包炎、肝周炎、气囊炎、干酪性输卵管炎、关节炎及麻痹。本病最早于 1932 年在美报道，并从病死鸭体内分离到病原，先后有"新鸭病"、"鸭疫巴氏杆菌病"、"鸭败血症"、"鸭疫综合征"、"传染性浆膜炎"等名称。至今世界各养鸭地区几乎都有本病流行，是造成小鸭死亡最严重的传染病之一。

#### （一）病原

鸭疫里默杆菌（*Riemerella anatipestifer*，RA）为革兰阴性小杆菌，无芽胞，不能运动，纯培养菌落涂片可见到菌体呈单个、成对或呈丝状，菌体大小不一，0.2～0.4×15 μm。用瑞氏染色，菌体两端浓染，经墨汁负染色见有荚膜。目前，本菌共有 21 个血清型。

本菌在巧克力琼脂平板培养基上生长的菌落表面光滑，稍突起，圆形呈奶油状，菌落的直径为 1～1.5 mm，培养久的菌落可大一些。在普通大气环境中培养，菌落较小，呈露珠状，血琼脂培养基上不溶血，不能在普通琼脂与麦康凯琼脂培养基上生长，在含有血清的肉汤培养基内，37 ℃经 48 h 培养，培养基呈上下一致轻微浑浊，管底有少量灰白色沉淀物。最适合的培养基是巧克力琼脂平板培养基，鲜血（绵羊）琼脂平板，胰酶化酪蛋白大豆琼脂培养基等，于 37 ℃温箱培养 48 h 生长良好，若能在含 5％～10％二氧化碳环境中培养，则有利于生长。本菌不能利用糖类；靛基质试验、甲基红试验、尿素酶试验和硝酸盐还原试验均为阴性；不产生硫化氢；液化明胶；过氧化氢酶试验阳性。

#### （二）免疫与疫苗

本菌自然弱毒株及强毒株的灭活菌体可引起雏鸭和成年鸭的体液免疫和细胞免疫反应。雏鸭接种蜂胶复合佐剂苗后第 3 天即产生部分免疫保护力，第 93 天时仍具有完全保护力；油剂苗产生保护力的速度较慢，接种后第 10 天时开始表现出部分免疫保护，其完全保护力也可持续到接种后第 93 天；铝胶苗产生免疫保护的速度较慢，免疫持续期也较短，其开始产生部分免疫保护和开始产生完全保护的时间同油剂苗相当，但其完全保护力只有 2～5 周的持续时间。灭活疫苗免疫鸭后的 T 细胞转化能力较非免疫鸭明显为高，但该作用只有约 2

周左右的持续期时间，此后便下降到与对照组相当的水平，二免可以使一免细胞免疫的水平增高和持续时间延长。

由于本病血清型多，使用疫苗的抗原血清型必须与当地流行的血清型一致才能取得良好效果。目前在美国有商品化血清1、2和5型RA弱毒疫苗，疫苗菌种为自然分离弱毒株。我国在生产上使用的鸭疫里默氏杆菌灭活疫苗有甲醛水剂灭活疫苗、铝胶佐剂灭活疫苗、油佐剂灭活疫苗和蜂胶佐剂灭活疫苗等，如1型Ra的单价灭活苗、1、2型二价灭活苗或其他血清型的多价苗、Ra和大肠杆菌的二联灭活苗等。采用灭活疫苗免疫鸭群，一般需要免疫两次才能得到较为有效的保护力，肉鸭在7~10日龄进行首次免疫，肌肉注射或皮下注射0.2~0.5 mL/只，相隔1~2周后进行二免，0.5~1 mL/只，能取得较好的免疫效果。

### （三）诊断制剂

**1. 试管凝集和琼脂扩散试验用诊断抗原** 将本菌接种至 P-L 琼脂平板，置 37 ℃厌氧培养 36 h，用含 0.3% 甲醛的 PBS 洗下，离心，再重复洗涤和离心两次，最后将菌体浓度用含 0.3% 甲醛的 PBS，调节至 OD 值（525 nm）为 0.2。即为试管凝集抗原。如 P-L 琼脂平板培养的细菌，用高盐溶液（0.3% 甲醛、8.5% NaCl、0.02 mol/L 磷酸盐缓冲液，pH 7.0）洗下制成菌悬液，于沸水中煮 1 h，冷却后，4 000 r/min 离心 30 min，上清液作为琼脂扩散试验抗原。

**2. 试管凝集和琼脂扩散试验用诊断抗体** 将试管凝集抗原与等量的弗氏完全佐剂研磨成乳剂，于第1、8、15、23天免疫接种体重为 3 kg 的健康鸡，每只鸡皮下注射 0.5 mL（分5点注射，每个注射点 0.1 mL），第 30 天每只鸡静脉注射 0.5 mL 制备抗原，第 45 天采血检测抗体效价，当琼脂扩散抗体效价≥1∶32 为合格。

（焦新安，陈祥）

## 第二节　病毒性生物制品

### 一、鸡新城疫

鸡新城疫（Newcastle disease）又称亚洲鸡瘟，是由新城疫病毒引起的鸡的一种高度接触性败血性传染病，其主要特征为呼吸困难、腹泻、神经紊乱及黏膜和浆膜出血，但非典型新城疫无新城疫典型病变。虽然对新城疫的研究较为深入，但迄今本病仍是威胁我国养禽业的重大疾病。近年来，新城疫病毒对水禽的致病性出现新特点，对新城疫防控提出新挑战。

### （一）病原

新城疫病毒（Newcastle disease virus，NDV）属副黏病毒科、副黏病毒属，一般呈球形，直径 120~130 nm 或更大。病毒由囊膜和核衣壳两部分组成，基因组为由 15 000 个碱基连接而成的单股负链 RNA。NDV 均含有 L、NP、P、HN、F 及 M 蛋白 6 种病毒特异的结构蛋白，其中 L、NP 和 P 蛋白与病毒 RNA 构成核衣壳，参与病毒 RNA 的合成；而 HN、F 和 M 三个蛋白均镶嵌在双层类脂膜上，M 蛋白形成病毒粒子的囊膜；HN 和 F 蛋白分别暴露在病毒纤突上，HN蛋白具有血凝素和神经氨酸酶两种生物活性，F蛋白又称融合蛋白，其功能变化与NDV致病性密切相关。

本病毒经各种途径接种9～10日龄鸡胚后迅速繁殖，并致鸡胚死亡，胚体周身出血，还能在鸡胚成纤维细胞、兔、犊牛、猪和仓鼠肾细胞及HeLa细胞等多种动物细胞上培养，引起细胞病变或形成空斑。但由于细胞培养的敏感性不如鸡胚，故目前仍多用鸡胚培养制备疫苗。个别毒株（如$D_{10}$）可在鸭胚内增殖。NDV可凝集鸡、鸭、鹅等禽类及人的红细胞，并可被NDV血凝抑制抗体所抑制，可用于病毒血凝（HA）效价及疫苗免疫效果测定。由于本病毒有溶血素，能溶解它所凝集的红细胞，并随着作用时间的延长而解凝，故NDV血凝有解脱现象。

本病毒只有1个血清型，其抗原性一致，但毒力差异很大。根据病毒对鸡胚的平均致死时间（MDT）、对1日龄雏鸡的脑内致病指数（ICPI）和对6周龄鸡的静脉致病指数（IVPI），可将病毒分为三型，即缓发型（lentogenic）、中发型（mesogenic）和速发型（velogenic），其中前二者可用于制备疫苗，如$B_1$、F、LaSota、Mukteswar、Roakin、Ulster2c、ss、Aust、$V_4$及$D_{10}$等是从自然病例或健康鸭分离的自然弱毒株，而$Rit_{4030}$、$AG_{68}L$及CDF66等疫苗毒株则由NDV强毒经传代选育而成，N79、克隆30、$LZ_{58}$、克隆83和CS2则分别由LaSota、B1或Ⅰ系疫苗株经空斑克隆化技术筛选获得。这些毒株抗原性有一定差异，且同一毒株在不同实验室保存，其抗原性也会有所变化，故制造疫苗时应对这些种毒进行检测。

本病毒易被甲醛、β-丙酰内酯（BPL）、2%氢氧化钠、1%来苏儿、1%碘酊及70%酒精灭活，耐酸，不耐热，-10℃可保存1年以上。

## （二）免疫

体液免疫和细胞免疫机制均参与鸡对本病毒的保护作用。康复鸡具有坚强的免疫力，血凝抑制（HI）抗体和血清中和（SN）抗体是免疫力的标志，其保护性抗体与IgA也有关。注射NDV后，随SN、HI和沉淀抗体的增加，血清总蛋白也增加，在IgM和IgG中也可检出SN、HI和沉淀抗体。血清IgM于注射后第1周出现，其后减少，而在第二次注射疫苗后再次增加。雏鸡母源抗体一般可维持2周，少数能保持5～6周。

近年来，本病毒分子生物学研究不断深入，国内外出现不同基因型NDV流行态势，我国目前也出现新的基因Ⅶ型流行毒株，研究开发该基因型基因工程新型疫苗，并取得重要研究进展。

## （三）疫苗

新城疫疫苗种类很多，我国研制使用的也不少，大致包括灭活疫苗和弱毒疫苗两类。此外，我国也研制成功以鸡痘病毒为载体的新城疫基因工程疫苗，以及表达禽流感H5H1亚型HA基因的重组新城疫活疫苗。此外，新城疫基因Ⅶ型重组病毒灭活疫苗亦已申报注册。

**1. 灭活疫苗** 新城疫灭活疫苗主要是油乳剂灭活苗，能引起免疫鸡产生坚强持久的免疫力，对有母源抗体的雏鸡同时用弱毒疫苗效果更佳，免疫持续期可达4个月，幼龄时以弱毒疫苗免疫过的鸡，在开产前再用油乳剂苗免疫，可保护整个产蛋期，适用于受ND严重威胁的地区。

[制造要点]　①制苗毒株，可用弱毒株或强毒株，但各毒株的抗原性不同，在制苗时可以选择。为了避免散毒，以用弱毒为佳。②灭活，于滤过含毒鸡胚液中加入0.1%甲醛，充分摇匀后于37℃灭活16 h；也可于鸡胚液加入1/1 500 BPL，充分摇匀后于36℃灭活1.5 h。③按常规方法配制油相、水相，并乳化，制成油包水乳剂苗。

[质量标准]　除按成品检验的有关规定进行检验外，需进行如下检验。

(1) 安全检验：用任何年龄鸡20羽分两组，每组10羽，第一组肌肉注射1 mL灭活苗，第2组肌肉注射1 mL生理盐水作为对照，饲养观察10 d，第1组较第2组死亡数少或相等，注射部位反应轻微判为合格。

(2) 效力检验：用2~6周龄无母源抗体鸡20羽，第1组10羽肌肉注射0.5 mL灭活苗，第2组10羽作为对照，隔离饲养14 d后用新城疫强毒攻击，逐日观察14 d，若第2组中出现新城疫症状或死亡的鸡不到90%，判检验无结果，应重检；若第1组保护率达90%以上，则判为合格。

近20年多来，国外已先后研制成新城疫（ND）和传染性法氏囊炎（IBD），ND、IBD和减蛋综合征（EDS-76）以及ND、IBD和传染性鼻炎等多种油乳剂联苗。我国也研制成功ND+IBD、ND+EDS-76、ND+传染性支气管炎（IB）、ND+肾型IB、ND和传染性鼻炎、ND+IB+传染性喉气管炎、ND+IB+EDS-76、ND+肾型IB+H9亚型禽流感、ND+肾型IB+H9亚型禽流感+传染性法氏囊病等多种联苗，取得良好免疫效果。

**2. 活疫苗**　目前我国生产使用的新城疫活疫苗有鸡新城疫Ⅰ系鸡胚疫苗、Ⅰ系细胞疫苗、Ⅱ系活疫苗、鸡新城疫F系活疫苗和鸡新城疫LaSota系活疫苗。自澳大利亚引进的自然弱毒株$V_4$，具有安全性较好、免疫原性强、耐热性好和使用方便等优点。我国研制的新城疫病毒HA基因重组鸡痘病毒活疫苗、禽流感H5亚型HA基因重组新城疫病毒活疫苗实现了产业化生产。

(1) 鸡新城疫Ⅰ系活疫苗（鸡新城疫中等毒力活疫苗）：

[毒种]　制苗用毒种为中等毒力毒株Ⅰ系（Mukteswar）或经农业部批准的其他毒株，应符合下列标准：①对鸡胚的最小致死量应不低于$10^{-7}$/mL，接种鸡胚应在24~72 h死亡，胚胎有明显病变，血凝效价1:80~1:320；②种毒对鸡的最小免疫量应不低于$10^{-6}$/mL；③种毒100倍稀释肌肉注射1 mL，对2~4月龄健康来航鸡应安全。符合标准的种毒应保存在-15℃以下，湿毒应不超过1年半继代1次，冻干毒不超过4年继代1次；湿毒和冻干毒在0~4℃保存应不超过4个月继代1次。

[制造要点]　种毒100倍稀释0.1 mL接种鸡胚尿囊腔后，37℃培养，将24 h内及48 h后死亡胚弃去不用，无菌操作收获24~48 h内死亡鸡胚尿囊液，加双抗后分装制成湿苗，或将鸡胚尿囊液、胎儿及绒毛膜混合研磨制成悬液（或将鸡胚尿囊液和胎儿分别制苗），加入等量5%蔗糖脱脂乳，充分混合，过滤，加双抗后分装冻干。

[质量标准]　除按成品检验的有关规定进行检验外，安全检验与效力检验方法如下。

① 安全检验：用2~12月龄来航鸡3只，每只肌肉注射100倍稀释疫苗1 mL，观察10~14 d，允许有轻微反应，但需在14 d内恢复健康，判为合格。如有1只鸡出现腿麻痹不能恢复时，可用6只鸡重检一次。重检结果，如果1只鸡出现严重反应，再用6只鸡做第3次检验，仍有1只鸡出现严重反应，则判为不合格。

② 效力检验：下列方法任选其一。

A. 用鸡胚检验：将苗用灭菌生理盐水稀释成 $10^{-5}$，尿囊腔接种 0.1 mL 10 日龄鸡胚 5 只，鸡胚在 24～72 h 全部死亡，胎儿有明显病变，混合鸡胚液对 1％鸡红细胞凝集价在 1∶80 以上为合格。如不能在规定时间内致死，可重检 1 次。

B. 用鸡检验：用 2～12 月龄敏感鸡 6 只，其中 3 只以 1 000 倍稀释疫苗皮下刺种，或用 100 000 倍稀释疫苗，肌肉注射 1 mL，10～14 d 后，与 3 只对照鸡同时注射 1 000 倍稀释的强毒 1 mL，观察 10～14 d，如对照鸡不能全部发病，或全部发病但不能死亡 2 只时，可重检。如免疫鸡发病或死亡 1 只，则判为不合格。

效检用强毒标准：对鸡的最小致死量应不低于 $10^{-7}$/mL（肌肉注射，14 d 内死于 ND）；对鸡胚最小致死量应不低于 $10^{-7}$/mL（尿囊腔接种，24～72 h 死亡，胎儿有明显病变）。

[保存与使用] 湿苗应冰冻保存，冻干苗 4～15 ℃ 保存即可。①专供已经新城疫弱毒苗（如Ⅱ系弱毒 B1 株、F 株或 LaSota 株）免疫过的 2 月龄以上鸡使用，不得用于雏鸡。②对纯种鸡反应强，产蛋鸡接种后 2 周内产蛋下降或出现软壳蛋。2 月龄以上土种鸡接种后有少数鸡减食，个别出现麻痹或死亡。③主要用于皮下刺种、点眼和肌肉注射途径。

（2）鸡新城疫Ⅰ系细胞活疫苗：系将种毒于 CEF 细胞单层培养，加入等量 5％蔗糖脱脂乳冻干制成。本品含病毒量 $EID_{50}10^7$～$10^8$/mL。疫苗安全检验、效力检验及保存与使用方法与鸡新城疫Ⅰ系活疫苗相同。

（3）鸡新城疫低毒力活疫苗：

[毒种] 毒种属于弱毒力毒株，包括 HB1 株（Ⅱ系）、F 株、La Sota 株、La Sota - Clone30 和 N79 株。必须符合：①种毒对鸡胚的毒力，以 10 倍稀释的种毒 0.1 mL 尿囊腔接种 10 日龄鸡胚，鸡胚应于接种后 24～120 h 内死亡 70％ 以上，胎儿有明显的病变，血凝价在 1∶640 以上；②种毒对 1 月龄雏鸡滴鼻免疫的最小免疫量应不大于 $10^{-4}$/mL；③种毒对 10 日龄鸡胚半数感染量（$EID_{50}$）应不大于 $10^8$/mL；④种毒对初生雏鸡不致病。

毒种继代时，将种毒用灭菌生理盐水稀释 $10^{-4}$～$10^{-5}$，以 0.1 mL 尿囊腔接种 10 日龄非免疫鸡胚或 SPF 鸡胚，选接种后 72～120 h 内死亡的鸡胚，且病变显著者，分别收获鸡胚液（包括尿囊液及羊水），将经无菌检验、血凝价 1∶640 以上及 $EID_{50}$ 达 $10^8$/mL 的鸡胚液混合，分装保存；或将合格的鸡胚液混合后加等量 5％蔗糖脱脂乳冻干，作为疫苗种毒。

[制造要点] ①以 $10^{-4}$～$10^{-6}$ 稀释的种毒 0.1 mL 接种 10 日龄鸡胚尿囊腔，用蜡封孔后置 37 ℃ 孵育。②取出 96～120 h 死亡鸡胚和 120 h 活鸡胚，冷却 4～24 h，以无菌方式吸出鸡胚液并混合分装灭菌瓶中。③加入 5％蔗糖脱脂乳分装、冻干制成。

[质量标准] 除按《兽医生物制品检验的一般规定》进行检验外，应进行如下检验。

① 安全检验：下列方法任选其一。

A. 用鸡胚检验：将疫苗 10 倍稀释，尿囊腔接种 10 日龄鸡胚 10 只，每只 0.1 mL，接种后 24～72 h 内鸡胚死亡率不超过 20％ 为合格，若两次检验结果均在接种后 48 h 内全部死亡，并确定是由于接种物引起，则判为不安全，不得用雏鸡再检，疫苗应予报废。

B. 用鸡检验：用确无母源抗体的 2～7 日龄雏鸡 20 只，分成两组，第 1 组 10 只，每只鼻孔内滴入 10 个使用剂量疫苗（约 0.05 mL），第 2 组 10 只作为对照。两组在同样条件下分开饲养观察 10 d，应无不良反应。每组死亡的雏鸡均需尸体剖检及细菌检验，任何一组非特异性死亡鸡不得超过 1 只。

② 效力检验：下列方法任选其一。

A. 用鸡检验：用 1～2 月龄健康鸡 10 只（不含母源抗体或无 ND 血凝抑制抗体），每只鼻孔滴入 1/100 使用剂量，10～14 d 后与另 3 只对照鸡同时肌肉注射 ND 强毒 $10^4$ $ELD_{50}$，观察 10～14 d，对照鸡应全部发病死亡，免疫鸡至少 9 只全部健活，疫苗判为合格，否则重检 1 次。

B. 用鸡胚检验：将 $10^{-6}$、$10^{-7}$、$10^{-8}$ 稀释的疫苗分 3 组接种 10 日龄非免疫鸡胚，每组接种鸡胚 5 只，每胚 0.1 mL，48 h 前死亡的鸡胚不计，随时取出 48～120 h 死亡的鸡胚收获胚液，同组等量混合，至 120 h 取出活胚逐个收获胚液，分别测定血凝价，1∶160 以上判为感染，计算 $EID_{50}$，$EID_{50} \geqslant 10^8/mL$，判为合格。否则可重检 1 次（或用鸡重检 1 次）。

[保存与使用] 对各种日龄鸡均可使用，但一般用于 7 日龄以上的雏鸡较好。主要用于滴鼻和饮水免疫，免疫后 7～9 d 产生免疫力。该疫苗在我国已广泛使用，证明效果良好。

(4) 鸡新城疫-传染性支气管炎二联活疫苗：

[毒种] $NDV-HB_1+IBV-H_{120}$；$NDV-La\ Sota+IBV-H_{120}$；$NDV-HB_1+IBV-H_{52}$；$NDV-La\ Sota+IBV-H_{52}$；NDVⅠ系$+IBV-H_{52}$。

[制苗要点] ①将两种弱毒按一定比例混合后，由尿囊腔途径接种 9～10 日龄鸡胚，37 ℃孵育 96 h 后收取鸡胚液；②加保护剂；③分装冻干。

[质量标准] 除按成品检验的有关规定检验外，尚需进行如下检验：

① 安全检验：

A. La Sota（或 $HB_1$）-$H_{120}$ 二联苗：用 10 只 4～7 日龄 NDV 和 IBV 易感鸡，滴鼻 10 个使用剂量疫苗，同时设 10 只对照鸡，观察 14 d，应无任何死亡。若两组非特异性死亡鸡超过 2 只，应重检 1 次。

B. La Sota（或 $HB_1$）-$H_{52}$ 二联苗：易感鸡年龄为 21～30 日龄，其余同 A。

② 效力检验：

A. NDV La Sota（或 $HB_1$）与 IBV $H_{120}$ 联苗，下列方法任选其一。

用鸡胚检验：用生理盐水将疫苗做 1 000 倍稀释后，分成两份，1 份加 IBV 血清 24～30 ℃中和 1 h，再做 10 倍梯度稀释，接种于 10 日龄健康敏感鸡胚，每组 5 个胚，每胚 0.1 mL，取 48～120 h 死亡鸡胚尿囊液，至 120 h 取出活胚，逐个收获胚液；分别测定 HA，以 HA$\geqslant$1∶160 判为 NDV 感染，计算 $EID_{50}$，每羽份疫苗 NDV$\geqslant 10^6 EID_{50}$，判 NDV 合格，另 1 份加 NDV 血清中和 1 h，也做 10 倍梯度稀释，再分别接种敏感鸡胚，5 个胚/组，0.1 mL/胚；37 ℃观察至 6 d，每日收获死亡鸡胚及第 6 天存活胚，取胚体观察有无失水、蜷缩及发育小等现象，按每组死胚数和胚体出现特异性病变数，计算 IBV $EID_{50}$，每羽份应$\geqslant 10^{3.5} EID_{50}$，则 IBV 判为合格。

用鸡检验：分别与鸡新城疫Ⅱ系活疫苗和鸡传染性支气管炎活疫苗相同。

B. NDVⅠ系与 IBV $H_{52}$ 株二联苗，下列方法任选其一。

用鸡胚检验：将疫苗做 1 000 倍稀释后，分成两份，1 份加 IBV 血清中和 1 h，再做 10 倍梯度稀释，分别接种于 10 日龄易感鸡胚尿囊腔内，5 个胚/组，0.1 mL/胚，37 ℃培养，24～72 h 内鸡胚全部死亡，胚体明显出血，鸡胚液 HA 价在 1∶80 以上判为感染，每羽份 NDV$\geqslant 10^5 EID_{50}$。另一份按上述方法检验鸡支气管炎病毒毒价。

用鸡检验：分别与 NDVⅠ系弱毒疫苗和鸡传染性支气管炎弱毒疫苗相同。

[保存与使用] $-15$℃以下保存，有效期 1 年。①$HB_1$-$H_{120}$ 二联苗适用于 1 日龄以上

鸡，La Sota-$H_{120}$二联苗适用于7日龄以上鸡；La Sota（或$HB_1$）-$H_{52}$二联苗适用于21日龄以上鸡。均可采用饮水或滴鼻方法免疫。② Ⅰ系-$H_{52}$二联苗仅适用于经低毒力疫苗免疫后2个月龄以上鸡饮水免疫，不能用于雏鸡。

(5) 鸡新城疫-鸡传染性支气管炎-鸡痘三联活疫苗：

[毒种]　NDV $B_1$株、鸡痘鹌鹑化弱毒株和IBV $H_{120}$毒株，其标准分别同ND、鸡痘及IB活疫苗。

[制造要点]　将三种病毒分别接种9～10日龄鸡胚，按其单苗制造方法，分别收获尿囊液和绒毛尿囊膜，再按一定比例混合，加入稳定剂，冻干。或将三种病毒按一定比例混合后接种于同一鸡胚，收获尿囊液和绒毛膜，加入稳定剂后冻干。或将NDV $B_1$毒株与鸡痘弱毒株混合接种鸡胚。IBV $H_{120}$弱毒株单独接种鸡胚，分别收获鸡胚尿囊液和绒毛尿囊膜，接一定比例混合后加入稳定剂冻干。

[质量标准]　除按成品检验的有关规定检验外，尚需做如下检验：

① 安全检验：选用7日龄SPF鸡20只，分为两组，一组10只鸡作点眼并于翅膜皮肤划痕接种5个使用剂量疫苗，另一组10只鸡作为对照，观察14 d，接种鸡应无任何反应或仅2只鸡出现非特异性死亡判为合格，若有3只以上的鸡非特异性死亡应重检一次。

② 效力检验：以下两种方法任选一种。

A. 用雏鸡检验：

a. NDV：将疫苗做100倍稀释后，以0.1 mL皮下翅膜接种7～14日龄敏感鸡10只，并设3只同源鸡作为对照，10～14 d后用100 $EID_{50}$ NDV强毒肌肉注射1 mL，对照组鸡全部死亡，免疫组鸡全部存活，则判疫苗ND部分合格。

b. IBV：用1～3日龄雏鸡20只，分成两组，一组免疫，另一组作为对照，10～14 d后用10倍稀释的IBV M株强毒鸡胚液滴眼1～2滴，观察10 d，免疫组鸡保护率≥80%、对照组鸡发病≥80%，则疫苗的IB部分合格。

c. 鸡痘病毒：用7～14日龄鸡5只做免疫，2只鸡作对照，10～14 d后肌肉注射鸡痘强毒1 mL（绒毛尿囊膜悬液，1万～5万倍稀释）并于毛囊涂擦，观察10～14 d，免疫组不发生鸡痘，对照组全部发生鸡痘，则疫苗的鸡痘部分合格。若以上三部分均合格，则判疫苗合格。

B. 用鸡胚检验：

a. NDV：疫苗作$10^{-3}$稀释后，加IBV和鸡痘病毒高免血清24～30℃中和1 h后，再做10倍梯度稀释至$10^{-8}$，选择$10^{-6}$、$10^{-7}$和$10^{-8}$三个稀释度分别接种易感鸡胚10只，按常规方法，当测定其$EID_{50}$≥$10^8$/mL时，ND部分合格。

b. IBV：疫苗稀释后用ND和鸡痘高免血清中和，继续稀释至$10^{-6}$，尿囊腔接种易感鸡胚10只，观察6 d，第2～6天死亡一部分，第6天时存活胚部分表现胎儿失水、蜷缩、发育小，这两部分达50%以上，则判IB部分合格。

c. 鸡痘病毒：疫苗稀释后用ND和IB高免血清中和，再稀释$10^{-5}$，绒毛尿囊膜接种10只11～12日龄易感鸡胚，96～144 h判定，全部鸡胚绒毛膜有水肿、增厚或痘斑，则判鸡痘部分合格，以上鸡胚检验均需设立阴性对照。

(6) 禽流感、新城疫重组二联活疫苗（rLH5-6株）：本品系采用新城疫病毒La Sota株为载体，构建表达H5亚型禽流感病毒A/Duck/Guangdong/S1322/2010（H5N1）株HA

基因的重组新城疫病毒 rLH5-6 株，接种 SPF 鸡胚培养，收获感染鸡胚尿囊液，加适宜稳定剂，经冷冻真空干燥制成。之前的重组疫苗表达的是 H5 亚型禽流感病毒 A/Goose/Guangdong/1/96（H5N1）株 HA 基因。因此，本疫苗主要用于预防新的 H5 亚型禽流感流行毒和新城疫。

[质量标准]　除按兽医生物制品检验的一般规定外，尚需做如下检验：

① 鉴别检验：将疫苗用灭菌生理盐水稀释至 $10^{4.0}EID_{50}/mL$，与 10 倍稀释鸡新城疫病毒高免血清等量混合，24～30 ℃中和 1 h，尿囊腔内接种 10 日龄 SPF 鸡胚 10 枚，每胚 0.2 mL，置 37 ℃观察 120 h，应不引起特异性死亡及病变，并应至少有 8 枚鸡胚健活，鸡胚尿囊液作红细胞凝集试验，应为阴性。同时按附注方法进行 H5 亚型禽流感 HA 抗原蛋白表达的免疫荧光检测，应符合规定。

② 安全检验：将疫苗用生理盐水作适当稀释，滴鼻接种 2～7 日龄 SPF 鸡 10 只，每只 0.05 mL，连同对照鸡 10 只，观察 14 d，应无异常反应。

③ 效力检验：

A. 鸡新城疫部分：下列方法任择其一。

a. 用鸡胚检验：将疫苗用无菌生理盐水稀释至每 1 mL 含 1 羽份，再进行 10 倍系列稀释，分别尿囊腔内接种 10 日龄 SPF 鸡胚 5 枚，置 37 ℃继续孵育 120 h。至 120 h，取出所有活胚，逐枚收获鸡胚液，分别测定红细胞凝集价。凝集价不低于 1∶160 者判为感染，计算 $EID_{50}$。每羽份病毒含量应 $\geqslant 10^{6.0}EID_{50}$。

b. 用鸡检验：用 30～60 日龄 SPF 鸡 10 只，各滴鼻接种疫苗 0.01 羽份，另 3 只作对照。接种后 14 d，连同对照鸡各肌肉注射鸡新城疫病毒强毒北京株（CVCC AV1611 株）$10^{5.0}ELD_{50}$，连续观察 14 d。对照鸡应全部发病死亡，免疫鸡应至少保护 9 只。

B. H5 亚型禽流感部分：采用血清学方法进行检验，结果不符合规定时，可采用免疫攻毒法进行检验。

a. 血清学方法：用 1～2 月龄 SPF 鸡 10 只，每只滴鼻接种疫苗 0.05 mL（含 1/10 羽份），接种后 3 周，连同对照鸡 5 只，分别采血，分离血清，用禽流感病毒 H5 亚型抗原测定 HI 抗体。对照鸡 HI 抗体全部阴性，免疫鸡 HI 抗体几何平均滴度（GMT）不低于 1∶16，且至少 7 只鸡 HI 抗体滴度大于 1∶16。

b. 免疫攻毒法：用 1～2 月龄 SPF 鸡 10 只，每只滴鼻接种疫苗 0.05 mL，接种 3 周后，连同对照鸡 5 只，分别鼻腔接种禽流感 A/Duck/Guangdong/S1322/2010（H5N1）株病毒液 0.1 mL（含 100 $LD_{50}$），连续观察 14 d，对照鸡应全部发病死亡，免疫鸡应全部健活。

[保存与使用]　−20 ℃以下保存，有效期 12 个月。用于预防鸡的 H5 亚型禽流感和新城疫。使用时，按瓶签注明的羽份，用生理盐水或其他稀释液适当稀释。每只点眼、滴鼻接种 0.05 mL（含 1 羽份）或腿部肌肉注射 0.2 mL（含 1 羽份）。二免后加强免疫，如采用饮水免疫途径，剂量应加倍。推荐的免疫程序：新城疫母源抗体 HI 滴度降至 1∶16 以下或 2～3 周龄时首免，首免 3 周后加强免疫。以后每间隔 8～10 周或新城疫 HI 抗体滴度降至 1∶16 以下，肌肉注射、点眼或饮水加强免疫一次。

### （四）诊断制剂

本病实验室诊断方法包括病毒分离、血凝和血凝抑制试验、血清中和试验及 ELISA 试验等。以 La Sota 毒株制备的浓缩抗原用于血凝和血凝抑制试验，效果满意。近年来，基于分子诊断的单克隆抗体、RT-PCR 技术和荧光定量 PCR 等方法已被使用。基于单基因或多基因序列分析，建立了基因型鉴定技术。病毒浓缩抗原制备要点如下。

[毒种] 鸡新城疫 La Sota 弱毒株，标准与疫苗株相同。

[制造要点] 病毒增殖按鸡新城疫 Ⅱ 系弱毒苗鸡胚增殖方法进行。抗原浓缩纯化：取鸡胚尿囊液 6 000 r/min 离心 60 min，取上清液加入 8% PEG2 000 和 1%～2% NaCl，边加边搅拌，4 ℃ 过夜，10 000 r/min 离心 60 min，去上清液后，加入适量 PBS，混匀，再经 40 000 r/min 离心 2 h，取沉淀加入少量 PBS，过夜浓缩 200 倍，充分溶解后加入 0.1% 甲醛，36 ℃ 灭活 16 h。测定 HA 后分装，$-20$ ℃ 保存。

[质量标准] 测定血凝效价。以 PBS 或生理盐水稀释浓缩抗原，用 1% 鸡红细胞测定其血凝效价，HA≥1：400。

### （五）治疗制剂

迄今无特效药物治疗，但免疫或康复鸡血清等对刚出现 ND 症状的鸡有一定的治疗效果。制备高免血清，可选择健康鸡群，应用 ND 弱毒苗和灭活疫苗，以 5～10 倍免疫剂量肌肉注射免疫 2～3 次，间隔 10～14 d 后加强免疫，7 d 后采血，HI 价达 1：128 以上时即可颈动脉采血，分离血清，加入青霉素和链霉素各 500～1 000 μg/mL。抗血清安全检验用 30～60 日龄 SPF 鸡 10 只，各肌肉或颈部皮下分点注射本品 4 mL。观察 10 日，应全部健活。效力检验采用血清学方法，用血凝抑制试验（HI）测定血清抗体效价，HI 抗体效价应不低于 1：512。也可采用免疫攻毒法，即用 30～60 日龄 SPF 鸡 15 只，其中 10 只各肌肉注射本品 1 mL，另 5 只各注射生理盐水 1 mL 作为对照。24 h 后，所有鸡各肌肉注射鸡新城疫病毒强毒（CVCC AV 1611 株）1 mL（含 $10^{4.0}ELD_{50}$），观察 10 日，对照组应全部死亡，接种本品的 10 只鸡中应至少保护 8 只。此外，生产中也可选择健康产蛋鸡群，进行免疫接种，制备高免卵黄抗体，卵黄抗体 HI 价应达 1：512 以上。卵黄抗体亦应通过安全检验。

（焦新安，陈祥）

## 二、鸡马立克病

鸡马立克病（Marek's Disease，MD）是鸡的一种常见的淋巴细胞增生性疾病。其主要特征是外周神经发生淋巴样细胞浸润和肿大，引起一肢或两肢麻痹，各种脏器、性腺、虹膜、肌肉和皮肤也发生同样病变并形成淋巴细胞性肿瘤病灶。本病分布极广，至今仍有许多国家发生和流行。在我国本病也较普遍，虽然使用马立克病火鸡疱疹病毒（HVT）活疫苗后起到了良好的预防效果，但近年来和世界其他国家一样仍常有免疫失败的报导，引起了国内外学者的高度重视。国际上，本病流行规律与 MDV 的毒力型演变一致，即从 mMDV→vMDV→vvMDV→vvMDV$^{plus}$ 的变化过程。生产实际中仍需要研制新型 MD 疫苗（包括基因工程疫苗）。

### （一）病原

马立克病病毒（Marek's disease virus，MDV）属疱疹病毒科 B 群，含有双股 DNA，核衣壳呈二十面体对称，直径100～150 nm，衣壳上有162个壳粒，有囊膜或无囊膜。无囊膜的裸露病毒与细胞结合，随着细胞的破裂死亡而失活，故仅在细胞存活时才有传染性。

应用型特异性单克隆抗体，可将MDV分为Ⅰ型（强毒）、Ⅱ型（无毒）、Ⅲ型（火鸡疱疹病毒，HVT）3个血清型。Ⅰ型毒株据其毒力和致癌性不同又分为三个病理型，即温和MDV（mMDV，如$CU_2$株）、强毒MDV（vMDV，如JM、GA和HPRS-16株）及超强毒MDV（vvMDV，如$Md_5$和RB1B株）。三个血清型生物特性也不相同，血清Ⅰ型病毒在鸭胚成纤维细胞（DEF）或鸡肾细胞培养上生长最好，缓慢产生小蚀斑；致弱的血清Ⅰ型病毒和血清Ⅱ型病毒在鸡胚成纤维细胞（CEF）上生长最好，缓慢产生含有大合胞体的中等大小蚀斑；血清Ⅲ型病毒（如HVT）在CEF细胞上生长最好，速度快且产生大蚀斑。细胞病变（CPE）常为分散的局灶性病变，成熟时由圆形折光的变性细胞簇组成。从HVT感染细胞提取的感染性病毒比血清Ⅰ型或Ⅱ型感染细胞得到的感染性病毒要多，而且HVT可在QT-35细胞系（鹌鹑成纤维细胞系）上生长，但血清Ⅰ型和Ⅱ型病毒则不能。此外，MDV还可在鸡胚皮肤和气管移植物等细胞中增殖复制，可在卵黄囊接种MDV细胞培养物的鸡胚绒毛尿囊（CAM）上生成痘斑。

MDV和HVT复制时有囊膜的病毒先通过共价吸附和渗透，在1 h内进入细胞（EDTA类螯合剂可加速MDV进入细胞），5 h出现病毒抗原，8 h合成DNA，10 h生成核衣壳，18 h产生有囊膜的病毒粒子，20 h为其合成高峰。病毒DNA在细胞增殖的S期进行复制。HVT完成一个生长周期约需48 h，病毒传播主要通过细胞间桥，故除HVT某些突变株如HVT-01、HVT/VT外，体外细胞培养维持液中游离病毒一般很少存在。细胞培养液须含有精氨酸，而磷乙酸盐和磷甲酸盐可抑制复制过程中所需的DNA聚合酶的合成，不同剂量的二甲基亚砜（DMSO）可增大或减小蚀斑的大小。MDV和HVT在体外培养的生长率也受毒株类型、培养温度及细胞种类的影响。HVT（$Fc_{126}$）在感染细胞胞浆内复制合成，每1～3个成熟病毒粒子周围形成一层坚固封套，这些带封套的病毒只有当细胞溶解时才释放到外界。这对疫苗的工业化生产具有很大意义，因为这种带封套的完全病毒稳定性很好，在适当加入稳定剂（SPGA）后，则不易破坏。

病毒蛋白抗原中，A抗原（gp57/65）存在于感染细胞培养物上清液中，用AGP试验最易检测；B抗原（$gp^{100}$，$gp^{60}$，$gp^{49}$复合物）为非分泌性抗原，位于细胞表面和胞浆中，可导致中和抗体产生；92 kD蛋白质，是病毒特异性蛋白；磷酸化蛋白复合物（36～39 ku、24 ku），为血清Ⅰ型MDV所特有；此外，还有135 ku蛋白以及145～155 ku蛋白等6种。

MDV和HVT既可在细胞结合状态下又可在游离细胞状态下存活，但其生存特性有很大差异。HVT在游离细胞状态下稳定性较好，而MDV和HVT细胞结合毒的感染性则与细胞活力关系较大，故MDV和HVT细胞结合毒一般应在含10%～20%犊牛血清和5%～10% DMSO的199营养液中于－196 ℃（液氮）保存。pH 8或pH 11处理10 min、4 ℃保存2周、25 ℃经4 d、37 ℃经18 h、56 ℃经30 min或60 ℃经10 min都可使来源于皮肤的MDV游离细胞毒失活，故从皮肤制备的游离细胞的MDV或从感染细胞培养物中获得的MDV和HVT游离细胞毒可保存于－70 ℃，若加入SPGA稳定剂冻干则可使其感染性损失最小。

### （二）免疫

有免疫力的鸡感染MDV后既可引起体液免疫又可有细胞介导免疫。MD免疫保护既可在早期抗病毒感染，又可在以后抗淋巴细胞的转化和增生。灭活的病毒疫苗可抗早期的溶细胞性感染、潜伏感染和肿瘤形成，而杀死的肿瘤细胞疫苗只能预防后者。鸡感染病毒后 1～2 周即可检出沉淀抗体和中和抗体，且可在鸡体内终生存在。中和抗体针对三种糖蛋白，其中主要针对 B 抗原。雏鸡 3 周内带有母源抗体，从而降低感染的程度。HVT、MDV 活疫苗免疫主要针对病毒性抗原，但也可能抵抗肿瘤抗原，均具有阻止强毒在人工感染鸡的淋巴器官中早期复制和降低潜伏感染的水平。

## （三）疫苗

目前，商品苗有四类，即强毒致弱 MDV 疫苗、天然无致病力的 MDV 疫苗、火鸡疱疹病毒（HVT）疫苗和双价或多价苗，用以制苗的毒株见表 11-1。由于 HVT 疫苗具有异源、无毒、易冻干、运输方便、免疫效果好等优点而在全世界广泛使用。1973 年我国首次分离到 MDV，随即引进 HVT $Fc_{126}$ 株并于 1978 年投入生产，取得了良好的免疫效果。

表 11-1 马立克病疫苗种类

| 疫苗 | 血清型 | 毒株 | 保存条件 |
| --- | --- | --- | --- |
| 致弱疫苗 | Ⅰ | Md11/75c，$CVI_{988}$，K | −196 ℃ |
| 天然弱毒疫苗 | Ⅱ | SB-1，HN，298B，298C，$Z_4$ | −196 ℃ |
| HVT 疫苗 | Ⅲ | Fc126，AC16，WTHV-1 | 冻干 |
| 双价或多价苗 | Ⅱ+Ⅲ | 301B/1+HVT，SB1+HVT，Z4+HVT | −196 ℃ |
| | Ⅰ+Ⅲ | $CVI_{988}$+HVT | −196 ℃ |
| | Ⅰ+Ⅱ+Ⅲ | Md11/75c+SB-1+HVT | −196 ℃ |
| | Ⅰ+Ⅱ+Ⅲ | $CVI_{988}$+HCV2/B5+HVT | −196 ℃ |

**1. 人工致弱活疫苗** Witter（1982）从接种 HVT 苗后仍爆发 MD 的鸡群中分离到一株强毒株，经传代培养致弱成疫苗株 Md11/75c。该疫苗对无母源抗体鸡群抵抗强毒株感染比用血清Ⅱ和Ⅲ型苗保护率更高，但对有同源母源抗体的鸡群保护率低，用鸡检测发现其比血清Ⅱ型（SB-1）和Ⅲ型（HVT）苗对中和作用更敏感。此外，低代次部分致弱的 $CVI_{988}$ 克隆疫苗已普遍使用，但高代次完全致弱的 $CVI_{988}$ 克隆疫苗并不比 HVT 效果好，需将其疫苗毒在鸡体回归数代后方可提高疫苗效力。美国、加拿大、日本及欧盟已先后批准使用 MD Ⅰ型致弱疫苗，荷兰 $CVI_{988}$ 疫苗的生产方法已在美国、加拿大、法国、中国及日本等国家注册专利。我国由Ⅰ型毒致弱培育成功的 BJMavac939 Ⅰ型弱毒株，具有良好的免疫效果。由于该类疫苗是细胞结合性的，尚不能冻干，必须液氮保存，故运输和使用均受到限制。国外一些公司以 $CVI_{988}$ 疫苗病毒为载体，研制成功 MDⅠ型-HVT 二价重组活疫苗、表达鸡传染性法氏囊病毒 VP2 基因重组马立克病活疫苗等基因工程疫苗，并实现商业化生产。

**2. 天然弱毒活疫苗** 目前，已有很多国家用天然弱毒株制苗，其特点是毒株稳定、安全、免疫原性好，接种鸡后易扩散并产生高水平抗体，可维持 2 年，但在此期间部分鸡仍有病毒血症，能引起同居感染。这类疫苗也属细胞结合性的，仍必须保存在液氮中，故很难推广。我国研制成功鸡马立克病 814 弱毒疫苗，毒株为 k 株，亦属这类疫苗。

［毒种］ 毒株为 k 株。①用 1 000 以上空斑形成单位（PFU）接种 4～6 日龄鸡胚卵黄

囊，观察至 18～19 日龄，不应出现死亡。取尿囊毒液鸡胚尿囊腔接种传代 3 代，其尿囊毒液对鸡红细胞凝集应为阴性。②用 1 000 PFU 以上腹腔注射 1 日龄小鸡，观察 90 d 以上，应无 MD 症状，剖检无 MD 病变。③用 1 000 PFU 肌肉接种 1 日龄白洛克小鸡 20 只，21 日龄时连同对照鸡用京-1 株强毒血毒原液 0.2 mL 腹腔注射攻毒，观察 2 个月，对照组 MD 阳性率（死亡鸡及剖杀鸡 MD 肉眼病变阳性）应在 60% 以上，免疫鸡保护率应在 75% 以上。④接种适量的种毒于细胞单层，38 ℃ 培养 2～3 d，细胞病变应达 70%～100%。⑤种毒 −196 ℃（液氮）保存期 3 年以上。制苗用种毒代次为 25～45 代。

[制造要点] ①用 12～13 日龄鸡胚制备鸡胚皮肤细胞或用 9～10 日龄鸡胚制备鸡胚成纤维细胞，培养 24 h 形成细胞单层。②取液氮保存的毒种，于鸡胚皮肤细胞单层上复壮 1～2 代。当 CPE 达 70% 以上时用胰酶消化，加适量 199 营养液，吹散细胞即为种子毒液。③单层细胞以 1∶60～1∶100 细胞感染比接种病毒液，继续培养至出现 70% 以上 CPE，用胰酶消化或机械刮脱、分散细胞后低速离心，收集沉淀细胞。④加入细胞保存液，使细胞均匀分散后分装、封口，再保存于液氮中。

[质量标准] 除按《兽医生物制品检验的一般规定》外，应做下列检验。

(1) 安全检验：用 10 日龄的未免疫鸡胚 10 只，以 10 倍稀释的疫苗由尿囊腔接种 0.1 mL/胚，孵育 5 d 后收集尿囊液，其对鸡红细胞不凝集；接种后 24～120 h 内死亡胚不超过 20%，死亡鸡胚尿囊液对鸡红细胞不凝集，判为合格。

(2) 效价测定：疫苗做 $10^{-3}$、$10^{-4}$……梯度稀释，分别取 0.2 mL 接种细胞单层，加入适量维持液后于 37～38 ℃ 培养 24 h，然后覆盖 10% 犊牛血清的 199 营养琼脂，培养 5～7 d，计算病毒空斑单位（PFU）数，每羽含病毒 1 500 PFU。

[保存与使用] 疫苗应液氮保存、运输，保存期 1 年。使用时小心取出、以防炸裂。用稀释液稀释后 2 h 内用完。注射后 8 d 产生免疫力，免疫期 18 个月。

**3. 马立克病火鸡疱疹病毒活疫苗** 火鸡疱疹病毒（HVT）可从细胞中释放出游离细胞病毒，可制成冻干疫苗，给应用和推广带来了极大方便。该病毒增殖快、产量高、保护力强，故在世界各国预防 MD 的疫苗中占主导地位，但只能防止 MD 的发生，不能阻止 MDV 的感染和传播。当前 HVT 疫苗毒株已有 $Ac_{16}$、$WTHV_{-1}$、WHG、NSW/70 及 $TAM_{-1}$ 等上百种之多，我国用 $Fc_{126}$ 毒株。

[毒种] 为 $Fc_{126}$ 毒株。①用 10 000 PFU 以上剂量由卵黄囊接种 4～5 日龄鸡胚，观察至 18～19 日龄，应不致死鸡胚；尿囊膜应有 HVT 典型痘斑，胚体出现绿肝等特征性病变。由尿囊腔接种鸡胚，取尿囊液做鸡红细胞凝集试验为阴性。②对 1 日龄雏鸡肌肉或腹腔接种的最小感染量应低于 1 000 PFU，在 2 周龄以后扑杀接种，做肾细胞培养应出现典型的火鸡疱疹病毒细胞病变。③用 1 日龄健康雏鸡 20 只，每只腹腔接种 1 000 个 PFU，观察 70～90 d，应全部无 MD 临床症状和肉眼病变。④免疫原性，对 1 日龄白洛克健康鸡 20 只肌肉接种 1 000 PFU，于 21 日龄时连同对照鸡 20 只，用京-1 株强毒 $10^{-3}$～$10^{-1}$ 0.2 mL 腹腔注射攻毒，观察 8 周。对照组 MD 阳性率不低于 60%，免疫组 MD 减少率应在 70% 以上。⑤种毒继代，冻干苗用 SPGA 稳定剂稀释，液氮保存的细胞毒在 37～40 ℃ 温水中速融后，1 000 r/min 离心 10 min，细胞沉淀用 199 液或 SPGA 做成 1∶5 悬液，以 0.5 mL 接种 24 h 的鸡胚成纤维细胞单层（100 mL 方瓶）。冻干毒需在 37 ℃ 吸附 60～72 min。细胞病变（表现为细胞变圆、膨大、融合、折光性增强，呈"葡萄串"样）达 70% 以上，以 0.25% 胰酶

和 EDTA（1∶1）液消化并分散细胞，收获的细胞经 1 000～1 500 r/min 离心 5～10 min，取沉淀细胞加入 10%犊牛血清、10%DMSO 及 100 μg/mL 青霉素和 100 μg/mL 链霉素组成的 199 营养液，用 5.6% $NaHCO_3$ 调节 pH 至 7.0～7.2，分装小安瓿后封口保存；或于收获的细胞中加入 SPGA 稳定剂，经超声波裂解后冻干保存。细胞毒或冻干毒应无菌，细胞毒 PFU 为 20 万 PFU/mL 以上，冻干毒为 30 万 PFU/mL 以上。

[制造要点]

（1）制备鸡胚成纤维细胞：用 9～10 日龄鸡胚。一般要求在 16～24 h 内形成单层，然后接毒。

（2）种子毒制备：用冻干或液氮保存毒种于鸡胚成纤维细胞上复壮继代 1～2 代，选培养 48～72 h、CPE 达 70%以上者，按种毒继代方法收获处理，作为种子毒液。

（3）接毒、培养和收获：以 1∶60～1∶100 细胞感染比接毒，37 ℃培养 64～72 h，待 CPE 达 60%时用 1∶4～1∶6 胰酶-EDTA 消化细胞，加入适量营养液后离心收集沉淀细胞。常用的细胞培养液包括 199、MEM、199-HL、199-$F_{10}$ 等，另外加 0.5%～2%犊牛血清和 5%～10%磷酸胰蛋白胨肉汤。

（4）稀释和裂解：加入适量 SPGA 稳定剂悬浮细胞，用超声波裂解器进行裂解，即为原苗。

（5）配苗、分装、冻干。

[质量标准] 除按成品检验的有关规定进行外，尚需做如下检验：

（1）安全检验：同鸡马立克病 814 弱毒苗。

（2）效价测定：疫苗以 SPGA 液稀释，接种细胞单层，吸附后加入含 2%犊牛血清的 199 营养液，继续培养 24 h，倒净营养液，覆盖含 5%犊牛血清的 MEM 营养琼脂，继续培养 4～6 d，分别计算 PFU，每瓶冻干苗不应低于 50 000 PFU。

[保存与使用] 冻干苗 4 ℃保存，有效期 6 个月；-10 ℃以下保存，有效期 1 年。适用于各品种的 1～3 日龄雏鸡。使用时加入适量 SPGA 稀释液稀释，每只鸡肌肉或皮下注射 0.2 mL（含 1600 个 PFU），稀释的疫苗应置于冰浴中并避免日光照射，1 h 内用完。

**4. 双价和多价活疫苗** 针对 MD 免疫失败的状况，已研究成功双价或多价苗。双价或多价疫苗具有协同保护作用，优于单价疫苗。有关用于制备双价或多价苗的毒株见表 11-1。

以鸡马立克病双价活疫苗（$Z_4$+HVT）为例介绍如下。

[毒种] MDVⅡ型 $Z_4$ 毒株、HVT $Fc_{126}$ 毒株，其标准分别参考鸡马立克病 814 活疫苗及马立克病火鸡疱疹病毒（HVT）活疫苗或参照农业部颁布的有关标准。

[制造要点] 分别参考 814 活疫苗和 HVT 活疫苗制造方法，将种毒接种于鸡胚成纤维细胞，待出现 70%CPE 后，用胰酶-EDTA 消化收获细胞，离心沉淀细胞，加入适量的 DMSO 细胞冻存液，分装后于液氮保存。

[质量标准] 除按一般规定进行检验外，尚需做如下检验。

（1）安全检验：

① 用鸡胚检验：同鸡马立克病 814 活疫苗。

② 用鸡检验：用 10 只 1 日龄健康鸡接种 10 羽份剂量疫苗，观察 2 周，应无异常反应。

（2）病毒含量测定：用免疫荧光蚀斑计数法，即每批疫苗抽样 3 瓶，稀释成 $10^{-3}$、$10^{-4}$，接种 2 块 24 孔板细胞单层，每孔 0.1 mL（每个样品每个稀释度重复 4 孔），吸附 1 h

后每孔加入维持液 1 mL。37 ℃ 培养 3~4 d 后弃培养液，用 PBS 洗 2 次，加入冷甲醇（-30 ℃）固定 10~15 min，用 PBS 洗 3 次后，加入工作浓度的 MDV Ⅱ 型或 Ⅲ 型单抗，另二孔加 Ⅲ 型单抗，37 ℃ 孵育 30 min，用含 0.05% 吐温的 PBS 洗 3 次，然后加入兔抗鼠 Ig 荧光标记物 0.2 mL，37 ℃ 30 min，再用 0.05% 吐温的 PBS 洗 5 次，于荧光显微镜下计数蚀斑，计算 $Z_4$ 和 $Fc_{126}$ 蚀斑平均数，以 3 个样品中最低的蚀斑数，确定每批双价疫苗的使用头剂，每羽剂 $Z_4$ 不低于 150 PFU，$Z_4 + F_{C126}$ 不低于 1 500 PFU，每瓶疫苗不应低于 75 万 PFU。

[保存与使用] 同鸡马立克病 814 活疫苗。

此外，国内外有报道用其他 MDV 毒株，如 HVT+$SB_1$、814+HVT+$SB_1$、Ⅰ 型 CH-8D 毒株+HVT A$HVT_4$ 毒株，制成 MDV 二或三价疫苗。以鸡痘疫苗毒作为载体的马立克病基因工程重组疫苗已研制成功。

（焦新安）

### 三、鸡传染性支气管炎

鸡传染性支气管炎（Infectious bronchitis）是鸡的一种急性、高度接触性的呼吸道疾病，以咳嗽、喷嚏和气管啰音为特征，此外，病鸡还可表现为肾炎综合征，肾脏肿大，尿酸盐沉着，产蛋鸡产蛋量减少和质量下降等。迄今，美国、加拿大、英国和日本等国均有本病流行。本病在我国也较普遍，给养鸡业造成了较大经济损失。

#### （一）病原

传染性支气管炎病毒（Infectious bronchitis virus，IBV）属冠状病毒科，呈多形态，但大致为圆形，有囊膜，直径 90~200 nm，表面有杆状纤突，长约 20 nm。本病毒含有 3 种特异蛋白，即大纤突（S 或 $E_2$）糖蛋白、小基质（M 或 $E_1$）糖蛋白及中心核衣壳（N）蛋白。S 蛋白含 2 种糖多肽，即 $S_1$ 和 $S_2$（分别含有约 520 和 625 个氨基酸），并由 2~3 个 $S_1$ 和 $S_2$ 糖多肽组成。血凝抑制（HI）抗体和多数病毒中和抗体是由 $S_1$ 诱发的。病毒存在多种血清型和极大的变异性。

本病毒可在下列几种宿主增殖：①鸡胚，病毒在鸡胚中生长良好，在接种后数天即可见胚体特征性变化，如小胚只有轻微的运动；胚蜷成球形，脚变形压在头端，羊膜肥厚并连在胚体上。在 10~11 日龄鸡胚中接种约为 $10^7$ $EID_{50}$ 病毒，37 ℃ 12 h 或 32 ℃ 24 h 尿囊液中 IBV 可达到高峰且滴度相似，绒毛尿囊膜的病毒滴度比尿囊液中的滴度更高。37 ℃ 24 h 或 32 ℃ 48 h 引起鸡胚死亡，但 42 ℃ 孵化 12 h 鸡胚即死亡，且只有较低的病毒滴度。一般情况下，接种 $10^4$ $EID_{50}$ 37 ℃ 36~40 h 可达到最高滴度。②细胞培养，病毒可在鸡胚肾细胞（CEK）和鸡肾细胞（CK）上繁殖并形成蚀斑，蚀斑的大小和形态因毒株而异，多数毒株在 40 ℃ 下培养引起的蚀斑要比在 37 ℃ 培养所产生的蚀斑大。病毒在 CEK 或 CK 细胞中的潜伏期为 3~4 h，培养液中病毒达到最高滴度的时间为 14~36 h，时间长短取决于感染的多样性。病毒在鸡胚肝（CEL）细胞培养可与在 CEK 细胞培养达到相同的滴度，在鸡胚中的滴度比在 CEK 和 CK 细胞培养中的要高 10~100 倍，也比 CEL 细胞敏感，接种 IBV Beaudette 株于 CK 细胞，在 pH 6～9 的条件下可达到相近的最大滴度。最佳 pH 为 6.5。经鸡胚及 CK 细胞多次传代后可在 CEF 中增殖，但滴度要比在 CK 细胞中低几个 Log10，当培养液中有胰酶存在时可形成蚀斑。此外，IBV Beaudette 株、$M_{41}$ 株及 Iowa-97 株已适应于 Vero 细胞，有的毒株也可在 $BHK_{21}$ 细胞生长，但都不能在 Hela 细胞生长。接种 IBV Beaudette 株 6 h 后，CK 细胞即开始形成合胞体，18～24 h 后合胞体中的核数达 20～40 个或更多，同时合胞体形成空泡，核出现圆缩、脱落。③20 日龄鸡胚气管组织培养，可用于 IBV 的分离、毒价测定及血清分型。

未经处理的鸡胚尿囊病毒不能凝集鸡红细胞，不同的毒株显示血凝的处理方法也不相同。有的经蔗糖密度梯度离心提纯后才显示血凝，有的则需提纯后，再经磷酸酯酶的孵育处理。如病毒离心提纯后，用 1U/mL 的磷酸酶，37 ℃处理后，可制得良好的血凝试验抗原。

本病毒应避免−20 ℃下保存，但感染尿囊液在−30 ℃下保存几年仍有活性，冻干毒冰箱保存 30 年后仍存活，但在 37 ℃下保存 6 个月即完全失活。病毒在 pH 6.0 和 pH 6.5 下培养要比在 pH 7.0～8.0 条件下稳定；0.05％～0.1％ β-丙酰内酯（BPL）或 0.1％甲醛处理可使 IBV 失去感染性，仅用 BPL 处理对 IBV 的血凝抗原活性无影响。

## （二）免疫

本病毒具有多血清型性及毒株毒力的变异性，故免疫机制比较复杂。自然康复鸡对同种毒株攻击具有抵抗力，而对其他毒株的抵抗能力则因毒株而异，一般免疫 3～4 周后呼吸道即获得保护力，肾炎型症状严重的疫区用同型苗可维持产蛋鸡群的产蛋率，有证据表明病毒 $S_1$ 糖多肽能诱发产生中和抗体和 HI 抗体，而纤突蛋白却在诱导保护性免疫中起重要作用。鼻腔分泌液中的局部中和抗体能防止再次感染。此外，接种活苗或死苗会引起淋巴细胞转化、细胞毒性淋巴细胞活性升高和迟发型过敏反应，说明细胞免疫也起一定作用。有母源抗体的雏鸡对同型苗存在干扰而降低效果，一般母源抗体可维持 1～2 周。

## （三）疫苗

本病疫苗分活疫苗和灭活疫苗两类。用于活疫苗制造的毒株包括 M41 株、荷兰株、Connecticut 株、Florida 株、Arkansas 株、JMK 株、$D_{274}$ 株、$D_{1466}$ 株及 B、C 亚型株等，应根据当地流行的血清型选择使用，如美国已有 Massachusetts、Connecticut、Holland、Arkan-ss、Florida 及 JMK 等 6 个血清型疫苗投入商业生产，其中后 3 种苗属限制使用。在荷兰，用荷兰株、$D_{274}$ 和 $D_{1466}$ 株；澳大利亚用 B 和 C 亚型株；我国生产使用的为 $H_{120}$ 株、$H_{52}$ 株、LDT3-A 株和 W93 株等。应注意避免弱毒株的过多传代，以防其免疫原性降低。利用基因工程技术已成功地研制出病毒或细菌做载体的传染性支气管炎基因工程疫苗。

**1. 灭活疫苗** 美国从 1983 年开始投入商业生产，我国用 $H_{52}$ 毒株及肾病变型毒株研制灭活苗。制造程序为：种毒→尿囊腔接种 9～11 日龄鸡胚，0.2 mL/胚→48 h 后取尿囊液→加 0.3％甲醛 4 ℃灭活 24 h→以白油、司本-80、硬脂酸铝配成油相，灭活尿囊液加吐温-80 作为水相→按水相：油相 1：3 比例混合乳化成油包水型苗→检验。以此为基础，还研制成功鸡新城疫和传染性支气管炎（肾型）二联灭活疫苗等。生产实践证明其免疫效果良好。

**2. 活疫苗** 我国批准生产鸡传染性支气管炎活疫苗有 $H_{120}$ 株、$H_{52}$ 株、LDT3-A 株和 W93 株活疫苗及多联活疫苗等。本部分仅介绍 $H_{120}$ 株和 $H_{52}$ 株活疫苗。

[毒种]

(1) $H_{120}$株：A. 对10日龄鸡胚的 $EID_{50}$ 应不低于 $10^{7.0}$/mL，接种胚应在 24～144 h 全部或部分死亡；存活胚中应有部分胎儿出现失水、蜷缩、发育不良等病痕。死亡胚数与出现病痕胎儿数之和应不低于接种胚数的 50%，尿囊液 HA 试验应为阴性。B. $10^{-3}$/0.05 mL 滴鼻初生雏鸡，14 d 后攻毒，对照鸡发病率 80% 以上，免疫鸡应保护 80% 以上。C. 对各种日龄鸡应安全。D. 继代，将毒种用生理盐水稀释 10～100 倍，以 0.1 mL 尿囊腔接种 10～11 日龄鸡胚，37 ℃孵育 30～36 h 后收获活胚尿囊液及羊水，选择无菌、$EID_{50}$ 达 $10^{7}$/mL 以上和 HA 试验阴性的尿囊液作毒种用。或将胚液混合后加等量 5% 蔗糖脱脂乳冻干，经检验合格用作制苗毒种。每次种毒连续继代不应超过 3 代。E. 湿毒—15 ℃保存不超过 6 个月；冻干毒—15 ℃保存不超过 1 年，0～4 ℃保存不超过 6 个月。

(2) $H_{52}$株：A. 对鸡胚的 $EID_{50}$ 与 $H_{120}$ 株相同。B. 对 21 日龄以上雏鸡，按每只鸡 0.1 mL 饮水免疫，免疫后 14～21 d，血清中和抗体效价应不低于 1∶8。C. 对 21 日龄以上的鸡应安全。D. 继代与 $H_{120}$ 株同。

[制造要点] ①用灭菌生理盐水将 $H_{120}$ 或 $H_{52}$ 毒种稀释 10～100 倍，以 0.1 mL 接种 10～11 日龄鸡胚尿囊腔，37 ℃孵育 30～36 h，废弃死胚，气室向上直立置 0～10 ℃ 4～24 h，收获鸡胚尿囊液冷冻保存。②鸡胚尿囊液加等量灭菌 5% 蔗糖脱脂乳混匀，过滤后加双抗分装、冻干。

[质量标准] 除按成品检验的有关规定外，需进行如下检验：

(1) 安全检验：

① $H_{120}$ 疫苗：冻干疫苗稀释 5 倍，每只滴鼻 0.05 mL，2～7 日龄健康雏鸡 10 只；连同 10 只对照鸡，观察 10 d，应无呼吸异常及神经症状，任何一组雏鸡不得有 5 只以上死亡。如两组雏鸡死亡数相等，或试验组雏鸡比对照组死亡数少时，疫苗判为合格；如试验组雏鸡死亡数比对照组多，但不超过 2 只，疫苗也判为合格，否则重检 1 次。

② $H_{52}$ 疫苗：将疫苗稀释 5 倍，滴鼻接种 1 月龄健康鸡 10 只，每只 0.05 mL，观察 14 d 应不出现任何症状。

(2) 效力检验：

① $H_{120}$ 疫苗：用灭菌生理盐水按实含病毒量稀释成 $10^{-5}$、$10^{-6}$、$10^{-7}$ 3 组，每组接种 10 日龄鸡胚 6 只，每胚尿囊腔接种 0.1 mL，连同对照胚 6 只，37 ℃孵育、观察 6 d。以第 2～6 天死亡胚和 6 d 内存活胚但胚体具有失水、蜷缩、发育小等特定病痕且 $EID_{50} \geqslant 10^{7.0}$/mL 为合格。亦可用 1～3 日龄雏鸡 10 只检验，即用生理盐水将疫苗 10 倍稀释，每鸡滴鼻 1 滴，10～14 d 后连同对照鸡 10 只，每只用 10 倍稀释的强毒滴鼻 1～2 滴，观察 10 d，免疫鸡保护率在 80% 以上，对照鸡发病不低于 80%，判为合格。

② $H_{52}$ 疫苗：鸡胚检验与 $H_{120}$ 疫苗同。亦可用 21 日龄健康鸡 5 只检验，用生理盐水将苗稀释 10 倍，每鸡滴鼻 1 滴或气管注射 0.1 mL；接种后 14～21 d 采血分离血清，检测 3 只以上鸡的中和抗体，抗体效价在 1∶8 以上，则判疫苗合格。

[保存与使用] —15 ℃保存，有效期 1 年。$H_{120}$ 疫苗适用于初生雏鸡，饮水、滴鼻；$H_{52}$ 疫苗专供 1 月龄以上鸡饮水或滴鼻。

(焦新安，陈祥)

## 四、鸡传染性喉气管炎

鸡传染性喉气管炎（Infectious Laryngotracheitis）是一种急性接触性传染病。其特征为呼吸困难、咳嗽，常咳出带血的渗出物，典型病变为出血性喉气管炎，喉部和气管黏膜肿胀、出血并形成糜烂。传播快，死亡率较高。本病呈世界性分布，危害严重。在我国有些地区，也有流行，并且发病日龄有提前的趋势，给养鸡业造成了一定损失。

### （一）病原

传染性喉气管炎病毒（Infectious Laryngotracheitis virus，ILTV）是疱疹病毒α亚科的成员，呈二十面体对称，有囊膜，直径为195～250 nm。ILTV及其侵袭的细胞表面有四种主要囊膜糖蛋白成分，其分子质量分别为205、115、90和60 ku，是病毒的主要免疫原。目前世界各地分离的毒株具有广泛的抗原相似性、但也存在微小的抗原差异。不同毒株，尤其是野毒同疫苗毒株不易区分开来。

本病毒能在鸡胚中增殖，使组织增生并产生坏死灶，引起鸡胚绒毛膜形成不透明的痘斑。在接种鸡胚后48 h，能观察到坏死区中央凹陷边缘不透明的痘斑，而且随着痘斑的数量和大小的增加常呈线条状向外扩展，2～12 d后鸡胚死亡。感染鸡胚存活时间随传代次数的增加而缩短。此外，鸡胚肝与鸡胚肾也是较好的培养系统，而鸡胚肾、鸡胚肺细胞及鸡胚绒毛尿囊膜的敏感性略差，鸡胚成纤维细胞不敏感。病毒感染细胞后出现细胞折光性增强、细胞膨胀，出现合胞体，染色质移位，核仁变圆及出现核内包涵体。

本病毒对外界环境因素的抵抗力中等，55 ℃经10～15 min，肉汤中38 ℃经48 h、3%来苏儿、1%苛性钠12 min即可被灭活。

### （二）免疫

接种疫苗后可迅速诱发中和抗体。7 d后即可查到抗体，21 d左右抗体达高峰，但至15周，鸡的抗体水平就逐渐消退。通常在接种后15～20周都有坚实的群体免疫力。因此，体液免疫并不是本病主要的保护机制，细胞介导免疫应答可能起重要作用。

### （三）疫苗

**1. 活疫苗** 日本、英国、美国及澳大利亚均有该苗生产。疫苗毒株主要通过细胞传代、鸡的毛囊传代致弱育成，或选用地方流行的弱毒力株。由于接种疫苗后可引起带毒，故仅在流行地区使用。我国于20世纪80年代初研制成功活疫苗。此外，我国研制的鸡传染性喉气管炎鸡痘基因工程疫苗也已投放市场。

[毒种] SA$_2$毒株，对鸡胚EID$_{50}$为$10^{6.83}$/mL；在绒毛尿囊膜上形成典型痘斑。

[制造要点] ①10倍稀释种毒液，接种9～11日龄鸡胚尿囊腔内，0.2 mL/只；②收获96～120 h活胚尿囊液及绒毛尿囊膜，混合磨碎；③加双抗及保护剂，冻干。

[质量标准] 除按一般规定检验外，尚需做如下检验：

（1）安全检验：用3～5周龄健康易感鸡5只，点眼或滴鼻接种，0.1 mL/只（含10个使用剂量的疫苗），观察10 d，应无任何副反应；或在接种后3～5 d有轻微眼炎或轻度咳嗽，2～3 d 内恢复正常。

（2）效力检验：两种方法中任选一种。

① 用鸡胚检验：将疫苗稀释成 $10^{-4}$、$10^{-5}$ 和 $10^{-6}$ 3 个稀释度，分别接种 11 日龄易感鸡胚，每组 5 只，每只绒毛尿囊膜接种 0.2 mL，37 ℃培养 120 h 后取出于冰箱内冷却致死，剖检鸡胚，绒毛尿囊膜应有增厚病斑。每羽份≥$10^{2.7}$ $EID_{50}$ 为合格。

② 用鸡检验：用该苗接种免疫 5 周龄以上易感鸡 4 只，点眼或滴鼻，2 滴/只（相当于 1/5 使用剂量疫苗）。21 d 后连同对照鸡 3 只，气管注射 ILTV 强毒，0.2 mL/只，观察 10 d，免疫鸡应无临床症状，对照鸡出现眼炎和呼吸道症状，判为合格。

[保存与使用] －15℃以下保存，有效期 12 个月。适用于 7 日龄以上鸡，点眼、滴鼻均可。

**2. 灭活疫苗** 我国于 20 世纪 80 年初期开始用 2～3 代 ILTV 强毒株接种鸡胚，取有特征病变的鸡胚绒毛尿囊膜磨碎，加入甲醛 37 ℃灭活 24 h，再加入氢氧化铝胶，振荡 30 min，制成鸡胚绒毛尿囊膜灭活疫苗。也可取感染 120 h 的鸡胚（$EID_{50}$ 为 $10^{3.77}/0.2$ mL），剪碎研磨，取尿囊液与之混合后用超声波处理，再用甲醛灭活后加入氢氧化铝胶制成鸡胚尿囊液灭活疫苗，其免疫期约 6 个月，对 11～15 日龄雏鸡的保护最高，达 95.2%。对 20～35 日龄鸡保护率为 84.6%。

（焦新安）

## 五、鸡传染性法氏囊病

鸡传染性法氏囊病（Infectious bursal disease，IBD）又称甘博罗病，是雏鸡的一种高度接触性传染病，以法氏囊肿大、肾脏损害为主要特征，能引起雏鸡的免疫抑制。本病呈世界性分布，在我国时有发生，并造成严重经济损失。

### （一）病原

传染性法氏囊病病毒（Infectious bursal disease virus，IBDV）属双 RNA 病毒科、禽双 RNA 病毒属。病毒粒子直径 50～65 nm，由 32 个壳粒组成，呈二十面体对称，无囊膜。IBDV 有 4 种病毒蛋白，即 VP1、VP2、VP3 和 VP4，其中 VP2 和 VP3 是病毒主要结构蛋白，其含量较高，分别约占病毒蛋白的 51% 和 40%。VP4 和 VP1 的含量较少，只占整个病毒蛋白的 6% 和 3%。现又发现一种新的蛋白 VP5，分子质量为 21 ku。

本病毒能在鸡胚中增殖，且以绒毛尿囊膜（CAM）接种比卵黄囊和尿囊腔接种敏感。病毒在鸡胚中的滴度比在 CAM 和尿囊腔中的滴度高，并且在接种后 72 h 达峰值。10 日龄鸡胚在接种后 72～120 h 死亡。感染的鸡胚表现皮下水肿、出血、发育不良及肝坏死等。病毒在鸡胚连续继代后可降低对鸡的致病力。IBDV 还可在鸡胚法氏囊细胞、鸡胚肾细胞（CEK）和鸡胚成纤维细胞（CEF）等原代细胞及 MA104、Vero 和 BGM-70 等哺乳动物细胞系上生长；病毒在 BGM-70 和 CEF 细胞上生长性能相似，可出现明显细胞病变（CPE）。目前，疫苗生产上常用鸡胚和 CEF 增殖病毒。

本病毒有两个血清型，血清Ⅰ型和Ⅱ型之间无交叉保护作用。血清Ⅰ型 IBDV 对鸡有致病性，血清Ⅱ型 IBDV 可感染火鸡。中和试验证明，Ⅰ型病毒株又有不同亚型。根据病毒遗传性和致病力，Ⅰ型 IBDV 可分为古典型毒株、超强毒株和变异毒株。我国至少存在 6 个血清亚型，并有超强毒株（如 $HB_{91}$ 和 $HBC_3$ 等）。

本病毒抵抗力较强，但在碱性条件下（pH 12）可被灭活；70℃经 30 min 可使病毒失活；3%煤酚皂溶液可用于消毒；病毒在 0.5%甲醛溶液中 6 h 或 1%甲醛溶液中 1 h 感染效价显著下降。

### （二）免疫

本病毒 $VP_2$ 和 $VP_3$ 蛋白含有决定 IBDV 群抗原的表位。$VP_2$ 能诱导产生中和抗体，且至少有两种病毒中和表位，其中一种表位严格决定血清型的特异性。IBDV 感染不仅引起雏鸡全身体液免疫和细胞免疫功能显著抑制，且可导致消化道和呼吸道局部的体液免疫和细胞免疫水平明显降低，体液免疫的损害重于细胞免疫。在野外感染或接种 IBDV 时，病毒中和抗体效价常高达 1∶1 000。母鸡可以通过鸡蛋卵黄把抗体传递给雏鸡，抵抗 IBDV 早期感染及其造成的免疫抑制。母源抗体半衰期为 3～5 d。油乳剂灭活苗可以刺激母鸡产生较高水平的母源抗体，保护雏鸡达 4～5 周。活疫苗免疫鸡的子代可保护 1～3 周。常用的抗体检测方法为琼脂扩散（AGP）试验、中和试验和 ELISA 试验。

### （三）疫苗

本病疫苗可分灭活疫苗和活疫苗两类。活疫苗有三种，即高毒型（如初代的 2512 毒株和 $J_{-1}$ 毒株）、中毒型（如 228E、CuLM、$BJ_{836}$、Lukert、$B_2$ 和 NF8 毒株）及低毒型（如 $D_{78}$、$PGB_{98}$、LKT 及 $LZD_{228}$ 毒株）及一些适应细胞培养的变异毒株。其中，高毒型疫苗已被市场淘汰。高毒型、中毒型和低毒型疫苗均会受到母源抗体干扰。它们能突破干扰的母源中和抗体的滴度分别为 1∶500、1∶250 和 1∶100。若母源中和抗体滴度小于 1∶100，则可选用低毒型疫苗。中毒型毒株的毒力有所不同，能导致 1 日龄和 3 日龄 SPF 鸡的法氏囊萎缩和免疫抑制。疫苗病毒可在胸腺、脾脏、法氏囊中复制，并持续存在 2 周。一旦母源抗体消失，持续存在的疫苗即可引起初次抗体反应。近年来，已有 MDV 表达 IBDV 保护性抗原的基因工程疫苗上市。

**1. 灭活疫苗**

（1）鸡传染性法氏囊病囊毒组织油乳剂灭活疫苗：一般用 IBDV 强毒（如 $CS_{801}$ 株）或超强毒（如 $HN_{914}$、$HBC_3$ 株）接种 7～8 周龄敏感雏鸡后 72 h，解剖病鸡，取病变法氏囊（法氏囊浆膜面呈黄色胶冻样水肿、切开后见黏膜皱襞上有出血点或出血条纹，偶见法氏囊呈黑紫色），加入适量 PBS 液制成匀浆，经反复冻融或超声波裂解后离心，取上清病毒液加入 0.1%甲醛作用一定时间。接种敏感鸡安全检验，确认灭活充分后，即可作为制苗病毒液。再按常规方法制备白油油相，并乳化，即制成油包水型灭活疫苗。本苗应用于开产前父母代种鸡，3 周后 AGP 抗体效价达 1∶8 以上。抗体可经蛋传递给下一代仔鸡，雏鸡 3～4 周内保护率 80%～100%。也可用于疫区雏鸡 0.5 mL/只，15 d 后即可获得良好保护。

（2）鸡传染性法氏囊病细胞毒灭活疫苗：与 IBD 囊毒组织油乳剂灭活疫苗制备方法不同之处，即将 IBDV 毒株（如 $CJ_{801}$ 株和日本的 IQ 毒株）接种于 CEF 进行增殖培养，毒价达到规定要求（如 $CJ_{801}$ 株 $TCID_{50}$ 应为 $10^{8.0}$/mL，IQ 毒株 PFU 应为 $10^7$/mL），即可作为制苗毒液。甲醛灭活后制成油佐剂灭活疫苗，或再加入等量氢氧化铝胶混匀即成氢氧化铝胶灭活疫苗。

此外，也可用适应鸡胚的 IBDV 毒株，接种鸡胚，增殖病毒。取死胚胚体和绒毛膜，匀浆，反复冻融 3 次，用甲醛灭活，制成 IBD 鸡胚毒油乳剂灭活疫苗。但通常，细胞毒灭活疫苗和鸡胚毒油乳剂灭活疫苗免疫效果不如囊毒组织油乳剂灭活疫苗。

为减少鸡免疫次数，国内外均开展了多种禽病的联合疫苗研究。美国于 1982 年研制成功 IBD 和 ND 二联油乳剂灭活疫苗。1984 和 1985 年美国和荷兰又先后研制成 ND、IBD 和 EDS-76 及 ND、IBD 和传染性鼻炎的三联灭活疫苗。目前，我国也分别研制了 ND-IBD、ND-EDS$_{-76}$-IBD 及 ND-IB-IBD 等联合疫苗。

**2. 活疫苗** 目前在各国市场上销售的活疫苗有 20 多种，包括 2512HEP、LZD$_{228}$、Lukert、228E、D$_{78}$ 及 B$_2$ 等，其中 228E、Lukert 和 B$_2$ 等中等毒力株疫苗免疫含母源抗体的鸡，可克服高水平的母源抗体干扰，比 D$_{78}$ 和 LZD$_{288}$ 等低毒力株活疫苗有更强的水平传播能力，可获得更佳的免疫效果。

(1) 鸡传染性法氏囊病中等毒力活疫苗：

［毒种］ BJ$_{836}$、J$_{87}$、K$_{85}$、NF8 和 228E 等中等毒力株。

［制造要点］ ①接种于 9~10 日龄鸡胚绒毛膜，37 ℃孵育至 120 h，收获死胚绒毛膜、胚体及尿囊液，匀浆后加保护剂，冻干。②接种于 CEF，培养至出现 70% 以上 CPE，收获细胞营养液，加入保护剂，冻干。

［质量标准］ 除按成品检验的有关规定外，尚需做如下检验：

① 病毒含量测定：将疫苗作适当稀释后接种易感鸡胚或 CEF 细胞，鸡胚苗每羽剂含毒量应大于 1 000 EID$_{50}$；细胞苗每羽剂含毒量应大于 5 000 TCID$_{50}$。

② 安全检验：用 20 只 7~10 日龄无 IBD 母源抗体雏鸡，分为两组，每组各 10 只，一组点眼和口服 10 个使用剂量的疫苗，另一组不接毒作对照，隔离饲养观察 21 d，均应健活，剖检法氏囊均应无明显的外观变化。

③ 效力检验：下列方法任选其一。

A. 对雏鸡的保护力测定：用 20 只 7~10 日龄无 IBD 母源抗体的易感雏鸡分成两组，各 10 只，一组点眼和口服 1/5 使用剂量疫苗，另一组作为对照，隔离饲养 20 d 后，取免疫组鸡和对照组鸡各 5 只，每只点眼攻毒 0.05 mL（BC$_{6-85}$ 强毒，100~1 000 个 ELD$_{50}$），72 h 后剖杀所有鸡，检查法氏囊变化。攻毒对照组鸡法氏囊变应在 80% 以上，免疫组鸡法氏囊应 80% 以上无病变，健康对照组鸡法氏囊不应有任何变化。

B. 对雏鸡免疫抗体效价测定：同上免疫后 20 d 采血，测定血清中和抗体，免疫组中和抗体效价应在 1∶320 以上，对照组中和抗体效价应在 1∶20 以下为合格。

［保存与使用］ －15 ℃以下保存，有效期 1 年。点眼或饮水均可。

(2) 鸡传染性法氏囊病低毒力活疫苗：本品系用鸡传染性法氏囊病病毒低毒力 A$_{80}$ 株，接种易感鸡胚或 CEF 培养，收获感染鸡胚或细胞培养液，加适宜稳定剂，经冷冻真空干燥制成。制苗要点同鸡传染性法氏囊病中等毒力活疫苗。

［质量标准］ 除按一般规定进行检验外，尚需做如下检验：

① 病毒含量测定：按实含鸡胚组织量用生理盐水做 10 倍梯度稀释，各接种 10 日龄 SPF 鸡胚 5 只，0.1 mL/胚，观察 144 h，每 0.1 mL 含毒量应大于 10$^{5.0}$EID$_{50}$。

② 安全检验：除接种后应观察 14 d 外，其余同 IBD 中等毒力株活疫苗安全检验。
③ 效力检验：用 1~7 日龄易感鸡，方法同 IBD 中等毒力株活疫苗效力检验。

[保存与使用] −18℃保存，有效期 18 个月。本苗适用于无母源抗体雏鸡首次免疫，点眼、滴鼻、肌肉注射或饮水免疫均可，每只鸡免疫剂量应不低于 1 000 个 $EID_{50}$。

**3. 新型疫苗** 近年来，国内外已报道有重组疫苗，如 IBDV VP2 基因重组禽痘疫苗、IBDV VP2 基因重组火鸡疱疹病毒疫苗、IBDV VP2 基因重组酵母菌疫苗及 IBDV VP2 基因重组杆状病毒疫苗等，其中，梅里亚公司研制的 IBDV VP2 基因重组火鸡疱疹病毒疫苗已经商品化生产。

我国研制的鸡传染性法氏囊病基因工程亚单位疫苗实现了大规模商品化生产，并取得较好免疫效果。本品系用能表达鸡传染性法氏囊病病毒 VP2 蛋白的重组大肠杆菌 E. coli. BL21、pET28a-VP2 株经过发酵培养、诱导表达、菌体破碎、离心去除菌体碎片，重组 VP2 抗原 AGP 抗原效价≥1:16。经甲醛溶液灭活残留细菌后，加入矿物油佐剂混合乳化制成。用于预防鸡传染性法氏囊病。

[质量标准] 除按兽医生物制品检验的一般规定进行检验外，尚需做如下检验：

(1) 安全检验：取 3~8 周龄 SPF 鸡 10 只，每只肌肉或颈部皮下注射疫苗 1.0 mL，观察 14 d，应不出现由疫苗引起的任何局部和全身不良反应。

(2) 效力检验：下列方法任择其一。

① 血清学方法：取 3~8 周龄 SPF 鸡 20 只，其中 10 只肌肉或颈部皮下注射疫苗，每只 0.25 mL，另外 10 只不接种，作为对照，同群饲养。接种后 21 d，采血，分离血清，用琼脂扩散试验检测 IBD 抗体滴度，免疫鸡应至少有 8 只琼脂扩散试验抗体效价≥1:8，对照鸡应全部阴性。

② 免疫攻毒法：取 3~8 周龄 SPF 鸡 20 只，其中 10 只肌肉或颈部皮下注射疫苗，每只 0.25 mL，另外 10 只不接种，作为对照，同条件下隔离饲养。接种后 21 日，所有免疫鸡和对照鸡，每只经点眼途径接种 100 倍稀释的鸡传染性法氏囊病病毒 BC6-85 株毒液 0.1 mL（实含毒量≥100 个 EID）。攻毒后，每天观察鸡只的临床表现，记录发病和死亡鸡数，剖检观察死亡鸡法氏囊病变，至 72~96 h 扑杀存活鸡，逐只剖解，观察法氏囊病变。免疫鸡应至少 8 只不发病，不出现法氏囊病变；对照鸡应至少 8 只发病或出现明显的法氏囊病变，如胸肌或腿肌条状出血、法氏囊肿大或萎缩、发黄、内有胶冻样分泌物等一种以上病变。

[保存与使用] 2~8℃保存，有效期为 12 个月。颈部皮下或肌肉注射。雏鸡，1~3 周龄接种，每只 0.25 mL，免疫期为 3 个月；种鸡，开产前 2 周接种，每只 0.5 mL，免疫期为 6 个月。

### (四) 诊断制剂

国外已有商品化 ELISA 抗体检测试剂盒、国内有 Dot-ELISA 抗体检测试剂和 AGP 抗原供应。AGP 抗原制备方法简便实用，其制备要点如下：

按 IBD 囊组织毒灭活疫苗制备方法，获取患 IBD 法氏囊组织，经 3 次冻融的囊毒按 1~5 倍体积加入 PBS 液，于 4℃浸泡 24 h 后 3 500~4 000 r/min 离心 30 min，收集上清液，沉淀物用 PBS 悬浮后再经 10 000 r/min 离心 60 min，两次上清液合并后加入 0.1%~0.4%甲醛，37℃作用 20 h，即成灭活抗原。与标准阳性血清做琼脂扩散试验，在 24 h 后出现 1~3

条沉淀线为合格。本抗原于−20 ℃保存，有效期2年；−10 ℃保存，有效期1年。

### （五）治疗制剂

我国已批准生产精制高免卵黄抗体。本品系用鸡IBDV囊毒组织灭活油乳剂抗原免疫接种健康产蛋鸡，一般免疫2～3次，每次间隔10～14 d，待卵黄AGP效价达1∶128以上即可收蛋。无菌操作取出卵黄，加入适量灭菌生理盐水或PBS，充分捣匀后用纱布过滤，再用辛酸提取抗体，加入0.001%硫柳汞及100U/mL青、链霉素制成。本品为略带棕色或淡黄色透明液体，久置后瓶底可有少许白色沉淀，AGP抗体效价应≥1∶32。成品除按兽医生物制品检验的一般规定检验外，还应进行如下检验：

（1）安全检验：用体重18～22 g小鼠5只，各皮下注射本品0.5 mL；用14日龄SPF雏鸡5只，各皮下注射本品10 mL。观察10 d，小鼠和雏鸡均应全部健活。

（2）效力检验：取4～8周龄SPF鸡30只，随机分为3组，每组10只。第1组为健康对照组，不注射任何药品，单独隔离饲养。第2组和第3组每只鸡点眼和滴鼻接种IBDV SNJ93株囊毒0.1 mL（100 $LD_{50}$）。24 h后，第2组皮下注射本品2 mL，第3组皮下注射生理盐水2 mL。观察每组鸡发病和死亡情况至第10天。第1组试验期间鸡应全部健活。第3组鸡应于攻毒后24～48 h发病，48 h后开始死亡，72 h全部发病，7 d内应死亡8只以上。第2组注射本品后12 h，即攻毒后36 h发病3～5只，再经8～12 h后恢复正常，至观察结束时应至少存活9只，判为合格。

本品于2～8 ℃保存，有效期18个月。用于鸡IBD早期和中期感染的治疗和紧急预防，皮下、肌肉或腹腔注射均可。每次注射的被动免疫保护期为5～7 d。

（焦新安，陈祥）

## 六、产蛋下降综合征

产蛋下降综合征（Egg drop syndrome，EDS‐76）又称减蛋综合征，是由EDS‐76病毒引起的以产蛋量下降（20%～50%）、产软壳蛋或蛋壳颜色变淡为特征的鸡的一种传染病。EDS‐76首先由荷兰于1976年报道。我国于20世纪80年代末开始流行，是影响养禽业重要疫病之一。

### （一）病原

产蛋下降综合征病毒（Egg drop syndrome virus）属腺病毒科成员，直径为70～85 nm，无囊膜，呈二十面体对称。病毒仅有一个血清型，与禽腺病毒存在共同抗原，但用免疫扩散或免疫荧光试验尚不能鉴别。病毒有13条结构多肽，其中至少有7条与鸡腺病毒Ⅰ型的结构多肽相同。病毒能凝集鸡、鸭、火鸡、鹅、鸽和孔雀的红细胞，但不凝集大鼠、家兔、马、绵羊、牛、山羊、猪及人的红细胞。血凝素在56 ℃经16 h后滴度可下降4倍，但在4 d内可保持不变，8 d后则降为零；70 ℃经30 min可被破坏；3 ℃可保持活性很长时间。病毒在pH 3～10稳定，0.5%甲醛或0.5%戊二醛可灭活。病毒能在鸭肾细胞、鸭胚肝细胞、鸭胚成纤维细胞、鹅胚成纤维细胞及鸡胚肝细胞良好生长。在鸡胚肝细胞培养48 h细胞内病毒滴度达高峰，培养 72 h 后在细胞外毒滴度达高峰。病毒在鸡肾细胞和火鸡细胞生长不良，在鸡胚成纤维细胞和哺乳动物细胞难以生长。病毒接种鸭胚和鹅胚尿囊腔后，47 ℃孵育数天，病毒滴度可达 1∶16 000～32 000，甚至更高。而在 SPF 鸡胚中病毒滴度极低。

## （二）免疫

实验感染后 5 d 用间接荧光抗体技术、ELISA 试验、中和试验及血凝抑制（HI）试验，以及在 7 d 时用双向免疫扩散试验能检测出特异性抗体，并在 4～5 周达到高峰。沉淀抗体较其他抗体容易消失。但即使 HI 抗体水平很高，鸡仍能排毒；反之，有些鸡虽然排毒，但不产生抗体。因此，在检疫时即使 100% 鸡 HI 抗体阴性，仍不能排除带毒及暴发本病的可能性。免疫监测时，即使免疫鸡群，也不是 100% 的鸡都产生抗体。主动免疫时，抗体的产生要在雏鸡 4～5 周龄后母源抗体近乎检测不出时才能诱发。若一群鸡在进入产蛋前全部产生了特异性抗体，则会获得良好保护，产蛋将不受影响。

## （三）疫苗

国内外均采用油乳剂灭活疫苗预防本病。鸡免疫后 7 d 即能检测到抗体，2～6 周后抗体滴度达到高峰，HI 效价为 1∶256～512。

**鸡产蛋下降综合征油乳剂灭活疫苗**

［毒种］ EDS-76 病毒强毒株，包括 NE4、GC2 和 H91-1 等。

［制造要点］ ①用 1∶10～100 倍种毒稀释液 0.2 mL 接种于 9～12 日龄鸭胚尿囊腔内，38～39 ℃孵育，每日照蛋到 120 h。②收获 72～120 h 死胚及 120 h 存活胚尿囊液及绒毛尿囊膜，并制成病毒悬液，HA 价达 $2^{15}$ 以上。③灭活：用 0.2% 甲醛（终浓度）38 ℃作用 16 h 以上。④油相配制后，乳化制成油包水型，最终每羽份疫苗含 2 500 个血凝单位。

［质量标准］ 除按成品检验的有关规定外，需做如下检验：

（1）安全检验：用 3～6 周龄易感鸡（HI≤1∶4）10 只，每只肌肉或皮下注射 3 mL 疫苗，连同对照鸡 10 只，观察 10～14 d，精神食欲正常、产蛋量不下降及接种局部不溃烂，判为合格。

（2）效力检验：用 3～6 周龄易感鸡（HI≤1∶4）10 只，5 只注射疫苗，0.5 mL/只，5 只作对照，饲养 3 周后检测 HI 抗体，免疫组 HI 抗体几何平均滴度应在 1∶128 以上，对照组在 1∶4 以下，判为合格。

［保存与使用］ 2～10 ℃保存，有效期 1 年。母鸡产蛋前 2～3 周肌肉或皮下注射，0.5 mL/只，免疫后 21～30 d，HI 滴度达高峰，免疫期 1 年以上。

此外，新城疫-减蛋综合征二联灭活疫苗、新城疫-减蛋综合征-传染性法氏囊病三联灭活疫苗、新城疫-传染性支气管炎-减蛋综合征-H9 亚型禽流感四联灭活疫苗等，也有良好的免疫效果。

## （四）诊断制剂

根据流行特点、临床表现及解剖变化可作初步诊断，但确诊应依靠病毒分离鉴定及血清学试验。目前国内常用的血清学方法有 ELISA 试验、血凝抑制（HI）试验及琼脂扩散（AGP）试验等，HI 及 AGP 试验操作简便、直观，而受到普遍欢迎。

**1. 血凝试验抗原**

（1）抗原制备：将 EDS-76-AV-127 毒株尿囊腔接种 13~14 日龄鸭胚，每胚接种 0.2 mL，38.5 ℃孵育并每日照蛋，弃去 48 h 前死胚，将 72~96 h 死亡和存活的鸭胚取出放 4 ℃冰箱致死。无菌收取尿囊液，3 000 r/min 离心 20 min，取上清（HI 价≥1∶640）加入 0.1%~0.2%甲醛（按 36%~40%甲醛溶液折算），38 ℃灭活 16 h 后加入甘油，使其最终浓度达到 25%。抗原经测定血凝价后分装，－15 ℃冰箱中保存。试验使用 4~8 个血凝单位。

（2）质量检验：

① 效价测定：于 96 孔血凝板上以 PBS 或生理盐水倍比稀释抗原后，加入 0.8%~1%鸡红细胞悬液混匀，4 ℃作用 30 min，以完全凝集孔的最高稀释倍数为抗原 HA 价。

② 特异性检验：将 EDS-76 阴阳性血清与 4~8 单位抗原混合后，于 37 ℃作用 30 min，加入 0.8%~1%鸡红细胞悬液混匀，4 ℃作用 30 min，EDS-76 阳性血清孔不凝集、EDS-76 孔阴性血清孔完全凝集，判为合格。

**2. 琼脂扩散试验抗原**

（1）抗原制备：按 EDS-76 HI 抗原制备方法增殖病毒，加入甲醛灭活，以 40 000 r/min 超速离心 2 h，取沉淀物，按原液量的 1/20 加入灭菌生理盐水，充分吹打混合，再以 3 000 r/min 离心 20 min，收集上清；将沉淀物再加少量灭菌生理盐水充分吹打离心，将每次离心上清液混合，用灭菌生理盐水补足至原尿囊液的 1/10 量，即为 AGP 抗原。

（2）质量检验：用含 8% NaCl 以 pH 5.6~6.4、0.01 mol/L PBS 配制的 0.6%~1%琼脂糖铺片，进行 AGP 试验。在抗原孔与阳性血清孔间出现乳白色沉淀线，而与阴性血清孔间无沉淀线，判抗原合格。

（焦新安，陈祥）

## 七、禽脑脊髓炎

禽脑脊髓炎（Avian encephalomyelitis，AE）是一种主要侵害雏鸡的病毒性传染病。鸡、火鸡、野鸡和鹌鹑自然易感。1~4 周龄雏鸡表现神经症状，如共济失调、瘫痪或头颈快速颤动。成年产蛋鸡产蛋率降低 10%~15%。1930 年，Jones 首次在 2 周龄商品代洛岛红鸡中见到 AE，其表现为震颤。

禽脑脊髓炎病毒（Avian encephalomyelitis virus，AEV）属于小 RNA 病毒科、肠道病毒属，病毒直径为 20~30 nm，病毒粒子具有六边形轮廓，无囊膜。AEV 可抵抗氯仿、酸、胰酶、胃蛋白酶和 DNA 酶。在二价镁离子保护下可抵抗热效应。虽然 AEV 的各分离物在血清学上无差异，但野毒株和鸡胚适应毒株之间在致病性上却有差异。野毒株一般均为嗜肠道型，鸡胚适应毒株为高度嗜神经型。

自然感染和实验感染康复鸡能够产生中和 AEV 的循环抗体，抗体也在免疫母鸡所产蛋的卵黄中出现，并能使鸡胚对于经卵黄囊接种病毒有抵抗力。早在感染后 11 d 所产蛋鸡孵出小鸡，已携带着被动获得性抗体，使它们后天对接触感染有抵抗力。同样，在感染后 11~14 d 以后就出现中和抗体，而早在感染后 4~10 d 即可测到沉淀抗体。

本病活疫苗毒种为 1143 株，属于温和野毒株。进行病毒的滴定时，需做 10 倍梯度稀释，每个稀释度接种 10 个鸡胚，鸡胚一定要来自 AE 易感鸡群，每胚通过卵黄囊接种 0.2 mL。10 个胚以相同方式接种肉汤稀释液作对照。每一接种组的蛋放在单独的笼中让其出雏。孵出的雏鸡用翅带鉴别，与对照组一起放在孵化器中观察 3 d。记录每一组最开始出雏的鸡数中有多少表现出 AE 的临床症状。按 Reed 和 Muench 法计算 $EID_{50}$。疫苗于开产前 4 周通过饮水免疫，对每只鸡的剂量，最低病毒滴度应为 $10^3\ EID_{50}$。禽脑脊髓炎灭活苗也有报道，由甲醛或 β-丙酰内酯灭活 AEV 鸡胚适应毒株制成。疫苗病毒滴度在灭活前为 $10^6\ EID_{50}$，即可获得适宜的免疫性。我国也批准生产禽脑脊髓炎油乳剂灭活疫苗等。

（焦新安，陈祥）

## 八、禽病毒性关节炎

禽病毒性关节炎（Avian viral arthitis，AVA）又称传染性腱鞘炎、腱炎腱裂综合征、呼肠孤病毒性肠炎、呼肠孤病毒性败血症。几乎在鸡群中 100% 的鸡都会受到感染，但死亡率较低，一般低于 10% 或低于 1%。本病主要特征是肉用型鸡胫和跗关节上方腱索肿大，跖伸腱鞘和趾屈腱鞘肿胀，跛行、蹲坐，不愿走动，腓肠肌腱破裂。

禽病毒性关节炎病毒（Avian viral arthitis virus，AVAV）属于呼肠孤病毒科、呼肠孤病毒属。本病毒由一个核心和一个衣壳构成。衣壳直径约 75 nm。衣壳二十面体，由 92 个壳粒组成，该病毒为双股 RNA 病毒，有血清型差异。琼脂扩散试验证明，禽呼肠孤病毒有一个群特异性抗原，用蚀斑减数中和试验和鸡胚实验证明血清型特异性抗原，感染后 7～10 d 可查出中和抗体，大约在 2 周后出现沉淀抗体。由于在有高水平循环抗体的情况下，病毒仍持续感染鸡，然而，母源抗体对 1 日龄雏鸡遭受人工或自然感染具有一定程度的保护作用。从抗体滴度角度来看，由抗体提供的保护作用在很大程度上与血清型同源性、病毒的毒力及宿主年龄有关。

本病疫苗有活疫苗和灭活苗两种。活疫苗毒株有 $S_{1133}$ 株和 $UMO_{207}$ 株等，主要用于 7 日龄或更大日龄的雏鸡。1 日龄使用 AVA 活疫苗可能干扰马立克病免疫接种。灭活疫苗是由抗原性相似的几株病毒如 $S_{1133}$、$S_{1733}$、$S_{2408}$ 和 $C_{08}$ 经灭活后制备的油乳剂苗，主要用于成年母鸡，以保证雏鸡体内存有母源抗体。AVA 活疫苗和灭活苗，均是经组织培养或用鸡胚制备而成的。本品所含病毒的毒价应充分高于免疫原性测定中所用的病毒毒价，以保证在有效期内的任何时间抽检，产品的毒价均比免疫原性测定中所用毒价高 $10^{0.7}$，且不低于 $10^{2.0}$ PFU 或 $10^{2.0}\ EID_{50}$/头剂。其疫苗质量均应符合。安全检验按下列方法任选一种：①对用于很小日龄鸡的疫苗，取 25 只 1 日龄易感鸡，各接 10 个使用剂量的疫苗。②对用于大日龄鸡的疫苗，取 25 只 4 周龄以上易感鸡，各接种 10 个使用剂量的疫苗。疫苗注射后，观察 21 d，若出现疫苗本身所致不良反应，判不合格；若 2 只以上出现非疫苗本身所致不良反应，判无结果，可重检；若不重检，做不合格处理。

（焦新安，陈祥）

## 九、鸡传染性贫血

鸡传染性贫血（Chicken anemia）是由鸡贫血病毒引起的以再生障碍性贫血、全身淋巴组织萎缩、淋巴组织衰竭为特征的一种疾病，该病也被称为蓝翅病、出血性综合征以及贫血性皮炎综合征等。日本、德国、英国、瑞典、美国、澳大利亚、荷兰、丹麦和波兰等有报道。我国也已有该病存在。本病病原为鸡贫血病毒（Chicken anemia virus，CAV），属于圆环病毒科、圆环病毒属成员，基因组由2300个碱基组成，易形成环状结构。病毒粒子在电镜下呈球形或六面体形，直径19～24 nm，可通过25 nm滤膜。该病毒耐酸，pH 3作用3 h仍稳定；对热有抵抗力。CAV不同分离毒株的毒力有一定差异，但无血清型差异。病毒可在肿瘤细胞系MDCC-MSB1、MDCC-JP$_2$和LSCC-1104B$_1$细胞中生长。

鸡贫血病毒可垂直传递，为了防止子代爆发传染性贫血，可以在开产前尽早对种鸡进行免疫。德国研制出了鸡传递性贫血活疫苗，该疫苗用于12～16周龄种鸡饮水免疫，可使种鸡产生对鸡传染性贫血的免疫力，防止由卵巢排出病毒；雏鸡可获得母源抗体，从而获得对该病的免疫力。自1986年开始，在德国87个肉用和蛋鸡群共310万只鸡进行饮水免疫，疫苗安全性好，不引起免疫抑制，用CAV进行攻毒试验证实有良好的保护力。由于该疫苗是活毒，因此免疫种鸡时一定不得迟于产蛋前4～5周，以防止疫苗毒通过种蛋而传播，同时还应注意日常管理和卫生措施，并对种鸡群进行鸡传染性法氏囊病灭活苗免疫，以防止由环境因素或鸡法氏囊病等传染病导致的免疫抑制，使鸡对传染性贫血病毒的敏感性提高。

实验室诊断方法包括1日龄无母源抗体雏鸡病料接种试验、病毒分离（MDCC-MSB1细胞）和免疫荧光染色鉴定等。CAV抗体检测可用血清中和试验、间接免疫荧光试验，目前国外已有检测CAV抗体的ELISA试剂盒供应。

（焦新安，陈祥）

## 十、鸭瘟

鸭瘟（Duck plague）是由鸭瘟病毒引起的鸭、鹅及雁形目多种禽类的一种急性、高致死率的传染病。临床表现为脚/翅软弱，下痢，流泪，高体温和部分鸭头颈部肿胀；以心血管系统、消化道、淋巴及实质器官受损，头颈部皮下水肿，食道黏膜有出血点或溃疡，泄殖腔黏膜出血与坏死，肝脏有出血或坏死灶为病理学特征。目前，各主要养鸭国家均有本病报道。

### （一）病原

鸭瘟病毒（Duck plague virus，DPV）隶属于疱疹病毒科、α-疱疹病毒亚科、马立克病毒属，为鸭疱疹病毒1型，只有一个血清型，无血凝特性。成熟病毒粒子呈球形，其结构由内向外依次是芯髓、衣壳、皮层和囊膜，直径150～300 nm。

本病毒可以在9～14日龄的鸭胚中生长繁殖，病毒适应鸭胚后可以感染8～13日龄鸡胚，随着鸡胚继代增加出现更加明显的病变，鸡胚死亡时间缩短且对鸭的毒力则越来越弱，至一定代次后丧失对鸭的致病力，但仍保持其免疫原性，从而可培育鸡胚弱毒疫苗。

本病毒可以在鸭胚成纤维细胞和鸡胚成纤维细胞内增殖和传代，并能在接种后 2~6 d 引起细胞病变，形成核内包涵体和小空斑。一些毒株可能需盲传几代才能出现细胞病变。通过细胞继代也可以使病毒毒力减弱，应用此法可培育细胞弱毒疫苗。

## （二）免疫

本病毒自然或人工感染后，康复鸭能抵抗鸭瘟病毒的再次感染。疫苗免疫后可迅速产生免疫力，接种弱毒疫苗 3 d 后即可抗强毒的攻击，弱毒对强毒的干扰是弱毒疫苗能够迅速产生保护作用的重要机制。种鸭产生的抗体可经卵黄传递给雏鸭使其在 10~13 d 内获得一定程度被动免疫保护，从而在一定程度上会干扰对活疫苗的免疫应答。黏膜免疫是抗 DPV 感染的重要组成部分，细胞免疫和体液免疫在抗 DPV 的免疫中都具有重要意义。

## （三）疫苗

我国商品化疫苗有鸭瘟鸡胚化活疫苗、鸭瘟鸡胚成纤维细胞活疫苗和鸭瘟灭活疫苗等。这些疫苗免疫鸭无法区分疫苗与自然感染抗体，目前开展的鸭瘟病毒基因工程疫苗研究有望解决此问题。

**1. 鸭瘟鸡胚化活疫苗**

［毒种］ C-KCE 弱毒株。

［制造要点］ ①用灭菌生理盐水将生产用毒种做 50~100 倍稀释，每胚绒毛尿囊膜上接种 0.2 mL，接种后封闭针孔，置 37 ℃断续孵育。②孵育和观察：接种 48 h 后，每 4~8 h 照蛋 1 次，直到 120 h。取 48~120 h 死亡的鸡胚，置 2~8 ℃冷却。③收获：将冷却 4~24 h 的鸡胚，用无菌手术取绒毛尿囊膜、胎儿、胚液，每若干个混为一组，置于灭菌瓶中。在收获的同时，应逐个检查鸡胚，如胎儿腐败、胚液浑浊及有任何污染可凝者弃去不用。④配苗、冻干。

［质量标准］ 除按成品检验的有关规定检验外，进行如下检验：

（1）安全检验：用 2~12 月龄健康易感鸭 4 只，各肌肉注射疫苗 1 mL（含 10 个使用剂量），观察 10~14 d，允许有轻微反应，但需在 1 d 内恢复，疫苗判为合格。

（2）效力检验：用 2~12 月龄健康易感鸭 4 只，各肌肉注射 1 mL（含 1/50 个使用剂量），10~14 d 后，连同条件相同的对照鸭 3 只，各肌肉注含鸭瘟强毒 1 mL（1 000 LD$_{50}$），观察 10~14 d。对照鸭全部发病，且至少 2 只死亡，免疫鸭全部健活，或虽有反应，但在 2~3 d 内恢复，判为合格。

［保存和使用］ 本疫苗在 -15 ℃以下，有效期为 2 年。适用于预防鸭瘟，按瓶签注明羽份，做生理盐水稀释。肌肉注射后，3~4 d 产生免疫力，2 月龄以上鸭免疫期为 9 个月。对初生鸭也可应用，免疫期为 1 个月。

**2. 鸭瘟鸡胚成纤维细胞活疫苗**

［毒种］ C-KCE 弱毒株。

［制造要点］

（1）接毒：按培养液量的 0.75%~1% 接入毒种，然后将培养液 pH 调至 7.2 左右，继续培养。或在接种时将培养液弃去，加入 30~50 倍稀释的毒种，每 10 000 mL 转瓶中加入

30~50 mL，置 37 ℃吸附 1 h 后加入维持液断续培养。

（2）培养和观察：接毒后观察细胞病变，待 75% 以上的细胞出现圆缩、色暗不透明，似颗粒状时，即可收获。

（3）收获：将细胞摇下，连同培养液收获于灭菌容器内，在 −15℃保存，应不超过 25 d。

（4）配苗、冻干。

［质量标准、保存和使用］ 同鸭瘟鸡胚化活疫苗。

**3. 鸭瘟灭活疫苗**

［制造要点］ 将鸭瘟病毒接种易感鸭胚培养，收集感染鸭胚液，鸭瘟病毒含量至少 $10^{4.5}ELD_{50}/0.2$ mL，经甲醛溶液灭活后，与矿物油佐剂混合乳化制成。

［质量标准］ 除按成品检验的有关规定检验外，进行如下检验：

（1）安全检验：用 10~14 日龄健康易感鸭 10 只，各皮下注射疫苗 1.0 mL，观察 14 d。应不出现由疫苗引起的任何局部和全身不良反应。

（2）效力检验：用 2~12 月龄健康易感鸭 5 只，各颈背部皮下注射疫苗 0.5 mL，21~28 d 后，连同对照鸭 5 只，各肌肉注射鸭瘟病毒强毒 $10^3$ MLD，观察 14 d。对照组应全部发病死亡，免疫组应至少 4 只健活。

［保存与使用］ 2~8 ℃避光保存，有效期 12 个月。用于预防鸭瘟。免疫期暂定为：雏鸭 2 个月，成鸭 5 个月。皮下或肌肉注射。2 月龄以上成鸭，每只 0.5 mL；10 日龄至 2 月龄雏鸭，每只 0.5 mL，2 周后加强免疫一次。

（程安春）

## 十一、鸭病毒性肝炎

鸭病毒性肝炎（Duck viral hepatitis）是由鸭肝炎病毒引起的小鸭高度致死性、传播迅速的病毒性疾病，主要感染 4 周龄以内的小鸭，以 1 周龄内雏鸭最易感，对新生鸭可引起 90% 以上的死亡率。病鸭常在出现角弓反张症状后迅速死亡，病理剖检特点为肝脏肿胀与出血。1945 年美国首先报道，接着，很多欧美国家相继报道，我国 1963 年就有此病发生的记载。目前，本病已成为危害养鸭业最严重的疾病之一。

### （一）病原

鸭肝炎病毒（Duck hepatitis virus，DHV）包括鸭甲肝病毒（Duck hepatitis A virus，DHAV）和星状病毒（Aviastrovirus），都能感染雏鸭引起典型鸭病毒性肝炎临床症状和病理变化。历史上曾经将 DHV 分为 1、2 和 3 三个血清型，相互间无抗原相关性，无交叉保护和交叉中和作用。2011 年，国际病毒分类委员会（ICTV）第九次分类报告（2011）对它们进行了新的分类。

1 型鸭肝炎病毒：属于小 RNA 病毒科禽肝病毒属的鸭甲肝病毒。目前，DHAV 分为 3 个基因型。其中，基因 A 型（DHAV-A）在世界多数养鸭的国家发生，主要发生于 1~4 周龄雏鸭，死亡率 50%~90%；基因 B 型（DHAV-B）发生在中国台湾地区，基因 C 型

（DHAV-C）主要流行于中国和朝鲜半岛。基因 B 和 C 型 DHAV 感染又称为"新型鸭病毒性肝炎"，其均不能被基因 A 型鸭肝炎血清很好中和。因此，A、B 和 C 基因型可分别称为 DHAV 的 A、B 和 C 血清型。

DHAV-A 直径为 20～40 nm，无囊膜，核酸为 RNA，基因组为单分子线状正股单股 RNA，大小约 7.7 kb。病毒经尿囊腔接种后可在鸭胚、鸡胚中增殖。DHAV-A 通过鸡胚连续传代可使病毒对雏鸭的致病力减弱（适用于研制弱毒疫苗）。病毒有一定的热稳定性，50 ℃加热 1 h 病毒滴度不受影响；56 ℃加热 60 min 仍可存活；在 37 ℃条件下可存活 21 d。对 pH 3、氯仿、乙醚、胰蛋白酶等都有抵抗力；2%来苏儿、0.1%福尔马林、15%煤酚皂溶液、20%无水碳酸钠等都不能使病毒失活，但在 1%甲醛或 2%氢氧化钠中 15～20 ℃ 2 h、2%次氯酸钙中 15～20 ℃ 3 h、0.2%福尔马林中 2 h、0.25% β-丙酰内酯 37 ℃经 30 min 等均可使病毒完全失活。

2 型鸭肝炎病毒：属于星状病毒科，禽星状病毒属的鸭星状病毒 1 型（Duck astrovirus 1，DAstV-1）种。该病发生较少，英国和中国有过报道，发生于 2～6 周龄雏鸭，死亡率 25%～50%。

DAstV-1 病毒粒子呈球形，电镜下呈特征性的带有顶角的星形；直径约 27～30 nm，核酸为 RNA，基因组为单分子线状正股 RNA，大小约 6.8 kb。病毒经过尿囊腔途径接种鸭胚盲传几代后，可以在鸡胚中增殖，大部分感染胚表现为发育不良、肝脏淡绿色而有坏死；该病毒对氯仿、酸性环境（pH 3.0）和胰酶等处理有一定的耐受能力；50 ℃加热 60 min 对病毒的感染力无影响。

3 型鸭肝炎病毒：目前划归星状病毒科禽星状病毒属。该病发生较少，美国和中国有过报道，发生于 2 周龄以内雏鸭，死亡率不超过 30%。

该病毒经鸭胚绒毛尿囊膜途径接种可以增殖，但病毒在鸡胚中生长不良。初代接种鸭胚时，胚胎死亡不规律、且死亡时间要到接种后 8～9 d；随着进一步传代，死亡时间逐渐缩短。鸭胚的病变包括绒毛尿囊膜水肿，胚体发育不良、水肿、皮肤出血，肝、肾和脾肿大。鸭胚或雏鸭的肝或肾细胞培养物可用以增殖病毒，该病毒可耐受 pH 3 和氯仿的处理，对 50 ℃加热敏感。

## （二）免疫

本病毒自然或人工感染成年鸭均无临床症状，但可产生中和抗体，康复鸭血清中也有中和抗体，成年鸭免疫本病毒疫苗可产生中和抗体并可使后代获得保护，雏鸭注射康复鸭或免疫鸭血清后可获得被动免疫。本病毒重复免疫鸡在其卵黄中含有高水平中和抗体，可用于雏鸭病毒性肝炎的预防和治疗。本病毒强毒株经鸡胚传一定代次后即失去对雏鸭的致病性而可保留免疫原性，成为研制弱毒疫苗的一个重要途径，DHAV 弱毒疫苗免疫雏鸭 3 d 即开始产生免疫力。

## （三）疫苗

本病有灭活疫苗和活疫苗两类。灭活疫苗价格贵和免疫力产生时间长，并需要有活疫苗做基础免疫，因此，已经很少使用。目前生产实践中广泛使用的是活疫苗。我国已有规程产品鸭病毒性肝炎弱毒活疫苗（CH60 株）。

[毒种] 可供选择的 DHAV 弱毒毒株较多,如 $CH_{60}$、$QL_{79}$、$E_{85}$、BAU-1 和 $A_{66}$ 等,均属血清 DHAV-A 型。

[制造要点] ①将种毒做适应稀释后尿囊腔接种 9~10 日龄鸡胚,37 ℃孵育,每日照蛋。②收获 24~96 h 内死亡胚尿囊液、尿囊膜和胚体,混合碾磨,-20 ℃保存;③加入 5%蔗糖脱脂乳冻干,即为冻干苗。

[质量标准] 除按兽医生物制品检验的一般规定检验外,进行如下检验:

(1) 安全检验:用 1~7 日龄健康易感鸭 10 只,每只肌肉注射 0.2 mL(含 10 个使用剂量),允许有轻微反应,但需在 1 日内恢复,观察 10 d,鸭 10/10 健活,疫苗判为合格。

(2) 效力检验:符合下列条件之一,疫苗效力检验判为合格。

① 免疫鸭中和抗体测定法:用 28 日龄以上健康易感鸭 15 只,其中 10 只肌肉注射 1 mL(含 1 羽份),14 d 后,所有 15 只鸭采血、分离血清,进行抗 DHV-Ⅰ中和抗体测定,免疫鸭抗 DHV-Ⅰ中和抗体均$\geqslant 1:2^6$,对照鸭 5 只抗 DHV-Ⅰ中和抗体均为阴性,疫苗判为合格。

② 病毒含量测定法:用灭菌生理盐水将疫苗稀释成每 1 mL 含疫苗 100 羽份,然后做 10 倍系列倍比稀释,取 $10^{-5}$、$10^{-6}$、$10^{-7}$ 和 $10^{-8}$ 4 个稀释度的病毒接种 9 日龄 SPF 鸡胚,每胚 0.2 mL,每个稀释度接种 5 枚鸡胚,置 37 ℃温箱中观察 120 h,24 h 内的死胚弃去。记录鸡胚死亡情况,计算毒价。每羽份病毒含量应该$\geqslant 10^4 ELD_{50}$。

③ 免疫攻毒法:1 日龄健康易感鸭 20 只,其中 10 只肌肉注射 0.5 mL(含 1 羽份)作为实验鸭,另外 10 只注射 0.5 mL 生理盐水作为对照鸭。免疫后 7 d,实验鸭和对照鸭注射检验用强毒,每只 0.5 mL(含 1 万个 $ELD_{50}$),观察 1 周,免疫鸭保护率$\geqslant 80\%$,非免疫对照鸭不保护。

[保存与使用] 2~8 ℃保存,有效期 12 个月。1~7 日龄鸭腿部肌肉注射 0.25 mL(1 羽份)(有母源抗体的雏鸭,最佳免疫年龄为 1 日龄)。22~24 周龄种鸭(产蛋前 1 周),鸭腿部肌肉注射 1 mL(1 羽份),为了保证下一代雏鸭获得更高母源抗体保护,通常在间隔 7 d 后再免疫注射一次。

### (四) 治疗制剂

DVH 高免血清多限于文献报道,尚无规程产品上市。DVH 精制蛋黄抗体已有上市的规程产品,其中冻干品可保存较长时间。

**1. 鸭病毒性肝炎高免血清**

[毒种] $CH_{60}$、$QL_{79}$、$E_{85}$、BAU-1、$A_{66}$ 等弱毒株或本地流行的 DHAV-A 强毒株。

[免疫原] ①将弱毒接种鸡胚,收获 24~96 h 内死亡胚尿囊液、尿囊膜和胚体,加入适量 PBS 混合碾磨,毒价应达 $10^6 ELD_{50}/mL$ 以上,加入适量青、链霉素,制成匀浆,3 000 r/min 离心 30 min,取上清液用 10%氯仿,高温处理 1 h,离心取上清液。②或将 ATCC 强毒或本地流行的 DHAV-A 强毒感染雏鸭,取死亡鸭肝制成匀浆,加入适量 PBS 后 4 500 r/min 离心 30 min,取上清液用 10%氯仿处理后再离心,上清液毒价达$10^8 LD_{50}/mL$。③或灭活疫苗。

[免疫程序] ①用鸡胚弱毒 $100 ELD_{50}$ 0.2 mL 肌肉注射 1 日龄健康雏鸭,于 6 周龄时再用 0.5 mL 重复加强免疫 1 次,最后一次免疫后 15 d 采血分离血清。②成年鸭弱毒首免后

15 d 再注射弱毒或强毒 0.5 mL/只,加强免疫后 15 d 采血分离血清;③用鸡胚弱毒 1 000 $ELD_{50}$ 或强毒 100 $LD_{50}$ 1.5 mL 肌肉注射成年羊,间隔 7 d 重复 3 次,最后一次免疫后 15～20 d 采血分离血清。

[质量标准] 除物理性状、无菌检验和安全检验外,应进行 DHAV-A 抗体效价测定。效价测定用中和试验,通常中和效价应在 1:$2^{8.5}$ 以上。

[保存与使用] 0 ℃以下保存,有效期 18 个月;4～8 ℃保存,有效期 20～30 d。雏鸭预防剂量为 0.5～1 mL/只,治疗剂量为 2～3 mL/只。

**2. 鸭病毒性肝炎精制蛋黄抗体**

[毒种] CH60、CRF98 等 DHAV-A 强毒株。

[免疫原] 用 DHAV-A 种毒接种非免疫鸭胚,收获死亡胚尿囊液、羊水等作为毒液,毒价达到 $ELD_{50} \geq 10^{-6.0}/0.2$ mL;经灭活后,与矿泉物油佐剂制成油乳剂灭活免疫原。

[免疫程序] 基础免疫:将免疫原皮下注射接种健康产蛋鸡,0.5 mL/只;第二次免疫:基础接种后 15 d,皮下注射接种,1.0 mL/只;第三次免疫:第二次接种后 15 d,皮下注射接种,1.0 mL/只;以后每隔 8～10 周,皮下注射 1 次,1.0 mL/只。

[质量标准] 除按一般规定检验外,进行如下检验:

(1) 安全检验:18～22 g 健康小鼠 5 只,各腹腔注射本品 1.0 mL;3 日龄 SPF 鸡 5 只,各肌肉分点注射本品 2.0 mL;1 日龄雏鸭 5 只,各肌肉分点注射本品 2.0 mL,观察 10 d,小鼠、SPF 鸡和雏鸭均应全部健活。

(2) 效力检验:下列方法择其一。

① 效价测定:按现行《中国兽药典》中规定方法,使用鸭胚进行测定。抗体效价≥1:256 时判为合格。

② 免疫攻毒试验:2 日龄易感雏鸭(中和抗体效价≤1:4)30 只,随机分为 3 组。第一组为健康对照组,不注射任何药品,隔离饲养。第二组腿部肌肉注射本品 0.5 mL,第三组腿部肌肉注射生理盐水 0.5 mL。12 h 后分别给第二组和三组雏鸭颈部肌肉注射接种 200 $LD_{50}$ 鸭肝炎病毒校检强毒。攻毒后观察每组雏鸭发病、死亡情况至第 10 日。结果判定:第一组为健康对照组,试验期间全部雏鸭应健康无病。第三组攻毒对照组,应于攻毒后 16 h 开始发病,10 d 内死亡 8 只以上。第二组为预防组,试验期间雏鸭应存活 8 只以上。

[保存与使用] 2～8 ℃保存,有效期 24 个月。本产品可用于 DHAV-A 引起的雏鸭肝炎的早期预防和紧急预防。10 日龄以下 0.5～1.0 mL/只,10 日龄以上 1.0～1.5 mL/只。

(程安春)

## 十二、番鸭细小病毒病

番鸭细小病毒病(Muscovy duck parvovirus infectious)是由番鸭细小病毒引起的一种急性败血性传染病,其特点是主要发生于 3 周龄以内的雏番鸭,肠道严重发炎,肠黏膜坏死、脱落、肠管肿胀、出血,具有高度传染性和死亡率。1985 年在我国的福建和广东省等饲养番鸭集中的地区发现该病,又称雏番鸭细小病毒感染和雏番鸭"三周病"。

## (一) 病原

番鸭细小病毒（Muscovy duck parvovirus，MDPV）为细小病毒科、细小病毒属成员，含单股线状 DNA，约 5.2 kb，在电镜下病毒呈晶格排列，有实心和空心两种病毒粒子，直径 24～25 nm，无囊膜，正二十面体对称，直径 3～4 nm。病毒无血凝特性。本病毒在氯化铯中沉淀时具有三条区带，其密度分别为 1.28～1.30、1.32、1.42 g/cm³，其中第 3 条具有感染性。病毒具有 4 种结构多肽：VP1（89 ku）、VP2（68 ku）、VP3（58 ku）和 VP4（40 ku），其中 VP3 为主要结构多肽。病毒目前只有一个血清型。尿囊腔途径接种 11～13 日龄番鸭胚、11～12 日龄麻鸭胚、12～13 日龄鹅胚能够感染并一定程度致死胚体。不感染鸡胚。能适应番鸭胚成纤维细胞（MDEF）、番鸭胚肾细胞（MDEF）生长并形成细胞病变。对鸡、番鸭、麻鸭、鸽、猪等动物红细胞无凝集作用。能抵抗乙醚、胰蛋白酶、酸和热，但对紫外线辐射敏感。

## (二) 免疫

成年番鸭自然或人工感染本病毒均无临床症状，但可产生中和抗体，康复番鸭血清中也有中和抗体，成年番鸭免疫可产生中和抗体并可使后代获得保护，雏番鸭注射康复番鸭或免疫番鸭血清后可获得被动免疫。弱毒疫苗接种雏番鸭后 3 d 部分雏番鸭产生免疫力，7 d 全部产生免疫力，21 d 抗体水平达到高峰。

## (三) 疫苗

雏番鸭细小病毒病活疫苗已获批准文号并上市，雏番鸭细小病毒病-鹅细小病毒二联活疫苗尚处于实验室研发阶段。

**雏番鸭细小病毒病活疫苗**

[毒种] 番鸭细小病毒 $P_1$ 株。

[制造要点]

(1) 接毒：使用番鸭胚成纤维细胞培养，在接种时将培养液弃去，加入适量种毒，置 37 ℃吸附 1 h 后加入维持液断续培养。

(2) 培养和观察：接毒后观察细胞病变，待 75% 以上的细胞出现细胞病变时即可收获。

(3) 收获：将细胞摇下，连同培养液收获于灭菌容器内。

(4) 配苗：收获细胞培养液制备的液体苗或加适宜稳定剂，经冷冻真空干燥制成的冻干苗。

[质量标准] 除按一般规定检验外，进行如下检验：

(1) 安全检验：用 1 日龄健康易感雏鸭 5 只，各腿部肌肉注射疫苗 0.2 mL（病毒含量为 $2\times10^{3.5}$ TCID$_{50}$，即 10 个使用剂量），观察 20 d，应全部健活。

(2) 效力检验：下列方法任择其一。

① 用 1 日龄健康易感雏鸭 5 只，各腿部肌肉注射疫苗 0.2 mL（病毒含量为 $2\times10^{2.5}$ TCID$_{50}$），观察 15 d 后，分别心脏采血，分离血清，测定血清中胶乳凝集抑制效价（LPAI）应≥1∶4 为合格，若其中有 1 份血清 LPAI 为 1∶2，可重检一次。

② 用 1 日龄健康易感雏番鸭 5 只，每只腿部肌肉注射疫苗 0.2 mL（病毒含量为 $2\times$

$10^{2.5}$ TCID$_{50}$），7 d 后，连同条件相同的对照雏番鸭 5 只，各胸部肌肉注射强毒 F 株含毒胚液 0.5 mL，观察 15 d。对照组鸭至少 2 只死亡，免疫组鸭全部保护为合格，否则重检一次。

［保存与使用］ −20 ℃保存，有效期 1 年。可用于预防雏番鸭细小病毒病，腿部肌肉注射，免疫后 7 d 产生免疫力，免疫期为 6 个月。

### （四）诊断制剂

我国已经研制成功乳胶凝集试验（LPA）和乳胶凝集抑制试验（LPAI）试剂盒，用于本病毒诊断。应用活疫苗及强毒抗原免疫兔或鹅制备高免血清，可用于中和试验及雏番鸭保护试验。应用单克隆抗体或纯化的病毒抗原免疫兔制备高免血清（多克隆抗体），可用于荧光抗体技术（FA）、LPA 和 LPAI，检测本病毒抗原。用纯化的病毒抗原，可用于包被酶标板建立酶联免疫吸附试验（ELISA）或琼脂扩散试验（AGP），检测抗 MDPV 抗体。

### （五）治疗制剂

本病尚无商品化治疗制剂。用活疫苗反复免疫健康成年鸭，AGP 效价为 1∶32 以上时，收集鸭血清。用于 1～5 日龄雏番鸭，可大大地减少发病率，用量为每只雏鸭皮下注射 1 mL。对发病鸭进行治疗时，使用剂量为每只雏鸭皮下注射 3 mL，治愈率可达 70%。

（程安春）

## 十三、小鹅瘟

小鹅瘟（Gosling plague）是由鹅细小病毒引起的雏鹅的一种急性或亚急性败血性传染病，主要侵害 3～20 日龄的雏鹅。易感雏鹅传播迅速，引起急性死亡，其特征为高发病率、高死亡率、严重下痢及渗出性肠炎。1956 年方定一等首先在我国发现本病并用鹅胚分离病毒，并予命名。此后很多欧美国家均有本病报道。

### （一）病原

小鹅瘟病毒（Gosling plague virus，GPV）属于细小病毒科细小病毒属成员，病毒粒子呈球形或六角形、无囊膜、二十面体对称、核酸为单股线状 DNA，约 5.2 kb，病毒直径为 20～22 nm，在氯化铯、蔗糖和氯化钠溶液中的浮密度分别为 1.31～1.35 g/mL、1.081 0～1.176 4 g/mL 和 1.41～1.43 g/mL。病毒结构多肽有 3 种，VP1、VP2 和 VP3，其中 VP3 为主要结构多肽。

本病毒仅有一个血清型；与番鸭细小病毒存在着部分共同抗原。无血凝性。能在鹅胚、番鸭胚或其制备的原代细胞培养物中增殖并形成细胞病变，且随着传代次数的增加，细胞病变越来越明显；鹅胚适应毒株经鹅胚和鸭胚交替传代数次后，可适应鸭胚并引起部分死亡，随作鸭胚传代数次增加，可引起绝大部分鸭胚死亡，且对雏鹅的致病力减弱。用鹅胚分离病毒时，一般在接种后 5～7 d 死亡，死亡鹅胚绒毛尿囊膜局部增厚，胚体皮肤、肝脏及心脏等出血。随着在鹅胚中传代次数的增多，该病毒对鹅胚的致死时间稳定在接种后 3～4 d。

本病毒对环境的抵抗力强，65 ℃加热 30 min、56 ℃加热 3 h 其毒力无明显变化，能抵抗氯仿、乙醚、胰酶和 pH 3.0 的环境等。

## （二）免疫

本病毒感染鹅后主要表现为体液免疫反应，首先出现 IgM，然后主要为 IgG。康复的雏鹅以及经过隐性感染的成年鹅，均能产生高水平的病毒中和抗体和沉淀抗体，并能持续较长时间，而且还能将抗体通过卵黄传至后代，使孵出的雏鹅免于发病。GPV 抗原反复免疫兔、牛、羊和猪等动物也能够产生高水平的病毒中和抗体和沉淀抗体，并能用于 GPV 感染雏鹅的预防和治疗。

## （三）疫苗

目前我国商品化小鹅瘟疫苗有鸭胚化 GD 株活疫苗和鹅胚化 SYG 株活疫苗等。

**1. 小鹅瘟活疫苗**（GD 株）

［毒种］ 鸭胚化弱毒 GD 株（或 21/486 株，或 W 株）。

［制造要点］ ①将种毒做适应稀释后尿囊腔接种 10～12 日龄鸭胚，37 ℃孵育，每日照蛋。②收获 48～120 h 内死亡胚尿囊液和羊水，混合后分装于－20 ℃保存。③加入 5％蔗糖脱脂乳冻干，即为冻干苗。

［质量标准］ 除按成品检验的有关规定检验外，进行如下检验：

（1）安全检验：按瓶签注明羽份，用灭菌生理盐水稀释成每毫升含 10 个使用剂量，肌肉注射 4～12 个月龄易感母鹅 4 只，每只 1 mL，观察 14 d，应无临床反应；同时肌肉注射 3～6 日龄易感雏鹅 10 只，每只 0.5 mL，观察 10 d，应全部健活。

（2）效力检验：下列方法任择其一。

① 用鸭胚检验：按瓶签注明羽份稀释，取 3 个适宜稀释度，各尿囊腔接种 8 日龄健康易感鸭胚 5 个，每胚 0.3 mL，观察 10 d，记录 72～240 h 死亡鸭胚数，计算 $ELD_{50}$，每羽份病毒含量应 $\geqslant 10^3 ELD_{50}$。

② 用鹅检验：取健康易感成年鹅 4 只，分别采血 10 mL，分离血清并混合备用。然后注射 1 个使用量的疫苗，每只 1 mL，21～28 d 后再采血，分离血清混合，将接种疫苗前后的 2 次血清分别与小鹅 GD 株在鸭胚中做中和试验。两次 $ELD_{50}$ 值之差 $\geqslant 2$ 对数值为合格。

［保存与使用］ 本疫苗在－15 ℃以下保存，有效期为 1 年。母鹅产蛋前 20～30 d 注射，免疫后在 21～270 d 内所产的种蛋孵出的小鹅即可获得本病的免疫力。

**2. 小鹅瘟活疫苗**（SYG 株）

［毒种］ 鹅胚化弱毒 $SYG_{41-50}$（雏鹅用）。

［制造要点］ ①将种毒做适当稀释后尿囊腔接种 12～14 日龄鹅胚，37 ℃孵育，每日照蛋。②收获 48～120 h 内死亡胚尿囊液和羊水，混合后分装于－20 ℃保存。③加入 5％蔗糖脱脂乳冻干，即为冻干苗。

［质量标准］ 除按成品检验的有关规定检验外，进行如下检验：

（1）安全检验：按瓶签注明羽份用无菌生理盐水稀释成每毫升含 20 个使用剂量，皮下注射 5 日龄易感雏鹅 6 只，每只 1 mL，观察 14 d，应无临床反应。

（2）效力检验：下列方法任择其一。

① 病毒含量测定：按瓶签注明羽份，将疫苗稀释为 $10^{-6} \sim 10^{-8}$，每个稀释度尿囊腔内

接种12日龄易感鹅胚5个,每胚0.2 mL,观察7 d。记录48~168 h死亡数,计算$ELD_{50}$,每羽份疫苗病毒含量应为$\geqslant 10^5 ELD$。

② 雏鹅攻毒保护试验:取2日龄易感雏鹅6只,按瓶签注明羽份稀释疫苗后,皮下注射适当稀释的疫苗0.1 mL(含1羽份),9 d后连同条件相同的对照雏鹅6只,用1:50稀释的$SYG_{61}$强毒0.1 mL(相当于$10^5$雏鹅$ELD_{50}$)攻击,观察14 d。对照组雏鹅应至少4只发病死亡,免疫组雏鹅应至少保护5只。

[保存与使用] −15℃以下保存,有效期12个月。适用于未经免疫的种鹅所产雏鹅,或免疫后期(100 d后)的种鹅所产的雏鹅。雏鹅出壳后48 h进行免疫,免疫9 d后能抵抗小鹅瘟强毒的自然感染和人工感染。

(四)诊断制剂

本病的诊断制剂尚无规程产品上市,多见文献报道,主要包括病毒抗原、阳性血清和单克隆抗体。应用超速离心、柱层析等方法获得纯化的病毒抗原,用于ELISA和用琼脂扩散试验检测病毒抗体。应用弱毒疫苗及强毒抗原免疫兔或鹅,可制备本病毒阳性血清,用于中和试验或ELISA,检测病毒抗原。用纯化的病毒抗原免疫小鼠制备单克隆抗体,用于ELISA,检测病毒抗原。

(五)治疗制剂

我国已经由商品化的小鹅瘟的精制蛋黄抗体,可用于本病紧急预防。小鹅瘟的高免血清多限于文献报道,也有较好治疗效果。

**1. 小鹅瘟高免血清**

[毒种] GD株、21/486株、W株、$SCa_{15}$株、$SYC_{26-35}$株、$SYG_{41-50}$株或本地流行的GPV强毒株均可。

[制造要点] ①用弱毒2倍免疫剂量肌肉注射待宰成年健康鹅,15 d后用弱毒200倍免疫剂量肌肉注射或未稀释强毒尿囊液1 mL肌肉注射,再隔15~20 d放血致死,收集血液分离血清。②用弱毒200倍免疫剂量(成年羊)、300倍免疫剂量(成年猪)、400倍免疫剂量(成年牛)肌肉注射,15 d后用弱毒400倍免疫剂量(成年羊)、600倍免疫剂量(成年猪)、800倍免疫剂量(成年牛)或未稀释强毒尿囊液2 mL(成年羊)、3 mL(成年猪)、5 mL(成年牛)肌肉注射,再隔15~20 d放血致死,收集血液分离血清。

[质量标准] 除物理性状、无菌检验和安全检验外,应进行抗体效价测定。效价测定用琼脂扩散试验,抗体效价应在1:16以上。

[保存与使用] 2~8℃保存,有效期12月;20~25℃保存,有效期2个月。使用时,雏鸭预防剂量为0.5~1 mL,治疗剂量为2~3 mL。

**2. 小鹅瘟精制蛋黄抗体**

[毒种] 小鹅瘟强毒GD株、W株、SCa株或本地流行的GPV强毒株均可。

[免疫程序] ①免疫原制备:将小鹅瘟强毒接种非免疫鹅胚培养,收获死亡鹅胚尿囊液、羊水作为毒液;经灭活后,与矿物质佐剂制成油乳剂灭活免疫原。②免疫:第1次免疫为免疫原皮下注射免疫健康产蛋鸡,0.5 mL/只;15日后第2次免疫为皮下注射1 mL/只;15日后第3次免疫为皮下注射1 mL/只;以后每隔8~10周,皮下注射免疫1次,

1 mL/只。

[质量标准] 除按一般规定检验外，进行如下检验：

（1）安全检验：18～22 g 健康小鼠 5 只，各腹腔注射本品 1 mL；3 日龄 SPF 鸡 5 只，各肌肉注射本品 2 mL；1 日龄雏鹅 5 只，各肌肉分点注射本品 2 mL，观察 10 d，小鼠、SPF 鸡和雏鹅均应全部健活。

（2）效力检验：下列方法任择其一

① 抗体效价测定：用琼脂扩散试验，小鹅瘟抗体效价应≥1:8 时判为合格。

② 免疫攻毒试验：2 日龄易感雏鹅 30 只随机分为 3 组，第一组为健康对照组，不注射任何药品，隔离饲养。第二组腿部肌肉注射本品 1 mL/只，第三组腿部肌肉注射生理盐水 1 mL/只。注射后 24 h 2 组合第三组每只雏鹅颈部肌肉注射接种小鹅瘟强毒 0.5 mL。观察每组雏鹅发病、死亡情况至 14 d。

（3）合格判定：第一组为健康对照组，全部雏鹅应健康无病。第三组为攻毒对照组，于攻毒后 72 h 开始发病并死亡，14 d 内死亡 5 只及以上。第二组为预防组，在观察期间。雏鹅发病不得超过 3 只，健活 8 只以上。

[保存与使用] 2～8 ℃保存，有效期 12 月；20～25 ℃保存，有效期 2 个月。用于雏鹅小鹅瘟的早期预防和紧急预防，使用时腿部肌肉注射，10 日龄以下 0.5～1 mL/只，10 日龄以上 1.0～1.5 mL/只。

（程安春）

## 第三节　寄生虫类制品

### 鸡球虫病

鸡球虫病（Coccidiosis）是一种极严重的全球性寄生虫病，每年给养鸡业造成巨大经济损失。鸡球虫病对雏鸡的危害十分严重，分布很广，各地普遍发生，15～50 日龄的雏鸡发病率最高，死亡率可高达 80% 以上。病愈的雏鸡，生长受阻，长期不能复原。成年鸡多为带虫者，增重和产卵均受到一定影响。

### （一）病原

鸡艾美尔球虫（*Eimeria*）属于顶复器门（Apicomplera）、孢子虫纲（Sporozoadida）、球虫亚纲（Coccidiasina）、真球虫目（Eucoddidiorida）、艾美尔亚目（Eimeriorina）、艾美尔科（Eimeriidae）、艾美尔属（*Eimeria*）。世界各地报道的约有 14 种，但为世界公认的有 9 个种，我国已发现有 7 个种：柔嫩艾美尔球虫（*E. tenella*）、巨型艾美尔球虫（*E. maxima*）、堆形艾美尔球虫（*E. acervulina*）、和缓艾美尔球虫（*E. mitis*）、毒害艾美尔球虫（*E. necatrix*）、布氏艾美尔球虫（*E. brunetti*）和早熟艾美尔球虫（*E. praecox*）。7 种球虫均寄生于肠上皮细胞，其中以寄生于盲肠的柔嫩艾美尔球虫，寄生于小肠中 1/3 段的毒害艾美尔球虫，小肠前段的堆形艾美尔球虫，小肠中段的巨型艾美尔球虫最常见，又以前两种致病力最强。艾美尔属球虫的特点是孢子化卵囊内含 4 个孢子囊，每个孢子囊内含 2 个子孢子。虽然七种鸡球虫的寄生部位、潜在期和裂殖生殖代数等有所不同，但整个生活史相似：都属直接发育型，不需要中间宿主；都包括孢子生殖、裂殖生殖和有性（配子）生殖三个阶段。这三个发育阶段形成一个循环圈，即从孢子生殖发育到裂殖生殖，再由裂殖生殖发育到配子生殖，又从配子生殖返回到第二世代的孢子生殖。这三个发育阶段，除孢子生殖在外界环境中进行之外，其他两个生殖阶段均在鸡体内完成，配子生殖为有性生殖，其他两种为无性生殖。鸡球虫卵囊多呈卵圆形，其孢子化（孢子生殖）时间为 21~48 h。

## （二）免疫

鸡对球虫病的免疫是机体对病原体入侵的综合性防御表现，包括非特异性免疫和特异性获得免疫。非特异性免疫包括很多因素，主要包括：①遗传因素。②体液中的溶菌酶和巨噬细胞可破坏和吞噬球虫子孢子和裂殖子。③球虫侵入肠道引起局部炎症反应，由于血管通透性的增加，多形核白细胞自毛细管中渗出，对入侵球虫具有吞噬和杀灭作用。④肌胃也可以看作是一个对病原体起机械破坏作用的器官，吃进去的部分球虫卵囊可被磨碎而失去活性。⑤营养因素。特异性免疫又可分为体液免疫和细胞免疫。在抵抗球虫感染中，体液免疫所处的地位是次要的，而居于主导地位的是细胞免疫，而 T 细胞免疫反应在球虫免疫应答中处于核心地位。球虫的保护性免疫是一种带虫免疫。

几乎所有种类的鸡球虫对于同种重复感染都能产生十分有效的免疫力，其中以巨型艾美尔球虫和布氏艾美尔球虫的免疫原性最强，柔嫩艾美尔球虫和毒害艾美尔球虫是免疫形成比较迟的虫种，必须反复感染，才能获得高度免疫。各种艾美尔球虫引起的免疫应答具有种的特异性，因而感染一种球虫不能抵抗异种球虫的攻击。球虫生活史复杂，不同阶段的虫体引起的保护性免疫反应能力不一样，每一阶段都有免疫原性，难以鉴定在诱发保护性免疫中起关键作用的虫体阶段，或许保护性抗原是由各个阶段虫体抗原共同组成的。

国内外学者采用多种方法对多种抗原进行分析，以求获得鸡球虫的保护性抗原，如虫体或其粗提物、纯化蛋白、经抗体识别的抗原及基因工程表达抗原等。虽然每一种抗原都有一定的免疫原性，但到目前尚无一种抗原的保护性令人满意。

## （三）疫苗

鸡球虫疫苗有活苗（强毒苗、弱毒苗）、重组蛋白疫苗、重组 DNA 疫苗等。目前国内外在生产上用于免疫接种的疫苗大多是活疫苗，而重组蛋白疫苗和重组 DNA 疫苗目前仍处于实验室阶段。弱毒苗是通过对强毒株进行人工致弱获得的，其致病性比亲本株大为降低，仍保持良好的免疫原性。对强毒株的人工致弱主要有三种方法：理化致弱、选育早熟株和鸡胚传代致弱。目前，本病商品化疫苗有 5 种，包括鸡球虫病三价活疫苗（柔嫩艾美尔球虫 PTMZ 株＋巨型艾美尔球虫 PMHY 株＋堆型艾美尔球虫 PAHY 株；柔嫩艾美尔球虫＋毒害艾美尔球虫＋巨型艾美尔球虫）、鸡球虫病四价活疫苗（柔嫩艾美尔球虫 PTMZ 株＋毒害艾美尔球虫 PNHZ 株＋巨型艾美尔球虫 PMHY 株＋堆型艾美尔球虫 PAHY 株）、鸡柔嫩艾美尔球虫-巨型艾美尔球虫-堆型艾美尔球虫三价活疫苗（PBN＋PZJ＋HB 株）、鸡柔嫩艾美尔球虫-毒害艾美尔球虫-巨型艾美尔球虫-堆型艾美尔球虫四价活疫苗（PBN＋PSHX＋PZJ＋HB 株）等。

**1. 鸡球虫三价活疫苗**（DLV 虫苗）

［虫种］ 柔嫩艾美尔球虫、毒害艾美尔球虫和巨型艾美尔球虫纯化卵囊。

[制造要点] ①将柔嫩艾美尔球虫、毒害艾美尔球虫和巨型艾美尔球虫纯化卵囊双重致弱。置于2.5%重铬酸钾溶液内，28℃培养48 h左右，80%~90%卵囊孢子化后，收集，保存于4℃冰箱中备用。②孢子化卵囊用生理盐水洗涤3次，去除重铬酸钾液后，用高效化学诱变剂NTG（nmethyl-N-nitrosognanidine）在4℃处理卵囊，5 μg/mL处理120 min，或10 μg/mL处理60 min，立即离心去除NTG溶液，再用生理盐水清洗3次，计数，稀释至需要浓度。

[质量标准]

(1) 安全检验：用DLV虫苗$2.5 \times 10^4$个剂量接种3日龄小鸡未见明显临床症状；鸡体连续5次传代未出现明显返强现象。

(2) 效力检验：用DLV虫苗免疫后对$10 \times 10^5$强毒株的攻击有100%保护率。

[保存与使用] 4℃保存，有效期6个月。每鸡服用DLV苗免疫3次，肉用鸡分别在出壳后3、8、16日龄服用，蛋鸡和种鸡分别在3、10、20日龄服用，口服免疫，均拌料后喂服，并在2、6日龄口服虫苗增效剂CPU（短小棒状杆菌）。

**2. 鸡球虫四价活疫苗**（早熟株弱毒球虫活疫苗） 球虫卵囊理化处理、鸡胚传代致弱和早熟选育这三种方法可看成是鸡球虫致弱虫苗研究所走过的三个阶段。目前认为早熟选育的方法最为可取，国外已有7个种，国内有4个种。早熟系具有良好的生物学特性和免疫原性。早熟系的潜在期缩短，繁殖力和致病力都比亲代低，且致弱性能有良好稳定性。目前，早熟选育技术已成为研制球虫弱毒株虫苗的重要手段。

**鸡球虫病四价活疫苗**（柔嫩艾美尔球虫PTMZ株+毒害艾美尔球虫PNHZ株+巨型艾美尔球虫PMHY株+堆型艾美尔球虫PAHY株）

[制造要点] 将柔嫩艾美尔球虫梅州株早熟系（PTMZ株）、毒害艾美尔球虫贺州株早熟系（PNHZ株）、巨型艾美尔球虫河源株早熟系（PMHY株）和堆型艾美尔球虫河源株早熟系（PAHY株）分别经口接种于雏鸡，收获粪便中的卵囊，并用次氯酸钠溶液消毒后，置1%氯胺T溶液中，在适宜温湿度条件下孵育获得孢子化卵囊，按适当比例混合制成。

[质量标准] 除按成品检验的有关规定检验外，进行如下检验：

(1) 卵囊计数：将疫苗做10倍稀释后，用血细胞计数板进行卵囊计数。每羽份疫苗的孢子化卵囊数应为$1.1 \times 10^3$个±10%。

(2) 安全检验：取3~7日龄SPF鸡20只，10只经口接种10羽份疫苗，另10只不接种作为对照，置隔离器中饲养，观察7 d，应不出现由疫苗引起的球虫病症状和死亡。剖检所有鸡，检查每只鸡的球虫适宜寄生部位病变并记分，其中柔嫩艾美尔球虫检查盲肠，毒害艾美尔球虫检查小肠中部，巨型艾美尔球虫检查小肠中部，堆型艾美尔球虫检查十二指肠，感染组平均病变记分应≤1分；对照组中每只鸡的所有部位均应无病变。

(3) 效力检验：取3~7日龄SPF鸡20只，分成2组，每组10只，免疫接种组10只鸡，每只鸡经口接种1羽份疫苗，另10只鸡不接种为对照组。将两组鸡分别在相同条件下隔离饲养。21 d后，每只鸡口服攻击柔嫩艾美尔球虫梅州株（TMZ株）、毒害艾美尔球虫贺州株（NHZ株）、巨型艾美尔球虫河源株（MHY株）、堆型艾美尔球虫河源株（AHY株）强毒孢子化混合卵囊（含堆型艾美尔球虫河源株10万个，其他3种球虫各5万个），观察5~7 d，剖检所有鸡，检查每只鸡的鸡球虫寄生的适宜部位的病变并记分。对照组鸡的十二指肠平均病变记分应≥3分，小肠中部平均病变记分应≥3分，盲肠平均病变记分应≥3.5

分；免疫组鸡除小肠中部平均病变记分应≤5分外，其他相应部位的平均病变记分均应≤1.0分。

[保存与使用] 2～8℃保存，有效期为9个月。用于预防鸡球虫病。接种后14日开始产生免疫力，免疫力可持续至饲养期末。使用方法：3～7日龄饮水免疫。按疫苗说明书加适量水和球虫疫苗助悬剂，配成混悬液，平均每只鸡饮用6 mL球虫疫苗混悬液，4～6 h饮用完毕。接种疫苗后12～14 d，个别鸡只可能会出现拉血粪的现象，不需用药。如果出现严重血粪或球虫病死鸡，则用磺胺喹恶啉或磺胺二甲嘧啶按推荐剂量投药1～2 d，即可控制。

目前，国外有四种球虫疫苗，用于后备鸡和肉鸡，通过饮水投用，控制鸡的球虫感染，即1952年由美国 Dorn and Mitchell Laboratories Inc. 研制的第一代商品化强毒疫苗——Coccivac（Sterwin Laboratories Inc. 美国），包括8种强毒株；加拿大在1985年研制的一种强毒疫苗，商品名为 Immucox（Vetech Laboratories Ltd）；英国的 Paracox（Pitman - Moose Europ Ltd, 1992），包含7种球虫早熟株，为弱毒疫苗；捷克的 Livacox，只包含主要致病种柔嫩艾美尔球虫的鸡胚适应株，堆形艾美尔球虫和巨型艾美尔球虫的早熟株，为弱毒疫苗。Coccivac等强毒疫苗虽对鸡可产生持久坚强的保护力，但存在重要缺陷，一是疫苗各种球虫株是完全致病的，对鸡具有潜在的致病力。二是混入饲料或饮水中的卵囊分布不均匀，造成鸡群摄入卵囊不一致，结果有的鸡摄入卵囊太少，不足以产生免疫力，有的鸡摄入太多而引起发病。由于T细胞介导的细胞免疫在鸡抗球虫保护性免疫中起决定性作用已被证实，所以寻找和筛选能特异性刺激T细胞增殖的抗原应该成为研究的方向。另外，由于球虫属寄生原虫，虫体大，抗原成分复杂，保护性免疫很可能是多种保护性抗原共同作用的结果，因此，筛选、鉴定和克隆虫体不同发育阶段的多种具T细胞表位的抗原，制成多价疫苗，或许能从根本上控制球虫病的发生。

（严若峰）

复习思考题

1. 鸡支原体病常规检疫（诊断）抗原特点是什么？如何使用？
2. 简述鸡传染性鼻炎疫苗制造要点。
3. 鸭疫里默氏杆菌有哪些培养特性？
4. 鸡新城疫常用疫苗类型有几种？各自特点是什么？如何控制其质量？
5. 预防马立克病的疫苗有哪些？疫苗在防控马立克病中的作用如何？
6. 传染性法氏囊病疫苗类型有几种？各自特点是什么？制备合格高免卵黄抗体的关键是什么？
7. 鸡传染性支气管炎的疫苗有几种，特点是什么？
8. 禽类有哪些多价灭活疫苗，其配伍的原则是什么？
9. 简述禽类常用诊断制剂。如何控制其质量？
10. 简述禽类常用生物治疗制剂。如何控制其质量？
11. 鸡球虫病有哪些疫苗？如何控制其质量？

# 第十二章
# 兔、犬、猫、貂、狐用生物制品

**本章提要** 本章主要介绍了预防及诊断兔、犬、猫和貂常见的9种传染病的生物制品。兔梭菌性下痢病原为A型产气荚膜梭菌,主要致病因子为外毒素,常用疫苗为兔A型产气荚膜梭菌灭活疫苗,或与兔出血症、多杀性巴氏杆菌组成二联或三联疫苗,毒素定型血清为诊断该病的常用制剂。兔出血症病毒至今尚未适应细胞,所用疫苗为组织灭活疫苗,血凝和血凝抑制试验制剂为主要诊断试剂。犬瘟热、细小病毒病和传染性肝炎都有相应的活疫苗和灭活疫苗,临床上还使用针对以上三种传染病加钩端螺体病和狂犬病组成的犬瘟热二联、四联、五联、甚至六联苗。同时,也有相应的诊断制剂,其中金标抗体试纸条简便、快速,已广泛用于以上传染病的诊断。猫泛白细胞减少症和貂病毒性肠炎疫苗主要有细胞灭活疫苗和活疫苗,常用诊断制剂为血凝及血凝抑制试剂,抗病血清是最常见的抗病制剂。貂阿留申病毒尚无有效疫苗,对流免疫电泳抗原为主要诊断试剂。此外,本章也介绍了狐阴道加德纳菌疫苗和诊断制剂制造要点和质量标准。

## 一、兔梭菌性下痢

兔梭菌性下痢(Clostridial diarrhea of rabbits)是由一种由A型产气荚膜梭菌及其毒素引起的、以消化道症状为主的、兔的急性传染病,特征是发病急、病程短、严重水样下痢。发病率高,病死率可达100%。1979年在江苏首次发现,目前我国绝大多数地区都有发病或流行。

### (一) 病原

A型产气荚膜梭菌(*Clostridium perfringens* type A),为革兰阳性菌,菌体较大,$1.0 \sim 1.5~\mu m \times 4.0 \sim 8.0~\mu m$,单个或成对排列,有荚膜和芽胞,无鞭毛,不运动。芽胞大,呈卵圆形,位于菌体中央或偏端。厌氧,在普通培养基上可生长,加入葡萄糖或血液时生长更好,厌氧肝汤中生长良好。分离培养选择绵羊血琼脂培养平板,可生长成直径$2 \sim 5~mm$、表面光滑、半透明、圆屋顶状的菌落,周围呈现α和β双圈溶血,内为透明的完全溶血(β溶血),外为较暗的不完全溶血(α溶血)。最适生长温度为45℃,可生长温度范围为$20 \sim 50$℃。其特征性生化反应是对牛乳培养基的"暴烈发酵"(stormy fermentation),细菌发酵乳糖产酸致牛乳凝固,同时大量产气使凝乳块破裂,甚至喷出管外。除乳糖外,还能发酵葡萄糖、麦芽糖、蔗糖、肌醇、山梨醇并产酸产气,对甘露醇、水杨苷、卫茅醇反应阴性,不产生靛基质,能还原硫酸亚铁,产生硫化氢,液化明胶,在半固体中不运动。

本菌致病是由于分泌的毒素和代谢产物，无毒素产生就不会出现临床症状。本菌在动物体内或培养基中可以产生 α、κ 和 θ 毒素。α 毒素是主要毒素，其性质是一种卵磷脂酶，其 N 端具有磷脂酶 C 活性，C 端具有鞘磷脂酶活性，只有两者协同作用时才具有溶血活性和致死活性。该毒素对兔、小鼠和其他动物都有毒性，是引起兔死亡的主要因素。

本菌广泛分布于环境中，如土壤、粪便、污水中，经消化道与伤口感染机体。一般消毒药都能杀死其繁殖体，但芽胞抵抗力强，100 ℃ 可耐受 1～5 h，20% 漂白粉、3%～5% 氢氧化钠可将其杀死。

## （二）免疫

本菌 α 毒素既是主要的致病因子，也是主要的免疫原性蛋白，可以刺激机体产生中和抗体和坚强的免疫作用。用 C 末端表达产物单独免疫小鼠后产生的抗血清能够中和 α 全毒素，使其丧失与细胞膜的结合能力、致死活性和溶血活性。类毒素免疫小鼠或兔可产生较高水平的抗毒素抗体。大肠杆菌表达的重组 α 毒素免疫鼠能抵抗至少 100 $LD_{50}$ A 型产气荚膜梭菌的攻击。

## （三）疫苗

针对本病研制和生产的疫苗有兔 A 型产气荚膜梭菌灭活疫苗、兔 A 型产气荚膜梭菌类毒素疫苗和 α 毒素基因工程疫苗、兔产气荚膜梭菌 A 型-兔病毒性出血症双联苗、兔病毒性出血症-多杀性巴氏杆菌病-产气荚膜梭菌病三联苗等。

**兔产气荚膜梭菌 A 型灭活疫苗**

［菌种］ A 型产气荚膜梭菌 CVCC37 菌株（中国兽医药品监察所菌种编号 C57-1，F21A）。菌种符合前述特征，0.025～0.05 mL 肉肝胃酶消化汤培养菌液肌肉注射，可在 24 h 内致死小鼠；0.1～1.0 mL 静脉注射可致死家兔。菌种冻干低温保存。

［制造要点］ 将菌种接种于含 5% 牛血清的肉汤培养基，37 ℃ 厌氧培养 24 h 后，显微镜检查细菌纯度，合格后作为种子液。将种子液按 2% 接种于肉肝胃酶消化汤（含肝块、2 颗铁钉、1% 糊精、适量碳酸钙、石蜡密封），37 ℃ 培养 20～24 h，含菌量达 $10^{10}$ 个/mL 以上，加入 0.7%～0.8% 分析纯甲醛 37 ℃ 灭活 5 d，再加入 1% 氢氧化铝胶、0.01% 硫柳汞，即成甲醛灭活疫苗。制品静置后上层为黄褐色澄明液体，下层为灰白色沉淀，振摇后呈均匀混悬液。

肉肝胃酶消化汤的配方如下：牛肉 200 g，牛（羊、猪）肝 50 g，胃蛋白酶（1∶3 000）3 g，蛋白胨 10 g，糊精 10 g，盐酸 10～11 mL，水 1 000 mL。

［质量标准］ 除按成品检验的有关规定进行检验外，还应进行如下检验。

（1）安全检验：用体重 1.5～2 kg 健康家兔 2 只，各皮下注射疫苗 4 mL，观察 10 d 应健活，注射局部不应发生坏死。

（2）效力检验：用体重 1.5～2 kg 健康家兔 4 只，皮下注射疫苗 2 mL，同时设 2 只对照，注射等量生理盐水。21 d 后，全部静脉注射致死剂量的 A 型产气荚膜梭菌毒素，观察 5～7 d，对照兔全部死亡，免疫组至少保护 3 只兔。

［保存与使用］ 2～8 ℃，有效期 1 年。用于预防家兔 A 型产气荚膜梭菌病，免疫期 6 个月。不论家兔大小，一律皮下注射 2 mL。流行严重地区进行 2 次免疫，首免 1 mL，间隔

8~14 d进行第二次免疫,皮下注射2 mL,保护率90%以上。

### (四) 诊断制剂

兔梭菌性下痢的确诊首先是取空肠内容物或黏膜刮下物进行细菌分离培养,其次是用病死兔大肠内容物做中和试验鉴定血清型。诊断液主要是指定型血清,用于血清型的鉴定和疾病诊断。

**定型血清**

[制造要点]

(1) 免疫原:将标准菌种接种含血清的肉汤培养基,做厌氧培养24~48 h,8 000 r/min离心20 min,取上清,加入0.8%分析纯甲醛,37 ℃灭活48 h。与弗氏完全佐剂和不完全佐剂分别等量混合,充分乳化制成免疫原。

(2) 制备兔高免血清:首次用弗氏不完全佐剂抗原免疫,0.5 mL/只,肌肉或皮下多点注射,第二次以后用弗氏完全佐剂抗原免疫,每次免疫剂量递增0.3~0.5 mL,免疫4次后10~15 d,采取少量血,分离血清,用琼脂双扩散试验测定效价。当效价达1∶16时,采血,分离血清,分装小瓶(1 mL/瓶)。

[质量标准] 除按成品检验的有关规定进行检验外,还应进行如下检验。

(1) 无菌检验:按常规接种普通肉汤、厌氧肝汤和血液琼脂,37 ℃培养48 h应无菌生长。

(2) 安全检验:用16~20 g小鼠5只,各静脉注射0.5 mL,豚鼠2只(250~450 g)各皮下注射血清5 mL,观察10 d均应健活。

(3) 效价测定:用琼脂双扩散试验测定,效价大于1∶16。也可采用中和试验测定。

[保存与使用] 4~8 ℃保存,有效期3年。本血清供定型用时,用定型血清1 mL,加入供检验的毒素20~100个小鼠致死量(含于1 mL内),37 ℃作用40 min,然后静脉注射小鼠0.2 mL,观察24 h,判定结果。不死者为相应的血清型。诊断用时,取死亡兔大肠内容物加适量生理盐水混合均匀,离心沉淀,取上清1 mL加1 mL已知抗血清,混合均匀,37 ℃作用40 min,然后静脉注射小鼠0.2~0.4 mL,或静脉注射家兔1~2 mL,同时设立未加血清组,观察1 d,判定结果。能够被相应血清中和者判为对应的血清型。

### (五) 抗血清

很少采用抗血清治疗本病,本病高发地区可能有应用。牛、山羊和猪都可用来制备血清,制备方法及免疫用抗原和前述诊断血清制备类似,但应根据动物体重调整免疫剂量。选择20~40 kg山羊,首免剂量5 mL,以后每7~10 d免疫一次,免疫剂量每次递增0.5 mL。以小鼠中和试验测定血清效价,以能够中和100个小鼠致死量的血清稀释度为血清效价。血清中和效价在1∶40以上为合格。治疗时,成年兔皮下注射10~20 mL,幼兔5~10 mL。减半剂量可作紧急预防,保护期10 d左右。

## 二、兔出血症

兔出血症(Rabbit hemorrhagic disease,RHD)俗称兔瘟,或称兔病毒性出血症,是由兔出血症病毒引起的、兔的一种急性、热性、高度接触性败血性传染病。特征是病死兔全身出现严重出血，呼吸系统出血尤为明显。本病于1984年在我国江苏省的江阴县首先被发现，现已波及很多国家。

### （一）病原

兔出血症病毒（Rabbit hemorrhagic disease virus，RHDV）属嵌杯样病毒科、嵌杯样病毒属。病毒呈球形，直径25～35 nm，无囊膜，有核衣壳，核酸为RNA。目前发现病毒只有一个血清型。病毒对外界的抵抗力较强，自然环境中可存活300 d以上，病料中的病毒于−8～20 ℃保存560 d仍具有致病力。对氯仿和乙醚不敏感，对紫外线和干燥等不良环境的抵抗力较强。1‰～2‰甲醛经2.5 h，10%漂白粉经2～3 h，2%戊二醛经1 h，1% NaOH经3.5 h都可以完全杀灭病毒。

病毒培养困难，现仍然没有发现能稳定适应病毒体外培养的细胞系或组织细胞，最适应病毒生长的是乳鼠和青年兔。兔感染后18～24 h组织中出现病毒，其中肝组织病毒含量最高，感染后18 h达高峰（每克组织含病毒达$1.0 \times 10^{18}$ HA单位以上），其次为脾、肺、肾、血液和心脏等，而肌肉、脑、淋巴结、胸腺等组织含毒量很低。

本病毒能凝集人O型红细胞，凝集现象在一定范围内不受温度、pH、有机溶剂及某些无机离子的影响，对其他动物红细胞有一定凝集能力，包括牛、绵羊、鸡、鹅、兔、小鼠、大鼠、地鼠、豚鼠等，凝集能被相应的抗血清所抑制。

### （二）免疫

本病毒免疫原性很强，无论是自然感染耐过兔还是接种疫苗的免疫兔均可产生坚强的免疫力。兔一般病毒感染后或接种疫苗后3～7 d产生免疫力，以体液免疫为主，可维持6个月左右。新生仔兔可从胎盘和母乳中获得母源抗体，抗体水平与母体几乎相同。免疫母兔所产仔兔30日龄HI抗体滴度为1∶8～1∶32，60日龄时为1∶2～1∶16。抗体滴度下降到1∶4时失去保护力，1∶8时可保护71.4%，1∶16时可保护100%。因此，有母源抗体的幼兔首免时间为40～60日龄。含毒组织经0.4%的甲醛处理后仍保持免疫原性，这是制造疫苗的理论依据。

### （三）疫苗

由于本病毒培养困难，用于预防的疫苗为组织灭活疫苗。含毒组织经0.4%的甲醛处理后仍保持免疫原性，这是制造疫苗的理论依据。目前用于研究或生产的兔出血症疫苗种类有兔出血症组织灭活疫苗、兔出血症-巴氏杆菌病二联干粉灭活疫苗和兔出血症-巴氏杆菌-A型产气荚膜梭菌三联灭活疫苗、兔出血症-巴氏杆菌-A型产气荚膜梭菌-波氏杆菌四联灭活疫苗。其中兔出血症-巴氏杆菌病二联灭活疫苗最常用。

**1. 兔出血症组织灭活疫苗**　系用兔出血症病毒接种易感兔、收获含毒组织制成乳剂、经甲醛灭活后制成。

［毒种］　中国兽医药品监察所保存有参考毒株CVCC AV33供制备疫苗用。0.5 mL能使青年兔100%死亡。HA效价14 log2以上。具有兔病毒性出血症的典型特征。

［制造要点］　选择非免疫的健康青年兔，人工接种RHDV强毒，接种剂量0.5 mL/只，

肌肉注射。无菌采取死亡兔的肝脏、脾脏、肺脏，加10倍的灭菌PBS（10 mmol/L，pH 7.4），用组织捣碎机粉碎搅拌，冻融3次。用3层灭菌纱布过滤，收集滤液，可重复一次。测定HA效价达$1:2^{10}$以上，加入0.4%的甲醛，37 ℃灭活24～48 h，中间每隔2 h摇匀一次。获得的滤液即为组织灭活苗。疫苗呈灰褐色均匀混悬液，静置后上层为黄棕色澄明液体，下层有少量沉淀。

［质量标准］ 除按成品检验的有关规定检验外，应进行如下检验：

(1) 安全检验：每批疫苗抽样3瓶，等量混合后，选择2～5月龄健康非免疫兔4只，每只接种4 mL，皮下注射，观察10 d应无不良反应。

(2) 效力检验：选择2～5月龄健康非免疫兔8只，取4只每只皮下注射0.5 mL疫苗，另4只作为对照。免疫10～14 d后用1:10强毒（肝、脾毒）1 mL攻击，观察7 d，免疫兔应全部健活、对照兔至少死亡3只为合格。

［保存与使用］ 4 ℃保存，有效期10个月；10～15 ℃保存，有效期6个月，免疫2月龄以上兔，每只皮下注射1 mL，保护期6个月。

**2. 兔出血症-巴氏杆菌病二联灭活疫苗** 将兔出血症病毒和兔多杀性巴氏杆菌分别接种家兔和适宜培养基增殖，必收获感染兔实质脏器与培养物，经甲醛灭活后，向兔荚膜A型多杀性巴氏杆菌灭活菌液中加入氢氧化铝胶，然后按适当比例混合制成。

［毒（菌）种］ RHDV取材与单苗相同。巴氏杆菌选择兔荚膜A型多杀性巴氏杆菌，血清型为1:A型，冻干种毒（强毒株C51-2、C51-12、C51-17等）在中国兽医药品监察所有保存。

［制造要点］ 将种毒稀释后接种血清肉汤培养基，37 ℃培养24 h，涂片镜检，应为纯的巴氏杆菌作为种子菌液。取种子液涂布血液琼脂培养基或血清琼脂培养基，37 ℃培养24 h后，用灭菌的生理盐水洗下菌苔，涂片纯检，合格后，用比浊法测定细菌数，再用灭菌生理盐水将细菌调到$10^{10}$ CFU/mL，加入0.2%甲醛，37 ℃灭活24～48 h，即为巴氏杆菌灭活菌液。将灭活菌液与RHDV灭活组织液等量混合，即为兔兔出血症-巴氏杆菌二联灭活疫苗。

［质量标准］ 除按兽医生物制品检验的一般规定检验外，应进行如下检验：

(1) 安全检验：每批疫苗抽样3瓶，等量混合后，选择2～5月龄健康非免疫兔4只，每只接种4 mL，皮下注射，接种7 d后应无不良反应。

(2) 效力检验：

① 选择2～5月龄健康非免疫兔8只，4只每只皮下注射1 mL，另4只作为对照。免疫10～14 d后用1:10强毒（肝、脾毒）1 mL攻击，观察7 d，免疫兔全部健康、对照兔至少死亡3只者为合格；

② 选择2～5月龄健康非免疫兔8只，4只每只皮下注射1 mL，另4只作为对照。免疫21 d后各皮下注射多杀性巴氏杆菌强毒（同制苗菌株）5～10个活菌，观察10 d，对照兔全部死亡、免疫兔至少保护3只者为合格。

［保存与使用］ 4 ℃保存，有效期10个月；10～15 ℃保存，有效期6个月，免疫2月龄以上兔，每只皮下注射2 mL，每6个月进行一次免疫接种，保护期6个月。

**3. 兔病毒性出血症-多杀性巴氏杆菌病二联干粉灭活疫苗** 本苗与常规灭活苗的不同点是成品是冻干粉。将RHDV接种易感兔，收获感染兔的肝、脾、肾等脏器，制成乳剂，甲醛灭活后制成干粉；用A型多杀性巴氏杆菌接种适宜培养基，收获培养物，经甲醛灭活后，用硫酸铵提取，将提取物制成干粉；再按比例配制而成，用时用20%氢氧化铝胶生理盐水稀释。

### 4. 兔出血症-巴氏杆菌病-A型产气荚膜梭菌三联灭活疫苗

[毒（菌）种] 与前述相同。

[制造要点] RHDV和多杀性巴氏杆菌制备与二联苗相同，兔A型产气荚膜梭菌菌种接种鲜血琼脂平板，37℃厌氧培养24 h，挑选典型菌落接种厌氧肝汤培养基培养24 h，纯检合格后作为种子液。将种子液接种大瓶肝片肉汤厌氧培养基，37℃培养18~24 h，镜检纯度，合格后加入0.4%的甲醛，37℃灭活72 h，作为A型产气荚膜梭菌灭活菌液。将灭活的RHDV、巴氏杆菌和A型产气荚膜梭菌分别接种普通肉汤、厌氧肝汤和血液琼脂培养基，37℃培养48 h，无菌生长为合格。将合格的巴氏杆菌菌液和A型产气荚膜梭菌菌液等量混合，加入5%的氢氧化铝佐剂，充分混匀，静置3 d，弃1/2上清，再与等量RHDV灭活组织液混合，即为兔出血症-巴氏杆菌病-A型产气荚膜梭菌三联灭活疫苗。

[质量标准] 除按成品检验的有关规定检验外，应进行如下检验：

(1) 安全检验：每批疫苗抽样3瓶，等量混合后，选择2~5月龄健康非免疫兔4只，每只接种4 mL，皮下注射，接种7 d后应无不良反应。

(2) 效力检验：

① 选择2~5月龄健康非免疫兔8只，4只每只皮下注射1 mL，另4只作为对照。免疫10~14 d后用1:10强毒（肝、脾毒）1 mL攻击，观察7 d，免疫兔全部健康、对照兔至少死亡3只者为合格；

② 选择2~5月龄健康非免疫兔12只，8只每只皮下注射1 mL，另8只作为对照。免疫21 d后，4只免疫兔和4只对照兔肌肉注射兔A型巴氏杆菌强毒菌液，另4免疫兔和4只对照兔各皮下注射多杀性巴氏杆菌强毒（同制苗菌株）5~10个活菌，观察7 d，对照组兔应全部死亡，巴氏杆菌组和产气荚膜梭菌组保护3只者为合格。

[保存与使用] 同兔出血症-巴氏杆菌病二联灭活疫苗。

### (四) 诊断制剂

诊断本病的主要方法有HA、HI试验、ELISA、荧光抗体技术和RT-PCR。其中，最常用的是HA和HI试验。HA试验选用人O型红细胞，将抗凝的人O型血液用生理盐水或10 mmol/L、pH 7.2 PBS洗3次，配成1%浓度，4℃可保存7 d。作为诊断液时需固定人O型红细胞，并且需制备RHDV抗血清。

[毒种] 来源于自然发病死亡兔，通过分离鉴定确定为RHDV。

[制造要点]

(1) 人O型红细胞的固定：抗凝的人O型全血，用10 mmol/L、pH 7.4 PBS离心（1 000 g，15 min）洗涤3次。沉淀用PBS稀释成10%的悬液。用同样缓冲液配制1%高锰酸钾溶液，即在10%红细胞悬液中加入等体积的1%高锰酸钾溶液，边加边磁力搅拌混匀，然后再室温固定20 min。用PBS离心洗涤4次后，用PBS配成1%红细胞悬液，加入0.1%叠氮钠，4℃可保存半年。

(2) 诊断阳性血清制备：选择非免疫健康家兔，用RHD组织灭活疫苗免疫3~4次，每次间隔10~15 d。当HI抗体效价达1:512时可采血分离血清，分装成1 mL/管。

[使用] 微量 HA 和 HI 法。取病死兔肝脏作检材，将肝脏制成 10% 乳悬液，2 000 r/min 离心 20 min 后取上清作为待检材料。室温或 37 ℃ 反应 1 h 后观察结果，HA 效价大于 1∶40 判为阳性，HI 效价大于 1∶8 判为阳性。

### 三、犬瘟热

犬瘟热（Canine distemper）是由犬瘟热病毒引起的犬科、鼬科和浣熊科动物的一种高度接触性传染病，以双相热、急性卡他性呼吸道炎症、卡他性肺炎、严重的胃肠炎和脑炎为特征，呈世界分布，是我国犬科动物的一种常见病和多发病。

#### （一）病原

犬瘟热病毒（Canine distemper virus，CDV）属副黏病毒科、麻疹病毒属，呈圆形或不整形，有时呈长丝状。大小 150～300 nm。病毒基因组为负链 RNA，病毒主要蛋白质有核衣壳蛋白（N）、磷蛋白（P）、大蛋白（L）、基质膜蛋白（M）、融合蛋白（F）、血凝素蛋白（H）。病毒可在犬、雪貂和犊牛肾细胞、肺巨噬细胞、鸡胚成纤维细胞以及 Vero 细胞系上生长繁殖，但毒株之间有差异。细胞病变（CPE）表现为胞浆出现空泡，细胞逐渐圆缩，拉网，最后脱落，可形成胞浆内包涵体。病毒对紫外线和乙醚、氯仿等有机溶剂敏感。50～60 ℃经 30 min、3% 福尔马林、5% 石炭酸溶液以及 3% 氢氧化钠可杀灭病毒。在 pH 5.0～9.0 条件下均可存活，最适 pH 为 7.0。病毒在 －70 ℃ 或冻干条件下可存活数年。

本病毒只有一种血清型，但国内外均分离到不同的毒株，有 Snyder Hill 株（SH）、A75/17、日本弱毒株 CDV - J、Onderstepoort 弱毒株（CDV - ON）、CDV - B1、CDV - B2、CDV - S、CDV - 2、CDV - H 及海豹瘟热病毒 I 型（PDV1）和 II 型（PDV2）等。其中最具有代表性的病毒株是 Snyder Hill 株，以犬脑传代 5 次后，再给犬接种，能使 95% 的犬发生脑炎症状，通常称其为标准株。毒株不同，致病性有较大差异。犬瘟热病毒与麻疹和牛瘟病毒具有共同的抗原，能够产生交叉免疫。

#### （二）免疫

本病毒可引起细胞免疫和体液免疫，中和抗体能反应机体的免疫状态，所以中和试验是测定犬免疫力的主要方法。病犬不出现免疫功能完全抑制现象，可用致有丝分裂原皮内试验快速检测病犬细胞免疫状态。康复犬可能产生终身免疫。实验感染犬 8～9 d 血液中出现中和抗体，4 周时抗体效价最高，此时用 $10^2 EID_{50}$ 病毒测定其滴度为 1∶300～1∶3 000。仔犬可通过胎盘和初乳获得母源抗体，半衰期为 8.4 d。母源抗体的中和抗体效价大于 1∶100 时，可抵抗强毒株（Snyder Hill 毒株）的脑内或气雾攻击，若低于 1∶20 则易感。

#### （三）疫苗

迄今已有多种疫苗在犬上使用过，包括犬瘟热组织甲醛灭活疫苗、细胞灭活疫苗、雪貂传代组织弱毒疫苗、鸡胚培养弱毒疫苗、与犬传染性肝炎、钩端螺旋体等组成的多联疫苗（二联、四联、五联或六联疫苗）、麻疹疫苗等。犬瘟热疫苗种毒有 CDV - 11、Onderstepoort 株和 CDV3 - CL 株等，但活疫苗存在返强和母源抗体干扰等缺点。因此，国内外对本病毒基因工程疫苗、核酸疫苗和重组活载体疫苗进行了大量研究，例如通过基因的克隆构建原核表达载体或单抗亲和层析法获得 CDV 囊膜糖蛋白 H 蛋白和 F 蛋白，经动物实验证实具有良好的免疫原性；通过基因工程技术将 CDV 的 H、F 基因插入痘病毒载体或腺病毒载体，构建了多株 CDV 重组疫苗株，可诱导机体产生相应的特异性体液免疫与细胞免疫应答。将 CDV 的 F、H、N 基因克隆进真核表达载体，构建真核重组质粒 DNA，能诱导实验动物产生较高水平的中和抗体，且可抵御 CDV 强毒的攻击。近年来，反向遗传操作技术为人们开发本病新型疫苗提供了新思路。

**1. 犬瘟热 Vero 细胞活疫苗** 本品由犬瘟热病毒 Onderstepoort 毒株接种 Vero 细胞后收获的培养物，加适宜保护剂，经冷冻真空干燥制成。该弱毒苗还与犬细小病毒病、犬传染性肝炎、副流感组成多联疫苗，上述联苗可与犬冠状病毒灭活疫苗组成多联疫苗。

［毒种］ 犬瘟热病毒 Onderstepoort 弱毒株，适应 Vero 细胞生长，产生细胞病变。

［制造要点］ 将种毒接种 Vero 细胞，80％细胞出现 CPE 时，收获细胞培养物。冻融 3 次，8 000 r/min 离心 20～30 min，取上清，加适宜保护剂，经冷冻真空干燥制成，呈白色或乳白色疏松团块，加稀释液后迅速溶解。

［质量标准］ 除按成品检验的有关规定检验外，应进行如下检验：

（1）安全检验：取 6～10 周龄易感比格犬 2 只，各皮下注射 10 头份（5 mL），观察 14 天，应不出现明显的全身或局部反应。

（2）病毒含量测定：每头份疫苗中病毒含量不低于 $10^{4.0}$ TCID$_{50}$。

［保存与使用］ 使用时，用疫苗稀释液将每瓶（1 头份装）稀释成 1 mL，每只犬皮下注射 1 mL。2～8 ℃保存，有效期 24 个月。

**2. 犬瘟热病毒鸡胚成纤维细胞活疫苗** 将犬瘟热病毒鸡胚弱毒株适应于鸡胚成纤维细胞，收获细胞培养物，制成湿苗或冻干苗。该弱毒苗还可与犬细小病毒病、犬传染性肝炎、副流感组成多联苗。

［毒种］ 低温保存的种毒使用前经鸡胚成纤维细胞培养传 2～3 代。脑内接种 1～2 日龄小鼠最小发病量应不低于 $10^3/0.03$ mL。15～20 g 小鼠脑内接种 0.03 mL、皮下注射 0.5 mL，观察 10 d 无异常反应者为合格；如 3 d 内非特异性死亡超过 1/3 者应加倍重试。毒种保存在 −40 ℃以下，每年传代一次，或冻干低温保存。

［制造要点］ 取 9～11 日龄 SPF 鸡胚制备鸡胚成纤维细胞，等细胞长至单层后按 2.5％～3％比例将种毒混入维持液，置于 33 ℃恒温箱培养。接毒后 3～5 d 即出现前述细胞病变。35％以上细胞出现 CPE 时，收获培养物，冻融 3 次，8 000 r/min 离心 20～30 min，取上清，即成疫苗（湿苗）或加适宜保护剂，经冷冻真空干燥制成（冻干苗）。

［质量标准］ 除按成品检验的有关规定检验外，应进行如下检验：

（1）安全检验：取体重 16～18 g 小鼠 4 只，各腹腔接种 0.5 mL；另用 250～300 g 豚鼠 2 只腹腔接种 0.2 mL，观察 10 d 均应健活。

（2）病毒含量测定：每头份疫苗中病毒含量不低于 $10^{3.5}$ TCID$_{50}$。

［保存与使用］ 使用时，用疫苗稀释液将每瓶（1 头份装）稀释成 1 mL，每只犬肌肉注射 1 mL。2～8 ℃保存，有效期 24 个月。

**3. 犬瘟热病毒细胞灭活疫苗** 犬瘟热病毒种毒稀释后接种鸡胚成纤维细胞、Vero 细胞，80％细胞出现 CPE 时，收获。冻融 3 次，8 000 r/min 离心 20～30 min，取上清，加入

0.1%甲醛37℃灭活24 h，然后加入5%～7%氢氧化铝胶。使用时，每只犬皮下或肌肉注射1 mL，间隔2～3周加强免疫一次。免疫期6～12个月。

**4. 水貂犬瘟热活疫苗** 本品系用犬瘟热弱毒CDV3-CL株接种Vero细胞培养，收获感染细胞培养物，加适宜稳定剂，经冷冻真空干燥制成。呈微黄白色海绵状疏松团块，易与瓶壁脱离，加稀释液后应迅速溶解。

[质量标准] 除按一般规定检验外，应进行如下检验：

（1）外源病毒检验：按现行《中国兽药典》附录进行检验，应无外源病毒污染。

（2）鉴别检验：每批疫苗随机取1瓶，按瓶签注明头份用灭菌注射用水溶解后，用灭菌PBS（0.015 mol/L，pH 7.2）将疫苗稀释成200 TCID$_{50}$/0.1 mL，取该稀释液与犬瘟热病毒特异性阳性血清（中和抗体效价应不低于1:256）等量混合，置37℃中和1 h，接种24孔细胞培养板4孔，每孔0.1 mL，补充Vero细胞悬液0.9 mL。同时设正常细胞对照、病毒对照和阴性血清对照各4孔，置37℃细胞培养箱中培养观察5 d，病毒对照孔和阴性血清对照孔应全部出现CPE，阳性血清中和孔和正常细胞孔均应不出现CPE。

（3）安全检验：

① 用水貂安检：疫苗按瓶签注明头份用灭菌注射用水溶解后混合，皮下接种2～10月龄健康易感水貂5只，每只10头份，分5点注射，连续观察14 d，所有接种水貂的精神、食欲、体温、粪便均应正常。

② 用狐狸安检：每批疫苗随机取若干瓶，按瓶签注明头份用灭菌注射用水溶解后混合，皮下接种2～10月龄健康易感狐狸5只，每只30头份，分5点注射，连续观察14 d，所有接种狐狸的精神、食欲、体温、粪便均应正常。

（4）效力检验：下列方法任择其一。

① 病毒含量测定：疫苗按瓶签注明头份用灭菌注射用水溶解，10倍系列稀释后接种24孔细胞板，各孔补充Vero细胞悬液0.9 mL，置37℃下培养并观察5 d，记录细胞病变，按Reed-Muench法计算病毒含量。每头份病毒含量应≥$10^{3.50}$ TCID$_{50}$。

② 中和抗体效价测定：

A. 水貂中和抗体测定：疫苗用灭菌注射用水溶解为每头份1 mL，皮下注射2～10月龄健康易感水貂5只，每只注射疫苗1头份，免疫后21日分别采血，测定血清犬瘟热病毒中和抗体效价。对照水貂中和抗体效价均应不高于1:4，免疫水貂中和抗体效价均应不低于1:46。

B. 狐狸中和抗体测定：疫苗加灭菌注射用水溶解，皮下注射2～10月龄健康易感狐狸5只，每只注射疫苗3头份，免疫后21日分别采血，测定血清犬瘟热病毒中和抗体效价。对照狐狸中和抗体效价均应不高于1:4，免疫狐狸中和抗体效价均应不低于1:46。

[保存与使用] −20℃以下保存，有效期12个月。用于预防水貂、狐狸犬瘟热。免疫期均为6个月。使用时，皮下接种。水貂、狐狸在断乳14～21 d后或种兽配种前30～60 d接种疫苗。水貂每只1 mL；狐狸每只3 mL。疫苗接种后发生过敏反应，可立即皮下或肌肉注射盐酸肾上腺素0.5～1.0 mL抢救，并采取适当的辅助治疗措施。如果动物处于某些传染病潜伏期、营养不良、有寄生虫感染、处于环境应激状态下或存在免疫抑制，均可能引起免疫失败。

### （四）诊断制剂

本病主要血清学诊断方法有血清中和试验、补体结合试验、荧光抗体技术、ELISA、胶体金免疫层析技术等。由于犬瘟热病毒感染后血清中抗体滴度较低，并且很多犬接种过疫苗，所以检测病毒对诊断的意义更大。首选方法是间接荧光抗体技术，其次是 ELISA。荧光抗体技术的诊断液主要包括标准犬瘟热病毒抗血清、荧光抗体。胶体金免疫层析技术涉及的诊断试剂主要是胶体金标记的单克隆抗体。PCR 技术及核酸杂交技术大大提高了 CDV 诊断的准确性、敏感性和特异性。

（1）犬瘟热抗血清：用纯化的犬瘟热病毒加弗氏佐剂制成免疫原，免疫健康犬，免疫 4~5 次，当琼脂扩散试验检测抗体效价达 1:16 以上时，采血分离血清，分装小瓶备用。

（2）荧光抗体：采取健康非免疫犬血分离血清，提取 IgG，纯化后，免疫山羊，免疫 4~5 次，当琼脂扩散试验检测效价达 1:32 以上时，采血分离血清，提取羊血清中的 IgG，纯化后，标记荧光素获得荧光抗体。分装小瓶保存备用。

（3）胶体金标记犬瘟热病毒单克隆抗体：是利用细胞融合技术，将犬瘟热病毒免疫的 BALB/C 小鼠脾细胞与 SP2/0 瘤细胞融合，制备出能分泌抗瘟热病毒的单克隆抗体杂交瘤细胞株，从中培养、筛选出特异性的杂交瘤细胞，接种 SPF 级 BALB/c 小鼠，收取腹水或接种生物反应器培养，经浓缩纯化后制备出高效价高特异性抗体，使用胶体金标记获得金标犬瘟热病毒单克隆抗体。

### （五）治疗制剂

**1. 治疗性抗血清** 治疗犬瘟热患犬的有效方法是使用高免血清。高免血清可用同源或异源动物制备。同源动物制备的血清（同源血清）治疗效果较好，不容易出现过敏反应，异源动物制备的血清（异源血清）治疗效果虽好，但多次使用容易出现过敏反应。

犬瘟热高免同源血清制备与使用：用犬瘟热疫苗免疫健康成年犬，先用弱毒疫苗免疫 2 次，再用灭活疫苗免疫 2~3 次，每次间隔 15~20 d，每次剂量递增 0.5 mL。当血清抗体琼脂扩散试验效价达 1:16 以上时，采血分离血清，分装保存备用。异源血清制备方法相同，只是采用羊、猪或兔免疫。治疗时每只病犬按每千克体重 1~2 mL 肌肉注射，配合使用抗生素等对症疗法，可有效治疗病犬。

**2. 治疗性犬瘟热病毒单克隆抗体** 将分泌抗犬瘟热病毒单克隆抗体的杂交瘤细胞株 1C4 接种生物反应器，采用连续灌注培养法收获培养液，经滤器过滤、超滤浓缩和过滤除菌制成，呈微带乳光浅红色透明液体。pH 应为 7.0±0.2。除按成品检验的有关规定检验外，应进行如下检验：

（1）无菌检验：应无菌生长。

（2）支原体检验：应无支原体生长。

（3）外源病毒检验：检测流行性出血热病毒、淋巴细胞脉络丛脑膜炎病毒、3 型呼肠孤病毒，均应为阴性。

（4）安全性检验：豚鼠 2 只，皮下注射本品 2 mL；或用昆明小鼠注射本品 0.5 mL；或用断奶比格犬 3 只，每只按每千克体重 2.5 mL 肌肉注射本品。上述动物均观察 10 d，均应健活。

(5) 特异性检验：取本品分别与犬瘟热病毒、犬细小病毒、犬传染性肝炎病毒、呼肠病毒的细胞培养孔（96孔细胞培养板）进行免疫酶试验，犬瘟热病毒的单克隆抗体与犬瘟热病毒细胞培养孔应为阳性反应，与其他病毒应为阴性反应。

(6) 效力检验：下列方法任择其一。

① 效价测定：进行中和试验，单克隆抗体对 CDV MD-77 株的中和效价应≥1∶1024。

② 疗效试验：取8周龄断奶幼犬25只，每只腹腔注射病毒液5 mL、滴鼻0.5 mL，接种后连续观察。取3～9日发病犬15只，随机分为两组。第一组10只，发病后1 d内，按使用剂量肌肉注射本品，每日一次，连用3 d；第二组5只不予治疗作为对照。观察10 d，治疗组应至少6只犬康复（犬的精神、食欲、体温恢复正常为康复），对照组应至少有4只犬未康复。

[使用] 治疗时每只病犬按每千克体重0.5 mL肌肉注射，连用3 d。

### 四、犬细小病毒病

犬细小病毒病（Canine parvovirus disease）是由犬细小病毒感染所引起的、犬的一种急性传染病，又名犬传染性肠炎，以出血性肠炎或非化脓性心肌炎为特征，临床上表现为呕吐，腹泻，血液白细胞显著减少，出血性肠炎和严重脱水。本病从1978年报道以来，已证实该病已在美国、英国、德国、法国、意大利、俄罗斯、日本等多个国家流行，也是我国犬的一种主要传染病。

#### （一）病原

犬细小病毒（Canine parvovirus，CPV）属细小病毒科、细小病毒属，病毒较小，直径 20～22 nm，呈二十面体对称，无囊膜，衣壳由60个 VP2 和少量 VP1 蛋白质分子组成，VP3 是 VP2 的降解产物。基因组为单股 DNA。本病毒可分为 CPV-1 和 CPV-2，引起犬发病的为 CPV-2 型。CPV-2 已出现 CPV-2a 和 CPV-2b 两个亚型。病毒能在猫肾、犬肾、脾脏、胸腺、肠管和胎牛脾等原代细胞上生长繁殖，也能在貂肺细胞系（CCL-64）、MDCK、CRFKK、Vero 和 FK81 等传代细胞上生长繁殖，但毒价有差异。产生毒价较高病毒的细胞是猫胎肾细胞、MDCK 和 CRFK 细胞系，需要同步接种或在细胞未形成单层以前接种。病毒在 CRFK 和 FK81 细胞上生长繁殖产生明显的 CPE，表现为细胞聚缩，形成合胞体，但在 MDCK 细胞上 CPE 不明显，有时可出现细胞圆缩，常形成核内包涵体。

#### （二）免疫

犬细小病毒在抗原性上和猫细小病毒、貂细小病毒有密切关系，能够产生交叉免疫和血清学交叉反应，与猪和牛细小病毒关系较远。病毒能够凝集猪和恒河猴红细胞，凝集最适温度为4 ℃和25 ℃，最适 pH 为 6.4～7.0，犬和猫细小病毒抗血清能抑制这种凝集反应。用猫细小病毒疫苗能够预防犬细小病毒感染，但犬细小病毒的变异株不存在这种抗原相关性，并且不能凝集红细胞。康复犬和感染犬血液中存在血凝抑制、沉淀和中和抗体，母源抗体可经初乳传递给仔犬，干扰二次免疫应答。

## （三）疫苗

本病疫苗主要有灭活疫苗（同源灭活疫苗和异源苗）、活疫苗（犬细小病毒-犬钩端螺旋体二联疫苗、犬瘟热-CPV-犬传染性肝炎-副流感-钩端螺旋体五联疫苗和狂犬病-CPV-犬肝炎-副流感-钩端螺旋体六联疫苗）。传统的灭活苗和活疫苗均包含完整的病毒粒子，都具有较好的免疫原性，新一代活疫苗克服了部分母源抗体问题，小剂量就可产生高效免疫。有学者通过昆虫杆状病毒表达系统中表达了 CPV VP2 蛋白，仅少量的表达蛋白可使犬获得良好的免疫效果。用含 CPV 的 VP1 基因真核表达质粒免疫犬，攻毒保护试验证明基因疫苗能够保护犬不被 CPV 感染。有学者通过将 CPV 抗原决定族与霍乱毒素 B 亚单位融合后在转基因烟草叶绿体中表达，构建了 CPV 亚单位疫苗，可有效诱导体液免疫，但其免疫效果尚需进一步验证。

### 1. CPV 细胞培养灭活疫苗

[毒种] CPV-GN 毒株。

[制造要点] 用 CPV 种毒同步接种 CRFK 细胞或犬直肠瘤细胞系 A72 细胞，37 ℃培养 24 h 形成单层后换用无血清维持液，37 ℃继续培养 72～96 h，待 CPE 达 80% 以上时（HA≥1：1 024），收获病毒，冻融 3 次，1 000 r/min 离心 15 min，取上清，除去细胞碎片，上清加入 0.25% 甲醛，37 ℃持续搅拌 24 h，HA≥1：512，加入焦亚硫酸钠阻断，再加入 7%～8% 氢氧化铝胶混匀即成 CPV 灭活疫苗。

[质量标准] 除按《成品检验的有关规定》检验外，进行如下检验。

（1）安全检验：选取 5 只断奶幼犬，3 只皮下或肌肉接种疫苗 3～5 mL，另外 2 只作为对照，观察 7～10 d 均应健活，粪便检查 HA 为阴性。

（2）疫苗效价检验：HA≥1：512 或计算 $TCID_{50}$≥$10^{7.0}$/mL。

[保存与使用] 4 ℃保存，有效期 12 个月。断奶幼犬肌肉注射 1 mL，间隔 2～3 周再接种 1 mL，怀孕犬产前 20 d 肌肉注射疫苗 1 mL，免疫期 1 年。

### 2. CPV 异源灭活疫苗

[毒种] 猫泛白细胞减少症病毒 FNF8 毒株由病死猫分离鉴定，$TCID_{50}$ 为 $10^{5.5}$/mL。

[制造要点] 种毒稀释后同步接种 CRFK 细胞，或在 CRFK 细胞未形成单层以前接种病毒。37 ℃培养 72～96 h，当细胞出现 80% 以上 CPE 时收获病毒。冻融 3 次，1 000 r/min 离心 20 min，取上清，除去细胞碎片。用 BEI 灭活病毒，加 5% 氢氧化铝混合，制成 CPV 异源灭活疫苗。

[质量控制] 与 CPV 同源灭活疫苗相同。一次免疫后 10～15 d 的 HI 效价在 1：40 以上，2 次免疫后效价可达 1：80 以上，并能经受强毒口服的攻击。

[保存与使用] 4 ℃保存，有效期 12 个月。6 周龄和 14 周龄分别免疫一次，每次皮下注射 2～3 mL，间隔 3～4 周。妊娠犬产前 20 d 注射一次，可获得良好的免疫效果。

### 3. CPV 细胞培养活疫苗

用犬肾原代细胞或传代细胞系 MDCK 细胞培养 CPV-780916 弱毒株，收获细胞培养物，加保护剂冻干而成。

[毒种] CPV-780916 弱毒株，为 CPV 强毒株在犬肾原代细胞上传代 80-115 代，经筛选获得的适应弱毒。

[保存与使用] -15℃保存,保存期12个月,皮下注射1 mL,免疫2次,间隔时间2~3周,妊娠犬产前20 d免疫一次,免疫期1年。该疫苗安全有效,免疫接种后4 d即可产生高滴度的HI抗体。

此外,还有从貂分离的细小病毒弱毒株(M-CPV)制备的弱毒疫苗。用F81或CRFK生产病毒,HA≥1∶64,$TCID_{50}$≥$10^{3.8}$加入适量抗生素和保护剂冻干而成。

### (四)诊断制剂

快速的诊断方法主要有HA、HI、金标法和PCR,免疫荧光技术也可用于诊断。近年来,随着胶体金免疫层析方法的进一步发展,利用胶体金标记CPV表面蛋白单克隆抗体,制成检测CPV抗原的胶体金检测试纸也开始应用于兽医临床。环介导等温扩增是一种比较新颖、敏感、快捷的方法,检测敏感性与特异性较高。凝集试验快速,但敏感性偏低。现有ELISA方法既可检测抗原,也可检测抗体。

**1. HA和HI试验诊断液**

(1) 醛化红细胞的制备:加抗凝剂采集猪血液,离心弃掉上清,用无菌生理盐水离心洗3次,用pH 7.2 PBS配成8%的悬液,加等量3%甲醛溶液,室温24℃左右搅拌17~24 h,固定后用PBS洗3次,配成10%悬液,加入0.05%叠氮钠保存。4℃可保存1年以上。用时用生理盐水离心洗涤3次,配成1%悬液进行HA试验,用以检测粪便中的CPV。需同时做HI试验。

(2) HI试验高免血清的制备:采用初步纯化的CPV加弗氏完全佐剂和不完全佐剂免疫犬或家兔,免疫4~5次,每次间隔10~15 d,可获得高效价的血清用来做HI试验。

**2. 金标试纸条法** 本试剂是一种快速、简便、敏感、特异的检测方法,可检测病犬粪便或病死犬的组织液。可检测10~50ng/mL的CPV,10 min内出结果,与其他病毒没有交叉反应,目前已在犬场和动物门诊广泛应用。

[制备要点] 用CPV单克隆抗体偶联的胶体金喷在玻璃纤维的结合垫上,CPV多克隆抗体(检测线)和抗鼠IgG抗体(质控线)分别喷在NC膜上,然后将NC膜、结合垫、样品垫、背垫(PVC材料)和吸水垫等组装成试剂条,将试剂条装于塑料外壳上成为检测试剂卡。检测时用少许粪便或棉拭子取肛门粪样,用生理盐水稀释后直接加在测试卡的检测孔内,几分钟后可在阅读窗口判读结果,阳性将出现2条红色线条(检测线和质控线),阴性仅出现1条红线条(质控线)。

**3. PCR方法** 本方法是一种敏感特异的诊断方法,以CPV核衣壳蛋白VP2基因序列设计的引物,扩增226 bp的VP2片段,可早期检测粪便中的CPV,但目前尚无诊断试剂供应。此外,还有利用套式PCR区分弱毒疫苗株和强毒株的报道。

### (五)治疗制剂

**1. 犬瘟热病毒单克隆抗体**

[制造要点] 将杂交瘤细胞株1D3接种生物反应器,采用连续灌注培养法收获培养液,经滤器过滤、超滤浓缩和过滤除菌制成。

[质量标准]

(1) 性状:微带乳光浅红色透明液体。

(2) pH 检验：pH 应为 7.0±0.2。

(3) 无菌检验：应无菌生长。

(4) 支原体检验：应无支原体生长。

(5) 外源病毒检验：检测流行性出血热病毒、淋巴细胞脉络丛脑膜炎病毒、3 型呼肠孤病毒，均应为阴性。

(6) 安全性检验：豚鼠 2 只，皮下注射本品 2 mL；或用昆明小鼠注射本品 0.5 mL；或用断奶比格犬 3 只，每只按每千克体重 2.5 mL 肌肉注射本品。上述动物均观察 10 d，均应健活。

(7) 特异性检验：取本品进行血凝抑制试验，测定其对猫泛白细胞减少症病毒、水貂肠炎病毒的效价≤8。

(8) 效力检验：下列方法任择其一。效价测定：进行血凝抑制试验，单克隆抗体对犬细小病毒血凝抑制效价应≥1280。疗效试验：取 8 周龄断奶幼犬 25 只，每只口服毒液 1 mL、静脉注射病毒液 1 mL，接种后连续观察。取发病 3~6 d 犬 15 只，随机分为两组。第一组 10 只，发病后 1 d 内，按使用剂量肌肉注射本品，每日一次，连用 3 d；第二组 5 只不予治疗作为对照。观察 5 d，治疗组应至少 8 只犬康复（犬的精神、食欲、体温恢复正常为康复），对照组应至少有 3 只犬未康复。

[使用] 治疗时每只病犬按每千克体重 0.5 mL 肌肉注射，连用 3 d。

**2. 犬细小病毒免疫球蛋白注射液**

[制造要点] 本品系犬细小病毒细胞培养弱毒抗原免疫接种健康关中驴制成的犬细小病毒免疫球蛋白注射液，用于治疗犬细小病毒引起的犬急性出血性肠炎。

[质量标准]

(1) 无菌检验：应无菌生长。

(2) 支原体检验：应无支原体生长。

(3) 外源病毒检验：检测流行性出血热病毒、淋巴细胞脉络丛脑膜炎病毒、3 型呼肠孤病毒，均应为阴性。

(4) 安全性检验：50~60 日龄体重为 2.0~3.0 kg 的健康犬 3 只，每只每千克体重肌肉注射本品 2.5 mL，共注射 6 次，每次间隔 12 h，末次注射后隔离观察 14 d，均应健活，精神、食欲、体温与粪便均应无异常。

(5) 鉴别检验：将 CPV 病毒液稀释至 200 $TCID_{50}$/0.2 mL，与本品等量混合，37 ℃中和 1 h 后，接种生长良好的单层细胞 6 孔，同时设定病毒对照孔，每孔接种病毒对照液 0.2 mL，观察 CPE。病毒对照组细胞孔应全部出现 CPE，中和组细胞孔应无 CPE。

(6) F(ab)$_2$（分子质量 23 000 u）含量测定：CPV - IgG (ab)$_2$ 含量应≥60%。

(7) 效力检验：下列方法任择其一。疗效检验：用 50~60 日龄，体重为 2.0~3.0 kg 的健康犬 10 只，各口服 CPV 肠血毒液 1 mL，从中选择 CPV 临床症状典型病犬 7 只，分成两组：第一组 4 只犬为治疗组，按每千克体重肌肉注射 0.5 mL，每日注射 2 次（间隔 12 h），连用 3~5 d；第二组 3 只犬为对照组，仅口服肠血毒液 1 mL。对照犬应于口服肠血毒液后的 3~5 d 内全部出现典型的 CPV 症状，取腹泻样品测定 HA 效价应不低于 1:64，7 d 内应至少有 2 只犬死亡。治疗组的 4 只犬，观察 7 d，应至少 3 只健活。VN 效价：VN 效价≥1:80。HI 效价：HI 效价≥1:128。

## 五、犬传染性肝炎

犬传染性肝炎（Canine infectious hepatitis）是由传染性犬肝炎病毒引起的、以肝脏受损、循环障碍、呼吸困难和腹泻为特征的犬科动物的急性传染病。临床表现出为高热稽留、贫血、黄疸、出血性素质（皮下和口腔黏膜点状出血），眼睑及头颈部水肿，康复犬角膜浑浊和脓性结膜炎等症状。本病呈世界性分布，也是我国犬的一种主要传染病。

### （一）病原

传染性犬肝炎病毒（Infectious canine hepatitis virus，ICHV）属腺病毒科、哺乳动物腺病毒属，为犬腺病毒Ⅰ型（Canine adenoviruse type Ⅰ，CAV-Ⅰ）。CAV-Ⅰ为二十面体对称，直径70～80 nm，无囊膜，双股DNA。在4 ℃和37 ℃能凝聚人O型、豚鼠、大鼠红细胞，但不稳定，这种凝集能被特异性抗血清所抑制。不同毒株的毒力有差异。

本病毒对热和酸不敏感。在细胞培养物中室温可存活10～16周，4 ℃可存活6～9个月，在50%甘油缓冲液中4 ℃可保存数年，0.2%甲醛24 h可杀灭病毒。

本病毒能在犬肾和睾丸细胞内增殖，也可在猪、豚鼠和水貂等动物的肺和肾细胞中有不同程度的增殖，并出现CPE，主要特征是细胞肿胀变圆、聚集成葡萄串样，也可产生蚀斑。感染细胞内常有核内包涵体，已感染犬瘟热病毒的细胞，仍然可以感染和增殖本病毒。在MDCK细胞上最佳产毒时间是病毒感染后50～60 h，其后毒价略有下降。

### （二）免疫

传染性犬肝炎病毒与以前发现的犬腺病毒Ⅱ型致病性不同，无血清学相关性，但具有70%的基因相关性，免疫上能够产生交叉保护。世界各地分离毒株的抗原性都相同。自然感染犬在14～21 d出现补体结合抗体和沉淀抗体，10～12周时达高峰，然后下降，至12个月时几乎不能检出。康复犬血清中和抗体可维持66个月，免疫力坚强而持久。人工感染犬在4～5 d体内即可检出中和抗体，滴度可达1∶16～1∶500，第10天肝脏内病毒明显减少，犬在中和抗体较高时（≥1∶500），感染后一般不出现症状。新生仔犬可从初乳中获得母源抗体，母源抗体的半衰期是8.5 d，产后48 h内母源抗体达1∶256～1∶4096，7周龄时下降为1∶19.9。由于母源抗体干扰灭活疫苗的免疫，仔犬应在母源抗体滴度≤1∶32时方可进行免疫。

### （三）疫苗

用于预防犬传染性肝炎的疫苗有灭活疫苗、活疫苗和多联活疫苗。

**1. 组织灭活疫苗**

[毒种] CAV-Ⅰ标准毒株Utrecht，也可选择经分离鉴定的犬传染性肝炎病毒强毒株。种毒稀释后，静脉接种易感犬，发病后出现典型临床症状时扑杀，无菌采取肝、脾组织，加入灭菌PBS，用高速组织捣碎机绞碎，制成20%悬液，加入0.1%～0.2%甲醛，37 ℃灭活24 h，其间摇动数次，最后加入焦亚硫酸钠阻断，制成组织灭活疫苗。

[质量标准] 疫苗检验按常规进行。

(1) 安全检验：选择 15 g 左右健康小鼠 10 只，5 只脑内接种 0.03 mL，5 只腹腔接种 0.5 mL，观察 7 d 应无异常反应；也可选择敏感犬 5 只，3 只皮下接种 5 mL，2 只作对照，观察 21 d 无异常反应。

(2) 效力检验：取安全检验犬 3 只或免疫犬 3 只和对照 2 只，用强毒攻击，观察 14 d，免疫犬应健活，对照犬出现严重症状并至少 1 只死亡。

[保存与使用] 2～8 ℃保存，有效期 12 个月。体重 3 kg 以下犬皮下接种 3 mL，3 kg 以上犬皮下接种 5 mL，免疫期约 6 个月。

**2. 细胞培养灭活疫苗**

[制造要点] 毒种用 CAV-I 强毒株。毒种稀释后接种 MDCK 单层细胞，37 ℃吸附 30 min，加入 MEM 维持液，继续培养 48～72 h，出现 80% 以上 CPE 时收获病毒，$TCID_{50} \geq 10^{6.0}$/mL。冻融 3 次，2 000 r/min 离心 20 min 取上清，加入 0.2～0.3% 甲醛 37 ℃灭活 24 h，其间振荡数次。加入焦亚硫酸钠阻断反应。灭活后取样做无菌检验，合格后加入 5%～7% 的氢氧化铝胶，即成犬传染性肝炎细胞灭活疫苗。

[质量标准] 按成品检验的有关规定进行检验。

(1) 安全检验：选 1～2 月龄未免疫健康犬 3 只，其中 CAV-I 抗体效价小于 1∶4，每只皮下注射疫苗 2 mL，在 1 周内应无体温升高、白细胞减少及注射部位红肿等不良反应。

(2) 效力检验：同 CAV 组织灭活疫苗。

[保存与使用] 4～8 ℃保存，有效期 12 个月。妊娠犬产前 20 d 免疫，仔犬在 7 周龄和 9 周龄各免疫 1 次，皮下或肌肉注射，剂量为 1 mL/只。

**3. 犬传染性肝炎活疫苗** 种毒选用已适应犬肾原代细胞的 CAV-I 弱毒株。将毒种稀释后接种 MDCK 细胞，37 ℃吸附 30 min，加入 MEM 维持液，培养至 CPE 达到 85% 以上时收获病毒。冻融 3 次后，离心除去细胞碎片，加入蔗糖脱脂乳保护剂，冻干制成冻干疫苗。效力检验，可取样稀释后做 $TCID_{50}$ 测定，$TCID_{50} \geq 10^{4.0}$/mL 合格。也可用幼犬做免疫保护试验。

**4. 犬传染性肝炎联合疫苗** 目前用于预防犬传染性肝炎的联合疫苗主要有犬瘟热-犬传染性肝炎-钩端螺旋体三联疫苗，犬瘟热-传染性肝炎-细小病毒病-副流感四联活疫苗，犬瘟热-犬传染性肝炎-犬细小病毒病-钩端螺旋体-犬副流感五联疫苗及六联疫苗（五联苗加狂犬病）。

[制造要点] 各制苗种毒分别接种适应的细胞或细胞系，收获培养物，测定效价，将合格的各种病毒培养物按比例混合，超滤，浓缩，加入适宜稳定剂，充分混合，定量分装，经冷冻真空干燥制成。

[质量标准] 除按成品检验的有关规定进行检验外，还需要进行如下检验。

(1) 安全检验：用 10 头份量皮下注射健康未免疫 6～12 周龄易感比格犬 2 只，观察 14 日后应不出现明显的局部或全身反应。

(2) 效力检验：在各种病毒培养收获后测定 $TCID_{50}$，$TCID_{50}$ 应 $\geq 10^{4.0}$ 以上。

[保存与使用] −20 ℃保存，有效期 12 个月。30～90 日龄犬接种 3 次，90 日龄以上免疫接种 2 次，每次肌肉或皮下注射疫苗 2 mL，每次间隔 2～4 周，以后每 6 个月加强免疫一次，怀孕犬在产前 2 周加强免疫一次，所生仔犬可从母乳中获得 8～12 周龄的被动免疫抗体。

犬瘟热-传染性肝炎-细小病毒病-副流感四联活疫苗于 2~8 ℃保存，有效期为 12 个月。皮下注射，用疫苗稀释液稀释后，每只接种 1 头份，每 2~3 年进行一次加强接种。不得用于接种肉用犬，可用于怀孕犬和哺乳犬。疫苗稀释后应于 30 min 内用完。

### （四）诊断与治疗制剂

本病实验室诊断方法主要有微量补体结合试验、血凝抑制试验、中和试验、荧光抗体技术和免疫酶技术等。微量补体结合试验最早用于犬传染性肝炎和血清学诊断，补体结合试验抗原采用细胞培养病毒，稀释液为含钙、镁的生理盐水。该方法操作简便、结果规律且特异性较强。ELISA、DOT-ELISA 和免疫酶组化法是犬传染性肝炎最有价值的商用诊断试剂。

此外，干扰素在治疗方面显示出较好的应用前景。

## 六、猫泛白细胞减少症

猫泛白细胞减少症（Feline panleukopenia）也称猫瘟热、猫传染性肠炎、猫细小病毒感染，简称猫瘟，是由猫泛白细胞减少症病毒引起的、猫特别是幼龄猫的一种发热性、高度接触性、致死性传染病。以突发双相热、呕吐、腹泻、脱水、白细胞严重减少、出血性肠炎及高死亡率为特征，是猫最重要的传染病。

病猫在感染的早期及从粪尿、唾液、鼻咽分泌物和呕吐物中排毒。通过直接或间接接触被污染的食物、器具和衣服等传播，经消化道感染。在病毒血症期间可通过虱、蚤和螨等吸血昆虫传播，妊娠母猫感染后还可经胎盘垂直传染。本病多见于冬末和春季。应激因素可促进本病的暴发流行。

### （一）病原

猫泛白细胞减少症病毒（Feline panleukopenia virus，FPV）属细小病毒科、细小病毒属，病毒粒子无囊膜，正二十面体对称，核酸为单链 DNA。病毒在 4 ℃下能凝集猪和猴红细胞，对外界因素有极强的抵抗力，能耐受 56 ℃加热 30 min 的处理，在 pH 3~9 的范围内具有一定的耐受力。有机物内的病毒在室温下可存活 1 年，对 70% 乙醇、有机碘化物、酚制剂、和季铵溶液具有较高的抵抗力。0.2% 的甲醛可使病毒灭活。FPV 最适于在猫肾原代细胞和传代细胞上繁殖，猫肾细胞系 CRFK 和 NLFK 是常用的传代细胞，其次是 $FK_{81}$、FLF3 细胞系。病毒主要在细胞分裂对数生长期（S 期）生长繁殖。因此，一般采用同步接种或细胞未形成单层时接种病毒。接种后 48 h 开始出现细胞病变（CPE），72 h 出现显著 CPE，细胞表现为聚缩、形成合胞体和核内包涵体。其他狮、虎、水貂的肾、肺细胞也能适应病毒的生长繁殖，但很少采用。

### （二）免疫

自然感染康复猫可获得较持久的免疫力，很少第二次感染发病。猫通常在感染后第 8 天出现中和抗体，15 d 中和抗体滴度可达 1：16~1：60，30 d 时可达 1：150。弱毒苗在接种后 3~5 d 即可产生较好的免疫力，第一次注射在 9~10 周龄进行，2~6 周后作第二次免疫，肌肉注射或滴鼻均可，但弱毒苗对妊娠猫和 4 周龄内的猫不安全。灭活苗在断奶后进行第一次注射，间隔3~4周后作第二次接种，皮下或肌肉注射均可。成年猫的免疫程序也是间隔3~4周免疫接种两次。

### （三）疫苗

用于免疫预防的疫苗国外已有很多种：

（1）组织灭活疫苗：在20世纪30年代初研制成功，采取感染猫的肝脏和脾脏制成乳剂，加入甲醛进行灭活即成。据文献记载，组织灭活苗对小猫不理想。

（2）细胞培养灭活疫苗：据报道，自20世纪60年代中期就研制成细胞培养灭活苗，并在美国、日本及欧洲一些国家广泛使用，普遍认为具有适用小猫和反应轻等优点。细胞培养灭活苗是用病毒在猫肾细胞上的增殖液加入甲醛灭活制成的。其毒价测定不以细胞病变为指标，而采用荧光抗体法检测。

（3）活疫苗：可以用于猫和犬，免疫猫、犬可以分别抵抗猫泛白细胞减少症病毒和犬细小病毒的攻击。国内目前也已研制成甲醛氢氧化铝灭活苗和BEI氢氧化铝灭活疫苗，具有良好的免疫效果。

**FPV灭活疫苗** 该疫苗是用病毒在猫肾细胞上的增殖液加入甲醛或BEI灭活制成。国内目前也已研制成甲醛氢氧化铝灭活苗和BEI氢氧化铝灭活疫苗，具有良好的免疫效果。

［毒种］ 由自然病例分离的FPV，在CRFK细胞生长繁殖，收获的细胞培养液HA≥1∶512，TCID50≥$10^{4.5}$，接种未免疫的断奶猫能使50%以上发病，出现与自然病例相同的临床症状。加蔗糖脱脂乳冻干低温（-70℃）可长期保存。生长液用DMEM或EMEM，含10%犊牛血清、1% L-谷氨酰胺（2.9%）、100 IU/mL青霉素和100 μg/mL链霉素。维持液用50%的MEM，50%的0.5%水解乳蛋白，含5%的犊牛血清，其他与生长液相同。

［制造要点］ 病毒增殖采用猫肾原代细胞或CRFK和NLFK细胞系同步接种（在细胞转入转瓶的同时接种病毒）或异步接种（细胞移入转瓶后形成单层前接种病毒）。细胞移入转瓶时的浓度为（3~5）×$10^5$个/mL。

转瓶培养以7~8 r/h进行旋转培养。经培养18 h左右，出现50%~75%单层时，按10%量接毒（HA≥1∶512），吸附1 h，加入维持液，培养2~3 d后用7.5% $NaHCO_3$修正pH至7.5，再培养2~3 d，在CPE达50%~75%、HA≥1∶512时收获培养液。对CPE为50%的细胞瓶，再加入生长液后培养3 d，做第2次收获。取HA≥1∶512的病毒液，按0.02%量加入BEI，混合后于30℃振荡处理20 h，加入4%（V/V）的50% $Na_2S_2O_3$液阻断（30℃、4 h）；加入含2%（m/V）氢氧化铝的铝胶原液，制成灭活苗。

［质量标准］ 除按成品检验的有关规定进行检验外，应进行如下检验：

（1）安全检验：取10只小鼠，其中6只每只腹腔注射0.5 mL疫苗，另4只为对照，观察10 d健活性。家兔2只，按2 mL/只腹腔注射，观察3周均健活。

（2）效力检验：病毒收获后检测，HA≥1∶512者为合格。接种4只断奶仔猫，每只0.5 mL，7~10 d加强免疫一次，免疫后10 d攻毒，保护率≥75%。

［保存与使用］ 2~8℃保存，有效期12个月。使用时，完全断奶后的猫、水貂、犬、貉肌肉注射1 mL/只，间隔2~4周后再注射一次。免疫期1年。对幼猫和怀孕猫安全。

### （四）诊断制剂

实验室检查方法主要有中和试验、HA和HI试验、ELISA、荧光抗体技术等，其中，

HA 试验的特异性最高，准确率达 95%，其次是 ELISA，为 93%。

目前国内首推 HA 和 HI 试验，具有特异、快速、简便等特点，广为采用。方法是用 0.015 mol/Lf、pH 6.5 的 PBS 将经氯仿处理的粪便提取物或细胞培养液在 V 型微量血凝板上做 2 倍连续稀释，加新鲜或醛化的猪或猴红细胞液，于 4 ℃静置 1 h 后即可判定。为检查后期粪便中出现的 IgM 等抗体以及被此种抗体凝集失去血凝活性的抗原，可加 2-巯基乙醇（2-ME）处理，同时用特异性血清作 HI 试验，通常将 HA 效价≥1∶80 判为病原阳性，HI 效价≥1∶8 判为抗体阳性。在发病动物 FPV 特异性抗体检测时，通常将 FPV 细胞培养物冻融 3 次后（HA 效价≥1∶1 024），用生理盐水稀释成 8 个血凝单位，进行 FPV HI 试验，如发病后比发病前抗体效价升高 4 倍以上可诊断为 FPV 感染。

(1) HI 抗原制备：用 FPV 细胞培养物，冻融 3 次或经超声波处理，HA 效价≥1∶1 024，用时用生理盐水稀释成 8 个血凝单位。

(2) 醛化红细胞制备：红细胞醛化前用生理盐水离心洗涤 3~5 次，以去除红细胞表面的血浆蛋白。用 0.15 mol/L、pH 7.2 PBS 配成 8% 悬液，逐滴加入同体积同样缓冲液配制的 3% 甲醛（或戊二醛、丙酮醛）溶液，边加边摇，置室温继续磁力搅拌 18 h，用生理盐水反复离心洗涤 5 次，最后配成 10% 红细胞悬液，加 0.01% 叠氮钠或硫柳汞防腐，4 ℃ 放置，有效期 1 年。可重复用两种醛固定，效果更好。

## 七、貂病毒性肠炎

貂病毒性肠炎（Mink viral enteritis）又称貂泛白细胞减少症（Feline panleukopenia），是由貂细小病毒引起的、貂的一种急性消化道传染病，主要特征为急性肠炎和白细胞减少。1947 年本病最早报道于加拿大。1949 年由 Schofield 证实其病原为病毒，并予命名。目前，本病流行于丹麦、荷兰、英国和日本等多个国家。我国于 1985 年首次鉴定本病。

### （一）病原

貂细小病毒（Mink parvovirus，MPV）又称貂肠炎病毒（Mink enteritis virus，MEV），属于细小病毒科、细小病毒属，其形态、理化特征和生物学特点与猫细小病毒相似，两者的基因组在 56 个酶切位点中仅有一个不同。MEV 基因组全长 5 064 bp，与 FPV、CPV 核苷酸有很高的同源性，仅在 5′ 端非编码区有较大差异。我国流行的 MPV 主要属 B 型。本病毒在 4 ℃、pH 6.0~7.2 条件下能凝集猪和猴红细胞，并可被其抗血清或 FPV 抗血清所抑制。本病毒主要适应于 CRFK、猫和貂肾原代细胞，也能在虎、雪貂组织中生长繁殖。生长较好的组织细胞是心、脾及肾。其病变与 FPV 相似，也能产生包涵体。需要同步接种或细胞形成单层以前接种，接种后在 96~120 h 毒价最高，$TCID_{50}$ 可达 $10^{4.0}$~$10^{9.6}$/mL。影响毒价的主要因素是血清质量。很多犊牛、绵羊、猪、马和犬血清中含有对病毒增殖和形成 CPE 的耐热性抑制物，当细胞培养液含有这种血清时，产量约下降 4 倍，细胞病变也受到明显影响。

本病毒对外界的抵抗力较强。粪便中的病毒在 -20 ℃ 能存活 12 个月以上，66 ℃ 存活 30 min，56 ℃ 存活 120 min，对乙醚、氯仿等脂溶剂和胰蛋白酶有抵抗力，0.5% 甲醛和 20% 漂白粉可有效杀灭病毒。

## (二) 免疫

用单克隆抗体可以将 MEV 型分成三个抗原型：MEV-1、MEV-2、MEV-3，2 型与 3 型之间没有抗原性差异，1 型与 2 型或 3 型之间抗原性有差异，但任何一型病毒制成的灭活疫苗均能保护水貂抵抗同型或异型病毒的攻击。用常规的血清学方法不能区别 MEV、FPV 和 CPV。用 FPV 疫苗免疫貂可使其产生针对 MPV 抵抗力。免疫貂或感染 MEV 耐过貂可获得较强的免疫力，免疫期可达 1 年以上。但 MEV 疫苗对犬无保护作用，对猫的保护力尚不清楚。耐过貂在体内较长时间带毒并排毒。

免疫貂血清中沉淀抗体比补体结合抗体和中和抗体出现早，一般在感染后 7 d 达 1∶4～1∶8，保护率 66%，14 d 达 1∶8～1∶32，60～90 d 达 1∶64～1∶128，120 d 后开始下降，180 d 后可降至 1∶8～1∶16，140 d～150 d 的保护率为 100%。人工感染 4～7 d 后 HI 抗体达 1∶128～1∶256，可维持 1 个月，6 个月后仍达 1∶32。接种细胞培养灭活苗 3 d 后即可测出 HI 抗体，16 d 后 HI 抗体效价在 1∶1 024 以上。免疫母貂所产仔貂的母源抗体可维持 8 周，其对仔貂的保护作用至少可达 6 周。

## (三) 疫苗

目前研制成功的疫苗有貂病毒性肠炎组织灭活疫苗、细胞灭活疫苗和活疫苗、貂犬瘟热-貂病毒性肠炎二联疫苗。

**1. 貂病毒性肠炎组织灭活疫苗**

［制造要点］ 选择未经免疫的、貂细小病毒感染阴性的健康水貂，用 MEV 强毒株 (SMPV-11) 经肌肉注射人工感染。出现典型症状后第 1 天剖杀，无菌采集肝、脾、肠，加入灭菌生理盐水，用组织捣碎机充分捣碎，制成 15% 的匀浆液，然后加入 0.35% 甲醛，37℃灭活 24～48 h，其间振荡数次，3 层纱布过滤，按 10∶1 加入 20% 氢氧化铝胶，制成氢氧化铝灭活疫苗。

［质量标准］ 按《成品检验的有关规定》进行检验。安全检验选取健康水貂 5 只，3 只皮下注射疫苗 5 mL，另 2 只作为对照，观察 7～10 d 均应健活。

［保存与使用］ 疫苗 4℃保存，免疫剂量 1 mL/只，免疫期 6 个月，约 22% 的貂在接种后 3～4 d 发生轻度反应，但不发病，1～2 d 后恢复。

**2. 貂病毒性肠炎细胞灭活疫苗**

［制造要点］ 选择适应 CRFK 细胞的 MEV 强毒，同步接种 CRFK 细胞或在 CRFK 细胞未形成单层以前（大约转瓶培养后 10～15 h）接种 MEV，加维持液后培养 96～120 h，当出现 80% 以上的 CPE 时，收获病毒。反复冻融 3 次，加入 0.2% 的甲醛 37℃灭活 24 h，加入焦亚硫酸钠阻断后，加入 5%～8% 的氢氧化钠铝胶即成细胞培养灭活疫苗。

［质量标准］ 按《成品检验的有关规定》进行检验。

(1) 安全检验：选健康水貂 6 只，3 只皮下或肌肉注射疫苗 5 mL，另 3 只作为对照，观察 7～10 d 无死亡和明显症状，粪便 HA 试验阴性。

(2) 效力试验：收获病毒细胞培养并经冻融处理后，进行 HA 试验，HA 效价应大于 1∶32。

**3. 水貂病毒性肠炎灭活疫苗（RC 1 株）** 系用水貂肠炎病毒 MEV-RC 1 株接种 $FK_{81}$

细胞培养，收获细胞培养物，经甲醛溶液灭活后，加氢氧化铝胶制成。用于预防水貂病毒性肠炎。

[质量标准]

(1) 安全检验：采用用 2～10 月龄健康易感水貂 5 只，各皮下注射疫苗 3 mL，观察 10 d，应全部健活。

(2) 效力检验：按下列方法任择其一。

① 血清学方法：用 2～10 月龄健康易感水貂 5 只，各皮下注射疫苗 1 mL，同时设不接种对照水貂 5 只。免疫后 14 d，采血，分离血清，分别测定 HI 抗体效价，免疫水貂 HI 抗体效价均应不低于 1：32，对照水貂 HI 抗体效价均应不高于 1：4。

② 免疫攻毒法：用 2～10 月龄健康易感水貂 5 只，各皮下注射疫苗 1 mL，同时设不接种对照水貂 5 只。免疫后 14 d，对所有水貂分别通过口服途径攻击水貂肠炎病毒 MEV-RC1 株病毒液 15 mL（含 $15×10^{7.0}$ TCID$_{50}$），观察 10 d。对照水貂应全部发病，免疫水貂应全部健活。

[保存与使用] 疫苗 2～8 ℃保存，有效期 9 个月。用于预防水貂病毒性肠炎。免疫期为 6 个月。皮下注射。分窝后 2～3 周每只水貂注射 1 mL；种貂可在配种前 3 周加强免疫一次，每只 1 mL。

**4. 水貂病毒性肠炎活疫苗** 用猫肾细胞多次传代 MEV，使其致弱，并适应猫肾细胞生长，获得 MEV 弱毒株。采取同步接种或异步接种猫肾细胞，出现明显 CPE 时，收获病毒（接种后 96～120 h）。冻融处理 3 次，加入 5% 蔗糖脱脂乳冻干保护剂冻干。效力检验：取疫苗接种猫肾细胞测定 TCID$_{50}$ 效价应 $\geq 10^{4.0}$/mL。疫苗于 -20 ℃保存，有效期 1 年，接种后 3 d 产生免疫力，保护率达 100%，免疫期 1 年。

(四) 诊断制剂

诊断 MEV 的方法有 HA 和 HI 试验、中和试验、免疫荧光技术、ELISA 和核酸探针诊断方法。较常用的诊断方法是 HA 和 HI 试验。HA 效价 $\geq 80$ 判为阳性，但需同时做 HI 试验，血凝能被 MEV 抗血清所抑制，可确诊为阳性。

(五) 抗病血清

本病治疗最有效的方法是用高免抗血清，早期有效率可达 100%，治愈率 87.5%，但目前没有抗血清商品供应，只有根据当地情况自行研制。制备方法：在水貂取皮前 20 d 肌肉注射 MEV 灭活疫苗 2 mL，取皮时无菌取心血，分离血清加入 0.5% 苯酚防腐，HI 试验检测，效价 $\geq 1：32$，血清在 4 ℃不超过 1 周，-20 ℃保存，有效期 1 年，使用时肌肉注射 3～5 mL，重症貂隔日重复注射一次。

## 八、貂阿留申病

貂阿留申病（Mink aleutian disease）又称浆细胞增多症（Plasmacytosis），是一种由主要侵害貂免疫细胞的阿留申病毒引起的、导致强烈的自身免疫并逐渐衰竭的慢性传染性病，以终生病毒血症、持续感染、全身淋巴细胞增生、血清球蛋白增多、肾小球肾炎、动脉炎和肝炎等为特征。该病在欧洲、美洲、亚洲的 20 多个国家均有发生，我国也普遍存在，各貂场貂阳性率在 20%～30%，个别可达 71%。由于该病使貂的繁殖力和毛皮质量下降，给养貂业造成极其严重的经济损失，为水貂三大疫病之一。

## （一）病原

阿留申病病毒（Aleutian disease virus，ADV）为细小病毒科、细小病毒属，为单股线状 DNA 病毒，长度为 4 801 bp。病毒二十面体对称，无囊膜，直径为 22～25 nm，能抵抗乙醚和氯仿，对福尔马林处理 2 周有部分抵抗力，对热的抵抗力很大，组织悬液中的病毒 80 ℃经 30 min 或 100 ℃经 3 min 仍能保持感染性。以 DNA 酶或 RNA 酶处理，病毒滴度不降低，而以蛋白酶处理时，病毒滴度明显下降。该病毒能在水貂体内迅速增殖，试验感染后 10 d，其脾、肝和淋巴结的感染滴度达到最高，达 $10^8$～$10^9$ $ID_{50}/g$，之后组织中的病毒滴度缓慢降低，感染 2 个月后，脾脏内的病毒含量降至 $10^5 ID_{50}/g$，血清滴度为 $10^4$ $ID_{50}/mL$。大多数被感染的动物呈持续感染，从试验感染 7 年后的动物体内还能分离到病毒。用免疫荧光技术证明，在体内含有阿留申病病毒抗原的唯一细胞种类是巨噬细胞，且抗原主要见于细胞质内。

## （二）免疫与疫苗

感染貂能较早产生抗体。用荧光抗体技术在感染后 10 d 即可测出抗体，感染 60 d 后，抗体效价可达 1：100 000。然而，病貂血清抗体不能中和 ADV，但可以与病毒抗原形成免疫复合物，导致肾小球肾炎与其他组织的损害。细胞免疫机理尚不清楚。目前尚无有效疫苗。

## （三）诊断制剂

水貂感染 ADV 后 3～24 个月抗体达到高峰，病貂需要 40 d。大剂量接种灭活病毒后 3～4 周或小剂量接种后 6～8 周血清中 IgG 升高。所以诊断或检疫主要针对血清中的 IgG。目前监测方法主要有碘凝集试验、荧光抗体技术、补体结合试验、对流免疫电泳和 ELISA 等。

**1. 碘凝集试验**（IAT） 该法原理是根据病貂血清 γ 球蛋白增高遇碘发生凝集而设计的，因此该法属非特异性方法。凡是能引起血清 γ 球蛋白增高的各种疾病都能出现 IAT 阳性。一般而言，水貂感染阿留申病 30 d 可出现 IAT 阳性反应，与特异性检查法阳性符合率在 97.8%，而且该法操作简单易行，适合用于大群体筛检，是目前控制该病的有效措施。

（1）碘溶液的配制：取碘化钾 4.0 g，用少许蒸馏水溶解，再加入碘 2.0 g，最后加蒸馏水至 30 mL，充分溶解置于棕色瓶中备用。

（2）血清的采集：将水貂保定后于趾尖采血，用毛细玻璃管吸血，以玻璃泥子堵住一端自然析出或离心分离血清。

（3）操作和判定：取一块玻璃板，去污脱脂后，放在划有 3 cm×3 cm 小格的白纸上面，每块板可检 50～100 份血清。取血清 1 滴放玻璃板小格内，再取碘溶液 1 滴，用玻棒混合，阳性血清在 1～2 min 内出现棕色大凝集块，阴性血清均等浑浊呈棕褐色无凝集块。

**2. 对流免疫电泳**（CIEP） 本方法是应用制备的特异性抗原检测水貂血清抗体，其原理是根据抗原和抗体在电场作用下，于缓冲液中抗原由阴极向阳极移动，而抗体则由阳极向阴极移动，并于琼脂糖凝胶中抗原和抗体接触处形成清晰沉淀线。研究表明，水貂感染 ADV 后 9~11 d 出现沉淀抗体，并能维持 180 d 以上，CIEP 法特异性强，敏感性高，重复性好，与病理剖检的符合率为 100%，被广泛应用于阿留申病的检测中。

[毒种] "83 左 01"毒株，每年用本动物传代 2 次，低温保存。也可采用 ADV-G 毒株，该毒株经长期驯化适应了 CRFK 细胞系。

[制造要点] 培养 CRFK 细胞，经胰酶消化后，采用同步接种 ADV-G 毒株。培养 6~7 d 出现 CPE 时收获病毒。冻融 3 次，3 000 r/min 离心 20~30 min，去上清，4~8 ℃，40 000 r/min 离心 1.5~2 h，去上清，沉淀用少许 PBS 溶解（浓缩 100 倍以上），即为诊断抗原。

[抗原标化] 用标准阳性血清二倍顺序递增稀释，分别与标化抗原进行对流免疫电泳测定，确定抗原的效价标准。取抗原二倍递增稀释，与二倍递增稀释的标准阳性血清进行对流免疫电泳测定，以标化抗原。并对每批抗原进行敏感性试验、特异性试验和阻抑试验，符合要求者判为合格。

## 九、狐加德纳菌病

狐加德纳菌病（Gardnerella vaginalis disease of fox）是由阴道加德纳菌感染引起的一种传染病，以妊娠狐狸空怀、流产和死胎，公狐性欲降低和性功能减退为特征。目前，除人以外，从狐、水貂貉、犬及马均分离到本菌。大鼠、小鼠、地鼠及家兔对本菌均不感染。该病一年四季均可发生，但于配种期感染率明显增高；不同品种、不同性别和不同日龄均可感染。近年来，狐阴道加德纳氏菌病的流行呈上升趋势，给我国毛皮动物饲养业中造成了严重的经济损失。

### （一）病原

狐阴道加德纳菌（Gardnerella vaginalis disease of fox，GVF）分离自狐流产的胎儿中或阴道的分泌物。本菌染色有可变性，但多为革兰染色阳性，形态多形性，呈球杆状、近球形及杆状，呈单个短链长链排列，无荚膜无芽胞无鞭毛，没有运动性。狐阴道加德纳菌对营养及培养条件极为苛刻。本菌能发酵葡萄糖、甘露糖、果糖、麦芽糖；不发酵蔗糖、棉子糖、阿拉伯糖、鼠李糖、纤维二糖、乳糖、木糖、山梨醇、甘露醇、肌醇；不水解七叶苷，不产生吲哚及亚硝酸盐，不能消化酪蛋白，能水解马尿酸而不水解淀粉；氧化酶、尿酶、接触酶、卵磷脂酶阴性。葡萄糖的 O/F 测定为发酵型产酸，最终产物有乙酸和乳酸；不产脲酶、卵磷脂酸、赖氨酸和鸟氨酸脱羧酶、苯丙氨酸脱氨酶；能在 2% NaCl 和 5%~10% 的 $CO_2$ 环境中生长；对麦芽糖产酸，而对棉子糖、卫矛醇和淀粉不产酸；对人血有 β 溶血，对兔血和羊血大多数菌株不溶血，少数有少量溶血。本菌有 3 个血清型，其致病机制尚不清楚。本菌 DNA 的 G+C 含量为 42.7%~43.9%。由于这些菌株对营养要求、生长速度、对氧的要求等方面都与人体来源的阴道加德纳氏菌有很大的差异，因此将其定名为阴道加德纳氏菌狐亚种。

## （二）疫苗

疫苗接种是防治本病的有效防治措施。国内目前选用免疫原性优良的血清Ⅰ型 GVF44 号菌株，研制的氢氧化胶佐剂灭活疫苗安全性良好，免疫种狐后无任何不良反应，对同型菌株的保护率达 92%，对Ⅱ、Ⅲ型的保护率达 80%以上，免疫持续期为 6 个月，每年注射 2 次，有效地控制了狐、貉和水貂的空怀和流产。初次使用这种疫苗前最好进行全群检疫，对检疫阴性的狐立即接种疫苗，对检出阳性病狐有种用价值的先用药物治疗后 1.5 个月再进行疫苗接种。

**阴道加德纳菌病灭活疫苗**

〔菌种〕 血清Ⅰ型代表株 GVF44 作为制苗菌种。

〔制造要点〕 用灭菌生理盐水适当稀释冻干菌株，接种 5%兔血琼脂平板，37 ℃培养 48 h，选取具有典型 β 溶血环的菌落 10 个，再转种培养 24 h，即为基本种子，将基本种子按 1∶10 比例接种于 20 个 200 mL 培养瓶中培养 24 h 为种子液，经过种子纯检后，仍按 1∶20 比例转种于 10 L 瓶中培养 48 h 收菌，加入 20%的铝胶盐水稀释液，加入 36%甲醛使其终浓度为 0.1%~0.2%灭活 8 h 即成。

〔质量标准〕

（1）安全检验：选试验狐 27 只，分成 9 组，每组 3 只，分别肌肉注射 3 种佐剂灭活苗，每种苗的剂量分别为 1 mL、2 mL 和 3 mL，接种后观察 15 d，发现铝胶灭活苗接种后，狐体与局部均无任何异常反应。

（2）效力检验：利用本动物进行效力检测。每只试验狐肌肉接种对于试验批号的疫苗 40 亿（1 mL），免疫后 21 d 各批分别用 100 个 $ID_{50}$ 的 GVF44 强毒攻击，攻毒后 15 d 进行阴道分离菌，发现用血清Ⅰ型的 GVF44 菌株制成的疫苗对自身菌株攻击产生 100%的保护。

〔保存与使用〕 4~10 ℃保存，有效期 10 个月，25 ℃以下阴暗条件保存 4 个月。免疫持续期为 6 个月，每年注射 2 次。

## （三）诊断制剂

本病的确诊主要是血清学检查和细菌学试验。虎红平板凝集抗原的检出率高，无交叉反应，重复性好，操作简单，为确定该病的最佳快速诊断方法，非常适合于现场狐群和口岸动物检疫用。

〔制造要点〕 将 GVF44 菌株的种子液定量接种后 37 ℃培养 24 h，纯度检验合格后，继续培养 48 h，80 ℃水浴灭活 30 min，5 000 r/min 离心 30 min，沉积菌加入 10 mL 灭菌生理盐水，与 1%虎红溶液 30∶1 加入虎红染液，充分振荡，于 4 ℃放置 24 h，再次离心 30 min，每克湿菌加入 10 mL 抗原稀释剂，充分振荡后即为虎红平板凝集抗原原液。

〔质量标准〕

（1）抗原特异性试验：血清与虎红平板凝集抗原做试验，其抗体终点滴度最低降至 4 倍，说明该抗体为 GVF 特异抗体。

（2）效价测定：阳性反应：抗原与被检血清 100%凝集，很快出现大的凝集块，液体完全清亮，判定为"♯"；75%凝集，出现较快，液体几乎透明，判定为"＋＋＋＋"；50%颗粒状凝集，出现较缓慢，液体不透明，判定为"＋＋"；疑似反应，仅有 25%粒状物，出现凝集迟缓，液体浑浊，判定为"＋"；阴性反应：不出现任何凝集块和颗粒，液体均匀浑浊，判定为"－"。

[保存与使用] 4℃保存，有效期1年。使用方法：将被检狐的爪用碘消毒后剪破，用灭菌小试管取0.3～0.5 mL血液，分离血清。取一洁净的玻璃板，加待检血清30 μL，然后在各血清方格内加入抗原30 μL，使抗原与血清充分混合，3～5 min内判定结果。

（郭爱珍）

1. 小动物细小病毒疫苗主要有哪几种？
2. 犬细小病毒疫苗、貂细小病毒疫苗和猫细小病毒疫苗各自的免疫特点如何？是否可以产生交叉免疫和相互替用？
3. 犬瘟热商品化疫苗和诊断制剂有哪些？如何控制产品质量？
4. 犬瘟热抗血清是如何生产的？临床上是否可以反复使用？
5. 加德纳菌病有哪些疫苗和诊断制剂？有什么特点？
6. 貂阿留申病的诊断液有哪些？是否有值得改进的地方？
7. 简述兔出血症疫苗的生产流程。如何增殖兔出血症病毒？怎样改进和提高？

# 第十三章 鱼用生物制品

**本章提要** 我国是个渔业生产大国,但病害问题比较严重。本章主要介绍8种常见鱼病病原、免疫和生物制品研制基本概况,主要包括运动性气单胞菌败血症、疖病、弧菌病、红嘴肠炎、鱼爱德华氏菌败血症5种细菌性疾病,以及草鱼出血病、鱼虹彩病毒病和传染性胰坏死症3种病毒性疾病,并简要叙述我国4种商品化的鱼用生物制品的基本特性、制造要点、质量标准及其使用方法,即嗜水气单胞菌败血症灭活疫苗、草鱼出血病灭活疫苗、草鱼出血病活疫苗(GCHV-892株)和牙鲆鱼溶藻弧菌、鳗弧菌、迟缓爱德华菌病多联抗独特型抗体疫苗。本章也介绍了一种进口产品鱼虹彩病毒灭活疫苗的基本特性。相对化学药物和抗生素,鱼用疫苗使用后无污染,也不存在细菌耐药性问题,能有效地保护生态环境和保证食用鱼的品质。因此,研究开发更多的水生动物疫苗具有重要意义。

## 一、运动性气单胞菌败血症

运动性气单胞菌败血症(Motile aeromonad septicemias)又称细菌性出血性败血症,俗称出血病,是由运动性气单胞菌引起的水生动物的一种急性传染病。临床上以水生动物体表及内脏器官出血的急性败血症为主要特征,皮肤溃疡及肠炎等慢性型亦较为常见。本病在世界各国广泛存在。嗜水气单胞菌的致病范围十分广泛,包括鲫、鳊、鲢、鳙、鲤、鲮、草鱼、香鱼、狼鲈、虹鳟、罗非鱼、斑点叉尾鮰和黄鳝等各种淡水鱼类及蜗牛、蚌、蛙、蛇、鳄鱼、鳖、鸟、禽、貂、貉、兔、牛、猪、水牛和人等。

### (一) 病原

引起水生动物发病的运动性气单胞菌主要为嗜水气单胞菌(*Aeromonas hydrophila*)、豚鼠气单胞菌(*A. caviae*)和温和气单胞菌(*A. sobria*),其中尤以嗜水气单胞菌的致病具有代表性和最为严重。嗜水气单胞菌是气单胞菌科气单胞菌属的成员,其属下可分为三个亚种。嗜水气单胞菌为一种短杆菌。有时亦可双球状或丝状,极端单鞭毛,有动力,不形成芽胞和荚膜。革兰阴性,兼性厌氧。最适生长条件均为TSA(胰蛋白大豆琼脂)28 ℃、24 h,在0~5 ℃的低温和38~41 ℃的高温亦能生长。菌落大小因培养时间而异,小者如针尖,大者直径可达2~3 mm,不产生色素,在血液平板上生长茂盛。致病菌多能产生清晰的溶血圈,氧化酶试验阳性。

嗜水气单胞菌具有4种抗原成分,即耐热的O抗原、不耐热的K抗原、鞭毛成分H抗原及菌毛抗原。一个菌株只有1种O抗原,但可有1种以上的K抗原。到目前为止,已发现的 O 抗原达 100 余种，H 抗原有 9 种。目前尚不清楚血清型与致病性之间的确切关系，有人认为致病性嗜水气单胞菌具有一种共同的 O 抗原。

嗜水气单胞菌普遍存在于水环境中，并不都具有致病性，仅那些具有毒力因子的菌株才有致病性。其毒力因子包括 3 类：一是胞外产物如毒素、蛋白酶；二是黏附素，如 S 蛋白、4 型菌毛、外膜蛋白等；三是铁载体。

外毒素、蛋白酶、菌毛及 S 层是气单胞菌的致病因子。气单胞菌的外毒素十分复杂，如溶血素（hemolysin）、气溶素（aerolysin）、细胞毒性毒素（cytotoxic enterotoxin）和细胞兴奋性肠毒素（cytotonic enterotoxin）等，但这些毒素均为单一的多肽分子，具有相同的生物学活性。溶血性、肠毒性、细胞毒性，属于穿孔毒素，在结构和功能上极为相似。气单胞菌产生的气溶素（aerolysin）或 HEC 毒素，为相对分子质量 52 000 左右的蛋白质，它不耐热、抗胰酶，能溶解人 O 型及兔红细胞，对 Vero、Hela 细胞有明显毒性，家兔肠绊结扎试验时发生肠积水。这些活性均可被其抗血清所中和。气单胞菌体内合成的毒素是一种无活性的前体，必须经宿主的胰酶或细菌本身分泌的一种蛋白酶切割后，才能变为有活性的毒素而发挥毒性作用。

气单胞菌还分泌多种蛋白酶，能降解酪蛋白、弹性蛋白与纤连蛋白。胞外蛋白酶主要有耐热的金属蛋白酶及不耐热的丝氨酸蛋白酶两种。蛋白酶本身可导致直接损伤，有利于细菌入侵和扩散，可灭活宿主血清中的补体，此外还可活化毒素前体，因此是最重要的毒力因子。

S 层是新近发现的一种细菌表层结构，位于细菌表面的最外层，完整地包裹着细菌菌体。对细菌本身有很好的保护作用。

### （二）免疫

嗜水气单胞菌和杀鲑气单胞菌的表面蛋白层能保护菌体免于吞噬细胞消化，从而为细菌进入细胞内繁殖并在体内扩散，形成病灶创造了条件。关于嗜水气单胞菌体液免疫机制的研究表明，不同种类的水产动物对嗜水气单胞菌的抵抗力有一定的差别，在对青、草、鲢、鳙四大家鱼的抵抗力比较研究中发现，嗜水气单胞菌对四种鱼的半致死量差异显著，四种鱼白细胞吞噬百分率也存在显著差异。此外，同一种鱼其不同品种对嗜水气单胞菌的抵抗力也存在差异。

由于嗜水气单胞菌的抗原类型多而复杂，而且血清型与致病性之间的关系尚不明了，因此在研制疫苗时就不可避免地要遇到一些困难，所得结果亦有相互矛盾之处。用免疫接种法防控运动性气单胞菌败血症，历来存在单价自家疫苗和多价联苗的争论，两者都有成功的报道。之所以如此，其根本原因在于对嗜水气单胞菌的保护性抗原尚无清楚的认识。新近研究结果表明，HEC 毒素和 S 层蛋白亦是嗜水气单胞菌的重要保护性抗原；不同菌株所产毒素之间的抗原性差异远较菌体之间小得多，从而，为克服疫苗研制过程中抗原多样性的障碍带来了曙光。

### （三）疫苗

嗜水气单胞菌灭活苗直接浸浴免疫能够引起鱼类局部的黏膜免疫应答。用福尔马林灭活的嗜水气单胞菌强毒株的全菌苗、胞外产物苗和菌体破碎苗分别免疫鲫，全菌苗注射免疫保护率为 100%，破碎菌体苗的保护率为 80%。两者免疫效果比较，以全菌为佳。用聚乳酸-

乙醇酸共聚物包裹嗜水气单胞菌全菌后通过口服法诱导草鱼的免疫应答，表明鱼体可以产生血清抗体应答和黏膜抗体应答。

亚单位疫苗即通过提取病原菌的某些成分而制成的疫苗。如病毒的衣壳蛋白、包膜糖蛋白，细菌的外膜蛋白、脂多糖（LPS）、外毒素、胞外蛋白酶等。亚单位疫苗其优点是不含病原核酸，安全性好，同时去除一些与保护性免疫无关的抗原，提高免疫效果。因此具有接种剂量小，免疫原性强的优点。用嗜水气单胞菌主要外膜蛋白免疫刺激复合物亚单位疫苗，腹腔注射免疫欧洲鳗鲡。再用 $10\times LD_{50}$ 攻击，免疫保护率可达 80% 以上，且无明显的血清型特异性。

基因工程疫苗安全、可靠、纯度高、成本低，生产规模大。通过大肠杆菌表达嗜水气单胞菌外膜蛋白 OMP、TS 基因，证明表达产物稳定具有原外膜蛋白的免疫原性。中山大学成功地研制出了甲鱼气单胞菌的水产基因工程疫苗，实验室免疫保护率达到 100%，现正在进行大面积试用。

嗜水气单胞菌血清型众多，不同地区、不同鱼种之间分离的菌株差异明显，灭活疫苗使用剂量大，机体的免疫应答水平较低，弱毒疫苗存在毒力返强等原因而导致免疫效果不佳。针对嗜水气单胞菌的保护性抗原基因构建的基因工程疫苗以及更新一代的核酸疫苗，具有较好的免疫保护效果，但仍处于试验探索阶段，尚无商品化的疫苗投放市场。研究开发新型疫苗以针对多种血清型菌株仍是今后防治嗜水气单胞菌引起疾病的重要方向。

以下重点叙述我国自主研发的嗜水气单胞菌败血症灭活疫苗。

［菌种］ 为致病性嗜水气单胞菌 J-1 株，其标准为：①培养及染色特征典型；②生化反应符合；③能产生较高水平的 HEC 毒素，要求≥32 个溶血单位；④有 S 层结构；⑤毒力强，对小鼠的 $LD_{50}\leqslant 10^6$。

［制造要点］ 取种子按 1% 的比例接种改良营养肉汤培养基在 28℃下振荡通气培养 36 h，经活菌计数、纯粹检验及 HEC 毒素含量测定合格后，加入终浓度为 0.15% 的甲醛置 37℃灭活 24 h 后分装即成。灭活前培养物菌体含量需大于 10 亿个/mL，HEC 毒素含量≥32 个溶血单位。

［质量标准］ 本品为棕黄色混悬液，久置后，下层有白色沉淀。除按成品检验的有关规定检验外，应做以下检验：

(1) 安全检验：用小鼠 2 只，每只皮下注射 1 mL，观察 7 d，应保持健康。

(2) 效力检验：取成品腹腔免疫小鼠 5 只，21 d 后连同对照小鼠 5 只，腹腔攻击强毒菌 $10^6$（10 个 $LD_{50}$），对照组死亡 80% 以上、免疫组保护 80% 以上为合格。

［保存与使用］ 2~8℃以下保存，有效期 6 个月。使用时既可浸泡免疫，亦可注射免疫。

(1) 浸泡免疫：取疫苗 1.0 L，以清洁自来水稀释 100 倍，分批浸泡鱼种 100 kg 鱼种，每次浸泡时间为 15 min，同时以增氧泵增氧。配制好的使用液可反复使用 10 次，每次浸泡间应混匀。

(2) 注射免疫时则用灭菌生理盐水将疫苗做 100 倍稀释，每尾鱼腹腔注射 1 mL。该苗除对家养淡水鱼类的暴发性传染病有防控效果外，对蚌瘟、甲鱼红脖病及蛙的红腿病等其他水生动物的气单胞菌败血症亦有效。免疫期 6 个月。甲鱼及蛙（牛蛙）可采用腹腔注射免疫接种法，而蚌则在植珠插片时将疫苗使用液 1 mL 滴入壳内，相当于浸泡免疫。

### (四) 诊断试剂

本病免疫学诊断方法有溶血试验和溶血抑制试验、点酶法和乳胶凝集试验等，但商品化诊断制剂不多。

**1. 乳胶凝集抗原**　用碳化二亚胺（EDC）将抗 HEC 毒素单抗和乳胶按 1：10 的比例直接共价连接，制成致敏乳胶，其条件为 0.85% NaCl、10 mol/L 硼酸缓冲液（pH 8.1），EDC 终浓度为 50 mmol/L。4 ℃搅拌过夜。检测时取致敏乳胶溶液与等量待检细菌培养上清充分混匀，置室温下反应 5～10 min，以出现大块或网状凝集判为阳性。本法的特异性与敏感性可与单抗点酶法相媲美，而且操作简便易行，短时间内即可获得结果，非常实用。

**2. 抗 HEC 毒素单克隆抗体**　按常规方法制备。免疫原为嗜水气单胞菌肉汤培养物上清中的 HEC 毒素，需经硫酸铵沉淀、DEAE-纤维素离子交换层析 Sephadex G100 凝胶过滤等纯化。用 0.3%甲醛 37 ℃灭活 24 h 后免疫 Balb/C 小鼠，取免疫小鼠脾细胞和 SP2/0 骨髓瘤细胞融合。用 HEC 毒素包板的间接 ELISA 进行筛选。用有限稀释法连续克隆 3 次，阳性杂交瘤细胞于液氮中保存。制备的腹水加等体积甘油混匀后保存于 −20 ℃冰箱中备用。

## 二、疖病

疖病（Furunculosis）是由杀鲑气单胞菌感染所致的一种鱼类细菌性传染病。临床上以体表出血、内脏器官出血肿大的急性败血症为主；慢性皮肤病损（溃疡）亦常见，并得名疖病。本病主要发生于人工养殖的淡水鲑、鳟，但所有的淡水鱼及海鱼均易感。目前发现患本病的鱼种至少有 16 种鲑科鱼、7 种鲤科鱼及鲇科的成员。患病鱼主要表现为急性败血症；成年鲑鱼可出现皮肤病，草鱼、鲢、鲫、鲤等易感，有时还表现腹水综合征。金鱼溃疡病亦由本菌感染所致。疖病在全世界广泛分布。

### (一) 病原

杀鲑气单胞菌（*Aeromonas salmonicida*）属于气单胞菌科、气单胞菌属，是一种革兰阴性两端钝圆的球杆菌。大小约 1.0 μm，其长度不超过宽度的 2 倍，偶有成球形者。菌体单个或数个成链排列。无荚膜，不产生芽胞和鞭毛，也无运动力，这是与本属其他成员的重要区别。

杀鲑气单胞菌为兼性厌氧菌，在普通营养琼脂上 22 ℃经 48 h 后长出圆形、隆起、透明、易碎的灰白色小菌落。大多数菌株在疖病琼脂或胰酪胨大豆琼脂上培养 3～6 d，可产生特征性的水溶性棕色色素。在血琼脂上可迅速形成 α 溶血环，菌落在 7 d 后变得略带绿色。

杀鲑气单胞菌可分为五个亚种，即杀鲑亚种（ssp. *salmonicida*）、无色亚种（ssp. *achromogenes*）、日本鲑亚种（ssp. *masoucida*）、史密斯亚种（ssp. *smithia*）和 2 000 年发现的溶果胶亚种（ssp. *pectinolytica*）。前四个亚种的适宜培养温度是 22 ℃，溶果胶亚种培养温度为 35～37 ℃。

目前，杀鲑气单胞菌分离物均为一个血清型，但在实验室经反复传代后，本菌血清学反应特性会有改变。A 蛋白和脂多糖是本菌的主要表面抗原，其结构和组成高度保守，免疫特性非常稳定。所有菌株的抗原均有同一性。

A蛋白是杀鲑气单胞菌的重要致病因子，对杀鲑气单胞菌在宿主体内的生存、增殖、疾病发生和感染扩散中都发挥重要作用。A蛋白即S层，它通过脂多糖结合到细菌表面。A蛋白能保护杀鲑气单胞菌抵抗噬菌体、蛋白酶及血清补体的杀灭作用，并可协助细菌结合血红素以获取生长所需的铁。此外，A蛋白能促进细菌进入巨噬细胞，而后又能保护细菌免遭巨噬细胞溶酶体的消化。巨噬细胞吞噬细菌后，不仅不能杀灭细菌，反而成为细菌逃避抗体及其他免疫机制的庇护所，有利于感染随血流扩散，并且在杀鲑气单胞菌的隐性感染中起重要作用。此外，细菌的胞外产物可能与致病力有关。胞外产物是指细菌在生长繁殖过程中分泌到菌体外的全部物质，其化学性质非常繁杂，并具有多种生物学活性，如蛋白酶活性、磷脂酶活性、细胞毒性（杀白细胞素）、溶血性（溶血素）及动物致死性等。

## （二）免疫

杀鲑气单胞菌只有一个血清型，为研制疖病疫苗创造了条件。表面的A蛋白及分泌的蛋白酶是重要的保护性抗原，脂多糖成分具有佐剂的功效，能增强机体对A蛋白的免疫应答。目前欧美国家已有商品化的疖病疫苗上市，配合油佐剂免疫后相对存活率可达70%~100%，免疫持续期达12个月，免疫功效良好。

但是，用疖病疫苗免疫也还有些问题亟待解决：第一，疖病的持续感染较为严重，而免疫接种可能会导致更多的鱼带菌，加大本病防治的困难。第二，疫苗的效果还不能达到完全保护，有部分免疫的鱼也会因患本病而死亡。此外，实验室试验表明，用ECP疫苗免疫的鱼较未免疫鱼更易患疖病，据研究在杀鲑气单胞菌发现有免疫抑制表位。体液免疫水平与保护率之间的关系也还不明确，有关本病的细胞免疫作用还不清。

## （三）疫苗

**1. 疖病灭活疫苗**

[菌种] 杀鲑气单胞菌强毒株。

[制造要点] 取种子按1%~2%的比例接种营养肉汤培养基，于22℃培养48 h，经活菌计数及纯粹检验合格后，加入终浓度为0.15%的甲醛，37℃灭活24 h，分装即成。灭活前液体培养物的活菌含量要求≥10亿个/mL。

[质量标准] 除按成品检验的有关规定检验外，应做以下检验。

（1）安全检验：用体重为20 g左右的虹鳟5尾，每尾腹腔注射1 mL，置15℃水温条件下饲养观察7 d，应保持健康。

（2）效力检验：取成品腹腔免疫体重为20 g左右的虹鳟25尾，置15℃水温条件下饲养，6周后连同对照25尾鱼用杀鲑气单胞菌强毒株腹腔攻击，对照组发病死亡率应在60%以上，免疫组的感染率应低于24%为合格。

[保存与使用] 25℃以下保存，有效期6个月。使用时既可浸泡免疫，亦可注射免疫：①浸泡免疫，用洁净无污染的塘水（湖水、河水、自来水）将疫苗原液稀释100倍，制成浸泡使用液，每1 L浸泡液每次可浸泡鱼种454 g，每次浸泡时间为20 s。配制好的使用液可反复使用20次，每次浸泡间充气混匀。②注射免疫时则用灭菌生理盐水将疫苗做10倍稀释，每尾鱼腹腔注射0.2~0.5 mL。

**2. 疖病弱毒疫苗** 正在研制中，菌种特性应为：①培养及染色特征典型；②生化反应相符；③能正确地表达A蛋白的亚单位，但不能组装成S层；④毒力较弱，虹鳟腹腔注射10亿个活菌能存活。制造疫苗时，用肉汤培养基在22℃培养48 h，经活菌计数和纯粹检验合格后分装。质量标准与疖病灭活菌苗相同。弱毒苗应置4～8℃保存，有效期不超过1个月。

(四) 诊断制剂

本病免疫学诊断方法有凝集试验、荧光抗体技术和印迹酶分析法等，但尚无商品化诊断试剂盒。凝集试验及荧光抗体技术中所用兔抗杀鲑气单胞菌阳性血清可自行制备。免疫原为杀鲑气单胞菌全菌抗原，即将细菌接种肉汤，28℃培养18 h后，加入终浓度为0.3%的甲醛。37℃灭活过夜，最后调节细菌浓度为$OD_{540}=0.3$。免疫时采用静脉接种，每周2次，所用剂量依次为0.25、0.5、1.0、2.0、3.0和4.0 mL，最后一次免疫后7 d试血，凝集价达1∶2 560时即可采血。若不合格，再用末次剂量重复免疫1次。采血后按常规方法分离血清，加防腐剂后分装保存。

## 三、弧菌病

弧菌病（Vibriosis）俗称红瘟、咸水疖病，是海鱼、河口鱼及洄游性鱼类的一种全身性细菌感染病，临床上以全身出血的急性败血症为主，皮肤溃疡等慢性型亦时常见到。本病在世界范围内广泛存在，主要见于海洋环境，在淡水中亦有散发。波及的人工养殖鱼类至少有40余种，我国人工养殖的对虾及鳗亦被殃及，损失极为严重。

(一) 病原

引起弧菌病的病原有多种，主要是鳗弧菌（*Vibrio anguillarum*）、杀鲑弧菌（*V. salmonicida*）、病海鱼弧菌（*V. ordalli*）、溶藻弧菌（*V. alginolyticus*）及创伤弧菌（*V. vulnificus*）等，而副溶血弧菌（*V. paraheamolyticus*）和美人鱼弧菌（*V. damsela*）亦能引起发病。其中以鳗弧菌最为重要，也最具代表性。

鳗弧菌为革兰阴性短杆菌，大小为$1.2\sim2.1\ \mu m\times0.4\sim0.6\ \mu m$，菌体平直微弯，常为一根端鞭毛，运动活泼。不形成芽胞和荚膜。陈旧培养物或营养不良时，菌体变成球状。生长的温度范围较广，4～35℃均可生长，最适温度20～25℃，最适pH 8.0左右，在pH 6.0～9.0下均可生长。最佳生长需1.5%～3.5%氯化钠。

在含氯化钠的营养琼脂上26℃培养48 h，形成光滑、隆起、湿润、灰色至浅灰黄色的圆形菌落。培养较久则变为蓝灰色。在含氯化钠的鲜血平板上26℃培养72 h，菌落周围出现明显的β溶血圈，肉汤培养基表面形成薄的菌膜。

鳗弧菌是水生环境的正常微生物菌丛，仅当在某些特定条件下致病，例如高温应激、温差变化大、卫生状况差及水质不良等。菌株间存在抗原性差异，根据菌种不同，分为1～10个血清型。其中$O_1$血清型主要见于患病的鲑科鱼；$O_2$血清型主要分离自患病的海鱼，但从鲑科鱼、香鱼中分离的鳗弧菌绝大部分也属于此型。同时，病海鱼弧菌亦属于$O_2$血清型，并作为该血清型的代表。绝大部分的鱼类病原性弧菌归于$O_1$和$O_2$两种血清型。

杀鲑弧菌可分为两个独立的血清型，其中有一种普遍存在于非鲑科鱼中。两种血清型的杀鲑弧菌对鲑鱼的致病性都大于对其他鱼类的致病性。本菌尚有一种表层结构抗原，化学本质为分子质量约 40 ku 的多肽，它能通过聚合作用而形成 300~700 ku 大小的多聚体。

本菌在宿主体内的生长繁殖与其自身脱铁传递蛋白（siderophore）有关。由细菌 47Md 质粒编码的这种低分子质量蛋白质对铁的亲和力极高，能高效率地从宿主体内结合铁，以满足细菌增殖的需要。因此，与本菌的致病性关系密切。这种质粒仅存在于强毒菌株，一旦人工培养后质粒丢失，致病性也随之丧失。

鳗弧菌可产生若干外毒素，包括溶血素、溶白细胞素和蛋白酶等。

## （二）免疫

细菌胞壁上具有耐热性的脂多糖（分子质量大于 100 ku），不仅能决定血清型，而且也是保护性抗原，能诱导机体产生坚强的免疫力。在外膜上的其他蛋白抗原包括分子质量 49~51 ku 的一种小抗原和抗原性较弱分子质量 40 ku 的一种蛋白抗原，这些表面结构抗原对热敏感。细菌的溶血素经甲醛灭活后可制成类毒素。

弧菌病灭活疫苗早在 20 世纪 80 年代即获准批量生产，对主要病原弧菌的感染均有效，适用于各种养殖鱼类，是最为成功的鱼类疫苗。这主要归功于较早地鉴别出其保护性抗原为脂多糖。脂多糖对热稳定，对绝大多数鱼都具有良好的免疫原性。它既可诱导体液免疫，又可诱导细胞免疫，不需加强免疫即可维持有效的免疫保护作用。我国近年来独立开发出预防牙鲆鱼溶藻弧菌、鳗弧菌、迟缓爱德华菌病多联抗独特型抗体疫苗。

## （三）疫苗

**1. 牙鲆鱼溶藻弧菌、鳗弧菌、迟缓爱德华菌病多联抗独特型抗体疫苗** 本品系用能稳定分泌溶藻弧菌抗独特型单克隆抗体的杂交瘤细胞 1B2 株和 2F4 株、分泌鳗弧菌抗独特型单克隆抗体的杂交瘤细胞 1E10 株和 1D1 株、分泌迟缓爱德华菌抗独特型单克隆抗体的杂交瘤细胞 1E11 株，分别接种适宜的培养基培养后，转入生物反应器培养，收获培养物，离心取上清，混合制成。

［质量标准］ 本品为粉红色块状固体，加生理盐水后迅速溶解。除按成品检验的有关规定外，应作如下检验：

（1）安全检验：用体重 5~7 g、4~5 月龄的牙鲆幼鱼 200 尾，其中 100 尾分别腹腔注射 100 倍剂量疫苗；另外 100 尾不接种疫苗作对照。同条件饲养，观察 30 日，应全部存活。若有非特异死亡应不超过 10 尾，且免疫组非特异死亡不得超过对照组。

（2）效力检验：用注射型和浸泡型疫苗分别经腹腔内注射和浸泡免疫接种体重 5~7 g、4~5 月龄的牙鲆鱼各 100 尾。30 日后分别各取 60 尾，随机可分成 3 组，每组 20 尾，每组连同对照 10 尾，分别用溶藻弧菌（ATCC33838）株、鳗弧菌（ATCC19106）株、迟缓爱德华菌（ATCC23657）株腹腔注射攻击牙鲆鱼，每尾注射 0.1 mL（含 5 个 $LD_{50}$），观察 7 d，对照组应至少 70% 死亡；接种注射型疫苗组，保护率至少应为 60%；接种浸泡型疫苗组，保护率至少应为 30%。

［保存与使用］ 有两种免疫方法可选择：

（1）注射免疫：用注射用生理盐水将瓶内的疫苗稀释到 25 mL，再与等量的弗氏不完全佐剂混合均匀。用 1 mL 的注射器接种体重 5~7 g、4~5 月龄的幼鱼，每尾腹腔注射 50 μL，含疫苗量为 3.75 μg。

(2) 浸泡免疫：用生理盐水将 3 瓶疫苗溶解混合，倒入装有 90 L 海水的容器内充分搅匀，将体重 5～7 g、4～5 月龄的幼鱼 1 000 尾、分 2～3 批放入其中浸泡，每批浸泡 30 min，如一次浸泡不完，可分批浸泡。每尾鱼的疫苗量为 11.25 μg。

**2. 鱼弧菌病灭活疫苗**

[菌种]　包括鳗弧菌强毒株、奥达利弧菌强毒株和杀鲑弧菌强毒株 3 种。强毒菌种的标准为：①具有染色和培养的典型特征；②生化反应符合；③毒力较强，对鲑鱼的 $LD_{50} \leqslant 10^6$；④鳗弧菌则应是 $O_1$ 或 $O_2$ 血清型，能产生溶血素。

[制造要点]　取种子液按 1%～2% 比例接入含 2% 氯化钠的肉汤培养基，26 ℃ 通气培养 24 h。经纯粹检验及活菌计数合格后，加入终浓度为 0.15% 的甲醛，37 ℃ 灭活 24 h 后分装即成。灭活前液体培养物中活菌含量不应低于 10 亿个/mL。

[质量标准]　除按《兽医生物制品检验的一般规定》检验外，还应进行如下检验：

(1) 安全检验：取体重约 20 g 的鲑 5 尾，每尾腹腔注射 1 mL，置水温为 15 ℃ 条件培养 7 d，应保持健康。

(2) 效力检验：取 25 尾体重约 20 g 的鲑，腹腔接种疫苗 1 mL，置 15 ℃ 水温中饲养 6 周后，连同对照组 25 尾同样大小的鲑，用相应细菌强毒株腹腔注射攻击，对照组的发病死亡数应在 15 尾以上；而免疫组的感染数不超过 6 尾为合格。

[保存与使用]　疫苗应于阴暗处保存，有效期不超过半年。免疫途径有三种：

(1) 注射法：将疫苗用灭菌生理盐水稀释成 $10^8$ 个/mL 浓度，鱼先用甲氨基苯甲酸乙酯麻醉，每尾鱼腹腔接种 0.2～0.5 mL。

(2) 浸泡法：将疫苗稀释成浸泡液，按每升浸泡液 450 g 鱼的比例进行。每次浸泡 20 s，可连续使用 30 次。每次使用间隔充气混匀。

(3) 喷雾法：用特制喷雾器，压力为 1～2 $kg/cm^2$，喷口距鱼 30～51 cm，置 5 s 即可。

口服疫苗的制备所用菌株一样，稍有不同的是在制备疫苗时将种子液接种含 2% 氯化钠的营养琼脂，26 ℃ 培养 24 h 后，用灭菌生理盐水洗下菌苔，经纯粹检验合格后用甲醛灭活，按每克饲料 2 mg 干菌体的比例加入饲料中混匀即成。免疫时按鱼体重 4% 的比例投喂，连续投喂 30 d。口服疫苗的质量标准与注射疫苗相同。若将疫苗制成微胶囊经口免疫，则仅需使用一次即可奏效。

**（四）诊断制剂**

本病免疫学诊断方法有凝集试验和荧光抗体技术等，但尚无商品化诊断试剂盒。凝集试验及荧光抗体技术中所用阳性血清可自行制备。免疫原为鳗弧菌强毒株 O 抗原。将细菌接种于含 2% 氯化钠的营养肉汤，26 ℃ 培养 24 h，离心后用 0.85% 氯化钠悬浮后，沸水中加热灭活 2 h，再用 0.85% 氯化钠洗 3 次，细菌浓度调为 $OD_{540}=1.0$ 的剂量，用 0.25、0.5、1.0、2.0、3.0 和 4.0 mL 剂量，每周两次给家兔静脉接种，末次免疫后 7 d 试血，凝集价在 1∶2 560 以上认为合格后，采血并分离血清。

## 四、红嘴肠炎

红嘴肠炎（Enteric-redmouth disease）又称肠型红嘴病，是由鲁氏耶尔森菌感染所致的一种鱼类急性传染病。临床特征为全身出血的急性败血症。由于最初发现患病鲑鱼在鳃盖、嘴、肠道等部位因出血而呈现红色外观，因而称为肠红嘴病，以区别于气单胞菌、假单胞菌及弧菌感染所致的类似病症。肠红嘴病在世界范围内广泛存在，北美、欧洲、大洋洲、南非及亚洲均有报道，我国养殖的鲢、鳙亦被殃及。主要危害人工养殖的鲑科鱼，如虹鳟、棕鳟、克氏鲑、红点鲑、鲑、溪鳟、红大马哈鱼、大鳞大马哈鱼及银大马哈鱼，其中尤以虹鳟为甚。非鲑科的金鱼、鳊、美鳊、鲢、鳙、大嘴鲃、胖头、钝吻鲟及大菱鲆等亦可感染致病。

## （一）病原

鲁氏耶尔森菌（*Yersinia ruckeri*）是肠杆菌科、耶尔森氏菌属的成员，为一种革兰阴性杆菌。菌体大小为 $1.0\sim2.0\,\mu m\times2.0\sim3.0\,\mu m$，有周鞭毛能活泼运动，不形成荚膜和芽胞。22℃培养48 h后的老龄培养物呈丝状排列。在营养琼脂平板上，菌落光滑、微凸、圆整，透明至半透明。最适培养温度为22～25℃，37℃生长缓慢或不生长，亦无运动力。以18℃培养时生化特性最具代表性，可保持其可能存在的各种毒力因子。

鲁氏耶尔森氏菌的分型尚无统一标准。Daly等（1986）和Stevenson等（1984）根据全细胞抗原的不同，将本菌分为6个血清型。Davies提出将鲁氏耶尔森菌分为1、2两种生物型，$OMP_1\sim OMP_5$ 5种OMP型和 $O_1$、$O_2$、$O_5$、$O_6$、$O_7$ 5个O抗原血清型。而Flett（1989）亦根据O抗原的差异，将本菌分为O：1～O：6共6个血清型。不同分型体系之间相互关系尚不明了，唯一 $O_1$ 和O：1之间基本对等，也仅此型的细菌有毒力，是红嘴病的主要病原。不同血清型的脂多糖图谱显示了血清1、3、5型之间及血清1、2型之间的相似性，但均与血清5型显然不同。

有毒力的 $O_1$ 血清型菌株对宿主血清的杀灭作用有显著的抵抗力，细菌表面的疏水性有助于它的黏附定居。细菌能在鱼体吞噬细胞内存活，从而有利于感染随血流扩散。在细菌超声破碎物中发现一种对热敏感的类脂样因子（lipid-like factor）可能与毒力有关。

## （二）免疫

鲁氏耶尔森氏菌具有良好的免疫原性，能诱导鱼体产生有效的保护性免疫。鱼类除有高效价的循环凝集抗体外，还可能存在着非特异性免疫应答，细胞免疫也起着关键性的作用。

## （三）疫苗

**鱼肠红嘴病灭活疫苗**

[菌种] 鲁氏耶尔森氏强毒株，标准为：①染色培养特征典型；②生化反应相符合；③属 $O_1$ 血清型；④有较强的毒力，即对血清的杀灭作用有抵抗力，对虹鳟的 $LD_{50}\leqslant10^7$。

[制造要点] 取种子按1%～2%比例加入pH 7.2的肉汤中，18℃通气培养48 h，经活菌计数及纯粹检验合格后，在pH 9.8中裂解1～2 h，再加入0.3%终浓度的甲醛37℃灭活24 h，分装即成。灭活前肉汤培养物中活菌含量不应低于10亿个/mL。

[质量标准] 除按《兽医生物制品检验的一般规定》检验外，还应进行如下检验：

（1）安全检验：取体重为20 g左右的虹鳟5尾，每尾腹腔注射疫苗1 mL，在15℃水温中饲养7 d，应保持健康。

(2) 效力检验：取 25 尾体重约 20 g 的虹鳟，腹腔接种疫苗 1 mL，置 15 ℃水温中饲养 6 周，连同对照组同样大小的虹鳟 25 尾用相应强毒株以 5 个 $LD_{50}$ 的剂量腹腔注射攻击，对照组感染发病死亡率应大于 60%，而免疫组的感染率应低于 24%，两组的非特异性感染均不应高于 10% 为合格。

［保存与使用］ 阴暗处保存，有效期为 6 个月。免疫途径有三种：

(1) 浸泡法：将疫苗稀释成浸泡液，按每 L 浸泡液 454 g 鱼的比例进行，每次浸泡时间为 30 s。可连续反复用 20 次，每次浸泡间充气混匀。

(2) 注射法：用灭菌生理盐水将疫苗稀释成 $10^8$ 个/mL 菌浓度的注射液，每尾鱼腹腔注射 0.2~0.5 mL。

(3) 喷雾法：将疫苗稀释成一定浓度后用特制喷雾器进行，所用的压力为 1~2 kg/cm²，鱼距喷口 30~51 cm 置 5 s 即可。

口服疫苗所用菌种和质量标准与浸泡疫苗相同，但制造时系将种子液接种营养琼脂，20 ℃培养 24 h，用灭菌生理盐水洗下菌苔，经甲醛灭活，按每克饲料 5 mg 湿菌体的比例加入饲料中，混匀并制成小颗粒。投喂时按鱼体重 2% 的比例，每日 1 次，连续使用 2 周。

### （四）诊断制剂

本病免疫学诊断方法有凝集试验和荧光抗体技术等，但尚无商品化诊断试剂盒。凝集试验及荧光抗体技术中所用阳性血清可用鲁氏耶尔森氏菌的全细胞抗原免疫家兔制备。即用细菌 18 ℃经 24 h 的培养液，用 0.3% 甲醛 37 ℃灭活过夜。调节细菌浓度为 $OD_{540}=0.3$，用 0.25、0.5、1.0、2.0、3.0 和 4.0 mL 剂量，每周 2 次给家兔静脉接种，末次免疫后 6 d 试血，凝集价在 1∶2 560 以上为合格，可采血分离血清。加防腐剂分装保存。

## 五、鱼爱德华氏菌败血症

鱼爱德华氏菌败血症（Edwardsiella septicemias）实际上是温水鱼败血症和回肠道败血症两种疾病的总称，这两种病在病原、流行病学、临床症状和病理发生等方面完全不同。

### （一）温水鱼败血症

温水鱼败血症（Septicemia of warm water fish），通常称为爱德华菌败血症，是由迟缓爱德华菌（*Edwardsiella tarda*）感染引起的一种温水鱼类的急性传染病，临床上以全身出血、腹壁破裂、内脏器官流出并有恶臭气味液体为主要特征，病理变化特点为实质性脏器化脓性炎症。人感染后主要表现为胃肠炎。迟缓爱德华菌主要感染温水性鱼类，但近年来冷水性鱼类感染的报道亦屡见不鲜。目前本病主要分布于美国、非洲及东南亚，我国人工养殖的日本鳗亦有感染发病的报道。

**1. 病原** 迟缓爱德华菌是肠杆菌科、爱德华菌属的成员，为革兰阴性短杆菌，大小约 1.0 μm×2.0~3.0 μm。不产生芽胞和荚膜，有周鞭毛，能运动。本菌生长缓慢，在营养琼脂平板上需培养 48 h 后才长出灰白色、圆整光滑、湿润半透明，直径 0.5~1.0 mm 的细小菌落，在营养肉汤中则呈均匀一致的浑浊，不形成菌膜，仅有少许沉淀。能耐受 3% 的氯化钠。生长的 pH 范围为 5.5~9.0，最适培养温度为 37 ℃，但温度在 15~42 ℃范围内均可生长。

迟缓爱德华菌分为野生型和生物Ⅰ群两个生物型，其中以野生型更为多见。迟缓爱德华菌的血清学分型未有定论，有人认为只有 1 个血清型；有人认为爱德华菌属有 49 个 O 抗原和 37 个 H 抗原，可以组合成 148 个血清型。最近有人将迟缓爱德华菌分为 A～D 共 4 个血清型，并认为 A 型毒力强，鱼类多是感染 A 型菌而致病。

迟缓爱德华菌被宿主吞噬细胞吞噬后并不被杀死，而是在细胞内增殖并使细胞死亡，从而造成感染随血流扩散，并且成为带菌状态。该菌还具有抵抗宿主血清的杀菌作用。迟缓爱德华菌的毒力因子有铁载体、细胞黏附素、两种不同形式的溶血素。溶血素为不耐热的蛋白，溶血作用的铁离子被细菌的铁载体转运系统所摄取。溶血素相关蛋白 EA 是细菌侵袭所必需。外膜蛋白与抗生素的耐受性有关，也可用于菌株分型。

**2. 免疫** 迟缓爱德华氏菌胞壁上的 LPS 具有良好的免疫原性，可加强鳗鱼的吞噬细胞活性，提高血清抗体效价，诱导鱼体产生有效的免疫保护作用，抵抗强毒的攻击。但全菌制成的疫苗无论何种途径免疫，虽能诱导高效价的抗体产生，攻毒后却仍有很高的发病率。35 ku 及 45 ku 等外膜蛋白是良好的免疫原。温水鱼败血症疫苗的研制已获得进展。

**3. 疫苗** 迟缓爱德华菌灭活疫苗

〔菌种〕 为迟缓爱德华氏菌强毒株，其特征为：①培养染色特征典型；②生化反应相符；③毒力强，对鱼的 $LD_{50} \leqslant 10^5$。

〔制苗要点〕 将种子液接种营养肉汤，37 ℃培养 24 h，经活菌计数及纯粹性检验合格后，加入终浓度为 0.15% 的甲醛 37 ℃灭活 24 h，分装即成。灭活前肉汤培养物中活菌含量不应低于 10 亿个/mL。

〔质量标准〕 除按成品检验的有关规定检验外，尚需进行如下检验。

(1) 安全检验：取体重为 20 g 左右的斑点叉尾鮰 5 尾，每尾腹腔注射疫苗 1 mL，在 30 ℃水温中饲养 7 d，应保持健康。

(2) 效力检验：取 25 尾体重约 20 g 的斑点叉尾鮰，腹腔接种疫苗 1 mL，置 24 ℃以下水温中饲养 6 周，连同相同数目、规格的斑点叉尾鮰用相应强毒株按 5 个 $LD_{50}$ 的剂量腹腔注射攻击，对照组应死亡 15 尾以上，而免疫组死亡则应少于 6 尾为合格。

〔保存与使用〕 疫苗成品置冷暗处可保存 6 个月。免疫途径有两种：

(1) 腹腔注射：用灭菌生理盐水将疫苗稀释成 $10^8$/mL 菌浓度的使用液，每尾鱼腹腔注射 0.2～0.5 mL。

(2) 直接浸泡法：用洁净无污染的水，将疫苗配制成菌浓度为 $10^8$ 个/mL 的浸泡液，并加入皂土佐剂，浸泡时间为 3 min，每升浸泡液每次可浸泡 400 g 的鱼苗，可反复使用 20 次，每次之间充气混匀。

## (二) 鮰肠道败血症

鮰肠道败血症 (Enteric septicemia of catfish) 又称"头开孔" (Hole-in the head)，是由鮰爱德华菌 (*Edwardsiella ictaluri*) 感染所致的一种鱼类具有高度传染性的全身性急性败血症。临床上以全身出血的急性败血症和在头额部出现脓肿及孔洞为特征。鮰爱德华菌仅感染有限的几种温水鱼，如斑点叉尾鮰、小白鮰、云斑鮰、蓝鮰、担尼鱼、绿刀鱼、奥利罗非鱼及胡鮎等，虹鳟及大鳞大马哈鱼等非鮰科鱼可人工感染。本病主要在美国东南部养鮰地区流行,其他地区仅泰国有过报道。

**1. 病原** 鲖爱德华菌为肠杆菌科、爱德华菌属的成员,为革兰阴性短杆菌,大小约 $1.0\ \mu m \times 2.0\ \mu m$,不产生芽胞和荚膜,25 ℃时有运动力,但 35 ℃以上则丧失。耐受氯化钠的最高浓度为 1.5%。平板上需要 2~3 d 才能形成直径约 1 mm 的菌落。菌落圆整、微凸、光滑、湿润、半透明。最佳生长温度为 25~30 ℃,在 37 ℃时生长迟缓或不生长。

鲖爱德华菌与迟缓爱德华菌在血清学上无交叉反应。鲖爱德华菌有 2 种不同的 O 抗原,其代表菌株为斑点叉尾鲖分离株及绿刀鱼分离株。

**2. 免疫** 鲖爱德华菌的保护性抗原是其脂多糖(LPS),可诱导斑点叉尾鲖迅速形成坚强的保护性免疫。目前已研制成鲖肠道败血症灭活疫苗应市。用 LPS 为基础制作的疫苗与佐剂同时使用,3 次免疫能取得理想的效果。与对照组相比,其发病率降低 66.7%,但采用浸泡免疫时则效果不佳。而全菌制作的疫苗免疫效果,浸泡法优于注射法。特别是用超声法处理的疫苗相对存活率达 74.4%。

**3. 疫苗** 鲖爱德华菌灭活疫苗

[菌种] 烟爱德华菌强毒株,菌种特性为:①培养染色特征典型;②生化反应相符;③对斑点叉尾鲖的毒力较强,$LD_{50} \leqslant 10^5$。

[制造要点] 制苗时将种子液按 1%~2% 的比例加至肉汤培养基中,25 ℃通气培养 48 h,经活菌计数及纯粹检验合格后,按终浓度 0.15% 的比例加入甲醛,37 ℃灭活 24 h,分装即成。灭活前肉汤培养物中细菌含量不应低于 10 亿个/mL。

[质量标准] 除按成品检验的有关规定进行检验外,尚需进行以下检验:

(1) 安全检验:取 5 尾体重约 20 g 的斑点叉尾鲖,每尾腹腔注射疫苗 1 mL,在水温为 25 ℃的条件下暂养 7 d,应保持健康。

(2) 效力检验:取 25 尾体重约 20 g 的斑点叉尾鲖,每尾腹腔注射疫苗 1 mL,置 25 ℃水温条件下饲养 6 周,连同数目和规格相同的斑点叉尾鲖对照,腹腔注射 5 个 $LD_{50}$ 的细菌攻击。对照组应死亡 20 条,而免疫组应存活 16 条以上为合格。

[保存与使用] 疫苗在冷暗处可 4~8 ℃保存,有效期 6 个月。疫苗的免疫途径有以下三种:

(1) 浸泡免疫:疫苗成品做 10 倍稀释,将 0.15 g/尾的鱼苗置疫苗使用液中浸入 2 min,每升稀释的疫苗每次可浸泡 2 000 尾鱼苗。可反复使用 20 次,每次使用间隔应充气混匀。需要特别注意的是,浸泡免疫时必须在 23 ℃以上水温中进行,鱼苗接种后应在 23 ℃以上水温中饲养至少 3 d。

(2) 注射免疫:疫苗做 10 倍稀释后,每尾鱼腹腔注射 0.2~0.5 mL;水温应高于 23 ℃。

(3) 口服免疫:口服疫苗是将菌液疫苗干燥,然后用胶囊包被制成。使用时按 1% 的比例与饲料混匀后投喂,每天投喂一次,按鱼体 4% 的比例投料。免疫时先连续 5 d 喂含疫苗的饲料,间隔 10 d 投常规饲料,再连续 5 d 投喂含疫苗的饲料。

## 六、传染性胰坏死症

传染性胰坏死症(Infectious pancreatic necrosis)是由传染性胰坏死病毒引起的鲑科鱼

类的高度传染性疾病。临床上以全身发黑、眼球突出及鱼体旋转为特征，组织学检查以胰腺坏死为主。本病广泛分布于世界各国，几乎所有鲑鳟鱼类养殖地区均有发病的报道。我国人工养殖的虹鳟亦被殃及。自然感染的范围过去认为仅限于鲑鳟鱼类，但近年来发现多种非鲑科鱼类及其他水生动物均能感染。鲑科鱼最为易感，发病也最严重。虹鳟、鲑、大鳞大马哈鱼、克氏鲑、红大马哈鱼、银大马哈鱼、大马哈鱼、美洲红点鲑等重要养殖鱼类危害最重。此外，七鳃鳗科、鲱科、鳗科、鲤科的鱼类、贝类、甲壳类及鱼类寄生虫等均可感染。感染的宿主范围及流行地区之广在鱼类病毒中首屈一指。

### （一）病原

传染性胰坏死病毒（Infectious pancreatic necrosis virus，IPNV）为双 RNA 病毒科、双 RNA 病毒属的主要成员。病毒粒子为无囊膜的正二十面体，直径约 60 nm。病毒基因组为双股、双节段的 RNA，其中有一个节段可直接作为信使 RNA。病毒粒子具有 4 种结构多肽，其中分子质量为 94 ku 的 VP1 被认为是 RNA 聚合酶，VP2 的分子质量为 54 ku，为核衣壳蛋白的主要成分，与产生中和抗体有关，是病毒的主要保护性抗原。各毒株之间的同源性很高。

传染性胰坏死病毒易于适应细胞培养，多种鱼类细胞系均可用于病毒的增殖。常用的易感鱼类细胞系有大鳞大马哈鱼胚胎细胞系 CHSE-214，虹鳟性腺细胞系 RTG-2 及大鳍鳞鳃太阳鱼细胞系 BF-2。此外，黑头软口鲦细胞系 FHM 及白斑狗鱼性腺细胞系 PG 也很适用。病毒在 RTG-2 细胞上还可产生清晰的空斑。

病毒对培养温度要求不严格，4～26 ℃均可增殖。在 RTG-2 细胞上，4 ℃培养数天后才出现细胞病变，但在 26 ℃则仅需 9 h 即可出现。与鲑鳟鱼类的其他病毒相比，本病毒在较高的温度下增殖更为迅速，而其他病毒则受到抑制。如细胞置 10 ℃，可培养包括本病毒在内的任何鲑鳟鱼类病毒，若仅限于分离培养传染性胰坏死病毒，一般采用 20 ℃，通常在接种 48 h 后，出现以细胞崩解为特点的细胞病变，病毒在 RTG-2 细胞上所产生空斑的特点为细胞皱缩、拉长形成网状。

根据中和试验，可将 IPNV 分为 A、B 两个血清群，A 群再分为 9 个血清型（A1～A9）。血清型分型与地理分布有关。另根据 VP2 基因序列的差异，又可将 IPNV 分为 9 个基因群。基因群和血清型之间存在一定的关联，具体是，A1 和 A9 与基因 1 群相对应，A7 和 A8 与基因 2 群相对应，A5 和 A6 与基因 4 群相对应，A3 与基因 3 群相对应，A2 与基因 5 群相对应，A4 与基因 6 群相对应。

病毒各毒株之间存在着显著的毒力差异。英国分离的各毒株之间的毒力相似，对虹鳟幼鱼的致死率为 43%～56%，Ab 型毒力较低，致死率仅为 15%，非鲑科鱼的分离株毒力更低，致死率仅 6%～10%，但从鲑鱼中获得一个强毒株，对虹鳟致死率高达 60%。

传染性胰坏死病毒是已知鱼类病毒中抵抗力最强的。病毒对氯仿、乙醚稳定，对酸（pH 3）及热（56 ℃经 30 min）有抵抗力，耐 EDTA 及胰酶。在 4 ℃的水中，病毒毒力至少可维持 5～6 个月，在 10 ℃的自来水中可存活 7 个月以上。

### （二）免疫

传染性胰坏死病毒是已知鱼类病毒中免疫原性最强的病毒，在水温 10 ℃左右，虹鳟人工感染约 30 d 后即可产生中和抗体,在 12~14 周达最高滴度,此后可维持达数年,但是中和抗体的真正意义尚不完全清楚。此外,在正常的虹鳟血清中还存在一种能中和传染性胰坏死病毒的蛋白质——6S 因子,它不同于抗体,据认为是非特异性抗病毒因子。近年来有报道,用含 VP2 的多价疫苗免疫大西洋鲑有效。

传染性胰坏死症的免疫预防尚在试验阶段,但值得注意的是:①病毒存在许多亚型,亚型之间缺乏交叉保护作用;②虹鳟鱼苗在感染后至少需 14 d 才能产生保护性免疫;③尽管免疫力可以被动传递,但虹鳟不产生母源抗体。

### (三) 疫苗

尽管 Sp 株在 RTG-2 连续传代后空斑大小发生变化,毒力可以减弱,但致弱的无毒株作为疫苗的尝试尚未获成功。目前只有 2 种疫苗在实验室中取得一定的效果,即强毒福尔马林灭活疫苗及来自河鲈的自然弱毒株疫苗。

传染性胰坏死症细胞培养灭活疫苗是将传染性胰坏死病毒 Sp 株接种 CHSE-214 细胞,用无血清培养基 15 ℃ 培养,4 d 后收毒。加入终浓度为 0.15% 的甲醛,20 ℃ 灭活 4 d,分装即成。使用途径主要是腹腔注射。

传染性胰坏死症细胞培养弱毒苗所用毒种为自河鲈中分离的传染性胰坏死症天然弱毒株。制苗时将病毒按 0.01MOI 的量接种 RTG-2 细胞,加入无血清 MEM 培养基,置 15 ℃ 培养 4 d 收毒。效力检验时,以疫苗液浸泡稚鱼 20 d 后,以 10PFU/mL IPNV 浸泡稚鱼 18 h,然后饲养观察 58 d,保护率在 70% 以上。免疫途径为浸泡免疫,用水将疫苗液稀释 32 倍,浸泡虹鳟稚鱼 20 min 后,再加入 7 倍水稀释,浸泡 15 min,再继续稀释 2.5 倍后,浸泡 20 min 即可。

### (四) 诊断制剂

本病免疫学诊断方法有病毒中和试验、双抗体夹心 ELISA 法、荧光抗体技术和协同凝集试验等,但尚无商品化诊断试剂盒。核酸探针技术没有型特异性,可作为传染性胰坏死的通用诊断试剂,可代替中和试验。

## 七、草鱼出血病

草鱼出血病 (Grass carp hemorrhagic disease) 是由草鱼呼肠孤病毒感染所致的草鱼急性传染病。临床上以草鱼全身出血为主要特征。本病主要危害草鱼,2 cm 左右的鱼苗即可感染,以 5~10 cm 左右的幼鱼最严重,死亡率高达 60%~80%。目前,本病仅见于我国。它是我国最重要的鱼类病毒病,遍布我国所有养殖地区,尤以南方各省最为严重。

### (一) 病原

草鱼呼肠孤病毒 (Grass carp reovirus) 亦称草鱼出血病病毒,是呼肠孤病毒科、水生呼肠孤病毒属的成员,是本属中唯一具有致病性的病毒。病毒粒子为正二十面体,无囊膜,具有双层外壳,直径 68~72 nm。病毒的基因组为双股 RNA,分 11 个节段,并可分为大 (L)、中 (M)、小 (S) 三组。基因组大小约 15 kb,在聚丙烯酰胺凝胶电泳中图谱分型

（3∶3∶3∶2 或 3∶3∶3∶5）与水生呼肠孤病毒 C 群的金体美鳊鱼病毒只有微小差异。

本病毒抵抗力较强，对酸（pH 3）、碱（pH 10）和热（56 ℃经 30 min）均有抵抗力，对氯仿和乙醚不敏感。组织中的病毒－20 ℃保存 2 年仍有活力。

本病毒可在若干草鱼细胞系中增殖，如草鱼肾细胞系 CIK 及 GCK－34、草鱼吻端组织细胞系 ZC－7901、草鱼胚胎细胞系 CP－80 等。最适培养温度 25～28 ℃。用上述草鱼细胞系分别获得了适应毒株，病毒在这些细胞系中均可产生细胞病变，特点为细胞圆缩、脱落、死亡。CIK 细胞系的适应毒株尚可产生空斑，在 28 ℃培养 24 h，空斑直径小于 1 mm，48～72 h 后增至 2 mm。病毒接种 CIK 细胞，置 28 ℃培养，72 h 后病毒可达最高滴度，接种时的感染比（MOI）为 0.05PFU/细胞时，获毒量最高。

草鱼呼肠孤病毒各分离株之间尚未发现抗原性的差异。它与水生呼肠孤病毒的其他成员也无免疫学交叉。

## （二）免疫

草鱼呼肠孤病毒具有良好的免疫原性，可刺激草鱼产生较强的免疫保护力。其循环抗体在免疫后 80 d 仍保持有较高的效价，免疫保护期达 14 个月之久。目前草鱼出血病组织灭活疫苗和草鱼出血病细胞培养灭活疫苗及草鱼出血病活疫苗 3 种疫苗可供选用，均有可靠的保护作用。

## （三）疫苗

### 1. 草鱼出血病组织灭活疫苗

[制造要点]　采集自然发病或人工感染发病的临床上有明显出血症状的患病草鱼肝、脾、肾和肌肉，称重、剪碎，按 1∶10 加入 PBS 或生理盐水后用组织捣碎机或高速匀浆器制成组织匀浆，离心后在上清液中加入 10% 福尔马林溶液，使甲醛终浓度为 0.1%，混匀后置 32 ℃灭活 72 h 即成。

[质量标准]　除按成品检验的有关规定进行检验外，应进行以下检验：

(1) 无菌检验：取疫苗 1 mL 均匀涂布鲜血琼脂平板，每批号 2 只平板，置 25 ℃培养 48 h，应无菌生长。

(2) 安全检验：取灭活疫苗腹腔注射 7～10 cm 大小的草鱼，每批号 5 尾，每尾 0.3～0.5 mL，置 25～28 ℃的水缸中饲养 15 d，应保持健康。

(3) 效力试验：取 10 cm 大小的草鱼 25 尾，每尾腹腔注射疫苗 0.2～0.5 mL，置 25～28 ℃水温中饲养 15 d，连同 25 尾同样大小的草鱼腹腔攻击病毒悬液，对照组全部发病且死亡率在 70% 以上，而免疫组的发病率及死亡率低于 10% 为有效。

[保存与使用]　4～8 ℃保存，有效期 1 年。浓缩的疫苗在使用前要充分混匀再做 100 倍稀释，免疫途径为腹腔或肌肉注射。每尾鱼苗接种 0.2～0.5 mL，经注射免疫后的鱼种，其免疫保护期达 14 个月以上，浸泡免疫时尚可加入莨菪碱免疫增强剂，即用 0.5% 浓度的疫苗，并加入终浓度为 $10^{-6}$ 的莨菪碱。免疫时在 20～25 ℃水温下充氧 3 h，可获最佳保护效果。

### 2. 草鱼出血病细胞培养灭活疫苗

[毒种]　为草鱼呼肠孤病毒 FR－84、GCK－84 或 ZV－7901 等草鱼组织细胞系适应

毒株。

[制造要点] 用病毒接种草鱼吻端组织细胞株或草鱼胚胎细胞株进行悬浮培养，收集病毒培养物，经甲醛和热灭活处理，加氢氧化铝和L-精氨酸制成。

[质量标准] 静置后，上层为橘红色澄明液体，底层有少量白色沉淀，振摇后呈均匀混悬液。除按成品检验的有关规定进行检验外，应做以下检验：

(1) 无菌检验：将灭活疫苗液接种于肉汤蛋白胨培养基，置于37℃培养7 d，应无菌生长。

(2) 安全检验：将13 cm左右的健康草鱼20尾，各肌肉或腹腔注射疫苗0.5 mL，置25～28℃的水中饲养15 d，全部鱼应健活。

(3) 效力试验：将疫苗用无菌生理盐水稀释10倍，肌肉或腹腔注射13 cm大小的健康草鱼20尾，每尾0.5 mL，置25～28℃水温中饲养15 d，连同条件相同的对照草鱼20尾各注射100 $LD_{50}$/mL病毒液0.3～0.5 m，在25～28℃水温中饲养15 d，每天观察并记录各组的死亡鱼数。其中，对照组草鱼应至少死亡10尾，计算各组死亡率后，计算免疫保护率，免疫组的保护率在80%以上为合格。

免疫保护率＝(对照组鱼的死亡率－免疫组鱼的死亡率)/对照组鱼的死亡率×100%

[保存与使用] 2～8℃保存，有效期10个月。疫苗的免疫途径有两种：

(1) 浸泡免疫：3 cm左右草鱼采用尼龙袋充氧浸泡法。浸泡时疫苗浓度为0.5%，每升浸泡液加入10 mg莨菪，充氧浸泡3 h。

(2) 注射免疫：体长10 cm左右草鱼采用注射法，先将疫苗用无菌生理盐水做10倍稀释，每尾鱼肌肉或腹腔注射0.3～0.5 mL；疫苗使用时应避免阳光直射。开瓶后的疫苗应在12 h内用完。

**3. 草鱼出血病活疫苗**（GCHV-892株）

[制造要点] 本品系用草鱼出血热病病毒GCHV-892株接种草鱼吻端成纤维细胞(PSF)，经28℃培养，收集细胞培养物，经冷冻真空干燥制成。用于预防草鱼出血病。

[质量标准] 本品为淡黄色海绵状松团块，易于瓶壁脱离，加稀释液后迅速溶解。除按成品检验的有关规定进行检验外，应做以下检验：

(1) 安全检验：按瓶签标明的尾份数，用灭菌生理盐水将疫苗稀释成每0.2 mL含10个使用剂量，经腹腔注射4月龄（体长10～12 cm）健康易感草鱼50尾，每尾0.2 mL。在28℃左右水体中饲养21 d，每日观察2次。应不出现由疫苗引起的任何症状或死亡。

(2) 效力检验：以下两种方法任择其一。

① 病毒含量测定：按瓶签标明的尾份数，用灭菌生理盐水将疫苗稀释成每毫升含1尾份。再用灭菌生理盐水做10倍系列稀释，取$10^{-3}$、$10^{-4}$和$10^{-5}$稀释度，每个稀释度接种草鱼肾细胞（CIK）6瓶（约3×6 $cm^2$），每瓶1 mL，吸附后，弃病毒液，加入维持液，置28℃下培养观察6～8日，记录细胞病变。根据法计算$TCID_{50}$。每尾份病毒含量应≥$10^{4.2}$ $TCID_{50}$。

② 免疫攻毒：按瓶签标明的尾份数，用灭菌生理盐水将疫苗稀释成每0.2 mL含1尾份。经腹腔注射4月龄（体长10～12 cm）健康易感草鱼50尾，每尾0.2 mL，在28℃左右水体中饲养15日后，连同条件相同的对照非免疫草鱼50尾，分别用检验用毒种（草鱼出血病病毒GCHV-901株）腹腔注射，每尾$10^{3.2}$ $LD50$/0.2 mL，在28℃左右水体中饲养15 d，

每日观察并纪录各组的死亡鱼数。对照组应全部发病（出现草鱼出血病症状），且应死亡至少45尾，免疫组应至少保护（健活）46尾。

[保存与使用] −10℃以下保存，有效期18个月；2~8℃保存，有效期6月。用于预防草鱼出血病，免疫期为15个月。腹腔或肌肉注射。按瓶签标明的尾份数，用灭菌生理盐水（0.65%）稀释成每0.2 mL含1尾份。体重12~250 g的草鱼，每尾注射0.2 mL，体重250~750 g的草鱼，每尾注射0.3 mL。疫苗使用时应现配现用，开瓶后的疫苗应在12 h内用完。

### （四）诊断制剂

本病免疫学诊断方法有病毒中和试验、双抗体夹心ELISA法和荧光抗体技术等。其中，双抗体夹心ELISA敏感、特异，是一种值得推广的方法。荧光抗体技术可用于检查病鱼肾涂片、冰冻切片及细胞培养中的病毒抗原。抗体可用纯化的病毒免疫成年草鱼及家兔制备。草鱼的高免血清特异性较高。此外，聚丙烯酰胺凝胶电泳可用于检测病毒核酸。病鱼的肾、脾匀浆上清用苯酚—氯仿抽提后直接上样。因病毒核酸的电泳图式独特，一旦显现即可确诊。

## 八、鱼虹彩病毒病

鱼虹彩病毒病（Fish iridovirus disease）是由虹彩病毒感染引起的鳖、龟、牛蛙、蟾蜍、鲈、牙鲆、真鲷、鲍、石斑鱼和鲇等百余种鱼类、两栖类和爬行类等水生动物疾病的总称，例如鲈脾肿大症、石首鱼暴发性传染病、真鲷虹彩病毒病、牙鲆淋巴囊肿病、石斑鱼慵懒病、甲鱼"红脖子病"，养殖及观赏水生动物的死亡率高达30%~100%，危害性极大。近年来，许多国家从患病鱼、蛙和龟等水生经济动物中分离到此病毒。

### （一）病原

传染性脾肾坏死病毒（Infectious spleen and kidney necrosis virus，ISKNV），属于虹彩病毒科（*Iridoviridae*）、细胞肿大病毒属（*Megalocytivirus*）的代表种。虹彩病毒科（*Iridoviridae*），共分为5个病毒属，其中淋巴囊肿病毒属（*Lymphocystivirus*）、蛙病毒属（*Ranavirus*）和细胞肿大病毒属（*Megalocytivirus*）3个属与鱼类和两栖类的疾病有关并呈全球性分布。本病毒由我国学者报道。病毒中心是一个电子密度高的类核体（核心），类核体的直径约70~90 nm，周围为一个清晰的六角形外壳。核衣壳呈二十面体对称。直径为120~240 nm，个别成员的直径甚至可达300 nm。虹彩病毒基因组为单分子线状双股DNA，大小为130 kb，G+C比例为29%~32%。病毒粒子的浮密度为1.6~1.35 g/mL。在由宿主细胞的胞浆膜出芽逸出时，获得外层囊膜。

本病毒FV3分离株能在9种哺乳动物细胞系、21种爬行动物细胞系、鸡胚细胞和4种鱼类细胞系中于12~32℃增殖。国外已有利用培养细胞研究淋巴囊肿病毒等虹彩病毒的报道。张奇亚等通过对呈上皮细胞形态草鱼椎骨间质组织体外培养，连续传代30次以上，建立草鱼椎骨间质组织细胞系（GCVB），将从蛙、鳖、鱼中分离到的10株病毒接种于GCVB细胞中，包括中国分离株RGV9506及美国分离株FV3的8株蛙虹彩病毒可引起GCVB细胞明显病变。GCVB 细胞对不同水生动物病毒株的敏感性不同。孙修勤和吕宏旭等分别利用牙鲆鳃细胞系进行了养殖牙鲆淋巴囊肿病毒的分离及培养。

本病毒抵抗力较强，23 ℃可以存活数月，并能耐受反复冻融处理。置于－20 ℃以下保存，病毒可存活 20 个月，虹彩病毒对乙醚或氯仿等脂溶性溶剂敏感，不能在 50% 的甘油中保存。

### （二）免疫

虹彩病毒能在自然条件下感染不同纲动物。病毒主要存在于病鱼脾肾等器官中，并能随着血液循环很快扩散到全身。病毒的传播与感染存在温度依赖性。虹彩病毒在仔稚鱼、幼鱼和成鱼间的传播，可通过水平和垂直两种方式进行。不同地区间的水产贸易更促进了病毒发生跨地域、跨物种间的传播。此外，由于病毒广泛散布，特别是弱毒疫苗的大量使用，自然界的健康带毒状况很普遍。

大多数虹彩病毒株的毒力很强，但免疫原性甚低。虽然动物在感染后 7～21 d 内经常产生补体结合性抗体、沉淀抗体和红细胞吸附抑制抗体，但无论是自然感染还是人工感染，都难发现有中和抗体的存在。鱼类虹彩病毒的弱毒疫苗对海水鱼的保护率能达到 80%。然而有报道，接种弱毒疫苗能产生高效价抗体，但是并不一定出现良好的免疫保护力。一般感染过虹彩病毒的水生生物，常能抵抗同类型毒株的攻击，这种对再感染的抵抗力，可能来自体内某种干扰素样物质作用。

我国肖国华等用 50 尾健康牙鲆鱼，体重在 250～350 g/尾，体长 15～20 cm，制备用甲醛灭活疫苗。免疫试验共分 6 个处理组（肌肉注射、肌肉注射创伤、腹腔注射、腹腔注射创伤、空白、空白创伤），放入患有淋巴囊肿病鱼池中饲养，免疫接种后 15 d、30 d，分取免疫牙鲆和患病牙鲆，分离血细胞和脾细胞，用牙鲆免疫球蛋白单克隆抗体荧光检测，六组鱼均未呈现出明显的淋巴囊肿症状，从血液和脾脏中分离的淋巴细胞表面都出现很强的荧光，说明用灭活淋巴囊肿病毒免疫牙鲆取得了一定的效果。

### （三）疫苗

鱼虹彩病毒病灭活疫苗（IR009），由日本大阪微生物病研究会生产。

［毒种］ 虹彩病毒 Ehime-1/GF14 株。

［制造要点］ 系用虹彩病毒接种三线石鲈鳍组织细胞培养，收获病毒培养液，经甲醛溶液灭活后制成。

［质量标准］ 本品为橘红色透明液体。除按成品检验的有关规定进行检验外，还应做如下检验：

（1）无菌检验：将灭活疫苗液接种于肉汤蛋白胨培养基，置于 37 ℃培养 7 d，应无菌生长。

（2）安全检验：用体重约 10 g，经连续观察 7 d 确认健康的真鲷鱼至少 180 尾，分为两组，每组至少 90 尾，一组作为免疫组，另一组作为对照不免疫。停食 24 h 后，免疫组各腹腔注射疫苗 0.1 mL（1 尾份），观察 10 d，两组均全部健活为合格。

（3）效力检验：将上述实验结束后的两组鱼（免疫组和对照组）再各分为 3 个组（即总计 6 个组），每个组至少 30 尾，停食 24 h 后，用（含 10% 牛血清的 Eagle's 基础培养基）

稀释液将真鲷虹彩病毒强毒 Ehime-1 株或同等毒力的其他毒株进行适当稀释，取其中 3 个稀释度（其中 1 个稀释度可使对照鱼的死亡率至少达 80%，另两个稀释度分别是前后稀释度）各腹腔注射两组鱼（免疫组和对照组各 1），0.1 mL/尾，继续观察 14 d，统计各组的死亡数及其死亡率。应至少在 1 个稀释度的攻毒组中，对照鱼的死亡率≥60%，免疫组死亡率较非免对照组的死亡率至少低 40% 为合格。

[保存与使用] 2~8℃保存，有效期 18 个月。用于预防海水鱼类鱼虹彩病毒病。使用方法上，真鲷鱼（体重 5~20 g）：腹腔（自鱼体腹鳍至肛门的下腹部）或肌肉（鱼体侧线的微上方至背鳍中央正下方的肌内）注射，每 1 尾份 0.1 mL。狮鱼属（体重 10~100 g）：麻醉处理后，腹腔（将腹鳍贴紧于体侧时接触腹鳍尖段部位的体侧线轴心线上）注射，每 1 尾份 0.1 mL。拟鲹（体重 10~70 g）：麻醉处理后，腹腔（自鱼体腹鳍至肛门的下腹部）注射，每 1 尾份 0.1 mL。

### （四）诊断制剂

ELISA 是当前广泛采用的免疫检测技术，特别适用于快速检测。包括间接法、双抗体夹心法，阻断法等。利用 ELISA 法可对海水鱼的虹彩病毒、传染性胰脏坏死病毒和传染性造血组织坏死病毒等多种病原微生物进行成功检测。

PCR 已经成功运用于检测虹彩病毒的检测。根据流行性造血器官坏死病毒（EHNV）基因的开放阅读框设计的引物，能从鲈鱼和虹鳟鱼中检测到虹彩病毒。根据 FV3 的一个 18 ku 早期蛋白基因和 ICR489 基因或根据核苷酸还原酶基因设计的引物，能检测到分离自虹鳟鱼等海水鱼类中的虹彩病毒。根据主要衣壳蛋白（MCP）基因的保守序列设计引物，也能从各地患病的鱼、蛙及鳖中成功的检测到虹彩病毒。根据真鲷虹彩病毒（RSIV）核甘酸还原酶小亚单位（RNRS）基因的高度保守区设计引物，可检测到 0.1pg 鳜鱼病毒 DNA。

虹彩病毒蛙病毒属实时荧光 PCR 检测方法也已建立。该方法有良好的特异性，检测总 DNA 灵敏度比传统 PCR 的敏感度高出 100 倍，且重复性良好。其有快速、特异、敏感、可定量、可同时检测大量样品等优点，适用于出入境检疫和动物防疫监督部门对虹彩病毒蛙病毒属的疫情监测。

（罗满林）

### 复习思考题

1. 鱼用生物制品的免疫方法通常有哪些？举例说明。
2. 试述嗜水气单胞菌败血症灭活疫苗制造要点和质量标准。
3. 试述疖病灭活疫苗和弱毒疫苗的制造要点和质量标准。
4. 鱼弧菌病疫苗有哪些类型？试述质量标准和免疫方法。
5. 迟缓爱德华菌病多联抗独特型抗体疫苗有何特点？
6. 传染性胰坏死症细胞培养灭活疫苗和弱毒疫苗制作和使用上有何不同？
7. 试述草鱼出血病组织灭活疫苗和细胞灭活疫苗的制作要点及其质量标准。
8. 简述鱼虹彩病毒病灭活疫苗特点及其质量标准。

# 第十四章 微生态制剂

**本章提要** 本章介绍了微生态制剂的概念，明确了用于微生态制剂研究和生产的菌种必须具备的基本条件；叙述了国外批准用于微生态制剂研究和生产的常用菌种、我国批准生产的微生态制剂种类及其基本特性，包括需氧芽胞杆菌制剂、乳杆菌制剂、双歧杆菌制剂、拟杆菌制剂以及其他微生态制剂如优杆菌制剂等。本章还介绍了我国批准生产的五种微生态制剂基本特性和质量标准，包括蜡样芽胞杆菌制剂、嗜酸乳杆菌制剂、粪链球菌制剂、枯草杆菌制剂和脆弱拟杆菌制剂等。微生态制剂不仅可以预防和治疗动物疾病，还可以作为饲料添加剂对畜禽可起到保健和促进生长的作用，有较好研究开发前景。

微生态制剂是一类具有悠久历史的微生物制品，应用微生态制剂调节畜禽机体正常菌群，从而有利于畜禽健康的事实已经得到充分证实，特别是在防控多种动物的胃肠道疾病方面，解决了临床上一些抗菌药物达不到治疗目的的难题。微生态制剂作为饲料添加剂对畜禽可起到保健和促进生长的作用。

微生态制剂常常使用一株或几株细菌制成不同的剂型，用于直接口服、拌料或溶于水中；或局部用于上呼吸道、尿道及生殖道；或对刚出壳的鸡群进行喷雾使用。我国目前多用粉剂、片剂和菌悬液，直接口服或混于饲料中。虽然有的灭活菌体或细菌培养代谢物同样具有微生态制剂的作用，但微生态制剂的严格概念系指利用有生命的菌群。

用于微生态制剂生产的菌种必须是公认的安全菌，如乳酸杆菌、某些双歧杆菌和肠球菌等。微生态制剂是否有充分的效果，首先取决于菌株的筛选。菌株的筛选标准要以预定的目的为基础，这些标准可称之为"特异筛选标准"。此外，还必须满足许多"基本要求"，即生物安全性、生产和加工的可能性及微生态制剂的使用和菌株保持活力所必需的条件等，这样才能用于宿主动物，也才能在体内或体表发挥有益作用。

自从梅契尼科夫用酸奶调整因菌群失调所致幼畜腹泻后，动物微生态制剂的研制和使用日益广泛和活跃，如我国方定一等用无致病性大肠杆菌 NY-10 株制成微生态制剂，用于防治仔猪黄痢；康白等用"促菌生"治疗人畜腹泻。何明清等用大肠杆菌菌液预防猪黄痢，其后又用需氧芽胞杆菌制成"调痢生"，治疗多种动物的细菌性下痢、消化不良，均取得良好效果。

国外使用微生态制剂的历史悠久，如日本已形成了使用双歧杆菌制剂的传统。美国 FDA 审批的、可在饲料中安全使用的菌种包括：黑曲霉、米曲霉、4 种芽胞杆菌、4 种拟杆菌、5 种链球菌、6 种双歧杆菌、12 种乳杆菌、2 种小球菌以及肠系膜明串珠菌和酵母菌等。英国除了使用以上菌种外，还应用伪长双歧杆菌、尿链球菌（我国称为屎链球菌）及枯草杆菌 Toyoi 变异株等。

# 第一节 我国批准生产的微生态制剂种类

## 一、需氧芽胞杆菌制剂

已经应用于生产的需氧芽胞杆菌包括蜡样芽胞杆菌和枯草杆菌，制成的制剂商品名称为"促菌生"、"调痢生"、"乳康生"、"止痢灵"、"华星宝"、"抗痢宝"、"克泻灵"、"增菌素"、"促康生"、"XA1503菌粉"。目前用于生产的蜡样芽胞杆菌菌株有：DM 423、SA 38、N 42、BC 901、BNL4 和 XA1503；枯草杆菌有：BNL1、BNL2、BC 88625 株等。该类制剂可用于治疗猪、牛、羊、鸡、鸭和兔等动物的腹泻，并有一定促生长作用。大、中动物按每千克体重5 000万个芽胞，雏鸡、雏鸭每只2 500万个芽胞，一个疗程3～5 d，每天1～2次。治疗量可以根据病情增减，预防量减半。

"促菌生"的菌种为土壤中分离到的无毒性需氧芽胞杆菌，对厌氧菌的生长有促进作用。该制剂是一种安全有效的微生态制剂，现已投入大量生产，并在人类医药和畜牧业上广泛应用，对婴幼儿腹泻、肠炎、痢疾均有较好的疗效，且具有预防作用。许多顽固性腹胀，经"促菌生"治疗也得到缓解。该制剂已广泛应用于预防、治疗羔羊痢疾；对仔猪下痢有明显的治疗和预防作用；对雏鸡白痢也有防治作用，对雏鸡还有增重作用。

"调痢生"生产用菌种为蜡样芽胞杆菌SA38株。该菌株于1982年从健康猪肠道内分离的百余株芽胞杆菌中筛选获得。该菌株耐高温、耐高盐、不产生β溶血。经菌型鉴定、生物学特性试验、吸氧试验、抗菌药物敏感试验、毒性试验等证明是一株安全、无害的芽胞杆菌。通过培养、干燥等一系列工艺制成的"调痢生"，经人工感染治疗试验证明，对初生仔猪和雏鸡下痢、犊牛下痢、羔羊痢疾和雏鸡白痢均有治疗作用。

## 二、乳杆菌制剂

用于微生态制剂的乳杆菌主要是嗜酸乳杆菌，此外有粪链球菌、尿链球菌。它们的共同特征是能大量产酸，常统称为"乳酸菌"。

乳杆菌的生理作用比较明显，它在肠道内正常地无害定植，能抑制病原菌生长繁殖，合成维生素，促进食物消化，帮助营养吸收，促进代谢，克服食物腐败过程。肠球菌也是人和动物肠道正常菌群之一，其作用类似于乳杆菌。

乳杆菌作为微生态制剂的主要作用为与致病菌竞争，稳定正常菌群。因为乳酸菌能强烈产酸，降低pH，降低氧还原电位，产生过氧化氢和其他特异性抑制成分如细菌素等，使致病菌减少。另外，乳酸菌是微需氧菌，它与致病菌对有限营养（包括氧气）进行竞争，也是其抵抗病原菌的重要因素之一。

乳杆菌在防治动物腹泻中的效果很明显。当腹泻动物的正常菌群发生紊乱时，双歧杆菌、乳杆菌和肠球菌均减少，口服乳杆菌后，正常菌群得到恢复，腹泻得以治愈。

粪链球菌对良好生产条件下饲养的猪无效，而对不良卫生条件下饲养的仔猪可提高增重率，增加饲料消耗量，提高饲料转换率，减少腹泻。

我国利用粪链球菌生产"乳酶生"和用嗜酸乳杆菌配以粪链球菌、枯草杆菌制备的"抗痢灵"及"抗痢宝",都已得到农业部批准投入批量生产。这三种菌互相依赖、促进增殖,其中的嗜酸乳杆菌分解糖类产生乳酸,可抑制有害微生物的生长繁殖;粪链球菌产酸快,有助于嗜酸乳杆菌的增殖;枯草杆菌则可以分解淀粉产生葡萄糖,为乳酸菌提供能源。"抗痢灵"对仔猪下痢和雏鸡白痢有治疗和预防作用,可使畜禽增重率平均提高12%。

### 三、双歧杆菌制剂

双歧杆菌是寄生在人和动物小肠下段的重要正常菌群,起着维护微生态平衡的作用。本菌在人体出生第2天后开始定植,增长十分迅速,第4~5天时占优势,第6~8天时则建立了以双歧杆菌占绝对优势的菌群。在母乳喂养婴儿的粪便中,双歧杆菌占细菌总数的98%,可达10亿~1 000亿个/g。此后,双歧杆菌一直是占绝对优势的正常菌;到老年时,双歧杆菌明显减少,但长寿老人体内双歧杆菌却并不减少。

双歧杆菌与动物和人体的许多生理功能如生长发育、营养物质的消化和吸收、生物颉颃和免疫功能等有关,特别是维护肠道细菌间的生态平衡,防止菌群失调及外来致病菌的入侵等。当机体处于病理状态时,往往表现出双歧杆菌数量减少;恢复到生理状态时,其数量又逐渐增加到原水平。因此,双歧杆菌可作为衡量机体健康状态的一个敏感指标,补充双歧杆菌则可防治某些疾病,特别是细菌性腹泻。

畜牧兽医方面,利用双歧杆菌和酵母菌制成的混合制剂用于治疗奶牛腹泻有一定疗效。自健康牛阴道分离的双歧杆菌制成活菌制剂,对治疗奶牛阴道炎也有一定效果。

### 四、拟杆菌制剂

拟杆菌是寄生在人和动物后部肠道的正常菌,在革兰阴性厌氧杆菌中占第一位,对动物和人体的肠道微生态平衡起着很大作用。拟杆菌能利用糖类、蛋白胨或其中间代谢物,其代谢产物包括琥珀酸、乙酸、乳酸、甲酸和丙酸等。本属菌需5%~10%二氧化碳、氯化血红素和维生素K等,最适生长温度为37 ℃,最适pH 7.0,培养基中加10%血清或腹水、0.02%吐温-80、胆汁都可促进其生长。

拟杆菌制剂在我国的使用尚属起步阶段。以脆弱拟杆菌、粪链球菌和蜡样芽胞杆菌制成的复合活菌制剂,在预防和治疗雏鸡、仔猪由沙门菌和大肠杆菌引起的下痢方面有较好效果。

### 五、其他微生态制剂

除上述菌种外,优杆菌也是一种数量很大的正常菌群成员。该菌在代谢过程中可释放大量的丁酸、醋酸和甲酸,具备微生态制剂生产用菌种的基本特性;使用酵母制成的酵母片业已用于人,以促进消化,改善消化不良的状况;黑曲霉、米曲霉也可用于制备微生态制剂。此外,还有噬菌蛭弧菌的研究和应用。

噬菌体微生态制剂也可用于治疗细菌性疾病,如猪、犊牛、羔羊的肠毒素型大肠杆菌腹泻。其作用机理为噬菌体能与病原菌所结合的肠道细胞受体和病原菌吸附性的决定簇（如 K88、K99 纤毛抗原）相结合，从而降低病原菌的感染。噬菌体微生态制剂与抗生素相比，其优点之一是，对噬菌体产生抗性的变异菌株，其毒力总是低于其原始菌株。从鸡的粪便、饲料和污物中能分离到对鸡伤寒沙门菌噬菌体，可以使鸡沙门菌引起的死亡率从 53% 降至 16%。该方法对控制弯杆菌及生长抑制性细菌也很有意义，但是能否像对肠毒素型大肠杆菌一样有效，还不清楚。

噬菌蛭弧菌类似于噬菌体。目前，这类细菌已被成功地用于制备微生态制剂——"生物制菌王"。噬菌蛭弧菌在自然界中广泛存在。革兰阴性，细菌内寄生。噬菌特性与噬菌体极为相似。其宿主范围极广，尤其是对革兰阴性细菌的裂解作用非常明显，如猪大肠杆菌、霍乱沙门菌和鸡白痢鸡伤寒沙门菌等。噬菌蛭弧菌的培养基以自来水琼脂（添加钙、镁、铁、锌等微量元素）为首选，营养肉汤、酵母膏浸液中也可生长。pH 3.0～9.8 均可生长，但最适 pH 为 7.2～7.4。在 4～43 ℃中均可生长，最适温度为 25～30 ℃。由于是细菌内寄生菌，单独培养不形成噬斑，必须与宿主菌同时培养。

"生物制菌王"可以用于鸡、鸭、鹅、仔猪、羔羊、牛犊细菌性下痢的预防和治疗，并能促进这些畜禽的生长，无毒副作用，无残留，无抗药菌株的产生，无环境污染。

## 第二节 我国批准生产的微生态制剂质量标准

### 一、蜡样芽胞杆菌活菌制剂（Ⅰ）

制剂是用蜡样芽胞杆菌（*Bacillus Cereus*）DM423 菌株接种适宜培养基培养，收获培养液，加适宜赋形剂，经干燥制成粉剂或片剂。粉剂为灰白色或灰褐色干燥粗粒状；片剂外观完整光滑，类白色，色泽均匀。杂菌检测：每克制剂含非病原菌应不超过 1 000 个。

[质量标准] 除按成品检验的有关规定进行检验外，应做以下检验。

**1. 活芽胞计数** 每批（组）随机抽取 3 个样品，各取 1 g 用灭菌生理盐水做 100 倍稀释，然后做 10 倍系列稀释至 $10^{-10}$，接种鲜血马丁琼脂平板 2 个，每个接种 0.1 mL，37 ℃培养 24 h，计算平均菌数。以 3 个样品中最低芽胞数为该批制剂的菌数，每克制剂含活芽胞应不少于 5 亿个。

**2. 鉴别检验** 用本品培养选出的蜡样芽胞杆菌，接种鲜血琼脂平板培养，呈现 β 溶血；取其菌落与用本菌制的抗血清混合，应发生凝集；与用 $SA_{38}$ 菌株制的抗血清混合不发生凝集。

**3. 安全检验** ①用 5～10 日龄雏鸡 10 只，每天每只投服本制剂 1 g（不少于 5 亿个），连服 3 d，另取同条件雏鸡 10 只，作为对照，同时饲养观察 10 d。均应健活；或试验组与对照组合计死亡数不超过 3 只，且试验组的死亡数不超过对照组为合格。②用体重 18～22 g 小鼠 10 只，每只口服制剂 0.1 g，观察 10 d，应健活。

[保存与使用] 在干燥处室温保存，有效期为 1 年。用于预防和治疗畜禽腹泻，并促进生长。使用时，可将制剂与少量饲料混合饲喂，病重可逐头喂服。

（1）雏鸡：治疗用量为每次 0.5 g 口服 1 次，连服 3 d；预防用量为每羽份次 0.25 g，日服 1 次，连服 5～7 d。成禽为雏鸡的 5～10 倍量，连服 3 d。

(2) 仔猪：治疗用量为每千克体重 0.6 g，每日 1 次，连服 3 d；预防用量为每千克体重 0.3 g，每日 1 次，服 3～5 d 后，每周 1 次。大猪：治疗用量为每头每次 2～4 g，日服 2 次，连服 3～5 d。

(3) 犊牛：治疗用量为每头每次 1～6 g，日服 2 次，连服 3～5 d。

(4) 家兔：治疗用量为每只每次 1～2 g，日服 2 次，连服 3～5 d；预防用量为按治疗量减半服用。

(5) 羔羊：治疗用量为每头每次 1 g，日服 2 次，连服 3 d；预防用量为出生后即灌服，每次 0.5 g，日服 2 次，连服 3～5 d。

## 二、蜡样芽胞杆菌活菌制剂（Ⅱ）

本制剂系用蜡样芽胞杆菌 $SA_{38}$ 菌株接种适宜培养，将培养物加适宜赋形剂，经干燥制成的粉剂或片剂。粉剂为灰白色或灰褐色的干燥粗粉；片剂外观完整光滑、类白色或白色。产品杂菌检验、病原性鉴定、活芽胞计数和安全检验等方法与蜡样芽胞杆菌活菌制剂（Ⅰ）相同。

鉴别检验：用本品培养选出的蜡样芽胞杆菌，接种鲜血琼脂平板，应无溶血现象；取其菌落与用本菌制的抗血清混合，应发生凝集；与用 DM423 菌株制的抗血清混合，不发生凝集。本品主要用于预防和治疗仔猪、羔羊、犊牛、雏鸡、雏鸭、仔兔等的腹泻，并能促进生长。

治疗用量，猪、兔、牛和羊均按每千克体重 0.1～0.15 g。雏鸡和雏鸭每只 30～50 mg，每天 1 次，连服 3 d。预防用量减半，连服 7 d。

## 三、嗜酸乳杆菌、粪链球菌和枯草杆菌活菌制剂

本制剂系用嗜酸乳杆菌（*Lactobacillus Acidophilus*）、粪链球菌（*Streptococcus Faecalis*）和枯草杆菌（*Bacillus Subtilis*）活菌接种适宜培养基，收获培养物，加适宜赋形剂，经冷冻真空干燥制成混合菌粉，加载体制成的粉剂或片剂。粉剂为灰白色或灰褐色干燥粗粉或颗粒状；片剂外观完整光滑，类白色，色泽均匀。每克制剂含非病原菌应不超过 10 000 个。其质量标准为：除按《兽医生物制品检验的一般规定》进行检验外，应做如下检验：

**1. 活菌计数** ①每克制剂应含活嗜酸乳杆菌 1 000 万个以上。取样品 1 g 用灭菌脱脂奶做 10 倍系列稀释到第 10 管。置 37 ℃培养 24～28 h，第 8 管（即 1 亿倍稀释管）以前各管均应均匀生长并凝固。②每克制剂应含活粪链球菌 100 万个以上。取上述稀释培养管第 5 管（即 10 万倍稀释管）涂片染色镜检，有粪链球菌菌体即可判合格。或者取样品 1 g 用灭菌生理盐水做 1 万倍稀释，接种 2 个含 2%乳糖牛心汤琼脂平板，各 0.1 mL，置 37 ℃培养 48 h，两个平板上粪链球菌菌落总数应不少于 20 个。③每克制剂应含活枯草杆菌 10 000 个左右。取样品 1 g，用灭菌生理盐水做 100 倍稀释，接种 2 个普通琼脂平板，各 0.1 mL，置 37 ℃培养 48 h，2 个平板上枯草杆菌菌落总数应不少于 20 个。

**2. 安全检验**

(1) 用雏鸡检验：用 5～10 日龄雏鸡 10 只，抽取 3 个样品混合，取 20 g 混入饮水或饲料中，限当日服完，连服 3 d，每只鸡服 5 g 左右，观察 10 d。同时设条件相同的对照雏鸡

10只。2组死亡数应不超过3只，检验组死亡数不得超过1只（菌粉饮服按每只0.15 g）。

（2）用小鼠检验：选体重18～20 g小鼠5只，取制剂5 g混入饮水或饲料中，限当日服完，连服3 d，观察7～10 d。应全部健活（菌粉饮服按每只0.1 g）。

（3）用豚鼠或家兔检验：选体重250～350 g的豚鼠2只或体重1.5～2 kg的家兔2只，按每100 g体重口服制剂2 g，3 d内服完，观察10 d。应全部健活（菌粉饮服按每100 g体重0.1 g）。

[保存与使用] 25 ℃以下保存，有效期为1年。本品对沙门菌及大肠杆菌引起的细菌性下痢均有疗效。并有调整肠道菌群失调，促进生长作用。用凉水溶解后作饮水或拌入饲料口服或灌服。治疗量：雏鸡每次0.1 g；成鸡每次0.2～0.4 g，每天早晚各1次。雏鸡5～7 d、成鸡3～5 d为1个疗程。预防量减半。仔猪每次1.0～1.5 g，犊牛每次3～5 g，一般3～5 d为1个疗程。

### 四、蜡样芽胞杆菌和粪链球菌活菌制剂

本制剂系用无毒性链球菌和蜡样芽胞杆菌分别接种适宜培养基培养，收获培养物，加适宜赋形剂经干燥制成。本品为灰白色干燥粉末。每克制剂含菌数，芽胞菌应不少于5亿个，链球菌应不少于100亿个。杂菌检验和安全检验同蜡样芽胞杆菌活菌制剂（Ⅰ）。杂菌病原性鉴定同嗜酸乳杆菌、粪链球菌和枯草杆菌活菌制剂。

本品为畜禽饲料添加剂，可防治幼畜禽下痢，促进生长和增强机体的抗病能力。作饲料添加剂，按一定比例拌入饲料，雏鸡料0.1%～0.2%、成鸡料0.1%、仔猪料0.1%～0.2%、肉猪料0.1%、兔料0.1%～0.2%。或雏鸡每日每只0.1～0.2 g，仔猪每日每头0.2～0.5 g。治疗量加倍。本品不得与抗菌药物和抗菌药物添加剂同时使用；勿用50 ℃以上热水溶解。

### 五、脆弱拟杆菌、粪链球菌和蜡样芽胞杆菌活菌制剂

本制剂系用脆弱拟杆菌（*Bacteroides fragilis*）、粪链球菌和蜡样芽胞杆菌接种适宜培养基培养，收获培养物，加适宜赋形剂，经抽滤后干燥制成。本品为白色或黄色干燥粗粉或颗粒。每克制剂含非病原菌应不超过10 000个。

[质量标准] 除按成品检验的有关规定进行检验外，应做如下检验：

**1. 活菌计数** ①每克制剂含活脆弱拟杆菌应不少于100万个。取本品10 g，用PBS做10倍系列稀释到第5管，接种2个血平板，各0.1 mL，置37 ℃厌氧培养48 h。2个平板上脆弱拟杆菌菌落总数应不少于20个。②每克制剂应含活粪链球菌1 000万个以上。计数方法同嗜酸乳杆菌、粪链球菌和枯草杆菌活菌制剂。③每克制剂应含活蜡样芽胞杆菌1 000万个以上。取本品10 g，用灭菌生理盐水做$10^{-6}$稀释，接种于2个GAM平板上，各0.1 mL，置37 ℃培养24～48 h，2个平板上蜡样芽胞杆菌菌落总数应不少于20个。

**2. 安全检验** 同蜡样芽胞杆菌活菌制剂（Ⅰ）。

[保存与使用] 在干燥处室温保存，有效期为1年。对沙门菌及大肠杆菌引起的细菌性下痢如雏鸡、仔猪等动物的白痢、黄痢均有防治效果。

（程安春）

**复习思考题**

1. 什么叫微生态制剂？有何作用？
2. 我国批准生产的微生态制剂有哪几类？有何特点？
3. 简述我国批准生产的微生态制剂基本特性和质量标准。

# 附录

## 一、我国主要商品化动物用疫苗名称

### （一）禽用疫苗

1. 鸡新城疫活疫苗
2. 鸡新城疫活疫苗（ZM10 株）
3. 鸡新城疫活疫苗（CS2 株）
4. 鸡新城疫活疫苗（V4/HB92 克隆株）
5. 鸡新城疫耐热保护剂活疫苗（La Sota 株）
6. 鸡新城疫灭活疫苗
7. 鸡新城疫灭活疫苗（La Sota 株）
8. 鸡新城疫、传染性法氏囊病二联活疫苗
9. 鸡新城疫、传染性法氏囊病二联活疫苗（La Sota 株＋NF8 株）
10. 鸡新城疫、传染性支气管炎二联活疫苗（La Sota 株＋B48 株）
11. 鸡新城疫、传染性支气管炎二联耐热保护剂活疫苗（La Sota 株＋H52 株）
12. 鸡新城疫、传染性法氏囊病二联灭活疫苗
13. 鸡新城疫、传染性法氏囊病二联灭活疫苗（La Sota＋HQ 株）
14. 鸡新城疫、传染性法氏囊病二联灭活疫苗（La Sota 株＋SD 株）
15. 鸡新城疫、传染性支气管炎二联灭活疫苗（La Sota 株＋M41 株）
16. 鸡新城疫、禽流感（H9 亚型）二联灭活疫苗（La Sota 株＋WD 株）
17. 鸡新城疫、禽流感（H9N2 亚型）二联灭活疫苗（La Sota＋Hp 株）
18. 鸡新城疫、禽流感（H9 亚型）二联灭活疫苗（La Sota 株＋LGl 株）
19. 鸡新城疫、禽流感（H9 亚型）二联灭活疫苗（La Sota 株＋F 株）
20. 鸡新城疫、禽流感（H9 亚型）二联灭活疫苗（La Sota 株＋JY 株）
21. 鸡新城疫、禽流感（H9 亚型）二联灭活疫苗（La Sota 株＋SY 株）
22. 鸡新城疫病毒（La Sota 株）、禽流感病毒（H9 亚型，SS 株）二联灭活疫苗
23. 鸡新城疫病毒（La Sota 株）、禽流感病毒（H9 亚型，HL 株）二联灭活疫苗
24. 鸡新城疫病毒（La Sota 株）、禽流感病毒（H9 亚型，SS/94 株）二联灭活疫苗
25. 鸡新城疫病毒（La Sota 株）、传染性支气管炎病毒（M41 株）二联灭活疫苗
26. 鸡新城疫、传染性支气管炎二联灭活疫苗（Clone30 株＋M41 株）
27. 鸡新城疫、病毒性关节炎二联灭活疫苗

28. 鸡新城疫、减蛋综合征二联灭活疫苗

29. 鸡新城疫、传染性支气管炎、传染性法氏囊病三联灭活疫苗

30. 鸡新城疫、传染性支气管炎、减蛋综合征三联灭活疫苗（Ⅰ）

31. 鸡新城疫、传染性支气管炎、减蛋综合征三联灭活疫苗（Ⅱ）

32. 鸡新城疫、传染性支气管炎、减蛋综合征三联灭活疫苗（La Sota 株＋M41 株＋京911 株）

33. 鸡新城疫、传染性支气管炎、减蛋综合征三联灭活疫苗（La Sota 株＋M41 株＋K-11 株）

34. 鸡新城疫、传染性支气管炎、减蛋综合征三联灭活疫苗（La Sota 株＋M41 株＋KIBV-SD 株＋AV127 株）

35. 鸡新城疫病毒（La Sota 株）、传染性支气管炎病毒（M41）、减蛋综合征病毒（AV127 株）三联灭活疫苗

36. 鸡新城疫、传染性支气管炎、减蛋综合征三联灭活疫苗（N79 株＋FM41 株＋NE4 株）

37. 鸡新城疫、传染性支气管炎、减蛋综合征三联灭活疫苗（La Sota 株＋M41 株＋Z16 株）

38. 鸡新城疫病毒（La Sota 株）、传染性支气管炎病毒（M41 株）、禽流感病毒（H9 亚型，HL 株）三联灭活疫苗

39. 鸡新城疫、传染性支气管炎、禽流感（H9 亚型）三联灭活疫苗（La Sota 株＋M41 株＋L 株）

40. 鸡新城疫、传染性支气管炎、禽流感（H9 亚型）三联灭活疫苗（La Sota 株＋M41 株＋YBF003 株）

41. 鸡新城疫、传染性支气管炎、禽流感（H9 亚型）三联灭活疫苗（La Sota 株＋M41 株＋HP 株）

42. 鸡新城疫、传染性支气管炎、禽流感（H9 亚型）三联灭活疫苗（La Sota 株＋M41 株＋NJ02 株）

43. 鸡新城疫、传染性支气管炎、禽流感（H9 亚型）三联灭活疫苗（La Sota 株＋M41 株＋HN106 株）

44. 鸡新城疫、传染性支气管炎、禽流感（H9 亚型）三联灭活疫苗（La Sota 株＋M41 株＋WD 株）

45. 鸡新城疫二传染性支气管炎、禽流感（H9 亚型）三联灭活疫苗（La Sota 株＋M41 株＋LG1 株）

46. 鸡新城疫、传染性支气管炎、禽流感（H9 亚型）三联灭活疫苗（La Sota 株＋M41 株＋SS 株）

47. 鸡新城疫、传染性支气管炎、减蛋综合征三联灭活疫苗（La Sota 株＋M41 株＋HE02 株）

48. 鸡新城疫、传染性支气管炎、禽流感（H9 亚型）三联灭活疫苗（La Sota 株＋M41 株＋SS/94 株）

49. 鸡新城疫、传染性支气管炎、禽流感（H9 亚型）三联灭活疫苗（La Sota 株＋M41

株+HZ 株)

50. 鸡新城疫、传染性支气管炎、传染性法氏囊病三联灭活疫苗（La Sota 株+M41 株+S-VP2 蛋白）

51. 鸡新城疫、传染性支气管炎、减蛋综合征三联灭活疫苗（La Sota 株+M41 株+HSH23 株）

52. 鸡新城疫、传染性支气管炎、禽流感（H9 亚型）三联灭活疫苗（La Sota 株+M41 株+L 株）

53. 鸡新城疫、传染性支气管炎、禽流感（H9 亚型）三联灭活疫苗（La Sota 株+M41 株+SY 株）

54. 鸡新城疫、禽流感（H9 亚型）、传染性法氏囊病三联灭活疫苗（La Sota 株+YBF003 株+S-VP2 蛋白）

55. 鸡新城疫、传染性支气管炎、鸡痘三联活疫苗

56. 鸡新城疫、传染性支气管炎、减蛋综合征、禽流感（H9 亚型）四联灭活疫苗（La Sota 株+M41 株+Z16 株+HP 株）

57. 鸡新城疫、传染性支气管炎、减蛋综合征、禽流感（H9 亚型）四联灭活疫苗（La Sota 株+M41 株+AV127 株+HL 株）

58. 鸡新城疫、传染性支气管炎、减蛋综合征、禽流感（H9 亚型）四联灭活疫苗（La Sota 株+M41 株+AV127 株+S2 株）

59. 鸡新城疫、传染性支气管炎、减蛋综合征、禽流感（H9 亚型）四联灭活疫苗（La Sota 株+M41 株+AV127 株+NJ02 株）

60. 鸡新城疫、传染性支气管炎、减蛋综合征、禽流感（H9 亚型）四联灭活疫苗（La Sota 株+M41 株+HSH23 株+WD 株）

61. 鸡新城疫、传染性支气管炎、减蛋综合征、禽流感（H9 亚型）四联灭活疫苗（La Sota 株+M41 株+HE02 株+HN106 株）

62. 鸡新城疫、传染性支气管炎、减蛋综合征、禽流感（H9 亚型）四联灭活疫苗（La Sota 株+M41 株+NE4 株+YBF003 株）

63. 鸡新城疫、传染性支气管炎、禽流感（H9 亚型）、传染性法氏囊病四联灭活疫苗（La Sota 株+M41 株+YBF003 株+S-VP2 株）

64. 鸡新城疫、传染性支气管炎、减蛋综合征、传染性法氏囊病四联灭活疫苗

65. 鸡新城疫、传染性支气管炎、减蛋综合征、传染性脑脊髓炎四联灭活疫苗

66. 禽流感灭活疫苗（H5 亚型，N28 株）

67. 禽流感 H5 亚型灭活疫苗（DG03 株）

68. 禽流感灭活疫苗（H9 亚型，F 株）

69. 禽流感（H9 亚型）灭活疫苗（LG1 株）

70. 禽流感（H9 亚型）灭活疫苗（SD696 株）

71. 禽流感（H9 亚型）灭活疫苗（SS 株）

72. 禽流感灭活疫苗（H9 亚型，Sy 株）

73. 禽流感（H9 亚型）灭活疫苗（NJ01 株）

74. 禽流感灭活疫苗（H5N2 亚型，D7 株）

## 附 录

75. 禽流感重组鸡痘病毒载体活疫苗（H5 亚型）
76. 重组禽流感病毒（H5N1 亚型）灭活疫苗（Re-1 株）
77. 重组禽流感病毒灭活疫苗（H5N1 亚型，Re-5 株）
78. 重组禽流感病毒（H5N1 亚型）灭活疫苗（细胞源，Re-5 株）
79. 重组禽流感病毒 H5 亚型二价灭活疫苗（H5N1，Re-1 株＋Re-4 株）
80. 重组禽流感病毒 H5 亚型二价灭活疫苗（H5N1，Re-5 株＋Re-4 株）
81. 禽流感（H5＋H9）二价灭活疫苗（H5N1 Re-1＋H9N2 Re-2 株）
82. 禽流感（H5＋H9）二价灭活疫苗（H5N1 Re-5＋H9N2 Re-2 株）
83. 禽流感（H5N2＋H9N2）二价灭活疫苗
84. 禽流感、新城疫重组二联活疫苗（rL-H5 株）
85. 鸡马立克病火鸡疱疹病毒活疫苗（FC-126 株）
86. 鸡马立克病火鸡疱疹病毒耐热保护剂活疫苗
87. 鸡马立克病活疫苗（814 株）
88. 鸡马立克病活疫苗（CVI988/Rispens 株）
89. 鸡马立克病双价活疫苗
90. 鸡马立克病Ⅰ、Ⅲ型二价活疫苗（CVI988 株＋FC126 株）
91. 鸡马立克病病毒Ⅰ型（CVI988/Rispens/B5 株）、Ⅱ型（HCV2/B5 株）、Ⅲ型（FC126/B5 株）三价活疫苗
92. 鸡传染性法氏囊病活疫苗（A80 株）
93. 鸡传染性法氏囊病活疫苗（B87 株）
94. 鸡传染性法氏囊病活疫苗（BJ836、J87 或 K85 株）
95. 鸡传染性法氏囊病活疫苗（BJV 株）
96. 鸡传染性法氏囊病活疫苗（Gt 株）
97. 鸡传染性法氏囊病活疫苗（NF8 株）
98. 鸡传染性法氏囊病耐热保护剂活疫苗（B87 株）
99. 鸡传染性法氏囊病中等毒力耐热保护剂活疫苗
100. 鸡传染性法氏囊病基因工程亚单位疫苗
101. 鸡传染性法氏囊病灭活疫苗（CJ-801-BKF 株）
102. 鸡传染性法氏囊病灭活疫苗（G 株）
103. 鸡传染性法氏囊病灭活疫苗（X 株）
104. 鸡传染性支气管炎活疫苗
105. 鸡传染性支气管炎活疫苗（H120 株，细胞源）
106. 鸡传染性支气管炎活疫苗（W93 株）
107. 鸡传染性支气管炎耐热保护剂活疫苗
108. 鸡传染性支气管炎耐热保护剂活疫苗（H120 株）
109. 鸡传染性支气管炎活疫苗（B48 株）
110. 鸡传染性支气管炎活疫苗（LDT3-A 株）
111. 鸡传染性支气管炎灭活疫苗
112. 鸡传染性喉气管炎活疫苗

113. 鸡传染性喉气管炎耐热保护剂活疫苗
114. 鸡传染性喉气管炎重组鸡痘病毒基因工程疫苗
115. 鸡痘活疫苗（鹌鹑化弱毒株）
116. 鸡痘活疫苗（汕系弱毒株）
117. 鸡痘耐热保护剂活疫苗
118. 鸡减蛋综合征灭活疫苗
119. 禽脑脊髓炎灭活疫苗
120. 禽脑脊髓炎灭活疫苗（AEV-NH937株）
121. 鸡病毒性关节炎活疫苗（ZJS株）
122. 禽多杀性巴氏杆菌病灭活疫苗（1502株）
123. 禽多杀性巴氏杆菌病灭活疫苗（C48-2株）
124. 禽多杀性巴氏杆菌病灭活疫苗（TJ8株）
125. 禽多杀性巴氏杆菌病活疫苗（B26-T1200株）
126. 禽多杀性巴氏杆菌病活疫苗（G190E40株）
127. 禽多杀性巴氏杆菌病蜂胶灭活疫苗
128. 鸡大肠杆菌病蜂胶灭活疫苗
129. 鸡大肠杆菌病灭活疫苗
130. 鸡传染性鼻炎（A型）灭活疫苗
131. 鸡传染性鼻炎（A型+C型）、新城疫二联灭活疫苗
132. 鸡毒支原体、传染性鼻炎（A、C型）二联灭活疫苗
133. 鸡毒支原体活疫苗
134. 鸡毒支原体灭活疫苗
135. 鸡衣原体病基因工程亚单位疫苗
136. 鸭传染性浆膜炎灭活疫苗
137. 鸭传染性浆膜炎二价灭活疫苗（1型SG4株+2型ZZY7株）
138. 鸭传染性浆膜炎二价灭活疫苗（1型RAf63株+2型RAf34株）
139. 鸭传染性浆膜炎二价灭活疫苗（1型SG4株+2型ZZY7株）
140. 鸭传染性浆膜炎三价灭活疫苗（1型ZJ01株+2型HN01株+7型YC03株）
141. 鸭传染性浆膜炎、大肠杆菌病二联蜂胶灭活疫苗（WF株+BZ株）
142. 鸭瘟活疫苗
143. 鸭瘟灭活疫苗
144. 鸭病毒性肝炎弱毒活疫苗（CH60株）
145. 雏番鸭细小病毒病活疫苗
146. 番鸭呼肠孤病毒病活疫苗（CA株）
147. 小鹅瘟活疫苗（GD株）
148. 小鹅瘟活疫苗（SYG株）
149. 鸡球虫病三价活疫苗
150. 鸡球虫病三价活疫苗（柔嫩艾美尔球虫PTMZ株+巨型艾美尔球虫PMHY株+堆型艾美尔球虫PAHY株）

151. 鸡球虫病四价活疫苗（柔嫩艾美尔球虫 PTMZ 株＋毒害艾美尔球虫 PNHZ 株＋巨型艾美尔球虫 PMHY 株＋堆型艾美尔球虫 PAHY 株）

152. 鸡柔嫩艾美尔球虫、巨型艾美尔球虫、堆型艾美尔球虫三价活疫苗（PBN＋PZJ＋HB 株）

153. 鸡柔嫩艾美尔球虫、毒害艾美尔球虫、巨型艾美尔球虫、堆型艾美尔球虫四价活疫苗（PBN＋PSHX＋PZJ＋HB 株）

### (二) 猪用疫苗

1. 猪瘟活疫苗（兔源）
2. 猪瘟活疫苗（细胞源）
3. 猪瘟活疫苗（细胞系源）
4. 猪瘟耐热保护剂活疫苗（兔源）
5. 猪瘟耐热保护剂活疫苗（细胞源）
6. 猪瘟、猪丹毒、猪多杀性巴氏杆菌病三联活疫苗
7. 猪口蹄疫灭活疫苗（O 型，Ⅱ）
8. 猪口蹄疫 O 型合成肽疫苗
9. 猪口蹄疫 O 型合成肽疫苗（多肽 2570＋7309）
10. 猪口蹄疫 O 型基因工程疫苗
11. 猪口蹄疫（O 型）灭活疫苗
12. 猪口蹄疫（O 型）灭活疫苗（OZK/93 株）
13. 猪口蹄疫 O 型灭活疫苗（OZK/93 株＋OR/80 株或 OS/99 株）
14. 猪口蹄疫 O 型灭活疫苗（O/MYA98/BY/2010 株）
15. 猪、牛口蹄疫 O 型灭活疫苗（OS/99 株）
16. 猪、牛、羊口蹄疫 O 型灭活疫苗
17. 猪牛羊口蹄疫 O 型灭活疫苗（ONXC/92 株）
18. 猪繁殖与呼吸综合征活疫苗（CH－1R 株）
19. 猪繁殖与呼吸综合征活疫苗（R98 株）
20. 高致病性猪繁殖与呼吸综合征活疫苗（JXA1－R 株）
21. 高致病性猪繁殖与呼吸综合征活疫苗（HuN4－F112 株）
22. 高致病性猪繁殖与呼吸综合征活疫苗（TJM－F92 株）
23. 猪繁殖与呼吸综合征灭活疫苗（CH－1a 株）
24. 猪繁殖与呼吸综合征灭活疫苗（JXA1 株）
25. 猪繁殖与呼吸综合征灭活疫苗（M－2 株）
26. 伪狂犬病活疫苗
27. 猪伪狂犬病活疫苗（HB－98 株）
28. 猪伪狂犬病活疫苗（SA215 株）
29. 猪伪狂犬病灭活疫苗
30. 猪乙型脑炎活疫苗
31. 猪乙型脑炎活疫苗（SA14－14－2 株）

32. 猪乙型脑炎灭活疫苗
33. 猪圆环病毒 2 型灭活疫苗（SH 株）
34. 猪圆环病毒 2 型灭活疫苗（LG 株）
35. 猪圆环病毒 2 型灭活疫苗（DBN-SX07 株）
36. 猪圆环病毒 2 型灭活疫苗（WH 株）
37. 猪圆环病毒 2 型灭活疫苗（ZJ/C 株）
38. 猪细小病毒病灭活疫苗
39. 猪细小病毒病油乳剂灭活疫苗
40. 猪细小病毒病灭活疫苗（WH-1 株）
41. 猪细小病毒病灭活疫苗（YBF01 株）
42. 猪细小病毒病灭活疫苗（BJ-2 株）
43. 猪传染性胃肠炎、流行性腹泻二联活疫苗
44. 仔猪大肠杆菌病 K88、K99 双价基因工程灭活疫苗
45. 仔猪大肠杆菌病三价灭活疫苗
46. 仔猪大肠杆菌病 K88、LTB 双价基因工程活疫苗
47. 仔猪水肿病灭活疫苗
48. 猪多杀性巴氏杆菌病活疫苗（679-230 株）
49. 猪多杀性巴氏杆菌病活疫苗（C20 株）
50. 猪多杀性巴氏杆菌病活疫苗（CA 株）
51. 猪多杀性巴氏杆菌病活疫苗（EO630 株）
52. 猪多杀性巴氏杆菌病活疫苗（TA53 株）
53. 猪多杀性巴氏杆菌病二价灭活疫苗
54. 猪多杀性巴氏杆菌病灭活疫苗
55. 猪、牛多杀性巴氏杆菌病灭活疫苗
56. 猪丹毒、多杀性巴氏杆菌病二联灭活疫苗
57. 猪丹毒活疫苗
58. 猪丹毒灭活疫苗
59. 猪胸膜肺炎放线杆菌三价灭活疫苗
60. 猪传染性胸膜肺炎二价蜂胶灭活疫苗（1 型 CD 株＋7 型 BZ 株）
61. 仔猪产气荚膜梭菌病二价灭活疫苗（A、C 型）
62. 仔猪红痢灭活疫苗
63. 猪败血性链球菌病活疫苗（ST171 株）
64. 猪链球菌灭活疫苗（马链球菌兽疫亚种＋猪链球菌 2 型＋猪链球菌 7 型）
65. 猪链球菌病灭活疫苗（马链球菌兽疫亚种＋猪链球菌 2 型）
66. 猪链球菌病蜂胶灭活疫苗（马链球菌兽疫亚种＋猪链球菌 2 型）
67. 仔猪副伤寒活疫苗
68. 副猪嗜血杆菌病灭活疫苗
69. 猪传染性胸膜肺炎三价灭活疫苗
70. 猪支原体肺炎活疫苗

71. 猪支原体肺炎活疫苗（168株）
72. 猪鹦鹉热衣原体病灭活疫苗
73. 猪萎缩性鼻炎灭活疫苗（波氏杆菌JB5株）
74. 猪囊尾蚴细胞油乳剂灭活疫苗

## （三）牛羊用疫苗

1. 牛口蹄疫O型灭活疫苗
2. 牛口蹄疫O型灭活疫苗（JMS株）
3. 牛口蹄疫O型灭活疫苗（OJMS株）
4. 牛口蹄疫O型灭活疫苗（OS/99株）
5. 牛口蹄疫灭活疫苗（O型，NMXW-99、NMZG-99株）
6. 牛口蹄疫灭活疫苗（Asia 1型）
7. 牛口蹄疫O型、A型双价灭活疫苗
8. 口蹄疫A型灭活疫苗
9. 口蹄疫Asia 1型灭活疫苗（AKT/03株）
10. 口蹄疫病毒O型、Asia 1型二价灭活疫苗
11. 口蹄疫O型、Asia 1型二价灭活疫苗
12. 口蹄疫O型、Asia 1型二价灭活疫苗（OJMS株＋JSL株）
13. 口蹄疫O型、Asia 1型二价灭活疫苗（OHM/02株＋JSL株）
14. 口蹄疫O型、Asia 1型二价灭活疫苗（ONXC株或OS株或OJMS株或OHM株＋JSL株）
15. 口蹄疫O型、Asia 1型二价灭活疫苗（空衣壳复合型）
16. 口蹄疫O型、Asia 1型、A型三价灭活疫苗（O/MYA98/BY/2010株＋Asia1/JSL/ZK/06株＋Re-A/WH/09株）
17. 口蹄疫O型、A型、Asia 1型三价灭活疫苗（O/HB/HK/99株＋AF/72株＋Asia-1/XJ/KLMY/04株）
18. 口蹄疫O型、A型、Asia 1型三价灭活疫苗（OHM/02株＋AKT-Ⅲ株＋Asia1KZ/03株）
19. 牛瘟活疫苗（兔源）
20. 牛瘟活疫苗（羊源）
21. 小反刍兽疫活疫苗（75/1株）
22. 牛流行热灭活疫苗
23. 绵羊痘活疫苗
24. 山羊痘活疫苗
25. 羊传染性脓疱皮炎活疫苗
26. 布氏菌病活疫苗（A19株）
27. 布氏菌病活疫苗（M5株或M5-90株）
28. 布氏菌病活疫苗（S2株）
29. 犊牛、羔羊大肠杆菌病、B型产气荚膜梭菌病基因工程灭活疫苗

30. 羊大肠杆菌病灭活疫苗
31. 绵羊大肠杆菌病活疫苗
32. 肉毒梭菌（C型）中毒症灭活疫苗
33. 羊梭菌病多联干粉灭活疫苗
34. 牛多杀性巴氏杆菌病灭活疫苗
35. 牛传染性胸膜肺炎活疫苗
36. 牛副结核灭活疫苗
37. 牛副伤寒灭活疫苗
38. 牦牛副伤寒活疫苗
39. 破伤风类毒素
40. 气肿疽灭活疫苗
41. 无荚膜炭疽芽胞疫苗
42. Ⅱ号炭疽芽胞疫苗
43. 山羊炭疽疫苗
44. 羊快疫、猝狙、肠毒血症三联灭活疫苗
45. 羊快疫、猝狙、羔羊痢疾、肠毒血症三联四防灭活疫苗
46. 羊快疫、猝狙（或羔羊痢疾）、肠毒血症（复合培养基）三联灭活疫苗
47. 羊黑疫、快疫二联灭活疫苗
48. 山羊传染性胸膜肺炎灭活疫苗
49. 羊败血性链球菌病灭活疫苗
50. 羊败血性链球菌病活疫苗
51. 奶牛衣原体病灭活疫苗（SX5株）
52. 羊衣原体病灭活疫苗
53. 羊支原体肺炎灭活疫苗
54. 山羊支原体肺炎灭活疫苗（MoGH3－3株＋M87－1株）
55. 牛环形泰勒虫病活疫苗
56. 羊棘球蚴（包虫）病基因工程亚单位疫苗

## （四）马用疫苗

1. 马传染性贫血活疫苗（驴白细胞源）
2. 马传染性贫血活疫苗（驴胎皮肤细胞源）
3. 沙门菌马流产活疫苗（C355株）
4. 沙门菌马流产活疫苗（C39株）

## （五）兔用疫苗

1. 兔病毒性出血症灭活疫苗
2. 兔病毒性出血症、多杀性巴氏杆菌病二联干粉灭活疫苗
3. 兔病毒性出血症、多杀性巴氏杆菌病二联灭活疫苗
4. 兔病毒性出血症、多杀性巴氏杆菌病二联灭活疫苗（AV－34株＋QLT－1株）

5. 兔病毒性出血症、多杀性巴氏杆菌病二联灭活疫苗（LQ株＋C51-17株）

6. 兔病毒性出血症、多杀性巴氏杆菌病、产气荚膜梭菌病三联灭活疫苗（SD-1株＋QLT-1株＋LTS-1株）

7. 兔病毒性出血症、多杀性巴氏杆菌病、产气荚膜梭菌病（A型）三联灭活疫苗（AV33株＋C51-2株＋C57-1株）

8. 兔病毒性出血症、多杀性巴氏杆菌病、产气荚膜梭菌病（A型）三联灭活疫苗（皖阜株＋C51-17株＋苏84-A株）

9. 兔多杀性巴氏杆菌病活疫苗

10. 兔多杀性巴氏杆菌、支气管败血波氏杆菌感染二联灭活疫苗

11. 兔、禽多杀性巴氏杆菌病灭活疫苗

12. 兔产气荚膜梭菌病（A型）灭活疫苗

### （六）犬猫用疫苗

1. 狂犬病灭活疫苗（Flury LEP株）
2. 狂犬病灭活疫苗（PV2061株）
3. 狂犬病灭活疫苗（Flury株）
4. 狂犬病灭活疫苗（CVS-11株）
5. 狂犬病灭活疫苗（CTN-1株）
6. 狂犬病灭活疫苗（SAD株）
7. 犬瘟热活疫苗（CDV-11株）
8. 犬狂犬病、犬瘟热、副流感、腺病毒、细小病毒病五联活疫苗

### （七）水貂、狐用疫苗

1. 水貂犬瘟热活疫苗
2. 水貂犬瘟热活疫苗（CDV3-CL株）
3. 水貂病毒性肠炎灭活疫苗
4. 水貂病毒性肠炎灭活疫苗（MEV-RC1株）
5. 水貂细小病毒性肠炎灭活疫苗（MEVB株）
6. 狐狸脑炎活疫苗（CAV-2C株）
7. 狐阴道加德纳氏菌病灭活疫苗

### （八）鱼用疫苗

1. 草鱼出血病灭活疫苗
2. 草鱼出血病活疫苗（GCHV-892株）
3. 牙鲆鱼溶藻弧菌、鳗弧菌、迟缓爱德华菌病多联抗独特型抗体疫苗
4. 鱼嗜水气单胞菌败血症灭活疫苗

## 二、我国主要商品化诊断制品名称

### （一）牛羊马病诊断制品

1. 牛、羊口蹄疫病毒VP1结构蛋白抗体酶联免疫吸附试验诊断试剂盒

2. 牛、羊口蹄疫病毒非结构蛋白抗体酶联免疫吸附试验诊断试剂盒
3. 口蹄疫病毒非结构蛋白抗体单抗阻断酶联免疫吸附试验诊断试剂盒
4. 口蹄疫病毒 Asia 1 型抗体液相阻断 ELISA 检测试剂盒
5. 口蹄疫病毒 O 型抗体液相阻断 ELISA 检测试剂盒
6. 口蹄疫病毒 3ABC 抗体竞争 ELISA 检测试剂盒
7. 口蹄疫琼脂扩散抗原、阳性血清及阴性血清
8. 口蹄疫病毒 RT-PCR 检测试剂盒
9. 口蹄疫病毒多重 RT-PCR 检测试剂盒
10. 口蹄疫病毒 Asia 1 型 RT-PCR 检测试剂盒
11. 口蹄疫病毒（O、A、C、Asia 1 型）定型 RT-PCR 诊断试剂盒
12. 蓝舌病酶联免疫吸附试验抗原、阳性血清与阴性血清
13. 蓝舌病琼脂扩散试验抗原、阳性血清与阴性血清
14. 蓝舌病病毒核酸荧光 RT-PCR 检测试剂盒
15. 蓝舌病病毒核酸 RT-PCR 检测试剂盒
16. 牛白血病琼脂扩散试验抗原、阳性血清与阴性血清
17. 牛病毒性腹泻/黏膜病中和试验抗原、阳性血清与阴性血清
18. 牛传染性鼻气管炎中和试验抗原、阳性血清与阴性血清
19. 疯牛病免疫组化诊断试剂
20. 痒病免疫组化诊断试剂
21. 马传染性贫血病毒单克隆抗体-酶结合物
22. 马传染性贫血补体结合试验抗原
23. 马传染性贫血酶联免疫吸附试验抗原、酶标记抗体
24. 马传染性贫血琼脂扩散试验抗原、阳性血清与阴性血清
25. 茨城病琼脂扩散试验抗原、阳性血清与阴性血清
26. 布氏菌病补体结合试验抗原、阳性血清与阴性血清
27. 布氏菌病虎红平板凝集试验抗原
28. 布氏菌病平板凝集试验抗原
29. 布氏菌病全乳环状试验抗原
30. 布氏菌病试管凝集试验抗原、阳性血清与阴性血清
31. 布氏菌病水解素
32. 布鲁氏菌 cELISA 抗体检测试剂盒
33. 牛分枝杆菌 MPB70/83 抗体检测试纸条
34. 沙门菌马流产凝集试验抗原、阳性血清与阴性血清
35. 产气荚膜梭菌定型血清
36. 鼻疽补体结合试验抗原、阳性血清与阴性血清
37. 鼻疽菌素
38. 炭疽沉淀素血清
39. 提纯牛型结核菌素
40. 提纯副结核菌素

41. 牛分枝杆菌 ELISA 抗体检测试剂盒
42. 牛副结核补体结合试验抗原、阳性血清与阴性血清
43. 牛副结核酶联免疫吸附试验抗原与阳性血清
44. 牛、羊副结核补体结合试验抗原、阳性血清与阴性血清
45. 牛传染性胸膜肺炎补体结合试验抗原、阳性血清与阴性血清
46. 牛传染性胸膜肺炎微量凝集试验抗原、阳性血清与阴性血清
47. 牛无浆体病凝集试验抗原、阳性血清与阴性血清
48. 钩端螺旋体病补体结合试验抗原、阳性血清与阴性血清
49. 衣原体病补体结合试验抗原、阳性血清与阴性血清
50. 衣原体病间接血凝试验抗原、阳性血清与阴性血清
51. 绵羊支原体肺炎间接血凝试验抗原与阴、阳性血清
52. 绵羊肺炎支原体 ELISA 抗体检测试剂盒
53. 日本血吸虫病单克隆抗体斑点酶联免疫吸附试验试剂盒
54. 日本血吸虫病凝集试验抗原、阳性血清与阴性血清
55. 伊氏锥虫病补体结合试验抗原、阳性血清与阴性血清
56. 伊氏锥虫病凝集试验抗原、阳性血清与阴性血清
57. 冻干补体
58. 溶血素

### (二) 猪病诊断制品

1. 猪瘟单克隆抗体纯化酶联免疫吸附试验抗原
2. 猪瘟病毒酶标记抗体
3. 猪瘟病毒荧光抗体
4. 猪口蹄疫病毒 VP1 结构蛋白抗体酶联免疫吸附试验诊断试剂盒
5. 猪口蹄疫病毒非结构蛋白抗体酶联免疫吸附试验诊断试剂盒
6. 口蹄疫病毒感染相关抗原
7. 口蹄疫细胞中和试验抗原、阳性血清与阴性血清
8. 口蹄疫、猪水疱病反向间接血凝试验用致敏红细胞
9. 猪繁殖与呼吸综合征病毒 ELISA 抗体检测试剂盒
10. 猪繁殖与呼吸综合征 RT－PCR 检测试剂盒
11. 猪繁殖与呼吸综合征病毒荧光抗体
12. 猪伪狂犬病病毒 ELISA 抗体检测试剂盒
13. 猪伪狂犬病病毒荧光抗体
14. 伪狂犬病胶乳凝集试验试剂盒
15. 猪伪狂犬病病毒 gE 蛋白 ELISA 抗体检测试剂盒
16. 猪伪狂犬抗体免疫金标检测试纸卡
17. 猪圆环病毒 2 型 ELISA 抗体检测试剂盒
18. 猪圆环病毒 2－dCap－ELISA 抗体检测试剂盒
19. 猪圆环病毒聚合酶链反应检测试剂盒

20. 猪流感病毒（H1 亚型）ELISA 抗体检测试剂盒
21. 猪乙型脑炎胶乳凝集试验抗体检测试剂盒
22. 猪细小病毒荧光抗体
23. 大肠杆菌 K88、K99、987P 定型血清
24. 仔猪大肠杆菌病酶联免疫吸附试验试剂盒
25. 猪链球菌 2 型 ELISA 抗体检测试剂盒
26. 猪支气管败血波氏杆菌凝集试验抗原、阳性血清与阴性血清
27. 猪支原体肺炎微量间接血凝试验抗原、阳性血清与阴性血清
28. 猪胸膜肺炎放线杆菌补体结合试验抗原、阳性血清与阴性血清
29. 猪胸膜肺炎放线杆菌酶联免疫吸附试验抗原、阳性血清与阴性血清
30. 猪胸膜肺炎放线杆菌 ApxIV-ELISA 抗体检测试剂盒
31. 猪传染性胸膜肺炎间接血凝试验抗原与阴、阳性血清
32. 猪旋毛虫病酶联免疫吸附试验试剂盒
33. 猪旋毛虫抗体快速检测试纸条

## （三）禽病诊断制品

1. 禽流感病毒 A 型 RT-PCR 检测试剂盒
2. 禽流感病毒 H5 亚型 RT-PCR 检测试剂盒
3. 禽流感病毒 H7 亚型 RT-PCR 检测试剂盒
4. 禽流感病毒 H5 亚型荧光 RT-PCR 检测试剂盒
5. 禽流感病毒 ELISA 检测试剂盒
6. 禽流感病毒乳胶凝集试验检测试剂盒
7. 禽流感 H5 亚型血凝抑制试验抗原与阴、阳性血清
8. 禽流感病毒 H7 亚型血凝抑制试验抗原与阴、阳性血清
9. 禽流感病毒 H9 亚型血凝抑制试验抗原与阴、阳性血清
10. 禽流感病毒检测试纸条
11. 鸡新城疫血凝抑制试验抗原、阳性血清与阴性血清
12. 鸡新城疫血凝抑制试验抗原与阳性血清
13. 鸡传染性法氏囊病病毒快速检测试纸条
14. 鸡传染性法氏囊病酶联免疫吸附试验试剂盒
15. 鸡传染性法氏囊病病毒琼脂扩散试验抗原与阴、阳性血清
16. 鸡传染性支气管炎病毒（M41 株）血凝抑制试验抗原、阳性血清与阴性血清
17. 鸡减蛋综合征病毒血凝抑制试验抗原与阴、阳性血清
18. 鸡马立克病病毒琼脂扩散试验抗原与阴、阳性血清
19. 禽网状内皮组织增殖病琼脂扩散试验抗原、阳性血清与阴性血清
20. 禽白血病病毒 ELISA 抗原检测试剂盒
21. 雏番鸭细小病毒病胶乳凝集和凝集抑制试验抗原、单克隆抗体致敏胶乳、阳性血清与阴性血清
22. 提纯禽型结核菌素

23. 鸡白痢、鸡伤寒多价染色平板凝集试验抗原、阳性血清与阴性血清
24. 鸡毒支原体虎红血清平板凝集试验抗原、阳性血清与阴性血清
25. 鸡毒支原体结晶紫血清平板凝集试验抗原、阳性血清与阴性血清
26. 鸡滑液支原体血清平板凝集试验抗原、阳性血清与阴性血清
27. 鹦鹉热衣原体抗体胶体金检测试纸条

### (四) 其他动物疾病诊断制品

1. 兔支气管败血波氏杆菌病琼脂扩散试验抗原、阳性血清与阴性血清
2. 狂犬病免疫荧光抗原检测试剂盒
3. 狂犬病病毒 ELISA 抗体检测试剂盒
4. 水貂阿留申病对流免疫电泳试验抗原、阳性血清与阴性血清
5. 狐阴道加德纳氏菌病虎红平板凝集试验抗原

## 三、我国主要动物用治疗生物制品与微生态制品名称

### (一) 治疗用制品

1. 新城疫病毒抗血清类
2. 鸡传染性法氏囊病冻干蛋黄抗体
3. 鸡传染性法氏囊病抗体
4. 鸡传染性法氏囊病冻干卵黄抗体
5. 鸭病毒性肝炎冻干蛋黄抗体
6. 鸭病毒性肝炎精制蛋黄抗体
7. 鸭病毒性肝炎精制蛋黄抗体
8. 抗小鹅瘟血清
9. 小鹅瘟精制蛋黄抗体
10. 抗猪瘟血清
11. 犬瘟热病毒单克隆抗体注射液
12. 犬细小病毒单克隆抗体注射液
13. 犬细小病毒免疫球蛋白注射液
14. 抗羔羊痢疾血清
15. 破伤风抗毒素
16. 抗气肿疽血清
17. 抗炭疽血清
18. 抗猪丹毒血清
19. 抗猪、牛多杀性巴氏杆菌病血清
20. 猪白细胞干扰素
21. 羊胎盘转移因子注射液
22. 转移因子口服溶液

## （二）微生态制品

1. 蜡样芽胞杆菌、粪链球菌复合活菌制剂
2. 蜡样芽胞杆菌活菌制剂（DM423株）
3. 蜡样芽胞杆菌活菌制剂（SA38株）
4. 脆弱拟杆菌、粪链球菌、蜡样芽胞杆菌复合活菌制剂
5. 枯草芽胞杆菌活菌制剂（TY7210株）
6. 酪酸菌活菌制剂
7. 嗜酸乳杆菌、粪链球菌、枯草杆菌复合活菌制剂
8. 双歧杆菌、乳酸杆菌、粪链球菌、酵母菌复合活菌制剂

# 四、我国主要进口兽医生物制品名称

## （一）进口制品转国内生产

1. 鸡新城疫活疫苗（B1株）
2. 鸡新城疫活疫苗（La Sota株）
3. 种鸡新城疫灭活疫苗（La Sota株）
4. 鸡新城疫活疫苗（VG/GA株）
5. 鸡新城疫灭活疫苗（Ulster 2C株）
6. 鸡新城疫、减蛋综合征二联灭活疫苗
7. 鸡新城疫、传染性支气管炎二联活疫苗
8. 鸡新城疫、传染性支气管炎二联灭活疫苗
9. 鸡新城疫、传染性支气管炎二联活疫苗（VG/GA＋H120株）
10. 鸡新城疫、传染性支气管炎二联活疫苗（液氮，VG/GA＋H120株）
11. 鸡新城疫、传染性支气管炎、减蛋综合征三联灭活疫苗
12. 鸡马立克病冻干活疫苗（HVT YT－7株）
13. 鸡马立克病火鸡疱疹病毒活疫苗
14. 鸡马立克病活疫苗（CVI 988株）
15. 鸡传染性法氏囊病活疫苗（K株）
16. 鸡传染性法氏囊病中等毒力活疫苗
17. 鸡传染性支气管炎活疫苗（B48株）
18. 鸡传染性喉气管炎冻结活疫苗（CE株）
19. 鸡传染性喉气管炎活疫苗
20. 鸡减蛋综合征灭活疫苗
21. 鸡传染性鼻炎灭活疫苗

## （二）猪用进口疫苗

1. 猪繁殖与呼吸综合征活疫苗
2. 猪伪狂犬病活疫苗

3. 猪伪狂犬病活疫苗（Bartha 株）

4. 猪伪狂犬病活疫苗（K-61 株）

5. 猪伪狂犬病活疫苗（Bartha K61 株）

6. 猪伪狂犬病活疫苗（Bucharest 株）

7. 猪圆环病毒 2 型杆状病毒载体灭活疫苗

8. 仔猪大肠杆菌病灭活疫苗

9. 副猪嗜血杆菌病灭活疫苗（Z-1517 株）

10. 猪副猪嗜血杆菌病灭活疫苗（1 型 SV1 株＋6 型 SV6 株）

11. 猪副猪嗜血杆菌病灭活疫苗

12. 仔猪 C 型产气荚膜梭菌病、大肠杆菌病二联灭活疫苗

13. 猪萎缩性鼻炎灭活疫苗

14. 猪萎缩性鼻炎灭活疫苗（883 株＋D 型 673 株）

15. 猪回肠炎活疫苗（B3903 MSC X 株）

16. 猪支原体肺炎灭活疫苗

17. 猪支原体肺炎灭活疫苗（P-5722-3 株）

18. 猪支原体肺炎灭活疫苗（BQ14 株）

19. 猪支原体肺炎复合佐剂灭活疫苗（P 株）

20. 猪支原体肺炎灭活疫苗（P 株）

21. 猪支原体肺炎灭活疫苗（BQ14 株）

22. 猪支原体肺炎灭活疫苗（J 株）

23. 公猪异味控制疫苗

### （三）禽用进口疫苗

1. 鸡新城疫灭活疫苗（Ulster 2C 株）

2. 鸡新城疫灭活疫苗（Clone 30 株）

3. 鸡新城疫灭活疫苗（La Sota 株）

4. 种鸡新城疫灭活疫苗（La Sota 株）

5. 鸡新城疫灭活疫苗（UlSter 2C 株）

6. 鸡新城疫、减蛋综合征二联灭活疫苗

7. 鸡新城疫、减蛋综合征二联灭活疫苗（La Sota 株＋AV-127 株）

8. 鸡新城疫、减蛋综合征二联灭活疫苗（Ulster 2C 株＋AV127 株）

9. 鸡新城疫、减蛋综合征二联灭活疫苗（Komarov 株＋127 株）

10. 鸡新城疫、传染性支气管炎二联灭活疫苗（Clone 30 株＋M41 株）

11. 鸡新城疫、传染性支气管炎二联灭活疫苗（Ulster 2C 株＋M41 株）

12. 鸡新城疫、传染性法氏囊病二联灭活疫苗（Clone 30 株＋D78 株）

13. 鸡新城疫、传染性支气管炎、减蛋综合征三联灭活疫苗

14. 鸡新城疫、传染性支气管炎、传染性法氏囊病三联灭活疫苗（UlSter 2C 株＋M41 株＋VNJO 株）

15. 鸡新城疫、传染性支气管炎、减蛋综合征三联灭活疫苗（Clone30 株＋M41 株＋BC

14株)

16. 鸡新城疫、传染性支气管炎、减蛋综合征三联灭活疫苗（La Sota株＋M41株＋B8/78株）
17. 鸡新城疫、传染性支气管炎、减蛋综合征三联油乳剂灭活疫苗（Ulster 2C株＋M41株＋127株）
18. 鸡新城疫、传染性支气管炎、传染性法氏囊病、呼肠孤病毒感染四联灭活疫苗
19. 鸡新城疫、传染性支气管炎、减蛋综合征、传染性法氏囊病四联灭活疫苗（Ulster2C株＋M41株＋127株＋VNJO株）
20. 鸡马立克病活疫苗（CVI988/Rispens株）
21. 鸡马立克病火鸡疱疹病毒活疫苗（FC-126株）
22. 鸡马立克病二价活疫苗（CVI988/Rispens株＋HVT FC-126株）
23. 鸡马立克病活疫苗（CVI988/Rispens株）
24. 鸡马立克病Ⅰ、Ⅲ型二价活疫苗
25. 鸡马立克病活疫苗（CVI988株）
26. 鸡传染性法氏囊病活疫苗（CE株）
27. 鸡传染性法氏囊病活疫苗（LC75株）
28. 鸡传染性法氏囊病活疫苗（Lukert株）
29. 鸡传染性法氏囊病活疫苗（S706株）
30. 鸡传染性法氏囊病活疫苗（D78株）
31. 鸡传染性法氏囊病活疫苗（CH/80株）
32. 鸡传染性法氏囊病活疫苗（M.B.株）
33. 鸡传染性法氏囊病活疫苗（D22株）
34. 鸡传染性法氏囊病活疫苗（I-65株）
35. 鸡传染性法氏囊病活疫苗（LIBDV株）
36. 鸡传染性法氏囊病活疫苗（W2512 G-61株）
37. 鸡传染性法氏囊病复合冻干活疫苗（W2512G-61株）
38. 鸡传染性法氏囊病病毒火鸡疱疹病毒载体活疫苗（vHVT-013-69株）
39. 鸡传染性法氏囊病灭活疫苗（D78株）
40. 鸡传染性法氏囊病灭活疫苗（VNJO株）
41. 鸡传染性法氏囊病灭活疫苗（以色列地方株）
42. 鸡传染性法氏囊病、马立克病二联冻结活疫苗（S-706株＋HVT FC-126株）
43. 鸡传染性喉气管炎活疫苗
44. 鸡传染性喉气管炎活疫苗（LT-IVAX株）
45. 鸡传染性喉气管炎活疫苗（Hudson株）
46. 鸡传染性喉气管炎活疫苗（Salsbury146株）
47. 鸡传染性喉气管炎活疫苗（CHP50株）
48. 鸡传染性喉气管炎活疫苗（Serva株）
49. 鸡传染性喉气管炎活疫苗（D-805株）
50. 鸡传染性喉气管炎活疫苗（Connecticut株）

51. 鸡传染性支气管炎活疫苗（H120 株）
52. 鸡传染性支气管炎活疫苗（Ma5 株）
53. 鸡病毒性关节炎灭活疫苗
54. 鸡病毒性关节炎活疫苗（1133 株）
55. 鸡病毒性关节炎灭活疫苗（S1133 株＋1733 株）
56. 禽病毒性关节炎油乳剂灭活疫苗（Olson WVU2937 株）
57. 鸡减蛋综合征灭活疫苗（BC14 株）
58. 鸡减蛋综合征灭活疫苗（127 株）
59. 鸡痘活疫苗
60. 鸡痘活疫苗（M-92 株）
61. 鸡鼠伤寒沙门菌病活疫苗
62. 鸡肠炎沙门菌病活疫苗（Sm24/Rif12/Ssq 株）
63. 鸡毒支原体活疫苗（TS-11 株）
64. 鸡毒支原体灭活疫苗（R 株）
65. 鸡毒支原体活疫苗（MG6/85 株）
66. 鸡传染性鼻炎三价灭活疫苗（W 株＋Spross 株＋Modesto 株）
67. 鸡传染性鼻炎铝胶灭活疫苗
68. 鸡传染性鼻炎二价灭活疫苗（A 型 221 株＋C 型 H-18 株）
69. 肉鸡球虫活疫苗
70. 种鸡球虫活疫苗

### (四) 其他动物用进口疫苗

1. 狂犬病灭活疫苗
2. 狂犬病灭活疫苗（G52 株）
3. 狂犬病灭活疫苗（VP12 株）
4. 犬、猫狂犬病灭活疫苗
5. 犬细小病毒病活疫苗
6. 犬钩端螺旋体病（犬型、黄疸出血型）二价灭活疫苗
7. 犬瘟热、细小病毒病二联活疫苗
8. 犬瘟热、传染性肝炎、细小病毒病、副流感四联活疫苗
9. 犬瘟热、腺病毒病、细小病毒病、副流感四联活疫苗-犬钩端螺旋体病（犬型、黄疸出血型）二价灭活疫苗
10. 犬瘟热、腺病毒 2 型、细小病毒病、副流感四联活疫苗-犬冠状病毒病灭活疫苗
11. 犬瘟热、腺病毒 2 型、副流感和细小病毒病四联活疫苗
12. 犬瘟热、腺病毒 2 型、副流感、细小病毒病四联活疫苗-犬钩端螺旋体（犬型、黄疸出血型）二价灭活疫苗-犬冠状病毒病灭活疫苗
13. 犬瘟热、腺病毒病、细小病毒病、副流感病毒 2 型呼吸道感染症四联活疫苗-犬钩端螺旋体病、黄疸出血钩端螺旋体病二联灭活疫苗
14. 猫鼻气管炎、嵌杯病毒病、泛白细胞减少症三联灭活疫苗

15. 鱼虹彩病毒病灭活疫苗
16. 鲫鱼格氏乳球菌灭活疫苗（BY1 株）

## （五）进口诊断制品

1. 禽流感病毒 ELISA 抗体检测试剂盒
2. 鸡新城疫病毒 ELISA 抗体检测试剂盒
3. 鸡传染性支气管炎病毒 ELISA 抗体检测试剂盒
4. 禽白血病病毒 J 亚型 ELISA 抗体检测试剂盒
5. 猪瘟病毒 ELISA 抗体检测试剂盒
6. 猪繁殖与呼吸综合征病毒 ELISA 抗体检测试剂盒
7. 猪伪狂犬病病毒 gI ELISA 抗体检测试剂盒
8. 副结核分枝杆菌 ELISA 抗体检测试剂盒

# 参 考 文 献

冯忠武.2007.动物生物疫苗.北京：化学工业出版社.
梁圣译.2001.中国兽医生物制品发展简史.北京：中国农业出版社.
卢锦汉.1995.医学生物制品学.北京：人民卫生出版社.
陆承平.2013.兽医微生物学.第5版.北京：中国农业出版社.
张延龄.2004.疫苗学.北京：科学出版社.
陈继明.2008.重大动物疫病监测指南.北京：中国农业科技出版社.
陈溥言.2006.兽医传染病学.第5版.北京：中国农业出版社.
单虎.2008.现代兽用兽药大全 动物生物制品分册.北京：中国农业出版社.
董德祥.2002.疫苗技术基础与应用.北京：化学工业出版社.
冯志华，王全楚.2004.新概念疫苗.北京：人民卫生出版社.
姜平.2003.兽医生物制品学.第2版.北京：中国农业出版社.
罗满林，顾为望.2002.实验动物学.北京：中国农业出版社.
宁宜宝.2008.兽用疫苗学.北京：中国农业出版社.
田克恭.2013.人与动物共患病.北京：中国农业出版社.
王明俊.1997.兽医生物制品学.北京：中国农业出版社.
文心田，罗满林.2009.现代兽医兽药大全 动物常见传染病的防制分册.北京：中国农业大学出版社.
熊宗贵.1999.生物技术制药.北京：高等教育出版社.
中国兽药典委员会.2005.中华人民共和国兽药典（三部）.北京：中国农业出版社.
中国兽药典委员会.2011.中华人民共和国兽药典 兽药使用指南 生物制品卷.2010年版.北京：中国农业出版社.
中国兽药典委员会.2011.中华人民共和国兽药典（三部）.2010年版.北京：中国农业出版社.
中国兽医药品监察所，农业部兽药评审中心.2007.兽用生物制品质量标准汇编（2006）.北京：中国农业出版社.
中国兽医药品监察所，农业部兽药评审中心.2009.兽用生物制品质量标准汇编（2006—2008）.北京：中国农业出版社.
中国兽医药品监察所，农业部兽药评审中心.2010.兽用生物制品质量标准汇编（2009）.北京：中国农业出版社.
中国兽医药品监察所，农业部兽药评审中心.2011.兽用生物制品质量标准汇编（2010）.北京：中国农业出版社.
中国兽医药品监察所，农业部兽药评审中心.2012.兽用生物制品质量标准汇编（2011）.北京：中国农业出版社.
中国兽医药品监察所，农业部兽药评审中心.2013.兽用生物制品质量标准汇编（2012）.北京：中国农业出版社.
中华人民共和国农业部.2000.中华人民共和国兽医生物制品制造与检验规程.
中华人民共和国农业部.2001.中华人民共和国兽用生物制品质量标准，北京：中国农业科技出版社.

图书在版编目（CIP）数据

兽医生物制品学／姜平主编．—3版．—北京：
中国农业出版社，2015.1（2024.6重印）
普通高等教育农业部"十二五"规划教材　全国高等
农林院校"十二五"规划教材
ISBN 978-7-109-20127-9

Ⅰ.①兽… Ⅱ.①姜… Ⅲ.①兽医学-生物制品-高
等学校-教材 Ⅳ.①S859.79

中国版本图书馆 CIP 数据核字（2015）第 015991 号

中国农业出版社出版
（北京市朝阳区麦子店街 18 号楼）
（邮政编码 100125）
责任编辑　武旭峰　王晓荣
文字编辑　江社平

三河市国英印务有限公司印刷　新华书店北京发行所发行
1995 年 10 月第 1 版　2015 年 1 月第 3 版
2024 年 6 月第 3 版河北第 6 次印刷

开本：787mm×1092mm　1/16　印张：38
字数：915 千字
定价：79.50 元
（凡本版图书出现印刷、装订错误，请向出版社发行部调换）